Springer Collected Works in Mathematics

For further volumes:
http://www.springer.com/series/11104

Jean Leray

Photograph by Marian Schmidt.
Reproduced by kind permission of Hermann, éditeurs des sciences et des arts, Paris,
and
the Service des Archives de l'Académie des Sciences, Paris.

Jean Leray

Selected Papers - Oeuvres Scientifiques III

Several Complex Variables and Holomorphic Partial Differential Equations - Fonctions de Plusieurs Variables Complexes et Équations aux Dérivées Partielles Holomorphes

Introduction: Guennadi M. Henkin

Editor

Paul Malliavin

Publié avec le concours du Ministère de l'Éducation Nationale, de la Recherche et de la Technologie (D.I.S.T.N.B.) et du Comité National Français de Mathématiciens

Reprint of the 1998 Edition

Springer

Société Mathématique de France

Author
Jean Leray (1906 – 1998)
Collège de France
Paris
France

Editor
Paul Malliavin (1925 – 2010)
Université Pierre-et-Marie-Curie
Paris
France

ISSN 2194-9875
ISBN 978-3-662-43772-8 (Softcover)
978-3-540-60949-0 (Hardcover)
DOI 10.1007/978-3-662-43773-5
Springer Heidelberg New York Dordrecht London

Library of Congress Control Number: 2012954381

Printed on acid-free paper

Springer is part of Springer Science+Business Media (www.springer.com)

Table of Contents

Volume III

Jean Leray and Several Complex Variables

by Guennadi M. Henkin

Contents

Introduction

Complex analysis occupies a special place in the scientific work of J. Leray.

On the one hand, for Leray the problems of complex analysis have never been the main purpose of his research. On the other hand, in his works on differential equations and mathematical physics Leray systematically and with great success used not only various methods of algebraic topology and partial differential equations but also methods of contemporary complex analysis (Behnke-Thullen (1934), Bochner-Martin (1948)). Moreover, if the applications required it, he developed the new branches of complex analysis. As a result of such a seemingly utilitarian approach to complex analysis, the Leray works, concerned with the problems of differential equations, mathematical physics and algebraic topology as they were, enriched very significatly the whole complex analysis theory.

Without exaggeration one can say that during the fifties-sixties the ideas of Leray twice radically changed the direction of the development of contemporary complex analysis.

The Leray sheaf theory was the main tool for the great breakthrough in complex analysis in the early fifties.

Indeed, before the fifties the theory of functions of several complex variables was based, in general, on the traditional constructive methods of analysis.

One should mention: A. Weil's (1935) work, who in the thirties obtained the Cauchy integral formula for polynomial polyhedra in n-dimensional complex space and proved for such polyhedra an analog of the Runge approximate theorem; E. Martinelli's (1938) and S. Bochner's (1943) works, which by integral representation methods have proved a general Hartogs type theorem about extension of holomorphic functions; and a series of K. Oka's and H. Cartan's works, who in the period of 1936–1950, using the Weil formula, solved "the fundamental problems" (the problems of P. Cousin, K. Weierstrass, H. Poincaré, E. Levi and A. Weil).

At the same time in the forties Leray, in connection with the study of the topology of continuous mappings and fiber spaces, developed the so called "sheaf theory" (1946a; 1950a, b). This theory, including the theory of cohomology with values in a sheaf and the theory of spectral sequences, was obtained by Leray, apparently, without any thoughts about complex analysis.

However, sheaf cohomology has been present implicitely in several complex variables at least since the appearance of the results of Cousin and the Cousin problems (1895). Based on the ideas of Leray (1950a, b) and Oka, (1950) H.Cartan (1950) introduced coherent analytic sheafs. In these terms, the Oka result (1950), which gives a deep extension of the Weierstrass division theorem, means that the structure sheaf of every complex space is coherent.

Immediately after this, the Leray sheaf theory found fundamental applications to complex analysis (Cartan's seminar (1951–54)). Namely, it was found that the methods of the Leray sheaf theory allow not only to reduce constructive methods (integral formulas of the Cauchy-Weil type) to a minimum in the Oka-Cartan theory, but to give far-reaching generalization of this theory. Namely, in the theory of coherent analytic sheaves (Cartan-Serre) and in the theory of complex spaces (Grothendieck-Grauert-Remmert), the results of Oka and of Cartan on "fundamental problems" found their full completion. "By sheafifying one suddenly was able to obtain results one had not to dream of in 1950" – noted R.Remmert in the encyclopedic article (1994).

Thus, in the fifties the constructive analytic methods of integral representations were practically driven out of multidimensional complex analysis and were replaced by algebraic methods of the Leray sheaf theory. The weakness of sheaf theory is that it does not provide quantitative estimates for solutions of "fundamental problems".

At the same time in the fifties, Leray while systematically engaged in a systematic study of the Cauchy problem (1952,53a,56b,57b,58a,59b), sharply advanced the development of necessary analytic methods, in particular, the residue theory on complex manifolds. In this connection he introduced the highly general Cauchy-Leray integral formula. This formula on the one hand incorporated, as particular cases, formulas of Weil, Bochner-Martinelli and others, and on the other hand led to progress not only for the Cauchy problem, but also for a series of other important problems of complex analysis and differential equations, which it seems could not be solved by the non-constructive methods of sheaf theory.

Thus, in the sixties, thanks to Leray, the constructive methods of residue theory and of integral representations occupied once again a first rank position in the complex analysis of several variables.

The most fundamental contribution of Leray to several complex variables is his theory of the holomorphic Cauchy problem (1957b,58a,62b,76e,85a). Both due to its results as well as its methods, this theory, to great extent, constitutes more a section of complex analysis than of partial differential equations.

Thus, among the theories developed by Leray and fundamentally influenced by contemporary complex analysis, one can distinguish the following three:

- sheaf cohomology and spectral sequences;
- theory of residues and Cauchy-Leray formulas;
- the holomorphic Cauchy problem.

The main results of Leray on sheaf theory and spectral sequences, having a purely topological nature, are located in volume I Selecta of J. Leray. For their fundamental influence on topology, algebraic geometry and complex analysis, we refer to the monograph P. Griffiths and J. Harris (1978), to the encyclopedic articles (A. Onishchik (1990), R. Remmert (1994)), and to the review of A. Borel (1997).

The present survey is concerned with the closely interconnected works of Leray on the theory of multidimensional residues, the generalized Laplace transforms and the holomorphic Cauchy problem. These works of Leray have complex analysis *per se* as theme of investigation.

We note here, that elements of the theory of multidimensional residues first appeared in the form of the Cauchy formula for polydisc and the first results on the holomorphic Cauchy problem in works of Cauchy in 1841. His results became well known only in 1875, when they were rediscovered and clarified by S. Kowalewska (1875) and G. Darboux (1875).

The Cauchy-Kowalewska theorem states that, for the non-characteristic Cauchy problem for a system with analytic coefficients and analytic initial data, there are unique local solutions in the class of analytic functions.

The connection between multidimensional complex analysis and the Cauchy problem has been more apparent in formulas for elementary solutions of elliptic and hyperbolic equations with constant coefficients, found in increasing generality in works of I. Fredholm (1900), N. Zeilon (1911,21), G. Herglotz (1926,28), L. Fantappiè (1943) and I. Petrowski (1945).

Namely, these formulas express elementary solutions $u(x)$ for homogeneous hyperbolic operators $P\left(-i\frac{d}{dx}\right)$ of arbitrary order in terms of abelian integrals on the surface $\{\xi \in \mathbb{C}P^n : \quad P(\xi) = 0,\ x \cdot \xi = 0\}$.

The idea of Leray to develop and to apply the theory of residues to the Cauchy problem had already appeared in (1952,53a), when he obtained in this way the elegant Herglotz-Petrowski-Leray formula for fundamental solutions of hyperbolic differential equations with constant coefficients.

Further, the development of this formula and also of ideas of H. Poincaré (1887) and L. Fantappiè (1943) led Leray to the theory of residues, to the Cauchy-Fantappiè-Leray formula and to fundamental results on the holomorphic Cauchy problem.

1. The Herglotz-Petrowski-Leray formulas for elementary solutions of hyperbolic equations with constant coefficients

From the formal point of view, Leray (1952,53a), in his own words, did the following:

"The calculation, which Herglotz (1926,28) began and Petrowski (1945) continued, gives an elementary solution for $P\left(-i\frac{d}{dx}\right)$ with help of periods of abelian integrals. We will clarify and finish its calculation. As has been outlined by Fl. Bureau, they without justification transpose non absolutely convergent integrals (Herglotz (1926) II, p.290). We take off their assumption that the cone $P(\xi)=0$ has no singular points, and we give an invariant expression for their results. Using the Schwartz distribution we define an elementary solution everywhere but not only there where it is a function."

However, from a conceptual point of view Leray in (1952a,62b) did much more. We give here one of the most characteristic results of Leray from (1952a,62b) supposing for simplicity, that $P(\xi)$ is a strictly hyperbolic polynomial.

Let $P(\xi)$ then be a homogeneous polynomial of degree m. Suppose, that the polynomial $P(\xi)$ is strictly hyperbolic with respect to $\eta \in \mathbb{R}^n\backslash\{0\}$, i.e. for each $\xi \in \mathbb{R}^n$, non-proportional to η, the equation $P(\xi+\lambda\eta)=0$ has m different roots as a function of λ. Let $A=\{\xi \in \mathbb{C}^n : P(\xi)=0\}$ and Γ be a connected component of the set $\mathbb{R}^n\backslash \operatorname{Re} A$, containing η. Let K be a cone dual to Γ.

With the help of the operational calculus, it follows (J. Hadamard (1932), M. Riesz (1949), L. Schwartz (1950,51)) that there exists a unique fundamental solution or the strictly hyperbolic (with respect to η) operator $P\left(-i\frac{\partial}{\partial x}\right)$ with support in the cone K and this solution has the form :

$$(1.1) \qquad u(x)=L\Big(\frac{1}{P(\xi)}\Big)=\frac{1}{(2\pi)^n}\int_{\mathbb{R}^n}\frac{e^{i(x,\xi-i\eta)}}{P(\xi-i\eta)}d\xi, \quad P\Big(-i\frac{\partial}{\partial x}\Big)\, u(x)=\delta(x),$$

where $d\xi=d\xi_1\wedge\ldots\wedge d\xi_n>0$ on $\mathbb{R}^n$, and $\delta(x)$ is the Dirac function.

From this expression of the Laplace transform $L\big(\frac{1}{P(\xi)}\big)$, it is difficult to draw a conclusion about the behavior of the function $u(x)$. So, first G. Herglotz (1926,28) and then in more complete form J. Petrowski (1945) and then in more invariant form Leray (1953a) transformed the integral $L\big(\frac{1}{P(\xi)}\big)$ into an integral of a holomorphic differential form with respect to a compact cycle.

Let

$$X^*=\{\xi\in \mathbb{C}P^{n-1}:(x,\xi)=0\}, \quad x\in\mathbb{R}^n.$$
$$A^*=\{\xi\in \mathbb{C}P^{n-1}:P(\xi)=0\}.$$

Let $\eta^{\pm}(\xi)$ be vector fields in $\mathbb{R}^n$, satisfying the conditions $\pm(x,\eta^{\pm}(\xi))<0$ for $\xi\in\mathbb{C}P^{n-1}$ and $\frac{(dP(\xi),\eta^{\pm}(\xi))}{(dP(\xi),\eta)}>0$ for $\xi\in\mathbb{C}P^{n-1}, P(\xi)=0$. We denote by $\beta^{\pm}$ the cycle $\mathbb{C}P^{n-1}\backslash(A^*\cup X^*)$, obtained from $\mathbb{R}P^{n-1}\subset\mathbb{C}P^{n-1}$ as a result of small shift along the field $-i\eta^{\pm}(\xi)$. The cycle $\beta^*=\beta^+-\beta^-$ in $\mathbb{C}P^{n-1}\backslash(A^*\cup X^*)$ is called the Leray cycle.

Theorem (Leray, 1952a, 62b). *The derivatives of the fundamental solution $u(x)$ are represented by the following integrals of rational forms*

$$\frac{\partial^{|\nu|}u(x)}{\partial x^{\nu}} = \frac{(-q-1)!(-1)^{\nu}i^{n-m}}{(2\pi)^n}\int_{\beta_x^*}\frac{\xi^{\nu}\omega'(\xi)}{(x\cdot\xi)^{|\nu|+n-m}P(\xi)}, \tag{1.2}$$

where

$$\omega'(\xi) = \sum_{k=1}^{n}(-1)^{k-1}\xi_k \wedge_{j\neq k} d\xi_j, \quad |\nu|+n-m>0.$$

The above formulas of Leray coincide, after calculation of residues of the integral (1.2), with classical formulas of Herglotz-Petrowski.

These formulas led to the essential development and refinement of the fundamental Petrowski theory of lacunas in the works of Atiyah-Bott-Gårding (1970, 73) and V. Vassiliev (1995).

On the other hand, and this is the most important, these formulas showed that the investigation of the Cauchy problem to a great extent depends on the development of the theories of multidimensional residues, Laplace transforms, and multidimensional Cauchy formulas.

2. The Cauchy problem for linear equations with polynomial coefficients

Starting from the Herglotz-Petrowski-Leray formula, Leray began in (1956b) the study of the Cauchy problem for equations with variables coefficients. He stated his program of investigations in the following way in the introduction to Leray (1957b):

"Nous nous proposons d'étudier globalement le problème linéaire de Cauchy dans le cas complexe, puis dans le cas réel et hyperbolique, en supposant les données analytiques. Notre principal but est la proposition suivante: les singularités de la solution appartiennent aux caractéristiques issues des singularités des données ou tangentes à la variété qui porte les données de Cauchy. C'est l'extension aux équations aux dérivées partielles de la propriété fondamentale des solutions des équations différentielles ordinaires, linéaires et analytiques: leurs singularités sont des singularités des données".

However, the global Cauchy problem (both in the complex and the real domain) turned out to be a theme so large, difficult and interesting that, in spite of the efforts of Leray himself and his successors (see Y. Hamada (1969,70), D. Schiltz, J. Vaillant, C. Wagschal (1982), C. Wagschal (1983), E. Leichtman (1990), D'Agnolo-Schapira (1991), Sternin-Shatalov (1994)), this problem is not yet completely solved.

One of the most brilliant and uncompleted ideas of Leray is contained in (1956b). Namely, the main statement of Leray (1956b) is the following .

Let $X \subset \mathbb{C}^n$, $x = (x_1, \ldots, x_n)$ be a point of X and $S = \{x \in X : s(x) = 0\}$ a smooth hypersurface in X. Let $a(\xi, x)$ be a polynomial of $(\xi, x) \in (\mathbb{C}^n)^* \times \mathbb{C}^n$

of the degree m with respect to ξ. Let $-l$ be the smallest integer such that $x_0^{-l}\, a(x_0\xi, \frac{x}{x_0}) = A(\xi, x_0, \ldots, x_n)$ is a polynomial in $x_0, \ldots, x_n, \xi_1, \ldots, \xi_n$. Let $h(\xi, x)$ be the principal part of $a(\xi, x)$ with respect to ξ. Let $v = v(x)$ be a function holomorphic on X. Suppose, that the hypersurface S is not characteristic for $a(\xi, x)$, i.e. suppose that $h(\frac{\partial s}{\partial x}, x) \neq 0 \;\; \forall x \in S$.

Theorem (Leray, 1956b). *The solution of the holomorphic Cauchy problem*

$$a(\frac{\partial}{\partial x}, x)u(x) = v(x), \quad v(x) = O((s(x))^m) \tag{2.1}$$

in the neighbourhood of S can be given by the formula

$$u(z) = J[U^*(\xi, x)v(x)],$$

where the function $U^*(\xi, x)$ and the operator J are defined by the following way. Let $\xi \cdot x = \xi_0 + \xi_1 x_1 + \ldots + \xi_n x_n$ and.

$$\omega^*(\xi) = \sum_{k=0}^{n} (-1)^k \xi_k d\xi_0 \wedge \ldots \wedge d\xi_{k-1} \wedge d\xi_{k+1} \wedge \ldots \wedge d\xi_n.$$

There exists a generator of relative homologies α of domains $\{(\xi, x) \in (\mathbb{C}P^n)^* \times X\}$ with respect to three hypersurfaces: $s(x) = 0,\; \xi \cdot x = 0,\; \xi \cdot z = 0$ such that for $l > n$

$$J(U^*(\xi, x)v(x)) = \frac{1}{(2\pi i)^{n-1}} \int_\alpha \frac{(\xi \cdot z)^{l-n-1}}{(l-n-1)!} U^*(\xi, x)v(x) \times \omega^*(\xi) \wedge \omega(x).$$

For $l \leq n$ the operator $J(U^*(\xi, x)v(x))$ is represented by the residue integral

$$\frac{(-1)^{l-n-1}}{(2\pi i)^{n-1}} \int_{(b\alpha) \cap \{\xi \cdot z = 0\}} \frac{d^{n-l}[U^*(\xi, x)v(x)\omega^*(\xi) \wedge \omega(x)]}{(d\xi \cdot z)^{1+n-l}}, \tag{2.2}$$

where $b\alpha$ is the boundary of α. The function $U^*(\xi, x)$ is the solution of the Cauchy problem: $A(\xi, -\frac{\partial}{\partial \xi})U^*(\xi, x) = 1, U^*(\xi, x) = 0((\xi \cdot x)^{m-l})$. The function $U^*(\xi, x)$ is homogeneous in $\xi \in \mathbb{C}^{n+1}$ of degree $-l$ and is called the homogeneous unitary solution of $A(\xi, -\frac{\partial}{\partial \xi})$.

The above formulas are the remarkable development of the Herglotz-Petrowski-Leray and Fantappie (1943, 56) formulas corresponding to the case of constant coefficients, when
$a(\xi, x) = a(\xi),\; l = m,\; U^*(\xi, x) = \frac{1}{a(\xi)}$.

The optimistique plan, to obtain from the above formulas explicit information about singularities of the solution u of the Cauchy problem (2.1) with singular data v was again formulated in the survey Leray (1963b).

Several profound steps in the realisation of this program were taken in the fundamental series of Leray's papers subtitled "Problème de Cauchy I, II, III, IV, VI". The Leray paper with subtitle "Problème de Cauchy V" has not been published, but in Leray (1956b) and Leray (1962b, 63b, 64a) there are some indications on the ideas of this work.

3. Uniformization and asymptotic expansions

In the introduction to the article "Problème de Cauchy I" (1957b), Leray describes his idea of uniformization of the solution of the Cauchy problem in the following brief and expressive way

"Ce premier article étudie la solution $u(x)$ du problème de Cauchy près de la variété S qui porte les données de Cauchy. Si S n'est caractéristique en aucun de ses points, alors, $u(x)$ est holomorphe près de S, vu le théorème de Cauchy-Kowalewski, et nos théorèmes n'énoncent rien de neuf. Mais nous admettons que S soit caractéristique en certains de ses points: il s'agit d'un cas sans analogue en théorie des équations différentielles ordinaires, en théorie des équations aux dérivées partielles ce cas joue un rôle fondamental, parce qu'il est celui où $u(x)$ présente les singularités les plus simples: $u(x)$ peut être uniformisé et, sauf des cas exceptionnels, est algébroide".

In the simplest form Leray's uniformization result has the following appearance. Let $a(x, \frac{\partial}{\partial x})$ be a differential operator of the degree m with holomorphic coefficients in the domain $\Omega \subset \mathbb{C}^n$. Let $g(x, \frac{\partial}{\partial x})$ be the principal part of the operator $a(x, \frac{\partial}{\partial x})$. Let $u(x), v(x)$ and $s(x)$ be holomorphic functions of $x \in \Omega$ and let $\xi \in \mathbb{C}$. Assume that $S_\xi = \{x \in \Omega : \ s(x) = \xi\}$. Denote by $\operatorname{char} S_\xi$ the characteristic points S_ξ, i.e. $\operatorname{char} S_\xi = \{x \in S_\xi : g(x, \frac{\partial s}{\partial x}) = 0\}$. Suppose, that S_ξ is a smooth hypersurface and $\dim \operatorname{char} S_\xi < \dim S_\xi$. Let K_x denote the characteristic conoid with vertex at x.

The point $x \in \operatorname{char} S_\xi$ is called exceptional, if it possesses one of two properties:

either S_ξ and K_x are tangent at an infinite number of points in a neighbourhood of x ,

or a bicharacteristic curve of the surface S_ξ, emanating from $(x, \frac{\partial s}{\partial x})$ consists of a unique point x.

Consider the Cauchy problem:

to find a function $u_\xi(x) = u(\xi, x)$ in the neighbourhood of the surface S_ξ satisfying the conditions

$$\begin{aligned} a(x, \frac{\partial}{\partial x})\, u(\xi, x) &= v(x) \\ u(\xi, x) &= O((s(x) - \xi)^m). \end{aligned} \tag{3.1}$$

Due to the Cauchy-Kowalewska theorem there exists a local solution of this problem in the neighbourhood of any point $x \in S_\xi \backslash \operatorname{char} S_\xi$.

We define a function $\xi = \xi(t, x)$, $x \in \Omega$, $t \in \mathbb{C}$, $|t| < \varepsilon$, as a solution of the nonlinear Cauchy problem for the first order equation

$$\frac{\partial \xi}{\partial t} + g(x, \frac{\partial \xi}{\partial x}) = 0, \quad \xi(0, x) = s(x).$$

This problem is solved by the well known method of characteristics. Consider a composition $u(\xi(t, x), x)$ of solutions of the Cauchy Problem (3.1) in the neighbourhood of noncharacteristic points of the surface S_ξ with a function $\xi(t, x)$.

Uniformization theorem (Leray, 1957b). *The composed functions*

$$\frac{\partial^j u(\xi(t,x),x)}{\partial \xi^j}, \quad j = 0,1,\ldots,m-1$$

are holomorphic for small t and $x \in \Omega$. On the image of the domain of holomorphy of the function $\xi(t,x)$ by the mapping $(t,x) \mapsto (\xi(t,x),x)$ the support of the singularities of the multi-valued function $u(\xi,x)$, satisfying (3.1), *belongs to the set K of those values (ξ,x), for which the hypersurface S_ξ is tangent to the characteristic conoid K_x.*

In the neighbourhood of any non-exceptional point of the surface S_ξ the function $(\xi,x) \mapsto u(\xi,x)$, satisfies (3.1) *and all its derivatives up to the order $m-1$ inclusively are algebraic functions.*

This result of Leray has important refinements:

In the work of Gårding-Kotake-Leray (1964a), developing Leray (1957b), an asymptotic expansion for the solution of the Cauchy problem in the neighbourhood of singular points was obtained.

Namely, through quadratures along bicharacteristics generating K one can calculate an asymptotic expansion of u near K; its first terms determine the values of $\left(\frac{\partial}{\partial\xi}\right)^j u(\xi,x)$, $j = 0,1,2,\ldots,m-1$, on K.

It is interesting to note that at the points, where one can not apply the Cauchy-Kowalewska theorem, nevertheless the solution can be calculated and, in addition, in explicit and simple form.

Moreover, in the work of Gårding-Kotake-Leray (1964a) the results on uniformization and asymptotic expansions are generalized to systems of equations, which is important for applications. The invariants introduced in this work, namely, the bicharacteristic function for one equation (3.1) and the bicharacteristic matrix for a system of equations, were developed in J. Vaillant's work (1968) and applied to the analytic Goursat problem.

The Leray uniformization method was applied with success to nonlinear systems in the work of Y.Choquet-Bruhat (1966).

4. Unitary solutions, elementary solutions and the generalized Laplace transform

A fundamental concept in the Leray program (1957b, 63b) is a so called unitary solution of the Cauchy problem. Let ξ be a complex linear function of $x \in \Omega$, i.e. $\xi(x) = \xi \cdot x = \xi_0 + \xi_1 \cdot x_1 + \ldots + \xi_n \cdot x_n$. Denote by ξ^* the hyperplane in Ω, or the point in $(\mathbb{C}P^n)^*$, defined by the equation $\xi^* :\ \xi \cdot x = 0$. Let $a(x,\xi)$ be a polynomial of degree m with respect to ξ, independent of ξ_0, whose coefficients are holomorphic with respect to $x \in \Omega$. Let

$$a(x,\xi) = g(x,\xi) + g'(x,\xi) + \sum_{j_1+j_2+\ldots+j_n \leq m-2} a_{j_1,\ldots,j_n} \xi_1^{j_1} \xi_2^{j_2} \cdots \xi_n^{j_n},$$

where g, g' are homogeneous polynomials of degree (m) and (m-1) respectively.

A unitary solution for the operator $a(x, \frac{\partial}{\partial x})$ is by definition a solution $U(\xi, y)$ of the following Cauchy problem

$$a(y, \frac{\partial}{\partial y})\, U(\xi, y) = 1$$

where the function $U(\xi, y)$ has a zero of order m on the surface $\xi \cdot y = 0$. Due to zero homogeneity with respect to ξ, the function $U(\xi, y)$ is a function of $y \in \Omega$ and $\xi^* \in (\mathbb{C}P^n)^*$. Let $a^*(x, \frac{\partial}{\partial x})$ be the adjoint operator for $a(x, \frac{\partial}{\partial x})$ and $U^*(\xi, y)$ be a unitary solution corresponding to $a^*(x, \frac{\partial}{\partial x})$.

The above cited uniformization result of Leray (1957b) can be applied to describing the singularities of $U(\xi, y)$ in the neighbourhood of characteristic points y of ξ^*, i.e. of points (y, ξ) : $\xi \cdot y = 0$ and $g(y, \xi) = 0$.

Namely, consider the solution $x(\tau, \eta, y)$, $\xi(\tau, \eta, y)$ of the ordinary differential system

$$\text{(4.1)} \qquad \begin{aligned} &\frac{dx_j}{d\tau} = \frac{\partial g(x,\xi)}{\partial \xi_j}, \quad \frac{d\xi_j}{d\tau} = -\frac{\partial g(x,\xi)}{\partial x_j}, \quad j = 1, 2, \ldots, n \\ &\frac{d\xi_0}{dt} = \sum_{j=1}^{n} x_j \frac{\partial g(x,\xi)}{\partial x_j} - g(x,\xi) \end{aligned}$$

with initial values

$$x(0, \eta, y) = y, \quad \xi(0, \eta, y) = \eta, \quad \eta \cdot y = 0.$$

The mapping $\xi(\tau, \eta, y)$ has an important homogeneity property

$$\xi(\theta^{1-m}\tau, \theta\eta, y) = \theta\xi(\tau, \eta, y), \quad \theta \in \mathbb{C}.$$

Leray's uniformization result shows that, in general, the multivalued functions $U(\xi, y)$ and $U^*(\xi, y)$ are uniformizated together with their derivatives of order $<$ m by the mapping $\xi(\tau, \eta, y)$, i.e. the functions $U(\xi(\tau, \eta, y), y)$ and $U^*(\xi(\tau, \eta, y), y)$ are holomorphic in $\eta \in \mathbb{C}^{n+1}$, $y \in \Omega$ and small $\tau \in \mathbb{C}$.

On the image of the domain of holomorphy of the function $\xi(t, \eta, y)$ by the mapping $(t, \eta, y) \to (\xi(t, \eta, y), y)$, the support of the singularities $U(\xi, y)$ belongs to the set K of those (ξ, y) for which the characteristic cone K_y with vertex at y is tangent to the plane $\xi \cdot y = 0$.

Moreover, the following expression for the principal singularity of $U(\xi, x)$ can be given:

$$\text{(4.2)} \qquad \begin{aligned} &\left(\frac{\partial}{\partial \xi_0}\right)^m U(\xi(\tau, \eta, y), y) = \frac{1}{g(y, \eta)} e^{\lambda(\tau, \eta, y)} \left[\frac{D(\xi_1(\tau, \eta, y), \ldots, \xi_n(\tau, \eta, y))}{D(\eta_1, \ldots, \eta_n)}\right]^{-1/2} \\ &+ \text{ holomorphic function of } \tau, \eta, y; \end{aligned}$$

when τ is small, where

$$[D(\xi_1, \ldots, \xi_n)/D(\eta_1, \ldots, \eta_n)]^{-1/2} = 1 \text{ for } \tau = 0$$

and $\lambda(\tau, \eta, y)$ is a solution of

$$\frac{d\lambda}{d\tau} = [g'(x,\xi) - \frac{1}{2}\sum_j \frac{\partial^2 g(x,\xi)}{\partial x_j \partial \xi_j}] \quad \text{with} \quad \lambda(0,\eta,y) = 0.$$

Example (Leray (1958a)). Let us consider the Tricomi operator

$$a(x, \frac{\partial}{\partial x}) = g_0(\frac{\partial}{\partial x}) + \sum_{j=1}^{m} x_j g_j(\frac{\partial}{\partial x}) + g'(\frac{\partial}{\partial x}),$$

where $g_0, \dots, g_n$ are homogeneous functions of degree m and g' is a homogeneous function of degree $m-1$. For such an operator the formula (4.2) for $(\frac{\partial}{\partial \xi_0})^m U(\xi, y)$ is exact, i.e. does not contain additional holomorphic terms of τ, η,y.

For the proof of this result Leray uses the following simple and important reciprocity result. Let $a(x, \frac{\partial}{\partial x})$ be linear differentail operator of degree m with polynomial coefficients. Denote by l the smallest integer number such that $x_0^l a(\frac{x}{x_0}, x_0\xi)$ is a polynomial in $x_0, \dots, x_n, \xi_1, \dots, \xi_n$. Suppose, that $A(x_0, \dots, x_n, \xi) = x_0^l a(\frac{x}{x_0}, x_0\xi)$. The operator $A(-\frac{\partial}{\partial \xi}, \xi) = A(-\frac{\partial}{\partial \xi_0}, \dots, -\frac{\partial}{\partial \xi_n}, \xi)$ is called the Laplace transform of $a(x, \frac{\partial}{\partial x})$.

Let U^*_{-l} be a solution of Cauchy's problem $A(-\frac{\partial}{\partial \xi}, \xi)\, U^*_{-l}(\xi, y) = 1$ and $U^*_{-l}(\xi, y)$ vanishes $(l+m)$ times for $\xi \cdot y = 0$. Then

$$(-\frac{\partial}{\partial \xi_0})^m U^*(\xi, y) = (-\frac{\partial}{\partial \xi_0})^{m+l} U^*_{-l}(\xi, y).$$

The results of Leray (1957b, 58a) on uniformization of unitary solutions of the Cauchy problem are used in an essential in the fundamental work of Leray (1962b) for defining the singular part of the elementary solution for a hyperbolic operator.

An operator $a(x, \frac{\partial}{\partial x})$ of degree m with holomorphic coefficients and with real principal part $g(x, \frac{\partial}{\partial x})$ is said to be hyperbolic, if for any $x \in \mathbb{R}^n$ the characteristic polynomial $g(x, \xi)$ is hyperbolic with respect to ξ.

Let $\Gamma(x)$ be the (convex) cone of all directions p, such that for any line $\xi = p \cdot \lambda + \eta$, with η not proportional to p, the equation $g(x, p\lambda + \eta) = 0$ has m real and distinct roots. The polynomial $g(x, \xi)$ is called hyperbolic in $x \in X$ if the cone $\Gamma(x)$ is not empty.

The famous theorem of J. Hadamard (1923), J. Schauder (1935) and I. Petrowski (1937) states the global existence and uniqueness of an (elementary) solution $E(x, y)$ for the equation

$$a(x, \frac{\partial}{\partial x})\, E(x, y) = \delta(x, y)$$

with condition $\operatorname{supp} E \subset \mathcal{E}(y)$, where $\mathcal{E}(y)$ is the union of all time-like paths, originating from y. A vector at a point $x \in \mathbb{R}^n$ is called time-like if it belongs to the cone $K(x)$ dual to the cone $\Gamma(x)$.

This existence and uniqueness result gives no precise information about the singularities of $E(x, y)$. Such information can be obtained from the following.

Theorem (Leray, 1962b). *The following formula for the elementary solution $E(x, y)$ is valid*

$$E(x,y) = \mathcal{L}(U^*(\xi, y)), \tag{4.3}$$

where $U^*(\xi, y)$ is a unitary solution of the operator a^* adjoint to a.

The generalized Laplace transform, introduced by Leray (1962b), is denoted by $\mathcal{L}$.

Formula (4.3) is a deep analog of the famous F. John formula (1950) for an elementary solution for an elliptic operator with non-constant coefficients.

Since in the survey of Leray (1963b) opening the present volume, the transform $\mathcal{L}$ is carefully defined and its properties are described in detail, we give here only the following main formula

$$\mathcal{L}(U^*(\xi, y)) = \frac{(-1)^{m-n-1}}{2(2\pi i)^{n-1}} \int_h \frac{d^n[U^*(\xi, y)\omega^*(\xi)]}{(d\xi \cdot x)^{n+1}}, \tag{4.4}$$

where the multi-valued $(n-1)$ form under the integral sign is uniformized by a mapping $\xi = \xi(\tau, \eta, y)$ of the form (4.1).

For more complete description and understanding formula (4.4), it is necessary to consider the n-form

$$(\xi \cdot x)^{-n-1} U^*(\xi, y)\omega^*(\xi). \tag{4.5}$$

With the uniformization $\xi = \xi(\tau, \eta, y)$, the form (4.5) is a meromorphic form in the domain

$$\psi = \{(\tau, \eta) \in \mathbb{C}^{n+1} : |\tau|\,|\eta|^{m-1} < \text{const}\},$$

depending on parameters x, y and invariant under the group of transformations

$$(\tau, \eta) \to (\theta^{1-m}\tau, \theta\eta), \quad \theta \in \mathbb{C}.$$

So, it is possible (and necessary) to consider the form (4.5) as a form on the manifold $\tilde{\psi}$, which is the quotient of ψ by the above group of transformations.

Furthermore, the $(n-1)$-form

$$\frac{d^n U^*(\xi, y)\omega^*(\xi)}{(d\xi \cdot x)^{n+1}}$$

appearing under the integral sign (4.4) is determined as the residue-form of n-form (4.5) on the manifold

$$\tilde{x} = \{(\tau, \eta) \in \tilde{\psi} : \xi(\tau, \eta, y) \cdot x = 0\} \subset \tilde{\psi}.$$

The complex manifold $\tilde{\psi}$ contains a unique compact submanifold, namely, the projective subspace

$$y^* = \{(\tau, \eta) \in \tilde{\psi} : \tau = 0\} \subset \tilde{\psi}.$$

It is interesting to note, that this submanifold y^* is exceptional in the sense of H. Grauert (1962).

The cycle under the integral sign (4.4) is an appropriate compact homology class of $\tilde{x}$ relatively to y^*. The class $h = h(\tilde{x}, y^*)$ varies continuously with x, y.

From the Leray formula (4.3), it follows that $E(x, y)$ as a function of x is holomorphic outside of the conoid $K(y)$. Moreover, the principal part of the singularity of $E(x, y)$ can be computed on the conoid $K(y)$.

It is important to note that the fundamental definitions (4.3),(4.4) of the generalized Laplace transform of multi-valued functions use in an essential way properties of the residue of a meromorphic form on a complex manifold with an exceptional submanifold.

The previous result of Leray (1962b), applied to the Tricomi operator of the degree $m \leq n$, gives the following explicit formula for the elementary solution

$$E(x, y) = \frac{(-1)^{n-m}}{(2\pi i)^{n-1}} \int_h \frac{d^{n-m}}{(d\xi \cdot x)^{1+n-m}} \left[e^{-\lambda} \frac{D(\xi_1, \ldots, \xi_n)}{D(\eta_1, \ldots, \eta_n)} \tilde{\omega} \right],$$

where $\xi = \xi(\tau, \eta, y)$ and $\lambda = \lambda(\tau, \eta, y)$ are functions determined in (4.1) and (4.2),

$$\tilde{\omega}(t, \eta) = (1 - m) t d\eta_1 \wedge \ldots \wedge d\eta_n - dt \wedge \omega'(\eta).$$

Formula (4.3), applied to the homogeneous operator with constant coefficients $a(\frac{\partial}{\partial x})$, turns into the Herglotz-Petrowski-Leray formula (1.2) from section 1, since for this case $U^*(\xi, y) = \frac{(\xi \cdot y)^m}{m! a(\xi)}$. Namely, this reduction together with equality (1.1) gives the reason for calling (4.3) the generalized Laplace transform.

The work of Leray (1962b) was generalized to the case of non strictly hyperbolic equations in works of Atiyah-Bott-Gårding (1970,73) and was used by them for developing the Petrowski theory of lacunas for hyperbolic differential operators.

We note further, that recently H. Shapiro (1992) and B. Sternin, and V. Shatalov (1994) have successfully applied Leray's (1957b,62b,63b) theory to classical problems of potential theory.

5. Residue theory

The program of investigations and the results of Leray on the Cauchy problem turned out to be closely connected to the (multidimensional) residue theory. The multidimensional residue theory started actually with H. Poincaré's (1887) work, where he introduced a residue 1-form for any rational 2-form $\frac{P(z,w)}{Q(z,w)} dz \wedge dw$, $(z, w) \in \mathbb{C}^2$ and where the following remarkable theorem was proved: an integral of the rational 2-form with respect to any two-dimensional cycle in the domain $\{(z, w) \in \mathbb{C}^2 : \quad Q(z, w) \neq 0\}$, can be expressed through periods of abelian integrals on the Riemann surfaces determined by the equation $Q(z, w) = 0$.

Poincaré's work gave rise on the one hand to notions of cohomology, necessary in the general Leray residue theory (H. Poincaré, 1895, S. Lefschetz, 1924,

G. de Rham, 1955) and on the other hand led successively I. Fredholm (1900), N.Zeilon (1911), G.Herglotz (1926), I.Petrowski (1945), J.Leray (1953) to remarkable formulas, expressing elementary solutions of (hyperbolic) equations with constant coefficients through periods of abelian integrals.

The obtention of deeper results (Problème de Cauchy IV) and the realization of the program (Problème de Cauchy V) for equations with non constant coefficients required a more complete and careful residue theory, achieved by Leray himself (Problème de Cauchy III).

We give here some key results of this theory. Suppose, that X is a complex manifold of dimension n and S is a complex submanifold of codimension 1.

Proposition and definition (de Rham, 1954; Leray, 1959). If φ is d-closed $C^{(\infty)}$ regular differential form on $X\backslash S$, which has a pole of the first order on S, then in the neighbourhood U_a of any arbitrary point $a \in S$ the form φ is represented as follows:

$$\varphi = \frac{ds_a}{s_a} \wedge \psi + \theta_a,$$

where $s_a(X)$ are determining functions of the manifold S in U_a and ψ_a, θ_a are forms regular in U_a. Moreover, the form $\psi|_S$ is globally and uniquely determined and closed on S. If φ is holomorphic in $X\backslash S$ then the form $\psi|_S$ is holomorphic on S. The form $\psi|_S$ is called the residue-form on S and is denoted by res $[\varphi]$.

Example (Poincaré, 1887). The definition of the Leray residue-form generalizes the mapping residue, introduced by Poincaré for the following important special case.

Let $X = \mathbb{C}^n$, $S = \{z \in \mathbb{C}^n : \ s(z) = 0\}$ be a smooth complex hypersurface and $\varphi = \frac{f(z)dz_1\wedge\ldots\wedge dz_n}{s(z)}$, where $f(z)$, $s(z)$ are holomorphic functions , $z \in \mathbb{C}^n$.

Thus,

$$\text{(5.1)} \qquad \operatorname{res}[\varphi] = (-1)^j f(z) \frac{dz_1 \wedge \ldots \wedge \hat{dz_j} \wedge \ldots \wedge dz_n}{\frac{\partial s}{\partial z_j}}$$

at points $z \in S$, where $\frac{\partial s}{\partial z_j} \neq 0$.

In applications, including applications to the Cauchy problem, it is impossible to avoid the situation where the submanifold S, where the residue must be considered, has singularities. Already for the simplest but very important case, when $S \subset X$ has isolated double quadratic points and φ is a holomorphic p-form on $X\backslash S$ with a pole of the first order on S, de Rham (1954) and Leray (1959b) remark with regard to formula (5.1) that the residue-form res $[\varphi]$ is holomorphic at singular points Sing $S \subset S$ iff either $p < n = \dim_{\mathbb{C}} X$, or $p = n$ and the coefficient of n-form $\varphi(x) \cdot s(x)$ vanishes on Sing S.

Here we encounter the emergence of non-trivial facts of the theory of residue-currents theory, started already in works of L. Schwartz (1953), P. Lelong (1954), M. Atiyah, W. Hodge (1955) and continued under the influence of Leray's work (1959b) by M. Herrera, P. Liberman (1971), P. Dolbeault (1971), N. Coleff, M. Herrera (1978) and by their successors (A. Dickenstein, C. Sessa (1985), M. Passare (1988), A. Yger (1987), A. Tsikh (1988)).

The central fact of this theory is the following. To each meromorphic n-form $\frac{f}{g}$ on X corresponds a current $[\frac{f}{g}]$, defined by the formula

$$< [\frac{f}{g}], \varphi >= \lim_{\varepsilon \to 0} \int_{|g|>\varepsilon} \frac{f}{g} \wedge \varphi,$$

where φ is a regular $(0, n)$-form with compact support in X. The existence of the latter limit, for the general case, is provided by the theorem of Herrera-Liberman (1971), using the theorem on resolution of singularities of H. Hironaka (1964). From the given result it follows that for any regular $(0, n-1)$ -form ψ with compact support in X, we have

$$(5.2) \qquad < \bar{\partial}[\frac{f}{g}], \psi >= \lim_{\varepsilon \to 0} \frac{1}{2\pi i} \int_{|g|=\varepsilon} \frac{f}{g} \wedge \psi.$$

Suppose, further, that the form f/g has a pole of the first order on $S = \{x \in X : g(x) = 0\}$. Then the last limit can be calculated through the Leray residue-form $\operatorname{res}[\frac{f}{g}]$. Namely, using the Stokes formula and the Coleff-Herrera theorem (1978) one can obtain the equality

$$(5.3) \quad \lim_{\varepsilon \to 0} \frac{1}{2\pi i} \int_{\{x\in X:\ |g|=\varepsilon\}} \frac{f}{g} \wedge \psi = \lim_{\delta \to 0} \int_{\{x\in S:\ \left|\frac{\partial g}{\partial z_j}\right| \geq \delta\}} \operatorname{res}[\frac{f}{g}] \wedge \psi, \quad 1 \leq j \leq n.$$

If a manifold S has no singularities, then $\operatorname{res}[\frac{f}{g}]$ is a holomorphic $(n-1)$-form on S and formula (5.3) is equivalent to the Leray (1959) residue formula for holomorphic n-form with a pole of the first order on S.

If a manifold S has singularities $\operatorname{Sing} S$ then the form $\operatorname{res}[\frac{f}{g}]$ is, in general, meromorphic on S (with poles on $\operatorname{Sing} S$). However, the form $\operatorname{res}[\frac{f}{g}]$ is nevertheless always dual holomorphic in the sense that the current $\operatorname{res}[\frac{f}{g}] \wedge \frac{i}{\pi}\partial\bar{\partial}\log|g|$ is $\bar{\partial}$- closed. If X is the Stein manifold then the latter property characterizes those meromorphic forms on a closed hypersurface $S \subset X$, which can be residues of forms $\frac{f}{g}$ on $X \backslash S$. In particular, for the case $\dim_{\mathbb{C}} S = 1$, only abelian differentials in the sense of M. Rosenlicht (1954) can be residues on S.

Example (Poincaré, 1899; Lelong, 1954). Developing the Poincaré construction, Lelong proved the following important special case (5.2),(5.3). For any meromorphic function f on X the Poincaré-Lelong formula

$$< \bar{\partial}\frac{df}{f}, \psi >= \pi i \sum_{\nu} \gamma_\nu \int_{S_\nu} \psi = \pi i([S], \psi),$$

where ψ is a regular $(n-1, n-1)$-form with compact support, $S = \cup_\nu \gamma_\nu S_\nu$ is a divisor on X, consisting of components $\{S_\nu\}$ of zeros and poles of the function f with multiplicities $\{\gamma_\nu\}$.

The following proposition of Leray (1959b) allows for residues, having a purely cohomological nature to reduce all calculations to the case of forms with poles of the first order.

Proposition-Definition (Leray, 1959b). For each closed regular differential form φ on $X\backslash S$, there exists a form $\tilde{\varphi}$ cohomologous to φ and having on S a pole of the first order. Moreover, the cohomology class of the form $\operatorname{res}[\tilde{\varphi}]$ depends only on the cohomology class of the form φ. The cohomology class of the form $\operatorname{res}[\tilde{\varphi}]$ is called the residue-class of the form φ and is denoted by $\operatorname{Res}[\varphi]$. Thus, a homomorphism of cohomology spaces is determined

$$\operatorname{Res} H^p(X\backslash S) \to H^{p-1}(S).$$

The Leray proposition is well supplemented by the following algebraic de Rham theorem (A.Grothendieck (1966)).

Let X be a compact algebraic manifold and $S \subset X$ be a positive divisor. Then the ring of de Rham cohomologies of the affine algebraic manifold $U = X\backslash S$ is generated by rational forms on X with poles on S.

Example (Leray, 1959b). Let $X = \mathbb{C}P^{n-1} \times \mathbb{C}P^{n-1}$, $S = \{(\xi, z) \in \mathbb{C}P^{n-1} \times \mathbb{C}P^{n-1} : \ \xi \cdot z = 0\}$, $\varphi = \frac{\omega'(\xi)\wedge\omega'(z)}{(\xi\cdot z)^n}$.

The residue-class of this meromorphic form does not contain holomorphic forms. This is a fundamental observation implying, for example, from the Cauchy-Fantappiè-Leray formula, that in the general residue theory of holomorphic forms on analytic manifolds, one is forced to consider functions and forms not necessarily analytic.

This example of a holomorphic form φ on an affine algebraic manifold $X\backslash S$ with a singularity of finite order on S and non cohomologous to a holomorphic form with a pole of the first order on S is rather a rule than an exception.

Developing this phenomenon, using the above formulated the Grothendieck result, P. Griffiths (1969) has obtained a deep residue-theoretic interpretation of the Hodge theory for a smooth algebraic hypersurface $M \subset \mathbb{C}P^n$. In particular, for any rational n-form φ having a pole of order $\leq p+1$ on M the corresponding residue-class $Res[\varphi]$ belongs to the space

$$\bigoplus_{q\leq p} H^{n-q-1,q}(M)$$

and conversely any element of the latter space (besides $[\mathbb{C}P^{(n-1)/2} \cap M]$ from $H^{(n-1)/2,(n-1)/2}(M)$, if n is odd) can be obtained as the residue of an appropriate rational n-form with pole of order $\leq p+1$ on M.

In order to formulate the general Leray residue-formula it is necessary to introduce the definition of the Leray co-boundary.

Definition (Leray, 1959b). Consider a tubular neighbourhood V of submanifold $S \subset X$, which is a locally trivial bundle with base S and fiber V_a, $a \in S$, homeomorphic to the disc. To each $(p-1)$-dimensional element of a $(p-1)$-chain σ_{p-1} in S corresponds p-dimensional chain in $X\backslash S$ of the form

$$\delta\sigma_{p-1} = \cup_{a\in\sigma_{p-1}} \delta a, \quad \text{where} \quad \delta a = \partial V_a,$$

homeomorphic to $\partial V_a \times \sigma_{p-1}$ with a natural orientation. Since $\partial\delta = -\delta\partial$, we have the co-boundary Leray homomorphism of homology groups

$$\delta : \quad H_{p-1}(S) \to H_p(X \backslash S).$$

If a family $S_1, \ldots, S_m$ of submanifolds of co-dimension 1 is in general position, then a multiple co-boundary homomorphism is well defined

$$\delta^m : \quad H_{p-m}(S_1 \cap \ldots \cap S_m) \to H_p(X \backslash (S_1 \cup \ldots \cup S_m)),$$

and anti-commutative relative to the order $S_1, \ldots, S_m$. The homomorphism δ^{-1} was firstly defined by Poincaré (1887).

The residue-formula (Leray, 1959b). *Under the conditions of the previous definition, for an arbitrary closed p-form φ on $X \backslash (S_1 \cup \ldots \cup S_m)$ and for a cycle $\sigma \in Z_{p-m}(S_1 \cap \ldots \cap S_m)$ we have the residue formula*

$$\int_{\delta^m \sigma} \varphi = (2\pi i)^m \int_\sigma \mathrm{Res}^m[\varphi]. \tag{5.4}$$

In applications of the residue formula, the following very simple algorithm for reducing a polymeromorphic form φ to a cohomologous form having a pole of the first order is useful.

Proposition (Leray, 1959b, Z. Shapiro, 1958). Let submanifolds S_j be represented in a neighbourhood V of the set $S_1 \cap \ldots \cap S_m$ be represented by equations $s_j(z) = 0$, where s_j are functions holomorphic in V, $j = 1, \ldots, m$. If a form $\varphi \in Z^p(X \backslash (S_1 \cup \ldots \cup S_m))$ in V is represented as

$$\varphi = \frac{ds_1 \wedge \ldots \wedge ds_m \wedge \omega}{s_1^{r_1+1} \ldots s_m^{s_m+1}},$$

then

$$\mathrm{Res}^m[\varphi] \ni \frac{1}{r_1! \ldots r_m!} \frac{\partial^{r_1+\ldots r_m} \omega}{\partial s_1^{r_1} \ldots \partial s_m^{r_m}}\bigg|_{S_1 \cap \ldots \cap S_m},$$

where $\frac{\partial^{r_1+\ldots r_m} \omega}{\partial s_1^{r_1} \ldots \partial s_m^{r_m}}$ is recurrently found from the equality

$$d\omega = ds_1 \wedge \frac{\partial \omega_1}{\partial s_1} + \ldots + ds_m \wedge \frac{\partial \omega}{\partial s_m},$$

resulting from the condition that φ be closed:

$$d\omega \wedge ds_1 \wedge \ldots ds_m = 0.$$

Useful generalization of the Leray residue-formula for the case of complex (respectively real-analytic) submanifolds of arbitrary co-dimension were obtained by F. Norguet, J. King and J. Poly.

Let S be complex (respectively real-analytic) submanifolds of co-dimension q in the complex (respectively real-analytic) manifold X, i.e. for any $a \in S$ there exists a neighbourhood U_a such that

$$S \cap U_a = \{z \in U_a : \quad s_1(z) = \ldots = s_q(z) = 0\},$$

where s_j are holomorphic (respectively real-analytic) functions in U_a and $ds_1 \wedge \ldots \wedge ds_q \neq 0$ on U_a.

A differential form $\tilde{\varphi}$, regular in $X \backslash S$, is called simple if there exist forms ψ and θ, regular in neighbourhood $V(S)$, such that

$$\tilde{\varphi}|_{V(S)} = \omega'\left(\frac{\bar{s}}{|s|^2}\right) \wedge \psi + \theta, \tag{5.5}$$

where

$$\bar{s} = (\bar{s}_1, \ldots, \bar{s}_q), \quad |s|^2 = \sum_{j=1}^{q} |s_j|^2.$$

Let $\delta : \ H_{p-2q+1}(S) \to H_p(X)$ be the co-boundary homomorphism induced by the mapping $a \mapsto \delta a = \partial V_a, \ a \in S$, where V_a is $2q$-dimensional ball-fiber of the locally-trivial neighbourhood bundle $V(S) \to S$ with base S.

The residue-formula (Norguet (1964, 1971), King (1970), Poly (1972)). *Any closed p-form φ on $X \backslash S$ is cohomologous to some closed simple form $\tilde{\varphi}$ on $X \backslash S$ of the type* (5.5). *Moreover, for any cycle $\sigma \in Z_{p-2q+1}(S)$ we have the residue-formula*

$$\int_{\delta\sigma} \varphi = \int_{\delta\sigma} \tilde{\varphi} = \frac{(2\pi i)^q}{(q-i)!} \int_{\sigma} \psi|_S. \tag{5.6}$$

Example (Martineau, 1960-61, Tsuno, 1982). The residue-formula (5.6), extended to the case $X = \mathbb{C}^n, \ \ S = \mathbb{R}^n$, and φ a $\bar{\partial}$-closed $(0, n-1)$-form on $X \backslash S$ leads to the clearest interpretation of hyperfunctions of M. Sato (1959-60). Namely, for this case the mapping

$$\text{Res}: \quad [\varphi] \mapsto \Phi(x) = \text{Res}\,[\varphi](x) = \lim_{\varepsilon \to 0} \int_{\{\theta \in \mathbb{R}^n: \ |\theta|=1\}} \varphi(x + i\varepsilon\theta)$$

realizes an isomorphism of cohomologies $[\varphi] \in H^{0,n-1}(\mathbb{C}^n \backslash \mathbb{R}^n)$ and of hyperfunctions Φ on $\mathbb{R}^n$.

For the present case, φ is $\bar{\partial}$-cohomologous to the $\bar{\partial}$-closed simple form $\tilde{\varphi}$, iff $\text{Res}\,[\varphi] = \Phi$ is a smooth function on $\mathbb{R}^n$.

If Φ has compact support then a simple form $\tilde{\varphi}$, equivalent to φ, can be taken of the following type

$$\tilde{\varphi}(z) = \frac{(n-1)!}{(2\pi i)^n} \int_{x \in \mathbb{R}^n} \Phi(x) \omega'\left(\frac{\overline{z-x}}{|z-x|^2}\right) \wedge dx, \quad z \in \mathbb{C}^n \backslash \mathbb{R}^n.$$

We describe some important applications of the Leray residue theory.

Leray (1959b, 62b) applied the residue theory to the investigation of concrete integrals depending on parameters arising from solving the Cauchy problem (section 4).

The techniques of Leray (1959, 62) in combination with the Grothendieck algebraic de Rham theorem allowed Atiyah-Bott-Gårding (1970, 73) to clarify and to develop the Petrowski theory of lacunas for hyperbolic differential operators.

F. Pham (1967) developed Leray's investigation in a more general context. Namely, one can consider the integral $I(t) = \int_{x\in\gamma} \omega(x,t)$ of a rational (algebraic) differential p-form $\omega(x,t)$ depending algebraicly on the parameter $t \in T$, over a p-cycle γ of an algebraic manifold X, where γ does not intersect the singularity $S(t)$ of the form $\omega(x,t)$.

It was proved that an integral $I(t)$ is a (multivalued) analytic function of the parameter t outside of an analytic manifold $L \subset T$, called the Landau manifold. L. Landau (1959) considered such manifolds ("apparent contours") while investigating singularities of Feymann integrals. The nature of the singularity of the integral $I(t)$ near the Landau manifold was examined. For the case considered by Leray, the singularities $\omega(z,t)$ have the form of poles on the hypersurface $S(t) = \{x \in X : \ s(x,t) = 0\}$ depending linearly on t. To the Landau manifold corresponds the manifold L of those values t, where S_t has a singular (double quadratic) point. For this case Leray (1959b), applying the Picard-Lefchetz formula and a residue-formula, prove the following .

Let $p = n = \dim_{\mathbb{C}} X$. Then going around the manifold L along a simple loop, beginning and ending in a point $t_0 \in T\backslash L$, the integral $I(t_0)$ turns into

$$I(t_0) + (-1)^{\frac{(n-1)(n-2)}{2}}(2\pi i)N \int_e \operatorname{Res}\omega(x,t),$$

where e is a so called $(n-1)$-dimensional "vanishing" cycle on S_{t_0} and N is the linking index of e with γ. Hence, Leray (1959b) obtains explicit formulas for the singular part $I(t)$ in the neighbourhood of L. As singularities of this integral, only poles, algebraic singularities of the second order or logarithmic singularities can appear.

Further, Leray (1967a), generalizing the work of N. Nilsson (1964), applied the residue theory to the investigation of singularities of integrals of the large class of multivalued analytic forms, whose singularities form algebraic submanifolds.

More precisely, Nilsson (1964) and Leray (1967a) consider p-forms $\omega(z,t)$, $z \in \mathbb{C}P^n$, depending on the parameter $t \in \mathbb{C}^N$ and having algebraic singularities, i.e. admitting a holomorphic extension to simply connected coverings of complements to algebraic hypersurfaces. Moreover, in $\mathbb{C}P^n \times \mathbb{C}^N$ they consider algebraic hypersurfaces

$$V_j(t) = \{(z,t) \in \mathbb{C}P^n \times \mathbb{C}^N : \ v_j(z,t) = 0\}, \ j = 1,\dots,m,$$

hyperplanes

$$W_k(t) = \{(z,t) \in \mathbb{C}P^n \times \mathbb{C}^N : \ w_k(t)\cdot z = 0\}, \ k = 1,\dots,l,$$

algebraically depending on $t \in \mathbb{C}^N$, and relative $(p-m)$-cycles $\gamma^{p-m}(t)$ on

$$V(t) = V_1(t) \cap \ldots \cap V_m(t) \ \text{ respectively } \ W(t) = \cup_{k=1}^{l} w_k(t),$$

depending continuously on $t \in \mathbb{C}^N$

Further, they investigate integrals of the type

$$J(t) = \int_{\gamma^{p-m}} \operatorname{Res} \frac{\omega(z,t)}{v_1^{p_1}(z,t)\dots v_m^{p_m}(z,t)}.$$

For the simplest and important case $p = n$ the main result of this investigation is that the function $J(t)$ has algebraic singularities on $\mathbb{C}^N$, i.e. admits holomorphic extension to the universal covering of the complement to some algebraic hypersurface in $\mathbb{C}^N$. If, in addition, the branches ω are linear combinations of a finite number of branches then the branches $J(t)$ are also linear combinations of a finite number of branches.

Leray (1967a) remarked that this result in combination with results of Leray (1962b) is immediately applicable to the investigation of (algebraic) singularities of fundamental solutions of hyperbolic equations.

Among more recent investigations on this subject we note the works of Nilsson (1980), J. Vaillant (1986) and E. Andronikof (1992). For other fundamental applications of the Leray residue theory to analysis and geometry see in D. Zeilberger (1978), L. Aizenberg, A. Yuzhakov (1983), P. Dolbeault (1990), A. Tsikh (1992), C. Berenstein, R. Gay, A. Vidras, and A. Yger (1993).

6. Cauchy-Fantappiè-Leray formulas

There are many different generalizations of the Cauchy formula (1831) for functions of one complex variable to analytic functions of several complex variables (Cauchy (1841), S. Bergman (1922,34), A. Weil (1932, 35), E. Martinelli (1938, 43), S. Bochner (1943, 44), L. Fantappiè (1943), Hua Lo Ken (1958)....)

During a long time it remained unclear which integral representation seemed to be a true multidimensional analog of the classical Cauchy formula.

Leray (1956d, 59b), developing on the one hand the Herglotz-Petrowski-Leray (1953a) formula and on the other hand the theory of the analytic Fantappiè functionals (1943), found the formula (called by him the Cauchy-Fantappiè formula), which was later found to include, as particular cases, all possible integral representations for functions of several complex variables.

Let Ω be a domain in $\mathbb{C}^n_z$ with coordinates $z = (z_1, \dots, z_n)$. Consider the projective space $\mathbb{C}P^n_\xi$ with homogeneous coordinates $\xi = (\xi_0, \xi_1, \dots, \xi_n)$. In $\mathbb{C}P^n_\xi \times \Omega$ we consider the submanifolds

$$Q = \{(\xi, z) \in \mathbb{C}P^n_\xi \times \Omega : \ <\xi \cdot z>= 0\}$$
$$P_w = \{(\xi, z) \in \mathbb{C}P^n_\xi \times \Omega : \ <\xi \cdot w>= 0\},$$

where w is a point fixed in Ω.

Let $H(Q\backslash P_w)$ denote the homology class on $Q\backslash P_w$ that contains the cycles whose projections onto $\Omega\backslash\{w\}$ are homologous to $\partial\Omega$. Let h_w be a cycle belonging to $H(Q\backslash P_w)$.

First Cauchy-Fantappiè-Leray formula (Leray 1956, 1956d). *For any function $f \in \mathcal{H}(\Omega)$, i.e. holomorphic function in the domain Ω we have*

$$(6.1) \qquad f(w) = \frac{(n-1)!}{(2\pi i)^n} \int_{h_w \in H(Q \setminus P_w)} \frac{f(z)\,\omega'(\xi) \wedge \omega(z)}{<\xi \cdot w>^n}.$$

This remarkable formula is both fundamental and simple. What really matters for proving it is to note that the differential form under the integral sign is closed on $Q \setminus P_w$. So, it is sufficient to verify (6.1) for some one cycle $h_w \in H(Q \setminus P_w)$. If as h_w we take the graph of the mapping $z \mapsto \xi(z) = \bar{z} - \bar{w}$, where z belongs to a small sphere with center in w, then the formula (6.1) turns into the classical formula for the average value of a harmonic function.

The residue formula transforms the formula (6.1) into the following.

Second Cauchy-Fantappiè-Leray formula (Leray, 1959b). *If h_w is a cycle from the homology class $H(Q \cap P_w)$, containing the cycle $\{(\xi, z) \in Q \cap P_w : z = w\}$ then*

$$(6.2) \qquad f(w) = \frac{(-1)^{n(n-1)/2+1}}{(2\pi i)^{n-1}} \int_{h_w \in H(Q \cap P_w)} \frac{d^{n-1}[f(z)\,\omega'(\xi) \wedge \omega(z)]}{[d<\xi \cdot w>]^n}.$$

The Stokes formula transforms the formula (6.2) into the following.

Third Cauchy-Fantappiè-Leray formula (Leray, 1959b). *If h_w is a cycle from the homology class $H(P_w, Q)$ such that ∂h_w is homologous to the cycle $\{(\xi, z) \in Q \cap P_w \ : \ z = w\}$, then*

$$(6.3) \qquad f(w) = \frac{(-1)^{n(n-1)/2+1}}{(2\pi i)^{n-1}} \int_{h_w} \frac{d^n[f(z)\omega^*(\xi) \wedge \omega(z)]}{[d<\xi \cdot w>]^{n+1}}.$$

Comparing formulas (6.3) and (2.2) leads to the very important observation, that (6.3) is a particular case of (2.2), when $m = 0$ and $a(\xi, x) \equiv 1$.

Leray (1959b) estimates the usefulness of these formulas rather reticently: "La formule de Cauchy-Fantappiè....permet de calculer quelques résidus".

The universal character of the Cauchy-Leray formulas (6.1)-(6.3) is that almost all known (and unknown) integral formulas turn out to be special cases for some choice of the cycle h_w in (6.1)-(6.3) and the representative forms in the residue classes in (6.2),(6.3).

The choice of the cycle h_w in the homology class $H(Q \setminus P_w)$ or $H(Q \cap P_w)$ or $H(P_w, Q)$ or the choice of the residue form in the class

$$\frac{d^{n-1}[f(z)\omega'(\xi) \wedge \omega(z)]}{[d<\xi \cdot w>]^n} \quad \text{or} \quad \frac{d^n[f(z)\omega^*(\xi) \wedge \omega(z)]}{[d<\xi \cdot w>]^{n+1}}$$

is a problem, which requires special consideration.

What really mattered, for most problems connected with the Cauchy problem and considered by J.Leray himself, was only the choice of the the homology classes $H(Q \setminus P_w)$, $H(Q \cap P_w)$, or $H(P_w, Q)$, and not the choice of cycles in them. Nevertheless, for the case of convex domains with smooth boundary $D = \{z \in \mathbb{C}^n \ : \ \rho(z) < 0\}$, Leray (1956d) himself found a rather successful realization of the formula (6.1). Namely, for this case, as a cycle h_w in (6.1) one can take the graph of the mapping

$$z \mapsto \xi(z) = \{\xi_0(z), \xi_1(z), \ldots, \xi_n\}; \quad \text{where } \xi'(z) = \{\xi_1(z), \ldots, \xi_n(z)\},$$

$$\xi_j(z) = \frac{\partial \rho}{\partial w_j}(z), \quad j = 1, 2, \ldots, n,$$

$$\xi_0(z) = -\sum_{j=1}^{n} z_j \frac{\partial \rho}{\partial w_j}(z).$$

Then (6.1) takes the form

$$f(w) = \frac{(n-1)!(-1)^n}{(2\pi i)^n} \int_{z \in bD} \frac{f(z)\omega'(\xi(z)) \wedge \omega(z)}{< \xi(z) \cdot w >^n}, \tag{6.4}$$

where $f \in \mathcal{H}(D) \cap C(\bar{D}), \quad w \in D$.

Having obtained formulas (6.1)–(6.4), J.Leray (1959b) remarks

"L. Fantappiè a plus généralement exprimé $f(w)$ comme de puissances p-ièmes de fonctions linéaires de w (p: entier négatif); d'ou l'un des résultats essentiels de sa théorie des "fonctionnelles linéaires analytiques": une telle fonctionnelle $\mathcal{F}[f]$ est connue quand on connaît les valeurs qu'elle prend lorsque f est la puissance p-ième d'une fonction linéaire. Quand $p = -n$ ce théorème de L.Fantappiè s'explicite de façon particulièrement simple: c'est la formule...., que j'ai énoncée dans la Note (1956d), ..."

We formulate here still two more significant applications of the Leray formula (6.4): to the theory of the analytic Fantappie-Martineau functionals and to the "fundamental principle" of Euler-Ehrenpreis-Palamodov.

Let D be a linearly concave domain in $\mathbb{C}P^n$ in the sense that for every $z \in D$ there exists a projective hyperplane $\mathbb{C}P^{n-1}_{\xi(z)} = \{w \in \mathbb{C}P^n : \ \xi(z) \cdot w = 0\}$ depending continuously on z, passing through the point z and contained in D. The compact set $K = \mathbb{C}P^n \backslash D$ is called linearly convex. Suppose, $\{w_0 = 0\} \subset D$. The set of projective hyperplanes, contained in D, forms in the dual space $(\mathbb{C}P^n)^*$ an open set D^* said to be dual to D.

Let $M = \{z \in \mathbb{C}P^n : \ \tilde{P}_1(z) = \ldots = \tilde{P}_r(z) = 0\}$ be k-dimensional algebraic subset of $\mathbb{C}P^n$ of the dimension k, where the homogeneous polynomials $\tilde{P}_1$, $\tilde{P}_2, \ldots, \tilde{P}_r$ are such that rank $[\operatorname{grad} \tilde{P}_1, \ldots, \operatorname{grad} \tilde{P}_r] = n - k$ almost everywhere on M.

Let $\mathcal{H}^*(K)$ denote the space of linear functionals on the space $\mathcal{H}(K)$ of holomorphic functions on K. For the functional $\mu \in \mathcal{H}^*(K)$ we define the Fantappiè indicatrix as the function

$$f(\xi) = \mathcal{F}\mu(\xi) = < \mu, \frac{z_0}{\xi \cdot z} >, \quad \xi \in D^*.$$

We have $f \in \mathcal{H}(D^*, \mathcal{O}(-1))$, where $\mathcal{O}(l)$ denotes the line bundle over $(\mathbb{C}P^n)^*$, the sections of which are functions of $(\xi_0, \xi_1, \ldots, \xi_n)$ homogeneous of degree l.

The main result of the theory of analytic functionals of A. Martineau (1962, 67) can be formulated as follows:

i) the mapping $\mu \mapsto \mathcal{F}\mu$ realizes an isomorphism between the space $\mathcal{H}^*(K)$ and the space $\mathcal{H}(D^*, \mathcal{O}(-1))$.

In the original work Fantappiè (1943), this result was, mainly, proved for the case when K is a polydisc.

The main application of analytic functionals according to Fantappiè (1943, 56) consists of different methods of integration of partial differential equations with constant coefficients , including an explicit solution of the Cauchy problem.

This application in its generalized form can be summarized as the following result (Henkin (1995)):

ii) The functional $\mu \in H^*(K)$ has support on $K \cap M$ iff its indicatrix of Fantappiè $f = \mathcal{F}\,\mu$ satisfies the system of differential equations

$$\tilde{P}_j\left(\frac{d}{d\xi}\right) f(\xi) = 0, \quad j = 1, 2, \ldots, r. \tag{6.5}$$

Suppose, further, M be a complete intersection (i.e. $r = n - k$) and $D = \cup D_\varepsilon$, where D_ε are linearly concave domains with smooth boundaries, compactly supported in D and $D_{\varepsilon_1} \supset D_{\varepsilon_2}$ for $\varepsilon_1 < \varepsilon_2$.

iii) In this case the solution $f(\eta)$, $\eta \in D^*$ of the system (6.5) from the space $\mathcal{H}(D^*, \mathcal{O}(-1))$ can be represented by the following "sum" of elementary solutions

$$\frac{1}{\eta_0 + \eta' \cdot z}, \quad z \in (bD_\varepsilon) \cap M, \quad \varepsilon < \varepsilon_0,$$

(6.6)

$$f(\eta) = \frac{(-1)}{(2\pi i)^k (k-1)!} \int_{z \in (bD_\varepsilon) \cap M} \frac{\det\left[Q(z,D), \xi'(z), \bar{\partial}\,\xi'(z)\right] \frac{\partial^{k-1} f(\xi(z))}{\partial \xi_0^{k-1}} \wedge dP \rfloor dz}{\eta_0 + \eta' \cdot z},$$

where $z \mapsto \xi(z)$ is the mapping as in the Leray formula (6.4),

$$D = \left\{\left(\frac{\partial}{\partial \xi_0}\right)^{-1} \cdot \frac{\partial}{\partial \xi_1}, \ldots, \left(\frac{\partial}{\partial \xi_0}\right)^{-1} \frac{\partial}{\partial \xi_n}\right\},$$

$$P_j(z) = \tilde{P}_j(1, z_1, \ldots, z_n), \quad j = 1, 2, \ldots, n-k,$$

$$dP \rfloor dz = \operatorname{res} \frac{dz_1 \wedge \ldots \wedge dz_n}{P_1 \ldots P_{n-k}},$$

$$\det\left[Q(z,w), \xi'(z), \bar{\partial}\xi'(z)\right] \stackrel{\text{def}}{=}$$

$$\det\left[Q^{(1)}(z,w), \ldots Q^{(n-k)}(z,w), \xi'(z), \bar{\partial}\xi'(z), \ldots, \bar{\partial}\xi'(z)\right],$$

$$Q^{(j)}(z,w) = \{Q_1^{(j)}(z,w), \ldots, Q_n^{(j)}(z,w)\}, \quad z, w \in \mathbb{C}^n,$$

are polynomials such that

$$P_j(z) - P_j(w) = \langle (z-w) \cdot Q^{(j)}(z,w) \rangle, \quad j = 1, 2, \ldots, n-k.$$

The result (ii) can be interpreted as a variant of the Euler (1743), Ehrenpreis (1956-1960, 70) Palamodov (1961, 67) and also R.Gay (1980) "fundamental principle" for the Fantappiè transforms instead of the classical Fourier-Laplace transform.

The result (iii) is an explicit version of (ii) in the spirit of the explicit version of the "fundamental principle" in the Berndtsson-Passare (1989) paper.

The formula (6.6) can be considered on the one hand as a generalized Leray formula (6.4) and on the other hand as an analog of the Leray formula (2.2).

For other fundamental applications of the Cauchy-Fantappiè-Leray formula to functional analysis, to partial differential equations, to complex analysis and to complex integral geometry see L. Waelbroeck (1960), J. Leray (1961), W. Koppelman (1967), N. Bourbaki (1967), J. Bony (1976), B. Berndtsson (1983, 91), L. Aizenberg and A. Yuzhakov (1983), G. Henkin and J. Leiterer (1984), M. Range (1986), I. Lieb and M. Range (1987), D. Schiltz (1988), G. Henkin (1990, 95), B. Sternin and V. Shatalov (1994), A. D'Agnolo and P. Schapira (1996), M. Anderson (1996) and S. Rigat (1997).

7. The strengthened Cauchy-Kowalewska theorem and the ramified Cauchy problem

The theory of the ramified Cauchy problem is based on the quantitative refinement of the Cauchy-Kowalewska theorem obtained by Leray as a lemma in the proof of his uniformization theorem (section 3). The following statement, which is only the first lemma in the first article of the series (Problème de Cauchy I-VI), is, strange though it may seem, one of the most frequently cited statements among the numerous results of Leray on the Cauchy problem.

Lemma (Leray, 1957b). *Let $a(x, \frac{\partial}{\partial x})$ be a differential operator of degree m with holomorphic coefficients in the ball $B_n(0, R) = \{x \in \mathbb{C}^n : \ \|x\| < R\}$. Let $g(x, \frac{\partial}{\partial x})$ be the principal part of $a(x, \frac{\partial}{\partial x})$. Let $S = \{x \in B_n(0, R) : \ s(x) = 0\}$, where $s(x) = x_1$. Then, the solution $u(x)$ of the Cauchy problem* (3.1) *is holomorphic in the ball $B_n(0, \theta R)$, where*

$$\theta = \frac{1}{12mn} \frac{|g(0, \frac{\partial s}{\partial x})|}{\sup_{\|x\|=R,\ \|p\|=1} |g(x, p)|}.$$

On the one hand this lemma refines versions of the Cauchy-Kowalewska theorem due to J. Schauder (1935) and I. Petrowski (1937) and on the other hand this theorem was repeatedly refined in works of P. Rosenbloom (1961), L. Hörmander (1963), L. Gårding, T. Kotake, J. Leray (1964) and so on.

Before passing to applications of this Lemma to the ramified Cauchy problem we give three further fundamental generalizations of this Lemma.

We shall start with a result about the possibility of solving a nonhomogeneous linear differential equation with holomorphic coefficients in the neighbourhood of a non-characteristic point of the boundary.

Theorem (Bony-Schapira, 1972). *Consider a linear differential equation with holomorphic coefficients $a(x, \frac{\partial}{\partial x})\, f = \varphi$ in a domain $\Omega = \{x \in \mathbb{C}^n : \ \rho(x) < 0\}$ with a smooth boundary $b\Omega = \{x \in \mathbb{C}^n : \ \rho(x) = 0\}$.*

Let the real hypersurface $b\Omega$ be non-characteristic with respect to the operator $a(x, \frac{\partial}{\partial x})$ at the point $x_0 \in b\Omega$, i.e. let $g(x_0, \frac{\partial \rho}{\partial x}(x_0)) \neq 0$. Then, there exists a *neighbourhood* U_{x_0} *of the point* x_0 *and a holomorphic function* $f_0 \in \mathcal{O}(\Omega \cap U_{x_0})$ *such that* $a\left(x, \frac{\partial}{\partial x}\right) f_0 = \varphi$.

The following result is the most complete and exact generalization of the above Leray lemma both regarding the statement as well as the method of proving.

Let Ω be a connected complex n- dimensional manifold, $x' = (x_1, \ldots, x_n)$ be local coordinates of the point $x' \in \Omega$. Let Ω_0 be a 1-connected domain in $\mathbb{C}$. Let $T(\Omega)$ and $T^*(\Omega)$ be the tangent and cotangent bundles to Ω. We provide Ω, $T(\Omega)$ and $T^*(\Omega)$ respectively with Riemannian metrics.

Let $X = \Omega_0 \times \Omega$ and $x = (x_0, x')$, $x_0 \in \Omega_0$, $x' \in \Omega$. Let $a\left(x, \frac{\partial}{\partial x}\right)$ be a differential operator of order m with holomorphic coefficients on X and with principal part $g\left(x, \frac{\partial}{\partial x}\right)$. Suppose that for any $\alpha \in \Omega_0$ the complex hypersurface $\alpha \times \Omega = \{(x_0, x') \in X : \quad x_0 = \alpha\}$ is non- characteristic for $a\left(x, \frac{\partial}{\partial x}\right)$. We represent the characteristic polynomial $g(x, \xi)$ in the form

$$g(x, \xi) = \sum_{r=0}^{m} g_r(x_0, x', \xi')\, \xi_0^r, \quad \text{where } \ \xi' \in \Gamma^*_{x'}(\Omega).$$

Let $\rho(x_0, x', \xi')$ be a non-negative root of the equation:

$$\sum_{r=0}^{m-1} |g_r(x_0, x', \xi')| \rho^r = |g_m(x_0, x')|\, \rho^m.$$

Set

$$\rho_{x_0} = \sup_{\{(x', \xi') \in T^*(\Omega):\ |\xi'|=1\}} \rho(x_0, x', \xi').$$

Theorem (Hamada, Leray, Takeuchi, 1985). *Suppose, that the Riemannian metric on* Ω *is such that the function* $x_0 \mapsto \rho_{x_0}$ *is locally bounded (this condition certainly holds if we replace the given metric by a conformally equivalent metric increasing at infinity (i.e. at* $b\Omega$*) rather rapidly) . Then the Cauchy problem*

$$(7.1) \qquad a\left(x, \frac{\partial}{\partial x}\right) u(x) = v(x); \ u(x) = O(|x_0 - \alpha|^m), \ \alpha \in \Omega_0$$

has a unique solution holomorphic in the domain

$$\Delta = \{(x_0, x') \in X : \ \operatorname{dist}(x_0, \alpha) \subset \ \operatorname{dist}(x', b\Omega)\},$$

if the given a *and* v *are holomorphic on* Δ.

This beautiful statement is the best possible in these terms. In Leray's recent work (1992) the generalization of this theorem to a large class of nonlinear holomorphic systems of equations was obtained.

Another interesting variant in the development of the above mentioned Leray lemma was realized in D. Schiltz's work (1988) (as a thesis under Leray's and J. Vaillant's direction).

Consider the homogeneous Cauchy problem

$$(7.2)\qquad a(x,\frac{\partial}{\partial x})\,u=0,\quad \left(\frac{\partial}{\partial x_0}\right)^k u\big|_S = w_k(x'),\quad k=0,1,\ldots,m-1,$$

where $x=(x_0,x')=(x_0,x_1,\ldots,x_n)\in\mathbb{C}^{n+1}$; S is the hyperplane $x_0=0$ in $\mathbb{C}^{n+1}$; the functions w_k are holomorphic in a pseudoconvex domain Ω^n with a smooth boundary $\partial\Omega^n$ in $S\simeq\mathbb{C}^n$; $a(x,\frac{\partial}{\partial x})$ is an operator of order m with holomorphic coefficients in a domain $\Omega^{n+1}\subset\mathbb{C}^{n+1}$, containing $\overline{\Omega}^n$; $g(x,\xi)$ is the characteristic polynomial for $a(x,\frac{\partial}{\partial x})$.

The point $y\in\partial\Omega^n$ is by definition non-characteristic for $a(x,\frac{\partial}{\partial x})$, if the m complex analytic bicharacteristics of the operator a, passing through y are mutually different.

Theorem (Schiltz, 1988). *The complex analytic bicharacteristics of the operator $a(x,\frac{\partial}{\partial x})$ issuing from $\partial\Omega^n\cap G$ in a neighbourhood $G\subset\mathbb{C}^{n+1}$ of the non-characteristic point $\partial\Omega^n$ generate m real characteristic hypersurfaces Γ_j, $j=1,2,\ldots,m$. Any holomorphic solution of the Cauchy problem* (7.2) *can be expressed as a sum of functions which are holomorphic in subdomains G_j in G with boundaries $\partial G_j\supset\Gamma_j\cap G$, $j=1,2,\ldots,m$. This means, in particular, that a solution of the Cauchy problem u extends analytically to the domain $\cap_{j=1}^m G_j$ and, in general, does not extend to a larger domain inside G.*

The proof of this result uses the Cauchy-Fantappiè-Leray formula in the following interesting way. Due to well-known theorems of approximation one can suppose, without loss of generality, that the domain Ω^n is strictly pseudoconvex and the functions $\{w_k\}$ are continuous on $\overline{\Omega}^n$. Using the generalization of the Cauchy-Fantappiè-Leray formula for strictly pseudoconvex domains (see Henkin-Leiterer (1984)), the functions $\{w_k\}$ can be represented as sums of meromorphic functions with poles outside Ω^n and tangent to $\partial\Omega^n$.

Due to the below mentioned Hamada-Leray-Wagschal theorem (1976a) for data $\{w_k\}$ meromorphic in the neighbourhood $\overline{\Omega}^n$, a holomorphic solution of the Cauchy problem (7.2) exists in the form of functions ramified along analytic bicharacteristics issuing from the singularities of $\{w_k\}$. Consequently, for any $\{w_k\}$ holomorphic on Ω^n in a neighbourhood G of any non-characteristic point on $\partial\Omega$, a solution $u(x)$ of the problem (7.2) is certainly holomorphic in the connected component, containing $\Omega^n\cap G$, of the complement in G to the union of the characteristics issuing from $\partial\Omega^n\cap G$.

Remark. Another proof of this result (and its generalization to general systems of linear differential equations with holomorphic coefficients) based on the microlocal version of the Leray sheaf theory was obtained by D'Agnolo and Schapira (1991).

Now we consider the main results concerning the ramified Cauchy problem aimed at proving the following part of the Leray conjecture (1956b): the singularities of the solution of the non-characteristic Cauchy problem belong to the union of the characteristics issuing from the singularities of the initial data.

Consider again the Cauchy problem (7.2), supposing that the hyperplane $\Omega^n=\{x\in\Omega^{n+1}: x_0=0\}$ is non-characteristic for $a(x,\frac{\partial}{\partial x})$ and the $\{w_k(x')\}$ are (multivalued) holomorphic functions on $\Omega^n\backslash\Omega^{n-1}$ ramified along the plane

$\Omega^{n-1} = \{x \in \Omega^{n+1} : x_0 = x_1 = 0\}$ or having singularities (polar or essential) on Ω^{n-1}.

After the first results of Y. Hamada (1969, 70) and C. Wagschal (1972) on the propagation of polar singularities in the problem (7.2) Hamada, Leray, and Wagschal obtained the following general result.

Theorem (Hamada, Leray, Wagschal, 1976a). *Suppose the operator $a(x, \frac{\partial}{\partial x})$ has characteristics polynomical of constant multiplicity, in the neighbourhood G of zero in $\mathbb{C}^{n+1}$ i.e. suppose the characteristic polynomial of the operator a have the form*

$$g(x,\xi) = \Pi_s g_s(x,\xi)^{d_s}, \tag{7.3}$$

where $g_s(x,\xi)$ are polynomials with respect to ξ with coefficients holomorphic with respect to x and all the roots ξ_0 of the equation $\Pi_s g_s(0,\xi_0,1,0,\ldots,0) = 0$ are different.

Let d be the number of these roots. Let K_j be characteristic hypersurfaces in G issuing from Ω^{n-1}, i.e. $K_j = \{x \in G : \ k_j(x) = 0\}$, $j = 1,2,\ldots,d$, where $k_j(x)$ are solutions of the equations

$$\Pi_s g_s(x, \frac{\partial k_j(x)}{\partial x}) = 0, \quad k_j(x)\big|_{\Omega^n \cap G} = x_1.$$

Then, the Cauchy problem (7.2) has in G a unique solution of the form $u(x) = \sum_{j=1}^{d} u_j(x)$, where $u_j(x)$ are ramified on G along K_j. More precisely $u(x)$ admits in G a representation

$$u(x) = \sum_{j=1}^{d} U_j(k_j(x), x), \tag{7.4}$$

where the functions $U_j(t,x)$ are holomorphic on $\tilde{\Omega}^1 \times (\Omega^n \cap G)$, $\tilde{\Omega}^1$ is the universal covering of some neighbourhood of zero in $\mathbb{C}$ with zero deleted.

Moreover, M. Kashiwara and P. Schapira (1978) proposed a new proof and an extension of this result to general systems (D-modules) and to the case when the initial data and solution of the problem (7.2) are ramified functions of logarithmic type.

More recently, an even more general result was obtained by E.Leichtnam. Consider, under conditions of the previous theorem, the following nonhomogeneous ramified Cauchy problem

$$\begin{aligned} &a(x, \frac{\partial}{\partial x})\, u(x) = v(x), \\ &(\frac{\partial}{\partial x_0})^k u\big|_S = w_k(x'), \quad k = 0,1,\ldots,m-1, \end{aligned} \tag{7.5}$$

where $v(x)$ and $\{w_k(x')\}$ are ramified holomorphic functions respectively on $G \backslash (\cup_{j=1}^{d} K_j)$ and $G \cap (\Omega^n \backslash \Omega^{n-1})$, $S = \Omega^n \cap G$.

Leichtnam (1990) proved that the Cauchy problem (7.5) has a unique solution holomorphic on the universal covering of $G\backslash(\cup_{j=1}^{d} K_j)$.

Examples show that in the above conditions a tempered growth of data $v(x)$ and $\{w_k(x')\}$ near $\cup_{j=1}^{d} K_j$ does not lead, in general, to a tempered growth of the solution $u(x)$ of the problems (7.2) or (7.5) near $\cup_{j=1}^{d} K_j$. However, for operators $a(x, \frac{\partial}{\partial x})$ with simple characteristics (i.e. when in the representation (7.3) all $d_s = 1$) it is proved (Leichtnam (1990)) that a tempered growth in the sense of Nilsson for the Cauchy data near $\cup_{j=1}^{d} K_j$ implies a tempered growth for the solution $u(x)$.

The systematic investigation of the ramified Cauchy problem for operators with characteristics of non constant multiplicity was carried on after 1977 by Y. Hamada, G. Nakamura, J. Vaillant, and C. Wagschal. In the the works of Wagschal (1983) and D. Schiltz, J. Vaillant, and C. Wagschal (1982), they obtained significant generalizations of the result (7.4) of Hamada, Leray, and Wagschal (1976) which lead, in particular, to a more precise form of the original Leray conjecture about the propagation of singularities in the ramified Cauchy problem.

References

The references to J. Leray's papers are to the general bibliography of all printed works of Jean Leray.

1. Atiyah M., Hodge W. (1955) Integrals of the second kind on an algebraic variety, Ann. of Math., **62**, 56–91.
2. Aizenberg L.A., Yuzhakov A.D. (1983) Integral representations and residues in multidimensional complex analysis, Transl. Am. Math. Soc., **58**.
3. Anderson M. (1996) Taylor's functional calculus for commuting operators with Cauchy-Fantappiè-Leray formulas, Preprint, University of Göteborg, 1–10.
4. Andronikof E. (1992) Intégrales de Nilsson et faisceaux constructibles, Bull. Soc. Math. France, **120**, 51–85.
5. Atiyah M.F., Bott R., Gårding L. (1970,73) Lacunas for hyperbolic differential operators with constant coefficients, Acta Math., **124**, 109–189; **131**, 145–206.
6. Behnke H., Thullen P. (1934) Theorie der Funktionen mehrerer komplexer veränderlichen, Springer.
7. Berenstein C., Gay R., Vidras A., Yger A. (1993) Residue Currents and Bezout Identities, Birkhäuser-Verlag, 160 pp.
8. Berndtsson B. (1983) A formula for interpolation and division in $\mathbb{C}^n$, Math. Ann., **263**, 395–418.
9. Berndtsson B. (1991) Cauchy-Leray forms and vector bundles, Ann. Sc. Ec. Norm. Sup., **24**, 319–337.
10. Berndtsson B., Passare M. (1989) Integral formulas and explicit version of the fundamental principle, J. Funct. Anal., **84**, 358–372.
11. Bochner S. (1943) Analytic and meromorphic continuation by means of Green's formula, Ann. Math., **44**, 652–673.
12. Bochner S., Martin W.(1948) Several complex variables, Princeton, IX, 216 pp.
13. Bony J.M., Schapira P. (1972) Existence et prolongement des solutions holomorphes des équations aux dérivées partielles, Invent. Math., **17**, 95–105.
14. Bony J.M. (1976) Propagation des singularités différentiables pour une classe d'opérateurs différentiels à coefficients analytiques, Astérisque, **34–35**, 43–91.

15. Bourbaki N. (1967) Théorie spectrale, Hermann, Paris.
16. Borel A. (1997) Jean Leray and Algebraic Topology, Leray Selected Papers, Volume 1
17. Cartan H. (1951–54) Séminaire Éc. Norm. Sup.,
18. Cartan H. (1950) Idéaux et modules de fonctions analytiques de variables complexes, Bull. Soc. Math. France, **78**, 28–64.
19. Choquet-Bruhat Y. (1968) Uniformisation de la solution d'un problème de Cauchy non-linéaire à données holomorphes, Bull. Soc. Math. France, **94**, 25–38.
20. Coleff N.R., Herrera M.E. (1978) Les courants résiduals associés à une forme méromorphe, Lect. Notes Math., 633.
21. Cousin P. (1895) Sur les fonctions de variables complexes, Acta Math., **19**, 1–62.
22. D'Agnolo A., Schapira P. (1991) An inverse image theorem for sheaves with applications to the Cauchy problem, Duke Math. J., **64**, N3, 451–472.
23. D'Agnolo A., Schapira P. (1996) Leray's quantization of projective duality, Duke Math. J., **84**, 453–496.
24. Darboux G. (1875) .... C. R. Acad. Sci. Paris, **80**, 101, 317.
25. Dickenstein A., Sessa C. (1985) Canonical Representative in Moderate Cohomology, Invent. Math., **80**, 417–434.
26. Dolbeault P. (1990) General theory of multidimensional residues, Encyclopaedia of Math. Sci., V.7, Several complex variables I, Springer.
27. Ehrenpreis L. (1970) Fourier analysis in several complex variables, Wiley-Interscience, New York.
28. Fantappiè L. (1943) L'indicatrice proiettiva dei funzionali e i prodotti funzionali proiettivi, Annali di Mat., **13**, 1–100.
29. Fantappiè L. (1956) Sur les méthodes nouvelles d'intégration des équations aux dérivées partielles au moyen des fonctionnelles analytiques, Coll. Int. du CNRS, LXXI "La théorie des équations aux dérivées partielles", Nancy, 9–15 Avril, 1956.
30. Fredholm I. (1900) Sur les équations de l'équilibre d'un corps solide élastique, Acta Math., **23**, 1–42.
31. Gay R. (1980) Division des fonctionnelles analytiques. Application aux fonctions entières de type exponentiel moyenne-périodiques, Springer Lecture Notes in Math., **822**, 77–89.
32. Grauert H. (1962) Über Modifikationen und exceptionelle analytische Mengen, Math. Ann., **146**, 331–368.
33. Griffiths P. (1969) On the periods of certain rational integrals, Ann. of Math., **90**, 460–495, 498–541.
34. Griffiths P., Harris J. (1978) Principles of algebraic geometry, Wiley, New York.
35. Grothendieck A. (1966) On the de Rham cohomology of algebraic varieties, Publ. Math. IHES, **29**, 351–359.
36. Hadamard J. (1932) Le problème de Cauchy et les équations aux dérivées partielles linéaires hyperboliques, Paris, Hermann.
37. Hamada Y. (1970) On the propagation of singularities of the solution of the Cauchy problem, Publ. RIMS Kyoto Univ., **6**, no. 2, 357–384.
38. Henkin G. (1990) Method of integral representations in complex analysis, Encyclopaedia of Math. Sciences, vol. 7: Several complex variables I, Springer, 19–116.
39. Henkin G. (1995) The Abel-Radon transform and several complex variables, Annals of Mathematics Studies, N137, 223–275.
40. Henkin G., Leiterer J. (1984) Theory of functions on complex manifolds. Basel: Birkhäuser.
41. Herglotz G. (1926,28) Über die Integration linearer partieller Differentialgleichungen mit konstanten Koeffizienten, Bericht, Sächs.Akad. Wiss. zu Leipzig, Math.-Phys. Kl., 1926, **78**, 93–126, 287–318; 1928, **80**, 69–116.
42. Herrera M., Lieberman D. (1971) Residues and principal values on complex spaces, Math. Ann., **194**, 259–294.

43. Hironaka H. (1964) Resolution of singularities of an algebraic variety over a field of characteristic zero, Ann. Math., **79**, 1–2, 109–326.
44. Hörmander L. (1963) Linear partial differential operators. Berlin: Springer.
45. John F. (1950) The fundamental solution of linear elliptic differential equations with analytic coefficients, Comm. Pure Appl Math., **3**, 213–304.
46. Kashiwara M., Schapira P. (1978) Problème de Cauchy pour les systèmes microdifferentiels dans le domaine complexe, Invent. Math., **46**, 17–38.
47. King J.R. (1970) A residue formula for complex subvarieties, Proc. Caroline Conf. on Holomorphic mappings, Chapel Hill, N.C.
48. Koppelman W. (1967) The Cauchy integral for functions of several complex variables, Bull. Amer. Math. Soc., **73**, 373–377.
49. Koppelman W. (1967) The Cauchy integral for differential forms, Bull. Amer. Math. Soc., **73**, 554–556.
50. Kowalewska S. (1875) Zur Theorie der partiellen Differentialgleichungen, J. für Math., 80–
51. Landau L. (1959) On analytic properties of vertex parts in Quantum Field theory, Nuclear Phys., **13**, 181–192.
52. Lefschetz S. (1923) L'analysis situs et la géométrie algébrique. Paris: Gauthier-Villars.
53. Leichtnam E. (1990) Le problème de Cauchy ramifié, Ann. Sci. Éc. Norm. Sup., **23**, 369–443.
54. Lelong P., Gruman L. (1985) Entire functions of several complex variables, Springer.
55. Lieb I., Range R. (1987) The kernel of the $\bar{\partial}$-Neumann operator on strictly pseudoconvex domains, Math. Ann., **278**, 151–173.
56. Lu Qi-keng (1966) On the Cauchy-Fantappiè formula, Acta math. sinica, **16**, N3, 344–363.
57. Martineau A. (1960–61) Les hyperfonctions de M. Sato, Séminaire Bourbaki, 13-année, 214–1, 214–13.
58. Martineau A. (1967) Equations différentielles d'ordre infini, Bull. Soc. Math. France, **95**, 109–154.
59. Martinelli E. (1938) Alcuni teoremi integrali per le funzioni analitiche di puc variabili complesse, Mem. r. Acad. Ital., **9**, 269–283.
60. Nilsson N. (1963–65) Some growth and ramification properties of certain integrals on algebraic manifolds, Arkiv för Math., **5**, 463–476.
61. Nilsson N. (1980) Monodromy and asymptotic properties of certain multiple integrals, Arkiv för Matematik, **18**, 181–198.
62. Norguet F. (1971) Introduction à la théorie cohomologique de résidus, Springer Lect. Notes, Math., **205**, 34–55.
63. Oka K. (1950) Sur les fonctions analytiques de plusieurs variables complexes VII. Sur quelques notions arithmétiques. Bull. Soc. Math. France, **78**, 1–27.
64. Oka K. (1953) Sur les fonctions analytiques de plusieurs variables complexes IX, Domaines finis sans point critique intérieur, Jap. J. Math., **23**, 97–155.
65. Onishchik A. (1990) Methods of the theory of sheaves and Stein spaces, Encyclopaedia of Math. Sci., vol. Several complex variables IV. Berlin: Springer, pp. 1–61.
66. Palamodov V. (1970) Linear differential operators with constant coefficients, Springer.
67. Passare M. (1989) Residues, currents and their relations to ideals of holomorphic functions, Math. Scand., **62**, 75–152.
68. Petrowski I. (1937) Über das Cauchysche Problem für systeme von partiellen Differentialgleichungen, Math. Sb., **44**, 815–866.
69. Petrowski I. (1945) On the diffusion of waves and lacunas for hyperbolic equations, Math. Sb., **59**, 259–370.

70. Pham F. (1967) Introduction à l'étude topologique des singularités de Landau, Mém. Sci. Math., **164**, 143 p.
71. Poincaré H. (1887) Sur les résidus des intégrales doubles, Acta Math., **9**, 321–380.
72. Poincaré H. (1899) Sur les propriétés du potentiel et les fonctions abéliennes, Acta Math., **22**, 89–180.
73. Poly J. (1972) Sur un théorème de J.Leray en théorie des résidus. C. R. Acad. Sci., sér. A, **274**, N2, 171–174.
74. Remmert R. (1994) Local theory of complex spaces, Encyclopaedia of Math. Sciences, vol. Several complex variables VII. Berlin: Springer.
75. Range R.N. (1986) Holomorphic functions and integral representations in several complex variables, New York, Springer, 375 p.
76. de Rham G. (1936) Relations entre la topologie et la théorie des intégrales multiples, Ens. Math., **35**, 213–228.
77. de Rham G. (1954) Sur la division de formes et de courants par une forme linéaire, Comment. Math. Helvet., **28**, 346–352.
78. de Rham G. (1955) Variétés différentiables, formes, courants, formes harmoniques. Paris: Hermann.
79. Riesz M. (1949) L'intégrale de Riemann-Liouville et le problème de Cauchy, Acta Math., **81**, 1–223.
80. Rigat S. (1997) Version explicite du principe fondamental d'Ehrenpreis-Malgrange-Palamodov dans le cas non homogène, J. Math. Pures et Appl., 1997.
81. Rosenbloom P.C. (1961) The majorant method, Partial differential equations, Proc. of the fourth symposium in pure mathematics, 51–72, Providence, Amer. Math. Soc. (Proc. Symp. Pure Math., **4**).
82. Rosenlicht M. (1954) Generalized Jacobian Varieties, Ann.-Math., **59**, 505–530.
83. Sato M. (1959–60) Theory of hyperfunctions, I, II, J. Fac. Sci. Univ. Tokyo, **8**, 139–193; 387–437.
84. Sato M., Kawai T., Kashiwara M. (1973) Microfunctions and pseudodifferential equations, Springer Lect. Notes Math., **287**, 265–529.
85. Schauder J. (1935) Das Anfangswertproblem einer quasi-linearen hyperbolischen Differentialgleichung zweiter Ordnung, Fund. Math., **24**, 213–246.
86. Schiltz D. (1988) Un domaine d'holomorphie de la solution d'un problème de Cauchy homogène, Annales Faculté des Sciences de Toulouse, **IX**, N3, 269–294.
87. Schiltz D., Vaillant J., Wagschal C. (1982) Problème de Cauchy ramifié: racine caractéristique double ou triple en involution. J. Math. Pures et Appl., **61**, 423–443.
88. Schwartz L. (1950–51) Théorie des distributions, I, II. Paris: Hermann.
89. Schwartz L. (1953) Courant associé à une forme différentielle méromorphe sur une variété analytique complexe. Colloq. Inter., CNRS, Strasbourg, Paris, 185–195.
90. Shapiro H. (1992) The Schwarz function and its generalization to higher dimensions, Wiley-Interscience Publ.
91. Shapiro Z.A. (1958) Sur une classe de fonctions généralisées, Uspekhi Mat. Nauk SSSR, **13**, N3, 205–212
92. Sternin B., Shatalov V. (1994) Differential equations on complex manifolds, Kluwer Acad. Publ.
93. Tsikh A.K. (1992) Multidimensional residues and their applications, A.M.S.
94. Tsuno Y. (1982) Integral representation of an analytic functional, J. Math. Soc. Japan, **34**, 379–381.
95. Vaillant J. (1968) Données de Cauchy portées par une caractéristique double dans le cas d'un système linéaire d'équations aux dérivées partielles. Role des bicaractéristiques, J. Math. Pures et Appl., **47**, 1–40.
96. Vaillant J. (1986) Ramifications d'intégrales holomorphes, J. Math. Pures et Appl., **65**, 343–402.

97. Vassiliev V.A. (1995) Ramified integrals, Singularities and lacunas, Kluwer Acad. Publ.
98. Waelbroeck L. (1960) Etude spectrale des algèbres complètes, Mémoires de l'Acad. Royale de Belgique, **31**/7, 1–140.
99. Wagschal C. (1972) Problème de Cauchy analytique à données méromorphes, J. Math. Pures et Appl., **51**, 373–397.
100. Wagschal C. (1983) Problème de Cauchy ramifié à caractéristiques multiples holomorphes de multiplicité variable, J. Math. pures et appl., **62**, 99–127.
101. Weil A. (1935) L'intégrale Cauchy et les fonctions de plusieurs variables, Math. Ann., **III**, 178–182.
102. Weil A. (1947) Sur la théorie des formes différentielles attachées à une variété analytique complexe, Comm. Math. Helv., **20**, N2, 110–116.
103. Zeilberger D. (1978) A new proof of the semilocal quotient structure theorem, Am. J. Math., **100**, 1317–1322.
104. Zeilon N. (1919–21) Sur équations aux dérivées partielles à quatre dimensions et le problème optique des milieux biréfringents, I, II, Nova Acta Reg. Soc. Sci. Upsaliensis, Ser. IV, **5**:3, 1–55, **5**:4, 1–128.

[1963b]

The functional transformations required by the theory of partial differential equations

SIAM Review 5 (1963) 321–334

I AM VERY HONORED to deliver the Third John von Neuman lecture; it reminds me how, ten years ago, I used to arrive in Princeton when trees began to be colored gold and red, to meet "Johnny" again and to sum up for him the work of the last months; his clear, quick and bright mind understood all the main points in ten minutes and he gave some suggestions, or at least some fine proofs of interest.

You know about his work on computers and programming and how he was interested in the numerical solution of differential equations. Computers are able to solve ordinary differential equations very efficiently; but they have difficulties in memorizing and handling functions of several variables and the difference method which they use has to be cautiously applied. John von Neumann believed that computers need a very good theory of partial differential equations; on the one hand, they need general existence, uniqueness and continuity theorems, to make sure that what they compute does exist and to show that it can be estimated as they do; on the other hand, computing is efficiently aided by the discovery of explicit solutions of special problems and by the study of the special functions appearing there.

As for existence, uniqueness and continuity theorems, their proofs generally use the conservation or dissipation of energy of mechanical systems governed by the differential system which is studied. The expression of the energy often introduces a Hilbert space, in which the square of the norm is the energy.

In the elliptic case, i.e., when equilibrium or periodic motions are studied, the differential system is often self-adjoint, and then von Neumann's resolution of the identity is used. In the hyperbolic case, i.e., when wave propagation is considered, then less functional analysis is required, more explicit results are available, but Laplace transforms and other transforms of the same kind become absolutely necessary tools.

Let us discuss those tools, without assuming that each of us knows mathematics as well as John von Neumann did; to begin with, let us recall some well known definitions.

1. DIFFERENTIAL OPERATOR

Let X denote an ℓ-dimensional manifold; x is a point of X; the coordinates of x are $(x_1, \cdots, x_\ell)$; a volume element $\rho(x)\, dx_1 \wedge \cdots \wedge dx_\ell$ is given.

Consider a differential operator of order m,

* The third John von Neumann Lecture delivered at the Fall meeting of SIAM on November 3, 1962 in Cambridge, Massachusetts. Received by the editors November 3, 1962.

† College of France, Paris, France.

$$(1.1)\qquad a\left(x, \frac{\partial}{\partial x}\right) = \sum_{i+j+\cdots \leq m} a_{ij\ldots}(x) \frac{\partial^{i+j+\cdots}}{\partial x_1{}^i \partial x_2{}^j \cdots};$$

its adjoint a^* is the operator such that

$$(1.2)\qquad \int_X \rho v a u \, dx_1 \wedge \cdots \wedge dx_l = \int_X \rho u a^* v \, dx_1 \wedge \cdots \wedge dx_l$$

for all functions $u(x)$ and $v(x)$ with compact support; it is given by

$$a^*\left(x, \frac{\partial}{\partial x}\right) v(x) = \sum_{i+j+\cdots \leq m} (-1)^{i+j+\cdots} \frac{1}{\rho} \frac{\partial^{i+j+\cdots}}{\partial x_1{}^i \partial x_2{}^j \cdots} [\rho a_{ij\ldots} v];$$

a is said to be *self-adjoint* when $a^* = (-1)^m a$.

Write

$$a(x, p) = \sum_{i+j+\cdots \leq m} a_{ij\ldots}(x)\, p_1{}^i p_2{}^j \cdots$$

as a sum of homogeneous polynomials in $p = (p_1, \cdots, p_l)$:

$$(1.3)\qquad a(x, p) = g(x, p) + g'(x, p) + \cdots$$

(g, g' homogeneous of degrees m, $m - 1$), and let

$$g_{x\cdot p} = \sum_j \frac{1}{\rho} \frac{\partial^2[\rho(x) g(x, p)]}{\partial x_j \partial p_j};$$

consider p as a covector (for instance a gradient) at x; then the mappings

$$a\left(x, \frac{\partial}{\partial x}\right) \to g(x, p),$$

$$a\left(x, \frac{\partial}{\partial x}\right) \to g'(x, p) - \frac{1}{2} g_{x\cdot p}(x, p)$$

do not depend on the choice of the coordinates; the second one depends on ρ; g is called a *characteristic polynomial* of a; $g' - \frac{1}{2} g_{x\cdot p}$, which is the characteristic polynomial of $\frac{1}{2}a - (-1)^m/2\, a^*$ and which is null when a is self-adjoint, is called a *subcharacteristic polynomial* of a.

The hypersurfaces K: $k(x) = 0$ of X satisfying the non-linear first order differential equation

$$(1.4)\qquad g\left(x, \frac{\partial k}{\partial x}\right) = 0$$

are called *characteristics* of a; the well known theory of first order differential equations shows that they are generated by curves satisfying the ordinary differential system

$$(1.5)\qquad \frac{dx_1}{g_{p_1}} = \frac{dx_2}{g_{p_2}} = \cdots = -\frac{dp_1}{g_{x_1}} = -\frac{dp_2}{g_{x_2}} = \cdots,$$
$$g(x, p) = 0 \left(g_p = \frac{\partial g}{\partial p}, g_x = \frac{\partial g}{\partial x}\right),$$

which is the characteristic system of the characteristic equation (1.4); these curves are called bicharacteristics of a.

From now on, we assume X real and affine and $\rho = 1$.

Operators with *constant coefficients* can be studied by Fourier or Laplace transforms; they have simple and useful properties. But, in many problems, variable coefficients occur; for instance, the study of transsonic flow makes use of Tricomi's operator $x_2(\partial/\partial x_1)^2 + (\partial/\partial x_2)^2$; let us call *Tricomi's general operators* the operators whose coefficients of orders m, $m - 1$, $<m - 1$ are respectively linear, constant, null; i.e.,

$$a\left(x, \frac{\partial}{\partial x}\right) = g_0\left(\frac{\partial}{\partial x}\right) + \sum_j x_j g_j\left(\frac{\partial}{\partial x}\right) + g'\left(\frac{\partial}{\partial x}\right) \tag{1.6}$$

where $g_0, \cdots, g_\ell$ are homogeneous of order m, and g' is of order $m - 1$. Their interest is this: they constitute a first approximation of the operators with variable coefficients; and, for them, Cauchy's problem can be explicitly solved.

Note. Their commutators $a_1a_2 - a_2a_1$ are also Tricomi's general operators; i.e., they constitute a Lie algebra.

2. Cauchy's Problem

A differential operator $a\left(x, \frac{\partial}{\partial_x}\right)$, two functions $v(x)$ and $w(x)$ and a hypersurface S: $s(x) = 0$ are given in X; an unknown function $u(x)$ is to be found such that

$$a\left(x, \frac{\partial}{\partial x}\right) u(x) = v(x), \tag{2.1}$$

and $u(x) - w(x)$ vanishes m-times on S (Cauchy's condition).

It is called *the analytic Cauchy problem* when u is to be holomorphic, the data a, v, w, s being holomorphic: that problem was solved a century ago by Cauchy-Kowalewski's theorem.

Fifty years later, Hadamard [5] pointed out that the problem occurring in wave propagation is not at all an analytic problem, but a problem with real, not necessarily analytic data, a being hyperbolic and S space-like (see section 4): he called such a problem *well-posed*.

Since that time, the analytic Cauchy problem has been out of date. However, Hadamard's warning does not mean that analytic Cauchy problems never occur. In fact, the explicit information which can be obtained about well-posed problems comes from similar information about the so-called unitary solution, which is the solution of the simplest analytic Cauchy problem.

3. Unitary Solution

Denote by ξ a linear function on X and by

$$\xi\cdot x = \xi_0 + \xi_1 x_1 + \cdots + \xi_\ell x_\ell$$

its value at x; it is a vector, with coordinates $(\xi_0, \xi_1, \cdots, \xi_\ell)$, of a vector space Ξ of dimension $\ell + 1$.

A hyperplane of X is

$$\xi^*: \xi \cdot x = 0;$$

those hyperplanes ξ^* constitute a projective space Ξ^* of dimension ℓ; Ξ^* is the image of $\Xi - 0$.

Let $a\left(y, \frac{\partial}{\partial y}\right)$ be holomorphic $(y \in X)$; its *unitary solution* $U(\xi, y)$ is the solution of the analytic Cauchy problem

$$a\left(y, \frac{\partial}{\partial y}\right) U(\xi, y) = 1 \tag{3.1}$$

where $U(\xi, y)$ vanishes m times for $\xi \cdot y = 0$, i.e. for $y \in \xi^*$.

Often we use its derivative

$$U_m(\xi, y) = \left(-\frac{\partial}{\partial \xi_0}\right)^m U(\xi, y)$$

which satisfies the equation

$$a\left(y, \frac{\partial}{\partial y}\right) U_m(\xi, y) = 0$$

and which is called a *unitary wave*.

The Cauchy-Kowalewski theorem shows that $U(\xi, y)$ exists and is unique at the non-characteristic points y of ξ^* (i.e., for $g(y, \xi) \neq 0$).

The singularity of the solution of the analytic Cauchy problem has been recently studied [9, I]; and finally it has been done [4] in a quite elementary manner by successive approximations after convenient changes of variables.

The result simplifies when applied to the unitary solution. Let $f(\xi, y)$ be a multivalued function, homogeneous in ξ; f is called *uniformisable*[1] when $f(\xi(\tau, \eta, y), y)$ is holomorphic in (τ, η, y) for some holomorphic mapping $\xi(\tau, \eta, y)$ such that

$$\begin{gathered} \tau \text{ is a complex variable, } |\tau| \text{ small, } \eta \in \Xi,\ y \in X, \\ \eta \cdot y = 0, \qquad \xi(\tau, \eta, y) \neq 0 \quad \text{for} \quad \eta \neq 0, \qquad \xi(0, \eta, y) = \eta, \quad \text{and} \end{gathered} \tag{3.2}$$

$$\xi(\theta^{1-m}\tau, \theta\eta, y) = \theta\xi(\tau, \eta, y) \tag{3.3}$$

for all complex numbers θ, m a given integer; we say that $\xi(\tau, \eta, y)$ *uniformizes* $f(\xi, y)$. Moreover, $U(\xi, y)$ and its derivatives of orders $<m$ are uniformisable; a mapping uniformizing them is explicitly known; the support of the singularity of U is the characteristic tangent to ξ^*; the principal part of the singularity of U is also explicitly known.

In order to state these results precisely, consider the solution $x(\tau, \eta, y)$, $\xi(\tau, \eta, y)$, $\lambda(\tau, \eta, y)$ of the ordinary differential system

[1] That definition will be applied not only to functions, but also to differential forms of ξ.

$$dx_j = g_{\xi_j}(x, \xi)\, d\tau, \qquad d\xi_j = -g_{x_j}(x, \xi)\, d\tau, \qquad j = 1, \cdots, \ell,$$

$$(3.4) \qquad d\xi_0 = \sum_{j=1}^{\ell} x_j g_{x_j} - g(x, \xi)\, d\tau,$$

$$d\lambda = g'(x, \xi) - \tfrac{1}{2} g_{x \cdot \xi}(x, \xi)\, d\tau$$

with the initial values

$$(3.5) \qquad x(0, \eta, y) = y, \qquad \xi(0, \eta, y) = \eta, \qquad \lambda(0, \eta, y) = 0.$$

UNIFORMISATION THEOREM. $\xi(\tau, \eta, y)$ uniformizes $U(\xi, y)$, $U^*(\xi, y)$ and their derivatives of orders $<m$.

EXPRESSION OF THE PRINCIPAL SINGULARITY OF U. The function of τ, η, y,

$$(3.6) \qquad U_m(\xi, y) - \frac{(-1)^m}{g(y, \eta)}\, e^{\lambda} \left[\frac{D(\xi_1, \cdots, \xi_\ell)}{D(\eta_1, \cdots, \eta_\ell)}\right]^{-1/2},$$

where $\xi = \xi(\tau, \eta, y)$, $\lambda = \lambda(\tau, \eta, y)$, and $[D(\xi_1, \cdots, \xi_\ell)/D(\eta_1, \cdots, \eta_\ell)]^{-1/2} = 1$ for $\tau = 0$, is holomorphic when τ is small; (U, g, λ can be replaced by U^*, $(-1)^m g$ and $-\lambda$).

Note. The first line of (3.4) is a Hamiltonian system; hence we have the following properties: (3.4) admits the first integrals

$$g(x, \xi), \qquad \xi \cdot x + (1 - m)\tau g(x, \xi)$$

and the invariant differential form

$$(d\xi) \cdot x + g(y, \eta)\, d\tau.$$

Hence, for $x = x(\tau, \eta, y)$ and $\xi = \xi(\tau, \eta, y)$,

$$g(x, \xi) = g(y, \eta),$$

$$(3.7) \qquad \xi \cdot x = (m - 1)\tau g(y, \eta),$$

$$(d\xi) \cdot x = -g(y, \eta)\, d\tau - \eta_1\, dy_1 - \cdots - \eta_\ell\, dy_\ell;$$

this last relation means

$$(3.8) \qquad \frac{\partial \xi}{\partial \tau} \cdot x = -g, \qquad \frac{\partial \xi}{\partial \eta} \cdot x = 0, \qquad \frac{\partial \xi}{\partial y} \cdot x = -\eta.$$

Hence,

$$(3.9) \qquad \frac{D(\xi_0, \xi_1, \cdots, \xi_\ell)}{D(\tau, \eta_1, \cdots, \eta_\ell)} = -g(y, \eta)\, \frac{D(\xi_1, \cdots, \xi_\ell)}{D(\eta_1, \cdots, \eta_\ell)}$$

$\left(\frac{D(\cdots)}{D(\cdots)}\text{:jacobian}\right)$ which proves that the support of the singularity of U and U^* is the characteristic tangent to ξ^*.

The bicharacteristics, which generate the characteristic tangent to ξ^*, and the second term of (3.3), which contains a jacobian, have a mechanical interpretation, as trajectories and mass-impulse density of particles, which can be associated with the Cauchy problem (3.1).

When $a(x, \partial/\partial x)$ is *Tricomi's operator*, then (3.4) reduces to $d\xi_i = -g_i(\xi)\, d\tau$, $i = 0, \cdots, \ell$; $d\lambda = (g' - \frac{1}{2} g\lambda_{\lambda_0}\xi)\, d\tau$; and (3.6) *is null*; i.e., applying (3.9),

$$U_m(\xi, y) \frac{D(\xi_0, \xi_1, \cdots, \xi_\ell)}{D(\tau, \eta_1, \cdots, \eta_\ell)} = (-1)^m e^{\lambda} \frac{D(\xi_1, \cdots, \xi_\ell)}{D(\eta_1, \cdots, \eta_\ell)}; \tag{3.10}$$

(U and λ can be replaced by U^* and $-\lambda$). For such an operator, the determination of U is reduced to a first order Cauchy problem by the following reciprocity theorem:

Let $a(x, \partial/\partial x)$ be an operator with polynomial coefficients; let n be the smallest integer such that

$$x_0^n a\left(\frac{x}{x_0}, x_0 \xi\right) = A(x_0, \cdots, x_\ell, \xi)$$

is a polynomial in $x_0, \cdots, x_\ell, \xi_1, \cdots, \xi_\ell$; consider the operator

$$A\left(-\frac{\partial}{\partial \xi}, \xi\right) = A\left(-\frac{\partial}{\partial \xi_0}, \cdots, -\frac{\partial}{\partial \xi_\ell}, \xi\right),$$

which is called the *Laplace transform* of $a(x, \partial/\partial x)$, and let U^*_{-n} be the solution of Cauchy's problem of order $m + n$:

$$A\left(-\frac{\partial}{\partial \xi}, \xi\right) U^*_{-n}(\xi, y) = 1,$$

$$U^*_{-n}(\xi, y) \text{ vanishes } m + n \text{ times for } \xi \cdot y = 0;$$

U^*_{-n} is homogeneous in ξ of degree n and is called the homogeneous unitary solution of $A(-\partial/\partial\xi, \xi)$; its derivative $(-\partial/\partial\xi_0)^{m+n}\, U^*_{-n}(\xi, y)$ is called the unitary wave of $A(-\partial/\partial\xi, \xi)$. We can now state the

RECIPROCITY THEOREM (see [9, II]). The adjoint $a^*(y, \partial/\partial y)$ and the Laplace transform $A(-\partial/\partial\xi, \xi)$ have the same unitary wave

$$U_m^*(\xi, y) = \left(-\frac{\partial}{\partial \xi_0}\right)^m U^*(\xi, y) = \left(-\frac{\partial}{\partial \xi_0}\right)^{m+n} U^*_{-n}(\xi, y).$$

When $a(\partial/\partial y)$ has *constant coefficients*, then

$$U(\xi, y) = \frac{1}{2\pi i} \oint \frac{e^{t\xi\cdot y}}{a(t\xi)} \frac{dt}{t}, \qquad g(\xi) \neq 0, |t| \text{ large}, \tag{3.11}$$

is an integral function of $(\xi \cdot y/g(\xi), \xi_1, \cdots, \xi_\ell)$ in accordance with the uniformisation theorem; when $a(\partial/\partial x)$ is homogeneous,

$$U(\xi, y) = \frac{(\xi \cdot y)^m}{m!} \cdot \frac{1}{a(\xi)}. \tag{3.12}$$

4. Hyperbolicity and Well-Posed Problems

Let us recall some well-known definitions and theorems.

Let $g(p)$ be a homogeneous polynomial of degree m in $p = (p_1, \cdots, p_l)$; g is said to be *hyperbolic* when the vector space described by p contains directions such that any line parallel to one of them and not containing 0 cuts the cone $g(p) = 0$ at m real and distinct points. The set of such directions is a convex open cone Γ, on the boundary of which $g(p) = 0$.

An operator $a(x, \partial/\partial x)$ is said to be *hyperbolic* (at x) when its characteristic polynomial $g(x, p)$ is hyperbolic (at x); it defines at x a convex cone $\Gamma(x)$ of covectors; a hypersurface S: $s(x) = 0$ such that

$$x \in S, \qquad \frac{\partial s}{\partial x} \in \Gamma(x)$$

is said to be *space-like* at x; at x, a vector belonging to some space-like hypersurface is said to be space-like; if a vector is not space-like, then it belongs to the cone dual to $\Gamma(x)$, which is the union of two opposite close, convex half-cones. Choose one of them, say $C(x)$, depending continuously on x; let us call it *time-like*, and call also time-like any vector belonging to it and any oriented path whose tangent vectors are time-like. (We assume compact the set of all time-like paths with fixed origin and end.)

Let Y be a compact subset of X; the union $\mathcal{E}[Y]$ of all time-like paths originating in Y is called the *emission* of Y; its boundary is a characteristic—at least in a generalized sense (see [7]). If Y has a point y, then the boundary of $\mathcal{E}[y]$ is a sheet of the characteristic conoid $K(y)$, with vertex at y; this conoid is the union of all the bicharacteristics originating at y.

The existence and uniqueness theorem for well-posed problems is equivalent to the following, where $a(x, \partial/\partial x)$ is a hyperbolic operator with bounded coefficients, the principal coefficients being Lipschitzian (for a more precise statement, see Ph. Dionne [1]).

Let $v(x)$ be a measurable function (or a distribution), with a compact support Supp (v); *then there is a function (or a distribution) $u(x)$ such that*

$$a\left(x, \frac{\partial}{\partial x}\right) u(x) = v(x), \qquad \text{Supp}\,(u) \subset \mathcal{E}\,[\text{Supp}\,(v)], \tag{4.1}$$

and this function is unique.

The preceding theorem was first proved by J. Hadamard [5] for operators of second order, and later by I. Petrowsky [10] for operators of any order; simpler proofs, pointing out the role played in that theorem by the dissipation of the energy, are due to J. Schauder [12], for second order, and to L. Gårding [3, 8] for any order.

For $v(x)$ in (4.1), choose Dirac's measure at y (i.e., mass 1 concentrated at y); then $u(x)$ is called the *elementary solution* of (4.1) and denoted by $E(x, y)$; thus (4.1) becomes

(4.2) $$a\left(x, \frac{\partial}{\partial x}\right) E(x, y) = \delta(x - y), \qquad \operatorname{Supp} E \subset \mathcal{E}(y).$$

An immediate application of (1.2) shows that

(4.3) $$a^*\left(y, \frac{\partial}{\partial y}\right) E(x, y) = \delta(x - y);$$

i.e., $E(x, y)$ *is the elementary solution of* $a^*(y, \partial/\partial y)$, *with the opposite direction of time.*

Obviously, knowledge of E enables us to solve Cauchy's problem (4.1) as follows:

(4.4) $$u(x) = \int_X E(x, y) v(y)\, dy_1 \wedge \cdots \wedge dy_\ell .$$

Hence, the general well-posed Cauchy problems for the operator $a(x, \partial/\partial x)$ is reduced to the investigation of its elementary solution $E(x, y)$. The existence and uniqueness theorem mentioned above gives no precise information about E. But, from what we know about $U(\xi, y)$, such information can be deduced by the following transformation $\mathfrak{L}$; indeed (see section 7) $E(x, y) = \mathfrak{L}[U^*(\xi, y)]$.

5. The Definition of $\mathfrak{L}[f]$

At first glance, this is simpler than the definition of the Laplace transform (for the details, see [9, IV]): let $f(\xi, y)$ or, more generally, $f(\xi, y)\, d\xi_0 \wedge \cdots \wedge d\xi_\ell$ be uniformisable; denote by n the degree of homogeneity of f in ξ; $\mathfrak{L}[f]$ is the following function or distribution of (x, y):

(5.1) $$\mathfrak{L}[f] = \frac{1}{(2\pi i)^{\ell-1}} \frac{1}{2} \int_h \frac{(\xi \cdot x)^{n-\ell-1}}{(n - \ell - 1)!} f(\xi, y) \omega^*(\xi), \qquad \text{if } n > \ell,$$

(5.2) $$\mathfrak{L}[f] = \frac{(-1)^{n-\ell-1}}{(2\pi i)^{\ell-1}} \frac{1}{2} \int_h \frac{d^{\ell-n}[f(\xi, y)\omega^*(\xi)]}{(d\xi \cdot x)^{h+\ell-n}}, \qquad \text{if } n \leq \ell, x \neq y.$$

where x and y are real; ξ is complex, and $x - y$ is small,

$$\omega^*(\xi) = \sum_{j=0}^{\ell} (-1)^j \xi_j\, d\xi_0 \wedge \cdots \wedge d\xi_j \wedge \cdots \wedge d\xi_\ell$$

and $\dfrac{d^{\ell-n}[f\omega^*]}{(d\xi \cdot x)^{1+\ell-n}}$ is the residue[2] of the differential form $\dfrac{f\omega^*}{(\xi \cdot x)^{1+\ell-n}}$.

But $f(\xi, y)$ is multivalued; thus we have to explain what the differential form is and then what h is.

The differential form

(5.3) $$(\xi \cdot x)^{n-\ell-1} f(\xi, y) \omega^*(\xi)$$

is invariant under the group of homotheties $\theta: \xi \to \theta\xi$ and thus is a form on the projective space Ξ^*, the quotient of $\Xi - 0$ by that group.

[2] When f is rationally uniformisable (see below), then $\mathfrak{L}[f]$ can be defined by (5.1), (5.6) without applying the notion of residue; about that notion, see [9, III].

But ξ must be replaced by the mapping $\xi(\tau, \eta, y)$, which uniformizes $f(\xi, y)$ or $f\, d\xi_0 \wedge \cdots \wedge d\xi_\ell$, and thus $f\omega^*$; hence, the form (5.3) is a form of the vector

$$(\tau, \eta) = (\tau, \eta_1, \cdots, \eta_\ell)$$

which belongs to a $(\ell + 1)$-dimensional vector space Φ; this form of (τ, η) is invariant under the group of transformations which appear in (3.3),

$$\theta\colon (\tau, \eta) \to (\theta^{1-m}\tau, \theta\eta);$$

hence, the form (5.3) is a form on the space $\bar{\Phi}$, which is the quotient, by that group, of the domain of Φ where $\eta \neq 0$; more precisely the differential form (5.3) is defined on the domain of $\bar{\Phi}$:

$$\bar{\Psi}\colon |\tau|\,|\eta|^{m-1} < \text{const.};$$

it is holomorphic when $n > \ell$; when $n \leqq \ell$, *its residue* is defined on the subvariety $\bar{x}$ of $\bar{\Psi}$,

$$\bar{x}\colon \xi(\tau, \eta, y)\cdot x = 0.$$

The variety $\bar{x}$ has no real singularity, except for x on the conoid $K(y)$ with vertex at y; for $x \in K(y) - y$, this real singularity is a quadratic double point, which makes possible the definition of the distribution (5.2) (see [9, III]). Assume now $x = y$; then $\bar{y}$ decomposes into two varieties, namely the projective subspace y^* of $\bar{\Psi}$,

$$y^*\colon \tau = 0,$$

and another variety, which intersects y^* along the algebraic variety

$$g^*\colon t = g(y, \eta) = 0$$

where the function

$$g(y, \eta) = \left.\frac{D(\xi_0, \xi_1, \cdots, \xi_\ell)}{D(\tau, \eta_1, \cdots, \eta_\ell)}\right| t = 0 \tag{5.4}$$

is holomorphic and homogeneous of degree m in η, i.e., is a homogeneous polynomial in η of degree m; it is called *the polynomial of the mapping* $\xi(\tau, \eta, y)$.

The choice of h. We choose for h in (5.2) a compact homology class $h(\bar{x}, y^*)$ of $\bar{x}$ relatively to y^*, which varies continuously with x and y. In (5.1) we choose for h the unique homology class $h(\bar{\Psi}, \bar{x} \cup y^*)$ whose boundary in $\bar{x}$ is

$$\partial h(\bar{\Psi}, \bar{x} \cup y^*) = h(\bar{x}, y^*). \tag{5.5}$$

Such a choice gives the properties (6.1), (6.2), (6.3) and (6.4) of $\mathfrak{L}$; their proofs are the same derivations of integrals and integrations by parts which establish the properties of the classical Laplace transform.

But the proof of the properties (6.5) and (6.6) of $\mathfrak{L}$ requires an explicit choice of $h(\bar{x}, y^*)$ and a definition of $\mathfrak{L}$ not restricted to $x \neq y$.

The choice of $h(\bar{x}, y^*)$ is the unique continuous continuation[3] of the following

[3] This continuation is possible as long as $\bar{x}$ has no singularity; i.e., as long as x does not cross the conoid $K(y)$.

one: Let x tend to y in a fixed non-bicharacteristic direction; there are small deformations of $y^* - g^*$ into a part of $\bar{x}$, which are the identity on the projective subspace

$$\bar{x} \cap y^*: \ \tau = \eta_1(x_1 - y_1) + \cdots + \eta_\ell(x_\ell - y_\ell) = 0;$$

$h(\bar{x}, y^*)$ is the image by these transformations of the class $h(y^* - g^*, \bar{x})$, which we now define.

Definition of $h(y^* - g^*, \bar{x})$. We assume the hyperbolicity of the mapping $\xi(\tau, \eta, y)$, i.e. of its polynomial $g(y, \eta)$; we choose such coordinates that $x_1 \geqq y_1$, for $x \in C(y)$; we denote by Re $\cdots$ the real part of $\cdots$.

If ℓ is *odd* and $x_1 \geqq y_1$, then $h(y^* - g^*, \bar{x})$ is the homology class of $\mathcal{R}$ Re y^*, which has been given on $\bar{x} \cap y^*$ and which has been shifted away[4] from g^*.

If ℓ is *even* and $x_1 \geqq y_1$, then $h(y^* - g^*, \bar{x})$ is the coboundary[5] of Re g^*, which has been given an orientation changing on $\bar{x} \cap g^*$.

The hyperbolicity shows that

$$h(y^* - g^*, \bar{x}) = 0 \qquad \text{for} \quad x_1 = y_1, \qquad x \neq y;$$

We define

$$h(y^* - g^*, \bar{x}) = 0 \quad \text{for} \quad x_1 < y_1.$$

Note. $h(\bar{x}, y^*) = 0$ and $\mathfrak{L}[f] = 0$ for $x_1 < y_1$, $x - y$ small.

Note. The definition of $h(\bar{x}, y^*)$ simplifies for $\ell = 2$; then $h(\bar{x}, y^*) = h(\bar{x})$ is a class of curves of $\bar{x}$.

With that choice of h in (5.1) and (5.2), $\mathfrak{L}[f]$ *is independent of the mapping* $\xi(\tau, \eta, y)$ by which $f(\xi, y)$ or $f(\xi, y)\omega^*(\xi)$ is uniformized.

Definition of $\mathfrak{L}[f]$ *for* $x - y$ *small, when* f *is rationally uniformisable.* Assume that for any homogeneous polynomial $b(\xi)$ in $\xi_1, \cdots, \xi_\ell$, $\frac{1}{b(\xi)} f(\xi, y)\, d\xi_0 \wedge \cdots \wedge d\xi_\ell$ can be uniformized by a mapping whose polynomial is $b(\eta)g(y, \eta)$, g being independent of b; then $f(\xi, y)\, d\xi_0 \wedge \cdots \wedge d\xi_\ell$ is said to be *rationally uniformisable* and, moreover, hyperbolic if g is hyperbolic. Then (6.1) shows that $b(\partial/\partial x)\mathfrak{L}[f(\xi, y)/b(\xi)]$ is independent of b; when the degree of b is large

[4] To shift away from a complex analytic variety g^* a union of real, oriented segments cutting g^* means [9, III] to replace each of them by the half sum of two half circles, which are conjugate imaginary, have that segment as diameter and have the same orientation, g^* in the complex plane (complex dimension 1), twice the real segment

 is replaced by 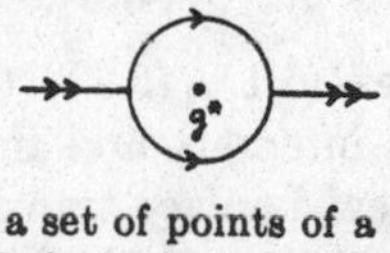

[5] The coboundary [9, III] of a set of points of a complex analytic variety g^* is obtained by replacing each point by a circle enclosing g^* in the complex plane (complex dimension 1). The point g^* is replaced by the circle 

enough, then $\mathfrak{L}[f/b]$, being a function, is defined even for $x = y$; hence we have the following definition of $\mathfrak{L}[f]$, which no longer assumes $x \neq y$, as did (5.2):

$$(5.6) \qquad \mathfrak{L}[f] = b\left(\frac{\partial}{\partial x}\right)\mathfrak{L}\left[\frac{1}{b(\xi)} f(\xi, y)\right] \quad \text{for any } b \text{ of large degree.}$$

6. Properties of $\mathfrak{L}[f]$

$\mathfrak{L}[f]$ is defined when $f(\xi, y)\, d\xi_0 \wedge \cdots \wedge d\xi_l$ is *rationally uniformisable and hyperbolic.* $\mathfrak{L}[f]$ is a *function* of (x, y) if $1 + l/2 < n$ (n denotes the degree of homogeneity of f in ξ and is an integer >0, <0 or 0); if not, then $\mathfrak{L}[f]$ is a *distribution* of x (or y), which is a function of y (or x).

$$(6.1) \qquad \frac{\partial}{\partial x_j}\mathfrak{L}[f] = \mathfrak{L}[\xi_j f], \qquad \left[n - l - 1 - \sum_j x_j \frac{\partial}{\partial x_j}\right]\mathfrak{L}[f] = \mathfrak{L}[\xi_0 f];$$

if f is rationally uniformisable, then $\partial f/\partial\xi\, d\xi_0 \wedge \cdots d\xi_l$ and $\partial f/\partial y\, d\xi_0 \wedge \cdots \wedge d\xi_l$ admit the same uniformizations and

$$(6.2) \qquad x_j\mathfrak{L}[f] = -\mathfrak{L}\left[\frac{\partial f}{\partial \xi_j}\right] \quad \text{for} \quad x \neq y, \qquad \mathfrak{L}[f] = -\mathfrak{L}\left[\frac{\partial f}{\partial \xi_0}\right]$$

$$(6.3) \qquad \frac{\partial}{\partial y_j}\mathfrak{L}[f] = \mathfrak{L}\left[\frac{\partial f}{\partial y_j}\right]$$

$$(6.4) \qquad \sum_i c_i(y)\mathfrak{L}[f_i] = \mathfrak{L}[\sum_i c_i f_i]$$

if the c_i is holomorphic and the $f_i\, d\xi_0 \wedge \cdots \wedge d\xi_l$ admit the same uniformization;

$$(6.5) \qquad \mathfrak{L}[1] = \delta(x - y) \qquad (\delta\text{: Dirac's measure at } 0);$$

$$(6.6) \qquad \mathfrak{L}[f] = 0 \quad \text{if and only if} \quad f = 0.$$

7. Properties of the Elementary Solution $E(x, y)$ of a Hyperbolic Operator $a\left(x, \frac{\partial}{\partial x}\right)$

Let us try to express $E(x, y)$, for $x - y$ small, as the $\mathfrak{L}$-transform of some function $f(\xi, y)$:

$$E(x, y) = \mathfrak{L}[f(\xi, y)];$$

$E(x, y) = 0$ for $x_1 < y_1$; thus we have only to express (4.3):

$$a^*\left(y, \frac{\partial}{\partial y}\right)\mathfrak{L}[f(\xi, y)] = \delta(x - y);$$

according to (6.3), (6.4), (6.5) and (6.6) the preceding relation means

$$a^*\left(y, \frac{\partial}{\partial y}\right)f(\xi, y) = 1$$

under the assumption that f and its derivatives in y of orders $<m$ are rationally uniformisable; a trivial property of the rationally uniformisable functions is that they vanish for $\xi \cdot y = 0$; hence $f(\xi, y)$ has to be the unitary solution $U^*(\xi, y)$ of $a^*(y, \partial/\partial y)$; now, the uniformisation theorem of the unitary solution (section 3) shows not only that its derivatives of orders $<m$ are uniformisable, but also that they are rationally uniformisable. Therefore

$$E(x, y) = \mathfrak{L}[U^*(\xi, y)]; \tag{7.1}$$

hence, according to the second line of (6.2), the *fundamental formula*

$$E(x, y) = \mathfrak{L}[U_m^*(\xi, y)], \tag{7.2}$$

where U_m^* is the unitary wave of $a^*(y, \partial/\partial y)$.

It has the following consequences: $E(x, y)$ is holomorphic when x does not belong to the characteristic conoid $K(y)$ with vertex at y.

Define

$$E_1(x, y) = \mathfrak{L}[1/g(y, \xi)] \qquad (g\text{: characteristic polynomial of } a);$$

$$E_2(x, y) = -\frac{1}{(2\pi i)^{\ell-1}}\,\frac{1}{2}\int_h \frac{(\xi\cdot x)^{m-\ell-1}}{(m-\ell-1)!}\, e^{-\lambda}\,\frac{D(\xi_1, \cdots, \xi_\ell)}{D(\eta_1, \cdots, \eta_\ell)}\,\tilde\omega(\tau, \eta)$$

where $1 < m$, $h = h(\tilde\Psi, \tilde x \cup y^*)\xi = \xi(\tau, \eta, y)$ (section 3),

$$\tilde\omega(t, \eta) = (1-m)t\, d\eta_1 \wedge \cdots \wedge d\eta_\ell$$
$$+\, t\sum_{j=1}^{\ell} (-1)^j \eta_j \cdot d\eta_1 \wedge \cdots \wedge d\eta_{j-1} \wedge d\eta_{j+1} \wedge \cdots \wedge d\eta_\ell,$$

or

$$E_2(x, y) = \frac{(-1)^{\ell-m}}{(2\pi i)^{\ell-1}}\int_h \frac{d^{\ell-m}}{(d\xi\cdot x)^{1+\ell-m}}\left[e^{-\lambda}\frac{D(\xi_1, \cdots, \xi_\ell)}{D(\eta_1, \cdots, \eta_\ell)}\,\tilde\omega\right]$$

where $m \leqq \ell$, $h = h(\tilde x, y^*)$.

E_2 and E are holomorphic for $x \notin K(y)$, whereas E_1 is not holomorphic for $x \notin K(y)$; these definitions consist of only quadratures and ordinary differential equations. Then

$$E(x, y) = 0[|x-y|^{m-\ell}] \quad \text{for} \quad 1 + \frac{\ell}{2} < m,$$

$$E(x, y) - E_1(x, y) = 0[|x-y|^{m-\ell+1}] \quad \text{for} \quad 2 + \frac{\ell}{2} < m,$$

$$E(x, y) - E_2(x, y) = 0[|x-y|^{m-\ell+2}] \quad \text{for} \quad \frac{\ell}{2} < m,$$

this last formula being deduced from (3.6); these formulas can be extended to the derivatives of E, $E - E_1$, $E - E_2$.

Moreover, (3.1) and (3.12) show that $E = E_2$ *when $a(x, \partial/\partial x)$ is Tricomi's general operator*; also, $E = E_1 = E_2$ *when $a(x, \partial/\partial x) = a(\partial/\partial x)$ has constant* *coefficients and is homogeneous*, which gives the results of Herglotz [6] and Petrowsky [11] by applying the residue formula.

Using (7.2), *the principal part of the singularity* of $E(x, y)$ can be explicitly computed on the conoid $K(y)$ (see [9, IV], Theorem 3, (13.11)), (14.1)); the bicharacteristics generating $K(y)$ and this principal part have a mechanical interpretation as trajectories and conservative mass-impulse density of particles associated with $E(x, y)$.

The analytic Cauchy problem (2.1) can also be solved by a quadrature operating on the unitary wave : when $w = 0$, then

$$u(x) = \mathfrak{L}[U_m^*(\xi, y)v(y)],$$

where $\mathfrak{L}$ is the following transform:

$$\mathfrak{L}[f(\xi, y)] = \frac{1}{(2\pi i)^{\ell-1}} \int_h \frac{(\xi \cdot x)^{n-\ell-1}}{(m-\ell-1)!} f(\xi, y)\omega^*(\xi)\, dy_1 \wedge \cdots \wedge dy_\ell,$$

where $\ell < n$, $h = h(\bar{\Phi} \times X, \bar{x} \cup y^* \times S)$, $\xi = \xi(\tau, \eta, y)$;

$$\mathfrak{L}[f(\xi, y)] = \frac{(-1)^{n-\ell-1}}{(2\pi i)^{\ell-1}} \int_h \frac{d^{\ell-n}[f(\xi, y)\omega^*(\xi)\, dy_1 \wedge \cdots \wedge dy_\ell]}{(d\xi \cdot x)^{1+\ell-m}},$$

where $m \leqq \ell$, $h = \partial h(\bar{\Phi} \times X, \bar{x} \cup y^* \times S) = h$

When $a(x, \partial/\partial x) = a(\partial/\partial x)$ has constant coefficients, then these formulas reduce to Fantappiè's solution of the analytic Cauchy problem for operators with constant coefficients [2].

The properties of $\mathfrak{L}$ correspond to those of $\mathfrak{L}$; for instance the relation

$$\mathfrak{L}[1] = \delta(x - y)$$

corresponds to the relation

$$\mathfrak{L}[f(y)] = f(y),$$

which is deduced from Cauchy-Fantappiè's formula (see [9, III]). More precisely $\mathfrak{L}$ is like the convolution by a Laplace transform as $\mathfrak{L}$ is like Laplace transform [9, V].

The transform $\mathfrak{L}$ and the properties of U^* (section 3) give an *explicit solution of Cauchy's problem for Tricomi's general operators and give explicit information about the singularities of the solution of the analytic Cauchy problem with singular v and w.*

REFERENCES

[1] Ph. Dionne, *Sur les problèmes de Cauchy hyperboliques bien posés*, Journal d'Analyse mathématique, 10, 1962, pp. 1–90.

[2] L. Fantappiè , *L'indicatrice proiettiva dei funzionali e i prodotti funzionali proiettivi*, Annali di Mat., 13, 1943, pp. 1–100; *Colloque sur la Théorie des équations aux Dérivées Partielles*, Centre National de la Recherche Scientifique, France, 1956.

[3] L. Gårding, *Cauchy's Problem for Hyperbolic Equations*, University of Chicago (Department of Mathematics), 1958. (Mineographed.)

[4] ———, T. Kotake and J. Leray, *Uniformisation et singularité principale du probleme*

de Cauchy linéaire, à données holomorphes (Problème de Cauchy [I] – [VI]), to appear.

[5] J. HADAMARD, *Lectures on Cauchy's Problem in Linear Partial Differential Equations*, Yale University Press, New Haven, 1923.

[6] G. HERGLOTZ, *Über die Integration linearer partieller Differentialgleichungen mit konstanten Koeffizienten*, Ber. Sachs. Skad. Wiss. Leipzig, 78, 1926, pp. 41–74 and pp. 287–318; 80, 1928, pp. 69–114.

[7] J. LERAY, *Hyperbolic Differential Equations*, Institute for Advanced Study, Princeton, 1953. (Mimeographed but available.)

[8] ———, *Théorie de Gårding des équations Hyperboliques Linéaires*, Universitá di Roma Institute di Alta Matematica, Rome, 1956. (Mimeographed, but available.)

[9] ———, *Problème de Cauchy:*

I. Uniformisation ··· , Bull. Soc. Math. Fr., 85, 1957, pp. 389–439.
II. Solution unitaire ··· , id., 86, 1958, pp. 75–96.
III. Calcul différential ··· , id., 87, 1959, pp. 81–180.
IV. Prolongement de la transformation de Laplace, id., 90, 1962, pp. 39–156.
V. Unpublished; very incomplete indications can be found in *Le Problème de Cauchy* ··· , Comptes Rendus Acad. Sci. Paris, 242, 1956, p. 953; *Problème de Cauchy et Dualité de Laplace,* Congrès Canadien, 1955 (mimeographed)
VI. See [4].

[10] I. PETROWSKY, *Über das Cauchysche Problem für Systeme von partiellen Differentialgleichungen*, Math. Sb., 44, 1937, pp. 815–866.

[11] ———, *On the diffusion of waves and lacunas for hyperbolic equations*, id., 59, 1945, pp. 259–370.

[12] J. SCHAUDER, *Das Anfangswertproblem einer quasi-linearen hyperbolischen Differentialgleichung zweiter Ordnung*, Fund. Math., 24, 1935, pp. 213–246.

Note: A book, by Gårding and the author, will explain in detail all the properties of hyperbolic operators which have been quoted.

[1952]

Les solutions élémentaires d'une équation aux dérivées partielles à coefficients constants

C. R. Acad. Sci., Paris 234 (1952) 1112–1114

Après avoir précisé la définition des solutions élémentaires, on donne (1) l'expression de celles d'entre elles qui résolvent un problème de Cauchy : ce sont des distributions (2), que Herglotz, Petrowsky, Gårding (3) avaient déterminées là où elles sont des fonctions. On examine spécialement le cas homogène, où l'étude des solutions élémentaires est celle des périodes des intégrales abéliennes des sections hyperplanes d'une variété algébrique.

1. Soient X et Ξ deux espaces vectoriels duals, de dimension $l > 2$; soit $a(\xi)$ un polynome de degré m; soit $h(\xi)$ sa partie principale; soit $n = m - l$. On note $W(a)$ et $W(a, b)$ les variétés algébriques d'équations

$$a(\zeta) = 0 \quad \text{et} \quad a(\zeta) = b(\zeta) = 0,$$

où

$$\zeta = \xi + i\eta,\ \xi \text{ et } \eta \in \Xi \qquad (\xi = \text{partie réelle de } \zeta).$$

On note $\omega_a(\zeta, d\zeta)$ et $\omega_{a.b}(\zeta, d\zeta)$ des formes différentielles extérieures telles que

$$da(\zeta).\omega_a(\zeta, d\zeta) = da(\zeta).db(\zeta).\omega_{a,b}(\zeta, d\zeta) = d\zeta_1 \ldots d\zeta_l;$$

(1) *Voir* pour plus de détails : J. LERAY, *Symbolic calculus with several variables, projections and boundary value problems for differential equations* (*Institute for advanced Study*, Princeton).

(2) L. SCHWARTZ, *Théorie des distributions*, 1 et 2, Hermann, Paris, 1951; les dérivées en $x_1, \ldots, x_l$ sont celles que définit cette théorie.

(3) I. PETROWSKY, *Mat. Sbornik*, 2, 59, 1945, p. 289-370; L. GÅRDING, *Acta math.*, 85, 1951, p. 1-62.

leurs restrictions respectives à $W(a)$ et $W(a, b)$ sont définies sans ambiguïté. On suppose $W(a)$ et $W(h)$ sans singularité autre que l'origine.

Les composantes connexes du complémentaire de l'adhérence de la projection réelle de $W(a)$ sont des domaines *convexes* Δ_α de Ξ; $\sup\limits_{\eta\in\Xi}|a^{-1}(\xi+i\eta)|$ est borné dans Δ_α; la transformation de Laplace montre que l'équation

$$a\left(\frac{\partial}{\partial x_1}, \ldots, \frac{\partial}{\partial x_l}\right)u(x) = v(x) \qquad (x\in X)$$

a une seule solution $u(x)$ telle que, pour tout $\xi\in\Delta_1$,

$$\|u(x)\exp(-x.\xi)\|_2 \leqq \sup_{\eta\in\Xi}|a^{-1}(\xi+i\eta)|.\|v(x)\exp(-x.\xi)\|_2,$$

il existe une *distribution* k_x, dite *solution élémentaire* de a relative à Δ_1, telle que

$$u(x) = k_x \star v(x).$$

Soit Γ_α le cône directeur de Δ_α; soit C_α le dual de Γ_α : $x\in C_\alpha$ si $x.\xi \geqq 0$ pour tout $\xi\in\Gamma_\alpha$. L'intérieur de $\bigcup\limits_\alpha \Gamma_\alpha$ est le plus grand ensemble ouvert tel que toute droite y pénétrant ne coupe $W(h)$ qu'en des points réels; sa frontière appartient à $W(h)$. Supposons-le *non vide*. Alors *deux* Γ_α *opposés*, soient Γ_1 et $\Gamma_2 = -\Gamma_1$, ont des points intérieurs; hors de C_1, $k_x = 0$, ce qui permet de résoudre un problème de Cauchy; hors de $C_2 = -C_1$ on a

$$(1) \qquad k_x = (2\pi i)^{1-l} f\left(\frac{\partial}{\partial x_1}, \ldots, \frac{\partial}{\partial x_l}\right)\int_\Omega f^{-1}(\zeta)\exp(x.\zeta)\,\omega_a(\zeta, d\zeta);$$

Ω est la partie de $W(a)$ dont la projection réelle appartient à un vecteur ξ^* joignant Δ_2 à Δ_1; l'orientation de Ω est telle que

$$i^{1-l}[\xi_1^* a'_1(\zeta) + \ldots + \xi_l^* a'_l(\zeta)].\omega_a(\zeta, d\zeta) > 0;$$

$f(\zeta)$ est un polynome de degré $> -n$, tel que Ω et ses points frontières à l'infini soient hors de $W(f)$; le second membre de (1) ne dépend pas des choix de ξ^* et f.

2. *Cas où* $a(\xi)$ *est homogène*. — Soit $b(\zeta)$ une fonction linéaire, telle que $b(0) = -1$; soit dans $W(a, b)$ une chaîne à l dimensions $\Gamma(x)$ dépendant continûment de x, son bord $\beta\Gamma$ étant indépendant de x sauf au voisinage de $W(x.\zeta)$; soit $k_x(\Gamma)$ la distribution, fonction linéaire de Γ, définie par la formule

$$(2) \qquad k_x(\Gamma) = f\left(\frac{\partial}{\partial x_1}, \ldots, \frac{\partial}{\partial x_l}\right)\int_{\Gamma(x)} f^{-1}(\zeta)\frac{(x.\zeta)^{n+q}}{(n+q)!}\,\omega_{a,b}(\zeta, d\zeta)$$

quand existe un polynome $f(\zeta)$, homogène de degré $q \geqq -n$, tel que $W(f)\cap\Gamma(x)$ soit vide au point x étudié : f existe si Γ est petit; modifier f, remplacer b par c et Γ par sa projection de centre O sur $W(a, c)$ ne change pas $k_x(\Gamma)$. Si $\Gamma(x)$ est un cycle de $W(a, b)$ mod. $W(a, x.\zeta, b)$, alors $k_x(\Gamma)$ ne dépend que de la classe d'homologie $h(x)$ de $\Gamma(x)$ et est noté $k_x(h)$; $k_x(h) = 0$ si h contient un cycle algébrique; *la classe d'homologie* βh *du cycle* $\beta\Gamma$ *de* $W(a, x.\zeta, b)$ *détermine* $k_x(h)$ *à un polynome près de degré* n; soit g un polynome homogène de degré $\pm(n+1)$ et $B \in \beta h$:

$$(3) \qquad g\left(\frac{\partial}{\partial x_1}, \ldots, \frac{\partial}{\partial x_l}\right) k_x(h) = \int_B g(\zeta)\, \omega_{a,x.\zeta,b}(\zeta, d\zeta) \qquad \text{si} \quad n+1 \geqq 0;$$

$$(4) \qquad k_x(h) = g\left(\frac{\partial}{\partial x_1}, \ldots, \frac{\partial}{\partial x_l}\right) \int_B g^{-1}(\zeta)\, \omega_{a,x.\zeta,b}(\zeta, d\zeta)$$

si $n+1 \leqq 0$ et si $W(g) \cap B(x)$ est vide au point x étudié.

Hors de C_2, *la solution élémentaire de* a *relative à* Δ_1 *est* $(2\pi i)^{2-l} k_x(h)$, $h(x)$ *étant défini comme suit* : Si b est pair, $2h(x)$ contient le cycle que constitue la partie réelle de $W(a, b)$ orientée de façon que

$$(x.\zeta)\,[\xi_1^* a_1'(\zeta) + \ldots + \xi_l^* a_l'(\zeta)]\, \omega_{a,b}(\zeta, d\zeta) > 0 \qquad (\xi^* \in \Delta_1);$$

$\beta h(x)$ contient la partie réelle de $W(a, x.\zeta, b)$ orientée de façon que

$$[\xi_1^* a_1'(\zeta) + \ldots + \xi_l^* a_l'(\zeta)]\, \omega_{a,x.\zeta,b}(\zeta, d\zeta) > 0 \qquad (\xi^* \in \Delta_1).$$

Si l est impair, soit ξ^* un point réel de $W(x.\zeta, b)$; les points non réels ζ où les droites réelles issues de ξ^* coupent $W(a, x.\zeta, b)$ constituent un cycle de $\beta h(x)$, si on l'oriente comme suit :

$$\zeta = \xi^* + (i+\tau)\eta \qquad (\tau, \text{ nombre réel}; \ \eta \in \Xi).$$

$$(i+\tau)^{l-2}[\xi_1^* a_1'(\zeta) + \ldots + \xi_l^* a_l'(\zeta)]\, \omega_{a,x.\zeta,b}(\zeta, d\zeta) < 0;$$

la définition de h est trop longue pour être donnée ici.

Nota. — La condition par laquelle Petrowsky exprime que x est dans une *lacune stable* doit être énoncée comme suit : $h(x)$ est l'image d'une classe d'homologie (algébrique si $n \geqq 0$) de $W(a, b)$.

Exemple. — (4) donne la solution élémentaire de $\partial^2/\partial x_1^2 - \partial^2/\partial x_2^2 - \ldots \partial^2/\partial x_l^2$:

$$k_x = \frac{1}{2\pi}\left(\frac{d}{\pi\, dR}\right)^{\frac{l-4}{2}} \delta(R),$$

où $R = x_1^2 - x_2^2 - \ldots x_l^2$, δ = mesure de Dirac; la dérivée est celle du calcul symbolique si l est impair.

GAUTHIER-VILLARS, IMPRIMEUR-LIBRAIRE DES COMPTES RENDUS DES SÉANCES DE L'ACADÉMIE DES SCIENCES.
141830-52 Paris. — Qua des Grands-Augustins, 55.

[1956b]

Le problème de Cauchy pour une équation linéaire à coefficients polynomiaux

C. R. Acad. Sci., Paris 242 (1956) 953–959

Le problème de Cauchy est résolu par une transformation fonctionnelle, définie par une quadrature et opérant sur la solution d'un problème de Cauchy particulier, relatif à une autre équation à coefficients polynomiaux ; l'ordre de l'une des équations est le degré des coefficients de l'autre : si l'équation est à coefficients linéaires, le problème de Cauchy est réduit à un système différentiel ordinaire et à une quadrature.

1. Soit X l'espace affine de dimension l sur le corps C des nombres complexes. Soit $s(x)$ une fonction holomorphe de $x \in X$, qui s'annule sur un morceau d'hypersurface de X; notons V un petit voisinage de ce morceau d'hypersurface. Notons Ξ le dual de l'espace des vecteurs de X. Soit $a(\xi, x)$ un polynome défini sur $\Xi \times X$, de degrés $m+q$ en ξ et q en x. Notons $h(\xi, x)$ sa partie principale en ξ. Soit enfin $v(x)$ une fonction holomorphe sur V.

Posons *le problème de Cauchy* d'inconnue $u(x)$:

(1) $$a\left(\frac{\partial}{\partial x}, x\right)u(x) = v(x); \qquad u(x) \text{ s'annule } m+q \text{ fois pour } s(x) = 0.$$

Par hypothèse l'hypersurface où $s(x) = 0$ ne sera pas caractéristique :

(2) $$h\left(\frac{\partial s}{\partial x}, x\right) \neq 0 \qquad \text{pour } s(x) = 0.$$

Théorème. — *La solution de ce problème de Cauchy est*

(3) $$u(z) = J[w(\xi', x)v(x)].$$

La transformation fonctionnelle J est définie au n° 2 par des quadratures; J dépend seulement de l'hypersurface où $s(x) = 0$.

La fonction $w(\xi', x)$ est définie au n° 3, comme solution d'un autre problème de Cauchy; $w(\xi', x)$ dépend seulement du polynome $a(\xi, x)$.

Nota. — Tout problème de Cauchy se ramène aisément à un problème dont les données de Cauchy sont nulles.

2. LA TRANSFORMATION J. — *Préliminaires*. — Les diverses expressions de J que nous donnerons sont des intégrales calculées dans des espaces analytiques complexes. Elles porteront sur des formes différentielles holomorphes, qui seront, par rapport aux différentielles, de degré maximum, c'est-à-dire égal à la dimension complexe de l'espace; ces formes sont donc fermées et nulles sur toute hypersurface analytique. Une telle hypersurface sera donnée; la théorie des espaces fibrés montrera que le groupe d'homologie de l'espace, relatif à cette hypersurface, pour la dimension réelle égale à la dimension complexe de l'espace, a le rang 1; ce groupe, qui est utilisé en coefficients entiers, a donc une base, définie au produit près par ± 1; ce signe étant choisi, nous nommerons cette base, *base d'homologie de l'espace relative à l'hypersurface*. Notre intégrale sera prise sur un cycle arbitraire de cette base.

Notations. — Les fonctions linéaires $\xi'.x$ de $x \in X$ constituent un espace vectoriel Ξ' de dimension $l+1$; son quotient par le sous-espace des fonctions constantes sur X est Ξ. Si x a les coordonnées $(x_1, \ldots, x_l)$, alors

$$\xi'.x = \xi_0 + \xi_1 x_1 + \ldots + \xi_l x_l;$$

l'image canonique de $\xi' = (\xi_0, \xi_1, \ldots, \xi_l) \in \Xi'$ dans Ξ est $\xi = (\xi_1, \ldots, \xi_l)$. A l'espace vectoriel Ξ' est associé un espace projectif Ξ'^* de dimension l: c'est l'espace des hyperplans de X.

Dans l'espace produit $\Xi' \times X$ envisageons un domaine D' qui soit le produit de V par un domaine convexe de Ξ', ayant les propriétés que voici : son image dans Ξ'^* contient les hyperplans tangents à $s(x) = 0$; s'il contient ξ', il contient $\tau\xi'$ quand $\tau \in C$, $|\tau| \geqq 1$; $\|\xi'\|$ y est grand. J transforme en fonctions holomorphes de $z \in V$ les fonctions $f(\xi', x)$ holomorphes sur D' et à croissance polynomiale : il existe une constante m, dépendant de f, telle que

$$\|\xi'\|^m f(\xi', x) \text{ est borné pour } \|\xi'\| \to \infty.$$

Notons $\tilde{f}(\xi, x)$ la fonction de x et de l'image $\xi \in \Xi$ de ξ' qui vérifie

$$\tilde{f}(\xi, x) = f(\xi', x) \quad \text{pour} \quad \xi'.x = 0.$$

La définition de J[f] est la suivante : il existe une base d'homologie α'

de D' relative à la réunion des trois hypersurfaces

$$(4)\qquad s(x)=0;\qquad \xi'.x=0;\qquad \xi'.z+\lambda=0\qquad (\lambda=\text{const.});$$

$$(5)\qquad J[f(\xi',x)]=\frac{1}{(2\pi i)^l}\int_{\alpha'} f(\xi',x)\exp(\xi'.z)\,d\xi_0\ldots d\xi_l\,dx_1\ldots dx_l\quad \text{si}\quad l<m;$$

$$J[f(\xi',x)]=b\left(\frac{\partial}{\partial z}\right)J[b^{-1}(\xi)f(\xi',x)],$$

où $b(\xi)$ est l'un des polynomes tels que le second membre soit défini par (5) : ce second membre est indépendant du choix de b.

Les propriétés de J s'obtiennent aisément, sauf la dernière qui résulte d'une récurrence sur l : $J|f|$ est indépendant du choix de la constant λ; pour $s(z)=0$, $J[f]$ s'annule m fois de plus que $f(\xi',x)$ pour $s(x)=0$;

$$\frac{\partial}{\partial z_k}J[f]=J[\xi_k f]\qquad (1\leqq k\leqq l);$$

$$z_k J[f]=J\left[x_k\tilde{f}-\frac{\partial f}{\partial \xi_k}\right];\qquad J[f]=J\left[\tilde{f}-\frac{\partial f}{\partial \xi_0}\right];$$

$$J\left[\frac{\partial f}{\partial x_k}\right]=J[\xi_k\tilde{f}]\quad \text{si}\quad f(\xi',x)=0\quad \text{pour}\quad s(x)=0;$$

$$J[f(x)]=f(z).$$

La définition de $J[f]$ *se simplifie* dans certains cas particuliers. Supposons f fonction de (ξ, x); soit D l'image de D' dans $\Xi\times X$; il existe une base d'homologie α de D relative à la réunion des deux hypersurfaces

$$(6)\qquad s(x)=0;\qquad \xi.(z-x)+\lambda=0;$$

$$(7)\qquad J[f(\xi,x)]=\frac{1}{(2\pi i)^l}\int_\alpha f(\xi,x)\exp[\xi.(z-x)]\,d\xi_1\ldots d\xi_l\,dx_1\ldots dx_l\qquad \text{si}\quad l-1<m.$$

Supposons $f(\xi',x)$ homogène en ξ' de degré $-m$; m est entier. Soit D'^* l'image de D' dans $\Xi'^*\times X$; il existe une base d'homologie α'^* de D'^* relative à la réunion des trois hypersurfaces (4), où $\lambda=0$;

$$(8)\qquad J[f]=\frac{1}{(2\pi i)^{l-1}}\int_{\alpha'^*}\frac{(\xi'.z)^{m-l-1}}{(m-l-1)!}f(\xi',x)\sum_{k\geq 0}(-1)^k\xi_k\,d\xi_0\ldots\widehat{d\xi_k}\ldots d\xi_l\,dx_1\ldots dx_l$$

si $l<m$; $\widehat{d\xi_k}$ signifie la suppression de $d\xi_k$. Pour $l=m$, $J[f]$ s'exprime par une intégrale étendue à la partie du bord de α'^* contenue dans l'hyperplan $\xi'.z=0$.

Supposons enfin f fonction de (ξ,x), homogène de degré $-m$ en ξ; soit Ξ^* l'espace projectif de dimension $l-1$ associé à l'espace vectoriel Ξ de dimension l; soit D^* l'image de D dans $\Xi^*\times X$; il existe une base d'homologie α^* de D^* relative à la réunion des deux hypersurfaces (6), où $\lambda=0$;

$$(9)\qquad J[f]=\frac{1}{(2\pi i)^{l-1}}\int_{\alpha^*}\frac{[\xi.(z-x)]^{m-l}}{(m-l)!}f(\xi,x)\sum_{k\geq 0}(-1)^k\xi_k\,d\xi_1\ldots\widehat{d\xi_k}\ldots d\xi_l\,dx_1\ldots dx_l$$

si $l \leqq m$; si $l - 1 = m$, $J[f]$ s'exprime par une intégrale étendue à la partie du bord de α^* contenue dans la quadrique $\xi.(z - x) = 0$.

3. La fonction $w(\xi', x)$. — *Notations.* — Notons X' l'espace dual de Ξ' : le produit de $\xi' = (\xi_0, \ldots, \xi_l) \in \Xi'$ par $x' = (x_0, \ldots, x_l) \in X'$ est le nombre

$$\xi'.x' = \xi_0 x_0 + \ldots + \xi_l x_l;$$

X est donc l'hyperplan de X' où $x_0 = 1$.

Soit $a(\xi, x')$ l'un des polynomes, définis sur $\Xi' \times X$, qui vérifient les conditions suivantes : la restriction de $a(\xi, x')$ à $\Xi \times X$ est le polynome $a(\xi, x)$ donné au n° 1; les degrés en ξ et en x', d_ξ^0 et $d_{x'}^0$, de chacun de ses monomes vérifient les inégalités

$$d_\xi^0 \leqq m + d_{x'}^0; \qquad d_{x'}^0 \leqq q.$$

Notons $H(\xi, x')$ la partie principale en x' de $a(\xi, x')$; $H(\xi, x')$ et $a(\xi, x')$ ont la même partie principale $h(\xi, x')$ en ξ; elle est homogène, de degrés $m + q$ en ξ et q en x'; sa restriction à $\Xi \times X$ est la partie principale, déjà notée $h(\xi, x)$, de $a(\xi, x)$ en ξ. Nous choisissons D assez petit pour que l'hypothèse (2) implique

$$H(\xi, x) \neq 0 \qquad \text{pour} \quad (\xi, x) \in D;$$

les données du problème de Cauchy suivant ne sont donc pas caractéristiques.

La fonction $w(\xi', x)$ est définie dans D' par le problème de Cauchy :

$$a\left(\xi, -\frac{\partial}{\partial \xi'}\right) w(\xi', x) = 1,$$

$$w(\xi', x) \text{ s'annule } q \text{ fois pour } \xi'.x = 0.$$

On vérifie que $w(\xi', x)$ a une croissance polynomiale en ξ'.

Nota. — La donnée de $a(\xi, x)$ détermine incomplètement $a(\xi, x')$, donc le problème de Cauchy précédent, donc $w(\xi', x)$. On peut lever cette indétermination comme suit : on modifie, ce qui n'altère aucun des résultats énoncés, la définition de m et q; m sera le plus grand entier et q le plus petit tels que les degrés en ξ et en x, d_ξ^0 et d_x^0, des monomes de $a(\xi, x)$ vérifient

$$m + d_x^0 \leqq d_\xi^0 \leqq m + q.$$

$a(\xi, x')$ sera le polynome dont la restriction à $\Xi \times X$ est $a(\xi, x)$ et dont les monomes vérifient

$$m + d_{x'}^0 = d_\xi^0.$$

Alors $H(\xi, x') = h(\xi, x')$; $w(\xi', x)$ est homogène de degré $-m$ en ξ'; la solution (3) du problème de Cauchy donné se calcule par l'intégrale (8), c'est-à-dire dans le produit de X par l'espace de ses hyperplans; la transformation de contact de Legendre transforme les caractéristiques de l'opérateur $a(\partial/\partial x, x)$

en celles de l'opérateur $a(\xi, -\partial/\partial\xi')$ qui sont des cônes de Ξ' de sommet zéro; ces deux opérateurs ont mêmes bicaractéristiques.

4. Équations a coefficients linéaires. — Supposons $a(\xi, x)$ linéaire en x :

$$a(\xi, x) = a_0(\xi) + \sum_{k=1}^{l} a_k(\xi) x_k.$$

Autrement dit le problème de Cauchy (1) est

$$a_0\left(\frac{\partial}{\partial x}\right) u(x) + \sum_{k=1}^{l} a_k\left(\frac{\partial}{\partial x}\right)[x_k u(x)] = v(x); \tag{1 bis}$$

$u(x)$ s'annule m fois pour $s(x) = 0$;

m désigne le plus grand des degrés de $a_0(\xi), \ldots, a_l(\xi)$. Choisissons $a(\xi, x')$, non comme le dit le Nota du n° 3, mais linéaire homogène en x' :

$$a(\xi, x') = \sum_{k=0}^{l} a_k(\xi) x_k.$$

L'équation (10), qui définit $w(\xi', x)$, devient

$$\sum_{k=0}^{l} a_k(\xi) \frac{\partial w(\xi', x)}{\partial \xi_k} = 1; \tag{10 bis}$$

sa résolution se réduit à celle de son système caractéristique

$$\frac{d\xi_0}{a_0(\xi)} = \frac{d\xi_1}{a_1(\xi)} = \ldots = \frac{d\xi_l}{a_l(\xi)}. \tag{11}$$

Théorème. — *Soit $\eta'(\xi', x) = (\eta_0, \eta_1, \ldots, \eta_l)$ le point de Ξ' où la courbe intégrale de (11) issue de $\xi' = (\xi_0, \xi_1, \ldots, \xi_l)$ coupe l'hyperplan $\eta' . x = 0$; soit $\eta(\xi', x) = (\eta_1, \ldots, \eta_l)$ la projection de $\eta'(\xi', x)$ dans Ξ. La solution du problème de Cauchy (1 bis) est*

$$u(z) = J\left\{\left[a_0(\eta(\xi', x)) + \sum_{k=1}^{l} a_k(\eta(\xi', x)) x_k\right]^{-1} v(x)\right\}. \tag{3 bis}$$

5. Équations a coefficients constants. — Supposons $a(\xi, x) = a(\xi)$ indépendant de x. Le problème de Cauchy (1) devient

$$a\left(\frac{\partial}{\partial x}\right) u(x) = v(x). \tag{1 ter}$$

$u(x)$ s'annule m fois pour $s(x) = 0$;

m est ici le degré de $a(\xi)$. La solution de ce problème est

$$u(z) = J[a^{-1}(\xi) v(x)], \tag{3 ter}$$

où J est défini par (7) ou par (9). Cette formule, qui résout (1 *ter*) par quadratures, a été donnée par Fantappiè ([2]), sous une autre forme, voisine de celle qui résulte de (13), (16), (17).

Quand (1 *ter*) est un problème hyperbolique bien posé, sa solution globale par quadratures a été donnée par Herglotz, Petrowsky et Gårding; c'est ([3]) le produit de composition de $v(x)$ par le transformé de Laplace de $a^{-1}(\xi)$; c'est donc ce que fournissent les formules (3 *ter*) et (7) quand on y choisit α égal au produit d'une classe d'homologie non compacte de Ξ par une classe non compacte de X relative à l'hypersurface $s(x)=0$: on peut convenir que ce choix correspond à la valeur $\lambda=\infty$ du paramètre λ dont α dépend.

6. **La fonctionnelle de Fantappiè** $I[h]$ a été définie par Fantappiè, sous le nom de produit fonctionnel projectif de h_1 et h_2, quand $h(\xi, x)=h_1(\xi)h_2(x)$ est homogène de degré -1 en ξ et en x.

Notations. — En choisissant une origine dans X, faisons-en un espace vectoriel. Soient X^* et Ξ^* les espaces projectifs de dimensions $l-1$ associés à X et Ξ; soit D^{**} l'image dans $\Xi^*\times X^*$ du produit de deux cônes de Ξ et X, convexes, cerclés : si ξ est dans le premier, $\tau\xi$ aussi pour tout $\tau\in C$. Nous supposons ces cônes assez larges pour qu'à tout point de l'un correspondent des points de l'autre vérifiant $\xi.x=0$.

La définition de $I[h]$ est la suivante : il existe une base d'homologie α^{**} de D^{**} relative à la quadrique $\xi.x=0$;

$$(12)\qquad I[h]=\frac{1}{(2\pi i)^{l-1}}\int_{\alpha^{**}}\frac{(-\xi.x)^{m-l}}{(m-l)!}h(\xi, x)\sum_{k,r}(-1)^{k+r}\xi_k x_r \times d\xi_1\ldots\widehat{d\xi_k}\ldots d\xi_l\,dx_1\ldots\widehat{dx_r}\ldots dx_l,$$

si $l\leqq m$; sinon, pour tout polynome b tel que (12) définisse le second membre,

$$I[h]=I\left[b^{-1}(\xi)b\left(\frac{\partial}{\partial x}\right)h(\xi,x)\right].$$

Les propriétés de I sont les suivantes :

$$I[\xi_k h]=I\left[\frac{\partial h}{\partial x_k}\right],\qquad I[x_k h]=I\left[\frac{\partial h}{\partial \xi_k}\right],$$
$$(-1)^{m-1}(m-1)!\;I[(\xi.z)^{-m}h(x)]=h(z)\qquad \text{si}\quad m>0.$$

La relation entre I et J est

$$(13)\qquad J[f(\xi', x)]=I[h(\xi, x, z)],$$

où, si $l<m$,

$$(14)\qquad h(\eta, y, z)=\frac{1}{2\pi i}\int_{\beta'}(\tau t)^{l-1}f(\xi', x)\exp(\xi'.z)\,d\xi_0\,d\tau\,dt,$$
$$\xi'=(\xi_0, \tau\eta_1, \ldots, \tau\eta_l),\qquad x=z+ty;\qquad (\xi', x)\in D';$$

β' est la base d'homologie, relative à la réunion des trois surfaces (4), du domaine que décrit le point de coordonnées (ξ_0, τ, t).

La définition de h se simplifie dans les cas déjà envisagés au n° 2. Si f est homogène de degré $-m$,

$$(15) \qquad h(\xi, y, z) = \int_{\beta'^{\star}} \frac{(\xi'.z)^{m-l-1}}{(m-l-1)!} t^{l-1} f(\xi', x)\, d\xi_0\, dt;$$

$$\xi' = (\xi_0, \xi_1, \ldots, \xi_l), \qquad \xi = (\xi_1, \ldots, \xi_l), \qquad x = z + ty, \qquad (\xi', x) \in D'^{\star};$$

$\beta'^{\star}$ est la base d'homologie, relative à la réunion des trois courbes (4), où $\lambda = 0$, du domaine que décrit (ξ_0, t).

Si f est indépendant de ξ_0,

$$(16) \qquad h(\eta, y, z) = \frac{1}{2\pi i} \int_{\beta} (\tau t)^{l-1} f(\xi, x) \exp[\xi.(z-x)]\, d\tau\, dt;$$

$$\xi = \tau\eta, \qquad x = z + ty; \qquad (\xi, x) \in D;$$

β est la base d'homologie, relative à la réunion des deux courbes (6), du domaine que décrit (τ, t).

Si f est indépendant de ξ_0 et homogène en ξ de degré $-m$

$$(17) \qquad h(\xi, y, z) = \int_{\beta^{\star}} t^{m-1} f(\xi, x)\, dt; \qquad x = z + ty;$$

l'arc $\beta^{\star}$ joint le point z au point où $s(x) = 0$.

(¹) Pour plus de détails, voir *Congrès math. canadien*, 1955, notes miméographiées.
(²) FANTAPPIÈ, *Annali di mat.*, 22, 1943, p. 1-100.
(³) J. LERAY, *Comptes rendus*, 234, 1952, p. 1112.

GAUTHIER-VILLARS,
ÉDITEUR-IMPRIMEUR-LIBRAIRE DES COMPTES RENDUS DES SÉANCES DE L'ACADÉMIE DES SCIENCES
149614-56 Paris — Quai des Grands-Augustins, 55.

[1957b]

Uniformisation de la solution du problème linéaire analytique de Cauchy près de la variété qui porte les données de Cauchy

Bull. Soc. Math. France 85 (1957) 389–429

INTRODUCTION.

Nous nous proposons d'étudier globalement *le problème linéaire de Cauchy* dans le cas complexe, puis dans le cas réel et hyperbolique, en supposant les données *analytiques*. Notre principal but est la proposition suivante : *les singularités de la solution appartiennent aux caractéristiques issues des singularités des données ou tangentes à la variété qui porte les données de Cauchy*. C'est l'extension aux équations aux dérivées partielles de la propriété fondamentale des solutions des équations différentielles ordinaires, linéaires et analytiques : leurs singularités sont des singularités des données.

Le sens de la proposition précédente devra être précisé; sa démonstration sera longue, mais révélera diverses propriétés intéressantes du problème de Cauchy; elle nécessitera plusieurs articles.

Ce *premier article* étudie la solution $u(x)$ du problème de Cauchy près de la variété S qui porte les données de Cauchy. On suppose que S n'est pas caractéristique. Si S n'est caractéristique en aucun de ses points, alors $u(x)$ est holomorphe près de S, vu le théorème de Cauchy-Kowalewski, et nos théorèmes n'énoncent rien de neuf. Mais nous admettons que S soit caractéristique en certains de ses points : il s'agit d'*un cas sans analogue* en théorie des équations différentielles ordinaires; en théorie des équations aux dérivées partielles ce cas joue un rôle *fondamental*, parce qu'il est celui où $u(x)$ présente les singularités les plus simples : $u(x)$ peut être *uniformisé* (théorèmes 1, 2 et 3, n° 5) et, sauf dans des cas *exceptionnels*, est *algébroïde* (théorèmes 4 et 5, n°s 6 et 7).

Nous nous limitons au cas d'une équation : l'extension à un système d'équations est banale.

1. **Notations.** — Soit X une variété analytique complexe, de dimension complexe l; x désigne un de ses points, dont les coordonnées locales sont notées $(x_1, \ldots, x_l)$. Soit $a\left(x, \frac{\partial}{\partial x}\right)$ un opérateur différentiel holomorphe d'ordre m :

$$a\left(x, \frac{\partial}{\partial x}\right) = \sum_{j_1+\ldots+j_l=j\leq m} a_{j_1\ldots j_l}(x)\frac{\partial^j}{\partial x_1^{j_1}\ldots\partial x_l^{j_l}},$$

les $a_{j_1\ldots j_l}(x)$ étant des fonctions holomorphes, à valeurs numériques complexes. Soit S une sous-variété analytique complexe régulière, de dimension complexe $l-1$: localement S a pour équation

$$S:\quad s(x)=0,$$

$s(x)$ étant une fonction holomorphe, à valeurs numériques complexes, telle que $s_x \neq 0$ sur S;

$$s_x = \frac{\partial s}{\partial x}$$

désigne le covecteur (c'est-à-dire vecteur covariant) de composantes

$$s_{x_1} = \frac{\partial s}{\partial x_1}, \quad \ldots, \quad s_{x_l} = \frac{\partial s}{\partial x_l}.$$

On suppose que S n'est pas une variété caractéristique (n° 2), c'est-à-dire que S a des points non caractéristiques. Soit $b\left(x, \frac{\partial}{\partial x}\right)$ un opérateur différentiel d'ordre 1, holomorphe près de S et pour lequel S n'est caractéristique en aucun de ses points. Soient $v(x)$ et $w_j(x)$ des fonctions, à valeurs numériques complexes, respectivement holomorphes sur X et sur S; $j=0, \ldots, m-1$.

Le problème de Cauchy s'énonce

$$(1.1)\quad \begin{cases} a\left(x, \frac{\partial}{\partial x}\right)u(x) = v(x); \\ u(x) = w_0(x), \quad b\left(x, \frac{\partial}{\partial x}\right)u(x) = w_1(x), \quad \ldots, \\ \left[b\left(x, \frac{\partial}{\partial x}\right)\right]^{m-1} u(x) = w_{m-1}(x) \quad \text{sur } S. \end{cases}$$

Son inconnue $u(x)$ est une fonction, à valeurs numériques complexes, holomorphe près des points non caractéristiques de S; notre but est d'étudier, près de S, son prolongement analytique.

Il est évident qu'on peut modifier arbitrairement le choix de $b\left(x, \frac{\partial}{\partial x}\right)$, à condition de modifier convenablement les choix des $w_l(x)$.

2. Rappel de la définition des caractéristiques et bicaractéristiques de l'opérateur $a\left(x, \frac{\partial}{\partial x}\right)$. — Un élément de contact d'ordre 1 de X a les coordonnées homogènes (x, p) : p est un covecteur d'origine x, défini au produit près par un nombre complexe. La variété S, d'équation $s(x) = 0$, possède l'élément de contact (x, p) si

$$s(x) = 0, \qquad p \text{ est parallèle à } s_x.$$

Un vecteur dx d'origine x appartient à cet élément de contact si

$$p.dx = 0,$$
$$p.dx = p_1\, dx_1 + \ldots + p_l\, dx_l$$

désignant le produit scalaire d'un vecteur dx et d'un covecteur p. Notons $h(x, p)$ le polynome en p, *homogène* de degré m,

$$(2.1) \qquad h(x, p) = \sum_{j_1+\ldots+j_l=m} a_{j_1\ldots j_l}(x)\, p_1^{j_1} \ldots p_l^{j_l};$$

l'élément de contact (x, p) est dit *caractéristique* pour $a\left(x, \frac{\partial}{\partial x}\right)$ si $h(x, p) = 0$. Un point x de S est dit caractéristique si l'élément de contact de S en x est caractéristique, c'est-à-dire si

$$(2.2) \qquad h(x, s_x) = 0.$$

S est dite *variété caractéristique* si tous ses éléments de contact sont caractéristiques, c'est-à-dire si (2.2) a lieu quand $s(x) = 0$.

Les bandes caractéristiques de l'équation du premier ordre (2.2) des variétés caractéristiques sont nommées bandes bicaractéristiques : *une bande bicaractéristique* est une famille d'éléments de contact ayant des coordonnées vérifiant le système différentiel

$$\frac{dx_i}{h_{p_i}} = -\frac{dp_j}{h_{x_j}}, \qquad h(x, p) = 0$$

dont l'une des équations différentielles est superflue. On choisit le paramètre complexe t, dont dépendent ces éléments de contact, tel que le système précédent s'écrive

$$(2.3)\qquad dx = h_p(x, p)\,dt, \qquad dp = -h_x(x, p)\,dt, \qquad h(x, p) = 0.$$

L'élément de contact de paramètre $t = 0$ s'appelle l'origine de la bande; on dit que la bande en est *issue*.

Le lieu du point $x(t)$ s'appelle *courbe bicaractéristique*.

La direction $h_p(x, p)$ associée par (2.3) à l'élément de contact caractéristique (x, p) s'appelle *direction bicaractéristique* de cet élément; elle lui appartient, vu la formule d'Euler relative aux fonctions homogènes :

$$(2.4)\qquad p.h_p(x, p) = 0.$$

Toutes ces notions sont invariantes relativement aux changements de coordonnées analytiques.

La théorie des équations aux dérivées partielles, non linéaires, du premier ordre fournit les trois théorèmes classiques que voici :

Théorème. — La bande bicaractéristique issue d'un élément de contact d'une variété caractéristique appartient à cette variété.

Ce théorème est une conséquence aisée des définitions (2.2) et (2.3).

Théorème. — $dp.dx$ est une forme invariante pour le système différentiel (2.3) des bicaractéristiques.

Voir [2], n°s 11 et 79.

Ce théorème fournit la réciproque du précédent :

Théorème. — Nommons *caractéristique* l'ensemble des éléments de contact (x, p) des bandes caractéristiques issues d'une famille analytique d'éléments de contact $(x(0); p(0))$ vérifiant

$$p(0).dx(0) = 0;$$

sur toute caractéristique

$$p.dx = 0.$$

Donc, là où les points x d'une caractéristique constituent une variété analytique régulière de dimension complexe $l-1$, cette variété a pour élément de contact (x, p) et est donc une variété caractéristique.

En particulier les bicaractéristiques issues d'un point donné x constituent une caractéristique; on la nomme *conoïde caractéristique de sommet* x.

Nous noterons T l'ensemble des points caractéristiques de S :

$$(2.5)\qquad T:\quad s(x) = 0, \qquad h(x, s_x) = 0.$$

Nous noterons K *la caractéristique tangente à* S, c'est-à-dire le lieu des courbes bicaractéristiques issues des éléments de contact caractéristiques de S.

3. Les voisinages de S au-dessus de X. — Une *homéomorphie ana-*

lytique de deux variétés analytiques complexes est une correspondance biunivoque entre les points de ces deux variétés telle que les coordonnées de l'un de ces points soient des fonctions holomorphes des coordonnées de l'autre : ces deux variétés doivent avoir *même dimension; le déterminant fonctionnel de la correspondance ne peut s'annuler*, vu un théorème classique : [1] (chap. VIII, § 10, p. 179).

DÉFINITION 3.1. — Un *voisinage de S au-dessus de X* est constitué par :

1° une variété analytique complexe de dimension égale à la dimension l de X; on la note Φ;

2° une sous-variété analytique complexe régulière de Φ, ayant la dimension $l-1$; on la note Σ;

3° une application, de Φ dans X, appelée projection, notée $x(\varphi)$ et ayant les propriétés suivantes :

$x(\varphi)$ est holomorphe;

la restriction de $x(\varphi)$ à Σ est une homéomorphie analytique de Σ sur S;

le déterminant fonctionnel $\dfrac{D(x)}{D(\varphi)}$ diffère de o en certains points de Σ.

Si ce déterminant s'annule, c'est donc sur un ensemble analytique Δ, de dimension $l-1$, distinct de Σ. La projection de Δ sur X est notée $x(\Delta)$. *Nous identifions S à Σ, $\varphi\in\Sigma$ à $x(\varphi)\in S$*; nous disons que Φ *est ramifié au-dessus de $x(\Delta)$*.

NOTE. — Soit Φ un voisinage de S au-dessus de X; sa projection $x(\Phi)$ peut ne pas être un voisinage de S : *voir* au n° 30 un exemple très simple. Soit Φ' un second voisinage de S au-dessus de X; il existe au plus une homéomorphie analytique de Φ et Φ' appliquant S sur elle-même et telle que

$$x(\varphi)=x(\varphi');$$

cette relation définit en effet une homéomorphie analytique d'un voisinage de y dans Φ sur un voisinage de y dans Φ', quand $y\in S$, $y\notin\Delta$, $y\notin\Delta'$. *Si cette homéomorphie analytique de Φ et Φ' existe*, nous convenons qu'*elle identifie Φ à Φ'*; elle identifie alors Δ à Δ', $x(\varphi)$ à $x(\varphi')$.

DÉFINITION 3.2. — Si Φ' est un voisinage de S dans Φ et si nous choisissons pour projection de Φ' dans X la restriction à Φ' de celle de Φ, alors nous disons que le voisinage caractéristique Φ' appartient à Φ et nous écrivons

$$\Phi'\subset\Phi.$$

DÉFINITION 3.3. — Étant donnée une fonction $u[\varphi]$, nous nommons *projection de $u[\varphi]$* la fonction $u(x)$ qui résulte de l'élimination de φ entre $u[\varphi]$ et $x(\varphi)$.

En général $u(x)$ est multiforme.

Pour exprimer qu'une fonction $u(x)$ est la projection d'une fonction $u[\varphi]$ holomorphe sur Φ, nous dirons : *$u(x)$ est holomorphe sur Φ.*

4. Les voisinages caractéristiques de S. — Soit $g(x, p)$ une fonction, à valeurs numériques complexes, vérifiant les conditions suivantes :

1° $g(x, p)$ est, par rapport à p, homogène de degré 1 ;

2° $\dfrac{g(x, p)}{h(x, p)}$ est holomorphe près de chaque élément de contact de S et ne s'annule en aucun d'eux.

Par exemple, on choisit $b\left(x, \dfrac{\partial}{\partial x}\right)$ homogène en $\dfrac{\partial}{\partial x}$, puis

$$g(x, p) = h(x, p)[b(x, p)]^{1-m}.$$

Soit t un paramètre numérique complexe; nommons *équation différentielle de la projection caractéristique* le système différentiel ordinaire

$$(4.1) \qquad dx = g_p(x, p)\, dt, \qquad dp = -g_x(x, p)\, dt.$$

Le n° 22 établira que ce système admet *l'intégrale première* $g(x, p)$ et *la forme différentielle invariante* $p.dx - g\, dt$. C'est d'ailleurs le seul système laissant cette forme invariante.

Les solutions de (4.1) vérifiant $g(x, p) = 0$ s'identifient aux bicaractéristiques, c'est-à-dire aux solutions de (2.3), par un changement du paramètre t; en effet $g = 0$ implique que

$$h = 0 \qquad (h_p, h_x) \text{ est proportionnel à } (g_p, g_x).$$

Notons $x(t, y)$, $p(t, y)$ la solution de (4.1) issue de l'élément de contact (y, s_y) de S. On a $g(x, p) = 0$ si $y \in T$. Modifier le choix de l'équation locale $s(y) = 0$ a pour seul effet de multiplier $p(t, y)$ par une fonction de y; $x(t, y)$ n'est pas altéré. Nous nommerons $x(t, y)$ *projection caractéristique*; elle est définie et holomorphe pour

$$(4.2) \qquad y \in S, \qquad |t| < \rho(y),$$

$\rho(y)$ étant une fonction positive, continue de y.

Notons φ tout couple (t, y) vérifiant (4.2) ou une condition plus stricte du même type; soit Φ l'ensemble des φ; $x(t, y)$ est noté $x(\varphi)$.

Φ est une variété analytique complexe; la projection caractéristique $x(\varphi)$ la projette sur X, en appliquant identiquement S sur lui-même; $\dfrac{D(x)}{D(\varphi)} \neq 0$ en les points y de S où $\dfrac{dx}{dt} = g_p(y, s_y)$ n'est pas parallèle à S, c'est-à-dire sur $S - T$. Donc Φ est un voisinage de S *au-dessus* de X.

Définition 4. — Un tel voisinage de S au-dessus de X sera nommé *voisinage caractéristique de S.*

Le théorème 2 (n° 5) justifiera cette dénomination.

5. Uniformisation de la solution du problème de Cauchy. — Le principal théorème de cet article est *l'uniformisation* que voici de $u(x)$:

THÉORÈME 1. — *La solution $u(x)$ du problème de Cauchy* (1.1) *et ses dérivées d'ordre $< m$ sont holomorphes sur un voisinage caractéristique Φ de S. Ce voisinage Φ ne dépend que de X', S, et h.*

Ce théorème sera établi au n° 25.

Le théorème suivant justifie la dénomination « voisinage caractéristique » en prouvant qu'un tel voisinage est *ramifié au-dessus de la caractéristique K* tangente à S :

THÉORÈME 2. — *Soit Φ un voisinage caractéristique de S. Près de S, $\frac{1}{h(y, s_y)} \frac{D(x)}{D(t, y)}$ est une fonction holomorphe ne s'annulant pas. La variété de Φ où $\frac{D(x)}{D(\varphi)} = 0$ est donc l'ensemble Δ des points $\varphi = (t, y)$ tels que $y \in T$.*

Fibrons Δ par les fibres

$$|t| < \rho(y), \qquad y = \text{Cte};$$

T sera donc la base de cette fibration. Vu le n° 4, chaque fibre de Δ se projette dans une bicaractéristique tangente à S.

Δ se projette donc dans la caractéristique K tangente à S.

Ce théorème sera établi au n° 23.

Bien que S ait plusieurs voisinages caractéristiques, le théorème 1 *n'est pas ambigu*, vu le

THÉORÈME 3. — *Soient Φ et Φ' deux voisinages caractéristiques de S; il en existe un troisième Φ'' tel que*

$$\Phi'' \subset \Phi, \qquad \Phi'' \subset \Phi'.$$

Vu le n° 4, chaque fibre de Δ'' appartient à une fibre de Δ et à une fibre de Δ';

$$\Delta'' \subset \Delta, \qquad \Delta'' \subset \Delta'.$$

Ce théorème sera établi au n° 25.

6. Caractère algébroïde de $u(x)$ en les points ordinaires de S. — Le n° 30 montrera que la projection d'un voisinage caractéristique de S peut ne pas être un voisinage de S, que la projection caractéristique $x(\varphi)$ peut avoir une infinité d'inverses, que la solution du problème de Cauchy peut ne pas être définie sur tout un voisinage de S et avoir une infinité de déterminations; mais le théorème que voici montre que de telles singularités sont exceptionnelles.

Nous nommons *exceptionnels* des points x de S tels que *le conoïde caractéristique de sommet x touche S le long d'une courbe passant par x;* plus précisément :

Définition 6. — Le point x de S est *exceptionnel* quand il possède un élément de contact caractéristique $(x, p(t))$, fonction holomorphe de t, tel que S possède l'élément de contact de paramètre t de la bicaractéristique issue de $(x, p(t))$; t est voisin de o.

Exemple 1. — Le point x de S est exceptionnel si, en ce point, $h(x, p) = 0$ implique $h_p(x, p) = 0$. En effet toute courbe bicaractéristique issue de x se réduit à x.

Exemple 2. — Si S possède une bande bicaractéristique, tous les points de cette bande sont exceptionnels.

En général, S n'a pas de point exceptionnel.

Nous nommons *ordinaires* les points de S non exceptionnels; en ces points, la projection caractéristique est *algébroïde* :

Théorème 4. — *Remplaçons X par un voisinage suffisamment petit d'un point ordinaire de S. Alors :*

1° *K est un ensemble analytique;* $\dim K = \dim X - 1$; c'est-à-dire : K peut être défini par une seule équation : $k(x) = 0$ (k holomorphe).

2° *Φ est un revêtement fini de X, ramifié au-dessus de K :* chaque point x de $X - K$ est la projection d'un nombre constant, fini, non nul de points de Φ, toujours distincts, fonctions holomorphes multiformes de x. Ce nombre est appelé le degré de la ramification.

3° *Une fonction $u(x)$ holomorphe sur Φ est une fonction algébroïde de x, dont le degré est égal au degré de ramification;* c'est-à-dire : il existe un polynome en u, $P[u, x]$, à coefficient principal égal à 1, à coefficients fonctions holomorphes de x, de degré en u égal au degré de ramification et tel que

$$P[u(x), x] = 0.$$

Ce théorème sera établi au n° 28.

Les deux types les plus simples de points ordinaires sont ceux que nous étudierons d'abord, aux paragraphes 1 et 2 :

1° Les points non caractéristiques de S, où le degré de ramification est 1;

2° les points caractéristiques réguliers (n° 7), où ce degré est 2.

7. Les points caractéristiques réguliers de S. — Rappelons que l'ensemble T des points caractéristiques de S a pour équations (2.5) :

$$T: \quad s(x) = 0, \qquad h(x, s_x) = 0.$$

Un points *caractéristique* x de S est dit *régulier* quand *sa direction bicaractéristique* $h_p(x, s_x)$, qui appartient à S (nº 2), *n'appartient pas à* T. Plus précisément :

Définition 7.1. — Le point *caractéristique* x de S est dit *régulier* quand en ce point la variété d'équation $h(x, s_x) = 0$ est régulière et ne contient pas la direction caractéristique $h_p(x, s_x)$.

Autrement dit : *l'ensemble* U *des points caractéristiques irréguliers* (c'est-à-dire non réguliers) de S a pour équations :

$$(7.1) \qquad U: \begin{cases} s(x) = 0, \qquad h(x, s_x) = 0, \\ \left[\sum_i h_{x_i} h_{p_i} + \sum_{ij} s_{x_i x_j} h_{p_i} h_{p_j} \right]_{p = s_x} = 0. \end{cases}$$

Le nº 12 prouvera que la définition précédente équivaut à la suivante :

Définition. 7.2. — Le point *caractéristique* x de S est *irrégulier* quand la courbe bicaractéristique issue de l'élément de contact (x, s_x) de S est osculatrice à S en x.

En un tel point, *le degré de ramification est* 2 ; plus précisément, les nºs 13, 14 et 24 prouveront le

Théorème 5. — *Remplaçons* X *par un voisinage suffisamment petit d'un point caractéristique régulier de* S. *Alors :*

1º T *est une variété analytique complexe, régulière, de dimension* $l - 2$.

2º K *est une variété analytique complexe, régulière, de dimension* $l - 1$, *ayant avec* S, *le long de* T *un contact d'ordre* 1 *exactement. On peut donc définir* K *par une équation*

$$k(x) = 0,$$

$k(x)$ *étant une fonction holomorphe, à valeurs numériques complexes, telle que* $k_x \neq 0$.

3º *Un voisinage caractéristique de* S *est constitué par la variété* Φ *ayant dans l'espace de coordonnées* $(x_0, x_1, \ldots, x_l)$ *l'équation*

$$\Phi: \quad x_0^2 = k(x), \qquad \text{où} \qquad x = (x_1, \ldots, x_l);$$

la projection de $(x_0, x_1, \ldots, x_l) \in \Phi$ *est* $(x_1, \ldots, x_l) \in X$; Δ *est la variété régulière de* Φ *d'équations*

$$\Delta: \quad x_0 = k(x) = 0;$$

les points de Φ *se projetant sur* S *constituent deux variétés régulières, dont l'une* Σ *est celle qu'on identifie à* S.

4º *Une fonction* $u(x)$ *holomorphe sur* Φ *est une fonction à deux déter-*

minations, du type

$$u(x) = u_1(x) \pm \sqrt{k(x)}\, u_2(x),$$

$u_1(x)$ et $u_2(x)$ étant holomorphes.

8. Sommaire. — Le chapitre 1 étudie le cas ou S n'a pas de point caractéristique. C'est celui qu'ont traité CAUCHY et Mme KOWALEWSKI; SCHAUDER [7] et PETROWSKY [6] ont complété leurs conclusions en prouvant que la solution $u(x)$ du problème de Cauchy est holomorphe dans un domaine dépendant seulement de X, S, h; leur méthode reste celle des fonctions majorantes de Cauchy. Nous reproduisons ce raisonnement de SCHAUDER et PETROWSKY en le précisant, pour en déduire « le procédé de la variété mobile »; c'est un procédé de prolongement analytique assez puissant, sauf au voisinage des singularités de la solution.

Le chapitre 2 étudie le voisinage d'un point caractéristique régulier de S : on remplace X par un voisinage suffisamment petit de ce point, qu'on prend pour origine. Le procédé de la variété mobile montre la convergence d'un développement en série de $u(x)$ sur une partie du voisinage de l'origine; les termes de cette série sont solutions de problèmes de Cauchy très simples, qu'on résout par quadratures; ils sont holomorphes sur un voisinage caractéristique Φ de S; plus précisément : $u(x)$ est la projection d'une fonction $u[\varphi]$, somme d'une série, uniformément convergente sur l'arête d'un polycylindre centré en o, de fonctions holomorphes sur tout ce polycylindre; la propriété du maximum du module des fonctions holomorphes prouve que cette série converge sur tout ce polycylindre, où $u[\varphi]$ est donc défini et holomorphe : $u(x)$ est la projection d'une fonction $u[\varphi]$ holomorphe en o; le théorème 5 est ainsi établi.

Le chapitre 3 énonce les conclusions des chapitres 1 et 2 comme suit : soit Φ un voisinage caractéristique de S; $u(x)$ est holomorphe sur Φ au voisinage de $S - U$. Donc $u(x)$ est holomorphe sur Φ, au voisinage de S, dans le cas général où $\dim U \leqq \dim X - 3$. Le fait que deux voisinages caractéristiques de S sont identiques près de S résulte de la définition des voisinages caractéristiques qu'on emploie; mais cette définition suppose $\dim U \leqq \dim X - 3$ et n'est pas la définition 4. On montre son équivalence à cette définition 4, ce qui établit l'existence de voisinages caractéristiques de S et permet de supprimer la restriction : $\dim U \leqq \dim X - 3$: les théorèmes 1, 2 et 3 sont établis. L'emploi de la définition 4 repose sur l'intégrale première et la forme différentielle invariante de l'équation différentielle des projections caractéristiques.

Au chapitre 4 cette même forme invariante permet d'étudier, près d'un point ordinaire de S, la caractéristique K tangente à S, la projection caractéristique et la projection d'une fonction holomorphe sur un voisinage caractéristique de S : le théorème 4 est établi.

Le chapitre 5 précise les particularités qui se présentent quand l'ordre de $a\left(x, \frac{\partial}{\partial x}\right)$ est $m = 1$; en utilisant ces particularités, il donne un exemple très simple de point exceptionnel n'ayant pas les propriétés des points ordinaires qu'énonce le théorème 4.

CHAPITRE 1. — Le problème de Cauchy en un point non caractéristique de S.

9. Le complément de Schauder-Petrowsky au théorème de Cauchy-Kowalewski. — Le théorème de Cauchy-Kowalewsky a été complété par J. SCHAUDER [7] (p. 229), dans le cas des équations linéaires d'ordre 2, puis par I. PETROWSKY [6] (p. 840) dans le cas des équations linéaires d'ordre m quelconque; précisons encore leurs conclusions :

LEMME 9.1. — Particularisons comme suit le problème de Cauchy (1.1) : X contient le polycylindre de centre $x = 0$:

$$|x_j| \leq R \qquad (j = 1, \ldots, l);$$

S contient le polycylindre

$$x_1 = 0, \qquad |x_j| \leq r;$$

$$s(x) = x_1, \qquad s_x = (1, 0, \ldots, 0).$$

Alors *la solution* $u(x)$ de ce problème *est holomorphe sur la boule*

$$\|x\| < \frac{1}{12lm} q \inf(qR, r) \tag{9.1}$$

où

$$q = |h(0, s_x)| [\sup |h(x, p)|]^{-1} \quad \text{pour} \quad |x_j| = R, \qquad |p_j| = 1.$$

PREUVE. — 1° *Notations*. — Nous supposons $h(0, s_x) \neq 0$, sinon le lemme est banal; nous divisons $a\left(x, \frac{\partial}{\partial x}\right)$ et $v(x)$ par le nombre $h(0, s_x)$, ce qui n'altère pas $u(x)$: nous voici ramenés au cas où

$$h(0, s_x) = 1;$$

alors

$$q = \frac{1}{H},$$

en notant

$$H = \sup |h(x, p)| \qquad \text{pour} \quad |x_j| = R, \qquad |p_j| = 1. \tag{9.2}$$

Si $r > R$, les hypothèses restent vérifiées et la conclusion n'est pas altérée quand on remplace r par R, car $q < 1$; il nous suffit donc de traiter le cas

$r \leqq R$. Nous poserons

$$N = \frac{R}{r} \geqq 1.$$

Nous supposerons

$$b\left(x, \frac{\partial}{\partial x}\right) = \frac{\partial}{\partial x_1}; \qquad w_j(x) \text{ indépendant de } x_1;$$

nous remplacerons l'inconnue $u(x)$ par

$$u(x) - w_0(x) - x_1 w_1(x) - \ldots - \frac{x_1^{m-1}}{(m-1)!} w_{m-1}(x)$$

et $v(x)$ par

$$v(x) - a\left(x, \frac{\partial}{\partial x}\right)\left[w_0(x) + x_1 w_1(x) + \ldots + \frac{x_1^{m-1}}{(m-1)!} w_{m-1}(x)\right]:$$

Nous voici ramenés au cas où les données de Cauchy sont

$$w_0(x) = 0, \qquad \ldots, \qquad w_{m-1}(x) = 0;$$

$v(x)$ n'est plus nécessairement holomorphe sur X; mais $v(x)$ est *holomorphe* pour

$$|x_j| \leqq r \qquad (j = 1, \ldots, l).$$

2° *La méthode des fonctions majorantes* de Cauchy est classique; *voir*, par exemple : E. Goursat [4]; chap. XIX, § 1, calcul des limites; chap. XXII, théorème général d'existence. Elle fournit les résultats suivants : introduisons une constante $\theta\,(0 < \theta < 1)$ et la variable

$$t = \frac{x_1}{\theta R} + \frac{x_2}{R} + \ldots + \frac{x_l}{R};$$

$v(x)$ admet une majorante $\dfrac{V}{1 - Nt}$ ($V = \text{Cte}$);

$a(x, p) - p_1^m$ admet une majorante $A(t, p)$ qui est un polynome en p de degré m; soit $U(t)$ la solution de l'équation différentielle ordinaire

$$(9.3) \qquad \begin{cases} \dfrac{d^m U}{dt^m} = (\theta R)^m \left[A\left(t, p\dfrac{d}{dt}\right) U(t) + \dfrac{V}{1 - Nt}\right], \\ \text{où} \\ p = \left(\dfrac{1}{\theta R}, \dfrac{1}{R}, \ldots, \dfrac{1}{R}\right), \end{cases}$$

qui vérifie les conditions initiales

$$U(t) = \ldots = \frac{d^{m-1} U}{dt^{m-1}} = 0 \qquad \text{pour} \quad t = 0;$$

on suppose inférieur à 1 le coefficient de $\frac{d^m}{dt^m}$ dans

$$(\theta R)^m A\left(0, p\frac{d}{dt}\right);$$

alors $u(x)$ a pour majorante $U(t)$; donc, si ρ est le rayon de convergence de $U(t)$ au point $t = 0$, $u(x)$ *est holomorphe pour*

$$\frac{|x_1|}{\theta R} + \frac{|x_2|}{R} + \ldots + \frac{|x_l|}{R} < \rho. \tag{9.4}$$

La théorie des équations différentielles ordinaires donne la valeur de ρ, une fois $A(t, p)$ choisi.

3° *Choix de* $A(t, p)$. — On sait que $a(x, p) - h(x, p)$ admet une majorante $\frac{A_1(p)}{1-t}$, $A_1(p)$ étant un polynome de degré $< m$; de même $h(x, p)$ admet pour majorante

$$\frac{H}{(1-t)(1-p_1-\ldots-p_l)} = \frac{H}{1-t}\sum_{j\geq 0}(p_1+\ldots+p_l)^j,$$

donc

$$\frac{H}{1-t}(p_1+\ldots+p_l)^m,$$

puisque $h(x, p)$ est homogène en p de degré m; H a la valeur (9.2). Donc $a(x, p)$ a la majorante

$$\frac{H}{1-t}(p_1+\ldots+p_l)^m + \frac{A_1(p)}{1-t}.$$

Donc $a(x, p) - p_1^m$, dont le développement de Taylor n'a pas de terme en p_1^m puisque $h(0, s_x) = 1$, admet la majorante

$$A(t, p) = \frac{H}{1-t}(p_1+\ldots+p_l)^m - Hp_1{}^m + \frac{A_1(p)}{1-t}; \tag{9.5}$$

rappelons que $A_1(p)$ est de degré $< m$.

4° *Calcul de* ρ. — Ce choix de $A(t, p)$ permet d'expliciter les conclusions de 2° : on suppose

$$[1+(l-1)\theta]^m H - H < 1; \tag{9.6}$$

d'après la théorie des équations différentielles linéaires ordinaires (E. Goursat [4], chap. XIX), les singularités de $U(t)$ font partie des singularités des coefficients de son équation (9.3) et des zéros du coefficient principal de cette équation : vu (9.5), $U(t)$ ne peut avoir de singularités autres que

$$t=1, \qquad t=\frac{1}{N}, \qquad t=1-\frac{H}{1+H}[1+(l-1)\theta]^m.$$

La condition (9.6) signifie que ces trois valeurs sont positives; la plus petite d'entre elles est le rayon de convergence ρ de $U(t)$ au point $t=0$. Puisque

$$\frac{1}{N}=\frac{r}{R}, \qquad \frac{1}{H}=q,$$

la conclusion de 2° s'énonce donc ainsi : $u(x)$ *est holomorphe pour*

$$(9.7) \quad |x_1|+\theta|x_2|+\ldots+\theta|x_l|<\theta \operatorname{R} \inf\left\{\frac{r}{R}, 1-\frac{1}{1+q}[1+(l-1)\theta]^m\right\},$$

quel que soit θ vérifiant

$$0 \leqq \theta \leqq 1.$$

5° *Choix de* θ. — La convexité de la fonction exp donne

$$[1+l\theta]^m \leqq \exp(lm\theta);$$

choisissons

$$lm\theta=\log\left[(1+q)\left(1-\frac{q}{3}\right)\right];$$

on a donc

$$[1+l\theta]^m \leqq (1+q)\left(1-\frac{q}{3}\right);$$

d'où

$$(9.8) \quad 1-\frac{1}{1+q}[1+(l-1)\theta]^m>\frac{q}{3}.$$

De ce choix de θ et de ce que $\log\left[(1+q)\left(1-\frac{q}{3}\right)\right]$ est une fonction concave de q, atteignant son maximum pour $q=1$, résulte que

$$q\log\frac{4}{3} \leqq lm\theta \leqq \log\frac{4}{3} \qquad \text{pour} \quad 0 \leqq q \leqq 1;$$

a fortiori

$$(9.9) \quad \frac{5}{18}q<lm\theta<\frac{1}{3} \qquad \text{pour} \quad 0 \leqq q \leqq 1;$$

d'où en utilisant la formule de Schwarz :

$$(9.10) \quad |x_1|+\theta|x_2|+\ldots+\theta|x_l|<\sqrt{1+l\theta^2}\,\|x\| \leqq \frac{\sqrt{10}}{3}\|x\|.$$

En portant dans (9.7) ces inégalités (9.8), (9.9) et (9.10), on voit que $u(x)$

est holomorphe quand

$$\|x\| < \frac{\sqrt{10}}{12\, lm}\, q \inf\left\{ r, \frac{qR}{3} \right\},$$

donc quand (9.1) est vérifié : C. Q. F. D.

Effectuons dans le lemme 9.1 le changement de coordonnées locales qui transforme la variété $x_1 = 0$ en une variété arbitraire; il vient :

Lemme 9.2. — Soit S^* une partie compacte d'une variété analytique complexe, régulière, de dimension $l-1$, appartenant à X. Il existe un nombre $c > 0$, fonction continue de S^* et de $h(x, p)$, ayant la propriété suivante : si $S \subset S^*$, la solution $u(x)$ du problème de Cauchy (1.1) est holomorphe à l'intérieur de toute sphère de centre $x \in S$ et de rayon

(9.11) $$c\,|h(x, p)| \inf\left[\,|h(x, p)|,\, r(x, S)\right];$$

(x, p) désigne des coordonnées homogènes, telles que $\|p\| = 1$, de l'élément de contact de S en x; $r(x, S)$ désigne la distance de x, au bord de S.

10. Holomorphie de $u(x)$ près de $S - T$. — Le paragraphe 3 utilisera la conséquence simple que voici du lemme 9.2 :

Proposition 10. — *La solution $u(x)$ du problème de Cauchy* (1.1) *est holomorphe sur un voisinage de $S - T$ qui dépend seulement de X, S et $h(x, p)$.*

Ce voisinage est indépendant des choix de v et des w_j, qui sont respectivement holomorphes sur X et S. Rappelons que $S - T$ est l'ensemble des points non caractéristiques de S.

Cette proposition 10 est évidemment un cas particulier du théorème 1.

11. Le procédé de la variété mobile est le procédé de prolongement analytique de $u(x)$ qui résulte de (9.11); le paragraphe 2 fera un emploi très simple de ce procédé, que voici.

Notation (pour les n°s 11 et 15). — $W[S, c]$ désigne le voisinage de $S - T$ que constitue la réunion des boules de centre $x \in S$, de rayon (9.11).

Lemme 11. — Soit θ un paramètre numérique réel; $0 \leqq \theta \leqq 1$. Soit une variété analytique complexe, régulière, dépendant continûment de θ et appartenant à X; soit $S^*(\theta)$ une partie compacte de cette variété, dépendant continument de θ. Il existe un nombre $c > 0$, indépendant de θ, fonction de $S^*(\theta)$ et $h(x, p)$, tel que la solution $u(x)$ du problème de Cauchy (1.1) se prolonge analytiquement à l'ensemble $S(\theta) - T(\theta)$, si $S(\theta)$ vérifie les conditions suivantes :

$S(\theta)$ est une variété analytique complexe, de dimension $l-1$, dépendant continûment de θ;

$$S(0) \subset S, \qquad S(\theta) \subset S^*(\theta);$$

à tout nombre θ_1, tel que $0 \leqq \theta_1 < 1$, est associé un nombre θ_2 tel que

$$\theta_1 < \theta_2 \leqq 1; \qquad S(\theta) \subset W[S(\theta_1), c] \qquad \text{pour} \quad \theta_1 \leqq \theta \leqq \theta_2.$$

Note. — Une fonction est dite holomorphe sur un ensemble quand elle est holomorphe sur un ouvert le contenant.

Note. — $u(x)$ peut être multiforme sur la réunion des $S(\theta) - T(\theta)$.

Preuve. — Nommons lemme 9.3 la proposition que voici : Si $u(x)$ est holomorphe sur $S(\theta) - T(\theta)$, alors $u(x)$ est holomorphe sur $W[S(\theta), c]$, quand c est petit. Pour déduire ce lemme 9.3 du lemme 9.2, il suffit de vérifier que

$$\inf[|h(x, p)|, r(x, \mathrm{S} - \mathrm{T})] \geqq \mathrm{Cte} \inf[|h(x, p)|, r(x, \mathrm{S})],$$

c'est-à-dire que la distance de x à T est minorée par Cte $|h(x, p)|$; cela résulte de ce que $h(x, p) = 0$ sur T.

Choisissons c indépendant de θ, fonction seulement de $S^*(\theta)$ et $h(x, p)$. Notons Θ le plus grand intervalle, d'origine $\theta = 0$, tel que $u(x)$ se prolonge analytiquement à $S(\theta) - T(\theta)$ quand θ parcourt Θ. Le lemme 9.3 prouve que Θ est *ouvert à droite*. Il prouve aussi que Θ est *fermé* : puisque $W[S, c]$ est un voisinage de S dépendant continûment de S, tout point x de $S(\theta)$ appartient à $W[S(\theta'), c]$ dès que θ' est suffisamment proche de θ. Donc Θ est tout l'intervalle : $0 \leqq \theta \leqq 1$.

Chapitre 2. — Le problème de Cauchy en un point caractéristique régulier de S.

12. Deux définitions des points caractéristiques réguliers furent données au n° 7; prouvons leur équivalence :

Preuve. — Considérons la bicaractéristique issue d'un élément de contact caractéristique (x, s_x) de S : elle est définie par le système différentiel (2.3); donc le long de cette bicaractéristique

$$\frac{ds}{dt} = s_x \cdot \frac{dx}{dt},$$

$$\frac{d^2 s}{dt^2} = s_x \cdot \frac{d^2 x}{dt^2} + \sum_{i,j} s_{x_i x_j} \frac{dx_i}{dt} \frac{dx_j}{dt},$$

$$\frac{dx}{dt} = h_p(x, p); \qquad \frac{d^2 x}{dt^2} = \sum_j (h_{px_j} h_{p_j} - h_{pp_j} h_{x_j}).$$

Or, d'après le théorème d'Euler sur les fonctions homogènes,

$$p.h_{px_i} = mh_{x_i}, \qquad p.h_{pp_j} = (m-1)h_{p_j}.$$

Donc, le long de cette bicaractéristique

$$p\cdot\frac{d^2x}{dt^2} = h_x.h_p.$$

En particulier, en son origine où $p = s_x$,

$$\frac{d^2s}{dt^2} = \left[\sum_i h_{x_i}h_{p_i} + \sum_{ij} s_{x_ix_j}h_{p_i}h_{p_j}\right]_{p=s_x}.$$

Donc les équations (7.1) signifient que la courbe bicaractéristique issue de (x, s_x) est osculatrice à S en x. C. Q. F. D.

14. Propriétés de T en un point caractéristique régulier. — Le lemme suivant constitue le 1° *du théorème* 5 (n° 7).

NOTATION (pour les n°s 13 et 14). — V désignera la variété d'équation

$$V: \quad h(x, s_x) = 0;$$

elle dépend évidemment du choix de l'équation $s(x) = 0$ de S.

Les équations (2.5) de T s'écrivent

$$T = S \cap V.$$

Rappelons la définition 7.1 des points caractéristiques réguliers : en un point caractéristique régulier, V est une variété régulière; elle ne contient pas la direction bicaractéristique $h_p(x, s_x)$, qui appartient à S. Donc S et V ne se touchent pas; d'où le

LEMME 13. — En un point caractéristique régulier, T est une variété analytique complexe, régulière, de dimension $l-2$.

14. Coordonnées caractéristiques régulières. — Construisons des coordonnées analytiques locales, adaptées à l'étude du voisinage d'un point caractéristique régulier donné :

LEMME 14. — En un point caractéristique régulier, on peut définir des coordonnées locales, dites *coordonnées caractéristiques régulières*, avec lesquelles

$$(14.1) \qquad K: \quad x_1 = 0; \qquad S: \quad x_1 = x_2^2;$$

$$(14.2) \qquad h(x, p) = p_1^{m-1}p_2 + h_1(x, p),$$

le degré de h_1 en p_1 étant $\leq m-2$. On choisira dans (1.1) :

$$b\left(x, \frac{\partial}{\partial x}\right) = \frac{\partial}{\partial x_1}; \qquad w_j(x) \text{ indépendant de } x_1.$$

Nota. — Ce lemme implique évidemment le 2° *du théorème* 5 (n° 7).

Preuve. — Le point caractéristique régulier donné est choisi pour origine des coordonnées. Soit $k(x)$ la solution du problème de Cauchy non linéaire, du premier ordre :

$$(14.3)\qquad \begin{cases} h(x, k_x) = 0 \\ k(x) = s(x), \quad k_x = s_x \quad \text{sur } V. \end{cases}$$

Les équations des caractéristiques de (14.3) sont les équations (2.3) des bicaractéristiques de $a\left(x, \frac{\partial}{\partial x}\right)$ et, vu (2.4), l'équation

$$dk = 0;$$

k est donc constant sur les caractéristiques de (14.3).

Le problème de Cauchy (14.3) a une solution unique, analytique, puisque la direction bicaractéristique de $(0, s_x(0))$ n'appartient pas à V.

De ces deux propriétés résulte que K a pour équation

$$k(x) = 0.$$

Nous choisissons comme suit de nouvelles coordonnées :

la 1re coordonnée est $k(x)$;

les 3e, ..., $l^{\text{ième}}$ coordonnées sont constantes sur chaque caractéristique de la solution $k(x)$ de (14.3);

la 2e coordonnée s'annule sur V, qui ne contient pas la direction bicaractéristique, sur laquelle les autres coordonnées sont constantes.

Avec ces nouvelles coordonnées, on a

$$(14.4)\qquad h(x, p) = 0 \quad \text{pour} \quad p = (1, 0, \ldots, 0),$$

$$(14.5)\qquad h_{p_3}(x, p) = \ldots = h_{p_l}(x, p) = 0 \quad \text{pour} \quad p = (1, 0, \ldots, 0);$$

et les équations de K et V sont

$$K:\ x_1 = 0; \qquad V:\ x_2 = 0.$$

Puisque (n° 13)

$$T \subset K \cap V \quad \text{et} \quad \dim T = l - 2,$$

les équations de T sont

$$T:\ x_1 = x_2 = 0.$$

S est une variété régulière, qui touche K le long de T; elle a donc pour équation

$$S:\ x_1 - f(x) x_2^2 = 0,$$

$f(x)$ étant holomorphe.

La bicaractéristique issue de $(o, s_x(o))$ a les équations

$$x_1 = x_3 = \ldots = x_l = o;$$

vu la définition **7.2** d'un point caractéristique régulier, cette bicaractéristique n'est pas osculatrice à S; donc

$$f(o) \neq o.$$

Or la seconde coordonnée n'a été choisie qu'au produit près par une fonction holomorphe ne s'annulant pas pour $x = o$; précisons son choix en prenant pour seconde coordonnée

$$\sqrt{f(x)\,x_2}.$$

L'équation de S devient

$$S: \quad x_1 = x_2^2.$$

Explicitons enfin les relations (**14.4**) et (**14.5**) : $h(x, p)$ a un seul terme en $p_1^{m-1} p_j (j = 1, \ldots, l)$; c'est $p_1^{m-1} p_2$. Son coefficient n'est pas nul pour $x = o$; en effet $h_p(o, s_x(o)) \neq o$, vu la formule (**7.1**), qui définit les points caractéristiques irréguliers. Nous n'altérons pas le problème de Cauchy (**1.1**) en divisant $a\left(x, \dfrac{\partial}{\partial x}\right)$ et $v(x)$ par ce coefficient de $p_1^{m-1} p_2$; il vient (**14.2**).

15. Prolongement analytique de $u(x)$ par le procédé de la variété mobile. — Ce procédé donne le

LEMME **15**. — *En un point caractéristique régulier de S, où l'on emploie des coordonnées caractéristiques régulières, la solution $u(x)$ du problème de Cauchy* (**1.1**) *est une fonction de*

$$\log x_1 = \log|x_1| + i\arg x_1, \qquad \log x_2 = \log|x_2| + i\arg x_2, \qquad x_3, \quad \ldots, \quad x_l$$

qui est holomorphe sur l'ensemble fermé

$$(15.1) \quad \begin{cases} o \leq \arg x_1 \leq 4\pi, & o \leq \arg x_2 \leq 2\pi \; (\arg x_1 = 2\arg x_2 \text{ sur } S), \\ & |x_1| = \varepsilon^2, \quad |x_2| = \ldots = |x_l| = \varepsilon, \end{cases}$$

dès que le nombre $\varepsilon > o$ est choisi assez petit. Ce choix de ε est fonction de X, S et $h(x, p)$.

PREUVE. — Soit

$$|x_j| \leq \varepsilon_j$$

un polycylindre contenu dans X; appliquons le procédé de la variété mobile (lemme **11**) en choisissant pour $S^*(\theta)$,

$$(15.2) \qquad S^*(\theta): \quad x_1 = x_2^2 \exp(4\pi i\theta), \qquad |x_j| \leq \varepsilon_j.$$

Soit

$$s(x, \theta) = x_1 - x_2^2 \exp(4\pi i\theta);$$

nous avons

$$s_x = [1, -2x_2 \exp(4\pi i\theta), 0, \ldots, 0],$$

$$h(x, s_x) = -2x_2 \exp(4\pi i\theta) + h_1(x, s_x), \qquad \text{où} \quad |h_1| < \mathrm{Cte}\, |x_2|^2,$$

car $h_1(x, p)$ est homogène en p de degré m et est en p_1 de degré $\leq m - 2$. Nous pouvons donc choisir ε_2 assez petit pour avoir

$$(15.3) \qquad |h(x, p)| > |x_2| \quad \text{quand} \quad p = \frac{s_x}{\|s_x\|}.$$

Choisissons pour $S(\theta)$:

$$(15.4) \qquad S(\theta): \quad x_1 = x_2^2 \exp(4\pi i\theta), \qquad |x_2|^2 + \ldots + |x_l|^2 < \rho^2(\theta),$$

où

$$\rho^2(0) < \varepsilon_1, \qquad \rho(0) < \varepsilon_j \qquad (j = 2, \ldots, l),$$

$\rho(\theta)$ est continue décroissante.

Le choix de $\rho(\theta)$ sera précisé plus loin.

Vu la définition de W (nº 11) et l'inégalité (15.3), $W[S(\theta_1), c]$ contient les points x tels que

$$|x_1 - x_2^2 \exp(4\pi i\theta_1)| < c\, |x_2| \inf\left[|x_2|, \rho(\theta_1) - \sqrt{|x_2|^2 + \ldots + |x_l|^2}\right].$$

Si $\theta_1 \leq \theta$, on a donc

$$(15.5) \qquad S(\theta) \subset W[S(\theta_1), c]$$

à condition que

$$|\exp(4\pi i\theta) - \exp(4\pi i\theta_1)| < c \inf\left[1, \frac{\rho(\theta_1) - \rho(\theta)}{|x_2|}\right]$$

où $|x_2| < \rho(\theta)$; cette condition est vérifiée si

$$4\pi(\theta - \theta_1) < c \inf\left[1, \frac{\rho(\theta_1)}{\rho(\theta)} - 1\right];$$

donc si $\theta - \theta_1$ est assez petit et

$$4\pi(\theta - \theta_1) < c \log \frac{\rho(\theta_1)}{\rho(\theta)};$$

cette dernière condition exprime la décroissance de

$$\rho(\theta) \exp\left(\frac{4\pi}{c}\theta\right);$$

nous la satisfaisons en choisissant

$$(15.6) \qquad \rho(\theta) = \rho(0) \exp\left(-\frac{20}{c}\theta\right).$$

Les conditions que le lemme 11 impose à $S(\theta)$ sont ainsi vérifiées; de ce lemme résulte que $u(x)$ est holomorphe sur $S(\theta) - T$ pour $0 \leqq \theta \leqq 1$; ($T: x_1 = x_2 = 0$). En particulier :

$$(15.7) \quad \begin{cases} \text{Quand } \varepsilon_0 \text{ est assez petit, } u(x) \text{ est holomorphe sur l'ensemble, qui appartient à } S \text{ pour } \theta = 0 : \\ \arg \dfrac{x_1}{x_2^2} = 4\pi\theta, \quad |x_1| = |x_2|^2 \neq 0, \quad |x_2|^2 + \ldots + |x_l|^2 \leqq \varepsilon_0 ; \end{cases}$$

rappelons que

$$0 \leqq \theta \leqq 1.$$

En changeant dans le raisonnement précédent $4\pi i\theta$ en $-4\pi i\theta$, on constate que la proposition (15.7) vaut aussi pour

$$-1 \leqq \theta \leqq 0.$$

Cette proposition (15.7) vaut donc pour

$$-1 \leqq \theta \leqq 1,$$

ce qui entraîne le lemme 15.

16. Développement de $u(x)$ en une série, dont les termes se définissent par une suite de problèmes de Cauchy s'intégrant par quadratures. — Le lemme précédent donne le

LEMME 16. — Sur l'ensemble (15.1), dès que le nombre $\varepsilon > 0$ est assez petit, il y a convergence uniforme du développement

$$(16.1) \qquad u(x) = u_0(x) + u_1(x) + \ldots + u_j(x) + \ldots,$$

dont les termes sont définis par la suite de problèmes de Cauchy :

$$(16.2) \quad \begin{cases} \dfrac{\partial^m u_0}{\partial x_1^{m-1}\,\partial x_2} = v, \\ u_0 = w_0, \quad \dfrac{\partial u_0}{\partial x_1} = w_1, \quad \ldots, \quad \dfrac{\partial^{m-1} u_0}{\partial x_1^{m-1}} = w_{m-1} \quad \text{sur } S; \end{cases}$$

$$(16.3) \quad \begin{cases} \dfrac{\partial^m u_j}{\partial x_1^{m-1}\,\partial x_2} = a_1\!\left(x, \dfrac{\partial}{\partial x}\right) u_{j-1}, \\ u_j(x) = \dfrac{\partial u_j}{\partial x_1} = \ldots = \dfrac{\partial^{m-1} u_j}{\partial x_1^{m-1}} = 0 \quad \text{sur } S \qquad (j > 0); \end{cases}$$

on a posé

$$(16.4) \qquad a_1\!\left(x, \frac{\partial}{\partial x}\right) = \frac{\partial^m}{\partial x_1^{m-1}\,\partial x_2} - a\!\left(x, \frac{\partial}{\partial x}\right).$$

NOTE. — Vu le lemme 14, $a_1\!\left(x, \dfrac{\partial}{\partial x}\right)$ est un opérateur d'ordre m sans terme en $\dfrac{\partial^m}{\partial x_1^{m-1}\,\partial x_j}$ ($j = 1, \ldots, l$).

PREUVE. — Envisageons le problème de Cauchy, qui dépend du paramètre numérique complexe t et qui se réduit à (1.1) pour $t=1$:

$$(16.5)\quad \begin{cases} \dfrac{\partial^m u(x,t)}{\partial x_1^{m-1}\partial x_2} = t a_1\left(x, \dfrac{\partial}{\partial x}\right) u(x,t) + v(x), \\ u(x,t) = w_0(x), \qquad \dfrac{\partial u(x,t)}{\partial x_1} = w_1(x), \qquad \dots, \\ \dfrac{\partial^{m-1} u(x,t)}{\partial x_1^{m-1}} = w_{m-1}(x) \qquad \text{pour} \quad x_1 = x_2^2. \end{cases}$$

Appliquons le lemme 15 à ce problème, en prenant

$$|t| \leqq 2.$$

Il est évident que cette limitation de $|t|$ permet de choisir ε indépendant de t et que $u(x, t)$ est holomorphe aussi en t; pour le prouver explicitement, il suffirait de considérer t comme une $(l+1)^{\text{ième}}$ coordonnée. Donc $u(x, t)$ est une fonction de

$$\log x_1, \quad \log x_2, \quad x_3, \quad \dots, \quad x_l, \quad t$$

qui est holomorphe sur l'ensemble fermé

$$(16.6)\quad \begin{cases} 0 \leqq \arg x_1 \leqq 4\pi, \qquad 0 \leqq \arg x_2 \leqq 2\pi \; (\arg x_1 = 2\arg x_2 \text{ sur } S), \\ |x_1| = \varepsilon^2, \qquad |x_2| = \dots = |x_l| = \varepsilon, \qquad |t| \leqq 2, \end{cases}$$

dès que le nombre $\varepsilon > 0$ est assez petit.

Développons $u(x, t)$ en série de Taylor par rapport à t : quand (x, t) vérifie (16.6), on a

$$(16.7)\qquad u(x,t) = u_0(x) + t u_1(x) + \dots + t^j u_j(x) + \dots;$$

ce développement a pour majorante

$$\frac{2M}{2-t}$$

où

$$M = \sup |u(x,t)|;$$

si x vérifie (15.1) et $t=1$, il y a donc convergence uniforme de la série (16.7), qui s'identifie à (16.1). D'autre part, en substituant le développement (16.7) dans (16.5) et en ordonnant par rapport à t, on obtient les relations (16.2) et (16.3), qui déterminent les $u_j(x)$.

L'étude de ces relations exige la considération des voisinages caractéristiques de S.

17. Les voisinages caractéristiques de S, en un point caractéristique régulier. — Remplaçons X par un voisinage du point caractéristique régulier étudié; choisissons ce voisinage simplement connexe et assez petit pour qu'on puisse utiliser des coordonnées caractéristiques régulières : l'équation de K étant

$$k(x) = 0 \qquad [k(x) \text{ holomorphe sur } X;\ k_x \neq 0 \text{ sur } K],$$

on a

$$k(x) = x_1 f(x),$$

où $f(x)$ est holomorphe et ne s'annule pas sur X.

Construisons dans l'espace de coordonnées $(x_0, x_1, \ldots, x_l)$ la variété Φ d'équation

$$\Phi : \quad x_0^2 = k(x), \qquad \text{où} \quad x = (x_1, \ldots, x_l).$$

Nommons projection du point

$$\varphi = (x_0, \ldots, x_l) \in \Phi$$

le point

$$x(\varphi) = (x_1, \ldots, x_l) \in X,$$

La variété Δ de Φ où $\dfrac{D(x)}{D(\varphi)} = 0$ a pour équations

$$\Delta : \quad x_0 = k(x) = 0.$$

Sa projection est $x(\Delta) = K$.

Les points de Φ se projetant sur S sont ceux qui vérifient $x_1 = x_2^2$; puisque $x_0^2 = x_1 f(x)$ sur Φ, ce sont donc les points tels que

$$x_0 = \pm x_2 \sqrt{f(x)}, \qquad x_1 = x_2^2;$$

$\sqrt{f(x)}$ est holomorphe puisque $f(x)$ ne s'annule pas et que X est simplement connexe; ces points constituent donc deux variétés de Φ. Nommons Σ l'une d'elles; par exemple, choisissons une des déterminations holomorphes de $\sqrt{f(x)}$ et

$$\Sigma : \quad x_0 = x_2 \sqrt{f(x)}, \qquad x_1 = x_2^2.$$

La projection $x(\varphi)$ est un homéomorphisme analytique de Σ sur S. Donc $[\Phi, x(\varphi), \Sigma]$ constitue, au sens du nº 3, un voisinage de S *au-dessus* de X; ce voisinage est ramifié au-dessus de la caractéristique K tangente à S.

Définition 17. — Un tel voisinage est nommé *voisinage caractéristique de S*.

Note. — Provisoirement, *la définition 4 des voisinages caractéristiques de S n'est pas utilisée* : le 3º et le 4º du *théorème* 5 sont vrais par définition.

Lemme 17. — Deux voisinages caractéristiques Φ et Φ' de S sont identiques, au sens de la définition 3.2 (*cf.* théorème 3).

PREUVE. — On a

$$\Phi: \quad x_0^2 = x_1 f(x); \qquad \Phi': \quad x_0^2 = x_1 f'(x);$$

$$\Sigma: \quad x_0 = x_2\sqrt{f(x)}, \qquad x_1 = x_2^2; \qquad \Sigma': \quad x_0 = x_2\sqrt{f(x)}, \qquad x_1 = x_2^2.$$

Il existe donc un homéomorphisme analytique de Φ sur Φ' tel que $x(\varphi') = x(\varphi)$ et que Σ' soit l'image de Σ : c'est celui qui applique

$(x_0, x_1, \ldots, x_l) \in \Phi$ sur $\left(x_0 \dfrac{\sqrt{f'(x)}}{\sqrt{f(x)}}, x_1, \ldots, x_l\right) \in \Phi'$.

NOTATIONS. — Nous utilisons sur X des *coordonnées caractéristiques régulières*; comme le lemme 17 nous y autorise, nous prenons

$$k(x) = x_1.$$

Nous utilisons sur Φ les coordonnées

$$(\varphi_1, \ldots, \varphi_l) = (x_0, x_2, \ldots, x_l);$$

la projection de Φ sur X est

$$(17.1) \qquad x(\varphi): \quad \varphi = (\varphi_1, \ldots, \varphi_l) \quad \to \quad x = (\varphi_1^2, \varphi_2, \ldots, \varphi_l);$$

les équations de Δ et Σ sont

$$(17.2) \qquad \Delta: \quad \varphi_1 = 0; \qquad \Sigma: \quad \varphi_1 = \varphi_2.$$

NOTE. — Δ et Σ ne se touchent pas, alors que leurs projections K et S se touchent le long de T.

18. Allure des termes du développement (16.1) de $u(x)$. — Les notations qui précèdent permettent l'énoncé du lemme suivant :

LEMME. — Supposons v holomorphe sur le polycylindre de Φ :

$$(18.1) \qquad |\varphi_j| \leqq \varepsilon \qquad (j = 1, 2, \ldots, l).$$

Supposons les fonctions $w_j(x)$ indépendantes de x_1 et holomorphes sur le polycylindre

$$(18.2) \qquad |x_j| \leqq \varepsilon \qquad (j = 2, \ldots, l).$$

Alors le problème de Cauchy

$$(18.3) \qquad \begin{cases} \dfrac{\partial^m u}{\partial x_1^{m-1} \partial x_2} = v; \\ u = w_0, \qquad \dfrac{\partial u}{\partial x_1} = w_1, \qquad \ldots, \qquad \dfrac{\partial^{m-1} u}{\partial x_1^{m-1}} = w_{m-1} \quad \text{sur } \Sigma; \end{cases}$$

a une solution unique, u, holomorphe sur Φ. Ses dérivées en x d'ordres $\leqq m$. sauf $\frac{\partial^m u}{\partial x_1^m}$, sont holomorphes sur Φ.

Preuve. — Notons $\frac{\partial^j u}{\partial x_1^j} = u_{(j)}$; décomposons le problème de Cauchy (18.3), qui est d'ordre m, en une suite de m problèmes de Cauchy d'ordre 1

$$\frac{\partial}{\partial x_2} u_{(m-1)} = v; \quad u_{(m-1)} = w_{m-1} \quad \text{sur } \Sigma;$$

$$\frac{\partial}{\partial x_1} u_{(j)} = u_{(j+1)}; \quad u_{(j)} = w_j \quad \text{sur } \Sigma \quad (j = m-2, \ldots, 0).$$

Puisque $x_1 = \varphi_1^2$, $x_2 = \varphi_2$, ..., $x_l = \varphi_l$, ces problèmes s'énoncent encore :

$$(18.4) \qquad \frac{\partial}{\partial \varphi_2} u_{(m-1)} = v; \quad u_{(m-1)} = w_{m-1} \quad \text{pour} \quad \varphi_1 = \varphi_2.$$

$$(18.5) \qquad \frac{\partial}{\partial \varphi_1} u_{(j)} = 2\varphi_1 u_{(j+1)}; \quad u_{(j)} = w_{(j)} \quad \text{pour} \quad \varphi_1 = \varphi_2$$

$$(j = m-2, \ldots, 0).$$

Chacun des problèmes (18.4) et (18.5) s'intègre immédiatement par une quadrature; on constate ainsi que l'holomorphie de v et des w_j sur les polycylindres respectifs (18.1) et (18.2) entraîne l'holomorphie, sur le polycylindre (18.2), des $u_{(j)}$ et de toutes leurs dérivées en φ_2, ..., φ_l, donc en x_2, ..., x_l. C. Q. F. D.

En appliquant le lemme précédent aux problèmes de Cauchy (16.2) et (16.3) on constate que leurs solutions u_j et leurs dérivées en x d'ordres $< m$ sont holomorphes sur le polycylindre (18.1) de Φ; le lemme 16 se précise donc comme suit :

Lemme 18. — Près de Σ, sur *l'arête*

$$|\varphi_j| = \varepsilon \qquad (j = 1, \ldots, l)$$

du *polycylindre*

$$|\varphi_j| \leqq \varepsilon \qquad (j = 1, \ldots, l)$$

la solution u du problème de Cauchy (1.1) est égale à la somme de la série $u_0 + u_1 + \ldots + u_j + \ldots$. Cette série converge uniformément sur toute cette arête; chacun de ses termes est holomorphe sur ce polycylindre. Il en va de même pour les dérivées de u en x d'ordres $< m$.

Le nombre $\varepsilon > 0$ est choisi assez petit. Ce choix de ε est fonction de X, S et $h(x, p)$.

19. Allure de $u(x)$ en un point caractéristique régulier. — Un raisonnement simple et classique complète le lemme 18 :

Lemme 19. — La série $u_0 + u_1 + \ldots + u_j + \ldots$ converge uniformément sur tout le polycylindre

$$|\varphi_j| \leqq \varepsilon \qquad (j = 1, \ldots, l)$$

elle y est holomorphe et égale à la solution u du problème de Cauchy (1.1). Les dérivées de u en x d'ordres $< m$ sont elles aussi holomorphes sur ce polycylindre.

Preuve. — Une fonction holomorphe sur un polycylindre fermé atteint son module maximum sur l'arête de ce polycylindre. La convergence uniforme sur l'arête d'un polycylindre fermé d'une série de fonctions, holomorphes sur ce polycylindre, entraîne donc la convergence uniforme de cette série sur tout ce polycylindre; elle y est holomorphe : la série $u_0 + u_1 + \ldots + u_j + \ldots$ converge uniformément et est holomorphe pour $|\varphi_j| \leqq \varepsilon (j = 1, \ldots, l)$. Elle est égale à la solution u de (1.1) près de Σ, pour $|\varphi_j| = \varepsilon$; elle est donc égale à u quel que soit φ : en effet deux fonctions analytiques d'une variable qui sont égales sur une ligne sont identiques.

Nous ne retiendrons de ce lemme 19 que ceci :

Proposition 19. — *Remplaçons X par un voisinage assez petit d'un point caractéristique régulier. Alors la solution $u(x)$ du problème de Cauchy* (1.1) *et ses dérivées d'ordres $< m$ sont holomorphes sur un voisinage caractéristique de S. Ce voisinage ne dépend que du point caractéristique régulier étudié, de X, de S et de $h(x, p)$.*

Cette proposition est évidemment un cas particulier du *théorème* 1 (n° 5). Rappelons que le *théorème* 5 est établi, mais que nous utilisons *la définition* 17 *des voisinages caractéristiques de S*, au lieu de la définition 4.

Chapitre 3. — Le problème de Cauchy près de S.

Le chapitre 3 prouve les théorèmes 1, 2 et 3 (n° 5); il prouve que le théorème 5 (n° 7) vaut quand on utilise la définition 4 des voisinages caractéristiques.

20. Prolongement analytique d'une fonction holomorphe près de $S - U$.

— Le chapitre 1 a construit près de $S - T$ la solution du problème de Cauchy (1.1); le chapitre 2 l'a prolongée analytiquement près de chaque point de $T - U$; le n° 21 poursuivra ce prolongement analytique en employant les lemmes suivants :

Lemme. — Soit D un domaine d'holomorphie, étalé dans un espace vectoriel complexe Φ de dimension l (c'est-à-dire : D recouvre un point de Φ un nombre de fois quelconque $\geqq 0$); soit S l'intersection de D par une variété plane de Φ, de dimension complexe $l - 1$. Alors chaque composante connexe

S_1 de S est un domaine d'holomorphie ou le revêtement d'un domaine d'holomorphie.

Preuve. — Nous nous référons au Mémoire classique [3] de H. Cartan et P. Thullen. Vu [3] (Satz 5, p. 634), le domaine d'holomorphie D est convexe relativement à la classe des fonctions holomorphes sur D. D'où, vu la définition de la convexité [3] (p. 629) : si φ et Γ sont un point et un compact de D tel que la distance de φ au bord de D soit moindre que celle de Γ, alors il existe au moins une fonction f, holomorphe dans D, à valeurs numériques, telle que

$$|f(\varphi)| > \sup |f(\Gamma)|.$$

Choisissons

$$\varphi \in S, \qquad \Gamma \subset S.$$

Appliquons le Beweis von Statz 4.1 (p. 631-632) de [3], en y remplaçant $\mathfrak{B}$ par la composante connexe S_1 de S et en choisissant pour classe $\mathfrak{K}$ celle des restrictions à S_1 des fonctions holomorphes sur D : on obtient une fonction

$$f = \prod_{\nu=1}^{\infty} [1 - \{f_\nu\}^{l_\nu}]$$

qui est holomorphe sur S_1 et qui n'est holomorphe en aucun point d'un système canonique de points frontières de S_1; vu le Satz 1.*a* (p. 623) de [3], S_1 est donc ou bien le domaine d'holomorphie de f, ou bien un revêtement de ce domaine.

Lemme 20. — Soient une variété Φ, une sous-variété S de Φ et un sous-espace U de S; supposons-les analytiques complexes; supposons Φ et S réguliers, $\dim S = \dim \Phi - 1$; supposons U défini dans S par deux équations : $f_1 = f_2 = 0$, f_1 et f_2 étant des fonctions holomorphes à valeurs numériques; supposons que

$$\dim U \leqq \dim \Phi - 3,$$

c'est-à-dire que f_1 et f_2 n'ont de facteur commun en aucun point de U. Alors tout domaine d'holomorphie contenant un voisinage de $S - U$ dans Φ contient un voisinage de S dans Φ.

Preuve. — Il suffit de prouver le lemme près de chaque point de U. Effectuons donc un changement de coordonnées locales réalisant les hypothèses du lemme précédent : Φ est un espace vectoriel; S est une partie ouverte d'une variété plane de Φ. Ce lemme réduit le lemme 20 au théorème de Riemann que voici : toute fonction holomorphe sur $S - U$ est holomorphe sur S; *voir* le traité d'Osgood [5] (t. II, 1, p. 191). La démonstration d'Osgood ne suppose pas uniforme la fonction en jeu.)

21. Holomorphie de la solution du problème de Cauchy sur des voisi-

nages caractéristiques de S. — Jusqu'au n° 24 nous devrons nous limiter au cas :

$$\dim U \leqq \dim X - 3.$$

Précisons le sens de cette hypothèse : U est défini par les trois équations (7.1) ; elles signifient que U est l'ensemble des points de S où s'annulent deux fonctions holomorphes sur S; nous supposons qu'en chaque point de U ces deux fonctions sont sans facteur commun, au sens d'Osgood [5] ou de Bochner et Martin [1] (chap. IX, § 2).

Bien entendu, U peut être vide.

Définition 21. — Supposons $\dim U \leqq \dim X - 3$; nous nommons voisinage caractéristique de S tout voisinage Φ de S *au-dessus* de X qui possède les deux propriétés suivantes :

1° près de chaque point de $S - T$, $\Phi \subset X$;

2° près de chaque point de $T - U$, Φ est un voisinage caractéristique de S au sens de la définition 17.

Notes. — Nous n'utilisons pas encore la définition 4 des voisinages caractéristiques. — Tout voisinage caractéristique au sens de la définition 17 l'est au sens de la définition 21. — Nous ignorons pour l'instant si S possède toujours un voisinage caractéristique.

La définition 3.1 des voisinages caractéristiques de S, le fait que toute intersection de domaines d'holomorphie est domaine d'holomorphie (H. Cartan et P. Thullen [3], Satz 6) et le lemme 20 ont pour conséquence immédiate le

Lemme 21.1. — Soit Φ un voisinage caractéristique de S. Toutes les fonctions holomorphes sur l'un des voisinages de $S - U$ dans Φ sont holomorphes sur un même voisinage caractéristique de S.

Ce lemme 21.1 a les deux conséquences suivantes, qui serviront à prouver les théorèmes 1 et 3 :

Lemme 21.2. — Supposons que S ait des voisinages caractéristiques. Alors la solution $u(x)$ du problème de Cauchy (1.1) et ses dérivées d'ordres $< m$ sont holomorphes sur l'un d'eux; celui-ci ne dépend que de X, S, $h(x, p)$.

Preuve. — Soit Φ un voisinage caractéristique de S; les propositions 10, 19 et le lemme 17 prouvent que u et ses dérivées d'ordres $< m$ sont holomorphes sur un voisinage de $S - U$ dans Φ; ce voisinage ne dépend que de X, S, $h(x, p)$. Le lemme 21.1 achève la preuve.

Lemme 21.3. — Si Φ et Φ' sont deux voisinages caractéristiques de S, alors il en existe un troisième Φ'' tel que

$$\Phi'' \subset \Phi, \qquad \Phi'' \subset \Phi'.$$

PREUVE. — Les projections $x(\varphi)$ et $x(\varphi')$ de Φ et Φ' sur X sont des homéomorphies analytiques près de $S - T$; la relation $x(\varphi) = x(\varphi')$ définit donc, près de $S - T$, une homéomorphie analytique $\varphi'(\varphi)$ de Φ et Φ'. Le lemme 17 prolonge cette homéomorphie à un voisinage de $S - U$. Le lemme 21.1 et l'emploi de coordonnées locales la prolonge enfin à un voisinage de S.

Il est maintenant essentiel d'introduire la définition 4 des voisinages caractéristiques : elle montrera que S a toujours un voisinage caractéristique; elle rendra superflue la restriction : $\dim U \leqq \dim X - 3$. Il nous faut étudier préalablement la projection caractéristique $x(t, y)$ que définit le n° 4.

22. Propriétés de l'équation différentielle de la projection caractéristique. — Rappelons que nous nommons ainsi le système différentiel ordinaire

$$(4.1) \qquad dx = g_p(x, p)\, dt, \qquad dp = -g_x(x, p)\, dt.$$

LEMME. — Le système (4.1) a *l'intégrale première* $g(x, p)$.

NOTE. — Ceci signifie que $g(x, p)$ est constant sur chaque courbe $x(t)$, $p(t)$ vérifiant (4.1).

PREUVE. — De (4.1) résulte $dg = 0$.

LEMME. — Le système (4.1) admet $p.dx - g\,dt$ comme forme invariante; il est le seul à laisser cette forme invariante.

NOTE. — Ceci signifie que $\int_\gamma p.dx - g\,dt$ est un invariant intégral du système (4.1), c'est-à-dire ne change pas de valeur quand on déplace chaque point (x, p) de la courbe γ le long d'une courbe vérifiant (4.1). Autrement dit : $p.dx - g\,dt$ s'exprime à l'aide d'intégrales premières du système (4.1).

PREUVE. — Notons

$$\omega = p.dx - g\,dt\,;$$

notons $d\omega$ la différentielle extérieure de ω, que E. CARTAN note ω' et $\omega \wedge \varpi$ le produit extérieur, qu'il note $[\omega, \varpi]$. E. CARTAN nomme système caractéristique d'une forme ω de degré 1 le système qui s'obtient en annulant ω et les dérivées premières de $d\omega$ par rapport aux différentielles des variables indépendantes; il prouve que ω est invariante pour un système différentiel si et seulement si ce système différentiel implique le système caractéristique de ω : [2] (n°s 65 et 78, p. 58 et 74). Ici

$$d\omega = \sum_j dp_j \wedge dx_j - \sum_j g_{x_j}\, dx_j \wedge dt - \sum_j g_{p_j}\, dp_j \wedge dt,$$

le système caractéristique de ω est donc

$$dx_j = g_{p_j}\, dt, \qquad dp_j = -g_{x_j}\, dt, \qquad dg = 0, \qquad p.dx - g\,dt = 0;$$

il est bien équivalent au système différentiel (4.1), car

$$g = p.g_p$$

d'après une formule d'Euler, puisque g est homogène de degré 1.

Les nos 23, 26 et 27 utiliseront les deux lemmes précédents, sous la forme que voici :

Lemme 22. — Soit $x(t, y, q)$, $p(t, y, q)$ la solution du système (4.1) issue de l'élément de contact

$$x(0, y, q) = y, \qquad p(0, y, q) = q.$$

On a

$$g(x, p) = g(y, q), \qquad p.dx = g\,dt + q.dy.$$

23. Ramification de la projection caractéristique. — Le n° 4 a défini la projection caractéristique $x(t, y)$ à l'aide du système (4.1). Prouvons le lemme suivant, dont le *théorème* 2 (n° 5) résulte immédiatement :

Lemme 23. — Soit $\frac{D(x)}{D(t, y)}$ le déterminant fonctionnel de la projection caractéristique $x(t, y)$. La fonction de (t, y)

$$\frac{1}{h(y, s_y)} \frac{D(x)}{D(t, y)}$$

est holomorphe et ne s'annule pas, quand t est suffisamment petit.

Preuve. — Quand on applique le lemme 22 aux fonctions $x(t, y)$ et $p(t, y)$ qu'utilise le n° 4, les particularités suivantes se présentent

$$s(y) = 0, \qquad q = s_y(y), \qquad q.dy = s_y.dy = 0;$$

les conclusions de ce lemme deviennent donc

$$g(x, p) = g(y, s_y), \qquad p.dx = g\,dt;$$

d'où

$$(23.1) \qquad p.\frac{\partial x}{\partial t} = g(y, s_y), \qquad p.\frac{\partial x}{\partial y_j} = 0.$$

Utilisons des coordonnées locales telles que

$$s(x) = x_1;$$

le point y de S a les coordonnées $(y_2, \ldots, y_l)$; vu (23.1)

$$p_1 \frac{D(x)}{D(t, y)} = \begin{vmatrix} p.\frac{\partial x}{\partial t} & \frac{\partial x_2}{\partial t} & \cdots & \frac{\partial x_l}{\partial t} \\ p.\frac{\partial x}{\partial y_2} & \frac{\partial x_2}{\partial y_2} & \cdots & \frac{\partial x_l}{\partial y_2} \\ \cdots & \cdots & \cdots & \cdots \\ p.\frac{\partial x}{\partial y_l} & \frac{\partial x_2}{\partial y_l} & \cdots & \frac{\partial x_l}{\partial y_l} \end{vmatrix} = g(y, s_y) \frac{D(x_2, \ldots, x_l)}{D(y_2, \ldots, y_l)};$$

donc

$$(23.2)\qquad \frac{1}{h(y, s_y)}\frac{D(x)}{D(t, y)} = \frac{1}{p_1}\frac{g(y, s_y)}{h(y, s_y)}\frac{D(x_2, \ldots, x_l)}{D(y_2, \ldots, y_l)}.$$

Or $\frac{g(y, s_y)}{h(y, s_y)}$ est holomorphe et ne s'annule pas, d'après la définition même de g, nº 4; p_1 et $\frac{D(x_2, \ldots, x_l)}{D(y_2, \ldots, y_l)}$ sont des fonctions holomorphes de (t, y); elles valent 1 pour $t = 0$. Par suite la fonction (23.2) est holomorphe et ne s'annule pas quand t est petit.

24. Comparaison des définitions 4 et 21 des voisinages caractéristiques. — Continuons à utiliser les définitions 17 et 21 des voisinages caractéristiques et à supposer

$$\dim U \leqq \dim X - 3.$$

Notons Ψ la variété analytique que constituent les couples (t, y) vérifiant (4.2); la projection caractéristique $x(t, y)$ projette Ψ sur X en appliquant identiquement S sur lui-même : Ψ est un voisinage de S *au-dessus* de X (la définition 4 nomme caractéristique un tel voisinage). Nous allons prouver que c'est un voisinage caractéristique de S (au sens de la définition 21).

LEMME. — En chaque point de $S - T$, $\Psi \subset X$.

PREUVE. — En un point de $S - T$, $h(y, s_y) \neq 0$ par définition; donc $\frac{D(x)}{D(t, y)} \neq 0$, vu le lemme 23 : $x(t, y)$ est une homéomorphie analytique.

LEMME. — En chaque point de $T - U$, Ψ est un voisinage caractéristique (au sens de la définition 17).

PREUVE. — Choisissons un point de $T - U$, c'est-à-dire un point caractéristique régulier de S; remplaçons X par un petit voisinage de ce point. La caractéristique tangente à S est une variété analytique régulière (théorème 5, 2°, nº 14)

$$K:\ k(x) = 0 \qquad (k_x \neq 0 \text{ sur } K);$$

d'après le nº 2, les éléments de contact de K sont ceux des bicaractéristiques tangentes à S; ce sont donc, vu le nº 4, les éléments de contact

$$x(t, y),\quad p(t, y) \qquad \text{tels que} \quad h(y, s_y) = 0.$$

Au point $x(t, y)$ de K, k_x est donc parallèle à $p(t, y)$; par suite les formules (23.1), où $g = 0$ puisque $h = 0$, s'écrivent

$$k_x.\frac{\partial x}{\partial t} = 0, \qquad k_x.\frac{\partial x}{\partial y_j} = 0 \quad \text{sur } K.$$

D'où

$$(24.1)\quad \begin{cases} k(x(t, y))=0, \quad \dfrac{\partial}{\partial t}k(x(t, y))=0, \quad \dfrac{\partial}{\partial y_j}k(x(t, y))=0 \\ \text{pour} \quad h(y, s_y)=0. \end{cases}$$

Utilisons des coordonnées caractéristiques régulières (lemme 14) :

$$k(x)=x_1; \qquad s(x)=x_1-x_2^2;$$

$\frac{1}{y_2}h(y, s_y)$ est une fonction holomorphe, ne s'annulant pas, de $y\in S$.

Sur S, utilisons $(y_2, \ldots, y_l)$ comme coordonnées du point y.

Les relations (24.1) et le lemme 23 s'énoncent maintenant

$$(24.2)\quad x_1=0, \quad \frac{\partial x_1}{\partial t}=0, \quad \frac{\partial x_1}{\partial y_j}=0 \quad \text{pour} \quad y_2=0, \quad (j=2, .., l),$$

$$(24.3)\quad \frac{1}{y_2}\,\frac{D(x)}{D(t, y)} \text{ est une fonction holomorphe, ne s'annulant pas, de } (t, y).$$

D'autre part, puisque $x(0, y)\in S$,

$$(24.4)\qquad x_1(0, y)=y_2^2$$

De (24.2) résulte

$$x_1(t, y)=y_2^2F(t, y),$$

$F(t, y)$ étant holomorphe; vu (24.4)

$$F(0, y)=1;$$

soit $f(t, y)$ la fonction holomorphe telle que

$$f(t, y)=\sqrt{F(t, y)}, \qquad f(0, y)=1;$$

on a donc

$$x_1(t, y)=[y_2f(t, y)]^2.$$

Par suite l'application $x(t, y)$ résulte de la composition des deux suivantes, où $\varphi=(\varphi_1, \ldots, \varphi_l)$ désigne un point de l'espace vectoriel de dimension l :

$$\varphi(t, y)=(y_2f(t, y),\ x_2(t, y),\ \ldots,\ x_l(t, y)),$$
$$x(\varphi)=(\ \varphi_1^2,\ \varphi_2,\ \ldots,\ \varphi_l\ );$$

ces deux applications sont holomorphes; $\varphi(t, y)$ applique la variété $t=0$, $y\in S$ sur la variété de Φ :

$$\Sigma : \ \varphi_1=\varphi_2;$$

$x(\varphi)$ applique Σ sur S.

Enfin, d'après (24.3),

$$\frac{D(\varphi)}{D(t,y)} = \frac{1}{2\varphi_1}\frac{D(x)}{D(t,y)} = \frac{1}{2y_2 f(t,y)}\frac{D(x)}{D(t,y)} \neq 0;$$

$\varphi(t, y)$ est donc une homéomorphie analytique.

Φ, Σ et $x(\varphi)$ constituent un voisinage de S au-dessus de X; vu la définition 3.2, l'existence de l'homéomorphie $\varphi(t, y)$ s'énonce

$$\Psi \subset \Phi.$$

D'autre part Φ est un voisinage caractéristique de S (au sens du n° 17) : *voir* (17.1), (17.2).

Donc Ψ est bien un voisinage caractéristique de S, près de l'origine.

Des deux lemmes précédents résulte que Ψ est un voisinage caractéristique de S, au sens de la définition 21. Donc

LEMME 24. — Si $\dim U \leqq \dim X - 3$, tout voisinage caractéristique de S, au sens de la définition 4, est un voisinage caractéristique de S, au sens de la définition 21.

Ce lemme 24 achève la preuve du *théorème* 5, dont les 3° et 4° valaient par définition depuis le n° 17, et dont le 1° et le 2° ont été établis aux n°s 13 et 14.

25. Preuve des théorèmes 1 et 3. — Ce même lemme 24 permet d'énoncer comme suit les lemmes 21.2 et 21.3 :

LEMME 25.1. — Les théorèmes 1 et 3 valent quand on utilise la définition 4 des voisinages caractéristiques, *à condition que* $\dim U \leqq \dim X - 3$.

Cette condition était nécessaire à l'énoncé des définitions 17 et 21 des voisinages caractéristiques; abandonnons ces définitions, *n'utilisons plus que la définition* 4 et montrons que cette condition devient superflue. Nous le ferons par *une méthode de descente*, c'est-à-dire en appliquant le lemme 25.1 à un espace de dimension supérieure à celle de X. Commençons par remplacer la condition précédente par une condition indépendante de S :

LEMME 25.2. — Les théorèmes 1 et 3 valent *à condition que* la fonction $h(x, p)$ n'ait, en aucun de ses zéros, de facteur divisant toutes les fonctions $h_{p_j}(x, p)$.

PREUVE. — Supposons d'abord que X soit une boule ouverte d'un espace vectoriel et que

$$s(x) = z_0 + z_1 x_1 + \ldots + z_l x_l + \frac{1}{2} z_{11} x_1^2 + z_{12} x_1 x_2 + \ldots + \frac{1}{2} z_{ll} x_l^2;$$

S, T, Φ, $u(x)$, que nous noterons $S(z)$, $T(z)$, $\Phi(z)$, $u(x, z)$ dépendent du paramètre $z = (z_0, z_1, \ldots, z_l, z_{11}, z_{12}, \ldots, z_{ll})$ qui décrit un domaine Z ne contenant pas (o, o, ..., o). On suppose $a\left(x, \frac{\partial}{\partial x}\right)$ indépendant de z; X et Z assez petits pour qu'on puisse choisir indépendante de z la fonction $g(x, p)$ qui sert au n° 4 à définir le voisinage caractéristique $\Phi(z)$ de $S(z)$.

La fonction $u(x, z)$ est solution du problème de Cauchy qui s'obtient en remplaçant dans (1, 1) X par l'espace produit $X \times Z$ et en définissant S dans $X \times Z$ par l'équation $s(x, z) = 0$; nous utiliserons les notations S, T, U, Φ pour ce problème de Cauchy posé dans $X \times Z$.

Les définitions de S, T, Φ (n°s 1, 2 et 4) montrent immédiatement que $S(z)$, $T(z)$, $\Phi(z)$ peuvent être identifiés aux parties de S, T, Φ dont la projection sur Z est le point z. Par suite les théorèmes 1 et 3 valent pour X quand ils valent pour $X \times Z$; donc, vu le lemme 25.1, quand

$$\dim U \leqq \dim X \times Z - 3. \tag{25.1}$$

Or, dans $X \times Z$, S a pour équation

$$z_0 + z_1 x_1 + \ldots + \frac{1}{2} z_{ll} x_l^2 = 0$$

et, dans S, U a pour équation

$$h(x, p) = 0, \qquad \sum_j h_{x_j} h_{p_j} + \sum_{ij} z_{ij} h_{p_i} h_{p_j} = 0,$$

où

$$p_l = z_l + \sum_j z_{lj} x_j.$$

L'inégalité (25.1), dont le début du n° 21 explique le sens, a donc lieu quand $h(x, p)$ n'a, en aucun de ses zéros, de facteur divisant

$$\sum_j h_{x_j} h_{p_j} + \sum_{ij} z_{ij} h_{p_i} h_{p_j}$$

quels que soient les z_{ij}; c'est-à-dire, quand $h(x, p)$ n'a, en aucun de ses zéros, de facteur divisant tous les $h_{p_j}(x, p)$.

Supposons cette condition remplie : les théorèmes 1 et 3 valent donc quand $s(x)$ est un polynome du second degré. Mais cette condition n'est pas altérée par un changement de coordonnées; ces deux théorèmes valent donc près de chaque point de S, quel que soit S; ils valent donc quel que soit S.

C. Q. F. D.

Supprimons enfin la condition qu'énonce le lemme 25.2 :

Fin de la preuve des théorèmes 1 et 3. — Dans l'espace produit $X \times C$, où C est un espace vectoriel de dimension 1, de coordonnée x_{l+1}, envisageons le problème de Cauchy :

$$(25.2)\quad \begin{cases} \left[a\left(x, \dfrac{\partial}{\partial x}\right)+\left(\dfrac{\partial}{\partial x_{l+1}}\right)^m\right]u(x)=v(x), \\ u(x)=w_1(x), \quad \ldots, \quad \left[b\left(x, \dfrac{\partial}{\partial x}\right)\right]^{m-1} u(x)=w_{m-1}(x) \\ \text{pour} \quad s(x)=0; \end{cases}$$

$x=(x_1, \ldots, x, x_{l+1})$; $s(x)$, $v(x)$, $w_i(x)$, $a\left(x, \frac{\partial}{\partial x}\right)$, $b\left(x, \frac{\partial}{\partial x}\right)$ sont indépendantes de x_{l+1}. La solution $u(x)$ de (1.1) est évidemment la solution de (25.2), qui est donc indépendante elle aussi de x_{l+1}.

Appliquons le lemme 25.2 au problème (25.2) : $h(x, p)+p_{l+1}^m$ ne peut avoir de diviseur divisant les $h_{p_i}(x, p)$ et p_{l+1}^{m-1}; ce serait en effet p_{l+1}; qui ne divise pas $h(x, p)$. Les théorèmes 1 et 3 s'appliquent donc au problème de Cauchy (25.2).

Pour ce problème (25.2), limitons-nous aux voisinages caractéristiques que fournissent (n° 4) les fonctions $g(x, p)$ indépendantes de x_{l+1} et p_{l+1}; l'examen de la projection caractéristique $x(t, y)$ montre immédiatement que ces voisinages sont les produits $\Phi \times C$, Φ désignant les voisinages caractéristiques de S au-dessus de X. Donc, puisque $u(x)$ est indépendant de x_{l+1}, les théorèmes 1 et 3 s'appliquent aussi au problème (1.1).

Chapitre 4. — Le problème de Cauchy en un point ordinaire de S.

Le chapitre 4 prouve le théorème 4; rappelons que les théorèmes 1, 2, 3 et 5 ont été établis.

26. Préliminaires. Notations (pour le chapitre 4). — Donnons-nous un point caractéristique de S; prenons-le pour origine des coordonnées locales, choisissons pour première coordonnée

$$x_1=s(x)$$

et remplaçons X par un petit voisinage de l'origine.

Notons $x=f(t, y)$ la solution du système (4.1) issue de l'élément de contact

$$y \in X, \qquad q=(1, 0, \ldots, 0).$$

Puisque $f(0, y)=y$, le système d'inconnue y

$$f(t, y)=x$$

a, quand t est petit, une solution unique

$$y=F(t, x);$$

évidemment

$$F(0, x) = x, \qquad F(0, 0) = 0;$$

nous notons $F_1, \ldots, F_l$ les coordonnées de F.

La forme différentielle invariante qu'admet (4.1) (lemme 22) donne

$$p.dx = g\,dt + q.dy,$$

où

$$g = g(x, p) = g(y, q), \qquad q = (1, 0, \ldots, 0), \qquad y = F(t, x);$$

c'est-à-dire

(26.1) $$g(F(t, x), q) = -\frac{\partial F_1(t, x)}{\partial t}.$$

Points de Φ se projetant en $x \in X$. — D'après la définition 4 du voisinage caractéristique Φ, *les points (t, y) de Φ qui se projettent au point x de X* sont les points vérifiant le système

(26.2) $$F_1(t, x) = 0, \qquad y_2 = F_2(t, x), \qquad \ldots, \qquad y_l = F_l(t, x).$$

Équations de K. — Par définition (n° 2), K est le lieu des courbes bicaractéristiques issues des éléments de contact caractéristiques de S; les équations de K s'obtiennent donc en éliminant (t, y) des équations

(26.3) $$x = f(y, t), \qquad y_1 = 0, \qquad h(y, q) = 0,$$

c'est-à-dire en éliminant t des équations

(26.4) $$F_1(t, x) = 0, \qquad h(F(t, x), q) = 0.$$

Or, d'après la définition de g (n° 4), $h = 0$ équivaut à $g = 0$; donc, vu (26.1) : *les équations de* K *résultent de l'élimination de t entre*

(26.5) $$F_1(t, x) = 0, \qquad \frac{\partial F_1(t, x)}{\partial t} = 0.$$

Pour prouver que $K \neq X$, nous utiliserons le

Lemme 26. — Il n'existe pas de fonction $t(x)$ holomorphe sur un domaine de X et vérifiant le système (26.5).

Preuve. — Supposons qu'une telle fonction $t(x)$ existe; elle satisfait (26.4), donc (26.3), où

$$y(x) = F(t(x), x);$$

ce système (26.3) signifie ceci : x est le point de paramètre $t(x)$ de la bicaractéristique issue de l'élément de contact $(y(x), q)$ de S; la forme différentielle invariante qu'admet (4.1) (lemme 22) donne

$$p.dx = q.dy;$$

or $q.dy = 0$; donc $p.dx = 0$; mais dx est arbitraire; donc $p = 0$, ce qui n'est pas, car p est voisin de $q \neq 0$.

27. Introduction de l'hypothèse que le point étudié est ordinaire. — Supposons *ordinaire* le point caractéristique de S que le n° 26 a choisi pour origine des coordonnées.

Lemme 27. — On a l'identité

$$F_1(t, x) = P(t, x)\, Q(t, x), \tag{27.1}$$

P et Q ayant les propriétés suivantes :

$P(t, x)$ est un *polynome* en t; son coefficient principal est 1; ses autres coefficients sont des fonctions holomorphes de x, qui s'annulent avec x;

$Q(t, x)$ est une fonction holomorphe;

$$Q(0, 0) \neq 0.$$

Preuve. — D'après le Vorbereitungsatz de Weierstrass ([1] ou [5]), il suffit de prouver qu'on n'a pas

$$F_1(t, 0) = 0 \quad \text{quel que soit } t. \tag{27.2}$$

La relation (27.2) signifie que l'élément de contact

$$y(t) = F(t, 0), \qquad q = (1, 0, \ldots, 0) \tag{27.3}$$

appartient à S; la définition de F signifie que le point $x = 0$ est le point de paramètre t de la solution de (4.1) issue de cet élément de contact. La forme différentielle invariante qu'admet (4.1) (lemme 22) donne

$$p.dx = g\,dt + q.dy$$

où

$$x = 0, \qquad dt \neq 0, \qquad q.dy = 0;$$

donc $g = 0$: l'élément de contact (27.3) est caractéristique. Ainsi l'origine est le point de paramètre t de la bicaractéristique issue de l'élément de contact (27.3) de S. L'origine est donc un point exceptionnel de S. Nous l'avons au contraire supposée ordinaire. Donc (27.2) n'a pas lieu.

28. Preuve du théorème 4 (n° 6). — 1° Les équations de K résultent de l'élimination de t entre les équations (26.5), c'est-à-dire, vu le lemme 27, entre les équations

$$P(t, x) = 0, \qquad P_t(t, x) = 0.$$

Soit $k(x)$ le discriminant du polynome $P(t, x)$ de la variable numérique t; $k(x)$ est holomorphe; vu le lemme 26, $k(x)$ n'est pas identiquement nul; donc *K est un ensemble analytique*, défini par une équation unique

$$k(x) = 0,$$

c'est-à-dire *de dimension complexe* $l-1$.

2° D'après (26.2) et le lemme 27, les points (t, y) de Φ se projetant au point x de X sont les points vérifiant le système

$$P(t, x) = 0, \qquad y_2 = F_2(t, x), \qquad \ldots, \qquad y_l = F_l(t, x).$$

Si $k(x) \neq 0$, ces points sont distincts; leur nombre est le degré de $P(t, x)$ en t; ils sont fonctions holomorphes multiformes de $x \in X - K$.

Donc Φ *est un revêtement fini de* X, *ramifié au-dessus de* K.

3° La projection $u(x)$ sur X d'une fonction $u[\varphi]$ holomorphe sur Φ s'étudie par un raisonnement classique : *voir* [1] (chap. IX, § 4). Répétons-le : $u(x)$ est holomorphe, multiforme, bornée sur $X - K$; le nombre de ses déterminations est fini : c'est le degré du polynome $P(t, x)$. Les fonctions symétriques de ses déterminations sont donc holomorphes, uniformes, bornées sur $X - K$; donc sur X, en vertu d'un théorème de Riemann : [5] (t. II, 1, p. 180) ou [1] (chap. VIII, th. 5). Il en résulte que $u(x)$ *est algébroïde*.

Chapitre 5. — Exemples.

29. Équation du premier ordre. — Indiquons rapidement les particularités de l'équation du premier ordre. Le problème de Cauchy s'énonce :

$$(29.1) \quad \begin{cases} a_1(x)\dfrac{\partial u(x)}{\partial x_1} + \ldots + a_l(x)\dfrac{\partial u(x)}{\partial x_l} + a_0(x)\,u(x) = v(x), \\ u(x) = w(x) \quad \text{sur } S. \end{cases}$$

L'équation des caractéristiques est

$$a_1(x)\frac{\partial k(x)}{\partial x_1} + \ldots + a_l(x)\frac{\partial k(x)}{\partial x_l} = 0.$$

Les courbes *bicaractéristiques* sont définies par le système

$$(29.2) \qquad \frac{dx_1}{a_1(x)} = \ldots = \frac{dx_l}{a_l(x)} = dt.$$

Parmi les *voisinages caractéristiques* Φ de S il y en a un dont la définition est particulièrement simple : celui qui correspond au choix $g = h$. Nous n'emploierons que celui-là.

La *projection* $x(t, y)$ de Φ sur X est la solution de (29.2) définie par les conditions initiales

$$x(0, y) = y \in S.$$

La *fonction* u s'obtient sur Φ par une quadrature :

$$(29.3)\quad \frac{du}{dt} + a_0(x(t, y))u = v(x(t, y)); \qquad u = w(y) \quad \text{pour} \quad t = 0.$$

Les équations de S, T, U sont

$$S: \qquad s(x) = 0;$$

$$T: \qquad s(x) = 0; \qquad a_1(x)\frac{\partial s}{\partial x_1} + \ldots + a_l(x)\frac{\partial s}{\partial x_l} = 0;$$

$$U: \begin{cases} s = 0; \qquad a_1 \dfrac{\partial s}{\partial x_1} + \ldots + a_l \dfrac{\partial s}{\partial x_l} = 0; \\ \left(a_1 \dfrac{\partial}{\partial x_1} + \ldots + a_l \dfrac{\partial}{\partial x_l}\right)\left(a_1 \dfrac{\partial s}{\partial x_1} + \ldots + a_l \dfrac{\partial s}{\partial x_l}\right) = 0. \end{cases}$$

Par chaque point passe une courbe bicaractéristique, appartenant à une infinité de bandes bicaractéristiques; donc *les points exceptionnels de S sont les points des courbes bicaractéristiques contenues dans S;* précisons que, si une courbe bicaractéristique est dans S, la bande, que constituent les éléments de contact de S le long de cette courbe, n'est pas bicaractéristique en général.

Tout point x où $a_1(x) = \ldots = a_l(x) = 0$ est exceptionnel; si $l = 2$, ces points sont évidemment les seuls points exceptionnels. L'exemple le plus simple de point exceptionnel est donc le suivant.

30. Exemple de point exceptionnel. — Choisissons pour X l'espace vectoriel de dimension complexe 2 et pour problème de Cauchy :

$$x_1 \frac{\partial u(x)}{\partial x_1} + x_2 \frac{\partial u(x)}{\partial x_2} = v(x); \qquad u(x) = w(x_1) \qquad \text{pour} \quad x_2 = x_1^2;$$

prenons

$$S: \quad x_2 = x_1^2; \qquad K: \quad x_2 = 0:$$

l'origine est *un point exceptionnel.*

La projection $x(t, y)$ de Φ sur X est

$$x_1 = y_1 e^t, \qquad x_2 = y_1^2 e^t;$$

les points de Φ se projetant au point x de X sont les points :

$$t = \log \frac{x_1^2}{x_2}, \qquad y_1 = \frac{x_2}{x_1}.$$

La fonction $u(t, y)$, dont $u(x)$ est la projection, est

$$u(t, y) = w(y_1) + \int_0^t v(y_1 e^{\tau}, y_1^2 e^{\tau})\, d\tau;$$

par exemple, si $v = 1$ et si le domaine d'holomorphie de $w(y_1)$ est $|y_1| < 1$, alors $u(t, y) = w(y_1) + t$ est holomorphe dans le domaine de Φ :

(30.1) $$|y_1| < 1;$$

$$u(x) = w\left(\frac{x_2}{x_1}\right) + \log\left(\frac{x_1^2}{x_2}\right)$$

est holomorphe multiforme dans le domaine de X projection du précédent :

(30.2) $$|x_2| < |x_1|, \qquad x_2 \neq 0$$

et ne peut être prolongée hors de ce domaine; *ce domaine n'est pas un voisinage de l'origine;* près de l'origine $u(x)$ a *une infinité de déterminations* et *n'est pas borné.*

Les affirmations du théorème 4 sont donc en défaut en le point exceptionnel qu'est l'origine.

NOTE. — La frontière du domaine d'holomorphie (30.2) de $u(x)$ se compose de K et de l'hypersurface

(30.3) $$|x_2| = |x_1|.$$

Celle-ci est *le lieu des bicaractéristiques*

$$x_2 = c x_1, \qquad |c| = 1$$

issues des singularités de $w(x)$:

$$x_2 = x_1^2, \qquad |x_1| = 1.$$

D'autre part *le plan tangent* à l'hypersurface (30.3) :

$$\mathrm{Re}(p.dx) = 0 \qquad \text{(Re, partie réelle)}$$

vérifie l'équation des caractéristiques

$$h(x, p) = 0,$$

puisque

$$p = (\overline{x}_1, -\overline{x}_2), \qquad h(x, p) = x_1 p_1 + x_2 p_2 \qquad (\overline{x}_1, \text{ imag. conj. de } x_1).$$

Ce sont là deux propriétés générales des singularités des solutions du problème linéaire analytique de Cauchy : les théorèmes du présent article nous permettront de les démontrer ultérieurement.

BIBLIOGRAPHIE.

[1] S. Bochner et W. T. Martin, *Several complex variables*, Princeton, Princeton University Press, 1948.

[2] E. Cartan, *Leçons sur les invariants intégraux*, Paris, Hermann, 1922.

[3] H. Cartan et P. Thullen, *Zur Theorie der Singularitäten der Funktionen mehrerer komplexen Veränderlichen* (*Math. Ann.*, t. 106, 1932, p. 617-647).

[4] Éd. Goursat, *Cours d'Analyse mathématique*, t. 2, 7ᵉ édition, Paris, Gauthier-Villars, 1949.

[5] W. F. Osgood, *Lehrbuch der Funktionentheorie*, Zweite Auflage, Berlin, B. G. Teubner, 1929 (*Math. Wiss.*, Band 20, nº 2).

[6] I. Petrowsky, *Über das Cauchysche Problem für Systeme von partiellen Differentialgleichungen* [*Recueil math.* (*Mat. Sbornik*), 2ᵉ série, t. 44, 1937, p. 815-868].

[7] J. Schauder, *Das Anfangswertproblem einer quasilinearen hyperbolischen Differentialgleichung zweiter Ordnung in beliebiger Anzahl von unabhängigen Veränderlichen* (*Fund. math.*, t. 24, 1935, p. 213-246).

Le présent article a été résumé dans :

[8] J. Leray, *C. R. Acad. Sc.*, t. 245, 1957, p. 1483.

Manuscrit reçu le 7 octobre 1957.

[1958a]

La solution unitaire d'un opérateur différentiel linéaire

Bull. Soc. Math. France 86 (1958) 75–96

INTRODUCTION

Nous nommons *solution unitaire* d'un opérateur différentiel linéaire $a\left(x, \frac{\partial}{\partial x}\right)$ la solution $U(\xi, x)$ du problème de Cauchy le plus simple : second membre égal à 1, données de Cauchy nulles sur l'hyperplan d'équation $\xi_0 + \xi_1 x_1 + \ldots + \xi_l x_l = 0$. Nous notons $U^*(\xi, x)$ la solution unitaire de *l'adjoint* a^* de a. Nous allons en établir les propriétés, que [IV] et [V] utiliseront.

En effet [IV] définira, par une intégrale, une transformation fonctionnelle, prolongeant la transformation de Laplace, qui transformera $U^*(\xi, x)$ en la solution élémentaire de a, supposé hyperbolique. Et [V] définira, par une intégrale, une autre transformation fonctionnelle, prolongeant la convolution par une transformée de Laplace, qui transformera $U^*(\xi, x)v(x)$ en la solution $u(x)$ du problème de Cauchy :

$$a\left(x, \frac{\partial}{\partial x}\right)u(x) = v(x), \qquad u(x) \text{ s'annule } m \text{ fois sur } S;$$

m désigne l'ordre de a, qui n'est plus supposé hyperbolique.

---

(1) Cet article a été résumé aux *Comptes rendus de l'Académie des Sciences de Paris*, t. 245, 1957, p. 2146-2152.

(2) Nous désignons cette série d'articles par [I], [II], ...

[I] *Uniformisation de la solution du problème linéaire analytique de Cauchy près de la variété qui porte les données de Cauchy* (*Bulletin de la Société mathématique de France*, t. 85, 1957, p. 389-429).

Cet article-ci déduit de [I] une *uniformisation de la solution unitaire* $U(\xi, y)$ applicable au cas où ξ est variable, mais y *fixe* (théorème 1, n° 2). Puis, sans utiliser cette uniformisation et en supposant $a\left(x, \frac{\partial}{\partial x}\right)$ à coefficients polynomiaux, il établit la *réciprocité* de la solution unitaire : *l'adjoint* $a^*\left(\frac{\partial}{\partial x}, x\right)$ et *le transformé de Laplace* $A\left(-\frac{\partial}{\partial \xi}, \xi\right)$ de $a\left(x, \frac{\partial}{\partial x}\right)$ ont *même solution unitaire* $U^*(\xi, x)$ à des dérivations $-\frac{\partial}{\partial \xi_0}$ près; ces dérivations seront d'ailleurs transformées en l'opération identique par ces transformations fonctionnelles que définiront [IV] et [V] (théorème 4, n° 3). En particulier, quand $a\left(x, \frac{\partial}{\partial x}\right)$ est un opérateur homogène en $\frac{\partial}{\partial x}$, *à coefficients linéaires*, cette réciprocité réduit la recherche de U et U^* à la détermination *des bicaractéristiques* de $a\left(x, \frac{\partial}{\partial x}\right)$ et à des calculs d'intégrales (théorème 5, n° 4).

1. Notations. — X est un domaine d'un *espace affin* sur le corps des nombres complexes; $\dim X = l$; x et y sont des points de X; les coordonnées de x sont notées $(x_1, \ldots, x_l)$.

ξ et η sont *des fonctions linéaires* de x, à valeurs numériques complexes; la valeur de ξ en x est

$$\xi.x = \xi_0 + \xi_1 x_1 + \ldots + \xi_l x_l; \tag{1.1}$$

$(\xi_0, \ldots, \xi_l)$ sont les coordonnées de ξ; les ξ constituent un espace vectoriel Ξ de dimension $l+1$. Nous nommons Q la quadrique de $\Xi \times X$ d'équation

$$Q: \ \xi.x = 0,$$

ξ^* désigne l'hyperplan de X d'équation

$$\xi^*: \ \xi.x = 0.$$

Les ξ^* constituent un espace projectif, Ξ^*, de dimension l, image de Ξ.

Soit un polynome en ξ, indépendant de ξ_0, à coefficients fonctions holomorphes de $x \in X$:

$$a(x, \xi) = \sum_{j_1+\ldots+j_l \leq m} a_{j_1\ldots j_l}(x)\xi_1^{j_1}\ldots\xi_l^{j_l}; \tag{1.2}$$

son degré est m; sa *partie principale* est le polynome homogène de degré m :

$$h(x, \xi) = \sum_{j_1+\ldots+j_l = m} a_{j_1\ldots j_l}(x)\xi_1^{j_1}\ldots\xi_l^{j_l}; \tag{1.3}$$

on note $a\left(x, \frac{\partial}{\partial x}\right)$ *l'opérateur différentiel linéaire* d'ordre m :

$$(1.4)\qquad a\left(x, \frac{\partial}{\partial x}\right) = \sum_{j_1+\ldots+j_l\leq m} a_{j_1\ldots j_l}(x)\frac{\partial^{j_1+\ldots+j_l}}{\partial x_1^{j_1}\ldots\partial x_l^{j_l}}.$$

Si

$$b(\xi, x) = a(x, \xi),$$

alors $b\left(\frac{\partial}{\partial x}, x\right)$ désigne un autre opérateur différentiel linéaire d'ordre m :

$$b\left(\frac{\partial}{\partial x}, x\right)u(x) = \sum_{j_1+\ldots+j_l\leq m} \frac{\partial^{j_1+\ldots+j_l}}{\partial x_1^{j_1}\ldots\partial x_l^{j_l}}[a_{j_1\ldots j_l}(x)u(x)].$$

Notons

$$a^*(\xi, x) = a(x, -\xi), \qquad a^*(x, \xi) = a(-\xi, x);$$

$a^*\left(\frac{\partial}{\partial x}, x\right)$ est appelé adjoint de $a\left(x, \frac{\partial}{\partial x}\right)$; $a^*\left(x, \frac{\partial}{\partial x}\right)$ est l'adjoint de $a\left(\frac{\partial}{\partial x}, x\right)$; a est l'adjoint de a^*.

Théorème. — Transformer les coordonnées de X par une transformation affine [donc celles de Ξ par une transformation linéaire telle que (**1**.1) subsiste] n'altère pas les correspondances

$$a(x, \xi) \to a\left(x, \frac{\partial}{\partial x}\right) \to a^*\left(\frac{\partial}{\partial x}, x\right).$$

Définition 1. — Nous nommons solution unitaire de $a\left(x, \frac{\partial}{\partial x}\right)$ la solution $U(\xi, y)$ du problème de Cauchy

$$(1.5)\qquad a\left(y, \frac{\partial}{\partial y}\right)U(\xi, y) = 1; \qquad U(\xi, y) \text{ s'annule } m \text{ fois pour } \xi.y = 0.$$

$U(\xi, y)$ est évidemment homogène de degré 0 en ξ : c'est une fonction de (ξ^*, y).

2. Uniformisation de la solution unitaire U de a.

Définition 2.1. — Considérons le système d'Hamilton [3]

$$(2.1)\qquad \begin{cases} dx_j = h_{\xi_j}(x, \xi)\,dt, \qquad d\xi_j = -h_{x_j}(x, \xi)\,dt \qquad (j = 1, \ldots, l), \\ d\xi_0 = \left[\sum_j x_j h_{x_j} - h\right]dt. \end{cases}$$

h_{x_j} désigne $\frac{\partial h}{\partial x_j}$.

---

[3] Les équations d'Hamilton et de Jacobi se rencontrent en Mécanique analytique; *voir* É. Cartan, *Leçons sur les invariants intégraux*, nos 14 et 33.

Ce système différentiel admet les intégrales premières

$$(2.2) \qquad \xi.x + (1 - m)th(x, \xi), \quad h(x, \xi)$$

et la forme différentielle invariante

$$(2.3) \qquad (d\xi).x + h(x, \xi)\,dt;$$

c'est d'ailleurs le seul système pour lequel cette forme est invariante : *voir* n° 5.

Notons

$$\xi(t, \eta, y), \quad x(t, \eta, y),$$

la solution de (2.1) issue du point

$$(2.4) \qquad (\eta, y) \in Q,$$

c'est-à-dire telle que

$$\xi(0, \eta, y) = \eta, \qquad x(0, \eta, y) = y, \qquad \eta.y = 0.$$

Puisque $h(x, \xi)$ est homogène en ξ de degré m, $\xi(t, \eta, y)$ est une fonction de $\left(t^{\frac{1}{1-m}}, \eta\right)$ homogène de degré 1 ; $\xi(t, \eta, y)$ est holomorphe pour

$$(2.5) \qquad |t| < \rho(\eta, y),$$

$\rho(\eta, y)$ étant continue > 0; pour tout nombre complexe θ :

$$\rho(\theta\eta, y) = |\theta|^{1-m}\rho(\eta, y).$$

Nous nommons *voisinage caractéristique* de Q la variété analytique Φ que constituent les (t, η, y) vérifiant (2.4) et ou bien (2.5), ou bien une condition analogue plus stricte.

L'application holomorphe de Φ dans $\Xi \times X$:

$$(t, \eta, y) \to (\xi(t, \eta, y), y)$$

est nommée *projection caractéristique*. Elle applique homéomorphiquement sur Q la variété de Φ d'équation $t = 0$; nous convenons d'identifier le point $(0, \eta, y) \in \Phi$ et sa projection $(\eta, y) \in Q$:

$$Q \subset \Phi.$$

Φ est un *voisinage de Q au-dessus de $\Xi \times X$*, au sens du n° 3 de [I], dont nous emploierons la terminologie.

NOTE. — Rappelons que les équations d'Hamilton (2.1) deviennent les équations des caractéristiques de *l'équation de Jacobi*.

$$V_t + h(x, V_x) = 0,$$

quand on pose

$$\xi_j = V_{x_j}, \qquad \xi.x = V.$$

En particulier, définissons

$$V(t, \eta, y) = \xi(t, \eta, y).x(t, \eta, y);$$

éliminons η, qui vérifie $\eta.y = 0$, de

$$V(t, \eta, y), \qquad x(t, \eta, y);$$

nous obtenons une fonction multiforme

$$V[t, x, y],$$

homogène en t de degré $1/(1-m)$, solution de l'équation de Jacobi, donc de l'équation

$$V + (1-m)t\,h(x, V_x) = 0,$$

nulle sur l'ensemble K, que va définir le théorème 1, 3°.

Voici le *théorème d'uniformisation* qu'emploieront [IV] et [V] :

THÉORÈME 1. — 1° *La solution unitaire $U(\xi, y)$ et ses dérivées en (ξ, y) d'ordre $< m$ sont holomorphes sur un voisinage caractéristique Φ de Q.*

2° *Le déterminant fonctionnel* $\dfrac{D(\xi_0, \xi_1, \ldots, \xi_l, y_1, \ldots, y_l)}{D(t, \eta_1, \ldots, \eta_l, y_1, \ldots, y_l)}$ *de la projection caractéristique est le produit de $h(y, \eta)$ par une fonction holomorphe ne s'annulant pas. La variété Δ où s'annule ce déterminant a donc pour équation*

$$\Delta: \quad h(y, \eta) = 0. \tag{2.6}$$

3° *La projection caractéristique projette Δ sur l'ensemble K des points (ξ, y) de $\Xi \times X$ tels que l'hyperplan ξ^* touche le conoïde caractéristique* (4) *de sommet y.*

4° *Près d'un point ordinaire de Q :*

K est un ensemble analytique de dimension complexe $2l$;

Φ est un revêtement fini de X ramifié au-dessus de K,

$U(\xi, x)$ est une fonction algébroïde, se ramifiant sur K et dont le degré est le degré de ramification (5) *de Φ.*

Le degré de cette ramification est 1, c'est-à-dire $U(\xi, x)$ est holomorphe, en un point (η, y) de Q non caractéristique, c'est-à-dire où

$$\eta.y = 0, \qquad h(y, \eta) \neq 0.$$

(4) [I], n° 2 rappelle la définition de ce conoïde.

(5) [I], n° 6, rappelle la définition de ces termes.

Ce degré est 2 et K est une variété régulière en un point (η, y) de Q caractéristique régulier, c'est-à-dire où

$$\eta . y = 0, \qquad h(y, \eta) = 0, \qquad \sum_j h_{y_j} h_{\eta_j} \neq 0.$$

Un point (η, y) de Q est *ordinaire* quand il n'est pas exceptionnel; quand il est *exceptionnel*, l'hyperplan η^* de X touche le conoïde caractéristique de sommet y le long d'une courbe passant par y. Plus précisément :

DÉFINITION 2.2. — Le point (η, y) de Q est *exceptionnel* quand il existe dans X une bande bicaractéristique, issue de y, fonction holomorphe d'un paramètre t et dont l'élément de contact de paramètre t appartient à η^*; t est une variable numérique voisine de 0.

Ce théorème 1 sera établi aux n°s 6 et 7.

3. **Réciprocité de la solution unitaire.** — Soit $a\left(x, \frac{\partial}{\partial x}\right)$ un opérateur différentiel linéaire à coefficients polynomiaux : $a(x, \xi)$ est un polynome en (x, ξ). Notons n le plus petit entier tel que

$$x_0^n a\left(\frac{x}{x_0}, x_0 \xi\right)$$

soit un polynome en (x_0, x, ξ); n est de signe quelconque; x_0 est une variable numérique. Notons

$$x_0^n a\left(\frac{x}{x_0}, x_0 \xi\right) = A(x_0, x_1, \ldots, x_l, \xi). \tag{3.1}$$

Évidemment : quel que soit le nombre θ,

$$A(\theta x_0, \ldots, \theta x_l, \theta^{-1} \xi) = \theta^n A(x_0, \ldots, x_l, \xi); \tag{3.2}$$

$$A(1, x_1, \ldots, x_l, \xi) = a(x, \xi). \tag{3.3}$$

DÉFINITION 3.1. — Le *transformé de Laplace* de $a\left(x, \frac{\partial}{\partial x}\right)$ est l'opérateur d'ordre $m + n$:

$$A\left(-\frac{\partial}{\partial \xi}, \xi\right) = A\left(-\frac{\partial}{\partial \xi_0}, \ldots, -\frac{\partial}{\partial \xi_l}, \xi\right). \tag{3.4}$$

NOTE. — Cette définition est en accord avec la définition usuelle de la transformation de Laplace, quand $a\left(\frac{\partial}{\partial x}\right)$ est homogène en $\frac{\partial}{\partial x}$ et à coefficients constants. Elle sera en accord avec le prolongement de la transformation de Laplace que définira [IV].

Voici les propriétés du transformé de Laplace d'un opérateur différentiel :

THÉORÈME. — Transformer les coordonnées de X par une transformation affine n'altère pas la correspondance

$$a\left(x, \frac{\partial}{\partial x}\right) \to A\left(-\frac{\partial}{\partial \xi}, \xi\right).$$

Théorème. Le transformé de Laplace de $a\left(\frac{\partial}{\partial x}, x\right)$ est $A\left(\xi, -\frac{\partial}{\partial \xi}\right)$.

Bien entendu

$$A(\xi, x_0, \ldots, x_l) = x_0^n a\left(x_0\xi, \frac{x}{x_0}\right).$$

Preuve. — Le transformé de Laplace de l'opérateur de commutation

$$\frac{\partial}{\partial x_i}(x_j \ldots) - x_j \frac{\partial}{\partial x_i} = 1 \quad (i = j), \qquad = 0 \quad (i \neq j)$$

est l'opérateur de commutation

$$-\xi_i \frac{\partial}{\partial \xi_j} + \frac{\partial}{\partial \xi_j}(\xi_i \ldots) = 1 \quad (i = j), \qquad = 0 \quad (i \neq j);$$

il en résulte que, si $a\left(\frac{\partial}{\partial x}, x\right) = b\left(x, \frac{\partial}{\partial x}\right)$, alors

$$A\left(\xi, -\frac{\partial}{\partial \xi}\right) = B\left(-\frac{\partial}{\partial \xi}, \xi\right).$$

Théorème. — L'opérateur $A\left(-\frac{\partial}{\partial \xi}, \xi\right)$ est *homogène* de degré $-n$. C'est-à-dire : il transforme une fonction homogène en une fonction homogène; il diminue de n le degré d'homogénéité.

Théorème 2. — *La transformation de contact de Legendre transforme les caractéristiques de l'opérateur* $a\left(x, \frac{\partial}{\partial x}\right)$ *en les caractéristiques coniques, de sommet* O, *de son transformé de Laplace* $A\left(-\frac{\partial}{\partial x}, \xi\right)$.

Le n° 8 donnera l'énoncé détaillé et la preuve de ce théorème 2.

Théorème 3. — *L'opérateur* $a\left(x, \frac{\partial}{\partial x}\right)$ *et son transformé de Laplace* $A\left(-\frac{\partial}{\partial \xi}, \xi\right)$ *ont mêmes bicaractéristiques.*

Ce théorème 3 sera établi au n° 8.

Définition 3.2. — Soit un entier r. Si $r \leq 0$, notons $U_r(\xi, y)$ la solution du problème de Cauchy :

$$(3.5)\qquad \begin{cases} a\left(y, \dfrac{\partial}{\partial y}\right) U_r(\xi, y) = \dfrac{(-\xi . y)^{-r}}{(-r)!}, \\ U_r(\xi, y) \text{ s'annule } m \text{ fois pour } \xi . y = 0. \end{cases}$$

Évidemment

$$(3.6)\qquad U_r(\xi, y) \text{ s'annule } m - r \text{ fois pour } \xi . y = 0;$$

donc

$$(3.7)\qquad -\frac{\partial}{\partial \xi_0} U_r(\xi, y) = U_{r+1}(\xi, y).$$

Définissons U_r pour $r > 0$ par (3.7) : (3.6) vaut tant que $m - r \geqq 0$;

$$a\left(y, \frac{\partial}{\partial y}\right) U_r(\xi, y) = 0 \quad \text{si} \quad r > 0.$$

$U_0(\xi, y) = U(\xi, y)$ est la solution unitaire de $a\left(x, \dfrac{\partial}{\partial x}\right)$.

Définissons de même $U^*_r(\xi, y)$ à partir de $a^*\left(\dfrac{\partial}{\partial x}, x\right)$.

Voici le *théorème de réciprocité*, dont le théorème 5 est une conséquence aisée :

Théorème 4. — *$U^*_{-n}(\xi, y)$ est la solution unitaire homogène de $A\left(-\dfrac{\partial}{\partial \xi}, \xi\right)$, c'est-à-dire la solution du problème de Cauchy d'ordre $m + n$:*

$$(3.8)\qquad \begin{cases} A\left(-\dfrac{\partial}{\partial \xi}, \xi\right) U^*_{-n}(\xi, y) = 1, \\ U^*_{-n}(\xi, y) \text{ s'annule } m + n \text{ fois pour } \xi . y = 0. \end{cases}$$

Puisque $A(x_0, \ldots, x_l, \xi)$ est indépendant de ξ_0, ce théorème a pour corollaire immédiat :

Corollaire 4. — *Si $r + n > 0$,*

$$(3.9)\qquad A\left(-\frac{\partial}{\partial \xi}, \xi\right) U^*_r(\xi, y) = 0.$$

Si $r + n \leqq 0$, $U^*_r(\xi, y)$ est la solution du problème de Cauchy.

$$(3.10)\qquad A\left(-\frac{\partial}{\partial \xi}, \xi\right) U^*_r(\xi, y) = \frac{(-\xi . y)^{-r-n}}{(-r-n)!},$$

$U^*_r(\xi, y)$ s'annule $m + n$ fois (6) *pour $\xi . y = 0$.*

Ce théorème 4 et ce corollaire seront établis au n° 9.

---

(6) Donc $m - r$ fois.

4. Détermination explicite de U_m et U_m^* quand $a\left(x, \frac{\partial}{\partial x}\right)$ est linéaire en x et homogène en $\frac{\partial}{\partial x}$. — De préférence à U et U^*, [IV] et [V] emploieront U_m et U_m^*, dont les expressions, que voici, sont particulièrement simples :

THÉORÈME 5. — *Soit*

$$a\left(x, \frac{\partial}{\partial x}\right) = h_0\left(\frac{\partial}{\partial x}\right) + x_1 h_1\left(\frac{\partial}{\partial x}\right) + \ldots + x_l h_l\left(\frac{\partial}{\partial x}\right),$$

les h_i étant homogènes d'ordre m. La projection caractéristique $\xi(t, \eta)$ est la solution du système

$$d\xi_i = -h_i(\xi)\, dt \qquad (i = 0, 1, \ldots, l)$$

issue de $\xi(0, \eta) = \eta$; rappellons que $\eta . y = 0$.

U_{m-1}, U_m et U_m^* sont définis, sur un voisinage caractéristique Φ de Q, par les formules

$$U_{m-1}[t, \eta, y] = (-1)^m t,$$

$$U_m[t, \eta, y] = \frac{(-1)^m}{a(y, \eta)},$$

$$U_m^*[t, \eta, y] = -\frac{D(t, \eta_1, \ldots, \eta_l, y_1, \ldots, y_l)}{D(\xi_0, \xi_1, \ldots, \xi_l, y_1, \ldots, y_l)}.$$

NOTE. — L'hyperplan $\xi^*(t, \eta)$ de X enveloppe évidemment, quand t varie, l'hypersurface développable qui est une caractéristique de $a\left(x, \frac{\partial}{\partial x}\right)$ et qui touche η^*.

Ce théorème 5 sera établi au n° 10.

La solution unitaire de l'opérateur $h\left(\frac{\partial}{\partial x}\right)$, homogène et indépendant de x, celle de l'opérateur $x_1 \frac{\partial}{\partial x_1} + \ldots + x_l \frac{\partial}{\partial x_l}$ et celle de son adjoint sont évidentes : *voir* n°s 12 et 13. Le n° 14 (corollaire 5) déduit du théorème 5 la solution unitaire de *l'opérateur différentiel de Tricomi* : c'est une *fonction algébrique*.

Ces trois opérateurs fournissent des exemples très simples de toutes les propriétés et exceptions qu'énonce le théorème 1.

CHAPITRE 1. — Uniformisation de la solution unitaire.

Ce chapitre 1 démontre le théorème 1 (n° 2), après avoir rappelé la démonstration, bien classique, des propriétés du système d'Hamilton.

5. Les propriétés du système d'Hamilton. — Quand le système d'Hamilton (2.1) est vérifié, les différentielles des fonctions (2.2) sont nulles, car d'après le théorème d'Euler sur les fonctions homogènes

$$\sum_j \xi_j h_{\xi_j} = mh;$$

ces fonctions (2.2) sont donc des *intégrales premières* du système d'Hamilton.

Comme au nº 22 de [I], appliquons la théorie des invariants intégraux d'É. Cartan à la forme différentielle

$$\omega = (d\xi).x + h(x, \xi)\,dt. \tag{2.3}$$

On a

$$d\omega = \sum_j dx_j \wedge d\xi_j + \sum_j h_{x_j} dx_j \wedge dt + \sum_j h_{\xi_j} d\xi_j \wedge dt;$$

en annulant ω et les dérivées de $d\omega$ par rapport à dx_j, $d\xi_j$, dt, on obtient le système caractéristique de ω :

$$\omega = 0, \qquad d\xi_j + h_{x_j} dt = 0, \qquad dx_j - h_{\xi_j} dt = 0, \qquad dh = 0;$$

ce système caractéristique de ω équivaut au système d'Hamilton. Donc le système d'Hamilton admet la *forme invariante* ω et est le seul système différentiel qui l'admette.

6. Uniformisation de $U(\xi, y)$ valable quand $\xi_1, \ldots, \xi_l$ sont fixés. — La solution unitaire $U(\xi, y)$ de $a\left(x, \frac{\partial}{\partial x}\right)$ est définie par un problème de Cauchy. Nous envisagerons ce problème dans l'espace des points (ξ, y), c'est-à-dire dans l'espace produit $\Xi \times X$: car nous voulons savoir comment U dépend de ξ; et il est plus aisé de construire un voisinage caractéristique de la quadrique

$$Q: \quad \xi.y = 0$$

que de l'hyperplan ξ^*. Rappelons l'énoncé de ce problème de Cauchy :

$$a\left(y, \frac{\partial}{\partial y}\right) U(\xi, y) = 1; \qquad U(\xi, y) \text{ s'annule } m \text{ fois sur } Q. \tag{6.1}$$

Appliquons-lui les conclusions de [I], en remplaçant les notations de [I] :

	X	x	p	S	$s(x)$	t
par						
	$\Xi \times X$	(ξ, y)	(ϖ, q)	Q	$\xi.y$	τ;

le covecteur (ϖ, q) de $\Xi \times X$ est constitué par un covecteur ϖ de Ξ et un covecteur q de X.

Comme l'exige le n° 1 de [I], Q n'est pas une variété caractéristique, car $h(y, \xi)$ n'est pas identiquement nulle.

Choisissons

$$b\left(\xi, y, \frac{\partial}{\partial \xi}, \frac{\partial}{\partial y}\right) = \frac{\partial}{\partial \xi_0};$$

comme l'exige le n° 1 de [I], pour b, Q n'est caractéristique en aucun de ses points, car

$$\frac{\partial^1}{\partial \xi_0}(\xi. y) = 1.$$

En suivant le n° 4 de [I], construisons un voisinage caractéristique Φ de Q; choisissons

$$g(\xi, y, \varpi, q) = h(y, q)\,[b(\xi, y, \varpi, q]^{1-m},$$

c'est-à-dire

$$g(\xi, y, \varpi, q) = \varpi_0^{1-m}\, h(y, q).$$

L'équation différentielle de la projection caractéristique est

$$d\xi = g_\varpi\, d\tau, \qquad dy = g_q\, d\tau, \qquad d\varpi = -g_\xi\, d\tau, \qquad dq = -g_y\, d\tau,$$

donc ($i = 0, 1, \ldots, l$, $j = 1, \ldots, l$) :

$$(6.2) \quad \begin{cases} d\xi_0 = (1-m)\varpi_0^{-m}\, h(y, q)\, d\tau, \\ d\xi_j = 0, \qquad dy_j = \varpi_0^{1-m}\, h_{q_j}(y, q)\, d\tau, \\ d\varpi_i = 0, \qquad dq_j = -\varpi_0^{1-m}\, h_{y_j}(y, q)\, d\tau. \end{cases}$$

Notons

$$\xi(\tau, p, x), \quad y(\tau, p, x) \quad \varpi(\tau, p, x), \quad q(\tau, p, x)$$

la solution de ce système (6.2) issue de l'élément de contact de Q :

$$(6.3) \quad \begin{cases} (\xi, x, \chi, p), \quad \text{où } \xi.x = 0, \quad \chi = (1, x_1, \ldots, x_l), \\ \qquad\qquad\qquad p = (\xi_1, \ldots, \xi_l); \end{cases}$$

on choisit pour paramètres de cet élément de contact (p, x).

Par définition, l'ensemble des points (τ, p, x) tels que

$$|\tau| < \rho(p, x) \qquad (\rho : \text{fonction continue} > 0)$$

constitue, quand ρ est assez petit, *un voisinage caractéristique* Φ de Q; l'équation de Q est

$$Q: \quad \tau = 0;$$

$$\xi(\tau, p, x), \quad y(\tau, p, x)$$

est la projection caractéristique de Φ dans $\Xi \times X$.

La définition, qui précède, de cette projection se simplifie aisément : (6.2) et (6.3) donnent

$$\varpi_0 = 1, \qquad \xi_1 = p_1, \qquad \ldots, \qquad \xi_l = p_l;$$

d'où

$$dy = h_q(y, q)\, d\tau, \qquad dq = -h_y(y, q)\, d\tau;$$

d'où

$$h(y, q) = h(x, p);$$

d'où

$$\xi_0 = (1 - m)\tau h(x, p) - \xi_1 x_1 - \ldots - \xi_l x_l.$$

D'où finalement :

Définition 6. — *La projection caractéristique*

$$\xi(\tau, p, x), \quad y(\tau, p, x)$$

de Φ dans $\Xi \times X$ se construit comme suit : $\xi(\tau, p, x)$ est donné par les relations

$$(6.4) \qquad \xi_1 = p_1, \quad \ldots, \quad \xi_l = p_l, \quad \xi . x + (m - 1)\tau h(x, p) = 0;$$

$y(\tau, p, x)$ est la solution, issue de (x, p), du système différentiel

$$(6.5) \qquad dy = h_q(y, q)\, d\tau, \qquad dq = -h_y(y, q)\, d\tau.$$

Rappelons les conclusions de [I] :

Lemme 6.1. — $U(\xi, y)$ et ses dérivées d'ordre $< m$ sont holomorphes sur Φ.

Preuve. — [I], n° 4, théorème 1.

Lemme 6.2. — Le déterminant fonctionnel de la projection caractéristique est le produit de $h(x, p)$ par une fonction holomorphe, ne s'annulant pas. La variété Δ de Φ où s'annule ce déterminant a donc pour équation

$$(6.6) \qquad \Delta : \quad h(x, p) = 0.$$

Preuve. — [I], n° 4, théorème 2.

Lemme 6.3. — Soit K la projection caractéristique de Δ; la condition $(\xi, y) \in K$ équivaut à la suivante : dans l'espace X, il existe deux éléments de contact d'une même bicaractéristique de $a\left(x, \frac{\partial}{\partial x}\right)$ qui appartiennent l'un au point y, l'autre à l'hyperplan ξ^*.

Preuve. — Vu l'équation (6.6) de Δ et la définition 6 de la projection caractéristique, la condition

$$(\xi, y) \in K$$

signifie ceci : il existe p, $x \in X$ et une valeur de τ tels que

$$h(x, p) = 0, \qquad \xi_1 = p_1, \qquad \ldots, \qquad \xi_l = p_l,$$
$$\xi . x = 0, \qquad y = y(\tau, p, x).$$

Or, dans X, la courbe bicaractéristique issue d'un élément de contact caractéristique (x, p) est le lieu que décrit $y(\tau, p, x)$, quand τ varie. Les conditions :

$$\text{il existe } \tau \text{ tel que} \quad y = y(\tau, p, x), \qquad h(x, p) = 0,$$

équivalent donc à la suivante :

y est sur la courbe bicaractéristique issue de (x, p).

D'autre part les conditions

$$\xi_1 = p_1, \quad \ldots, \quad \xi_l = p_l, \quad \xi . x = 0$$

expriment que (x, p) est un élément de contact de l'hyperplan ξ^*.

Lemme 6.4. — Près d'un point de Q non exceptionnel :

K est un ensemble analytique de dimension $2l$;
Φ est un revêtement fini de X, ramifié au-dessus de K;
$U(\xi, y)$ est une fonction algébroïde se ramifiant sur K.

Le degré de cette ramification est 2, et K est une variété régulière en un point

$$(-p_1 x_1 - \ldots - p_l x_l, p_1, \ldots, p_l; x_1, \ldots, x_l) \in Q,$$

où

$$h(x, p) = 0, \qquad p_x . h_p \neq 0.$$

Preuve. — [I], n° 6, théorème 4 et n° 7, théorème 5.

Reportons-nous à *la définition des points exceptionnels* qu'énonce le n° 6 de [I], dont nous reprenons un instant les notations; supposons $a\left(x, \frac{\partial}{\partial x}\right)$ indépendant de $\frac{\partial}{\partial x_1}$; alors le long de la bicaractéristique issue de (y, q), $x_1 = y_1$, $(x_2, \ldots, x_l, p_1 - q_1, p_2, \ldots, p_l)$ sont indépendants de q_1; un point y de S est donc exceptionnel pour $a\left(x, \frac{\partial}{\partial x}\right)$ si et seulement s'il est exceptionnel après qu'on ait remplacé X et S par leurs intersections par l'hyperplan $x_1 = y_1$ et $a\left(x, \frac{\partial}{\partial x}\right)$ par sa restriction à cet hyperplan. Appliquons cela à $\Xi \times X$, Q, $a\left(x, \frac{\partial}{\partial x}\right)$; il vient : le point (ξ, y) de Q est exceptionnel si et seulement si, dans X, le point y de ξ^* est exceptionnel. Cela justifie la définition 2.2.

Les parties 1°, 3° et 4° *du théorème* 1 ont été établies par les lemmes 6.1, 6.3 et 6.4. Le n° 7 va prouver le 2° de ce théorème 1 et justifier la définition 2.1 du voisinage caractéristique et de la projection caractéristique.

7. Uniformisation de $U(\xi, y)$ valable quand y est fixé. — Il suffit d'effectuer sur Φ un changement de coordonnées.

Notons pour un instant

$$(7.1) \qquad \xi = f[t, \eta, y], \qquad x = g[t, \eta, y]$$

la solution du système d'Hamilton (2.1) issue de (η, y); f et g sont holomorphes quand t est petit; (7.1) équivaut à

$$(7.2) \qquad \eta = f[-t, \xi, x], \qquad y = g[-t, \xi, x].$$

Notons φ un point de Φ; le nº 6 a défini sur Φ les fonctions holomorphes suivantes, qui vérifient (6.4) :

$$\tau(\varphi), \quad p(\varphi), \quad x(\varphi), \quad \xi(\varphi), \quad y(\varphi);$$

$\tau(\varphi)$, $p(\varphi)$, $x(\varphi)$ constituent un système de coordonnées analytiques; l'équation de Q est

$$Q : \tau(\varphi) = 0;$$

la projection caractéristique de φ est

$$\xi(\varphi), \quad y(\varphi).$$

La définition 6 de $y(\varphi)$ s'énonce

$$y(\varphi) = g[\tau(\varphi), \xi(\varphi), x(\varphi)];$$

définissons

$$\eta(\varphi) = f[\tau(\varphi), \xi(\varphi), x(\varphi)] \qquad t(\varphi) = -\tau(\varphi), \qquad h(\varphi) = h(x(\varphi), p(\varphi)).$$

Les relations (6.4) et l'équivalence de (7.1) et (7.2) donnent

$$\xi(\varphi) = f[t(\varphi), \eta(\varphi), y(\varphi)], \qquad x(\varphi) = g[t(\varphi), \eta(\varphi), y(\varphi)],$$
$$\xi(\varphi).x(\varphi) + (1-m)\, t(\varphi)\, h(x(\varphi), \xi(\varphi)) = 0;$$

d'où, puisque le système d'Hamilton admet les intégrales premières (2.2) :

$$\eta(\varphi).y(\varphi) = 0, \qquad h(\varphi) = h(y(\varphi), \eta(\varphi)).$$

Ainsi $(\eta(\varphi), y(\varphi)) \in Q$ et les coordonnées $\tau(\varphi)$, $p(\varphi)$, $x(\varphi)$ sont des fonctions holomorphes des valeurs de $\tau(\varphi)$, $\eta(\varphi)$, $y(\varphi)$:

$$\tau = -t, \qquad p_j = f_j[t, \eta, y], \qquad x = g[t, \eta, y].$$

On peut donc utiliser sur Φ les coordonnées

$$t(\varphi), \quad \eta(\varphi), \quad y(\varphi), \quad \text{qui vérifient } (\eta, y) \in Q.$$

On obtient ainsi *la définition 2.1 de Φ et de la projection caractéristique.*

Puisque $h(x(\varphi), p(\varphi)) = h(y(\varphi), \eta(\varphi))$, le lemme 6.2 établit *la partie 2º du théorème* 1.

CHAPITRE 2. — Transformé de Laplace de a; Réciprocité de la solution unitaire de a.

8. Relation entre les caractéristiques de a et celles de son transformé de Laplace. — Donnons l'énoncé explicite du théorème 2 :

THÉORÈME 2. — *Soit $a\left(x, \frac{\partial}{\partial x}\right)$ un opérateur différentiel à coefficients polynomiaux; soit $A\left(-\frac{\partial}{\partial \xi}, \xi\right)$ son transformé de Laplace* (définition 3.1); *définissons $h(x, \xi)$ par* (1.3); *rappelons que les caractéristiques de $a\left(x, \frac{\partial}{\partial x}\right)$ sont les variétés, d'équation $u(x) = 0$, solution de*

$$h(x, u_x) = 0. \tag{8.1}$$

1° *Les caractéristiques de $A\left(-\frac{\partial}{\partial \xi}, \xi\right)$ sont les variétés, d'équation $\xi_0 + v(\xi_1, \ldots \xi_l) = 0$, solutions de*

$$h(v_\xi, \xi) = 0. \tag{8.2}$$

2° *Soit une caractéristique de $a\left(\frac{\partial}{\partial x}\right)$, d'équation $u(x) = 0$:* (8.1) *vaut pour $u(x) = 0$.*

L'élimination de x entre les relations

$$u(x) = 0,$$

$$\frac{\xi_1}{u_{x_1}} = \ldots = \frac{\xi_l}{u_{x_l}} = \frac{v}{\sum_j x_j u_{x_j}} \quad (j = 1, \ldots, l) \tag{8.3}$$

définit une fonction $v(\xi_1, \ldots, \xi_l)$, homogène de degré 1 ; on a

$$x_1 = v_{\xi_1}, \quad \ldots, \quad x_l = v_{\xi_l}. \tag{8.4}$$

La variété d'équation

$$\xi_0 + v(\xi_1, \ldots, \xi_l) = 0$$

est donc une caractéristique conique, de sommet O, de $A\left(-\frac{\partial}{\partial \xi}, \xi\right)$.

3° *Réciproquement soit une telle caractéristique, d'équation*

$$\xi_0 + v(\xi_1, \ldots \xi_l) = 0 :$$

la fonction $v(\xi_1, \ldots, \xi_l)$ est homogène de degré 1 et vérifie (8.2). *L'élimination de $\xi_1, \ldots, \xi_l$ entre les relations* (8.4), *qui sont homogènes en ξ de degré 0, définit une relation $u(x) = 0$;* (8.3) *a lieu.*

La variété d'équation $u(x)=0$ est donc une caractéristique de $a\left(x, \frac{\partial}{\partial x}\right)$.

NOTE. — *La transformation de contact* ainsi établie entre les *caractéristiques de* $a\left(x, \frac{\partial}{\partial x}\right)$ et *les caractéristiques coniques, de sommet* O, *du transformé de Laplace A de a est une transformation de Legendre.*

PREUVE de 1°. — Le polynome

$$A(x_0, \ldots, x_l, \xi) = x_0^n a\left(\frac{x}{x_0}, x_0\xi\right)$$

a même partie principale en $x_0, \ldots, x_l$ qu'en ξ; c'est

$$x_0^{n+m} h\left(\frac{x}{x_0}, \xi\right);$$

la variété d'équation

$$\xi_0 + v(\xi_1, \ldots, \xi_l) = 0$$

est donc caractéristique pour $A\left(-\frac{\partial}{\partial\xi}, \xi\right)$ quand $h(v_\xi, \xi) = 0$.

PREUVE de 2°. — Supposons que x appartienne à la variété d'équation $u(x) = 0$, solution de (8.1); (8.3) donne

$$\sum_j \xi_j\, dx_j = 0, \qquad \sum_j \xi_j x_j = v;$$

d'où

$$dv = \sum_j x_j\, d\xi_j;$$

d'où (8.4); (8.1), (8.3) et (8.4) entraînent (8.2).

PREUVE de 3°. — Réciproquement, soit $v(\xi_1, \ldots, \xi_l)$ une solution de (8.2), homogène de degré 1; l'élimination de $\xi_1, \ldots, \xi_l$ entre les relations (8.4), qui sont homogènes de degré 0, donne une relation

$$u(x) = 0.$$

De (8.4) résulte

$$\sum_j \xi_j\, dx_j = d\left(\sum_j \xi_j x_j\right) - \sum_j x_j\, d\xi_j = d\left(\sum_j \xi_j v_{\xi_j}\right) - dv = 0,$$

car

$$\sum_j \xi_j v_{\xi_j} = v \tag{8.5}$$

puisque v est homogène de degré 1. Or

$$\sum_j \xi_j \, dx_j = 0$$

signifie

$$\frac{\xi_1}{u_{x_1}} = \ldots = \frac{\xi_l}{u_{x_l}}; \tag{8.6}$$

d'autre part (8.4) et (8.5) donnent

$$v = \sum_j \xi_j x_j; \tag{8.7}$$

de (8.6) et (8.7) résulte (8.3); (8.2), (8.3) et (8.4) entraînent (8.1).

Preuve du Théorème 3 (n° 3). — Les équations du premier ordre (8.1) et (8.2) ont évidemment les mêmes caractéristiques.

9. Preuve du théorème de réciprocité. — Nous utilisons les notations du n° 3 et nous notons $U[f(\xi, y)]$ la solution $u(\xi, y)$ du problème de Cauchy :

$$a\left(y, \frac{\partial}{\partial y}\right) u(\xi, y) = f(\xi, y); \quad u(\xi, y) \text{ s'annule } m \text{ fois pour } \xi . y = 0. \tag{9.1}$$

Par exemple, si $r \geqq 0$,

$$U_{-r}(\xi, y) = U\left[\frac{(-\xi . y)^r}{r!}\right]. \tag{9.2}$$

Supposons $f(x, y) = 0$ pour $\xi . y = 0$: évidemment la solution $u(\xi, y)$ de (9.1) s'annule $m+1$ fois pour $\xi . y = 0$; U_{ξ_k} est donc solution du problème de Cauchy :

$$a\left(y, \frac{\partial}{\partial y}\right) U_{\xi_k}(\xi, y) = f_{\xi_k}(\xi, y); \qquad U_{\xi_k} \text{ s'annule } m \text{ fois pour } \xi . y = 0.$$

Donc

$$\frac{\partial}{\partial \xi_k} U[f(\xi, y)] = U\left[\frac{\partial}{\partial \xi_k} f(\xi, y)\right] \quad \text{si } f(\xi, y) = 0 \quad \text{pour } \xi . y = 0.$$

En particulier, si $r > 0$,

$$-\frac{\partial}{\partial \xi_k} U\left[\frac{(-\xi . y)^r}{r!} f(y)\right] = U\left[\frac{(-\xi . y)^{r-1}}{(r-1)!} y_k f(y)\right] \quad (y_0 = 1). \tag{9.3}$$

Décomposons $a(y, \xi)$ en une somme de polynomes homogènes en ξ :

$$a(y, \xi) = h_m(y, \xi) + \ldots + h_0(y), \tag{9.4}$$

où

$$\text{degré } h_m = m, \quad \ldots, \quad \text{degré } h_0 = 0 \quad \text{relativement à } \xi.$$

Définissons

$$A^*(\xi, x_0, \ldots, x_l) = x_0^n a\left(\frac{x}{x_0}, -x_0\xi\right)$$

et $H_m^*, \ldots H_0^*$ de même; on a

$$A^*\left(\xi, -\frac{\partial}{\partial\xi}\right) = H_m^*\left(\xi, -\frac{\partial}{\partial\xi}\right) + \ldots + H_0^*\left(-\frac{\partial}{\partial\xi}\right),$$

les H_l^* étant homogènes en $\frac{\partial}{\partial\xi}$, d'ordres respectifs

$$m+n, \quad \ldots, \quad n$$

D'où, vu (9.3), pour $r \geqq m+n$,

$$(9.5)\quad A^*\left(\xi, -\frac{\partial}{\partial\xi}\right) U\left[\frac{(-\xi.y)^r}{r!}\right] = U\left[h_m(y, -\xi)\frac{(-\xi.y)^{r-m-n}}{(r-m-n)!} + \ldots + h_0(y)\frac{(-\xi.y)^{r-n}}{(r-n)!}\right].$$

D'autre part (9.4) donne immédiatement

$$a\left(y, \frac{\partial}{\partial y}\right)\frac{(-\xi.y)^{r-n}}{(r-n)!} = h_m(y, -\xi)\frac{(-\xi.y)^{r-m-n}}{(r-m-n)!} + \ldots + h_0(y)\frac{(-\xi.y)^{r-n}}{(r-n)!};$$

donc

$$(9.6)\quad U\left[h_m(y, -\xi)\frac{(-\xi.y)^{r-m-n}}{(r-m-n)!} + \ldots + h_0(y)\frac{(-\xi.y)^{r-n}}{(r-n)!}\right] = \frac{(-\xi.y)^{r-n}}{(r-n)!}.$$

En portant (9.2) et (9.6) dans (9.5), il vient

$$(9.7)\quad A^*\left(\xi, -\frac{\partial}{\partial\xi}\right) U_{-r}(\xi, y) = \frac{(-\xi.y)^{r-n}}{(r-n)!}.$$

Appliquons à cette relation l'opérateur $\frac{\partial}{\partial\xi_0}$; cet opérateur commute avec $A^*\left(\xi, -\frac{\partial}{\partial\xi}\right)$, puisque $A^*(\xi, x_0, \ldots, x_l)$ est indépendant de ξ_0; vu (3.7), nous constatons que (9.7) vaut pour tout $r \geqq n$ et que, pour $r < n$,

$$(9.8)\quad A^*\left(\xi, -\frac{\partial}{\partial\xi}\right) U_{-r}(\xi, y) = 0.$$

De ces deux relations (9.7) et (9.8) et de (3.6) résulte tout ce qu'énoncent le théorème 4 et le corollaire 4, à condition de remplacer a par a^*, donc A^* par A et U par U^*.

Chapitre 3. — Détermination U_m et U_m^* quand $a\left(x, \frac{\partial}{\partial x}\right)$ est linéaire en x et homogène en $\frac{\partial}{\partial x}$.

Soit

$$a\left(x, \frac{\partial}{\partial x}\right) = h_0\left(\frac{\partial}{\partial x}\right) + x_1 h_1\left(\frac{\partial}{\partial x}\right) + \ldots + x_l h_l\left(\frac{\partial}{\partial x}\right),$$

les h_l étant homogènes d'ordre m.

10. Détermination de U_{m-1} et U_m. — La définition **2.1** de la projection caractéristique se réduit à ceci : soit $\xi(t, \eta)$ la solution issue de $\eta \in \Xi$ du système différentiel

$$(10.1) \qquad d\xi_i = -h_i(\xi)\, dt \qquad (i = 0, 1, \ldots, l);$$

la projection caractéristique de

$$(t, \eta, y) \in \Phi, \qquad \text{où} \quad (\eta, y) \in Q,$$

est

$$(\xi(t, \eta), y) \in \Xi \times X.$$

D'après le théorème 4, U_{m-1} est la solution du problème de Cauchy :

$$(10.2) \qquad (-1)^{m-1} \sum_i h_i(\xi) \frac{\partial U_{m-1}(\xi, y)}{\partial \xi_i} = 1, \qquad U_{m-1} = 0 \quad \text{pour} \quad \xi.y = 0.$$

U_{m-1} a donc, près de $\xi.y = 0$, le développement limité

$$U_{m-1}(\xi, y) = (-1)^{m-1} \frac{\xi.y}{a(y, \xi)} + \ldots;$$

donc, puisque les $h_i(\xi)$ sont indépendants de ξ_0, $U_m = -\frac{\partial U_{m-1}}{\partial \xi_0}$ est solution du problème de Cauchy :

$$(10.3) \qquad \sum_i h_i(\xi) \frac{\partial U_m(\xi, y)}{\partial \xi_i} = 0, \qquad U_m = \frac{(-1)^m}{a(y, \xi)} \quad \text{pour} \quad \xi.y = 0.$$

Étudions ces deux problèmes de Cauchy sur Φ, c'est-à-dire faisons le changement de variable $\xi(t, y)$; vu (10.1) il vient

$$(10.4) \qquad \frac{\partial U_{m-1}}{\partial t} = (-1)^m, \qquad U_{m-1} = 0 \quad \text{pour} \quad t = 0;$$

$$(10.5) \qquad \frac{\partial U_m}{\partial t} = 0, \qquad U_m = \frac{(-1)}{a(y, \eta)} \quad \text{pour} \quad t = 0.$$

D'où les deux formules qu'énonce le théorème 5 :

$$(10.6) \qquad U_{m-1}=(-1)^m t, \qquad U_m=\frac{(-1)^m}{a(y,\eta)}.$$

11. Détermination de U_m^*. — U_{m-1}^* et U_m^* sont déterminés de même par les problèmes de Cauchy :

$$-\sum_i \frac{\partial}{\partial \xi_i}[h_i(\xi)U_{m-1}^*(\xi,y)]=1, \qquad U_{m-1}^*=0 \qquad \text{pour} \quad \xi.y=0;$$

$$\sum_i \frac{\partial}{\partial \xi_i}[h_i(\xi)U_m^*(\xi,y)]=0, \qquad U_m^*=\frac{1}{a(y,\xi)} \qquad \text{pour} \quad \xi.y=0.$$

Ce dernier s'énonce sur Φ :

$$(11.1) \qquad \frac{\partial}{\partial t}\log U_m^*=\sum_i \frac{\partial h_i(\xi)}{\partial \xi_i}, \qquad U_m^*=\frac{1}{a(y,\eta)} \qquad \text{pour} \quad t=0.$$

Fixons y; posons $\eta_0=-\eta_1 y_1-\ldots-\eta_l y_l$; d'après un théorème classique, qui s'obtient en appliquant aux équations aux variations (Goursat, *Traité d'Analyse*, t. III, chap. XXIII, § I) du système (10.1) le théorème sur le déterminant de $l+1$ solutions d'un système d'équations linéaires, d'ordre 1, à $l+1$ inconnues (*ibid.*, t. II, chap. XX, § IV) :

$$(11.2) \qquad \frac{\partial}{\partial t}\log\frac{D(\xi)}{D(t,\eta_1,\ldots,\eta_l)}=-\sum_i \frac{\partial h_i(\xi)}{\partial \xi_i};$$

d'autre part un calcul aisé donne

$$(11.3) \qquad \frac{D(\xi)}{D(t,\eta_1,\ldots,\eta_l)}=-a(y,\eta) \qquad \text{pour} \quad t=0.$$

De (11.1), (11.2) et (11.3) résulte la formule qu'énonce le théorème 5 :

$$(11.4) \qquad U_m^*=-\frac{D(t,\eta_1,\ldots,\eta_l)}{D(\xi)}.$$

12. Équation à coefficients constants, homogène en $\frac{\partial}{\partial x}$. — Supposons

$$a\left(x,\frac{\partial}{\partial x}\right)=h\left(\frac{\partial}{\partial x}\right),$$

h étant homogène, d'ordre m. Évidemment

$$U(\xi,y)=(-1)^m U^*(\xi,y)=\frac{1}{m!}\,\frac{(\xi.y)^m}{h(\xi)}.$$

Tous les points caractéristiques de Q sont exceptionnels.

13. Équation des fonctions homogènes. — Supposons

$$a\left(x, \frac{\partial}{\partial x}\right) = x_1 \frac{\partial}{\partial x_1} + \ldots + x_l \frac{\partial}{\partial x_l}.$$

On a

$$U(\xi, y) = \log \frac{-\xi_1 y_1 - \ldots - \xi_l y_l}{\xi_0}, \quad U^*(\xi, y) = \frac{1}{l}\left(\frac{-\xi_0}{\xi_1 y_1 + \ldots + \xi_l y_l}\right)^l - \frac{1}{l}.$$

Tous les points caractéristiques de Q sont exceptionnels.

14. Équation de Tricomi. — Corollaire 5. — *Soient* $l = 2$,

$$a\left(x, \frac{\partial}{\partial x}\right) = x_2 \frac{\partial^2}{\partial x_1^2} + \frac{\partial^2}{\partial x_2^2}. \tag{14.1}$$

Définissons la fonction algébrique $t(\xi, y)$ *par l'équation*

$$\frac{1}{3}\xi_1^4 t^3 + \xi_1^2 \xi_2 t^2 + (\xi_1^2 y_2 + \xi_2^2) t + \xi . y = 0. \tag{14.2}$$

On a

$$U_1(\xi, y) = U_1^*(\xi, y) = t, \tag{14.3}$$

$$U(\xi, y) = U^*(\xi, y) = \frac{1}{12} t^2 [3\xi_1^4 t^2 + 8\xi_1^2 \xi_2 t + 6(\xi_1^2 y_2 + \xi_2^2)]. \tag{14.4}$$

Note. — Tous les points caractéristiques de Q sont ordinaires. Q a des points caractéristiques *irréguliers :* ceux où

$$\eta_2 = y_2 = 0.$$

Note. — L'équation (14.2) se met sous la forme

$$(t + \xi_2)^3 + 3y_2(t + \xi_2) + 3\xi_0 + 3y_1 - \xi_2^3 = 0 \quad \text{pour} \quad \xi_1 = 1; \tag{14.5}$$

son discriminant s'annule pour

$$4y_2^3 + (3y_1 + 3\xi_0 - \xi_2^3)^2 = 0; \tag{14.6}$$

conformément au théorème 1, cette relation exprime que y est sur la caractéristique tangente à la droite ξ^* de coordonnées $(\xi_0, 1, \xi_2)$.

Preuve. — Puisque a est self-adjoint, $U = U^*$. Appliquons le théorème 5; faisons $\eta_1 = 1$; la projection caractéristique est

$$\xi_1(t, \eta) = 1, \quad \xi_2(t, \eta) = \eta_2 - t, \quad \xi_0(t, \eta) = \frac{1}{3}(\eta_2 - t)^3 + \eta_0 - \frac{1}{3}\eta_2^3;$$

$$\eta . y = 0.$$

En éliminant η entre ces relations, on obtient (14.5). D'où, vu que $t(\xi, y) = U_1(\xi, y)$ est homogène en ξ de degré -1, (14.2) et (14.3).

Vu (3.7), on a, pour $d\xi_1 = d\xi_2 = 0$,

$$dU(\xi, y) = -U_1(\xi, y)\, d\xi_0;$$

d'après (14.5),

$$-d\xi_0 = [(t+\xi_2)^2 + y_2]\, dt \quad \text{pour} \quad \xi_1 = 1, \quad d\xi_2 = 0;$$

donc

$$dU = [t^3 + 2\xi_2 t^2 + (y_2 + \xi_2^2)t]\, dt \quad \text{pour} \quad \xi_1 = 1, \quad d\xi_2 = 0;$$

d'où, puisque U = o pour $t = 0$,

$$U(\xi, y) = \frac{1}{4}t^4 + \frac{2}{3}\xi_2 t^3 + \frac{1}{2}(y_2 + \xi_2^2)t^2 \quad \text{pour} \quad \xi_1 = 1;$$

d'où (14.4), puisque $U(\xi, y)$ est homogène de degré o en ξ.

(Manuscrit reçu le 6 février 1958.)

Jean LERAY, Membre de l'Institut, 12, rue Pierre-Curie, Sceaux (Seine).

152841. — Imprimerie GAUTHIER-VILLARS, 55, quai des Grands-Augustins, Paris (6e).
Dépôt légal, Imprimeur, 1958, n° 1294. — Dépôt légal, Éditeur, 1958, n° 797.
Achevé d'imprimer le 5 décembre 1958. Imprimé en France.

[1959b]

Le calcul différentiel et intégral sur une variété analytique complexe

Bull. Soc. Math. France 87 (1959) 81–180

INTRODUCTION.

L'objet de cet article est d'étendre aux variétés analytiques complexes les formules fondamentales de la théorie d'une variable complexe : *résidus*, *intégrale de Cauchy*, *dérivation d'une intégrale fonction d'un paramètre.*

Cela ne peut être fait dans l'anneau des formes différentielles méromorphes : la classe-résidu d'une forme différentielle fermée méromorphe peut ne contenir aucune forme holomorphe; nous envisageons *sur une variété analytique* des fonctions et *des formes non nécessairement analytiques.*

Les formules qu'établit cet article nous permettront ultérieurement de poursuivre l'étude du problème de Cauchy. Cet article-ci n'utilise pas cette étude.

Nous supposons connus les éléments du calcul différentiel extérieur et de la topologie algébrique : *voir* [7], [12], [16].

1. Notations. — *X désigne une variété analytique complexe* : elle est sans singularité; l désigne sa dimension complexe; x un de ses points, $(x_1, \ldots, x_l)$ des coordonnées analytiques locales de x.

$\mathrm{Re}(x_1)$, $\mathrm{Im}(x_1)$ sont les parties réelle et imaginaire de x_1; $\overline{x}_1$ en est l'imaginaire conjuguée.

S_i, S'_j, S'' désignent des sous-variétés analytiques complexes de X, sans singularité, de codimension complexe 1 : S_l est défini, près de chacun de ses points y, par une équation locale irréductible

$$S_l: \quad s_l(x, y) = 0,$$

où $s_l(x, y)$ est une fonction numérique, holomorphe, de x, définie près de y et telle que $ds_l \not\equiv 0$ pour $x = y$. (Nous prenons toujours $dy = 0$). Rappelons que la donnée de S_l et de y définit s_l au produit près par une fonction de x, holomorphe près de y, ne s'annulant pas. Les variétés $S_1, \ldots, S_m$ sont dites être en position générale quand, en chaque point y de $S_i \cap \ldots \cap S_j$ $(1 \leqq i < \ldots < j \leqq m)$, $ds_i(x, y), \ldots, ds_j(x, y)$ sont des fonctions linéairement indépendantes de dx. Nous supposons les variétés. $S_i (i = 1, \ldots, m)$, $S'_j (j = 1, \ldots, M)$, S'' *en position générale*; nous notons

$$S = S_1 \cap \ldots \cap S_m; \qquad S' = S'_1 \cup \ldots \cup S'_M \qquad (S' \text{ est vide si } M = 0).$$

$X - S$ désigne le complémentaire de S dans X; $S - S \cap S'$ sera parfois noté $S - S'$.

Nous nommons fonction régulière sur X toute fonction numérique complexe f de $x \in X$, telle que $\mathrm{Re}(f)$ et $\mathrm{Im}(f)$ soient fonctions *indéfiniment dérivables* des variables $\mathrm{Re}(x_k)$ et $\mathrm{Im}(x_k)$. Nous nommons *forme régulière sur X* toute forme différentielle extérieure, $\varphi(x)$, à coefficients numériques complexes, fonctions indéfiniment dérivables, de $\mathrm{Re}(x_k)$ et $\mathrm{Im}(x_k)$. Sa restriction à S est une forme sur S, que nous notons $\varphi \mid S$. La forme $\varphi(x)$, régulière sur X, est dite *fermée* quand

$$d\varphi = 0.$$

Si elle est homogène en $(dx, d\bar{x})$, son degré est noté $d^0(\varphi)$. On dit que la forme $\varphi(x)$, régulière sur $X - S_1$, a sur S_1 *une singularité polaire d'ordre p* quand

$$s_1(x, y)^p \varphi(x)$$

est une forme de x, régulière au point y, quel que soit $y \in S_1$. On dit $\varphi(x)$ *holomorphe*, si φ est une forme extérieure en $dx_1, \ldots, dx_l$, à coefficients fonctions holomorphes de x. Le gradient d'une fonction holomorphe $s(x)$ est noté

$$s_x = (s_{x_1}, \ldots, s_{x_l})$$

ainsi :

$$ds = s_x . dx.$$

Le hessien de $s(x)$ est noté

$$\mathrm{Hess}_x[s] = \text{détermin.} \frac{\partial^2 s}{\partial x_i \, \partial x_j}.$$

Nous notons F une application holomorphe dans X d'une autre variété analytique complexe X^* :

$$F: \quad X^* \to X$$

$F^*\varphi$ désigne la forme $\varphi(F(x^*))$; elle est régulière (ou fermée ou holomorphe) quand φ l'est.

F^*S désigne l'ensemble des points de X^* que F applique sur S; nous *supposerons* F, S et S' tels que les F^*S_i et $F^*S'_j$ soient des sous-variétés analytiques, régulières de X^*, en position générale et que les équations

$$s_i[F(x^*), F(y^*)] = 0 \quad \text{et} \quad s'_j[F(x^*), F(y^*)] = 0$$

en soient des équations locales irréductibles.

2. Forme-résidu. — ($m = 1$, $S = S_1$, $s = s_1$).

Définition (H. Poincaré, G. de Rham). — Soit $\varphi(x)$ une forme *fermée* sur $X - S$, ayant sur S *une singularité polaire d'ordre* 1. Alors au voisinage de chaque point y de S, existent des formes de x régulières, $\psi(x, y)$ et $\theta(x, y)$, telles que

$$\varphi(x) = \frac{ds(x, y)}{s(x, y)} \wedge \psi(x, y) + \theta(x, y). \tag{2.1}$$

$\psi(x, y) \mid S$ est une forme *fermée*, ne dépendant que de φ; on la nomme *forme-résidu* de φ; nous la notons

$$\text{rés}[\varphi] = \frac{s\varphi}{ds}\bigg|_S.$$

Si $\omega(x, y)$ est une forme régulière près de y, telle que $\omega(x, y)/s(x, y)$ soit *indépendante* de y et *fermée* sur $X - S$ nous écrivons donc

$$\text{rés}\left[\frac{\omega(x, y)}{s(x, y)}\right] = \frac{\omega}{ds}\bigg|_S.$$

En justifiant la définition précédente le chapitre 1 prouvera aisément le

Théorème. — Si φ est holomorphe sur $X - S$, alors rés$[\varphi]$ est holomorphe.

Exemple. — Supposons *fermée* la forme

$$\varphi(x) = \frac{f(x, y)}{s(x, y)} dx_1 \wedge \ldots \wedge dx_l; \tag{2.2}$$

cela revient à supposer *holomorphe* en x la fonction $f(x, y)$; alors

$$\frac{f\, dx_1 \wedge \ldots \wedge dx_l}{ds}\bigg|_S = f\frac{dx_2 \wedge \ldots \wedge dx_l}{s_{x_1}} = -f\frac{dx_1 \wedge dx_3 \wedge \ldots \wedge dx_l}{s_{x_2}} = \ldots \tag{2.3}$$

Exemple. — Si $l = 1$ et si $f(x)$ est une fonction méromorphe sur X, à pôles tous simples, alors rés$[f(x)\,dx]$ est l'ensemble des nombres que Cauchy nomme résidus de $f(x)$.

Le chapitre 1 complètera comme suit le théorème précédent :

THÉORÈME (G. de RHAM). — Supposons la forme φ *holomorphe* sur $X - S$, fermée, à singularité polaire d'ordre 1 sur S. Permettons à S d'avoir des points singuliers en lesquels

$$s_x = 0, \qquad \mathrm{Hess}_x[s] \neq 0;$$

(ce sont des points doubles quadratiques). Soit y l'un d'eux; pour que rés$[\varphi]$ soit holomorphe en y (c'est-à-dire soit la restriction à S de formes holomorphes sur X au voisinage de y), il faut et il suffit que :

ou bien : $d^0(\varphi) < l$

ou bien : $d^0(\varphi) = l$ et $f(y, y) = 0$, f étant défini par (2.2).

Les propriétés suivantes de la forme résidu sont évidentes : Si $\chi(x)$ est une forme *fermée* sur X,

$$\frac{\omega \wedge \chi}{ds}\bigg|_S = \frac{\omega}{ds}\bigg|_S \wedge (\chi \mid S). \tag{2.4}$$

Si l'application F de X^* dans X vérifie les hypothèses qu'énonce le n° 1

$$F^*\left(\frac{\omega}{ds}\bigg|_S\right) = \frac{F^*\omega}{dF^*s}\bigg|_{F^*S}. \tag{2.5}$$

En particulier, quand F est l'application identique de S' dans X :

(2.6) La restriction de $\dfrac{\omega}{ds}\Big|_S$ à S' est $\dfrac{\omega \mid S'}{ds}\Big|_{S\cap S'}$.

(2.7) La restriction de $\dfrac{\omega}{ds}\Big|_S$ à S' est nulle quand $\omega \mid S' = 0$.

MAJORATION. — En chaque point de S on a

$$\left|\frac{\omega}{ds}\bigg|_S\right| = \frac{|\omega|_X}{|ds|_X} \tag{2.8}$$

où $|ds|_X = |s_x|$; $|\omega|_X$ et $\left|\dfrac{\omega}{ds}\right|_S$ ont un sens analogue, qu'explique le n° 16.

RÈGLE D'ORIENTATION. — Si γ est une chaîne de X dont le bord $\partial\gamma$ est dans S, alors

$$\frac{\omega(x, y)}{s(x, y)} > 0 \text{ sur } \gamma \text{ entraîne } \frac{\omega(x, y)}{ds(x, y)}\bigg|_S < 0 \text{ sur } \partial\gamma. \tag{2.9}$$

3. L'homologie compacte et la formule du résidu. — Notons $H_c(X, S')$ le groupe d'homologie de X relativement à S', à supports compacts, à coefficients entiers, avec division : c'est le quotient du groupe d'homologie compacte proprement dit de (X, S') par son groupe de torsion (ensemble de ses éléments d'ordre fini); $h(X, S')$ désigne une classe d'homologie $\in H_c(X, S')$: c'est une classe de cycles de (X, S') (c'est-à-dire de chaînes de X à bord dans S'), deux à deux homologues dans (X, S').

Supposons :

γ cycle de (X, S'), φ forme fermée, $\varphi \mid S' = 0$, $d^0(\varphi) = \dim \gamma$;

alors $\int_\gamma \varphi(x)$ ne dépend que de la classe $h(X, S')$ de γ et est noté $\int_{h(X,S')} \varphi(x)$.

$(S, S \cap S')$ va être noté (S, S').

On connaît *le triplet exact* (1) d'homomorphismes :

i, induit par l'immersion de S dans X;
p, induit par l'application identique de X sur X;
∂, nommé *bord*, induit par l'opération bord des chaînes :

$$\begin{array}{ccc} & H_c(X, S') & \\ {}^{p}\swarrow & & \nwarrow^{i} \\ H_c(X, S \cup S') & \xrightarrow{\ \partial\ } & H_c(S, S') \end{array} \qquad \begin{array}{c} \dim p = \dim i = 0 \\ \dim \partial = -1 \end{array}$$

Supposons $m = 1$, $S = S_1$: il existe *un second triplet exact* d'homomorphisme :

ι, induit par l'immersion de $X - S$ dans X;
ϖ, induit par l'intersection par S;
δ, nommé *cobord*, induit par le bord des chaînes d'intersection par S donnée :

$$\begin{array}{ccc} & H_c(X, S') & \\ {}^{\varpi}\swarrow & & \nwarrow^{\iota} \\ H_c(S, S') & \xrightarrow{\ \delta\ } & H_c(X - S, S') \end{array} \qquad \begin{array}{c} \dim \varpi = -2,\ \dim \iota = 0 \\ \dim \delta = 1 \end{array}$$

Explicitons la

Définition du cobord δ. — *La classe d'homologie $\delta h(S, S')$ a pour éléments les bords des chaînes de X dont l'intersection par S est un cycle de la classe $h(S, S')$ — ces chaînes étant en position générale par rapport à S; leurs bords étant somme d'une chaîne de $X - S$ et d'une chaîne de S'*

Note. — Voici la justification de cette terminologie : si S' est vide, un

(1) *exact* signifie ceci : l'ensemble des valeurs prises par un de ces homomorphismes est exactement l'ensemble des valeurs où s'annule le suivant.

isomorphisme classique [S. LEFSCHETZ [7], chap. V, § 4, (32.1), p. 203; X et S sont orientées, vu chap. VIII, § 8 (47.10)] identifie $H_c(S, S') = H_c(S)$ et $H_c(X - S, S') = H_c(X - S)$ aux cohomologies à supports compacts de S et $X - S$; il identifie ∂ à l'homomorphisme cobord de la cohomologie à supports compacts (*voir*, par exemple, [8]). Cela permet une généralisation du présent article : voir F. NORGUET [18].

NOTE. — H. Poincaré et G. de Rham emploient seulement ∂^{-1}, sans signaler que ∂ est un homomorphisme.

FORMULE DU RÉSIDU. — *Si* $\dfrac{\omega(x, y)}{s(x, y)}$ *est une forme indépendante de* y, *fermée sur* $X - S$, *nulle sur* S', *ayant sur* S *une singularité polaire d'ordre* 1, *alors*

$$\int_{\delta h(S,S')} \frac{\omega(x, y)}{s(x, y)} = 2\pi i \int_{h(S,S')} \frac{\omega(x, y)}{ds(x, y)} \qquad (\pi = 3,14\ldots).$$

Exemple. — $l = 1$, X est le plan des nombres complexes, S et S' sont deux points distincts de X. Alors $H_c(X, S') = 0$; $H_c(S, S')$ a pour base la classe d'homologie du point S; $H_c(X, S \cup S')$ a pour base la classe d'homologie d'un arc d'origine S' et d'extrémité S; $H_c(X - S, S')$ a pour base la classe d'homologie d'une circonférence orientée, faisant un tour autour de S, dans le sens positif; ∂ transforme la classe d'homologie de *cet arc* $\widehat{S'S}$ *en* celle de *son extrémité* S; δ transforme la classe d'homologie de S *en* celle de cette *circonférence entourant* S.

Le chapitre 2 précise la définition de ∂ et prouve ce qu'affirme le n° 3.

4. La cohomologie (définition de G. de Rham); sa dualité avec l'homologie. — Nous nommons formes sur (X, S') les formes régulières sur X qui s'annulent sur S'; elles constituent une algèbre $\Omega(X, S')$ sur le corps des nombres complexes. Soit $d\Omega$ l'image de Ω par la différentiation extérieure d : deux formes ω_1 et ω_2 sur (X, S') sont dites cohomologues, ce qu'on note

$$\omega_1 \sim \omega_2,$$

quand

$$\omega_1 - \omega_2 \in d\Omega(X, S').$$

Les formes fermées sur (X, S') constituent une sous-algèbre $\Phi(X, S')$ de $\Omega(X, S')$; $d\Omega(X, S')$ est un idéal de $\Phi(X, S')$.

Les classes de formes fermées cohomologues entre elles sont nommées classes de cohomologie de (X, S'); une telle classe est notée $h^*(X, S')$; ces classes sont les éléments de l'*anneau de cohomologie* à coefficient numériques complexes :

$$H^*(X, S') = \Phi(X, S')/d\Omega(X, S').$$

Si $\varphi(x)$ est une forme fermée sur (X, S'), l'intégrale $\int_{h(X,S')} \varphi(x)$ ne dépend que de la classe $h^*(X, S')$ de φ, vu la formule de Stokes $\int_\gamma d\omega = \int_{\partial\gamma} \omega$; cette intégrale sera notée

$$\int_{h(X,S')} h^*(X, S').$$

On sait que l'homomorphisme (n° 1)

$$F^* : \quad \Omega(X, S') \rightarrow \Omega(X^*, F^* S')$$

induit un homomorphisme

$$F^* : \quad H^*(X, S') \rightarrow H^*(X^*, F^* S');$$

il est nommé : homomorphisme réciproque de l'application $F : X^* \rightarrow F$.

On connaît *le triplet exact* d'homomorphismes :

i^*, réciproque de l'immersion de S dans X;

p^*, réciproque de l'application identique de X sur lui-même;

∂^*, nommé *cobord*, induit par la différentiation des formes de restriction à S donnée :

$$\begin{array}{ccc} & H^*(X, S') & \\ {}^{i^*}\swarrow & & \nwarrow^{p^*} \\ H^*(S, S') & \xrightarrow{\partial^*} & H^*(X, S \cup S') \end{array} \qquad \begin{array}{c} d^0(i^*) = d^0(p^*) = 0 \\ d^0(\partial^*) = 1 \end{array}$$

p^* et i^* sont des homomorphismes d'*algèbres*, ∂^* *d'espaces vectoriels* sur le corps des membres complexes; $H^*(X, S')$, $H^*(S, S')$ et $H^*(X, S \cup S')$ sont des algèbres sur $H^*(X)$; la multiplication à droite de leurs éléments par $h^*(X)$ commute avec p^*, i^* et ∂^*. Ce triplet p^*, i^*, ∂^* est le *transposé* du triplet p, i, ∂ (n° 3) :

$$\int_{ih(S,S')} h^*(X, S') = \int_{h(S,S')} i^* h^*(X, S');$$

$$\int_{ph(X,S')} h^*(X, S \cup S') = \int_{h(X,S')} p^* h^*(X, S \cup S');$$

$$\int_{\partial h(X, S \cup S')} h^*(S, S') = \int_{h(X, S \cup S')} \partial^* h^*(S, S').$$

Voici enfin les théorèmes de dualité, dont le second implique le premier :

Théorème de faible dualité. — Si $h(X, S')$ vérifie

$$\int_{h(X,S')} h^*(X, S') = 0 \qquad \text{pour tout} \quad h^*(X, S') \in H^*(X, S').$$

alors $h(X, S') = 0$.

Si $h^*(X, S')$ vérifie

$$\int_{h(X,S')} h^*(X, S') = 0 \qquad \text{pour tout} \quad h(X, S') \in H_c(X, S'),$$

alors $h^*(X, S') = 0$.

THÉORÈME DE FORTE DUALITÉ. — *A toute fonction linéaire, homogène, numérique complexe $l[h]$, définie sur $H_c(X, S')$, correspond un et un seul $h^*(X, S')$ tel que*

$$l[h(X, S')] = \int_{h(X,S')} h^*(X, S').$$

Le chapitre 3 précisera la définition du triplet p^*, i^*, ∂^*, prouvera qu'il est le transposé de p, i, ∂, en déduira les théorèmes de dualité, que S. Lefschetz et G. de Rham ont prouvés dans le seul cas où S' est vide (c'est-à-dire dans le cas de l'homologie et de la cohomologie absolues).

Nos théorèmes de dualité n'exigent pas X et S' analytiques complexes; il suffirait de les supposer indéfiniment différentiables.

5. La classe-résidu. — Voici *le théorème d'existence de la classe-résidu* :

THÉORÈME 1. — *Soit $\varphi(x)$ une forme* fermée *sur $X - S$,* nulle *sur S'; elle est cohomologue dans $(X - S, S')$ à des formes ayant sur S des singularités polaires d'ordre 1; l'ensemble de leurs formes-résidus est une classe de cohomologie de (S, S').*

Cette classe est nommée *classe-résidu* de φ et est notée

$$\text{Rés}[\varphi] = \text{Rés}[h^*(X - S, S')],$$

$h^*(X - S, S')$ étant la classe de φ.

Évidemment :

$$\text{rés}[\varphi] \in \text{Rés}[\varphi] \qquad \text{si} \quad \text{rés}[\varphi] \text{ existe};$$

on a la *formule du résidu* :

$$\int_{\delta h(S,S')} \varphi = 2\pi i \int_{h(S,S')} \text{Rés}[\varphi].$$

EXEMPLE. — Si $l = 1$ et si $f(x)$ est une fonction méromorphe sur X, alors $\text{Rés}[f(x)\,dx]$ est l'ensemble des nombres nommés par Cauchy résidus de $f(x)$. (En effet $x^m\,dx \sim 0$ si $m \neq -1$).

NOTE. — Le théorème précédent serait *faux* si l'on remplaçait l'anneau Ω des formes *régulières* par celui des formes *holomorphes* (*voir* n° 59).

Le chapitre 4 prouvera le théorème précédent et les propriétés de la classe-résidu; c'est le n° 7 qui formulera ces propriétés.

6. Composition des cobords δ et des résidus. — En composant les homomorphismes

$$H_c(S, S')\ldots \overset{\delta}{\to} H_c(S_1 \cap \ldots \cap S_i - S_{i+1} \cup \ldots \cup S_m, S') \overset{\delta}{\to} \ldots H_c(X - S_1 \cup \ldots \cup S_m, S')$$

$$H^*(X - S_1 \cup \ldots \cup S_m, S')\ldots \overset{\text{Rés}}{\to} H^*(S_1 \cap \ldots \cap S_i - S_{i+1} \cup \ldots \cup S_m, S') \overset{\text{Rés}}{\to} H^*(S, S')$$

on définit le *cobord composé* δ^m et le *résidu composé* Rés^m :

$$\delta^m : \quad H_c(S, S') \to H_c(X - S_1 \cup \ldots \cup S_m, S')$$
$$\text{Rés}^m : \quad H^*(X - S_1 \cup \ldots \cup S_m, S') \to H^*(S, S').$$

On a *la formule du résidu composé* : si $\varphi(x)$ est une forme fermée sur $X - S_1 \cup \ldots \cup S_m$, nulle sur S', alors

$$(6.1) \qquad \int_{\delta^m h(S,S')} \varphi = (2\pi i)^m \int_{h(S,S')} \text{Rés}^m[\varphi].$$

On définit de même $\text{rés}^m[\varphi]$ quand $\varphi(x)$ est une forme *fermée* sur $X - S_1 \cup \ldots \cup S_m$ et que

$$s_1(x, y)\ldots s_m(x, y)\varphi(x)$$

est régulière près de chaque point y de S; c'est une forme fermée sur S.

$$\text{rés}^m[\varphi] \in \text{Rés}^m[\varphi].$$

Nous notons

$$\text{rés}^m[\varphi] = \left.\frac{s_1 \ldots s_m \varphi}{ds_1 \wedge \ldots \wedge ds_m}\right|_S.$$

Si $\omega(x, y)$ est une forme régulière près de y telle que

$$\omega(x, y)/s_1(x, y)\ldots s_m(x, y)$$

soit *indépendante* de y et *fermée* sur $X - S_1 \cup \ldots \cup S_m$, nous écrivons donc

$$(6.2) \qquad \text{rés}^m\left[\frac{\omega(x, y)}{s_1(x, y)\ldots s_m(x, y)}\right] = \left.\frac{\omega}{ds_1 \wedge \ldots \wedge ds_m}\right|_S.$$

Les propriétés de rés s'étendent immédiatement à rés^m : si $\omega(x, y)$ est *holomorphe* près de y sur $X - S_1 \cup \ldots \cup S_m$, alors $\left.\frac{\omega}{ds_1 \wedge \ldots \wedge ds_m}\right|_S$ est holomorphe près de y sur S.

Si $\chi(x)$ est une forme *fermée* sur X,

$$(6.3)\qquad \left.\frac{\omega\wedge\chi}{ds_1\wedge\ldots\wedge ds_m}\right|_S = \left.\frac{\omega}{ds_1\wedge\ldots\wedge ds_m}\right|_S \wedge\chi.$$

Si l'application F de X^* dans X vérifie les hypothèses qu'énonce le n° 1,

$$(6.4)\qquad F^*\left(\left.\frac{\omega}{ds_1\wedge\ldots\wedge ds_m}\right|_S\right) = \left.\frac{F^*\omega}{dF^*s_1\wedge\ldots\wedge dF^*s_m}\right|_{F^*S}.$$

En particulier :

(6.5) La restriction de $\left.\dfrac{\omega}{ds_1\wedge\ldots\wedge ds_m}\right|_S$ à S' est $\left.\dfrac{\omega\mid S'}{ds_1\wedge\ldots\wedge ds_m}\right|_{S\cap S'}$.

(6.6) La restriction de $\left.\dfrac{\omega}{ds_1\wedge\ldots\wedge ds_m}\right|_S$ à S' est nulle si $\omega\mid S'=0$.

Le chapitre 5 justifiera la définition de rés^m; il prouvera que ces compositions de rés, Rés et δ sont *associatives* et *anticommutatives* : en particulier

$$\left.\left.\frac{\omega}{ds_1\wedge\ldots\wedge ds_{m-1}}\right|_{S_1\cap\ldots\cap S_{m-1}}\middle/ ds_m\right|_S = \left.\frac{\omega}{ds_1\wedge\ldots\wedge ds_m}\right|_S;$$

une permutation paire (impaire) de $S_1, \ldots, S_m$ multiplie

$$\left.\frac{\omega}{ds_1\wedge\ldots\wedge ds_m}\right|_{S_1\cap\ldots\cap S_m}$$

par $+1$ (par -1).

Voici comment nous formulerons les propriétés de Rés que prouve le chapitre 4 et les propriétés de Rés^m que prouve le chapitre 5 :

7. Notation différentielle et propriétés de la classe-résidu. — Il est commode (*voir* par exemple le n° 8) d'étendre à la classe-résidu d'*une forme à singularité polaire quelconque* la notation différentielle (6.2) de la forme-résidu.

NOTATION. — Soit $\omega(x, y)$ une forme de x, *régulière* près de $y\in S$, *nulle* sur S' et telle que

$$(7.1)\qquad \frac{\omega(x,y)}{s_1^{1+q}(x,y)\ldots s_m^{1+r}(x,y)}$$

soit *indépendant* de y et *fermé* sur un voisinage de S; nous remplaçons X par ce voisinage de S et nous posons

$$(7.2)\qquad \left.\frac{d^{q+\ldots+r}\omega}{[ds_1(x,y)]^{1+q}\wedge\ldots\wedge[ds_m(x,y)]^{1+r}}\right|_{(S,S')} = q!\ldots r!\,\text{Rés}^m\frac{\omega}{s_1^{1+q}\ldots s_m^{1+r}}.$$

Dans ce symbole (7.2), nous omettons souvent : $\Big|_{(S,S')}$

Ce symbole (7.2) désigne donc *une classe de cohomologie de* (S, S'). Le *degré* de cette classe est $d^0(\omega) - m$; *elle ne dépend que de la classe de cohomologie* $h^*(X - S_1 \cup \ldots \cup S_m, S')$ *de la forme fermée* (7.1) : elle est *indépendante* des choix de $\omega(x, y)$, $s_i(x, y)$.

Propriétés. — Si $q \leqq Q, \ldots, r \leqq R$, on a vu (7.2) :

$$\frac{d^{q+\ldots+r}\omega}{ds_1^{1+q}\wedge\ldots\wedge ds_m^{1+r}} = \frac{q!}{Q!}\cdots\frac{r!}{R!}\,\frac{d^{Q+\ldots+R}[s_1^{Q-q}\ldots s_m^{R-r}\omega]}{ds_1^{1+Q}\wedge\ldots\wedge ds_m^{1+R}}. \tag{7.3}$$

Le n° 44 établira les formules que voici :

$$\text{Rés}\,\frac{d^{p+\ldots+q}}{ds_1^{1+p}\wedge\ldots\wedge ds_{m-1}^{1+q}}\left[\frac{\omega}{s_m^{1+r}}\right]\Bigg|_{(S_1\cap\ldots\cap S_{m-1}-S_m,\, S')} = \frac{1}{r!}\,\frac{d^{p+\ldots+q+r}\omega}{ds_1^{1+p}\wedge\ldots\wedge ds_{m+1}^{1+q}\wedge ds_m^{1+r}}\Bigg|_{(S,S')}. \tag{7.4}$$

Une permutation paire (ou impaire) de $s_1, \ldots, s_m$ multiplie (7.2) par $+1$ (ou par -1) : c'est ce que rappellent les symboles $\wedge$ au dénominateur de (7.2). Soit F une application de X^* dans X vérifiant les hypothèses qu'énonce le n° 1 :

$$F^*\,\frac{d^{q+\ldots+r}\omega}{ds_1^{1+q}\wedge\ldots\wedge ds_m^{1+r}}\Bigg|_{(S,S')} = \frac{d^{q+\ldots+r}F^*\omega}{[dF^*s_1]^{1+q}\wedge\ldots\wedge[dF^*s_m]^{1+r}}\Bigg|_{(F^*S,\, F^*S')}. \tag{7.5}$$

Si $\chi(x)$ est une forme *fermée* sur X et si $h^*(X)$ est sa classe de cohomologie, alors

$$\frac{d^{q+\ldots+r}[\omega(x,y)\wedge\chi(x)]}{ds_1^{1+q}\wedge\ldots\wedge ds_m^{1+r}}\Bigg|_{(S,S')} = \frac{d^{q+\ldots+r}\omega}{ds_1^{1+q}\wedge\ldots\wedge ds_m^{1+r}}\cdot h^*(X). \tag{7.6}$$

Considérons le triplet exact ci-contre (*cf.* n° 4 et, pour S'', n° 1) :

$$\begin{array}{ccc} & H^*(S, S') & \\ {\scriptstyle i^*}\swarrow & & \nwarrow{\scriptstyle p^*} \\ H^*(S\cap S'', S') & \xrightarrow{\partial^*} & H^*(S, S''\cup S') \end{array}$$

on a, ω vérifiant toujours les mêmes hypothèses :

$$p^*\,\frac{d^{q+\ldots+r}\omega}{ds_1^{1+q}\wedge\ldots\wedge ds_m^{1+r}}\Bigg|_{(S,\,S''\cup S')} = \frac{d^{q+\ldots+r}\omega}{ds_1^{1+q}\wedge\ldots\wedge ds_m^{1+r}}\Bigg|_{(S,S')} \tag{7.7}$$

si $\omega \mid S'' = 0$;

$$i^*\,\frac{d^{q+\ldots+r}\omega}{ds_1^{1+q}\wedge\ldots\wedge ds_m^{1+r}}\Bigg|_{(S,S')} = \frac{d^{q+\ldots+r}\omega}{ds_1^{1+q}\wedge\ldots\wedge ds_m^{1+r}}\Bigg|_{(S\cap S'',\, S')}; \tag{7.8}$$

$$(7.9)\quad \partial^* \frac{d^{q+\ldots+r-m}\psi}{ds_1^q\wedge\ldots\wedge ds_m^r}\Bigg|_{(S\cap S'',S')} = (-1)^m \frac{d^{q+\ldots+r}}{ds_1^{1+q}\wedge\ldots\wedge ds_m^{1+r}} \left[\frac{s_1}{q}\cdots\frac{s_m}{r}\left(d\psi - q\frac{ds_1}{s_1}\wedge\psi-\ldots-r\frac{ds_m}{s_m}\wedge\psi\right)\right]\Bigg|_{(S,S''\cup S')}$$

si $\psi(x, y)$ est une forme de x, *régulière* près de $y\in S$, *nulle* sur S' et telle que

$$\frac{\psi(x,y)}{s_1^q(x,y)\ldots s_m^r(x,y)}$$

soit *indépendant* de y et soit *fermé sur* S''.

NOTE. — Quand $q\dfrac{ds_1}{s_1}\wedge\psi+\ldots+r\dfrac{ds_m}{s_m}\wedge\psi$ est régulier sur S, la formules (7.3) permet de simplifier (7.9) qui se réduit à

$$(7.10)\quad \partial^* \frac{d^{q+\ldots+r-m}\psi}{ds_1^q\wedge\ldots\wedge ds_m^r}\Bigg|_{(S\cap S'',S')} = (-1)^m \frac{d^{q+\ldots+r-m}}{ds_1^q\wedge\ldots\wedge ds_m^r} \left(d\psi - q\frac{ds_1}{s_1}\wedge\psi-\ldots-r\frac{ds_m}{s_m}\wedge\psi\right)\Bigg|_{(S,S''\cup S')}.$$

8. Cas où les S_i ont des équations globales. — Nous supposons que les S_i ont des équations globales, près de S : il existe des fonctions $s_i(x)$, holomorphes près de S, telles que S_i ait pour équation près de S :

$$S_i:\ s_i(x)=0.$$

Alors *le symbolisme du calcul des dérivées partielles* entre en jeu :

NOTATIONS. — *Cas* $m=1$. — Soit $\omega(x)$ une forme régulière près de S, telle que

$$(8.1)\quad ds(x)\wedge d\omega(x)=0,\qquad \omega\,|\,S'=0;$$

nous notons

$$(8.2)\quad \frac{d^q\omega}{ds^q}\Bigg|_{(S,S')} = \frac{d^q(ds\wedge\omega)}{ds^{1+q}}\Bigg|_{(S,S')} = \frac{d^{q-1}(d\omega)}{ds^q}\Bigg|_{(S,S')}$$

après avoir constaté l'égalité des deux derniers termes.

Cas $m>1$. — Soit $\omega(x)$ une forme régulière près de S, telle que

$$(8.3)\quad ds_1(x)\wedge\ldots\wedge ds_m(x)\wedge d\omega(x)=0,\qquad \omega\,|\,S'=0;$$

nous notons de même

$$(8.4)\qquad \left.\frac{\partial^{q+\ldots+r}\omega}{\partial s_1^q\ldots\partial s_m^r}\right|_{(S,\,S')}=\left.\frac{d^{q+\ldots+r}[ds_1\wedge\ldots\wedge ds_m\wedge\omega]}{ds_1^{1+q}\wedge\ldots\wedge ds_m^{1+r}}\right|_{(S,\,S')}$$

PROPRIÉTÉS. — *Une permutation de* $s_1, \ldots, s_m$ *n'altère pas* (8.4).

Cas où $\omega(x)$ *est de degré nul.* — $\omega(x)$ est donc une fonction; (8.3) exprime que c'est une fonction holomorphe de $s_1, \ldots, s_m$, nulle sur S' :

$$\omega(x)=f[s_1(x), \ldots s_m(x)],$$

f étant une fonction de $[s_1, \ldots, s_m]$, *holomorphe* au point $[0, \ldots, 0]$; si S et S' se coupent, alors f est identiquement nulle et (8.4) l'est aussi. Sinon, $(S, S')=(S)$ et

$$\left.\frac{\partial^{q+\ldots+r}\omega}{\partial s_1^q\ldots\partial s_m^r}\right|_{(S)}$$

est le produit du nombre complexe

$$\left.\frac{\partial^{q+\ldots+r}f[s_1, \ldots s_m]}{\partial s_1^q\ldots\partial s_m^r}\right|_{s_1=\ldots=s_m=0}$$

par la classe de cohomologie unité de S.

C'est ce qui justifie nos notations, dont les énoncés suivants montrent la commodité :

Formule de Leibnitz. — Si $\omega(x)$ vérifie (8.3) et si $ds_1\wedge\ldots\wedge ds_m\wedge d\pi=0$ alors

$$(8.5)\qquad \left.\frac{\partial^{Q+\ldots+R}[\omega\wedge\pi]}{\partial s_1^Q\ldots\partial s_m^R}\right|_{(S,\,S')}=\sum_{\substack{0\leqq q\leqq Q\\ \cdots\cdots\\ 0\leqq r\leqq R}}\frac{Q!}{q!\,(Q-q)!}\cdots\frac{R!}{r!\,(R-r)!}\cdot\left.\frac{\partial^{q+\ldots+r}\omega}{\partial s_1^q\ldots\partial s_m^r}\right|_{(S,\,S')}\cdot\left.\frac{\partial^{Q-q+\ldots+R-r}\pi}{\partial s_1^{Q-q}\ldots\partial s_m^{R-r}}\right|_{(S)}.$$

Formule du changement de variables. — Soient

$$t_1(s_1, \ldots, s_m), \ldots t_m(s_1, \ldots, s_m)$$

m fonctions holomorphes au point $(0, \ldots, 0)$, nulles en ce point, où

$$\frac{D(t)}{D(s)}\neq 0;$$

alors

$$(8.6)\qquad \left.\frac{\partial^{Q+\ldots+R}\omega}{\partial s_1^Q\ldots\partial s_m^R}\right|_{(S,\,S')}=\sum_{\substack{0<q+\ldots+r\leqq\\ Q+\ldots+R}}C_{Q,\ldots,R}^{q,\ldots,r}\left.\frac{\partial^{q+\ldots+r}\omega}{\partial t_1^q\ldots\partial t_m^r}\right|_{(S,\,S')}$$

les nombres complexes $C^{q,\dots,r}_{\dots,n}$ étant indépendants de (S', S'), de ω et de son degré : ils ne dépendent que de l'allure des fonctions $t_i(s_1, \dots, s_m)$ au point $(0, \dots, 0)$; ce sont les coefficients de la formule analogue à (8.5) du calcul différentiel classique.

Les formules (7.5), ..., (7.8) restent valables quand on y remplace

$$\frac{d^{q+\dots+r}}{ds_1^{1+q}\wedge\dots\wedge ds_m^{1+r}} \quad \text{par} \quad \frac{\partial^{q+\dots+r}}{\partial s_1^q\dots\partial s_m^r}.$$

(7.9) devient :

$$(8.7)\quad \begin{cases} \partial^* \dfrac{\partial^{q+\dots+r}\psi}{\partial s_1^q\dots\partial s_m^r}\bigg|_{(S\cap S'', S')} = \dfrac{\partial^{q+\dots+r}[d\psi]}{\partial s_1^q\dots\partial s_m^r}\bigg|_{(S, S''\cup S')} \\ \text{si}\quad ds_1\wedge\dots\wedge ds_m\wedge d\psi\,|\,S'' = 0 \quad \text{et} \quad \psi\,|\,S' = 0. \end{cases}$$

Le chapitre 6 établira ces propriétés en même temps que leurs extensions (théorèmes des nos 47, 50, 51) à

$$\frac{\partial^{q+\dots+r+u+\dots+v}}{\partial s_1^q\dots\partial s_n^r\, ds_{n+1}^{1+u}\wedge\dots\wedge ds_m^{1+v}}$$

dont il donnera la définition et dont l'emploi est nécessaire pour étendre au cas $m > 1$ la seconde des égalités (8.2).

9. La formule de Cauchy-Fantapiè, dont le n° 56 donne l'énoncé et une démonstration due à HANS LEWY, permet de calculer quelques résidus.

NOTATIONS. — X est un domaine convexe d'un espace *affin*, complexe, de dimension complexe l ; Ξ est l'espace vectoriel des fonctions linéaires, numériques complexes, définies sur cet espace affin ; Ξ^* est l'ensemble des sous-variétés complexes, planes, de codimension 1, de cet espace affin : Ξ^* est un espace *projectif* complexe, de dimension l, image de Ξ. La valeur de $\xi\in\Xi$ en $x\in X$ est notée

$$\xi.x = \xi_0 + \xi_1 x_1 + \dots + \xi_l x_l,$$

$(\xi_0, \xi_1, \dots, \xi_l)$ étant les coordonnées de ξ et $(x_1, \dots, x_l)$ celles de x. Hors de la variété plane de Ξ^*, image de la variété de Ξ d'équation $\xi_l = 0$, nous utilisons

$$(\xi_0/\xi_l, \dots, \xi_l/\xi_l)$$

comme coordonnées *locales* du point ξ^* de Ξ^*, image du point $\xi = (\xi_0, \xi_1, \dots, \xi_l)$ de Ξ^*. Une forme différentielle $\pi(\xi)$ est donc une forme *sur* Ξ^* si, et seulement si elle ne dépend de ξ que par l'intermédiaire des quotients $\xi_0/\xi_l, \dots, \xi_{l-1}/\xi_l$. Nous notons :

$$\omega(x) = dx_1\wedge\dots\wedge dx_l;$$

$$\omega^*(\xi) = \sum_{k=0}^{l} (-1)^k \xi_k\, d\xi_0\wedge\dots\wedge d\xi_{k-1}\wedge d\xi_{k+1}\wedge\dots\wedge d\xi_l;$$

puisque

$$\xi_0^{l+1}\, d(\xi_1/\xi_0)\wedge\ldots\wedge d(\xi_l/\xi_0)=\omega^*(\xi),$$

$g(\xi, x)\omega^*(\xi)\wedge\omega(x)$ est une forme sur l'image dans $\Xi^*\times X$ du domaine d'holomorphie de g, quand *g est homogène en ξ de degré $-l-1$*; cette forme de $\Xi^*\times X$, étant *holomorphe* et *de degré égal à la dimension complexe de l'espace*, est *fermée* et *s'annule sur toute sous-variété* analytique complexe.

Donnons-nous un point y de X. Notons y^* la sous-variété plane de Ξ^* d'équation

$$y^*:\ \xi.y=0 \qquad (y^*\subset\Xi^*).$$

Dans le produit topologique $\Xi^*\times X$ considérons la *sous-variété plane P* et la *quadrique Q* que décrit le point (ξ^*, x) quand :

$$P:\ \xi.y=0;\qquad Q:\ \xi.x=0;\qquad P \text{ et } Q\subset\Xi^*\times X).$$

Quand ξ^* décrit la sous-variété analytique complexe y^*, munie de son orientation naturelle, alors le point (ξ^*, y) de $\Xi^*\times X$ décrit un cycle compact de $P\cap Q$; notons sa classe d'homologie

$$(-1)^{\frac{l(l-1)}{2}}\, h(P\cap Q);$$

nous prouverons que c'est *une base du sous-groupe de $H_c(P\cap Q)$* de dimension $2l-2$.

La formule du résidu transforme la formule de Cauchy-Fantappiè en la suivante, que nous nommerons *seconde formule de Cauchy-Fantappiè* :

Théorème 2. — *Soit $f(x)$ une fonction holomorphe sur X on a*

$$f(y)=\frac{1}{(2\pi i)^{l-1}}\int_{h(P\cap Q)}\frac{d^{l-1}[f(x)\omega^*(\xi)\wedge\omega(x)]}{d(\xi.x)\wedge[d(\xi.y)]^l}.$$

Note. — On peut énoncer cette formule comme suit :

$$\frac{1}{(2\pi i)^{l-1}}\,\frac{d^{l-1}[f(x)\omega^*(\xi)\wedge\omega(x)]}{d(\xi.x)\wedge[d(\xi.y)]^l}\bigg|_{(P\cap Q)}$$

est la base du sous-groupe de $H^*(P\cap Q)$ de degré $2l-2$.

Ce théorème a le corollaire suivant, que nous nommerons *troisième formule de Cauchy-Fantappiè*; S désigne une sous-variété analytique complexe de $\Xi^*\times X$ en position générale par rapport à P et à Q :

Corollaire 2. — *Soient p et ∂ les deux homomorphismes (appartenant à deux triplets différents)* :

$$p:\ H_c(P\cap Q)\to H_c(P\cap Q, S);\qquad \partial:\ H_c(P, Q\cup S)\to H_c(P\cap Q, S);$$

s'il existe $h(P, Q \cup S)$ *tel que*

$$ph(P \cap Q) = \partial h(P, Q \cup S),$$

alors

$$f(y) = \frac{1}{(2\pi i)^{l-1}} \int_{h(P, Q\cup S)} \frac{d^l[f(x)\,\omega^*(\xi) \wedge \omega(x)]}{[d\xi . y]^{l+1}}.$$

Le chapitre 7 établira les propositions qui précèdent.

10. Dérivation d'une intégrale, fonction d'un parmètre. — Reprenons les notations du nº 1, en supposant que $m = 1$ et que $S = S_1$ dépend d'un paramètre $t \in T$; S' n'en dépend pas. Limitons-nous au cas où S appartient à une série *linéaire* de sous-variétés : son équation locale $s(x, y, t) = 0$ est linéaire en t; T est un domaine d'un espace *affin*.

Soit $\omega(x, y)$ une forme de x, régulière près de y, nulle sur S'; soit un entier q; supposons que

$$\frac{\omega(x, y)}{s(x, y, t)^q}$$

est une forme de x, *indépendante de* y et *fermée* sur $X - S$. Le nº 63 en déduira que, si $q \neq 0$:

(10.1) $s_t(x, y, t)/s(x, y, t)$ est *indépendant* de y;

(10.2) $\dfrac{ds}{s} \wedge \omega$ est (pour $dt = 0$) *indépendant* de t

Nous supposons cela encore vrai si $q = 0$.

Si $0 < q$, donnons-nous une classe d'homologie $h(S, S')$, à supports compacts, de (S, S'), dépendant *continûment de* t [c'est-à-dire : près de chaque point de T, il existe un cycle de cette classe dépendant continûment de t]. Si $q \leqq 0$ donnons-nous une classe $h(X, S \cup S')$ dépendant continûment de t et notons $h(S, S') = \partial h(X, S \cup S')$ son bord :

$$\partial : \; H_c(X, S \cup S') \to H_c(S, S').$$

Nous choisissons :

$$\dim h(X, S \cup S') = d^0(\omega); \qquad \dim h(S, S') = d^0(\omega) - 1.$$

Définissons la fonction :

$$(10.3) \qquad J(t) = \int_{h(X, S\cup S')} \frac{[-s(x, y, t)]^{-q}}{(-q)!}\,\omega(x, y) \qquad \text{si} \quad q \leqq 0,$$

$$(10.4) \qquad J(t) = \int_{h(S, S')} \frac{d^{q-1}\omega}{ds^q} \qquad \text{si} \quad 0 < q.$$

Ses dérivées sont données par *la formule de dérivation de l'intégrale*, *fonction d'un paramètre complexe :*

THÉORÈME 3. — *$J(t)$ est une fonction holomorphe de t. Si le polynome P est homogène de degré p, on a*

$$(10.5)\quad P\left(\frac{\partial}{\partial t}\right)J(t)=\int_{h(X,\,S\cup S')} P(-s_t)\frac{[-s]^{-p-q}}{(-p-q)!}\,\omega \qquad \text{si}\quad p+q\leqq 0,$$

$$(10.6)\quad P\left(\frac{\partial}{\partial t}\right)J(t)=\int_{h(S,\,S')} \frac{d^{p+q-1}[P(-s_t)\,\omega]}{ds^{p+q}} \qquad \text{si}\quad 0<p+q.$$

Le chapitre 8 établira ces formules; il les déduira de formules de dérivation plus générales.

11. Ramification d'une intégrale, fonction d'un paramètre. — Dans les hypothèses du n° 10, remplaçons l'hypothèse que $S(t)$ n'a pas singularité par celles-ci : $S(t)$ a *au plus un point singulier* $z(t)$; c'est un point double quadratique où $s_t\neq 0$:

$$(11.1)\quad s(x,y,t)=0,\qquad s_x=0,\qquad s_t\neq 0\qquad \text{Hess}_x[s]=0$$
$$\text{pour}\quad x=z(t);$$

enfin $z(t)$ est dans une partie compacte de X étrangère à S'.

Notons K l'ensemble des points t de T tels que ce point singulier $z(t)$ existe; le n° 64 (chap. 9) prouvera ceci : K est une *sous-variété* analytique complexe de T; sa codimension complexe est 1. Évidemment K *est l'enveloppe des sous-variétés* analytiques complexes *planes de T*, d'équation $s(x, y, t)=0$ [ces sous-variétés dépendent du paramètre x; mais non de y, vu (10.1)]. Soit

$$K:\ k(t,y)=0$$

l'équation locale de K, quand $z(t)$ est voisin de y; ce même n° 64 montrera qu'on peut choisir k tel que

$$(11.2)\quad k_t(t,y)=-s_t(x,y,t)\,|_{x=z(t)}\qquad \text{sur}\quad K.$$

Nous supposons que $h(X, S(t)\cup S')$ et $h(S(t), S')$ dépendent *continûment de t le long de K* (c'est-à-dire : elle dépendent continûment de t quand t décrit K; de plus, quand t est voisin d'un point o de K, les classes $h(X, S(t)\cup S')$ et $h(S(t), S')$ sont voisines des classes $h(X, S(o)\cup S')$ et $h(S(o), S')$: elles contiennent des cycles voisins, *sauf* près de $z(o)$, de cycles de $h(X, S(o)\cup S')$ et $h(S(o), S')$].

Ainsi $h(X, S(t)\cup S')$ et $h(S(t), S')$ *ont plusieurs déterminations, continues hors de K; le théorème d'E. Picard et S. Lefschetz*, que rappelle le n° 65, décrit *leur ramification sur K*; il emploie *les classes évanouissantes*

$$e(X, S(t)\cup S'),\qquad e(S(t), S')=\partial e(X, S\cup S')\qquad (t\notin K)$$
$$\dim e(X, S\cup S')=l.$$

I. FÁRY a donné une définition très simple de ces classes évanouissantes : $e(X, S \cup S')$ est la classe d'une boule $\beta(t)$ à bord dans $S(t)$; $\beta(t)$ est voisine de $z(o)$. Soit W un voisinage de $z(o)$; soit $e(W, S)$ la classe de $\beta(t)$ dans (W, S); soit

$$e(S \cap W) = \partial e(W, S) :$$

l'immersion de W dans X applique $e(W, S)$ sur $e(X, S \cup S')$ et $e(S \cap W)$ sur $e(S, S')$.

Une formule de S. Lefschetz précise le théorème d'E. Picard et S. Lefschetz, en employant l'indice de Kronecker

$$(11.3) \qquad n = (-1)^{\frac{l(l+1)}{2}} KI[e(S \cap W), h(S, S')].$$

Soit P un polynome, *homogène de degré* p, tel que

$$(11.4) \qquad P(s_l(x, y, t)) \neq 0 \quad \text{pour} \quad t = 0, x = y = z(o);$$

supposons W assez petit et t assez près de o pour que

$$P(s_l(x, y, t)) \neq 0 \qquad \text{quand} \quad x \in W, y = z(o);$$

définissons, quand $d^0(\omega) = l$ et que t est voisin de $o \in K$:

$$(11.5) \qquad j_P(t) = \int_{e(W,S)} \frac{[-s(x, y)]^{p-q}}{(p-q)!} \frac{\omega(x, y)}{P(-s_l)} \quad \text{si} \quad q \leq p,$$
$$= \int_{e(S \cap W)} \frac{d^{q-p-1}}{ds^{q-p}} \left[\frac{\omega(x, y)}{P(-s_l)}\right] \quad \text{si} \quad p < q;$$

(le n° 67 justifie cette définition); d'après le théorème 3 (n° 10), si P et Q sont deux tels polynomes,

$$(11.6) \qquad P\left(\frac{\partial}{\partial t}\right) j_{PQ}(t) = j_Q(t).$$

Nous pouvons maintenant énoncer *le théorème de ramification d'une intégrale, fonction d'un paramètre* :

THÉORÈME 4. — *Si* $d^0(\omega) \neq l$ *et* $\leq 2l - 2$, *alors* $J(t)$ *est holomorphe en chaque point o de K* (c'est-à-dire sur un voisinage de o dans T).

Supposons $d^0(\omega) = l$ *et* l *impair; alors*

$$j_P(t) k(t, y)^{q-p-\frac{l}{2}} \quad \text{et} \quad J(t) + \frac{n}{2} j_1(t)$$

sont holomorphes en chaque point o de K.

Supposons $d^0(\omega) = l$ *et* l *pair; alors* $j_P(t)$ *est holomorphe en chaque point o de K et s'annule* $p + \frac{l}{2} - q$ *fois sur K*;

$$J(t) - \frac{n}{2\pi i} P\left(\frac{\partial}{\partial t}\right)[j_p(t) \log k(t, y)]$$

est holomorphe en chaque point o de K, pourvu que $q - \frac{l}{2} \leq p$.

On peut déterminer explicitement la partie singulière de $J(t)$ sur K; voici *l'expression de la partie principale de la partie singulière de* $J(t)$ quand ω est holomorphe :

Corollaire 4. — *Supposons* $\omega(x, y)$ **holomorphe**, *de degré* l :

$$\omega(x, y) = \rho(x, y)\, dx_1 \wedge \ldots \wedge dx_l.$$

On a sur K, si k vérifie (11.2) :

(11.7) $$j_1(t) k(t, y)^{q - \frac{l}{2}} = \pm \frac{(2\pi)^{\frac{l}{2}}}{\Gamma\left(1 + \frac{l}{2} - q\right)} \frac{\rho(x, y)}{\sqrt{\mathrm{Hess}_x[s(x, y)]}},$$

$$= \pm (2\pi)^{\frac{l}{2} - 1} \Gamma\left(q - \frac{l}{2}\right) \frac{\rho}{\sqrt{\mathrm{Hess}_x s}} \quad \textit{si } l \textit{ est } \textbf{impair},$$

$$= 0 \quad \textit{si : } l \textit{ est } \textbf{pair} \textit{ et } < 2q.$$

(11.8) $$J(t) k(t, y)^{q - \frac{l}{2}} = \pm ni (2\pi)^{\frac{l}{2} - 1} \Gamma\left(q - \frac{l}{2}\right) \frac{\rho}{\sqrt{\mathrm{Hess}_x s}}$$

si : l *est* **pair** *et* $< 2q$.

Le chapitre 9 prouvera ce théorème et ce corollaire.

12. La distribution que définit une intégrale, fonction d'un paramètre réel. — Modifions comme suit les hypothèses du n° 11 : T est désormais un domaine d'un espace *affin réel*; K est une sous-variété *réelle* de T; $d^0(\omega) = l$; $h(X, S \cup S')$ et $h(S, S')$ sont définis univoquement et dépendent *continûment* de t sur $T - K$ [au sens qu'explique le n° 10] et le long de K [n° 11].

Si l est *impair*, l'indice de Kronecker $n(t)$ que définit (11.3) est constant de chaque côté de K; (sa discontinuité à travers K est un entier pair).

Définition de la distribution $J(t)$, *quand l est impair*. — $J(t)$ désignera désormais *la distribution* qui vérifie les conditions suivantes : *hors de K*, $J(t)$ est la fonction, (10.3) ou (10.4), étudiée ci-dessus; *en chaque point o de K*, la distribution

$$J(t) + \frac{1}{2} P\left(\frac{\partial}{\partial t}\right)[n(t) j_P(t)] \qquad \left(q - \frac{l+1}{2} \leq p\right)$$

est une fonction *holomorphe* sur T.

Si l est *pair*, l'indice de Kronecker n que définit (11.3) est indépendant de t. On peut alors définir un entier $N(t)$, constant de chaque côté de K, tel que $2h + N(t)e$ soit régulièrement continu, au sens que définit le n° 75; (la discontinuité de $N(t)$ à travers K a la parité de n).

Définition de la distribution $J(t)$ quand l est pair. — $J(t)$ désignera désormais la distribution qui vérifie les conditions suivantes : *hors de K*, $J(t)$ est la fonction, (10.3) ou (10.4), étudiée ci-dessus : *en chaque point o* de K, la distribution

$$J(t) - \frac{n}{2\pi i} P\left(\frac{\partial}{\partial t}\right)[j_P(t)\log|k(t, y)|] + \frac{1}{2} P\left(\frac{\partial}{\partial t}\right)[N(t)j_P(t)]$$

$$\left(q - \frac{l}{2} \leqq p\right)$$

est une fonction *holomorphe* sur T.

NOTE. — Les conditions précédentes sont indépendantes du choix P; elles définissent une et une seule distribution $J(t)$.

NOTE. — La distribution $J(t)$ est la fonction $J(t)$ elle-même quand

$$2q \leqq l + 1$$

(puisqu'on peut alors choisir $P = 1$).

Voici *la formule de dérivation de l'intégrale, fonction d'un paramètre réel :*

THÉORÈME 5. — *Convenons que l'intégrale* (10.4) *représente la distribution $J(t)$. Alors la distribution $P\left(\frac{\partial}{\partial t}\right) J(t)$ est donnée par les formules de dérivation* (10.5) *et* (10.6) *du théorème* 3.

Le chapitre 10 justifiera ce n° 12.

CHAPITRE 1. — La forme-résidu.

Ce chapitre 1 justifie le n° 2.

13. La division des formes.

LEMME 13.1. — Soit $\varphi(x)$ une forme régulière sur X. Il faut et suffit que

$$ds(x, y) \wedge \varphi(x) = 0$$

pour qu'existe une forme $\psi(x, y)$ régulière près de y, telle que

$$\varphi(x) = ds(x, y) \wedge \psi(x, y).$$

$\psi \mid S$ est défini sans ambiguité. Si φ est holomorphe, on peut choisir ψ holomorphe en x.

Preuve. — On choisit en y des coordonnées telles que $s = x_1$; les propriétés énoncées sont évidentes.

Cessons un instant d'exclure les singularités de S.

Lemme 13.2. — (de Rham). Soit y un point double quadratique de S :

$$s_x(x, y) = 0, \text{ Hess}_x[s] \neq 0 \quad \text{pour} \quad x = y.$$

Soit $\varphi(x)$ une forme *holomorphe* sur X.

Pour qu'existe près de y une forme *holomorphe* $\psi(x, y)$ telle que

$$\varphi(x) = ds(x, y) \wedge \psi(x, y),$$

il faut et il suffit que :

$$ds(x, y) \wedge \varphi(x) = 0, \quad \text{si} \quad d^0(\varphi) < l;$$

$$a(y) = 0, \quad \text{si} \quad d^0(\varphi) = l \quad \text{et} \quad \varphi(x) = a(x)\, dx_1 \wedge \ldots \wedge dx_l.$$

Preuve pour $d^0(\varphi) < l$. — Reportons-nous au n° 1 (p. 346-348) du Mémoire [15] de G. de Rham. Il s'agit de diviser près de y la forme φ (que de Rham note α) par la forme ds (que de Rham note ω); le A-module M (de Rham) est A lui-même; l'anneau A est celui des fonctions $a(x)$ holomorphes sur une boule de centre y, assez petite pour que

$$z_1(x) = \frac{\partial s}{\partial x_1}, \ldots, \; z_l(x) = \frac{\partial s}{\partial x_l}$$

y constistuent des coordonnées locales (que de Rham note $y_1, \ldots, y_l$). Les conclusions de G. de Rham valent, car cet anneau possède la propriété (P) : si $z_{k+1}(x) a(x)$ appartient à l'idéal des fonctions holomorphes nulles pour $z_1 = \ldots = z_k = 0$, alors $a(x)$ appartient à cet idéal.

Preuve pour $d^0(\varphi) = l$. — Reportons-nous à la fin du n° 1 (p. 348) du Mémoire de G. de Rham : on voit que ψ existe si et seulement si $a(x)$ appartient à l'idéal $(z_1, \ldots, z_l)$; cela veut dire : $a(y) = 0$.

14. Définition de la forme-résidu. — Justifions cette définition, qu'énonce le n° 2 et prouvons le premier des théorèmes qu'il énonce; il s'agit de prouver la

Proposition. — Soit $\varphi(x)$ une forme *fermée* sur $X - S$, ayant sur S une singularité polaire *d'ordre* 1.

Alors, près de chaque point y de S, existent des formes régulières de x, ψ et θ, telles que :

$$(14.1) \qquad \varphi(x) = \frac{ds(x, y)}{s(x, y)} \wedge \psi(x, y) + \theta(x, y);$$

la restriction de $\psi(x, y)$ à S ne dépend que de φ; c'est une forme fermée sur S; elle est holomorphe si $\varphi(x)$ est holomorphe.

Preuve. — 1°) *Existence de* ψ *et* θ. — Puisque $d\varphi = 0$ et que $s\varphi$ est régulier prés de y,

$$d(s\varphi) = ds \wedge \varphi$$

est régulier près de y; ds l'annule; d'après le lemme 13.1, il existe donc une forme $\theta(x, y)$, régulière près de y, telle que :

$$ds \wedge \varphi = ds \wedge \theta.$$

D'où :

$$ds \wedge (s\varphi - s\theta) = 0,$$

puisque $s\varphi - s\theta$ est régulière près de y, il existe, vu ce même lemme, une forme $\psi(x, y)$, régulière près de y, telle que :

$$s\varphi - s\theta = ds \wedge \psi$$

Nous avons ainsi défini, près de y, des formes ψ et θ, vérifiant (14.1).

2°) *Si* φ *est holomorphe*, on peut choisir θ et ψ holomorphes en x.

3°) $\psi \mid S$ *ne dépend que des données* φ *et* s. — Pour le prouver, il suffit de prouver que

$$(14.2) \qquad \frac{ds}{s} \wedge \psi + \theta = 0 \quad \text{entraîne} \quad \psi \mid S = 0,$$

si ψ et θ sont réguliers près de y. Supposons donc

$$(14.3) \qquad ds \wedge \psi + s\theta = 0;$$

d'où

$$ds \wedge \theta = 0;$$

vu le lemme 13.1, il existe donc une forme ω, régulière près de y, telle que

$$\theta = ds \wedge \omega;$$

en portant cela dans (14.3), on obtient

$$ds \wedge (\psi + s\omega) = 0;$$

vu ce même lemme, il existe donc une forme ϖ, régulière près de y, telle que

$$\psi + s\omega = ds \wedge \varpi$$

d'où

$$\psi \mid S = 0.$$

4°) $\psi \mid S$ *ne dépend que de* φ. — Soit s^* un autre choix de s : s/s^* est une fonction de x holomorphe près de y, où elle ne s'annule pas;

$$\varphi = \frac{ds^*}{s^*} \wedge \psi + \theta^*, \qquad \text{où} \quad \theta^* = \theta + d\left(\log \frac{s}{s^*}\right) \wedge \psi$$

est régulière près de y; $\psi \mid S$ est donc le même pour les deux choix s et s^*.

5°) $\psi \mid S$ *est fermé.* — En différentiant (14.1), il vient, puisque $d\varphi = 0$:

$$-\frac{ds}{s} \wedge d\psi + d\theta = 0;$$

d'où, vu (14.2) :

$$d\psi \mid S = 0.$$

15. Holomorphie de la forme-résidu en les points doubles quadratiques de S (de Rham). — Supposons $s\varphi$ holomorphe en y et y point double quadratique de S :

$$s_x = 0, \qquad \mathrm{Hess}_x[s] \neq 0 \qquad \text{pour} \quad x = y.$$

Le lemme de G. de Rham va permettre de choisir $\theta(x, y)$ puis $\psi(x, y)$ holomorphes au point y : le théorème de G. Rham sera prouvé.

Exposons ce choix, si facile que de Rham a négligé d'énoncer et de prouver son théorème.

Employons en y des coordonnées locales telles que

$$y = (0, \ldots, 0), \qquad s = x_1^2 + \ldots + x_l^2.$$

Choix de θ *pour* $d^0(\varphi) < l - 1$. — D'après ce lemme, on peut choisir θ holomorphe en x au point y et tel que

$$ds \wedge \varphi = ds \wedge \theta. \tag{15.1}$$

Choix de θ *pour* $d^0(\varphi) = l - 1$. — D'après ce même lemme, il est encore possible de choisir θ holomorphe et vérifiant (15.1), si

$$ds \wedge \varphi = a(x)\, dx_1 \wedge \ldots \wedge dx_l \qquad \text{et} \qquad a(y) = 0. \tag{15.2}$$

Il suffit donc d'établir (15.2). Or

$$\varphi(x) = \frac{1}{s} \sum_{k=1}^{l} (-1)^{k-1} b_k(x)\, dx_1 \wedge \ldots \wedge dx_{k-1} \wedge dx_{k+1} \wedge \ldots \wedge dx_l,$$

les $b_k(x)$ étant holomorphes en $x=0$; donc

$$ds\wedge\varphi=d(s\varphi)=\sum_{k=1}^{l}\frac{\partial b_k}{\partial x_k}\,dx_1\wedge\ldots\wedge dx_l;$$

la condition (15.2) s'écrit donc

$$\sum_{k=1}^{l}\frac{\partial b_k(0)}{\partial x_k}=0. \tag{15.3}$$

Or $d\varphi=0$ signifie

$$\sum_{k=1}^{l}\frac{\partial s}{\partial x_k}\,b_k=s\sum_{k=1}^{l}\frac{\partial b_k}{\partial x_k}$$

c'est-à-dire

$$\sum_{k=1}^{l}x_k b_k=(x_1^2+\ldots+x_l^2)\sum_{k=1}^{l}\frac{\partial b_k}{\partial x_k};$$

en appliquant à cette relation $\sum_k \frac{\partial^2}{\partial x_k^2}$ et en faisant $x=0$, on obtient (15.3).

C. Q. F. D.

Choix de θ *pour* $d^0(\varphi)=l$. — On a $d\varphi=ds\wedge\varphi=0$; on choisit $\theta=0$.

Choix de ψ *pour* $d^0(\varphi)<l$. — D'après le lemme 13.2 (de RHAM), on peut choisir ψ holomorphe en x au point y et tel que

$$s\varphi-s\theta=ds\wedge\psi.$$

Choix de ψ *pour* $d^0(\varphi)=l$. — Alors

$$\varphi(x)=\frac{f(x,y)}{s(x,y)}\,dx_1\wedge\ldots\wedge dx_l;$$

d'après ce même lemme, on peut choisir ψ, vérifiant les conditions précédentes, si $f(y,y)=0$. Sinon, l'expression (2.3) de rés$[\varphi]$ montre que

$$\frac{1}{\text{mes}\,\gamma}\int_\gamma \text{rés}\,[\varphi]$$

n'est pas borné au voisinage de y, si γ est une chaîne de S de dim $l-1$; donc rés $[\varphi]$ n'est pas la restriction à S d'une forme holomorphe au point y.

16. Majoration de la forme-résidu. — Nous allons prouver la formule :

$$\left|\frac{\omega}{ds}\right|_S\leq\frac{|\,\omega\,|_X}{|\,ds\,|_X}\ \text{en chaque point } S. \tag{2.8}$$

Les notations employées sont les suivantes. On construit sur X une métrique hermitienne (voir par exemple : A. LICHNEROWICZ, [12], p. 232). Au point o de S considéré, on choisit des coordonnées locales analytiques $(x_1, \ldots, x_l)$ telles qu'en ce point la longueur $|dx|$ du vecteur dx ait l'expression

$$(16.1) \qquad |dx|^2 = |dx_1|^2 + \ldots + |dx_l|^2;$$

en ce point la longueur $|s_x|$ du gradient s_x de la fonction holomorphe s a donc l'expression

$$|s_x|^2 = |s_{x_1}|^2 + \ldots + |s_{x_l}|^2;$$

nous définissons

$$|ds|_X = |s_x|.$$

Plus généralement, étant donnée une forme sur X :

$$\omega(x) = \sum_{\substack{i<\ldots<j \\ \alpha<\ldots<\beta}} c_{i\ldots j\alpha\ldots\beta}(x)\, dx_i \wedge \ldots \wedge dx_j \wedge d\bar{x}_\alpha \wedge \ldots \wedge d\bar{x}_\beta,$$

nous définissons $|\omega|_X$ au point o par la formule :

$$|\omega|_X{}^2 = \sum_{\substack{i<\ldots<j \\ \alpha<\ldots<\beta}} |c_{i\ldots j\alpha\ldots\beta}(o)|^2$$

Si ϖ est une forme sur S, nous définissons de même $|\varpi|_S$ en employant la restriction à S de la métrique choisie sur X;

$$\left|\frac{\omega}{ds}\right|_S \text{ désigne } \left|\left.\frac{\omega}{ds}\right|_S\right|_S.$$

NOTE. — On sait que ces « longueurs » $|\omega|_X$, $|\varpi|_S$ sont indépendantes du choix des coordonnées locales vérifiant (16.1).

PREUVE de (2.8). — Choisissons ces coordonnées telles que

$$s(x) = x_1 f(x);\; f(0) \neq 0.$$

Alors, sur S,

$$ds(x) = f(x)\, dx_1;$$

or, vu la définition de $\left.\frac{\omega}{ds}\right|_S$ au moyen de (2.1),

$$\omega = ds \wedge \psi + s\theta,\; \left.\frac{\omega}{ds}\right|_S = \psi \,|\, S;$$

les coefficients de $\left.\frac{\omega}{ds}\right|_S$ sont donc les quotients par $f(x)$ de certains des coefficients de ω; donc

$$\left|\frac{\omega}{ds}\right|_S \leqq \frac{|\omega|_X}{|f(x)|}, \text{ alors que } |ds|_X = |s_x| = |f(x)|;$$

d'où (2.8).

CHAPITRE 2. — L'homologie compacte et la formule du résidu.

Ce chapitre 2 justifie le n° 3.

17. La définition de l'homologie compacte d'une variété est classique. Utilisons, par exemple, le traité de S. LEFSCHETZ [7].

On recouvre X par un complexe analytique « topologique » K [chap. VIII, § 8, (45.4) et (46.5)], tel que S et S' soient les supports de certains de ses sous-complexes; notons K' le sous-complexe de K couvrant S'. Par définition [chap. VIII, § 7, (39.1) et (40.2)], ce complexe « topologique » K est « simple » et « localement fini », donc [chap. III, § 1, n° 3] « star-finite » et « closure-finite ».

$H_c(X, S')$ est le groupe d'homologie de K relativement à K', à supports compacts, à coefficients entiers, avec division [Group of K mod K' : chap. III, § 5, (23.4); § 8, (40.2)] : ce groupe est indépendant du choix de K [chap. VIII, § 2, (11.2), qui s'étend sans peine aux complexes infinis].

18. La définition du triplet i, p, ∂ est donnée partiellement par S. LEFSCHETZ [7], qnand S' est vide [chap. III, § 8, (40.2) et § 5, n° 23, où (23.2) nomme i injection et p projection; ∂ est omis]. Rappelons cette définition.

Les cycles de (S, S') constituant la classe $h(S, S')$ appartiennent à une même classe $h(X, S')$, qui est nommée $ih(S, S')$.

Les cycles de (X, S') constituant la classe $h(X, S')$ appartiennent à une même classe $h(X, S \cup S')$, qui est nommée $ph(X, S')$.

Les bords des cycles de $(X, S \cup S')$ qui constituent la classe $h(X, S \cup S')$ appartiennent à une même classe $h(S, S')$, qui est nommée $\partial h(X, S \cup S')$.

L'exactitude de ce triplet i, p, ∂ est aujourd'hui classique; sa preuve est d'ailleurs immédiate.

19. Exactitude du triplet ι, ϖ, $\delta (m = 1, S = S_1)$. — Ce n° 19 donne une première définition de ce triplet, qui rend évidente cette exactitude. Le n° 20 transformera cette première définition en celle qu'énonce le n° 3.

DÉFINITION d'arcs λ. — Près de S, on peut tracer une famille d'arcs réguliers, orientés, λ, ayant les propriétés que voici :

1° leurs origines appartiennent à S;

2° la réunion des arcs λ issus d'un point y de S est une variété régulière, de dimensions réelle 2, en position générale par rapport à S; [on peut prendre $s(x, y)$ comme coordonnée d'un point x de cette variété, qui est donc orientée];

3° par chaque point $x \notin S$, proche de S, passe un et un seul arc λ;

4° un arc λ ne rencontre pas S'_j ou lui appartient entièrement.

Preuve *quand S' est vide.* — On définit sur X une métrique riemannienne régulière (Whitney) et l'on prend pour arcs λ les géodésiques orthogonales à S.

Preuve *quand S' n'est pas vide.* — On choisit cette métrique telle que S et S'_j ($j = 1, 2, \ldots, M$) se coupent orthogonalement; on considère les vecteurs unitaires tangents à ces géodésiques; on modifie ce champ de vecteurs hors de S, de façon que le vecteur attaché à un point de S'_j soit tangent à S'_j; on prend pour arcs λ les trajectoires du champ de vecteurs ainsi construit.

Définition *d'un voisinage V de S.* — On choisit V tel que :

1° chaque point de V et de son adhérence $\overline{V}$ appartiennent à un arc λ;

2° chaque arc λ coupe la frontière $\dot{V}$ de V en un point unique.

Les rétractions μ et ν. — Notons $\lambda(x)$ l'arc λ unique qui passe par un point $x \in \overline{V} - S$. Notons $\mu(x)$ son origine : c'est un point de S. Notons $\nu(x)$ et nommons extrémité de $\lambda(x)$ le point ou $\lambda(x)$ coupe $\dot{V}$; si $x \in X - V$, définissons $\nu(x) = x$.

μ est une rétraction de $\overline{V}$ sur S, appliquant chaque S'_j en elle-même;
ν est une rétraction de $X - S$ sur $X - V$, appliquant chaque S'_j en elle-même.

Note. — Notons $\mu^{-1}(y)$ l'ensemble des points de $\overline{V}$ que μ applique sur un point y de S; $\overline{V}$ est un espace fibré, de fibre $\mu^{-1}(y)$, de base S. La figure ci-contre représente cette fibre, à laquelle $\overline{V}$ se réduit si $l = 1$.

L'isomorphisme ν de $H_c(X - S, S')$ sur $H_c(X - V, S')$. — La rétraction ν est homotope à l'identité dans $X - S$ (*cf.* S. Lefschetz [6], chap. 1, (47.6) : déformation-rétraction]; elle transforme les cycles (homologues) de $(X - S, S')$ en cycles (homologues) de $(X - V, S')$ et définit un *isomorphisme sur*, conservant la dimension :

$$\nu : H_c(X - S, S') \to H_c(X - V, S').$$

L'isomorphisme μ^* de $H_c(S, S')$ sur $H_c(X, (X - V) \cup S')$. — Soit σ un simplexe de S; soit $\mu^{-1}(\sigma)$ l'ensemble des points de $\overline{V}$ que μ applique sur σ; $\mu^{-1}(\sigma)$ est une cellule, produit topologique de $\mu^{-1}(y)$ et de σ, qui sont orientés; d'où une orientation de cette cellule, qui, ainsi orientée, est notée $\mu^*\sigma$; d'où un homomorphisme μ^* ayant les propriétés suivantes :

μ^* transforme une chaîne compacte de S (de $S \cap S'$) en une chaîne compacte de X (de S');
μ^* augmente la dimension de 2 (nous écrivons : $\dim \mu^* = 2$);
μ^* commute avec ∂, à des chaînes près de $X - V$.

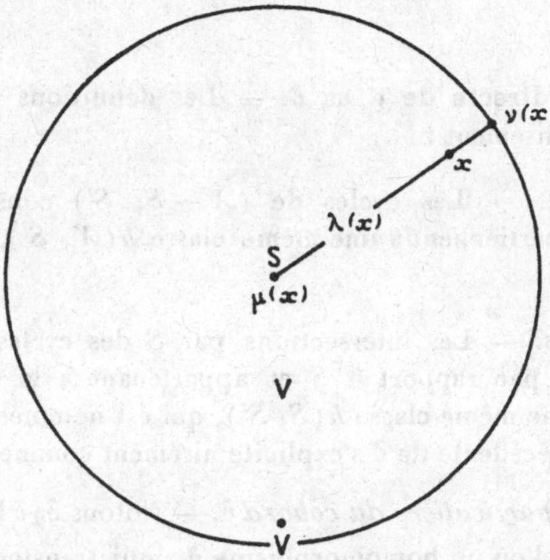

Fig. 1. — La fibre $\mu^{-1}(y)$ de $\overline{V}$.

Cet homomorphisme μ^* des chaînes induit donc un homomorphisme :

$$\mu^* : H_c(S, S') \to H_c(X, (X - V) \cup S'); \ \dim \mu^* = 2,$$

c'est un *isomorphisme sur*, car il a un inverse : l'*intersection* par la sous-variété S, munie de son orientation naturelle.

Une première définition du triplet ι, ϖ, ∂. — Considérons le triplet *exact*, analogue à celui que définit le n° 18 :

$$\begin{array}{ccc} & H_c(X, S') & \\ {}^{p_V}\swarrow & & \nwarrow^{i_V} \\ H_c(X, (X - V) \cup S') & \xrightarrow{\partial_V} & H_c(X - V, S') \end{array} \qquad \dim p_V = \dim i_V = 0, \quad \dim \partial_V = -1.$$

Remplaçons dans ce triplet les groupes $H_c(X, (X - V) \cup S')$ et $H_c(X - V, S')$ par les groupes isomorphes $H_c(S, S')$ et $H_c(X - S, S')$; nous obtenons le *triplet exact* :

$$\begin{array}{ccc} & H_c(X, S') & \\ {\scriptstyle \varpi}\swarrow & & \nwarrow{\scriptstyle \iota} \\ H_c(S, S') & \xrightarrow{\ \delta\ } & H_c(X - S, S') \end{array} \qquad \begin{array}{l} \dim \varpi = -2, \qquad \dim \iota = 0 \\ \\ \dim \delta = 1 \end{array}$$

où : $\iota = i_V \nu$; $\varpi = (\mu^*)^{-1} p_V$; $\delta = \nu^{-1} \partial_V \mu^*$;

δ est nommé *cobord de l'homologie compacte*.

Le n° 20 va montrer que ce triplet ι, ϖ, δ peut-être défini comme le fait le n° 3.

20. Définition directe de ι, ϖ, δ. — Les définitions précédentes de ι et ϖ s'explicitent aisément :

DÉFINITION *de* ι. — Les cycles de $(X - S, S')$ constituant la classe $h(X - S, S')$ appartiennent à une même classe $h(X, S')$, qui est nommée $\iota h(X, S')$.

DÉFINITION *de* ϖ. — Les intersections par S des cycles de (X, S'), en position générale par rapport à S et appartenant à la classe $h(X, S')$, appartiennent à une même classe $h(S, S')$, qui est nommée $\varpi h(X, S')$.

La définition précédente de δ s'explicite aisément comme suit :

Une définition particulière du cobord δ. — Notons $\delta_\mu \sigma$ la partie de $\partial\mu^*(\sigma)$ appartenant à $\dot{V}$; d'où un homomorphisme δ_μ, qui transforme une chaîne γ de S (de $S \cap S'$) en une chaîne $\delta_\mu \gamma$ de $X - S$ (de $S' - S \cap S'$);

$$\partial \delta_\mu = - \delta_\mu \partial; \qquad \dim \delta_\mu = 1.$$

Donc δ_μ induit un homomorphisme

$$\delta : H_c(S, S') \rightarrow H_c(X - S, S'); \qquad \dim \delta = 1.$$

La définition générale de δ. — Cette définition qu'énonce le n° 3 et qui montre que δ est indépendant du choix de μ, résulte du

LEMME. — Soit γ une chaîne de X; supposons γ en position générale par rapport à S; $\partial\gamma$ somme d'une chaîne de $X - S$ et d'une chaîne de S'. Soit $h(X - S, S')$ la classe d'homologie de $\partial\gamma$; soit $h(S, S')$ la classe d'homologie de l'intersection $\gamma . S$; ainsi :

$$(20.1)_1 \quad \gamma . S \in h(S, S') \qquad (20.1)_2 \quad \partial\gamma \in h(X - S, S')$$

Alors

$$(20.2) \qquad \delta h(S, S') = h(X - S, S')$$

PREUVE. — Vu les définitions de ι et de $h(\mathcal{X}-S, S')$,

$$\iota h(\mathcal{X}-S, S') = 0.$$

Vu l'exactitude du triplet ι, ϖ, δ il existe donc une classe $h_0(S, S')$ telle que

$$(20.3) \qquad h(\mathcal{X}-S, S') = \delta h_0(S, S').$$

Soit γ_0 un cycle de $h_0(S, S')$; soit $\gamma_1 = \mu^* \gamma_0$; vu les définitions de μ^* et de δ

$$(20.4)_1 \quad \gamma_1 . S \in h_0(S, S'), \qquad (20.4)_2 \quad \partial\gamma_1 \in h(\mathcal{X}-S, S').$$

De $(20.1)_2$ et $(20.4)_2$ il résulte que

$$\partial(\gamma-\gamma_1) \sim 0 \quad \text{dans} \quad (\mathcal{X}-S, S') :$$

il existe une chaîne γ_2 de $\mathcal{X}-S$ et une chaîne γ' de S' telles que

$$\partial(\gamma-\gamma_1) = \partial\gamma_2 + \gamma'.$$

Donc, vu $(20.1)_1$ et $(20.4)_1$, $\gamma-\gamma_1-\gamma_2$ est un cycle de $(\mathcal{X}, S')$ tel que

$$(\gamma-\gamma_1-\gamma_2).S \in h(S, S') - h_0(S, S');$$

d'où, vu la définition de ϖ :

$$h(S, S') - h_0(S, S') \in \varpi H^*(\mathcal{X}, S');$$

d'où vu l'exactitude du triplet ι, ϖ, δ :

$$(20.5) \qquad \delta h(S, S') = \delta h_0(S, S').$$

De (20.3) et (20.5) résulte la formule à prouver : (20.2).

21. La formule du résidu ($m = 1$) **résultera du lemme suivant :**

NOTATIONS. — On construit aisément une famille de voisinages V_ε de S possédant les propriétés suivantes :

$$V_\varepsilon \subset V;$$

chaque arc λ coupe la frontière $\dot{V}_\varepsilon$ de V_ε en un point unique;
V_ε dépend régulièrement d'un paramètre ε $\quad (0 < \varepsilon \leqq 1)$;
V_ε tend vers S quand $\varepsilon \to 0$ (c'est-à-dire : tend vers 0).

Nous notons μ_ε la restriction de μ à V_ε et $\delta_\varepsilon = \delta_{\mu_\varepsilon}$.

LEMME 21. — Soit $\varphi(x)$ une forme régulière sur $\mathcal{X}-S$, telle que, près de chaque point y de S, existent des formes régulières de x, $\psi(x, y)$

et $\theta(x, y)$ vérifiant

$$(21.1)\qquad \varphi(x) = \frac{ds(x, y)}{s(x, y)} \wedge \psi(x, y) + \theta(x, y).$$

Alors : la restriction $\psi(x, y) \mid S = \psi(x)$ est indépendante de y;

$$(21.2)\qquad \lim_{\varepsilon \to 0} \int_{\delta_\varepsilon \gamma} \varphi(x) = 2\pi i \int_\gamma \psi(x),$$

quelle que soit la chaîne compacte γ.

Preuve *que* $\psi(x, y) \mid S$ *est indépendant de* y. — Si $d\varphi = 0$ alors $\psi(x, y) \mid S = \text{rés}[\varphi]$; en particulier, si $\varphi = 0$, alors $\psi(x, y) \mid S = 0$.

Preuve *de* (21.2). — Il suffit de prouver cette formule dans le cas suivant :

$$\sigma \text{ est un simplexe de } S; \qquad s(x, y) = x_1.$$

Puisque $\operatorname{mes}(\delta_\varepsilon \sigma) / \operatorname{Inf}_{x \in \delta_\varepsilon \sigma} |x_1|$ est borné, supérieurement pour σ fixe et $\varepsilon \to 0$,

$$\lim_{\varepsilon \to 0} \int_{\delta_\varepsilon \sigma} \varphi(x) = \int_{\delta_\varepsilon \sigma} \frac{dx_1}{x_1} \wedge \psi(\mu(x)) = \oint \frac{dx_1}{x_1} \int_\sigma \psi(x) = 2\pi i \int_\sigma \psi(x).$$

La formule du résidu. — Supposons que $\gamma \in h(S, S')$ et que $\varphi(x)$ soit une forme fermée sur $X - S$, nulle sur S' ayant sur S une singularité polaire d'ordre 1; alors (21.1) a lieu, vu (2.1); $\psi(x) = \text{rés}[\varphi]$;

$$\int_{\delta_\varepsilon \gamma} \varphi(x) = \int_{\delta h(S, S')} \varphi(x)$$

est indépendant de ε; la formule (21.2) se réduit donc à :

$$\int_{\delta h(S, S')} \varphi(x) = 2\pi i \int_\gamma \text{rés}[\varphi].$$

Vu (2.7), l'hypothèse que φ s'annule sur S' implique que rés$[\varphi]$ s'annulle sur $S \cap S'$; la formule précédente peut donc s'écrire

$$\int_{\delta h(S, S')} \varphi(x) = 2\pi i \int_{h(S, S')} \text{rés}[\varphi];$$

c'est *la formule du résidu* qu'énonce le n° 3.

CHAPITRE 3. — La cohomologie et sa dualité avec l'homologie.

Ce chapitre 3 justifie le n° 4.

22. Préliminaires. — Nous aurons à utiliser le lemme suivant, qui serait faux si Ω était l'anneau des formes holomorphes :

LEMME 22. — La restriction $\omega \to \omega \mid S$ applique $\Omega(X, S')$ *sur* $\Omega(S, S')$.

PREUVE. — Soit $\chi(x) \in \Omega(S, S')$; il s'agit de construire $\omega(x) \in \Omega(X, S')$ tel que $\omega \mid S = \chi$. Puisque S et S' sont en position générale, il existe évidemment en chaque point y de X une forme $\omega(x, y)$ de x telle que :

$$\omega(x, y) \mid S = \chi(x) \quad \text{sur un voisinage } V(y) \text{ de } y;$$
$$\omega(x, y) \mid S' = 0.$$

Soit une partition de l'unité [*voir* par exemple G. de RHAM, [16], chap. I, § 2, coroll. 2, p. 6]

$$\sum_{y \in X} \pi(x, y) = 1$$

telle que le support de $\pi(x, y)$ soit intérieur à $V(y)$. Définissons

$$\omega(x) = \sum_{y \in X} \pi(x, y)\, \omega(x, y).$$

On a

$$\omega \mid S = \chi; \qquad \omega \mid S' = 0$$

23. Définition du triplet p^*, i^*, ∂^*. — Les formes $\varphi(x)$ constituant $h^*(X, S \cup S')$ appartiennent à une même classe $h^*(X, S')$, qui est $p^* h^*(X, S \cup S')$.

Les restrictions à S des formes $\varphi(x)$ constituant $h^*(X, S')$ appartiennent à une même classe $h^*(S, S')$, qui est $i^* h^*(X, S')$.

Les différentielles des formes $\omega(x) \in \Omega(X, S')$ telles que $\omega \mid S \in h^*(S, S')$ appartiennent à une même classe $h^*(X, S \cup S')$ qui est $\partial^* h^*(S, S')$.

Seule cette dernière définition exige une justification. L'existence des formes ω résulte du lemme 22. Il reste à prouver ceci :

LEMME. — Si $\omega \mid S \sim 0$ dans (S, S'), alors $d\omega \sim 0$ dans $(X, S \cup S')$.

PREUVE. — D'après le lemme 22, il existe $\chi \in \Omega(X, S')$ tel que

$$\omega \mid S = d\chi \mid S$$

donc

$$\omega - d\chi \in \Omega(X, S \cup S')$$

d'où, puisque $d^2 = 0$,

$$d\omega \in d\Omega(X, S \cup S'), \qquad d\omega \sim 0 \quad \text{dans} \quad (X, S \cup S').$$

24. Exactitude du triplet p^*, i^*, ∂^*. — Évidemment.

$$i^* p^* = 0, \qquad \partial^* i^* = 0, \qquad p^* \partial^* = 0.$$

Les trois lemmes suivants suffisent donc à prouver l'exactitude du triplet p^*, i^*, ∂^*.

LEMME. — Si $i^* h^*(X, S') = 0$, alors $h^*(X, S') \in p^* H^*(X, S \cup S')$.

PREUVE. — Soit $\varphi(x) \in h^*(X, S')$:

$$\varphi \in \Phi(X, S'); \qquad \varphi \mid S \in d\Omega(S, S').$$

Vu le lemme 22, il existe donc $\omega \in \Omega(X, S')$ tel que

$$\varphi \mid S = d\omega \mid S.$$

Donc

$$\varphi - d\omega \in \Phi(X, S \cup S');$$

or

$$\varphi - d\omega \in h^*(X, S');$$

donc

$$h^*(X, S') \in p^* H^*(X, S \cup S').$$

LEMME. — Si $\partial^* h^*(S, S') = 0$, alors $h^*(S, S') \in i^* H^*(X, S')$.

PREUVE. — Soit $\omega(x) \in \Omega(X, S')$ tel que

$$\omega \mid S \in h^*(S, S');$$

puisque $\partial^* h^*(S, S') = 0$, on a

$$d\omega \in d\Omega(X, S \cup S');$$

c'est-à-dire

$$d\omega = d\chi, \qquad \text{où} \quad \chi \in \Omega(X, S \cup S');$$

donc

$$(\omega - \chi) \mid S \in h^*(S, S'), \qquad \omega - \chi \in \Phi(X, S');$$

d'où

$$h^*(S, S') \in i^* H^*(X, S').$$

LEMME. — Si $p^* h^*(X, S \cup S^*) = 0$, alors $h^*(X, S \cup S') \in \partial^* H^*(S, S')$.

Preuve. — Soit $\varphi(x) \in h^*(X, S \cup S')$:

$$\varphi \in \Phi(X, S \cup S'); \quad \varphi \in d\Omega(X, S');$$

donc

$$\varphi = d\omega \quad \text{où} \quad \omega \in \Omega(X, S')$$

d'où

$$\omega \mid S \in \Phi(S, S');$$

donc, si $h^*(S, S')$ est la classe de $\omega \mid S$,

$$h^*(X, S \cup S') = \partial^* h^*(S, S').$$

25. Les transposés p^*, i^*, ∂^* de p, i, ∂. — Soient une chaîne $\gamma \in h(S, S')$; et une forme $\varphi \in h^*(X, S')$;

$$\int_\gamma \varphi = \int_{ih(S,S')} h^*(X, S') = \int_{h(S,S')} i^* h^*(X, S');$$

donc

$$(25.1) \qquad \int_{ih(S,S')} h^*(X, S') = \int_{h(S,S')} i^* h^*(X, S').$$

Soient une chaîne $\gamma \in h(X, S')$ et une forme $\varphi \in h^*(X, S \cup S')$.

$$\int_\gamma \varphi = \int_{ph(X,S')} h^*(X, S \cup S') = \int_{h(X,S')} p^* h^*(X, S \cup S');$$

donc

$$(25.2) \qquad \int_{ph(X,S')} h^*(X, S \cup S') = \int_{h(X,S')} p^* h^*(X, S \cup S').$$

Soient une chaîne $\gamma \in h(X, S \cup S')$ et une forme $\omega \in \Omega(X, S')$ telle que $\omega \mid S \in h^*(S, S')$; d'après la formule de Stokes,

$$\int_{\partial\gamma} \omega = \int_\gamma d\omega;$$

donc, puisque $\omega \mid S' = 0$,

$$(25.3) \qquad \int_{\partial h(X, S \cup S')} h^*(S, S') = \int_{h(X, S \cup S')} \partial^* h^*(S, S').$$

Quand la dualité de $H^*(X, S')$ et $H_c(X, S')$ aura été établie, nous pourrons énoncer ces formules (25.1), (25.2), (25.3) comme suit : *le triplet p^*, i^*, ∂^* est le transposé du triplet p, i, ∂.*

26. Preuve que $H^*(X)$ est dual de $H_c(X)$. — Il s'agit de prouver les théorèmes de dualité qu'énonce le nº 4, en supposant tout d'abord S' vide.

Notons $H_R(X)$ [et $H_*(X)$] les groupes d'homologie de X, à supports compacts, à coefficients numériques réels [et complexes]. Il est évident que $H_c(X)$ est canoniquement isomorphe à un sous-groupe de $H_R(X)$:

$$H_c(X)\subset H_R(X);$$

tout élément de $H_R(X)$ est le quotient par un entier d'un élément de $H_c(X)$.

On sait [S. Lefschetz [7], *Universal theorem for fields*, Chap. III, § 5, (17.8), *Complementary results*; § 8, (40.4)] que de même

$$H_R(X)\subset H_*(X),$$

toute base de $H_R(X)$ constituant une base de $H_*(X)$.

Par suite

$$H_c(X)\subset H_*(X),$$

tout élément de $H_*(X)$ étant le produit d'un élément de $H_c(X)$ par un nombre complexe. Pour que H_c et H^* vérifient les théorèmes de dualité qu'énonce le n° 4, il suffit donc que H_* et H^* les vérifient; or ceci résulte, comme nous allons le montrer, de S. Lefschetz [7] et de G. de Rham [16] — où nous supposerons les fonctions numériques réelles remplacées par les fonctions numériques complexes, les coordonnées locales demeurant réelles —.

La faible dualité de H_* et H^* est prouvée explicitement par G. de Rham. En effet tout cycle à support compact de X constitue un « courant impair » à support compact [§ 8, Exemple 1, p. 40]; son théorème 17′ [§ 22, p. 114] implique donc ceci : *Si $h\in H_*(X)$ est tel que $\int_h h^*=0$ pour tout $h^*\in H^*(X)$, alors $h=0$.*

De même, toute forme constitue un « courant pair » [§ 8, Ex. 2, p. 40]; l'affirmation qui suit et complète son théorème 17′ implique donc ceci : *Si $h^*\in H^*(X)$ est tel que $\int_h h^*=0$ pour tout $h\in H_*(X)$, alors $h^*=0$.*

Le théorème de forte dualité équivaut à la faible dualité quand les nombres de Betti de X sont finis; sinon, on peut l'établir comme suit. Notons $L(X)$ le groupe de cohomologie de X, sur le corps des nombres complexes, au sens de S. Lefschetz; notons $l(h)$ l'indice de Kronecker de $l\in L(X)$ et $h\in H_*(X)$; S. Lefschetz note cet indice $KI(h, l)$; S. Lefschetz [7] prouve le théorème suivant [chap. III, § 8, (41.2); voir pour la terminologie : chap. III, § 6, n° 30 et n° 31 et § 8, n° 40 où une chaîne compacte est dite finie; S. Lefschetz utilise sur H_* la topologie discrète : nous pouvons ne pas en tenir compte] :

Théorème de forte dualité de S. Lefschetz. — *Toute fonction linéaire, homogène, numérique complexe, définie sur $H_*(X)$ est du type $l(h)$, où $l\in L(X)$*; la donnée de cette fonction détermine *l sans ambiguité.*

S. Lefschetz construit $L(X)$ à l'aide de « cochaînes » [éléments d'un groupe qui est muni d'une topologie; mais cette topologie n'intervient pas dans le cas où nous sommes : chap. III, § 8, (40.4)]; ces « cochaînes » de S. Lefschetz sont nommées « cochaînes paires » par G. de Rham, qui construit un homomorphisme du groupe additif de ces « cochaînes paires » dans celui des « chaînes paires » [§ 22, Proposition 3, p. 113]; cet homomorphisme induit un homomorphisme, respectant l'indice de Kronecker, de $L(X)$ dans « le groupe d'homologie des chaînes paires »; ce groupe est identique au « groupe d'homologie des courants pairs » [§ 21, p. 105 et § 22, p. 114], qui est lui-même identique au « groupe d'homologie des formes paires » [§ 18, théor. 14, p. 94], que nous avons noté $H^*(X)$. G. de Rham construit donc un homomorphisme

$$\mu : \quad L(X) \to H^*(X)$$

respectant l'indice de Kronecker :

$$l(h) = \int_h \mu l \quad \text{si} \quad l \in L(X) \quad \text{et} \quad h \in H_*(X).$$

Le théorème de forte dualité de S. Lefschetz a donc la conséquence suivante : *Toute fonction linéaire, homogène, numérique complexe, définie sur* $H_*(X)$ *est du type* $\int_h h^*$ *où* $h^* \in H^*(X)$.

La donnée de cette fonction détermine h^* *sans ambiguité*, vu la faible dualité de $H_*(X)$ et $H^*(X)$. [Donc μ est un isomorphisme de $L(X)$ sur $H^*(X)$].

Nous avons ainsi établi, *quand* S' *est vide*, le *théorème de forte dualité* qu'énonce le n° 4. Le n° 31 l'étendra au cas où S' n'est pas vide, grâce aux théorèmes de dualité que nous allons établir.

Rappelons que A. W. Tucker a tenté cette extension à une époque où les triplets exacts, qui nous permettent de la faire, n'étaient pas conus; G. D. F. DUFF [3] l'a faite, pour la faible dualité, sous des hypothèses trop restrictives pour que nous puissions les utiliser.

27. Trois définitions classiques. — Soient A, B, C trois groupes abéliens.

Le dual A^* de A est l'espace vectoriel, sur le corps des nombres complexes, que constituent les fonctions linéaires, homogènes, numériques complexes, définies sur A.

La valeur en $a \in A$ de $a^* \in A^*$ est noté $\langle a, a^* \rangle$.

Le transposé λ^* d'un homomorphisme

$$\lambda : \quad B \to C$$

est l'homomorphisme de leurs duals

$$\lambda^* : \quad C^* \to B^*$$

tel que

$$\langle \lambda b, c^* \rangle = \langle b, \lambda^* c^* \rangle.$$

Le sous-espace de A^* ortogonal à $A' \subset A$ est l'ensemble des $a^* \in A^*$ tels que

$$\langle a', a^* \rangle = 0 \qquad \text{pour tout} \quad a' \in A'$$

NOTE. — Les nombres complexes peuvent être remplacés dans les n°s 28, 29 et 30 par les éléments d'un corps de caractéristique non nulle, arbitrairement choisi.

28. Exactitude du transposé d'un triplet exact. — Soit $\lambda^* : C^* \to B^*$, transposé de $\lambda : B \to C$.

LEMME. — Le noyau de λ^* est le sous-groupe de C^* orthogonal à λB.

PREUVE. — C'est évident [comme le confirme N. BOURBAKI, Livre II, *Algèbre*, chap. II, § 4, n° 9, Proposition 13].

LEMME. — $\lambda^* C^*$ est le sous-espace de B^* orthogonal au noyau de λ.

PREUVE. — 1° Supposons $b^* \in \lambda^* C^*$; montrons que

$$\langle b, b^* \rangle = 0 \qquad \text{pour tout } b \text{ tel que} \quad \lambda b = 0.$$

Soit en effet $c^* \in C^*$ tel que $b^* = \lambda^* c^*$; on a

$$\langle b, b^* \rangle = \langle b, \lambda^* c^* \rangle = \langle \lambda b, c^* \rangle = 0.$$

2° Réciproquement, supposons $b^* \in B^*$ tel que

$$\langle b, b^* \rangle = 0 \qquad \text{pour tout } b \text{ tel que} \quad \lambda b = 0;$$

montrons que $b^* \in \lambda^* C^*$.

Par hypothèse,

$$\langle b, b^* \rangle = f(\lambda b) \qquad \text{quel que soit} \quad b \in B,$$

f étant une fonction linéaire, homogène, à valeurs complexes, définie sur le sous-groupe λB de C; cette fonction peut être prolongée à C [on peut aisément la prolonger à un sous-groupe de C strictement plus grand que λB, donc à C, par application du lemme de Zorn].

Il existe donc $c^* \in C^*$ tel que

$$\langle b, b^* \rangle = \langle \lambda b, c^* \rangle \qquad \text{quel que soit } b;$$

d'où

$$\langle b, b^* \rangle = \langle b, \lambda^* c^* \rangle \quad \text{quel que soit } b;$$

donc

$$b^* = \lambda^* c^*.$$

Les deux lemmes précédents ont pour conséquence immédiate le

Lemme 28. — Un triplet exact d'homomorphismes λ, μ, ν a pour transposé un triplet exact λ^*, μ^*, ν^*.

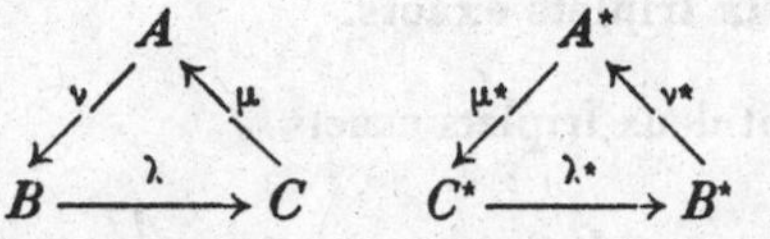

29. Isomorphisme de deux triplets exacts.

Lemme 29. — Soient deux triplets *exacts* d'homomorphismes, λ, μ, ν, λ', μ', ν' et trois homomorphismes notés τ :

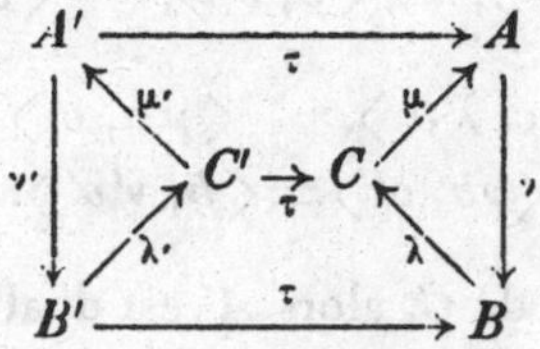

tels que

$$\lambda\tau = \tau\lambda', \qquad \mu\tau = \tau\mu', \qquad \nu\tau = \tau\nu'.$$

Si τ est un *isomorphisme* de B' *sur* B et de C' *sur* C, alors τ est un isomorphisme de A' sur A.

Preuve *que* $\tau A' = A$. — Soit $a \in A$. Nous avons

$$\nu a \in B = \tau B'$$

il existe donc $b' \in B'$ tel que

$$\nu a = \tau b'.$$

D'où

$$\tau\lambda' b' = \lambda\tau b' = \lambda\nu\, a = 0; \text{ donc } \lambda' b' = 0;\ b' \in \nu' A'.$$

Il existe donc $a' \in A'$ tel que

$$\nu a = \tau\nu' a' = \nu\tau a'; \qquad \nu(a - \tau a') = 0;$$
$$a - \tau a' \in \mu C = \mu\tau C' = \tau\mu' C';$$
$$a \in \tau A'.$$

Preuve *que τ est un isomorphisme.* — Supposons $a' \in A'$ et $\tau a' = 0$.

$$\tau\nu' a' = \nu\tau a' = 0; \qquad \text{donc} \quad \nu' a' = 0; \qquad a' \in \mu' C'.$$

Il existe donc $c' \in C'$ tel que

$$a' = \mu' c'.$$

D'où

$$\mu\tau c' = \tau\mu' c' = \tau a' = 0; \qquad \tau c' \in \lambda B = \lambda\tau B' = \tau\lambda' B';$$
$$c' \in \lambda' B'; \qquad a' \in \mu'\lambda' B'; \qquad a' = 0.$$

30. Dualité de deux triplets exacts.

Lemme 30. — Soient deux triplets exacts

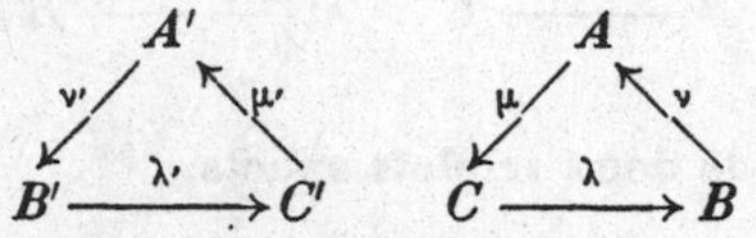

et trois fonctions bilinéaires, à valeurs numériques complexes,

$$\langle a, a' \rangle, \qquad \langle b, b' \rangle, \qquad \langle c, c' \rangle$$

telles que

$$\langle \lambda c, b' \rangle = \langle c, \lambda' b' \rangle, \qquad \langle \mu a, c' \rangle = \langle a, \mu' c' \rangle,$$
$$\langle \nu b, a' \rangle = \langle b, \nu' a' \rangle.$$

Si B' est dual de B et C' de C, alors A' est dual de A.

Note. — Nous disons que A' est dual de A si, à toute fonction linéaire, homogène, numérique complexe $f(a)$ définie sur A correspond un élément a' de A' et un seul tel que $f(a) = \langle a, a' \rangle$.

Preuve. — Soient A^*, B^*, C^* les duals de A, B, C; soient λ^*, μ^*, ν^* les transposés de λ, μ, ν; ils constituent un triplet exact (lemme 28) :

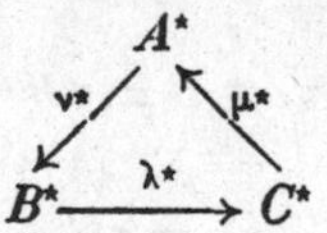

A tout $a' \in A'$ correspond un élément unique $\tau a'$ de A^*, tel que

$$\langle a, a' \rangle = \langle a, \tau a' \rangle$$

définissons de même $\tau b'$ et $\tau c'$; nous avons

$$\lambda^*\tau = \tau\lambda', \qquad \mu^*\tau = \tau\mu', \qquad \nu^*\tau = \tau\nu'.$$

Puisque B' est dual de B et C' de C, τ est un isomorphisme de B' sur B^* et de C' sur C^*; donc, vu le lemme 29, τ est un isomorphisme de A' sur A^*.

31. Preuve que $H^*(X, S')$ est dual de $H_c(X, S')$. — Il s'agit de prouver le théorème de forte dualité qu'énonce le n° 4. Nous avons noté

$$S' = S'_1 \cup \ldots \cup S'_M;$$

nous allons procéder par récurrence relativement à M. Le n° 26 a expliqué que S. Lefschetz et G. de Rham ont établi cette dualité pour $M = 0$, c'est-à-dire S' vide. Il suffit donc de prouver ceci (où S désigne S'_{M+1}) :

si $H^*(X, S')$ est dual de $H_c(X, S')$ et $H^*(S, S')$ de $H_c(S, S')$
alors $H^*(X, S \cup S')$ est dual de $H_c(X, S \cup S')$.

On le prouve en appliquant le lemme 30 aux deux triplets exacts

$$\begin{array}{ccc} & H^*(X, S\cup S') & \\ {}^{p^*}\swarrow & & \nwarrow^{\delta^*} \\ H^*(X, S') & \xrightarrow{\ \iota^*\ } & H^*(S, S') \end{array} \qquad \begin{array}{ccc} & H_c(X, S\cup S') & \\ {}^{\partial}\swarrow & & \nwarrow^{p} \\ H_c(S, S') & \xrightarrow{\ \iota\ } & H_c(X, S') \end{array}$$

et aux fonctions bilinéaires $\int_h h^*$, qui vérifient (25.1), (25.2) et (25.3).

Chapitre 4. — La classe-résidu.

Ce chapitre 4 justifie le n° 5; il établit en outre les propriétés de la classe-résidu, que le n° 7 énonce en utilisant la notation différentielle du résidu.

32. Notations. — On suppose $m = 1$, $S = S_1$, $s = s_1$. Le théorème de forte dualité (n° 4) permet de définir le triplet $\iota^*, \varpi^*, \delta^*$ *transposé* (n° 27) de ι, ϖ, δ; ces deux triplets sont *exacts* (n° 3 et lemme 28) :

$$\begin{array}{ccc} & H_c(X, S') & \\ {}^{\varpi}\swarrow & & \nwarrow^{\iota} \\ H_c(S, S') & \xrightarrow{\ \delta\ } & H_c(X - S, S') \end{array} \qquad \begin{array}{ccc} & H^*(X, S') & \\ {}^{\iota^*}\swarrow & & \nwarrow^{\varpi^*} \\ H^*(X - S, S') & \xrightarrow{\ \delta^*\ } & H^*(S, S') \end{array}$$

$$d^0(\iota^*) = 0, \quad d^0(\delta^*) = -1, \quad d^0(\varpi^*) = 2.$$

Cherchons à définir *directement*, c'est-à-dire par des opérations de calcul différentiel extérieur, ι^*, ϖ^*, δ^* et cherchons à construire une forme fermée ayant une forme-résidu donnée : nous trouverons ainsi la notion de classe-résidu.

33. Définition directe de ι^*. — Il est presque évident que ι^* est l'homomorphisme *restriction* à $X - S$, c'est-à-dire :

Lemme 33. — Les formes $\varphi(x)$ constituant $h^*(X, S')$ appartiennent à une même classe $h^*(X - S, S')$, qui est $\iota^* h^*(X, S')$.

Preuve. — Supposons $\varphi \in h^*(X, S')$ et $\varphi \in h^*(X - S, S')$; soit γ une chaîne compacte de $X - S$, à bord dans S' :

$$\gamma \in h(X - S, S'), \qquad \gamma \in \iota\, h(X - S, S');$$

$$\int_\gamma \varphi = \int_{h(X-S,S')} h^*(X - S, S') = \int_{\iota h(X-S,S')} h^*(X, S') = \int_{h(X-S,S')} \iota^* h^*(X, S').$$

Ainsi

$$\int_h h^*(X - S, S') = \int_h \iota^* h^*(X, S') \qquad \text{quel que soit} \quad h \in H_c(X - S, S');$$

donc, vu le théorème de faible dualité (n° 4),

$$h^*(X - S, S') = \iota^* h^*(X, S').$$

34. Construction d'une forme de forme-résidu donnée. — Soit V un voisinage de S.

Lemme 34.1. — Soit $\varphi(x) \in \Phi(S, S')$. Il existe $\omega(x) \in \Omega(X - S, S')$ et, près de chaque point y de S, des formes régulières $\psi(x, y)$, $\theta(x, y)$ telles que :

$$\omega(x) = 0 \quad \text{hors de } V;$$

$$\omega(x) = \frac{ds(x, y)}{s(x, y)} \wedge \psi(x, y) + \theta(x, y) \quad \text{près de } y;$$

$$\psi(x, y) \mid S = \varphi(x); \qquad \psi(x, y) \mid S' = 0; \qquad \theta(x, y) \mid S' = 0;$$

$$d\psi(x, y) = 0 \quad \text{près de } S.$$

Notation. —

$$h^*(S, S') \quad \text{désignera la classe de } \varphi;$$

$$h^*(X, S') \qquad \text{»} \qquad d\omega.$$

Preuve. — Reprenons les notations du n° 19 : il existe une rétraction μ de $\overline{V}$ sur S, appliquant $\overline{V} \cap S'_j$ sur $S \cap S'_j$; $\varphi(\mu(x))$ est fermée sur $(\overline{V}, S')$; soit $f(x)$ une fonction régulière valant 1 près de S, 0 hors de V; soit

$$\psi(x) = f(x)\,\varphi(\mu(x)) \quad \text{sur } \overline{V}; \qquad = 0 \quad \text{hors de } V.$$

$$\psi \mid S = \varphi; \qquad \psi \mid S' = 0; \qquad d\psi = 0 \quad \text{près de } S.$$

Soit $\pi(x, z)$ une partition de l'unité [voir par exemple G. de Rham [16], chap. I, § 2, coroll. 2, p. 6] :

$$\sum_z \pi(x, z) = 1, \quad \text{telle que } s(x, z) \text{ soit défini sur le support de } \pi(x, z).$$

Posons :

$$\omega(x) = \sum_z \pi(x, z) \frac{ds(x, z)}{s(x, z)} \wedge \psi(x),$$

$$\psi(x, y) = \psi(x),$$

$$\theta(x, y) = \sum_z \pi(x, z)\, d\left[\log \frac{s(x, z)}{s(x, y)}\right] \wedge \psi(x);$$

le lemme se trouve vérifié.

LEMME 34.2. — Si $h^*(X, S') = 0$, alors $\varphi(x)$ est forme-résidu d'une forme de $(X - S, S')$, ayant sur S une singularité polaire d'ordre 1.

PREUVE. — Si $h^*(X, S') = 0$, c'est qu'il existe $\chi(x) \in \Omega(X, S')$, tel que

$$d\omega = d\chi;$$

donc

$$\omega - \chi = \frac{ds(x, y)}{s(x, y)} \wedge \psi(x, y) + \theta(x, y) - \chi(x)$$

est une forme *fermée* de $(X - S, S')$, ayant une singularité polaire d'ordre 1 sur S; sa forme-résidu est $\psi \mid S = \varphi$.

35. Définition directe de ϖ^*.

LEMME 35. — On a, avec les notations du n° 34 :

$$\varpi^* h^*(S, S') = -\frac{1}{2\pi i} h^*(X, S'). \tag{35.1}$$

PREUVE. — Soit $h(X, S')$ arbitraire; calculons l'intégrale

$$J = \int_{h(X, S')} h^*(X, S'). \tag{35.2}$$

On a

$$J = \int_{h(X, S')} d\omega;$$

puisque $\omega = 0$ hors de V, cette intégrale ne dépend que de (n° 19)

$$p_V h(X, S') \in H_c(X, (X - V) \cup S'),$$

$$J = \int_{p_V h(X, S')} d\omega.$$

L'isomorphisme μ^* de $H_c(S, S')$ sur $H_c(X, (X-V)\cup S')$ prouve qu'il existe une chaîne γ de (S, S') telle que

$$\mu^*\gamma \in p_V h(X, S')$$

d'où

$$J = \int_{\mu^*\gamma} d\omega. \tag{35.3}$$

Par définition (n° 19)

$$\varpi = (\mu^*)^{-1} p_V$$

donc

$$\gamma \in \varpi h(X, S'). \tag{35.4}$$

Pour poursuivre le calcul de J, employons (*cf.* n° 21) V_ε, qui tend vers S, μ_ε et δ_ε; puisque $d\omega$ est régulier sur X, (35.3) donne :

$$J = \lim_{\varepsilon \to 0} \int_{\mu^*\gamma - \mu_\varepsilon^*\gamma} d\omega;$$

d'où, en employant la formule de Stokes, ce qui est légitime car le support de la chaîne $\mu^*\gamma - \mu_\varepsilon^*\gamma$ est hors de la singularité S de ω :

$$J = \int_{\partial\mu^*\gamma} \omega - \lim_{\varepsilon \to 0} \int_{\partial\mu_\varepsilon^*\gamma} \omega = \int_{\delta\gamma} \omega - \lim_{\varepsilon \to 0} \int_{\delta_\varepsilon\gamma} \omega.$$

Mais $\omega = 0$ sur $\delta\gamma$, qui est hors de V; donc

$$J = -\lim_{\varepsilon \to 0} \int_{\delta_\varepsilon\gamma} \omega.$$

Or le lemme 21 a prouvé que

$$\lim_{\varepsilon \to 0} \int_{\delta_\varepsilon\gamma} \omega = 2\pi i \int_\gamma \varphi.$$

Ainsi

$$J = -2\pi i \int_\gamma \varphi,$$

c'est-à-dire, vu (35.4), puisque $\varphi \in h^*(S, S')$:

$$J = -2\pi i \int_{\varpi h(X, S')} h^*(S, S') = -2\pi i \int_{h(X, S')} \varpi^* h^*(S, S').$$

D'où, vu la définition (35.2) de J :

$$\int_h h^*(X, S') = -2\pi i \int_h \varpi^* h(S, S'), \qquad \text{quel que soit} \quad h \in H_c(X, S');$$

c'est-à-dire (35.1), en vertu du théorème de faible dualité.

36. Définition directe de δ^* : preuve du théorème 1. — De l'exactitude du triplet ι^*, ϖ^*, δ^* et des définitions directes de ι^* et ϖ^* résultent les deux propriétés de δ^* que voici :

LEMME 36.1. — Si $\delta^* h^*(X - S, S') = 0$, alors $h^*(X - S, S')$ contient des formes dont la forme-résidu est nulle.

PREUVE. — Vu l'exactitude du triplet ι^*, ϖ^*, δ^* il existe une classe $h^*(X, S')$ telle que

$$h^*(X - S, S') = \iota^* h^*(X, S').$$

D'après le lemme 33, $h^*(X - S, S')$ contient donc des formes de $\Phi(X, S')$; leurs formes-résidus sont nulles.

LEMME 36.2. — Si $h^*(S, S') \in \delta^* H^*(X - S, S')$, alors toute forme $\varphi \in h^*(S, S')$ est forme-résidu d'une forme de $\Phi(X - S, S')$.

PREUVE. — Soit $h^*(S, S') \in \delta^* H^*(X - S, S')$; alors $\varpi^* h^*(S, S') = 0$; donc, vu les lemmes 35 et 34.2, toute forme φ de la classe $h^*(S, S')$ est forme-résidu.

De ces deux lemmes et de la formule du résidu résulte aisément la définition directe de δ^* que voici :

LEMME 36.3. — Soit $\varphi \in \Phi(S, S')$; pour que φ soit forme-résidu d'une forme appartenant à la classe $h^*(X - S, S')$, il faut et il suffit que

$$\varphi \in \frac{1}{2\pi i} \delta^* h^*(X - S, S'). \tag{36.1}$$

NOTE. — Ce lemme a pour conséquence évidente le théorème 1 (n° 5).

PREUVE. — 1° *Supposons* $\varphi = \text{rés}[\psi]$, $\psi \in h^*(X - S, S')$; alors, d'après la formule du résidu

$$2\pi i \int_{h(S, S')} \varphi = \int_{\delta h(S, S')} \psi = \int_{h(S, S')} \delta^* h^*(X - S, S'),$$

quel que soit $h(S, S')$; donc (36.1) a lieu, vu le théorème de faible dualité.

2° *Réciproquement*, supposons (36.1) vérifié. D'après le lemme 36.2, il existe

$$\psi \in \Phi(X - S, S') \quad \text{tel que} \quad \text{rés}[\psi] = \varphi.$$

Soit $h_1^*(X - S, S')$ la classe de ψ. D'après la formule du résidu

$$2\pi i \int_{h(S, S')} \varphi = \int_{\delta h(S, S')} h_1^*(X - S, S') = \int_{h(S, S')} \delta^* h_1^*(X - S, S');$$

donc, vu (36.1)

$$\delta^*[h^*(X - S, S') - h_1^*(X - S, S')] = 0.$$

Vu le lemme 36.1, il existe donc une forme θ telle que

$$\theta \in h^*(X - S, S') - h_1^*(X - S, S'); \qquad \text{rés}\,\theta = 0.$$

D'où

$$\psi + \theta \in h^*(X - S, S'); \qquad \text{rés}(\psi + \theta) = \varphi.$$

DÉFINITION. — Soit $\varphi \in \Phi(X - S, S')$; soit $h^* \in H^*(X - S, S')$ la classe de cohomologie de φ; $\frac{1}{2\pi i}\delta^* h^*$ est nommé *classe-résidu* de φ (et de h^*) et est noté :

$$\text{Rés}[\varphi] = \text{Rés}[h^*] = \frac{1}{2\pi i}\delta^* h^* \in H^*(S, S').$$

Cette définition permet d'énoncer *la formule du résidu* comme le fait l'Introduction (n° 5) :

$$(36.2) \qquad \int_{\delta h(S, S')} \varphi = 2\pi i \int_{h(S, S')} \text{Rés}[\varphi].$$

Établissons maintenant les propriétés de Rés.

37. Commutabilité de Rés et de F^*. — De (2.5) et du théorème 1 (n° 5) résulte aussitôt la

PROPOSITION 37. — *Soit F une application de X^* dans X vérifiant les hypothèses qu'énonce le* n° 1; *on a*

$$F^*\,\text{Rés} = \text{Rés}\,F^*.$$

38. Commutabilité de Rés et du produit à droite par $h^*(X)$. — Soit

$$\chi \in \Phi(X).$$

Si

$$\varphi \in \Phi(X, S') \quad \text{ou} \quad \in d\Omega(X, S'),$$

alors

$$\varphi \wedge \chi \in \Phi(X, S') \quad \text{ou} \quad \in d\Omega(X, S');$$

Si

$$\varphi \in \Phi(X - S, S') \quad \text{ou} \quad \in d\Omega(X - S, S'),$$

alors

$$\varphi \wedge \chi \in \Phi(X - S, S') \quad \text{ou} \quad \in d\Omega(X - S, S');$$

Si

$$\varphi \in \Phi(S, S') \quad \text{ou} \quad \in d\Omega(S, S'),$$

alors

$$\varphi \wedge \chi \in \Phi(S, S) \qquad \text{ou} \quad \in d\Omega(S, S').$$

Le produit $\varphi \wedge \chi$ induit donc des produits :

$$h^*(X, S').h^*(X) \in H^*(X, S'),$$
$$h^*(X - S, S').h^*(X) \in H^*(X - S, S'),$$
$$h^*(S, S').h^*(X) \in H^*(S, S').$$

Autrement dit $H^*(X, S')$, $H^*(X - S, S')$ et $H^*(S, S')$ *sont des algèbres sur* $H^*(X)$.

Les définitions directes de ι^* (n° 33), de ϖ^* (n° 35), le théorème 1 (n° 5) et la formule (2.4) montrent que ι^*, ϖ^* *et* Rés *sont des homomorphismes d'algèbre*, à condition de multiplier *à droite* par $h^*(X)$.

De ces propriétés ne retenons que celles du Rés :

PROPOSITION 38. — $H^*(X - S, S')$ et $H^*(S, S')$ *sont des algèbres sur* $H^*(X)$; Rés *est un homomorphisme d'algèbres* :

$$\text{Rés}[h^*(X - S, S').h^*(X)] = [\text{Rés}\, h^*(X - S, S')].h^*(X).$$

39. Commutation de Rés avec p^*, i^*, ∂^*.

PROPOSITION 39. — *Considérons le diagramme, constitué par trois* Rés *et deux triplets exacts* p^*, i^*, ∂^* :

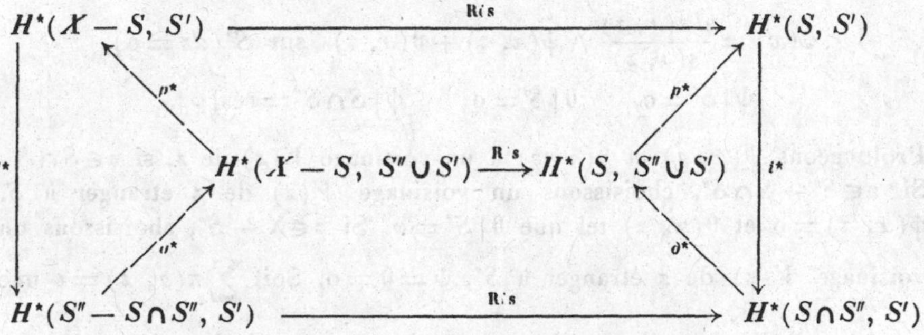

On a les règles de commutation

$$\text{Rés}\, p^* = p^*\, \text{Rés}, \qquad \text{Rés}\, i^* = i^*\, \text{Rés}, \qquad \text{Rés}\, \partial^* = -\partial^*\, \text{Rés}.$$

PREUVE *de la commutativité de* p^* *et* Rés. — Soit $\varphi \in \Phi(X - S, S'' \cup S')$, ayant sur S une singularité polaire d'ordre 1 ; $\text{rés}[\varphi] \in \Phi(S, S'' \cup S')$;

φ appartient aux classes		$\{$	$h^* \in H^*(X - S, S'' \cup S')$
	»		$p^* h^* \in H^*(X - S, S')$
rés[φ]	»	$\{$	$\text{Rés}\, h^* \in H^*(S, S'' \cup S')$
	»		$p^*\, \text{Rés}\, h^*$ et $\text{Rés}\, p^* h^* \in H^*(S, S')$.

Donc

$$p^* \operatorname{Rés} h^* = \operatorname{Rés} p^* h^* ;$$

d'après le théorème 1, h^* est un élément arbitraire de $H^*(X - S, S'' \cup S')$.

PREUVE *de la commutativité de* i^* *et* Rés. — Soit $\varphi \in \Phi(X - S, S')$, ayant sur S une singularité polaire d'ordre 1 ; $\text{rés}[\varphi] \in \Phi(S, S')$;

φ	appartient à une classe		$h^* \in H^*(X - S, S')$;
$\varphi \mid S''$	»	la classe	$i^* h^* \in H^*(S'' - S \cap S'', S')$;
$\text{rés}[\varphi]$	»	»	$\operatorname{Rés} h^* \in H^*(S, S')$;
$\text{rés}[\varphi] \mid S'' = \text{rés}[\varphi \mid S'']$	»	»	$i^* \operatorname{Rés} h^* = \operatorname{Rés} i^* h^* \in H^*(S \cap S'', S')$.

Donc

$$i^* \operatorname{Rés} h^* = \operatorname{Rés} i^* h^* ;$$

d'après le théorème 1, h^* est un élément arbitraire de $H^*(X - S, S')$.

PREUVE *de l'anticommutativité de* ∂^* *et* Rés. — Soit $\varphi \in \Phi(S'' - S \cap S'', S')$, ayant sur $S \cap S''$ une singularité polaire d'ordre 1 :

$$\text{rés}[\varphi] \in \Phi(S \cap S'', S') ;$$

près de chaque point z de $S \cap S''$ existent des formes de x régulières, $\psi(x, z)$ et $\theta(x, z)$ telles que

$$\varphi(x) = \frac{ds(x, z)}{s(x, z)} \wedge \psi(x, z) + \theta(x, z) \quad \text{sur } S'' \ (dz = 0),$$

$$\psi \mid S' = 0, \qquad \theta \mid S' = 0 ; \qquad \psi \mid S \cap S'' = \text{rés}[\varphi].$$

Prolongeons $\psi(x, z)$ et $\theta(x, z)$ à un voisinage $V(z)$ de z, si $z \in S \cap S''$. Si $z \in S'' - S \cap S''$, choisissons un voisinage $V(z)$ de z étranger à S, $\psi(x, z) = 0$ et $\theta(x, z)$ tel que $\theta \mid S'' = \varphi$. Si $z \in X - S''$, choisissons un voisinage $V(z)$ de z étranger à S'', $\psi = \theta = 0$. Soit $\sum_z \pi(x, z) = 1$ une partition de l'unité telle que le support de $\pi(x, z)$ soit dans $V(z)$. Posons

$$\omega(x) = \sum_z \pi(x, z) \left[\frac{ds(x, z)}{s(x, z)} \wedge \psi(x, z) + \theta(x, z) \right]$$

on convient que $\pi\chi = 0$ hors du support de π, même là où χ n'est pas défini. Les propriétés de ω sont évidentes :

$$\omega \in \Omega(X - S, S')$$

$$(39.1) \qquad \omega \mid S'' = \varphi ;$$

ω a une singularité polaire d'ordre 1 sur S; plus précisément, il existe près de chaque point y de S des formes de x régulières, $\psi'(x, y)$ et $\theta'(x, y)$ telles que

$$\omega(x) = \frac{ds(x, y)}{s(x, y)} \wedge \psi'(x, y) + \theta'(x, y);$$

d'où

$$\psi' \mid S \cap S'' = \text{rés}[\varphi] \tag{39.2}$$

$$d\omega = -\frac{ds(x, y)}{s(x, y)} \wedge d\psi'(x, y) + d\theta'(x, y). \tag{39.3}$$

φ appartient à une classe $h^* \in H^*(S'' - S \cap S'', S')$;
donc, vu (39.1), $d\omega$ appartient à la classe $\partial^* h^* \in H^*(X - S, S'' \cup S')$;
donc, vu (39.3), $-d\psi' | S$ » » $\text{Rés}\,\partial^* h^* \in H^*(S, S'' \cup S')$;
Vu (39.2), $\psi' \mid S \cap S''$ » » $\text{Rés}\, h^* \in H^*(S \cap S'', S')$;
donc $d\psi' \mid S$ » » $\partial^* \text{Rés}\, h^* \in H^*(S, S'' \cup S')$.

Ainsi

$$\text{Rés}\,\partial^* h^* = -\partial^* \text{Rés}\, h^*.$$

Or, d'après le théorème 1, h^* est un élément arbitraire de $H^*(S'' - S \cap S'', S')$.

CHAPITRE 5. — Résidus composés.

Ce chapitre 5 justifie la définition de rés^m qu'énonce le n° 6; puis il établit les propriétés de rés^m, ∂^m, Rés^m que formule le n° 6.

40. Notations. — $S_1, \ldots, S_m, S'_1, \ldots, S'_M$ sont des sous-variétés analytiques complexes de X, de codimension complexe 1, sans singularité, en position générale : voir n° 1;

$$S = S_1 \cap \ldots \cap S_m, \qquad S' = S'_1 \cup \ldots \cup S'_M.$$

Nous emploierons les sous-variétés de X que voici :

$$Y^0 = X - S_2 \cup \ldots \cup S_m;$$
$$Y^{l-1} = S_1 \cap \ldots \cap S_{l-1} - S_1 \cap \ldots \cap S_{l-1} \cap (S_{l+1} \cup \ldots \cup S_m);$$
$$Y^{m-1} = S_1 \cap \ldots \cap S_{m-1};$$
$$T^0 = X - S_1 \cup \ldots \cup S_m;$$
$$T^l = S_1 \cap \ldots \cap S_l - S_1 \cap \ldots \cap S_l \cap (S_{l+1} \cup \ldots \cup S_m) = Y^{l-1} \cap S_l;$$
$$T^m = S_1 \cap \ldots \cap S_m = Y^{m-1} \cap S_m$$

Y^l et T^l sont des sous-variétés de X ayant la codimention complexe l.

Voici leurs *propriétés* essentielles :

T^i est une sous-variété de Y^{i-1}, ayant la codimention complexe de 1 ;

$$Y^{i-1} - T^i = T^{i-1} \qquad (1 \leqq i \leqq m);$$
$$T^0 = X - S_1 \cup \ldots \cup S_m; \qquad T^m = S.$$

En composant les homomorphismes

$$H_c(T^m, S') \xrightarrow{\delta} H_c(T^{m-1}, S') \xrightarrow{\delta} \ldots \xrightarrow{\delta} H_c(T^0, S')$$
$$H^*(T^0, S') \xrightarrow{\text{Rés}} H^*(T^1, S') \xrightarrow{\text{Rés}} \ldots \xrightarrow{\text{Rés}} H^*(T^m, S'),$$

le n° 6 a défini *le cobord composé* δ^m et le *résidu composé* Rés^m :

$$\delta^m : \quad H_c(S, S') \to H_c(X - S_1 \cup \ldots \cup S_m, S')$$
$$\text{Rés}^m : \quad H^*(X - S_1 \cup \ldots \cup S_m, S') \to H^*(S, S').$$

Avant d'étudier leurs propriétés, définissons de même rés^m et étudions ses propriétés.

41. Définition de rés^m. — Dans Y^{i-1}, soit ψ une forme, *fermée* sur T^{i-1}, ayant une singularité polaire d'*ordre* 1 ; sa forme-résidu est une forme fermée sur T^i; nous la noterons $\text{rés}_i[\psi]$. Nous allons prouver le

THÉORÈME. — *Soit* $\varphi(x)$ *une forme* **fermée** *de* $X - S_1 \cup \ldots \cup S_m$ *telle que* $s_1(x, y) \ldots s_m(x, y)\varphi(x)$ *soit* **régulier** *près de chaque point* y *de* S; *alors (si l'on remplace* X *par un voisinage suffisamment petit de* S),

$$\text{rés}_m \ldots \text{rés}_1[\varphi]$$

existe; c'est une forme fermée de S.

Nous la nommerons *forme résidu composé*; nous la noterons

$$\text{rés}^m[\varphi].$$

Ce théorème résulte d'une récurrence sur m et du

LEMME. — Si φ vérifie les hypothèses qu'énonce le théorème, alors

$$s_2(x, y) \ldots s_m(x, y)\, \text{rés}_1[\varphi]$$

est régulier sur S_1 près de chaque point y de S.

PREUVE. — Utilisons en y des coordonnées locales telles que $s_i(x, y) = x_i$; soit z un point de T^1 voisin de y; d'après le n° 2, il existe des formes ψ et θ, régulières près de z, telles que

$$\varphi = \frac{dx_1}{x_1} \wedge \psi + \theta$$

choisissons ψ et θ indépendants de dx_1; alors tout coefficient $c_1(x)$ de ψ est du type : $c_1(x) = x_1 c(x)$, $c(x)$ étant un coefficient φ. Tout coefficient $c_1(x)$ de $\text{rés}_1[\varphi]$ est alors de ce type :

$$c_1(x) = x_1 c(x)$$

$c_1(x)$ étant un coefficient de φ, indépendant de z. Par hypothèse, $x_1 \ldots x_m c(x)$ est régulier en y; donc $x_2 \ldots x_m c_1(x)$ est régulier en y; donc $x_2 \ldots x_m \, \text{rés}_1[\varphi]$ est régulier en y.

42. Associativité et anticommutativité de rés.

THÉORÈME D'ASSOCIATIVITÉ. — *Supposons $m = p + q$, rés^p défini au moyen de $S_1, \ldots, S_p$ et rés^q au moyen de $S_{p+1}, \ldots, S_m$; alors*

$$\text{rés}^m = \text{rés}^q . \text{rés}^p.$$

THÉORÈME D'ANTICOMMUTATIVITÉ. — *Une permutation paire (impaire) de $S_1, \ldots, S_m$ multiplie $\text{rés}_m[\varphi]$ par $+1$ (par -1).*

Le théorème d'associativité est évident; il réduit au cas $m = 2$ la preuve du théorème d'anticommutativité. Sa preuve, dans ce cas, est la suivante :

LEMME. — La fonction $f(x)$ est régulière au point y de $S_1 \cap S_2$ si les deux fonctions $s_1(x, y) f(x)$ et $s_2(x, y) f(x)$ sont régulières en ce point.

PREUVE. — Remplaçons X par un voisinage de y suffisamment petit; prenons des coordonnées telles que

$$s_1(x, y) = x_1, \qquad s_2(x, y) = x_2.$$

Par hypothèse $x_1 f(x)$ et $x_2 f(x)$ sont réguliers; donc :

$$f(x) \text{ est régulier sauf peut-être sur } S_1 \cap S_2 : \quad x_1 = x_2 = 0;$$

$$x_1 \frac{\partial^{j+\ldots+k} f}{\partial x_2^j \ldots \partial x_l^k} \text{ est régulier, et nul pour } x_1 = 0;$$

donc, près de y

$$\left| x_1 \frac{\partial^{j+\ldots+k} f}{\partial x_2^j \ldots \partial x_l^k} \right| < \text{Cte} \, |x_1|;$$

donc $\dfrac{\partial^{j+\ldots+k} f}{\partial x_2^j \ldots \partial x_l^k}$ est borné près de y. Mais on n'altère pas l'hypothèse en effectuant sur x_1 et x_2 une substitution linéaire arbitraire; donc, plus généralement $\dfrac{\partial^{i+\ldots+k} f}{\partial x_1^i \ldots \partial x_l^k}$ est borné en y, quels que soient $i, \ldots, k$; donc f est régulier en y.

LEMME. — Soit $\varphi(x)$ une forme régulière sur X; la condition

$$d[s_1(x, y) s_2(x, y)] \wedge \varphi(x) = 0 \tag{42.1}$$

est nécessaire et suffisante pour qu'existent, près de $y \in S_1 \cap S_2$, des formes régulières $\psi(x, y)$ et $\theta(x, y)$ telles que

$$\varphi(x) = ds_1(x, y) \wedge ds_2(x, y) \wedge \psi(x, y) + d(s_1 s_2) \wedge \theta. \tag{42.2}$$

PREUVE. — Il est évident que (42.2) entraîne (42.1). Réciproquement, supposons (42.1) vérifié, remplaçons X par un voisinage de y et choisissons des coordonnées telles que

$$s_1(x, y) = x_1, \qquad s_2(x, y) = x_2.$$

L'hypothèse (42.1) se formule

$$d(x_1 x_2) \wedge \varphi(x) = 0. \tag{42.3}$$

Il existe des formes régulières ψ, θ_1, θ_2, ω indépendantes de dx_1 et de dx_2 telles que

$$\varphi = dx_1 \wedge dx_2 \wedge \psi + dx_1 \wedge \theta_1 + dx_2 \wedge \theta_2 + \omega;$$

elles sont uniques; (42.3) donne

$$x_1 \theta_1 = x_2 \theta_2; \qquad \omega = 0.$$

D'après le lemme précédent, la forme

$$\theta = \frac{\theta_1}{x_2} = \frac{\theta_2}{x_1}$$

est régulière en y. On a

$$\varphi = dx_1 \wedge dx_2 \wedge \psi + d(x_1 x_2) \wedge \theta$$

C. Q. F. D.

LEMME. — Soit $\varphi(x)$ une forme *fermée* sur $X - S_1 \cap S_2$; supposons $s_1(x, y) s_2(x, y) \varphi(x)$ régulière au point $y \in S_1 \cap S_2$; alors il existe près de y des formes $\psi(x, y)$, $\theta_1(x, y)$, $\theta_2(x, y)$, $\omega(x, y)$ telles que

$$\varphi = \frac{ds_1}{s_1} \wedge \frac{ds_2}{s_2} \wedge \psi + \frac{ds_1}{s_1} \wedge \theta_1 + \frac{ds_2}{s_2} \wedge \theta_2 + \omega. \tag{42.4}$$

PREUVE. — Puisque $d\varphi = 0$ et que $s_1 s_2 \varphi$ est régulier au point y la forme $d(s_1 s_2) \wedge \varphi$ est régulière au point y; le lemme précédent lui est applicable : il existe des formes θ et ω, régulières au point y, telles que

$$d(s_1 s_2) \wedge \varphi = ds_1 \wedge ds_2 \wedge \theta + d(s_1 s_2) \wedge \omega.$$

D'où

$$d(s_1 s_2) \wedge [s_1 s_2 \varphi - s_1 ds_2 \wedge \theta - s_1 s_2 \omega] = 0;$$

donc, vu ce même lemme, puisque [...] est régulier au point y, il existe des formes ψ et θ', régulières en ce point, telles que

$$s_1 s_2 \varphi - s_1\, ds_2 \wedge \theta - s_1 s_2 \omega = ds_1 \wedge ds_2 \wedge \psi + d(s_1 s_2) \wedge \theta';$$

d'où (42.4).

PREUVE *du théorème d'anticommutativité* ($m=2$). — Supposons vérifiées les hypothèses du lemme précédent pour tout $y \in S_1 \cap S_2$; alors, près de $S_1 \cap S_2$, avec les notations de ce lemme et du nº 41 nous avons

$$\text{rés}_1[\varphi] = \left[\frac{ds_2}{s_2} \wedge \psi + \theta_1\right] \Big| S_1;$$

$$\text{rés}_2\,\text{rés}_1[\varphi] = \psi \mid S_1 \cap S_2;$$

de même

$$\text{rés}_1\,\text{rés}_2[\varphi] = -\psi \mid S_1 \cap S_2.$$

d'où le théorème d'anticommutativité :

$$\text{rés}_2\,\text{rés}_1 = -\,\text{res}_1\,\text{rés}_2.$$

43. Associativité et anticommutativité de δ. — L'associativité de δ est évidente, comme l'était celle de rés. Elle réduit la preuve de l'anticommutativité de δ au cas $m=2$.

Dans ce cas le théorème d'anticommutativité s'énonce comme suit :

THÉORÈME *d'anticommutativité de* δ ($m=2$: $S = S_1 \cap S_2$). — Notons δ^2 l'homomorphisme qui s'obtient en composant les deux homomorphismes δ :

$$H_c(S, S') \xrightarrow{\delta} H_c(S_1 - S, S') \xrightarrow{\delta} H_c(X - S_1 \cup S_2, S');$$

δ^2 est multiplié par -1 quand on permute S_1 et S_2.

PREUVE. — Une construction analogue à celle qu'expose le nº 19 donne un voisinage V de S et une rétraction μ de V sur $S = S_1 \cap S_2$ ayant les propriétés suivantes :

$$\mu \text{ applique } V \cap S'_j \text{ sur } S \cap S'_j;$$

si $y \in S$, $\mu^{-1}(y)$ est une variété régulière, une position générale par rapport à S_1, S_2, S'; c'est une boule de dimension 4; on peut y utiliser pour coordonnées les deux nombres complexes : $s_1(x, y)$, $s_2(x, y)$.

On peut, en outre, définir de même ([2]) une rétraction μ_1 de V sur S_1, une rétraction μ_2 de V sur S_2, puis diminuer V en sorte que les propriétés suivantes aient lieu :

$$\mu^{-1}(y) = D_1(y) \times D_2(y)$$

([2]) Si S' est vide, $\mu_1(x)$ est la projection orthogonale, *dans* $\mu^{-1}(y)$, de x sur $S_1 \cap \mu^{-1}(y)$.

est un bidisque, produit topologique de son intersection $D_1(y)$ par S_1 et de son intersection $D_2(y)$ par S_2; μ_1 (ou μ_2) est la projection de $D_1 \times D_2$ sur D_1 (ou D_2); $D_1(y)$ (ou D_2) est un disque de dimension réelle 2, où $s_1 = 0$ (ou $s_2 = 0$) et sur lequel on peut prendre pour coordonnée $s_2(x, y)$ (ou s_1) : $D_1(y)$ (et D_2) a donc une orientation naturelle; $C_1(y)$ (et C_2) désignera son bord orienté.

Soit γ une chaîne compacte de S, à bord dans S'; soit $h(S, S')$ sa classe d'homologie. Quand y décrit γ, $C_1(y)$ (ou $C_1 \times C_2$) décrit un espace fibré, de fibre $C_1(y)$ (ou $C_1 \times C_2$), de base γ. Orientons-le par l'orientation : Fibre $\times$ Base. Il devient une chaîne de $S_1 - S$ (ou $X - S_1 \cup S_2$); nous la noterons $\delta\gamma$ (ou $\delta^2\gamma$); vu la définition du cobord δ qu'utilise le n° 20, la classe d'homologie de $\delta\gamma$ (ou $\delta^2\gamma$) est $\delta\, h(S, S')$ (ou $\delta^2 h$).

La permutation de S_1 et S_2 permute C_1 et C_2; elle change l'orientation de la fibre $C_1 \times C_2$; elle multiplie donc par -1 la chaîne $\delta^2\gamma$ et la classe $\delta^2 h(S, S')$.

C. Q. F. D.

44. Propriétés de Rés^m.

Théorème d'associativité. — *Supposons $m = p + q$,* Rés^p *défini au moyen de $S_1, \ldots, S_p$ et* Rés^q *au moyen de $S_{q+1}, \ldots, S_m$; alors*

$$\text{Rés}^m = \text{Rés}^q\, \text{Rés}^p.$$

Corollaire. — La formule (7.4).

Preuve. — La définition même de Rés^m (n° 6).

Théorème d'anticommutativité. — *Une permutation paire (impaire) de $S_1, \ldots, S_m$ multiplie* Rés^m *par $+1$ (par -1).*

Note. — Le n° 7 énonce un corollaire de ce théorème.

Preuve. — L'anticommutativité de δ (n° 43), la formule du résidu composé (6.1) et le théorème de faible dualité (n° 4).

Commutativité *de* Rés *et de F^*. — Soit F une application de X^* dans X vérifiant les hypothèses qu'énonce le* n° 1; *on a*

$$F^*\, \text{Rés}^m = \text{Rés}^m F^*.$$

Corollaire. — La formule (7.5).

Preuve. — La proposition 37 et la définition de Rés^m.

Commutation *de* Rés^m *avec le produit à droite par $h^*(X)$. — $H^*(X - S, S')$ et $H^*(S, S')$ sont des algèbres sur $H^*(X)$;* Rés^m *est un homomorphisme d'algèbre :*

$$\text{Rés}^m[h^*(X - S, S').h^*(X)] = [\text{Rés}^m h^*(X - S, S')].h^*(X).$$

COROLLAIRE. — La formule (7.6).

PREUVE. — La proposition 38 et la définition de Rés^m.

COMMUTATION *de* Rés^m *avec* p^*, i^*, ∂^*. — *Dans le diagramme qu'étudie le* n° 39 — *et où l'on ne suppose plus* $m=1$, $S=S_1$ — *on a les règles de commutation* :

$$\text{Rés}^m p^* = p^* \text{Rés}^m, \qquad \text{Rés}^m i^* = i^* \text{Rés}^m,$$
$$\text{Rés}^m \partial^* = (-1)^m \partial^* \text{Rés}^m.$$

COROLLAIRE. — Les formules (7.7), (7.8) et (7.9), où la définition de ∂^* (n° 23) a été introduite.

PREUVE. — La proposition 39 et la définition de Rés^m

CHAPITRE 6. — Cas où les S_l ont des équations globales.

Nous supposons que, près de S, les S_l aient des équations globales (*cf.* n° 8) :

$$S_l: \quad s_l(x) = 0.$$

Nous introduisons des notations (n° 46) et établissons des propriétés (n°s 47, 49, 50, 51) englobant celles qu'énonce le n° 8.

45. Résidu d'un produit de formes fermées.

LEMME ($m=1$, $S=S_1$). — Soit $\varphi(x)$ une forme, fermée sur $X-S$, ayant sur S une singularité polaire d'ordre 1. Il existe des formes $\psi(x)$ et $\theta(x)$, régulières sur X, telles que

$$\varphi(x) = \frac{ds(x)}{s(x)} \wedge \psi(x) + \theta(x).$$

PREUVE. — D'après le lemme 14, chaque point y de X possède un voisinage $V(y)$ sur lequel existent deux formes régulières $\psi(x, y)$ et $\theta(x, y)$ telles que

$$\varphi(x) = \frac{ds(x)}{s(x)} \wedge \psi(x, y) + \theta(x, y).$$

Soit une partition de l'unité

$$\sum_y \pi(x, y) = 1$$

telle que le support de $\pi(x, y)$ soit intérieur à $V(y)$. Définissons

$$\psi(x)=\sum_{y}\pi(x, y)\,\psi(x, y), \qquad \theta(x)=\sum_{y}\pi(x, y)\,\theta(x, y);$$

ces formes ont évidemment les propriétés énoncées.

Forme-résidu d'un produit ($m=1$, $S=S_1$). Lemme. — Soient $\varphi_1(x)$ et $\varphi_2(x)$ deux formes, *fermées* sur $X-S$, ayant sur S une singularité polaire d'ordre 1. Alors : $\varphi_1\wedge\varphi_2$ a une singularité de ce type;

$$\text{(45.1)}\qquad \text{rés}[\varphi_1\wedge\varphi_2]=\text{rés}\left[\varphi_1\wedge\frac{ds}{s}\right]\wedge\text{rés}[\varphi_2]+\text{rés}[\varphi_1]\wedge\text{rés}\left[\frac{ds}{s}\wedge\varphi_2\right].$$

Note. — (2.4) permet de vérifier que le second membre est bien indépendant du choix de s.

Preuve. — D'après le lemme précédent

$$\varphi_1(x)=\frac{ds(x)}{s(x)}\wedge\psi_1(x)+\theta_1(x); \qquad \varphi_2=\frac{ds}{s}\wedge\psi_2+\theta_2;$$

d'où

$$\varphi_1\wedge\varphi_2=\frac{ds}{s}\wedge(\psi_1\wedge\theta_2\pm\theta_1\wedge\psi_2)+\theta_1\wedge\theta_2,$$

$\pm$ étant $+$ quand $d^0(\varphi_1)$ est pair. Donc

$$\text{rés}[\varphi_1\wedge\varphi_2]=(\psi_1\wedge\theta_2\pm\theta_1\wedge\psi_1)\,|\,S$$

or

$$\psi_l\,|\,S=\text{rés}[\varphi_l]; \qquad \theta_l\,|\,S=\text{rés}\left[\frac{ds}{s}\wedge\varphi_l\right]$$

d'où (45.1).

Classe-résidu d'un produit. — Lemme. — Soient φ_1 et φ_2 deux formes, *fermées* sur $X-S$, *nulles* sur S';

$$\text{(45.2)}\qquad \text{Rés}^m[\varphi_1\wedge\varphi_2] = \sum_{(\alpha,\ldots,\beta,\lambda,\ldots,\mu)}\pm\ \text{Rés}^m\left[\varphi_1\wedge\frac{ds_\alpha}{s_\alpha}\wedge\ldots\wedge\frac{ds_\beta}{s_\beta}\right]\cdot\text{Rés}^m\left[\frac{ds_\lambda}{s_\lambda}\wedge\ldots\wedge\frac{ds_\mu}{s_\mu}\wedge\varphi_2\right]$$

la somme étant étendue à l'ensemble des permutations $(\alpha, \ldots, \beta, \lambda, \ldots, \mu)$ de $(1, \ldots, m)$ telles que

$$\alpha<\ldots<\beta,\ \lambda<\ldots<\mu$$

le signe $\pm$ étant le même que dans la relation :

$$ds_\lambda \wedge \ldots \wedge ds_\mu \wedge ds_\alpha \wedge \ldots \wedge ds_\beta = \pm ds_1 \wedge \ldots \wedge ds_m.$$

PREUVE. — Si $m = 1$, (45.2) résulte de (45.1). Nous pouvons donc faire une récurrence sur m et supposer (45.2) vrai quand nous y remplaçons m par $m-1$; nous pouvons aussi, vu le théorème 1, nous limiter au cas où φ_1 φ_2 ont sur $S_1 - S_1 \cap (S_2 \cup \ldots \cup S_m)$ une singularité polaire d'ordre 1, ce qui simplifie les notations; alors :

$$\begin{aligned}
\text{Rés}^m[\varphi_1 \wedge \varphi_2] &= \text{Rés}^{m-1}\,\text{rés}[\varphi_1 \wedge \varphi_2] \\
&= \text{Rés}^{m-1}\left[\text{rés}\left(\varphi_1 \wedge \frac{ds_1}{s_1}\right) \wedge \text{rés}\,\varphi_2 + \text{rés}\,\varphi_1 \wedge \text{rés}\left(\frac{ds_1}{s_1} \wedge \varphi_2\right)\right] \\
&= \sum_{(\alpha,\ldots,\beta,\lambda,\ldots,\mu)} \pm\ \text{Rés}^{m-1}\left[\text{rés}\left(\varphi_1 \wedge \frac{ds_1}{s_1}\right) \wedge \frac{ds_\alpha}{s_\alpha} \wedge \ldots \wedge \frac{ds_\beta}{s_\beta}\right] \\
&\qquad \cdot \text{Rés}^{m-1}\left[\frac{ds_\lambda}{s_\lambda} \wedge \ldots \wedge \frac{ds_\mu}{s_\mu} \wedge \text{rés}\,\varphi_2\right] \\
&\qquad \pm \text{Rés}^{m-1}\left[\text{rés}\,\varphi_1 \wedge \frac{ds_\alpha}{s_\alpha} \wedge \ldots \wedge \frac{ds_\beta}{s_\beta}\right] \\
&\qquad \cdot \text{Rés}^{m-1}\left[\frac{ds_\lambda}{s_\lambda} \wedge \ldots \wedge \frac{ds_\mu}{s_\mu} \wedge \text{rés}\left(\frac{ds_1}{s_1} \wedge \varphi_2\right)\right];
\end{aligned}$$

la somme est étendue à l'ensemble des permutations $(\alpha, \ldots, \beta, \lambda, \ldots, \mu)$ de $(2, \ldots, m)$ telles que $\alpha < \ldots < \beta$, $\lambda < \ldots < \mu$; le signe $\pm$ étant celui-ci :

$$ds_\lambda \wedge \ldots \wedge ds_\mu \wedge ds_\alpha \wedge \ldots \wedge ds_\beta = \pm ds_2 \wedge \ldots \wedge ds_m.$$

D'après (2.4) :

$$\text{rés}(\varphi_1) \wedge \frac{ds_\alpha}{s_\alpha} = \text{rés}\left(\varphi_1 \wedge \frac{ds_\alpha}{s_\alpha}\right), \qquad \frac{ds_\mu}{s_\mu} \wedge \text{rés}(\varphi_2) = -\,\text{rés}\left(\frac{ds_\mu}{s_\mu} \wedge \varphi_2\right).$$

Donc

$$\begin{aligned}
\text{Rés}^m[\varphi_1 \wedge \varphi_2] = \sum_{(\alpha,\ldots,\beta,\lambda,\ldots,\mu)} &\pm\ \text{Rés}^m\left[\varphi_1 \wedge \frac{ds_1}{s_1} \wedge \frac{ds_\alpha}{s_\alpha} \wedge \ldots \wedge \frac{ds_\beta}{s_\beta}\right] \\
&\cdot \text{Rés}^m\left[\frac{ds_\lambda}{s_\lambda} \wedge \ldots \wedge \frac{ds_\mu}{s_\mu} \wedge \varphi_2\right] \\
&\pm \text{Rés}^m\left[\varphi_1 \wedge \frac{ds_\alpha}{s_\alpha} \wedge \ldots \wedge \frac{ds_\beta}{s_\beta}\right] \\
&\cdot \text{Rés}^m\left[\frac{ds_\lambda}{s_\lambda} \wedge \ldots \wedge \frac{ds_\mu}{s_\mu} \wedge \frac{ds_1}{s_1} \wedge \varphi_2\right]
\end{aligned}$$

le signe $\pm$ étant celui-ci :

$$ds_\lambda \wedge \ldots \wedge ds_\mu \wedge ds_1 \wedge ds_\alpha \wedge \ldots \wedge ds_\beta = \pm ds_1 \wedge \ldots \wedge ds_m;$$

d'où (45.2).

Nous utiliserons le symbolisme suivant pour exprimer et compléter cette formule (45.2).

46. Définition de nouveaux symboles. — *Définissons*

$$(46.1)\quad \left.\frac{\partial^{q+\ldots+r+u+\ldots+v}\omega}{\partial s_1^q\ldots\partial s_n^r\, ds_{n+1}^{1+u}\wedge\ldots\wedge ds_m^{1+v}}\right|_{(S,S')} = \left.\frac{d^{q+\ldots+r+u+\ldots+v}[ds_1\wedge\ldots\wedge ds_n\wedge\omega]}{ds_1^{1+q}\wedge\ldots\wedge ds_n^{1+r}\wedge ds_{n+1}^{1+u}\wedge\ldots\wedge ds_m^{1+v}}\right|_{(S,S')}$$

$$(q,\ \ldots,\ r,\ u,\ \ldots,\ v : \text{entiers} \geqq 0).$$

Ce symbole (46.1) est donc défini quand les S_l ont, près de S, des équations globales $s_l(x) = 0$ et que $\omega(x)$ est une forme régulière près de S, telle que

$$ds_1\wedge\ldots\wedge ds_n\wedge d\left(\frac{\omega}{s_{n+1}^{1+u}\ldots s_m^{1+v}}\right) = 0, \qquad \omega\,|\,S' = 0.$$

Ce symbole (46.1) représente une classe de cohomologie de (S, S'). Une permutation de $\partial s_1^q, \ldots, \partial s_n^r$ ne le change pas. Une permutation paire (impaire) de $ds_{n+1}^{1+u}, \ldots, ds_m^{1+v}$ le multiplie par $+1$ (par -1).

Note. — Si $q = 0$, nous supprimons ∂s_1^q : il est évident que

$$\left.\frac{\partial^{q+\ldots+r+u+\ldots+v}\omega}{\partial s_2^q\ldots\partial s_n^r\, ds_{n+1}^{1+u}\wedge\ldots\wedge ds_m^{1+v}}\right|_{(S,S')} = i^*\left.\frac{\partial^{q+\ldots+r+u+\ldots+v}\omega}{\partial s_2^q\ldots\partial s_n^r\, ds_{n+1}^{1+u}\wedge\ldots\wedge ds_m^{1+v}}\right|_{(S_2\cap\ldots\cap S_m,\, S')},$$

Si $q = \ldots = r = 0$, (46.1) est noté

$$\left.\frac{\partial^{u+\ldots+v}\omega}{ds_{n+1}^{1+u}\wedge\ldots\wedge ds_m^{1+v}}\right|_{(S,S')}.$$

Si $n = m$, (46.1) est noté

$$\left.\frac{\partial^{q+\ldots+r}\omega}{\partial s_1^q\ldots\partial s_m^r}\right|_{(S,S')}.$$

Si $m = 1$, $\left.\dfrac{\partial^q\omega}{\partial s^q}\right|_{(S,S')}$ est noté $\left.\dfrac{d^q\omega}{ds^q}\right|_{(S,S')}$.

Enfin, si $n = m$, $q = \ldots = r = 0$, (46.1) est noté $\omega\,|_{(S,S')}$; c'est la classe de cohomologie de $\omega\,|\,S$; [par hypothèse $ds_1\wedge\ldots\wedge ds_m\wedge d\omega = 0$; donc $d\omega = 0$ sur S].

47. Premières propriétés de ces symboles. — *Les formules* (7.5)...(7.8) subsistent évidemment quand on y remplace le symbole (7.2) par le symbole (46.1); (7.9) devient la formule suivante :

$$(47.1)\quad \partial^* \frac{\partial^{q+\ldots+r+u+\ldots+v-m+n}\psi}{\partial s_1^q\ldots\partial s_n^r\, ds_{n+1}^u\wedge\ldots\wedge ds_m^v}\Bigg|_{(S\cap S'', S')}$$

$$= (-1)^{m-n}\frac{\partial^{q+\ldots+r+u+\ldots+v}}{\partial s_1^q\ldots\partial s_n^r\, ds_{n+1}^{1+u}\wedge\ldots\wedge ds_m^{1+v}}$$

$$\times\left[\frac{s_{n+1}}{u}\cdots\frac{s_m}{v}\left(d\psi - u\frac{ds_{n+1}}{s_{n+1}}\wedge\psi - \ldots v\frac{ds_m}{s_m}\wedge\psi\right)\right]\Bigg|_{(S, S''\cup S')}$$

si : $ds_1\wedge\ldots\wedge ds_n\wedge d\left[\dfrac{\psi(x)}{s_{n+1}^u\ldots s_m^v}\right] = 0$ sur S'' et $\psi\,|\,S' = 0$.

THÉORÈME 47.1. — *Supposons défini*

$$(47.2)\qquad \frac{\partial^{p+\ldots+q+r+\ldots+u+v+\ldots+w}\omega}{\partial s_1^p\ldots\partial s_n^q\, ds_{n+1}^{1+r}\wedge\ldots\wedge ds_j^{1+u}\wedge ds_{j+1}^{1+v}\wedge\ldots\wedge ds_m^{1+w}}\Bigg|_{(S, S')};$$

alors : ce symbole reste défini quand on modifie p, ..., q; plus généralement

$$(47.3)\qquad \frac{\partial^{P+\ldots+Q+R+\ldots+U+v+\ldots+w}\omega}{\partial s_1^P\ldots\partial s_n^Q\,\partial s_{n+1}^R\ldots\partial s_j^U\, ds_{j+1}^{1+v}\wedge\ldots\wedge ds_m^{1+w}}\Bigg|_{(S, S')}$$

est défini quels que soient les entiers $\geqq 0$ *: P, ..., Q, R, ..., U; enfin* (47.3) *est nul si l'on n'a pas à la fois*

$$(47.4)\qquad R = 1 + r,\qquad \ldots,\qquad U = 1 + u$$

EXEMPLE : $m = 1$. — Si $\dfrac{d^r\omega}{ds^{1+r}}\Bigg|_{(S, S')}$ est défini, alors $\dfrac{d^R\omega}{ds^R}\Bigg|_{(S, S')}$ est défini quel que soit $R\geqq 0$, est nul si $R \neq 1 + r$.

PREUVE *que* (47.3) *est défini.* — Puisque (47.2), est défini, on a

$$ds_1\wedge\ldots\wedge ds_n\wedge d\left[\frac{\omega}{s_{n+1}^{1+r}\ldots s_{j+1}^{1+v}\ldots s_m^{1+w}}\right] = 0,\qquad \omega\,|\,S' = 0;$$

donc

$$ds_1\wedge\ldots\wedge ds_n\wedge\ldots ds_j\wedge d\left[\frac{\omega}{s_{j+1}^{1+v}\ldots s_m^{1+w}}\right] = 0,\qquad \omega\,|\,S' = 0;$$

donc (47.3) est défini.

PREUVE *que* (47.3) *est nul si* (47.4) *n'est pas vérifié.* — L'associativité de la composition de Rés réduit cette preuve au cas $m = 1$. Supposons donc $m = 1$ et $\dfrac{d^r\omega}{ds^{1+r}}\Bigg|_{(S, S')}$ défini, c'est-à-dire

$$d\left(\frac{\omega}{s^{1+r}}\right) = 0,\qquad \omega\,|\,S' = 0.$$

Dans $(X - S, S')$ on a donc

$$(1 + r - R)\frac{ds \wedge \omega}{s^{1+R}} = d\left(\frac{\omega}{s^R}\right) \sim 0,$$

d'où, si $R \neq r + 1$:

$$\frac{ds \wedge \omega}{s^{1+R}} \sim 0, \qquad \text{donc} \quad \left.\frac{d^R \omega}{ds^R}\right|_{(S,S')} = 0.$$

Théorème 47.2. — *On a*

$$\left.\frac{\partial^{q+\ldots+r+u+\ldots+v+\ldots+w}[d\omega]}{\partial s_1^q \ldots \partial s_n^r\, ds_{n+1}^{1+u} \wedge \ldots \wedge ds_j^{1+v} \wedge \ldots \wedge ds_m^{1+w}}\right|_{(S,S')}$$

$$= \sum_{j=n+1}^{m} (-1)^{j-n-1} \left.\frac{\partial^{q+\ldots+r+u+\ldots+v+\ldots+w+1}\omega}{\partial s_1^q \ldots \partial s_n^r\, \partial s_j^{1+v}\, ds_{n+1}^{1+u} \wedge \ldots \wedge ds_{j-1} \wedge ds_{j+1} \ldots \wedge ds_m^{1+w}}\right|_{(S,S')}$$

si le deuxième membre est défini.

Exemple : $m = 1$. — On a [Cf : (8.2)]

$$\left.\frac{d^v[d\omega]}{ds^{1+v}}\right|_{(S,S')} = \left.\frac{d^{1+v}\omega}{ds^{1+v}}\right|_{(S,S')}.$$

Preuve. — Dans $\Omega(X, S')$ on a :

$$0 \sim (-1)^n d\left[\frac{ds_1 \wedge \ldots \wedge ds_n \wedge \omega}{s_1^{1+q} \ldots s_n^{1+r}\, s_{n+1}^{1+u} \ldots s_j^{1+v} \ldots s_m^{1+w}}\right]$$

$$= \frac{ds_1 \wedge \ldots \wedge ds_n \wedge d\omega}{s_1^{1+q} \ldots s_n^{1+r}\, s_{n+1}^{1+u} \ldots s_j^{1+v} \ldots s_m^{1+w}}$$

$$- \sum_{j=n+1}^{m} (1 + v)\frac{ds_1 \wedge \ldots \wedge ds_n \wedge ds_j \wedge \omega}{s_1^{1+q} \ldots s_n^{1+r}\, s_{n+}^{1+u} \ldots s_j^{2+v} \ldots s_m^{1+w}};$$

donc

$$\left.\frac{\partial^{q+\ldots+r+u+\ldots+w}[d\omega]}{\partial s_1^q \ldots \partial s_n^r\, ds_{n+1}^{1+u} \wedge \ldots \wedge ds_m^{1+w}}\right|_{(S,S')}$$

$$= \sum_{j=n+1}^{m} q!\ldots r!\, u!\ldots(1+v)!\ldots w!\, \text{Rés}^m \frac{ds_1 \wedge \ldots \wedge ds_n \wedge ds_j \wedge \omega}{s_1^{1+q} \ldots s_n^{1+r}\, s_{n+1}^{1+u} \ldots s_j^{2+v} \ldots s_m^{1+w}}.$$

D'où le théorème, en remarquant que les définitions (7.2) et (46.1) et l'anticommutativité de la composition de Rés ont pour conséquence la formule suivante : si $(\alpha, \ldots, \beta, \lambda, \ldots, \mu)$ est une permutation de $(1, \ldots, m)$, alors

$$(47.6) \qquad \left.\frac{\partial^{q+\ldots+r+u+\ldots+v}\omega}{\partial s_\alpha^q \ldots \partial s_\beta^r\, ds_\lambda^{1+u} \wedge \ldots \wedge ds_\mu^{1+v}}\right|_{(S,S')}$$

$$= \pm\, q!\ldots r!\, u!\ldots v!\, \text{Rés}^m \frac{ds_\alpha \wedge \ldots \wedge ds_\beta \wedge \omega}{s_\alpha^{1+q} \ldots s_\beta^{1+r}\, s_\lambda^{1+u} \ldots s_\mu^{1+v}}.$$

Le signe $\pm$ étant le même que dans la relation .

$$ds_\alpha \wedge \ldots \wedge ds_\beta \wedge ds_\lambda \wedge \ldots \wedge ds_\mu = \pm ds_1 \wedge \ldots \wedge ds_m.$$

48. Gelfand et Šilov ([5] chap. III, § 1, n° 5, p. 261) et, indépendamment, [11] ont donné une construction de $\left.\dfrac{\partial^{q+\ldots+r}\omega}{\partial s_1^q \ldots \partial s_m^r}\right|_{(S,S')}$ analogue à la construction de la dérivée partielle d'une fonction. Elle emploie le

LEMME. — Si la forme $\varphi(x)$, régulière sur X, vérifie les conditions

$$ds_1(x) \wedge \ldots \wedge ds_m(x) \wedge \varphi(x) = 0, \qquad \varphi \mid S' = 0,$$

alors il existe des formes $\psi_1(x), \ldots, \psi_m(x)$ régulières sur X et telles que

$$\varphi(x) = ds_1(x) \wedge \psi_1(x) + \ldots + ds_m(x) \wedge \psi_m(x); \qquad \psi_i \mid S' = 0.$$

PREUVE. — Soit $y \in X$; prenons en y des coordonnées locales telles que $x_i = s_i(x)$; soit

$$\varphi(x) = \psi_0(x, y) + dx_1 \wedge \psi_1(x, y) + \ldots + dx_m \wedge \psi_m(x, y),$$

$\psi_i(x, y)$ ne contenant ni $dx_{i+1}, \ldots$ ni dx_m; ces $\psi_i(x, y)$ sont déterminés sans ambiguité et, sur S'_j, $x_1, \ldots, x_m$ restent indépendants; les hypothèses impliquent donc

$$\psi_0 = 0, \qquad \psi_i \mid S' = 0.$$

Ainsi, en chaque point y de X, on peut définir un voisinage $V(y)$ de y et des formes $\psi_i(x, y)$ régulières sur $V(y)$, telles que

$$\varphi(x) = ds_1(x) \wedge \psi_1(x, y) + \ldots + ds_m \wedge \psi_m, \qquad \psi_i \mid S' = 0.$$

Soit $\sum_y \pi(x, y) = 1$ une partition de l'unité, telle que le support de π soit intérieur à $V(y)$; les formes

$$\psi_i(x) = \sum_y \pi(x, y)\, \psi_i(x, y)$$

ont les propriétés énoncées.

CONSTRUCTION DE GELFAND ET ŠILOV. — *Soit $\omega(x)$ une forme régulière sur X, vérifiant les hypothèses*

$$ds_1(x) \wedge \ldots \wedge ds_m(x) \wedge d\omega = 0, \qquad \omega \mid S' = 0.$$

Alors il existe des formes, régulière sur X, nulles sur S'

$$\omega_1, \ldots, \omega_m, \ldots, \omega_{u\ldots v}(x), \ldots \qquad (u, v = 1, \ldots, m)$$

telles que

$$d\omega = ds_1 \wedge \omega_1 + \ldots + ds_m \wedge \omega_m$$
$$\ldots\ldots\ldots\ldots\ldots\ldots\ldots\ldots\ldots$$
$$d\omega_{u\ldots v} = ds_1 \wedge \omega_{u\ldots v1} + \ldots + ds_m \wedge \omega_{u\ldots vm}$$
$$\ldots\ldots\ldots\ldots\ldots\ldots\ldots\ldots\ldots\ldots$$

On a, pour tous les choix possibles des $\omega_{u\ldots v}$,

(48.1) $$\omega_{u\ldots v} \,|\, S \in \frac{\partial^{q+\ldots+r}\omega}{\partial s_1^q \ldots \partial s_m^r}\Bigg|_{(S,S')},$$

où q (*où* r) *est le nombre des indices* $u, \ldots, v$ *égaux à* 1 (*à* m).

Preuve *de l'existence des* $\omega_{u\ldots v}$. — Le lemme prouve l'existence de formes $\omega_1(x), \ldots, \omega_m(x)$ telles que

$$d\omega = ds_1 \wedge \omega_1 + \ldots + ds_m \wedge \omega_m, \qquad \omega_1 \,|\, S' = 0, \ \ldots, \ \omega_m \,|\, S' = 0.$$

D'où, en appliquant d,

$$ds_1 \wedge d\omega_1 + \ldots + ds_m \wedge d\omega_m = 0,$$

d'où

$$ds_1 \wedge \ldots \wedge ds_m \wedge d\omega_1 = 0.$$

Le lemme en déduit l'existence de $\omega_{11}, \ldots, \omega_{1m}$ tels que

$$d\omega_1 = ds_1 \wedge \omega_{11} + \ldots + ds_m \wedge \omega_{1m}, \qquad \omega_{1i} \,|\, S' = 0,$$

etc.

Preuve *de* (48.1). — On a

$$\omega_{u\ldots v} \,|\, S = \text{rés}^m\left[\frac{ds_1 \wedge \ldots \wedge ds_m \wedge \omega_{u\ldots v}}{s_1 \ldots s_m}\right];$$

donc

(48.2) $$\omega_{u\ldots v} \,|\, S \in \text{Rés}^m\left[\frac{ds_1 \wedge \ldots \wedge ds_m \wedge \omega_{u\ldots v}}{s_1 \ldots s_m}\right].$$

Or dans $(X - S_1 \cup \ldots \cup S_m, S')$ on a

$$\frac{ds_1 \wedge ds_2 \wedge \ldots \wedge ds_m \wedge \omega_{u\ldots v1}}{s_1^p s_2^q \ldots s_m^r} = (-1)^{m-1} \frac{ds_2 \wedge \ldots \wedge ds_m \wedge d\omega_{u\ldots v}}{s_1^p s_2^q \ldots s_m^r}$$
$$= d\left[\frac{ds_2 \wedge \ldots \wedge ds_m \wedge \omega_{u\ldots v}}{s_1^p s_2^q \ldots s_m^r}\right] + p\,\frac{ds_1 \wedge ds_2 \wedge \ldots \wedge ds_m \wedge \omega_{u\ldots v}}{s_1^{p+1} s_2^q \ldots s_m^r}$$

donc

$$\frac{ds_1 \wedge ds_2 \wedge \ldots \wedge ds_m \wedge \omega_{u\ldots v1}}{s_1^p s_2^q \ldots s_m^r} \sim p\,\frac{ds_1 \wedge \ldots \wedge ds_m \wedge \omega_{u\ldots v}}{s_1^{p+1} \ldots s_m^r}$$

donc, plus généralement :

$$\frac{ds_1 \wedge \ldots \wedge ds_w \wedge \ldots \wedge ds_m \wedge \omega_{u\ldots w\ldots v}}{s_1^p \ldots s_w^q \ldots s_m^r} \sim q\, \frac{ds_1 \wedge \ldots \wedge ds_w \wedge \ldots \wedge ds_m \wedge \omega_{u,\ldots v}}{s_1^p \ldots s_w^{q+1} \ldots s_m^r}$$

d'où

$$\frac{ds_1 \wedge \ldots \wedge ds_m \wedge \omega_{u\ldots v}}{s_1 \ldots s_m} \sim q!\ldots r!\, \frac{ds_1 \wedge \ldots \wedge ds_m \wedge \omega}{s_1^{q+1} \ldots s_m^{r+1}}$$

où q (où r) est le nombre des indices $u \ldots v$ égaux à 1 (à m). Par suite (48.2) s'écrit

$$\omega_{u\ldots v} \,|\, S \in q!\ldots r!\, \text{Rés}^m \left[\frac{ds_1 \wedge \ldots \wedge ds_m \wedge \omega}{s_1^{q+1} \ldots s_m^{r+1}} \right]$$

ce qui équivaut à (48.1).

Cette construction de Gelfand et Šilov a pour conséquences les trois théorèmes suivants :

49. Cas où $\omega(x)$ est de degré nul. — Prouvons le théorème qu'à déjà énoncé le n° 8 :

Théorème. — *Supposons $\omega(x)$ de degré nul et*

$$(49.1) \qquad \left. \frac{\partial^{q+\ldots+r}[\omega]}{\partial s_1^q \ldots \partial s_m^r} \right|_{(S,S')}$$

défini; alors

$$\omega(x) = f[s_1(x), \ldots, s_m(x)],$$

$f[s_1, \ldots, s_m]$ étant une fonction holomorphe au point $[0, \ldots, 0]$. Si S et S' se coupent, f est évidemment nulle et (49.1) est donc nul. Sinon $(S, S') = S$ et (49.1) est le produit du nombre

$$\left. \frac{\partial^{q+\ldots+r} f[s_1, \ldots, s_m]}{\partial s_1^q \ldots \partial s_m^r} \right|_{s_1 = \ldots = s_m = 0}$$

par la classe de cohomologie unité de S.

Preuve. — (49.1) est défini quand

$$ds_1 \wedge \ldots \wedge ds_m \wedge d\omega = 0;$$

d'où, vu le lemme du numéro précédent

$$d\omega = \omega_1\, ds_1 + \ldots + \omega_m\, ds_m;$$

$\omega, \omega_1 \ldots, \omega_m$ sont des fonctions; ω est donc fonction *holomorphe* de $s_1, \ldots, s_m$:

$$\omega = f[s_1, \ldots, s_m].$$

La construction de Gelfand et Šilov donne

$$\omega_{u\ldots v} | S = \left. \frac{\partial^{q+\ldots+r} f[s_1, \ldots, s_m]}{\partial s_1^q \ldots \partial s_m^r} \right|_{s_1=\ldots=s_m=0}$$

D'où le théorème.

50. Formule du changement de variables. — PREUVE *de* (8.6). — La construction de Gelfand et Šilov donne des formes $\pi_1, \ldots, \pi_m$ telles que

$$d\omega = dt_1 \wedge \pi_1 + \ldots + dt_m \wedge \pi_m, \qquad \pi_i | S' = 0;$$

or

$$dt_i = \sum_u \frac{\partial t_i}{\partial s_u} ds_u;$$

on peut donc satisfaire les conditions

$$d\omega = ds_1 \wedge \omega_1 + \ldots + ds_m \wedge \omega_m, \qquad \omega_u | S' = 0$$

en choisissant

$$\omega_u = \sum_i \frac{\partial t_i}{\partial s_u} \pi_i.$$

La construction de Gelfand et Šilov donne des formes π_{ij} telles que

$$d\pi_i = dt_1 \wedge \pi_{i1} + \ldots + dt_m \wedge \pi_{im};$$

donc

$$d\omega_u = \sum_{iv} \frac{\partial^2 t_i}{\partial s_u \partial s_v} ds_v \wedge \pi_i + \sum_{ijv} \frac{\partial t_i}{\partial s_u} \frac{\partial t_j}{\partial s_v} ds_v \wedge \pi_{ij};$$

on peut donc satisfaire les conditions

$$d\omega_u = ds_1 \wedge \omega_{u1} + \ldots + ds_m \wedge \omega_{um}, \quad \omega_{u1} | S' = 0, \ \ldots, \ \omega_{um} | S' = 0$$

en choisissant

$$\omega_{uv} = \sum_i \frac{\partial^2 t_i}{\partial s_u \partial s_v} \pi_i + \sum_{ij} \frac{\partial t_i}{\partial s_u} \frac{\partial t_j}{\partial s_v} \pi_{ij}.$$

Plus généralement on peut choisir pour $\omega_{u\ldots v}$ une combinaison linéaire de ceux des $\pi_{i\ldots j}$ qui n'ont pas plus d'indices que $\omega_{u\ldots v}$, les coefficients de cette combinaison linéaire étant des polynomes en les dérivées partielles des fonctions $t_1(s_1, \ldots s_m), \ldots t_m(s_1, \ldots s_m)$; ces polynomes sont constants sur S. D'où, vu (48.1), une formule du type (8.6). Les constantes $C^{l,\ldots,r}_{Q,\ldots,R}$ qui y figurent sont indépendantes de (S, S') de ω et de son degré. On peut donc les déterminer en supposant S' vide, ω de degré nul et en appliquant le théorème du n° 49.

Cette formule (8.6) et l'associativité de Rés ont pour conséquence immédiate le

THÉORÈME. — Soient

$$t_1(s_1, \ldots, s_n), \ldots, t_n(s_1, \ldots, s_n)$$

n fonctions holomorphes en (o, ..., o), *nulles en ce point, où*

$$\frac{D(t)}{D(s)} \neq 0;$$

alors

$$\left.\frac{\partial^{Q+\ldots+R+u+\ldots+v}}{\partial s_1^Q \ldots \partial s_n^R \, ds_{n+1}^{1+u} \wedge \ldots \wedge ds_m^{1+v}}\right|_{(S,S')}$$

$$= \sum_{\substack{0<q+\ldots+r\leq \\ Q+\ldots+R}} C_{Q,\ldots,R}^{q,\ldots,r} \left.\frac{\partial^{q+\ldots+r+u+\ldots+v}}{\partial t_1^q \ldots \partial t_n^r \, ds_{n+1}^{1+u} \wedge \ldots \wedge ds_m^{1+v}}\right|_{(S,S')},$$

les nombres complexes $C_{Q,\ldots,R}^{q,\ldots,r}$ *étant indépendants de* (S, S') *de* ω, *de son degré, de* $u, \ldots, v$, $m-n$; *ils ne dépendent que de l'allure des fonctions* $t_i(s_1, \ldots, s_n)$ *au point* (o, ..., o) *: ce sont les coefficients au point* (o, ..., o) *de la formule classique*

$$\frac{\partial^{Q+\ldots+R}}{\partial s_1^Q \ldots \partial s_n^R} = \sum_{\substack{0<q+\ldots+r\leq \\ Q+\ldots+R}} C_{Q,\ldots,R}^{q,\ldots,r} \frac{\partial^{q+\ldots+r}}{\partial t_1^q \ldots \partial t_n^r}$$

51. Formule de Leibnitz. — PREUVE *de* (8.5). — La construction de Gelfand et Šilov donne des formes $\omega_{u\ldots v}$ et $\pi_{u\ldots v}$ telles que

$$d\omega = ds_1 \wedge \omega_1 + \ldots + ds_m \wedge \omega_m, \quad \omega_u \mid S' = 0, \quad d\pi = ds_1 \wedge \pi_1 + \ldots + ds_m \wedge \pi_m$$
$$d\omega_u = ds_1 \wedge \omega_{u1} + \ldots + ds_m \wedge \omega_{um}, \quad \omega_{uv} \mid S' = 0, \quad d\pi_u = ds_1 \wedge \pi_{u1} + \ldots + ds_m \wedge \pi_{um}$$
$$\ldots\ldots\ldots\ldots \quad \ldots\ldots \quad \ldots\ldots\ldots\ldots$$

On peut donc choisir

$$(\omega \wedge \pi)_u = \omega_u \wedge \pi + \omega \wedge \pi_u$$
$$(\omega \wedge \pi)_{uv} = \omega_{uv} \wedge \pi + \omega_u \wedge \pi_v + \omega_v \wedge \pi_u + \omega \wedge \pi_{uv}$$
$$\ldots\ldots\ldots\ldots\ldots\ldots\ldots\ldots$$

$(\omega \wedge \pi)_{u\ldots v}$ est une somme de $\omega_{\alpha\ldots\beta} \wedge \pi_{\lambda\ldots\mu}$. D'où, vu (48.1)

$$\left.\frac{\partial^{Q+\ldots+R}(\omega \wedge \pi)}{\partial s_1^Q \ldots \partial s_m^R}\right|_{(S,S')} = \sum_{\alpha,\ldots,\mu} c_{\alpha\ldots\mu}^{Q\ldots R} \left.\frac{\partial^{\alpha+\ldots+\beta}\omega}{\partial s_1^\alpha \ldots \partial s_m^\beta}\right|_{(S,S')} \left.\frac{\partial^{\lambda+\ldots+\mu}\pi}{\partial s_1^\lambda \ldots \partial s_m^\mu}\right|_{(S)}$$

les $c_{\alpha\ldots\mu}^{Q\ldots n}$ étant des entiers indépendants de ω, de π, de leurs degrés; on les détermine en choisissant ω et π de degré nul et en appliquant le théorème du n° 49 : on obtient (8.5) qui, du point de vue formel, est identique à la formule de Leibnitz classique.

Nous allons en déduire une formule plus générale :

THÉORÈME. — *Supposons définis*

$$\left.\frac{\partial^{a_{n+1}+\ldots+a_m}\omega}{ds_{n+1}^{1+a_{n+1}}\wedge\ldots\wedge ds_m^{1+a_m}}\right|_{(S,S')} \quad \text{et} \quad \left.\frac{\partial^{b_{n+1}+\ldots+b_m}\pi}{ds_{n+1}^{1+b_{n+1}}\wedge\ldots\wedge ds_m^{1+b_m}}\right|_{(S)};$$

c'est-à-dire supposons

$$ds_1\wedge\ldots\wedge ds_n\wedge d\left[\frac{\omega}{s_{n+1}^{1+a_{n+1}}\ldots s_m^{1+a_m}}\right]=0, \qquad \omega\mid S'=0,$$

$$ds_1\wedge\ldots\wedge ds_n\wedge d\left[\frac{\pi}{s_{n+1}^{1+b_{n+1}}\ldots s_m^{1+b_m}}\right]=0.$$

Alors on a, quels que soient les entiers $\geqq 0$: $Q_1,\ldots,Q_n$, pour $Q_j=1+a_j+b_j$ $(j=n+1,\ldots,m)$:

$$\left.\frac{\partial^{Q_1+\ldots+Q_m}[\omega\wedge\pi]}{\partial s_1^{Q_1}\ldots\partial s_n^{Q_n}ds_{n+1}^{1+Q_{n+1}}\wedge\ldots\wedge ds_m^{1+Q_m}}\right|_{(S,S')}$$
$$=\sum\pm\frac{Q_1!}{q_1!\,r_1!}\cdots\frac{Q_m!}{q_m!\,r_m!}$$
$$\cdot\left.\frac{\partial^{q_1+\ldots+q_m}\omega}{\partial s_1^{q_1}\ldots\partial s_n^{q_n}\partial s_\alpha^{q_\alpha}\ldots\partial s_\beta^{q_\beta}ds_\lambda^{1+q_\lambda}\wedge\ldots\wedge ds_\mu^{1+q_\mu}}\right|_{(S,S')}$$
$$\cdot\left.\frac{\partial^{r_1+\ldots+r_m}\pi}{\partial s_1^{r_1}\ldots\partial s_n^{r_n}\partial s_\lambda^{r_\lambda}\ldots\partial s_\mu^{r_\mu}ds_\alpha^{1+r_\alpha}\wedge\ldots\wedge ds_\beta^{1+r_\beta}}\right|_{(S)}.$$

Cette somme est étendue à l'ensemble des valeurs de $(q_1,\ldots,q_n,r_1,\ldots,r_n)$ *telles que* $q_l+r_l=Q_l$ *et des permutations* $(\alpha,\ldots,\beta,\lambda,\ldots,\mu)$ *de* $(n+1,\ldots,m)$ *telles que*

$$\alpha<\ldots<\beta,\qquad \lambda<\ldots<\mu;$$

$q_\lambda,\ldots,q_\mu$, $r_\alpha,\ldots,r_\beta$ *prennent les seules valeurs pour lesquelles le second membre est défini :*

$$q_\lambda=a_\lambda,\ldots,\ q_\mu=a_\mu,\qquad r_\alpha=b_\alpha,\ldots,\ r_\beta=b_\beta;$$

$q_\alpha,\ldots,q_\beta$, $r_\lambda,\ldots,r_\mu$ *prennent les seules valeurs pour lesquelles les symboles précédents ne sont pas nuls* (*cf.* *Théorème* 47.1) :

$$q_\alpha=1+a_\alpha,\ldots,\ q_\beta=1+a_\beta,\qquad r_\lambda=1+b_\lambda,\ldots,\ r_\mu=1+b_\mu.$$

On a donc

$$q_j+r_j=Q_j\qquad\text{pour } j=1,\ldots,m.$$

Le signe $\pm$ est le même que dans les relations :

$$ds_\alpha \wedge \ldots \wedge ds_\beta \wedge \omega \wedge ds_\lambda \wedge \ldots \wedge ds_\mu = \pm\, \omega\, ds_{n+1} \wedge \ldots \wedge ds_m.$$

PREUVE. — Remarquons d'abord que la formule (8.5) peut s'écrire :

$$(51.1)\quad \text{Rés}^m\left[\frac{ds_1 \wedge \ldots \wedge ds_m \wedge \omega \wedge \pi}{s_1^{1+R} \ldots s_m^{1+R}}\right]$$
$$= \sum_{\substack{0 \leq q \leq Q \\ \cdots\cdots \\ 0 \leq r \leq R}} \text{Rés}^m\left[\frac{ds_1 \wedge \ldots \wedge ds_m \wedge \omega}{s_1^{1+q} \ldots s_m^{1+r}}\right] \text{Rés}^m\left[\frac{ds_1 \wedge \ldots \wedge ds_m \wedge \pi}{s_1^{1+Q-q} \ldots s_m^{1+R-r}}\right].$$

Faisons maintenant les hypothèses qu'énonce le théorème et, pour simplifier les calculs, choisissons arbitrairement des formes

$$\varphi_{q_1 \ldots q_n} \in \text{Rés}^n\left[\frac{ds_1 \wedge \ldots \wedge ds_n \wedge \omega}{s_1^{1+q_1} \ldots s_n^{1+q_n} s_{n+1}^{1+a_{n+1}} \ldots s_m^{1+a_m}}\right],$$
$$\psi_{r_1 \ldots r_n} \in \text{Rés}^n\left[\frac{ds_1 \wedge \ldots \wedge ds_n \wedge \pi}{s_1^{1+r_1} \ldots s_n^{1+r_n} s_{n+1}^{1+b_{n+1}} \ldots s_m^{1+b_m}}\right];$$

ce sont des formes définies et fermées sur

$$S_1 \cap \ldots \cap S_n - S_1 \cap \ldots \cap S_n \cap (S_{n+1} \cup \ldots \cup S_m).$$

Les formules (51.1) puis (45.2) donnent

$$(51.2)\quad \text{Rés}^m\left[\frac{ds_1 \wedge \ldots \wedge ds_n \wedge \omega \wedge \pi}{s_1^{1+Q_1} \ldots s_m^{1+Q_m}}\right]$$
$$= \sum_{\substack{q_1 + r_1 = Q_1 \\ \cdots\cdots \\ q_n + r_n = Q_n}} \text{Rés}^{m-n}[\varphi_{q_1 \ldots q_n} \wedge \psi_{r_1 \ldots r_n}]$$
$$= \sum \pm\, \text{Rés}^{m-n}\left[\varphi_{q_1 \ldots q_n} \wedge \frac{ds_\alpha}{s_\alpha} \wedge \ldots \wedge \frac{ds_\beta}{s_\beta}\right]$$
$$\cdot\ \text{Rés}^{m-n}\left[\frac{ds_\lambda}{s_\lambda} \wedge \ldots \wedge \frac{ds_\mu}{s_\mu} \wedge \psi_{r_1 \ldots r_n}\right].$$

Cette somme est étendue à l'ensemble des valeurs de $(q_1, \ldots, q_n, r_1, \ldots, r_n)$ telles que $q_l + r_l = Q_l$ et à l'ensemble des permutations $(\alpha, \ldots, \beta, \lambda, \ldots, \mu)$ de $(n+1, \ldots, m)$ telles que

$$\alpha < \ldots < \beta, \qquad \lambda < \ldots < \mu;$$

le signe $\pm$ est le même que dans la relation

$$ds_\lambda \wedge \ldots \wedge ds_\mu \wedge ds_\alpha \wedge \ldots \wedge ds_\beta = \pm\, ds_{n+1} \wedge \ldots \wedge ds_m.$$

Vu (7.6) et la définitions de φ et ψ :

$$\varphi_{q_1\ldots q_n}\wedge\frac{ds_\alpha}{s_\alpha}\wedge\ldots\wedge\frac{ds_\beta}{s_\beta}\in \mathrm{Rés}^n\left[\frac{ds_1\wedge\ldots\wedge ds_n\wedge\omega\wedge ds_\alpha\wedge\ldots\wedge ds_\beta}{s_1^{1+q_1}\ldots s_m^{1+q_m}}\right];$$

$$\frac{ds_\lambda}{s_\lambda}\wedge\ldots\wedge\frac{ds_\mu}{s_\mu}\wedge\psi_{r_1\ldots r_n}\in \mathrm{Rés}^n\left[\frac{ds_1\wedge\ldots\wedge ds_n\wedge ds_\lambda\wedge\ldots\wedge ds_\mu\wedge\pi}{s_1^{1+r_1}\ldots s_m^{1+r_m}}\right].$$

En portant ces expressions dans (51.2) il vient

$$\mathrm{Rés}^m\left[\frac{ds_1\wedge\ldots\wedge ds_n\wedge\omega\wedge\pi}{s_1^{1+Q_1}\ldots s_m^{1+Q_m}}\right]$$
$$=\sum\pm\,\mathrm{Rés}^m\left[\frac{ds_1\wedge\ldots\wedge ds_n\wedge\omega\wedge ds_\alpha\wedge\ldots\wedge ds_\beta}{s_1^{1+q_1}\ldots s_m^{1+q_m}}\right]$$
$$\cdot\,\mathrm{Rés}^m\left[\frac{ds_1\wedge\ldots\wedge ds_n\wedge ds_\lambda\wedge\ldots\wedge ds_\mu\wedge\pi}{s_1^{1+r_1}\ldots s_m^{1+r_m}}\right],$$

Σ a le sens que précise l'énoncé. La formule (47.6) transforme la formule précédente en celle qu'énonce le théorème.

Chapitre 7. — La formule de Cauchy-Fantappiè.

Ce chapitre 7 prouve les résultats qu'énonce le n° 9.

52. Notation. — Nous employons les formes, dont le n° 9 a défini les deux premières :

$$\omega(x)=dx_1\wedge\ldots\wedge dx_l$$

$$\omega^*(\xi)=\sum_{k=0}^{l}(-1)^k\xi_k\,d\xi_0\wedge\ldots\wedge d\xi_{k-1}\wedge d\xi_{k+1}\wedge\ldots\wedge d\xi_l$$

$$\omega'(\xi)=\sum_{k=1}^{l}(-1)^{k-1}\xi_k\,d\xi_1\wedge\ldots\wedge d\xi_{k-1}\wedge d\xi_{k+1}\wedge\ldots\wedge d\xi_l;$$

$g(\xi, x)\ \omega'(\xi)\wedge\omega(x)$ est une forme sur l'image dans $\Xi^*\times X$ du domaine d'holomorphie de g, quand g est *homogène en* ξ *de degré* $-l$; cette forme est *fermée* sur P et sur Q, car elle est holomorphe de degré maximum; elle s'annule sur toute sous-variété analytique complexe de P ou Q.

Évidemment :

(52.1) $$d\omega'(\xi)=l\,d\xi_1\wedge\ldots\wedge d\xi_l;$$

(52.2) $$\omega^*(\xi)=\frac{\xi.y}{l}\,d\omega'(\xi)-d(\xi.y)\wedge\omega'(\xi);$$

(52.3) $$\omega^*(\xi)\wedge\omega(x)=\frac{\xi.x}{l}\,d\omega'(\xi)\wedge\omega(x)-d(\xi.x)\wedge\omega'(\xi)\wedge\omega(x).$$

Ces deux dernières formules et la définition de la forme-résidu (n° 2) prouvent ceci : si $g(\xi, x)$ est *homogène* en ξ, *de degré* $-l$ et holomorphe, alors :

$$\left.\frac{g(\xi, x)\,\omega^*(\xi)\wedge\omega(x)}{d(\xi.y)}\right|_P = -g(\xi, x)\,\omega'(\xi)\wedge\omega(x); \tag{52.4}$$

$$\left.\frac{g(\xi, x)\,\omega^*(\xi)\wedge\omega(x)}{d(\xi.x)}\right|_Q = -g(\xi, x)\,\omega'(\xi)\wedge\omega(x). \tag{52.5}$$

53. L'homologie de $P \cap Q$. — Ce n° 53 prouve ceci :

THÉORÈME. — *L'espace vectoriel $H_c(P\cap Q)$ a pour base l classes d'homologie de dimensions respectives* 0, 2, 4, ..., $2l-2$. *Le point* (ξ^*, y) *de* $\Xi^*\times X$ *décrit un cycle de l'une de ces classes quand* ξ^* *décrit une sous-variété analytique complexe, plane de* y^*.

Nous emploierons celle de ces classes dont la dimension est $2l-2$.

NOTATION. — Soit α *le cycle* que (ξ^*, y) décrit quand ξ^* décrit y^*, muni de son orientation naturelle multipliée par $i^{l(l-1)}$; nous verrons que

$$\frac{1}{i^{l-1}}\,\omega'(\xi)\wedge\omega'(\overline{\xi}) > 0 \quad \text{sur } \alpha. \tag{53.1}$$

Soit $h(P\cap Q)$ *la classe d'homologie compacte* contenant ce cycle α. D'aprés le théorème précédent, $h(P\cap Q)$ *est une base du sous-groupe de* $H_c(P\cap Q)$ *de dimension* $2l-2$; cette dimension est *la dimension complexe de* $P\cap Q$.

PREUVE *du théorème.* — $P\cap Q$ a pour équations

$$P\cap Q : \xi.x = 0, \qquad \xi.y = 0.$$

Cela signifie que $P\cap Q$ est le lieu des points (ξ^*, x) de $\Xi^*\times X$ images des points (ξ, x) de $\Xi\times X$ satisfaisant ces équations. L'application

$$(\xi^*, x) \to \xi^*$$

applique donc $P\cap Q$ sur la sous-variété plane y^* de Ξ^* ayant pour équation

$$y^* : \xi.y = 0, \qquad (y^*\subset\Xi^*);$$

l'image inverse de chaque point ξ^* de Ξ^* est homéomorphe à l'intersection du domaine convexe X par la sous-variété plane ξ^*; cette sous-variété contient le point y de X : cette image inverse est donc une boule, ayant une orientation naturelle. Donc $P\cap Q$ *est un espace fibré* : sa base est l'espace projectif complexe y^*, de dimension complexe $l-1$; sa fibre est une boule, ayant une orientation naturelle, qui varie continûment. D'où (*voir* par exemple [9], où le degré sera remplacé par la codimension) un isomorphisme naturel de $H_c(P \cap Q)$ sur $H_c(y^*)$. Or on sait (*voir* par exemple I. Fáry [4] ch. 2, § 5, n° 3) que $H_c(y^*)$ a pour base l classes d'homologie de dimensions respectives o, 2, ..., $2l-2$; donc $H_c(P \cap Q)$ aussi a une telle base :

$$h_0, h_2, \ldots, h_{2l-2}.$$

Il est aisé de la construire explicitement : soit α_{2p} le cycle compact que (ξ^*, y) décrit quand ξ^* décrit une sous-variété analytique complexe plane de y^*, ayant la dimension complexe $p(p=0, \ldots, l-1)$ et son orientation naturelle. Soit $\gamma_{2p+2l-2}$ le cycle non compact que (ξ^*, x) décrit quand ξ^* décrit une telle sous-variété, tandis que x est seulement assujetti à : $\xi . x = 0$. Il est évident que, si ces sous-variétés sont en position générale, l'intersection de α_{2p} et $\gamma_{4l-2p-4}$ est

$$\alpha_{2p} . \gamma_{4l-2p-4} \sim \alpha_0 \quad \text{dans} \quad \Xi^* \times X.$$

Donc, vu le théorème de dualité (S. Lefschetz [7], chap. V, § 4, (32.1), (32.3) et (33.2) (*b*); chap. II, § 6, n° 29)

$$\alpha_{2p} \in \pm h_{2p}.$$

Preuve *de* (53.1). — L'orientation de α_{2l-2} est telle que

$$i^{l-1} d\left(\frac{\xi_2}{\xi_1}\right) \wedge d\left(\frac{\overline{\xi_2}}{\overline{\xi_1}}\right) \wedge \ldots \wedge d\left(\frac{\xi_l}{\xi_1}\right) \wedge d\left(\frac{\overline{\xi_l}}{\overline{\xi_1}}\right) > 0,$$

c'est-à-dire :

$$i^{(l-1)^2} \omega'(\xi) \wedge \omega'(\overline{\xi}) > 0.$$

D'où (53.1), puisque, par définition,

$$\alpha = i^{l(l-1)} \alpha_{2l-2}.$$

54. L'homologie de $Q - P \cap Q$. — Ce n° 54 prouve ceci :

Théorème. — *L'espace vectoriel $H_c(Q - P \cap Q)$ a pour base deux classes d'homologie, de dimensions respectives* o *et* $2l-1$. *Le point* (ξ^*, x) *décrit un cycle de cette dernière classe quand* x *décrit la frontière* K *d'un domaine borné, contenant* y *et contenu dans* X (*ou décrit un cycle homologue à* K *dans* $X - y$); ξ^* *varie continûment, en fonction de* x, *de sorte que*

$$\xi . x = 0, \qquad \xi . y \neq 0.$$

Note. — Si K est *convexe régulier*, on peut choisir ξ^* comme suit :

$$\xi^* \textit{ touche } K \textit{ en } x.$$

NOTATION. — Soit β le *cycle* que (ξ^*, x) décrit quand

$$\beta : \| x - y \| = \varepsilon, \qquad \xi_k = \overline{x}_k - \overline{y}_k \ (k = 1, \ldots, l), \qquad \xi . x = 0;$$

ε est une constante positive suffisamment petite; $\| x - y \|$ est la distance : $\| x - y \|^2 = \sum_k | x_k - y_k |^2$. L'orientation de β est telle que

$$(54.1) \qquad \frac{\omega'(\xi) \wedge \omega(x)}{i^l (\xi . y)^l} > 0 \quad \text{sur} \quad \beta.$$

Soit $h(Q - P \cap Q)$ *la classe d'homologie compacte* contenant ce cycle β. D'après le théorème précédent, $h(Q - P \cap Q)$ *est une base du sous-groupe de* $H_c(Q - P \cap Q)$ *de dimension* $2l - 1$; cette dimension est *la dimension complexe de* Q.

PREUVE *du théorème*. — $Q - P \cap Q$ a pour équations

$$Q - P \cap Q : \quad \xi . x = 0, \qquad \xi . y \neq 0.$$

L'application

$$(\xi^*, x) \to x$$

applique donc $Q - P \cap Q$ sur $X - y$; l'image inverse de chaque point x de $X - y$ est un espace vectoriel complexe. Donc $Q - P \cap Q$ est un espace fibré : sa base est $X - y$; sa fibre est un espace vectoriel, ayant une orientation naturelle, qui varie continûment. Vu [9], il existe donc un isomorphisme naturel de $H_c(Q - P \cap Q)$ sur $H_c(X - y)$; or $X - y$ a même homologie que la sphère de dimension réelle $2l - 1$; donc $H_c(Q - P \cap Q)$ a pour base deux classes d'homologie, de dimensions respectives 0, $2l - 1$:

$$h_0, \quad h_{2l-1}.$$

Il est aisé de construire explicitement h_{2l-1} : considérons le cycle compact β, défini ci-dessus, et le cycle non compact γ que (ξ^*, x) décrit quand x décrit une demi-droite d'origine y, tandis que ξ^* est seulement assujetti aux conditions

$$\xi . x = 0, \qquad \xi . y = 0.$$

Il est évident que l'intersection de β et γ est un point. Donc, vu le théorème de dualité, que vient de citer le n° 53,

$$\beta \in h_{2l-1}.$$

Il est évident que β est homologue au cycle que (ξ^*, x) décrit quand :

x décrit K;

ξ^* est défini comme suit en fonction de x : $\xi_k = \overline{x}_k - \overline{y}_k$, $\xi . x = 0$.

Plus généralement, β est donc homologue au cycle que (ξ^*, x) décrit quand :

x décrit un cycle homologue à K dans $X - y$;
ξ^* varie continûment en fonction de x, de sorte que $\xi . x = 0$, $\xi . y \neq 0$.

Justification *de* (54.1). — On a sur β

$$\sum_{k=1}^{l} \xi_k (x_k - y_k) = \varepsilon^2, \qquad \text{donc} \quad \xi . y = -\varepsilon^2.$$

Pour $x \neq y$ et $dy = 0$, la forme

$$i^l d \| x - y \|^2 \wedge \omega'(\overline{x} - \overline{y}) \wedge \omega(x) = i^l \| x - y \|^2 \omega(\overline{x}) \wedge \omega(x)$$

est réelle, non nulle, car $i\, dx_k \wedge d\overline{x}_k$ est réel, non nul. Donc, sur la sphère $\| x - y \| = \varepsilon$,

$$i^l \omega'(\overline{x} - \overline{y}) \wedge \omega(x) \quad \text{est réel non nul.}$$

Donc, sur β

$$\frac{\omega'(\xi) \wedge \omega(x)}{i^l (\xi . y)^l}$$

est défini, réel, non nul. On peut donc orienter β par la convention (54.1).

55. La relation entre $h(P \cap Q)$ et $h(Q - P \cap Q)$

Théorème. — *Soit* δ *le cobord*

$$\delta : \; H_c(P \cap Q) \to H_c(Q - P \cap Q);$$

on a

$$\text{(55.1)} \qquad \delta h(P \cap Q) = - h(Q - P \cap Q).$$

Exemple : $l = 1$. — Le couple $(Q, P \cap Q)$ est homéomorphe à (X, y); $h(P \cap Q)$ est la classe unité de y; $h(Q - P \cap Q)$ est la classe d'homologie d'une circonférence faisant un tour autour de y, dans le sens négatif.

Preuve. — Soit γ le lieu des points (ξ^*, x) de Q tels que

$$\| x - y \| < \varepsilon, \qquad \frac{x_1 - y_1}{\overline{\xi}_1} = \ldots = \frac{x_l - y_l}{\overline{\xi}_l}, \qquad \xi . x = 0.$$

Envisageons l'application

$$\gamma \to \alpha$$

qui applique le point (ξ^*, x) de γ sur le point (η^*, y) de α, défini par les relations

$$\eta_1 = \xi_1, \qquad \ldots, \qquad \eta_l = \xi_l, \qquad \eta . y = 0.$$

Déterminons les points (ξ^*, x) de γ qu'elle applique sur un point donné (η^*, y) de α; η^* est l'image d'un vecteur η, que nous choisissons tel que

$$(55.2) \qquad |\eta_1|^2+\ldots+|\eta_l|^2=1;$$

ces points (ξ^*, x) sont définis par les relations, où t est un paramètre numérique complexe :

$$(55.3) \qquad \begin{cases} \xi_1=\eta_1, & \ldots, & \xi_l=\eta_l, & \xi.x=0, \\ x_1-y_1=-t\overline{\eta}_1, & \ldots, & x_l-y_l=-t\overline{\eta}_l, & |t|<\varepsilon; \end{cases}$$

d'où

$$\xi.y=\xi.y-\xi.x=\xi_1(y_1-x_1)+\ldots+\xi_l(y_l-x_l)=t.$$

L'ensemble de ces points de γ se projetant sur le point (η^*, y) de α est donc un *disque*, de dimension réelle 2, porté par une droite complexe de Q; cette droite a pour paramètre $t=\xi.y$; ce disque est donc en position générale par rapport à $P\cap Q$ et coupe $P\cap Q$ au point (η^*, y), dont le paramètre est $t=\xi.y=0$. Ainsi γ est un espace fibré, dont la fibre est ce disque, dont la base est α. Cette fibre a une orientation naturelle; cette base est orientée; d'où une orientation de γ. Muni de cette orientation, γ est une chaîne de Q; évidemment

$$(55.4) \qquad \gamma.P\cap Q=\alpha, \qquad \partial\gamma=\pm\beta.$$

Précisons ce signe. Par définition

$$(55.5) \qquad \frac{\omega'(\xi)\wedge\omega(x)}{i^l(\xi.y)^l}>0 \quad \text{sur } \beta.$$

Faisons la substitution (55.3), après avoir choisi des coordonnées locales de η^*, en liant $\mathrm{Re}(\eta_1), \ldots, \mathrm{Re}(\eta_l), \mathrm{Im}(\eta_1), \ldots, \mathrm{Im}(\eta_l)$ par (55.2) et une autre relation holomorphe réelle (par exemple : η_1 réel, près d'un point où $\eta_1\neq 0$); on a

$$\omega'(\eta)\wedge\omega(\overline{\eta})=0$$

et par suite (55.5) devient

$$(55.6) \qquad \frac{dt}{i^l t}\wedge\omega'(\eta)\wedge\omega'(\overline{\eta})<0 \quad \text{sur } \beta.$$

Mais, quand (η^*, y) décrit α

$$\frac{1}{i^{l-1}}\omega'(\eta)\wedge\omega'(\overline{\eta})>0$$

donc

$$(55.7) \qquad \frac{dt}{i^l t}\wedge\omega'(\eta)\wedge\omega'(\overline{\eta})>0 \quad \text{sur } \partial\gamma.$$

Vu (55.6) et (55.7), (55.4) doit s'écrire :

$$\gamma . P \cap Q = \alpha, \qquad \partial\gamma = -\beta,$$

ce qui prouve le théorème, vu la définition de δ (n° 3).

56. La première formule de Cauchy-Fantappiè.

Théorème. — *Soit $f(x)$ une fonction holomorphe sur X; on a*

$$f(y) = \frac{(l-1)!}{(2\pi i)^l} \int_{h(Q-P\cap Q)} \frac{f(x)}{(\xi . y)^l} \omega'(\xi) \wedge \omega(x). \tag{56.1}$$

Exemple : $l = 1$. — On a $\omega'(\xi) = \xi_1$, $(\xi . y)^l = \xi_1 (y - x)$ sur Q; la formule précédente se réduit donc à la formule de Cauchy

$$f(y) = \frac{1}{2\pi i} \oint \frac{f(x)\,dx}{x - y}.$$

Note. — L. Fantappiè a, plus généralement, exprimé $f(y)$ comme somme de puissances p-ièmes de fonctions linéaires de y (p : entier négatif); d'où l'un des résultats essentiels de sa théorie des « fonctionnelles linéaires analytiques » : une telle fonctionnelle $\mathcal{F}[f]$ est connue quand on connaît les valeurs qu'elle prend lorsque f est la puissance p-ième d'une fonction linéaire. Quand $p = -l$ ce théorème de L. Fantappiè s'explicite de façon particulièrement simple : c'est la formule (56.1), que j'ai énoncée dans la Note [10], prouvée dans [11] et dont Hans Lewy m'a communiqué une preuve élégante et proche de celle de la formule de Cauchy.

Preuve *d'après Hans Lewy*. — Il suffit de prouver cette formule (56.1) dans chacun des deux cas particuliers suivants :

$$f(x) = 1 \text{ sur } X; \quad f(y) = 0.$$

Rappelons que sur β;

$$\|x - y\| = \varepsilon, \qquad \xi_k = \bar{x}_k - \bar{y}_k, \qquad \xi . y = -\varepsilon^2, \qquad i^l \omega'(\xi) \wedge \omega(x) > 0.$$

Cas où $f(x) = 1$ sur X. — On a

$$\begin{aligned}
&\int_\beta \frac{\omega'(\xi) \wedge \omega(x)}{(\xi . y)^l} \\
&= \pm\, \varepsilon^{-2l} \int_{\|x-y\|=\varepsilon} \omega'(\bar{x} - \bar{y}) \wedge \omega(x) \\
&= \pm\, \varepsilon^{-2l} \int_{\|x-y\|<\varepsilon} d\omega'(\bar{x} - \bar{y}) \wedge \omega(x) \\
&= \pm\, l\varepsilon^{-2l} \int_{\|x-y\|<\varepsilon} \omega(\bar{x}) \wedge \omega(x) \\
&= \pm\, l\varepsilon^{-2l} \int_{\|x-y\|<\varepsilon} dx_1 \wedge d\bar{x}_1 \wedge \ldots \wedge dx_l \wedge d\bar{x}_l = \pm \frac{(2\pi i)^l}{(l-1)!}
\end{aligned}$$

car le volume de la boule unitaire de dimension $2l$ est $\pi^l/l!$. D'où, vu l'orientation de β,

$$\int_\beta \frac{\omega'(\xi) \wedge \omega(x)}{(\xi.y)^l} = \frac{(2\pi i)^l}{(l-1)!}.$$

Cas où $f(y) = 0$. — On a, près de y, $|f(x)| < C\|x-y\|$, C étant une constante. D'où

$$\left|\int_\beta \frac{f(x)}{(\xi.y)^l}\omega'(\xi) \wedge \omega(x)\right| < C\varepsilon^{1-2l}\left|\int_{\|x-y\|} \omega'(\bar{x}-\bar{y}) \wedge \omega(x)\right| = \frac{(2\pi)^l}{(l-1)!}C\varepsilon.$$

Donc, puisque ε est arbitrairement petit et que $f(x)(\xi.y)^{-l}\omega'(\xi) \wedge \omega(x)$ est une forme holomorphe sur Q, de degré maximum, donc *fermée* :

$$\int_{h(Q-P\cap Q)} \frac{f(x)}{(\xi.y)^l}\omega'(\xi) \wedge \omega(x) = 0.$$

C. Q. F. D.

57. La seconde formule de Cauchy-Fantappiè. — De (52.5) et du théorème du n° 55 résulte que la formule de Cauchy-Fantappiè (56.1) peut s'écrire :

$$f(y) = \frac{(l-1)!}{(2\pi i)^l}\int_{\delta h(P\cap Q)} \left.\frac{(\xi.y)^{-l}f(x)\,\omega^*(\xi) \wedge \omega(x)}{d(\xi.x)}\right|_Q.$$

La formule du résidu (n° 5), les formules (7.2) et (7.4) transforment la formule précédente en la suivante :

$$(57.1) \qquad f(y) = \frac{1}{(2\pi i)^{l-1}}\int_{h(P\cap Q)} \frac{d^{l-1}[f(x)\,\omega^*(\xi) \wedge \omega(x)]}{d(\xi.x) \wedge [d(\xi.y)]^l}$$

c'est la seconde formule de Cauchy-Fantappiè qu'énonce le *théorème* 2.

58. La troisième formule de Cauchy-Fantappiè. — Les formules (52.5) et (57.1) ou, si l'on préfère, l'application directe de la formule du résidu à la première formule de Cauchy-Fantappiè (56.1) donnent

$$(58.1) \quad f(y) = -\frac{1}{(2\pi i)^{l-1}}\int_{h(P\cap Q)} \left.\frac{d^{l-1}[f(x)\,\omega'(\xi) \wedge \omega(x)\,|\,Q]}{[d(\xi.y)]^l}\right|_{(P\cap Q)}.$$

Sous les hypothèses du corollaire 2,

$$\left.\frac{d^{l-1}[f(x)\,\omega'(\xi) \wedge \omega(x)\,|\,Q]}{[d(\xi.y)]^l}\right|_{(P\cap Q, S)}$$

est défini et, vu (7.7), (58.1) donne

$$f(y) = -\frac{1}{(2\pi i)^{l-1}}\int_{ph(P\cap Q)} \left.\frac{d^{l-1}[f(x)\,\omega'(\xi) \wedge \omega(x)\,|\,Q]}{[d(\xi.y)]^l}\right|_{(P\cap Q, S)}.$$

Par hypothèse

$$p\,h(P \cap Q) = \partial\, h(P, Q \cup S);$$

la formule précédente s'écrit donc

$$(58.3) \qquad f(y) = -\frac{1}{(2\pi i)^{l-1}} \int_{h(P, Q \cup S)} \partial^* \frac{d^{l-1}[f(x)\,\omega'(\xi) \wedge \omega(x) \mid Q]}{[d(\xi . y)]^l}.$$

Or, vu (7.9), puis (52.2)

$$(58.4) \qquad \partial^* \frac{d^{l-1}[f(x)\,\omega'(\xi) \wedge \omega(x)]}{[d(\xi . y)]^l}$$
$$= -\frac{d^l}{[d\xi . y]^{l+1}} \Big[\frac{\xi . y}{l} f(x)\, d\omega'(\xi) \wedge \omega(x) - f(x)\, d(\xi . y) \wedge \omega'(\xi) \wedge \omega(x) \Big]$$
$$= -\frac{d^l[f(x)\,\omega^*(\xi) \wedge \omega(x)]}{[d(\xi . y)]^{1+l}}\bigg|_{(P, Q \cup S)}.$$

De (58.3) et (58.4) résulte que

$$(58.5) \qquad f(y) = \frac{1}{(2\pi i)^{l-1}} \int_{h(P, Q \cup S)} \frac{d^l[f(x)\,\omega^*(\xi) \wedge \omega(x)]}{[d(\xi . y)]^{1+l}};$$

c'est la troisième formule de Cauchy-Fantappiè, qu'énonce le *corollaire* 2.

59. Contre-exemple au théorème 1 (n° 5). — Une note du n° 5 affirme que *ce théorème* 1 *devient faux* quand, φ étant supposé holomorphe sur $X - S$, on remplace l'anneau Ω des formes *régulières* par celui des formes *holomorphes*.

Preuve. — Supposons exact l'énoncé, ainsi modifié, du théorème 1; alors la classe de cohomologie

$$\frac{d^{l-1}[f(x)\,\omega^*(\xi) \wedge \omega(x)]}{d(\xi . x) \wedge [d\xi . y]^l}\bigg|_{(P \cap Q)} = -\frac{d^{l-1}[f(x)\,\omega'(\xi) \wedge \omega(x) \mid Q]}{[d\xi . y]^l}$$

doit contenir des formes holomorphes sur $P \cap Q$; leur restriction au cycle α est nulle, car α est une variété analytique complexe, dont la dimension complexe $l-1$ est inférieure à leur dégré $2l-2$; puisque $\alpha \in h(P \cap Q)$, les seconds membres de (57.1) et (58.1) sont donc nuls : $f(y) = 0$, ce qui est absurde.

Chapitre 8. — Dérivation d'une intégrale, fonction d'un paramètre.

Ce chapitre 8 prouve les résultats qu'énonce le n° 10; il les déduira des résultats plus généraux que voici :

60. Introduction. — Nous utilisons les notations du n° 1, en supposant que $m=1$ et que $S(t)=S_1$ dépende d'un paramètre $t\in T$: T est une variété analytique complexe; l'équation locale de $S(t)$ est

$$s(x, y, t)=0,$$

s étant holomorphe en (x, t) quand x est voisin de y. Nous supposons :

$$s_t/s \quad \textit{indépendant} \text{ de } y.$$

Soient $h(X, S\cup S')$ et $h(S, S')$ des classes d'homologie à supports compacts, variant continûment avec t ; notons ∂ le bord

$$\partial : \quad H_c(X, S\cup S')\to H_c(S, S').$$

Soit $\varphi(x)$ une forme *fermée* sur X, *nulle* sur S', telle que :

$$\frac{ds}{s}\wedge\varphi(x) \quad \text{est } \textit{indépendant} \text{ de } t, \qquad \text{pour } dt=0;$$
$$d^0(\varphi)=\dim h(X, S\cup S').$$

Le n° 62 prouvera *la formule de dérivation* où P désigne un polynome tel que $P(0)=0$:

$$(60.1)\quad P\left(\frac{\partial}{\partial t}\right)\int_{h(X,S\cup S')}\varphi(x)=\int_{\partial h(X,S\cup S')}\text{Rés}\left[\text{P}\left(\frac{\partial}{\partial t}\right)\log\frac{1}{s(x,y,t)}\varphi(x)\right].$$

Soit $\psi(x, t)$ une forme *fermée* de $X-S(t)$, *nulle* sur S', telle que

$$d^0(\psi)=\dim h(S, S')+1;$$

le n° 62 prouvera la *formule de dérivation*, où P désigne un polynome arbitraire :

$$(60.2)\quad P\left(\frac{\partial}{\partial t}\right)\int_{h(S,S')}\text{Rés}\,\psi(x, t)=\int_{h(S,S')}\text{Rés}\left[P\left(\frac{\partial}{\partial t}\right)\psi(x, t)\right].$$

Ces deux formules de dérivation résulteront des deux formules suivantes :

61. Formules préliminaires. — Soient $o\in T$,

$$\gamma\in\partial h(X, S(o)\cup S') \qquad \text{ou} \qquad \gamma\in h(S(o), S');$$

le n° 20 a défini $\delta_\mu\gamma$; prouvons que, sous les hypothèses précédentes et si t est voisin de o, alors

$$(61.1)\quad \int_{h(X,S(t)\cup S')}\varphi(x)-\int_{h(X,S(o)\cup S')}\varphi(x)=\frac{1}{2\pi i}\int_{\delta_\mu\gamma}\log\frac{s(x,y,o)}{s(x,y,t)}\varphi(x);$$

$$(61.2)\quad \int_{h(S(t),S')}\text{Rés}\,\psi(x, t)=\frac{1}{2\pi i}\int_{\delta_\mu\gamma}\psi(x, t).$$

Preuve de (61.2). — Par définition,

$$\delta_\mu \gamma = \partial \mu^* \gamma$$

l'intersection de $\mu^*\gamma$ par $S(t)$ est un cycle de $(S(t), S')$; soit $h_1(S(t), S')$ sa classe d'homologie; on a, vu la définition de δ

$$\delta_\mu \gamma \in \delta h_1(S(t), S').$$

La classe $h_1(S(t), S')$ varie continûment avec t; c'est-à-dire contient un cycle qui varie continûment avec t, quand t reste près d'un point de T; d'autre part

$$h_1(S(o), S') = h(S(o), S').$$

Or cela entraine

$$h_1(S(t), S') = h(S(t), S');$$

donc

$$\delta_\mu \gamma \in \delta h(S(t), S'); \tag{61.3}$$

la formule (61.2) résulte donc de la formule du résidu.

Preuve *de* (61.1). — Soit α un cycle de la classe $h(X, S(o) \cup S')$; soit γ la partie de son bord située dans $S(o)$; soient $y \in \gamma$ et $x(y, t)$ le point où $S(t)$ coupe $\mu^{-1}(y)$; par x passe un arc λ (n° 19); son origine est y; soit $\lambda(y, t)$ la partie de cet arc joignant y à $x(y, t)$; quand y décrit γ, t étant fixe, alors $\lambda(y, t)$ décrit une chaîne $\beta(t)$, que nous orientons de façon que $-\gamma$ soit la partie de son bord située dans $S(o)$; évidemment

$$\alpha + \beta(t) \in h(X, S(t) \cup S');$$

donc

$$\int_{h(X, S(t) \cup S')} \varphi(x) - \int_{h(X, S(o) \cup S')} \varphi(x) = \int_{\beta(t)} \varphi(x). \tag{61.4}$$

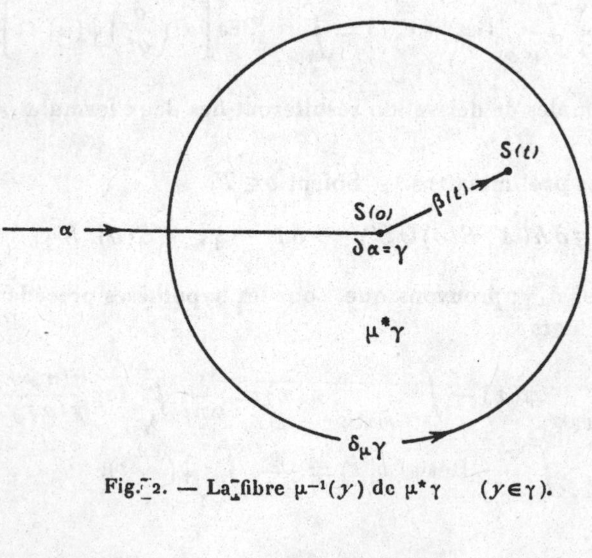

Fig. 2. — La fibre $\mu^{-1}(y)$ de $\mu^*\gamma$ $(y \in \gamma)$.

Notons suppβ le support de la chaîne β; sur $\mu^*\gamma$, muni de la coupure suppβ, $\log\frac{s(x,y,o)}{s(x,y,t)}$, qui est indépendant de y, est une fonction uniforme de x; $\log\frac{s(x,y,o)}{s(x,y,t)}\varphi(x)$ est fermé; or la chaîne $\mu^*\gamma$, munie de la coupure suppβ, a pour bords $\delta_\mu\gamma$ et les deux côtés de cette coupure, munis d'orientations opposées; à travers cette coupure, $\log\frac{s(x,y,o)}{s(x,y,t)}$ a la discontinuité $2\pi i$; l'application de la formule de Stokes à $\mu^*\gamma$ et $\log\frac{s(x,y,o)}{s(x,y,t)}\varphi(x)$ donne donc

$$\int_{\delta_\mu\gamma}\log\frac{s(x,y,o)}{s(x,y,t)}\varphi(x)=2\pi i\int_{\beta(t)}\varphi(x).$$

D'où, vu (61.4), la formule (61.1).

62. **Preuve des formules** (60.1) **et** (60.2). — PREUVE *de* (60.2). — Puisque $\delta_\mu\gamma$ est indépendant de t, (61.2) donne

$$P\left(\frac{\partial}{\partial t}\right)\int_{h(S(t),S')}\text{Rés}\,\psi(x,t)=\frac{1}{2\pi i}\int_{\delta_\mu\gamma}P\left(\frac{\partial}{\partial t}\right)\psi(x,t);$$

d'où, vu (61.3) et la formule du résidu, la formule annoncée (60.2).

PREUVE *de* (60.1). — Puisque $\delta_\mu\gamma$ est indépendant de t, (61.1) donne de même, si $P(o)=o$:

$$P\left(\frac{\partial}{\partial t}\right)\int_{h(X,S(t)\cup S')}\varphi(x)=\frac{1}{2\pi i}\int_{\delta_\mu\gamma}P\left(\frac{\partial}{\partial t}\right)\log\frac{1}{s(x,y,t)}\varphi(x);$$

d'où, vu (61.3) et la formule du résidu, la formule annoncée (60.1).

63. **Preuve des formules de dérivation** (10.5) **et** (10.6). — Employons maintenant les hypothèses qu'énonce le n° 10.

PREUVE *de* (10.1). — Puisque $\frac{\omega}{s^q}$ est indépendant de y, $\frac{\partial}{\partial t}\frac{\omega}{s^q}$ l'est aussi, donc $\frac{s_t}{s}\frac{\omega}{s^q}$ et $\frac{s_t}{s}$, si $q\neq o$.

PREUVE *de* (10.2). — Puisque $\frac{\omega}{s^q}$ est fermé.

$$\frac{ds(x,y,t)}{s(x,y,t)}\wedge\omega(x,y)=\frac{1}{q}d\omega(x,y)$$

est indépendant de t, si $q\neq o$.

Si $q=0$, (10.1) et (10.2) ont lieu par hypothèse. Nous pouvons maintenant employer les formules de dérivation (60.1) et (60.2).

Preuve *de* (10.5). — Nous supposons $q \leqq -p < 0$; on a

$$(63.1) \quad P\left(\frac{\partial}{\partial t}\right)\int_{h(X,S\cup S')} \frac{[s(x,y,0)]^{-q}}{(-q)!}\,\omega(x,y) = 0 \quad \text{pour} \quad t=0,$$

vu la formule (60.1), car, pour $t=0$,

$$P\left(\frac{\partial}{\partial t}\right)\log\frac{1}{s(x,y,t)}[s(x,y,0]^{-q}\omega(x,y)$$

est régulier sur $S(0)$. De (63.1) résulte que (10.5) vaut, pour $t=0$, donc quel que soit t.

Preuve *de* (10.6) *pour* $q=0$. — Par hypothèse, $\omega(x,y)=\omega(x)$ est indépendante de y et fermée, $\frac{ds}{s}\wedge\omega$ est indépendante de t; (60.1) est donc applicable et donne

$$P\left(\frac{\partial}{\partial t}\right)\int_{h(X,S\cup S')}\omega(x) = \int_{\partial h(X,S\cup S')}(p-1)!\,\text{Rés}\left[\frac{P(-s_t)}{s^p}\omega(x)\right];$$

en employant la notation différentielle de Rés, on obtient (10.6).

Preuve *de* (10.6) *pour* $-p<q<0$. — Il suffit de prouver (10.6) quand $P=P_1P_2$, P_1 et P_2 étant homogènes de degrés $-q$ et $p+q$; vu la validité de (10.5) et celle de (10.6) pour $q=0$, on a [car d'après (10.2) $\frac{ds}{s}\wedge P_1(-s_t)\omega$ est indépendant de t] :

$$P\left(\frac{\partial}{\partial t}\right)\int_{hX,S\cup S')}\frac{[-s]^{-q}}{(-q)!}\omega = P_2\left(\frac{\partial}{\partial t}\right)\int_{h(X,S\cup S')}P_1(-s_t)\omega$$
$$= \int_{\partial h(X,S\cup S')}\frac{d^{p+q-1}[P(-s_t)\omega]}{ds^{p+q}}.$$

c'est-à-dire (10.6).

Preuve *de* (10.6) *pour* $0<q$. — Il suffit d'employer (60.2) et la notation différentielle de Rés.

Chapitre 9. — Ramification d'une intégrale, fonction d'un paramètre.

Ce chapitre justifie le n° 11. Il suppose donné un point o de K; on suppose t voisin de o; on choisit $y=z(o)$.

64. Propriétés de K. — Le point singulier $z(t)$ de $S(t)$, s'il existe, est voisin de y; il est donc défini par le système

$$s_z(z, y, t) = 0, \qquad s(z, y, t) = 0.$$

Or, vu l'hypothèse (11.1), le système

$$(64.1) \qquad s_x(x, y, t) = 0$$

a une solution unique, voisine de y :

$$x(t, y);$$

elle est holomorphe en t; définissons

$$(64.2) \qquad k(t, y) = -s(x(t, y), y, t);$$

l'ensemble K des points t de T tels que $S(t)$ ait un point singulier a donc, près de $t = 0$, l'équation locale

$$K: \quad k(t, y) = 0.$$

De (64.1) et (64.2) résulte (11.2).

Donc, vu (11.1), $k_t \neq 0$: K est une *sous-variété* analytique.

Voilà prouvées les propriétés de K qu'énonce le n° 11.

65. Les classes évanouissantes furent définies par E. Picard et S. Lefschetz ([6], chap. V, n° 3, p. 89 et n° 7, p. 93); nous employons la définition, les nouvelles propriétés, les preuves explicites dues à I. Fáry (qui nomme classes de Lefschetz les classes de cohomologie isomorphes aux classes évanouissantes : [4]; chap. 1, § 2, théor. 3, p. 31-32; chap. 1, § 3, n° 3, définition 4, p. 36-37; chap. 2, § 6, n° 3, théor. 1, p. 51).

Rappelons cette définition et ces propriétés :

DÉFINITION. — L'hypothèse (11.1) permet de choisir dans T et dans X des coordonnées locales telles que $y = 0$ et que

$$(65.1) \qquad s(x, 0, t) = x_1^2 + \ldots + x_l^2 - t_1 + \ldots$$

les termes non écrits étant négligeables relativement à $\|t\|$ ou $\|x\|^2$. Près de 0, $S(t)$ est donc voisin de la quadrique complexe

$$Q(t): \quad x_1^2 + \ldots + x_l^2 = t_1.$$

Envisageons le cycle de $(X, Q(t))$ que constitue la boule

$$\alpha(t): \quad \frac{x_1}{\sqrt{t_1}}, \ldots, \frac{x_l}{\sqrt{t_1}} \text{ réels}; \quad \frac{x_1^2}{t_1} + \ldots + \frac{x_l^2}{t_1} \leq 1$$

arbitrairement orientée. Soit $\beta(t)$ un cycle de $(X, S(t))$ voisin de $\alpha(t)$; soit W un voisinage ouvert de o dans X; nous notons $e(W, S)$ la classe d'homologie de $\beta(t)$ dans $(W, S(t))$;

$$e(S \cap W) = \partial e(W, S).$$

$e(W, S)$ et $e(S \cap W)$ sont *les classes évanouissantes*; les données de $S(t)$ et W les définissent, au produit près par ± 1; nous les choisissons dépendant continûment de t. L'immersion de W dans X les applique sur les classes $e(X, S \cup S')$ et $e(S, S')$, également dites *évanouissantes*.

Théorème *de ramification des classes* $h(X, S \cup S')$ et $h(S, S')$ (E. Picard *et* S. Lefschetz). — Quand t fait un tour, dans le sens positif, autour de K, alors :

$$h(X, S \cup S') \quad \text{est invariante si} \quad \dim h \neq l;$$
$$h(S, S') \quad \text{est invariante si} \quad \dim h \neq l-1;$$

(c'est-à-dire : la valeur finale de h est sa valeur initiale)

(65.2) $$e \quad \text{devient} \quad (-1)^l e;$$
$$h(X, S \cup S') \quad \text{augmente de} \quad ne(X, S \cup S') \quad \text{si} \quad \dim h = l;$$
$$h(S, S') \quad \text{augmente de} \quad ne(S, S') \quad \text{si} \quad \dim h = l-1;$$

n est un entier, que donne *la formule de S. Lefschetz*

(11.3) $$n = (-1)^{\frac{l(l+1)}{2}} KI[e(S \cap W), h(S, S')].$$

(Nous croyons devoir rectifier le signe de n : les démonstrations de S. Lefschetz ne sont pas explicites; le signe qu'il donne est en désaccord avec la valeur de $KI[e, e]$ établie par E. Cartan [2]; I. Fáry néglige de préciser ce signe).

Il est aisé de préciser les propriétés des classes invariantes :

Lemme 65. — Soit $h(X, S \cup S')$ *invariant* et de dimension $\leqq 2l-2$, ou bien $h(S, S')$ invariant et de dimension $\leqq 2l-3$. Il existe alors :

un voisinage, ouvert et indépendant de t, W de o dans X;
une classe d'homologie compacte, $h(X - W, S \cup S')$ ou $h(S - S \cap W, S')$, qui est définie même pour $t = 0$, qui varie continûment avec t et que l'immersion de $X - W$ dans X applique sur $h(X, S \cup S')$ ou $h(S, S')$.

Preuve. — I. Fáry construit un voisinage ouvert W (il le note $\mathring{B}$) de y ayant les propriétés suivantes :

W est une boule ouverte;
il existe une homéomorphie qui varie continûment avec t et est l'identité

pour $t = 0$:

$\theta(t)$ de $(X - W, S(o) - S(o) \cap W)$ sur $(X - W, S(t) - S(t) \cap W)$;

$H_c(S \cap W)$ a pour base $e(S \cap W)$ et la classe d'homologie d'un point.

Notons $H(S \cap W)$ l'homologie à supports *quelconques* de $S \cap W$. D'après le théorème de dualité (*voir* : S. LEFSCHETZ, ch. V, § 4, (32.1), (32.3), (33.2) (*b*)) $H(S \cap W)$ a donc pour base :

une classe de dimension $2l - 2$;

une classe de dimension $l - 1$, telle que l'indice de Kronecker de cette classe et de e soit 1.

Si $\dim h(S, S') = l - 1$, l'invariance de h et la formule de S. Lefschetz (11.3) impliquent

$$KI[e, h] = 0.$$

Donc l'image dans $H(S \cap W)$ d'une classe invariante $h(S, S')$ de dimension $< 2l - 2$ est nulle. Puisque W est une boule de dimension $2l$, l'image dans $H(W, S)$ d'une classe invariante $h(X, S \cup S')$ de dimension $< 2l - 1$ est donc nulle.

La classe invariante donnée contient donc un cycle $\gamma(t)$ étranger à W; $\theta^{-1}(t)$ le transforme en un cycle $\gamma(o)$ étranger à W la classe d'homologie $h(X - W, S(o) \cup S')$ ou $h(S(o) - S(o) \cap W, S')$ de $\gamma(o)$ a les propriétés énoncées.

66. Preuve du théorème 4 quand $d^0(\omega) \neq l$. — Il suffit d'appliquer le

LEMME 66. — Supposons h invariant et $d^0(\omega) \leq 2l - 2$; alors $J(t)$ est holomorphe au point o de K.

PREUVE. — Le lemme précédent permet de remplacer X par $X - W$: on est ramené au cas où $S(t)$ n'a pas de singularité; $J(t)$ est alors holomorphe (n° 10, théorème 3).

67. Allure de $j_P(t)$ sur K. — *Justification de la définition* (11.5) *de* j_P. — Puisque $\frac{P(s_t)}{s^p}$ et $\frac{\omega}{s^q}$ sont indépendants de y,

(67.1) $$\frac{s^{p-q}\omega}{P(s_t)} \quad \text{est } \textit{indépendant} \text{ de } y.$$

D'après (10.2), $d(\log s) \wedge \omega$ est indépendant de t (pour $dt = 0$); donc, si $p > 0$:

$$d\left[P\left(\frac{\partial}{\partial t}\right)\log s \wedge \omega\right] = 0, \qquad \text{c'est-à-dire} \quad d\left[\frac{P(s_t)}{s^p}\right] \wedge \omega = 0;$$

or, par hypothèse, $d\left(\frac{\omega}{s^q}\right) = 0$; donc

$$(67.2)\qquad \frac{s^{p-q}\omega}{P(s_l)} \text{ est } \textit{fermé} \text{ sur } X - S.$$

Enfin, vu (10.2),

$$(67.3)\qquad \frac{ds}{s} \wedge \frac{\omega}{P(s_l)} \text{ est } \textit{indépendant} \text{ de } t.$$

Les intégrales (11.5), qui définissent $j_p(t)$, ont donc un sens.

Lemme 67.1. — $j_p(t)k(t, y)^{l/2}$ est uniforme près de K.

Preuve. — La formule (65.2) d'E. Picard-S. Lefschetz.

Lemme 67.2. — $j_p(t)k(t, y)^{q-p-l/2}$ est borné près de K si $q \leqq p$.

Preuve. — Par définition

$$j_p(t) = \int_{\beta(t)} \frac{[-s]^{p-q}}{(p-q)!} \frac{\omega(x, y)}{P(-s_l)}.$$

Or : mes $\beta(t) <$ Cte $|k(t, y)|^{l/2}$; sur $\beta(t)$, $|s| <$ Cte $|k(t, y)|$;
car : mes $\alpha(t) =$ Cte $|t_1|^{l/2}$; sur $\alpha(t)$, $|x_1^2 + \ldots + x_l^2 - t_1| < |t_1|$;

$$k(t) = t_1 + \ldots \quad \text{en } o.$$

Donc

$$j_p(t) < \text{Cte}\,|k(t, y)|^{p-q+l/2}.$$

Lemme 67.3. — Si l est *pair*, $j_p(t)$ est holomorphe en chaque point de K.

Preuve. — e est invariant; on applique le lemme 66.

Lemme 67.4. — $j_p(t)k(t, y)^{q-p-l/2}$ est holomorphe en chaque point de K.

Preuve. — Supposons $q \leqq p$; d'après les lemmes 67.1 et 2, la fonction $f_p(t)k(t, y)^{q-p-l/2}$ est uniforme, holomorphe hors de K et bornée sur K; d'après un théorème de Riemann, elle est donc holomorphe sur K. Le lemme est donc vrai si $q \leqq p$. Vu (11.6), il est donc vrai quel que soit p.

Les propriétés de j_p qu'énonce le théorème 4 sont prouvées; prouvons celles qu'énonce le corollaire 4.

Preuve *de* (11.7) *pour* $q = 0$. — Supposons d'abord choisies des coordonnées locales telles que (65.1) ait lieu; on a le développement limité

$$j_1(t) = \rho(0, 0)\int_{\alpha(t)} dx_1 \wedge \ldots \wedge dx_l + \ldots = \pm\rho(0, 0)\frac{\pi^{l/2} t_1^{l/2}}{\Gamma(1 + l/2)} + \ldots$$

cela peut s'écrire

$$(67.4) \qquad j_1(t) = \pm (2\pi)^{l/2} \frac{k(t, y)^{l/2}}{\Gamma(1+l/2)} \frac{\rho(0, 0)}{\sqrt{\mathrm{Hess}_x[s(0, 0)]}} + \ldots$$

or tout changement de coordonnées et d'équation locale laisse invariant le second membre de (67.4), la formule (67.4) vaut donc en coordonnées arbitraires et quel que soit s, ce qui prouve (11.7).

PREUVE *de* (11.7) *pour* $q < 0$. — La définition (11.5) de j_1 et la formule de dérivation (10.5) donnent, si P est homogène de degré $-q$:

$$P\left(\frac{\partial}{\partial t}\right) j_1(t) = \int_{e(W, S)} P(-s_t)\,\omega(x, y).$$

D'où, vu (67.4)

$$P\left(\frac{\partial}{\partial t}\right) j_1(t) = \pm (2\pi)^{l/2} \frac{P(k_t) k(t, y)^{l/2}}{\Gamma\left(1 + \frac{l}{2}\right)} \frac{\rho}{\sqrt{\mathrm{Hess}_x s}} + \ldots$$

D'où, vu le lemme 67.2

$$j_1(t) = \pm (2\pi)^{l/2} \frac{k(t, y)^{(l/2)-q}}{\Gamma\left(1 + \frac{l}{2} - q\right)} \frac{\rho}{\sqrt{\mathrm{Hess}_x s}} + \ldots$$

PREUVE *de* (11.7) *pour* $q > 0$. — D'après (67.4) on a, si P est homogène de degré q :

$$j_P(t) = \pm (2\pi)^{\frac{l}{2}} \frac{k(t, y)^{\frac{l}{2}}}{\Gamma\left(1 + \frac{l}{2}\right) P(k_t)} \frac{\rho}{\sqrt{\mathrm{Hess}_x s}} + \ldots,$$

d'où, vu (11.6) et les lemmes 67.3 et 67.4,

$$j_1(t) = P\left(\frac{\partial}{\partial t}\right) j_P(t) = \pm (2\pi)^{\frac{l}{2}} \frac{k(t, y)^{\frac{l}{2}-q}}{\Gamma\left(1 + \frac{l}{2} - q\right)} \frac{\rho}{\sqrt{\mathrm{Hess}_x s}} + \ldots,$$

sauf si l est pair et $l < 2q$; dans ce cas il vient

$$j_1(t)\, k(t, y)^{q - \frac{l}{2}} = 0 \quad \text{sur } K.$$

68. Allure de $J(t)$ sur K quand l est impair. — Supposons que t fasse un tour, autour de K, dans le sens positif; alors d'après le théorème d'E. Picard-S. Lefschetz (n° 65)

h augmente de ne, e augmente de $-2e$;

donc

$$h + \frac{n}{2}e \quad \text{est invariant.}$$

Donc, vu le lemme 66

$$J(t) + \frac{n}{2}j_1(t) \quad \text{est holomorphe en chaque point de } K.$$

69. Allure de $J(t)$ sur K, quand l est pair et $q \leqq 0$. — Si t fait un tour, autour de K, dans le sens positif, alors h augmente de ne; donc $J(t)$ devient $J(t) + nj_1(t)$; or $j_1(t)$ est holomorphe; par suite

$$J(t) - \frac{n}{2\pi i}j_1(t)\log k(t, y)$$

est une fonction uniforme. D'autre part on peut construire [comme ci-dessous, lemme 70.1] un cycle, appartenant à $h(X, S \cup S')$, dont la mesure reste finie quand t se déplace hors de K, sans tourner indéfiniment autour de K; enfin $j_1(t)$ est holomorphe et s'annule sur K; donc la fonction

$$J(t) - \frac{n}{2\pi i}j_1(t)\log k(t, y)$$

est uniforme et holomorphe hors de K, bornée près de K; d'après un théorème de Riemann elle est donc holomorphe en chaque point de K.

Vu (11.6) et vu que j_p s'annule $p - q + \dfrac{l}{2}$ fois sur K, on a, à une fonction holomorphe près :

$$P\left(\frac{\partial}{\partial t}\right)[j_P(t)\log k(t, y)] = j_1(t)\log k(t, y) + \ldots$$

Donc, finalement, quel que soit le polynome P :

$$J(t) - \frac{n}{2\pi i}P\left(\frac{\partial}{\partial t}\right)[j_P(t)\log k(t, y)] \quad \text{est } \textit{holomorphe} \text{ en chaque point de } K.$$

70. Allure de $J(t)$ sur K, quand l est pair et $q > 0$. — Ce cas est moins aisé que les précédents : pour décrire l'allure de $J(t)$, il ne suffit plus d'employer $j_1(t)$, il devient nécessaire de recourir à $j_P(t)$ $(p > 0)$. Commençons par choisir explicitement un cycle

$$\gamma(t) \in h(S(t), S')$$

puis un cycle

$$\Gamma(t) \in \partial h(S(t), S').$$

CHOIX *de coordonnées locales.* — Tous les lemmes de ce n° 70 supposent

$$\dim T = 1.$$

K se compose donc de points isolés; nous supposons que $t = 0$ est l'un d'eux et que t est voisin de 0. Au point singulier y de $S(0)$, on a pour $t = 0$:

$$s_t \neq 0, \qquad s_x = 0, \qquad \mathrm{Hess}_x s \neq 0.$$

Nous pouvons donc choisir s, puis sur X des coordonnées locales valables pour

$$\| x \| < 2$$

de telle façon que

$$s(x, t) = x_1^2 + \ldots + x_l^2 - t;$$

$\| x \|$ est défini par :

$$\| x \|^2 = | x_1 |^2 + \ldots + | x_l |^2.$$

Notons W la boule

$$W : \quad \| x \| < \sqrt{2},$$

$\overline{W}$ son adhérence et $\dot{W}$ sa frontière :

$$\overline{W} : \quad \| x \| \leqq \sqrt{2}, \qquad \dot{W} : \quad \| x \| = \sqrt{2},$$

DÉFINITION *de rétractions.* — Comme le fait le n° 19, nous construisons *une rétraction* $\mu(x)$ d'un voisinage V de $S(0) - S(0) \cap W$ sur $S(0) - S(0) \cap W$ qui ait les propriétés suivantes : μ applique les points de S' sur S' et les points de $\dot{W}$ sur $\dot{W}$; si $x \in S(0) - S(0) \cap W$ alors $\mu^{-1}(x)$ est un disque, de dimension 2; il coupe $S(t)$ en un point unique, quand t est dans un voisinage de 0 dépendant continûment de x. Nous rendons ce voisinage indépendant de x en remplaçant X par un de ses domaines, choisi assez grand pour contenir des cycles de $h(S(t), S')$. Dès lors $\mu \,|\, S(t)$ est un homéomorphisme de $S(t) - S(t) \cap W$ sur $S(0) - S(0) \cap W$.

Nous construisons pour $t \neq 0$ un voisinage $V(t)$ de $S(t)$ et une rétraction $\mu_t(x)$ de $V(t)$ sur $S(t)$ qui aient les propriétés suivantes (elles définissent complètement V et μ_t hors de W) :

$$\text{hors de } W : \quad V(t) = V; \qquad \mu\mu_t = \mu;$$

si $x \in S(t)$, $\mu_t^{-1}(x)$ est un disque, de dimension 2; ce disque varie continûment avec x, sauf à la traversée de $\dot{W}$.

Ce disque a une orientation naturelle; donc, si σ est un simplexe de $S(t)$, $\mu_t^{-1}(\sigma)$ a une orientation définie par celle de σ; $\mu_t^{-1}(\sigma)$ muni si cette orientation est noté $\mu_t^{*}\sigma$; on a ainsi défini un homomorphisme μ_t^{*} du groupe des chaînes de $S(t)$ dans celui de $V(t)$.

Vu la définition de δ (n° 3, *cf.* chap. 2), si $\gamma(t) \in h(S(t), S')$, alors

$$(70.1) \qquad \partial \mu_t^{*}\, \gamma(t) \in \delta\, h(S(t), S').$$

Soit un paramètre ε ($0 < \varepsilon \leqq 1$; *voir* n° 21); soit $V_\varepsilon(t)$ un voisinage de $S(t)$ ayant les propriétés suivantes :

$V_\varepsilon(t) \subset V(t)$;
hors de W : $V_\varepsilon(t) = V(t) = V$;
dans W, $V_\varepsilon(t)$ tend vers $S(t)$ quand ε tend vers 0;
$V_\varepsilon(t) \cap \mu^{-1}(x)$ est un disque, il dépend continûment de $x \in S(t)$ sauf à la traversée de $\dot{W}$.

Nous notons $\mu_{t\varepsilon}$ la restriction de μ_t à $V_\varepsilon(t)$; nous définissons $\mu^*_{t\varepsilon}$ comme μ^*_t l'a été ci-dessus; si $\gamma(t) \in h(S(t), S')$, alors

$$\partial \mu^*_{t\varepsilon} \gamma(t) \in \delta h(S(t), S').$$

Le choix *de* $\gamma(t)$ résulte des lemmes suivants :

Lemme. — $H_c(S(0) \cap \dot{W})$ a pour base les quatre classes de dimensions 0, $l-2$, $l-1$, $2l-3$ contenant les quatre cycles que voici :

un point;
la sphère

$$(70.2)\quad \begin{cases} x_1 = 1, \quad \operatorname{Re}(x_2) = 0, \quad \ldots, \quad \operatorname{Re}(x^l) = 0, \\ x_2^2 + \ldots + x_l^2 = -1; \end{cases}$$

la sphère

$$(70.3)\quad \begin{cases} x_1 = i x_2, \quad \ldots, \quad x_{l-1} = i x_l, \\ |x_1|^2 + |x_3|^2 + \ldots + |x_{l-1}|^2 = 1; \end{cases}$$

la variété $S(0) \cap \dot{W}$ tout entière.

Preuve. — L'application

$$x \to \operatorname{Re}(x)$$

fibre $S(0) \cap \dot{W}$; la base est la sphère réelle de dimension $l-1$; la fibre est la sphère réelle de dimension $l-2$. Vu la théorie des espaces fibrés [9], la base de $H_c[S(0) \cap \dot{W}]$ se compose donc : ou bien de deux classes de dimensions 0 et $2l-3$; ou bien de quatre classes de dimensions 0, $l-1$, $l-2$, $2l-3$. Or les cycles (70.2) et (70.3) ont évidemment l'indice de Kronecker ± 1; donc c'est la seconde possibilité qui se présente et il existe une base de $H_c[S(0) \cap \dot{W}]$ contenant les classes de ces deux cycles.

Lemme. — $h(S(0), S')$ contient un cycle

$$\gamma(0) = \gamma_1(0) + n_2 \gamma_2(0),$$

où $\gamma_1(0)$ et $\gamma_2(0)$ sont deux chaînes de $S(0)$ et n_2 un entier;

$\gamma_1(o)$ est hors de W; $\gamma_2(o)$ est la boule de $\overline{W}$

$$\gamma_2(o): \quad o \leqq x_1 \leqq 1, \qquad \mathrm{Re}(x_2) = \ldots = \mathrm{Re}(x_l) = o, \qquad x_1^2 + \ldots + x_l^2 = o$$

PREUVE. — Vu le lemme précédent, on peut trouver dans $h(S(o), S')$ un cycle dont la partie $\gamma_1(o)$ située hors de W ait pour bord la sphère (70.2), multipliée par un entier convenable n_2. Puisque $S(o) \cap \overline{W}$ est un cône, son homologie est banale; par suite

$$\gamma_1(o) + n_2 \gamma_2(o) \in h(S(o), S')$$

quelle que soit la chaine $\gamma_2(o)$ de $\overline{W}$ dont le bord est la sphère (70.2). L'on peut choisir, par exemple, la boule $\gamma_2(o)$ que définit le lemme.

L'on peut choisir plus généralement la boule $\gamma_{2,t}(o)$ décrite par le lemme suivant, $[\gamma_{2,t}(o) = \gamma_2(o)$ pour $\arg t = o]$; ce lemme est donc exact :

LEMME. — $h(S(o), S')$ contient un cycle, dépendant de $t \neq o$:

$$\gamma(o) = \gamma_1(o) + n_2 \gamma_{2,t}(o)$$

où $\gamma_1(o)$ et $\gamma_{2,t}(o)$ sont deux chaines de $S(o)$ et n_2 un entier;
$\gamma_1(o)$ est hors de W;
$\gamma_{2,t}(o)$ est la boule d'équations :

$$o \leqq |x_1| \leqq 1;$$

$$\arg x_1 = (1 - |x_1|) \arg t \qquad \text{si} \quad \frac{1}{2} \leqq |x_1| \leqq 1;$$

$$= \frac{1}{2} \arg t \qquad \text{si} \quad o \leqq |x_1| \leqq \frac{1}{2};$$

$$\mathrm{Re}\left(\frac{x_2}{x_1}\right) = \ldots = \mathrm{Re}\left(\frac{x_l}{x_1}\right) = o;$$

$$x_1^2 + x_2^2 + \ldots + x_l^2 = o.$$

Voici enfin le cycle $\gamma(t)$:

LEMME 70.1. — $h(S(t), S')$ contient un cycle, dépendant continûment de $\log t$:

$$\gamma(t) = \gamma_1(t) + \gamma_2(t)$$

où : $\gamma_1(t)$ est la chaine de $S(t)$ que μ projette sur $\gamma_1(o)$; $\gamma_2(t)$ est une chaine de $S(t) \cap \overline{W}$ telle que

$$\text{(70.4)} \qquad \mathrm{mes}\, \gamma_2(t) < \mathrm{Cte} + \mathrm{Cte}\, |\arg t|^l.$$

PREUVE. — Définissons d'abord deux chaines de $S(t) \cap \overline{W}$ dépendant continûment de $\log t$: $\gamma_3(t)$ et $\gamma_4(t)$.

La chaîne $\gamma_3(t)$ est la boule

$$\gamma_3(t):\quad \sqrt{|t|}\leqq|x_1|\leqq\frac{1}{2};\qquad \arg x_1=\frac{1}{2}\arg t;$$
$$\operatorname{Re}\left(\frac{x_2}{\sqrt{t}}\right)=\ldots=\operatorname{Re}\left(\frac{x_l}{\sqrt{t}}\right)=0;$$
$$x_1^2+x_2^2+\ldots+x_l^2=t.$$

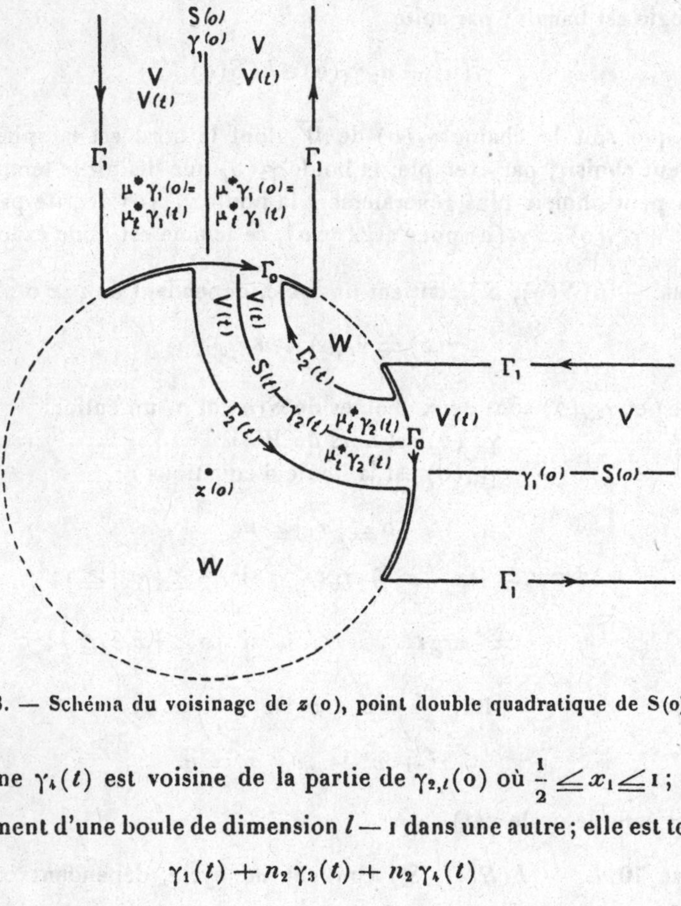

Fig. 3. — Schéma du voisinage de $z(0)$, point double quadratique de S(o).

La chaîne $\gamma_4(t)$ est voisine de la partie de $\gamma_{2,t}(0)$ où $\frac{1}{2}\leqq x_1\leqq 1$; elle est le complément d'une boule de dimension $l-1$ dans une autre ; elle est telle que

$$\gamma_1(t)+n_2\,\gamma_3(t)+n_2\,\gamma_4(t)$$

soit un cycle de $(S(t),\ S')$.

Hors de W, ce cycle de $(S(t),\ S')$ est voisin de $\gamma(0)$; donc, puisque $h(S(t),\ S')$ dépend continûment de t (n° 11), la classe d'homologie de ce cycle est $h(S(t),\ S')-n_3\,e(S(t),\ S')$, n_3 étant un entier convenable, indépendant de t.

Soit $\gamma_5(t)$ un cycle de $e(S(t)\cap W)$; par exemple :

$$\gamma_5(t):\quad \operatorname{Im}\left(\frac{x_1}{\sqrt{t}}\right)=\ldots=\operatorname{Im}\left(\frac{x_l}{\sqrt{t}}\right)=0$$
$$x_1^2+\ldots+x_l^2=t.$$

Il est évident que

$$\gamma_2(t) = n_2\gamma_3(t) + n_2\gamma_4(t) + n_3\gamma_5(t)$$

vérifie le lemme.

CHOIX *de* $\Gamma(t)$. — Définissons

$$\Gamma(t) = \partial\mu_\iota^*\gamma(t).$$

Notons

$$\Gamma(t) = \Gamma_1 + \Gamma_2(t)$$

Γ_1 étant hors de $\overline{W}$ et $\Gamma_2(t)$ dans $\overline{W}$. Vu (70.1) :

$$\Gamma(t) = \Gamma_1 + \Gamma_2(t) \in \delta h(S(t), S'). \tag{70.5}$$

Puisque μ projette $\gamma_1(t)$ sur $\gamma_1(0)$ et que μ_ι est défini hors de W par la condition $\mu\mu_\iota = \mu$, on a

$$\mu_\iota^*\gamma_1(t) = \mu^*\gamma_1(0),$$

donc

$$\partial\mu_\iota^*\gamma_1(t) = \partial\mu^*\gamma_1(0) = \Gamma_1 + \Gamma_0,$$

$\Gamma_0 = \mu^*\partial\gamma_1(0)$ étant une chaîne de $\dot{W}$; Γ_0 et Γ_1, sont donc *indépendants* de t et

$$\partial\mu_\iota^*\gamma_2(t) = \Gamma_2(t) - \Gamma_0. \tag{70.6}$$

LEMME. — On a $d\omega = ds \wedge \omega = 0$.

PREUVE. — On a $s_\iota = -1$; donc, vu (67.2), $d\omega = 0$; or par hypothèse,

$$d\left(\frac{\omega}{s^q}\right) = 0; \qquad \text{donc} \quad ds \wedge \omega = 0.$$

LEMME 70.2. — $J(t) - \dfrac{1}{2\pi i}\left(\dfrac{d}{dt}\right)^{q-1}\displaystyle\int_{\Gamma_2(t)} \frac{\omega}{s}$ est holomorphe au point $t = 0$.

PREUVE. — La formule du résidu et (70.5) transforment la définition (10.4) de $J(t)$ en la suivante :

$$J(t) = \frac{(q-1)!}{2\pi i}\int_{\Gamma_1}\frac{\omega}{s^q} + \frac{(q-1)!}{2\pi i}\int_{\Gamma_2(t)}\frac{\omega}{s^q}.$$

Puisque Γ_1 est indépendant de t et est hors de $S(t)$, la première intégrale est une fonction de t holomorphe au point $t = 0$. Puisque $\partial\Gamma_2(t)$ est indépendant de t et que $s_\iota = -1$, on a, quand t est voisin de t'

$$(q-1)!\int_{\Gamma_2(t)}\frac{\omega}{s^q} = (q-1)!\int_{\Gamma_2(t')}\frac{\omega}{s^q} = \left(\frac{d}{dt}\right)^{q-1}\int_{\Gamma_2(t')}\frac{\omega}{s} = \left(\frac{d}{dt}\right)^{q-1}\int_{\Gamma_2(t)}\frac{\omega}{s}.$$

Lemme 70.3. — On a

$$\int_{\Gamma_2(t)} \frac{\omega}{s} = \int_{\Gamma_0} \frac{\omega}{s} + 2\pi i \int_{\gamma_2(t)} \frac{\omega}{ds}.$$

Preuve. — S et Γ_0 sont en position générale; $\dim \Gamma_0 = l$; $\dim(S \cap \Gamma_0) = l - 2$; donc $\int_{\Gamma_0} \frac{\omega}{s}$ converge absolument et uniformément; de (70.6) résulte donc

$$\int_{\Gamma_2(t)} \frac{\omega}{s} = \int_{\Gamma_0} \frac{\omega}{s} + \int_{\partial\mu_l^* \gamma_2(t)} \frac{\omega}{s}.$$

Or, puisque $\mu_{l,\varepsilon}$ est une restriction de μ_l,

$$\partial\mu_l^* \gamma_2(t) - \partial\mu_{l,\varepsilon}^* \gamma_2(t) \sim 0 \quad \text{dans } \overline{W} - S;$$

donc

$$\int_{\partial\mu_l^* \gamma_2(t)} \frac{\omega}{s} = \int_{\partial\mu_{l,\varepsilon}^* \gamma_2(t)} \frac{\omega}{s};$$

or, quand ε tend vers 0, cette dernière intégrale tend vers $2\pi i \int_{\gamma_2(t)} \frac{\omega}{s}$, vu le lemme 21; donc

$$\int_{\partial\mu_l^* \gamma_2(t)} \frac{\omega}{s} = 2\pi i \int_{\gamma_2(t)} \frac{\omega}{s}.$$

Lemme 70.4. — La fonction

$$\int_{\Gamma_2(t)} \frac{\omega}{s} - n j_P(t) \log t = f(t),$$

où n désigne l'indice de Kronecker (11.3) et où $P\left(\frac{d}{dt}\right) = \left(\frac{d}{dt}\right)^{q-1}$, est holomorphe au point $t = 0$.

Preuve. — Puisque $\partial \Gamma_2(t)$ est indépendant de t, $\int_{\Gamma_2(t)} \frac{\omega}{s}$ est holomorphe en tout point $t \neq 0$; donc $f(t)$ est *holomorphe* pour $t \neq 0$.

Quand t fait un tour, autour de 0, dans le sens positif, alors $h(S(t), S')$ croît de $ne(S(t), S')$ d'après le théorème d'E. Picard-S. Lefschetz (n° 65); donc, vu le lemme 70.1, $\gamma_2(t)$ croît d'un cycle appartenant à la classe $ne(S \cap W)$; donc, vu le lemme 70.3, où Γ_0 est indépendant de t,

$$\int_{\Gamma_2(t)} \frac{\omega}{s} \text{ croît de } 2n\pi i \int_{e(S \cap W)} \frac{\omega}{ds} = 2n\pi i j_P(t);$$

donc, puisque $j_P(t)$ est uniforme, la fonction $f(t)$ est *uniforme*.

Majorons-la : vu (2.8)

$$\left|\frac{\omega}{ds}\right|_S < \text{Cte}\,\frac{1}{\operatorname{Inf}|s_x|} \qquad (x \in S(t)\cap W)$$

$$< \text{Cte}\,\frac{1}{\sqrt{|t|}};$$

d'où, vu (70.4) :

$$\left|\int_{\gamma_2(t)}\frac{\omega}{ds}\right| < \frac{\text{Cte} + \text{Cte}\,|\arg t|^l}{\sqrt{|t|}} < \text{Cte}\,\frac{|\log t|^l}{\sqrt{|t|}}.$$

Rappelons que $\int_{\Gamma_0}\frac{\omega}{s}$ est borné; donc, vu le lemme 70.3

$$\left|\int_{\Gamma_2(t)}\frac{\omega}{s}\right| < \text{Cte}\,\frac{|\log t|^l}{\sqrt{|t|}}.$$

Or $j_P(t)$ est holomorphe au point $t = 0$. Donc

$$|f(t)| < \frac{|\log t|^l}{\sqrt{|t|}}.$$

Cette *majoration* achève la preuve.

Il est maintenant possible d'achever la preuve du *théorème* 4, c'est-à-dire de prouver, quand l est pair et $q > 0$, la

PROPOSITION. — *La fonction*

$$J(t) - \frac{n}{2\pi i}P\left(\frac{\partial}{\partial t}\right)[j_P(t)\log k(t,y)] = F(t)$$

est holomorphe en chaque point o *de* K, *pourvu que*

$$q - \frac{l}{2} \leq p. \tag{70.7}$$

PREUVE *quand* $\dim T = 1$ *et* $p = q - 1$. — Cette proposition est indépendante du choix des coordonnées et de l'équation locale $s = 0$; elle est donc établie par les lemmes 70.2 et 70.4.

PREUVE *quand* $p = q - 1$. — D'après ce qui précède, près de o, $F(t)$ est holomorphe sur toute droite complexe non orthogonale à s_t, c'est-à-dire à k_t, c'est-à-dire non tangente à K. Or une fonction de plusieurs variables complexes, définie sur un domaine, holomorphe par rapport à chacune de ces variables est holomorphe par rapport à leur ensemble (théorème d'Hartog; *voir* par exemple le Traité [1] de BOCHNER et MARTIN, chap. VII, § 4, p. 140). Donc $F(t)$ est holomorphe au point o.

Pour achever la preuve de la proposition, il suffit d'établir le

LEMME 70.5. — Si P et P_1 sont deux polynomes homogènes de degrés p et p_1 vérifiant (70.7), alors

$$P\left(\frac{\partial}{\partial t}\right)[j_P(t)\log k(t, y)] - P_1\left(\frac{\partial}{\partial t}\right)[j_{P_1}\log k]$$

est holomorphe au point o de K.

PREUVE. — Ce lemme résulte du suivant :

LEMME. — Si P et P_1 sont deux polynomes homogènes vérifiant (11.4) et si le degré p de P vérifie (70.7), alors

$$P\left(\frac{\partial}{\partial t}\right)P_1\left(\frac{\partial}{\partial t}\right)[j_{PP_1}(t)\log k(t, y)] - P\left(\frac{\partial}{\partial t}\right)[j_P\log k]$$

est holomorphe au point o de K.

PREUVE. — j_{PP_1} s'annule sur K au moins $p+p_1+\frac{l}{2}-q$ fois, donc au moins p_1 fois ; par suite, vu (11.6)

$$P_1\left(\frac{\partial}{\partial t}\right)[j_{PP_1}(t)\log k(t, y)] - j_P\log k$$

est holomorphe au point o.

71. Preuve de la formule (11.8). — D'après (11.7) on a près de K le développement limité

$$j_P(t) = \pm(2\pi)^{\frac{l}{2}}\frac{k(t, y)^{p+\frac{l}{2}-q}}{\left(p+\frac{l}{2}-q\right)!\,P(k_t)}\frac{\rho(x, y)}{\sqrt{\mathrm{Hess}_x s(x, y)}}+\ldots;$$

d'où, si l est pair et $o < q-\frac{l}{2} \leq p$ le développement limité

$$P\left(\frac{\partial}{\partial t}\right)[j_P(t)\log k(t, y)] = \pm(2\pi)^{\frac{l}{2}}\frac{\left(q-\frac{l}{2}-1\right)!}{k^{q-\frac{l}{2}}}\frac{\rho}{\sqrt{\mathrm{Hess}_x s}}+\ldots,$$

d'où (11.8), vu le théorème 4.

CHAPITRE 10. — La distribution que définit une intégrale, fonction d'un paramètre réel.

Ce chapitre 10 justifie le n° 12. Il emploie la théorie des distributions (L. SCHWARTZ [17] ; GELFAND, et ŠILOV, [5]).

72. Notations. — T est un voisinage d'un point o de K; c'est une boule, que K décompose en deux autres : T' et T''. On choisit $y = z(o)$.

T est la partie réelle d'un domaine $\tilde{T}$ d'un espace affin complexe; K est la partie réelle d'une variété $\tilde{K}$ de $\tilde{T}$; nous nommons λ_+ (et λ_-) un chemin de $\tilde{T} - \tilde{K}$ dont l'origine est dans T', dont l'extrémité est dans T'' et qui fait un demi-tour autour de $\tilde{K}$ dans le sens positif (ou négatif). En prolongeant par continuité h et e le long de λ_+ (ou λ_-) on obtient sur T'' des classes h_+ et e_+ (ou h_- et e_-). Il suffit évidemment de prouver le théorème 5 dans le cas où l'on a choisi

$$e = e_+ \quad \text{sur} \quad T''.$$

Soit $n(t)$ l'indice de Kronecker (11.3); on note

$$n(t) = n' \quad \text{sur} \quad T', \qquad n(t) = n'' \quad \text{sur} \quad T'';$$

évidemment

$$n' = (-1)^{\frac{l(l+1)}{2}} KI[e, h_+].$$

Puisque h dépend continûment de t, il existe un entier m tel que

$$(72.1) \qquad h = h_+ + me \quad \text{sur} \quad T''.$$

En portant cette formule dans la précédente, il vient

$$(72.2) \qquad n'' = n' + (-1)^{\frac{l(l+1)}{2}} mKI[e, e].$$

73. Définition de la distribution $J(t)$ quand l est impair. — Les formules d'E. Picard et S. Lefschetz, (11.3) et (65.2), donnent :

$$KI[e, e] = -2(-1)^{\frac{l(l+1)}{2}}$$

d'où, vu (72.2) :

$$n'' = n' - 2m.$$

Ainsi la discontinuité de $n(t)$ à travers K est un entier pair.

En prolongeant continûment $2h + n'e$ le long de λ_+ on obtient :

$$2h_+ + n'e = 2h + (n' - 2m)e = 2h + n''e;$$

vu le théorème 4, la fonction

$$2J(t) + n(t)j_1(t) = 2F(t)$$

est donc *holomorphe* au point o.

Or, d'après (11.6),

$$n(t)j_1(t) = P\left(\frac{\partial}{\partial t}\right)[n(t)j_P(t)] \qquad \text{hors de} \quad K.$$

On a donc, hors de K :

$$J(t) = -\frac{1}{2} P\left(\frac{\partial}{\partial t}\right)[n(t) j_P(t)] + F(t). \tag{73.1}$$

Lemme. — $P\left(\frac{\partial}{\partial t}\right)[n(t) j_P(t)]$ est sur T, une distribution, indépendante du choix du polynome P, si (11.4) a lieu et si $q - \frac{l+1}{2} \leqq p$.

Preuve. — D'après le théorème 4, $j_P(t)$ est sommable; par suite $P\left(\frac{\partial}{\partial t}\right)[n(t) j_P(t)]$ est une distribution. Montrons qu'elle est indépendante du choix de P, c'est-à-dire que, si Q est un autre polynome homogène, vérifiant (11.4) alors on a l'égalité entre distributions :

$$P\left(\frac{\partial}{\partial t}\right)[n(t) j_P(t)] = P\left(\frac{\partial}{\partial t}\right) Q\left(\frac{\partial}{\partial t}\right)[n(t) j_{PQ}(t)];$$

en effet cette égalité a lieu, parce que, hors de K (donc presque partout) l'on a, d'après (11.6) et le théorème 4, l'égalité des fonctions sommables .

$$n(t) j_P(t) = Q\left(\frac{\partial}{\partial t}\right)[n(t) j_{PQ}(t)].$$

Définition *de la distribution* $J(t)$. — Le n° 12 définit cette distribution par la formule (73.1), où $F(t)$ est une fonction holomorphe et où $P\left(\frac{\partial}{\partial t}\right)[n(t) j_P(t)]$ est la distribution qui vient d'être prouvée indépendante de P.

74. La formule de dérivation de $J(t)$ quand l est impair. — Il s'agit de calculer $P\left(\frac{\partial}{\partial t}\right) J(t)$. Si $2(p+q) \leqq l+1$, $P\left(\frac{\partial}{\partial t}\right) J(t)$ est, d'après les théorèmes 3 et 4, la fonction mesurable (10.5) ou (10.6). Supposons

$$l + 1 < 2(p+q).$$

D'après le théorème 2, on a, hors de K, l'égalité des fonctions :

$$P\left(\frac{\partial}{\partial t}\right) J(t) = \int_{h(S,S')} \frac{d^{p+q-1}[P(-s_i)\omega]}{ds^{p+q}}. \tag{74.1}$$

D'autre part, d'après la définition de la distribution $J(t)$, si P_1 est un polynome homogène de degré $p_1 \geqq p+q$, alors la distribution

$$P\left(\frac{\partial}{\partial t}\right) J(t) + \frac{1}{2} P\left(\frac{\partial}{\partial t}\right) P_1\left(\frac{\partial}{\partial t}\right)[n(t) j_{P_1}(t)]$$

est une fonction holomorphe en o; or, vu la définition (11.5) de j_{P_1} et les théorèmes 3 et 4 on a l'égalité des fonctions continues sur T :

$$P\left(\frac{\partial}{\partial t}\right)[n(t)j_{P_1}(t)] = n(t)\int_{e(W,S)} \frac{[-s]^{p_1-p-q}}{(p_1-p-q)!}\frac{P(-s_l)\omega}{P_1(-s_l)};$$

donc la distribution

$$P\left(\frac{\partial}{\partial t}\right)J(t) + \frac{1}{2}P_1\left(\frac{\partial}{\partial t}\right)\left[n(t)\int_{e(W,S)}\cdots\right]$$

est une fonction holomorphe en o; or, par définition, la distribution

$$\int_{h(S,S')} \frac{d^{p+q-1}[P(-s_l)\omega]}{ds^{p+q}} + \frac{1}{2}P_1\left(\frac{\partial}{\partial t}\right)\left[n(t)\int_{e(W,S)}\cdots\right]$$

est une fonction holomorphe en o; la distribution

$$P\left(\frac{\partial}{\partial t}\right)J(t) - \int_{h(S,S')} \frac{d^{p+q-1}[P(-s_l)\omega]}{ds^{p+q}}$$

est donc une fonction holomorphe en o.

Elle est identiquement nulle, vu (74.1) : *la distribution* $P\left(\frac{\partial}{\partial t}\right)J(t)$ *a l'expression* (74.1)

Voici établies toutes les affirmations du n° 12, quand l est impair.

75. Définition de la distribution $J(t)$, quand l est pair. — D'après le théorème d'E. Picard et S. Lefschetz, (n° 65), e est invariant :

$$e_+ = e_- = e;$$

et l'on doit donc avoir

(75.1) $$KI[e, e] = 0;$$

cela est d'ailleurs évident, puisque $\dim e(S, S') = l - 1$ est impair.

Vu (72.2) et cette relation (75.1),

$$n' = n'':$$

$n(t)$ est constant sur T et sera noté n.

De (75.1) et (72.1) résulte d'autre part ceci :

$$KI[e, h_+] = KI[e, h_-] = KI[e, h] = n(-1)^{\frac{l(l+1)}{2}};$$

donc, vu le théorème d'E. Picard et S. Lefschetz

$$h_+ = h_- + ne;$$

d'où, vu (72.1)

(75.2) $$2h = h_+ + h_- + (2m+n)e \quad \text{sur } T'''.$$

Nous disons que h est *régulièrement continu* si

$$2h = h_+ + h_- \quad \text{sur} \quad T'';$$

l'on déduit aisément de l'invariance de e que cette condition n'est pas altérée quand on permute les rôles de T' et T''. D'après le théorème 4

$$(75.3) \qquad J(t) - \frac{n}{2\pi i} P\left(\frac{\partial}{\partial t}\right)[j_P(t) \log|k(t, y)|] \quad \text{est } \textit{holomorphe}$$

sur T au point o, si h est régulièrement continu.

Soit $N(t)$ un entier, constant de chaque côté de K :

$$N(t) = N' \quad \text{sur} \quad T'; \qquad N(t) = N'' \quad \text{sur} \quad T'';$$

$2h + N(t)e$ est régulièrement continu si

$$2h + N''e = h_+ + h_- + N'e$$

c'est-à-dire si

$$N'' = N' - 2m - n.$$

Faisons un tel choix de $N(t)$; ainsi *la discontinuité de $N(t)$ à travers K à la parité de n*. Vu (75.3), la fonction

$$J(t) - \frac{n}{2\pi i} P\left(\frac{\partial}{\partial t}\right)[j_P(t) \log|k(t, y)|] + \frac{1}{2} N(t) j_1(t) + F_P(t)$$

est *holomorphe* sur T au point o.

Or on a, d'après (11.6)

$$N(t) j_1(t) = P\left(\frac{\partial}{\partial t}\right)[N(t) j_P(t)] \quad \text{hors de } K.$$

On a donc, hors de K, l'égalité des fonctions :

$$(75.4) \qquad J(t) = \frac{n}{2\pi i} P\left(\frac{\partial}{\partial t}\right)[j_P \log|k|] - \frac{1}{2} P\left(\frac{\partial}{\partial t}\right)[N(t) j_P] + F_P(t).$$

Lemme. — Si (11.4) a lieu et si $q - \dfrac{l}{2} \leq p$, alors, sur T, le second membre de (75.4) est une distribution, indépendante du choix de P.

Preuve. — D'après le théorème 4, j_P et $j_P \log|k|$ sont sommables : le second membre de (75.4) est donc bien une distribution. Cette distribution est indépendante de P hors de K; pour prouver qu'elle est indépendante de P, il suffit donc de prouver ceci : si Q est un autre polynome homogène vérifiant (11.4), alors la distribution

$$\frac{n}{2\pi i} P\left(\frac{\partial}{\partial t}\right)[j_P \log|k|] - \frac{1}{2} P\left(\frac{\partial}{\partial t}\right)[N(t) j_P]$$
$$- \frac{n}{2\pi i} P\left(\frac{\partial}{\partial t}\right) Q\left(\frac{\partial}{\partial t}\right)[j_{PQ} \log|k|] + \frac{1}{2} P\left(\frac{\partial}{\partial t}\right) Q\left(\frac{\partial}{\partial t}\right)[N(t) j_{PQ}]$$

est une fonction sommable. Or cela est bien vrai : comme dans le cas l impair,

$$P\left(\frac{\partial}{\partial t}\right)[N(t)j_P]=P\left(\frac{\partial}{\partial t}\right)Q\left(\frac{\partial}{\partial t}\right)[N(t)j_{PQ}]$$

est une distribution indépendante du choix de P; d'autre part la distribution

$$P\left(\frac{\partial}{\partial t}\right)[j_P\log|k|]-P\left(\frac{\partial}{\partial t}\right)Q\left(\frac{\partial}{\partial t}\right)[j_{PQ}\log|k|]$$

est une fonction holomorphe sur T au point o, car

$$j_P\log|k|-Q\left(\frac{\partial}{\partial t}\right)[j_{PQ}\log|k|]$$

en est une, vu (11.6), puisque j_{PQ} s'annule sur K un nombre de fois supérieur au degré de Q $\left(\text{vu le théorème 4 et l'hypothèse } q-\frac{l}{2}\leqq p\right)$.

Définition *de la distribution* $J(t)$. — Le n° 12 définit cette distribution par la formule (75.4), comme le lemme précédent l'autorise.

76. La formule de dérivation de $J(t)$, quand l est pair. — Il s'agit de calculer $P\left(\frac{\partial}{\partial t}\right)J(t)$. Si $2(p+q)\leqq l$, $P\left(\frac{\partial}{\partial t}\right)J(t)$ est la fonction mesurable (10.5) ou (10.6). Supposons $l<2(p+q)$. Hors de K :

(76.1) $$P\left(\frac{\partial}{\partial t}\right)J(t)=\int_{h(S,S)}\frac{d^{p+q-1}[P(-s_t)\omega]}{ds^{p+q}}.$$

D'autre part, si P_1 est un polynome homogène de degré $p_1\geqq p+q$,

$$P\left(\frac{\partial}{\partial t}\right)J(t)-\frac{n}{2\pi i}P\left(\frac{\partial}{\partial t}\right)P_1\left(\frac{\partial}{\partial t}\right)[j_{P_1}\log|k|]$$
$$+\frac{1}{2}P\left(\frac{\partial}{\partial t}\right)P_1\left(\frac{\partial}{\partial t}\right)[Nj_{P_1}]$$

est une fonction holomorphe en o; or, vu les théorèmes 3 et 4, on a l'égalité des fonctions continues

$$P\left(\frac{\partial}{\partial t}\right)[N(t)j_{P_1}(t)]=N(t)\int_{e(W,S)}\frac{[-s]^{p_1-p-q}}{(p_1-p-q)!}\frac{P(-s_t)\omega}{P_1(-s_t)};$$

et

$$P\left(\frac{\partial}{\partial t}\right)[j_{P_1}\log|k|]-(\log|k|)\int_{e(W,S)}\cdots$$

est holomorphe sur T en o. Donc

$$P\left(\frac{\partial}{\partial t}\right)J(t)-\frac{n}{2\pi i}P_1\left(\frac{\partial}{\partial t}\right)\left[(\log|k|)\int_{e(W,S)}\cdots\right]$$
$$+\frac{1}{2}P_1\left(\frac{\partial}{\partial t}\right)\left[N\int_{e(W,S)}\cdots\right]$$

est holomorphe sur T en o; la distribution

$$P\left(\frac{\partial}{\partial t}\right)J(t)-\int_{h(S,S)}\frac{d^{p+q-1}[P(-s_t)\omega]}{ds^{p+q}}$$

est donc une fonction holomorphe en o.

Elle est identiquement nulle, vu (76.1) : *la distribution* $P\left(\frac{\partial}{\partial t}\right)J(t)$ *a l'expression* (76.1). Le théorème 5 est prouvé.

BIBLIOGRAPHIE.

[1] Bochner (S) et Martin (W. T.). — *Several complex variables.* — Princeton Princeton University Press, 1948.

[2] Cartan (Elie). — *Sur les propriétés topologiques des quadriques complexes*, (*Publ. math. Univ. Belgrade*, t. 1, 1932, p. 55-74); *Œuvres complètes*, Partie I : *Groupes de Lie*, t. 2. — Paris, Gauthiers-Villars, 1952; p. 1227-1246.

[3] Duff (G. F. D.). — *Differential forms in manifolds with boundary*, (*Annals of Maths.*, Series 2, t. 56, 1952, p. 115-127).

[4] Fáry (Istvan). — *Cohomologie des variétés algébriques* (*Annals of Math.*, Séries 2, t. 65, 1957, p. 21-73).

[5] Gel'fand (I.) et Silov (G.). — *Les fonctions généralisées et leurs opérations* [en russe]. — Moscou, 1958 (Obobscennye funkcii, 1).

[6] Lefschetz (Solomon). — *L'analysis situs et la géométrie algébrique.* — Paris, Gauthiers-Villars, 1924.

[7] Lefschetz (Solomon). — *Algebraic topology.* — New-York, American mathematical Society, 1942, (Amer. math. Soc. Coll. Publ.. 27).

[8] Leray (Jean). — *Une définition géométrique de l'anneau de cohomologie d'une multiplicité*, (*Comment. Helvet. Math.*, t. 20, 1947, p. 177-180).

[9] Leray (Jean). — *L'homologie d'un espace fibré dont la fibre est connexe*, (*J. Math. pures et appl.*, Séries 9, t. 29, 1950, p. 169-213).

[10] Leray (Jean). — *Fonction de variables complexes : sa représentation comme somme de puissances négatives de fonctions linéaires* (*Rend. Accad. naz. Lincei*, Série, 8, t. 20, 1956, p. 589-590).

[11] Leray (Jean). — *Le problème de Cauchy*, (*Congrès mathématique canadien*, 1955, multigraphié).

[12] Lichnerowicz (André). — *Théorie globale des connexions et des groupes d'holonomie.* — Paris, Dunod; Roma, Cremonese, 1955.

[13] Poincaré (Henri). — *Sur les résidus des intégrales doubles*, (*Acta Math.*, t. 9, 1887, p. 321-380).

[14] de Rham (Georges). — *Sur la notion d'homologie et les résidus d'intégrales multiples*, (*Congrés international des mathématiciens* [1932, Zürich], t. 2. —

Zürich und Leipzig, Orell, Füssli; p. 195); *Relations entre la topologie et la théorie des intégrales multiples*, (*Ens. math.*, t. 35, 1936, p. 213-228).

[15] DE RHAM (Georges). — *Sur la division de formes et de courants par une forme linéaire*, (*Comment. Helvet. Math.*, t. 28, 1954, p. 346-352).

[16] DE RHAM (Georges). — *Variétés différentiables, formes, courants, formes harmoniques.* — Paris, Hermann, 1955 (*Act. scient. et ind.*, 1222).

[17] SCHWARTZ (Laurent). — *Théorie des distributions.* — Paris, Hermann; T. 1, : 1950, T. 2, 1951. (*Act. scient. et ind.*, 1091 *et* 1122).

Le présent article a été résumé dans les Comptes Rendus de l'Académie des Sciences :

LERAY (Jean). — *La théorie des résidus sur une variété analytique complexe*, (*C. R. Acad. Sc. Paris*, t. 247, 1958, p. 2253-2257).

LERAY (*Jean*). — *Le calcul différentiel et intégral sur une variété analytique complexe*, (*C. R. Acad. Sc. Paris*, t. 248, 1959. p. 22-28).

Il a été complété par :

[18] NORGUET (François). — *Sur la théorie des résidus*, (*C. R. Acad. Sc.*, *Paris*, t. 248, 1959, p. 2057-2059).

(*Manuscrit reçu le* 12 *juin* 1959)

Jean LERAY
12, rue Pierre Curie,
Sceaux (Seine).

[1962a]

Prolongement de la transformation de Laplace

International Congress of Mathematicians, Stockholm 1962, pp. 360–367

La primitive $I(x,y)$ d'ordre $n-1$, s'annulant $n-1$ fois en y, d'une fonction $F(x)$ de la variable x est donnée par la formule de Cauchy :

$$I(x,y)=\int_y^x \frac{(x-t)^{n-2}}{(n-2)!}F(t)\,dt.$$

Introduisons dans cette formule les fonctions linéaires de x

$$\xi\cdot x=\xi_0+\xi_1 x,\quad \text{où } \xi=(\xi_0,\xi_1);$$

notons f la fonction homogène de degré $-n$

$$f(\xi)=\frac{1}{\xi_1^n}F\left(-\frac{\xi_0}{\xi_1}\right),$$

$\omega^*(\xi)$ la forme différentielle

$$\omega^*(\xi)=\xi_0\,d\xi_1-\xi_1\,d\xi_0$$

et h un arc joignant les ensembles de points ξ d'équations respectives

$$y^*:\ \xi\cdot y=0,\quad x^*:\ \xi\cdot x=0;$$

il vient

$$I(x,y)=\int_h \frac{(\xi\cdot x)^{n-2}}{(n-2)!}f(\xi)\,\omega^*(\xi).$$

Nous allons étudier l'intégrale analogue en un nombre quelconque de variables; nous obtiendrons ainsi un prolongement $\mathfrak{L}$ de la transformation de Laplace, qui permet de construire la solution élémentaire d'opérateurs différentiels.

1. *La fonction* $\mathfrak{L}[f]$. — Soit $\tilde{\Psi}$ une multiplicité analytique complexe, de dimension complexe

$$\dim_c \tilde{\Psi}=l;$$

ses points sont notés $\tilde{\varphi}$. Soient $\tilde{\Sigma}(x,y)$ un sous-variété analytique de $\tilde{\Psi}$, de codimension 1, d'équation réelle, dépendant *linéairement* de x et *holomorphiquement* de y; x est un point d'un espace affine réel X, ayant même dimension que $\tilde{\Psi}$:

$$\dim X=l;$$

y est un point d'un domaine Y de X.

Pour écrire l'équation de $\hat{\Sigma}$, notons $(x_1,\ldots,x_l)$ les coordonnées de $x\in X$ et

$$\xi \cdot x = \xi_0 + \xi_1 x_1 + \ldots + \xi_l x_l$$

une fonction linéaire, numérique complexe, sur X; ξ est donc un vecteur d'un espace vectoriel complexe Ξ;

$$\dim_c \Xi = l+1.$$

Notons ξ^* l'image de $\xi \neq 0$ dans l'espace projectif

$$\Xi^* = (\Xi - 0)/\Lambda$$

quotient de $\Xi - 0$ par le groupe Λ de ses homothéties; autrement dit : ξ^* est l'hyperplan de X d'équation $\xi \cdot x = 0$.

L'équation locale de $\tilde{\Sigma}(x, y)$ est donc

$$\tilde{\Sigma}(x, y) : \xi(\tilde{\varphi}, y) \cdot x = 0,$$

$\xi(\tilde{\varphi}, y)$ étant une application holomorphe d'un domaine de $\tilde{\Psi} \times Y$ dans Ξ; deux choix différents de $\xi(\tilde{\varphi}, y)$ sont proportionnels; nous supposerons que

$$\xi(\tilde{\varphi}, y) \neq 0;$$

ces divers $\xi(\tilde{\varphi}, y)$ définissent donc une application holomorphe de $\tilde{\Psi} \times Y$ tout entier :

$$\xi^*(\tilde{\varphi}, y) : \tilde{\Psi} \times Y \to \Xi^*;$$

nous la nommerons *projection*; elle projette $\tilde{\Sigma}(x, y)$ (et $\tilde{\Sigma}(y, y)$) dans les hyperplans x^* (et y^*) de Ξ^* d'équations :

$$x^* : \xi \cdot x = 0, \quad y^* : \xi \cdot y = 0.$$

Nous notons $K(y)$ l'ensemble des points x de Y tels que $\tilde{\Sigma}(x, y)$ ait une singularité.

Nous notons $\omega^*(\xi)$ la forme différentielle extérieure

$$\omega^*(\xi) = \textstyle\sum_{j=0}^{l} (-1)^j \xi_j \, d\xi_0 \wedge \ldots \wedge d\xi_{j-1} \wedge d\xi_{j+1} \wedge \ldots \wedge d\xi_l;$$

son produit par une fonction de ξ, homogène de degré $-l-1$, est évidemment une forme différentielle de ξ^*.

Soit $f(\xi, y)$ une fonction numérique complexe, homogène en ξ, de degré $-n$ (n : entier >0, <0 ou $=0$), analytique en (ξ, y), en général multiforme et définie seulement sur une partie de $\Xi \times Y$. Nous dirons que *la projection* $\xi^*(\varphi, y)$ *uniformise la fonction* $f(\xi, y)$ (*ou la forme* $f(\xi, y)\omega^*(\xi)$) quand

$$f(\xi(\tilde{\varphi}, y), y) \quad (\text{ou } f(\xi(\tilde{\varphi}, y)\omega^*(\xi(\tilde{\varphi}, y)))$$

est une fonction (ou forme) de $(\tilde{\varphi}, y)$ holomorphe sur le domaine de $\tilde{\Psi} \times Y$ où $\xi(\tilde{\varphi}, y)$ est holomorphe et non nul; si $n = 0$ (ou $= l+1$), cette fonction (ou forme) dépend de $\xi^*(\tilde{\varphi}, y)$ et $f(\xi, y)$ sans dépendre du choix de $\xi(\tilde{\varphi}, y)$, qu'on fait au voisinage de chaque point.

Supposons que $\tilde{\Sigma}(y, y)$ contienne une sous-multiplicité $\tilde{\Sigma}_1$ de $\tilde{\Psi}$, indépendante de y; supposons $\tilde{\Sigma}(x,y)$ et $\tilde{\Sigma}_1$ en position générale pour $x \neq y$. Supposons donnée

si $n \leqslant l$, une classe d'homologie $h(\tilde{\Sigma}, \tilde{\Sigma}_1)$ de $\tilde{\Sigma}$ relativement à $\tilde{\Sigma}_1$, ayant la dimension $l-1$;

si $n>l$ une classe d'homologie $h(\tilde{\Psi}, \tilde{\Sigma} \cup \tilde{\Sigma}_1)$ de dimension l et notons alors $h(\tilde{\Sigma}, \tilde{\Sigma}_1)$ son bord dans $\tilde{\Sigma}$:

$$\partial h(\tilde{\Psi}, \tilde{\Sigma} \cup \tilde{\Sigma}_1) = h(\tilde{\Sigma}, \tilde{\Sigma}_1). \tag{1}$$

Supposons que ces classes dépendent continûment[1] de (x, y).

Définissons la fonction $\mathfrak{L}[f]$ de (x, y), pour $y \in Y$ et $x \in Y - K(y)$, par l'intégrale:

$$\mathfrak{L}[f] = \frac{1}{(2\pi i)^{l-1}} \frac{1}{2} \int_{h(\tilde{\Psi}, \tilde{\Sigma} \cup \tilde{\Sigma}_1)} \frac{(\xi \cdot x)^{n-l-1}}{(n-l-1)!} f(\xi, y)\, \omega^*(\xi) \quad \text{si } n>l, \tag{2.1}$$

$$= \frac{(-1)^{n-l-1}}{(2\pi i)^{l-1}} \frac{1}{2} \int_{h(\tilde{\Sigma}, \tilde{\Sigma}_1)} \frac{d^{l-n}[f(\xi \cdot y)\, \omega^*(\xi)]}{(d\xi \cdot x)^{1+l-n}} \quad \text{si } n \leqslant l, \tag{2.2}$$

où $\xi^* = \xi^*(\tilde{\varphi}, y)$; on suppose $f\omega^*$ uniformisé par cette projection, la seconde intégrale porte sur une classe-résidu (voir : [7], III).

La formule (2.1) généralise (1) puisque les projections de $\tilde{\Sigma}$ (et $\tilde{\Sigma}_1$) sont dans x^*[et dans y^*]. Cette fonction $\mathfrak{L}[f]$ de (x, y) sera notée parfois $\mathfrak{L}[f]\,(x, y)$.

Voici ses *propriétés* :

Pour x et $y \in Y$, $x \notin K(y)$, $\mathfrak{L}[f]$ est une fonction *holomorphe* de (x, y).

Si les $c_l(y)$ sont des fonctions holomorphes de y et si une même projection uniformise les $f_l\omega^*$, alors

$$\sum_l c_l(y) \mathfrak{L}[f_l] = \mathfrak{L}[\sum_l c_l f_l]. \tag{3}$$

Quand $f\omega^*$ est uniformisé, alors

$$\frac{\partial}{\partial x_j} \mathfrak{L}[f] = \mathfrak{L}[\xi_j f]\,; \left[n-l-1-\sum_j x_j \frac{\partial}{\partial x_j}\right] \mathfrak{L}[f] = \mathfrak{L}[\xi_0 f]. \tag{4}$$

Quand f est uniformisé, alors

$$x_j \mathfrak{L}[f] = -\mathfrak{L}\left[\frac{\partial f}{\partial \xi_j}\right], \quad \mathfrak{L}[f] = -\mathfrak{L}\left[\frac{\partial f}{\partial \xi_0}\right] \tag{5}$$

$$\frac{\partial}{\partial y_j} \mathfrak{L}[f] = \mathfrak{L}\left[\frac{\partial f}{\partial y_j}\right]. \tag{6}$$

On a $\qquad \mathfrak{L}[f(\Theta\xi, y)]\,(x, y) = t^{l-n} \mathfrak{L}[f(\xi, y)]\,(Tx, y), \qquad (7)$

---

[1] Quand (x,y) varie suffisamment peu, elles contiennent un cycle variant continûment.

T désignant l'homothétie de centre y, de rapport t :

$$T : x \to y + t(x-y)$$

et Θ la transformation, opérant sur Ξ et Ξ^* :

$$\Theta : \xi = (\xi_0, \xi_1, \ldots, \xi_l) \to (t\xi \cdot y - \xi_1 y_1 - \ldots - \xi_l y_l, \xi_1, \ldots, \xi_l),$$

qui vérifie $$\Theta\xi \cdot Tx = t\xi \cdot x.$$

Voici deux conséquences évidentes de ces propriétés :

Si $(\xi \cdot y)^{p+1} f(\xi)$ est uniformisé et si $f(\xi)$ est indépendant de ξ_0, alors

$$\mathfrak{L}\left[\frac{(-\xi \cdot y)^p}{p!} f(\xi)\right] = \mathfrak{L}\left[\frac{(-\xi \cdot y)^{p+1}}{(p+1)!} f(\xi)\right]$$

ne dépend que de $x-y$ et est homogène en $x-y$ de degré $n-l$. Si $f(\xi)$ est un polynome, alors la *fonction* $\mathfrak{L}[f]$ est nulle; cependant la *distribution* $\mathfrak{L}[f]$, que nous allons définir, ne le sera pas : elle aura pour support $x=y$.

2. *La distribution* $\mathfrak{L}[f]$ *pour* $x \neq y$. — Faisons maintenant les hypothèses suivantes :

$$y \in K(y) ;$$

pour $x \in K(y) - y$, $\tilde{\Sigma}(x, y)$ a un seul point singulier, $\tilde{\sigma}(x, y)$; $\tilde{\sigma}$ appartient à une partie compacte de $\tilde{\Psi}$; $\tilde{\sigma} \notin \tilde{\Sigma}_1$; $\tilde{\sigma}$ est un point double quadratique de $\tilde{\Sigma}$, c'est-à-dire, en notant Hess le Hessien :

$$\xi(\tilde{\varphi}, y) \cdot x = 0, \frac{\partial \xi(\tilde{\varphi}, y)}{\partial \tilde{\varphi}} \cdot x = 0, \text{Hess}_{\tilde{\varphi}} [\xi(\tilde{\varphi}, y) \cdot x] \neq 0 \text{ pour } \tilde{\varphi} = \tilde{\sigma}(x, y).$$

Ces hypothèses ont les conséquences suivantes : $K(y) - y$ est une *sous-multiplicité* de Y, enveloppe des hyperplans de Y d'équation $\xi(\tilde{\varphi}, y) \cdot x = 0$ (y fixe, $\tilde{\varphi}$ variable); nous noterons l'équation locale ou cette sous-multiplicité :

$$K(y) - y : \quad k(x, y) = 0.$$

La partie singuliére de $\mathfrak{L}[f]$, sur $K(y)$, est

$$H_0 k^{n-1-l/2} + H_1 \log k \quad (l \text{ pair} \geq 2n),$$

$$H_0 k^{n-1-l/2} \log k \quad (l \text{ pair} < 2n),$$

$$H_0 k^{n-1-l/2} \quad (l \text{ impair}),$$

où $H_i = H_i(x, y)$ est holomorphe; la restriction de H_0 à K se calcule sans quadrature.

L'étude de cette partie singulière définit sans ambiguité sur $X-y$ une *distribution* de x, fonction de y, $\mathfrak{L}[f]$; sa restriction à $X-K(y)$ est la fonction $\mathfrak{L}[f]$; cette distribution $\mathfrak{L}[f]$ possède les propriétés qu'énonce le n° 1.

3. *Le conoïde* $K(y)$. — Complétons l'hypothèse que $\tilde{\Sigma}(y, y)$ contient une sous-multiplicité $\tilde{\Sigma}_1$ de $\tilde{\Psi}$. Notons $\tilde{\Gamma}$ l'ensemble des points singuliers de

$\dot{\Sigma}(y, y)$ appartenant à $\tilde{\Sigma}_1$; nous le supposerons non vide(¹) et $\neq \tilde{\Sigma}_1$; faisons alors les hypothèses les plus simples possibles :

1° $\tilde{\Sigma}_1$ *est l'espace projectif complexe*, de $\dim_c : l-1$;

2° $\tilde{\Sigma}_1 \cap \tilde{\Sigma}(x, y)$ *est un hyperplan de* $\tilde{\Sigma}_1$, arbitraire quand x décrit un voisinage de y; par contre $\tilde{\Gamma}$ n'est pas un hyperplan;

3° $\tilde{\Psi}$ est un voisinage de $\tilde{\Sigma}_1$ dans *un espace fibré* $\tilde{\Phi}$ *ayant* $\tilde{\Sigma}_1$ *pour section* et la droite complexe pour fibre.

D'après H. Grauert, son article [4] prouve, vu 1° et 2°, que 3° équivaut à

3°bis $\tilde{\Sigma}_1$ est *exceptionnelle* dans $\tilde{\Psi}$; c'est-à-dire : remplacer $\tilde{\Sigma}_1$ par un point, en conservant la structure analytique de $\tilde{\Psi} - \tilde{\Sigma}_1$, transforme $\tilde{\Psi}$ en un espace analytique.

Voici les *conséquences* de ces hypothèses :

D'après la théorie des espaces fibrés analytiques, on a

$$\tilde{\Phi} = (\Phi - \Phi_0)/\Lambda,$$

où : Φ est l'espace vectoriel complexe de $\dim_c : l+1$;
$(\tau, \eta_1, \ldots, \eta_l)$ désignera les coordonnées de $\varphi \in \Phi$;
Φ_0 est le sous-espace : $\eta_1 = \ldots = \eta_l = 0$ de Φ;
Λ est le groupe de transformations à un paramètre λ :
$\lambda : \varphi = (\tau, \eta_1, \ldots, \eta_l) \to \lambda\varphi = (\lambda^{1-m}\tau, \lambda\eta_1, \ldots, \lambda\eta_l)$ (m : entier).

La projection $\quad \xi^*(\tilde{\varphi}, y) : \tilde{\Psi} \times y \to \Xi^*$

est induite par une application commutant avec λ :

$$\xi(\varphi, y) : \Psi \times Y \to \Xi \quad \text{où} \quad \Psi/\Lambda = \tilde{\Psi} ; \xi(\lambda\varphi, y) = \lambda\xi(\varphi, y).$$

Les équations de $\tilde{\Sigma}_1$ et $\tilde{\Sigma}(x, y) \cap \tilde{\Sigma}_1$ sont

$$\tilde{\Sigma}_1 : \tau = 0 ; \quad \tilde{\Sigma}(x, y) \cap \tilde{\Sigma}_1 : \tau = \eta_1(x_1 - y_1) + \ldots + \eta_l(x_l - y_l) = 0.$$

$\xi^*(\tilde{\varphi}, y)$ projette homéomorphiquement $\tilde{\Sigma}_1$ sur y^* : on peut faire en sorte que si $\varphi = (0, \eta_1, \ldots, \eta_l)$, alors $\xi(\varphi, y) = \eta = (\eta_0, \eta_1, \ldots, \eta_l)$ vérifiant $\eta \cdot y = 0$.

Le déterminant fonctionnel

$$\left| \frac{D(\xi_0(\varphi, y), \ldots, \xi_l(\varphi, y))}{D(\tau, \eta_1, \ldots, \eta_l)} \right|_{\tau=0} = g(\eta, y)$$

est un polynome en $\eta_1, \ldots, \eta_l$, homogène de degré m; on nomme g : polynome de la projection $\xi^*(\tilde{\varphi}, y)$; l'équation de $\tilde{\Gamma}$ est donc :

$$\tilde{\Gamma} : \tau = g(\eta, y) = 0 ;$$

donc $m > 1$ (ce qui permet de voir que 1°, 2° et 3° impliquent 3 bis). La projection de $\tilde{\Gamma}$ sur y^* est la variété algébrique :

(¹) Afin de pouvoir définir des classes d'homologie non nulles.

$$g^* : \eta \cdot y = g(\eta, y) = 0.$$

Nous supposerons Hess $g(\eta, y) \neq 0$ sur(1) Re g^*.

Alors : $K(y)$ *est un conoïde de sommet* y; ses plans tangents η^* en son point conique y sont les $\eta^* \in \mathrm{Re}\, g^*$.

Le support des singularités de $f(\xi, y)$ *détermine* $K(y)$, à l'exception de celles de ses nappes correspondant aux nappes de Re g^* sur lesquelles $f(\xi, y)$ est holomorphe.

4. *Choix*(2) *de* $h(\tilde{\Psi}, \tilde{\Sigma} \cup \tilde{\Sigma}_1)$.—Supposons la projection $\xi^*(\tilde{\varphi}, y)$ *hyperbolique*, c'est-à-dire le polynome $g(\eta, y)$ hyperbolique : quand $\eta_2, \ldots, \eta_l$ sont réels, non tous nuls, alors les η_1 annulant g sont réels et distincts.

Définissons d'abord une classe d'homologie $h(y^* - g^*, x^*)$:

si l est impair et $x_1 \geqslant y_1$, c'est celle de 2 Re y^*, muni d'une orientation qui change sur $x^* \cap y^*$, détourné(3) de g^*;

si l est pair et $x_1 \geqslant y_1$, c'est celle du cobord(4) de Re g^*, muni d'une orientation qui change sur $g^* \cap x^*$.

On constate que $h(y^* - g^*, x^*) = 0$ pour $x_1 = y_1$ (8)

et on définit $h(y^* - g^*, x^*) = 0$ pour $x_1 < y_1$. (9)

Note 4. Si l est *impair* on peut ne pas supposer la projection hyperbolique; on n'aura plus ni (8), ni (9); on choisira toujours $h(y^* - g^*, x^*)$ classe de 2 Re y^* détourné de g^*; ce qui suit vaudra à condition de remplacer $\frac{1}{2}$ par $\frac{1}{4}$ au second membre de (2).

L'homéomorphisme de y^* et $\tilde{\Sigma}_1$ transforme $h(y^* - g^*, x^*)$ en une classe $h(\tilde{\Sigma}_1 - \tilde{\Gamma}, \tilde{\Sigma})$; rappelons que $\tilde{\Sigma}_1 \cap \tilde{\Sigma}$ ne dépend que de la direction de $x - y$. On peut alors définir $h(\tilde{\Sigma}, \tilde{\Sigma}_1)$ par la condition de dépendre continûment de (x, y) pour $x \neq y$ et d'être voisin(5) de $h(\tilde{\Sigma}_1 - \tilde{\Gamma}, \tilde{\Sigma})$ quand x tend vers y, le long d'un segment non tangent à $K(y)$.

On définit enfin $h(\tilde{\Psi}, \tilde{\Sigma} \cup \tilde{\Sigma}_1)$ par la condition (1).

Ce choix a les conséquences suivantes :

$\mathfrak{L}[f] = 0$ *pour* $x_1 < y_1$, si g est hyperbolique;

$\mathfrak{L}[f] = 0$ pour $x \neq y$ signifie que f est un polynome;

$\mathfrak{L}[f]$ *ne dépend pas du choix de la projection* $\xi^*(\tilde{\varphi}, y)$ *qui uniformise* f; *si* $1 + (l/2) < n$, $\mathfrak{L}[f]$ *est une fonction* $O(|x - y|^{n-l})$ pour $x - y$ petit.

5. *La distribution* $\mathfrak{L}[f]$. Supposons $f(\xi, y)$ *rationnellement uniformisable;* c'est-à-dire : quel que soit le polynome homogène $b(\xi)$ de $(\xi_1, \ldots, \xi_l)$, il existe une projection $\xi^*(\tilde{\varphi}, y)$ uniformisant $f(\xi, y)/b(\xi)$, ayant pour polynome $g(\eta, y)b(\eta)$, g étant indépendant de b. Supposons f hyperbolique, c'est-à-dire g hyperbolique (ou bien l impair : voir Note 4).

---

(1) Re...: partie réelle de ....

(2) L. Gårding a contribué à ce choix.

(3) *Détourner* d'une sous-variété analytique complexe des segments réels orientés la coupant, c'est remplacer chaque segment par la demi-somme de deux demi-circonférences, imaginaires conjuguées l'une de l'autre, ayant ce segment pour diamètre, ayant son orientation, ne rencontrant pas la sous-variété.

(4) Prendre *le cobord* de points d'une sous-variété analytique, c'est remplacer chaque point par une circonférence enlacée avec cette sous-variété.

(5) Contenir un cycle voisin d'un cycle choisi dans ....

Il existe alors une distribution $\mathfrak{L}[f]$ de $x \in Y$, fonction de $y \in Y$ et possédant toutes les propriétés énoncées ci-dessus : vu (4) on la définit par la formule

$$\mathfrak{L}[f] = b\left(\frac{\partial}{\partial x}\right) \mathfrak{L}[f(\xi, y)/b(\xi)],$$

où b est hyperbolique de degré $> 1 + (l/2) - n$, $\mathfrak{L}[f/b]$ est une fonction et $b\ \mathfrak{L}[f/b]$ est une distribution indépendante du choix de b.

$\mathfrak{L}[f] = 0$ implique $f = 0$; $\mathfrak{L}[1]$ est défini et vaut

$$\mathfrak{L}[1] = \delta(x-y) \quad (\delta : \text{mesure de Dirac}); \tag{10}$$

plus généralement, *quand $f(\xi)$ est une fonction rationnelle* homogène de $(\xi_1, \ldots, \xi_l)$ à dénominatueur hyperbolique, $\mathfrak{L}[f]$ est l'expression de sa transformée de Laplace classique qu'ont donnée Herglotz [5] et Petrowsky [8].

Note. Rappelons que Gel'fand, Shapiro, Shilov [3], Gårding [2] ont récemment étudié les transformées de Fourier des fonctions homogènes.

6. *La solution élémentaire* $E(x,y)$ d'un opérateur différentiel $a\,(y, \partial/\partial y)$, linéaire, d'ordre m et hyperbolique si l est pair est

$$E(x,y) = \mathfrak{L}[U(\xi, y)] \tag{11}$$

à condition que $$a\left(y, \frac{\partial}{\partial y}\right) U(\xi, y) = 1, \tag{12}$$

$U(\xi,y)$ et ses dérivées en y d'ordres $< m$ soient rationnellement uniformisables. (13)

Or (13) implique que :

$$U(\xi,y) \quad \text{s'annule} \quad m \quad \text{fois pour} \quad \xi \cdot y = 0; \tag{14}$$

et la solution du problème de Cauchy (12), (14) possède la propriété (13); voir [7] II.

La formule (11), ainsi obtenue, permet d'analyser les singularités de $E(x,y)$ et aussi de calculer explicitement $E(x,y)$ dans le cas suivant : les coefficients de a d'ordres m, $m-1$ et $< m-1$ sont repectivement linéaires, constants et nuls [7]. F. John [6] a, dans le cas elliptique, déjà employé (11) (l impair) et pu traiter le cas : l pair.

7. *Un prolongement de la convolution par une transformée de Laplace*, analogue au prolongement $\mathfrak{L}$ de la transformation de Laplace, permet de résoudre de même le problème de Cauchy à données analytiques; voir [7] V; il se trouve, en partie, chez Fantappiè [1].

BIBLIOGRAPHIE

[1]. FANTAPPIÈ, L., L'indicatrice proiettiva dei funzionali lineari e i prodotti funzionali proiettivi. *Annali Mat. ser. IV*, 13 (1943).

—— *Second Colloque sur les Equations aux Dérivées Partielles* (Bruxelles, 1954), 95–128.

—— La théorie des équations aux dérivées partielles. *Colloque C.N.R.S.* (Nancy, 1956), 47–62.

[2]. GÅRDING, L., Transformation de Fourier des distributions homogènes. *Bull. Soc. Math. France*, 89 (1961).

[3]. GEL'FAND, I. M. & SHILOV, G. E., *La Théorie des Distributions Dunod*. 1961.

[4]. GRAUERT, H., Über Modifikationen und exceptionelle analytische Mengen. *Math. Ann.*, 146, (1962), 331–368.

[5]. HERGLOTZ, G., Über die Integration linearer, partieller Differentialgleichungen mit konstanten Koeffizienten. *Ber. Verh. Sächs. Akad. Wiss. Leipzig, Math. phys.*, 78 (1926), 92–126 et 287–318; 80 (1928), 68–114.

[6]. JOHN, F., The fundamental solution of linear elliptic differential equations with analytic coefficients. *Comm. Pure Appl. Math.*, 3 (1950), 213–304.

[7]. LERAY, J., Problème de Cauchy. I. *Bull. Soc. math. France*, 85 (1957), 389–429; II. *ibid.*, 86 (1958), 75–96; III. *ibid.*, 87 (1959), 81–180; IV. *ibid.*, 90 (1962), 39–156; V. *C.R. Acad. Sc. Paris*, 242 (1956), 953–959; VI. *Cahiers de physique*, 133 (1961), 373–381.

[8]. PETROWSKY, I., On the diffusion of waves and the lacunas for hyperbolic equations. *Mat. Sb.* (Recueil math.), 17 (1945), 289–370.

[1962b]

Un prolongement de la transformation de Laplace qui transforme la solution unitaire d'un opérateur hyperbolique en sa solution élémentaire

Bull. Soc. Math. France 90 (1962) 39–156

INTRODUCTION.

Soit $a\left(x, \frac{\partial}{\partial x}\right)$ *un opérateur différentiel linéaire* à coefficients holomorphes, à partie principale réelle et dont le conoïde caractéristique n'a pas de singularité réelle; nous allons donner l'expression suivante de *sa solution élémentaire* $E(x, y)$:

$$E(x, y) = \mathcal{L}[U^*(\xi, y)]; \tag{1}$$

$U^*(\xi, y)$ désigne la solution unitaire [II] de l'adjoint a^* de a; $\mathcal{L}$ désigne un prolongement de la transformation inverse de Laplace.

L'allure de $E(x, y)$ résulte de celles de $\mathcal{L}$ et U^* : *voir* n° 14.

Une expression explicite de $E(x, y)$ par quadratures résulte aussi de (1), quand $a\left(x, \frac{\partial}{\partial x}\right)$, dont l'ordre est m, a ses coefficients d'ordres m, $m-1$ et $< m-1$ respectivement linéaires, constants et nuls; par exemple quand a est l'opérateur de Tricomi (*voir* n° 15).

Nous nous limitons ici au cas où a est *hyperbolique*, la solution élémentaire $E(x, y)$ étant alors celle qui s'annule quand x est hors de la nappe externe du demi-conoïde caractéristique de sommet y : on sait qu'elle résout les problèmes de Cauchy bien posés (*voir* par exemple [9], chap. VII). Le cas

---

(°) Je remercie vivement L. Gårding d'avoir relu, corrigé et clarifié ce travail, au cours de rencontres que nous ont permis l'Institute for Advanced Study (Princeton), l'Institut des hautes Études scientifiques (Paris) et le Collège de France.

(¹) Nous désignons cette série d'articles par [I], ..., [VI] : *voir* la Bibliographie, p. 156.

général se traite en modifiant convenablement la définition de $\mathcal{L}$; son étude est en cours avec la collaboration de L. GÅRDING. Quand a est elliptique, la formule (1) a déjà été établie et employée par F. JOHN [8].

1. Notations. — X est un domaine d'un espace *affin*, *réel*, de dimension réelle

$$\dim_r X = l;$$

on le suppose suffisamment petit ([2]).

Ξ est l'espace vectoriel des fonctions linéaires, définies sur X, à valeurs numériques *complexes*; la dimension complexe de Ξ est

$$\dim_c \Xi = l+1.$$

x et y sont des points de X; ξ et η sont des points de Ξ; la valeur de ξ en x est notée :

$$\xi.x = \xi_0 + \xi_1 x_1 + \ldots + \xi_l x_l,$$

$(x_1, \ldots, x_l)$ étant les coordonnées de x et $(\xi_0, \xi_1, \ldots, \xi_l)$ celles de ξ; η et y sont supposées liées par la relation

$$\eta . y = 0.$$

Nous définirons en outre : l'espace projectif Ξ^* image de $\Xi - 0$; deux espaces Φ et $\tilde{\Phi}$; des projections de domaines de Φ et $\tilde{\Phi}$ dans Ξ et Ξ^*; l'uniformisation. Ces définitions figurent déjà implicitement dans l'énoncé du théorème d'uniformisation de la solution unitaire (théorème 1 de [II]).

2. L'espace projectif complexe Ξ^* a pour points les sous-variétés analytiques planes, de codimension 1, de l'espace affin contenant X : à tout point $\xi \neq 0$ de Ξ correspond un point ξ^* de Ξ^*; c'est la variété de l'espace affin contenant X qui a l'équation

$$\xi^* : \xi . x = 0.$$

On a

$$\dim_c \Xi^* = l.$$

Sur Ξ définissons deux formes différentielles extérieures :

$$\omega^*(\xi) = \sum_{j=0}^{l} (-1)^j \xi_j \, d\xi_0 \wedge \ldots \wedge d\xi_{j-1} \wedge d\xi_{j+1} \wedge \ldots \wedge d\xi_l,$$

$$\omega'(\xi) = \sum_{j=1}^{l} (-1)^{j-1} \xi_j \, d\xi_1 \wedge \ldots \wedge d\xi_{j-1} \wedge d\xi_{j+1} \wedge \ldots \wedge d\xi_l;$$

les transformations linéaires, unimodulaires de Ξ les laissent invariantes.

([2]) Autrement dit : nous remplaçons plusieurs fois X par une boule quelconque, contenue dans X et de diamètre donné.

Soit $f(\xi)$ une fonction *holomorphe*, homogène de degré $-n$ (n : entier positif, négatif ou nul); comme l'explique le n° 9 de [III] :

si $n = l + 1$, alors $f(\xi)\,\omega^*(\xi)$ est une forme holomorphe et fermée de ξ^*; elle s'annule sur toute sous-variété analytique de Ξ^*;

si $n = l$, alors $f(\xi)\,\omega'(\xi)$ est une forme holomorphe de ξ^*; elle est fermée sur toute sous-variété analytique de Ξ^*; elle s'annule sur une telle sous-variété de codimension > 1.

Les points x et y de X ont pour images les deux sous-variétés planes x^* et y^* de Ξ^* ayant les équations

$$x^* : \quad \xi . x = 0; \qquad y^* : \quad \eta . y = 0.$$

3. Les espaces Φ et $\tilde{\Phi}$. — Soit une droite numérique complexe, compactifiée par l'adjonction d'un point à l'infini; soit un espace vectoriel complexe, de dimension l; soit Φ leur produit topologique muni du groupe de transformations, à un paramètre numérique complexe $\theta \neq 0$, que voici : soient t et $(\eta_1, \ldots, \eta_l)$ les coordonnées de cette droite et de cet espace vectoriel; un point φ de Φ a donc les coordonnées

$$(t, \eta) = (t, \eta_1, \ldots, \eta_l),$$

t pouvant valoir ∞; θ transforme φ en

$$(3.1) \qquad \theta\varphi = (\theta^{1-m} t, \theta\eta_1, \ldots, \theta\eta_l),$$

m étant un entier, que le n° 4 devra choisir > 1.

Bien entendu, le produit par θ de $\xi \in \Xi$ est

$$(3.2) \qquad \theta\xi = (\theta\xi_0, \theta\xi_1, \ldots, \theta\xi_l).$$

L'espace projectif Ξ^* est le quotient de $\Xi - 0$ par le groupe de ses homothéties θ. Notons $\tilde{\Phi}$ le quotient de la partie de Φ où $\eta \neq 0$ par le groupe des transformations θ : un point $\tilde{\varphi}$ de $\tilde{\Phi}$ est l'image de l'ensemble des transformés d'un point (t, η) de Φ tel que $\eta \neq 0$; par abus de langage (t, η) désignera souvent $\tilde{\varphi}$.

La sous-variété de $\tilde{\Phi}$ d'équation $t = 0$ est un espace projectif complexe, que nous identifierons à y^*, en définissant donc η_0 par la relation $\eta . y = 0$.

$\tilde{\Phi}$ est un espace fibré, la base du point $\tilde{\varphi}$ étant η^* : la base de $\tilde{\Phi}$ est y^* et sa fibre est la droite projective complexe.

NOTE 3.1. — Le point $\tilde{\varphi}$ de $\tilde{\Phi}$, image du point (t, η) de Φ, est donc *à base réelle* quand le point η^* de y^* est réel.

NOTE 3.2. — Nous emploierons sur Φ la forme différentielle extérieure

$$(3.3) \qquad \varpi(t, \eta) = (1 - m)\, t\, d\eta_1 \wedge \ldots \wedge d\eta_l - dt \wedge \omega'(\eta).$$

Soit $f(t, \eta)$ une fonction holomorphe de (t, η) telle que

$$f(\theta^{1-m} t, \theta\eta) = \theta^{m-l-1} f(t, \eta);$$

on voit aisément que

$$f(t, \eta)\varpi(t, \eta)$$

est une forme holomorphe et fermée de $\tilde{\varphi}$; elle s'annule sur toute sous-variété analytique de $\tilde{\Phi}$.

4. Les projections. — Nommons *projection* toute application *holomorphe*

$$\xi(t, \eta, y): \quad \Psi \times X \to \Xi$$

ayant les propriétés suivantes :

1° Ψ est un voisinage de la partie y^* de Φ où $t = 0$; son équation est

$$\Psi: \quad |t|.|\eta|^{m-1} < c_0 \qquad (c_0 : \text{constante});$$

2° $\xi(0, \eta, y) = \eta$;
3° $\xi(t, \eta, y) = 0$ si et seulement si $\eta = 0$;
4° $\xi(\theta^{1-m} t, \theta\eta, y) = \theta\xi(t, \eta, y)$;

par suite

$$\xi(t, \eta, y): \quad \tilde{\Psi} \times X \to \Xi^* \qquad (\tilde{\Psi} : \text{image de } \Psi \text{ dans } \tilde{\Phi});$$

5° $\xi(t, \eta, y)$ est *réel* pour (t, η) réel.

On voit aisément que pour $\xi = \xi(t, \eta, y)$:

$$(4.1) \qquad \omega^*(\xi) = \frac{D(\xi)}{D(t, \eta)} \varpi(t, \eta).$$

Notons $-g$ la valeur, pour $t = 0$, du déterminant fonctionnel de la projection ξ :

$$(4.2) \qquad g(y, \eta) = -\left.\frac{D(\xi(t, \eta, y))}{D(t, \eta)}\right|_{t=0},$$

c'est-à-dire

$$(4.3) \qquad g(y, \eta) = -\left.\frac{\partial\xi_0(t, \eta, y)}{\partial t}\right|_{t=0} - \frac{\partial\xi_1}{\partial t} y_1 - \ldots - \frac{\partial\xi_l}{\partial t} y_l.$$

Vu 4°, $g(y, \eta)$ est un *polynôme homogène* en $(\eta_1, \ldots, \eta_l)$, de degré m, à coefficients fonctions holomorphes de y; on le nomme *polynôme de la projection*.

La sous-variété $\tilde{x}$ *de* $\tilde{\Psi}$ est définie par l'équation

$$\tilde{x}: \quad \xi(t, \eta, y).x = 0;$$

ξ la projette donc sur x^*.

$\tilde{y}$ se décompose en deux variétés : l'une est l'espace projectif complexe

$$y^*: \quad t = 0;$$

elles se coupent suivant la variété algébrique projective

$$g^*(y): \quad t = g(y, \eta) = 0.$$

$g^*(y)$ sera souvent noté g^*; Re g^* désignera la partie réelle de g^*.

Bien entendu $\tilde{x} \cap y^*$ est plane :

$$\tilde{x} \cap y^*: \quad t = \eta.x = 0.$$

Les hypothèses suivantes seront faites :

Re g^* n'a pas de point singulier ([3]) et sa courbure totale ne s'annule pas; c'est-à-dire

$$(4.4)_1 \qquad \mathrm{Hess}_\eta[g(y, \eta)] \neq 0 \qquad \text{pour} \quad g(y, \eta) = 0, \quad \eta \text{ réel}.$$

(Hess_η désigne le Hessien : déterminant des dérivées secondes en η); aucun hyperplan de y^* ne touche Re g^* en plus d'un point ([4]); c'est-à-dire

$$(4.4)_2 \qquad \begin{cases} g_\eta(y, \eta) = g_\eta(y, \eta'), \qquad g(y, \eta) = g(y, \eta') = 0; \\ \text{implique le parallélisme des vecteurs réels } \eta \text{ et } \eta'. \end{cases}$$

Le cône $C(y)$. — Nous notons $C(y)$ l'ensemble des points x de $\tilde{x}$ tels que $\tilde{x}$ touche Re g^*; c'est un cône de sommet y dont les génératrices correspondent biunivoquement aux points de Re g^*; cette correspondance entre la génératrice du point x de $C(y) - y$ et le point η^* de Re g^* est définie par l'une quelconque des trois conditions équivalentes :

$$(4.5) \qquad x - y = t\, g_\eta(y, \eta) \qquad \left[g_\eta = \mathrm{grd}\, g = \left(\frac{\partial g}{\partial \eta_1}, \ldots, \frac{\partial g}{\partial \eta_l} \right) \right];$$

$\tilde{x}$ touche Re g^* en η^*;

η^* touche C(y) en x.

Les nappes de $C(y)$. — Si l est *impair*, si $x \in C(y)$ et si (t, η) est réel et vérifie (4.5), alors la condition

$$(4.6) \qquad t\, \mathrm{Hess}_\eta[g(y, \eta)]\, (\eta_1\, dx_1 + \ldots + \eta_l\, dx_l) > 0$$

([3]) c'est-à-dire : g est de type principal (au sens de Hörmander).

([4]) Cette hypothèse $(4.4)_2$ n'est pas essentielle; elle simplifie l'exposé. Elle sert à prouver (n°s 36 et 37) que $\tilde{x}$ a au plus un point singulier réel. Si on la supprime, les nappes de $C(y)$ peuvent se couper, sans se toucher; de même celles de $K(y)$; en un point d'intersection de plusieurs nappes de $K(y)$, la singularité de $\mathcal{L}[f]$ est la somme de celles que portent ces nappes.

est indépendante du choix de (t, η) : en effet, si l'on multiplie η par θ, il faut, pour préserver (4.5), multiplier t par θ^{1-m} et le premier membre de (4.6) se trouve multiplié par $\theta^{(l-1)(m-2)}$ qui est >0, car θ est réel; les vecteurs dx, issus de $x \in C(y)$ et vérifiant (4.6) sont dirigés d'un même côté de $C(y)$: nous le nommerons *côté positif de* $C(y)$.

Si l est *pair*, alors $\text{Hess}_\eta[g(y, \eta)]$ est un polynôme en η, homogène, de degré pair; vu (4.4), il a un signe constant sur chacune des nappes de $\text{Re}\, g^*$; nous nommerons nappes positives (ou négatives) de $\text{Re}\, g^*$ celles de ces nappes où

$$\text{Hess}_\eta[g(y, \eta)] > 0, \tag{4.7}$$

c'est-à-dire celles dont *la courbure totale est négative* (ou positive); nous nommerons nappes positives (ou négatives) de $C(y)$ les nappes correspondantes de $C(y)$.

Le conoïde $K(y)$. — Nous notons $K(y)$ l'ensemble des points x tels que la sous-variété $\tilde{x}$ de Ψ ait une singularité réelle. Les nos 36 et 37 prouveront ceci : Si $x \in K(y) - y$, alors cette singularité réelle de $\tilde{x}$ consiste en un seul point (t, η); c'est un point double quadratique; $\xi^*(t, \eta, y)$ est l'hyperplan tangent en x à $K(y) - y$, qui est une sous-variété de X régulière, analytique et de codimension 1; y est un point conique de $K(y)$, dont le cône des tangentes en y est $C(y)$. Pour que $\xi^*(t, \eta, y)$ touche $K(y) - y$, il faut et il suffit que

$$\frac{D(\xi_0(t, \eta, y), \ldots, \xi_l)}{D(t, \eta)} = 0.$$

Si l est *impair*, la condition

$$t\,\text{Hess}_\eta[g(y, \eta)]\,(\xi_1\, dx_1 + \ldots + \xi_l\, dx_l) > 0. \tag{4.8}$$

$$[(t, \eta) \text{ point singulier réel de } \tilde{x};\ \xi = \xi(t, \eta, y)]$$

définit des vecteurs dx, issus de $x \in K(y)$, dirigés d'un même côté de $K(y)$, qui sera nommé *côté positif de* $K(y)$: il correspond au côté positif de $C(y)$.

Si l est *pair*, nous nommons *nappes positives* (ou négatives) de $K(y)$ celles où

$$\text{Hess}_\eta[g(y, \eta)] > 0, \tag{4.9}$$

elles sont tangentes en y aux nappes positives (ou négatives) de $C(y)$.

Note 4. — Si $l = 2$, toutes les nappes de $K(y)$ sont négatives : on le déduit aisément de la formule d'Euler relative aux fonctions homogènes.

Exemple. — La projection la plus simple est la *projection polynomiale*

$$\xi_0 = \eta_0 - t\,g(\eta), \qquad \xi_1 = \eta_1, \qquad \ldots, \qquad \xi_l = \eta_l \tag{4.10}$$

$$[g(\eta) : \text{polynôme en } (\eta_1, \ldots, \eta_l), \text{ homogène, de degré } m];$$

alors $K(y) = C(y)$. Cette projection joue un rôle fondamental.

5. L'uniformisation. — Définition. — Soit $f(\xi, y)$ une fonction homogène en ξ de degré $-n$, holomorphe au point (ξ, y) quand $\xi^* \in y^* - g^*$. Nous disons que la *projection* $\xi(t, \eta, y)$ *l'uniformise* quand $f(\xi(t, \eta, y), y)$ est une fonction de (t, η, y) holomorphe sur $\Psi \times X$.

Nous disons que cette projection uniformise la forme différentielle

$$f(\xi, y)\, d\xi_0 \wedge \ldots \wedge d\xi_l$$

quand, pour $dy = 0$,

$$f(\xi(t, \eta, y), y)\, d\xi_0(t, \eta, y) \wedge \ldots \wedge d\xi_l(t, \eta, y)$$

est une forme de (t, η), fonction de y, holomorphe sur $\Psi \times X$, c'est-à-dire quand

$$f(\xi(t, \eta, y), y) \frac{D(\xi)}{D(t, \eta)}$$

est une fonction de (t, η, y) holomorphe sur $\Psi \times X$. Alors, vu (4.1) :

$$f(\xi(t, \eta, y), y)\, \omega^*(\xi(t, \eta, y))$$

est holomorphe sur $\Psi \times X$; si $n = l + 1$, c'est une forme différentielle holomorphe sur $\tilde{\Psi}$, près de y^*; elle est fonction de y.

Des fonctions ou des formes qui peuvent être uniformisées (par une même projection) sont dites (*simultanément*) *uniformisables*.

Des fonctions $f(\xi, y)$ ou des formes $f\, d\xi_0 \wedge \ldots \wedge d\xi_l$ sont dites *rationnellement* (*et simultanément*) *uniformisables* si, quel que soit le polynôme homogène $b(\xi_1, \ldots, \xi_l) = b(\xi)$, les fonctions ou les formes

$$\frac{1}{b(\xi)} f(\xi, y) \quad \text{ou} \quad \frac{1}{b(\xi)} f(\xi, y)\, d\xi_0 \wedge \ldots \wedge d\xi_l$$

sont (simultanément) uniformisables par des projections de polynôme $b(\xi)\, g(y, \xi)$, g étant indépendant de b; g est appelé le polynôme de f. Nous choisirons b tel que le polynôme bg vérifie nos hypothèses (4.4).

Énonçons trois propositions que prouvera le chapitre 5 :

Proposition 5.1. — *Si $f(\xi, y)\, d\xi_0 \wedge \ldots \wedge d\xi_l$ est uniformisé, et si $f(\xi, y)$ s'annule p fois pour $\xi . y = 0$, $g(y, \xi) \neq 0$, alors il existe une fonction rationnelle de $\xi_1, \ldots, \xi_l$ à coefficients fonctions holomorphes de y, $r(\xi, y)$, telle que*

$$(5.1) \qquad \frac{p!\, f(\xi, y)}{(-\xi . y)^p} = r(\xi, y) \quad \text{pour} \quad \xi . y = 0 \quad (p \geqq 0);$$

$r(\xi, y)$ a pour dénominateur $g^{p+1}(\xi, y)$; donc $n \leqq mp + m - p$. Si $f(\xi, y)$ est uniformisé, alors r a pour dénominateur g^p; donc $n \leqq (m-1)p$.

En particulier, si $f(\xi, y)$ est (*rationnellement*) *uniformisable, alors $f(\eta, y)$* (*est nul*) *est un polynôme.*

Proposition 5.2. — *Si $f(\xi, y)$ est uniformisé, alors la projection qui l'uniformise uniformise simultanément*

$$f\,d\xi_0 \wedge \ldots \wedge d\xi_l, \quad f_{\xi_j}\,d\xi_0 \wedge \ldots \wedge d\xi_l, \quad f_{y_i}\,d\xi_0 \wedge \ldots \wedge d\xi_l.$$

Si $f(\xi, y)$ est rationnellement uniformisable, alors

$$f\,d\xi_0 \wedge \ldots \wedge d\xi_l, \quad f_{\xi_0}\,d\xi_0 \wedge \ldots \wedge d\xi_l, \quad f_{y_i}\,d\xi_0 \wedge \ldots \wedge d\xi_l$$

sont rationnellement uniformisables.

Réciproquement, si

$$\frac{\partial^p f(\xi, y)}{\partial \xi_0^p}\,d\xi_0 \wedge \ldots \wedge d\xi_l$$

est uniformisé par $\xi(t, \eta, y)$ (est rationnellement uniformisable) et si $f(\eta, y), \ldots, \left.\dfrac{\partial^{p-1} f(\xi, y)}{\partial \xi_0^{p-1}}\right|_{\xi=\eta}$ *sont des polynômes (sont nuls), alors*

$$\frac{\partial^{q_0+\ldots+r_l} f(\xi, y)}{\partial \xi_0^{q_0} \ldots \partial \xi_l^{q_l}\,\partial y_1^{r_1} \ldots \partial y_l^{r_l}}$$

est uniformisé par $\xi(t, \eta, y)$ quand $q_0 + \ldots + r_l < p$ (est rationnellement uniformisable quand $q_1 = \ldots = q_l = 0$, $q_0 + r_1 + \ldots + r_l < p$).

Proposition 5.3. — *Le support des singularités de $f(\xi, y)$ détermine les nappes de $K(y)$, excepté celles qui correspondent aux nappes de* $\mathrm{Re}\, g^*(y)$ *sur lesquelles $f(\xi, y)$ est holomorphe;* pour plus de détails, *voir* le n° 45.

Exemple 5. — La projection polynomiale (4.10) uniformise la forme différentielle

$$\frac{1}{g(\xi_1, \ldots, \xi_l)}\,d\xi_0 \wedge \ldots \wedge d\xi_l,$$

qui est donc rationnellement uniformisable.

6. La classe d'homologie compacte $h(\tilde{\Psi}, \tilde{x} \cup y^*)$. — Rappelons que $\tilde{\Psi}$ est la partie de $\tilde{\Phi}$ où

$$\tilde{\Psi}: \quad |t|.|\eta|^{m-1} < c_0.$$

Par suite l'application, dépendant du paramètre numérique $\tau (0 \leq \tau \leq 1)$

$$(6.1) \qquad \tau(t, \eta) = (\tau t, \eta)$$

applique $\tilde{\Psi}$ en lui-même; pour $\tau = 1$ elle est l'identité; pour $\tau = 0$ elle est une rétraction de $\tilde{\Psi}$ sur y^*; donc y^* est *rétracte par déformation* de $\tilde{\Psi}$; donc $H_c(\tilde{\Psi}, y^*)$ est nul et, pour définir une classe d'homologie $h(\tilde{\Psi}, \tilde{x} \cup y^*)$, il suffit de définir *son bord dans $\tilde{x}$* :

$$(6.2) \qquad \partial h(\tilde{\Psi}, \tilde{x} \cup y^*) = h(\tilde{x}, y^*).$$

Les n°s 7 et 8 vont définir une classe $h(\tilde{x}, y^*)$; $h(\tilde{\Psi}, \tilde{x} \cup y^*)$ désignera la classe d'homologie que définit (6.2).

7. La classe $h(\tilde{x}, y^*)$ **quand** $\xi(t, \eta, y)$ **est la projection polynomiale** (4.10). — Nous construirons cette classe à partir de la partie réelle d'une variété de dimension paire, munie d'une orientation changeant sur une sous-variété. L'emploi de parties réelles de variétés fut préconisé par L. GÅRDING.

Nous nommons partie à l'infini de $\tilde{\Phi}$ et notons $\tilde{\infty}$ la sous-variété de $\tilde{\Phi}$ d'équation

$$\tilde{\infty}: \quad t = \infty.$$

La fibration de $\tilde{\Phi}$ induit un homéomorphisme

$$(0, \eta) \to (\infty, \eta)$$

de y^* sur $\tilde{\infty}$; il transforme $g^*(y)$ et $g^*(y) \cap \tilde{x}$ en les sous-variétés de $\tilde{\infty}$:

$$\tilde{g}(\infty): \quad t = \infty, \qquad g(\eta) = 0;$$
$$\tilde{g}(\infty, x): \quad t = \infty, \qquad g(\eta) = \eta.x = 0,$$

où

$$\eta.x = \eta_1(x_1 - y_1) + \ldots + \eta_l(x_l - y_l).$$

Puisque $\xi(t, \eta)$ est la projection polynomiale, $\tilde{\Psi}$ est la partie de $\tilde{\Phi}$ où $t \neq \infty$:

$$\tilde{\Psi} = \tilde{\Phi} - \tilde{\infty};$$

$\tilde{x}$ est la sous-variété de $\tilde{\Psi}$ d'équation

$$(7.1) \qquad \tilde{x}: \quad t g(\eta) = \eta.x, \qquad t \neq \infty;$$

vu (4.4), Re $\tilde{x}$ et $\tilde{\infty}$ sont en position générale; $\tilde{x} \cup \tilde{g}(\infty)$ est une sous-variété de $\tilde{\Phi}$, n'ayant de point singulier à base réelle que pour $x \in C(y)$; si $x \in C(y) - y$, ce point est unique et réel; il vérifie

$$g(\eta) = \eta.x = 0; \qquad c_1|x - y| \leq |t|.|\eta|^{m-1} \leq c_2|x - y|,$$
$$(c_1 \text{ et } c_2 : \text{constantes}).$$

Quand l est impair, donnons à Re $\tilde{x}$ l'orientation

$$(7.2) \qquad \frac{\varpi(t, \eta)}{t|\eta|^{l-1} d\xi.x} > 0 \quad \text{sur Re } \tilde{x}$$

(t et η réels; $|\eta|^{l-1}$ est un polynôme; le premier membre est une forme-résidu : *voir* [III]). Le n° 28 montre que Re $\tilde{x}$, complété par ses points à l'infini et ainsi orienté, est un cycle de $(\tilde{x} \cup \tilde{g}(\infty), y^*)$; notons $h(\tilde{x}, y^*)$ *la classe* *d'homologie de deux fois ce cycle* Re $\tilde{\tilde{x}}$, *détourné de la partie à l'infini de* $\tilde{\tilde{x}}$, au sens du n° 29 : c'est la classe d'homologie des cycles $\beta = 2\beta_0 + \beta_1$ de $(\tilde{\tilde{x}}, y^*)$ que voici : β_0 est la partie de Re $\tilde{\tilde{x}}$ où

$$|t|.|\eta|^{m-1} < c\,|x-y|;$$

β_1 est une chaîne, identique à son imaginaire conjuguée et appartenant à la partie $\tilde{\tilde{x}}_c$ de $\tilde{\tilde{x}}$:

$$(7.3) \qquad \tilde{\tilde{x}}_c:\quad tg = \eta.x, \qquad |t|.|\eta|^{m-1} = c\,|x-y|, \qquad \eta^* \text{ voisin de Re } y^*;$$

c est une constante suffisamment grande, ne dépendant que de g.

Quand l est pair, supposons donnée une fonction $g_1(\eta)$, continue, réelle, homogène de degré $m-1$ et telle que

$$(7.4) \qquad g_1(\eta) \neq 0 \quad \text{pour :} \quad \eta \text{ réel}, \; g(\eta) = 0.$$

Quand g aura été supposé *hyperbolique* (n° 9), nous choisirons

$$g_1(\eta) = \frac{\partial g(\eta)}{\partial \eta_1}.$$

Notons $h(\tilde{g}(\infty), \tilde{g}(\infty, x))$ la classe d'homologie de Re $\tilde{g}(\infty)$ muni de l'orientation

$$(7.5) \qquad \frac{g_1(\eta)\,\omega'(\eta)}{(\eta.x)^{l-1}\,dg(\eta)} > 0 \quad \text{sur Re } \tilde{g}(\infty).$$

Cette orientation change sur $\tilde{g}(\infty, x)$ qui est l'intersection de $\tilde{\tilde{\infty}}$ et de la sous-variété $\tilde{g}(x)$ de $\tilde{\tilde{x}}$:

$$\tilde{g}(x):\quad g(\eta) = \eta.x = 0, \qquad t \neq \infty;$$

$\tilde{g}(x)$, complétée par sa partie à l'infini $\tilde{g}(\infty, x)$, est sans singularité réelle et en position générale par rapport à $\tilde{\tilde{\infty}}$, si $x \notin C(y)$.

Alors, puisque y^* n'a pas de point à l'infini, le n° 3 de [III] définit un homomorphisme cobord

$$\delta:\quad H_c(\tilde{g}(\infty), \tilde{g}(\infty, x)) \to H_c(\tilde{\tilde{x}}, y^* \cup \tilde{g}(x));$$

mais (6.1) applique $\tilde{g}(x)$ sur lui-même et montre que $y^* \cap \tilde{g}(x)$ est rétracte par déformation de $\tilde{g}(x)$; $H_c(\tilde{\tilde{x}}, y^* \cup \tilde{g}(x))$ est donc identique à $H_c(\tilde{\tilde{x}}, y^*)$: on a

$$\delta:\quad H_c(\tilde{g}(\infty), \tilde{g}(\infty, x)) \to H_c(\tilde{\tilde{x}}, y^*),$$

nous définissons

$$(7.6) \qquad h(\tilde{\tilde{x}}, y^*) = \delta h(\tilde{g}(\infty), \tilde{g}(\infty, x)) \qquad \text{pour} \quad x \notin C(y).$$

Le n° 32 prouve que $h(\tilde{x}, y^*)$ possède une propriété analogue à celle qui la caractérisait quand l était impair : $h(\tilde{x}, y^*)$ *contient des cycles* β *de* $\tilde{x}$ *du type suivant* :

$$\beta = 2\beta_0 + \beta_1;$$

β_1 est une chaîne de $\tilde{x}_c$, que définit (7.3); c est une constante suffisamment grande, ne dépendant que de g; β_0 est la partie où $|t||\eta|^{m-1} \leq c$ de la chaîne $\operatorname{Im}\tilde{x}$, dont voici la définition :

Définition de $\operatorname{Im}\tilde{x}$. — Soit $\tilde{B}$ une chaîne de $\tilde{\Psi}$ telle que :

$\tilde{B}$ est identique à son imaginaire conjuguée;
$\partial\tilde{B}$ est somme d'un cycle réel et d'un cycle étranger à $\tilde{x}$;
$\tilde{B}$ est en position générale par rapport à $\tilde{x}$.

L'intersection $\tilde{x}.\tilde{B}$ de $\tilde{B}$ et de la variété analytique $\tilde{x}$, munie de son orientation naturelle, est un cycle non compact de $(\tilde{x}, \operatorname{Re}\tilde{x})$; son imaginaire conjuguée est $-\tilde{x}.\tilde{B}$, car les imaginaires conjuguées des variétés analytiques complexes $\tilde{x}$ et $\tilde{\Psi}$, de dim. $l-1$ et l, sont $(-1)^{l-1}\tilde{x}$ et $(-1)^l\tilde{\Psi}$; $\tilde{x}.\tilde{B}$ est donc une chaîne de $\tilde{x}$

opposée à son imaginaire conjuguée,
à bord réel, donc nul;

$\tilde{x}.\tilde{B}$ est donc un cycle de $\tilde{x}$.

Ce cycle $\tilde{x}.\tilde{B}$ *est noté* $\operatorname{Im}\tilde{x}$ quand on a

$$\tilde{B} \sim B \quad \text{dans } (\tilde{\Psi}, \operatorname{Re}\tilde{\Psi})$$

B étant la chaîne que voici; les cycles $\operatorname{Im}\tilde{x}$ sont donc des cycles de $\tilde{x}$, non compacts, homologues entre eux.

Définition de B. — Soit B l'ensemble des points de $\tilde{\Psi}$ dont la base est réelle et appartient au voisinage de $\operatorname{Re}g^*$ où $g_1(\eta) \neq 0$. La fibration de $\tilde{\Phi}$ fibre B, que nous allons orienter en donnant à sa base l'orientation

$$(7.7) \qquad \frac{\omega'(\eta)}{|\eta|^l} > 0 \quad \text{de } \operatorname{Re}y^* \qquad (\eta \text{ est réel}; |\eta|^l \text{ est un polynôme})$$

et à sa fibre l'orientation suivante : cette fibre est la droite complexe; nous multiplions son orientation naturelle par $\operatorname{sgn}[g_1(\eta)\operatorname{Im}(t)]$:

$$(7.8) \qquad ig_1(\eta)\operatorname{Im}(t)\,dt \wedge d\bar{t} > 0 \quad \text{sur la fibre de B.}$$

Pour *justifier* cette définition, il suffit de montrer que $\tilde{x}.\partial B$ est réel; or, les points de $\tilde{x}$ non réels, à base réelle, ont évidemment leur base sur $\operatorname{Re}g^*$.

NOTE 7.1. — Cette intersection Im $\tilde{x}$ de $\tilde{x}$ et de B est la partie de $\tilde{\Phi}$ où

$$\eta.x = g(\eta) = 0, \quad \eta \text{ réel}, \tag{7.9}$$

munie de l'orientation [1]

$$i\frac{dt \wedge d\bar{t} \wedge g_1(\eta)\,\omega'(\eta)}{|\eta|^{l-2}\,dg(\eta) \wedge d\eta.x} > 0. \tag{7.10}$$

NOTE 7.2. — Supposons l *pair*; soit un voisinage donné de Re g^*; il contient les bases de tous les points de β quand c est suffisamment grand, car on a (30.1) sur β_1 et $g = 0$ sur β_0; à la décomposition de Re g^* en composantes connexes correspondent donc des décompositions de β et de $h(\tilde{x}, y^*)$:

$$h(\tilde{x}, y^*) = \sum_i h_i(\tilde{x}, y^*).$$

NOTE 7.3. — Supposons $l = 2$; ce qui précède se simplifie; puisque $x \notin C(y)$ par hypothèse, $\tilde{g}(x)$, $\tilde{g}(\infty, x)$ sont vides, Im $\tilde{x} = 0$, $\beta_0 = 0$.

8. La classe $h(\tilde{x}, y^*)$ quand $\xi(t, \eta, y)$ est une projection quelconque. — Le n° 41 continuera à définir $h(\tilde{x}, y^*)$ comme la classe d'homologie d'un cycle

$$\beta = 2\beta_0 + \beta_1 \quad \text{de } (\tilde{x}, y^*);$$

β_1 sera une chaîne de la partie de $\tilde{x}$ où $|t|.|\eta|^{m-1} = c|x-y|$; elle sera définie par continuité à partir du cas où la projection ξ est polynomiale; β_0 sera, comme ci-dessus, la partie où $|t|.|\eta|^{m-1} \leqq c|x-y|$ de Re $\tilde{x}$ (l impair) ou de Im $\tilde{x}$ (l pair; même définition qu'au n° 7);

c est une constante suffisamment grande.

Voici les propriétés de cette classe $h(\tilde{x}, y^*)$ et de la classe $h(\tilde{\Psi}, \tilde{x} \cup y^*)$ que définit (6.2); le n° 41 les établira :

PROPOSITION 8.1. — *$h(\tilde{\Psi}, \tilde{x} \cup y^*)$ et son bord $h(\tilde{x}, y^*)$ sont des classes d'homologie compacte de dimensions respectives l et $l-1$. La transformation de chaque point de $\tilde{x}$ en son imaginaire conjuguée transforme h en $(-1)^{l-1}h$.*

---

[1] Cette orientation s'obtient comme suit : on choisit l'un des η_j égal à 1; on divise

$$i\,\text{Im}(t)\,dt \wedge d\bar{t} \wedge g_1(\eta)\,\omega'(\eta),$$

qui est > 0 sur B, par

$$i\,d[t\,g(\eta) - \eta.x] \wedge d[\bar{t}\,\overline{g(\eta)} - \bar{\eta}.x] \tag{7.11}$$

où $t\,g - \eta.x$ est une fonction holomorphe s'annulant une fois sur $\tilde{x}$; or, vu (7.9), η est réel et (7.11) est égal à

$$2\,\text{Im}\,t\,dg(\eta) \wedge d\eta.x.$$

$h(\tilde{x}, y^*)$ contient des cycles ne rencontrant aucun autre point singulier de $\tilde{x}$ que le point double quadratique réel qu'a $\tilde{x}$ pour $x \in K(y)$; près de ce point singulier, $h(\tilde{x}, y^*)$ est la classe d'homologie de

$2\,\mathrm{Re}\,\tilde{x}$ *muni de l'orientation* (7.2) *si l est impair;*

$2\,\mathrm{Im}\,\tilde{x}$ *muni de l'orientation associée à l'orientation* $g_1(\eta)\dfrac{\varpi(l,\eta)}{|\eta|^l} > 0$ *de* $\mathrm{Re}\,\tilde{\Psi}$, *si l est pair.*

$h(\tilde{\Psi}, \tilde{x} \cup y^*)$ et $h(\tilde{x}, y^*)$ dépendent donc continûment de x, hors de $K(y)$ et le long de $K(y)$, au sens du n° 11 de [III].

Note 8.1. — Supposons l pair > 2 : à la décomposition

$$K(y) = \sum_i K_i$$

de $K(y)$ en ses nappes correspondent des décompositions

$$h(\tilde{\Psi}, \tilde{x} \cup y^*) = \sum_i h_i(\tilde{\Psi}, \tilde{x} \cup y^*), \qquad h(\tilde{x}, y^*) = \sum_i h_i(\tilde{x}, y^*),$$

où

$$h_i(\tilde{x}, y^*) = \partial h_i(\tilde{\Psi}, \tilde{x} \cup y^*)$$

contient des cycles étrangers à tout point singulier de $\tilde{x}$ quand $x \notin K_i$.

Note 8.2. — Supposons $l = 2$: $K(y)$ se décompose en m courbes $K_i(y)$:

$$K(y) = \bigcup_{i=1}^{m} K_i(y);$$

à chacune d'elles est associée une classe d'homologie $h_i(\tilde{x})$ qui s'annule (est évanouissante, au sens de Lefschetz) pour $x_i \in K_i(y)$; le rôle de $h(\tilde{x}, y^*)$ est joué par

$$h(\tilde{x}) = \sum_{i=1}^{m} \pm h_i(\tilde{x}),$$

le signe $\pm$ qui précède h_i changeant quand x traverse $K_i(y)$.

Proposition 8.2. — *Quand x tend vers y le long d'une droite $\not\subset C(y)$, alors une partie de $\tilde{x}$ devient voisine de $y^* - g^*$: on peut appliquer dans $\tilde{x}$ tout compact de $y^* - g^*$ par des applications voisines de l'identité, dont la restriction à $\tilde{x} \cap y^*$ est l'identité. Elles appliquent sur $h(\tilde{x}, y^*)$ la classe $h(y^* - g^*, \tilde{x})$ dont voici la définition :*

Définition 8. — Supposons $x \notin C(y)$. Si l est *impair*, $h(y^* - g^*, \tilde{x})$ est la classe de deux fois le cycle $\mathrm{Re}\, y^*$ détourné de g^*, l'orientation de $\mathrm{Re}\, y^*$ étant

$$(8.1) \qquad \frac{\omega'(\eta)}{(\eta . x)^l} > 0 \quad \text{sur } \mathrm{Re}\, y^*.$$

Si l est *pair*,

$$(8.2) \qquad h(y^* - g^*, \tilde{x}) = \delta h(g^*, \tilde{x}),$$

où $h(g^*, \tilde{x})$ est la classe du cycle que constitue $\mathrm{Re}\, g^*$, muni de l'orientation (7.5).

Note. — On peut, bien entendu, écrire $(y^* - g^*, x^*)$, (g^*, x^*) au lieu de $(y^* - g^*, \tilde{x})$, $(g^*, \tilde{x})$.

9. Hyperbolicité. — Rappelons brièvement la

Définition d'un polynôme hyperbolique. — Notons G^* l'ensemble des points réels η^* de y^* ayant la propriété suivante : toutes les droites réelles de y^* contenant η^* coupent g^* en m points réels distincts (m est le degré de g). Si G^* n'est pas vide, alors le polynôme $g(y, \eta)$, la variété algébrique g^* et la projection $\xi(t, \eta, y)$ sont dits hyperboliques.

On prouve aisément ceci (*voir* [4] ou [9], chap. III, § 1 et 2, p. 46-60) : G^* est un domaine convexe de y^*, situé hors de $\mathrm{Re}\, g^*$; sa frontière est une nappe convexe de $\mathrm{Re}\, g^*$; la *nappe interne* de $\mathrm{Re}\, g^*$.

Nous choisirons des coordonnées telles que

$$(9.1) \qquad (-y_1, 1, 0, \ldots, 0) \in G^*;$$

l'équation en η_1 :

$$g(y, \eta) = 0$$

a donc toutes ses racines réelles et distinctes quand $\eta_2, \ldots, \eta_l$ sont réels; donc

$$(9.2) \qquad g_{\eta_1}(y, \eta) \neq 0 \qquad \text{pour} \quad g(y, \eta) = 0, \quad \eta \text{ réel}.$$

Dès lors $x_1 \neq y_1$ si $x \in C(y) - y$. Notons $C_+(y)$ la partie de $C(y)$ où $x_1 \geqq y_1$: $C_+(y)$ est un demi-cône; celle de ses nappes qui est l'image de la nappe interne de $\mathrm{Re}\, g^*$ est nommée *nappe externe* de $C_+(y)$: elle est la frontière d'un demi-cône convexe $\mathcal{D}_+(y)$ contenant toutes les autres nappes de $C_+(y)$.

Soit $K_+(y)$ la partie de $K(y)$ où $x_1 \geqq y_1$; les demi-tangentes à $K_+(y)$ en y constituent $C_+(y)$; la nappe de $K_+(y)$ tangente à la nappe externe de $C_+(y)$ est nommée nappe externe de $K_+(y)$; celui des deux domaines qu'elle délimite et qui est tangent à $\mathcal{D}_+(y)$ est noté $\mathcal{E}_+(y)$ et est nommé *émission* de y.

Opérateur hyperbolique. — Soit un opérateur différentiel, linéaire, à coefficients holomorphes, d'ordre m :

$$a\left(x, \frac{\partial}{\partial x}\right) = \sum_{i_1+\ldots+i_l \leqq m} a_{i_1\ldots i_l}(x) \frac{\partial^{i_1+\ldots+i_l}}{\partial x_1^{i_1}\ldots\partial x_l^{i_l}}.$$

Soit $g(y, \eta)$ la partie principale du polynôme $a(y, \eta)$ qui s'en déduit en remplaçant x et $\frac{\partial}{\partial x}$ par y et η :

$$g(y, \eta) = \sum_{i_1+\ldots+i_l = m} a_{i_1\ldots i_l}(y)\, \eta_1^{i_1}\ldots\eta_l^{i_l},$$

rappelons que g sert à définir les variétés caractéristiques de $a\left(x, \frac{\partial}{\partial x}\right)$: ce sont les hypersurfaces $u(x) = 0$ de X vérifiant l'équation non linéaire du premier ordre :

$$g(x, u_x) = 0.$$

L'opérateur $a\left(x, \frac{\partial}{\partial x}\right)$ est dit hyperbolique quand ce polynôme $g(y, \eta)$ est hyperbolique; nous faisons les hypothèses (4.4) et (9.1).

Le n° 35 prouvera la

PROPOSITION 9. — *Supposons g hyperbolique, $x_1 \geqq y_1$ et $x \notin \mathcal{D}_+(y)$; alors $h(y^* - g^*, \tilde{x}) = 0$.*

10. La transformation $\mathcal{L}$ qui prolonge la transformation inverse de Laplace. — Soit $f(\xi, y)$ une fonction, homogène de degré $-n$ en ξ; supposons

$$f(\xi, y)\, d\xi_0 \wedge \ldots \wedge d\xi_l$$

uniformisé par une projection hyperbolique, $\xi(t, \eta, y)$, vérifiant (4.4) et (9.1); alors $\mathcal{L}[f]$ est *la distribution* [5] *de* (x, y) que définit pour $x_1 > y_1$ l'une ou l'autre intégrale :

$$(10.1)_1 \qquad \mathcal{L}[f] = \frac{1}{(2\pi i)^{l-1}} \frac{1}{2} \int_h \frac{(\xi . x)^{n-l-1}}{(n-l-1)!} f(\xi, y)\, \omega^*(\xi),$$

où $l < n$, $h = h(\tilde{\Psi}, \tilde{x} \cup y^*)$;

$$(10.1)_2 \qquad \mathcal{L}[f] = \frac{(-1)^{n-l-1}}{(2\pi i)^{l-1}} \frac{1}{2} \int_h \frac{d^{l-n}[f(\xi, y)\, \omega^*(\xi)]}{(d\xi . x)^{1+l-n}},$$

où $n \leqq l$, $h = h(\tilde{x}, y^*)$; les notations sont celles de [III], n° 7.

---

[5] C'est une distribution de x, fonction de y et, en même temps, une distribution de y, fonction de x.

Le n° 53 prouvera que $\mathcal{L}[f] = 0$ près des points $x \neq y$ tels que $x_1 = y_1$; on achève de définir $\mathcal{L}[f]$ pour $x \neq y$, en posant

$$(10.2) \qquad \mathcal{L}[f] = 0 \quad \text{pour} \quad x_1 \leqq y_1, \quad x \neq y.$$

Dans les formules (10.1), ξ désigne la projection $\xi(t, \eta, y)$; le n° 52 prouvera que $\mathcal{L}[f]$ est indépendant du choix de cette projection.

$\mathcal{L}[f]$ est défini (n° 54) *pour tout* (x, y) *quand* $f\, d\xi_0 \wedge \ldots \wedge d\xi_l$ *est rationnellement uniformisable*, g étant hyperbolique.

Les propriétés formelles de $\mathcal{L}$ sont les suivantes [6] :

$\mathcal{L}$ est *linéaire*, en le sens que voici : si les $c_i(y)$ sont des fonctions holomorphes de y et si les formes $f_i(\xi, y)\, d\xi_0 \wedge \ldots \wedge d\xi_l$ sont (rationnellement et) *simultanément* uniformisables, on a

$$\sum_i c_i(y)\, \mathcal{L}[f_i] = \mathcal{L}\left[\sum_i c_i(y) f_i\right].$$

Quand $f\, d\xi_0 \wedge \ldots \wedge d\xi_l$ est (rationnellement) uniformisable, on a

$$(10.3) \qquad \frac{\partial}{\partial x_j} \mathcal{L}[f] = \mathcal{L}[\xi_j f];$$

$$(10.4) \qquad \left(n - l - 1 - \sum_{j=1}^{l} x_j \frac{\partial}{\partial x_j}\right) \mathcal{L}[f] = \mathcal{L}[\xi_0 f].$$

Quand f est uniformisable, on a

$$(10.5) \qquad x_j \mathcal{L}[f] = -\mathcal{L}\left[\frac{\partial f}{\partial \xi_j}\right] \qquad \text{pour} \quad x \neq y,$$

quand f est (rationnellement) uniformisable, on a

$$(10.6) \qquad \mathcal{L}[f] = -\mathcal{L}\left[\frac{\partial f}{\partial \xi_0}\right],$$

$$(10.7) \qquad \frac{\partial}{\partial y_l} \mathcal{L}[f] = \mathcal{L}\left[\frac{\partial f}{\partial y_l}\right].$$

Quand $r(\xi_1, \ldots, \xi_l)$ est une fonction rationnelle, homogène de degré $-n$, de dénominateur g, ou plus généralement g^p, $g(\xi_1, \ldots, \xi_l)$ étant un polynôme hyperbolique, alors $\mathcal{L}[r]$, ou plus généralement $\mathcal{L}\left[\frac{(-\xi.y)^q}{q!} r(\xi)\right] (q \geqq p - 1)$, est défini ; c'est une distribution de $x - y$, qui est *la transformée inverse*

---

[6] elles valent pour $x \neq y$ (ou sans cette restriction dans le cas : rationnellement uniformisables).

de Laplace de r; elle est positivement homogène en $x-y$ de degré $n-l$. En particulier on a

$$(10.8) \qquad \mathcal{L}[1]=\delta(x-y) \qquad (\delta : \text{mesure de Dirac}).$$

EXEMPLE 1. — Soit $a\left(x, \frac{\partial}{\partial x}\right)$ un opérateur différentiel linéaire d'ordre m; soit $f(\xi, y)$ une fonction (rationnellement) uniformisable, ainsi que toutes ses dérivées d'ordres $< m$; on a

$$(10.9) \qquad a\left(y, \frac{\partial}{\partial y}\right)\mathcal{L}[f(\xi, y)]=\mathcal{L}\left[a\left(y, \frac{\partial}{\partial y}\right)f(\xi, y)\right].$$

EXEMPLE 2. — Soit $a\left(x, \frac{\partial}{\partial x}\right)$ un opérateur différentiel, d'ordre m, à coefficients polynomiaux; soit $A\left(-\frac{\partial}{\partial \xi}, \xi\right)$ son transformé de Laplace, au sens du n° 3 de [II]; son ordre est noté $m+n$; si $\frac{\partial^{m+n-1} f(\xi, y)}{\partial \xi_0^{m+n-1}}$ est uniformisable, alors

$$(10.10) \quad a\left(x, \frac{\partial}{\partial x}\right)\mathcal{L}[f(\xi, y)]=\mathcal{L}\left[A\left(-\frac{\partial}{\partial \xi}, \xi\right)f(\xi, y)\right] \qquad \text{pour} \quad x \neq y.$$

Voici des propriétés de la transformation $\mathcal{L}$, montrant en particulier que $\mathcal{L}$ est *biunivoque* :

THÉORÈME 1. — 1° *L'image par* $\mathcal{L}$ *de l'ensemble des fonctions* $f(\xi, y)$ *(rationnellement) uniformisables, homogènes et de degré donné croît avec ce degré.*

2° *Si* $f\,d\xi_0 \wedge \ldots \wedge d\xi_l$ *est (rationnellement) uniformisable et si* $\mathcal{L}[f]$ *est une fonction holomorphe près de* y *(sur* X*) sur* $X-y$*, alors* $f(\xi, y)$ *(est nul) est un polynôme en* ξ *à coefficients fonctions holomorphes de* y *et* $f\,d\xi_0 \wedge \ldots \wedge d\xi_l$ *est donc rationnellement uniformisable.*

Le chapitre 6 prouvera toutes les propriétés de $\mathcal{L}$ qu'énoncent ce n° 10 et le n° 11, sauf celles de $\mathcal{L}\left[\frac{(-\xi \cdot y)^q}{q!} r(\xi)\right]$; le chapitre 7 établira ces dernières, après avoir exprimé au moyen de $\mathcal{L}$ *les transformées de Laplace des fonctions rationnelles, homogènes ou non*, à dénominateur puissance d'un polynôme hyperbolique, homogène ou non; cette expression, qu'énonce la proposition 62, facilite l'étude de ces transformées de Laplace.

Le chapitre 7 l'établit par des calculs analogues aux calculs classiques de HERGLOTZ [7] et PETROWSKY [10]; il emploie la projection polynomiale; il suggérerait de définir $\tilde{\Phi}$, $\tilde{x}$, $h(\tilde{\Phi}, \tilde{x} \cup y^*)$ et $h(\tilde{x}, y^*)$ si le chapitre 3 ne l'avait déjà fait. Ses conclusions essentielles, complétées par le théorème 3, sont analogues à celles de la théorie des transformées de Fourier des distributions homogènes, théorie que GELFAND et SHAPIRO [5], BOROVIKOV [1], L. GÅRDING [3] ont développée.

11. Allure de la transformée $\mathcal{L}[f]$. — Voici *un théorème sur le support de $\mathcal{L}[f]$:*

THÉORÈME 2. — *La distribution $\mathcal{L}[f]$ est nulle dans le domaine où $x \notin \mathcal{E}_+(y)$.*

Le n° 53 déduira aisément ce théorème des propositions 8.2 et 9.

Voici *un théorème sur l'allure de $\mathcal{L}[f]$ pour $x \neq y$*; il emploie la fonction ou distribution, d'une variable réelle k, que voici :

DÉFINITION 11.1 :

$$(11.1) \quad \chi_p[k] = \frac{k^p}{\Gamma(p+1)} > 0 \quad \text{si } k > 0 \text{ et } p + \frac{1}{2} = \text{entier} \geqq 0,$$

$$= 0 \quad \text{si } k < 0 \text{ et } p + \frac{1}{2} = \text{entier} \geqq 0;$$

$$= \frac{k^p}{p!}\frac{1}{2}\operatorname{sgn} k + \frac{k^p}{p!}\frac{1}{\pi i}\left[\log|k| - 1 - \frac{1}{2} - \ldots - \frac{1}{p}\right]$$

$$\text{si } p = \text{entier} \geqq 0 \quad (\operatorname{sgn} k = +1 \text{ si } k > 0, = -1 \text{ si } k < 0).$$

On a donc, pour $p \geqq \frac{1}{2}$:

$$(11.2) \qquad \chi_{p-1}[k] = \frac{d}{dk}\chi_p[k],$$

$$(11.3) \qquad k\chi_{p-1}[k] = p\chi_p[k] + \frac{1}{\pi i}\frac{k^p}{p!} \quad \text{si } p = \text{entier} > 0,$$

$$= p\chi_p[k] \quad \text{si non.}$$

On définit par la relation (11.2) la distribution χ_p, quel que soit p multiple de $1/2$; par exemple :

$$\chi_{-1}[k] = \delta(k) + \frac{1}{\pi i}\frac{d\log|k|}{dk} \qquad (\delta : \text{mesure de Dirac});$$

on vérifie de suite que (11.3) vaut quel que soit p.

THÉORÈME 3. — *Supposons $f\, d\xi_0 \wedge \ldots \wedge d\xi_l$ réel et uniformisable. Alors : $\mathcal{L}[f]$ est une fonction holomorphe de (x, y) pour $x \notin K_+(y)$. Soit un point de $K_+(y) - y$; choisissons en ce point une équation locale, analytique, réelle et irréductible de $K_+(y)$:*

$$K_+(y): \quad k(x, y) = 0 \qquad (k_x \neq 0),$$

telle que, si l est impair :

$$(11.4) \qquad k(x, y) > 0 \quad \textit{du côté positif de } K_+(y) \textit{ (voir n° 4)};$$

il existe alors, en ce point, des fonctions holomorphes $H_1(x, y)$, $H_2(x, y)$ et $H_3(x, y)$ telles que

$$(11.5)\qquad \mathcal{L}[f] = \operatorname{Re}\{H_1(x, y)\,\chi_{n-1-(l/2)}[k(x, y)] + H_2\chi_0[k]\} + H_3(x, y);$$

si l est impair, alors $H_2 = 0$, H_1 et H_3 sont réels; si l est pair, alors $H_2 = 0$ pour $l/2 < n$, H_3 est réel, H_1 et H_2 sont imaginaires purs sur les nappes positives de $K_+(y)$ et réels sur ses nappes négatives.

La valeur de $H_1(x, y)$ pour $x \in K_+(y)$ s'obtient comme suit : pour $x \in K_+(y) - y$, $\tilde{x}$ a un point singulier réel unique, dont nous choisissons les coordonnées (t, η) en sorte que (⁷)

$$(11.6)\qquad \xi_j(t, \eta, y) = k_{x_j}(x, y) \qquad (j = 1, \ldots, l);$$

on a

$$(11.7)\qquad H_1(x, y) = \frac{i^{l+1}(m-1)\,t}{(2\pi)^{(l/2)-1}\sqrt{\operatorname{Hess}_\eta[-\xi(t, \eta, y).x]}} f(\xi, y)\,\frac{D(\xi)}{D(t, \eta)};$$

bien entendu, le produit $f\dfrac{D(\xi)}{D(t, \eta)}$ est défini, alors que f ne l'est pas et que $\dfrac{D(\xi)}{D(t, \eta)} = 0$; dans (11.7) le signe de $\sqrt{\text{Hess}}$ est choisi comme suit :

DÉFINITION 11.2. — Soit $g(\eta)$ une fonction réelle telle que $\operatorname{Hess}_\eta g(\eta) \neq 0$: la forme quadratique de coefficients $g_{\eta_i\eta_j}$ s'obtient en ajoutant p carrés de formes linéaires et en en retranchant $q = l - p$ carrés de telles formes : sa signature est (p, q); $(-1)^q \operatorname{Hess}_\eta[g] > 0$; on choisit le signe de $\sqrt{\operatorname{Hess}_\eta g}$ tel que

$$(11.8)\qquad \frac{1}{i^q}\sqrt{\operatorname{Hess}_\eta[g]} > 0.$$

NOTE 11. — Notons $K_l(y)$ les nappes de $K_+(y)$. Supposons l pair et > 2; alors, vu la note 8.1 et le théorème 3,

$$\mathcal{L}[f] = \sum_l \mathcal{L}_l[f],$$

$\mathcal{L}_l[f]$ étant holomorphe sur $X - K_l(y)$ et vérifiant (11.5) sur $K_l(y)$.

Supposons $l = 2$, $n \geq 2$; alors, vu les notes 4, 8.2 et le théorème 3,

$$\mathcal{L}[f] = \sum_l \pm \mathcal{L}_l[f],$$

(⁷) Si l est impair, nous devons donc avoir

$$t\operatorname{Hess}_\eta[g(y, \eta)] > 0.$$

Sinon, c'est que (11.4) n'a pas lieu : k, η, t doivent être remplacées par $-k$, $-\eta$, $(-1)^{m-1}t$.

$\mathcal{L}_l[f]$ étant holomorphe sur $X - y$, le signe $\pm$ qui précède $\mathcal{L}_l[f]$ changeant quand x traverse $K_l(y)$, où

$$\pm \mathcal{L}_l[f] = \frac{1}{2} H_1(x, y) \frac{k^{n-2}(x, y)}{(n-2)!} \operatorname{sgn} k(x, y);$$

H_1 est holomorphe et a la valeur (11.7) pour $x \in K_l(y)$.

Le n° 50 prouvera le théorème 3, dont voici une conséquence évidente :

COROLLAIRE 3. — *La restriction de $\mathcal{L}[f]$ à un ensemble compact de couples (x, y), vérifiant $x \neq y$, possède la propriété suivante : ses dérivées d'ordre $\leqq n - \frac{l+3}{2}$ vérifient une condition de Hölder d'exposant 1/2 si l est* IMPAIR *et $\frac{l+3}{2} \leqq n$;*

ses dérivées d'ordres $\leqq n - 2 - (l/2)$ vérifient une condition de Hölder d'exposant arbitraire < 1 si l est PAIR *et $2 + (l/2) \leqq n$;*

ses dérivées d'ordres $\leqq n - 1 - (l/2)$ sont bornées si l est pair, x n'est jamais sur une nappe positive de $K_+(y)$ et $1 + (l/2) \leqq n$.

NOTE. — Si la projection $\xi(t, \eta, y)$ qui uniformise $f(\xi, y)\, d\xi_0 \wedge \ldots \wedge d\xi_l$ et la fonction $f(\xi(t, \eta, y), y) \frac{D(\xi(t, \eta, y))}{D(t, \eta)}$ sont fonctions holomorphes d'un paramètre τ, alors le théorème 3 et le corollaire 3 valent évidemment quand on y remplace (x, y) par (x, y, τ) : $k(x, y, \tau)$, $H_l(x, y, \tau)$ sont holomorphes; $\mathcal{L}[f]$ est une fonction de (x, y, τ) ayant la propriété qu'énonce le corollaire 3.

Voici un théorème sur l'*allure de $\mathcal{L}[f]$ pour $x = y$:*

THÉORÈME 4. — *Supposons que $f(\xi, y)\, d\xi_0 \wedge \ldots \wedge d\xi_l$ est uniformisable et que $f(\xi, y)$ s'annule p fois pour $\xi . y = 0$. Si*

$$1 + (l/2) < n,$$

alors [8]

$$\mathcal{L}[f] = \mathcal{O}[\,|x - y|^{n+p-l}] \tag{11.9}$$

[c'est encore vrai pour $1 + (l/2) = n$, l pair, $K(y)$ négatif]. Notons $r(\xi, y)$ la fonction de $(\xi_1, \ldots, \xi_l, y)$ rationnelle en $\xi_1, \ldots, \xi_l$, que définit (5.1); *si*

$$1 + (l/2) < n,$$

on a

$$\mathcal{L}[f] = \mathcal{L}\left[\frac{(-\xi . y)^p}{p!} r(\xi, y)\right] + \mathcal{O}(\,|x - y|^{n+p-l+\rho}), \tag{11.10}$$

---

[8] $\mathcal{O}[u]$ désigne n'importe quelle fonction de u telle que $\mathcal{O}[u]/u$ soit borné.

où $\rho = \rho(l, n)$ *est la fonction suivante des deux entiers* (l, n) :

$$(11.11)\quad \begin{cases} \rho(l, n) \text{ n'est pas défini pour } n \leqq 1 + (l/2); \\ \rho(l, n) = 1/2 \text{ si } n = \dfrac{l+3}{2}, \ l \text{ étant impair}; \\ \rho(l, n) \text{ est arbitraire} < 1 \text{ si } n = 2 + (l/2), \ l \text{ étant pair, } K(y) \\ \quad \text{ayant des nappes positives} \\ \rho(l, n) = 1 \text{ si } n = 2 + (l/2), \ l \text{ étant pair et } K(y) \text{ négatif}; \\ \rho(l, n) = 1 \text{ si } 2 + (l/2) < n. \end{cases}$$

Le n° 51 prouvera le théorème 4.

Voici un théorème sur l'*allure de la fonction* $\mathcal{L}[f]$ *pour* x *et* y *complexes*; il montre qu'elle est *zétafuchsienne* :

Théorème 5. — *Supposons* $f\,d\xi_0 \wedge \ldots \wedge d\xi_l$ *uniformisé; complétons les hypothèses* (4.4) *par la suivante :* g^* *n'a pas de point singulier. Considérons le prolongement analytique de la fonction* $\mathcal{L}[f]$ *aux valeurs complexes de* (x, y) *: il se ramifie sur l'ensemble* W *des points* (x, y) *tels que* $\tilde{x}$ *ait une singularité; ses déterminations sont des combinaisons linéaires, à coefficients entiers, d'un nombre fini d'entre elles; celles-ci subissent donc une substitution linéaire à coefficients entiers quand* (x, y) *décrit un lacet autour de* W*; leur nombre est* $\leqq (m-1)^{l-1}$.

Le n° 56 prouvera ce théorème.

12. Expression de la solution élémentaire $E(x, y)$ d'un opérateur différentiel, linéaire, hyperbolique, à coefficients holomorphes $a\left(x, \dfrac{\partial}{\partial x}\right)$ au moyen de la solution unitaire $U^*(\xi, y)$ de son adjoint $a^*\left(\dfrac{\partial}{\partial y}, y\right)$.
— On connaît l'intérêt de la solution élémentaire $E(x, y)$ d'un opérateur hyperbolique : elle permet de résoudre tout problème de Cauchy bien posé (*voir* par exemple [9], chap. VII, § 3 et 4). On sait que (*voir* [II], n° 1 la définition de a^*)

$$(12.1)\qquad a\left(x, \frac{\partial}{\partial x}\right) E(x, y) = \delta(x - y),$$

$$(12.2)\qquad a^*\left(\frac{\partial}{\partial y}, y\right) E(x, y) = \delta(x - y),$$

$$(12.3)\qquad E(x, y) = 0$$

quand x est hors d'un demi-cône fermé, de sommet y contenu, sauf y dans le demi-espace $y_1 < x_1$.

On sait que (12.1) résulte de (12.2) et (12.3).

La transformation $\mathcal{L}$ permet d'étudier $E(x, y)$: cherchons à représenter E par une expression

$$(1)\qquad E(x, y) = \mathcal{L}[U^*(\xi, y)],$$

$U^*(\xi, y)$ étant une fonction, homogène en ξ de degré nul, rationnellement uniformisable ainsi que toutes ses dérivées d'ordre $< m$ (m est l'ordre de a); vu le théorème 2, (12.3) est vérifié; vu (10.9), (12.2) s'écrit

$$\mathcal{L}\left[a^*\left(\frac{\partial}{\partial y}, y\right) U^*(\xi, y)\right] = \delta(x - y);$$

vu (10.8) et le théorème 1, cette relation équivaut à

$$a^*\left(\frac{\partial}{\partial y}, y\right) U^*(\xi, y) = 1,$$

enfin, vu la proposition 5.1, $U^*(\xi, y)$ et ses dérivées d'ordre $< m$ s'annulent pour $\xi . y = 0$. Donc $U^*(\xi, y)$ ne peut être que la solution unitaire de $a^*\left(\frac{\partial}{\partial y}, y\right)$, dont le n° 13 rappelle la définition et les propriétés; la première d'entre elles est qu'elle est rationnellement uniformisable : *la formule* (1) *définit donc effectivement la solution élémentaire.* Vu (10.6), elle équivaut à la formule, d'une application plus commode :

$$(12.4) \qquad E(x, y) = \mathcal{L}[U_m^*(\xi, y)], \qquad \text{où} \quad U_m^*(\xi, y) = \left(-\frac{\partial}{\partial \xi_0}\right)^m U^*(\xi, y).$$

Cette formule réduit l'étude de $E(x, y)$ — fonction ou distribution ayant toujours des singularités — à celle de $U^*(\xi, y)$ — fonction uniformisée — c'est-à-dire à des calculs de fonctions holomorphes.

13. Énoncé des propriétés de $U^*(\xi, y)$. — [II] a défini la solution unitaire $U^*(\xi, y)$ de a^* par le problème de Cauchy,

$$(13.1) \qquad a^*\left(\frac{\partial}{\partial y}, y\right) U^*(\xi, y) = 1, \qquad U^*(\xi, y) \text{ s'annule } m \text{ fois pour } \xi . y = 0.$$

Sa dérivée $U_m^*(\xi, y)$ définie par (12.4), vérifie évidemment :

$$a^*\left(\frac{\partial}{\partial y}, y\right) U_m^*(\xi, y) = 0$$

et sera donc nommée *onde unitaire.*

Rappelons que F. John [8] a déjà employé ces fonctions à la construction de la solution élémentaire des opérateurs *elliptiques.*

Proposition 13.1. — *$U^*(\xi, y)$ et ses dérivées en ξ_0 et y d'ordre $< m$ sont rationnellement uniformisables; $U_m^*(\xi, y)\, d\xi_0 \wedge \ldots \wedge d\xi_l$ l'est donc.*

Le n° 63 déduira aisément cette proposition du théorème 1 de [II], qui uniformise toutes les dérivées de $U_m^*(\xi, y)$ d'ordres $< m$. Pour les uniformiser, [II] emploie la

Projection caractéristique $\xi(t, \eta, y)$. — Notons ([9]) $g(y, \xi)$ la partie principale du polynôme $a(y, \xi)$ de ξ; $\xi(t, \eta, y)$ s'obtient en construisant la solution $x(t, \eta, y)$, $\xi(t, \eta, y)$ du système différentiel

$$(13.2)\quad \begin{cases} dx_j = g_{\xi_j}(x, \xi)\,dt, \quad d\xi_j = -g_{x_j}\,dt, \quad d\xi_0 = \left[\sum_j x_j g_{x_j} - g\right] dt \\ (j = 1, \ldots, l) \end{cases}$$

que définissent les données initiales

$$(13.3)\quad x(0, \eta, y) = y, \qquad \xi(0, \eta, y) = \eta \qquad (\text{rappelons que } \eta . y = 0).$$

On a

$$\xi(\theta^{1-m} t, \theta\eta, y) = \theta\xi(t, \eta, y), \qquad x(\theta^{1-m} t, \theta\eta, y) = x(t, \eta, y).$$

[II] a montré que le système (13.2) admet les intégrales premières

$$(13.4)\quad g(x, \xi), \qquad \xi . x + (1 - m)\,t g(x, \xi)$$

et la forme différentielle invariante

$$(13.5)\quad (d\xi) . x + g\,dt;$$

en posant

$$x = x(t, \eta, y), \qquad \xi = \xi(t, \eta, y), \qquad \frac{D(\xi)}{D(t, \eta)} = \frac{D(\xi_0, \xi_1, \ldots, \xi_l)}{D(t, \eta_1, \ldots, \eta_l)},$$

on a donc

$$(13.6)\quad g(x, \xi) = g(y, \eta),$$

$$(13.7)\quad \xi(t, \eta, y) . x(t, \eta, y) = (m - 1)\,t g(y, \eta),$$

$$(13.8)\quad \begin{cases} \xi_t(t, \eta, y) . x(t, \eta, y) = -g(y, \eta), \quad \xi_{\eta_j} . x = 0, \\ (j = 1, \ldots, l); \end{cases}$$

ces dernières relations entraînent évidemment :

$$(13.9)\quad \frac{D(\xi)}{D(t, \eta)} = -g(y, \eta)\,\frac{D(\xi_1, \ldots, \xi_l)}{D(\eta_1, \ldots, \eta_l)}.$$

Ces relations vont nous permettre de déterminer le conoïde $K(y)$ associé (n° 4) à la projection caractéristique; nous le nommons

Conoïde caractéristique. — Les points singuliers réels (t, η) de $\tilde{x}$ sont définis par le système

$$\xi_t(t, \eta, y) . x = 0, \qquad \xi_{\eta_j}(t, \eta, y) . x = 0$$

$$(t, \eta : \text{inconnues réelles}; \; x, y : \text{données réelles});$$

([9]) g est noté h par [I] et [II]; désormais h désigne des classes d'homologie.

d'où

$$\frac{D(\xi)}{D(t,\eta)}=0;$$

d'où, vu (13.9) et (13.6) :

$$(13.10)\qquad g(y,\eta)=g(x,\xi)=0;$$

et vu (13.8)

$$x=x(t,\eta,y)$$

donc vu la définition et les propriétés de $K(y)$ qu'énonce le n° 4 : *$K(y)$ est le lieu des points $x(t,\eta,y)$ quand $g(y,\eta)=0$* (t, η : réels); *alors $\xi^*(t,\eta,y)$ est l'hyperplan tangent à $K(y)$ en $x(t,\eta,y)$.*

Vu (13.10), l'équation $k(x,y)=0$ de $K(y)$ vérifie donc

$$g(x,k_x)=0 \qquad \text{pour} \quad k=0;$$

c'est l'équation des caractéristiques de l'opérateur a : *le conoïde $K(y)$ est une caractéristique de l'opérateur a.* Vu la théorie des équations aux dérivées partielles du premier ordre, les éléments de contact de $K(y)$ sont donc ceux des *bandes bicaractéristiques* ([10]) *issues de y.*

L'équation $k(x,y)=0$ de $K(y)$ peut être choisie comme suit : l'hypothèse $(4.4)_1$, et les équations (13.2) impliquent

$$\frac{D(x_1(t,\eta,y),\ \dots,\ x_l)}{D(\eta_1,\ \dots,\eta_l)}\neq 0 \qquad \text{quand} \quad t\neq 0,\quad g(y,\eta)=0;$$

remplaçons alors les variables indépendantes (t,η,y) par (t,x,y), l'invariance de (13.5) s'énonce

$$(d\xi).x=-g\,dt+(d\eta).y;$$

ou bien

$$d(\xi.x)=-g\,dt+\xi_1\,dx_1+\dots+\xi_l\,dx_l-\eta_1\,dy_1-\dots-\eta_l\,dy_l;$$

ou encore, vu (13.7)

$$\frac{\partial}{\partial t}(\xi.x)=\frac{\xi.x}{(1-m)\,t},\qquad \frac{\partial}{\partial x_j}(\xi.x)=\xi_j,\qquad \frac{\partial}{\partial y_j}(\xi.x)=-\eta_j,$$

il existe donc une fonction $k(x,y)$ telle que

$$(13.11)\qquad \left\{\begin{array}{l}\xi(t,\eta,y).x(t,\eta,y)=|t|^{\frac{1}{1-m}}k(x,y),\qquad \xi_j=|t|^{\frac{1}{1-m}}k_{x_j},\\ \qquad\qquad \eta_j=-|t|^{\frac{1}{1-m}}k_{y_j}\end{array}\right.$$

([10]) Une bande bicaractéristique est une famille à un paramètre t d'éléments de contact $x_1,\dots,x_l$; $\xi_1,\dots,\xi_l$ vérifiant le système différentiel :

$$dx_j=g_{\xi_j}(x,\xi)\,dt,\qquad d\xi_j=-g_{x_j}(x,\xi)\,dt,\qquad g(x,\xi)=0.$$

[t et η sont réels; $k(x, y)$ est défini au produit près par ± 1]; $k(x, y)$ est défini quand x est voisin de y dans un cône contenant à son intérieur $C(y) - y$; $k(x, y)$ est *holomorphe*; $K(y)$ a pour équation $k(x, y) = 0$; vu (13.6), (13.7) et (13.11), k est solution des deux équations

$$(13.12) \qquad g(x, k_x) = \pm \frac{1}{m-1} k, \qquad g(y, k_y) = \pm \frac{(-1)^m}{m-1} k.$$

Voici d'autres propriétés de k, que le n° 64 prouvera aisément :

Si m est *impair*, le signe $\pm$ figurant dans (13.12) est indépendant du signe de k; près de chaque nappe de $K_+(y)$ c'est le signe qu'a $g_{\xi_1}(y, \xi)$ quand ξ^* touche cette nappe.

Si m est *pair*, ce signe change évidemment quand on remplace k par $-k$.

On a

$$(13.13) \qquad \begin{cases} k = \mathcal{O}\left[|x-y|^{\frac{m}{m-1}}\right]; \qquad |k_x|/|k_y| \text{ voisin de } 1; \\ |k_x|/|x-y|^{\frac{1}{m-1}} \text{ borné sup et inf}; \\ \qquad |k_x + k_y| = \mathcal{O}\left[|x-y|^{\frac{m}{m-1}}\right]. \end{cases}$$

Notons dét$(k_{x,y})$ le déterminant d'éléments k_{x_i, y_j}.

Si l est *impair*, nous définirons le signe de k de sorte que

$$(13.14) \qquad \text{dét}(k_{x,y}) < 0;$$

alors $k(x, y) > 0$ du côté positif de $K(y)$.

Si l est *pair*, alors

$$(13.15) \qquad \text{dét}(k_{x,y}) > 0 \quad [\text{ou} < 0]$$

sur les nappes positives [ou négatives] *de* $K(y)$.

La *fonction* λ sera introduite par [VI], qui notera

$$(13.16) \qquad g_{x.\xi} = \sum_{j=l}^{l} \frac{\partial^2 g(x, \xi)}{\partial x_j \partial \xi_j},$$

$$g'(x, \xi) = \text{Partie principale } [a(x, \xi) - g(x, \xi)],$$

ainsi $g(x, \xi)$ et $g'(x, \xi)$ sont des polynômes homogènes en ξ de degrés m et $m-1$, tels que

$$a(x, \xi) - g(x, \xi) - g'(x, \xi)$$

soit de degré $\leq m-2$; [VI] montrera que $g'(x, \xi) - (1/2) g_{x.\xi}(x, \xi)$ est une fonction de l'élément de contact du premier ordre (x, ξ) invariante par les changements de coordonnées unimodulaires (de déterminant fonctionnel égal à 1); elle est identiquement *nulle* si l'opérateur a est *self-adjoint* [c'est-à-dire si $a^* = (-1)^m a$]; [VI] définira une fonction $\lambda(t, \eta, y)$ en adjoignant au système (13.2) et aux conditions initiales (13.3) l'équation et la condition

$$(13.17) \qquad d\lambda = \left[g'(x, \xi) - \frac{1}{2} g_{x.\xi}(x, \xi)\right] dt, \qquad \lambda(0, \eta, y) = 0;$$

$\lambda(t, \eta, y)$ vérifie, comme $x(t, \eta, y)$, la condition

$$\lambda(\theta^{1-m} t, \theta\eta, y) = \lambda(t, \eta, y);$$

on peut donc définir une fonction $\lambda(x, y)$ par élimination de (t, η) entre $\lambda(t, \eta, y)$ et $x(t, \eta, y)$; $\lambda(x, y)$ est holomorphe quand x est voisin de $K(y) - y$.

[VI] déterminera la partie principale de la singularité de la solution du problème de Cauchy sur la caractéristique tangente à la variété qui porte les données de Cauchy et obtiendra en particulier la

Proposition 13.2. — *La fonction de* (t, η, y),

$$(13.18) \qquad U^*_m(\xi, y) - \frac{1}{g(y, \eta)} e^{-\lambda} \left[\frac{D(\xi_1, \ldots, \xi_l)}{D(\eta_1, \ldots, \eta_l)}\right]^{-\frac{1}{2}},$$

où

$$\xi = \xi(t, \eta, y), \qquad \lambda = \lambda(t, \eta, y), \qquad [\ldots]^{-\frac{1}{2}} = 1 \quad \text{pour } t = 0,$$

est holomorphe pour $|t| . |\eta|^{m-1} <$ Cte; *elle s'annule deux fois pour* $t = 0$.

Enfin le théorème de réciprocité de [II] (théorème 4, n° 3) s'énonce :

Proposition 13.3. — *L'onde unitaire* $U^*_m(\xi, y)$ *de l'adjoint* $a^*\left(\frac{\partial}{\partial y}, y\right)$ *de* $a\left(x, \frac{\partial}{\partial x}\right)$ *est l'onde unitaire homogène de son transformé de Laplace* $A\left(-\frac{\partial}{\partial \xi}, \xi\right)$.

On peut donc déterminer explicitement U^*_m quand A est du premier ordre, c'est-à-dire quand a est l'opérateur général de Tricomi :

Définition. — *L'opérateur général de Tricomi* $a\left(x, \frac{\partial}{\partial x}\right)$ est l'opérateur d'ordre m, dont les coefficients d'ordres

$$m, \quad m-1, \quad m-2$$

sont respectivement

linéaires, constants, nuls :

$$(13.19) \qquad a\left(x, \frac{\partial}{\partial x}\right) = g_0\left(\frac{\partial}{\partial x}\right) + x_1 g_1\left(\frac{\partial}{\partial x}\right) + \ldots + x_l g_l\left(\frac{\partial}{\partial x}\right) + g'\left(\frac{\partial}{\partial x}\right),$$

les g_l étant homogènes de degré m et g' homogène de degré $m-1$.

La projection caractéristique $\xi(t, \eta, y)$ est alors la solution du système

$$(13.20) \qquad d\xi_j = -g_l(\xi)\,dt \qquad (j = 0, 1, \ldots, l)$$

issue de $\xi(0, \eta, y)$, où $\eta . y = 0$.

La relation (11.2) de [II] donne, vu (13.9), puis (13.17) :

$$(13.21) \qquad \frac{D(\xi_1, \ldots, \xi_l)}{D(\eta_1, \ldots, \eta_l)} = \exp\left[-\int_0^t g_{x.\xi}(\xi)\,dt\right],$$

où

$$\xi_j = \xi_j(t, \eta) \quad (j = 1, \ldots, l), \qquad g_{x.\xi} = \sum_{j=1}^{l} \frac{\partial g_j(\xi)}{\partial \xi_j};$$

$$(13.22) \qquad e^{-\lambda}\sqrt{\frac{D(\xi_1, \ldots, \xi_l)}{D(\eta_1, \ldots, \eta_l)}} = \exp\left[-\int_0^t g'(\xi)\,dt\right].$$

On a la proposition suivante, que [II] (théorème 5, n° 4) énonce et prouve quand $g' = 0$:

Proposition 13.4. — *Si $a\left(x \dfrac{\partial}{\partial x}\right)$ est l'opérateur général de Tricomi, alors U_m^* s'obtient en annulant la fonction* (13.18); *c'est-à-dire, vu* (13.9) :

$$(13.23) \qquad U_m^*(\xi, y)\frac{D(\xi_0, \xi_1, \ldots, \xi_l)}{D(t, \eta_1, \ldots, \eta_l)} = -e^{-\lambda}\sqrt{\frac{D(\xi_1, \ldots, \xi_l)}{D(\eta_1, \ldots, \eta_l)}},$$

où $\xi = \xi(t, \eta, y)$; le second membre est donné par l'intégrale (13.22).

14. L'allure de la solution élémentaire $E(x, y)$ résulte des théorèmes 2, 3, 4 et 5 (n° 11).

Les *théorèmes* 2, 3 *et* 5 s'appliquent immédiatement à $E = \mathcal{L}[U_m^*]$, en faisant $n = m$; dans le théorème 3, la formule (11.7) peut être remplacée par la suivante : *si nous définissons k par* (13.11) *et* (13.14), *alors, nous avons pour $x \in K_+(y)$:*

$$(14.1) \qquad H_1(x, y) = \frac{(m-1)}{i(2\pi)^{l/2-1}}\sqrt{\text{dét}(k_{x,y})}\, e^{-\lambda(x,y)},$$

où

$$\sqrt{\text{dét}\, k_{x,y}}/t\sqrt{\text{Hess}_\eta[-t g(y, \eta)]} > 0,$$

$\sqrt{\text{Hess}}$ ayant la définition 11.2.

Le n° 65 prouvera aisément cette formule.

Pour appliquer *le théorème* 4 *à E*, construisons, *par quadratures et résolution d'un système différentiel d'Hamilton*, deux distributions E_1 et E_2;

ce sont des *approximations* de E, (théorèmes 4 b et 4 c), qui sont dans les cas les plus simples égales à E (théorème 6).

Définition de E_1 *et* E_2. — Soit

$$(14.2)\quad E_1(x,y) = \mathcal{L}\left[\frac{1}{g(y,\xi)}\right],$$

$$(14.3)_1\quad E_2(x,y) = -\frac{1}{(2\pi i)^{l-1}}\frac{1}{2}\int_h \frac{(\xi.x)^{m-l-1}}{(m-l-1)!}e^{-\lambda}\sqrt{\frac{D(\xi_1,\ldots,\xi_l)}{D(\eta_1,\ldots,\eta_l)}}\,\varpi(t,\eta)$$

où $l<m$, $h=h(\tilde{\Phi},\tilde{x}\cup y^*)$; $\xi(t,\eta,y)$ est la projection caractéristique (n° 13); ϖ est défini par (3.3);

$$(14.3)_2\quad E_2(x,y)$$
$$= \frac{(-1)^{l-m}}{(2\pi i)^{l-1}}\frac{1}{2}\int_h \frac{d^{l-m}}{(d\xi.x)^{1+l-m}}\left[e^{-\lambda}\sqrt{\frac{D(\xi_1,\ldots,\xi_l)}{D(\eta_1,\ldots,\eta_l)}}\,\varpi(t,\eta)\right]$$

où $m\leqq l$, $h=h(\tilde{x},y^*)$; (notations de [III], n° 7).

Le n° 66 déduira aisément de la formule (11.9) du théorème 4 le

THÉORÈME 4 a. — *Supposons :*

$$0\leqq p_1+\ldots+q_l<m-1-(l/2)$$

[*ou même*

$$0\leqq p_1+\ldots+q_l\leqq m-1-(l/2)$$

quand l *est pair et* $K(y)$ *négatif*]; *alors*

$$(14.5)\qquad \frac{\partial^{p_1+\ldots+q_l}}{\partial x_1^{p_1}\ldots\partial y_l^{q_l}}E(x,y) = \mathcal{O}[|x-y|^{m-l-p_1-\ldots-q_l}].$$

Soit un entier positif

$$p>(l/2)-m+1$$

[*ou même* $\geqq (l/2)-m+1$, *quand* $K(y)$ *est négatif*]; *alors* $E(x,y)$ *est une distribution, somme de dérivées en* x *d'ordres* $\leqq p$ *de fonctions* $\mathcal{O}[|x-y|^{m-l+p}]$ *de* (x,y), *continues pour* $x\neq y$ [*bornées sur tout fermé où* $x\neq y$].

NOTES. — Le théorème 3 montre que le premier membre de (14.5) n'est plus une fonction bornée pour $x\neq y$ quand $m-1-(l/2)<p_1+\ldots+q_l$; n'est plus une fonction, mais est une distribution quand $m-(l/2)\leqq p_1+\ldots+q_l$;

le théorème 4 *b* montre qu'on ne peut pas améliorer le second membre de (14.5).

Le n° 66 déduira aisément de la formule (11.10) du théorème 4 le

THÉORÈME 4 *b*. — *Si*

$$0 \leqq p_1 + \ldots + q_l < m - 1 - (l/2),$$

alors

$$\frac{\partial^{p_1+\ldots+q_l}}{\partial x_1^{p_1}\ldots\partial y_l^{q_l}}[E(x, y) - E_1(x, y)] = \mathcal{O}[|x-y|^{m-l-p_1-\ldots-q_l+\rho}],$$

où $\rho = \rho(l, m - p_1 - \ldots - q_l)$ *est défini par* (11.11).

NOTE. — $E - E_1$ est holomorphe pour $x \notin K_+(y) \cup C_+(y)$.

Le n° 66 déduira aisément de la formule (11.9) du théorème 4 le

THÉORÈME 4 *c*. — *Si*

$$0 \leqq p_1 + \ldots + q_l < m - (l/2)$$

[*ou, encore, si* $0 \leqq p_1 + \ldots + q_l \leqq m - (l/2)$, *l pair*, $K(y)$ *négatif*]; *alors*

$$\frac{\partial^{p_1+\ldots+q_l}}{\partial x_1^{p_1}\ldots\partial y_l^{q_l}}[E(x, y) - E_2(x, y)] = \mathcal{O}[|x-y|^{m-l-p_1-\ldots-q_l+2}].$$

NOTE. — E et E_2 sont holomorphes pour $x \notin K_+(y)$; les parties principales de leurs singularités sont les mêmes.

15. Détermination explicite de la solution élémentaire. — La proposition 13.4 a pour conséquence évidente le

THÉORÈME 6. — 1° *L'opérateur hyperbolique, homogène, à coefficients constants* $g\left(\frac{\partial}{\partial x}\right)$ *a pour solution élémentaire*

$$E(x-y) = E_1 = E_2 = \mathcal{L}\left[\frac{1}{g(\xi)}\right].$$

2° *L'opérateur général de Tricomi a pour solution élémentaire, là où il est hyperbolique,*

$$E(x, y) = E_2(x, y).$$

Par exemple :

COROLLAIRE 6. — *L'opérateur de Tricomi :*

$$x_2\left(\frac{\partial}{\partial x_1}\right)^2 + \left(\frac{\partial}{\partial x_2}\right)^2$$

a pour solution élémentaire une fonction valant

$$E(x, y) = \pm \frac{1}{2\pi i} \oint \frac{d\xi}{\eta^2 + y_2} \quad si\ x \in \mathcal{E}_+(y) \qquad (E = 0\ sinon);$$

$\oint$ *désigne la plus petite période imaginaire pure de l'intégrale abélienne de première espèce* $\int \frac{d\xi}{\eta^2 + y_2}$ *de la cubique*

$$\frac{1}{3}\xi^3 + \xi x_2 + x_1 = \frac{1}{3}\eta^3 + \eta y_2 + y_1$$

du plan projectif dont les coordonnées sont ξ *et* η.

Le chapitre 9 prouve ce corollaire, qui est sa proposition 67; puis il l'explicite (proposition 68); enfin il emploie [1] la fonction hypergéométrique, à l'instar de GERMAIN et BADER [6] : il obtient une variante de leur expression de E (proposition 69). Rappelons que cette solution élémentaire de l'équation de Tricomi avait été étudiée, bien antérieurement, par TRICOMI [11] et WEINSTEIN [12].

Les opérateurs non homogènes à coefficients constants ont, eux aussi, leur étude facilitée par l'emploi de la transformation $\mathcal{L}$: soit $a\left(\frac{\partial}{\partial x}\right)$ un opérateur hyperbolique, à coefficients constants, vérifiant (4.4) et (9.1); il est bien connu que la solution élémentaire de $a^p\left(\frac{\partial}{\partial x}\right)$ [p : entier > 0] est la transformée inverse de Laplace de $a^{-p}(\xi)$; la proposition 62 en donne l'expression suivante, dont l'emploi est commode; *voir* J. CHAILLOU [14] :

THÉORÈME 7. — $a^p\left(\frac{\partial}{\partial x}\right)$ *a pour solution élémentaire*

$$E(x - y) = \mathcal{L}[U_r^*(\xi, y)] \qquad [r \leqq (m-1)p + 1],$$

où

$$U_r^*(\xi, y) = \frac{1}{2\pi i} \oint \frac{\tau^{r-1}}{a^p(\tau\xi)} \exp(-\tau\xi . y)\, d\tau \qquad (|\tau| \text{ grand}),$$

est uniformisé par la projection polynomiale (4.10), *pour* $r \leqq (m-1)p$.

NOTE. — Il est évident que U_0^* est la solution unitaire de a^p et que

$$U_{r+1}^* = -\frac{\partial U_r^*}{\partial \xi_0}.$$

[1] De là résulte une expression intéressante des périodes de l'intégrale elliptique par la fonction hypergéométrique; l'article de A. H. M. LEVELT, qui suit le présent article, déduit cette expression des propriétés classiques de cette fonction.

Chapitre 1. — Dérivation d'une intégrale, où figure une uniformisation.

Le présent article est, techniquement, le développement de [III].

Le théorème 3 de [III] (n° 10) énonce deux formules de dérivation, où figure une série linéaire de sous-variétés; le n° 46 en tirera (10.3); [III] les déduit de ses deux formules fondamentales de dérivation (60.1) et (60.2). Ce chapitre-ci, après avoir rappelé l'énoncé de ces deux formules fondamentales (n° 16), en déduira deux nouvelles formules de dérivation (proposition 17.2), concernant des intégrales où figure une uniformisation; le n° 48 en tirera (10.7).

16. Rappel de deux formules de dérivation. — Les *notations* sont celles des n°s 1 et 60 de [III]; X et T sont des variétés analytiques complexes; $S(t)$ et S' sont des sous-variétés de X; $S' = S'_1 \cup \ldots \cup S'_M$; $S(t)$, $S'_1, \ldots, S'_M$ sont sans singularité, en position générale, de codimension 1; leurs dimensions complexes sont

$$\dim X = l, \qquad \dim S(t) = \dim S'_i = l-1;$$

S' est fixe; $S(t)$ dépend du paramètre $t \in T$; son équation locale, près d'un point y, est

$$s(x, y, t) = 0, \qquad [s_x \neq 0,\ x = (x_1, \ldots, x_l) \in X],$$

s étant holomorphe en (x, t) quand x est voisin de y.

$h(X, S \cup S')$ et $h(S, S')$ sont des classes d'homologie relative, à supports compacts, dépendant continûment de t;

$$(16.1) \qquad \dim h(X, S \cup S') = l; \qquad \dim h(S, S') = l-1;$$

∂ désigne l'homomorphisme bord :

$$(16.2) \qquad \partial H_c(X, S \cup S') \to H_c(S, S').$$

$\varphi(x, t)$ est une forme différentielle en x, fonction de t; elle est homogène en $(dx_1, \ldots, dx_l)$ de degré l.

Lemme. — Supposons donnée une équation locale de $S(t)$ telle que :

$$\frac{s_t(x, y, t)}{s(x, y, t)} \quad \textit{soit indépendant de } y.$$

1° Si la forme $\varphi(x, t)$ est *holomorphe* sur $X \times T$, alors

$$(16.3) \qquad \frac{\partial}{\partial t}\int_h \varphi(x, t) = \int_h \varphi_t(x, t) - \int_{\partial h} \frac{s_t(x, y, t)\,\varphi(x, t)}{ds(x, y, t)}\bigg|_{S(t)},$$

où

$$h = h(X, S \cup S').$$

2° Si la forme $\varphi(x, t)$ est *holomorphe* en les points (x, t) de $X \times T$ tels que $x \notin S(t)$ [c'est-à-dire tels que $s(x, y, t) \neq 0$], alors

$$(16.4) \qquad \frac{\partial}{\partial t}\int_h \text{Rés}\,\varphi(x, t) = \int_h \text{Rés}\,\varphi_t(x, t),$$

où

$$h = h(S, S').$$

PREUVE DE (16.4). — La formule, plus générale, (60.2) de [III].

PREUVE DE (16.3). — La formule (60.1) de [III] affirme qu'on a, sous des hypothèses résultant des précédentes :

$$\frac{\partial}{\partial t}\int_h \varphi(x, t') = -\int_{\partial h} \frac{s_t(x, y, t)\,\varphi(x, t')}{ds(x, y, t)}\bigg|_{S(t)}$$

quand t' est indépendant de t,

$$S = S(t), \qquad h = h(X, S \cup S');$$

on a alors, évidemment

$$\frac{\partial}{\partial t'}\int_h \varphi(x, t') = \int_h \varphi_{t'}(x, t').$$

(16.3) est une conséquence immédiate des deux formules ci-dessus.

17. Énoncé de deux nouvelles formules de dérivation. — NOTATIONS. — On se donne : trois variétés analytiques complexes X, Z, T; une application holomorphe

$$z(x, t) : \quad X \times T \to Z;$$

enfin des sous-variétés analytiques complexes de X,

$$S(t) \quad \text{et} \quad S' = S'_1 \cup \ldots \cup S'_M.$$

$S(t)$, S'_1, ..., S'_M sont sans singularité, en position générale, de codimension 1. Leurs dimensions complexes sont

$$\dim X = \dim Z = l, \qquad \dim S(t) = \dim S'_i = l - 1.$$

$S(t)$ dépend du paramètre $t \in T$; S' en est indépendant; *l'image de $S(t)$ dans Z par $z(x, t)$ est une sous-variété, indépendante de t*, sans singularité, de codimension 1.

Plus précisément, on suppose que $S(t)$ possède une équation locale

$$S(t): \quad s[z(x, t), y] = 0$$

ayant les propriétés suivantes :

$s[z, y]$ est une fonction numérique complexe holomorphe de z, définie quand z est voisin de $y \in Z$;

$$\sum_{j=1}^{l} \frac{\partial s[z(x, t), y]}{\partial z_j} \frac{\partial z_j(x, t)}{\partial x} \neq 0;$$

$$\frac{1}{s[z(x, t), y]} \sum_{j=1}^{l} \frac{\partial s[z(x, t), y]}{\partial z_j} \frac{\partial z_j(x, t)}{\partial t} \text{ est indépendant de } y.$$

On suppose que la partie de S' où $\frac{D(z(x, t))}{D(x)} = 0$ est de dimension complexe $< l - 1$.

Soient $h(X, S \cup S')$ et $h(S, S')$ des classes d'homologie relative, à supports compacts, dépendant continûment de t et ayant les dimensions (16.1).

Soit $\varphi[z, t]$ une forme différentielle en z, fonction de t, homogène de degré l en $(dz_1, \ldots, dz_l)$, à coefficients fonctions analytiques, uniformes ou multiformes de z, t.

L'objet du présent chapitre est d'établir *les deux formules de dérivation que voici* :

Proposition 17.1. — *Les hypothèses ci-dessus étant faites, notons $\varphi_t[z, t]$ le gradient* ([11]) *de $\varphi[z, t]$ relativement à t, quand z est fixe.*

1° *Si la forme $\varphi[z(x, t), t]$ est holomorphe sur $X \times T$, alors*

$$(17.1) \qquad \frac{\partial}{\partial t} \int_{h(X, S \cup S')} \varphi[z(x, t), t] = \int_{h(X, S \cup S')} \varphi_t[z(x, t), t].$$

2° *Si la forme $\varphi[z(x, t), t]$ est holomorphe en les points (x, t) de $X \times T$ tels que*

$$x \notin S(t) \qquad [\text{c'est-à-dire } s[z(x, t), y] \neq 0],$$

alors

$$(17.2) \qquad \frac{\partial}{\partial t} \int_{h(S, S')} \text{Rés}\, \varphi[z(x, t), t] = \int_{h(S, S')} \text{Rés}\, \varphi_t[z(x, t), t].$$

(17.1) et (17.2) font $dt = 0$ dans $\varphi[z(x, t), t]$ et $\varphi_t[z(x, t), t]$.

Note. — L'hypothèse

$$\varphi[z(x, t), t] \text{ est holomorphe en un point } (x, t)$$

([11]) C'est la forme différentielle dont les coefficients sont les gradients de ceux de $\varphi[z, t]$.

implique évidemment la suivante :

$\varphi[z(x, t), t]$ et $\varphi_t[z(x, t), t]$ sont, pour $dt = 0$, holomorphes en ce point.

C'est *le corollaire* suivant de cette proposition 17.1 qu'emploiera le n° 48 :

Complétons comme suit les hypothèses précédentes : $S = S(t, u)$ dépend d'un second paramètre u, qui est un point d'un espace affin; quand u varie, S décrit une série linéaire : $s[z, y, u]$ est linéaire en u; S a au plus un point singulier : un point double quadratique où $s_u \neq 0$ et qui n'est pas sur S';

$$\varphi[z, t, u] = \frac{[-s[z, y, u]]^{-q}}{(-q)!}\,\omega[z, y, t] \qquad (q \leq 0);$$

$$(q-1)!\,\text{Rés}\,\varphi = \left.\frac{d^{q-1}\omega}{ds^q}\right|_{(S, S')} \qquad (0 < q);$$

s et ω sont définis quand z est voisin de $y \in Z$; $s^{-q}\omega$ est indépendant de y; $\omega[z, y, t]$ est une forme différentielle en z fonction de t, à coefficients fonctions analytiques de (z, t); $\omega[z(x, t), y, t]$ est holomorphe en (x, t).

PROPOSITION 17.2. — *Notons $\omega_t[z, y, t]$ le gradient de $\omega[z, y, t]$ relativement à t, quand y et z sont fixes; on a les formules de dérivation :*

$$\frac{\partial}{\partial t}\int_{h(X, S\cup S')} \frac{[-s[z(x, t), y, u]]^{-q}}{(-q)!}\,\omega[z(x, t), y, t]$$
$$= \int_{h(X, S\cup S')} \frac{[-s]^{-q}}{(-q)!}\,\omega_t[z(x, t), y, t],$$
$$\frac{\partial}{\partial t}\int_{h(S, S')} \frac{d^{q-1}\omega}{ds^q} = \int_{h(S, S')} \frac{d^{q-1}\omega_t}{ds^q},$$

ces intégrales désignant, au sens du n° 12 *de* [III], *des* DISTRIBUTIONS DE u, *fonctions de* t.

PREUVE. — On applique les formules de dérivation (17.1) et (17.2) aux fonctions J et j_P de (t, u) au moyen desquelles [III] définit ces distributions.

18. Preuve de (17.2). — Il suffit évidemment de traiter le cas où $\dim T = 1$: t sera une variable numérique complexe. Définissons ψ et ω comme suit : *ce sont les deux formes différentielles* ([12]) en x, fonctions de t, telles que

(18.1) $$\varphi[z(x, t), t] = \psi(x, t) + dt \wedge \omega(x, t).$$

Elles sont homogènes en $dx_1, \ldots, dx_l$ de degrés respectifs l et $l-1$; elles sont holomorphes pour $s[z(x, t), y] \neq 0$; puisque $\varphi[z, t]$ est une

([12]) Autrement dit : ce sont des formes extérieures en $dx_1, \ldots, dx_l$ à coefficients fonctions de (x, t).

forme analytique en z de degré maximal l, on a

$d\varphi[z, t] = 0$ pour $dt = 0$; $\varphi[z, t] = 0$ sur l'image de S' par $z(x, t)$;

en remplaçant dans ces deux relations $\varphi[z, t]$ par son expression (18.1) on obtient (φ_t est le gradient en t, quand z est fixe; ψ_t est le gradient en t, quand x est fixe) :

$$dt \wedge \varphi_t = dt \wedge \psi_t - dt \wedge d\omega; \quad d\psi = 0 \quad \text{pour } dt = 0;$$
$$\psi \,|\, S' = 0; \qquad \omega \,|\, S' = 0.$$

Nous avons donc

$$(18.2) \qquad \varphi_t = \psi_t - d\omega, \qquad \omega \,|\, S' = 0;$$

$$d\psi = 0 \quad \text{pour } dt = 0; \qquad \varphi \,|\, S' = \psi \,|\, S' = \varphi_t \,|\, S' = \psi_t \,|\, S' = 0,$$

car ψ, φ, ψ_t, φ_t sont de degré l.

Puisque les Rés sont calculés pour t fixe, (18.1) donne

$$(18.3) \qquad \int_{h(S,S')} \text{Rés}\, \varphi[z(x, t), t] = \int_{h(S,S')} \text{Rés}\, \psi(x, t).$$

De cette relation (18.3) et de la formule de dérivation (16.4) résulte

$$(18.4) \qquad \frac{d}{dt} \int_{h(S,S')} \text{Rés}\, \varphi[z(x, t), t] = \int_{h(S,S')} \text{Rés}\, \psi_t(x, t).$$

Puisque Rés ψ_t ne dépend (*voir* [III], n° 36, définition de Rés) que de la classe de cohomologie $h^*(X - S, S')$ de ψ_t, on a, vu (18.2) :

$$(18.5) \qquad \text{Rés}\, \psi_t(x, t) = \text{Rés}\, \varphi_t[z(x, t), t].$$

Ces formules (18.4) et (18.5) prouvent (17.2).

19. Preuve de (17.1). — Conservons les conventions et notations des n°^{s} 17 et 18, $\psi(x, t)$ et $\omega(x, t)$ étant maintenant holomorphes sur $X \times T$; définissons en outre σ comme suit : c'est la forme différentielle en x, fonction de t, telle que

$$(19.1) \qquad ds[z(x, t), y] = \sigma(x, t) + s_t\, dt.$$

Elle est homogène en $dx_1, \ldots, dx_l$ de degré 1; elle est définie et holomorphe quand $z(x, t)$ est voisin de y. Puisque $\varphi[z, t]$ est une forme analytique en z de degré maximal l, on a

$$ds[z, y] \wedge \varphi[z, t] = 0;$$

d'où, en remplaçant φ et ds par leurs expressions (18.1) et (19.1), les deux relations, dont la première est évidente :

$$\sigma \wedge \psi = 0, \qquad s_t \psi = \sigma \wedge \omega.$$

Cette dernière relation et (19.1) montrent que

$$\left.\frac{s_t\psi}{ds}\right|_{S(t)}=\omega. \tag{19.2}$$

De (18.1) résulte

$$\int_{h(X,S\cup S')}\varphi[z(x,t),t]=\int_h\psi(x,t);$$

d'où, vu (16.3), puis (19.2), puis la formule de Stokes ([III], n° 4), puis (18.2) :

$$\begin{aligned}\frac{d}{dt}&\int_{h(X,S\cup S')}\varphi[z(x,t),t]\\&=\int_h\psi_t(x,t)-\int_{\partial h}\left.\frac{s_t\psi}{ds}\right|_{S(t)}\\&=\int_h\psi_t(x,t)-\int_{\partial h}\omega(x,t)\\&=\int_h\psi_t(x,t)-d\omega(x,t)=\int_{h(X,S\cup S')}\varphi_t.\end{aligned}$$

Ainsi (17.1) est établi.

CHAPITRE 2. — Distribution définie par une intégrale étendue à la classe d'homologie de la partie réelle ou imaginaire d'une sous-variété réelle dépendant linéairement d'un paramètre.

Ce chapitre 2, comme le chapitre 1, complète l'une des conclusions de [III].

Le n° 12 de [III] étudie une distribution $J(t)$: elle est définie par une intégrale étendue à une classe d'homologie compacte $h(S, S')$ ou $h(X, S\cup S')$; $S=S(t)$ dépend linéairement du paramètre réel t; $J(t)$ est une fonction holomorphe hors d'une sous-variété K de l'espace affin réel T où varie t; l'allure de $J(t)$ sur K est décrite au moyen de deux entiers $n(t)$ et $N(t)$, dont les définitions sont topologiques. L'objet du présent chapitre est de calculer ces deux entiers quand l'équation de $S(t)$ est réelle et que, près du point singulier éventuel de $S(t)$, $h(S, S')$ ou $\partial h(X, S\cup S')$ est la classe d'homologie de $\operatorname{Re} S(t)$ ou de $\operatorname{Im} S(t)$.

ERRATUM. — Dans [III] :

formules (11.5) et (11.7), *lire* $s(x, y, t)$ *au lieu de* $s(x, y)$;
dans la formule suivant (11.7), *lire* :

$$=\pm 2(2\pi)^{\frac{l}{2}-1}\Gamma\left(q-\frac{l}{2}\right)\frac{\rho}{\sqrt{\operatorname{Hess}_x s}}\quad\text{si } l \text{ est impair.}$$

20. Énoncé des résultats. — Nous employons les notations et résultats qu'énonce le n° 12 de [III] et que prouvent les chapitres 9 et 10 de [III]. Le bord de $h(X, S\cup S')$ dans S est noté

$$\partial h(X, S\cup S') = h(S, S').$$

On suppose réelle l'équation locale de $S(t)$: $s(x, y, t) = 0$.

Définition 20.1. — Supposons l *impair*; choisissons l'équation locale de K : $k(t, y) = 0$ telle que la condition (11.2) de [III] soit satisfaite :

$$k_t(t, y) = -s_t(x, y, t)|_{x=z(t)} \quad \text{sur } K; \tag{20.1}$$

$z(t)$ désigne le point singulier qu'a $S(t)$ pour $t\in K$.

Nous nommons *côté positif* (négatif) *de* K celui où

$$\operatorname{Hess}_x[s(x, y, t)]\, k(t, y) > 0 \qquad (< 0).$$

Définition 20.2. — Supposons l *pair*; nous nommons *nappes positives* (négatives) de K celles où

$$\operatorname{Hess}_x[s(x, y, t)] > 0 \qquad (< 0).$$

Note. — Le n° 38 prouvera l'accord de ces définitions avec celles, relatives à un cas plus particulier, qu'énonce le n° 4.

Définition 20.3. — Notons $\operatorname{Re} S$ la partie réelle de S. Supposons que $h(S, S')$ contienne un cycle ayant les propriétés suivantes : sa dimension est $l-1$; il dépend continûment de t, sauf au voisinage du point singulier $y = z(0)$ qu'a $S(t)$ quand $t = 0\in K(y)$; près de ce point, il est identique à $\operatorname{Re} S(t)$ *muni de l'orientation*

$$\frac{dx_1\wedge\ldots\wedge dx_l}{ds(x, y, t)} > 0 \qquad (dy = dt = 0).$$

Nous disons alors que $h(S, S')$ *est, près de* $z(0)$, *la classe d'homologie de* $\operatorname{Re} S$.

Définition 20.4. — Considérons près de $y = z(0)$ $(0\in K)$ l'intersection des deux chaînes suivantes :

1° la variété analytique complexe $S(t)$, munie de son orientation naturelle;

2° la chaîne que constitue l'ensemble des points $x = (x_1, \ldots, x_l)$ de X tels que

$$x_j \text{ est complexe}; \quad x_1, \ldots, x_{j-1}, x_{j+1}, \ldots, x_l \text{ sont réels}, \tag{20.2}$$

muni de l'orientation

$$i \operatorname{Im}(x_j)\, d\overline{x_j}\wedge dx_1\wedge\ldots\wedge dx_l > 0,$$

que nous associons à l'orientation $dx_1 \wedge \ldots \wedge dx_l > 0$ de Re X. Cette chaîne est identique à son imaginaire conjuguée; son bord est réel. Son intersection par $S(t)$ est une chaîne Im S; elle est opposée à son imaginaire conjuguée; son bord est réel, donc nul : Im S est un cycle de la partie de $S(t)$ voisine de y; il dépend du choix des coordonnées et de l'entier j (*voir* n° **21**).

Pour définir cette intersection, il peut être nécessaire de déformer un peu la chaîne (**20.2**), pour la placer en position générale par rapport à $S(t)$.

Supposons que $h(S, S')$ contienne un cycle ayant les propriétés suivantes : sa dimension est $l-1$ $(l>2)$; il dépend continûment de t sauf au voisinage du point singulier $y=z(0)$ qu'a $S(t)$ quand $t=0 \in K$; près de ce point, il est l'un des cycles Im S. Nous disons alors que $h(S, S')$ *est, près de* $z(0)$, *la classe d'homologie de* Im S. Rappelons qu'il faut avoir préalablement orienté Re X.

Note. — Puisque $\mathrm{Hess}_x s \neq 0$ pour $s_x=0$, on peut toujours, près de $z(0)$, identifier $S(t)$ à une quadratique Q et se borner à l'emploi des cycles Im Q que le n° **21** construit explicitement

L'objet de ce chapitre est de compléter le théorème **4**, le corollaire **4** et le n° **12** de [III] par la proposition suivante, qui emploie la définition **11.1** de χ_p, la définition **11.2** de $\sqrt{\mathrm{Hess}}$, la condition (**20.1**) et où

$$\omega(x, y) = \rho(x, y)\, dx_1 \wedge \ldots \wedge dx_l.$$

Proposition **20**. — *Entre les distributions* $J(t)$, $\chi_{(l/2)-q}[k(t, y)]$ et $\chi_0[k]$ *on a une relation à coefficients* $H_i(t)$ *holomorphes :*

$$(20.3) \quad J(t) = \mathrm{Re}\left\{ H_1(t)\chi_{\frac{l}{2}-q}[k(t, y)] + H_2(t)\chi_0[k] \right\} + H_3(t),$$

dans chacun des deux cas suivants :

1° $h(S, S')$ *ou* $\partial h(X, S \cup S')$ *est, près de* $y=z(0)$, *la classe d'homologie de* Re $S(t)$; $\rho(x, y)$ *est réel pour* x *réel; si* l *est impair,* s *est choisi tel que* $\mathrm{Hess}_x s(x, y, t) > 0$ ($k>0$ *du côté positif de* K);

2° $h(S, S')$ *ou* $\partial h(X, S \cup S')$ *est, près de* $y=z(0)$, *la classe d'homologie de* Im $S(t)$; $\rho(x, y)$ *est imaginaire pur pour* x *réel; si* l *est impair,* s *est choisi tel que* $\mathrm{Hess}_x s(x, y, t) < 0$ ($k<0$ *du côté positif de* K).

Les $H_i(t)$ *sont holomorphes au point* $t=0$ *de* K, *où* $k(t, y)$ *est défini et vérifie* (**20.1**).

Si l *est* impair, *alors :* H_1 *est réel,* $H_2=0$.

Si l *est* pair, *alors :* $H_2=0$ *pour* $q \leq l/2$;

H_1 *et* H_2 *sont réels dans le cas* 1°, (2°) *quand* 0 *est sur une nappe positive (négative) de* K;

H_1 *et* H_2 *sont imaginaires purs dans le cas* 1°, (2°) *quand* 0 *est sur une nappe négative (positive) de* K.

Dans tous cas, on a pour $t \in K$:

$$(20.4) \qquad H_1(t) = (2\pi)^{l/2} \left. \frac{\rho(x, y)}{\sqrt{\mathrm{Hess}_x s(x, y, t)}} \right|_{x=z(t)}.$$

21. Une famille de cycles Im Q de la quadrique Q. — Dans un espace affin X, considérons la quadrique

$$Q: \quad q(x_1, \ldots, x_l) = 1,$$

où $q(x)$ est une forme quadratique réelle, de discriminant non nul.

L'application à Q de la définition 20.4 donne ceci : construisons l'ensemble des points de X, à coordonnées $x_1, \ldots, x_l$ toutes réelles sauf une $x_j = u_j + iv_j$, vérifiant

$$(21.1) \qquad \begin{cases} q(x_1, \ldots, x_{j-1}, u_j, x_{j+1}, \ldots, x_l) - q(0, \ldots, 0, v_j, 0, \ldots, 0) = 1, \\ q_{x_j}(x_1, \ldots, x_{j-1}, u_j, x_{j+1}, \ldots, x_l) = 0, \end{cases}$$

cet ensemble est évidemment une partie de Q; c'est une quadratique sans singularité : donnons-lui l'orientation

$$(21.2) \qquad (-1)^j \varpi > 0, \qquad \text{où} \quad \varpi = \frac{du_j \wedge dv_j \wedge dx_1 \wedge \ldots \wedge dx_{j-1} \wedge dx_{j+1} \wedge dx_l}{d[q(x_1, \ldots, u_j, \ldots, x_l) - q(0, \ldots, v_j, \ldots, 0)] \wedge dq_{x_j}(x_1, \ldots, u_j, \ldots, x_l)},$$

nous obtenons un cycle Im Q, qui dépend continûment de q.

Tous les cycles qui se déduisent de ce cycle (21.1), (21.2) *par un changement de coordonnées linéaires, réel, de déterminant* > 0, *sont encore des cycles* Im Q; *l'ensemble de ces cycles* Im Q *est connexe* et indépendant de j; car changer j équivaut à un tel changement de coordonnées.

NOTE. — Si $q_{x_j x_j} \neq 0$, alors tout point $(x_1, \ldots, x_{j-1}, x_{j+1}, \ldots, x_l)$ appartenant à la projection du cycle (21.1) est la projection de deux points imaginaires conjugués de ce cycle, dont l'orientation est

$$(21.3) \qquad (-1)^j \, \mathrm{Im}(x_j)\, dx_1 \wedge \ldots \wedge dx_{j-1} \wedge dx_{j+1} \wedge \ldots \wedge dx_l > 0.$$

Si $q_{x_j x_j} = 0$, alors

$$q(x) = a(x)\, x_j + b(x),$$

$a(x)$ et $b(x)$ étant deux formes en $x_1, \ldots, x_{j-1}, x_{j+1}, \ldots, x_l$ de degrés 1 et 2; la définition (21.1), (21.2) d'un cycle Im Q devient

$$(21.4) \qquad a(x) = b(x) - 1 = 0;$$

$$(21.5) \qquad du_j \wedge dv_j \wedge (-1)^{j-1} \left. \frac{dx_1 \wedge \ldots \wedge dx_{j-1} \wedge dx_{j+1} \wedge \ldots \wedge dx_l}{da(x) \wedge db(x)} \right|_{a=b-1=0} > 0.$$

NOTE. — Si $l = 2$, alors Im Q n'a pas d'intérêt : il est vide pour $q_{x_j x_j} = 0$.

22. Énoncé d'un lemme complétant le théorème de Picard-Lefschetz sur la ramification des classes d'homologie. — Le n° 26 déduira la proposition 20 du complément suivant au théorème de Picard-Lefschetz, que rappellent les n°s 11 et 65 de [III]. Nous notons $h(t)$ la classe

$$h(X, S(t)\cup S') \quad \text{ou} \quad h(S(t), S'),$$

$e(t)$ désignant de même la classe évanouissante

$$e(X, S(t)\cup S') \quad \text{ou (}^{13}\text{)} \quad e(S(t), S').$$

PROPOSITION 22. — *Précisons comme suit le choix de la classe évanouissante* $e(X, S\cup S')$, *que* [III] *définit seulement au produit près par* ± 1 : *elle contient une boule* $\alpha(t)$ *dont le bord appartient à* $S(t)$ *et sur laquelle*

$$(22.1) \quad \sqrt{\mathrm{Hess}_x s(x, y, t)}\, dx_1 \wedge \ldots \wedge dx_l > 0 \quad \text{pour} \quad k(t, y) > 0,$$

$$(22.2) \quad s(x, y, t)/k(t, y) < 0.$$

Supposons donnée, pour t *réel et voisin de* $0 \in K$, *une classe* $h(t)$ *qui dépend continûment de* t *le long de* K *et hors de* K. *Soit* $h_+(t)$ (et h_-) *la classe d'homologie qui dépend continûment de* t *pour* t *complexe, voisin de* K, $t \notin K$, $\mathrm{Im}\, k \geqq 0$ ($\leqq 0$) *et qui vérifie*

$$h_+(t) = h_-(t) = h(t) \quad \text{pour } t \text{ réel}, \quad k(t) > 0.$$

Alors, pour t *réel*, $k(t) < 0$, *on a*

$$(22.3) \quad h_+(t) - h(t) = e_+(t), \qquad h_-(t) - h(t) = \mathrm{sgn}\, \mathrm{Hess}_x(s)\, e_-(t)$$

quand $h(t)$ *ou* (13) $\partial h(t)$ *est, près de* $z(0)$, *la classe de* $\mathrm{Re}\, S(t)$;

$$(22.4) \quad h_+(t) - h(t) = e_+(t), \qquad h_-(t) - h(t) = -\,\mathrm{sgn}\, \mathrm{Hess}_x(s)\, e_-(t)$$

quand $h(t)$ *ou* (13) $\partial h(t)$ *est, près de* $z(0)$, *la classe de* $\mathrm{Im}\, S(t)$.

sgn... = signe de....

La preuve de cette proposition est analogue à celle que I. FÁRY [2] a donnée du théorème de Picard-Lefschetz; la voici.

23. Réduction de la proposition 22 à une propriété de la quadrique complexe. — Il suffit évidemment de prouver cette proposition 22 quand $\dim T = 1$: t est une variable numérique; K est réduit à un point $t = 0$; on peut supposer, près de $z(0)$, l'équation de $S(t)$: $s(x, t) = 0$ résolue en t :

$$s(x, t) = s(x) - t;$$

(13) suivant que $h(t) = h(X, S\cup S')$ ou $h(S, S')$.

puisque $\operatorname{Hess}_x s(x, 0) \neq 0$; on peut effectuer dans X un changement de coordonnées, de déterminant fonctionnel >0 transformant $s(x, 0)$ en une forme quadratique : on a

$$(23.1) \qquad s(x, t) = x_1^2 + \ldots + x_p^2 - x_{p+1}^2 - \ldots - x_l^2 - t,$$

dans une boule $\bar{B}$ de centre $z(0)$:

$$(23.2) \qquad \bar{B}: \ |x_1|^2 + \ldots + |x_l|^2 \leqq 1;$$

on satisfait (20.1) en prenant

$$k(t) = t.$$

On vérifie (22.1) et (22.2) en prenant pour $e(X, S \cup S')$ la classe d'homologie de la boule

$$(23.3) \qquad \alpha(t): \ \frac{x_1^2}{t} > 0, \quad \ldots, \quad \frac{x_p^2}{t} > 0, \quad \frac{x_{p+1}^2}{t} < 0, \quad \ldots, \quad \frac{x_l^2}{t} < 0,$$
$$\frac{x_1^2}{t} + \ldots + \frac{x_p^2}{t} - \frac{x_{p+1}^2}{t} - \ldots - \frac{x_l^2}{t} \leqq 1$$

munie de l'orientation

$$t^{-l/2}\sqrt{\operatorname{Hess}_x(s)}\, dx_1 \wedge \ldots \wedge dx_l > 0, \qquad \text{où} \quad t^{-l/2} > 0 \quad \text{pour } t > 0.$$

Nous allons construire explicitement, pour

$$(23.4) \qquad t \text{ voisin de } 0, \qquad \operatorname{Im} t \geqq 0 \quad (\text{ou} \leqq 0), \qquad |t| = \tau > 0$$

une classe d'homologie $h_+(t)$ (ou h_-), dépendant continûment de t, égale à la classe $h(t)$ donnée pour $t > 0$.

$h_+(t)$ (ou h_-) sera l'image de $h(\tau)$ par une application $F_+(t)$ (ou F_-), qui devra avoir *les propriétés* suivantes :

1° $F_+(t)$ (ou F_-) est définie quand (23.4) a lieu; c'est une application de X en lui-même; elle applique $S(\tau)$ dans $S(t)$;

2° $F_\pm(\tau)$ est l'identité; $F_\pm(-\tau)$ transforme les points réels en points réels;

3° $F_\pm(t)$ dépend continûment de $t\,(t \neq 0)$;

4° les restrictions

$$F_+(t)\,|\,(X - \bar{B}) \quad \text{et} \quad F_-(t)\,|\,(X - \bar{B})$$

tendent vers l'identité quand t tend vers zéro et sont égales quand $t < 0$; nous notons $F(t)$ l'application de $X - \bar{B}$ dans X égale à l'identité pour $t = 0$, à $F_+(t)\,|\,(X - \bar{B})$ pour $\operatorname{Im} t \geqq 0$, à $F_-(t)\,|\,(X - \bar{B})$ pour $\operatorname{Im} t \leqq 0$.

Construction de F_+. — Notons B et $\dot{B}$ l'intérieur et la frontière de $\bar{B}$; $Q(t)$, $\bar{Q}(t)$ et $\dot{Q}(t)$ les parties de $S(t)$ appartenant respectivement à B, $\bar{B}$ et $\dot{B}$:

$$x_1^2+\ldots+x_p^2-x_{p+1}^2-\ldots-x_l^2=t,$$
$$|x_1|^2+\ldots+|x_l|^2<1, \quad \leqq 1, \quad \text{et} \quad =1.$$

Le n° **24** construit une application $F_+(t)$ (ou F_-) ayant les propriétés suivantes :

1° *bis*. $F_+(t)$ (F_-) est défini quand (**23**.4) a lieu; c'est une application de $Q(\tau)$ dans $Q(t)$;

2° *bis*. $F_\pm(\tau)$ est l'identité; $F_\pm(-\tau)$ transforme les points réels en points réels;

3° *bis*. $F_\pm(t)$ dépend continûment de t;

4° *bis*. les restrictions $F_+(t)\,|\,\dot{B}$ et $F_-(t)\,|\,\dot{B}$ prennent leurs valeurs sur $\dot{B}$, tendent vers l'identité quand t tend vers zéro et sont égales quand $t<0$.

Nous prolongeons cette application $F_+(t)$ (et F_-) de $Q(\tau)$ dans $Q(t)$, que construit le n° **24**, en une application $F_+(t)$ (et F_-) de $\bar{B}$ dans $\bar{B}$, définie quand (**23**.4) a lieu et ayant ces propriété 2° *bis*, 3° *bis*, 4° *bis*; c'est aisé puisque B est une boule.

$F(t)\,|\,\dot{B}$, qui est ainsi défini, dépend continûment de t et est égal à :

$$F_+(t)\,|\,\dot{B} \quad \text{pour } \operatorname{Im}(t)\geqq 0, \qquad F_-(t)\,|\,\dot{B} \quad \text{pour } \operatorname{Im}(t)\leqq 0,$$

l'identité pour $t\geqq 0$; puisque $S(0)$ est sans singularité hors de B, il est donc aisé de prolonger $F(t)$ en une application de $S(\tau)$ dans $S(t)$ et enfin en une application de X dans X telle que F_+, F_- et F aient les propriétés 1°, 2°, 3° et 4°.

Évidemment

$$(\mathbf{23}.5) \qquad h_\pm(t)=F_\pm(t)\,h(\tau)$$

est la classe d'homologie qui dépend continûment de t pour $\operatorname{Im} t\geqq 0\,(\leqq 0)$ et qui est égale à $h(t)$ pour $t>0$.

Par hypothèse, pour $t=\pm\tau$, $h(t)$ contient un cycle $\gamma(t)$ qui dépend continûment de t hors de B et dont la partie $\beta(t)$ contenue dans $\bar{B}$ vérifie la condition :

$$\beta(t) \text{ ou } \partial\beta(t) \text{ est l'un des cycles : } \operatorname{Re} Q(t), \quad \operatorname{Im} Q(t).$$

On peut évidemment choisir $\gamma(t)$ et $F(t)$ tels que

$$(\mathbf{23}.6) \qquad \gamma(t)-\beta(t)=F(t)[\gamma(\tau)-\beta(\tau)] \qquad \text{pour } t=-\tau;$$

(**23**.5) montre alors que

(**23**.7) $h_\pm(t)-h(t)$ est la classe de $F_\pm(t)\beta(\tau)-\beta(t)$ pour $t=-\tau$.

Puisque ∂ commute avec F_+ et que B n'a pas d'homologie de dimension l, la preuve de la proposition 22 se trouve ainsi ramenée à celle du

Lemme 23. — Pour $0<\tau<\frac{1}{2}$ et pour un choix de $\operatorname{Im} Q(\pm\tau)$ tel que le premier membre de (23.9) soit un cycle, on a sur $Q(-\tau)$:

$$(23.8)\qquad F_\pm(-\tau)\operatorname{Re} Q(\tau)-\operatorname{Re} Q(-\tau)\in(\pm 1)^{l-p}e_\pm(-\tau);$$
$$(23.9)\qquad F_\pm(-\tau)\operatorname{Im} Q(\tau)-\operatorname{Im} Q(-\tau)\in(\pm 1)^{l-p-1}e_\pm(-\tau).$$

$Q(t)$ est la quadrique complexe

$$Q(t):\quad x_1^2+\ldots+x_p^2-x_{p+1}^2-\ldots-x_l^2=t,\qquad |x_1|^2+\ldots+|x_l|^2<1.$$

$e_+(t)$ et (e_-) est la classe d'homologie de $Q(t)$ variant continûment avec t pour $\operatorname{Im} t\geq 0$ (≤ 0), $t\neq 0$ et qui, pour $t=\tau>0$, est la classe $e(\tau)$ de $\partial\alpha(\tau)$.

Note. — Vu la définition (23.3) de α, la définition 11.2 de $\sqrt{\text{Hess}}$ et la règle d'orientation (2.9) de [III], on a

$$(23.10)\qquad \partial\alpha(\tau):\quad x_1^2>0,\quad \ldots,\quad x_p^2>0,\quad x_{p+1}^2<0,\quad \ldots,\quad x_l^2<0,$$
$$x_1^2+\ldots+x_p^2-x_{p+1}^2-\ldots-x_l^2=\tau,$$
$$i^{l-p}\frac{dx_1\wedge\ldots\wedge dx_l}{d(x_1^2+\ldots+x_p^2-x_{p+1}^2-\ldots-x_l^2)}>0.$$

Pour prouver ce lemme 23, il nous faut effectuer

24. La construction de $F_\pm(t)\,|\,Q(\tau)$. — *Le groupe d'homothéties de la boule B en elle-même :*

$$H(\varphi):\quad (x_1,\ldots,x_l)\to(x_1e^{i\varphi/2},\ldots,x_le^{i\varphi/2})$$

transforme $Q(\tau)$ en $Q(\tau e^{i\varphi})$; on a évidemment

$$(24.1)\qquad e_\pm(-\tau)=H(\pm\pi)\,e(\tau).$$

Nous construirons $F_+(t)$ en composant avec $H(\varphi)$ une application de $Q(\tau)$ en elle-même.

L'étude de $Q(\tau)$ est facilitée par *l'emploi dans B des $2l$ coordonnés réelles, non linéaires*

$$(24.2)\qquad \begin{cases} v_j=\operatorname{Im} x_j\quad (j=1,\ldots,p),\\ v_j=\operatorname{Re} x_j\quad (j=p+1,\ldots,l),\\ u_j=\dfrac{\operatorname{Re} x_j}{\sqrt{|v|^2+\tau}}\quad (j=1,\ldots,p),\\ u_j=-\dfrac{\operatorname{Im} x_j}{\sqrt{|v|^2+\tau}}\quad (j=p+1,\ldots,l),\end{cases}$$

on note

$$|v|^2=\sum_{j=1}^{l} v_j^2, \qquad |u|^2=\sum_{j=1}^{l} u_j^2.$$

L'équation de $Q(\tau)$ devient

$$Q(\tau):\ |u|=1, \qquad \sum_{j=1}^{l} u_j v_j=0, \qquad |v|<\sqrt{\frac{1-\tau}{2}} \qquad \left(0<\tau<\frac{1}{2}\right);$$

[ainsi $Q(t)$ est homéomorphe à l'ensemble des vecteurs tangents à la sphère de dimension $l-1$],

Sur la partie de B où $|v|\neq 0$, nous emploierons aussi *les coordonnées complexes non linéaires :*

(24.3) $$w_j=|v|\,u_j+iv_j \quad (j=1,\ldots,l).$$

Si x est fixe et $|v|\neq 0$,

(24.4) $$\lim_{\tau\to 0} w_j=x_j \quad (j=1,\ldots,p), \qquad =ix_j \quad (j=p+1,\ldots,l).$$

Avec ces coordonnées w_j, les équations de $Q(t)$ et $\dot{Q}(t)$ deviennent

(24.5) $$Q(\tau):\ \sum_{j=1}^{l} w_j^2=0, \qquad |w|^2+\tau<1;$$

$$\dot{Q}(\tau):\ \sum_{j=1}^{l} w_j^2=0, \qquad |w|^2+\tau=1.$$

En résumé, nous employons trois systèmes de coordonnées du point x de B :

$$(x_1,\ldots,x_l);\quad (u_1,\ldots,u_l,v_1,\ldots,v_l);\quad (w_1,\ldots,w_l).$$

Les coordonnées d'un autre point x' de B sont notées :

$$x'_j;\quad u'_j,\quad v'_j;\quad w'_j.$$

Le groupe $G(\varphi)$ de transformation de $Q(\tau)$. — Donnons-nous une fonction numérique, régulière et croissante $\theta(|v|)$ de $|v|$ telle que

$$\theta(|v|)=0 \quad \text{si } |v|\leq 1/4; \qquad \theta(|v|)=1/2 \quad \text{si } 1/2\leq|v|.$$

Définissons comme suit un groupe abélien, à un paramètre réel φ, de transformations $G(\varphi)$ de $Q(\tau)$ en elle-même :

si $x\in Q(\tau)$, alors $x'=G(\varphi)\,x$ est le point tel que

(24.6) $$x'=x \quad \text{si } |v|\leq 1/4; \qquad w'_j=w_j\,e^{-i\varphi\theta(|v|)} \quad \text{si } |v|\neq 0.$$

D'après (24.5), $x' \in Q(\tau)$ et $G(\varphi)\,\dot{Q}(\tau) = \dot{Q}(\tau)$. On a

(24.7) $$|w'| = |w|, \qquad \text{donc} \quad |v'| = |v|.$$

Sur $\dot{Q}(\tau)$, on a

$$2\,|v|^2 = |w|^2 = 1 - \tau > 1/2, \qquad \text{donc} \quad \theta(|v|) = 1/2,$$

par suite

(24.8) $$H(\varphi + 2\pi)\,G(\varphi + 2\pi)\,|\,\dot{Q}(\tau) = H(\varphi)\,G(\varphi)\,|\,\dot{Q}(\tau)$$

et vu (24.4),

$$\lim_{\tau \to 0} G(\varphi)\,|\,\dot{Q}(\tau) = H(-\varphi)\,|\,\dot{Q}(\tau),$$

c'est-à-dire

(24.9) $H(\varphi)\,G(\varphi)\,|\,\dot{Q}(\tau)$ tend vers l'identité quand τ tend vers zéro.

Définissons, sur $Q(\tau)$:

(24.10)
$$F_+(t) = H(\varphi)\,G(\varphi) \quad \text{où} \quad t = \tau e^{i\varphi}, \qquad 0 \leqq \varphi \leqq \pi,$$
$$F_-(t) = H(\varphi)\,G(\varphi) \quad \text{où} \quad t = \tau e^{i\varphi}, \qquad -\pi \leqq \varphi \leqq 0.$$

vu (24.8) et (24.9), $F_\pm$ a bien les propriétés 1° *bis*, 2° *bis*, 3° *bis*, 4° *bis*.

NOTE. — D'après (24.10), on a sur $Q(\tau)$:

(24.11) $$F_\pm(-\tau) = H(\pm\pi)\,G(\pm\pi).$$

25. Preuve du lemme 23. — Transformons par $H(\mp\pi)$ les relations à prouver : (23.8) et (23.9); vu (24.1) et (24.11) elles deviennent

$$G(\pm\pi)\,\mathrm{Re}\,Q(\tau) - H(\mp\pi)\,\mathrm{Re}\,Q(-\tau) \in (\pm 1)^{l-p}\,e(\tau),$$
$$G(\pm\pi)\,\mathrm{Im}\,Q(\tau) - H(\mp\pi)\,\mathrm{Im}\,Q(-\tau) \in (\pm 1)^{l-p-1}\,e(\tau).$$

La rétraction R de $Q(\tau)$ sur sa partie où $|v| = 0$:

$$R:\quad (u_j, v_j) \to (u_j, 0)$$

appartient à la famille d'applications continues, dépendant du paramètre θ ($0 \leqq \theta \leqq 1$) de $Q(\tau)$ en elle-même :

$$(u_j, v_j) \to (u_j, \theta v_j);$$

cette application est l'identité pour $\theta = 1$; R est donc une rétraction par déformation : elle transforme tout cycle de $Q(\tau)$ en un cycle homologue.

En appliquant R aux relations ci-dessus, on les simplifie et l'on réduit la preuve du lemme 23 à celle du

LEMME 25. — Pour $0 < \tau < \frac{1}{2}$, on a les homologies

(25.1) $RG(\pm\pi)\,\mathrm{Re}\,Q(\tau) - RH(\mp\pi)\,\mathrm{Re}\,Q(-\tau) \sim (\pm 1)^{l-p}\,\partial\alpha(\tau)$;

(25.2) $RG(\pm\pi)\,\mathrm{Im}\,Q(\tau) - RH(\mp\pi)\,\mathrm{Im}\,Q(-\tau) \sim (\pm 1)^{l-p-1}\,\partial\alpha(\tau)$.

Vu que les chaines $\mathrm{Im}\,Q(\tau)$ constituent un ensemble connexe, il suffit de prouver (25.2) pour l'une d'elles.

Nous allons établir ce lemme en calculant les quatre termes figurant aux premiers membres de (25.1) et (25.2). Commençons par le

Calcul de $RG(\pm\pi)\,\beta$, quand β est la chaine de $Q(\tau)$:

$$\beta:\quad v_1 = \ldots = v_q = u_{q+1} = \ldots = u_l = 0,$$

$$|u| = 1,\qquad |v| < \sqrt{\frac{1-\tau}{2}},$$

$$u_1\,du_2\wedge\ldots\wedge du_q\wedge dv_{q+1}\wedge\ldots\wedge dv_l > 0.$$

Vu (24.3), (24.7) et la définition (24.6) de G, on a

$$RG(\pm\pi):\quad (u_j, v_j) \to \left(u'_j = u_j\cos\pi\theta \pm v_j\,\frac{1}{|v|}\sin\pi\theta,\ v'_j = 0\right),$$

où $\theta = \theta(|v|)$ et $\frac{1}{|v|}\sin\theta(|v|) = 0$ pour $0 \leqq |v| \leqq 1/4$; donc, quand $x\in\beta$, $x' = RG(\pm\pi)\,x$ a les coordonnées

$$u'_1 = u_1\cos\pi\theta,\qquad \ldots,\qquad u'_q = u_q\cos\pi\theta,$$

$$u'_{q+1} = \pm v_{q+1}\,\frac{1}{|v|}\sin\pi\theta,\qquad \ldots,\qquad u'_l = \pm v_l\,\frac{1}{|v|}\sin\pi\theta,$$

$$v'_1 = \ldots = v'_l = 0;$$

d'où, par un calcul élémentaire :

$$|u'| = 1,$$

$$du'_2\wedge\ldots\wedge du'_l = (\pm 1)^{l-q}\pi(\cos\pi\theta)^q\,\frac{(\sin\pi\theta)^{l-q-1}}{|v|^{l-q-1}}$$
$$\times\frac{d\theta}{d|v|}\,du_2\wedge\ldots\wedge du_q\wedge dv_{q+1}\wedge\ldots\wedge dv_l,$$

$RG(\pm\pi)\,\beta$ est donc la sphère de $Q(\tau)$:

$$|u'| = 1,\qquad |v'| = 0,\qquad (\pm 1)^{l-q}\,u'_1\,du'_2\wedge\ldots\wedge du'_l > 0.$$

Donc, vu (23.10) et (24.2) :

$$RG(\pm\pi)\,\beta = (\pm 1)^{l-q}\,\partial\alpha(\tau). \tag{25.3}$$

Calcul de $RG(\pm\pi)\operatorname{Re}Q(\tau)$. — Si $p=0$, alors $\operatorname{Re}Q(\tau)=0$. Si $p>0$, alors, vu (24.2), $\operatorname{Re}Q(\tau)$ est la chaîne

$$v_1=\ldots=v_p=u_{p+1}=\ldots=u_l=0,\qquad |u|=1,\qquad |v|<\sqrt{\frac{1-\tau}{2}};$$
$$u_1\,du_2\wedge\ldots\wedge du_p\wedge dv_{p+1}\wedge\ldots\wedge dv_l>0;$$

vu (25.3), on a donc

$$(25.4)\qquad RG(\pm\pi)\operatorname{Re}Q(\tau)=(\pm 1)^{l-p}\,\partial\alpha(\tau)\quad\text{si } p\neq 0;\qquad =0\quad\text{si } p=0.$$

Calcul de $RG(\pm\pi)\operatorname{Im}Q(\tau)$. — Si $p\geqq 1$, alors (21.3) nous permet de choisir pour $\operatorname{Im}Q(\tau)$ la chaîne de $Q(\tau)$:

$$(25.5)\qquad x_1,\ \ldots,\ x_{p-1},\ x_{p+1},\ \ldots,\ x_l\ \text{réels},\quad x_p\ \text{imaginaire pur},$$
$$(-1)^p\operatorname{Im}x_p\,dx_1\wedge\ldots\wedge dx_{p-1}\wedge dx_{p+1}\wedge\ldots\wedge dx_l>0.$$

Si $p=1$, il vient $\operatorname{Im}Q(\tau)=0$. Si $p>1$, (24.2) donne

$$\operatorname{Im}Q(\tau):\quad v_1=\ldots=v_{p-1}=u_p=\ldots=u_l=0,$$
$$|u|=1,\qquad |v|<\sqrt{\frac{1-\tau}{2}};$$

$$(-1)^p v_p\,d\big(u_1\sqrt{|v|^2+\tau}\big)\wedge\ldots\wedge d\big(u_{p-1}\sqrt{|v|^2+\tau}\big)\wedge dv_{p+1}\wedge\ldots\wedge dv_l>0;$$

cette dernière relation s'écrit, vu que $|u|=1$:

$$u_1\,du_2\wedge\ldots\wedge du_{p-1}\wedge dv_p\wedge\ldots\wedge dv_l>0;$$

vu (25.3), on a donc

$$RG(\pm\pi)\operatorname{Im}Q(\tau)=(\pm 1)^{l-p-1}\,\partial\alpha(\tau)\qquad\text{si}\quad p>1.$$

Si $p=0$, (21.3) permet de choisir pour $\operatorname{Im}Q(\tau)$ la chaîne

$$(25.6)\qquad x_2,\ \ldots,\ x_l\ \text{réels},\quad x_1\ \text{imaginaire pur},$$

c'est-à-dire, vu (24.2) :

$$\operatorname{Im}Q(\tau):\quad v_1=u_2=\ldots=u_l=0,\qquad |u|=1,\qquad |v|<\sqrt{\frac{1-\tau}{2}};$$
$$u_1\,dv_2\wedge\ldots\wedge dv_l>0;$$

vu (25.3), on a donc

$$RG(\pm\pi)\operatorname{Im}Q(\tau)=(\pm 1)^{l-1}\,\partial\alpha(\tau)\qquad\text{si}\quad p=0.$$

En résumé :

$$(25.7)\qquad RG(\pm\pi)\operatorname{Im}Q(\tau)=(\pm 1)^{l-p-1}\,\partial\alpha(\tau)\quad\text{si } p\neq 1;\qquad =0\quad\text{si } p=1.$$

Calcul de $RH(\mp\pi)\operatorname{Re}Q(-\tau)$. — Supposons $p>0$; sur

$$H(\mp\pi)\operatorname{Re}Q(-\tau)$$

$x_1, \ldots, x_l$ sont imaginaires purs, donc, vu (24.2) :

$$u_1 = \ldots = u_p = v_{p+1} = \ldots = v_l = 0;$$

donc $RH(\mp\pi)\operatorname{Re} Q(-\tau)$ appartient à la sphère

$$u_1 = \ldots = u_p = 0, \qquad |u| = 1, \qquad |v| = 0,$$

dont la dimension est $< l-1$; la chaîne $RH(\mp\pi)\operatorname{Re} Q(-\tau)$ est donc nulle.

Supposons $p = 0$; $\operatorname{Re} Q(-\tau)$ est la sphère :

$$x_1, \ldots, x_l \text{ réels}, \quad x_1^2 + \ldots + x_l^2 = \tau, \quad \frac{dx_2 \wedge \ldots \wedge dx_l}{x_1} < 0;$$

$H(\mp\pi)\operatorname{Re} Q(-\tau)$ est donc la sphère :

$$x'_1, \ldots, x'_l \text{ imaginaires purs}, \quad |x'_1|^2 + \ldots + |x'_2|^2 = \tau,$$
$$(\pm i)^{l-2} \frac{dx'_2 \wedge \ldots \wedge dx'_l}{x'_1} < 0;$$

c'est-à-dire, vu (23.10) : $-(\pm 1)^l \partial\alpha(\tau)$.

En résumé :

(25.8) $RH(\mp\pi)\operatorname{Re} Q(-\tau) = 0$ si $p \neq 0$; $= -(\pm 1)^l \partial\alpha(\tau)$ si $p = 0$,

Calcul de $RH(\mp\pi)\operatorname{Im} Q(-\tau)$. — Rappelons que le choix de $\operatorname{Im} Q(-\tau)$ est assujetti à la condition qu'énonce le lemme 23 :

$$G(\pm\pi)\operatorname{Im} Q(\tau) - H(\mp\pi)\operatorname{Im} Q(-\tau) \quad \text{est un cycle.}$$

Elle est satisfaite par les choix suivants de $\operatorname{Im} Q(-\tau)$: (25.5) si $p \geqq 1$; (25.6) si $p = 0$.

Supposons $p > 1$; sur $H(\mp\pi)\operatorname{Im} Q(-\tau)$, on a donc

$$x_1, \ldots, x_{p-1}, x_{p+1}, \ldots, x_l \text{ imaginaires purs}; \quad x_p \text{ réel};$$

donc, vu (24.2), $RH(\mp\pi)\operatorname{Im} Q(-\tau)$ appartient à la sphère :

$$u_1 = \ldots = u_{p-1} = 0, \qquad |u| = 1, \qquad |v| = 0,$$

dont la dimension est $< l-1$; la chaîne $RH(\mp\pi)\operatorname{Im} Q(-\pi)$ est donc nulle.

Supposons $p = 0$; sur $H(\mp\pi)\operatorname{Im} Q(-\tau)$, on a

$$x_1 \text{ réel}, \quad x_2, \ldots, x_l \text{ imaginaires purs};$$

donc, vu (24.2), $RH(\mp\pi)\operatorname{Im} Q(-\tau)$ appartient à la sphère

$$u_1 = 0, \qquad |u| = 1, \qquad |v| = 0$$

dont la dimension est $< l-1$; la chaîne $RH(\mp\pi)\,\mathrm{Im}\,Q(-\tau)$ est donc nulle.

Supposons $p=1$; $\mathrm{Im}\,Q(-\tau)$ est la sphère :

$$x_1 \text{ imaginaire pur}, \quad x_2, \ldots, x_l \text{ réels}, \quad |x_1|^2+\ldots+|x_l|^2=\tau,$$
$$i\,\frac{dx_2\wedge\ldots\wedge dx_l}{x_1}<0;$$

$H(\mp\pi)\,\mathrm{Im}\,Q(-\tau)$ est donc la sphère :

$$x'_1 \text{ réel}, \quad x'_2, \ldots, x'_l, \text{ imaginaires purs}, \quad |x'_1|^2+\ldots+|x'_l|^2=\tau,$$
$$(\pm 1)^l i^{l-1}\,\frac{dx'_2\wedge\ldots\wedge dx'_l}{x'_1}<0,$$

c'est-à-dire, vu (23.10) : $-(\pm 1)^l\,\partial\alpha(\tau)$.

En résumé :

(25.9) $\quad RH(\mp\pi)\,\mathrm{Im}\,Q(-\tau)=0$ si $p\neq 1$; $\quad =-(\pm 1)^l\,\partial\alpha(\tau)$ si $p=1$.

Fin des preuves des lemmes 25 et 23 et de la proposition 22. — Les relations (25.4) et (25.8) prouvent (25.1). Les relations (25.7) et (25.9) prouvent (25.2). Voici donc prouvé le lemme 25; les nos 24 et 25 ont montré qu'il entraîne le lemme 23; le n° 23 a montré que ce lemme 23 entraîne la proposition 22. Voici donc prouvée la proposition 22.

26. **Preuve de la proposition 20.** — Nous employons les nos 11, 12 et 65 de [III]. Dans [III] e, $n(t)$ et la discontinuité de $N(t)$ sont définis au produit près par un même facteur ± 1. Les nos 22 et 23 viennent de choisir e, donc ce facteur ± 1; avec ce choix, dans la formule (11.7) de [III], $\pm$ vaut $+$, pour $k>0$, $\sqrt{k}>0$: cela résulte évidemment de (22.1), (22.2) et de la formule (11.5) de [III], qui définit j_p; donc

(26.1) $$j_p(t)=H_p(t)\,\frac{k(t,y)^{(l/2)+p-q}}{\Gamma(1+(l/2)+p-q)},$$

$H_p(t)$ étant holomorphe en 0; pour ρ et t réels, ses valeurs sont réelles si $\mathrm{Hess}_x s>0$, imaginaires pures si $\mathrm{Hess}_x s<0$;

(26.2) $$H_p(t)=\frac{(2\pi)^{l/2}}{P(k_l)}\,\frac{\rho(x,y)}{\sqrt{\mathrm{Hess}_x s(x,y,t)}}\bigg|_{x=z(t)} \quad \text{pour} \quad t\in K.$$

Supposons l impair. — Près de $z(0)$, $h(t)$ ou $\partial h(t)$ est la classe d'homologie de $\mathrm{Re}\,S(t)$ (de $\mathrm{Im}\,S$) ; choisissons s tel que $\mathrm{Hess}_x s>0$ (<0); d'après la proposition 22, on a, pour t réel et $k(t,y)<0$:

$$h_+(t)-e_+(t)=h_-(t)-e_-(t)=h(t);$$

cela signifie qu'il existe une classe d'homologie invariante au sens de Lefschetz — c'est-à-dire : dépendant continûment de t complexe, voisin de o; *voir* le n° 65 de [III] — égale à

$$h(t) - e(t) \quad \text{pour } k > 0, \qquad h(t) \quad \text{pour } k < 0.$$

Donc, vu le théorème de Picard-Lefschetz, que rappelle le n° 65 de [III], $n(t)$ a pour $k > 0$ la même valeur que quand $h = e$ et est nul pour $k < 0$:

$$(26.3) \qquad n(t) = -2 \quad \text{pour } k > 0; \qquad n(t) = 0 \quad \text{pour } k < 0.$$

Or, vu le n° 12 de [III], si $q - \frac{l+1}{2} \leq p$,

$$J(t) = -P\left(\frac{\partial}{\partial t}\right)\left\{\frac{1}{2} n(t)\, j_p(t)\right\} + H_0(t)$$

H_0 étant holomorphe au point o; d'où, vu (26.1) et (26.3),

$$J(t) = P\left(\frac{\partial}{\partial t}\right)\left\{H_p(t)\, \chi_{(l/2)+p-q}[k(t, y)]\right\} + H_0(t);$$

d'où, vu (11.2) et (11.3),

$$(26.4) \qquad J(t) = H_1(t)\, \chi_{(l/2)-q}[k(t, y)] + H_3(t),$$

$H_1(t)$ et $H_3(t)$ étant holomorphes au point o, H_1 étant à valeurs réelles (ou imaginaires pures) pour t et ρ réels; vu (11.2), (11.3) et (26.2), H_1 vérifie (20.4) sur K. D'où la proposition 20 en supposant ρ réel (imaginaire pur).

Supposons que l est pair, que $h(t)$ ou $\partial h(t)$ est la classe d'homologie de $\operatorname{Re} S(t)$ (*de* $\operatorname{Im} S$) *et que* $\operatorname{Hess}_x s > 0$ (< 0). — D'après la proposition 22, on a, pour t réel et $k < 0$:

$$(26.5) \qquad h_+(t) - e_+(t) = h_-(t) - e_-(t) = h(t);$$

cela signifie qu'il existe une classe d'homologie invariante égale à

$$h(t) - e(t) \quad \text{pour } k > 0, \qquad h(t) \quad \text{pour } k < 0;$$

donc

$$(26.6) \qquad n = 0;$$

rappelons que $e(t)$ est invariant; notons

$$e(t) = e_+(t) = e_-(t) \quad \text{pour } t \text{ réel}, \qquad k < 0;$$

(26.5) donne

$$h_+(t) + h_-(t) = 2h(t) + 2e(t) \qquad \text{pour} \quad k < 0;$$

la classe d'homologie égale à

$$h(t) \quad \text{pour } k > 0, \qquad h(t) + e(t) \quad \text{pour } k < 0$$

est donc régulièrement continue au sens du n° 75 de [III] : dans le n° 12 de [III] on peut choisir

$$(26.7) \qquad N(t) = -\operatorname{sgn} k.$$

Donc, vu ce n° 12 de [III], si $q - (l/2) \leqq p$,

$$J(t) = P\left(\frac{\partial}{\partial t}\right)\left\{ \frac{1}{2} j_P(t) \operatorname{sgn} k \right\} + H_0(t),$$

H_0 étant holomorphe au point o; d'où, vu (26.1),

$$J(t) = P\left(\frac{\partial}{\partial t}\right)\{ H_P(t) \operatorname{Re} \chi_{(l/2)+p-q}[k(t, y)]\} + H_0(t);$$

d'où, vu (11.2) et (11.3),

$$(26.8) \quad J(t) = H_1(t) \operatorname{Re} \chi_{(l/2)-q}[k(t, y)] + H_2(t) \operatorname{Re} \chi_0[k] + H_3(t),$$

$H_1(t)$, H_2, H_3 étant holomorphes au point o; pour t et ρ réels, H_1 et H_2 sont réels (imaginaires purs); $H_2 = 0$ si $q \leqq l/2$; vu (11.2), (11.3) et (26.2), H_1 vérifie (20.4) sur K. D'où la proposition 20, en supposant ρ réel (imaginaire pur).

Supposons que l est pair, que $h(t)$ *ou* $\partial h(t)$ *est la classe d'homologie de* $\operatorname{Re} S(t)$ (de $\operatorname{Im} S$) *et que* $\operatorname{Hess}_x s < 0$ (> 0). — D'après la proposition 22, on a pour t réel et $k < 0$:

$$(26.9) \qquad h_+(t) - e_+(t) = h_-(t) + e_-(t) = h(t);$$

d'où

$$h_+(t) + h_-(t) = 2h(t);$$

la classe d'homologie $h(t)$ est donc régulièrement continue au sens du n° 75 de [III] : dans le n° 12 de [III] on peut choisir

$$(26.10) \qquad N(t) = 0.$$

Rappelons que $e(t)$ est invariant; notons

$$e(t) = e_+(t) = e_-(t) \quad \text{pour } t \text{ réel}, \qquad k < 0;$$

(26.9) s'écrit

$$h_-(t) = h(t) - e(t), \qquad h_+(t) = h(t) + e(t)$$

et prouve donc que $h(t)$ croît de $2e(t)$ quand t fait un tour dans le sens positif autour de K : vu le théorème de Picard-Lefschetz,

$$(26.11) \qquad n = 2.$$

D'où, vu le n° 12 de [III], si $q-(l/2)\leqq p$,

$$J(t)=P\left(\frac{\partial}{\partial t}\right)\left\{\frac{1}{\pi i}j_P(t)\log|k(t,y)|\right\}+H(t),$$

H étant holomorphe au point o; d'où, vu (26.1),

$$J(t)=P\left(\frac{\partial}{\partial t}\right)\{H_P(t)\,i\,\mathrm{Im}\,\chi_{(l/2)+p-q}[k(t,y)]\}+H_0(t),$$

$H_0(t)$ étant holomorphe au point o; d'où, vu (11.2) et (11.3),

$$J(t)=H_1(t)\,i\,\mathrm{Im}\,\chi_{(l/2)-q}[k(t,y)]+H_2(t)\,i\,\mathrm{Im}\,\chi_0[k]+H_3(t),$$

$H_1(t)$, H_2, H_3 étant holomorphes au point o; pour t et ρ réels, H_1 et H_2 sont imaginaires pures (réelles); $H_2=0$ si $q\leqq l/2$; vu (11.2), (11.3) et (26.2), H_1 vérifie (20.4) sur K. D'où la proposition 20, en supposant ρ réel (imaginaire pur).

La preuve de la proposition 20 est achevée.

CHAPITRE 3. — Projection polynomiale.

Le chapitre 2 vient de préciser les propriétés de la fonction ou distribution.

$$J(t)=\int_{h(X,S\cup S')}\frac{[-s]^{-q}}{(-q)!}\omega\quad(q\leqq 0)\qquad=\int_{h(S,S')}\frac{d^{q-1}\omega}{ds^q}\quad(q>0)$$

qu'énoncent les n°s 11 et 12 de [III]; le support K des singularités de $J(t)$ est une variété analytique sans singularité, sous les hypothèses employées jusqu'ici. Pour que K soit un conoïde $K(y)$ de sommet y [et que $J(t)$ puisse donc être une solution élémentaire], nous élargissons ces hypothèses comme suit : $S(y)$ se décompose,

$$S(y)=S_1\cup S_2,$$

S_1 et S_2 étant deux sous-variétés de X en position générale, S_1 étant identique à S' et étant compact.

Nous nous limitons au cas le plus simple : S_1 est un espace projectif complexe, que $S(t)$ coupe suivant des hyperplans; X est un voisinage de S_1 dans un espace fibré ayant pour fibre la droite complexe et pour section S_1.

La théorie des espaces fibrés analytiques montre que (X, S_1) est alors identique (¹) à (Ψ, y^*), défini n°s 3 et 4, si l'on choisit convenablement l'entier m (n° 3) et ce voisinage X; les notations de [III] :

$$X,\quad S(t),\quad S',\quad T,\quad K,\quad x,\quad t,\quad s(x,t),\quad J$$

sont désormais remplacées par les notations des n°s 1, 3 et 4 :

$$\tilde{\Psi},\quad \tilde{\mathcal{X}},\quad y^*,\quad \mathcal{X},\quad K(y),\quad \tilde{\varphi},\quad x,\quad \xi(t,\eta,y),\quad \mathcal{L},$$

$\tilde{\varphi}$ étant abusivement noté (t, η).

Ce chapitre 3 se limite au cas où $\xi(t, \eta, y)$ est la projection polynomiale (4.10); il prouve dans ce cas (n° 27) les affirmations du n° 4; puis il justifie le n° 7.

27. Le conoïde $K(y)$. — La sous-variété de $\tilde{\Phi}$,

$$\tilde{\mathcal{X}}:\quad tg(\eta)=\eta.x,\qquad \text{où}\quad \eta.x=\eta_1(x_1-y_1)+\ldots+\eta_l(x_l-y_l)$$

se décompose, pour $x=y$, en les deux sous-variétés :

$$y^*:\ t=0;\qquad \tilde{y}-y^*:\ g(\eta)=0$$

qui sont en position générale et sans singularité réelle; pour $x\neq y$ les points singuliers de $\tilde{\mathcal{X}}$ sont donnés par les équations

$$(27.1)\qquad x_j-y_j=tg_{\eta_j}(\eta),\qquad g(\eta)=0$$

qui impliquent $\eta.x=0$ puisque g est homogène. Donc :

vu (4.5) : pour que $\tilde{\mathcal{X}}$ ait un point singulier réel, il faut et il suffit que $x\in C(y)$:

$$K(y)=C(y);$$

vu (4.4) : *ce point singulier réel, quand il existe, est unique et est point double quadratique;*
tout point singulier (t, η) de $\tilde{\mathcal{X}}$, à base η^* réelle, est réel.

(¹) H. Grauert m'apprend qu'il peut caractériser $(\tilde{\Psi}, y^*)$ en termes plus généraux, quand est vérifiée notre hypothèse $m>1$. Soit S_1 une sous-variété analytique, compacte, de codimension 1 d'une variété analytique X; H. Grauert la dit *exceptionnelle* quand remplacer S_1 par un point et conserver la structure analytique de $X-S_1$ transforme X en un *espace analytique*.

Il est aisé de voir que y^* est exceptionnel dans $\tilde{\Psi}$ quand $m>1$: l'application holomorphe

$$\tilde{\varphi}=(t,\eta)\to(t\eta_1^{m-1},\ldots,t\eta_1^{\lambda_1}\ldots\eta_l^{\lambda_l},\ldots)\qquad(\lambda_i\geq 0;\ \lambda_1+\ldots+\lambda_l=m-1)$$

applique $\tilde{\Psi}$ biunivoquement sur un *sous-ensemble* analytique A d'un espace vectoriel complexe $\mathbf{C}^L$ (sur la boule de centre o de rayon c de $\mathbf{C}^l$ si $m=2$), y^* sur l'origine o de $\mathbf{C}^L$ et $\tilde{\Psi}-y^*$ biholorphiquement sur $A-0$.

D'après H. Grauert, son article [13] permet de prouver la réciproque : si la sous-variété *exceptionnelle* S_1 de X est un espace *projectif complexe*, alors, près de S_1, X est un espace fibré, ayant pour fibre la droite complexe et pour section S_1, cet espace fibré étant négatif au sens de Kodaira; autrement dit :

$$(X, S_1)=(\tilde{\Psi}, y^*)\qquad\text{près de}\quad S_1;\qquad m>1.$$

28. La définition de $h(\tilde{x}, y^*)$ quand l est impair est énoncée par le n° 7, qui affirme que l'orientation de $\mathrm{Re}\,\tilde{x}$:

$$\left.\frac{\varpi(t, \eta)}{t\,|\eta|^{l-1}\,d\xi.x}\right|_{\xi.x=0} > 0$$

c'est-à-dire

$$\left.\frac{(1-m)\,t\,d\eta_1\wedge\ldots\wedge d\eta_l - dt\wedge\omega'(\eta)}{t\,|\eta|^{l-1}\,d(\eta.x-tg)}\right|_{tg=\eta.x} > 0$$

n'a pas de discontinuité à l'infini. Pour le prouver, il suffit de poser

$$u=\frac{1}{t}$$

et d'employer à l'infini les coordonnées locales $(u, \eta_1, \ldots, \eta_l)$, l'un des η_i valant 1 : l'équation de $\tilde{x}$ et la définition de l'orientation de $\mathrm{Re}\,\tilde{x}$ deviennent

$$g(\eta)=u\eta.x,\quad \left.\frac{(1-m)\,u\,d\eta_1\wedge\ldots\wedge d\eta_l + du\wedge\omega'(\eta)}{|\eta|^{l-1}\,d(u\eta.x-g)}\right|_{g=u\eta.x} > 0.$$

cette orientation est définie même quand $u=0$.

Pour finir de justifier la définition de $h(\tilde{x}, y^*)$ quand l est impair, il suffit donc de définir le détournement d'un cycle.

29. Le détournement d'un cycle. — Soit X une variété analytique complexe, de dimension l; dans X, soit S et S' deux sous-variétés analytiques complexes, de codimension 1, en position générale; nous supposons définis les points et coordonnées réels de X; nous supposons S et S' à équations réelles.

DÉFINITION 29. — Soit α un cycle de $(\mathrm{Re}\,X, S')$; par exemple $\mathrm{Re}\,X$ supposé compact, muni d'une orientation qui peut changer le long de S'. Il existe des cycles β de $(X-S, S')$ ayant les propriétés suivantes :

1° $\quad 2\alpha-\beta$ est au voisinage de $\mathrm{Re}\,S$;

(29.1) $\quad 2\alpha-\beta\sim 0$ au voisinage de $\mathrm{Re}\,S$, rel S';

2° $\quad \beta$ est identique à son imaginaire conjugué.

Tous ces cycles β appartiennent à une même classe d'homologie $h(X-S, S')$ qu'on nomme *classe de* 2α *détourné de* S.

Cette définition exige une justification que voici :

Cas $l=1$. — Depuis CAUCHY cette définition est classique; on la justifie par la figure ci-contre; on l'emploie à définir la partie principale P. P. de l'intégrale $\int_\alpha \omega(x)$, quand $\omega(x)$ est une forme de degré 1, holomorphe sur $X - S$ et α un segment de Re X :

$$\text{P. P.} \int_\alpha \omega(x) = \frac{1}{2} \int_{h(X-S,S')} \omega(x).$$

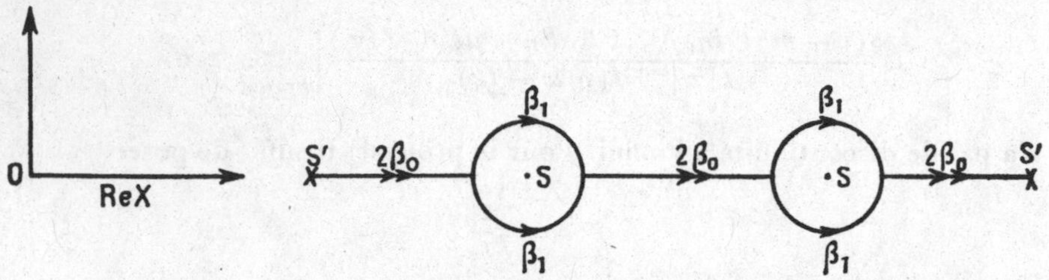

Fig. 1. — Un segment de Re X détourné de S (dim $X = 1$).

Si maintenant $l > 1$, voici ce que devient le tracé de cette figure :

Construction de cycles β *ayant les propriétés* 1° *et* 2°. — Par chaque point de Re X, voisin de S, on trace un couple de vecteurs réels, opposés $\pm V(x)$ ayant les propriétés suivantes :

ce couple varie continûment avec x;

$s_x . V(x) \neq 0$; $V(x)$ est tangent à S' quand $x \in S'$.

Par exemple, on choisit $V(x)$ parallèle à s_x, après avoir muni X d'une structure riemanienne qui identifie vecteurs et covecteurs et pour laquelle S et S' sont orthogonaux. Par chaque point x de Re X on trace un couple d'arcs d'origine x ayant les propriétés suivantes :

ce couple varie continûment avec x;

ces arcs sont nuls si x n'est pas près de S;

sinon ces arcs sont tangents en x à $\pm i V(x)$ et suffisamment petits pour vérifier, sauf en leur origine x :

$$\operatorname{Im} s \neq 0, \qquad \text{donc} \quad s \neq 0;$$

ces arcs sont sur S' quand $x \in S'$.

A tout point x associons le couple de points que constituent les extrémités de ces arcs; quand x décrit un cycle α de (Re X, S'), alors ce couple de points décrit un cycle de ($X - S$, S') ayant les propriétés 1° et 2°.

Preuve que tous les cycles β, *ayant les propriétés* 1° *et* 2°, *appartiennent à une même classe d'homologie* $h(X - S, S')$. — La différence γ de deux tels cycles a les propriétés suivantes :

1° *bis.* γ est un cycle de ($X - S$, S') voisin de Re S;

$\gamma \sim 0$ dans (X, S'), plus précisément au voisinage de Re S;

2° *bis*. γ est identique à son imaginaire conjugué.

Soit $h(X - S, S')$ la classe d'homologie de γ; il s'agit de prouver que

$$(29.2) \qquad h(X - S, S') = 0.$$

Vu 1° *bis* et la définition du cobord δ (*voir* [III]) :

$$h(X - S, S') = \delta h(S, S'),$$

où $h(S, S')$ est la classe d'homologie d'un cycle de (S, S') voisin de Re S. Or il existe évidemment une rétraction par déformation, sur Re S et Re $S \cap S'$, des parties de S et $S \cap S'$ voisines de Re S; $h(S, S')$ est donc la classe d'homologie d'un cycle de (Re S, S'). Vu la définition de δ, la transformation de chaque point de X en son imaginaire conjugué transforme donc $h(X - S, S')$ en son opposé; mais, vu 2° *bis*, elle laisse $h(X - S, S')$ invariante; d'où (29.2).

Voici une propriété de la classe $h(X - S, S')$ de 2α détourné de S; le n° 35 l'emploiera à prouver la proposition 9 :

LEMME 29. — 1° Les conditions suivantes sont équivalentes :

$$(29.3) \qquad \alpha \sim 0 \quad \text{dans} \quad (X, S');$$

$$(29.4) \qquad h(X - S, S') \in \delta H_c(S, S').$$

2° Si 2α est dans (X, S') le bord d'une chaîne dont l'intersection par S est réelle, alors

$$h(X - S, S') = 0.$$

PREUVE DE 1°. — D'après (29.1), on a

$$2\alpha \sim \beta \quad \text{dans} \quad (X, S');$$

la condition (29.3) équivaut donc à

$$\beta \sim 0 \quad \text{dans} \quad (X, S').$$

Or, d'après la définition du cobord (n° 3 de [III]), cette dernière condition est nécessaire et suffisante pour que la classe $h(X - S, S')$ de β soit un cobord : elle équivaut à (29.4).

PREUVE DE 2°. — Par hypothèse on a

$$2\alpha = \partial\gamma + \gamma', \qquad \gamma' \subset S',$$

l'intersection de γ et de S étant réelle; celle de γ' et de S l'est donc aussi (il s'agit d'intersection au sens de la théorie des ensembles). Supposons γ et γ' identiques à leurs imaginaires conjuguées (on satisfait cette condition en leur ajoutant leurs imaginaires conjuguées et en multipliant α par 2).

Décomposons γ et γ' comme suit :

$$\gamma = \gamma_0 + \gamma_1, \qquad \gamma' = \gamma'_0 + \gamma'_1;$$

$\gamma_0, \gamma_1, \gamma'_0, \gamma'_1$ sont identiques à leurs imaginaires conjuguées; γ_0 et $\gamma'_0 \subset X - S$; γ_1 et γ'_1 sont au voisinage de Re S. Le cycle de $(X - S, S')$

$$\beta = \partial\gamma_0 + \gamma'_0$$

vérifie d'une part :

$$\beta \sim 0 \quad \text{dans} \quad (X - S, S')$$

d'autre part :

$$2\alpha - \beta = \partial\gamma_1 + \gamma'_1,$$

donc les conditions 1° et 2° de la définition 29; d'où

$$h(X - S, S') = 0.$$

30. Une propriété des chaînes β_1. — Le chapitre 4 emploiera le

LEMME 30. — Toutes les chaînes β_1 (n° 7) correspondant à la même valeur de c sont homologues entre elles sur $\tilde{x}_c$.

PREUVE QUAND l EST IMPAIR. — De (7.3) résulte

$$c|x - y|.|g| = |\eta|^{m-1}|\eta.x|$$

donc, par l'inégalité de Schwarz :

$$(30.1) \qquad c|g| \leqq |\eta|^m \quad \text{sur } \tilde{x}_c.$$

$\tilde{x}_c$ appartient donc à un voisinage V de Re $\tilde{g}(\infty)$ dans $\tilde{x}$, qui est petit quand c est grand; en prenant dans (29.2),

$$X = V, \qquad S = \tilde{g}(\infty), \quad S' \text{ vide}$$

on voit que deux quelconques des chaînes β_1 sont homologues dans $V - \tilde{g}(\infty)$; or on peut choisir V fibré, la fibre étant un disque de centre $\in \tilde{g}(\infty)$, la base étant un voisinage de Re $\tilde{g}(\infty)$ dans $\tilde{g}(\infty)$; rétractons par déformation $V - \tilde{g}(\infty)$ sur $\tilde{x}_c$, en rétractant chaque fibre sur la circonférence $|t|.|\eta|^{m-1} = c$: nous constatons que nos deux chaînes β_1 sont homologues sur $\tilde{x}_c$, puisqu'elles le sont dans $V - \tilde{g}(\infty)$.

31. La définition de $h(\tilde{x})$ quand $l = 2$. — Explicitons les notes 7.2 et 8.2 : pour $l = 2$, $C(y)$ se décompose en droites C_i :

$$C(y) = \bigcup_i C_i;$$

chacune de ces droites C_i a pour équation

$$\eta.x = 0, \qquad \text{où} \quad g(\eta) = 0, \quad \eta \text{ réel};$$

$(i = 1, \ldots, m$ quand g est hyperbolique).

Ces droites correspondent donc aux points (∞, η^*) en lesquels se décompose $\operatorname{Re} \tilde{g}(\infty)$; donnons à ces points leur orientation naturelle et notons leurs classes d'homologie $h_l(\tilde{g}(\infty))$; le cobord

$$\delta: \quad H_c(\tilde{g}(\infty)) \rightarrow H_c(\tilde{x})$$

les transforme en

$$h_l(\tilde{x}) = \delta\, h_l(\tilde{g}(\infty)).$$

La définition de $h(\tilde{x})$ *est*

$$h(\tilde{x}) = \sum_l \pm h_l(\tilde{x}),$$

le signe $\pm$ *qui précède* h_l *étant celui qu'a, au point de* $\operatorname{Re} \tilde{g}(\infty)$ *correspondant à* C_l, *la fonction*

$$(31.1) \qquad \frac{g_1(\eta)\,\omega'(\eta)}{\eta.x\, dg(\eta)} = \frac{g_1(\eta)\,\eta_1}{\eta.x\, g_{\eta_2}} = -\frac{g_1(\eta)\,\eta_2}{\eta.x\, g_{\eta_1}}$$

$$[\text{on a } g(\eta) = 0,\ \eta_1 g_{\eta_1} + \eta_2 g_{\eta_2} = 0];$$

ce signe change donc quand x traverse C_l; $h(\tilde{x})$ varie continûment, car

$$(31.2) \qquad h_l(\tilde{x}) = 0 \qquad \text{pour} \quad x \in C_l.$$

PREUVE DE (31.2). — Si $x \in C_l$, alors $\eta.x$ est l'un des facteurs dont $g(\eta)$ est le produit; $\tilde{x}$ se décompose donc en une courbe et en la droite $\eta.x = 0$ de $\tilde{\Phi}$; $h_l(\tilde{x})$ est le cobord du point à l'infini de cette droite et est donc nul.

32. La définition de $h(\tilde{x}, y^*)$ quand l est pair > 2 et $x \notin C(y)$. — Le n° 7 définit $h(\tilde{x}, y^*)$ et affirme que cette classe d'homologie contient un cycle $\beta = 2\beta_0 + \beta_1$ ayant les propriétés énoncées n° 7; prouvons-le.

Par les points (∞, η^*) de $\operatorname{Re} \tilde{g}(\infty)$ ($g = 0$, η réel) traçons sur $\tilde{x}$ des arcs analytiques $\lambda(\eta, x)$, dépendant continûment de η^* et x, deux à deux disjoints, non tangents à $\tilde{g}(\infty)$ et appartenant à $\tilde{g}(x)$ ($g = \eta.x = 0$) quand $(\infty, \eta^*) \in \tilde{g}(\infty, x)$. On peut par exemple choisir pour direction de $\lambda(\eta, x)$ en (∞, η^*) la direction

$$d\eta = \frac{\eta.x}{|g_\eta|^2} g_\eta\, du \qquad \left(u = \frac{1}{t} = 0\right).$$

Ces arcs analytiques sont définis pour t voisin de ∞, plus précisément pour

$$(32.1) \qquad |t|.|\eta|^{m-1} \geq c\,|x - y|,$$

c étant une constante > 0, ne dépendant que de g. Leur réunion γ est fibrée : la fibre est l'arc analytique $\lambda(\eta, x)$, qui est un disque et a une orientation naturelle; la base est $\operatorname{Re} \tilde{g}(\infty)$; nous lui donnons l'orientation

$$(7.5) \qquad \frac{g_1(\eta)\,\omega'(\eta)}{|\eta|^{l-2}(\eta.x)\, dg(\eta)} > 0.$$

γ, ainsi orienté, est une chaîne de $\tilde{\mathscr{X}} \cup \tilde{g}(\infty)$; son intersection par $\widetilde{\infty}$ est Re $\tilde{g}(\infty)$, muni de l'orientation (7.5); son bord est

$$\partial\gamma = \beta_1 + 2\beta_2,$$

β_1 appartenant à $\tilde{\mathscr{X}}_c$,
β_2 étant la réunion des arcs $\lambda(\eta, x)$ issus de Re $\tilde{g}(\infty, x)$.
β_2 est sur $\tilde{g}(x)$; donc vu le n° 3 de [III], qui définit δ :

$$\beta_1 \in h(\tilde{\mathscr{X}}, y^* \cup \tilde{g}(x) = \delta h(\tilde{g}(x), \tilde{g}(\infty, x)).$$

L'orientation de β_2 s'obtient en orientant Re $\tilde{g}(\infty, x)$ de sorte que

$$\partial \operatorname{Re} \tilde{g}(\infty) = 2 \operatorname{Re} \tilde{g}(\infty, x)$$

vu la formule (2.9) de [III] :

$$\frac{g_1(\eta)\,\omega'(\eta)}{|\eta|^{l-2} d(\eta . x) \wedge dg(\eta)} > 0 \quad \text{sur Re } \tilde{g}(\infty, x);$$

β_2 est donc la partie de $\tilde{\Phi}$ où

(32.2) $\quad \eta . x = g(\eta) = 0, \qquad \eta$ réel, $\qquad |l|.|\eta|^{m-1} \geqq c|x - y|$

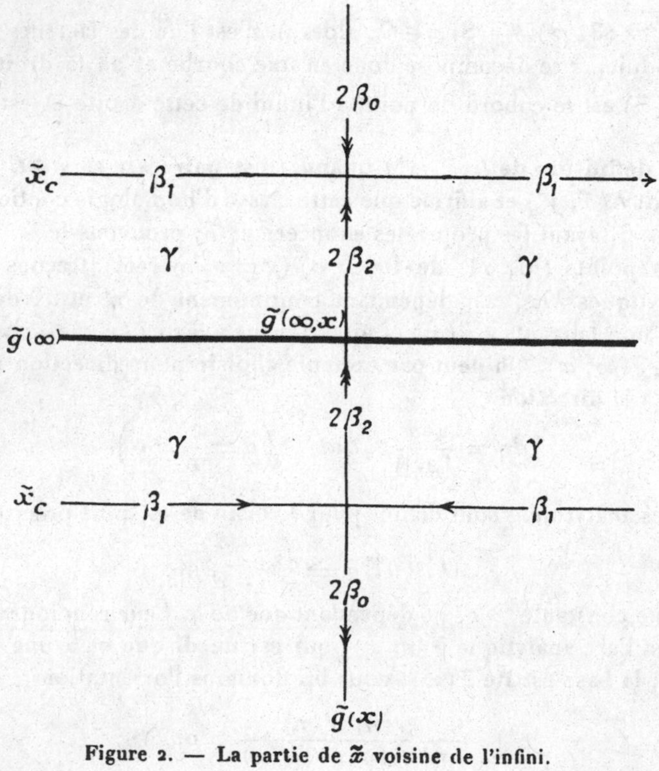

Figure 2. — La partie de $\tilde{\mathscr{X}}$ voisine de l'infini.

munie de l'orientation (on suppose l'une des coordonnées η_j identique à 1) :

$$(32.3)\qquad i\,dt \wedge d\bar{t} \wedge \frac{g_1(\eta)\,\omega'(\eta)}{d(\eta.x)\wedge dg(\eta)} > 0.$$

Vu la note 7.1, β_2 est donc la partie du cycle $-\operatorname{Im}\tilde{x}$ où

$$|t|.|\eta|^{m-1} \geqq c|x-y|.$$

Par suite $\beta_0 = \beta_2 + \operatorname{Im}\tilde{x}$ est une chaîne de $\tilde{g}(x)$. Puisque $\beta_1 + 2\beta_2 = \partial\gamma$ et $\operatorname{Im}\tilde{x}$ sont des cycles, $\beta = 2\beta_0 + \beta_1$ est un cycle de $\tilde{x}$. Puisque $\beta_0 \subset \tilde{g}(x)$ et que

$$\beta_1 \in h(\tilde{x}, y^* \cup \tilde{g}(x)),$$

ce cycle β de $\tilde{x}$ appartient à cette classe $h(\tilde{x}, y^* \cup \tilde{g}(x))$, que le n° 7 a identifiée à $h(\tilde{x}, y^*)$:

$$\beta \in h(\tilde{x}, y^*).$$

Ainsi les propriétés qu'énonce le n° 7 sont vérifiées : $\beta = 2\beta_0 + \beta_1$ est un cycle de $\tilde{x}$; $\beta \in h(\tilde{x}, y^*)$; β_1 est une chaîne de $\tilde{x}_c$, que définit (7.3); β_0 est la partie de $\operatorname{Im}\tilde{x}$ où $|t||\eta|^{m-1} \leqq c$; c est une constante suffisamment grande, ne dépendant que de g.

Le *lemme* 30 vaut aussi pour l pair : la différence de deux des chaînes β_1 construites ci-dessus pour une même valeur de c est un cycle de $\tilde{x}$, évidemment ~ 0 dans $(V - \tilde{g}(\infty), \tilde{g}(x))$, V étant un voisinage de $\operatorname{Re}\tilde{g}(\infty)$ dans $\tilde{x}$; donc, vu la définition de ces chaînes et du cobord δ, ce cycle est ~ 0 dans $V - \tilde{g}(\infty)$; la preuve s'achève comme au n° 30.

33. Continuité de $h(\tilde{x}, y^*)$. — La *proposition* 8.1 résulte immédiatement de la définition de $h(\tilde{x}, y^*)$ et du

LEMME 33. — Près de chaque point de $X - y$, $h(\tilde{x}, y^*)$ est la classe d'homologie de cycles $\tilde{\beta} = 2\tilde{\beta}_0 + \tilde{\beta}_1$ de $\tilde{x}$, $\tilde{\beta}_1$ étant une chaîne de $\tilde{x}_c$ variant continûment avec x, $\tilde{\beta}_0$ étant l'intersection du domaine Δ de Ψ :

$$\Delta:\quad |t|.|\eta|^{m-1} \leqq c|x-y|$$

par le cycle $\operatorname{Re}\tilde{x}$, si l est impair, par un cycle $\operatorname{Im}\tilde{x}$, si l est pair. Deux quelconques de ces chaînes $\tilde{\beta}_1$, correspondant à une même valeur de c et à un même choix de $\operatorname{Im}\tilde{x}$, c'est-à-dire de $\tilde{B}$, sont homologues entre elles sur $\tilde{x}_c$. Ajouter $\partial\tilde{\Gamma}$ à $\tilde{B}$ augmente $\tilde{\beta}_0$ de $\tilde{x}.\partial\tilde{\Gamma}.\Delta$ et $\tilde{\beta}_1$ de $2\tilde{x}.\tilde{\Gamma}.\partial\Delta$.

PREUVE. — Ce lemme résulte immédiatement de la définition de $h(\tilde{x}, y^*)$ et du lemme 30 quand l est impair : il suffit de choisir $\tilde{\beta}_0 = \beta_0$, $\tilde{\beta}_1 = \beta_1$; et il résulte du n° 32 quand l est pair et que x varie au voisinage d'un point $\notin C(y)$: il suffit encore de choisir $\tilde{\beta}_0 = \beta_0$, $\tilde{\beta}_1 = \beta_1$.

Supposons donc l pair et x voisin d'un point $0 \in C(y) - \dot{y}$. Nous ne pou vons plus choisir $\tilde{\beta}_0 = \beta_0$, $\tilde{\beta}_1 = \beta_1$. En effet, quand x est en o, les sous-variétés de y^* :

$$\tilde{x} \cap y^* : \quad \eta . x = 0; \qquad g^* : \quad g(\eta) = 0$$

se touchent en un point réel $\eta^*(0)$; l'ensemble $\Lambda(0)$ des points $(t, \eta(0))$ de $\tilde{\Phi}$ est une fibre singulière de $\tilde{g}(x)$; le long de cette fibre, B (ensemble des points à base réelle voisine de $\operatorname{Re} g^*$) et $\tilde{x}$ ne sont plus en position générale.

$\Lambda(0)$ contient le seul point singulier à base réelle qu'a $\tilde{x}$ pour $x = 0$; la sous-variété $\tilde{x}_c$ n'a pas de point singulier car, vu (30.1), la partie de $\tilde{x}$ où

$$|t| . |\eta|^{m-1} \geqq c|x - y|$$

est voisine de la sous-variété de $\tilde{\Psi}$ d'équation

$$g(\eta) = 0. \tag{33.1}$$

Près de $\Lambda(0)$, déformons B en une chaîne voisine $\tilde{B}$, ayant les propriétés suivantes :

$\tilde{B}$ est indépendante de x et est en position générale par rapport à $\tilde{x}$;

$\tilde{B}$ est identique à son imaginaire conjuguée;

$\tilde{B} \sim B$ dans $(\tilde{\Psi}, \operatorname{Re} \tilde{\Psi})$;

$B - \tilde{B}$ appartient à un voisinage W de $\Lambda(0)$.

On peut évidemment, pour x voisin de o et $\in C(y)$, construire une chaîne Γ, ne dépendant pas continûment de x, ayant les propriétés suivantes :

Γ est identique à son imaginaire conjuguée;

$$\tilde{B} = B + \partial\Gamma \quad \text{dans } (\tilde{\Psi}, \operatorname{Re} \tilde{\Psi}); \qquad \Gamma \in W; \tag{33.2}$$

$\tilde{x}$, Γ et le domaine Δ de $\tilde{\Psi}$ que voici sont en position générale :

$$\Delta : \quad |t| . |\eta|^{m-1} < c;$$

en effet $\tilde{x}$ et $\partial\Delta$ sont en position générale vu (33.1).

Pour x voisin de o et $\notin C(y)$, les intersections

$$\beta_0 = \tilde{x} . B . \Delta, \qquad \tilde{\beta}_0 = \tilde{x} . \tilde{B} . \Delta, \qquad \gamma_0 = \tilde{x} . \Gamma . \Delta, \qquad \gamma_1 = \tilde{x} . \Gamma . \partial\Delta$$

sont des chaînes, opposées à leurs imaginaires conjuguées; de (33.2) résulte donc que la relation suivante a lieu non seulement dans $(\tilde{\Psi}, \operatorname{Re} \tilde{\Psi})$ mais aussi dans $\tilde{\Psi}$:

$$\tilde{\beta}_0 = \beta_0 + \tilde{x} . \partial\Gamma . \Delta = \beta_0 + \partial\gamma_0 - \gamma_1;$$

de ce que

$$\beta = 2\beta_0 + \beta_1 \quad \text{est un cycle de } \tilde{x} \text{ et } \in h(\tilde{x}, y^*)$$

résulte que

$$2\tilde{\beta}_0 + \beta_1 + 2\gamma_1 \quad \text{est un cycle de } \tilde{x} \text{ et } \in h(\tilde{x}, y^*).$$

Conformément à l'énoncé du lemme, $\tilde{\beta}_0$ est la partie du cycle

$$\operatorname{Im} \tilde{\mathcal{X}} = \tilde{x} . \tilde{\mathrm{B}} \quad \text{où} \quad |t| . |\eta|^{m-1} \leqq c;$$

$\partial \tilde{\beta}_0$ dépend continûment de x, quand x est voisin de o.

Il reste à construire une chaîne $\tilde{\beta}_1$ de $\tilde{x}_c$, variant continûment avec x et vérifiant :

$$\tilde{\beta}_1 \sim \beta_1 + 2\gamma_1 \quad \text{sur } \tilde{x}_c.$$

Or $\beta_1 + 2\gamma_1$ est une chaîne de $\tilde{x}_c$; on peut la décomposer comme suit :

$$\beta_1 + 2\gamma_1 = \gamma_2 + \gamma_3,$$

γ_2 et γ_3 étant des chaînes de $\tilde{x}_c$, γ_2 dépendant continûment de x, γ_3 n'en dépendant pas continûment, n'étant pas défini pour $x \in C(y)$, mais appartenant à W.

Puisque $\partial\gamma_3 = -2\partial\tilde{\beta}_0 - \partial\gamma_2$ et $\tilde{x}_c$ dépendent continûment de x et que $\tilde{x}_c$ n'a pas de singularité, on peut construire une chaîne γ_4 de $\tilde{x}_c$ telle que :

$$\partial\gamma_4 = \partial\gamma_3, \quad \gamma_4 \subset W, \quad \gamma_4 \text{ dépende continûment de } x.$$

Choisissons W assez petit pour que son intersection par $\tilde{x}_c$ appartienne à une partie V de $\tilde{x}_c$ qu'on puisse rétracter par déformation sur la circonférence suivant laquelle $\Lambda(0)$ coupe $\tilde{x}_c$: l'homologie de dimension > 1 de V est donc nulle; or

$$\dim(\gamma_4 - \gamma_3) = l - 1 > 2;$$

donc, pour $x \notin C(y)$,

$$\gamma_4 - \gamma_3 \sim 0 \quad \text{sur } V \text{ et par suite sur } \tilde{x}_c.$$

On vérifie donc le lemme en choisissant

$$\tilde{\beta}_1 = \gamma_2 + \gamma_4.$$

34. Relation entre $h(\tilde{x}, y^*)$ **et** $h(y^* - g^*, \tilde{x})$. — Prouvons la *proposition* 8.2 : nous supposons que x tend vers y le long d'une droite $\not\subset C(y)$; donc $\tilde{x} \cap y^*$ et $\tilde{g}(x)$ sont indépendants de x; $\tilde{g}(\infty, x)$ et $g^* \cap \tilde{x}$ sont indépendants de x et sans singularité réelle; considérons la projection de $\tilde{\Phi}$ sur sa base y^* :

$$(t, \eta) \to \eta^*;$$

sa restriction à $[\tilde{x} \cup \tilde{g}(\infty)] - \tilde{g}(x)$ est un homéomorphisme sur $y^* - g^* \cap \tilde{x}$; nous en notons l'inverse Π :

$$\begin{aligned}
\Pi : \quad & y^* - g^* \cap \tilde{x} \leftrightarrow [\tilde{x} \cup \tilde{g}(\infty)] - \tilde{g}(x);\\
& g^* - g^* \cap \tilde{x} \leftrightarrow \tilde{g}(\infty) - \tilde{g}(\infty, x);\\
& \tilde{x} \cap y^* - g^* \cap \tilde{x} \leftrightarrow \tilde{x} \cap y^* - g^* \cap \tilde{x} \quad \text{(identiquement)};
\end{aligned}$$

Π tend vers l'identité en même temps que x tend vers y.

Supposons l *impair*; notons α^* le cycle de $(y^*, \tilde{x})$ que constitue $\operatorname{Re} y^*$ muni de l'orientation $\dfrac{\omega'(\eta)}{|\eta|^{l-1}(\eta.x)} > 0$; en détournant $2\alpha^*$ de g^*, construisons un cycle β^* de $(y^* - g^*, \tilde{x})$; vu les propriétés de Π, $\Pi\beta^*$ est un cycle de $(\tilde{x}, y^*)$ identique, hors d'un voisinage V de $\tilde{g}(x)$ dans $\tilde{x}$, à un cycle β de $(\tilde{x}, y^*)$ qui est 2α détourné de $\tilde{g}(\infty)$, α étant $\operatorname{Re} \tilde{x}$ muni de l'orientation

$$\frac{\omega'(\eta)}{(\eta.x)^l} > 0,$$

c'est-à-dire

$$\frac{(1-m)\, t\, d\eta_1 \wedge \ldots \wedge d\eta_l - dt \wedge \omega'(\eta)}{t\,|\eta|^{l-1}\, d(\eta.x - tg)} > 0,$$

c'est-à-dire, vu (3.3) et (4.10) :

$$\frac{\varpi(t, \eta)}{t\,|\eta|^{l-1}\, d\xi.x} > 0;$$

on peut choisir β^* et V tels que $\tilde{g}(x)$, donc $\tilde{x} \cap y^*$ soit rétracte par déformation de V; par suite $\Pi\beta^*$ et β appartiennent à la même classe d'homologie de $(\tilde{x}, y^*)$:

$$\Pi\beta^* \in h(\tilde{x}, y^*);$$

c'est ce qu'affirme la proposition 8.2.

Supposons l *pair*; notons β^* un cycle de la classe

$$h(y^* - g^*, \tilde{x}) = \delta h(g^*, \tilde{x});$$

vu les propriétés de Π, $\Pi\beta^*$ est un cycle de $(\tilde{x}, y^*)$, indentique, hors d'un voisinage V de $\tilde{g}(x)$ dans $\tilde{x}$, à un cycle β appartenant à la classe d'homologie

$$h(\tilde{x}, \tilde{g}(x)) = \delta h(\tilde{g}(\infty), \tilde{g}(\infty, x));$$

qu'emploie le n° 7; on peut choisir β^* et V tels que $\tilde{g}(x)$, donc $\tilde{x} \cap y^*$ soit rétracte par déformation de V; par suite $\Pi\beta^*$ et β appartiennent à la même classe d'homologie de $(\tilde{x}, y^*)$:

$$\Pi\beta^* \in h(\tilde{x}, y^*);$$

c'est ce qu'affirme la proposition 8.2.

35. Projection hyperbolique. — Supposons g hyperbolique et prouvons la *proposition* 9. Un changement de coordonnées montre qu'il suffit de le prouver quand $x_1 = y_1$. Considérons alors le sous-espace vectoriel de Ξ que constituent les points η où

$$\eta_1 \text{ est complexe}, \quad \eta_2, \ldots, \eta_l \text{ réels}, \quad \eta.y = 0;$$

son image γ^* dans Ξ^* est un sous-espace projectif de y^* de dimension l; son intersection par g^* est Re g^*, vu l'hyperbolicité de g.

Supposons l *impair*; γ^* est orientable; donnons-lui une orientation, changeant sur ses deux sous-espaces projectifs $\alpha^* = \mathrm{Re}\,\gamma^*$ et $\tilde{x} \cap y^*(\eta.x = 0)$, telle que

$$\partial\gamma^* = 2\alpha^* \text{ rel } \tilde{x},$$

α^* étant muni de l'orientation

$$\frac{\omega'(\eta)}{(\eta.x)^l} > 0;$$

d'après le lemme 29, 2°, la classe d'homologie de $2\alpha^*$ détourné de g^* est $h(y^* - g^*, \tilde{x}) = 0$; c'est ce qu'affirme la proposition 9.

Supposons l *pair*; rappelons qu'on choisit $g_1 = g_{\eta_1}$; γ^* n'est pas orientable; donnons-lui l'orientation changeant sur $\tilde{x} \cap \gamma^*(\eta.x = 0)$:

$$\frac{\omega^*(\mathrm{Re}\,\eta_1, \mathrm{Im}\,\eta_1, \eta_2, \ldots, \eta_l)}{(\eta.x)^{l+1}} < 0;$$

l'intersection Re g^* de γ^* et g^* a donc l'orientation

$$(g_1)^2 \frac{\omega^*(\mathrm{Re}\,\eta_1, \mathrm{Im}\,\eta_1, \eta_2, \ldots, \eta_l)}{(\eta.x)^{l-1}\, d\,\mathrm{Re}\,g \wedge d\,\mathrm{Im}\,g} < 0$$

vu que $d\,\mathrm{Im}\,g = g_1\, d\,\mathrm{Im}\,\eta_1$, c'est l'orientation (7.5). Vu la définition du cobord que donne le n° 3 de [III], le cobord de cette intersection Re g^* de g^* par un cycle de $(y^*, \tilde{x})$ est $h(y^* - g^*, \tilde{x}) = 0$; c'est ce qu'affirme la proposition 9.

CHAPITRE 4. — Projection quelconque.

Ce chapitre 4 étend aux projections quelconques les propriétés des projections polynomiales qu'a établies le chapitre précédent : il justifie le n° 4, en prouvant les propositions 36, 37.1, 37.2 et 38, puis le n° 8, en définissant $h(\tilde{x}, y^*)$ et en prouvant les propositions 8.1 et 8.2.

Nous supposerons Λ et $\tilde{\Psi}(|t|.|\eta|^{m-1} < c_0)$ suffisamment *petits*.

36. Le conoïde $K(y)$. — Vu la définition (4.3) de g et les propriétés 2° et 4° des projections (n° 4) on a le développement de Taylor :

$$(36.1) \qquad \xi(t, \eta, y).x = \eta.x - t\,g(y, \eta) + \sum_{q \geq 1} t^q P_q(\eta, x, y),$$

où

$$\eta.x = \eta_1(x_1 - y_1) + \ldots + \eta_l(x_l - y_l), \qquad P_1(\eta, y, y) = 0;$$

$P_q(\eta, x, y)$ est un polynôme en η, homogène de degré $(m-1)q+1$, à coefficients linéaires en x, holomorphes en y.

L'équation de $\tilde{x}$ s'écrit donc

$$(36.2) \qquad \tilde{x}: \quad \eta.x - tg(y, \eta) + \sum_{q\geq 1} t^q P_q(\eta, x, y) = 0.$$

Nous allons en déduire les propriétés suivantes de l'ensemble $K(y)$ des points x tels que $\tilde{x}$ ait un point singulier réel :

PROPOSITION 36. — 1° *y est un point conique de $K(y)$; le cône des tangentes à $K(y)$ en y est $C(y)$.*

2° *$K(y)-y$ est une sous-variété analytique et régulière de X; sa codimension est 1; $K(y)-y$ est l'enveloppe des hyperplans $\xi^*(t, \eta, y)$ de X; c'est-à-dire plus précisément, de ceux qui vérifient la condition*

$$(36.3) \qquad \frac{D(\xi_0(t, \eta, y), \ldots, \xi_l)}{D(t, \eta)} = 0, \quad (t, \eta) \textit{ réel.}$$

PREUVE DE 1°. — Les points singuliers (t, η) de $\tilde{x}$ sont définis par le système

$$(36.4) \qquad \xi_t(t, \eta, y).x = 0, \qquad \xi_{\eta_j}(t, \eta, y).x = 0 \quad (j = 1, \ldots, l),$$

où $(t, \eta) \in \tilde{\Psi}$, c'est-à-dire $|t|.|\eta|^{m-1} < c_0$.

La première des équations (36.4) s'écrit, vu (36.1) :

$$(36.5) \qquad g(y, \eta) - \sum_{q\geq 1} q\, t^{q-1} P_q(\eta, x, y) = 0.$$

Le système

$$(36.6) \qquad \xi_{\eta_j}(t, \eta, y).x(t, \eta, y) = 0 \qquad (j = 1, \ldots, l)$$

définit ([14]) un point $x(t, \eta, y)$ qui est fonction holomorphe réelle de (t, η, y) et qui vérifie, vu le n° 4, 2° et 4° :

$$x(\theta^{1-m}t, \theta\eta, y) = x(t, \eta, y),$$
$$x(0, \eta, y) = y;$$

en appliquant $\frac{\partial}{\partial t}$ à (36.6), $\frac{\partial}{\partial \eta_j}$ à (4.3) et en retranchant les résultats obtenus pour $t=0$, on obtient

$$(36.7) \qquad \frac{\partial x}{\partial t}(0, \eta, y) = g_\eta(y, \eta),$$

([14]) Cette définition est en accord avec [II] et avec le n° 13 : le système (36.6) est celui qui constitue les l dernières équations (13.8).

d'où

$$x_j(t, \eta, y) = y_j + t g_{\eta_j}(y, \eta) + \sum_{q \geq 2} t^q P_{jq}(\eta, y),$$

P_{jq} étant un polynôme en η, homogène de degré $(m-1)q$; en portant cette expression de x dans (36.5), on obtient

$$g(y, \eta) - \sum_{q \geq 1} t^q P_q(\eta, y) = 0,$$

P_q étant un polynôme en η, homogène de degré $m + (m-1)q$. Les points singuliers (t, η) de $\tilde{x}$ sont donc définis par le système

$$(36.8) \quad \begin{cases} g(y, \eta) = \sum_{q \geq 1} t^q P_q(\eta, y), \\ x_j = y_j + t g_{\eta_j}(y, \eta) + \sum_{q \geq 2} t^q P_{jq}(\eta, y); \end{cases}$$

puisque $(\theta^{1-m} t, \theta\eta) = (t, \eta)$ on peut, quand (t, η) est réel, choisir :

$t = 1$ si m est pair; $t = \pm 1$ si m est impair.

Par suite les deux sous-variétés réelles de y^* d'équations

$$(36.9) \quad g(y, \eta) - \sum_{q \geq 1} P_q(\eta, y) = 0 \quad \text{et} \quad g(y, \eta) - \sum_{q \geq 1} (-1)^q P_q(\eta, y) = 0$$

sont appliquées chacune sur $K(y)$ si m est pair, sur deux parties complémentaires de $K(y)$ si m est impair, par les applications respectives $\eta \rightarrow x$:

$$(36.10) \quad \begin{cases} x_j = y_j + g_{\eta_j}(y, \eta) + \sum_{q \geq 2} P_{jq}(\eta, y), \\ x_j = y_j - g_{\eta_j}(y, \eta) + \sum_{q \geq 2} (-1)^q P_{jq}(\eta, y). \end{cases}$$

Vu les hypothèses (4.4) ces applications sont des *homéomorphismes*; d'où la proposition 36, 1°.

PREUVE DE 2°. — Il suffit d'employer ([15]) le n° 11 de [III], en remplaçant les notations

$$x, \quad t, \quad s(x, t)$$

par

$$\eta, \quad x, \quad \xi(t, \eta, y), \quad \text{où } t \text{ et } y \text{ sont fixés,}$$

([15]) ERRATUM : dans [III], formule (11.1), *lire* $\mathrm{Hess}_x[s] \neq 0$.

après que le n° 37 ait prouvé ceci : pour $x \neq y$, $\tilde{x}$ a au plus un point singulier réel; c'est un point double quadratique $\notin y^*$.

37. Les points singuliers de $\tilde{x}$. — PROPOSITION 37.1. — *$\tilde{y}$ (c'est-à-dire $\tilde{x}$ pour $x = y$) se décompose en :*

1° *la sous-variété $y^*(t = 0)$;*

2° *une sous-variété qui coupe y^* suivant g^* $(t = g = 0)$ et qui n'a pas de point singulier à base réelle.*

PREUVE. — Vu (36.2), $\tilde{y}$ se décompose en $y^*(t = 0)$ et en une variété d'équation

$$g(\eta, y) + \sum_{q \geqq 2} t^{q-1} P_q(\eta, y, y) = 0;$$

sur cette variété η^* est évidemment voisin de g^*; sur la partie réelle de cette variété, η^* est donc voisin de $\mathrm{Re}\, g^*$; or vu $(4.4)_1$, on a

$$g_\eta \neq 0 \quad \text{sur } \mathrm{Re}\, g^*, \tag{37.1}$$

puisque, vu le théorème d'Euler sur les fonctions homogènes

$$\sum_j g_{\eta_i \eta_j} \eta_j = (m-1) g_{\eta_i}.$$

PROPOSITION 37.2. — *Supposons $x \neq y$; alors $\tilde{x}$ possède au plus un point singulier (t, η) ayant une base η^* réelle; ce point, quand il existe, est un point double quadratique réel, où*

$$t^l\, \mathrm{Hess}_\eta[g(y, \eta)]\, \mathrm{Hess}_\eta[-\xi(t, \eta, y).x] > 0, \tag{37.2}$$

$$c_1 |x - y| \leqq |t| . |\eta|^{m-1} \leqq c_2 |x - y| \qquad (c_1, c_2 : \text{constantes}). \tag{37.3}$$

PREUVE. — Soit (t, η) un point singulier de $\tilde{x}$, à base η^* réelle; (36.8) est vérifié; vu $(36.8)_1$, η^* est voisin de g^*; or, vu (37.1), on a près de $\mathrm{Re}\, g^*$:

$$\mathrm{Cte} \leqq |\eta|^{1-m} |g_\eta| \leqq \mathrm{Cte}; \tag{37.4}$$

par suite l'une au moins des équations $(36.8)_2$ impose à t d'être réel et entraîne (37.3) : le point singulier étudié est réel et vérifie (37.3).

Nous venons de définir un homéomorphisme (36.10) de l'ensemble des points singuliers réels des $\tilde{x}$ sur $K(y)$; donc $\tilde{x}$ a au plus un point singulier réel.

En un tel point, vu (36.1) :

$$\mathrm{Hess}_\eta[-\xi(t, \eta, y).x] = t^l\, \mathrm{Hess}_\eta \left[g(\eta, y) - \sum_{q \geqq 1} t^{q-1} P_q(\eta, x, y) \right];$$

d'où (37.2), car η^* est voisin de $\mathrm{Re}\, g^*$, où $\mathrm{Hess}_\eta g \neq 0$: $\sum_q$ est négligeable.

(37.2) prouve que (t, η) est point double quadratique.

38. Les nappes de $K(y)$. — Pour achever de justifier le n° 4, prouvons la

PROPOSITION 38. — *Supposons l impair; (4.8) équivaut à la définition 20.1 du côté positif de $K(y)$. Supposons l pair; (4.9) équivaut à la définition 20.2 des nappes positives de $K(y)$.*

PREUVE. — Dans les définitions 20.1 et 20.2,

$$x, \quad t, \qquad s(x, t), \qquad k(t)$$

doivent être remplacés par

$$\eta, \quad x, \quad -\xi(t, \eta, y).x, \quad k(x, y), \quad \text{où } t \text{ et } y \text{ sont fixés;}$$

la condition (20.1) s'écrit

$$k_{x_j} = \xi_j;$$

par suite la condition $k > 0$ peut être remplacée par $\xi_1 dx_1 + \ldots + \xi_l dx_l > 0$; enfin le signe de $\mathrm{Hess}_x[s]$ doit être remplacé par celui de

$$\mathrm{Hess}_\eta[-\xi(t, \eta, y).x]$$

qui, vu (37.2), est celui de $t^l\,\mathrm{Hess}_\eta[g(y, \eta)]$.

39. La définition de $\mathrm{Im}\,\tilde{x}$ quand l est pair > 2. — La définition de $\mathrm{Im}\,\tilde{x}$ est celle qu'énonce le n° 7; justifions-la en prouvant la

PROPOSITION 39. — *Les points (t, η) de $\tilde{x}$ qui ne sont pas réels, mais dont la base η^* est réelle ont leur base dans un petit voisinage de* $\mathrm{Re}\,g^*$. *Vu (7.4), on a donc*

$$g_1(\eta) \neq 0$$

sur l'ensemble de ces points et sur son adhérence.

PREUVE. — Soit $(t, \eta) \in \tilde{x}$, t étant non réel et η réel; la partie imaginaire de (36.2) donne

$$|g(\eta, y)| < \mathrm{Cte}\,|x - y|.|\eta|^m + \mathrm{Cte}\,|t|.|\eta|^{2m-1}$$
$$< [\mathrm{Cte}\,|x - y| + \mathrm{Cte}\,c_0]\,|\eta|^m.$$

40. Allure de $\tilde{x}$. — Pour définir et étudier $h(\tilde{x}, y^*)$, les n° 8 et 41 approchent $\tilde{x}$ par la sous-variété de $\tilde{\Psi}$ qu'a étudiée le chapitre précédent :

$$(40.1) \qquad \tilde{x}_{c_3 c_4}: \quad t\,g(y, \eta) = \eta.x,$$
$$c_3\,|x - y| \leq |t|.|\eta|^{m-1} \leq c_4\,|x - y|, \qquad \eta^* \text{ voisin de } \mathrm{Re}\,y^*;$$

nous supposons ce voisinage de $\mathrm{Re}\,y^*$ suffisamment petit, les constantes c_3 et c_4 suffisamment grandes. Les lemmes suivants construisent cette approximation :

LEMME 40.1. — Il existe des homéomorphismes

$$\Omega : \tilde{x}_{c_3 c_4} \to \tilde{x}$$

de $\tilde{x}_{c_3 c_4}$ dans $\tilde{x}$ ayant les propriétés que voici : ils sont réels et voisins de l'identité; ils laissent $|t|.|\eta|^{m-1}$ invariant; ils se prolongent en homéomorphismes d'un voisinage de $\tilde{x}_{c_3 c_4}$ dans $\tilde{\Psi}$; ils dépendent continûment de x.

DÉFINITION 40. — Soit un cône fermé, de sommet y, voisin de $C(y)$ et dont l'intérieur contienne $C(y) - y$; nous noterons $Y(y)$ l'intersection du complémentaire de ce cône fermé et d'une boule ouverte, de centre y, de rayon suffisamment petit.

LEMME 40.2. — Quand $Y(y)$ est suffisamment petit et que $x \in Y(y)$, alors les homéomorphismes Ω se prolongent en homéomorphismes

$$\Omega : \tilde{x}_{0 c_4} \to \tilde{x}$$

ayant les mêmes propriétés.

Bien entendu, $\tilde{x}_{0 c_4}$ est la sous-variété de $\tilde{\Psi}$:

$$\tilde{x}_{0 c_4} : \quad t g(y, \eta) = \eta . x,$$

$$|t|.|\eta|^{m-1} \leqq c_4 |x - y|, \qquad \eta^* \text{ voisin de } \operatorname{Re} y^*.$$

PREUVE DU LEMME 40.1. — On choisit c_3 assez grand et le voisinage de $\operatorname{Re} y^*$ assez petit pour que $\tilde{x}_{c_3 c_4}$ n'ait pas de singularité. Le changement de coordonnée

$$t = |x - y| v$$

transforme les équations (36.2) de $\tilde{x}$ et (40.1) de $\tilde{x}_{c_3 c_4}$ en

$$(40.2) \quad \tilde{x} : \quad \eta_1 \frac{x_1 - y_1}{|x - y|} + \ldots + \eta_l \frac{x_l - y_l}{|x - y|} - v g(y, \eta)$$
$$+ \sum_{q \geq 1} |x - y|^{q-1} v^q P_q(\eta, x, y) = 0,$$

où $P_1(\eta, y, y) = 0$;

$$(40.3) \quad \tilde{x}_{c_3 c_4} : \quad \eta_1 \frac{x_1 - y_1}{|x - y|} + \ldots + \eta_l \frac{x_l - y_l}{|x - y|} - v g(y, \eta) = 0,$$
$$c_3 \leqq |v|.|\eta|^{m-1} \leqq c_4, \qquad \eta^* \text{ voisin de } \operatorname{Re} y^*.$$

Vu (30.1), $\tilde{x}_{c_3 c_4}$ vérifie $c_3 |g| \leqq |\eta|^m$ et est donc voisine de la sous-variété de $\tilde{\Psi}$:

$$g(y, \eta) = 0, \qquad c_3 \leqq |v|.|\eta|^{m-1} \leqq c_4, \qquad \eta^* \text{ voisin de } \operatorname{Re} y^*.$$

$x_{c_3 c_4}$ est donc en position générale par rapport aux sous-variétés de $\tilde{\Psi}$:

$$|t|.|\eta|^{m-1} = \text{Cte}.$$

D'autre part les équations (40.2) et (40.3), de $\tilde{x}$ et $\tilde{x}_{c_3 c_4}$ sont voisines, puisque $x - y$ est petit. La construction d'un homéomorphisme Ω est donc aisée : on fibre un voisinage de $\tilde{x}_{c_3 c_4}$ par des disques, en position générale par rapport à $\tilde{x}_{c_3 c_4}$ et sur lesquels $|t|.|\eta|^{m-1}$ est constant; Ω applique chacun de ces disques sur lui-même, en laissant son bord invariant, en appliquant le point où il coupe $\tilde{x}_{c_3 c_4}$ sur celui où il coupe $\tilde{x}$.

Preuve du lemme 40.2. — Vu le n° 27, on peut choisir $Y(y)$ assez petit pour que $\tilde{x}_{0 c_4}$ n'ait pas de point singulier quand $x \in Y(y)$; il est donc possible de prolonger à $\tilde{x}_{0 c_4}$ la construction précédente de Ω.

41. Définition et propriétés de $h(\tilde{x}, y^*)$. — Choisissons c tel que

$$c_3 < c < c_4$$

et considérons le cycle de $(\tilde{x}_{0 c_4}, y^*)$:

$$\tilde{\beta} = 2 \tilde{\beta}_0 + \tilde{\beta}_1$$

que définit le n° 33. Notons

$$\beta_1 = \Omega \tilde{\beta}_1,$$

β_1 est une chaîne de la partie de $\tilde{x}$ où $|t|.|\eta|^{m-1} = c |x - y|$.

Supposons l *impair*; on a $\tilde{\beta}_0 = \operatorname{Re} \tilde{x}_{0c}$; soit β_0 la partie de $\operatorname{Re} \tilde{x}$ où $|t|.|\eta|^{m-1} \leq c |x - y|$; Ω transforme la partie de $\tilde{\beta}_0$ où $c_3 |x - y| \leq |t|.|\eta|^{m-1}$ en celle de β_0 vérifiant cette même condition; puisque $2 \tilde{\beta}_0 + \tilde{\beta}_1$ est un cycle de $(\tilde{x}_{0 c_4}, y^*)$, $2 \beta_0 + \beta_1$ est donc *un cycle de* $(\tilde{x}, y^*)$; *sa classe d'homologie* $h(\tilde{x}, y^*)$ est définie sans ambiguïté; en effet, vu le lemme 33, elle est indépendante des choix de $\tilde{\beta}_1$ et c.

Supposons l *pair*; on a $\tilde{\beta}_0 = \operatorname{Im} \tilde{x}_{0c}$; si $\operatorname{Im} \tilde{x}_{0c}$ est défini au moyen de $\tilde{B}$, définissons $\operatorname{Im} \tilde{x}$ au moyen d'une chaîne coïncidant avec $\Omega \tilde{B}$ dans le domaine

$$c_3 |x - y| < |t|.|\eta|^{m-1} < c_4 |x - y|;$$

Ω transforme $\operatorname{Im} \tilde{x}_{c_3 c}$ en la partie de $\operatorname{Im} \tilde{x}$ où

$$c_3 |x - y| < |t|.|\eta|^{m-1} < c |x - y|;$$

puisque $2 \tilde{\beta}_0 + \tilde{\beta}_1$ est un cycle de $(x_{0 c_4}, y^*)$, $2 \beta_0 + \beta_1$ est donc *un cycle de* $(\tilde{x}, y^*)$; *sa classe d'homologie* $h(\tilde{x}, y^*)$ est définie sans ambiguïté; en effet, vu le lemme 33, elle est indépendante des choix de $\tilde{\beta}_1$, $\tilde{\beta}$ et c.

La proposition 8.1 est évidente.

Preuve de la proposition 8.2. — Le n° 34 a prouvé cette proposition quand la projection ξ est polynomiale; cette preuve s'applique à $\tilde{x}_{0 c_4}$; l'homéomorphisme

$$\Omega : \quad \tilde{x}_{0 c_4} \to \tilde{x},$$

que définit le lemme 40.2, montre que cette proposition vaut pour $\tilde{\mathfrak{x}}$, puisqu'elle vaut pour $\tilde{\mathfrak{x}}_{0c_4}$.

42. Une extension des résultats précédents. — Les constructions de classes d'homologie et de chaînes qu'effectuent ce chapitre et le précédent et les preuves des propositions 8.1 et 8.2 qu'ils donnent emploient seulement des points (t, η) tels que

$$\eta^* \in \mathfrak{V}^*,$$

$\mathfrak{V}^*$ étant un voisinage de Rey^*, qu'on peut rendre arbitrairement petit, en prenant c suffisamment grand, X et $\tilde{\Psi}$ suffisamment petits.

Il faut excepter la preuve de la proposition 9 (n° 35) : elle emploie la chaîne, n'appartenant pas à $\mathfrak{V}^*$:

$$\gamma^* : \quad \eta_1 \text{ complexe}, \quad \eta_2, \ldots, \eta_l \text{ réels}.$$

Donc :

Proposition 42. *Soit, dans y^*, un voisinage $\mathfrak{V}^*$ de* Rey^*; *soit $\tilde{\Theta}$ l'ensemble des points (t, η) de $\tilde{\Psi}$ à base $\eta^* \in \mathfrak{V}^*$. On peut définir des classes d'homologie*

$$(42.1) \qquad h(\tilde{\Theta}, \tilde{\mathfrak{x}} \cup y^*), \quad h(\tilde{\mathfrak{x}} \cap \tilde{\Theta}, y^*)$$

comme ont été définies

$$(42.2) \qquad h(\tilde{\Psi}, \tilde{\mathfrak{x}} \cup y^*), \quad h(\tilde{\mathfrak{x}}, y^*)$$

et leur appliquer les propositions 8.1 *et* 8.2. *L'homomorphisme de groupes d'homologie qu'induit l'application identique de $\tilde{\Theta}$ dans $\tilde{\Psi}$ transforme les classes* (42.1) *en les classes* (42.2).

Note. — Par contre la proposition 9 devient fausse quand on remplace y^* par $\mathfrak{V}^*$.

Chapitre 5. — L'uniformisation.

Le chapitre 4 a défini des classes d'homologie $h(\tilde{\Psi}, \tilde{\mathfrak{x}} \cup y^*)$ et $h(\tilde{\mathfrak{x}}, y^*)$; le chapitre 6 étudiera l'intégrale sur ces classes de formes différentielles extérieures holomorphes $\pi[t, \eta, y]$ ne contenant pas dy. Cette intégrale est une fonction ou distribution de (x, y); elle dépend du choix de *la forme* $\pi[t, \eta, y]$ et du choix de la *projection* $\xi(t, \eta, y)$ qui définit la sous-variété $\tilde{\mathfrak{x}}$ de $\tilde{\Psi}$; mais le chapitre 6 (n° 52) déduira de la relation entre $h(\tilde{\mathfrak{x}}, y^*)$ et $h(y^* - g^*, \tilde{\mathfrak{x}})$ (proposition 8.2) une remarquable propriété de cette intégrale : elle ne dépend en réalité que de *la forme* $\pi(\xi, y)$ *résultant de l'élimination de* (t, η) *entre* cette forme $\pi[t, \eta, y]$ et cette projection $\xi(t, \eta, y)$. Pour manier commodément cette propriété, nous emploierons la notion d'uniformisation, que définit le n° 5.

L'objet du présent chapitre 5 est de prouver les trois propriétés de l'uniformisation qu'énonce ce n° 5.

43. Allure d'une fonction uniformisable $f(\xi, y)$ pour $\xi.y = 0$. — Nous allons prouver la *proposition* 5.1 :

1° Supposons que la projection $\xi(t, \eta, y)$ uniformise $f(\xi, y)\, d\xi_0 \wedge \ldots \wedge d\xi_l$ et que $f(\xi, y)$ s'annule p fois pour $\xi.y = 0$: on a le développement de Taylor en t :

$$f(\xi(t, \eta, y), y)\, \frac{D(\xi)}{D(t, \eta)} = t^p P(\eta, y) + \ldots,$$

P étant un polynôme en η homogène, de degré $mp + m - n - p$; vu (36.1), on a

$$\xi(t, \eta, y).y = -t g(y, \eta) + \ldots$$

enfin, vu (4.2),

$$\frac{D(\xi)}{D(t, \eta)} = -g(y, \eta) + \ldots;$$

d'où

$$\frac{f(\xi(t, \eta, y), y)}{[\xi(t, \eta, y).y]^p} = \frac{(-1)^{p+1} P(\eta, y) + \ldots}{g^{p+1}(y, \eta) + \ldots};$$

en faisant $t = 0$, on obtient

$$\frac{f(\xi, y)}{(\xi.y)^p} = \frac{(-1)^{p+1} P(\xi, y)}{g^{p+1}(y, \xi)} \quad \text{pour} \quad \xi.y = 0.$$

2° Si la projection $\xi(t, \eta, y)$ uniformise $f(\xi, y)$, on a de même

$$f(\xi(t, \eta, y), y) = t^p Q(\eta, y) + \ldots,$$

Q étant un polynôme en η, homogène de degré $(m-1)p - n$;

$$\frac{f(\xi(t, \eta, y), y)}{[\xi(t, \eta, y).y]^p} = \frac{(-1)^p Q(\eta, y) + \ldots}{g^p(y, \eta) + \ldots};$$

$$\frac{f(\xi, y)}{(\xi.y)^p} = \frac{(-1)^p Q(\xi, y)}{g^p(y, \xi)} \quad \text{pour} \quad \xi.y = 0.$$

44. Dérivées et primitives des fonctions uniformisables. — Nous allons prouver la *proposition* 5.2.

1° Supposons $f(\xi, y)$ *uniformisé* par une projection $\xi(t, \eta, y)$. Il est évident que ξ uniformise

$$f\, d\xi_0 \wedge \ldots \wedge d\xi_l.$$

D'autre part :

$$(44.1) \quad f_{\xi_j} \frac{D(\xi_0, \ldots, \xi_l)}{D(t, \eta)} = \frac{D(\xi_0, \ldots, \xi_{j-1}, f, \xi_{j+1}, \ldots, \xi_l)}{D(\xi_0, \ldots, \xi_l)} \frac{D(\xi_0, \ldots, \xi_l)}{D(t, \eta)}$$
$$= \frac{D(\xi_0(t, \eta, y), \ldots, \xi_{j-1}, f(\xi(t, \eta, y), y), \xi_{j+1}, \ldots, \xi_l)}{D(t, \eta)}$$

est une fonction holomorphe de $(t, \eta, y) \in \Psi \times X$; donc

$$f_{y_i}(\xi, y) \frac{D(\xi)}{D(t, \eta)} = \frac{\partial f(\xi(t, \eta, y), y)}{\partial y_i} \frac{D(\xi)}{D(t, \eta)} - \sum_{j=0}^{l} \frac{\partial \xi_j(t, \eta, y)}{\partial y_i} f_{\xi_j}(\xi, y) \frac{D(\xi)}{D(t, \eta)}$$

est aussi une fonction holomorphe de (t, η, y). Par suite $\xi(t, \eta, y)$ uniformise

$$f_{\xi_j}(\xi, y)\, d\xi_0 \wedge \ldots \wedge d\xi_l \quad \text{et} \quad f_{y_i}(\xi, y)\, d\xi_0 \wedge \ldots \wedge d\xi_l.$$

2° Supposons $f(\xi, y)$ *rationnellement uniformisable*; ce que 1° vient de prouver montre immédiatement que

$$f\, d\xi_0 \wedge \ldots \wedge d\xi_l, \quad f_{\xi_0} d\xi_0 \wedge \ldots \wedge d\xi_l \quad \text{et} \quad f_{y_i} d\xi_0 \wedge \ldots \wedge d\xi_l$$

sont rationnellement uniformisables.

3° Supposons que $f_{\xi_0}(\xi, y)\, d\xi_0 \wedge \ldots \wedge d\xi_l$ soit *uniformisé* par une projection $\xi(t, \eta, y)$ et que $f(\eta, y)$ soit un *polynôme* en η. Vu (44.1), où l'on prend $j = 0$,

$$F(t, \eta, y) = f(\xi(t, \eta, y), y)$$

vérifie une équation aux dérivées partielles linéaire, du premier ordre :

$$F_t \frac{D(\xi_1, \ldots, \xi_l)}{D(\eta_1, \ldots, \eta_l)} - F_{\eta_1} \frac{D(\xi_1, \ldots, \xi_l)}{D(t, \eta_2, \ldots, \eta_l)} + \ldots = G(t, \eta, y),$$

dont les coefficients et le second membre sont holomorphes; le coefficient de F_t vaut 1 pour $t = 0$; d'autre part, $F(0, \eta, y)$ est holomorphe; donc $F(t, \eta, y)$ est holomorphe pour $|t|.|\eta|^{m-1} <$ Cte; cela signifie que la projection $\xi(t, \eta, y)$ uniformise $f(\xi, y)$; d'après 1°, elle uniformise donc

$$f_{\xi_j} d\xi_0 \wedge \ldots \wedge d\xi_l \quad \text{et} \quad f_{y_i} d\xi_0 \wedge \ldots \wedge d\xi_l.$$

4° Supposons que $\dfrac{\partial^p f(\xi, y)}{\partial \xi_0^p} d\xi_0 \wedge \ldots \wedge d\xi_l$ soit *uniformisé* par une projection $\xi(t, \eta, y)$ et que $f, \dfrac{\partial f}{\partial \xi_0}, \ldots, \dfrac{\partial^{p-1} f}{\partial \xi_0^{p-1}}$ soient des *polynômes* en η quand $\xi = \eta$. Notons $f^{(q)}$ l'une quelconque des dérivées de $f(\xi, y)$ en (ξ, y), d'ordre $\leqq q$. On constate aisément que $f^{(q)}$ est, pour $q < p$, un polynôme en η quand $\xi = \eta$. De 3° résulte alors que ξ uniformise $\dfrac{\partial^{p-q} f^{(q)}}{\partial \xi_0^{p-q}} d\xi_0 \wedge \ldots \wedge d\xi_l$ quand $q = 1$, donc quand $q = 2, \ldots, = p - 1$, donc que ξ uniformise $f^{(p-1)}$.

5° Supposons $\dfrac{\partial^p f(\xi, y)}{\partial \xi_0^p} d\xi_0 \wedge \ldots \wedge d\xi_l$ *rationnellement uniformisable, et* $f, \dfrac{\partial f}{\partial \xi_0}, \ldots, \dfrac{\partial^{p-1} f}{\partial \xi_0^{p-1}}$ *nuls pour* $\xi . y = 0$; il résulte immédiatement de 4° que $\dfrac{\partial^{q+r_1+\ldots r_l} f(\xi, y)}{\partial \xi_0^q\, \partial y_1^{r_1} \ldots \partial y_l^{r_l}}$ est rationnellement uniformisable pour $q + r_1 + \ldots + r_l < p$.

45. Construction de $K(y)$ à partir des singularités de f. — Nous allons prouver la proposition 5.3, qu'emploiera le lemme 52.2 :

Soit g_l^* l'une des composantes connexes de Reg^*; soit

$$g_l^* : \quad g_l(y, \eta) = 0$$

son équation algébriquement irréductible : le polynôme $g_l(y, \eta)$ de η est l'un des facteurs premiers du polynôme $g(y, \eta)$. Notons C_l et K_l les nappes de $C(y)$ et $K(y)$ correspondant à g_l^*.

(t, η) sera noté φ; la projection $\xi(t, \eta, y)$ sera notée $\xi(\varphi, y)$ et son inverse $\varphi(\xi, y)$.

Commençons par construire K_l à partir des singularités de $\varphi(\xi, y)$.

Lemme 45. — Au voisinage de g_l^*, $\varphi(\xi, y)$ a l'une ou l'autre des deux allures suivantes, l'une d'elles étant exceptionnelle.

1° *Projection exceptionnelle près de* g_l^* : $\varphi(\xi, y)$ est holomorphe pour :

$$\xi^* \text{ voisin de } g_l^*, \quad (\xi.y)\,|\xi|^{m-1}/g(y, \xi) \text{ petit}.$$

Alors $K_l = C_l$.

2° *Projection ordinaire près de* g_l^* : Il existe :

une sous-variété algébrique a_l^* de g_l^* ($\dim a_l^* = l - 3$);

un voisinage V_l^* de $g_l^* - a_l^*$ dans Ξ^*;

un sous-ensemble analytique $W_l^* \cup g^*$ de V_l^* [W_l^* : sous-variété analytique de dimension $l - 1$, ayant g^* pour ensemble singulier et sur laquelle on a

$$g \neq 0, \quad (\xi.y)\,|\xi|^{m-1}/g(y, \xi) \text{ petit}]$$

tels que :

$\varphi(\xi, y)$ est algébroïde ([16]) sur V_l^* et s'y ramifie sur l'ensemble $W_l^* \cup g^*$. Alors Re W_l^* est l'ensemble des hyperplans ξ^* tangents à K_l et $\in V_l^*$; $K_l \neq C_l$.

Note. — La projection polynomiale est exceptionnelle.

Preuve. — Vu (36.1), la projection $\xi(\varphi, y)$ est définie près de y^* par les $l + 1$ équations

$$(45.1) \qquad \xi_1 = \eta_1 + \ldots, \qquad \xi_l = \eta_l + \ldots, \qquad \xi.y = -t\,g(y, \eta) + \ldots,$$

les seconds membres étant des fonctions de (t, η, y) holomorphes pour $|t|.|\eta|^{m-1}$ petit; nous n'avons écrit que le premier terme de leur développement de Taylor en t.

Calculons l'inverse $\varphi(\xi, y)$ de $\xi(\varphi, y)$: résolvons en $\eta_1, \ldots, \eta_l$ les l premières équations (45.1); il vient

$$(45.2)_1 \qquad \eta_1 = \xi_1 + \ldots, \qquad \ldots, \qquad \eta_l = \xi_l + \ldots,$$

([16]) cela signifie : quand $\xi^* \in V_l^*$.

les seconds membres étant holomorphes en $(t, \xi_1, \ldots, \xi_l)$ pour $|t|.|\xi|^{m-1}$ petit; portons ces valeurs de η dans la dernière des équations (45.1); il vient

$$\xi.y = L(t, \xi_1, \ldots, \xi_l, y), \tag{45.2$_2$}$$

L étant holomorphe pour $|t|.|\xi|^{m-1}$ petit et ayant le développement de Taylor en t :

$$L(t, \xi_1, \ldots, \xi_l, y) = -t g(y, \xi) + \ldots, \tag{45.3}$$

le système (45.1) équivaut à (45.2), qui définit donc $\varphi(\xi, y)$.

Précisons les propriétés de L. D'une part :

$$\frac{D(\xi)}{D(t, \eta)} = \frac{D(\xi.y, \xi_1, \ldots, \xi_l)}{D(t, \eta)}$$

$$= \frac{D(\xi.y, \xi_1, \ldots, \xi_l)}{D(t, \xi_1, \ldots, \xi_l)} \frac{D(t, \xi_1, \ldots, \xi_l)}{D(t, \eta_1, \ldots, \eta_l)} = L_t \frac{D(\xi_1, \ldots, \xi_l)}{D(\eta_1, \ldots, \eta_l)}$$

d'où l'équivalence des deux équations

$$\frac{D(\xi)}{D(t, \eta)} = 0, \qquad L_t(t, \xi_1, \ldots, \xi_l, y) = 0. \tag{45.4}$$

D'autre part, le développement (45.3) a pour coefficients des polynômes en $\xi_1, \ldots, \xi_l$; groupons ceux que divise $g_l(y, \xi)$; il vient :

si g_l les divise tous :

$$L(t, \xi_1, \ldots, \xi_l, y) = t g_l(y, \xi) M_l(t, \xi_1, \ldots, \xi_l, y), \tag{45.5}$$

sinon

$$L(t, \xi_1, \ldots, \xi_l, y) = t g_l(y, \xi) M_l(t, \xi_1, \ldots, \xi_l, y) + t^p N_l(t, \xi_1, \ldots, \xi_l, y); \tag{45.6}$$

$p \geqq 2$; M_l et N_l sont holomorphes pour $|t|.|\xi|^{m-1}$ petit;

$$g_l(y, \xi) M_l(0, \xi_1, \ldots, \xi_l, y) = -g(y, \xi); \qquad M_l \neq 0;$$

$N_l(0, \xi_1, \ldots, \xi_l, y)$ ne s'annule pas identiquement pour $g_l(y, \xi) = 0$.

Tirons t de $(45.2)_2$; l'alternative classique de Weierstrass se présente :

1° *Le cas exceptionnel*, où L a l'expression (45.5). — Il est évident que, pour

$$\xi^* \text{ voisin de } g_l^*, \quad (\xi.y)|\xi|^{m-1}/g(y, \xi) \text{ petit} \tag{45.7}$$

l'équation $(45.2)_2$ possède une seule solution $t(\xi, y)$ voisine de zéro; elle est holomorphe. Sous l'hypothèse (45.7), $\varphi(\xi, y)$ est donc holomorphe.

D'autre part, vu la proposition 36, 2°, K_l est l'enveloppe des hyperplans réels $\xi^*(t, \eta, y)$ tels que

$$\xi^* \text{ est voisin de } g_l^*, \qquad \frac{D(\xi)}{D(t, \eta)} = 0;$$

vu (45.4), cette dernière condition s'écrit

$$L_l = 0;$$

donc, vu (45.5)

$$g_l = 0;$$

elle implique donc $L = 0$; c'est-à-dire, vu $(45.2)_2$:

$$\xi . y = 0.$$

Ainsi le conoïde K_l est l'enveloppe des hyperplans $\xi^* \in g_l^*$; il est donc confondu avec son cône tangent C_l.

2° *Le cas ordinaire*, où L a l'expression (45.6). — Notons a_l^* la sous-variété algébrique de g_l^* d'équation

$$a_l^* : \quad N_l(0, \xi_1 \ldots, \xi_l, y) = 0;$$

si $\xi^* \in g_l^* - a_l^*$ alors, vu (45.6), l'équation $(45.2)_2$ possède la solution p-uple : $t = 0$; sur un voisinage convenable V_l^* de $g_l^* - a_l^*$ $(45.2)_2$ possède donc p solutions $t(\xi, y)$ voisines de zéro : elles constituent les p branches d'une fonction algébroïde.

Pour que cette fonction $t(\xi, y)$ se ramifie, il faut et suffit que sa valeur vérifie

$$L_l = 0, \qquad \text{c'est-à-dire, vu (45.4) :} \quad \frac{D(\xi)}{D(t, \eta)} = 0;$$

donc, vu la proposition 36, 2°, pour que $\xi^* \in \mathrm{Re}\, V_l^*$ touche K^* (donc K_l^*), il faut et il suffit que l'une des branches de $\varphi(\xi, y)$ se ramifie.

Déterminons l'ensemble des points de V_l^* où $t(\xi, y)$ se ramifie : vu $(45.2)_2$ et (45.6), il s'agit d'éliminer t du système

$$(45.8) \qquad \begin{cases} \xi . y = t\, g_l M_l + t^p N_l, \\ g_l + t^{p-1} \dfrac{p N_l + t N_{l,t}}{M_l + t M_{l,t}} = 0; \end{cases}$$

si $t = 0$, on a $\xi . y = g_l = 0$, c'est-à-dire $\xi^* \in g^*$; sinon $g_l \neq 0$ et (45.8) implique

$$(45.9) \qquad \frac{\xi . y}{g_l} = t \left[M_l - N_l \frac{M_l + t M_{l,t}}{p N_l + t N_{l,t}} \right],$$

(45.9) montre que $(\xi . y) |\xi|^{m-1}/g$ est petit quand V_l^* est petit; quand $(\xi . y) |\xi|^{m-1}/g$ est suffisamment petit, (45.9) a une solution t unique, voisine de zéro; elle est holomorphe en $\xi.y/g, \xi_1, \ldots, \xi_l, y$; son développement suivant les puissances de $\xi.y/g$ est

$$t = -\frac{p}{p-1}\frac{\xi.y}{g} + \cdots.$$

En le portant dans (45.8), nous voyons que $t(\xi, y),$ supposé $\neq 0$, se ramifie, quand ξ^* appartient à l'ensemble analytique.

$$W_i^* : \quad g(y, \xi) + \frac{(-p)^p}{(p-1)^{p-1}}N_i(0, \xi_1, \ldots, \xi_l, y)\left(\frac{\xi.y}{g}\right)^{p-1} + \cdots = 0;$$

le premier membre est holomorphe en $\xi.y/g, \xi_1, \ldots, \xi_l, y$; nous avons écrit le début de son développement de Taylor en $\xi.y/g$; vu (37.1) son gradient $\neq 0$; W_i^* est donc une variété

Voilà achevée la preuve du lemme, qui donne la

PROPOSITION 45. — *Étant données une fonction* $f(\xi, y)$, *une projection* $\xi(t, \eta, y)$ *l'uniformisant et une composante connexe* g_i^* *de* $\operatorname{Re}g^*, f(\xi, y)$ *a l'une des trois allures suivantes au voisinage de* g_i^* :

1° $f(\xi, y)$ *est holomorphe au voisinage de* g_i^* ;

2° *Il n'existe pas de voisinage de* g_i^* *sur lequel* $f(\xi, y)$ *est holomorphe, mais* $f(\xi, y)$ *est holomorphe pour*

(45.10) ξ^* *voisin de* g_i^*, $(\xi.y)|\xi|^{m-1}/g(y, \xi)$ *petit.*

Alors $K_i = C_i$.

3° *Dans* $V_i^*, f(\xi, y)$ *se ramifie sur* $W_i^* \cup g^*$ [*le lemme* 45 *définit* V_i^* *et* W_i^*, *où* (45.10) *a lieu*].

Alors $\operatorname{Re}W_i^*$ *est l'ensemble des hyperplans* ξ^* *tangents à* K_i *et* $\in V_i^*$; $K_i \neq C_i$.

Cette proposition 45 englobe et précise la proposition 5.3.

PREUVE. — Puisque $f(\xi, y)$ est uniformisable, il existe une fonction $F[\varphi, y]$. holomorphe sur $\Psi \times X$ telle que

$$f(\xi, y) = F[\varphi(\xi, y), y].$$

Supposons la projection $\xi(\varphi, y)$ *exceptionnelle;* alors, vu le lemme 45, $f(\xi, y)$ est holomorphe quand ξ vérifie (45.10) : l'un des cas 1° ou 2° de la proposition 45 est donc réalisé.

Supposons la projection $\xi(\varphi, y)$ *ordinaire;* alors, vu le lemme 45, $f(\xi, y)$ est algébroïde sur V_i^* et ne peut se ramifier que sur $W_i^* \cup g^*$. Quand ξ^* fait un tour autour de la variété de W_i^*, près d'un de ses points, les déterminations de $f(\xi, y)$ subissent une permutation; c'est la même en tous les points de W_i^*, car W_i^* est connexe. Si ce n'est pas la permutation identique, alors $f(\xi, y)$ se ramifie en tous les points de W_i^* : le cas 3° de la proposition 45 est réalisé. Si c'est la permutation identique, alors $f(\xi, y)$ est donc holomorphe uniforme et bornée sur $V_i^* - W_i^*$; donc (*voir* le traité d'Osgood que cite [I]) $f(\xi, y)$ est holomorphe sur $V_i^* - g^*$; donc (*voir* Osgood), est holomorphe sur V_i^*; autrement dit, dans un certain voisinage de g_i^*, f est holomorphe en tout point de $y^* - a_i^*$; donc, vu le lemme 20 de [I], $f(\xi, y)$ est holomorphe au voisinage de g_i^* : le cas 1° de la proposition 45 est réalisé.

Chapitre 6. — La transformation $\mathcal{L}$.

Maintenant que le chapitre 4 a défini et étudié $h(\check{\Psi}, \tilde{x} \cup y^*)$, la définition (10.1) de $\mathcal{L}$ a un sens et nous pouvons prouver ses propriétés, qu'énoncent les n°s 10 et 11 : c'est l'objet du présent chapitre, à l'exception de la preuve de la formule $\mathcal{L}[1] = \delta(x - y)$, qui constitue le chapitre 7.

Le présent chapitre emploie tous les résultats qu'établissent les chapitres précédents et [III].

Tout d'abord, nous définirons $\mathcal{L}[f]$ par (10.1), pour tout $x \in X - y$ en faisant l'hypothèse (4.4), mais sans faire d'hypothèse d'hyperbolicité; puis le n° 53 introduira cette hypothèse et modifiera la définition de $\mathcal{L}[f]$ pour $x_1 < y_1$.

46. Calcul de $\mathcal{L}[\xi_j f]$. — Supposons $f d\xi_0 \wedge \ldots \wedge d\xi_l$ uniformisé par une projection $\xi(t, \eta, y)$; uniformisons $\xi_j f d\xi_0 \wedge \ldots \wedge d\xi_l$ par cette même projection.

Preuve de (10.3). — Les formules de dérivation qu'énoncent les théorèmes 3 et 5 de [III].

Preuve de (10.4). — Vu (10.3), on a

$$\mathcal{L}[\xi_0 f] + \sum_{j=1}^{l} x_j \frac{\partial}{\partial x_j} \mathcal{L}[f] = \mathcal{L}[\xi_0 f] + \sum_{j=1}^{l} x_j \mathcal{L}[\xi_j f];$$

si $l < n - 1$, cette expression vaut, vu $(10.1)_1$:

$$\frac{1}{(2\pi i)^{l-1}} \frac{1}{2} \int_h \frac{(\xi.x)^{n-l-1}}{(n-l-2)!} f \omega^* = (n-l-1) \mathcal{L}[f];$$

si $n - 1 \leq l$, elle vaut, vu $(10.1)_2$:

$$\frac{(-1)^{n-l}}{(2\pi i)^{l-1}} \frac{1}{2} \int_h \frac{d^{l+l-n}[(\xi.x) f \omega^*]}{(d\xi.x)^{2+l-n}};$$

donc, vu la formule (7.3) de [III], elle vaut

$$\frac{(-1)^{n-l}(1+l-n)}{(2\pi i)^{l-1}} \frac{1}{2} \int_h \frac{d^{l-n}[f\omega^*]}{(d\xi.x)^{1+l-n}} = (n+l-1) \mathcal{L}[f].$$

47. Calcul de $\mathcal{L}\left[\frac{\partial f}{\partial \xi_j}\right]$. — Supposons f uniformisé par une projection $\xi(t, \eta, y)$; vu la proposition 5.2, nous uniformisons $\frac{\partial f}{\partial \xi_j} d\xi_0 \wedge \ldots \wedge d\xi_l$ par cette même projection ; prouvons (10.5) et (10.6). Si $l = n$, on a

$$\begin{aligned}\frac{\partial f}{\partial \xi_0}\omega^*(\xi) &= \frac{\partial f}{\partial \xi_0}\xi_0\, d\xi_1 \wedge \ldots \wedge d\xi_l - \frac{\partial f}{\partial \xi_0} d\xi_0 \wedge \omega' \\ &= \left(\xi_0 \frac{\partial f}{\partial \xi_0} + \ldots + \xi_l \frac{\partial f}{\partial \xi_l}\right) d\xi_1 \wedge \ldots \wedge d\xi_l - df \wedge \omega' \\ &= -f\, d\omega' - df \wedge \omega' = -d[f\omega'];\end{aligned}$$

d'où, pour n quelconque :

$$\frac{\partial}{\partial \xi_0}[(\xi.x)^{n-l} f]\,\omega^* = -d[(\xi.x)^{n-l} f\omega']. \tag{47.1}$$

Un calcul analogue donne la formule (52.2) de [III] :

$$\omega^*(\xi) = \frac{\xi.x}{l}\, d\omega' - d(\xi.x) \wedge \omega' ;$$

d'où résulte que

$$\left.\frac{f\omega^*}{d\xi.x}\right|_{\tilde{x}} = -f\omega' \quad \text{quand} \quad l = n. \tag{47.2}$$

De (47.1) résultent les cohomologies ([III], n° 4) :

$$\frac{\partial}{\partial \xi_0}[(\xi.x)^{n-l} f]\,\omega^* \sim 0 \quad \text{sur } (\tilde{\Psi}, \tilde{x}) \quad \text{si} \quad l < n; \tag{47.3}$$

$$\sim 0 \quad \text{sur } \tilde{\Psi} - \tilde{x} \quad \text{si} \quad n < l. \tag{47.4}$$

Si $l = n$, remplaçons dans la formule (7.10) de [III] m par zéro, S par $\tilde{\Psi}$, S′ par y^*, S″ par $\tilde{x}$, ψ par $f\omega'$: on obtient la formule

$$\partial^*\left[(f\omega')\Big|_{(\tilde{x}, y^*)}\right] = d(f\omega')\Big|_{(\tilde{\Psi}, \tilde{x} \cup y^*)}$$

que (47.1) et (47.2) transforment en la formule

$$\partial^*\left[\left.\frac{f\omega^*}{d\xi.x}\right|_{\tilde{x}}\right] = \left.\frac{\partial f}{\partial \xi_0}\right|_{(\tilde{\Psi}, \tilde{x} \cup y^*)}. \tag{47.5}$$

Ces trois formules (47.3), (47.4), (47.5) subsistent évidemment quand on remplace $\frac{\partial}{\partial \xi_0}$ par $\frac{1}{x_k}\frac{\partial}{\partial \xi_k}$: on peut permuter dans leurs preuves les rôles de ξ_0 et ξ_k à condition de remplacer x_l par x_l/x_k. Elles ont donc les conséquences suivantes, où x_0 désigne 1.

Si $l < n$, alors (47.3) donne

$$x_k \frac{(\xi.x)^{n-l-1}}{(n-l-1)!} f\omega^* \sim -\frac{(\xi.x)^{n-l}}{(n-l)!} \frac{\partial f}{\partial \xi_k} \omega^* \text{ sur } (\Psi, \tilde{x}),$$

ce qui porté dans $(10.1)_1$ donne (10.5) et (10.6).

Si $n < l$ alors (47.4) donne

$$x_k (l-n) \frac{f\omega^*}{(\xi.x)^{1+l-n}} \sim \frac{1}{(\xi.x)^{l-n}} \frac{\partial f}{\partial \xi_k} \omega^* \quad \text{dans } \Psi - \tilde{x};$$

donc, vu la définition de la classe résidu par le n° 5 de [III] :

$$x_k (l-n)!\, \text{Rés}\left[\frac{f\omega^*}{(\xi.x)^{1+l-n}}\right] = (l-n-1)!\, \text{Rés}\left[\frac{1}{(\xi.x)^{l-n}} \frac{\partial f}{\partial \xi_k} \omega^*\right]$$

et, vu la notation différentielle du Rés, que définit la formule (7.2) de [III] :

$$x_k \frac{d^{l-n}(f\omega^*)}{(d\xi.x)^{1+l-n}}\Bigg|_{(\tilde{x},y^*)} = \frac{d^{l-n-1}}{(d\xi.x)^{l-n}} \left[\frac{\partial f}{\partial \xi_k} \omega^*\right]\Bigg|_{(\tilde{x},y^*)},$$

ce qui porté dans $(10.1)_2$ donne (10.5) et (10.6).

Supposons enfin $l = n$; vu (47.5) et (6.2), puisque ∂^* est le transposé de ∂, on a

$$\mathcal{L}\left[\frac{\partial f}{\partial \xi_k} \omega^*\right] = \frac{x_k}{(2\pi i)^{l-1}} \frac{1}{2} \int_{h(\Psi, \tilde{x} \cup y^*)} \partial^* \left[\frac{f\omega^*}{d\xi.x}\right]$$

$$= \frac{x_k}{(2\pi i)^{l-1}} \frac{1}{2} \int_{h(\tilde{x}, y^*)} \frac{f\omega^*}{d\xi.x} = -x_k \mathcal{L}[f],$$

ce qui prouve (10.5) et (10.6).

48. Calcul de $\mathcal{L}\left[\frac{\partial f}{\partial y_l}\right]$. — La formule (10.7) :

$$\frac{\partial}{\partial y_l} \mathcal{L}[f] = \mathcal{L}\left[\frac{\partial f}{\partial y_l}\right],$$

où la même projection sert à définir les deux membres, s'obtient en remplaçant dans la proposition 17.2 :

X, S, S', t, u, x, $z(x, t)$, $s[z, y, u]$, ω

par

Ψ, $\tilde{x}$, y^* y, x, (t, η), $\xi(t, \eta, y)$, $\xi.x$, $f(\xi, y)\omega^*(\xi)$.

49. $\mathcal{L}[r(\xi_1, \ldots, \xi_l)]$ est homogène de degré $n - l$ en $x - y$. — Soit $r(\xi)$ une fonction de $\xi_1, \ldots, \xi_l$, homogène de degré $-n$. Si $r(\xi)\, d\xi_0 \wedge \ldots \wedge d\xi_l$

est uniformisé, alors, vu la proposition 5.1, $r(\xi)$ est une fonction rationnelle de dénominateur $g(\xi)$; la projection polynomiale (4.10) uniformise alors $r\,d\xi_0 \wedge \ldots \wedge d\xi_l$ et $(\xi.y)\,r(\xi)$ car

$$d\xi_0 \wedge \ldots \wedge d\xi_l = -g(\eta)\,dt \wedge d\eta_1 \wedge \ldots \wedge d\eta_l, \qquad \xi.y = -t\,g(\eta).$$

Cette projection polynomiale uniformise donc plus généralement

$$\frac{(-\xi.y)^p}{p!}\,r(\xi)$$

quand $r(\xi)$ est une fonction rationnelle de dénominateur $g^p(\xi)$. Le n° 10 énonce la propriété suivante, qu'emploiera le n° 51 et que retrouvera le chapitre 7.

PROPOSITION 49. — *Soit $r(\xi)$ une fonction rationnelle de $\xi_1, \ldots, \xi_l$, homogène de degré $-n$, ayant pour dénominateur $g^p(\xi)$, $g(\xi)$ étant hyperbolique; $\mathcal{L}\left[\frac{(-\xi.y)^{p-1}}{(p-1)!}\,r(\xi)\right]$ ne dépend que de $x-y$ et est positivement homogène en $x-y$ de degré $n-l$.*

PREUVE. — Vu (10.6),

$$\mathcal{L}\left[\frac{(-\xi.y)^{p-1}}{(p-1)!}\,r(\xi)\right] = \mathcal{L}\left[\frac{(-\xi.y)^{p}}{p!}\,r(\xi)\right].$$

D'où, vu (10.3) et (10.7) :

$$\left(\frac{\partial}{\partial x_j}+\frac{\partial}{\partial y_j}\right)\mathcal{L}\left[\frac{(-\xi.y)^{p-1}}{(p-1)!}\,r(\xi)\right]$$
$$= \mathcal{L}\left[\xi_j\,\frac{(-\xi.y)^{p-1}}{(p-1)!}\,r(\xi) + \frac{\partial}{\partial y_j}\,\frac{(-\xi.y)^{p}}{p!}\,r(\xi)\right] = 0;$$

vu (10.3) et (10.4)

$$\sum_{j=1}^{l}(x_j-y_j)\frac{\partial}{\partial x_j}\mathcal{L}\left[\frac{(-\xi.y)^{p-1}}{(p-1)!}\,r(\xi)\right]$$
$$= (n-p-l)\,\mathcal{L}\left[\frac{(-\xi.y)^{p-1}}{(p-1)!}\,r(\xi)\right] + \mathcal{L}\left[\frac{(-\xi.y)^{p}}{(p-1)!}\,r(\xi)\right]$$
$$= (n-l)\,\mathcal{L}\left[\frac{(-\xi.y)^{p-1}}{(p-1)!}\,r(\xi)\right].$$

Ainsi

$$\frac{\partial}{\partial x_j}+\frac{\partial}{\partial y_j} \quad \text{et} \quad \sum_j (x_j-y_j)\frac{\partial}{\partial x_j} - (n-l)$$

annulent $\mathcal{L}\left[\frac{(-\xi.y)^{p-1}}{(p-1)!}\,r(\xi)\right]$; d'où la proposition.

50. Allure de $\mathcal{L}[f]$ pour $x \neq y$. — Prouvons le *théorème* 3, n° 11; provisoirement nous définissons $\mathcal{L}$ par (10.1) pour tout x; $K_+(y)$ doit alors être remplacé par $K(y)$.

Pour $x \in X - K(y)$, $\mathcal{L}[f]$ est une fonction holomorphe de (x, y), vu le théorème 3 de [III].

Étudions l'allure de $\mathcal{L}[f]$ sur $K(y) - y$; quand $x \in K(y) - y$, le point singulier réel de $\tilde{x}$ appartient à $\tilde{\Psi} - y^*$; sur ce domaine employons les coordonnées locales :

$$\eta_1, \quad \ldots, \quad \eta_l, \qquad \text{en fixant } t.$$

Appliquons la proposition 20, en remplaçant, vu (3.3) et (4.1)

$$X, \quad S, \quad J(t), \quad H_l(t), \qquad q, \qquad x, \quad t, \qquad s(x, y, t)$$

par

$$\tilde{\Psi}, \quad \tilde{x}, \quad \mathcal{L}[f], \quad H_l(x,y), \quad 1+l-n, \quad \eta, \quad x, \quad -\xi(t, \eta, y).x$$

$$\text{et} \quad \rho(x, y) \quad \text{par} \quad \frac{(1-m)\,t}{2(2\pi i)^{l-1}} f \frac{D(\xi)}{D(t, \eta)};$$

l'orientation (7.2) de $\mathrm{Re}\,\tilde{x}$ coïncide avec celle que la définition (20.3) donne à $\mathrm{Re}\,S$; le n° 20 donne à $\mathrm{Im}\,S$ l'orientation associée à l'orientation

$$dx_1 \wedge \ldots \wedge dx_l > 0 \quad \text{de } \mathrm{Re}\,X$$

la proposition 8.1 donne à $\mathrm{Im}\,\tilde{x}$, quand l est pair, l'orientation associée à l'orientation

$$-t g_1(\eta)\, d\eta_1 \wedge \ldots \wedge d\eta_l \quad \text{de } \mathrm{Re}\,\tilde{\Psi};$$

c'est l'orientation précédente multipliée par $-\mathrm{sgn}\,(t g_1)$. Nous obtenons ainsi, vu cette proposition 8.1, la conclusion suivante, qui emploie les définitions 11.1 des χ_p et 11.2 de $\sqrt{\mathrm{Hess}}$:

Supposons f réel. Choisissons (t, η) et l'équation locale de $K(y)$,

$$K(y): \quad k(x, y) = 0$$

tels que les hypothèses de la proposition 20 soient vérifiées :

$$k_{x_l} = \xi_l; \qquad k > 0 \text{ du côté positif de } K, \text{ si } l \text{ est impair.}$$

Il existe alors au voisinage de $K(y) - y$ trois fonctions holomorphes $H_1(x, y)$, H_2 et H_3 telles que

$$(50.1) \quad \mathcal{L}[f] = \mathrm{Re}\,\{ H_1(x, y)\, \chi_{n-(l/2)-1}[k(x, y)] + H_2 \chi_0[k] \} + H_3(x, y);$$

si l est impair, alors $H_2 = 0$, H_1 et H_3 sont réels;
si l est pair, alors $H_2 = 0$ pour $1 + (l/2) \leq n$, H_3 est réel, H_1 et H_2 sont imaginaires purs (réels) sur les nappes positives (négatives) de $K(y)$.

Pour $x \in K(y) - y$,

$$(50.2)\quad H_1(x, y) = \frac{i^{l+1}(2\pi)^{1-(l/2)}(m-1)\,t}{\sqrt{\mathrm{Hess}_{\eta_1}[-\xi(t, \eta, y).x]}} f(\xi, \eta)\,\frac{D(\xi)}{D(t, \eta)}\,\mathrm{sgn}[t g_1(\eta)]^{l-1},$$

où (t, η) est le point singulier de $\tilde{x}$.

Quand nous aurons supposé la projection ξ hyperbolique, choisi

$$g_1 = \frac{\partial g(y, \eta)}{\partial \eta_1} \quad \text{et} \quad \mathcal{L}[f] = 0 \quad \text{pour} \quad x_1 < y_1,$$

alors le support de la singularité de $\mathcal{L}[f]$ se réduira à $K_+(y)$, où $x_1 \geqq y_1$; pour $x \in K_+(y)$, le point singulier réel (t, η) de $\tilde{x}$ vérifie donc, vu (36.8);

$$t g_{\eta_1} > 0;$$

(50.2) s'identifie donc à (11.7).

51. **Allure de $\mathcal{L}[f]$ pour $x = y$.** — Prouvons le *théorème* 4, n° 11. Écrivons $\mathcal{L}[f](x, y)$ au lieu de $\mathcal{L}[f]$; dans X, envisageons l'homothétie $T(\tau)$ de centre y, de rapport $\tau > 0$:

$$T = T(\tau) : \quad x \to y + \tau(x - y);$$

nous obtiendrons ce théorème 4 en étudiant l'allure, pour τ petit, de

$$(51.1)\qquad \tau^{l-n}\,\mathcal{L}[f(\xi, y)](Tx, y);$$

cette allure résultera du théorème 3, que nous venons d'établir, plus précisément du corollaire 3 et de la note qui le suit (n° 11).

Commençons par transformer (51.1). Les homothéties $T(\tau)$ constituent un groupe de paramètre $\log\tau$; dans Ξ, considérons le groupe des transformations dépendant de ce même paramètre :

$$\Theta = \Theta(\tau) : \quad \xi = (\xi_0, \xi_1, \ldots, \xi_l) \to (\tau\xi.y - \xi_1 y_1 - \ldots \xi_l y_l, \xi_1, \ldots, \xi_l).$$

Évidemment

$$T y = y, \qquad \Theta\eta = \eta,$$

$$(51.2)\qquad \Theta\xi.Tx = \tau\xi.x, \qquad \omega^*(\Theta\xi) = \tau\omega^*(\xi).$$

Puisque $\xi(t, \eta, y)$ uniformise $f(\xi, y)\,d\xi_0 \wedge \ldots \wedge d\xi_l$, on uniformise

$$f(\Theta^{-1}\xi, y)\,d\xi_0 \wedge \ldots \wedge d\xi_l$$

en y substituant $\Theta\xi(t, \eta, y)$ à ξ; (51.2) permet donc de comparer les formules (10.1) définissant

$$\mathcal{L}[f(\Theta^{-1}\xi, y)](Tx, y) \quad \text{et} \quad \mathcal{L}[f](x, y);$$

on obtient

$$\mathcal{L}[f(\Theta^{-1}\xi, y)](Tx, y) = \tau^{n-l}\mathcal{L}[f(\xi, y)](x, y).$$

En remplaçant dans cette relation $f(\xi, y)$ par $f(\Theta\xi, y)$, il vient

(51.3) $$\tau^{l-n}\mathcal{L}[f(\xi, y)](Tx, y) = \mathcal{L}[f(\Theta\xi, y)](x, y).$$

Étudions maintenant l'allure du second membre quand τ est petit; nous supposerons $0 < \tau \leqq 1$; nous uniformiserons $f(\Theta\zeta, y)\, d\xi_0 \wedge \ldots \wedge d\xi_l$ en substituant à ξ, non pas, comme il serait licite :

(51.4) $$\Theta^{-1}\xi(t, \eta, y) = \Theta(\tau^{-1})\,\xi(t, \eta, y),$$

mais

(51.5) $$\Theta^{-1}\xi(\tau t, \eta, y);$$

(51.4) n'est pas holomorphe pour $\tau = 0$; au contraire (51.5) l'est, car (36.1) donne

(51.6) $$\frac{1}{\tau}\xi(\tau t, \eta, y).y = -\,tg(y, \eta) + \sum_{q \geqq 2} \tau^{q-1} t^q P_q(\eta, y, y).$$

La proposition 5.1 définit $r(\xi, y)$ en supposant que $f(\xi, y)$ s'annule p fois pour $\xi.y = 0\ (p \geqq 0)$; la fonction de (τ, t, η, y)

$$f(\xi(\tau t, \eta, y), y)\frac{D(\xi(\tau t, \eta, y))}{D(t, \eta)},$$

qui est holomorphe, s'annule donc $p + 1$ fois pour $\tau = 0$; donc

(51.7) $$\tau^{-p-1} f(\xi(\tau t, \eta, y), y)\frac{D(\xi(\tau t, \eta, y))}{D(t, \eta)} = \tau^{-p} f(\xi(\tau t, y), y)\frac{D(\Theta^{-1}\xi(\tau t, \eta, y))}{D(t, \eta)}$$

est holomorphe pour $\tau = 0$. Notons enfin ceci : vu (51.6),

(51.8) $$\Theta^{-1}\xi(\tau t, \eta, y)\Big|_{\tau=0} = (\eta_0 - tg(y, \eta), \eta_1, \ldots, \eta_l)$$

est la projection polynomiale; vu (5.1) et (51.6),

$$\tau^{-p} f(\xi(\tau t, \eta, y), y)\Big|_{\tau=0} = \frac{[tg(y, \eta)]^p}{p!} r(\eta, y)$$

est la fonction résultant de la substitution de (51.8) à ξ dans $\dfrac{(-\xi.y)^p}{p!} r(\xi, y)$.

L'holomorphie de (51.5) et (51.7) permet d'appliquer le corollaire 3 (n° 11) et la note qui le suit à

$$\mathcal{L}[\tau^{-p} f(\Theta\xi, y)](x, y)$$

quand

$$(51.9)\qquad 0 < \text{Cte} \leqq |x-y| \leqq \text{Cte}, \qquad 0 \leqq \tau \leqq 1;$$

nous obtenons les résultats que voici :

1° Si l'une des conditions suivantes est vérifiée :

$$(51.10)\qquad 1 + (l/2) < n,$$

$$(51.11)\qquad 1 + (l/2) = n, \qquad l \text{ pair}, \quad K(y) \text{ négatif},$$

alors $\mathcal{L}[\tau^{-p} f(\Theta\xi, y)](x, y)$ est borné.

2° Si (51.10) a lieu, alors $\mathcal{L}[\tau^{-p} f(\Theta\xi, y)](x, y)$ est une fonction de (x, y, τ) qui vérifie une condition de Hölder, d'exposant $\rho(l, n)$ défini par (11.11), et dont la limite pour $\tau = 0$, est

$$\mathcal{L}\left[\frac{(-\xi.y)^p}{p!} r(\xi, y)\right].$$

La preuve du théorème 4 est maintenant aisée :

(51.3) transforme 1° en ceci : Si (51.10) ou (51.11) a lieu, alors

$$(51.12)\qquad \tau^{l-n-p} |\mathcal{L}[f(\xi, y)](\mathrm{T}x, y)| \leqq \text{Cte}.$$

Vu (51.9), $\mathrm{T}x$ est un point arbitraire de la sphère

$$|\mathrm{T}x - y| \leqq \text{Cte};$$

τ est un nombre tel que

$$\text{Cte}\,\tau \leqq |\mathrm{T}x - y| < \text{Cte}\,\tau;$$

(51.12) équivaut donc à (11.9).

De même (51.3) déduit de 2° ceci : Si (51.10) a lieu, alors

$$\left|\tau^{l-n-p} \mathcal{L}[f(\xi, y)](\mathrm{T}x, y) - \mathcal{L}\left[\frac{(-\xi.y)^p}{p!} r(\xi, y)\right](x, y)\right| < \tau^{\rho}.$$

Or, vu la proposition 49,

$$\mathcal{L}\left[\frac{(-\xi.y)^p}{p!} r(\xi, y)\right](x, y) = \tau^{l-n-p} \mathcal{L}\left[\frac{(-\xi.y)^p}{p!} r(\xi, y)\right](\mathrm{T}x, y);$$

l'inégalité précédente s'écrit donc :

$$\tau^{l-n-p-\rho}\left|\mathcal{L}[f(\xi, y)](\mathrm{T}x, y) - \mathcal{L}\left[\frac{-(\xi.y)^p}{p!} r(\xi, y)\right](\mathrm{T}x, y)\right| < \text{Cte},$$

d'où (11.10) par le raisonnement qui vient de déduire (11.9) de (51.12).

52. **$\mathcal{L}[f]$ ne dépend pas de l'uniformisation de f.** — Ce théorème sera déduit d'une nouvelle expression de $\mathcal{L}[f]$, par des intégrales dans Ξ^*; cette expression résultera de la proposition 8.2.

NOTATIONS. — Nous avions noté g_i^* ($i = 1, 2, \ldots$) les composantes connexes de $\mathrm{Re}\,g^*$; mettons à part celles en tous points desquelles $f(\xi, y)$ est holomorphe; notons g_0^* la réunion des autres :

$$g_0^* \subset \mathrm{Re}\,g^*;$$

en général

$$g_0^* = \mathrm{Re}\,g^*.$$

Nous avions noté C_i et K_i les nappes de $C(y)$ et $K(y)$ correspondant à g_i^*; notons maintenant C_0 (et K_0) la réunion des C_i (et des K_i) tels que $g_i^* \subset g_0^*$:

$$C_0 \subset C(y), \qquad K_0 \subset K(y);$$

en général :

$$C_0 = C(y), \qquad K_0 = K(y).$$

Soit $\Omega^*(y)$ un domaine de Ξ^* possédant les propriétés suivantes :

$$y^* - g^* \subset \Omega^*, \qquad \mathrm{Re}\,y^* - g_0^* \subset \Omega^*;$$

$f(\xi, y)$ est holomorphe pour $\xi^* \in \Omega^*$;

$y^* \cap \Omega^*$ est rétracte par déformation de Ω^*.

En général $y^* \cap \Omega^* = y^* - g^*$; sinon nous avons besoin de compléter par la suivante la définition 8 de $h(y^* - g^*, \tilde{x})$: l'inclusion

$$y^* - g^* \subset y^* \cap \Omega^*$$

induit un homomorphisme naturel

$$H_c(y^* - g^*, \tilde{x} \cap y^*) \to H_c(y^* \cap \Omega^*, x^* \cap y^*), \qquad \text{où} \quad \tilde{x} \cap y^* = x^* \cap y^*,$$

qui transforme la classe $h(y^* - g^*, \tilde{x})$ en une classe que nous noterons $h(y^* \cap \Omega^*, x^*)$.

$h(y^* \cap \Omega^*, x^*)$ est définie quand x^* ne touche pas g_0^*, c'est-à-dire quand $x \notin C_0$ et dépend continûment de x; on le voit aisément comme suit : quand l est impair, $h(y^* \cap \Omega^*, x^*)$ est la classe de deux fois le cycle $\mathrm{Re}\,y^*$, détourné de g_0^*; quand l est pair, $h(y^* \cap \Omega^*, x^*)$ est le cobord de g_0^* muni de l'orientation (7.5); g^* a été remplacé par sa partie voisine de g_0^*.

Soit un cône fermé, de sommet y, voisin de $C_0(y)$ et dont l'intérieur contienne $C_0(y) - y$; soit $Y_0(y)$ l'intersection du complémentaire de ce cône fermé et d'une boule ouverte, de centre y; choisissons cette boule assez petite pour pouvoir définir, quand $x \in Y_0(y)$, une classe d'homologie $h(x^* \cap \Omega^*, y^*)$ ayant les propriétés suivantes :

— elle dépend continûment de $x \in Y_0(y)$;

— elle tend vers $h(y^* \cap \Omega^*, x^*)$ quand x tend vers y le long d'un segment $\subset Y_0(y)$.

Cela signifie ceci : on peut appliquer dans $x^* \cap \Omega^*$ tout compact de $y^* \cap \Omega^*$ par des applications voisines de l'identité, dont la restriction à $x^* \cap y^*$ soit l'identité; elles appliquent $h(y^* \cap \Omega^*, x^*)$ sur $h(x^* \cap \Omega^*, y^*)$.

Soit $h(\Omega^*, x^* \cup y^*)$ la classe, unique puisque $H_c(\Omega^*, y^*) = 0$, telle que

$$\partial h(\Omega^*, x^* \cup y^*) = h(x^* \cap \Omega^*, y^*)$$

elle dépend continûment de x.

Ces définitions et la définition 40 de $Y(y)$ — qui dépendra au choix de la projection — permettent d'énoncer comme suit la proposition 8.2 : supposons $Y(y)$ assez petit et $x \in Y(y)$; alors la projection $\xi(t, \eta, y)$, qui projette $\tilde{x}$ dans x^* et identiquement y^* sur y^* transforme certains cycles de la classe $h(\tilde{x}, y^*)$ en cycle de la classe $h(x^* \cap \Omega^*, y^*)$. Elle transforme donc aussi certains cycles de la classe $h(\tilde{\Phi}, \tilde{x} \cup y^*)$ en cycles de $h(\Omega^*, x^* \cup y^*)$.

D'où, vu la formule classique $\int_{Fh} \omega = \int_h F^* \omega$ et la formule (7.5) de (III), l'expression nouvelle de $\mathcal{L}[f]$ que voici :

Lemme 52.1. — Quand $x \in Y(y)$, on peut dans les formules (10.1) qui définissent $\mathcal{L}(f)$, choisir respectivemeut

$$h = h(\Omega^*, x^* \cup y^*) \quad \text{et} \quad h = h(x^* \cap \Omega^*, y^*).$$

Bien entendu, avec de tels choix de h, les seconds membres de ces formules sont holomorphes pour $x \in Y_0(y)$. D'où grâce à la proposition 5.3 le

Lemme 52.2. — La fonction $\mathcal{L}[f]$ est indépendante du choix de la projection, uniformisant f, qu'emploie la définition de $\mathcal{L}[f]$.

Note. — D'après le théorème 3, cette fonction est $\mathcal{L}[f]$ elle-même, si $n > l/2$, et est, sinon, la restriction de $\mathcal{L}[f]$ à $X - K(y)$.

Preuve. — Vu ce théorème 3, $\mathcal{L}[f]$ est une fonction de x holomorphe sur chacune des composantes connexes de

$$(52.1) \qquad X - K(y);$$

vu le lemme 52.1, $\mathcal{L}[f]$ est holomorphe en tout point de $K(y) - K_0$ et est égale, sur $Y(y) \cap Y_0(y)$, à une fonction holomorphe indépendante du choix de l'uniformisation de f; le lemme est donc vrai si K_0 est indépendant de ce choix ; c'est ce qu'a prouvé la proposition 5.3.

Proposition 52. — *$\mathcal{L}[f]$ est indépendant du choix de la projection uniformisant f, qu'emploie la définition de $\mathcal{L}$.*

Preuve. — Soit $b(\xi)$ un polynôme en $(\xi_1, \ldots, \xi_l)$ homogène, de degré q et elliptique :

$$b(\xi) \neq 0 \quad \text{pour } \xi \text{ réel.}$$

On a $b(\xi(t, \eta, y)) \neq 0$ pour $\eta^* \in \mathcal{V}^*$, $\mathcal{V}^*$ (proposition 42) et $\tilde{\Psi}$ suffisamment petits; la proposition 42 permet donc d'étendre à $\mathcal{L}[f/b]$ la définition de $\mathcal{L}[f]$ et celles de ses propriétés qui sont à présent établies (mais non celles qu'établiront les n°ˢ 53 et 54). Nous venons de voir que, pour $q + n > l/2$, $\mathcal{L}[f/b]$ est une fonction indépendante du choix de la projection uniformisant f qu'emploie la définition de $\mathcal{L}[f/b]$; donc, vu (10.3), la distribution

$$\mathcal{L}[f] = b\left(\frac{\partial}{\partial x}\right)\mathcal{L}[f/b]$$

est, elle aussi, indépendante de ce choix.

53. L'hypothèse d'hyperbolicité. — *Nous supposerons désormais que f puisse être uniformisé par des projections hyperboliques, vérifiant* (4.4) et (9.1); nous n'emploierons plus que de telles projections et nous supposerons que le n° 7 a choisi

$$g_1 = \frac{\partial g}{\partial \eta_1}.$$

Alors, vu la proposition 9,

$$h(y^* - g^*, \tilde{x}) = 0 \quad \text{pour } x_1 \geqq y_1, \quad x \notin \mathcal{D}_+(y);$$

donc, quand y appartient à une composante connexe de $Y_0(y)$ n'appartenant ni à $\mathcal{D}_+(y)$ ni au demi-cône opposé $\mathcal{D}-(y)$, on a

$$h(x^* \cap \Omega^*, y^*) = 0, \qquad h(\Omega^*, x \cup y^*) = 0;$$

donc, vu le lemme 52.1 : $\mathcal{L}[f] = 0$ sur toute composante connexe de $Y(y)$ n'appartenant ni à $\mathcal{D}_+(y)$ ni à $\mathcal{D}_-(y)$; donc, vu le théorème 3 :

PROPOSITION 53. — $\mathcal{L}[f] = 0$ *pour* $x_1 \geqq y_1$, $x \notin \mathcal{E}_+(y)$.

Conformément au n° 10, *nous modifions la définition de $\mathcal{L}[f]$, pour $x_1 < y_1$. en posant*

$$\mathcal{L}[f] = 0 \qquad \text{pour } x_1 < y_1.$$

Alors le théorème 2 vaut, ainsi que toutes les propriétés de $\mathcal{L}[f]$ établies ci-dessus; dans l'énoncé du théorème 3, nous n'avons plus à remplacer K_+ par K.

54. Définition de $\mathcal{L}[f]$ pour $x = y$. — Nous supposons désormais f *rationnellement uniformisable*, son polynôme g hyperbolique, (4.4) et (9.1) vérifiés. Soient $b(\xi)$ et $c(\xi)$ deux polynômes en $\xi_1, \ldots, \xi_l$, homogènes de degrés q et r, hyperboliques, tels que $b(\eta)\, c(\eta)\, g(y, \eta)$ soit hyperbolique et vérifie (4.4) et (9.1) : on peut évidemment construire de tels polynômes en les choisissant par exemple produits de polynômes du second degré.

Vu la formule (11.9) du théorème 4,

$$\mathcal{L}[f(\xi, y)/b(\xi)\, c(\xi)], \quad \mathcal{L}[f/b] \quad \text{et} \quad \mathcal{L}[f/c]$$

sont des fonctions de x, sommables sur X, si

$$1+l/2-n<q \quad \text{et} \quad <r,$$

ce que nous supposerons; vu (10.3), ces fonctions sont liées par les relations, valables sur X :

$$\mathcal{L}[f/b]=c\left(\frac{\partial}{\partial x}\right)\mathcal{L}[f/bc], \qquad \mathcal{L}[f/c]=b\left(\frac{\partial}{\partial x}\right)\mathcal{L}[f/bc];$$

d'où, sur X, l'égalité de distribution :

$$(54.1) \qquad b\left(\frac{\partial}{\partial x}\right)\mathcal{L}[f/b]=c\left(\frac{\partial}{\partial x}\right)\mathcal{L}[f/c];$$

cette distribution (54.1) est donc indépendante des choix de b et c; vu (10.3), sa restriction à $X-y$ est la distribution $\mathcal{L}[f]$ que définit (10.1).

Désormais, $\mathcal{L}[f]$ *sera la distribution, fonction de* y, *que* (54.1) *définit sur* X.

Il est évident qu'un changement linéaire des coordonnées n'altère pas sa définition; toutes les propriétés de $\mathcal{L}[f]$ prouvées ci-dessus subsistent; seule la vérification de (10.4) et (10.5) exige un bref calcul, que voici :

Preuve de (10.4). — Rappelons la formule classique :

$$(54.2) \qquad b\left(\frac{\partial}{\partial x}\right)[x_j u(x)]=x_j b\left(\frac{\partial}{\partial x}\right)u(x)+b_{\xi_j}\left(\frac{\partial}{\partial x}\right)u(x).$$

Donc, puisque (10.4) vaut quand n est assez grand pour que $\mathcal{L}[f]$ et $\frac{\partial}{\partial x}\mathcal{L}[f]$ soient des fonctions, on a pour q suffisamment grand et

$$f\, d\xi_0\wedge\ldots\wedge d\xi_l$$

rationnellement uniformisable :

$$\begin{aligned}
&\sum_j x_j\frac{\partial}{\partial x_j}\mathcal{L}[f]\\
&=\sum_j x_j\frac{\partial}{\partial x_j}b\left(\frac{\partial}{\partial x}\right)\mathcal{L}\left[\frac{f}{b}\right]\\
&=b\left(\frac{\partial}{\partial x}\right)\sum_j x_j\frac{\partial}{\partial x_j}\mathcal{L}\left[\frac{f}{b}\right]-\sum_j b_{\xi_j}\left(\frac{\partial}{\partial x}\right)\frac{\partial}{\partial x_j}\mathcal{L}\left[\frac{f}{b}\right]\\
&=(n+q-l-1)\,b\left(\frac{\partial}{\partial x}\right)\mathcal{L}\left[\frac{f}{b}\right]-b\left(\frac{\partial}{\partial x}\right)\mathcal{L}\left[\xi_0\frac{f}{b}\right]-q\,b\left(\frac{\partial}{\partial x}\right)\mathcal{L}\left[\frac{f}{b}\right]\\
&=(n-l-1)\,\mathcal{L}[f]-\mathcal{L}[\xi_0 f];
\end{aligned}$$

(10.4) vaut donc sur X.

PREUVE DE (10.5). — Puisque (10.5) vaut quand n est assez grand, on a, vu (51.2), pour q grand et f rationnellement uniformisable :

$$x_j \mathcal{L}[f] = x_j\, b\left(\frac{\partial}{\partial x}\right) \mathcal{L}\left[\frac{f}{b}\right]$$

$$= b\left(\frac{\partial}{\partial x}\right)\left\{x_j \mathcal{L}\left[\frac{f}{b}\right]\right\} - b_{\xi_j}\left(\frac{\partial}{\partial x}\right)\mathcal{L}\left[\frac{f}{b}\right]$$

$$= -\mathcal{L}\left[b\frac{\partial}{\partial \xi_j}\left(\frac{f}{b}\right) + b_{\xi_j}\frac{f}{b}\right] = -\mathcal{L}\left[\frac{\partial f}{\partial \xi_j}\right];$$

(10.5) vaut donc sur X.

55. **Biunivocité et autres propriétés de $\mathcal{L}$.** — Nous pouvons maintenant établir le théorème 1 (n° 10) en admettant (10.8), que prouvera le prochain chapitre.

PREUVE DU THÉORÈME 1, 1° — Soit $f(\xi, y)\, d\xi_0 \wedge \ldots \wedge d\xi_l$ (rationnellement) uniformisable; notons $F(\xi, y)$ la primitive, relativement à ξ_0, de $f(\xi, y)$ qui s'annule pour $\xi . y = 0$; F est homogène de degré $1 - n$ en ξ, f l'étant de degré $-n$; vu la proposition 5.2, F est (rationnellement) uniformisable; vu (10.6)

$$\mathcal{L}[f] = -\mathcal{L}[F];$$

cela établit le 1° du théorème 1.

Pour établir le 2° nous emploierons le

LEMME 55. — Si $f\, d\xi_0 \wedge \ldots \wedge d\xi_l$ est uniformisable et si la partie principale de la singularité de $\mathcal{L}[f]$ décrite par le théorème 3 est nulle, alors f est uniformisable.

Ce lemme exige l'emploi de la proposition 42 et de $\tilde{\Theta}$ à la place de $\tilde{\Psi}$; la preuve du théorème 1, 2° emploiera elle aussi $\tilde{\Theta}$.

PREUVE. — Par hypothèse, $f(\xi(t, \eta, y), y)\, \dfrac{D(\xi)}{D(t, \eta)}$ est une fonction holomorphe de (t, η, y) pour

$$(t, \eta) \text{ réel}; \quad |t| . |\eta|^{m-1} < \text{Cte};$$

vu l'hypothèse du lemme, la formule (11.7) du théorème 3 et la formule (36.8), on a

$$f(\xi(t, \eta, y), y)\frac{D(\xi)}{D(t, \eta)} = 0$$

$$\text{pour} \quad \frac{D(\xi)}{D(t, \eta)} = 0, \quad (t, \eta) \text{ réel}, \quad t\, g_{r_{11}}(y, \eta) > 0;$$

vu que $\operatorname{Re} g^*$ n'a pas de singularité, la partie réelle de la variété $\dfrac{D(\xi)}{D(t, \eta)} = 0$

est sans singularité, $f(\xi(t, \eta, y), y) \dfrac{D(\xi)}{D(t, \eta)}$ s'y annule et $\dfrac{D(\xi)}{D(t, \eta)}$ s'y annule une fois; donc $f(\xi(t, \eta, y), y)$ est holomorphe sur Re $\tilde{\Psi}$; donc sur

$$\tilde{\Theta}: \quad \eta^* \text{ voisin de } \operatorname{Re} y^*; \quad |t|.|\eta|^{m-1} \text{ petit};$$

ce qui signifie que f est uniformisable puisque $\tilde{\Theta}$ remplace $\tilde{\Psi}$.

Preuve du théorème 1, 2°. — Supposons $f\, d\xi_0 \wedge \ldots \wedge d\xi_l$ uniformisable et $\mathcal{L}[f]$ holomorphe sur $X - y$; d'après le lemme précédent, f est uniformisable, donc, vu la proposition 5.2,

$$\frac{\partial f}{\partial \xi_0} d\xi_0 \wedge \ldots \wedge d\xi_l$$

aussi; donc, par récurrence :

$$f, \quad \frac{\partial f}{\partial \xi_0}, \quad \ldots, \quad \frac{\partial^p f}{\partial \xi_0^p}, \quad \ldots$$

sont uniformisables; donc, vu la proposition 5.1, $\left.\dfrac{\partial^p f}{\partial \xi_0^p}\right|_{\xi, y}$ est un polynôme en $\xi_1, \ldots, \xi_l$, à coefficients fonctions holomorphes de y, de degré $-(n+p)$; donc $f(\xi, y)$ est un polynôme en ξ à coefficients holomorphes en y. Donc $f(\xi, y)\, d\xi_0 \wedge \ldots \wedge d\xi_l$ est rationnellement uniformisable; par suite $\mathcal{L}[f]$ est une distribution définie sur X. Mettons f sous la forme

$$f(\xi, y) = \sum_{q=0}^{-n} \frac{(-\xi . y)^q}{q!} P_q(\xi, y),$$

$P_q(\xi, y)$ étant un polynôme en $\xi_1, \ldots, \xi_l$, homogène de degré $-n-q$; on a vu (10.6), (10.3) et (10.8),

$$\mathcal{L}[f] = \sum_{q=0}^{-n} P_q\left(\frac{\partial}{\partial x}, y\right) \delta(x - y),$$

Si $\mathcal{L}[f]$ est une fonction holomorphe sur X, tous les P_q sont donc nuls et $f = 0$.

56. Allure de $\mathcal{L}[f](x, y)$ pour x et y complexes. — Ce n° 56 prouve le théorème 5; il modifie comme suit le sens des notations.

Notations. — X est un domaine d'un espace *affin complexe*, de dimension complexe l; Re X joue le rôle du domaine que le n° 1 note X; x et y sont des points de X. $C(y)$ est l'ensemble des points x de X tels que $\tilde{x}$ touche g; c'est un cône de sommet y, dont les génératrices sont des droites complexes, correspondant biunivoquement aux points de g^*; cette correspondance entre la génératrice du point x de $C(y)-y$ et le point η^* de g^* est définie par l'une des deux conditions équivalentes :

$$\tilde{x} \text{ touche } g^* \text{ en } \eta^*;$$
$$x-y=g_\eta(y,\eta).$$

$K(y)$ est l'ensemble des points x tels que $\tilde{x}$ ait une singularité.

Le prolongement analytique de la fonction $\mathcal{L}[f](x, y)$ aux valeurs complexes de (x, y) sera donné par l'intégrale (10.1) définissant $\mathcal{L}[f]$, quand la définition de $h(\tilde{\Psi}, \tilde{x}\cup y^*)$ aura été étendue aux valeurs complexes de (x, y), ce qui exige une nouvelle hypothèse :

HYPOTHÈSES. — Ce n° 56 complète l'hypothèse $(4.4)_1$ comme suit :

(56.1) g^* n'a pas de singularité.

Il existe donc des constantes telles que

$$|g_\eta| > \text{Cte}\,|\eta|^{m-1} \quad \text{quand} \quad |g| < \text{Cte}\,|\eta|^m.$$

Les restrictions au réel figurant dans certains lemmes antérieurs deviennent maintenant superflues :

LEMME 56.1. — $C(y)$ est le cône des tangentes à $K(y)$ en y.

PREUVE. — L'application

$$\eta \to x$$

définie par $(36.10)_1$ applique la variété d'équation $(36.9)_1$ sur $K(y)$; le lemme résulte donc de l'hypothèse (56.1).

LEMME 56.2. — 1° Il existe une constante c_1 assez petite et une constante c_2 assez grande pour que la partie de $\tilde{x}$ où

$$c_2|x-y| < |t|.|\eta|^{m-1} < c_1$$

ait ses éléments de contact voisins de ceux de la variété : $g(y, \eta)=0$.

2° $\tilde{x}$ est donc en position générale par rapport à la frontière du domaine $\tilde{\Psi}(\tilde{\Psi} : |t|.|\eta|^{m-1} < c_0)$ quand c_0 et $x-y$ sont suffisamment petits.

PREUVE DE 1°. — L'équation (36.2) de $\tilde{x}$ et l'hypothèse (56.1).

Le lemme 56.2, 2° a pour conséquence aisée le suivant, qui suppose $\tilde{\Psi}$ et $x-y$ suffisamment petits :

LEMME 56.3. — Soient x et y, tels que $x \notin K(y)$; étant donnés x' et $y' \in X$ tels que (x', y') soit suffisamment voisin de (x, y), les applications voisines de l'identité de $(\tilde{x}, y^*)$ sur $(\tilde{x}', y'^*)$ définissent un isomorphisme naturel $A(x, y; x', y')$ de $H_c(\tilde{x}, y^*)$ sur $H_c(\tilde{x}', y'^*)$.

En composant ces isomorphismes, on obtient la

Définition 56.1. — Soit $a(x', y'; x'', y'')$ un arc de $X \times X$ joignant (x', y') à (x'', y'') et dont chaque point (x, y) vérifie $x \notin K(y)$; un tel arc définit un isomorphisme $A(x', y'; x'', y'')$ de $H_c(\tilde{x}', y'^*)$ sur $H_c(\tilde{x}'', y''^*)$; A ne dépend que de la classe d'homotopie de a et se compose comme a.

Les n°s 8 et 41 ont défini une classe d'homologie $h(\tilde{x}, y^*)$ pour x et y réels, $x \notin K(y)$; quand l'arc $a(x', y'; x'', y'')$ est réel, $A(x', y'; x'', y'')$ transforme $h(\tilde{x}', y'^*)$ en $h(\tilde{x}'', y''^*)$, car $h(\tilde{x}, y^*)$ dépend continûment de x et y. Nous étendrons comme suit cette définition de $h(\tilde{x}, y)$ au cas où x et y sont complexes :

Définition 56.2. — Nous notons $h(\tilde{x}, y^*)$ toute classe d'homologie de $(\tilde{x}, y^*)$ qui est l'image par un isomorphisme $A(x', y'; x, y)$ (x' et y' réels) de la classe $h(\tilde{x}', y'^*)$ définie par les n°s 8 et 41.

Nous notons $h(\tilde{\Psi}, \tilde{x} \cup y^*)$ toute classe d'homologie de $(\tilde{\Psi}, \tilde{x} \cup y^*)$ dont le bord dans $(\tilde{x}, y^*)$ est l'une des classes $h(\tilde{x}, y^*)$:

$$\partial h(\tilde{\Psi}, \tilde{x} \cup y^*) = h(\tilde{x}, y^*);$$

le n° 6 a montré que la donnée de $h(\tilde{x}, y^*)$ définit $h(\tilde{\Psi}, \tilde{x} \cup y^*)$.

Vu le théorème 3 de [III], il suffit d'employer ces nouvelles définitions de $h(\tilde{x}, y^*)$ et $h(\tilde{\Psi}, \tilde{x} \cup y^*)$ dans l'intégrale (10.1) qui définit la fonction $\mathcal{L}[f](x, y)$ pour obtenir le prolongement analytique de cette fonction aux valeurs complexes de (x, y), vérifiant $x \notin K(y)$; d'où le

Lemme 56.4. — $\mathcal{L}[f](x, y)$ est une fonction analytique de x et y complexes, sans singularité pour $x \notin K(y)$; elle est multiforme; toutes ses déterminations sont combinaisons linéaires, à coefficients rationnels constants, d'un nombre fini d'entre elles; ce nombre est au plus égal au $(l-1)^{\text{ième}}$ nombre de Betti ([17]) de $(\tilde{x}, y^*)$.

Le calcul de ce nombre de Betti va achever la preuve du théorème 5. Le lemme 56.1 et un raisonnement analogue à la preuve du lemme 40.2 montrent ceci :

Quand x tend vers y sur une droite $\not\subset C(y)$, alors $(\tilde{x}, y^*)$ est le même, à un homéomorphisme près, que si $\xi(t, \eta, y)$ et Ψ sont la projection polynomiale, de polynôme $g(y, \eta)$, et la partie de Φ où $t \neq \infty$.

Supposons qu'il en soit ainsi; employons les notations du n° 7 : la variété

$$\tilde{x}: \quad t g(y, \eta) = \eta . x, \qquad t \neq \infty$$

a pour partie à l'infini :

$$\tilde{g}(\infty): \quad t = \infty, \qquad g(y, \eta) = 0;$$

([17]) Rang du groupe d'homologie de dimension $l-1$.

elle contient l'espace projectif

$$\tilde{x} \cap y^* : \quad t = \eta . x = 0,$$

et la sous-variété

$$\tilde{g}(x) : \quad g(y, \eta) = \eta . x = 0, \qquad t \neq \infty,$$

dont la partie à l'infini est

$$\tilde{g}(\infty, x) : \quad t = \infty, \qquad g(y, \eta) = \eta . x = 0.$$

Nous allons ramener l'étude de l'homologie de $(\tilde{x}, y^*)$ à celle de sa partie à l'infini, qui est une variété projective : il suffira d'appliquer à $H_c(\tilde{g}(\infty), \tilde{g}(\infty, x))$ le cobord δ, que le nº 7 emploie pour définir $h(\tilde{x}, y^*)$ quand l est pair.

Lemme 56.5. — On a un isomorphisme naturel

$$H_c(\tilde{x}, y^*) \simeq H_c(\tilde{x}, y^* \cup \tilde{g}(x)),$$

Preuve. — (6.1) montre que $y^* \cap \tilde{g}(x)$ est rétracte par déformation de $\tilde{g}(x)$; donc

$$H_c(\tilde{g}(x), y^*) = 0;$$

par suite dans le triplet exact (*voir* [III], nº 3)

$$\begin{array}{ccc} & H_c(\tilde{x}, y^*) & \\ {}^{p}\swarrow & & \nwarrow^{i} \\ H_c(\tilde{x}, y^* \cup \tilde{g}(x)) & \xrightarrow{\delta} & H_c(\tilde{g}(x), y^*) \end{array}$$

p constitue un isomorphisme de $H_c(\tilde{x}, y^*)$ sur $H_c(\tilde{x}, y^* \cup \tilde{g}(x))$.

Lemme 56.6. — $H_c(\tilde{x} \cup \tilde{g}(\infty), y^* \cup \tilde{g}(x) \cup \tilde{g}(\infty, x))$ est engendré par une classe d'homologie de dimension $2l - 2 = \dim_r \tilde{x}$.

Preuve. — Puisque $\tilde{x} \cap y^*$ et $\tilde{g}(x) \cup \tilde{g}(\infty, x)$ sont deux sous-variétés de $\tilde{x}$ sans singularité et en position générale, on a

$$(56.2) \qquad H_c(\tilde{x} \cup \tilde{g}(\infty), y^* \cup \tilde{g}(x) \cup \tilde{g}(\infty, x)) = H_c\big(\tilde{x} \cup \tilde{g}(\infty), \tilde{V}, \tilde{W}\big),$$

où $\tilde{V}$ et $\tilde{W} \subset \tilde{V}$ désignent des voisinages, suffisamment petits (18) de $y^* \cup \tilde{g}(x) \cup \tilde{g}(\infty, x)$; $H_c(A, B, C)$ désigne l'homologie dans (A, B) des cycles de (A, C). Or l'application de $\tilde{\Phi}$ sur sa base y^* :

$$\tilde{\varphi} = (t, \eta) \to \eta^*$$

a pour restriction à $\tilde{x} \cup \tilde{g}(\infty) - y^* \cup \tilde{g}(x) \cup \tilde{g}(\infty, x)$ un homéomorphisme

(18) $\tilde{V}$ [et $\tilde{W}$] appartient à un voisinage [contenu dans $\tilde{V}$] de $y^* \cup \tilde{g}(x) \cup \tilde{g}(\infty, x)$ dans $\tilde{x} \cup \tilde{g}(\infty)$, dont $y^* \cup \tilde{g}(x) \cup \tilde{g}(\infty, x)$ soit rétracte par déformation.

sur $y^* - x^* \cap y^*$; d'où, V^* et $W^* \subset V^*$ désignant des voisinages suffisamment petits de $x^* \cap y^*$:

$$(56.3) \qquad H_c(\tilde{x} \cup \tilde{g}(\infty),\, \tilde{V},\, \tilde{W}) \simeq H_c(y^*,\, V^*,\, W^*) = H_c(y^*,\, x^*).$$

Or, d'après le théorème de dualité de Poincaré, $H_c(y^*,\, x^*)$ est dual de $H_c(y^* - x^* \cap y^*)$ qui est banal :

(56.4) $H_c(y^*, x^*)$ est engendré par une classe d'homologie de dimension $2l - 2$.

Le lemme résulte de (56.2), (56.3) et 56.4).

Lemme 56.7. — *On a un isomorphisme naturel, augmentant la dimension de* 1, *du quotient de* $H_c(\tilde{g}(\infty),\, \tilde{g}(\infty,\, x))$ *par ses éléments de dimension maximale* $2l - 2$, *sur* $H_c(\tilde{x},\, y^*)$: *c'est le cobord* ∂.

Preuve. — Les deux lemmes précédents et l'exactitude du triplet (*voir* n° 3 de [III]) :

$$\begin{array}{ccc} & H_c(\tilde{x} \cup \tilde{g}(\infty),\, y^* \cup \tilde{g}(x) \cup \tilde{g}(\infty,\, x)) & \\ {}^{\varpi}\swarrow & & \nwarrow^{\iota} \\ H_c(\tilde{g}(\infty),\, \tilde{g}(\infty,\, x)) & \xrightarrow{\ \partial\ } & H_c(\tilde{x},\, y^* \cup \tilde{g}(x)) \end{array}$$

Lemme 56.8. — *Le* $(l-1)^{\text{ième}}$ *nombre de Betti de* $(\tilde{x},\, y^*)$ *est le* $(l-2)^{\text{ième}}$ *nombre de Betti de la variété algébrique affine* $g^* - g^* \cap x^*$.

Preuve. — D'après le lemme précédent, le $(l-1)^{\text{ième}}$ nombre de Betti de $(\tilde{x},\, y^*)$ est le $(l-2)^{\text{ième}}$ nombre de Betti de $(\tilde{g}(\infty),\, \tilde{g}(\infty,\, x))$, c'est-à-dire de (g^*, x^*) ; vu le théorème de dualité de Poincaré, c'est donc le $(l-2)^{\text{ième}}$ nombre de Betti de $g^* - g^* \cap x^*$.

Lemme 56.9. — *La variété algébrique affine* $g^* - g^* \cap x^*$, *dont le degré et la dimension complexe sont* m *et* $l - 2$, *a pour* $(l-2)^{\text{ième}}$ *nombre de Betti* : $(m-1)^{l-1}$.

Preuve. — Cela a été prouvé par I. Petrowsky [10] et I. Fáry [2] (n° 4, th. 1, p. 39). I. Fáry fait la restriction suivante : quand on choisit des coordonnées telles que

$$x_2 = y_2, \qquad \ldots, \qquad x_l = y_l,$$

alors le système

$$g_{\eta_2} = \ldots = g_{\eta_l} = \mathrm{Hess}_{(\eta_2, \ldots, \eta_l)}[g] = 0, \qquad \eta_1 \neq 0$$

doit être impossible; puisque g^* n'a pas de singularité, cette condition équivaut ([19]) à la suivante : le système

$$g_{\eta_1} = x - y, \qquad \mathrm{Hess}_\eta[g] = 0, \qquad g \neq 0$$

([19]) En effet, si $g_{\eta_2} = \ldots = g_{\eta_l} = 0$, alors :

$$g_{\eta_1} \neq 0, \qquad \eta_1 g_{\eta_1} = mg, \qquad \eta_1\, \mathrm{Hess}_\eta[g] = (m-1)\, g_{\eta_1}\, \mathrm{Hess}_{(\eta_2, \ldots, \eta_l)}[g].$$

est impossible. Or l'homologie de $g^* - g^* \cap x^*$ est indépendante du choix de $x \notin C(y)$. Le lemme 56.9 est donc vrai sans restriction, puisque g_η ne peut décrire tout l'espace vectoriel de dimension l quand η décrit la variété algébrique : $\mathrm{Hess}_\eta[g] = 0$.

Le *théorème* 5 résulte des lemmes 56.4, 56.8 et 56.9.

CHAPITRE 7. — Transformée de Laplace inverse d'une fonction rationnelle.

Soit $a(\xi)$ un polynôme en $\xi_1, \ldots, \xi_l$, homogène ou non, *hyperbolique*, de degré m : sa partie principale $g(\xi)$ est hyperbolique au sens du n° 9. Soit $f(\xi)$ une *fonction rationnelle* en $\xi_1, \ldots, \xi_l$, homogène ou non, de dénominateur $a^p(\xi)$.

La transformée inverse de Laplace $L[f]$ est définie; son expression classique est l'intégrale (57.6) d'une forme différentielle holomorphe, sur un cycle non compact. On ne peut pas déduire l'allure de $L[f]$ de cette expression, tant qu'on ne l'a pas transformée en *l'intégrale d'une forme différentielle holomorphe sur un cycle compact*; c'est ce que fait ce chapitre-ci, à l'instar d'HERGLOTZ et PETROWSKY (*voir* n° 10).

Par une intégrale simple, d'un type classique (CARLSON), ce chapitre déduit de $f(\xi)$ une fonction $f_r(\xi, y)$, homogène en $(\xi_0, \ldots, \xi_l)$; il uniformise f_r par la projection polynomiale (proposition 60); il obtient finalement (proposition 62) la formule

$$L[f] = \mathcal{L}[f_r] \qquad (-r \text{ assez grand}).$$

Il peut alors établir, en supposant f homogène, les propriétés de $\mathcal{L}\left[\frac{(-\xi.y)^p}{p!} f(\xi)\right]$ qu'énonce le n° 10, en particulier la formule $\mathcal{L}[1] = \delta(x-y)$.

57. La transformée inverse de Laplace L. — Notons

$$f(\xi) = \frac{b(\xi)}{a^p(\xi)};$$

$b(\xi)$ est un polynôme en $\xi_1, \ldots, \xi_l$, dont nous noterons le degré $mp - n$, ce qui est d'accord avec les notations antérieures.

De l'hypothèse que g est hyperbolique et vérifie (9.1) résulte l'existence de diverses constantes c, dépendant de a et b, telles que

(57.1) $\quad |\xi|^{m-1} < c\,|g_{\xi_1}(\xi)| \quad$ pour $\quad g(\xi) = 0$, ξ réel;

(57.2) $\quad |\xi|^{m-1}|\mathrm{Im}\,\xi_1| < c\,|g(\xi)| \quad$ pour $\quad \xi_2, \ldots, \xi_l$ réels;

(57.3) $\quad |\tau|^m|\xi|^{m-1}|\mathrm{Im}\,\xi_1| < c\,|a(\tau\xi)| \quad$ pour $\quad c < |\tau|.|\mathrm{Im}\,\xi_1|$, $\xi_2, \ldots, \xi_l$ réels;

(57.4) $\quad |f(\tau\xi)| < \dfrac{c}{|\tau|^n|\mathrm{Im}\,\xi_1|^p|\xi|^{n-p}} \quad$ pour $\quad c < |\tau|.|\mathrm{Im}\,\xi_1|$, $\xi_2, \ldots, \xi_l$ réels.

PREUVE. — L'hyperbolicité de g implique que $g_{\xi_1} \neq 0$ pour $g(\xi) = 0$; d'où (57.1). L'inégalité (57.2) est classique (*voir*, par exemple [9], p. 63, lemme 29.4). Elle a pour conséquence évidente (57.3), qui donne immédiatement (57.4).

La transformée inverse de Laplace L a les propriétés suivantes, bien classiques : $L[f]$ est une fonction ou distribution de $x - y$, qui est nulle pour $x \notin \mathcal{D}_+(y)$;

$$(57.5)_1 \qquad \frac{\partial}{\partial x_j} L[f] = L[\xi_j f], \qquad (x_j - y_j)\, L[f] = -L\left[\frac{\partial f}{\partial \xi_j}\right],$$

$$(57.5)_2 \qquad L[1] = \delta(x - y),$$

δ étant la mesure de Dirac;

si $l < n - p$, alors $L[f]$ est la fonction continue de $x - y$ que définit l'intégrale

$$(57.6) \qquad L[f] = \frac{1}{(2\pi i)^l} \int_{c - i\infty}^{c + i\infty} \int_{-i\infty}^{+i\infty} \cdots \int_{-i\infty}^{+i\infty} f(\xi) \exp(-\xi . y)\, d\xi_1 \wedge \ldots \wedge d\xi_l,$$

où $\xi . x = 0$ et par suite $-\xi . y = \xi_1(x_1 - y_1) + \ldots + \xi_l(x_l - y_l)$; c est une constante assez grande pour que (57.4) implique la convergence de l'intégrale (57.6), dont la valeur est évidemment indépendante de c.

L n'est pas altéré quand on fait dans X et Ξ des changements de coordonnées linéaires qui laissent $\xi . x$ et $x_1 - y_1$ invariants et par suite qui transforment $\xi_2, \ldots, \xi_l$ entre elles et laissent ξ_1 invariant quand $\xi_2 = \ldots = \xi_l = 0$.

58. **La transformation de Carlson**, qui donne $L[f]$ quand $l = 1$, peut être définie comme suit quel que soit l : Soit

$$(58.1) \qquad f_r(\xi, y) = \frac{1}{2\pi i} \oint \tau^{r-1} f(\tau\xi) \exp(-\tau\xi . y)\, d\tau,$$

l'intégrale étant calculée sur une circonférence, dépendant de ξ, assez grande pour contenir tous les zéros τ de $a(\tau\xi)$; on voit tout de suite que $f_r(\xi, y)$ *est holomorphe pour* $g(\xi) \neq 0$, *est homogène en* ξ *de degré* $-r$ (ou remplace τ par $\theta\tau$ où θ est constant) et vérifie :

$$(58.2) \qquad f_{r+1}(\xi, y) = -\frac{\partial}{\partial \xi_0} f_r; \qquad f(\xi, y) = 0 \quad \text{pour} \quad \xi . y = 0 \quad \text{si } r < n.$$

Nous nommons $f_n(\xi, y)$ *transformée de Carlson de* $f(\xi)$. *Si* $f(\xi)$ *est homogène, de degré* $-n$, *alors*

$$(58.3) \qquad f_n(\xi, y) = f(\xi).$$

59. Un calcul ([20]) **d'Herglotz et Petrowsky.** — Nous nous proposons d'employer la transformée de Carlson au calcul de la transformée de Laplace. Prouvons d'abord que, si $l < n - p$, alors

$$(59.1) \qquad L[f] = \frac{1}{(2\pi i)^{l-1}} \int_{\alpha^*} f_l(\xi, y)\,\omega'(\xi) \qquad \text{pour } y_1 < x_1;$$

α^* désigne l'ensemble des points ξ^* de Ξ^* images des points ξ de Ξ tels que

$$\alpha^* : \ \xi.x = 0, \qquad \mathrm{Re}(\xi.y) = 0, \quad \xi_2, \ldots, \xi_l \text{ réels};$$

α^* est muni de l'orientation :

$$(59.2) \qquad i\left(\frac{i}{\xi.y}\right)^l \omega'(\xi) > 0 \qquad (\omega' \text{ est défini n}^\circ\ 2);$$

α^* est donc un cycle de x^* si l est pair, de (x^*, y^*) si l est impair.

PREUVE DE (59.1). — Cette formule n'est évidemment pas altérée quand on fait dans X et Ξ des changements de coordonnées linéaires, qui laissent $\xi.x$ et $x_1 - y_1$ invariants; il suffit donc de la vérifier quand

$$x_1 = \ldots = x_l = y_2 = \ldots = y_l = 0, \qquad y_1 < 0,$$
$$\xi.x = \xi_0, \qquad \xi.y = \xi_0 + \xi_1 y_1;$$

la définition (57.6) de $L(f)$ s'écrit alors

$$(59.3) \qquad L[f] = \frac{1}{(2\pi i)^l} \int_{c-i\infty}^{c+i\infty} \exp(-\xi_1 y_1)\, F(\xi_1)\, d\xi_1 \qquad (c : \text{grand})$$

où

$$F(\xi_1) = \int_{-i\infty}^{+i\infty} \cdots \int_{-i\infty}^{+i\infty} f(\xi)\, d\xi_2 \wedge \ldots \wedge d\xi_l;$$

vu (57.4), $F(\xi_1)$ est holomorphe pour $\mathrm{Re}\,\xi_1 > c$.

Plus précisément, (57.4) montre que, pour $\xi_2, \ldots, \xi_l$ imaginaires purs et $|\tau|\,\mathrm{Re}\,\xi_1$ suffisamment grand, on a

$$|f(\tau\xi)| < \frac{c\,|\xi|^{p-n}}{|\tau|^n\,|\mathrm{Re}\,\xi_1|^p};$$

donc, d'après CAUCHY :

$$F(\xi_1) = \int_{-i\tau\infty}^{+i\tau\infty} \cdots \int_{-i\tau\infty}^{+i\tau\infty} f(\xi)\, d\xi_2 \wedge \ldots \wedge d\xi_l,$$

([20]) Ces auteurs supposent f homogène et appliquent la formule des résidus au second membre de (59.1); aussi leurs calculs diffèrent-ils en apparence des nôtres.

c'est-à-dire, en remplaçant ξ par $\tau\xi$:

$$F(\tau\xi_1) = \tau^{l-1}\int_{-i\infty}^{+i\infty}\cdots\int_{-i\infty}^{+i\infty} f(\tau\xi)\, d\xi_2\wedge\ldots\wedge d\xi_l;$$

d'où, en choisissant $\xi_1 = 1$, la formule

$$(59.4)\quad \begin{cases} F(\tau) = \tau^{l-1}\displaystyle\int_{-i\infty}^{+i\infty}\cdots\int_{-i\infty}^{+i\infty} f(\tau\xi)\, d\xi_2\wedge\ldots\wedge d\xi_l, \\ \text{où}\quad \xi_1 = 1,\quad |\tau| > c; \end{cases}$$

$F(\tau)$ est donc holomorphe pour $|\tau| > c$; vu (57.4) :

$$|F(\tau)| < c|\tau|^{l-n-1} < c|\tau|^{-2} \qquad \text{pour}\quad |\tau| > c;$$

par suite (59.3), où $y_1 < 0$, s'écrit

$$L[f] = \frac{1}{(2\pi i)^l}\oint \exp(-\tau y_1)\, F(\tau)\, d\tau, \qquad \text{où}\quad |\tau| = c,\quad c \text{ grand.}$$

Remplaçons dans la formule précédente $F(\tau)$ par son expression (59.4); nous obtenons

$$L[f] = \frac{1}{(2\pi i)^l}\oint\int_{-i\infty}^{+i\infty}\cdots\int_{-i\infty}^{+i\infty}\tau^{l-1} f(\tau\xi)\exp(-\tau y_1)\, d\tau\wedge d\xi_2\wedge\ldots\wedge d\xi_l,$$

où $\xi_1 = 1$; en effet le second membre converge absolument vu (57.4); puisque

$$\xi.x = \xi_0, \qquad \xi_1 = 1, \qquad \xi.y = \xi_0 + y_1, \qquad \omega'(\xi) = d\xi_2\wedge\ldots\wedge d\xi_l,$$

la formule précédente peut s'écrire, vu (58.1)

$$L[f] = \frac{1}{(2\pi i)^{l-1}}\int\cdots\int f_l(\xi, y)\,\omega'(\xi),$$

ξ parcourant l'ensemble :

$$\xi.x = 0, \qquad \xi.y = y_1 < 0, \qquad \xi_2, \ldots, \xi_l \text{ imaginaires purs,}$$

muni de l'orientation (59.2);
c'est-à-dire ξ^* parcourant α^*.

Nous avons ainsi prouvé la formule (59.1); son second membre *converge absolument*.

60. Uniformisation des primitives de la transformée de Carlson par la projection polynomiale. — Nous ne pourrons employer cette formule (59.1) qu'après avoir uniformisé $f_r(\xi, y)$. Quand $p = 1$, cette uniformisation est un cas particulier du théorème 1 de [II] qui uniformise la solution unitaire d'un opérateur différentiel; en effet on vérifie aisément que

$$f_0(\xi, y) = b\left(-\frac{\partial}{\partial y}\right) U(\xi, y),$$

$U(\xi, y)$ étant la solution unitaire de $a^p\left(-\frac{\partial}{\partial y}\right)$. Sans recourir à ce théorème, prouvons la

PROPOSITION 60. — *Si* $r \leqq n - p$, *alors la fonction* $f_r(\xi, y)$ *est uniformisée par la projection polynomiale*

$$(60.1) \qquad \xi_0 = \eta_0 - t\,g(\eta), \qquad \xi_1 = \eta_1, \qquad \ldots, \qquad \xi_l = \eta_l \qquad (\eta . y = 0).$$

Plus précisément $f_r(\xi(t, \eta, y), y)$ *est une fonction entière de* (t, η), *indépendante de* y.

NOTE 60. — Cette proposition n'exige pas l'hyperbolicité; elle entraine que $f_r(\xi, y)$ est rationnellement uniformisable pour $r \leqq n - p$: voir la preuve de la proposition 62.

PREUVE. — Soit τ une variable numérique complexe; puisque g est la partie principale de a,

$$a\left(\frac{\tau}{g(\xi)}\xi\right) = g^{1-m}(\xi)\,[\tau^m + P_1(\tau, \xi)],$$

$$b\left(\frac{\tau}{g(\xi)}\xi\right) = g^{n-mp}(\xi)\,P_2(\tau, \xi),$$

$P_1(\tau, \xi)$ et P_2 étant des polynômes en $(\tau, \xi_1, \ldots, \xi_l)$ dont les degrés en τ sont respectivement $< m$, $mp - n$. D'où

$$f\left(\frac{\tau}{g(\xi)}\xi\right) = g^{n-p}(\xi)\frac{P_2(\tau, \xi)}{[\tau^m + P_1(\tau, \xi)]^p}.$$

En remplaçant dans la définition (58.1) τ par $\tau/g(\xi)$ et ξ par (60.1) nous obtenons donc

$$f_r(\xi(t, \eta, y), y) = g^{n-p-r}(\eta)\,F_r(t, \eta),$$

où

$$F_r(t, \eta) = \frac{1}{2\pi i}\oint \tau^{r-1}\frac{P_2(\tau, \eta)}{[\tau^m + P_1(\tau, \eta)]^p}\exp(t\tau)\,d\tau,$$

l'intégrale étant calculée sur une circonférence assez grande pour contenir tous les zéros τ du polynôme $\tau^m + P_1(\tau, \eta)$, dont le terme principal est τ^m;

évidemment : $F_r(t, \eta)$ *est une fonction entière* en (t, η), ce qui prouve la proposition 60;

$$F_r(\theta^{1-m}t, \theta\eta) = \theta^{m(p+r-n)-r} F_r(t, \eta),$$

$$F_{r+1}(t, \eta) = \frac{\partial F_r}{\partial t}, \qquad F_r(0, \eta) = 0 \quad \text{si } r < n.$$

61. Preuve que $L[f] = \mathfrak{L}[f_l]$ **si** $l < n - p$. — La proposition 60 va nous permettre de transformer la formule (59.1) en une formule exprimant $L[f]$ par l'intégrale d'une forme différentielle holomorphe sur un cycle compact; la formule (59.1) n'est pas de ce type, bien que α^* soit compact, car $f_l(\xi, y)$ n'est pas holomorphe en les points de α^* où $g(\xi) = 0$.

Pour transformer ainsi l'intégrale (59.1), qui est absolument convergente, calculons-la en prenant $\xi_l = 1$ et en intégrant d'abord par rapport à ξ_1; nous l'écrivons donc

$$(61.1) \qquad L[f] = \frac{1}{(2\pi i)^{l-1}} \int_{-\infty}^{+\infty} \cdots \int_{-\infty}^{+\infty} d\xi_2 \wedge \ldots \wedge d\xi_{l-1} \frac{1}{2} \int_h f_l(\xi, y)\, d\xi_1,$$

où $y_1 < x_1$, $\xi_l = 1$ et où $h = h(P^* \cap \Omega^*, y^*)$ a le sens suivant : P^* est la droite projective complexe de Ξ^* image de la droite affine, complétée par un point à l'infini :

$$(61.2) \qquad \xi.x = 0, \qquad \xi_1 \text{ variable}, \qquad \xi_2, \ldots, \xi_{l-1} \text{ fixes réels}, \qquad \xi_l = 1;$$

$P^* \cap y^*$ est le point de cette droite où $\xi.y = 0$;

Ω^* est la partie de Ξ^* où

$$(61.3) \qquad \Omega^* : \quad g(\xi) \neq 0.$$

$P^* \cap \Omega^*$ est donc le complémentaire dans P^* d'un ensemble de m points *réels* de P^*; $h(P^* \cap \Omega^*, y^*)$ est la classe d'homologie dans $(P^* \cap \Omega^*, y^*)$ de deux fois le cycle à une dimension de P^* :

$$\operatorname{Re}(\xi.y) = 0, \qquad \frac{d(\operatorname{Im}\xi_1)}{(\operatorname{Im}\xi_1)^l} > 0,$$

car

$$\omega'(\xi) = (-1)^{l-1} d\xi_1 \wedge \ldots \wedge d\xi_l, \qquad \xi.x = 0, \qquad y_1 < x_1.$$

Cette classe n'est donc définie que quand $P^* \cap y^* \Omega^* \in$.

Elle contient évidemment des cycles voisins de $\operatorname{Re} P^*$:

Supposons l *impair*; donnons à $\operatorname{Re} P^*$ l'orientation

$$\frac{d(\xi.y)}{\xi.y} > 0, \qquad \text{c'est-à-dire} \quad \frac{d\xi_1}{\xi.y} < 0 \qquad (\text{vu} : \xi.x = 0, y_1 < x_1);$$

$h(P^* \cap \Omega^*, y^*)$ est la classe de deux fois $\operatorname{Re} P^*$, détourné des points de P^* étrangers à Ω^* (au sens du n° 29).

Supposons l *pair*; $h(P^* \cap \Omega^*, y^*)$ est la classe d'une somme de cycles faisant chacun un tour autour d'un des points de $P^* - P^* \cap \Omega^*$, dans le sens $\operatorname{sgn}(\xi . y)$; autrement dit, avec la terminologie du n° 3 de [III], $h(P^* \cap \Omega^*, y^*)$ est le *cobord* δ de la somme des points de P^* étrangers à Ω^*, munis de l'orientation $\operatorname{sgn}(\xi . y)$.

En portant dans l'expression (61.1) de $L[f]$ cette définition de h par des cycles voisins de $\mathrm{Re}\, P^*$, on obtient assez aisément la formule

$$(61.4) \qquad L[f] = \frac{1}{(2\pi i)^{l-1}} \frac{1}{2} \int_h f_l(\xi, y)\, \omega'(\xi) \qquad (y_1 < x_1),$$

où $h = h(x^* \cap \Omega^*, y^*)$ est défini comme suit, quand x^*, y^* et la frontière de Ω^* ne sont pas tangents, c'est-à-dire quand $x \notin C(y)$:

Supposons l *impair*; donnons à $\mathrm{Re}\, x^*$ l'orientation

$$\frac{d\xi_1}{\xi . y} \wedge d\xi_2 \wedge \ldots \wedge d\xi_{l-1} < 0;$$

autrement dit :

$$(61.5) \qquad \frac{\omega'(\xi)}{(-\xi . y)^l} > 0 \quad \text{sur } \mathrm{Re}\, x^*;$$

$h(x^* \cap \Omega^*, y^*)$ est la classe d'homologie de deux fois $\mathrm{Re}\, x^*$ détourné de la sous-variété de x^* où $g(\xi) = 0$.

Supposons l *pair*; donnons à la partie réelle de la sous-variété de x^* :

$$\xi . x = g(\xi) = 0,$$

l'orientation

$$\xi . y \quad d\xi_2 \wedge \ldots \wedge d\xi_{l-1} > 0,$$

c'est-à-dire

$$(61.6) \qquad \frac{g_{\xi_1}(\xi)\, \omega'(\xi)}{(-\xi . y)^{l-1}\, dg} > 0 \qquad (\xi . x = g = 0,\ \xi \text{ réel});$$

$h(x^* \cap \Omega^*, y^*)$ est le cobord de la classe d'homologie de la partie réelle de cette sous-variété.

$L[f]$ a donc les propriétés suivantes :

1° $L[f] = 0$ pour $x \notin \mathcal{D}_+(y)$;

2° $L[f]$ est holomorphe pour $x \notin C_+(y)$;

3° $L[f]$ est défini, pour $y_1 < x_1$, par la formule (61.4) où $h = h(x^* \cap \Omega^*, y^*)$ dépend continûment de x et tend vers $h(y^* - g^*, x^*)$ (définition 8) quand x tend vers y le long d'une demi-droite $\notin C(y)$.

Puisque $f_l(\xi, y)$ est uniformisé par la projection polynomiale, $\mathcal{L}[f_l]$ est défini et possède les propriétés 1° et 2°, vu les théorèmes 2 et 3; vu la propriété 3° de $L[f]$ et le lemme 52.1, on a

$$\mathcal{L}[f_l] = L[f] \quad \text{sur } Y(y).$$

Il en résulte que

$$(61.7) \qquad \mathcal{L}[f_l] = L[f], \quad \textit{sous notre hypothèse } l < n - p.$$

62. Expression de L au moyen de $\mathcal{L}$ et de la transformation de Carlson. — Rappelons que

$$f(\xi) = b(\xi)\, a^{-p}(\xi)$$

$(a, b$: polynôme en $\xi_1, \ldots, \xi_l$; a hyperbolique$)$

et que (58.1) définit $f_r(\xi, y)$. Nous allons prouver la

Proposition 62. — *Sur X :*

$$(62.1) \qquad L[f] = \mathcal{L}[f_r] \qquad \text{pour} \quad r \leqq n - p + 1.$$

Note. — Cette proposition permet l'étude de l'allure de $L[f]$ par application des théorèmes 2, 3, 4 et 5.

Vu (58.2), (58.3), puis $(57.5)_1$, on a évidemment le

Corollaire 62. — *Si $f(\xi)$ est homogène, alors*

$$L[f(\xi)] = \mathcal{L}\left[\frac{(-\xi . y)^{p-1}}{(p-1)!} f(\xi)\right];$$

c'est une distribution de $x - y$.

Si $f(\xi)$ est une fonction rationnelle, homogène à dénominateur hyperbolique $(p = 1,\ a = g)$, alors

$$L[f(\xi)] = \mathcal{L}[f(\xi)].$$

En particulier vu $(57.5)_2$, *on a la formule* (10.8),

$$\mathcal{L}[1] = \delta(x - y) \qquad [\delta : \text{mesure de Dirac}].$$

Preuve de la proposition 62. — Quand $l < n - p$, la formule (62.1), où les deux membres sont des fonctions de $x - y$, résulte de (61.7), (10.6), (58.2) et de la proposition 60.

Ne supposons plus $l < n - p$. Quel que soit le polynôme $c(\xi)$, homogène de degré q en $\xi_1, \ldots, \xi_l$, on a, vu la définition (58.1)

$$(62.2) \qquad [f(\xi)\, c^{-p}(\xi)]_{r+pq} = f_r(\xi, y)\, c^{-p}(\xi);$$

donc, vu la proposition 60, $f_r(\xi, y)\, c^{-p}(\xi)$ est uniformisable si $r \leqq n - p$; par suite $f_r(\xi, y)$ est rationnellement uniformisable pour $r \leqq n - p$, comme l'annonce la note 60; le second membre de (62.1) est donc défini sur X.

Choisissons $c(\xi)$ tel que $g(\xi)\,c(\xi)$ soit hyperbolique et que $l < n+pq-p$: (62.1) vaut quand on y remplace f par fc^{-p} ; d'où, vu (62.2) :

$$L[f(\xi)\,c^{-p}(\xi)] = \mathcal{L}[f_r(\xi, y)\,c^{-p}(\xi)] \quad \text{sur } X;$$

en appliquant $c^p\left(\frac{\partial}{\partial x}\right)$ à cette relation, on en déduit (62.1), compte tenu de (10.3) et $(57.5)_1$.

CHAPITRE 8. — La solution élémentaire d'un opérateur hyperbolique.

Soit $a\left(x, \frac{\partial}{\partial x}\right)$ un opérateur différentiel linéaire hyperbolique (n° 9) d'ordre m; $\mathcal{L}$ transforme la solution unitaire $U^*(\xi, y)$ de l'adjoint $a^*\left(\frac{\partial}{\partial y}, y\right)$ de $a\left(x, \frac{\partial}{\partial x}\right)$ en la solution élémentaire $E(x, y)$ de $a\left(x, \frac{\partial}{\partial x}\right)$ et permet ainsi d'établir les propriétés de $E(x, y)$: les nos 12, 13 et 14 l'expliquent, en omettant les preuves de quelques détails; ce chapitre-ci les donne.

63. Uniformisation de $U^*(\xi, y)$. — Prouvons la proposition 13.1 : *$U^*(\xi, y)$ et ses dérivées en ξ_0 et y d'ordres $< m$ sont rationnellement uniformisables.*

Comme le fait le n° 3 de [II], notons $U^*_{-r}(\xi, y)$ $(r \geq 0)$ la solution du problème de Cauchy :

$$(63.1)\qquad \begin{cases} a^*\left(\dfrac{\partial}{\partial y}, y\right) U^*_{-r}(\xi, y) = \dfrac{(-\xi.y)^r}{r!}; \\ U^*_{-r}(\xi, y) \text{ s'annule } m+r \text{ fois pour } \xi.y = 0. \end{cases}$$

Il est évident que

$$(63.2)\qquad U^*_0 = U^*; \qquad -\frac{\partial}{\partial \xi_0} U^*_r(\xi, y) = U^*_{r+1}(\xi, y).$$

Soit $b(\xi)$ un polynôme en $\xi_1, \ldots, \xi_l$, homogène de degré r; notons $b^*(\xi) = b(-\xi)$; évidemment

$$b^*\left(\frac{\partial}{\partial y}\right) a^*\left(\frac{\partial}{\partial y}, y\right) \frac{1}{b(\xi)} U^*_{-r}(\xi, y) = 1;$$

$\frac{1}{b(\xi)} U^*_{-r}(\xi, y)$ est donc la solution unitaire de l'opérateur $b^*\left(\frac{\partial}{\partial y}\right) a^*\left(\frac{\partial}{\partial y}, y\right)$; signalons que cet opérateur est l'adjoint de $a\left(x, \frac{\partial}{\partial x}\right) b\left(\frac{\partial}{\partial x}\right)$. Or le 1° du théorème 1 de [II] affirme que la solution unitaire d'un opérateur différentiel linéaire d'ordre m est uniformisable, ainsi que toutes ses dérivées d'ordres $< m$; donc, pour $p+q_1+\ldots+q_l< m$,

$$\left(-\frac{\partial}{\partial\xi_0}\right)^r \frac{\partial^{p+q_1+\ldots+q_l}}{\partial\xi_0^p\,\partial y_1^{q_1}\ldots\partial y_l^{q_l}}\frac{1}{b(\xi)}U^*_{-r}(\xi, y)=\frac{1}{b(\xi)}\frac{\partial^{p+q_1+\ldots+q_l}}{\partial\xi_0^p\,\partial p_1^{q_1}\ldots\partial y_l^{q_l}}U^*(\xi, y)$$

est uniformisable. La proposition 13.1 est prouvée.

64. Propriétés de la fonction $k(x, y)$. — Après avoir rappelé la définition de la projection caractéristique $\xi(t, \eta, y)$ et de l'application $x(t, \eta, y)$, le n° 13 définit par (13.11) une fonction $k(x, y)$ et affirme qu'elle possède certaines propriétés; les unes sont évidentes; prouvons maintenant les autres :

Le signe $\pm$ *qui figure dans* (13.12) est, comme le montre le calcul de (13.12), celui de t. On peut caractériser comme suit ce signe : vu (13.2) et (13.3), on a

$$x=y+t\,g_\xi(y, \xi)+\ldots \tag{64.1}$$

or, par définition :

$$y_1 < x_1 \quad \text{sur } K_+(y);$$

donc

$$t\,g_{\xi_1}(y, \xi)>0 \qquad \text{si} \quad x(t, \eta, y)\in K_+(y);$$

$\xi=\xi(t, \eta, y)$ est alors tel que ξ^* touche $K_+(y)$ en $x(t, \eta, y)$. Ainsi, quand m est impair, le signe $\pm$ figurant dans (13.2) est égal, près de chaque nappe de $K_+(y)$, à celui qu'a $g_{\xi_1}(x, \xi)$ quand ξ^* touche cette nappe.

Preuve de (13.13). — Supposons x dans le cône, voisin de $C(y)$, où $k(x, y)$ est défini; employons les formules (13.2), (13.3); η^* est voisin de Reg*; d'où (37.4); donc

$$|t|.|\eta|^{m-1}/|x-y| \text{ borné inférieurement et supérieurement;}$$
$$|\xi-\eta|=\mathcal{O}(|t|.|\eta|^m);$$

donc, vu (13.11) :

$$|k_x|/|x-y|^{\frac{1}{m-1}} \text{ borné inférieurement et supérieurement,}$$
$$|k_x+k_y|=\mathcal{O}\left(|x-y|^{\frac{m}{m-1}}\right), \qquad |k_x|/|k_y| \text{ voisin de } 1;$$

vu (13.11) et (13.7) :

$$|k(x, y)|=(m-1)|t|^{\frac{m}{m-1}}|g(y, \eta)|=\mathcal{O}\left(|x-y|^{\frac{m}{m-1}}\right).$$

Le calcul de $\mathrm{Hess}_\eta[-\xi(t,\eta,y).x]\big|_{x=x(t,\eta,y)}$ que nous allons faire va nous permettre de remplacer désormais ce Hessien et celui de g par $\mathrm{dét}\,k_{x,y}$. Les formules (13.8) donnent (en notant $x_0=1$) :

$$\sum_{p=0}^{l}\frac{\partial^2\xi_p(t,\eta,y)}{\partial\eta_l\,\partial\eta_j}x_p(t,\eta,y)+\sum_{q=1}^{l}\frac{\partial\xi_q}{\partial\eta_j}\frac{\partial x_q}{\partial\eta_l}=0;$$

donc, quand on fait $x=x(t,\eta,y)$ après avoir calculé Hess_η :

$$\mathrm{Hess}_\eta[-\xi(t,\eta,y).x]=\frac{D(\xi_1(t,\eta,y),\ldots,\xi_l)}{D(\eta_1,\ldots,\eta_l)}\,\frac{D(x_1(t,\eta,y),\ldots,x_l)}{D(\eta_1,\ldots,\eta_l)};$$

or, si nous prenons (t,x,y) pour variables indépendantes, nous avons, vu (13.11) :

$$\frac{D(\eta_1,\ldots,\eta_l)}{D(x_1,\ldots,x_l)}=(-1)^l|t|^{\frac{l}{1-m}}\frac{D(k_{y_1},\ldots,k_{y_l})}{D(x_1,\ldots,x_l)}=(-1)^l|t|^{\frac{l}{1-m}}\,\mathrm{dét}(k_{x,y});$$

donc

$$(64.2)\qquad \mathrm{Hess}_\eta[-\xi(t,\eta,y).x]=\frac{(-1)^l|t|^{\frac{l}{m-1}}}{\mathrm{dét}(k_{x,y})}\,\frac{D(\xi_1,\ldots,\xi_l)}{D(\eta_1,\ldots,\eta_l)},$$

où

$$\frac{D(\xi_1,\ldots,\xi_l)}{D(\eta_1,\ldots,\eta_l)}=1\quad\text{pour}\quad t=0.$$

En particulier :

$$(64.3)\qquad (-1)^l\,\mathrm{dét}(k_{x,y})\,\mathrm{Hess}_\eta[-\xi(t,\eta,y).x]>0.$$

Afin de simplifier la formule (11.7), nous choisirons le signe de $\sqrt{\mathrm{dét}(k_{x,y})}$ tel que (64.2) s'écrive :

$$(64.4)\qquad \frac{i^l t}{\sqrt{\mathrm{Hess}_\eta[-\xi(t,\eta,y).x]}}=|t|^{\frac{m-1-(l/2)}{m-1}}\left[\frac{D(\xi_1,\ldots,\xi_l)}{D(\eta_1,\ldots,\eta_l)}\right]^{-\frac{1}{2}}\sqrt{\mathrm{dét}(k_{x,y})},$$

où $[\quad]^{-\frac{1}{2}}$ est voisin de 1 ; précisons ce signe de $\sqrt{\mathrm{dét}(k_{x,y})}$; (36.1) donne

$$\frac{\partial^2}{\partial\eta_l\,\partial\eta_j}[-\xi(t,\eta,y).x]=t\frac{\partial^2 g(y,\eta)}{\partial\eta_l\,\partial\eta_j}+\ldots;$$

donc

$$\sqrt{\mathrm{Hess}_\eta[-\xi(t,\eta,y).x]}\Big/\sqrt{\mathrm{Hess}_\eta[tg(y,\eta)]}>0;$$

vu (64.4), on a donc

$$i^{-l}t\sqrt{\mathrm{dét}(k_{x,y})}\sqrt{\mathrm{Hess}_\eta[tg]}>0.$$

Or, la définition 11.2 de $\sqrt{\mathrm{Hess}}$ donne

$$i^{-l}\sqrt{\mathrm{Hess}_\eta[tg]}\sqrt{\mathrm{Hess}_\eta[-tg]}>0;$$

donc, finalement

$$(64.5)\qquad \sqrt{\mathrm{dét}(k_{x,y})}/t\sqrt{\mathrm{Hess}_\eta[-tg(y,\eta)]}>0.$$

Supposons l impair; vu (13.11) et (64.5), la définition (4.8) du côté positif de $K_+(y)$ s'écrit

$$\mathrm{dét}(k_{x,y})\,k(x,y)<0;$$

le choix (11.4) du signe de k que fait le théorème 3 est donc le choix tel que

$$(64.6)\qquad \mathrm{dét}(k_{x,y})<0:$$

alors $k(x,y)>0$ du côté positif de $K(x,y)$.

Supposons l pair; vu (4.9) et (64.5), les nappes positives de $K_+(y)$ sont celles où

$$(64.7)\qquad \mathrm{dét}(k_{x,y})>0.$$

Voici prouvées les propriétés de $k(x,y)$ qu'énonce le n° 13.

65. **Allure de $E(x,y)$ sur $K_+(y)$.** — Le n° 14 affirme que la formule (11.7) du théorème 3 prend la forme (14.1). En voici la preuve : dans (11.7) nous remplaçons f par U_m^*, donc, vu (13.9),

$$f\frac{D(\xi)}{D(t,\eta)}\quad\text{par}\quad -U_m^*g(y,\eta)\frac{D(\xi_1,\ldots,\xi_l)}{D(\eta_1,\ldots,\eta_l)};$$

nous tenons compte de (13.18), où $g=0$, et de (64.4); enfin, pour réaliser (11.6), alors que nous avons (13.11), nous devons faire un choix [21] de (t,η) tel que $|t|=1$; nous obtenons ainsi (14.1), où le signe de $\sqrt{\mathrm{dét}(k_{x,y})}$ est donné par (64.5).

66. **Allure de $E(x,y)$ pour $x=y$.** — Prouvons les théorèmes 4 *a*, 4 *b* et 4 *c* qu'énonce le n° 14.

PREUVE DU THÉORÈME 4 *a quand*

$$(66.1)\qquad 0\leqq p_1+\ldots+q_l<m-1-(l/2)\qquad (\leqq \text{ si : } l \text{ pair et } K \text{ négatif}).$$

Notons $r=m-q_1-\ldots-q_l$; on a, vu (1), (10.3), (10.6), (10.7) et (63.2) :

$$(66.2)\qquad \frac{\partial^{p_1+\ldots+q_l}}{\partial x_1^{p_1}\ldots\partial y_l^{q_l}}E(x,y)=\mathcal{L}\left[\xi_1^{p_1}\ldots\xi_l^{p_l}\frac{\partial^{q_1+\ldots+q_l}U_r^*(\xi,y)}{\partial y_1^{q_1}\ldots\partial y_l^{q_l}}\right],$$

---

[21] (t,η) peut être remplacé par $(\theta^{l-m}t,\theta\eta)$: c'est changer de coordonnées locales sur $\tilde{\Phi}$.

où $\xi_1^{p_1}\dots\xi_l^{p_l}\dfrac{\partial^{q_1+\dots+q_l}U_r^*}{\partial y_1^{q_1}\dots\partial y_l^{q_l}}d\xi_0\wedge\dots\wedge d\xi_l$ est uniformisable, vu les propositions 5.2 et 13.1; $\xi_1^{p_1}\dots\xi_l^{p_l}\dfrac{\partial^{q_1+\dots+q_l}U_r^*}{\partial y_1^{q_1}\dots\partial y_l^{q_l}}$ est homogène en ξ de degré $-n=p_1+\dots+q_l-m$; en appliquant (11.9) à $\mathcal{L}[\dots]$, on obtient donc (14.5).

Preuve du théorème 4 *a quand* (66.1) *n'a pas lieu*. — Soit un entier $p>(l/2)-m+1$; construisons un polynôme homogène $b(\xi)$ de degré $\geqq p$ tel que $b(\eta)g(y,\eta)$ soit hyperbolique : c'est aisé en le choisissant produit de polynômes du second degré; mettons-le sous la forme

$$b(\xi)=\sum_i b_i(\xi)\,c_i(\xi),$$

les b_i et c_i étant des polynômes homogènes, les b_i de degré p. Vu (12.4) et (10.3), nous avons

$$E(x,y)=\sum_i b_i\left(\frac{\partial}{\partial x}\right)\mathcal{L}\left[\frac{c_i(\xi)}{b(\xi)}U_m^*(\xi,y)\right],$$

où $\dfrac{c_i}{b}U_m^*\,d\xi_0\wedge\dots\wedge d\xi_l$ est uniformisable, vu la proposition 13.1; $\dfrac{c_i}{b}U_m^*$ est homogène en ξ de degré $-n=-m-p$; d'après (11.9),

$$\mathcal{L}[\dots]=\mathcal{O}[\,|x-y|^{m-l+p}];$$

d'où le théorème 4*a*.

Preuve du théorème 4*b*. — Appliquons la formule (11.10) au deuxième membre de (66.2), où $n=m-p_1-\dots-q_l$, en notant ceci : la définition (13.1) de $U^*(\xi,y)$ donne, pour $\xi.y$ petit :

$$U^*(\xi,y)=\frac{(-\xi.y)^m}{m!\,g(y,\xi)}+\dots,$$

donc

$$U_r^*(\xi,y)=\frac{(-\xi.y)^{m-r}}{(m-r)!\,g(y,\xi)}+\dots;$$

$\dfrac{1}{g(y,\xi)}d\xi_0\wedge\dots\wedge d\xi_l$ est uniformisé par la projection polynomiale. Il vient

$$\begin{aligned}&\frac{\partial^{p_1+\dots+q_l}}{\partial x_1^{p_1}\dots\partial y_l^{q_l}}E(x,y)\\&\quad=\mathcal{L}\left[\xi_1^{p_1}\dots\xi_l^{p_l}\frac{\partial^{q_1+\dots+q_l}}{\partial y_1^{q_1}\dots\partial y_l^{q_l}}\frac{(-\xi.y)^{m-r}}{(m-r)!\,g(y,\xi)}\right]\\&\qquad+\mathcal{O}(\,|x-y|^{n-l+p});\end{aligned}$$

$\rho = \rho(l, n)$ est défini par (11.11); enfin

$$\mathcal{L}\left[\xi_1^{p_1}\ldots\xi_l^{p_l}\frac{\partial^{q_1+\ldots+q_l}}{\partial y_1^{q_1}\ldots\partial y_l^{q_l}}\frac{(-\xi.y)^{m-r}}{(m-r)!\,g(y,\xi)}\right] = \frac{\partial^{p_1+\ldots+q_l}}{\partial x_1^{p_1}\ldots\partial y_l^{q_l}}\mathcal{L}\left[\frac{1}{g(y,\xi)}\right];$$

d'où le théorème 4*b*.

Preuve du théorème 4*c*. — Calculons $E - E_2$ en remplaçant : E par son expression (12.4); $\mathcal{L}$ par sa définition (10.1); E_2 par sa définition (14.3); puis, dans cette dernière définition, ϖ par son expression (4.1); enfin $\frac{D(\xi)}{D(t,\eta)}$ par son expression (13.9). On obtient une intégrale portant sur la fonction (13.18); vu la proposition 13.2, elle s'interprète comme suit :

$$E(x,y) - E_2(x,y) = \mathcal{L}[f_m(\xi,y)],$$

où $f_m(\xi, y)$ est une fonction, homogène en ξ de degré $-m$, que la projection caractéristique uniformise et qui s'annule deux fois pour $\xi.y = 0$.

Pour tout entier $0 \leqq r < m$ définissons une fonction $f_r(\xi, y)$ par les conditions :

$$-\frac{\partial}{\partial\xi_0}f_r(\xi,y) = f_{r+1}(\xi,y); \qquad f_r(\xi,y) = 0 \quad \text{pour } \xi.y = 0.$$

Supposons

$$0 \leqq p_1 + \ldots + q_l < m - l/2 \qquad (\leqq \text{si} : l \text{ pair et } K \text{ négatif}).$$

Choisissons $r = m + 1 - q_1 - \ldots - q_l$; on a, vu (10.3), (10.6) et (10.7) :

$$\frac{\partial^{p_1+\ldots+q_l}}{\partial x_1^{p_1}\ldots\partial y_l^{q_l}}[E(x,y) - E_2(x,y)] = \mathcal{L}\left[\xi_1^{p_1}\ldots\xi_l^{p_l}\frac{\partial^{q_1+\ldots+q_l}f_r(\xi,y)}{\partial y_1^{q_1}\ldots\partial y_l^{q_l}}\right]; \tag{66.3}$$

où

$$\xi_1^{p_1}\ldots\xi_l^{p_l}\frac{\partial^{q_1+\ldots+q_l}f_r}{\partial y_1^{q_1}\ldots\partial y_l^{q_l}}\,d\xi_0\wedge\ldots\wedge d\xi_l$$

est uniformisable; $\xi_1^{p_1}\ldots\xi_l^{p_l}\frac{\partial^{q_1+\ldots+q_l}f_r}{\partial y_1^{q_1}\ldots\partial y_l^{q_l}}$ est homogène en ξ de degré $-n = p_1 + \ldots + q_l - m - 1$ et s'annule pour $\xi.y = 0$. En appliquant (11.9) au second membre de (66.3), on obtient le théorème 4*c*.

Chapitre 9. — Exemple : La solution élémentaire de l'opérateur de Tricomi.

L'opérateur de Tricomi est un exemple extrêmement simple d'opérateur différentiel dont la solution élémentaire E n'est pas donnée par la transformation de Laplace classique, mais est donnée explicitement par la transformation $\mathcal{E}$. Nous allons traiter cet exemple que TRICOMI [11], WEINSTEIN, [12], GERMAIN et BADER [6] ont déjà étudié; nous obtiendrons deux nouvelles expressions de E assez simples, puis une expression équivalente à celle de GERMAIN et BADER.

67. Expression de E par une période d'intégrale abélienne de première espèce de cubique. — L'opérateur de Tricomi est l'opérateur à deux variables et d'ordre 2 :

$$(67.1)\qquad x_2\left(\frac{\partial}{\partial x_1}\right)^2+\left(\frac{\partial}{\partial x_2}\right)^2;$$

nous l'étudions dans le demi-plan $x_2<0$ où il est hyperbolique; nous ne faisons pas l'hypothèse (9.1); nous nous proposons donc de construire les quatre solutions élémentaires $E(x, y)$ de cet opérateur sur les supports desquels, près de y, on a respectivement

$$(67.2)\qquad y_1<x_1,\qquad x_1<y_1,\qquad y_2<x_2,\qquad x_2<y_2.$$

Vu le théorème 6, $E=E_2$; dans la définition (14.3) de E_2 on a

$$l=m=2;\qquad e^{-\lambda}\sqrt{\frac{D(\xi_1,\ldots,\xi_l)}{D(\eta_1,\ldots,\eta_l)}}=1,$$

vu (13.22); donc

$$(67.3)\qquad E(x,y)=\frac{1}{4\pi i}\int_h\frac{\varpi}{d\xi.x}.$$

ξ désigne la projection caractéristique; c'est la solution du système (13.20) :

$$d\xi_0=-\xi_2^2\,dt,\qquad d\xi_1=0,\qquad d\xi_2=-\xi_1^2\,dt$$

définie par les données initiales :

$$\xi_0=-\eta_1y_1-\eta_2y_2,\qquad \xi_1=\eta_1,\qquad \xi_2=\eta_2.$$

Nous pouvons prendre $\eta_1=1$; d'où $\xi_1=1$; ξ_2 et η_2 seront désormais notés ξ et η; il vient

$$\xi_0=\frac{1}{3}(\eta-t)^3-\frac{1}{3}\eta^3-y_1-\eta y_2,\qquad \xi=\eta-t.$$

Remplaçons nos deux variables indépendantes (t, η) par (ξ, η), puisque $\xi=\eta-t$; les équations de

$$\tilde{x}:\ \ \xi(t,\eta,y).x=0;\qquad y^*:\ \ t=0;\qquad g^*:\ \ t=g(y,\eta)=0$$

deviennent

$$\tilde{x}:\ \ \frac{1}{3}\xi^3+\xi x_2+x_1-\frac{1}{3}\eta^3-\eta y_2-y_1=0;$$

$$y^*:\ \ \xi=\eta;$$

$$g^*:\ \ \xi=\eta,\qquad \eta^2+y_2=0.$$

Dans les deux premiers cas (67.2), on a, vu la définition (3.3) de ϖ.

$$\varpi = -dt \wedge d\eta = d\xi \wedge d\eta;$$

dans les deux autres, puisqu'il faudrait permuter les deux coordonnées pour obtenir (9.1), on doit prendre

$$\varpi = -d\xi \wedge d\eta;$$

en portant ces expressions de ϖ dans (67.3), où $\xi.x$ est le premier membre de l'équation de $\tilde{x}$, on obtient

$$(67.4)\qquad E(x, y) = \pm \frac{1}{4\pi i}\int_h \frac{d\eta}{\xi^2 + x_2} = \pm \frac{1}{4\pi i}\int_h \frac{d\xi}{\eta^2 + y_2};$$

on a le signe + dans les deux premiers cas (67.2), le signe — dans les deux derniers;

h est une classe d'homologie de $\tilde{x}$; la proposition 8.2 en donne la définition suivante, quand x est voisin de y.

$\tilde{y}$ se décompose en y^* et en la conique $\xi^2 + \xi\eta + \eta^2 + 3y_2 = 0$, dont l'intersection par y^* est g^*; g^* se compose de deux points :

$$\xi = \eta = \sqrt{-y_2}, \qquad \xi = \eta = -\sqrt{-y_2} \qquad (y_2 < 0,\ \sqrt{-y_2} > 0);$$

traçons, autour de chacun d'eux, dans la droite complexe y^*, un petit cercle, ayant l'orientation positive; quand x est voisin de y, la partie de $\tilde{x}$ voisine de $y^* - g^*$, contient des cycles voisins de l'un ou l'autre de ces petits cercles; soit $h_1(\tilde{x})$ ou $h_2(\tilde{x})$ leur classe d'homologie; d'après la proposition 8.2 et la formule (31.1), où $g_1 = g_{\eta_1}$ et $\eta.x/\eta_1 > 0$, on doit prendre dans (67.4) :

$$h = -h_1(\tilde{x}) + h_2(\tilde{x}).$$

Nous pouvons convenir que le plan (ξ, η) est projectif : y^* est une droite projective; les deux petits cercles tracés dans $y^* - g^*$ sont alors homologues dans $y^* - g^*$; $\tilde{x}$ est une cubique projective plane, dans laquelle $h_1 + h_2 = 0$; la formule (67.4) s'écrit donc

$$(67.5)\qquad E(x, y) = \pm \frac{1}{2\pi i}\int_{h_1} \frac{d\xi}{\eta^2 + y_1}.$$

Explicitons la définition de h_1 : d'une part la transformation de (ξ, η) en son imaginaire conjugué transforme évidemment h_1 en $-h_1$; d'autre part, si l'on donne à $\operatorname{Re}\tilde{x}$ une orientation variant continûment avec (x, y) et qui est, pour $\tilde{y}$, celle de la figure 3 et si l'on nomme h_0 la classe d'homologie de $\operatorname{Re}\tilde{x}$ ainsi orienté (*fig.* 4 et 5), alors, on a (voir *fig.* 6)

$$KI(h_0, h_1) = 2,$$

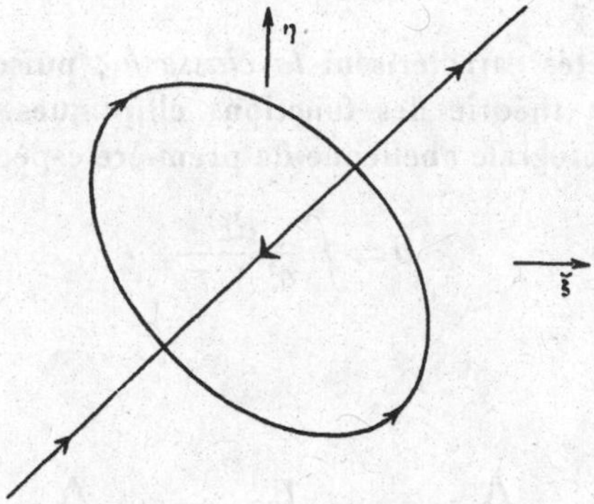

Fig. 3. — Orientation de Re$\tilde{y}$.

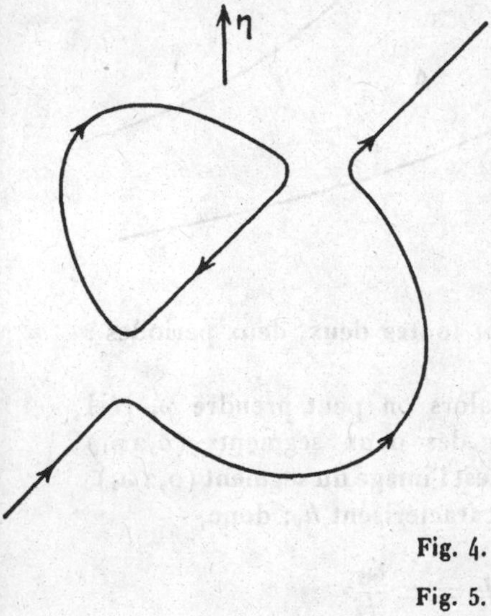

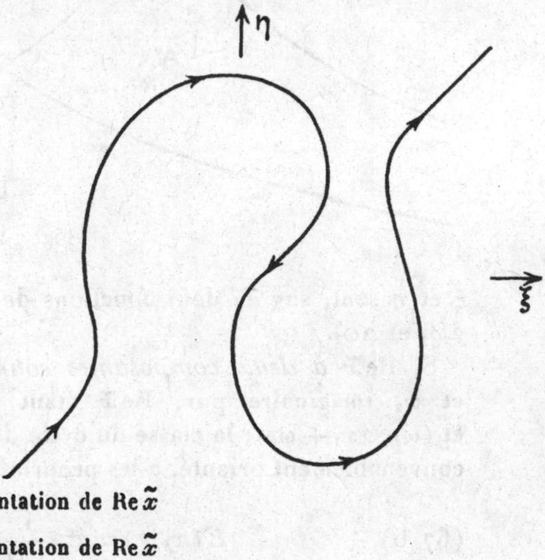

Fig. 4. — Orientation de Re$\tilde{x}$

Fig. 5. — Orientation de Re$\tilde{x}$

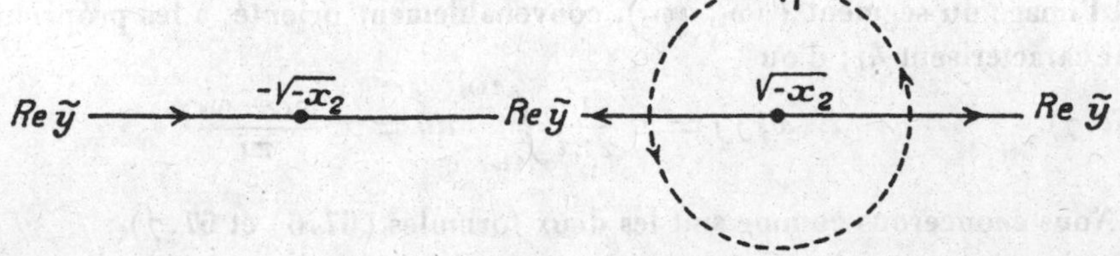

Fig. 6. — La figure représente : la droite complexe y^*, qui est l'une des composantes de $\tilde{y}$; les points doubles $\pm\sqrt{-x_2}$ de $\tilde{y}$; le cycle Re$\tilde{y} \in h_0$; un cycle $\gamma_1 \in h_1$. Ces cycles se coupent en deux points d'indices $+1$; donc $KI(h_0, h_1) = 2$.

car cet indice de Kronecker a cette valeur pour $x = y$, les points doubles étant retranchés de $\tilde{y}$.

Ces deux propriétés caractérisent *la classe* h_1, puisque $\tilde{x}$ a la topologie du tore, d'après la théorie des fonctions elliptiques. Cette théorie paramétrise $\tilde{x}$ par son intégrale abélienne de première espèce

$$u = \int \frac{d\xi}{\eta^2 + y_2};$$

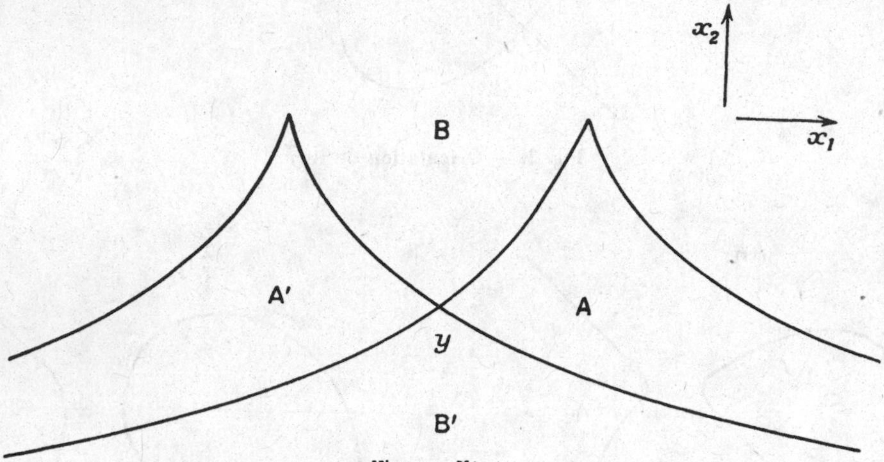

Fig. 7 : $K(y)$.

ξ et η sont, sur $\tilde{x}$, deux fonctions de u ayant toutes deux, deux périodes : $2\omega_1$ et $2\omega_2$.

Si $\mathrm{Re}\,\tilde{x}$ *a deux composantes connexes*, alors on peut prendre ω_1 réel et ω_2 imaginaire pur, $\mathrm{Re}\,\tilde{x}$ étant l'image des deux segments $(0, 2\omega_1)$ et $(\omega_2, 2\omega_1 + \omega_2)$; la classe du cycle de $\tilde{x}$ qui est l'image du segment $(0, 2\omega_2)$, convenablement orienté, a les propriétés qui caractérisent h_1 ; donc,

$$(67.6) \qquad E(x, y) = \pm \frac{1}{2\pi i} \int_0^{2\omega_2} du = \pm \frac{\omega_2}{\pi i}.$$

Si $\mathrm{Re}\,\tilde{x}$ *est connexe*, alors on peut prendre ω_1 et ω_2 imaginaires conjugués, $\mathrm{Re}\,\tilde{x}$ étant l'image du segment $(0, 2\omega_1 + 2\omega_2)$; la classe du cycle de $\tilde{x}$ qui est l'image du segment $(2\omega_1, 2\omega_2)$, convenablement orienté, a les propriétés qui caractérisent h_1 ; d'où

$$(67.7) \qquad E(x, y) = \pm \frac{1}{2\pi i} \int_{2\omega_1}^{2\omega_2} du = \pm \frac{\omega_1 - \omega_2}{\pi i}.$$

Nous énoncerons comme suit les deux formules (67.6) et 67.7) :

Proposition 67. — *$E(x, y)$ est une fonction, valant*

$$(67.8) \quad E(x, y) = \pm \frac{1}{2\pi i} \oint \frac{d\xi}{\eta^2 + y_2} \text{ si } x \in \mathcal{E}_+(y) ; \qquad = 0 \textit{ sinon.}$$

$\oint$ ... *est la plus petite période imaginaire pure de l'intégrale abélienne de première espèce* $\int \frac{d\xi}{\eta^2+y^2}$ *de la cubique plane projective*

$$\frac{1}{3}\xi^3+\xi x_2+x_1=\frac{1}{3}\eta^3+\eta y_2+y_1.$$

NOTE. — $x \in K(y)$ *quand* $\tilde{x}$ *a un point double*; il en résulte aisément que $K(y)$ se compose de quatre arcs d'équations respectives :

$$(67.9)\qquad l(x)=l(y),\qquad m(x)=m(y),\qquad l(x)=m(y),\qquad m(x)=l(y)$$

où

$$(67.10)\qquad l(x)=3x_1+2(-x_2)^{\frac{3}{2}},\qquad m(x)=3x_1-2(-x_2)^{\frac{3}{2}}.$$

Ces arcs décomposent X en quatre domaines d'adhérences A, A', B, B' : *voir* la figure 7; E désigne donc l'une des quatre solutions élémentaires ayant pour support, près de y : A, A', B, B'. On peut montrer que les deux premières sont <0 les deux autres >0, ce qui précise le signe figurant dans (67.8).

68. Expression de E par une période d'intégrale elliptique de première espèce. — Explicitons la proposition 67 en *réduisant la cubique* $\tilde{x}$ *à sa forme canonique* : on la coupe par une droite variable, qui passe par un point fixe de $\tilde{x}$, qui dépend d'un paramètre t et qui touche $\tilde{x}$ quand $t=\infty$; on emploie ce paramètre t sur $\tilde{x}$.

Pour obtenir une tangente à $\tilde{x}$, il suffit de mettre son équation sous la forme

$$\tilde{x}:\quad (\xi-\eta)(\xi^2+\xi\eta+\eta^2)+3\xi x_2-3\eta y_2+3(x_1-y_1)=0;$$

on voit que $\tilde{x}$ a l'asymptote $\xi=\eta$, qui la recoupe au point

$$\xi-\eta=\xi x_2-\eta y_2+x_1-y_1=0.$$

Nous pouvons donc définir t sur $\tilde{x}$ par l'équation

$$(68.1)\qquad (\xi-\eta)(t+x_2+y_2)=3\xi x_2-3\eta y_2+3(x_1-y_1)$$

qui, portée dans celle de $\tilde{x}$ donne

$$(68.2)\qquad t+x_2+y_2+\xi^2+\xi\eta+\eta^2=0.$$

Définissons sur $\tilde{x}$ une seconde fonction s, telle que

$$(68.3)\qquad \frac{d\xi}{\eta^2+y_2}=\frac{d\eta}{\xi^2+x_2}=\frac{dt}{s};$$

un calcul aisé donne

(68.4) $$s = (t - y_2)\xi + (t - x_2)\eta.$$

Éliminons ξ et η entre (68.1), (68.2) et (68.4) : dans l'identité :

(68.5) $$3[\alpha\xi + \beta\eta]^2 + [(\alpha - 2\beta)\xi + (2\alpha - \beta)\eta]^2 = 4(\alpha^2 - \alpha\beta + \beta^2)(\xi^2 + \xi\eta + \eta^2),$$

prenons

$$\alpha = t - y_2, \qquad \beta = t - x_2;$$

d'après (68.4) :

$$\alpha\xi + \beta\eta = s;$$

d'après (68.1) :

$$(\alpha - 2\beta)\xi + (2\alpha - \beta)\eta = 3(y_1 - x_1);$$

d'après (68.2),

$$(\alpha^2 - \alpha\beta + \beta^2)(\xi^2 + \xi\eta + \eta^2) = -(t + jx_2 + j^2y_2)(t + j^2x_2 + jy_2)(t + x_2 + y_2),$$

où

$$j^2 + j + 1 = 0;$$

en portant ces trois relations dans (68.5) nous obtenons

(68.6) $$3s^2 + 9(x_1 - y_1)^2 = -4(t + x_2 + y_2)(t + jx_2 + j^2y_2)(t + j^2x_2 + jy_2).$$

En portant (68.6) et (68.3) dans la proposition 67, on obtient la

Proposition 68. — *La solution élémentaire $E(x, y)$ de l'opérateur de Tricomi* (67.1) *est une fonction, valant*

(68.7) $$E(x, y) = \pm\frac{\sqrt{3}}{\pi}\int_T^{+\infty}\frac{dt}{\sqrt{P(t)}} \qquad \text{pour} \quad x \in \mathcal{E}_+(y);$$

T est la plus grande racine réelle du polynôme (où $j^2 + j + 1 = 0$)

$$P(t) = 4(t + x_2 + y_2)(t + jx_2 + j^2y_2)(t + j^2x_2 + jy_2) + 9(x_1 - y_1)^2 = 4t^3 - 12x_2y_2t + 4(x_2^3 + y_2^3) + 9(x_1 - y_1)^2,$$

on a $\mathcal{E}_+(y) = A$, ou A', ou B, ou B'; dans les deux premiers cas on prend le signe —, dans les deux autres +.

Conformément au théorème 3, l'expression de $E(x, y)$ se simplifie pour $x \in K_+(y)$: un calcul de résidu immédiat montre que (68.7) vaut

(68.8) $$E(x, y) = \pm\frac{1}{2}(x_2y_2)^{-\frac{1}{4}}$$

sur la partie de $K_+(y)$ vérifiant $l(x)=l(y)$ ou $m(x)=m(y)$; la partie de K_+ vérifiant $l(x)=m(y)$ ou $m(x)=l(y)$, quand elle existe, est le support d'une singularité *logarithmique* de E.

Conformément au théorème 5, (68.7) permet le prolongement analytique de $E(x, y)$ aux valeurs complexes de x et y; en adaptant le chemin d'intégration, on voit que ce prolongement est possible quels que soient x et y complexes.

69. Expression de E par une fonction hypergéométrique. — Faisons dans l'intégrale (68.7) le changement de variables :

$$t=\sqrt{x_2y_2}\,t',$$

il vient

$$E(x, y)=\pm\frac{\sqrt{3}}{\pi}(x_2y_2)^{-\frac{1}{4}}\int_{T'}^{+\infty}\frac{dt'}{\sqrt{P'(t')}},$$

T' étant la plus grande racine réelle du polynôme :

$$P'(t')=4t'^3-12t'+8z,$$

où

$$z=\frac{4(x_2^3+y_2^3)+9(x_1-y_1)^2}{8(x_2y_2)^{3/2}}$$

ainsi $(x_2y_2)^{\frac{1}{4}}E(x, y)$ est une fonction de la seule variable z; déterminons cette fonction : elle vérifie une équation différentielle ordinaire, linéaire, du second ordre, puisque l'opérateur de Tricomi annule E; en employant les variables $l(x)$ et $m(x)$ que (67.12) a définies, cela s'écrit :

(69.1) $$\left[(l-m)\frac{\partial^2}{\partial l\,\partial m}-\frac{1}{6}\left(\frac{\partial}{\partial l}-\frac{\partial}{\partial m}\right)\right]E=0.$$

Des calculs aisés donnent

$$\frac{z+1}{z-1}=\frac{l(x)-l(y)}{l(x)-m(y)}\,\frac{m(x)-m(y)}{m(x)-l(y)},$$

$$z-1=\frac{[l(x)-m(y)][m(x)-l(y)]}{8(x_2y_2)^{\frac{3}{2}}};$$

donc :

$$E(x, y)=\pm\{4[l(x)-m(y)][l(y)-m(x)]\}^{-\frac{1}{6}}$$
$$\times F\left[\frac{l(x)-l(y)}{l(x)-m(y)}\,\frac{m(x)-m(y)}{m(x)-l(y)}\right],$$

où, vu (68.8) $F[0]=1$; et enfin, en portant cette expression dans (69.1,) l'équation hypergéométrique :

$$(69.2)\qquad u(1-u)\frac{d^2F[u]}{du^2}+\left(1-\frac{4}{3}u\right)\frac{dF[u]}{du}-\frac{1}{36}F[u]=0,$$

qui prouve que $F[u]$ est la fonction hypergéométrique

$$F\left(\frac{1}{6},\frac{1}{6},1;u\right).$$

Donc

PROPOSITION 69. — *La solution élémentaire $E(x, y)$ de l'opérateur de Tricomi est une fonction, valant pour $x\in\mathcal{E}_+(y)$:*

$$E(x,y)=\pm\{4[l(x)-m(y)][l(y)-m(x)]\}^{-\frac{1}{6}}$$
$$\times F\left(\frac{1}{6},\frac{1}{6},1;\frac{l(x)-l(y)}{l(x)-m(y)}\frac{m(x)-m(y)}{m(x)-l(y)}\right),$$

$F(a, b, c; u)$ désigne la fonction hypergéométrique :

$$1+\sum_{n\geq 0}\frac{a(a+1)\dots(a+n)\,b(b+1)\dots(b+n)}{(n+1)!\,c(c+1)\dots(c+n)}t^{n+1}.$$

Des formules de Steiner et Kummer montrent l'équivalence de cette expression de E et de celle de GERMAIN et BADER ([6], p. 7, (13)).

BIBLIOGRAPHIE.

[1] BOROVIKOV (V. A.). — La solution élémentaire des équations linéaires aux dérivées partielles à coefficients constants [en russe], *Doklady Akad. Nauk S. S. S. R.*, t. 119, 1958, p. 407-410; *Travaux Soc. math. Moscou*, t. 8, 1959, p. 199-257.

[2] FARY (Istvan). — Cohomologie des variétés algébriques, *Annals of Math.*, t. 65, 1957, p. 21-73.

[3] GÅRDING (Lars). — Transformation de Fourier des distributions homogènes, *Bull. Soc. math. France*, t. 89, 1961, p. 381-428.

[4] GÅRDING (Lars). — Linear hyperbolic partial differential equations with constant coefficients, *Acta Math.*, t. 85, 1951, p. 1-62.

[5] GEL'FAND (I. N.) i ŜAPIRO (Z. Ja,). — Les fonctions homogènes et leurs applications [en russe], *Uspekhi math. Nauk S. S. S. R.*, t. 10, 1955, n° 3, p. 3-70.

[6] GERMAIN (P.) et BADER (R.). — Sur le problème de Tricomi, *Rend. Circ. mat. Palermo*, 2e série, t. 2, 1953, p, 53-70.

[7] HERGLOTZ (G.). — Ueber die Integration linearer, partieller Differentialgleichungen mit konstanten Koeffizienten, *Ber. über die Verhandl. Sächs. Akad. Wiss. Leipzig, Math.-phys.*, t. 78, 1926, p. 93-126 et 287-318; t. 80. 1928, p. 68-114.

[8] JOHN (Fritz). — The fundamental solution of linear elliptic differential equations with analytic coefficients, *Comm. pure and appl. Math.*, t. 2, 1950, p. 213-304.

[9] LERAY (Jean). — *Hyperbolic differential equations.* — Princeton, Institute for advanced Study, 1953 (multigraphié).

[10] PETROWSKY (I.). — On the diffusion of waves and the lacunes for hyperbolic equations, *Mat. Sbornik* (*Recueil mathématique*), N. S., t, 17 (59), 1945, n° 3, p. 289-370.

[11] TRICOMI (Francesco). — Sulle equazioni lineari alle derivate parzieli di secondo ordine, di tipo misto, *Atti real Accad. dei Lincei*, *Mem. Class. Sc. fis. mat. e nat.*, Série 5, t. 14, 1924, p. 133-247.

[12] WEINSTEIN (A.). — On Tricomi's equation and generalised axially symetric potential theory, *Bull. Acad. royale Belg.*, *Cl. Sc.*, Série 5, t. 37, 1951, p. 348-358; Discontinous integrals and generalized potential theory *Trans. Amer. math. Soc.*, t. 63, 1948, p. 342-354; On generalized potential theory and the equation of Darboux-Tricomi, *Bull. Amer. math. Soc.*, t. 55, 1949, p. 520.

[13] GRAUERT (H.), Ueber Modifikationen und exceptionelle analytische Mengen, *Math. Annalen*. t. 146, 1962, p. 331-368.

[14] CHAILLOU (J.), Colloque sur les équations aux dérivées partielles (C. N. R. S., Paris, 1962).

Cet article fait partie d'une série de six articles :

[I] Uniformisation de la solution du problème linéaire analytique de Cauchy, près de la variété qui porte les données de Cauchy. *Bull. Soc. math. France*, t. 85, 1957, p. 389-429.

[II] La solution unitaire d'un opérateur différentiel linéaire, *Bull. Soc. math. France*, t. 86, 1958, p. 75-96.

[III] Le calcul différentiel et intégral sur une variété analytique complexe, *Bull. Soc. math. France*, t. 87, 1959, p. 81-180; (traduit en Russe).

On trouvera des indications sur [V] dans :

Le problème de Cauchy pour une équation linéaire à coefficients polynomiaux, *C. R. Acad. Sc.*, Paris, t. 242, 1956, p. 953-959 et un résumé de [VI] dans la conférence :

Particules et singularités des ondes, *Cahiers de Physique*, t. 15, 1961, p. 373-381.

Le présent article a été exposé dans :

Prolongements de la transformation de Laplace, leurs applications aux équations aux dérivées partielles, *Colloque sur l'analyse fonctionnelle* [1960, Louvain], p. 7-28. — Louvain, Librairie universitaire; Paris, Gauthier-Villars, 1961 (Centre belge de Recherches mathématiques) — Traduction anglaise :

International conference on partial differential equation and continuum mechanics [1960, Madison (Wis.)]; p. 137-157. — Madison, 1960.

(Manuscrit reçu le 25 août 1961.)

Jean LERAY
Professeur au Collège de France,
12, rue Pierre-Curie,
Sceaux (Seine).

[1964a]

(avec L. Gårding et T. Kotake)

Uniformisation et développement asymptotique de la solution du problème de Cauchy linéaire à données holomorphes ; analogie avec la théorie des ondes asymptotiques et approchées

Bull. Soc. Math. France 92 (1964) 263–361

« Regardez les singularités : il n'y a que ça qui compte. »
Gaston JULIA.

Sommaire.

Résultats. — Cet article décrit les singularités de la solution *u* du problème de Cauchy linéaire, à données holomorphes :

u est *holomorphe* en les points non caractéristiques de la sous-multiplicité *S* qui porte les données de Cauchy;

en les points caractéristiques de *S*, *u* peut être *uniformisé* (¹) par une application holomorphe, que définit un système différentiel ordinaire; en général, *u* est algébroïde;

le support de la singularité de *u* appartient à la *caractéristique* (²) *K* tangente à *S*;

par quadratures le long des bicaractéristiques engendrant *K*, on peut construire *un développement asymptotique* de *u* : son reste d'ordre *m*

(¹) rendu holomorphe par composition avec cette application.
(²) *K* est la réunion des bicaractéristiques issues des covecteurs caractéristiques de *S*.

s'annule m fois sur S et est uniformisable [3] jusqu'à l'ordre m; ce développement donne donc les dérivées de tous ordres de u, à des fonctions bornées près;

le calcul de ces bicaractéristiques et du premier terme de ce développement est celui de *trajectoires* de particules et d'une densité d'*énergie-impulsion* conservative;

ce calcul fait correspondre au système différentiel linéaire que vérifie u (équations d'ondes) une équation non linéaire du premier ordre : l'*équation de Jacobi* [4] (elle régit des particules associées à ces ondes); ce calcul est *analogue* à celui des *ondes approchées* qu'emploie l'optique géométrique; il fait correspondre, en employant la même équation de Jacobi, à d'autres ondes, régies par le même système, d'autres particules : celles que leur associe *la Mécanique quantique.*

Méthodes. — P. Rosenbloom [13] et L. Hörmander [6] ont prouvé le théorème de Cauchy-Kowalewski [5], dans le cas linéaire, par la méthode des approximations successives; cette méthode permet de donner à ce théorème une extension (chap. 1, nº 10) telle que la preuve (chap. 1, nºs 11 et 12) du théorème d'uniformisation (th. 1, nº 4) se réduise à ceci : par un changement de variables, on compense l'annulation du polynôme caractéristique en les points caractéristiques de S [nº 11 : résolution de (11.8)]. Le calcul du développement asymptotique de la solution résulte, lui aussi, de ce changement de variables (th. 1, nº 4; chap. 2); il emploie, en outre, un nouvel invariant, la matrice bicaractéristique (nº 3) qu'emploie aussi la théorie des ondes approchées (th. 5, nº 8; chap. 6).

Ce changement de variables, qui constitue une première uniformisation, s'obtient en résolvant un problème de Cauchy, non linéaire, du premier ordre, défini au moyen du polynôme caractéristique. D'autres uniformisations plus simples (th. 2, nº 5; chap. 3; th. 3, nº 6; chap. 4) s'en déduisent en explicitant la solution de ce problème du premier ordre : elles s'obtiennent en résolvant un système différentiel, du type d'Hamilton, qui est défini au moyen de ce même polynôme caractéristique.

L'interprétation mécanique du premier terme du développement asymptotique au moyen d'une densité d'énergie-impulsion conservative de particules consiste à caractériser ce premier terme par un invariant différentiel des trajectoires de ces particules (th. 5, nº 7; chap. 5); l'ana-

---

(3) Ce reste est la différence entre u et la somme des m premiers termes du développement; il peut être uniformisé en même temps que toutes ses dérivées d'ordres $\leqq m$; c'est ce que signifie : uniformisable jusqu'à l'ordre m.

(4) Elle n'est pas entièrement déterminée par la donnée de ce système.

(5) Rappelons que ce théorème a été généralisé par Riquier, Janet et Lednev [10].

logie de cette interprétation avec l'association de particules à certaines ondes approchées résulte d'une caractérisation analogue de ces ondes approchées (th. 6, n° 9; chap. 7).

Applications que ne développe pas le présent article. — Les résultats qui précèdent permettent d'analyser les singularités de la solution d'un problème de Cauchy à *données analytiques non holomorphes*; il faut d'abord définir et étudier (*cf.* l'article : aperçu de [V]) les transformations fonctionnelles qui transforment en solutions de tels problèmes la solution d'un problème à données holomorphes (solution unitaire). C'est ainsi que l'article « Problème de Cauchy [IV] » a décrit les singularités de *la solution élémentaire* d'un opérateur différentiel hyperbolique; [IV] se contente d'employer le premier terme du développement asymptotique qu'expose le présent article; l'emploi d'un plus grand nombre de termes donnerait une *paramétrix* de l'opérateur hyperbolique.

Ce développement asymptotique, qu'expose le présent article, garde un sens quand on ne suppose plus les données holomorphes; il pourrait donc servir à calculer les dérivées de tous ordres d'un *problème de Cauchy hyperbolique, bien posé*, à des termes près qui resteraient bornés quand ce problème tendrait vers un problème mal posé.

Enfin *la théorie des ondes approchées*, que le présent article développe et où il introduit la matrice bicaractéristique, est certainement d'un emploi commode *en Optique géométrique.*

Historique. — L'article « Problème de Cauchy [I] » avait donné, pour une seule équation, une preuve tortueuse du théorème d'uniformisation; en déduire le développement asymptotique de u était impossible; seul, son premier terme avait été obtenu : résumé de [VI].

Introduction.

1. Énoncé du problème de Cauchy.

Donnons-nous une multiplicité ([6]) analytique complexe X, de dimension complexe L; x désigne un point de X; $(x^1, \ldots, x^L)$ sont les coordonnées locales de x; la dérivée de u par rapport à x est notée

$$u_{x^l} = \frac{\partial u}{\partial x^l}; \qquad \text{de même} \quad u_{x^l x^\lambda} = \frac{\partial^2 u}{\partial x^l \, \partial x^\lambda}.$$

([6]) Variété sans singularité.

Donnons-nous aussi un espace vectoriel complexe Ξ : nous étudions un problème dépendant du paramètre $\xi \in \Xi$.

Donnons-nous sur X *un système d'équations aux dérivées partielles* :

$$(1.1) \qquad a_\mu^\nu\left(x, \frac{\partial}{\partial x}\right) u^\mu(\xi, x) = v^\nu(\xi, x) \qquad (\mu, \nu = 1, 2, \ldots, M),$$

où : les a_μ^ν sont des opérateurs différentiels linéaires à coefficients holomorphes, constituant une matrice carrée; les v^ν sont des fonctions holomorphes données, constituant les composantes d'un vecteur v; les u^μ sont les fonctions inconnues; ce sont les composantes d'un vecteur u.

Nous convenons qu'il y a sommation par rapport à tout indice répété deux fois dans un monôme :

$$a_\mu^\nu u^\mu = \sum_{\mu=1}^{M} a_\mu^\nu u^\mu.$$

Choisissons des entiers m^μ et n^ν tels que

$$(1.2) \qquad \begin{cases} \operatorname{ordre}(a_\mu^\nu) \leq n^\nu - m^\mu \qquad [\operatorname{ordre}(0) = -\infty], \\ \sup_\sigma \left[\sum_\nu \operatorname{ordre}(a_{\sigma(\nu)}^\nu)\right] = \sum_\nu n^\nu - \sum_\mu m^\mu, \end{cases}$$

σ désignant une permutation arbitraire de $(1, \ldots, M)$.

D'après VOLEVIČ [14], un tel choix est toujours possible, sauf si tous les a_μ^ν sont nuls, ce que nous excluons; en général, il est possible de plusieurs façons. Nous dirons que m^μ est l'ordre de u^μ et que n^ν est l'ordre de v^ν.

Les données de Cauchy sont :

— une sous-multiplicité analytique $S(\xi)$ de X, de codimension 1, dont l'équation locale

$$S(\xi) : \quad s(\xi, x) = 0 \qquad (s_x \neq 0)$$

dépend linéairement de ξ;

— des fonctions holomorphes $w^\mu(\xi, x)$:

— enfin un entier

$$(1.3) \qquad n \geq \sup_\nu n^\nu.$$

Le problème de Cauchy consiste à trouver une solution de (1.1) vérifiant les conditions de Cauchy (⁷).

$$(1.4)\qquad u^{\mu}(\xi, x) - w^{\mu}(\xi, x)$$

s'annule $n - m^{\mu}$ fois sur $S(\xi)$.

Vu (1.1), ce problème n'est évidemment possible que si

$$(1.5)\qquad v^{\nu}(\xi, x) - a^{\nu}_{\mu}\left(x, \frac{\partial}{\partial x}\right) w^{\mu}(\xi, x) \text{ s'annule } n - n^{\nu} \text{ fois sur } S(\xi),$$

ce que nous supposerons.

2. Les notions qu'emploie l'uniformisation.

Nous notons (x, p) un *covecteur* d'origine x, de composantes $p = (p_1, \ldots, p_L)$; par exemple, le gradient au point x d'une fonction $f(x)$ est le covecteur

$$f_x = (f_{x^1}, \ldots, f_{x^L}).$$

Le produit scalaire en x d'un vecteur dx et d'un covecteur p est noté

$$p.dx = p_1\, dx^1 + \ldots + p_L\, dx^L.$$

Nous nommons *polynôme caractéristique* de l'opérateur $a^{\nu}_{\mu}\left(x, \frac{\partial}{\partial x}\right)$, dont l'ordre est $\leqq n^{\nu} - m^{\mu}$, la somme des termes de degré $n^{\nu} - m^{\mu}$ du polynôme (⁸) $a^{\nu}_{\mu}(x, p)$ de p; nous le notons

$$g^{\nu}_{\mu}(x, p).$$

Ce polynôme dépend du choix des entiers n^{ν} et m^{μ}; mais il ne dépend pas du choix des coordonnées; en effet $g^{\nu}_{\mu}(x, f_x)$ est le coefficient du terme de degré $n^{\nu} - m^{\mu}$ du polynôme en ω,

$$e^{-\omega f(x)} a^{\nu}_{\mu}\left(x, \frac{\partial}{\partial x}\right) e^{\omega f(x)}.$$

Nous nommons *polynôme caractéristique* de la matrice $\left(a^{\nu}_{\mu}\left(x, \frac{\partial}{\partial x}\right)\right)$ le déterminant

$$\text{dét}\left(g^{\nu}_{\mu}(x, p)\right);$$

(⁷) Cauchy-Kowalewski supposent tous les seconds membres v^{ν} du même ordre $n^{\nu} = n$; ils font, de ce fait, des hypothèses que détruisent les opérations suivantes :
— adjoindre aux inconnues certaines de leurs dérivées et remplacer à volonté dans le système ces dérivées par ces nouvelles inconnues;
— passer au système adjoint (au sens de Riemann).

(⁸) Autrement dit : la partie principale de ce polynôme.

vu (1.2), c'est un polynôme en p, homogène de degré

$$\sum_\nu n^\nu - \sum_\mu m^\mu = \sup_\sigma \left[\sum_\nu \operatorname{ordre}(a^\nu_{\sigma(\nu)}) \right];$$

il est indépendant du choix des coordonnées : en effet chacun des $g^\nu_\mu(x, p)$ est indépendant de ce choix; il est indépendant du choix des n^ν et m^μ : en effet, vu (1.2), il est la partie principale de dét $(a^\nu_\mu(x, p))$, considéré comme un polynôme en p de degré $\sum_\nu n^\nu - \sum_\mu m^\mu$.

Nous nommons *fonction caractéristique* de cette matrice (a^ν_μ) toute fonction $g(x, p)$, homogène en p, multiple ([9]) de dét$(g^\nu_\mu(x, p))$ au voisinage de l'ensemble des covecteurs (x, s_x) de $S(\xi)$: le théorème 2 aura besoin de choisir cette fonction caractéristique homogène de degré 1, donc différente du polynôme caractéristique (sauf si le système se réduit à une équation d'ordre 1).

Quand $g(x, p)$ est tel que $g/\text{dét}(g^\nu_\mu) \neq 0$, les définitions suivantes sont indépendantes du choix de g : on nomme

— *points* [covecteurs] *caractéristiques* de $S(\xi)$ ceux de ses points x [de ses covecteurs (x, s_x)] vérifiant $g(x, s_x) = 0$;

— *bandes* ([10]) *bicaractéristiques* de X les bandes vérifiant le système ([11]), nommé système bicaractéristique :

$$(2.1) \qquad \frac{dx}{g_p(x, p)} = -\frac{dp}{g_x(x, p)}, \qquad g(x, p) = 0;$$

— *courbe bicaractéristique* la courbe que parcourt x quand (x, p) parcourt une bande bicaractéristique;

— *caractéristique* $K(\xi)$ *tangente à* $S(\xi)$ la réunion des courbes bicaractéristiques issues des covecteurs caractéristiques de $S(\xi)$;

— *conoïde caractéristique* $K(y)$ *de sommet* y la réunion des courbes bicaractéristiques issues d'un point donné $y \in Y$.

Le système (2.1) est un système d'*Hamilton* d'un type particulier, pour lequel la forme différentielle $p.dx$ est invariante ([12]). On a donc,

---

([9]) telle que $g/\text{dét}(g^\nu_\mu)$ soit holomorphe au voisinage de ....

([10]) Une bande est, dans l'espace des covecteurs (x, p) de X, une courbe, le long de laquelle $p.dx = 0$.

([11]) (2.1) signifie que $(dx^1, \ldots, dx^l, dp_1, \ldots, dp_l)$ sont proportionnels à $(g_{p_1}, \ldots, -g_{x^l})$.

([12]) Autrement dit : quand (x, p) et $(x + dx, p + dp)$ décrivent deux bandes bicaractéristiques infiniment voisines, alors $p.dx$ est constant : $p.dx$ s'exprime au moyen des intégrales premières de (2.1).

On le prouve en vérifiant que, sur la multiplicité $g(x, p) = 0$, $(g_x, g_p) \neq 0$, le système (2.1) est le système caractéristique de la forme $p.dx$, au sens d'É. Cartan [3], chap. 8.

Il est essentiel que l'équation $g(x, p) = 0$ soit homogène en p.

sur la réunion des bandes bicaractéristiques issues des covecteurs caractéristiques de $S(\xi)$ ou de y :

$$p.dx = 0;$$

aussi nomme-t-on covecteurs de $K(\xi)$ ou de $K(y)$ les covecteurs appartenant à cette réunion; $K(\xi)$ et $K(y)$ vérifient donc l'*équation caractéristique*

$$g(x, p) = 0;$$

c'est-à-dire

$$g(x, k_{x}) = 0,$$

en les points où K est une hypersurface d'équation $k(x) = 0$.

Les deux conditions suivantes sont donc équivalentes :

$$y \in K(\xi);$$

$K(y)$ et $S(\xi)$ sont tangents, c'est-à-dire ont un covecteur commun.

NOTE. — Si $g(x, p)$ est identiquement nul, la conclusion de nos raisonnements est vide ([13]).

NOTE. — Nos conclusions sont d'un intérêt minime aux points y de $S(\xi)$ tels que (x, s_y) annule deux ([14]) fois $g(x, p)$; mais alors on peut parfois procéder comme suit.

NOTE 2.1. — Si la matrice (g_μ^ν) est une somme directe de sous-matrices γ, il faut, pour obtenir des conclusions intéressantes, choisir $g(x, p)$ multiple non pas de $\text{dét}(g_\mu^\nu)$, mais de chacun des $\text{dét}(\gamma)$; nos conclusions restent vraies, compte tenu de la note 3.1; la modification à apporter à la preuve du théorème d'uniformisation est banale et évidente; les notes 3.1, 16.1, 19.1, 22.1, 23.1 disent comment est modifié le calcul du développement asymptotique.

Points exceptionnels. — Un point caractéristique x de $S(\xi)$ est dit exceptionnel quand il possède au moins l'une des deux propriétés suivantes :

1° $S(\xi)$ et le conoïde caractéristique $K(x)$ sont tangents, au voisinage ([15]) de x, en une infinité de points [le lemme 15.2 prouve que $S(\xi)$ et $K(x)$ se touchent alors le long d'une courbe analytique passant par x;

([13]) par exemple, dans le théorème 1 : $\xi[t, x] = s(x)$; $u^\lambda \circ \xi$ désigne $u^\lambda(s(x), x)$, qui est donnée.

([14]) c'est-à-dire annule g, g_x et g_p. En un tel point y, on a, avec les notations du n° 4 :

$$x(t, y) = y, \qquad p(t, y) = s_y, \qquad \xi[t, y] = s(y), \qquad u^\lambda \circ \xi = u^\lambda(s(y), y),$$

qui est donnée.

([15]) On emploie seulement la partie de $K(x)$ voisine de x : elle est engendrée par les arcs bicaractéristiques, issus de x et suffisamment petits.

si le vecteur bicaractéristique $g_p(x, s_x)$ n'est pas nul, alors cette courbe est régulière en x et est tangente en x à ce vecteur].

2° La courbe bicaractéristique issue du covecteur (x, s_x) de $S(\xi)$ consiste en le seul point x.

Exemple. — Tous les points d'une bande bicaractéristique appartenant à $S(\xi)$ sont exceptionnels.

Exemple. — Un point x, où $g(x, p) = 0$ implique $g_p = 0$, est exceptionnel.

3. Les notions qu'emploie le développement asymptotique.

Supposons donné *un élément de volume* de X, c'est-à-dire une forme différentielle holomorphe de degré maximum,

$$\rho(x)\, dx^1 \wedge \ldots \wedge dx^l, \qquad \text{où} \quad \rho(x) \neq 0;$$

la matrice adjointe $(a^{*\nu}_{\mu})$ de (a^{ν}_{μ}) est définie, suivant Riemann, par la condition

$$\rho\,[v(a^{\nu}_{\mu} u) - (-1)^{n^\nu - m^\mu} u(a^{*\mu}_{\nu} v)]\, dx^1 \wedge \ldots \wedge dx^l$$

est la différentielle d'une forme dont les coefficients sont bilinéaires par rapport aux dérivées de u et de v. Explicitement : si

$$a^{\nu}_{\mu}\left(x, \frac{\partial}{\partial x}\right) = \sum_{\alpha} a_{\alpha}(x) \frac{\partial^{|\alpha|}}{\partial x^{\alpha}}, \qquad \text{où} \quad \alpha = (\alpha_1, \ldots, \alpha_l),$$

alors

$$(3.1) \quad a^{*\mu}_{\nu}\left(x, \frac{\partial}{\partial x}\right) v(x) = \frac{1}{\rho(x)} \sum_{\alpha} (-1)^{n^\nu - m^\mu - |\alpha|} \frac{\partial^{|\alpha|}}{\partial x^{\alpha}} [\rho(x)\, a_{\alpha}(x)\, v(x)].$$

Le polynôme sous-caractéristique de a^{μ}_{ν} est, par définition, la somme des termes de degré $n^\nu - m^\mu - 1$ en p de

$$1/2\,[a^{\nu}_{\mu}(x, p) - a^{*\mu}_{\nu}(x, p)],$$

qui est un polynôme en p ayant au plus ce degré; c'est donc le polynôme caractéristique de

$$1/2\left[a^{\nu}_{\mu}\left(x, \frac{\partial}{\partial x}\right) - a^{*\mu}_{\nu}\left(x, \frac{\partial}{\partial x}\right)\right];$$

il ne dépend donc pas du choix des coordonnées. Explicitement, si

$$a^{\nu}_{\mu}(x, p) = g^{\nu}_{\mu}(x, p) + g'^{\nu}_{\mu}(x, p) + \ldots,$$

g_μ^ν, g'^ν_μ, ... étant de degrés décroissants $n^\nu - m^\mu$, $n^\nu - m^\mu - 1$, ..., alors

$$a^{*\mu}_{\nu}(x, p) = \left[g_\mu^\nu(x, p) + \frac{1}{\rho} \frac{\partial^2(\rho g_\mu^\nu)}{\partial x^\lambda \partial p_\lambda} - g'^\nu_\mu(x, p) + \ldots \right]$$

et le polynôme *sous-caractéristique* de a_μ^ν est donc

$$(3.2) \qquad j_\mu^\nu(x, p) = g'^\nu_\mu - \frac{1}{2\rho} \frac{\partial^2(\rho g_\mu^\nu)}{\partial x^\lambda \partial p_\lambda}.$$

a_μ^ν et $a^{*\mu}_{\nu}$ ont le même polynôme caractéristique et des polynômes sous-caractéristiques opposés :

$$g^{*\mu}_{\nu} = g_\mu^\nu, \qquad j^{*\mu}_{\nu} = -j_\mu^\nu.$$

Autrement dit : la matrice caractéristique $(g^{*\nu}_{\mu})$ de l'adjointe $(a^{*\nu}_{\mu})$ de la matrice (a_μ^ν) s'obtient en transposant sa matrice caractéristique (g_μ^ν); la matrice sous-caractéristique $(j^{*\nu}_{\mu})$, en transposant et multipliant par -1 sa matrice sous-caractéristique (j_μ^ν).

Une matrice (a_μ^ν) *self-adjointe* a donc une matrice caractéristique symétrique et une matrice sous-caractéristique antisymétrique.

Le vecteur $h(x, p)$ et le covecteur $\mathfrak{h}(x, p)$. — Les covecteurs (x, p) de X vérifiant

$$(3.3) \qquad g(x, p) = 0, \qquad (g_x, g_p) \neq 0$$

constituent une multiplicité analytique, où $\text{dét}(g_\mu^\nu) = 0$. Notons (G^μ_ν) le produit par g de la matrice inverse de (g_μ^ν); autrement dit, G^μ_ν est le mineur de (g_μ^ν) :

$G^\mu_\nu(x, p)$ est holomorphe au voisinage de l'ensemble des covecteurs (x, s_x) de $S(\xi)$;

$$dg \equiv G^\mu_\nu \, dg_\mu^\nu \qquad (\text{mod}\, g);$$

donc, sur la multiplicité (3.3), $(G^\mu_\nu) \neq 0$.

Au voisinage de chaque point de la multiplicité (3.3) on peut donc définir un vecteur $h(x, p)$ de composantes $h^1, \ldots, h^N$ et un covecteur $\mathfrak{h}(x, p)$ de composantes $\mathfrak{h}_1, \ldots, \mathfrak{h}_N$ tels que

$$(3.4) \quad h^\mu g_\mu^\nu \equiv 0, \qquad g_\mu^\nu \mathfrak{h}_\nu \equiv 0, \qquad G^\mu_\nu \equiv h^\mu \mathfrak{h}_\nu, \qquad dg \equiv h^\mu \mathfrak{h}_\nu \, dg_\mu^\nu \qquad (\text{mod}\, g).$$

Les restrictions de h et $\mathfrak{h}$ à cette multiplicité sont évidemment définies à la multiplication près de h par f et de $\mathfrak{h}$ par $1/f$, $f(x, p)$ étant une fonction holomorphe, arbitraire, ne s'annulant pas.

La fonction $j(x, p)$ est définie localement sur la multiplicité (3.3); c'est la forme bilinéaire de (h, h_x, h_p) et $(\mathfrak{h}, \mathfrak{h}_x, \mathfrak{h}_p)$ que voici :

$$(3.5) \qquad j(x, p) = h^\mu(x, p) j_\mu^\nu \mathfrak{h}_\nu + 1/2 \begin{vmatrix} h^\mu & -g_\mu^\nu & \mathfrak{h}_\nu \\ \dfrac{\partial h^\mu}{\partial x^\lambda} & \dfrac{\partial g_\mu^\nu}{\partial x^\lambda} & \dfrac{\partial \mathfrak{h}_\nu}{\partial x^\lambda} \\ \dfrac{\partial h^\mu}{\partial p_\lambda} & \dfrac{\partial g_\mu^\nu}{\partial p_\lambda} & \dfrac{\partial \mathfrak{h}_\nu}{\partial p_\lambda} \end{vmatrix}.$$

La fonction $J(x, p; y, q)$ est définie quand les deux covecteurs (x, p) et (y, q) appartiennent à une même bande bicaractéristique, c'est-à-dire à une même solution de (2.1); la définition de J s'obtient en complétant (2.1) comme suit : quand (x, p) varie, (y, q) étant fixe, alors

$$(3.6) \quad \begin{cases} \dfrac{dx}{g_p(x, p)} = -\dfrac{dp}{g_x(x, p)} = -\dfrac{dJ(x, p; y, q)}{j(x, p) J}, \qquad g(x, p) = 0, \\ J(y, q; y, q) = 1. \end{cases}$$

La matrice bicaractéristique $G_\nu^\mu(x, p; y, q)$ est d'abord définie sur l'ensemble des couples de covecteurs $(x, p; y, q)$ appartenant à une même bande bicaractéristique : sur cet ensemble, sa définition est

$$(3.7) \qquad G_\nu^\mu(x, p; y, q) = \sqrt{\frac{\rho(y)}{\rho(x)}}\, h^\mu(x, p) J(x, p; y, q) \mathfrak{h}_\nu(y, q)$$

et ses propriétés, qu'établira le n° 21, sont les suivantes :

1° $G_\nu^\mu(x, p; x, p) = G_\nu^\mu(x, p)$.

2° $G_\nu^\mu(x, p; y, q)$ est homogène en (p, q).

3° $G_\nu^\mu(x, p; y, q)$ *dépend de* g, g_μ^ν et $g_\mu'^\nu$, sans dépendre des choix de ρ, h et $\mathfrak{h}$; alors que h et $\mathfrak{h}$ ne sont définis que localement, G_ν^μ est donc définie globalement.

4° Multiplier $g(x, p)$ et $G_\nu^\mu(x, p)$ par une fonction holomorphe $F(x, p)$ multiplie $G_\nu^\mu(x, p; y, q)$ par $\sqrt{F(x, p)\, F(y, q)}$.

5° La matrice bicaractéristique $(G^{*\mu}_{\nu})$ de la matrice adjointe $(a^{*\nu}_{\mu})$ de (a_μ^ν) s'obtient en transposant sa matrice bicaractéristique (G_ν^μ) multipliée par $\rho(x)/\rho(y)$ et en permutant (x, p) et (y, q) :

$$G^{*\nu}_{\mu}(y, q; x, p) = \frac{\rho(x)}{\rho(y)} G_\nu^\mu(x, p; y, q).$$

6° Si, pour un choix convenable de ρ, la matrice (a_μ^ν) est *self-adjointe*, alors

$$(3.8) \qquad G_\nu^\mu(x, p; y, q) = \pm \sqrt{\frac{\rho(y)}{\rho(x)}\, G_\mu^\mu(x, p)\, G_\nu^\nu(y, q)}.$$

Nous étendrons la définition de $G^{\mu}_{\nu}(x, p; y, q)$ à tous les couples de covecteurs (x, p), (y, q) appartenant à une même solution du système différentiel

$$(3.9)\qquad \frac{dx}{g_p(x, p)} = -\frac{dp}{g_x(x, p)};$$

nous le ferons de sorte que $G^{\mu}_{\nu}(x, p; y, q)$ soit holomorphe et ait la propriété 1° : c'est évidemment possible, au moins localement.

Si le système (1.1) se réduit à *une seule équation*

$$a\left(x, \frac{\partial}{\partial x}\right) u(\xi, x) = v(\xi, x),$$

et si $n^{\nu} = n$, alors nous supprimons les indices μ et ν et prenons $m^{\mu} = 0$:

$$M = 1, \qquad n^{\nu} = n, \qquad m^{\mu} = 0;$$

quand g est le *polynôme caractéristique*, nous choisissons, en accord avec (3.4), :

$$h = 1, \qquad \mathfrak{h} = 1;$$

donc $j(x, p)$ est le *polynôme sous-caractéristique*, qui est défini même quand $g(x, p) \neq 0$; dans les définitions (3.6) et (3.7) de J et G nous supprimons la restriction $g(x, p) = 0$: *la fonction bicaractéristique* $G(x, p; y, q)$ est définie sans ambiguïté pour tous les couples de covecteurs appartenant à une même solution de (3.9).

Note 3.1. — Supposons qu'on ait réalisé l'hypothèse (3.3) en employant la note 2.1 : la matrice (g^{ν}_{μ}) est une somme directe de matrices

$$\gamma = (g^{\nu}_{\mu}), \qquad \text{où} \quad \mu \text{ et } \nu \in M_{(\gamma)},$$

les $M_{(\gamma)}$ constituant une partition ([16]) de $1, \ldots, M$;

$$g^{\nu}_{\mu} = 0 \quad \text{si} \quad \mu \in M_{(\gamma)} \quad \text{et} \quad \nu \notin M_{(\gamma)}.$$

Notons $G^{\mu}_{\nu}(x, p)$ la somme directe du produit par g des inverses des matrices γ. Au voisinage de chaque point de la multiplicité (3.3), on définit, pour chacune des sous-matrices γ, un vecteur ${}^{\gamma}h(x, p)$, de composantes $h^{\mu}[\mu \in M_{(\gamma)}]$ et un covecteur ${}_{\gamma}\mathfrak{h}$, de composantes $\mathfrak{h}_{\nu}[\nu \in M_{(\gamma)}]$. En remplaçant dans (3.5) h et $\mathfrak{h}$ par ${}^{\alpha}h$ et ${}_{\beta}\mathfrak{h}$, c'est-à-dire en y prenant $\mu \in M_{(\alpha)}$ et $\nu \in M_{(\beta)}$, on définit une fonction numérique ${}^{\alpha}_{\beta}j(x, p)$ sur la multiplicité (3.3); en particulier :

$$(3.10)\qquad {}^{\alpha}_{\beta}j = h^{\mu} g'^{\nu}_{\mu} \mathfrak{h}_{\nu}, \qquad \text{où} \quad \mu \in M_{(\alpha)} \quad \text{et} \quad \nu \in M_{(\beta)}, \qquad \text{si} \quad \alpha \neq \beta.$$

([16]) $\bigcup_{\gamma} M_{(\gamma)} = \{1, 2, \ldots, M\}$, $M_{(\alpha)} \cap M_{(\beta)} = 0$ si $\alpha \neq \beta$.

Définissons des fonctions numériques ${}^{\beta}_{\alpha}J(x, p; y, q)$ de deux covecteurs (x, p) et (y, q) appartenant à une même bande bicaractéristique, par les équations analogues à (3.6) :

$$(3.11)\quad \begin{cases} \dfrac{dx}{g_p(x, p)} = -\dfrac{dp}{g_x(x, p)} = -\dfrac{d\,{}^{\beta}_{\alpha}J(x, p; y, q)}{{}^{\gamma}_{\alpha}j(x, p)\,{}^{\beta}_{\gamma}J} \\ \qquad \text{pour} \quad dy = dq = 0, \quad g(x, p) = 0; \\ {}^{\beta}_{\alpha}J(y, q; y, q) = 1 \quad \text{si} \quad \alpha = \beta, \qquad = 0 \quad \text{sinon.} \end{cases}$$

Définissons enfin comme suit la matrice bicaractéristique sur l'ensemble des couples de covecteurs $(x, p; y, q)$ appartenant à une même bande bicaractéristique :

$$(3.12)\quad G^{\mu}_{\nu}(x, p; y, q) = \sqrt{\frac{\rho(y)}{\rho(x)}}\, h^{\mu}(x, p)\, {}^{\beta}_{\alpha}J(x, p; y, q)\, \mathfrak{h}_{\nu}(y, q),$$

α et β étant définis par les conditions

$$\mu \in M_{(\alpha)}, \quad \nu \in M_{(\beta)}.$$

Cette matrice possède encore les propriétés 1°, 2°, 3°, 4° et 5°; (3.8) ne vaut plus. On prolonge comme ci-dessus cette définition à l'ensemble de tous les couples de covecteurs appartenant à une même solution de (3.9).

4. Uniformisation portant sur un paramètre.

Nous supposons $\dim \Xi = 1$ et l'équation $S(\xi)$ résolue en ξ :

$$S(\xi): \quad s(x) - \xi = 0.$$

Soit $u(\xi, x)$ une fonction, holomorphe au moins en un point de $S(\xi)$; soit $\xi[t, x]$ une fonction numérique de la variable numérique t et du point x, holomorphe pour t petit ([17]) et telle que $\xi[0, x] = s(x)$; notons $u \circ \xi$ la fonction composée de $u(\xi, x)$ et $\xi[t, x]$:

$$u \circ \xi = u(\xi[t, x], x);$$

nous disons que $\xi[t, x]$ *uniformise* $u(\xi, x)$ quand $u \circ \xi$ est une fonction de $[t, x]$ holomorphe pour t petit ([17]); nous disons que $\xi[t, x]$ uniformise $u(\xi, x)$ jusqu'à l'ordre m quand $\xi[t, x]$ uniformise $u(\xi, x)$ et toutes ses dérivées d'ordres $\leq m$; vu la formule (11.1) de dérivation

([17]) $|t| < \varepsilon(x)$.

d'une fonction composée, il suffit que $\xi[t, x]$ uniformise les dérivées de u en ξ d'ordres $\leqq m$; nous les notons

$$u_j(\xi, x) = \left(-\frac{\partial}{\partial \xi}\right)^j u(\xi, x).$$

Nous disons que $u(\xi, x)$ admet *un développement asymptotique*

$$u(\xi, x) \sim \sum_{r=0}^{\infty} u^r(\xi, x)$$

quand nous avons ([18]), pour $0 \leqq j \leqq m$:

$$(4.1) \qquad \left(u_j - \sum_{r=0}^{m} u_j^r\right) \circ \xi \equiv 0 \qquad [\operatorname{mod} t, \text{ donc } ({}^{19}) \operatorname{mod} t^{m+1-j}].$$

La définition (4.1) équivaut à la condition

$$(4.2) \qquad \left(u_m - \sum_{r=0}^{m} u_m^r\right) \circ \xi \equiv 0, \qquad u_j^m \circ \xi \equiv 0 \quad (\operatorname{mod} t), \qquad \text{si } j < m;$$

cette condition montre en particulier que $\xi[t, x]$ uniformise $u^r(\xi, x)$ jusqu'à l'ordre $r-1$ et que $u^r \circ \xi$ s'annule r fois pour $t = 0$.

La formule (11.1) de dérivation d'une fonction composée permet d'écrire (4.2) comme suit :

$$(4.3) \qquad \begin{cases} (u - u^0) \circ \xi \equiv 0 \qquad (\operatorname{mod} t); \\ \dfrac{\partial}{\partial t}(u_{m-1}^m \circ \xi) \equiv \dfrac{\partial}{\partial t}\left[\left(u_{m-1} - \displaystyle\sum_{r=0}^{m-1} u_{m-1}^r\right) \circ \xi\right] \\ \qquad [\operatorname{mod}(t\xi_t)] \qquad \text{si } 0 < m; \\ u_j^m \circ \xi \equiv 0 \quad (\operatorname{mod} t) \qquad \text{si } 0 \leqq j \leqq m. \end{cases}$$

Par suite, *construire le développement asymptotique le plus général* ([20]) *de u, c'est obtenir l'expression de*

$$\frac{\partial}{\partial t}(u_{m-1}^m \circ \xi) \qquad [\operatorname{mod}(t\xi_t)],$$

([18]) $F \equiv 0 \pmod f$ signifie que F/f est holomorphe.

([19]) Vu la formule (11.1) de dérivation d'une fonction composée.

([20]) C'est ce que fait le théorème 1. Mais, bien entendu, ce qui est intéressant, c'est de construire, le plus simplement possible, les premiers termes d'un développement asymptotique particulier : quelques-uns des corollaires et exemples le font.

en fonction de $u^0, \ldots, u^{m-1}$ *vérifiant* (4.2) : si l'on choisit u^m tel que $\frac{\partial}{\partial t}(u^m_{m-1} \circ \xi)$ ait cette expression mod $(t\xi_t)$ et que [21] $u^m_j \circ \xi \equiv 0 \pmod t$ pour $0 \leqq j < m$, alors $u^0, \ldots, u^m$ vérifient eux aussi (4.2).

La définition (4.1) et le lemme 11 montrent ceci : *la connaissance d'un développement asymptotique de u jusqu'à l'ordre m, c'est-à-dire la connaissance de* $u^0, \ldots, u^m$, *permet le calcul des dérivées de u d'ordres* $r \leqq m$, *à une fonction bornée près, que* $\xi[t, x]$ *uniformise et qui, composée avec* $\xi[t, x]$, *s'annule* $m - r + 1$ *fois pour* $t = 0$.

La fonction uniformisante $\xi[t, x]$ sera la solution du problème de Cauchy non linéaire du premier ordre

$$(4.4) \qquad \xi_t + g(x, \xi_x) = 0, \qquad \xi[0, x] = s(x).$$

La résolution de ce problème, que rappelle le n° 13, est classique : soit $x(t, y)$, $p(t, y)$ la solution du problème de Cauchy ordinaire :

$$(4.5) \qquad \frac{dx}{dt} = g_p(x, p), \qquad \frac{dp}{dt} = -g_x, \qquad x(0, y) = y, \qquad p(0, y) = s_y;$$

on a, N désignant le degré d'homogénéité de $g(x, p)$ en p :

$$(4.6) \qquad \begin{cases} \xi[t, x] = s(y) + (N-1)\, t\, g(y, s_y), \\ \xi_x[t, x] = p, \qquad \xi_t[t, x] = -g(y, s_y) = -g(x, p), \\ \text{pour} \quad x = x(t, y), \qquad p = p(t, y). \end{cases}$$

Les fonctions qu'emploie le développement asymptotique sont la matrice bicaractéristique (n° 3), le déterminant fonctionnel

$$\frac{D(x)}{D(y)} = \text{dét}\, \frac{\partial x^l(t, y)}{\partial y^\lambda} \qquad \text{et son inverse} \qquad \frac{D(y)}{D(x)} = 1 \bigg/ \frac{D(x)}{D(y)}.$$

Nous emploierons une variable numérique $\hat{t}$ variant de 0 à t et nous noterons

$$\hat{x} = x(\hat{t}, y), \qquad \hat{p} = p(\hat{t}, y), \qquad \frac{D(x)}{D(\hat{x})} = \frac{D(x)}{D(y)} \bigg/ \frac{D(\hat{x})}{D(y)}.$$

Voici le théorème essentiel :

THÉORÈME 1.

1° CAUCHY-KOWALEWSKI. — *En chaque point non caractéristique de* $S(\xi)$, *le problème de Cauchy* (n° 1) *possède une et une seule solution* $u^\mu(\xi, x)$, *qui soit holomorphe.*

---

[21] Vu la formule (11.1) de dérivation d'une fonction composée, les $u^m_j \circ \xi$ $(j = m-2, \ldots, 1, 0)$ se déduisent des $u^m_{m-1} \circ \xi$ par les quadratures

$$\frac{\partial}{\partial t}(u^m_j \circ \xi) = -\xi_t (u^m_{j+1} \circ \xi), \qquad u^m_j \circ \xi = 0 \qquad \text{pour} \quad t = 0.$$

Rappelons que u^m_0 désigne u^m.

2° UNIFORMISATION. — *La fonction* $\xi[t, x]$ *uniformise* $u^\mu(\xi, x)$ *jusqu'à l'ordre* $n-m^\mu-1$. *Sur l'image d'un domaine d'holomorphie de* $\xi[t, x]$ *par l'application*

$$(t, x) \to (\xi[t, x], x),$$

le support des singularités de $u^\mu(\xi, x)$ *appartient donc à l'ensemble* $\mathcal{K}$ *des* (ξ, x) *vérifiant les deux conditions équivalentes :*

$$x \in K(\xi); \quad K(x) \text{ et } S(\xi) \text{ sont tangentes.}$$

3° LE DÉVELOPPEMENT ASYMPTOTIQUE DE u^μ *s'obtient comme suit, par quadratures le long des bicaractéristiques engendrant* $K(\xi)$: *soit à trouver*

$$u^\mu(\xi, x) \sim w^\mu(\xi, x) + \sum_{r=n}^{\infty} u^{\mu,r}(\xi, x)$$

tel qu'on ait, pour $0 \leqq j \leqq m - m^\mu$:

$$(4.7) \quad \left(u_j^\mu - w_j^\mu - \sum_{r=n}^{m} u_j^{\mu,r}\right) \circ \xi \equiv 0 \qquad (\text{mod} t, \text{ donc mod} t^{m-m^\mu+1-j}).$$

On doit avoir, pour $0 \leqq j < m - m^\mu$, $n \leqq m$:

$$u_j^{\mu,m} \circ \xi \equiv 0 \qquad (\text{mod} t, \text{ donc mod} t^{m-m^\mu-j});$$

il s'agit donc de calculer mod t :

$$u_{m-m^\mu}^{\mu,m} \circ \xi = -\frac{1}{\xi_t} \frac{\partial}{\partial t}\left(u_{m-m^\mu-1}^{\mu,m} \circ \xi\right).$$

Le premier terme $u^{\mu,n}$ est donné par la formule

$$(4.8) \quad u_{n-m^\mu}^{\mu,n}(\xi, x) \equiv \frac{1}{g(y, s_y)} \sqrt{\frac{D(y)}{D(x)}}\, G_\nu^\mu(x, p; y, s_y)\, v_{n-n^\nu}^{\nu,n}(s(y), y) \quad (\text{mod} t),$$

où

$$v^{\nu,n}(\xi, x) = v^\nu(\xi, x) - a_\mu^\nu\left(x, \frac{\partial}{\partial x}\right) w^\mu(\xi, x)$$

est holomorphe,

$$(4.9) \quad \xi = s(y) + (N-1)\, t g(y, s_y), \qquad x = x(t, y); \qquad p = p(t, y),$$

ce qui implique (4.6).

Terme général. — Posons

$$(4.10) \quad v^{\nu,m}(\xi, x) = v^\nu(\xi, x) - a_\mu^\nu\left(x, \frac{\partial}{\partial x}\right)\left[w^\mu(\xi, x) + \sum_{r=n}^{m-1} u^{\mu,r}(\xi, x)\right];$$

$$(4.11) \qquad U^{\mu,m}[t, x] = G_\nu^\mu(x, \xi_x)\, v_{m-n^\nu}^{\nu,m} \circ \xi;$$

les choix de $u^{\mu,n}, \ldots, u^{\mu,m-1}$ se trouvent avoir été faits tels que

$$v_j^{\nu,m}\circ\xi \equiv 0 \pmod{t} \quad \text{si } j < m - n^\nu \quad (n \leqq m),$$

$$U^{\mu,m}[t, x] \equiv 0 \pmod{1};$$

c'est-à-dire : $U^{\mu,m}[t, x]$ est fonction holomorphe de (t, x); posons enfin

$$(4.12)\quad V^{\nu,m}[t, x] \equiv -\left[g^\nu_{\mu p_\lambda}(x, \xi_x)\frac{\partial}{\partial x^\lambda} + \frac{1}{2} g^\nu_{\mu p_l p_\lambda}\xi_{x^l x^\lambda} + g'^\nu_\mu\right] U^{\mu,m}[t, x] \pmod{\xi_t}$$

on a, pour $m \geqq n$ et moyennant (4.9) :

$$(4.13)\quad \begin{cases} u^{\mu,m}_{m-m^\mu}(\xi, x) \equiv \dfrac{1}{g(y, s_y)} U^{\mu,m}[t, x] \\ \qquad + \dfrac{1}{g(y, s_y)}\displaystyle\int_0^t \frac{D(\hat{x})}{D(x)} G^\mu_\nu(x, p; \hat{x}, \hat{p})\, V^{\nu,m}[\hat{t}, \hat{x}]\, d\hat{t} \\ \qquad \pmod{t}. \end{cases}$$

NOTE 4. — Quand $v^{\nu,m}_{m-n^\nu}\circ\xi$ est *holomorphe*, la simplification suivante se produit : soit

$$(4.14)\quad W^{\nu,m}[t, x] \equiv \frac{\partial}{\partial t}[v^{\nu,m}_{m-n^\nu}\circ\xi] \pmod{\xi_t};$$

on a, moyennant (4.9) :

$$(4.15)\quad \begin{cases} u^{\mu,m}_{m-m^\mu}(\xi, x) \equiv \dfrac{1}{g(y, s_y)}\sqrt{\dfrac{D(y)}{D(x)}}\, G^\mu_\nu(x, p; y, s_y)\, v^{\nu,m}_{m-n^\nu}(s(y), y) \\ \qquad + \dfrac{1}{g(y, s_y)}\displaystyle\int_0^t \sqrt{\frac{D(\hat{x})}{D(x)}}\, G^\mu_\nu(x, p; \hat{x}, \hat{p})\, W^{\nu,m}[\hat{t}, \hat{x}]\, d\hat{t} \\ \qquad \pmod{t}. \end{cases}$$

Cette simplification se présente, en particulier, dans le calcul de l'expression (4.8) du premier terme.

Nous avons déjà signalé la conséquence suivante du lemme 11 : *la connaissance des $m - n + 1$ premiers termes $u^{\mu,n}, \ldots, u^{\mu,m}$ du développement asymptotique de u permet de calculer les dérivées d'ordre $j \leqq m - m^\mu$ de $u^\mu(\xi, x)$, à une fonction bornée près, que $\xi[t, x]$ uniformise et qui, composée avec $\xi[t, x]$, s'annule $j - m + m^\mu + 1$ fois pour $t = 0$.*

EXEMPLE 1.1. — Soit $\mathfrak{a}\left(\xi, x; \dfrac{\partial}{\partial\xi}, \dfrac{\partial}{\partial x}\right)$ un opérateur différentiel d'ordre $n - m^\mu$, de polynôme caractéristique $\mathfrak{g}(\xi, x; \pi, p)$;

$$(4.16)\quad \mathfrak{a}\left(\xi, x; \frac{\partial}{\partial\xi}, \frac{\partial}{\partial x}\right) u^\mu(\xi, x)$$

$$-\mathfrak{a}w^\mu - \frac{\mathfrak{g}(\xi, x, -1, p)}{g(y, s_y)}\sqrt{\frac{D(y)}{D(x)}}\, G^\mu_\nu(x, p; y, s_y)\, v^{\nu,n}_{n-n^\nu}(s(y), y)$$

devient une fonction holomorphe de (t, y) s'annulant avec t, quand, après avoir effectué $a u^\mu$ et $a w^\mu$, on substitue aux variables ξ, x, p les fonctions (4.9).

Les *chapitres* 1 *et* 2 prouveront ce théorème 1 et ses compléments que voici :

COROLLAIRE 1.1. — *Près d'un point non exceptionnel de* $S(\xi)$, $u^\mu(\xi, x)$ *et ses dérivées d'ordres* $< n - m^\mu$ *sont fonctions algébroïdes de* (ξ, x) *et l'ensemble de leurs points singuliers* (ξ, x) *est ou vide ou une variété analytique* $\mathcal{K}$ *de codimension* 1.

Supposons maintenant que le système (1.1) se réduise à *une équation unique :*

$$a\left(x, \frac{\partial}{\partial x}\right) u(\xi, x) = v(\xi, x). \tag{4.17}$$

Alors la simplification que signale la note 4 se produit, car l'holomorphie de (4.11) implique celle de $v^m_{m-n} \circ \xi$; *le développement asymptotique est donné par* (4.15).

Supposons en outre $n^\nu = n$, $m^\mu = 0$ et prenons pour $g(x, p)$ *le polynôme caractéristique de* $a\left(x, \dfrac{\partial}{\partial x}\right)$. Alors la fonction bicaractéristique est définie sans ambiguïté et les deux premiers termes du développement asymptotique

$$u(\xi, x) \sim w(\xi, x) + \sum_{r=n}^{\infty} u^r(\xi, x) \tag{4.18}$$

s'explicitent comme suit :

COROLLAIRE 1.2. — *Notons* $\mathcal{U}[t, x]$ *la fonction holomorphe telle que*

$$\mathcal{U}[t, x] = \sqrt{\frac{D(y)}{D(x)}}\, G(x, p; y, s_y)\left[v(\xi, y) - a\left(y, \frac{\partial}{\partial y}\right) w(\xi, y)\right]_{\xi = s(y)} \tag{4.19}$$
$$\text{pour} \quad x = x(t, y), \qquad p = p(t, y).$$

On peut évidemment faire le choix particulier que voici du premier terme $u^n(\xi, y)$ *du développement asymptotique de* $u(\xi, y)$:

$$u^n_j(s(y), y) = 0 \quad \text{pour} \quad j < n; \qquad u^n_n \circ \xi = \frac{\mathcal{U}[t, x]}{g(y, s_y)}. \tag{4.20}$$

Ce choix étant fait, explicitons les conditions que doit vérifier le second terme $u^{n+1}(\xi, y)$: *posons*

$$a(x, p) = g(x, p) + g'(x, p) + g''(x, p) + \dots,$$

g, g', g'' étant homogènes en p, de degrés n, $n-1$, $n-2$, ...; soit

$$(4.21)\quad W^{n+1}[t,x] = -\Big[\frac{1}{2} g_{p_l p_\lambda} \frac{\partial^2}{\partial x^l \partial x^\lambda} + \frac{1}{2} g_{p_l p_\lambda p_\mu} \xi_{x^l x^\lambda} \frac{\partial}{\partial x^\mu} + \frac{1}{6} g_{p_l p_\lambda p_\mu} \xi_{x^l x^\lambda x^\mu} + \frac{1}{8} g_{p_l p_\lambda p_\mu p_\nu} \xi_{x^l x^\lambda} \xi_{x^\mu x^\nu} + g'_{p_l} \frac{\partial}{\partial x_l} + \frac{1}{2} g'_{p_l p_\lambda} \xi_{x^l x^\lambda} + g''\Big] \mathfrak{u}[t,x];$$

alors u^{n+1} est caractérisé par les conditions [22]

$$u_j^{n+1}(s(y), y) = 0 \quad \text{pour} \quad j \leqq n;$$

$$(4.22)\quad u_{n+1}^{n+1} \circ \xi \equiv \frac{1}{g(y, s_y)} \sqrt{\frac{D(x)}{D(y)}}\, G(x,p;y,s_y) \Big[v_1(\xi, y) - a\Big(y, \frac{\partial}{\partial y}\Big) w_1(\xi, y)\Big]_{\xi = s(y)} + \frac{1}{g(y,s_y)} \int_0^t \sqrt{\frac{D(\hat x)}{D(x)}}\, G(x,p;\hat x,\hat p)\, W^{n+1}[\hat t, \hat x]\, d\hat t$$
$$(\mathrm{mod}\, t) \quad \text{pour} \quad x = x(t,y), \quad p = p(t,y), \quad \hat x = x(\hat t, y), \quad \hat p = p(\hat t, y).$$

Ce corollaire permet de préciser comme suit l'exemple 1.1 :

Exemple 1.2. — Soit un opérateur différentiel linéaire d'ordre n :

$$\mathfrak{a}\Big(\xi, x; \frac{\partial}{\partial \xi}, \frac{\partial}{\partial x}\Big) = \mathfrak{g}\Big(\xi, x; \frac{\partial}{\partial \xi}, \frac{\partial}{\partial x}\Big) + \mathfrak{g}'\Big(\xi, x; \frac{\partial}{\partial \xi}, \frac{\partial}{\partial x}\Big) + \ldots,$$

$\mathfrak{g}$, $\mathfrak{g}'$, ... étant homogènes en $\Big(\frac{\partial}{\partial \xi}, \frac{\partial}{\partial x}\Big)$, d'ordres n, $n-1$, ...; alors

$$\mathfrak{a}\Big(\xi, x; \frac{\partial}{\partial \xi}, \frac{\partial}{\partial x}\Big) u(\xi, x) - \mathfrak{a} w - \frac{\mathfrak{g}(\xi, x, \pi, p)}{g(y, s_y)} \sqrt{\frac{D(y)}{D(x)}}\, G(x,p;y,s_y)\, v^n(s(y), y) - t\Big[(n-1)\,\mathfrak{g}(\xi, y; \pi, p) \frac{\partial}{\partial \xi} + \mathfrak{g}_\pi \frac{\partial}{\partial \xi} + \mathfrak{g}_{p_\lambda} \frac{\partial}{\partial y^\lambda} + \frac{1}{2} \mathfrak{g}_{p_l p_\lambda} s_{y^l y^\lambda} + \mathfrak{g}'\Big] v^n(\xi, y)$$

---

[22] On fait opérer $a\Big(y, \frac{\partial}{\partial y}\Big)$ avant de substituer $s(y)$ à ξ.

devient une fonction holomorphe de (t, y), *s'annulant deux fois pour* $t = 0$, quand, après avoir effectué les dérivations, on substitue -1 à π et les fonctions (4.9) aux variables ξ, x, p. Rappelons que

$$v^n(\xi, y) = v(\xi, y) - a\left(y, \frac{\partial}{\partial y}\right) w(\xi, y).$$

Dans le coefficient de t, il suffit évidemment de faire

$$\xi = s(y), \qquad p = s_y.$$

La preuve en est donnée par le n° 26, chap. 2.

EXEMPLE 1.3.

1° Supposons que X soit affin, que $S(\xi)$ soit l'hyperplan

$$S(\xi): \quad \xi = s_0 + s_1 x^1 + \ldots + s_l x^l \qquad (s_l\text{: Cte})$$

et que $g(x, p)$ soit linéaire en x :

$$g(x, p) = g_0(p) + x^1 g_1(p) + \ldots + x^l g_l(p).$$

Alors : $\xi[t, x]$ est *linéaire* en x;

$\dfrac{D(x)}{D(\hat{x})}$ est une fonction de $(t, \hat{t})$, indépendante de y.

2° *Supposons en outre* g' indépendant de x :

$$g' = g'(p);$$

alors $G(x, p; \hat{x}, \hat{p})$ *est une fonction de* $(t, \hat{t})$, indépendante de y.

3° *Supposons en outre* $g'' = 0$ et $v(\xi, y) - a\left(y, \frac{\partial}{\partial y}\right) w(\xi, y)$ indépendante de y; alors

$$W^{n+1}[t, x] = 0.$$

La preuve en est donnée par le n° 27, chap. 2.

Supposons en outre $a(x, p) = g(x, p) + g'(p)$; on peut obtenir un résultat beaucoup plus précis : une expression explicite de $u(\xi, y)$: *voir* n° 6, exemple 3.2.

5. Uniformisation portant sur les variables indépendantes.

Nous supposons ξ absent des données, c'est-à-dire Ξ réduit à un point; l'équation de S est

$$s(x) = 0 \qquad (s_x \neq 0).$$

Soit $u(x)$ une fonction, holomorphe au moins en un point de S; soit $x(t, z)$ une fonction, à valeurs dans X, de la variable numérique t et du point z de S; choisissons cette application $x(t, z)$ holomorphe pour t petit ([23]) et telle que $x(0, z) = z$; nous notons $u \circ x$ la fonction composée de $u(x)$ et $x(t, z)$:

$$u \circ x = u(x(t, z));$$

nous disons que $x(t, z)$ *uniformise* $u(x)$ quand $u \circ x$ est une fonction de (t, z) holomorphe pour t petit ([23]); nous disons que $x(t, z)$ uniformise $u(x)$ jusqu'à l'ordre m quand $x(t, z)$ uniformise $u(x)$ et toutes ses dérivées d'ordres m.

Nous disons que $u(x)$ admet *un développement asymptotique*

$$u(x) \sim \sum_{r=0}^{\infty} u^r(x)$$

quand nous avons ([24]), quels que soient l'entier m et l'opérateur différentiel $\mathfrak{a}$ *d'ordre* m :

$$\left[\mathfrak{a}\left(x, \frac{\partial}{\partial x}\right)\left(u - \sum_{r=0}^{m} u^r\right)\right] \circ x \equiv 0 \qquad (\mathrm{mod}\, t).$$

L'application uniformisante $x(t, z)$ se construira comme suit : nous choisissons une fonction caractéristique $g(x, p)$ *homogène en* p, *de degré* 1; alors le système différentiel

$$(5.1) \qquad \frac{dx}{dt} = g_p(x,p), \qquad \frac{dp}{dt} = -g_x(x, p)$$

possède l'intégrale première $g(x, p)$ et la forme invariante ([25])

$$p_\lambda\, dx^\lambda - g dt;$$

nous notons $x(t, z)$, $p(t, z)$ la solution de (5.1) définie par les conditions de Cauchy :

$$(5.2) \qquad x(0, z) = z, \qquad p(0, z) = s_y(z),$$

où : $z \in S$, c'est-à-dire $s(z) = 0$; $s_y(z)$ désigne la valeur en z de $\dfrac{\partial s(y)}{\partial y}$.

([23]) $|t| < \varepsilon(z)$.

([24]) C'est-à-dire : le premier membre est le produit par t d'une fonction de (t, z).

([25]) En effet cette forme différentielle a pour système caractéristique ce système (5.1) : *voir* É. CARTAN [3], chap. 8.

Nous avons donc

$$g(x, p) = g(z, s_{y'}(z)); \tag{5.3}$$

$$p_\lambda\, dx^\lambda = g dl, \tag{5.4}$$

c'est-à-dire, en choisissant ([26]) $(z_2, \ldots, z_L)$ pour coordonnées sur S :

$$p_\lambda \frac{\partial x^\lambda}{\partial l} = g, \quad p_\lambda \frac{\partial x^\lambda}{\partial z^i} = 0 \quad (i = 2, \ldots, L). \tag{5.5}$$

Les fonctions qu'emploie le développement asymptotique sont la matrice bicaractéristique (n° 3) et les déterminants fonctionnels

$$\frac{D(x)}{D(l, z)} = \frac{D(x^1, \ldots, x^L)}{D(l, z^2, \ldots, z^L)}, \quad \frac{D(x^2, \ldots, x^L)}{D(z^2, \ldots, z^L)}.$$

qui, d'après (5.5), sont liés par la relation

$$\frac{D(x)}{D(l, z)} = \frac{g}{p_1} \frac{D(x^2, \ldots, x^L)}{D(z^2, \ldots, z^L)}. \tag{5.6}$$

Le chapitre 3 déduira aisément du théorème 1 le

THÉORÈME 2.

1° CAUCHY-KOWALEWSKI. — *En chaque point non caractéristique de S, le problème de Cauchy* (n° 1) *possède une et une seule solution $u^\mu(x)$, qui soit holomorphe.*

2° UNIFORMISATION. — *L'application $x(l, z)$ uniformise $u^\mu(x)$ jusqu'à l'ordre $n - m^\mu - 1$. Sur l'image, par l'application $x(l, z)$, d'un domaine d'holomorphie de $x(l, z)$, le support des singularités de $u^\mu(x)$ appartient donc à la caractéristique K tangente à S.*

3° LE DÉVELOPPEMENT ASYMPTOTIQUE

$$u^\mu(x) \sim w^\mu(x) + \sum_{r=n}^{\infty} u^{\mu,r}(x)$$

peut s'obtenir par quadratures ([27]); *énonçons seulement la formule que donne le calcul du premier terme $u^{\mu,x}$ de ce développement : Soit* $a\left(x, \frac{\partial}{\partial x}\right)$ *un*

([26]) Là où $s_{y'}(z) \neq 0$.

([27]) Le théorème 1 en donne une expression compliquée; elle contient le paramètre ξ et dépend du choix du premier membre de l'équation de S : $s(x) = 0$.

opérateur différentiel linéaire, d'ordre $n - m^\mu$; soit $\mathfrak{g}(x, p)$ *son polynôme caractéristique; on a*

$$(5.7)\quad \begin{cases} \mathfrak{a}\left(x, \dfrac{\partial}{\partial x}\right) u^\mu(x) \equiv \mathfrak{a}\left(x, \dfrac{\partial}{\partial x}\right) w^\mu(x) \\ \quad + \dfrac{\mathfrak{g}(x, p)}{g(z, s_{y'}(z))} \left[\dfrac{s_{,1}(z)}{p_1} \dfrac{D(x^2, \ldots, x^L)}{D(z^2, \ldots, z^L)}\right]^{-1/2} G^\mu_\nu(x, p; z, s_{y'}(z))\, v^{\nu, n}_{n-n^\nu}(z) \\ \qquad\qquad (\operatorname{mod} t), \end{cases}$$

quand, après avoir effectué $\mathfrak{a}u^\mu$ *et* $\mathfrak{a}w^\mu$, *on substitue* $x(t, z)$ *et* $p(t, z)$ *à* x *et* p; $v^{\nu, n}_{n-n^\nu}$ *est la fonction, holomorphe d'après* (1.5) :

$$(5.8)\quad v^{\nu, n}_{n-n^\nu}(x) = (n - n^\nu)!\, \frac{v^\nu(x) - a^\nu_\mu\left(\dfrac{\partial}{\partial x}\right) w^\mu(x)}{[s(x)]^{n-n^\nu}}.$$

Le corollaire 1.1 (n° 4) a pour conséquence immédiate le

COROLLAIRE 2.1. — *Près d'un point non exceptionnel de* S, $u^\mu(x)$ *et ses dérivées d'ordres* $< n - m^\mu$ *sont fonctions algébroïdes de* x *et l'ensemble de leurs points singuliers est ou vide, ou une variété analytique de codimension* 1.

Le chapitre 3 complétera comme suit ce corollaire :

COROLLAIRE 2.2. — *Notons* T *l'ensemble des points caractéristiques de* S :

$$T : \quad s(z) = g(z, s_{y'}(z)) = 0.$$

Supposons que T *soit une sous-multiplicité et qu'en chaque point de* T *la restriction* $g(z, s_{y'}(z))$ *de* $g(y, s_{y'})$ *à* S *s'annule exactement* q *fois. Le vecteur bicaractéristique* $g_p(z, s_{y'}(z))$, *en* $z \in T$, *est évidemment tangent à* S, *ou nul; supposons qu'il ne soit ni tangent à* T, *ni nul. Alors :*

1° *la caractéristique* K *tangente à* S *est une multiplicité (c'est-à-dire une variété sans singularité);*

2° *son contact avec* S, *le long de* T, *est d'ordre* q;

3° $u^\mu(x) = [k(x)]^{n-m^\mu-1} H^\mu_1\left([k(x)]^{\frac{1}{1+q}}, x\right) + H^\mu_2(x)$, où $n - m^\mu \geqq 1$; $H^\mu_1(k, x)$ et $H^\mu_2(x)$ *sont des fonctions holomorphes;* $k = 0\ (k_x \neq 0)$ *est l'équation de* K.

EXEMPLE 2.1. — Soit x un point caractéristique de S :

$$s(x) = 0, \qquad g(x, s_x) = 0;$$

pour que ce point vérifie les hypothèses du corollaire 2.2, avec $q = 1$, il faut et il suffit que

$$(5.9)\quad g_{p_l}(x, s_x)\, g_{x^l} + g_{p_l} g_{p_\lambda} s_{x^l x^\lambda} \neq 0;$$

un tel point est dit *caractéristique régulier*; on a évidemment

$$u^\mu(x) = [k(x)]^{n-m^\mu-\frac{1}{2}} H_1^\mu(x) + H_2^\mu(x),$$

où $n - m^\mu \geqq 1$; $H_1^\mu(x)$ et $H_2^\mu(x)$ sont holomorphes.

EXEMPLE 2.2. — Supposons que le système (1.1) consiste en *une* équation *du premier ordre* :

$$(5.10) \qquad \left[a^0(x) + a^\lambda(x)\frac{\partial}{\partial x^\lambda}\right] u(x) = v(x).$$

Alors : on peut choisir $g(x, p)$ identique au polynôme caractéristique $a^\lambda(x)\, p_\lambda$, puisqu'il est de degré *un* en p; l'application uniformisante $x(t, z)$ est définie par le système

$$dx^\lambda(t, z) = a^\lambda(x)\, dt, \qquad x^\lambda(0, z) = z^\lambda, \qquad \text{où} \quad s(z) = 0;$$

ce système définit les courbes caractéristiques de (5.10). Le long de ces courbes, (5.10) se réduit à

$$(5.11) \qquad \frac{du}{dt} + a^0(x)\, u = v(x);$$

d'où u par deux quadratures ([28]) : c'est le procédé *classique* d'intégration de (5.10). Il donne, pour solution du problème de Cauchy, imposant à u des valeurs holomorphes sur S, une fonction $u(x)$ qui, composée avec $x(t, z)$, est évidemment holomorphe en (t, z), même aux points caractéristiques de S : c'est ce qu'affirme le théorème d'uniformisation.

6. Uniformisation portant sur L paramètres.

On peut simplifier la définition de l'uniformisation et le calcul du premier terme du développement asymptotique dans le cas suivant, qu'emploie l'article « Problème de Cauchy [IV] ».

Nous supposons que X est un domaine d'un espace *affin* et que $S(\xi)$ est *plan* :

$$S(\xi) : \ \xi_0 + \xi_1 x^1 + \ldots + \xi_L x^L = 0;$$

nous nommons Ξ l'espace vectoriel des fonctions ξ linéaires sur X :

$$\xi . x = \xi_0 + \xi_1 x^1 + \ldots + \xi_L x^L;$$

([28]) La première de ces quadratures est le calcul de $\sqrt{\dfrac{D(y)}{D(x)}}\, G(x, y)$, où $G(x, y)$ est la fonction bicaractéristique, qui est indépendante de (p, q); $x(t, y)$ est défini par $dx^\lambda = a^\lambda(x)\, dt$, $x^\lambda(0, y) = y^\lambda$.

nous nommons Ξ^* l'espace projectif, de dimension L, quotient de $\Xi - o$ par le groupe de ses homothéties; nous notons ξ^* le point de Ξ^* image de $\xi \in \Xi - o$.

Soit $u(\xi, y)$ une fonction de $(\xi, y) \in \Xi \times X$, holomorphe au moins en un point (η, y) tel que $\eta . y = o$; soit $\xi(t, \eta, y)$ une fonction, à valeurs dans Ξ, de la variable numérique t, de $\eta \in \Xi$ et de $y \in X$, qui sont liés par la relation

$$\eta . y = o;$$

nous choisissons cette application $\xi(t, \eta, y)$ holomorphe pour t petit et telle que $\xi(o, \eta, y) = y$; nous notons la fonction composée de $u(\xi, y)$ et $\xi(t, \eta, y)$:

$$u \circ \xi = u(\xi(t, \eta, y), y);$$

nous disons que $\xi(t, \eta, y)$ *uniformise* $u(\xi, y)$ quand $u \circ \xi$ est une fonction de (t, η, y) holomorphe pour t petit; nous disons que $\xi(t, \eta, y)$ uniformise $u(\xi, y)$ jusqu'à l'ordre m quand $\xi(t, \eta, y)$ uniformise $u(\xi, y)$ et toutes ses dérivées d'ordres $\leq m$.

Nous disons que $u(\xi, y)$ admet *un développement asymptotique*

$$u(\xi, y) \sim \sum_{r=0}^{\infty} u^r(\xi, y)$$

quand nous avons, quels que soient l'entier m et l'opérateur différentiel $\mathfrak{a}$ d'ordre m :

$$\left[\mathfrak{a}\left(\xi, y; \frac{\partial}{\partial \xi}, \frac{\partial}{\partial y}\right)\left(u - \sum_{r=0}^{m} u^r\right)\right] \circ \xi \equiv o \quad (\text{mod } t).$$

$u(\xi, y)$ sera la solution du problème de Cauchy (nº 1) :

$$(6.1) \quad \begin{gathered} a_\mu^\nu\left(y, \frac{\partial}{\partial y}\right) u^\mu(\xi, y) = v^\nu(\xi, y) \qquad (\mu, \nu = 1, 2, \ldots, M), \\ u^\mu(\xi, y) - w^\mu(\xi, y) \text{ s'annule } n - m^\mu \text{ fois sur } S(\xi). \end{gathered}$$

Nous supposons que ces données v, w vérifient (1.5). Nous supposons v, w et par suite u homogènes en ξ de degré o : ce sont donc des fonctions de ξ^*.

L'application uniformisante $\xi(t, \eta, y)$ se construira comme suit : nous choisissons une fonction caractéristique arbitraire $g(x, p)$, par exemple le polynôme caractéristique; N désigne son degré d'homogénéité en p; nous notons $x(t, \eta, y)$, $\xi(t, \eta, y)$ la solution du système différentiel ordinaire

$$(6.2)_1 \quad \frac{dx}{dt} = g_{\xi_\lambda}(x, \xi), \qquad \frac{d\xi_\lambda}{dt} = -g_{x^\lambda}(x, \xi), \qquad \frac{d\xi_0}{dt} = x^\lambda g_{x^\lambda} - g$$

$$(\lambda = 1, \ldots, L)$$

définie par les conditions de Cauchy :

$$(6.2)_2 \qquad x(0, \eta, y) = y, \qquad \xi(0, \eta, y) = \eta, \qquad \text{où} \quad \eta . y = 0.$$

$x(t, \eta, y)$ et $\xi(t, \eta, y)$ ont évidemment la propriété d'homogénéité que voici : quel que soit le nombre complexe θ,

$$(6.3) \qquad x(\theta^{1-m} t, \theta\eta, y) = x(t, \eta, y), \qquad \xi(\theta^{1-m} t, \theta\eta, y) = \theta\xi(t, \eta, y).$$

Le système $(6.2)_1$ admet les intégrales premières

$$(6.4) \qquad g(x, \xi), \quad \xi . x + (1 - N)\, t g(x, \xi)$$

et la forme différentielle invariante ([29])

$$(6.5) \qquad (d\xi).x + g(x, \xi)\, dt.$$

On a donc

$$(6.6) \qquad g(x, \xi) = g(y, \eta),$$

$$(6.7) \qquad \xi . x = (N - 1)\, t g(y, \eta),$$

$$(6.8) \qquad (d\xi).x = - g(y, \eta)\, dt - \eta_1\, dy^1 - \ldots - \eta_L\, dy^L;$$

cette dernière relation signifie que

$$\frac{\partial \xi}{\partial t}.x = -g, \qquad \frac{\partial \xi}{\partial \eta_\lambda}.x = 0, \qquad \frac{\partial \xi}{\partial y^\lambda}.x = -\eta_\lambda;$$

d'où

$$(6.9) \qquad \frac{D(\xi_0, \xi_1, \ldots, \xi_L)}{D(t, \eta_1, \ldots, \eta_L)} = - g(y, \eta) \frac{D(\xi_1, \ldots, \xi_L)}{D(\eta_1, \ldots, \eta_L)}.$$

$\dfrac{D(\xi)}{D(\eta)}$ désignera ce déterminant fonctionnel

$$\frac{D(\xi_1(t, \eta, y), \ldots, \xi_L)}{D(\eta_1, \ldots, \eta_L)}; \qquad \frac{D(\eta)}{D(\xi)} = 1 \Big/ \frac{D(\xi)}{D(\eta)}.$$

NOTE. — L'article « Problème de Cauchy [IV] » (n° 13) déduit de (6.8) l'existence d'une fonction $k(x, y)$ telle que

$$\xi(t, \eta, y).x(t, \eta, y) = |t|^{\frac{1}{1-N}} k(x, y),$$

$$\xi_\lambda = |t|^{\frac{1}{1-N}} k_{x^\lambda}, \qquad \eta_\lambda = -|t|^{\frac{1}{1-N}} k_{y^\lambda}$$

pour $x = x(t, \eta, y), \quad \xi = \xi(t, \eta, y)$;

$$g(x, k_x) = (-1)^N g(x, k_y) = \pm \frac{1}{N-1} k;$$

$x \in K(y)$ et $y \in K(x)$ équivalant à $k(x, y) = 0$.

([29]) Car son système caractéristique est (6.2); *voir* É. CARTAN [3], chap. 8.

Le chapitre 4 déduira aisément du théorème 1 le

THÉORÈME 3.

1° CAUCHY-KOWALEWSKI. — *En chaque point non caractéristique de $S(\xi)$, le problème de Cauchy étudié possède une et une seule solution $u^\mu(\xi, y)$, qui soit holomorphe.*

2° UNIFORMISATION. — *L'application $\xi(t, \eta, y)$ uniformise $u^\mu(\xi, y)$ jusqu'à l'ordre $n - m^\mu - 1$. Sur l'image d'un domaine d'holomorphie de $\xi(t, \eta, y)$ par l'application*

$$(t, \eta, y) \to (\xi(t, \eta, y), y),$$

le support des singularités de $u^\mu(\xi, y)$ appartient donc à l'ensemble $\mathcal{K}$ des (ξ, y) vérifiant les deux conditions équivalentes

$y \in K(\xi)$; $K(y)$ et $S(\xi)$ sont tangentes.

3° LE DÉVELOPPEMENT ASYMPTOTIQUE

$$u^\mu(\xi, y) \sim w^\mu(\xi, y) + \sum_{r=n}^{\infty} u^{\mu, r}(\xi, y)$$

peut s'obtenir par quadratures le long des bicaractéristiques issues de $S(\xi)$; le théorème 1 (n° 4) *décrit ces quadratures; énonçons seulement une nouvelle expression du premier terme $u^{\mu, n}$ de ce développement.*

Notons

$$u_j(\xi, y) = \left(-\frac{\partial}{\partial \xi_0}\right)^j u(\xi, y);$$

on a

$$u_j^{\mu, n} \circ \xi \equiv 0 \pmod{t} \quad \text{si} \quad j < n - m^\mu,$$

$$u_{n-m^\mu}^{\mu, n}(\xi, y) \equiv \frac{(-1)^{m^\mu - n^\nu}}{g(y, \eta)} \sqrt{\frac{D(\eta)}{D(\xi)}}\, G_\nu^\mu(y, \eta; \xi, x)\, v_{n-n^\nu}^{\nu, n}(\xi, x) \pmod{t},$$

où

$$v^{\nu, n}(\xi, y) = v^\nu(\xi, y) - a_\mu^\nu\left(y, \frac{\partial}{\partial y}\right) w^\mu(\xi, y),$$

$$x = x(t, \eta, y), \qquad \xi = \xi(t, \eta, y).$$

EXEMPLE 3.1. — Soit $\mathfrak{a}\left(\xi, y; \frac{\partial}{\partial \xi}; \frac{\partial}{\partial y}\right)$ un opérateur différentiel d'ordre $n - m^\mu$, de polynôme caractéristique $\mathfrak{g}(\xi, y; \pi; p)$,

$$\mathfrak{a}\left(\xi, y; \frac{\partial}{\partial \xi}; \frac{\partial}{\partial y}\right) u^\mu(\xi, y) - \mathfrak{a} w^\mu$$

$$-(-1)^{n-n^\nu} \frac{\mathfrak{g}(\xi, y; 1, x; \eta)}{g(y, \eta)} \sqrt{\frac{D(\eta)}{D(\xi)}}\, G_\nu^\mu(y, \eta; x, \xi)\, v_{n-n^\nu}^{\nu, n}(\xi, x)$$

devient une fonction holomorphe de (t, η, y), s'annulant avec t, quand, après avoir effectué $\mathfrak{a} u^\mu$ et $\mathfrak{a} w^\mu$, on substitue $x(t, \eta, y)$ et $\xi(t, \eta, y)$ à x et ξ.

Le n° 33 du chapitre 4 traitera cet exemple 3.1.

En remplaçant x par $(\xi_1, \ldots, \xi_L, y)$ dans le corollaire 1.1 (n° 4), on obtient immédiatement le

Corollaire 3.1. — *En tout point non exceptionnel de $S(\xi)$, $u(\xi, y)$ est algébroïde : le support $\mathcal{K}$ de ses singularités est une variété analytique de codimension* 1.

Supposons que le système (1.1) se réduise à l'équation (4.17), que $n^\nu = n$, $m^\mu = 0$ et prenons pour $g(x, p)$ le *polynôme caractéristique* de $a\left(x, \frac{\partial}{\partial x}\right)$: le corollaire 1.2 s'applique; l'exemple 1.2 s'énonce :

Corollaire 3.2. — *Soit un opérateur différentiel linéaire d'ordre n,*

$$\mathfrak{a}\left(\xi, x; \frac{\partial}{\partial \xi}, \frac{\partial}{\partial x}\right) = \mathfrak{g}\left(\xi, x; \frac{\partial}{\partial \xi}, \frac{\partial}{\partial x}\right) + \mathfrak{g}'\left(\xi, x; \frac{\partial}{\partial \xi}, \frac{\partial}{\partial x}\right) + \ldots,$$

$\mathfrak{g}, \mathfrak{g}', \ldots$ *étant homogènes en* $\left(\frac{\partial}{\partial \xi}, \frac{\partial}{\partial x}\right)$, *d'ordres* $n, n-1, \ldots$;

$$\begin{aligned}
&\mathfrak{a}\left(\xi, y; \frac{\partial}{\partial \xi}, \frac{\partial}{\partial y}\right) u(\xi, y) - \mathfrak{a} w \\
&\quad - \frac{\mathfrak{g}(\xi, y; \mathbf{x}, \eta)}{g(y, \eta)} \sqrt{\frac{D(\eta)}{D(\xi)}}\, G(y, \eta; x, \xi) \left[v(\xi, x) - a\left(x, \frac{\partial}{\partial x}\right) w(\xi, x)\right] \\
&\quad - t\left[\mathfrak{g}_{\mathbf{x}^l}(\xi, y; \mathbf{x}, \eta) \frac{\partial}{\partial \xi_l} + \mathfrak{g}_{\eta_\lambda} \frac{\partial}{\partial y^\lambda} + \mathfrak{g}_{\eta_\lambda x^\lambda} + \mathfrak{g}'\right] \\
&\quad \times \left[v(\xi, y) - a\left(y, \frac{\partial}{\partial y}\right) w(\xi, y)\right],
\end{aligned}$$

où $l = 0, 1, \ldots, L$ *et* $\lambda = 1, \ldots, L$, *devient une fonction holomorphe de* (t, η, y), S'ANNULANT DEUX FOIS POUR $t = 0$, *quand, après avoir effectué les dérivations, on substitue*

$$\xi(t, y, \eta), \quad x(t, y, \eta), \quad (1, x^1, \ldots, x^L) \quad \text{aux variables } \xi, x, \mathbf{x}.$$

Dans le coefficient de t, il suffit évidemment de faire

$$\xi = \eta, \qquad x = y, \qquad \mathbf{x} = (1, y^1, \ldots, y^L).$$

Le n° 34 du chapitre 4 prouve ce corollaire, dont voici une conséquence évidente :

Définition. — On nomme *solution unitaire* de l'opérateur $a\left(x, \frac{\partial}{\partial x}\right)$ la solution $u(\xi, y)$ du problème de Cauchy :

$$a\left(y, \frac{\partial}{\partial y}\right) u(\xi, y) = 1; \; u(\xi, y) \text{ s'annule } n \text{ fois pour } \xi . y = 0.$$

EXEMPLE 3.2. — Si $u(\xi, y)$ est la solution unitaire de a, alors

$$(6.10) \qquad \frac{\partial^n u(\xi, y)}{\partial \xi_0^n} - \frac{1}{g(y, \eta)}\sqrt{\frac{D(\eta)}{D(\xi)}}\, G(y, \eta; x, \xi)$$

où

$$\xi = \xi(t, \eta, y), \qquad x = x(t, \eta, y),$$

est une fonction holomorphe de (t, η, y), *s'annulant deux fois pour* $t = 0$.

Cet exemple est confirmé par le suivant, qui précise l'exemple 1.3, 3° :

DÉFINITION. — *L'opérateur général de Tricomi* $a\left(x, \frac{\partial}{\partial x}\right)$ est l'opérateur d'ordre n, dont les coefficients d'ordres

$$n, \quad n-1, \quad \leqq n-2$$

sont respectivement

linéaires, constants, nuls :

$$a\left(x, \frac{\partial}{\partial x}\right) = g_0\left(\frac{\partial}{\partial x}\right) + x^1 g_1\left(\frac{\partial}{\partial x}\right) + \ldots + x^L g_L\left(\frac{\partial}{\partial x}\right) + g'\left(\frac{\partial}{\partial x}\right),$$

les g_λ étant homogènes de degré n et g' de degré $n-1$.

EXEMPLE 3.3. — Si $u(\xi, y)$ est la solution unitaire de l'opérateur général de *Tricomi* $a\left(x, \frac{\partial}{\partial x}\right)$, alors $\frac{\partial^n u(\xi, y)}{(\partial \xi_0)^n}$ s'obtient en annulant la fonction (6.10) :

$$\frac{\partial^n u(\xi, y)}{\partial \xi_0^n} = \frac{1}{g(y, \eta)}\sqrt{\frac{D(\eta)}{D(\xi)}}\, G(y, \eta; x, \xi)$$

$$\text{pour } \xi = \xi(t, \eta, y), \qquad x = x(t, \eta, y).$$

Cette formule résulte du théorème de réciprocité (théorème 4) de l'article [II]. L'article [IV] a déjà employé, sans les prouver, les exemples 3.2 et 3.3, qu'il nomme propositions 13.2 et 13.4.

7. Interprétation mécanique du premier terme du développement asymptotique.

Reprenons les hypothèses du théorème 2 : ξ est absent des données. Le premier terme du développement asymptotique peut être caractérisé comme suit :

THÉORÈME 4. — *Supposons tous les points caractéristiques de S* RÉGULIERS [n° 5, exemple 2.1 : (5.8)]; *supposons* (30) $h^\mu(x, p)$ *homogène en p de*

(30) Rappelons qu'on peut ajouter un même entier (> 0 ou < 0) à tous les ordre m^μ, n^ν, n.

degré m^μ; *choisissons une fonction caractéristique* $g(x, p)$ *homogène en* p *de degré* $N \neq 2n+1$; *choisissons l'équation* $k(x) = 0$ *de* K *telle que* [31]

$$(7.1) \qquad g(x, k_x) + \frac{2k}{2n+1-N} j(x, k_x) \equiv 0 \pmod{k^2} \qquad (k_x \neq 0);$$

soit $\mathfrak{a}\left(x, \frac{\partial}{\partial x}\right)$ *un opérateur différentiel d'ordre* $n - m^\mu$; *soit* $\mathfrak{g}$ *son polynôme caractéristique. On a*

$$(7.2) \qquad \mathfrak{a}\left(x, \frac{\partial}{\partial x}\right) u^\mu(x) = \frac{\mathfrak{g}(x, k_x)\, h^\mu(x, k_x)}{\sqrt{k(x)}} \chi(x) + \sqrt{k} H_1(x) + H_2(x),$$

où χ, H_1 *et* H_2 *sont fonctions holomorphes de* x; *la restriction de* χ *à* K *est telle que la forme différentielle* [32]

$$(7.3) \qquad \rho(x)\,[\chi(x)]^2 \left. \frac{\sum_\lambda (-1)^{\lambda-1} g_{p_\lambda})x, k_x)\, dx^1 \wedge \ldots \wedge \widehat{dx^\lambda} \wedge \ldots \wedge dx^L}{dk} \right|_K$$

est un INVARIANT DIFFÉRENTIEL *des bicaractéristiques engendrant* K, *c'est-à-dire* [33] *est* FERMÉE [34].

NOTE. — Ces bicaractéristiques engendrant K sont définies par le système

$$(7.4) \qquad \frac{dx^\lambda}{g_{p_\lambda}(x, p)} = -\frac{dp_l}{g_{x^l}(x, p) + \dfrac{2}{2n+1-N} p_l j(x, p)},$$

$$\text{où} \quad p = k_x \qquad (\lambda, l = 1, \ldots, L).$$

NOTE. — (7.3) désigne la forme dont le produit à gauche par dk est

$$\rho\chi^2 \sum_\lambda (-1)^{\lambda-1} g_{p_\lambda}\, dx^1 \wedge \ldots \wedge \widehat{dx^\lambda} \wedge \ldots \wedge dx^L:$$

elle est définie mod dk; sa restriction à K est donc définie sans ambiguïté. Voici l'une des expressions de (7.3) :

$$\frac{\rho\chi^2}{k_{x^1}} \sum_{\lambda=2}^{L} (-1)^{\lambda-1} g_{p_\lambda}\, dx^2 \wedge \ldots \wedge \widehat{dx^\lambda} \wedge \ldots \wedge dx^L,$$

quand $k_{x^1} \neq 0$.

---

(31) mod k^2 signifie : à l'addition près d'un terme $k^2 H(x, k, k_x)$, où H est holomorphe; nous prendrons ce terme homogène en (k, k_x) de degré N, comme les précédents.

(32) ^ supprime le terme qu'il coiffe.

(33) *Voir* É. CARTAN [3], chap. 11 : le dernier multiplicateur de Jacobi.

(34) ait une différentielle extérieure nulle.

Le chapitre 5 prouvera ce théorème 4.

En Mécanique, une *onde* est régie par un système du type (1.1); des *particules* sont régies par le système caractéristique d'une équation de Jacobi, qui est une équation aux dérivées partielles du premier ordre où ne figure pas la fonction inconnue Ψ, qui est l'*action*; en posant

$$k = e^{2i\Psi/2n+1-N} \qquad (i = \sqrt{-1}),$$

on transforme (7.1) en l'*équation de Jacobi* qu'il est classique d'associer à (1.1) (*voir* n° 9) :

$$(7.5) \qquad g(x, \Psi_x) - ij(x, \Psi_x) + \ldots = 0 \qquad (i = \sqrt{-1})$$

($g, j, \ldots$ sont homogènes en Ψ_x de degrés respectifs N, $N-1$, $\leq N-2$); les bicaractéristiques de K sont donc les *trajectoires de particules* singulières, pour lesquelles

$$i\Psi/(N-2n-1) = +\infty;$$

en Mécanique l'invariance de la forme différentielle (7.3) signifie que cette forme constitue, pour ces particules singulières, la densité d'*une énergie-impulsion conservative*. Le théorème 4 associe donc à la singularité qu'a une onde, près des points caractéristiques réguliers, des particules singulières : *le support de la singularité de l'onde est engendré par les trajectoires de ces particules singulières; la partie principale de la singularité de cette onde définit, pour ces particules, une densité d'énergie-impulsion conservative.*

8. Comparaison du développement asymptotique de la solution du problème de Cauchy avec les ondes asymptotiques et les ondes approchées, qu'emploie l'Optique géométrique.

Nommons *onde* toute solution, holomorphe ou non, $u^\mu(x)$ du système (1.1) rendu homogène :

$$(8.1) \qquad a^\nu_\mu\left(x, \frac{\partial}{\partial x}\right) u^\mu(x) = 0; \qquad x \text{ et } X \text{ sont } \textit{réels}.$$

Nommons *onde approchée* toute solution approchée de (8.1); on sait l'importance de ces ondes approchées en Physique, par exemple en Optique géométrique. G. Birkhoff [1], M. Kline [7], P. Lax [9] et D. Ludwig [11] ont construit de telles ondes, en construisant d'abord des *ondes asymptotiques*. En élargissant la définition qu'ils en ont donnée et en précisant leurs conclusions, le théorème 5 va obtenir ces ondes asymptotiques par un calcul analogue à celui par lequel le théorème 1 (n° 4) obtient le développement asymptotique du problème de Cauchy.

Nous nous proposons seulement d'*expliciter cette analogie formelle.*

Définition des ondes asymptotiques. — Soient $u^{\mu,r}(\xi, x)$ $(r = 0, 1, \ldots)$ des fonctions numériques suffisamment dérivables, du paramètre numérique réel ξ et de $x \in X$; soient ω un paramètre réel ([35]) et $\varphi(x)$ une fonction numérique *réelle*, nommée *phase*; on note

$$u^{\mu,r}(\xi, x) = u^{\mu,r}; \qquad \frac{\partial^n u^{\mu,r}}{\partial \xi^n} = u^{\mu,r}_{(n)}, \qquad u^{\mu,r}(\omega\varphi(x), x) = u^{\mu,r} \circ (\omega\varphi)$$

et $u^{\mu}(\omega, x)$ la série formelle (c'est-à-dire non nécessairement convergente) :

$$(8.2) \qquad u^{\mu}(\omega, x) = \sum_{r=0}^{\infty} \omega^{m^{\mu}-r} u^{\mu,r} \circ (\omega\varphi);$$

un calcul formel, que détaille le n° 39, donne

$$(8.3) \qquad a^{\nu}_{\mu}\left(x, \frac{\partial}{\partial x}\right) u^{\mu}(\omega, x) = \sum_{\mu,j,r} \omega^{n^{\nu}-j-r} \left[a^{\nu j}_{\mu}\left(x, \frac{\partial}{\partial x}\right) u^{\mu,r}_{(n^{\nu}-m^{\mu}-j)} \right] \circ (\omega\varphi),$$

où les $a^{\nu j}_{\mu}$ sont des opérateurs différentiels d'ordres $j \leqq n^{\nu} - m^{\mu}$. Étant donnés le système (8.1), c'est-à-dire les a, et une phase φ, nous disons que (8.2) est une *onde asymptotique* quand chaque puissance de ω a un coefficient nul dans (8.3), c'est-à-dire quand

$$(8.4) \qquad \sum_{\mu,j} a^{\nu j}_{\mu}\left(x, \frac{\partial}{\partial x}\right) u^{\mu, m-j}_{(n^{\nu}-m^{\mu}-j)}(\xi, x) = 0$$

quels que soient ν, m, ξ et x; $j = 0, 1, \ldots, \inf(m, n^{\nu} - m^{\mu})$.

L'intérêt de cette définition est que la construction d'une onde asymptotique se fait par quadratures (voir le théorème 5).

Vu (8.4), il est évident que, si (8.2) est onde asymptotique, alors

$$(8.5) \qquad \sum_{r=0}^{\infty} \omega^{m^{\mu}-r} u^{\mu,r}_{(n)} \circ (\omega\varphi)$$

est aussi onde asymptotique, quel que sit $n \geqq 0$. Nous noterons $u^{\mu,r}_{(n)}$ une suite de primitives de $u^{\mu,r}$ $(n = -1, -2, \ldots)$:

$$\frac{\partial^p u^{\mu,r}_{(n)}}{\partial \xi^p} = u^{\mu,r}_{(n+p)}.$$

Le théorème 5 montrera qu'on peut les choisir telles que (8.5) soit onde asymptotique quel que soit l'entier $n \geqq 0$ ou < 0.

([35]) ω^j est sa $j^{\text{ème}}$ puissance.

Le n° 39 (chap. 6) vérifiera que $\dfrac{\partial u(\omega, x)}{\partial \omega}$ est *onde asymptotique* quand $u^\mu(\omega, x)$ l'est.

Voici par quelles formules se résout (8.4) :

On suppose $g(x, p)$ *réel.*

La phase $\varphi(x)$ doit être réelle et satisfaire l'équation caractéristique

$$(8.6) \qquad g(x, \varphi_x) = 0 \quad \text{sur } X.$$

Nous supposerons $\varphi(x)$ définie par des données de Cauchy : sur une hypersurface $S[s(x) = 0]$, non caractéristique $[g(x, s_x) \neq 0]$, on se donne φ et φ_x, *réels*, vérifiant

$$g(x, \varphi_x) = 0, \qquad (g_x, g_p) \neq 0.$$

Soit $x(t, y)$, $p(t, y)$ la solution du problème de Cauchy ordinaire

$$\frac{dx}{dt} = g_p(x, p), \qquad \frac{dp}{dt} = -g_x(x, p), \qquad x(0, y) = y, \qquad p(0, y) = q,$$

où $q = \varphi_y$, $g(y, q) = 0$; on a donc

$$\varphi(x) = \varphi(y), \qquad \varphi_x = p, \qquad g(x, p) = 0.$$

D'où, en prenant $y \in S$, la solution du problème de Cauchy qui définit $\varphi(x)$.

Nous emploierons les déterminants fonctionnels

$$\frac{D(x)}{D(y)} = \frac{D(x(t, y))}{D(y)}, \qquad \frac{D(y)}{D(x)} = 1 \Big/ \frac{D(x)}{D(y)},$$

dont le calcul doit être fait avant d'imposer que $y \in S$.

THÉORÈME 5. — *Définissons $\varphi(x)$ comme il vient d'être dit; cherchons des $u^{\mu, r}_{(n)}$ tels que* (8.5) *soit onde asymptotique quel que soit n.*

Le premier terme de cette onde asymptotique est donné par la formule

$$(8.7) \qquad u^{\mu, 0}_{(n - m^\mu)}(\xi, x) = \sqrt{\frac{D(y)}{D(x)}}\, G^\mu_\nu(x, p; y, q)\, w^{\nu, 0}_{(n - n^\nu)}(\xi, y),$$

où n est un entier quelconque ≥ 0 ou < 0;

$$(8.8) \quad y \in S, \qquad x = x(t, y), \qquad p = p(t, y), \qquad p = \varphi_x, \qquad q = \varphi_y;$$

$w^{\nu, 0}_{(n)}(\xi, y)$ est une fonction arbitraire; bien entendu $\dfrac{\partial w^{\nu, 0}_{(n)}}{\partial \xi} = w^{\nu, 0}_{(n+1)}$.

Terme général. — Les $a^{\nu j}_\mu$ étant définis par (8.3), posons

$$(8.9) \qquad v^{\nu, m}_{(n - n^\nu)}(\xi, x) = -\sum_{j \geq 1} a^{\nu j}_\mu\left(x, \frac{\partial}{\partial x}\right) u^{\mu, m - j}_{(n - m^\mu - j)}(\xi, x),$$

où m et n sont entiers, $m \geqq 0$, $j = 1, 2, \ldots, \inf(m, n^\nu - m^\mu)$; les choix de $u^{\mu,0}_{(n)}, \ldots, u^{\mu,m-1}_{(n)}$ se trouvent avoir été faits tels que

$$\mathfrak{h}_\nu(x, \varphi_x)\, v^{\nu,m}_{(n-n^\nu)}(\xi, x) = 0 \qquad \text{quels que soient } m \text{ et } n;$$

il existe donc [36] des fonctions $U^{\mu,m}_{(n-m^\mu)}(\xi, x)$ telles que

$$(8.10) \qquad \overset{\nu}{g}_\mu(x, \varphi_x)\, U^{\mu,m}_{(n-m^\mu)}(\xi, x) = v^{\nu,m}_{(n-n^\nu)}(\xi, x);$$

posons enfin

$$(8.11) \qquad V^{\nu,m}_{(n-n^\nu)}(\xi, x) = -\left(\overset{\nu}{g}_{\mu p_\lambda}(x, \varphi_x)\frac{\partial}{\partial x^\lambda} + \frac{1}{2}\overset{\nu}{g}_{\mu p_l p_\lambda}\varphi_{x^l x^\lambda} + \overset{\prime\nu}{g}_\mu\right) U^{\mu,m}_{(n-m^\mu)}$$
$$- \sum_{j\geqq 2} a^{\nu j}_\mu\left(x, \frac{\partial}{\partial x}\right) u^{\mu,m+1-j}_{(n+1-m^\mu-j)}(\xi, x);$$

on a, moyennant (8.8) et $\hat{x} = x(\hat{t}, y)$, $\hat{p} = p(\hat{t}, y)$:

$$(8.12) \qquad u^{\mu,m}_{(n-m^\mu)}(\xi, x) = U^{\mu,m}_{(n-m^\mu)}(\xi, x)$$
$$+ \int_0^t \sqrt{\frac{D(\hat{x})}{D(x)}}\, G^\mu_\nu(x, p; \hat{x}, \hat{p})\, V^{\nu,m}_{(n-n^\nu)}(\xi, \hat{x})\, d\hat{t}$$
$$+ \sqrt{\frac{D(y)}{D(x)}}\, G^\mu_\nu(x, p; y, q)\, w^{\nu,m}_{(n-n^\nu)}(\xi, y),$$

où les $w^{\nu,m}_{(n)}$ sont arbitraires.

Ce théorème 5 *est formellement analogue au* 3° *du théorème* 1 :

(4.8) est analogue à (8.7);

(4.10), (4.11), (4.12), (4.13) à (8.9), (8.10), (8.11), (8.12), quand on choisit $w^{\nu,m}_{(n)} = 0$ pour $m > 0$.

Voici l'analogue de l'exemple 1.1 (n° 4) :

EXEMPLE 5.1. — En appliquant à la série formelle (8.3) un opérateur différentiel $\mathfrak{a}\left(x, \frac{\partial}{\partial x}\right)$ d'ordre $n - m^\mu$, de polynôme caractéristique $\mathfrak{g}(x, p)$, on obtient une série formelle de même type, dont le premier terme résulte de (8.7) : moyennant (8.8),

$$(8.13) \qquad \mathfrak{a}\left(x, \frac{\partial}{\partial x}\right) u^\mu(x, \omega)$$
$$= \omega^n \mathfrak{g}(x, \varphi_x)\, G^\mu_\nu(x, p; y, q)\, w^{\nu,0}_{(n-n^\nu)}(\omega\varphi(x), y) + \ldots.$$

Le chapitre 6, qui justifie ce n° 8, prouve en particulier le théorème 5 : cette preuve (n°s 39, 40, 41 et 42) est analogue au chapitre 2, qui prouve le 3° du théorème 1; mais elle est plus simple que ce chapitre 2.

---

[36] On peut faire divers choix; $V^{\nu,m}_{(n-n^\nu)}$ en dépend; mais $u^{\mu,m}_{(n-m^\mu)}$ en est indépendant.

Définition des ondes approchées. — Une fonction vectorielle $u^\mu(x)$ constitue une onde approchée quand les $b\left(x, \frac{\partial}{\partial x}\right) a^\nu_\mu\left(x, \frac{\partial}{\partial x}\right) u^\mu(x)$ *sont petits* par rapport aux ([37]) $\mathfrak{a}\left(x, \frac{\partial}{\partial x}\right) u^\mu(x)$, sous les hypothèses suivantes : les coefficients des $\mathfrak{a}$ et b sont de l'ordre de grandeur de ceux des a^ν_μ;

$$\text{ordre } \mathfrak{a} = \bar{n} - m^\mu; \qquad \text{ordre } b = \bar{n} - n^\nu.$$

On note

$$\underline{m} = \inf_\mu m^\mu, \qquad \bar{n} = \sup_\nu n^\nu,$$

Φ [et $\omega\Phi$] l'ensemble des valeurs prises par $\varphi(x)$ [et $\omega\varphi(x)$] sur X.

Voici comment se construisent les ondes approchées :

COROLLAIRE 5. — *Supposons qu'on ait construit, en appliquant le théorème 5 et en prenant* $w^{\nu,r}_{(n)} = 0$ *pour* $r > 0$, *des* $u^{\mu,r}_{(n)}$ *tels que* (8.5) *soit onde asymptotique quel que soit n; soit un entier* $m \geqq 0$. *Alors, pour que*

$$\sum_{r=0}^{m} \omega^{m^\mu - r} u^{\mu, r} \circ (\omega\varphi)$$

soit une onde approchée il suffit que, sur $\omega\Phi \times X$,

$\omega^{-r} w^{\nu,0}_{(\bar{n}-n^\nu-r)}$ *et ses dérivées en x d'ordres* $\leqq 2r$ $\quad (r = m+1, \ldots, m+\bar{n}-\underline{m})$

soient petits relativement à $w^{\nu,0}_{(\bar{n}-n^\nu)}$.

EXEMPLE 5.2 (LUDWIG [11]). — Donnons-nous, dans le théorème 5 des $w^{\nu,m}_{(n)}$ du type

$$w^{\nu,m}_{(n-n^\nu)}(\xi, x) = \Psi_{(n-m)}(\xi)\, \tilde{w}^{\nu,m}(x), \qquad \text{où} \quad \frac{d\Psi_{(n)}(\xi)}{d\xi} = \Psi_{(n+1)};$$

alors ce théorème donne des fonctions $\tilde{u}^{\mu,m}_{(x)}$, $\tilde{v}^{\nu,m}_{(x)}$, $\tilde{U}^{\nu,m}_{(x)}$ et $\tilde{V}^{\nu,m}_{(x)}$ *indépendantes du choix des* $\Psi_{(n)}$, telles que

$$u^{\mu,m}_{(n-m^\mu)} = \Psi_{(n-m)}(\xi)\, \tilde{u}^{\mu,m}(x), \qquad v^{\nu,m}_{(n-n^\nu)} = \Psi_{(n-m)}(\xi)\, \tilde{v}^{\nu,m}(x),$$
$$U^{\mu,m}_{(n-m^\mu)} = \Psi_{(n-m)}(\xi)\, \tilde{U}^{\mu,m}(x), \qquad V^{\nu,m}_{(n-n^\nu)} = \Psi_{(n-m)}(\xi)\, \tilde{V}^{\nu,m}(x);$$

par exemple

$$\tilde{u}^{\mu,0}(x) = \sqrt{\frac{D(y)}{D(x)}}\, G^\mu_\nu(x, p; y, q)\, \tilde{w}^{\nu,0}(y). \tag{8.14}$$

([37]) plus grands des

Supposons $\tilde{w}_{(n)}^{\nu,r} = 0$ pour $r > 0$; le corollaire 5 affirme que

$$\sum_{r=0}^{m} \omega^{m^\mu - r}\Psi_{(m^\mu - r)}(\omega\varphi(x))\,\tilde{u}^{\mu,r}(x)$$

est une onde approchée quand, *sur* $\omega\Phi$,

(8.15) $\omega^{-r}\Psi_{(\bar{n}-r)}(\xi)$ $(r = m+1, \ldots, m+\bar{n}-\underline{m})$ *est petit relativement à* $\Psi_{(\bar{n})}(\xi)$.

Cette condition (8.15) est évidemment remplie quand les deux suivantes le sont :

$\omega^{-r}\Psi_{(\bar{n}-m-1)}(\xi)$ est petit relativement à $\Psi_{(\bar{n})}(\xi)$;

$\Psi_{(\bar{n}-r)}(\xi)$ $(r = m+2, \ldots, m+\bar{n}-\underline{m})$ s'annule en au moins un point de $\omega\Phi$.

Les physiciens réalisent cette condition (8.15) comme suit :

Exemple 5.3 (P. Lax [9]). — Choisissons

$$\Psi_{(n)}(\xi) = i^n e^{i\xi}, \qquad \text{où} \quad i = \sqrt{-1}\,;$$

$(i\omega)^{m^\mu} e^{i\omega\varphi(x)}\tilde{u}^{\mu,0}(x)$ *est une onde approchée quand* ω *est grand.*

9. Comparaison des particules associées au problème de Cauchy avec des particules associées à des ondes approchées.

En rectifiant et généralisant ce que G. Birkhoff [1] s'est contenté de faire dans le cas où (8.1) est l'équation de Schrödinger non relativiste (*voir* exemple 6.1), le théorème 6 va caractériser des ondes approchées par un procédé analogue à celui qu'emploie le thèorème 4 (n° 7) pour caractériser le premier terme du développement asymptotique de la solution du problème de Cauchy.

Nous nous proposons seulement d'*expliciter cette analogie formelle.*

Définition de l'équation de Jacobi. — Notons

(9.1) $$A(x, p) = g(x, p) - ij(x, p) + \ldots \qquad (i = \sqrt{-1}),$$

les termes non écrits étant homogènes en p, de degrés $< N - 1$; ils sont réguliers pour les valeurs de (x, p) qui seront employées; on choisit en général g, h, $\mathfrak{h}$ tels que $A(x, p)$ soit un polynôme en p. On nomme *équation de Jacobi correspondant à l'équation des ondes* (8.1) l'équation du premier ordre

(9.2) $$A(x, \psi_x) = 0;$$

la donnée de (8.1) ne la détermine donc pas complètement.

THÉORÈME 6. — *Supposons $g(x, p)$ réel. Soit ω un paramètre réel, voisin de $\pm\infty$. Soit $\psi(\omega, x)$ une fonction numérique complexe, ayant les propriétés suivantes :*

$\psi(\omega, x)$ est une fonction $\bar{n} - \underline{m} + 1$ fois dérivable de $\left(\frac{1}{\omega}, x\right)$, même pour $\frac{1}{\omega} = 0$;

$\psi(\infty, x)$ est réel, non nul;

$\omega\psi(\omega, x)$ vérifie l'équation de Jacobi :

$$A(x, \omega\psi_x) = 0. \tag{9.3}$$

Soit $\chi(\omega, x)$ une fonction telle que [38]

$$\rho(x)[\chi(\omega, x)]^2 \sum_\lambda (-1)^{\lambda-1} A_{p_\lambda}(x, \omega\psi_x)\, dx^1 \wedge \ldots \wedge \widehat{dx^\lambda} \wedge \ldots \wedge dx^l \tag{9.4}$$

soit un invariant différentiel des caractéristiques de (9.3) qui engendrent la fonction ψ; autrement dit, la forme (9.4) est fermée, c'est-à-dire

$$\sum_\lambda \frac{\partial}{\partial x^\lambda}\{\rho(x)[\chi(\omega, x)]^2 A_{p_\lambda}(x, \omega\psi_x)\} = 0. \tag{9.5}$$

Alors

$$u^\mu(\omega, x) = (i\omega)^{m^\mu} h^\mu(x, \psi_x)\chi(\omega, x)\, e^{i\omega\psi(\omega, x)} \tag{9.6}$$

est une ONDE APPROCHÉE.

Le chapitre 7 prouvera ce théorème 6, qui est formellement analogue au théorème 4 (nº 7) : en substituant dans (9.3) à $\psi(\omega, x)$,

$$\psi(\omega, x) = i\frac{N - 2n - 1}{2\omega}\log k \tag{9.7}$$

on obtient (7.1); en substituant dans (9.4) à $\psi(\omega, x)$ (9.7) et à $\chi(\omega, x)$,

$$\chi(\omega, x) = k^{N/2-1}\chi(x),$$

on obtient, à un facteur numérique près, la forme

$$\rho(x)[\chi(x)]^2 \frac{\sum_\lambda (-1)^{\lambda-1}[g_{p_\lambda}(x, k_x) - ikj_p + \ldots]\, dx^1 \wedge \ldots \wedge \widehat{dx^\lambda} \wedge \ldots \wedge dx^l}{k} \tag{9.8}$$

qui est fermée d'après (9.5); elle possède donc (*voir* [III], nº 2) une forme-résidu, dont l'expression est (7.3) et qui, par définition, est fermée,

---

[38] ^ supprime le terme qu'il coiffe.

comme l'exige le théorème 4. Mais l'analogie de ces deux théorèmes est seulement formelle, puisque (9.7) donne $\psi\ (\infty, x) = 0$,ce qu'exclut le théorème 6.

Une interprétation mécanique du théorème 6, analogue à celle du théorème 4, est évidente : on considère les caractéristiques de l'équation de *Jacobi* (9.3), c'est-à-dire les solutions du système d'*Hamilton* :

$$\frac{dx}{A_p(x, p)} = -\frac{dp}{A_x(x, p)}, \qquad A(x, p) = 0,$$

comme étant *des trajectoires de particules;* l'invariance de (9.4) signifie que cette forme constitue, pour les particules associées à une même fonction $\psi(\infty, x)$, la densité d'*une énergie-impulsion conservative : l'onde approchée* (9.6) *est caractérisée, pour chaque valeur de* ω, *par une famille de particules, dont les trajectoires fibrent* ([39]) X, *et par une densité d'énergie-impulsion conservative de ces particules.*

Exemple 6.1. — *L'équation des ondes de Schrödinger* non relativiste est, rappelons-le, l'équation

$$H\left(x, \frac{h}{2\pi i}\frac{\partial}{\partial x}\right)u(x) - \frac{h}{2\pi i}\frac{\partial u}{\partial x^1} = 0, \tag{9.9}$$

où $x \in X$, X est un espace affin, h est la constante de Planck et $H\left(x, \frac{h}{2\pi i}\frac{\partial}{\partial x}\right)$ un opérateur self-adjoint ne contenant pas la dérivation $\frac{\partial}{\partial x^1}$. Notons $g(x, p)$ la partie principale de $H(x, p)$; puisque H est self-adjoint, son polynôme sous-caractéristique est nul (n° 3); une équation de Jacobi correspondant à l'équation de Schrödinger est donc

$$g\left(x, \frac{h}{2\pi}\psi_x\right) - \frac{h}{2\pi}\psi_{x^1} = 0.$$

En Mécanique, l'usage est d'appeler *équation de Jacobi* correspondant à l'équation de Schrödinger l'équation que vérifie $V = \frac{h}{2\pi}\psi$:

$$V_{x^1} + g(x, V_x) = 0 \tag{9.10}$$

et d'énoncer ([40]) comme suit le théorème 6 : soit $\chi(x)$ tel que

$$\frac{\partial}{\partial x^1}[\chi(x)]^2 + \sum_{\lambda>1}\frac{\partial}{\partial x^\lambda}\{[\chi(x)]^2 g_{p_\lambda}(x, V_x)\} = 0; \tag{9.11}$$

([39]) Par chaque point de X passe une trajectoire et une seule.

([40]) On remplace, dans le théorème 6, (x, ψ, ω) par $\left(\frac{2\pi}{h}x, -V, \frac{2\pi}{h}\right)$.

$\chi(x)\,e^{-\frac{2\pi i}{h}V(x)}$ est une *onde approchée* si les produits par h [et h^2] des dérivées premières [et secondes] de $V(x)$, $\chi(x)$ et des coefficients du polynôme $g(x, p)$ de p sont suffisamment petits, par rapport à ces fonctions.

NOTE. — *Le théorème d'Ehrenfest* donne une autre relation, purement formelle, entre l'équation de Schrödinger et son équation de Jacobi (*voir*, par exemple : le traité de KRAMERS [8], chap. III, § 30; celui de DIRAC [5] : wave packets).

EXEMPLE 6.2. — *L'équation des ondes de Dirac* ([11]) *et l'équation des ondes relativistes de Schrödinger* sont toutes deux du type suivant :

$$(9.12)\qquad \sum_{\lambda=1}^{4}\left(\frac{h}{2\pi i}\frac{\partial}{\partial x_\lambda}+a^\lambda(x)\right)\left(\frac{h}{2\pi i}\frac{\partial}{\partial x^\lambda}+a_\lambda(x)\right)u(x)+bu=0,$$

où $x\in X$; X est affin;

$$x_1=-x^1,\qquad a_1=-a^1,\qquad x_\lambda=x^\lambda,\qquad a_\lambda=a^\lambda\qquad \text{pour } \lambda=2,3,4;$$

$a^j(x)$ sont les composantes du potentiel; $b(x)$ est fonction du potentiel, du champ, de la masse et, chez Dirac, contient des spineurs; les a^j et b sont donnés.

L'équation (9.12) s'écrit donc

$$-\frac{h^2}{4\pi^2}\frac{\partial^2 u}{\partial x_\lambda\,\partial x^\lambda}+\frac{h}{\pi i}a_\lambda\frac{\partial u}{\partial x_\lambda}+c(x)=0;$$

l'équation de Jacobi correspondant à cette équation est donc

$$\frac{h}{2\pi}\psi_{x_\lambda}\psi_{x^\lambda}+2a^\lambda\psi_{x^\lambda}+e(x)=0\qquad (e : \text{arbitraire}).$$

En Mécanique, l'usage est d'appeler *équation de Jacobi* correspondant à (9.12) l'équation, d'inconnue $V=-\dfrac{h}{2\pi}\psi$:

$$(9.13)\qquad (V_{x^\lambda}-a_\lambda)(V_{x_\lambda}-a^\lambda)=1$$

et d'énoncer comme suit le théorème 6 : soit $\chi(x)$ tel que

$$(9.14)\qquad \frac{\partial}{\partial x^\lambda}\{[\chi(x)]^2(p^\lambda-a^\lambda)\}=0;$$

([11]) L'équation de Dirac est un système à deux inconnues : l'élimination de l'une d'elles donne (9.12).

$\chi(x)\, e^{-\frac{2\pi i}{h}V(x)}$ est une *onde approchée* si les produits par h [et h^2] des dérivées premières [et secondes] des fonctions a_λ, b, V et χ sont suffisamment petites par rapport à ces fonctions. Les équations des caractéristiques de (9.13) s'écrivent, en posant

$$q_\lambda = V_{,\lambda} - a_\lambda, \qquad q^1 = -q_1, \qquad q^\lambda = q_\lambda \quad \text{si } \lambda = 2, 3, 4 :$$

$$(9.15) \quad \begin{cases} \dfrac{dx^1}{q^1} = \dfrac{dx^2}{q^2} = \ldots = \dfrac{dq_1}{q^\lambda\left(\dfrac{\partial a_\lambda}{\partial x^1} - \dfrac{\partial a_1}{\partial x^\lambda}\right)} = \dfrac{dq_2}{q^\lambda\left(\dfrac{\partial a_\lambda}{\partial x^2} - \dfrac{\partial a_2}{\partial x^\lambda}\right)} = \ldots, \\ q_\lambda q^\lambda = 1; \end{cases}$$

l'équation (9.14) s'écrit

$$(9.16) \qquad \frac{\partial}{\partial x^\lambda}[[\chi(x)]^2 q^\lambda] = 0;$$

on reconnaît en (9.15) les équations de l'*électron relativiste*; pour de tels électrons,

$$[\chi(x)]^2 [q^1\, dx^2 \wedge dx^3 \wedge dx^4 - q^2\, dx^1 \wedge dx^3 \wedge dx^4 + \ldots]$$

est *une densité de masse-quantité de mouvement* vérifiant la condition de conservation classique (9.16).

CHAPITRE 1.

Uniformisation portant sur un paramètre.

Ce chapitre prouve le 1° et le 2° du théorème 1 et le corollaire 1.1, énoncés n° 4.

10. Résolution d'un problème de Cauchy sans point caractéristique.

ÉNONCÉ. — Soient $L+1$ variables numériques complexes $t, x^1, \ldots, x^L$. Cherchons M fonctions numériques holomorphes $u^\mu(t, x)$ ($\mu = 1, \ldots, M$) vérifiant le système

$$(10.1) \qquad \frac{\partial u^\mu(t,x)}{\partial t} = b^\mu_\nu\left(t, x, \frac{\partial}{\partial x}\right) u^\nu(x, t) + v^\mu(t, x)$$

et les conditions de Cauchy :

$$(10.2) \qquad u^\mu(0, x) = w^\mu(x).$$

Les opérateurs b^{μ}_{ν} et les fonctions v^{μ}, w^{μ} sont données, holomorphes pour

$$|t| \leqq r, \qquad |x| \leqq R, \qquad \text{où} \quad |x| = |x^1| + \ldots + |x^L|.$$

Nous supposons attaché à chaque inconnue u^{μ} un entier $m^{\mu} \geqq 0$, que nous nommons son ordre; nous convenons que

$$\text{ordre}\left(\frac{\partial u^{\mu}}{\partial t}\right) = m^{\mu} + 1, \qquad \text{ordre}\,(b^{\mu}_{\nu} u^{\nu}) = m^{\mu} + \text{ordre}\,(b^{\mu}_{\nu})$$

et que, dans (10.1), *le premier membre est d'ordre maximum;* c'est-à-dire

$$\text{ordre}\,(b^{\mu}_{\nu}) \leqq m^{\mu} - m^{\nu} + 1. \tag{10.3}$$

LEMME 10.1. — Ce problème possède, pour $|x| < R$ et t petit ([42]), une solution holomorphe unique.

Preuve de l'unicité. — Les données permettent de calculer successivement $\dfrac{\partial^j u^{\mu}(0, x)}{\partial t^j}$ pour $j = 0, 1, 2, \ldots$.

Preuve de l'existence. — On pourrait employer la méthode des fonctions majorantes de Cauchy. Il est plus simple, comme l'ont fait P. ROSENBLOOM [13], puis L. HÖRMANDER [6], d'employer celle des approximations successives : elle donne la solution

$$u^{\mu}(t, x) = \sum_{j=0}^{\infty} u^{\mu, j}(t, x), \tag{10.4}$$

les $u^{\mu, j}$ étant définis par les quadratures successives :

$$\frac{\partial u^{\mu, 0}(t, x)}{\partial t} = v^{\mu}(t, x), \qquad u^{\mu, 0}(0, x) = w^{\mu}(x);$$

$$\frac{\partial u^{\mu, j}(t, x)}{\partial t} = b^{\mu}_{\nu}\left(t, x, \frac{\partial}{\partial x}\right) u^{\nu, j-1}(t, x), \qquad u^{\nu, j}(0, x) = 0, \qquad \text{si} \quad j > 0.$$

La preuve de la convergence de la série (10.4) est la suivante :

LEMME 10.2 (ROSENBLOOM). — Si une fonction numérique $u(x)$ des variables numériques complexes $(x^1, \ldots, x^L)$ est holomorphe pour $|x| < R$ et vérifie, pour $|x| < R$,

$$|u(x)| < \frac{j!}{[R - |x|]^j}, \qquad \text{où} \quad j \geqq 0, \tag{10.5}$$

alors, pour $|x| < R$,

$$\left|\frac{\partial u}{\partial x^{\lambda}}\right| < \frac{3(j+1)!}{[R - |x|]^{j+1}}. \tag{10.6}$$

([42]) $t <$ Cte $[R - |x|]$.

Preuve. — Puisque $|x| = |x^1| + \ldots + |x^L|$, il suffit de traiter le cas où $L = 1$; alors l'intégrale de Cauchy :

$$u(x) = \frac{1}{2\pi i}\oint \frac{u(y)\,dy}{y-x}, \qquad \text{où} \quad |y-x| = \varepsilon,$$

et l'hypothèse (10.5) montrent que

$$\left|\frac{du}{dx}\right| \leqq \frac{j!}{\varepsilon[R-|x|-\varepsilon]^j} \qquad \text{pour tout } \varepsilon \text{ tel que} \quad 0 \leqq \varepsilon \leqq R-|x|;$$

en choisissant $\varepsilon = \dfrac{R-x}{j+1}$, on obtient (10.6), car

$$\left[\frac{j+1}{j}\right]^j < e < 3.$$

LEMME 10.3. — La série (10.4) converge pour $|x| < R$, $|t|$ suffisamment petit.

Preuve. — Supposons obtenues des constantes c et C telles que, pour $|t| < r$, $|x| < R$ et une valeur de $j \geqq 1$:

$$(10.7) \qquad |u^{\nu, j-1}(t, x)| < cC^{j-1}\frac{j^{m^\nu}|t|^{j-1}}{[R-|x|]^{j-1+m^\nu}};$$

alors (10.3) et le lemme 10.2 donnent, pour $|t| < r$ et $|x| < R$:

$$\left|b_\nu^\mu\left(t, x, \frac{\partial}{\partial x}\right)u^{\nu, j-1}(t, x)\right| < cC^j\frac{j^{1+m^\mu}|t|^{j-1}}{[R-|x|]^{j+m^\mu}},$$

si l'on choisit C suffisamment grand, fonction de (b_ν^μ, m^μ, R, r); d'où, en intégrant par rapport à t,

$$|u^{\mu, j}(t, x)| < cC^j\frac{j^{m^\mu}|t|^j}{[R-|x|]^{j+m^\mu}}.$$

Donc (10.7) vaut quel que soit j, si c est choisi suffisamment grand, fonction de (v^μ, w^μ, R, r), pour que

$$u^{\nu, 0}(t, x) < c \qquad \text{quand} \quad |t| < r, \qquad x < R.$$

La série (10.4) converge donc pour

$$C|t| < R-|x|.$$

Voici achevée la preuve du lemme 10.1.

11. Transformation du problème de Cauchy (énoncé n° 1) en le problème particulier qui vient d'être résolu.

Nous employons les notations que définissent les n°s 1, 2 et 4; ξ est donc un paramètre numérique complexe.

Nous introduisons une nouvelle variable numérique complexe t et une fonction $\xi[t, x]$, holomorphe pour t petit; elle est quelconque pour l'instant.

La formule de dérivation de la fonction composée $u\circ\xi = u(\xi[t, x], x)$ s'écrit

$$(11.1)\qquad \frac{\partial}{\partial t}(u\circ\xi) = \xi_t\frac{\partial u}{\partial\xi}\circ\xi, \qquad \frac{\partial}{\partial x}(u\circ\xi) = \frac{\partial u}{\partial x}\circ\xi + \xi_x\frac{\partial u}{\partial\xi}\circ\xi.$$

Il en résulte le lemme suivant, où $u_j(\xi, x) = \left(-\frac{\partial}{\partial\xi}\right)^j u(\xi, x)$:

LEMME 11. — Soit $\mathfrak{g}\left(x, \frac{\partial}{\partial x}\right)$ un opérateur différentiel homogène en $\frac{\partial}{\partial x}$, d'ordre r; on a

$$(11.2)\qquad \left[\mathfrak{g}\left(x, \frac{\partial}{\partial x}\right)u\right]\circ\xi = \sum_{j=0}^{r}\mathfrak{g}^j\left(x, \frac{\partial\xi}{\partial x}, \ldots, \frac{\partial^{j+1}\xi}{(\partial x)^{j+1}}, \frac{\partial}{\partial x}\right)(u_{r-j}\circ\xi),$$

$\mathfrak{g}^j$ étant un opérateur différentiel d'ordre $\leqq j$, dont les coefficients sont des polynômes des dérivées de $\xi[t, x]$, en x, d'ordres $\leqq j+1$; ces polynômes ont pour coefficients des fonctions holomorphes de x. En particulier :

$$(11.3)\qquad \mathfrak{g}^0 = \mathfrak{g}(x, \xi_x); \qquad \mathfrak{g}^1 = \mathfrak{g}_{p_\lambda}(x, \xi_x)\frac{\partial}{\partial x^\lambda} + \frac{1}{2}\mathfrak{g}_{p_l p_\lambda}\xi_{x^l x^\lambda};$$

$$(11.4)\qquad \mathfrak{g}^2 = \frac{1}{2}\mathfrak{g}_{p_l p_\lambda}\frac{\partial^2}{\partial x^l\,\partial x^\lambda} + \frac{1}{2}\mathfrak{g}_{p_l p_\lambda p_\mu}\xi_{x^l x^\lambda}\frac{\partial}{\partial x^\mu}$$
$$+ \frac{1}{6}\mathfrak{g}_{p_l p_\lambda p_\mu}\xi_{x^l x^\lambda x^\mu} + \frac{1}{8}\mathfrak{g}_{p_l p_\lambda p_\mu p_\nu}\xi_{x^l x^\lambda}\xi_{x^\mu x^\nu}.$$

Preuve. — D'après (11.1), ce lemme est évident quand $r = 0$ ou 1. Il suffit donc de prouver qu'il s'applique à

$$\tilde{\mathfrak{g}}\left(x, \frac{\partial}{\partial x}\right) = \mathfrak{g}\left(x, \frac{\partial}{\partial x}\right)\frac{\partial}{\partial x^1},$$

en le supposant valable pour $\mathfrak{g}\left(x, \frac{\partial}{\partial x}\right)$.

Preuve de (11.2). — Puisque (11.2) vaut pour $\mathfrak{g}$,

$$(\tilde{\mathfrak{g}}u)\circ\xi = \sum_{j=0}^{r}\mathfrak{g}^j\left[\frac{\partial}{\partial x^1}(u_{r-j})\circ\xi\right];$$

donc, vu (11.1),

$$(\tilde{\mathfrak{g}}u)\circ\xi=\sum_{j=0}^{r}\mathfrak{g}^j\frac{\partial}{\partial x^1}(u_{r-j}\circ\xi)+\mathfrak{g}^j(\xi_{x^1}u_{r+1-j}\circ\xi);$$

la formule (11.2) s'applique donc à $\mathfrak{g}$ en prenant

$$(11.5)\qquad \tilde{\mathfrak{g}}^j.=\mathfrak{g}^{j-1}\frac{\partial .}{\partial x^1}+\mathfrak{g}^j(\xi_{x^1}.),\qquad \text{où } \mathfrak{g}^{-1}=0.$$

Pour prouver les formules (11.3) et (11.4), il suffit de vérifier que les expressions de $\tilde{\mathfrak{g}}^j$ et $\mathfrak{g}^j$ qu'elles donnent satisfont (11.5).

Preuve de $(11.3)_1$. — $\tilde{\mathfrak{g}}^0=\mathfrak{g}(x,\xi_x)\xi_{x^1}$ et $\mathfrak{g}^0=\mathfrak{g}(x,\xi_x)$ vérifient (11.5) pour $j=0$.

Preuve de $(11.3)_2$. — Pour $j=1$, (11.5) est satisfait par les expressions tirées de (11.3) :

$$\tilde{\mathfrak{g}}^1=\xi_{x^1}\mathfrak{g}^1+\mathfrak{g}\frac{\partial}{\partial x^1}+\mathfrak{g}_{p_\lambda}\xi_{x^1x^\lambda},\qquad \mathfrak{g}^0=\mathfrak{g},\qquad \mathfrak{g}^1(\xi_{x^1}.)=\xi_1\mathfrak{g}^1+\mathfrak{g}_{p_\lambda}\xi_{x^1x^\lambda}.$$

Preuve de (11.4). — Pour $j=2$, (11.5) est satisfait par les expressions tirées de (11.4) :

$$\tilde{\mathfrak{g}}^2=\xi_{x^1}\mathfrak{g}^2+\mathfrak{g}_{p_\lambda}\frac{\partial^2}{\partial x^\lambda\,\partial x^1}+\mathfrak{g}_{p_lp_\lambda}\left(\frac{1}{2}\xi_{x^lx^\lambda}\frac{\partial}{\partial x^1}+\xi_{x^1x^l}\frac{\partial}{\partial x^\lambda}\right)$$
$$+\frac{1}{2}\mathfrak{g}_{p_lp_\lambda}\xi_{x^1x^lx^\lambda}+\frac{1}{2}\mathfrak{g}_{p_lp_\lambda p_\mu}\xi_{x^1x^l}\xi_{x^\lambda x^\mu},$$

$$\mathfrak{g}^2(\xi_{x^1}.)=\xi_{x^1}\mathfrak{g}^2+\mathfrak{g}_{p_lp_\lambda}\xi_{x^1x^l}\frac{\partial}{\partial x^\lambda}+\frac{1}{2}\mathfrak{g}_{p_lp_\lambda}\xi_{x^1x^lx^\lambda}+\frac{1}{2}\mathfrak{g}_{p_lp_\lambda p_\mu}\xi_{x^lx^\lambda}\xi_{x^1x^\mu}.$$

Application au problème de Cauchy (*énoncé n° 1*). — En appliquant $\dfrac{\partial^{n-n^\nu}}{\partial\xi^{n-n^\nu}}$ à (1.1) et en employant (1.5), on voit que ce problème (1.1), (1.4) peut s'énoncer

$$(11.6)\qquad \begin{cases} a^\nu_\mu\left(x,\dfrac{\partial}{\partial x}\right)u^\mu_{n-n^\nu}(\xi,x)=v^\nu_{n-n^\nu},\\[2mm] \dfrac{\partial u^\mu_j}{\partial\xi}+u^\mu_{j+1}=0\qquad (j<n-m^\mu-1);\end{cases}$$

$$(11.7)\qquad u^\mu_j=w^\mu_j\qquad \text{pour}\quad s(x)=\xi,\qquad j<n-m^\mu.$$

Composons les relations (11.6) avec une fonction $\xi[t, x]$ et multiplions-les par ξ_t; vu (11.1) et le lemme précédent, on obtient les relations, équivalentes à (11.6) pour $\xi_t \neq 0$:

$$(11.8)\quad \begin{cases} g^{\nu}_{\mu}(x, \xi_x)\dfrac{\partial}{\partial t}(u^{\mu}_{n-m^{\mu}-1}\circ\xi) \\ \quad = \xi_t \displaystyle\sum_{j=1}^{n^{\nu}-m^{\mu}} a^{\nu j}_{\mu}\left(t, x, \frac{\partial}{\partial x}\right)(u^{\mu}_{n-m^{\mu}-j}\circ\xi) - \xi_t v^{\nu}_{n-n^{\nu}}\circ\xi, \\ \dfrac{\partial}{\partial t}(u^{\mu}_j\circ\xi) = -\xi_t u^{\mu}_{j+1}\circ\xi \qquad (j < n - m^{\mu} - 1); \end{cases}$$

vu (1.2), $a^{\nu j}_{\mu}$ est un opérateur d'ordre j; la donnée de a^{ν}_{μ} et $\xi[t, x]$ le détermine.

Pour pouvoir résoudre ce système par rapport à ses dérivés en $\dfrac{\partial}{\partial t}$, *imposons à $\xi[t, x]$ de vérifier l'équation non linéaire du premier ordre*

$$\xi_t + g(x, \xi_x) = 0,$$

où $g(x, p)$ est une fonction caractéristique (nº 2); pour exprimer aisément les conditions de Cauchy (11.7), imposons à $\xi[t, x]$ la condition de Cauchy :

$$\xi[0, x] = s(x);$$

ainsi $\xi[t, x]$ est la solution holomorphe du problème de Cauchy non linéaire du premier ordre (4.4) : on sait qu'elle existe et est unique.

Pour faciliter cette résolution de (11.8) par rapport à ses dérivées en $\dfrac{\partial}{\partial t}$, notons (G^{μ}_{ν}) le produit par g de la matrice inverse de (g^{ν}_{μ}); $G^{\mu}_{\nu}(x, p)$ est donc holomorphe en tout covecteur (x, p) de $S(\xi)$; $G^{\mu}_{\nu}(x, \xi_x)$ est donc holomorphe, pour t petit; notons enfin

$$A^{\mu j}_{\nu}\left(t, x, \frac{\partial}{\partial x}\right) = G^{\mu}_{\pi}(x, \xi_x)\, a^{\pi j}_{\nu}\left(t, x, \frac{\partial}{\partial x}\right); \qquad \text{ordre } (A^{\mu j}_{\nu}) \leqq j.$$

On voit que, pour $\xi_t \neq 0$, le problème de Cauchy (11.8), (11.7) s'énonce

$$(11.9)\quad \begin{cases} \dfrac{\partial}{\partial t}(u^{\mu}_{n-m^{\mu}-1}\circ\xi) = -\displaystyle\sum_{j=1}^{n-m^{\mu}} A^{\mu j}_{\nu}\left(t, x, \frac{\partial}{\partial x}\right)(u^{\nu}_{n-m^{\nu}-j}\circ\xi) \\ \qquad\qquad + G^{\mu}_{\nu}(x, \xi_x)\, v^{\nu}_{n-n^{\nu}}\circ\xi, \\ \dfrac{\partial}{\partial t}(u^{\mu}_j\circ\xi) = g(x, \xi_x)\, u^{\mu}_{j+1}\circ\xi \qquad (j < n - m^{\mu} - 1); \end{cases}$$

$$(11.10)\quad u^{\mu}_j\circ\xi = w^{\mu}_j\circ\xi \quad \text{pour} \quad t = 0, \quad j < n - m$$

En résumé, quand $\xi_t \neq 0$, *le problème de Cauchy énoncé* n° 1 *équivaut au problème* (11.9), (11.10), dont les inconnues sont les fonctions $u_j^\mu \circ \xi$ de (t, x); $0 \leqq j < n - m^\mu$. Choisissons

$$\text{ordre}\,(u_j^\mu \circ \xi) = m^\mu + j;$$

dans (11.9), le premier membre est d'ordre maximum n; ce nouveau problème (11.9), (11.10) est donc du type résolu n° 10.

12. Résolution du problème de Cauchy (énoncé n° 1).

D'après le lemme 10.1, le problème de Cauchy (11.9), (11.10) possède une solution et une seule, qui soit holomorphe pour t petit.

En les points non caractéristiques de $S(\xi)$ on a $g(x, s_x) \neq 0$, c'est-à-dire $\xi_t \neq 0$, vu la définition (4.4) de $\xi[t, x]$; en ces points, d'après le n° 11, le problème de Cauchy qu'énonce le n° 1 équivaut au problème (11.9), (11.10); il possède donc une solution et une seule qui soit holomorphe. Nous obtenons ainsi *le théorème d'existence et d'unicité qui constitue le* 1° *du théorème* 1 (n° 4); c'est le théorème classique de *Cauchy-Kowalewski*, avec des hypothèses un peu plus générales.

Mais le lemme 10.1 nous donne sur le problème de Cauchy (11.9), (11.10) une information plus précise : $u_j^\mu \circ \xi (j < n - m^\mu)$ est une fonction holomorphe de (t, x) pour t petit; d'où, vu le lemme 11, *le théorème d'uniformisation que le* 2° *du théorème* 1 (n° 4) énonce; il énonce aussi une propriété du support des singularités de $u(\xi, x)$; le n° 14 va la prouver.

13. **Explicitons** $\xi[t, x]$ en résolvant le problème non linéaire (4.4) par la méthode des caractéristiques, due à Cauchy.

Les équations des caractéristiques de

$$(4.4)_1 \qquad \xi_t + g(x, \xi_x) = 0$$

consistent en *le système d'Hamilton* :

$$(13.1) \qquad \frac{dx^\lambda}{dt} = g_{p_\lambda}(x, p), \qquad \frac{dp_\lambda}{dt} = -g_{x^\lambda}(x, p)$$

et en la quadrature

$$\frac{d\xi}{dt} = \sum_\lambda p_\lambda g_{p_\lambda}(x, p) - g(x, p),$$

qui s'écrit, puisque $g(x, p)$ est homogène en p de degré N,

$$\frac{d\xi}{dt} = (N-1)\, g(x, p).$$

Le système d'Hamilton (13.1) possède l'*intégrale première*

$$g(x, p)$$

et *la forme différentielle invariante*

$$dp_\lambda \wedge dx^\lambda - dg \wedge dt;$$

en effet, le système caractéristique ([43]) de cette forme est le système d'Hamilton (13.1).

Cette intégrale première montre que la quadrature précédente s'écrit

$$d[\xi - (N-1)\, t\, g(x, p)] = 0. \tag{13.2}$$

La résolution du problème de Cauchy (4.4) emploie la solution de (13.1) et (13.2),

$$x^\lambda(t, y), \quad p_\lambda(t, y), \quad \xi(t, y)$$

(t petit; $\xi(\ldots)$ et $\xi[\ldots]$ sont deux fonctions différentes) que définissent les conditions initiales

$$x^\lambda(0, y) = y^\lambda, \qquad p_\lambda(0, y) = s_{y^\lambda}, \qquad \xi(0, y) = s(y); \tag{13.3}$$

on a donc

$$g(x, p) = g(y, s_y), \qquad dp_\lambda \wedge dx^\lambda - dg \wedge dt = 0, \tag{13.4}$$

$$\xi(t, y) = (N-1)\, t\, g(y, s_y) + s(y). \tag{13.5}$$

On sait que la solution $\xi[t, x]$ du problème (4.4) et ses dérivées premières sont données par les formules

$$\xi[t, x] = \xi(t, y), \qquad \xi_{x^\lambda}[t, x] = p_\lambda, \qquad \xi[t, x] = -g(y, s_y), \tag{13.6}$$

où

$$x = x(t, y), \qquad p = p(t, y).$$

L'introduction les a numérotées (4.6); ce chapitre 1 et le chapitre 2 les emploieront fréquemment.

14. Support des singularités de $u(\xi, x)$.

Le théorème d'uniformisation qu'a obtenu le n° 12 montre ceci : sur l'image du domaine d'holomorphie de $\xi[t, x]$ par l'application

$$(t, x) \to (\xi[t, x], x),$$

le support des singularités de $u(\xi, x)$ appartient à l'image $\mathcal{K}$ de la variété d'équation

$$\xi_t[t, x] = 0.$$

([43]) *Voir* É. CARTAN [3], chap. 8.

Vu (13.6), puis (13.5), $\mathcal{K}$ est l'image de la variété d'équation

$$(14.1) \qquad g(y, s_y) = 0$$

par l'application dans $\Xi \times X$:

$$(t, y) \to (s(y), x(t, y)).$$

Les bandes bicaractéristiques (n° 2) sont définies par (13.1) et (14.1) : cela résulte de (13.4); la condition

$$(\xi, x) \in \mathcal{K}$$

signifie donc que x appartient à une courbe bicaractéristique issue d'un covecteur caractéristique de $S(\xi)$; vu les définitions de $K(\xi)$ et $K(x)$ (n° 2), cette condition peut s'énoncer

$$x \in K(\xi)$$

ou encore

$$K(x) \text{ et } S(\xi) \text{ sont tangentes.}$$

Voici achevée la preuve du 2° du théorème 1.

15. Propriétés des points non exceptionnels.

Nous allons prouver *le corollaire* 1.1 (n° 4). Soit a un point de $S(0)$ ne vérifiant pas la condition

$$(15.1) \qquad \xi[t, a] = 0 \quad \text{quel que soit } t.$$

D'après le Vorbereitungssatz de Weierstrass (*voir* : Bochner-Martin [2], chap. 11; ou Osgood [12], chap. II, § 2), l'équation

$$(15.2) \qquad \xi[t, x] = \xi,$$

où x est voisin de a et ξ voisin de 0, équivaut à une équation

$$P(t, \xi, x) = 0,$$

où P est un polynôme en t, dont les coefficients sont fonctions holomorphes de (ξ, x), le coefficient principal valant 1. Par suite, (15.2) définit une fonction algébroïde $t(\xi, x)$; notons $\mathcal{K}$ le support de ses singularités; $\mathcal{K}$ est donc l'ensemble des (ξ, x) annulant le discriminant du polynôme P de t : *$\mathcal{K}$ est une variété analytique de codimension* 1.

D'après le théorème d'uniformisation qu'a prouvé le n° 12,

$$u^\mu(\xi[t, x], x) = H^\mu(t, x)$$

est une fonction holomorphe de (t, x); autrement dit : $u^\mu(\xi, x)$ s'obtient en substituant dans $H^\mu(t, x)$ à t la fonction algébroïde $t(\xi, x)$; par suite : $u^\mu(\xi, x)$ *est, au voisinage de* (o, *a*), *une fonction algébroïde de* (ξ, x), *se ramifiant sur* $\mathcal{K}$.

Pour prouver le corollaire 1.1, il suffit donc de prouver que *la condition* (15.1) signifie que a est point *exceptionnel* de S(o); les deux lemmes suivants vont le faire.

NOTATIONS. — Soit $a \in S(o)$; soit t un paramètre numérique complexe, voisin de o. L'application

$$y \to x(t, y),$$

que définit le problème de Cauchy (13.1), (13.3), est l'identité pour $t = o$; elle possède donc une inverse; en particulier, l'équation

$$x(t, y(t)) = a \tag{15.3}$$

définit une fonction holomorphe $y(t)$. Évidemment

$$y(o) = a, \qquad \frac{dy(o)}{dt} = -\frac{\partial x(o, a)}{\partial t} = -g_p(a, s_y(a)). \tag{15.4}$$

LEMME 15.1. — La condition (15.1) équivaut à la condition :

$y(t)$ est point caractéristique de S(o) quel que soit t.

Preuve. — La condition (15.1) peut s'énoncer :

$$\xi[t, a] = o, \qquad \xi_t[t, a] = o \quad \text{quel que soit } t. \tag{15.5}$$

En faisant $x = a$ et $y = y(t)$ dans les expressions (13.5) et (13.6) de ξ et ξ_t, on constate que (15.5) équivaut à la condition

$$s(y(t)) = o, \qquad g(y(t), s_y(y(t))) = o;$$

elle signifie que $y(t)$ est point caractéristique de S(o).

LEMME 15.2. — Supposons a point caractéristique de S(o); alors, au voisinage de a, l'alternative suivante se présente :

1° $y(t)$ n'est pas point caractéristique de S(o) pour $t \neq o$; alors S(o) et $K(a)$ n'ont pas d'autre point de contact que le point a;

ou :

2° $y(t)$ est point caractéristique de S(o) quel que soit t; alors $y(t)$ décrit une courbe analytique, qui est l'ensemble des points de contact de S(o) et $K(a)$. Cette courbe passe par a. Elle est régulière et tangente en a au vecteur bicaractéristique $g_p(a, s_y(a))$, si ce vecteur $\neq$ o. Si cette courbe ne consiste qu'en le point a, alors la courbe bicaractéristique issue du vecteur (a, $s_y(a)$) se réduit aussi au point a.

Preuve. — Les points y où $S(0)$ et $K(a)$ se touchent s'obtiennent en résolvant le système, d'inconnue (t, y) :

$$s(y) = 0, \qquad g(y, s_y) = 0, \qquad x(t, y) = a.$$

Nous nous plaçons au voisinage de a : nous ne considérons que la partie de $K(a)$ voisine de a; autrement dit, nous supposons t petit. Le système précédent s'écrit donc

$$(15.6) \qquad y = y(t), \qquad s(y(t)) = 0, \qquad g(y(t), s_y(y(t))) = 0.$$

Puisque les zéros des fonctions holomorphes d'une variable sont isolés, l'alternative suivante se présente :

1° Le système (15.6) a pour seule solution

$$t = 0, \qquad y = a;$$

alors $S(0)$ et $K(a)$ ont pour seul point de contact le point a;
ou :

2° Les fonctions $s(y(t))$, $g(y(t), s_y(y(t)))$ sont identiquement nulles; alors l'ensemble des points de contact de $S(0)$ et $K(a)$ est l'ensemble des points $y(t)$. Ces points constituent une courbe analytique. D'après (15.4) : cette courbe passe par a; elle est régulière et tangente en a au vecteur bicaractéristique $g_p(a, s_y(a))$, si ce vecteur $\neq 0$. Si cette courbe se réduit au point a, alors (15.3) s'écrit

$$x(t, a) = a;$$

cela veut dire que la courbe bicaractéristique issue de $(a, s_y(a))$ est réduite au point a.

Chapitre 2.

Développement asymptotique.

Le système donné (1.1) équivaut, pour $\xi_t \neq 0$, au système (11.8), qui se simplifie évidemment pour $\xi_t = 0$; le calcul de la partie singulière de la solution du problème de Cauchy est donc plus simple que le calcul de cette solution elle-même. C'est ce qu'explicite ce chapitre-ci : il établit le développement asymptotique qu'ont énoncé les n°s 3 et 4 de l'Introduction, dont il emploie les notations et conventions.

Rappelons que $F \equiv 0 \pmod f$ signifie que F/f est holomorphe.

16. Calcul du développement asymptotique par quadratures le long des bicaractéristiques issues de S(ξ).

Le n° 12 a prouvé que

$$[u^\mu_j(\xi, x) - w^\mu_j(\xi, x)] \circ \xi \equiv 0 \quad (\text{mod } t) \qquad \text{pour} \quad j < n - m^\mu;$$

il existe donc, au sens du n° 4, un développement asymptotique

$$u^\mu(\xi, x) \sim w^\mu(\xi, x) + \sum_{r=n}^{\infty} u^{\mu, r}(\xi, x)$$

tel que

$$(16.1) \quad \begin{cases} \left(u^\mu_j - w^\mu_j - \sum_{r=n}^{m-1} u^{\mu, r}_j \right) \circ \xi \equiv 0 \quad (\text{mod } t) \quad \text{si} \quad 0 \leqq j < m - m^\mu \\ \qquad \left(n \leqq m; \text{si } n = m, \text{ alors } \sum = 0 \right). \end{cases}$$

D'où, conformément à (4.3) :

$$(16.2) \qquad u^{\mu, m}_j \circ \xi \equiv 0 \quad (\text{mod } t) \qquad \text{si} \quad j < m - m^\mu.$$

Comme le n° 4 l'a déduit de (4.3), *construire le développement asymptotique de u, c'est calculer*

$$\frac{\partial}{\partial t}\left(u^{\mu, m}_{m-m^\mu-1} \circ \xi\right) \qquad [\text{mod}(t\,\xi_t)],$$

en fonction des données a^ν_μ, v^μ, w^μ *et* (si $m > n$) *de* $u^{\mu, n}, \ldots, u^{\mu, m-1}$.
Ce n° 16 va effectuer ce calcul par quadratures le long des bicaractéristiques issues de $S(\xi)$.

Vu le lemme 11.1, puisque ordre$(a^\nu_\mu) \leqq n^\nu - m^\mu$, (16.1) implique

$$(16.3) \quad \begin{cases} \left[a^\nu_\mu\left(x, \frac{\partial}{\partial x}\right) \left(u^\mu_j - w^\mu_j - \sum_{r=n}^{m-1} u^{\mu, r}_j \right) \right] \circ \xi \equiv 0 \quad (\text{mod } t) \\ \qquad \text{pour} \quad j < m - n^\nu. \end{cases}$$

Pour écrire (16.3) plus commodément, notons

$$(16.4) \quad v^{\nu, m}(\xi, x) = v^\nu(\xi, x) - a^\nu_\mu\left(x, \frac{\partial}{\partial x}\right) \left[w^\mu(\xi, x) + \sum_{r=n}^{m-1} u^{\mu, r}(\xi, x) \right],$$

donc, en particulier :

$$v^{\nu, n}(\xi, x) = v^\nu(\xi, x) - a^\nu_\mu\left(x, \frac{\partial}{\partial x}\right) w^\mu(\xi, x);$$

la relation (16.3) s'écrit

$$v_j^{\nu, m} \circ \xi \equiv 0 \quad (\text{mod } t) \quad \text{pour } j < m - n^\nu.$$

Notons

$$\text{(16.5)} \qquad H^{\nu, m}[t, x] = v_{m-n^\nu-1}^{\nu, m} \circ \xi;$$

on a donc, en particulier :

$$\text{(16.6)} \qquad H^{\nu, m}[t, x] = 0 \quad (\text{mod } t).$$

D'autre part, (16.4) donne

$$a_\mu^\nu\left(x, \frac{\partial}{\partial x}\right) u^{\mu, m}(\xi, x) = v^{\nu, m}(\xi, x) - v^{\nu, m+1}(\xi, x),$$

donc

$$a_\mu^\nu\left(x, \frac{\partial}{\partial x}\right) u_{m-n^\nu}^{\mu, m} = v_{m-n^\nu}^{\nu, m} - v_{m-n^\nu}^{\nu, m+1};$$

d'où, en composant avec ξ, en employant (16.5) et la formule (11.1) de dérivation d'une fonction composée :

$$\text{(16.7)} \qquad (a_\mu^\nu u_{m-n^\nu}^{\mu, m}) \circ \xi = -\frac{1}{\xi_t} H_t^{\nu, m} - H^{\nu, m+1};$$

en appliquant $-\dfrac{\partial}{\partial t}$ et en employant (11.1) à nouveau, on obtient

$$\text{(16.8)} \qquad \xi_t (a_\mu^\nu u_{m-n^\nu+1}^{\mu, m}) \circ \xi = \frac{\partial}{\partial t}\left(\frac{1}{\xi_t} H_t^{\nu, m} + H^{\nu, m+1}\right).$$

Nous allons appliquer le lemme 11 à ces deux relations.

Les conséquences de (16.7). — Le lemme 11 transforme (16.7) en la relation

$$\text{(16.9)} \qquad g_\mu^\nu(x, \xi_x) \frac{\partial}{\partial t}(u_{m-m^\mu-1}^{\mu, m} \circ \xi)$$
$$= H_t^{\nu, m} + \xi_t H^{\nu, m+1} + \xi_t \sum_{j=1}^{n^\nu - m^\mu} a_\mu^{\nu j}\left[t, x, \frac{\partial}{\partial x}\right](u_{m-m^\mu-j}^{\mu, m} \circ \xi),$$

où $a_\mu^{\nu j}$ est un opérateur différentiel d'ordre j, dépendant de a_μ^ν et $\xi[t, x]$. Or (11.1) permet de déduire de (16.2) la relation plus précise :

$$u_j^{\mu, m} \circ \xi \equiv 0 \quad (\text{mod } t^{m-m^\mu-j}) \qquad \text{si } j < m - m^\mu;$$

donc

$$a_\mu^{\nu j}\left[t, x, \frac{\partial}{\partial x}\right](u_{m-m^\mu-j}^{\mu, m} \circ \xi) \equiv 0 \quad (\text{mod } t^j), \qquad \text{où } 1 \leqq j;$$

vu (16.6), (16.9) donne donc

$$(16.10)\qquad g_\mu^\nu(x, \xi_x)\frac{\partial}{\partial t}\left(u^{\mu,m}_{m-m^\mu-1}\circ\xi\right)\equiv H_l^{\nu,m}[t, x]\qquad [\mathrm{mod}(t\,\xi_l)].$$

Multiplions (16.10) par le vecteur $\mathfrak{h}_\nu(x, \xi_x)$ que définit (3.4); il vient, puisque $g(x, \xi_x) = -\xi_l$:

$$(16.11)\qquad \mathfrak{h}_\nu(x, \xi_x)\,H_l^{\nu,m}[t, x]\equiv 0\qquad (\mathrm{mod}\ \xi_l);$$

puisque $g/\mathrm{dét}(g_\mu^\nu)$ est holomorphe, cette relation vaut mod dét(g_μ^ν) et montre que l'équation

$$(16.12)\qquad g_\mu^\nu(x, \xi_x)\,U^{\mu,m}[t, x] = H_l^{\nu,m}[t, x]$$

définit un vecteur $U^{\mu,m}$ fonction holomorphe de (t, x); (16.10) s'écrit

$$g_\mu^\nu\left[\frac{\partial}{\partial t}\left(u^{\mu,m}_{m-m^\mu-1}\circ\xi\right)-U^{\mu,m}\right]\equiv 0\quad [\mathrm{mod}(t\xi_l)];$$

en multipliant cette relation par l'inverse de la matrice (g_μ^ν), que le n° 3 a noté $\frac{1}{g}\,G_\nu^\mu$, en tenant compte de l'équation $g = -\xi_l$ et enfin de (3.4), on obtient

$$(16.13)\qquad \frac{\partial}{\partial t}\left(u^{\mu,m}_{m-m^\mu-1}\circ\xi\right) = U^{\mu,m}[t, x] + h^\mu(x, \xi_x)\,U^m[t, x] + \xi_l\,\mathcal{H}^{\mu,m}[t, x],$$

où

$$(16.14)\qquad U^m[t, x]\equiv 0\quad \text{et}\quad \mathcal{H}^{\mu,m}[t, x]\equiv 0\qquad (\mathrm{mod}\ t).$$

Autrement dit,

$$(16.15)\qquad \frac{\partial}{\partial t}\left(u^{\mu,m}_{m-m^\mu-1}\circ\xi\right)\equiv U^{\mu,m}[t, x] + h^\mu(x, \xi_x)\,U^m[t, x]\qquad [\mathrm{mod}(t\,\xi_l)];$$

le calcul du développement asymptotique de $u^\mu(\xi, x)$ est ainsi réduit au calcul de la fonction $U^m[t, x]$, qui, vu (16.14), vérifie

$$(16.16)\qquad U^m[0, x] = 0.$$

La relation (16.8) va permettre ce calcul : le lemme 11 permet, vu (16.2), d'en déduire

$$\xi_l\left[-\frac{1}{\xi_l}g_\mu^\nu\frac{\partial}{\partial t}+g^\nu_{\mu p_\lambda}\frac{\partial}{\partial x^\lambda}+\frac{1}{2}g^\nu_{\mu p_l p_\lambda}\xi_{x^l x^\lambda}+g'^\nu_\mu\right]\left(u^{\mu,m}_{m-m^\mu}\circ\xi\right)$$
$$\equiv\frac{\partial}{\partial t}\left(\frac{1}{\xi_l}H_l^{\nu,m}+H^{\nu,m+1}\right)\qquad (\mathrm{mod}\,\xi_l);$$

en multipliant par $\mathfrak{h}_\nu(x, \xi_x)$, nous éliminons $H^{\nu, m+1}$, qui dépend de $u^{\mu, m}$; cela résulte de (16.11); il vient, en remarquant que (16.13) peut s'écrire

$$u^{\mu, m}_{m-m^\mu} \circ \xi = -\frac{U^{\mu, m} + h^\mu U^m}{\xi_t} - \mathcal{H}^{\mu, m}$$

et en remplaçant $H_t^{\nu, m}$ par le premier membre de (16.12) :

$$(16.17)\quad \xi_t \mathfrak{h}_\nu \left[-\frac{1}{\xi_t} g_\mu^\nu \frac{\partial}{\partial t} + g_{\mu p_\lambda}^\nu \frac{\partial}{\partial x^\lambda} + \frac{1}{2} g_{\mu p_l p_\lambda}^\nu \xi_{x^l x^\lambda} + g_\mu'^\nu \right] \times \left(\frac{U^{\mu, m} + h^\mu U^m}{\xi_t} + \mathcal{H}^{\mu, m} \right) + \mathfrak{h}_\nu \frac{\partial}{\partial t}\left(\frac{1}{\xi_t} g_\mu^\nu U^{\mu, m} \right) \equiv 0 \quad (\mathrm{mod}\, \xi_t).$$

Or le n° 18 établira l'*identité* que voici : quelles que soient les fonctions $F[t, x]$, $F^\mu[t, x]$ et $\mathcal{F}^\mu[t, x]$ holomorphes pour t petit, on a

$$(16.18)\quad \xi_t \mathfrak{h}_\nu \left[-\frac{1}{\xi_t} g_\mu^\nu \frac{\partial}{\partial t} + g_{\mu p_\lambda}^\nu \frac{\partial}{\partial x^\lambda} + \frac{1}{2} g_{\mu p_l p_\lambda}^\nu \xi_{x^l x^\lambda} + g_\mu'^\nu \right] \times \left(\frac{F^\mu + h^\mu F}{\xi_t} + \mathcal{F}^\mu \right) + \mathfrak{h}_\nu \frac{\partial}{\partial t}\left(\frac{1}{\xi_t} g_\mu^\nu F^\mu \right)$$
$$\equiv \left[\frac{\partial}{\partial t} + g_{p_\lambda} \frac{\partial}{\partial x^\lambda} + \frac{1}{2} g_{p_l p_\lambda} \xi_{x^l x^\lambda} + \frac{1}{2\rho} (\rho g)_{p_\lambda x^\lambda} \right] F + j F$$
$$+ \mathfrak{h}_\nu \left[g_{\mu p_\lambda}^\nu \frac{\partial}{\partial x^\lambda} + \frac{1}{2} g_{\mu p_l p_\lambda}^\nu \xi_{x^l x^\lambda} + g_\mu'^\nu \right] F^\mu \quad (\mathrm{mod}\, \xi_t),$$

quand on substitue (x, ξ_x) aux arguments (x, p) de $\mathfrak{h}$, h, g, g_μ^ν, j, $(\rho g)_{p_\lambda x^\lambda}$; les variables indépendantes sont (t, x); $\xi[t, x]$ vérifie $\xi_t + g(x, \xi_x) = 0$.

Cette identité transforme (16.17) en la relation, où l'on prend $p = \xi_x$:

$$(16.19)\quad \left[\frac{\partial}{\partial t} + g_{p_\lambda} \frac{\partial}{\partial x^\lambda} + \frac{1}{2} g_{p_l p_\lambda} \xi_{x^l x^\lambda} + \frac{1}{2\rho} (\rho g)_{p_\lambda x^\lambda} \right] U^m[t, x] + j U^m$$
$$+ \mathfrak{h}_\nu \left[g_{\mu p_\lambda}^\nu \frac{\partial}{\partial x^\lambda} + \frac{1}{2} g_{\mu p_l p_\lambda}^\nu \xi_{x^l x^\lambda} + g_\mu'^\nu \right] U^{\mu, m}[t, x] \equiv 0 \quad (\mathrm{mod}\, \xi_t).$$

Cette équation, jointe à (16.16) détermine U^m par une quadrature le long des courbes $dx^\lambda = -g_{p_\lambda} dt$ de la variété $\xi_t = 0$, c'est-à-dire, vu le n° 13, le long des bicaractéristiques issues de $S(\xi)$. Voici donc effectué le calcul du développement asymptotique de $u^\mu(\xi, x)$.

Il reste à le perfectionner. Tout d'abord :

Explicitons le calcul de $U^{\mu, m}$. — Il s'agit de résoudre (16.12) en $U^{\mu, m}$; la matrice (G_ν^μ), produit de l'inverse de (g_μ^ν) par $g = -\xi_t$, le permet :

$$U^{\mu, m}[t, x] = -G_\nu^\mu(x, \xi_x) \frac{1}{\xi_t} H_t^{\nu, m}[t, x];$$

remplaçons $H^{\nu,m}$ par son expression (16.5), à laquelle nous appliquons la formule (11.1) de dérivation d'une fonction composée; il vient

(16.20) $$U^{\mu,m}[t,x] = G^{\mu}_{\nu}(x,\xi_x)\, v^{\nu,m}_{m-n^\nu}\circ\xi.$$

Résumons le nº 16 :

LEMME 16. — Étant donné a^{ν}_{μ}, v^{ν}, w^{ν} et ayant choisi

$$u^{\mu,n},\quad \ldots,\quad u^{\mu,m-1}\qquad (m\geqq n),$$

on définit

$$v^{\nu,m}(\xi,x)\text{ par (16.4)},\qquad U^{\mu,m}[t,x]\text{ par (16.20)},$$
$$U^{m}[t,x]\text{ par (16.16) et (16.19)};$$

en écrivant alors (16.2) et (16.15), on obtient les conditions que $u^{\mu,m}(\xi,x)$ doit vérifier.

NOTE 16.0. — Les choix de $u^{\mu,n}$, $u^{\mu,m-1}$ sont tels que

$v^{\nu,m}_{m-n^\nu-1}\circ\xi\equiv 0$ (mod t),
$U^{\mu,m}[t,x]\equiv 0$ (mod 1) (c'est-à-dire est holomorphe),
$U^{m}[t,x]\equiv 0$ (mod t).

NOTE 16.1. — Supposons qu'on ait réalisé l'hypothèse (3.3) en employant la note 2.1 : la matrice (g^{ν}_{μ}) est une somme directe de sous-matrices γ ; employons les vecteurs ${}^{\gamma}h$, les covecteurs ${}_{\gamma}\mathfrak{h}$ et la matrice ${}^{\alpha}_{\beta}j(x,\xi_x)$, que définit la note 3.1. Alors (16.11) s'applique à l'un quelconque des vecteurs ${}_{\gamma}\mathfrak{h}$, c'est-à-dire quand la sommation en ν est étendue à l'un quelconque des ensembles $M_{(\gamma)}$; $U^{\mu,m}$ *est encore défini par* (16.12), *donc par* (16.20); mais U^m *doit être remplacé par un vecteur* ${}_{\gamma}U^m$ *et* $h^{\mu}U^m$ *par* $h^{\mu}{}_{\alpha}U^m$, *α étant tel que* $\mu\in M_{(\alpha)}$; dans (16.17), (16.18) et (16.19), μ parcourt l'ensemble (1, ..., M), ν parcourt l'un quelconque de ses sous-ensembles $M_{(\beta)}$. L'identité (16.18) vaut quand on y remplace les termes

$$h^{\mu}F,\quad F,\quad jF$$

par

$$h^{\mu}{}_{\alpha}F,\quad {}_{\beta}F,\quad {}^{\alpha}_{\beta}j\,{}_{\alpha}F,\qquad\text{où }\mu\in M_{(\alpha)}.$$

Finalement *la relation* (16.19) *vaut quand on y remplace les termes*

$$U^m,\quad j\,U^m\qquad\text{par}\quad {}_{\beta}U^m,\quad {}^{\alpha}_{\beta}j\,{}_{\alpha}U^m,$$

μ *parcourant* (1, ..., M), ν *parcourant* $M_{(\beta)}$.

17. Une simplification possible du calcul précédent.

L'identité (16.18) implique, en particulier, la suivante : si $F[t, x]$ et $F^{\mu}[t, x]$ sont holomorphes et vérifient

$$F^{\mu}[t, x] + h^{\mu}(x, \xi_x) F[t, x] \equiv 0 \pmod{\xi_t},$$

alors

$$(17.1)\quad \left[\frac{\partial}{\partial t} + g_{p_\lambda}\frac{\partial}{\partial x^\lambda} + \frac{1}{2} g_{p_l p_\lambda}\xi_{x^l x^\lambda} + \frac{1}{2\rho}(\rho g)_{p_\lambda x^\lambda}\right] F + jF$$
$$+ \mathfrak{h}_\nu \left[g^\nu_{\mu p_\lambda}\frac{\partial}{\partial x^\lambda} + \frac{1}{2} g^\nu_{\mu p_l p_\lambda}\xi_{x^l x^\lambda} + g'^\nu_\mu \right] F^\mu$$
$$\equiv \mathfrak{h}_\nu \frac{\partial}{\partial t}\left(\frac{1}{\xi_t} g^\nu_\mu F^\mu\right) \pmod{\xi_t}.$$

Cette identité permet de simplifier (16.19), par exemple dans le cas suivant :

Lemme 17.1. — Supposons $v^{\nu, m}_{m-n^\nu} \circ \xi$ fonction holomorphe de (t, x). Alors la relation (16.19) qui, jointe à (16.16), définit $U^m[t, x]$, équivaut à la suivante :

$$(17.2)\quad \left[\frac{\partial}{\partial t} + g_{p_\lambda}\frac{\partial}{\partial x^\lambda} + \frac{1}{2} g_{p_l p_\lambda}\xi_{x^l x^\lambda} + \frac{1}{2\rho}(\rho g)_{p_\lambda x^\lambda} + j\right][U^m + \mathfrak{h}_\nu(v^{\nu, m}_{m-n^\nu}\circ\xi)]$$
$$\equiv \mathfrak{h}_\nu \frac{\partial}{\partial t}(v^{\nu, m}_{m-n^\nu}\circ\xi) \pmod{\xi_t}.$$

Preuve. — La relation (16.20), qui définit $U^{\mu, m}[t, x]$, et (3.4) donnent

$$U^{\mu, m}[t, x] \equiv h^\mu(x, \xi_x)\,\mathfrak{h}_\nu(x, \xi_x)\, v^{\nu, m}_{m-n^\nu}\circ\xi \pmod{\xi_t};$$

dans (17.1) nous pouvons donc prendre

$$F^\mu = U^{\mu, m}, \qquad F = -\mathfrak{h}_\nu(v^{\nu, m}_{m-n^\nu}\circ\xi);$$

la relation ainsi obtenue, retranchée de (16.19) donne

$$\left[\frac{\partial}{\partial t} + g_{p_\lambda}\frac{\partial}{\partial x^\lambda} + \frac{1}{2} g_{p_l p_\lambda}\xi_{x^l x^\lambda} + \frac{1}{2\rho}(\rho g)_{p_\lambda x^\lambda} + j\right][U^m + \mathfrak{h}_\nu(v^{\nu, m}_{m-n^\nu}\circ\xi)]$$
$$\equiv -\mathfrak{h}_\nu \frac{\partial}{\partial t}\left(\frac{1}{\xi_t} g^\nu_\mu U^{\mu, m}\right) \pmod{\xi_t};$$

or, vu la définition (16.12), (16.5) de $U^{\mu, m}$ et la formule (11.1) de dérivation d'une fonction composée, on a

$$\frac{1}{\xi_t} g^\nu_\mu U^{\mu, m} = \frac{1}{\xi_t} H^{\nu, m}_t = \frac{1}{\xi_t}\frac{\partial}{\partial t}(v^{\nu, m}_{m-n^\nu-1}\circ\xi) = -v^{\nu, m}_{m-n^\nu}\circ\xi;$$

d'où (17.2).

On peut évidemment annuler le second membre de (17.2) quand $v^{\nu,m}_{m-n^\nu+1}\circ\xi$ est holomorphe; c'est évidemment le cas pour $m=n$; donc :

LEMME 17.2. — Pour $m=n$, c'est-à-dire dans le calcul du premier terme du développement asymptotique, la relation (16.19) équivaut à la suivante :

$$(17.3)\qquad \left[\frac{\partial}{\partial t}+g_{p_\lambda}\frac{\partial}{\partial x^\lambda}+\frac{1}{2}g_{p_lp_\lambda}\xi_{x^lx^\lambda}+\frac{1}{2\rho}(\rho g)_{p_\lambda x^\lambda}+j\right]\times[U^n+\mathfrak{h}_\nu v^{\nu,n}_{n-n^\nu}\circ\xi]\equiv 0 \pmod{\xi_l}.$$

Le lemme 17.1 possède un second corollaire, qu'emploiera le n° 25 :

LEMME 17.3. — Supposons que le système (1.1) se compose d'une seule équation :

$$M=1,\qquad n^\nu=n,\qquad m^\mu=0;$$

nous supprimons les indices μ et ν. Alors $v^m_{m-n}\circ\xi$ est une fonction holomorphe de (t,x); (16.19) équivaut donc à (17.2).

Preuve. — h et $\mathfrak{h}$ sont des scalaires; l'hypothèse (3.3) et (3.4)$_1$ montrent que $h\mathfrak{h}\neq 0$; l'équation (16.11) se réduit donc à

$$H^m_l[t,x]\equiv 0 \pmod{\xi_l};$$

d'où, vu la définition (16.5) de H^m et (11.1) :

$$v^m_{m-n}\circ\xi\equiv 0 \pmod 1\qquad \text{(c'est-à-dire : holomorphe).}$$

18. **Preuve de l'identité** (16.18).

Si $F^\mu=F=0$, alors cette identité résulte de ce que, vu (3.4)$_2$,

$$\mathfrak{h}_\nu g^\nu_\mu\equiv 0 \pmod g.$$

Si $F=\mathcal{F}^\mu=0$, alors elle résulte de ce qu'on a

$$\mathfrak{h}_\nu\frac{1}{\xi_l}\frac{\partial}{\partial t}[g^\nu_\mu(x,\xi_x)]+\xi_l\mathfrak{h}_\nu g^\nu_{\mu p_\lambda}\frac{\partial}{\partial x^\lambda}\left(\frac{1}{\xi_l}\right)=0$$

parce que

$$\frac{\partial}{\partial t}[g^\nu_\mu(x,\xi_x)]=g^\nu_{\mu p_\lambda}\xi_{tx^\lambda}.$$

Il reste donc à prouver cette identité (16.18) quand $F^\mu=\mathcal{F}^\mu=0$, c'est-à-dire à vérifier que dans ses deux membres les coefficients de $\dfrac{\partial F}{\partial t}$, $\dfrac{\partial F}{\partial x^\lambda}$,

F sont les mêmes mod ξ_t; vu que $\xi_t = -g$, il s'agit donc de *vérifier les trois relations*

$$(18.1) \qquad \frac{1}{g} h^\mu g^\nu_\mu \mathfrak{h}_\nu \equiv 1 \qquad (\mathrm{mod}\, g);$$

$$(18.2) \qquad h^\mu g^\nu_{\mu p} \mathfrak{h}_\nu \equiv g_p \qquad (\mathrm{mod}\, g);$$

$$(18.3) \qquad \xi_t \mathfrak{h}_\nu \left[-\frac{1}{\xi_t} g^\nu_\mu \frac{\partial}{\partial t} + g^\nu_{\mu p_\lambda} \frac{\partial}{\partial x^\lambda} + \frac{1}{2} g^\nu_{\mu p_l p_\lambda} \xi_{x^l x^\lambda} + g'^\nu_\mu \right] \left(\frac{h^\mu}{\xi_t} \right)$$
$$\equiv \frac{1}{2} g_{p_l p_\lambda} \xi_{x^l x^\lambda} + \frac{1}{2\rho} (\rho g)_{p_\lambda x^\lambda} + j \qquad (\mathrm{mod}\, g).$$

Preuve de (18.1) *et* (18.2). — $(3.4)_1$ implique (18.2) et peut s'écrire, vu $(3.4)_1$ et $(3.4)_2$:

$$d(h^\mu g^\nu_\mu \mathfrak{h}_\nu) \equiv dg \qquad (\mathrm{mod}\, g);$$

or, d'après $(3.4)_1$,

$$h^\mu g^\nu_\mu \mathfrak{h}_\nu \equiv g \qquad (\mathrm{mod}\, g);$$

d'où la relation

$$(18.4) \qquad h^\mu g^\nu_\mu \mathfrak{h}_\nu \equiv g \qquad (\mathrm{mod}\, g^2);$$

elle équivaut à (18.1).

Simplification de (18.3). — g_x, g_p, h^μ_x, h^μ_p, ... désignent les dérivées en x et en p des fonctions $g(x, p)$, $h^\mu(x, p)$, ...; après que ces dérivées ont été calculées, on substitue ξ_x à p. Au contraire $\frac{\partial g}{\partial t}$, $\frac{\partial g}{\partial x}$, ... désignent les dérivées en t et en x des fonctions $g(x, \xi_x[t, x])$, ... de (t, x).

On a

$$\xi_t g^\nu_{\mu p_\lambda} \frac{\partial}{\partial x^\lambda} \frac{1}{\xi_t} = -\frac{1}{\xi_t} g^\nu_{\mu p_\lambda} \xi_{t x^\lambda} = -\frac{1}{\xi_t} \frac{\partial g^\nu_\mu}{\partial t};$$

le premier membre de (18.3) peut donc s'écrire :

$$-\mathfrak{h}_\nu \frac{\partial}{\partial t} \frac{g^\nu_\mu h^\mu}{\xi_t} + \mathfrak{h}_\nu \left[g^\nu_{\mu p_\lambda} \frac{\partial}{\partial x^\lambda} + \frac{1}{2} g^\nu_{\mu p_l p_\lambda} \xi_{x^l x^\lambda} + g'^\nu_\mu \right] h^\mu,$$

où, puisque $\xi_t = -g$:

$$\mathfrak{h}_\nu \frac{\partial}{\partial t} \frac{g^\nu_\mu h^\mu}{\xi_t} = -\mathfrak{h}_\nu \frac{\partial}{\partial t} \left(\frac{g^\nu_\mu h^\mu}{g} \right) = \mathfrak{h}_\nu \left(\frac{g^\nu_\mu h^\mu}{g} \right)_{p_\lambda} \frac{\partial g}{\partial x^\lambda};$$

(18.3) équivaut donc à

$$(18.5) \qquad j \equiv -\mathfrak{h}_\nu \left(\frac{g^\nu_\mu h^\mu}{g} \right)_{p_\lambda} \frac{\partial g}{\partial x^\lambda} + \mathfrak{h}_\nu \left[g^\nu_{\mu p_\lambda} \frac{\partial}{\partial x^\lambda} + \frac{1}{2} g^\nu_{\mu p_l p_\lambda} \xi_{x^l x^\lambda} + g'^\nu_\mu \right] h^\mu$$
$$- \frac{1}{2} g_{p_l p_\lambda} \xi_{x^l x^\lambda} - \frac{1}{2\rho} (\rho g)_{p_\lambda x^\lambda} \qquad (\mathrm{mod}\, g).$$

La preuve de l'identité (16.18) *se réduit donc à celle de* (18.5).

Preuve de (18.5). — Explicitons (18.4) : il existe une fonction holomorphe $r(x, p)$ telle que

$$g(x, p) = h^\mu g^\nu_\mu \mathfrak{h}_\nu + rg^2. \tag{18.6}$$

Calculons le premier terme du second membre de (18.5) : divisons (18.6) par g et dérivons en p la relation obtenue; il vient

$$\mathfrak{h}_\nu \left(\frac{g^\nu_\mu h^\mu}{g}\right)_{p_\lambda} + \mathfrak{h}_{\nu p_\lambda} \frac{g^\nu_\mu h^\mu}{g} + rg_{p_\lambda} \equiv 0 \qquad (\text{mod}\, g);$$

multiplions par $\dfrac{\partial g}{\partial x^\lambda}$:

$$-\mathfrak{h}_\nu \left(\frac{g^\nu_\mu h^\mu}{g}\right)_{p_\lambda} \frac{\partial g}{\partial x^\lambda} \equiv \mathfrak{h}_{\nu p_\lambda} \frac{g^\nu_\mu h^\mu}{g} \frac{\partial g}{\partial x^\lambda} + rg_{p_\lambda} \frac{\partial g}{\partial x^\lambda} \qquad (\text{mod}\, g);$$

simplifions le second membre en remarquant que

$$\frac{g^\nu_\mu h^\mu}{g} \frac{\partial g}{\partial x^\lambda} \equiv \frac{\partial}{\partial x^\lambda}\left(\frac{g^\nu_\mu h^\mu}{g}\, g\right) \equiv \frac{\partial}{\partial x^\lambda}(g^\nu_\mu h^\mu) \qquad (\text{mod}\, g);$$

il vient

$$-\mathfrak{h}_\nu \left(\frac{g^\nu_\mu h^\mu}{g}\right)_{p_\lambda} \frac{\partial g}{\partial x^\lambda} \equiv \mathfrak{h}_{\nu p_\lambda} \frac{\partial}{\partial x^\lambda}(g^\nu_\mu h^\mu) + rg_{p_\lambda} \frac{\partial g}{\partial x^\lambda} \qquad (\text{mod}\, g).$$

En portant ce résultat dans la relation (18.5), on constate qu'elle équivaut à la suivante :

$$\begin{aligned} j \equiv{}& \mathfrak{h}_{\nu p_\lambda} \frac{\partial}{\partial x^\lambda}(g^\nu_\mu h^\mu) + rg_{p_\lambda} \frac{\partial g}{\partial x^\lambda} \\ &+ \mathfrak{h}_\nu \left[g^\nu_{\mu p_\lambda} \frac{\partial}{\partial x^\lambda} + \frac{1}{2} g^\nu_{\mu p_l p_\lambda} \xi_{x^l x^\lambda} + g'^\nu_\mu \right] h^\mu \\ &- \frac{1}{2} g_{p_l p_\lambda} \xi_{x^l x^\lambda} - \frac{1}{2\rho} (\rho g)_{p_\lambda x^\lambda} \qquad (\text{mod}\, g). \end{aligned} \tag{18.7}$$

Employons à nouveau (18.6) : dérivons cette relation par rapport à p; il vient

$$\mathfrak{h}_\nu g^\nu_\mu h^\mu_{p_\lambda} + \mathfrak{h}_\nu g^\nu_{\mu p_\lambda} h^\mu + \mathfrak{h}_{\nu p_\lambda} g^\nu_\mu h^\mu + 2rg\, g_{p_\lambda} - g_{p_\lambda} \equiv 0 \qquad (\text{mod}\, g^2);$$

substituons ξ_x à p et dérivons en x^λ; on obtient une relation où il est facile de faire apparaître le second membre de (18.7); c'est

$$2\mathfrak{h}_{\nu p_\lambda}\frac{\partial}{\partial x^\lambda}(g^\nu_\mu h^\mu) + 2rg_{p_\lambda}\frac{\partial g}{\partial x^\lambda}$$

$$+\mathfrak{h}_\nu\left[2g^\nu_{\mu p_\lambda}\frac{\partial}{\partial x^\lambda} + g^\nu_{\mu p_l p_\lambda}\xi_{x^l x^\lambda} + \frac{1}{\rho}(\rho g^\nu_\mu)_{p_\lambda x^\lambda}\right]h^\lambda - g_{p_l p_\lambda}\xi_{x^l x^\lambda} - \frac{1}{\rho}(\rho g)_{p_\lambda x^\lambda}$$

$$\equiv \begin{vmatrix} h^\mu & -g^\nu_\mu & \mathfrak{h}_\nu \\ \dfrac{\partial h^\mu}{\partial x^\lambda} & \dfrac{\partial g^\nu_\mu}{\partial x^\lambda} & \dfrac{\partial \mathfrak{h}_\nu}{\partial x^\lambda} \\ h^\mu_{p_\lambda} & g^\nu_{\mu p_\lambda} & \mathfrak{h}_{\nu p_\lambda} \end{vmatrix} \equiv \begin{vmatrix} h^\mu & -g^\nu_\mu & \mathfrak{h}_\nu \\ h^\mu_{x^\lambda} & g^\nu_{\mu x^\lambda} & \mathfrak{h}_{\nu x^\lambda} \\ h^\mu_{p_\lambda} & g^\nu_{\mu p_\lambda} & \mathfrak{h}_{\nu p_\lambda} \end{vmatrix} \pmod{g}.$$

En portant ce résultat dans (18.7), on constate que (18.7), et par suite (18.5) sont vérifiées, quand j est défini par (3.5), j^ν_μ l'étant par (3.2). Cela achève la preuve de l'identité (16.18).

19. **Propriétés de** $j(x, p)$.

Voici cinq propriétés de $j(x, p)$, dont les quatre premières sont des conséquences évidentes de sa définition (3.5); rappelons que $j(x, p)$ n'est défini que sur la multiplicité $g(x, p) = 0$, $(g_x, g_p) \neq 0$.

1° $j(x, p)$ est homogène en p, de degré $N-1$; rappelons que N est le degré d'homogénéité en p de $g(x, p)$.

2° A la matrice $(a^{*\nu}_\mu)$, adjointe de (a^ν_μ), associons $h^{*\mu} = \mathfrak{h}_\mu$, $\mathfrak{h}^*_\nu = h^\nu$; alors

$$(19.1) \qquad j^*(x, p) = -j(x, p).$$

3° Multiplier $\rho(x)$ par une fonction $f(x)$ diminue $j(x, p)$ de

$$(19.2) \qquad \frac{1}{2f}f_{x^\lambda}g_{p_\lambda}.$$

4° Multiplions $h(x, p)$ par une fonction $f(x, p)$ et $\mathfrak{h}(x, p)$ par une autre fonction $\mathfrak{f}(x, p)$, g et G^μ_ν étant multipliés par $f\mathfrak{f}$; alors $j(x, p)$ devient

$$(19.3) \qquad f\mathfrak{f}j - \frac{1}{2}f\frac{D(\mathfrak{f}, g)}{D(x^\lambda, p_\lambda)} + \frac{1}{2}\mathfrak{f}\frac{D(f, g)}{D(x^\lambda, p_\lambda)}.$$

5° $j(x, p)$ ne dépend que des restrictions de $h^\mu(x, p)$ et $\mathfrak{h}^\nu(x, p)$ à la variété $g(x, p) = 0$.

Preuve. — Prouvons que j ne dépend que de la restriction de h^μ à cette variété : on a

$$\begin{vmatrix} h^\mu & -g^\nu_\mu & \mathfrak{h}_\nu \\ h^\mu_{x^\lambda} & g^\nu_{\mu x^\lambda} & \mathfrak{h}_{\nu x^\lambda} \\ h^\mu_{p_\lambda} & g^\nu_{\mu p_\lambda} & \mathfrak{h}_{\nu p_\lambda} \end{vmatrix} = h^\mu \frac{D(g^\nu_\mu, \mathfrak{h}_\nu)}{D(x^\lambda, p_\lambda)} + \frac{D(h^\mu, g^\nu_\mu \mathfrak{h}_\nu)}{D(x^\lambda, p_\lambda)};$$

or cette formule ne dérive h^μ que le long de la variété $g(x, p) = 0$. En effet, le vecteur

$$(dx, dp) = \left(\frac{\partial}{\partial p_1}(g^\nu_\mu \mathfrak{h}_\nu), \ldots, -\frac{\partial}{\partial x^L}(g^\nu_\mu \mathfrak{h}_\nu)\right)$$

est tangent à cette variété, puisque $g^\nu_\mu \mathfrak{h}_\nu \equiv 0 \pmod g$.

NOTE 19.1. — Supposons qu'on emploie la note 3.1 et ${}^\alpha_\beta j$ au lieu de j; les propriétés 1° et 5° subsistent; on a :

2° pour deux matrices (a^ν_μ) et $(a^{*\nu}_\mu)$ adjointes : ${}^\beta_\alpha j^* = -{}^\alpha_\beta j$;

3° Multiplier $\rho(x)$ par $f(x)$ diminue ${}^\alpha_\beta j$ de (19.2) si $\alpha = \beta$, ne le change pas si $\alpha \neq \beta$.

4° Multiplions g et G^μ_ν par une fonction $F(x, p)$, chaque ${}^\alpha h$ par une fonction ${}^\alpha f(x, p)$, enfin ${}_\alpha \mathfrak{h}$ par ${}_\alpha \mathfrak{f} = F/{}^\alpha f$; alors

$${}^\alpha_\beta j \text{ devient } {}^\alpha f\, {}_\beta \mathfrak{f}\, {}^\alpha_\beta j \text{ pour } \alpha \neq \beta;$$

$${}^\alpha_\alpha j \text{ devient } F\, {}^\alpha_\alpha j + \frac{1}{2}\, {}_\alpha \mathfrak{f} \frac{D({}^\alpha f, g)}{D(x^\lambda, p_\lambda)} - \frac{1}{2}\, {}^\alpha f \frac{D({}_\alpha \mathfrak{f}, g)}{D(x^\lambda, p_\lambda)}.$$

20. Propriétés de J $(x, p; y, q)$.

Pour intégrer (16.19) et ses variantes (17.2) et (17.3), les n°s 22, 23 et 24 emploieront un instant la fonction $J(x, p; y, q)$, que définit (3.6). Cette définition a pour conséquence immédiate la formule

$$J(x, p; y, q)\, J(y, q; z, r) = J(x, p; z, r), \tag{20.1}$$

où (x, p), (y, q), (z, r) sont trois covecteurs d'une même bande bicaractéristique. Les propriétés de j qu'énonce le n° 19 ont pour conséquences immédiates les propriétés suivantes de J :

1° $J(x, p; y, q)$ est homogène de degré 0 en (p, q).

2° A la matrice $(a^{*\nu}_\mu)$, adjointe de (a^ν_μ), est associée la fonction $J^*(x, p; y, q)$ telle que $J^*(y, q; x, p) = J(x, p; y, q)$.

Preuve. — (3.6) donne $J(x, p; y, q)\, J^*(x, p; y, q) = 1$; or d'après (20.1), $J(x, p; y, q)\, J(y, q; x, p) = 1$.

3° Si la matrice (a^ν_μ) est self-adjointe, alors

$$J(x, p; y, q) = 1.$$

4° Multiplions $\rho(x)$ par $f(x)$; vu (3.6), $\frac{dJ}{J}$ augmente de $\frac{df}{2f}$; donc $J(x, p; y, q)$ est multiplié par $\sqrt{\frac{f(x)}{f(y)}}$.

5° Multiplions $h(x, p)$ par $f(x, p)$, $\mathfrak{h}$ par $\mathfrak{f}$, g et G^{μ}_{ν} par $f\mathfrak{f}$; vu (3.6), $\frac{dJ}{J}$ augmente de $\frac{1}{2}\frac{d\mathfrak{f}}{\mathfrak{f}} - \frac{1}{2}\frac{df}{f}$; donc $J(x, p; y, q)$ est multiplié par $\sqrt{\frac{\mathfrak{f}(x, p) f(y, q)}{f(x, p)\mathfrak{f}(y, q)}}$.

Note 20.1. — Supposons qu'on emploie les notes 3.1, 19.1 et la définition (3.11) de ${}^{\beta}_{\alpha}J(x, p; y, q)$; alors

$$(20.2)\qquad {}^{\gamma}_{\alpha}J(x, p; y, q)\,{}^{\beta}_{\gamma}J(y, q; z, r) = {}^{\beta}_{\alpha}J(x, p; z, r).$$

Les propriétés 1° et 4° (mais non 3°) restent vraies; 2° et 5° deviennent

$${}^{\alpha}_{\beta}J^{*}(y, q; x, p) = {}^{\beta}_{\alpha}J(x, p; y, q).$$

Multiplier g et G^{μ}_{ν} par F, ${}^{\alpha}h$ par ${}^{\alpha}f$, ${}_{\alpha}\mathfrak{h}$ par ${}_{\alpha}\mathfrak{f} = F/{}^{\alpha}f$ multiplie ${}^{\beta}_{\alpha}J(x, p; y, q)$ par $\frac{{}_{\alpha}\mathfrak{f}(x, p)\,{}^{\beta}f(y, q)}{{}^{\alpha}f(x, p)\,{}_{\beta}\mathfrak{f}(y, q)}$.

21. Propriétés de la matrice bicaractéristique $G^{\mu}_{\nu}(x, p; y, q)$.

Quand les nos 22, 23 et 24 auront intégré (16.19) et ses variantes (17.2) et (17.3), alors h, $\mathfrak{h}$, j et J n'interviendront plus que par l'intermédiaire de la matrice bicaractéristique $G^{\mu}_{\nu}(x, p; y, q)$; c'est d'abord sur l'ensemble des couples de covecteurs $(x, p; y, q)$ appartenant à une même bande bicaractéristique que le n° 3 la définit, par (3.7) [et (3.12)]. Elle a, sur cet ensemble, les propriétés suivantes ([41]), qui résultent immédiatement des propriétés de J [et ${}^{\beta}_{\alpha}J$] établies n° 20 :

1° $G^{\mu}_{\nu}(x, p; y, q)$ est homogène en (p, q), de degré $N + m^{\mu} - n^{\nu}$.

2° $G^{*\nu}_{\mu}(y, q; x, p) = \frac{\rho(x)}{\rho(y)} G^{\mu}_{\nu}(x, p; y, q)$;

3° Si la matrice (a^{ν}_{μ}) est self-adjointe, alors

$$G^{\mu}_{\nu}(x, p; y, q) = \pm\sqrt{\frac{\rho(y)}{\rho(x)}}\, G^{\mu}_{\mu}(x, p)\, G^{\nu}_{\nu}(y, q)$$

[cette relation ne vaut plus si l'on emploie les notes 3.1 et 19.1].

([41]) (20.1) et (20.2) donnent des propriétés moins simples de G^{μ}_{ν}; nous ne les énonçons pas.

4° $G^\mu_\nu(x, p; y, q)$ ne dépend pas des choix de ρ, h et $\mathfrak{h}$; multiplier $g(x, p)$ et $G^\mu_\nu(x, p)$ par une fonction holomorphe $F(x, p)$ multiplie $G^\mu_\nu(x, p; y, q)$ par $\sqrt{F(x, p)\,F(y, q)}$.

Le n° 3 a déjà énoncé ces propriétés; il a remarqué que $(3.6)_2$ donne

$$G^\mu_\nu(x, p; x, p) = G^\mu_\nu(x, p); \tag{21.1}$$

il a convenu d'étendre la définition de $G^\mu_\nu(x, p; y, q)$ à tous les couples de covecteurs (x, p), (y, q) appartenant à une même solution de (3.9); il a convenu de le faire en sorte que G^μ_ν soit holomorphe et vérifie 21, 1°.

22. **L'intégration de** (16.19) va expliciter l'expression que le lemme 16 donne du terme général du développement asymptotique. Dans (16.19), substituons à x la solution $x(t, y)$ de (4.5) et, vu (4.6), à l'argument $p = \xi_x$ de g, g', $\mathfrak{h}$, j, la fonction $p(t, y)$; en notant par $\frac{d}{dt}$ la dérivée en t des fonctions de (t, y) ainsi obtenues et en définissant $V^{\nu,m}$ par (4.12), on obtient

$$\left[\frac{d}{dt} + \frac{1}{2} g_{p_l p_\lambda} \xi_{x^l x^\lambda} + \frac{1}{2} g_{p_\lambda x^\lambda} + \frac{1}{2\rho}\frac{d\rho(x)}{dt}\right] U^m + jU^m \equiv \mathfrak{h}_\nu V^{\nu,m} \quad [\mathrm{mod}\; g(y, s_\nu)]. \tag{22.1}$$

Rappelons l'énoncé d'un lemme classique :

LEMME 22. — Si $x^1(t, y), \ldots, x^L(t, y)$ vérifient le système différentiel

$$\frac{dx^\lambda}{dt} = f^\lambda(x)$$

et dépendent de L paramètres $y^1, \ldots, y^L$, alors

$$\frac{d}{dt}\frac{D(x)}{D(y)} = f^\lambda_{x^\lambda}\frac{D(x)}{D(y)}.$$

Appliquons ce lemme à $x(t, y)$, qui vérifie (4.5), donc

$$\frac{dx^\lambda}{dt} = g_{p_\lambda}(x, \xi_x);$$

il vient

$$\frac{d}{dt}\frac{D(x)}{D(y)} = \left(g_{p_l p_\lambda}\xi_{x^l x^\lambda} + g_{p_\lambda x^\lambda}\right)\frac{D(x)}{D(y)};$$

(22.1) peut donc s'écrire :

$$\left[\frac{d}{dt} + \frac{1}{2}\frac{D(y)}{D(x)}\frac{d}{dt}\frac{D(x)}{D(y)} + \frac{1}{2\rho}\frac{d\rho(x)}{dt}\right] U^m + jU^m \equiv \mathfrak{h}_\nu V^{\nu,m} \quad [\mathrm{mod}\; g(y, s_\nu)]. \tag{22.2}$$

L'intégration de l'équation précédente emploie une définition de j moins restrictive que celle qui fut employée jusqu'ici : définissons j par (3.5) non plus sur la variété (3.3), mais au voisinage d'un de ses points. Définissons alors $J(t, y, q)$, $x(t, y, q)$ et $p(t, y, q)$ par le problème de Cauchy ordinaire :

$$(22.3)\quad \begin{cases} \dfrac{dx}{dt} = g_p(x, p), & \dfrac{dp}{dt} = -g_x(x, p), & \dfrac{dJ}{dt} = -j(x, p)\,J, \\ x(0, y, q) = y, & p(0, y, q) = q, & J(0, y, q) = 1. \end{cases}$$

La comparaison de cette définition (22.3) de $J(t, y, q)$ et de la définition (3.6) de $J(x, p; y, q)$ montre immédiatement que, pour

$$x = x(t, y, q), \qquad p = p(t, y, q), \qquad \hat{x} = x(\hat{t}, y, q), \qquad \hat{p} = p(\hat{t}, y, q),$$

on a

$$(22.4)\quad J(t, y, q) \equiv J(x, p; y, q), \qquad J(t, q, y)\,J^{-1}(\hat{t}, y, q) \equiv J(x, p; \hat{x}, \hat{p}) \quad [\operatorname{mod} g(y, q)].$$

Notons $J(t, y) = J(t, y, s_y)$; remarquons que (22.3) donne

$$J(t, y)\frac{d}{dt}J^{-1}(t, y) = j(x, p) \qquad \text{pour} \quad x = x(t, y), \qquad p = p(t, y),$$

l'équation (22.2) s'écrit donc

$$\left[\frac{d}{dt} + \frac{1}{2}\frac{D(y)}{D(x)}\frac{d}{dt}\frac{D(x)}{D(y)} + \frac{1}{2\rho}\frac{d\rho(x)}{dt} + J(t, y)\frac{d}{dt}J^{-1}(t, y)\right] U^m \equiv \mathfrak{h}_\nu V^{\nu, m} \quad [\operatorname{mod} g(y, s_y)].$$

Elle s'intègre immédiatement : vu (16.16),

$$\sqrt{\rho(x)\frac{D(x)}{D(y)}}\,J^{-1}(t, y)\,U^m[t, x] \equiv \int_0^t \sqrt{\rho(\hat{x})\frac{D(\hat{x})}{D(y)}}\,J^{-1}(\hat{t}, y)\,\mathfrak{h}_\nu(\hat{x}, \hat{p})\,V^{\nu, m}[\hat{t}, \hat{x}]\,d\hat{t} \quad [\operatorname{mod}(tg(y, s_y))],$$

en convenant que

$$(22.5)\quad x = x(t, y), \qquad p = p(t, y), \qquad \hat{x} = x(\hat{t}, y), \qquad \hat{p} = p(\hat{t}, y).$$

Le lemme 16 porte cette valeur de U^m dans (16.15) et emploie donc

$$(22.6)\quad h^\mu(x, p)\,U^m[t, x] \equiv \int_0^t \sqrt{\frac{D(\hat{x})}{D(x)}}\sqrt{\frac{\rho(\hat{x})}{\rho(x)}}\,h^\mu(x, p)\,J(t, y)\,J^{-1}(\hat{t}, y)\,\mathfrak{h}_\nu(\hat{x}, \hat{p})\,V^{\nu, m}[\hat{t}, \hat{x}]\,d\hat{t} \quad [\operatorname{mod} tg(y, s_y)].$$

Or, vu (22.4), vu la définition (3.7) de G_ν^μ et moyennant (22.5) :

$$\sqrt{\frac{\rho(\hat{x})}{\rho(x)}}\, h^\mu(x, p)\, J(t, y, q)\, J^{-1}(\hat{t}, y, q)\, \mathfrak{h}_\nu(\hat{x}, \hat{p}) - G_\nu^\mu(x, p; \hat{x}, \hat{p})$$

est une fonction holomorphe de $(t, \hat{t}, y, q)$ qui s'annule sur la variété

$$g(y, q) = 0, \qquad (g_y, g_q) \neq 0;$$

elle est donc $\equiv 0\, [\mathrm{mod}\, g(y, q)]$.

La relation (22.6) peut donc s'écrire :

$$h^\mu(x, p)\, U^m[t, x] \equiv \int_0^t \sqrt{\frac{D(\hat{x})}{D(x)}}\, G_\nu^\mu(x, p; \hat{x}, \hat{p})\, V^{\nu, m}[\hat{t}, \hat{x}]\, d\hat{t}$$
$$[\mathrm{mod}\, \mathrm{tg}(y, s_y)];$$

sa validité s'étend à l'ensemble des (t, y) où les fonctions entrant en jeu sont holomorphes ([15]). En portant cette expression dans (16.15), on obtient

$$(22.7) \quad \frac{\partial}{\partial t}\left(u^{\mu, m}_{m - m^\mu - 1} \circ \xi\right) \equiv U^{\mu, m}[t, x] + \int_0^t \sqrt{\frac{D(\hat{x})}{D(x)}}\, G_\nu^\mu(x, p; \hat{x}, \hat{p})\, V^{\nu, m}[\hat{t}, \hat{x}]\, d\hat{t}$$
$$[\mathrm{mod}\, \mathrm{tg}(y, s_y)];$$

la formule (11.1) de dérivation d'une fonction composée et l'équation $\xi_t = -g$ permettent de transformer (22.7) en (4.13).

Voici établie l'expression du terme général du développement asymptotique qu'a énoncée le théorème 1 (n° 4).

NOTE 22.1. — Supposons qu'on ait réalisé l'hypothèse (3.3) en employant les notes 2.1 et 16.1. Alors, dans (22.2), nous devons remplacer U^m et jU^m par ${}_\beta U^m$ et ${}^\alpha_\beta j\, {}_\alpha U^m$; ν parcourt $M_{(\beta)}$. Nous devons écrire dans (23.3) :

$$(22.8) \qquad \frac{d\, {}^\gamma_\beta J}{dt} = -{}^\alpha_\beta j\, {}^\gamma_\alpha J$$

pour avoir

$${}^\gamma_\beta J \frac{d}{dt} {}^\alpha_\gamma J^{-1} = {}^\alpha_\beta j;$$

([15]) Rappelons que la définition de $J(x, p; y, q)$ est locale et que celle de $G_\nu^\mu(x, p; y, q)$ ne l'est pas (n° 3 : Propriété 3° de la matrice bicaractéristique).

la comparaison de (22.8) et (3.10) donne, dans (22.4) :

$$ {}^{\gamma}_{\alpha}J(t, y, q)\, {}^{\beta}_{\gamma}J^{-1}(\hat{t}, y, q) = {}^{\beta}_{\alpha}J(x, p; \hat{x}, \hat{p}). $$

On obtient, au lieu de (22.6), la relation, où $\mu \in M_{(\alpha)}$, $\nu \in M_{(\beta)}$, ν parcourt $(1, \ldots, M)$ et l'on somme par rapport à ν :

$$ h^{\mu} U^{m}_{\alpha} \equiv \int_0^t \sqrt{\ldots}\,\sqrt{\ldots}\, h^{\mu}\, {}^{\gamma}_{\alpha}J\, {}^{\beta}_{\gamma}J^{-1}\, \mathfrak{h}_{\nu}\, V^{\nu, m}\, d\hat{t}; $$

vu (3.11), elle donne (22.7), donc (4.13).

23. **L'intégration de** (17.2) va expliciter l'expression que le lemme 17.1 donne d'un terme du développement asymptotique quand, pour ce terme, la circonstance suivante se présente : $v^{\nu, m}_{m-n^{\nu}} \circ \xi$ est holomorphe.

Dans ce lemme, remplaçons $\mathfrak{h}_{\nu} \dfrac{\partial}{\partial t}(v^{\nu, m}_{m-n^{\nu}} \circ \xi)$ par $\mathfrak{h}_{\nu}(x, \xi_x)\, W^{\nu, m}[t, x]$, en employant la définition (4.14). Des calculs analogues à ceux du n° 22 transforment (17.2) en l'équation, qui emploie (22.5) :

$$ \sqrt{\rho(x)\frac{D(x)}{D(y)}}\, J^{-1}(t, y)\,[\,U^{m}[t, x] + \mathfrak{h}_{\nu}(x, p)\, v^{\nu, m}_{m-n^{\nu}}(\xi[t, x], x)\,] $$
$$ \equiv \sqrt{\rho(y)}\, \mathfrak{h}_{\nu}(y, s_y)\, v^{\nu, m}_{m-n^{\nu}}(y, s(y)) $$
$$ + \int_0^t \sqrt{\rho(\hat{x})\frac{D(\hat{x})}{D(y)}}\, J^{-1}(\hat{t}, y)\, \mathfrak{h}_{\nu}(\hat{x}, \hat{p})\, W^{\nu, m}[\hat{t}, \hat{x}]\, d\hat{t} \qquad [\mathrm{mod}\, \mathrm{tg}(y, s_y)] $$

et en tirent :

(23.1)
$$ h^{\mu}(x, p)\, U^{m}[t, x] + h^{\mu}(x, p)\, \mathfrak{h}_{\nu}(x, p)\, v^{\nu, m}_{m-n^{\nu}}(\xi[t, x], x) $$
$$ \equiv \sqrt{\frac{D(y)}{D(x)}}\sqrt{\frac{\rho(y)}{\rho(x)}}\, h^{\mu}(x, p)\, J(t, y)\, \mathfrak{h}_{\nu}(y, s_y)\, v^{\nu, m}_{m-n^{\nu}}(s(y), y) $$
$$ + \int_0^t \sqrt{\frac{D(\hat{x})}{D(x)}}\sqrt{\frac{\rho(\hat{x})}{\rho(x)}}\, h^{\mu}(x, p)\, J(t, y)\, J^{-1}(\hat{t}, y)\, \mathfrak{h}_{\nu}(\hat{x}, \hat{p})\, W^{\nu, m}[\hat{t}, \hat{x}]\, d\hat{t} $$
$$ [\mathrm{mod}\, \mathrm{tg}(y, s_y)]; $$

enfin le n° 22 fait disparaître h et $\mathfrak{h}$ de l'intégrale en employant la relation

(23.2)
$$ \sqrt{\frac{\rho(\hat{x})}{\rho(x)}}\, h^{\mu} J J^{-1} \mathfrak{h}_{\nu} \equiv G^{\mu}_{\nu}(x, p; \hat{x}, \hat{p}) \qquad [\mathrm{mod}\, g(y, s_y)]. $$

Montrons qu'on peut faire disparaître de même h et $\mathfrak{h}$ des autres termes.

On a, d'après (3.4) :

$$ h^{\mu}(x, p)\, \mathfrak{h}_{\nu}(x, p) \equiv G^{\mu}_{\nu}(x, p) \qquad [\mathrm{mod}\, g(x, p)]; $$

vu (4.4) et l'holomorphie de $v^{\nu,m}_{m-n^\nu}\circ\xi$, on a

$$v^{\nu,m}_{m-n^\nu}(\xi[t,x]\,x)-\sqrt{\frac{D(y)}{D(x)}}\,v^{\nu,m}_{m-n^\nu}(s(y),y)\equiv 0 \qquad (\mathrm{mod}\ t);$$

si $x=x(t,y,q)$, $p=p(t,y,q)$, $J=J(t,y,q)$, les seconds membres étant définis par (22.3), alors

$$G^\mu_\nu(x,p;y,q)-\sqrt{\frac{\rho(y)}{\rho(x)}}\,h^\mu(x,p)\,J(t,y,q)\,\mathfrak{h}_\nu(y,q)$$
$$-G^\mu_\nu(x,p)+h^\mu(x,p)\,\mathfrak{h}_\nu(x,p)$$

est une fonction holomorphe de (t,y,q) qui s'annule avec $g(y,q)$, vu (3.4) et (3.7), et avec t, puisque

$$J(0,y,q)=1, \qquad G^\mu_\nu(y,q;y,q)=G^\mu_\nu(y,q);$$

cette fonction est donc $\equiv 0\,[\mathrm{mod}\ tg(y,q)]$. D'où, en faisant $q=s_y$, donc $x=x(t,y)$, $p=p(t,y)$, $J=J(t,y)$:

$$(23.3)\quad [h^\mu(x,p)\,\mathfrak{h}_\nu(x,p)-G^\mu_\nu(x,p)]\,v^{\nu,m}_{m-n^\nu}(\xi[t,x],x)$$
$$\equiv\sqrt{\frac{D(y)}{D(x)}}[h^\mu(x,p)\,\mathfrak{h}_\nu(x,p)-G^\mu_\nu(x,p)]\,v^{\nu,m}_{m-n^\nu}(s(y),y)$$
$$\equiv\sqrt{\frac{D(y)}{D(x)}}\left[\sqrt{\frac{\rho(y)}{\rho(x)}}\,h^\mu(x,p)\,J(t,y)\,\mathfrak{h}_\nu(y,s_y)-G^\mu_\nu(x,p;y,s_y)\right]v^{\nu,m}_{m-n^\nu}(s(y),y)$$
$$[\mathrm{mod}\ tg(y,s_y)];$$

en portant (23.2) et (23.3) dans (23.1) on obtient, vu (16.20) :

$$h^\mu(x,p)\,U^m[t,x]+U^{\mu,m}[t,x]\equiv\sqrt{\frac{D(y)}{D(x)}}\,G^\mu_\nu(x,p;y,s_y)\,v^{\nu,m}_{m-n^\nu}(s(y),y)$$
$$+\int_0^t\sqrt{\frac{D(\hat{x})}{D(x)}}\,G^\mu_\nu(x,p;\hat{x},\hat{p})\,W^{\nu,m}[\hat{t},\hat{x}]\,d\hat{t}.$$

En portant cette expression dans (16.15), on obtient

$$(23.4)\quad \frac{\partial}{\partial t}(u^{\mu,m}_{m-m^\mu-1}\circ\xi)\equiv\sqrt{\frac{D(y)}{D(x)}}\,G^\mu_\nu(x,p;y,s_y)\,v^{\nu,m}_{m-n^\nu}(s(y),y)$$
$$+\int_0^t\sqrt{\frac{D(\hat{x})}{D(x)}}\,G^\mu_\nu(x,p;\hat{x},\hat{p})\,W^{\nu,m}[\hat{t},\hat{x}]\,d\hat{t},$$

que (11.1) et $\xi_t=-g$ transforment en (4.15). *Voici établie la note* 4.

NOTE 23.1. — Ces conclusions restent valables quand on applique les notes 2.1 et 16.1.

24. **L'intégration de** (17.3) est un cas particulier de celle de (17.2); $u^{\mu,n}_{n-m^\mu}$ s'obtient donc en faisant dans (4.15) : $m = n$, $W^{\nu,n} = 0$, ce qui donne (4.8).

Voici achevée la preuve du théorème 1.

25. **Cas où le système** (1.1) **se réduit à une équation unique**

$$a\left(x, \frac{\partial}{\partial x}\right) u(\xi, x) = v(\xi, x);$$

on fait $n^\nu = n$, $m^\mu = 0$ et l'on supprime les indices μ et ν. Le lemme 17.3 montre que le développement asymptotique est donné par (4.8) et (4.15), où l'on supprime les indices μ et ν.

Supposons que g est le polynôme caractéristique; prouvons le corollaire 1.2, c'est-à-dire que le choix (4.20) du premier terme u^n impose au second terme u^{n+1} de vérifier (4.22), W^{n+1} ayant la valeur (4.21). Nous savons que u^{n+1} s'obtient en faisant dans (4.15), $m = n + 1$, $m^\mu = 0$, $n^\nu = n$,

$$W^{n+1}[t, x] = \frac{\partial}{\partial t}(v_1^{n+1} \circ \xi) \quad (\mathrm{mod}\, \xi_t); \tag{25.1}$$

vu (4.10) :

$$v^{n+1}(\xi, x) = v(\xi, x) - a\left(x, \frac{\partial}{\partial x}\right)[w(\xi, x) + u^n(\xi, x)]. \tag{25.2}$$

Il s'agit donc d'expliciter

$$v_1^{n+1}(s(y), y) \quad \text{et} \quad W^{n+1}[t, x] \quad (\mathrm{mod}\, \xi_t).$$

Commençons par expliciter :

L'équation différentielle que vérifie $\mathfrak{U}[t, x]$. — Vu la définition (3.7) de G, où l'on supprime les indices μ et ν et où l'on prend $h = \mathfrak{h} = 1$;

$$G(x, p; y, s_y) = \sqrt{\frac{\rho(y)}{\rho(x)}}\, J(t, y) \quad \text{pour} \quad x = x(t, y), \quad p = p(t, y).$$

La définition (4.19) de $\mathfrak{U}[t, x]$ s'énonce donc

$$J(t, y) = \sqrt{\frac{\rho(x)}{\rho(y)}}\sqrt{\frac{D(x)}{D(y)}}\, \mathfrak{U}[t, x]/[v(\xi, y) - aw]_{\xi = s(y)}$$

pour $x = x(t, y)$; vu la définition (22.3) de J, $\mathfrak{U}[t, x]$ vérifie donc l'équation différentielle

$$\left[\frac{\partial}{\partial t} + g_{p_\lambda}\frac{\partial}{\partial x^\lambda} + j\right]\left[\sqrt{\rho(x)}\sqrt{\frac{D(x)}{D(y)}}\, \mathfrak{U}[t, x]\right] = 0,$$

$j(x, p)$ ayant l'expression (3.2), où $\mu = \nu = 1$; $p = p(t, y) = \xi_x$. D'après le lemme 22 :

$$\left[\frac{\partial}{\partial t} + g_{p_\lambda}\frac{\partial}{\partial x^\lambda}\right]\frac{D(x)}{D(y)} = \left(g_{p_\lambda x^\lambda} + g_{p_l p_\lambda}\xi_{x^l x^\lambda}\right)\frac{D(x)}{D(y)}.$$

L'équation différentielle de $\mathcal{U}[t, x]$ peut donc s'écrire :

$$(25.3)\qquad \left[\frac{\partial}{\partial t} + g_{p_\lambda}\frac{\partial}{\partial x^\lambda} + \frac{1}{2}g_{p_l p_\lambda}\xi_{x^l x^\lambda} + g'\right]\mathcal{U}[t, x] = 0.$$

Calcul de $v_1^{n+1}(s(y), y)$. — Vu (25.2), il s'agit de calculer

$$\left[a\left(y, \frac{\partial}{\partial y}\right)u_1^n(\xi, y)\right]_{\xi = s(y)}.$$

Vu $(4.20)_1$,

$$u_{n-1}^n \circ \xi = \ldots = u^n \circ \xi = 0 \qquad \text{pour} \quad t = 0;$$

vu le lemme 11, on a donc pour $t = 0$:

$$(25.4)\qquad \left[a\left(x, \frac{\partial}{\partial x}\right)u_1^n(\xi, x)\right]\circ\xi = g(x, \xi_x)\,u_{n+1}^n(\xi, x)\circ\xi$$
$$+\left[g_{p_\lambda}\frac{\partial}{\partial x^\lambda} + \frac{1}{2}g_{p_l p_\lambda}\xi_{x^l x^\lambda} + g'\right](u_n^n \circ \xi)$$
$$= -\left[\frac{\partial}{\partial t} + g_{p_\lambda}\frac{\partial}{\partial x^\lambda} + \frac{1}{2}g_{p_l p_\lambda}\xi_{x^l x^\lambda} + g'\right]\left(\frac{\mathcal{U}[t, x]}{\xi_t}\right).$$

Or l'équation $\xi_t + g(x, \xi_x) = 0$ donne $\xi_{tt} + g_{p_\lambda}\xi_{tx^\lambda} = 0$, c'est-à-dire

$$(25.5)\qquad \left[\frac{\partial}{\partial t} + g_{p_\lambda}\frac{\partial}{\partial x^\lambda}\right]\xi_t = 0.$$

Les relations (25.3) et (25.5) montrent que le dernier membre de (25.4) est nul; donc

$$\left[a\left(y, \frac{\partial}{\partial y}\right)u_1^n(\xi, y)\right]_{\xi = s(y)} = 0.$$

En portant ce résultat dans (25.2), on obtient

$$(25.6)\qquad v_1^{n+1}(s(y), y) = \left[v_1(\xi, y) - a\left(y, \frac{\partial}{\partial y}\right)w_1(\xi, y)\right]_{\xi = s(y)}.$$

(4.22) est donc bien l'expression à laquelle (4.15) se réduit quand on prend $m = n + 1$; pour achever la preuve du corollaire 21 il suffit de légitimer le choix (4.21) de W^{n+1}.

Calcul de $W^{n+1}[t, x]$ (mod ξ_t). — Vu (25.1), puis (25.2) :

$$(25.7)\qquad \frac{1}{\xi_t}W^{n+1} \equiv -v_2^{n+1}\circ\xi \equiv \left[a\left(x, \frac{\partial}{\partial x}\right)u_2^n(\xi, x)\right]\circ\xi \qquad (\text{mod } 1).$$

Vu (4.20), $u^n_j \circ \xi$ est holomorphe pour $j < n$;

$$u^n_n \circ \xi = -\frac{\mathcal{U}}{\xi_t}; \qquad u^n_{n+1} \circ \xi = \frac{1}{\xi_t}\frac{\partial}{\partial t}\left(\frac{\mathcal{U}}{\xi_t}\right);$$

$$u^n_{n+2} \circ \xi = -\frac{1}{\xi_t}\frac{\partial}{\partial t}\left[\frac{1}{\xi_t}\frac{\partial}{\partial t}\left(\frac{\mathcal{U}}{\xi_t}\right)\right];$$

l'application du lemme 11 au dernier membre de (25.7) donne donc

$$(25.8)\quad \frac{1}{\xi_t} W^{n+1} \equiv \left[\frac{\partial}{\partial t} + g_{p_\lambda}\frac{\partial}{\partial x^\lambda} + \frac{1}{2} g_{p_l p_\lambda}\xi_{x^l x^\lambda} + g'\right]\left[\frac{1}{\xi_t}\frac{\partial}{\partial t}\left(\frac{\mathcal{U}[t, x]}{\xi_t}\right)\right]$$
$$-\left[\frac{1}{2} g_{p_l p_\lambda}\frac{\partial^2}{\partial x^l \partial x^\lambda} + \frac{1}{2} g_{p_l p_\lambda p_\mu}\xi_{x^l x^\lambda}\frac{\partial}{\partial x^\mu} + \frac{1}{6} g_{p_l p_\lambda p_\mu}\xi_{x^l x^\lambda x^\mu}\right.$$
$$\left.+\frac{1}{8} g_{p_l p_\lambda p_\mu p_\nu}\xi_{x^l x^\lambda}\xi_{x^\mu x^\nu} + g'_{p_\lambda}\frac{\partial}{\partial x^\lambda} + \frac{1}{2} g'_{p_l p_\lambda}\xi_{x^l x^\lambda} + g''\right]\frac{\mathcal{U}[t, x]}{\xi_t}$$
$$(\text{mod } 1).$$

Or (25.5) donne

$$\left[\frac{\partial}{\partial t} + g_{p_\lambda}\frac{\partial}{\partial x^\lambda} + \frac{1}{2} g_{p_l p_\lambda}\xi_{x^l x^\lambda} + g'\right]\left[\frac{1}{\xi_t}\frac{\partial}{\partial t}\left(\frac{\mathcal{U}[t, x]}{\xi_t}\right)\right]$$
$$= \frac{1}{\xi_t}\left[\frac{\partial}{\partial t} + g_{p_l}\frac{\partial}{\partial x^l} + \frac{1}{2} g_{p_l p_\lambda}\xi_{x^l x^\lambda} + g'\right]\left[\frac{\partial}{\partial t}\left(\frac{\mathcal{U}}{\xi_t}\right)\right]$$
$$= \frac{1}{\xi_t}\frac{\partial}{\partial t}\left[\frac{\partial}{\partial t} + g_{p_l}\frac{\partial}{\partial x^l} + \frac{1}{2} g_{p_l p_\lambda}\xi_{x^l x^\lambda} + g'\right]\left(\frac{\mathcal{U}}{\xi_t}\right)$$
$$-\frac{1}{\xi_t}\left[g_{p_l p_\lambda}\xi_{t x^l}\frac{\partial}{\partial x^\lambda} + \frac{1}{2} g_{p_l p_\lambda p_\mu}\xi_{x^l x^\lambda}\xi_{t x^\mu} + \frac{1}{2} g_{p_l p_\lambda}\xi_{t x^l x^\lambda} + g'_{p_l}\xi_{t x^l}\right]\left(\frac{\mathcal{U}}{\xi_t}\right),$$

où, vu (25.3) et (25.5) :

$$\left[\frac{\partial}{\partial t} + g_{p_\lambda}\frac{\partial}{\partial x^\lambda} + \frac{1}{2} g_{p_l p_\lambda}\xi_{x^l x^\lambda} + g'\right]\left(\frac{\mathcal{U}}{\xi_t}\right) = 0.$$

En portant ces formules dans (25.8), on voit que le choix (4.21) de $W^{n+1}[t, x]$ est le plus simple qui soit.

Voici achevée la preuve du corollaire 1.2.

26. L'exemple 1.2.

Voici la preuve de ce qu'affirme l'exemple 1.2. Vu (4.7) :

$$u_j \circ \xi \equiv (w_j - u^n_j - u^{n+j}_j) \circ \xi \quad (\text{mod } t^{n+2-j}) \qquad \text{si } j \leqq n+1;$$

donc, vu le lemme 11, puisque a est d'ordre n :

$$(a u) \circ \xi \equiv (a w) \circ \xi + (a u^n) \circ \xi + (a u^{n+1}) \circ \xi \qquad (\text{mod } t^3).$$

Or, vu le théorème 1

$$u_j^n \circ \xi \equiv 0 \quad (\bmod t^{n-j}\ ) \qquad \text{si} \quad j < n;$$
$$u_j^{n+1} \circ \xi \equiv 0 \quad (\bmod t^{n+1-j}) \qquad \text{si} \quad j \leq n.$$

Vu le lemme 11, l'expression précédente de au s'écrit donc

$$(au)\circ\xi \equiv (aw)\circ\xi + \mathfrak{g}(\xi, x, -1, \xi_x)\, u_n^n \circ \xi + \mathfrak{g}_{p_\lambda} \frac{\partial}{\partial x^\lambda}(u_{n-1}^n \circ \xi)$$
$$+ \frac{1}{2}\mathfrak{g}_{p_l p_\lambda} \xi_{x^l x^\lambda}(u_{n-1}^n \circ \xi) + \mathfrak{g}'(u_{n-1}^n \circ \xi) + \mathfrak{g}\, u_n^{n+1} \circ \xi \qquad (\bmod t^2).$$

Or, vu (11.1), où $\xi_t = -g$, et le corollaire 1.2, on a pour $x = x(t, y)$:

$$u_{n-1}^n \circ \xi = tg\, u_n^n \ \ \circ \xi \equiv t\, v^n(s(y), y) \qquad (\bmod t^2),$$
$$u_n^{n+1} \circ \xi = tg\, u_{n+1}^{n+1} \circ \xi \equiv t\, v_1^n(s(y), y) \qquad (\bmod t^2).$$

Vu (4.19), (4.20) et (4.6), l'expression précédente de au s'écrit donc

$$(au)\circ\xi \equiv (aw)\circ\xi + \frac{\mathfrak{g}(\xi, x, -1, p)}{g(y, s_y)}\sqrt{\frac{D(y)}{D(x)}}\, G(x, p; y, s_y)\, v^n(s(y), y)$$
$$+ t\Big[\mathfrak{g}_{p_\lambda}(\xi, x, \pi, p)\Big(\frac{\partial}{\partial y^\lambda} + p_\lambda \frac{\partial}{\partial \xi}\Big)$$
$$+ \frac{1}{2}\mathfrak{g}_{p_l p_\lambda}\xi_{x^l x^\lambda} + \mathfrak{g}' - \mathfrak{g}\frac{\partial}{\partial \xi}\Big]\, v^n(\xi, y) \qquad (\bmod t^2),$$

où, après avoir effectué les dérivations, on remplace π par -1 et ξ, x, p par les fonctions (4.9); dans le coefficient de t il suffit donc de prendre $\xi = s(y)$, $x = y$, $p = s_y$ et l'on a, vu l'homogénéité de $\mathfrak{g}$ en (π, p) :

$$p_\lambda \mathfrak{g}_{p_\lambda}(\xi, x, \pi, p) = \mathfrak{g}_\pi + n\mathfrak{g};$$

d'où la formule qu'énonce l'exemple 1.2.

27. L'exemple 1.3.

Preuve de 1°. — La solution de (4.4) est évidemment

$$\xi[t, x] = p_0(t) + x^\lambda p_\lambda(t),$$

les $p_\lambda(t)$ étant définis par le problème de Cauchy ordinaire :

$$\frac{dp_\lambda}{dt} + g_\lambda(p) = 0, \qquad p_\lambda(0) = s_\lambda \qquad (\lambda = 0, 1, \ldots, L;\ s_\lambda \ :\ \text{constantes}).$$

La relation qui suit le lemme 22 :

$$\frac{d}{dt}\frac{D(x)}{D(y)} = \big(g_{p_l p_\lambda}\xi_{x^l x^\lambda} + g_{p_\lambda x^\lambda}\big)\frac{D(x)}{D(y)}$$

se réduit donc à

$$\frac{d}{dt}\frac{D(x)}{D(y)} = \frac{\partial g_\lambda(p)}{\partial p_\lambda}\frac{D(x)}{D(y)};$$

or $\frac{D(x)}{D(y)} = 1$ pour $t = 0$; donc $\frac{D(x)}{D(y)}$ est fonction de la seule variable t.

Preuve de 2°. — Choisissons $\rho = 1$. Vu la définition (3.2) de j, j ne dépend que des p_λ. Donc $J(t, y) = J(t, y, s_y)$, vu sa définition (22.3), est fonction de la seule variable t.

Donc

$$G(x, p; \hat{x}, \hat{p}) = J(t, y)\, J^{-1}(\hat{t}, y)$$

est fonction des seules variables $(t, \hat{t})$.

Preuve de 3°. — $\mathfrak{U}[t, x]$ est fonction de la seule variable t; donc, puisque $\xi[t, x]$ est linéaire en x et que $g'' = 0$, (4.21) donne $W^{n+1} = 0$.

CHAPITRE 3.

Uniformisation portant sur les variables indépendantes.

Ce chapitre 3 déduit des précédents les résultats qu'énonce le n° 5.

28. Preuve du théorème 2 et du corollaire 2.1.

Nous supposons donnés

$$S:\quad s(x) = 0 \qquad (s_x \neq 0)$$

et le problème de Cauchy :

$$a_\mu^\nu\left(x, \frac{\partial}{\partial x}\right) u^\mu(x) = v^\nu(x); \qquad u^\mu(x) - w^\mu(x) \text{ s'annule } n - m^\mu \text{ fois sur } S,$$

ces données vérifiant (1.5).

Pour appliquer le théorème 1 et le corollaire 1.1 (n° 4), nous introduisons la variété

$$S(\xi):\quad s(x) - \xi = 0;$$

nous prenons X et ξ assez petits pour que S soit régulière; nous choisissons $w^\mu(\xi, x) = w^\mu(x)$; $v^{\nu,n}(\xi, x)$ tel que

$$(28.1)\quad \begin{cases} v^{\nu,n}(0, x) = v^\nu(x) - a_\mu^\nu\left(x, \dfrac{\partial}{\partial x}\right) w^\mu(x), \\ v^{\nu,n}(\xi, x) \text{ s'annule } n - n^\nu \text{ fois sur } S(\xi); \end{cases}$$

ces conditions sont compatibles vu (1.5); nous définissons enfin $v^{\nu}(\xi, x)$ par la relation

$$v^{\nu, n}(\xi, x) = v^{\nu}(\xi, x) - a^{\nu}_{\mu}\left(x, \frac{\partial}{\partial x}\right) w^{\mu}(x, \xi).$$

Soit $u(\xi, x)$ la solution du problème de Cauchy (nº 1) ainsi obtenu. Évidemment

$$u^{\mu}(x) = u^{\mu}(0, x).$$

Le théorème 1 (nº 4) et l'expression (4.6) de $\xi[t, x]$ montrent que l'application

$$(t, y) \to (\xi(t, y), x(t, y)),$$

où $\xi(t, y) = s(y) + (N-1)\, t\, g(y, s_y)$ [ne pas confondre $\xi[\ldots]$ et $\xi(\ldots)$], uniformise $u^{\mu}(\xi, x)$ jusqu'à l'ordre $n - m^{\mu} - 1$. Mais nous devons nous restreindre aux valeurs de (t, y) vérifiant $\xi(t, y) = 0$, c'est-à-dire

$$s(y) + (N-1)\, t\, g(y, s_y) = 0.$$

Nous le ferons en prenant

$$N = 1, \qquad y \in S.$$

Ce choix,

(28.2) $N = 1$; c'est-à-dire : *$g(x, p)$ homogène en p de degré* 1

fait que la forme différentielle

$$p_{\lambda}\, dx^{\lambda} - g(x, p)\, dt$$

a pour système caractéristique ([16]) le système d'Hamilton (13.1), par lequel (4.5) définit $x(t, y)$ et $p(t, y)$; par suite, cette forme est un invariant différentiel de ce système; donc vu (4.5) [ou (13.3)] et $(13.4)_1$:

$$p_{\lambda}\, dx^{\lambda} - g\, dt = ds(y), \tag{28.3}$$

où

$$x = x(t, y), \qquad p = p(t, y), \qquad g = g(x, p) = g(y, s_y);$$

cette relation donne par différentiation $(13.4)_2$; on peut l'énoncer comme suit :

$$p_{\lambda} \frac{\partial x^{\lambda}(t, y)}{\partial t} = g(y, s_y), \qquad p_{\lambda} \frac{\partial x^{\lambda}(t, y)}{\partial y^{\mu}} = \frac{\partial s}{\partial y^{\mu}}. \tag{28.4}$$

Nous notons z un point qui décrit $S : s(z) = 0$; nous prenons sur S, comme coordonnées de z, $(z^2, \ldots, z^L)$, là où $s_{y^1}(z) \neq 0$; quand $x = x(t, z)$

([16]) *Voir* É. CARTAN [3], chap. 8.

et $p = p(t, z)$, les relations (28.3) et (28.4) deviennent donc (5.4) et (5.5); pour toute fonction $f(y)$,

$$f_{z^\lambda}(z) = f_{y^\lambda}(z) - \frac{s_{y^\lambda}(z)}{s_{y^1}(z)} f_{y^1}(z), \tag{28.5}$$

où $f_{y^\lambda}(z)$ désigne la valeur en z de $f_{y^\lambda}(y)$.

Puisque nos hypothèses : $N = 1$, $s(z) = 0$ entraînent $\xi(t, z) = 0$, c'est-à-dire $\xi[t, x(t, z)] = 0$, le théorème 2 et le corollaire 2.1 seront des conséquences immédiates du théorème 1, du corollaire 1.1 et des deux formules suivantes :

$$\frac{D(x)}{D(y)} = \frac{s_{y^1}(z)}{p_1(t, z)} \frac{D(x^2, \ldots, x^L)}{D(z^2, \ldots, z^L)}, \tag{28.6}$$

où l'on prend, au premier membre $x = x(t, y)$, au second $x = x(t, z)$ et où l'on calcule les déterminants fonctionnels avant de faire $y = z$;

$$v^{\nu, n}_{n - n^\nu}(0, z) = v^{\nu, n}_{n - n^\nu}(z), \tag{28.7}$$

où $v^{\nu, n}(\xi, x)$ est défini par (4.10) et $v^{\nu, n}_{n - n^\nu}(x)$ par (5.8).

Preuve de (28.6). — Simplifions les notations en prenant $L = 3$. Vu $(28.4)_2$,

$$\frac{D(x)}{D(y)} = \frac{D(x^1, x^2, x^3)}{D(y^1, y^2, y^3)} = \frac{1}{p_1} \begin{vmatrix} s_{y^1} & s_{y^2} & s_{y^3} \\ x^2_{y^1} & x^2_{y^2} & x^2_{y^3} \\ x^3_{y^1} & x^3_{y^2} & x^3_{y^3} \end{vmatrix} = \frac{s_{y^1}}{p_1} \begin{vmatrix} x^2_{y^2} - \frac{s_{y^2}}{s_{y^1}} x^2_{y^1} & x^2_{y^3} - \frac{s_{y^3}}{s_{y^1}} x^2_{y^1} \\ x^3_{y^2} - \frac{s_{y^2}}{s_{y^1}} x^3_{y^1} & x^3_{y^3} - \frac{s_{y^3}}{s_{y^1}} x^3_{y^1} \end{vmatrix};$$

en faisant $y = z$ et en appliquant (28.5), on obtient (28.6).

Preuve de (28.7). — Puisque $v^{\nu, n}(\xi, x)$ s'annule $n - n^\nu$ fois pour $s(x) = \xi$, on a

$$v^{\nu, n}_{n - n^\nu}(\xi, x) = (n - n^\nu)! \frac{v^{\nu, n}(\xi, x)}{[s(x) - \xi]^{n - n^\nu}} \qquad \text{pour} \quad s(x) = \xi;$$

donc

$$v^{\nu, n}_{n - n^\nu}(0, x) = (n - n^\nu)! \frac{v^{\nu, n}(0, x)}{[s(x)]^{n - n^\nu}} \qquad \text{pour} \quad s(x) = 0;$$

c'est-à-dire (28.7), vu (28.1) et (5.1).

29. **Preuve du corollaire** 2.2 (n° 5).

Faisons les hypothèses qu'énonce ce corollaire.

LEMME 29.1. — *K est une variété sans singularité.*

Preuve. — K est le lieu des courbes bicaractéristiques issues des covecteurs $(z, s_y(z))$ d'origine $z \in T$; leur direction en z, qui est la direction bicaractéristique g_p, n'est pas tangente à T; ce lieu K est donc une variété sans singularité.

LEMME 29.2. — K et S ont en chaque point de T un contact dont l'ordre est strictement q.

Preuve. — Notons

$$K: \quad k(x) = 0 \qquad (k_x \neq 0)$$

une équation irréductible de K; notons

$$T: \quad f(x) = s(x) = 0 \qquad (f_x \text{ non parallèle à } s_x)$$

des équations de T; soit $r \geqq 1$ l'ordre du contact de K et S le long de T :

$$(29.1) \qquad k(x) \equiv s(x) + c(x) f^{r+1}(x) \qquad (\text{mod } f^{r+2}),$$

$c(x)$ n'étant pas identiquement nul sur T.

Puisque K est caractéristique, $g(x, k_x) = 0$ sur K; par suite, vu (29.1) :

$$(29.2) \qquad g(x, s_x) + (r+1) c f^r f_{x^\lambda} g_{p_\lambda}(x, s_x) \equiv 0 \qquad (\text{mod } f^{r+1})$$

sur K; donc sur S, vu (29.1); puisque le vecteur bicaractéristique g_p, qui est tangent à S, n'est ni tangent à T, ni nul, on a

$$f_{x^\lambda} g_{p_\lambda} \neq 0;$$

par hypothèse, la restriction $g(z, s_y(z))$ $(z \in S)$ de $g(y, s_y)$ à S s'annule exactement q fois sur T; donc, puisque (29.2) vaut pour $x \in S$,

$$c(x) \neq 0 \quad \text{sur } T; \quad q = r.$$

LEMME 29.3. — Soit $u^\mu(x)$ la solution du problème de Cauchy (nº 1), Ξ étant réduit à un point; $u^\mu(x)$ est une fonction algébroïde, se ramifiant sur K.

Preuve. — Vu le corollaire 2.1, il suffit de prouver l'absurdité de l'hypothèse suivante : S possède un point exceptionnel a. Vu la définition des points exceptionnels (nº 2), cette hypothèse a les conséquences suivantes : $a \in T$; si, en a, le vecteur bicaractéristique $g_p(a, s_y(a))$ n'est pas nul, alors $K(a)$ et S se touchent le long d'une courbe, qui appartient donc à T; cette courbe passe par a, où son vecteur tangent est le vecteur bicaractéristique $g(a, s_y(a))$. Ce vecteur est donc nul ou tangent à T, contrairement aux hypothèses du corollaire 2.2.

LEMME 29.4. — $q+1$ tours de x autour de K transforment en elle-même chaque détermination de $u^\mu(x)$.

Preuve. — Faisons parcourir à x une courbe fermée γ de $S-T$, faisant dans $S-T$ un tour autour de T. D'après le théorème de Cauchy-Kowalewski (th. 2, 1°), $u^\mu(x)$ est holomorphe, donc uniforme, le long de γ.

Quand x parcourt γ, alors $s(x)=0$, $\arg f(x)$ croît de 2π, donc, vu (29.1) où $r=q$, $\arg k(x)$ croît de $2\pi(q+1)$; γ fait donc dans $X-K$, $q+1$ tours autour de K.

Le lemme est donc vrai le long d'une courbe particulière, voisine de K; il est donc vrai, par prolongement analytique.

Lemme 29.5. — On a

$$u^\mu(x)=H(k(x)^{1/(1+q)}, x),$$

$H(t, x)$ étant holomorphe.

Preuve. — Supposons $k_{x^1}\neq 0$; les lemmes 29.3 et 29.4 montrent que,

$$u^\mu(x)=H(k(x)^{1/(1+q)}, x^2, \ldots, x^l),$$

$H(t, x^2, \ldots, x^l)$ étant une fonction holomorphe (donc uniforme) et bornée de $(t, x^2, \ldots, x^l)$ pour t petit, mais $\neq 0$; vu un théorème classique ([17]), $H(t, x^2, \ldots, x^l)$ est nécessairement holomorphe pour $t=0$.

Le corollaire 2.2 résulte des lemmes 29.1, 29.2, 29.5 et du corollaire 2.1.

Chapitre 4.

Uniformisation portant sur L paramètres.

Ce chapitre 4 établit ce qu'affirme le n° 6, dont il emploie les notations; ces notations modifient aussi peu que possible les équations différentielles définissant l'application uniformisante, ce qui oblige à changer, dans le problème de Cauchy étudié, le nom de la variable indépendante.

30. Un changement de notations.

L'expression (4.6) de $\xi[t, x]$ montre que le théorème 1, 2° (n° 4) peut s'énoncer comme suit :

Théorème 1.2 *bis.* — L'application

$$(t, y)\to(\xi(t, y), x(t, y)),$$

où $\xi(t, y)=s(y)+(N-1)\,tg(y, s_y)$ (ne pas confondre $\xi(\ldots)$ avec $\xi[\ldots]$), uniformise $u^\mu(\xi, x)$ jusqu'à l'ordre $n-m^\mu-1$.

([17]) *Voir* Bochmer-Martin, [2], chap. 8, § 9, th. 5, p. 173; Osgood [12], chap. III, § 4.

Remplaçons, dans le n° 4, les notations

$$\xi, \quad x, \quad y, \quad s(x), \quad p, \quad t$$

par

$$-\xi_0, (\xi_1, \ldots, \xi_L, y), (\xi_1, \ldots, \xi_L, x), \xi_1 y^1 + \ldots + \xi_L y^L, (x^1, \ldots, x^L, \eta_1, \ldots, \eta_L), \tau;$$

les théorèmes 1.1°, 1.2 *bis* et la formule (4.8), que le n° 31 va employer, deviennent :

LEMME 30.

1° En chaque point non caractéristique le problème de Cauchy (6.1) possède une solution et une seule $u^\mu(\xi, y)$ qui soit *holomorphe*.

2° Définissons $y(\tau, \xi_1, \ldots, \xi_L, x)$ et $\eta(\tau, \xi_1, \ldots, \xi_L, x)$ par le problème de Cauchy ordinaire :

$$(30.1) \quad \begin{cases} \dfrac{dy^\lambda}{d\tau} = g_{\eta_\lambda}(y, \eta), & \dfrac{d\eta_\lambda}{d\tau} = -g_{y^\lambda}(y, \eta) \quad (\lambda = 1, 2, \ldots, L), \\ y^\lambda(0, \xi_1, \ldots \xi_L, x) = x^\lambda, & \eta_\lambda(0, \xi_1, \ldots, \xi_L, x) = \xi_\lambda, \end{cases}$$

où τ est voisin de 0; définissons $\xi(\tau, \xi_1, \ldots, \xi_L, y)$ par

$$(30.2) \quad \begin{cases} \xi_0(\tau, \xi_1, \ldots, \xi_L, y) = -(N-1)\tau g(x, \xi) - \xi_1 x^1 - \ldots - \xi_L x^L, \\ \xi_\lambda(\tau, \xi_1, \ldots, \xi_L, y) = \xi_\lambda; \end{cases}$$

$u^\mu(\xi, y)$ est *uniformisé* jusqu'à l'ordre $n - m^\mu - 1$ par l'application

$$(30.3) \quad (\tau, \xi_1, \ldots, \xi_L, x) \to (\xi(\tau, \xi_1, \ldots, \xi_L, x), y(\tau, \xi_1, \ldots, \xi_L, x)).$$

3° Le premier terme $u^{\mu,n}$ *du développement asymptotique* est donné par les formules suivantes, où $y = y(\tau, \xi_1, \ldots, \xi_L, x)$, $\eta = \eta(\tau, \xi_1, \ldots, \xi_L, x)$:

$$(30.4)_1 \quad \text{pour } j < n - m^\mu, \; u_j^{\mu,n}(\xi, y) \equiv 0 \; (\text{mod } t, \text{ donc mod } t^{n-m^\mu-j});$$

$$(30.4)_2 \quad u^{\mu,n}_{n-m^\mu}(\xi, y) \equiv \frac{(-1)^{m^\mu - n^\nu}}{g(y, \eta)} \sqrt{\frac{D(x)}{D(y)}}\, G^\mu_\nu(y, \eta; x, \xi)\, v^{\nu,n}_{n-n^\nu}(\xi, x)$$
$$(\text{mod } t).$$

Rappelons que

$$v^{\nu,n}(\xi, x) = v^\nu(\xi, x) - a^\nu_\mu\left(x, \frac{\partial}{\partial x}\right) w^\mu(\xi, x),$$

$$v_j(\xi, x) = \left(-\frac{\partial}{\partial \xi_0}\right)^j v(\xi, x).$$

$$\frac{D(x)}{D(y)} = 1 \Big/ \frac{D(y)}{D(x)}; \qquad \frac{D(y)}{D(x)} = \frac{D(y(\tau, \xi, x))}{D(x)}, \quad \tau \text{ et } \xi \text{ étant fixes.}$$

Preuve. — Ce lemme est immédiat, à l'exception de (30.4)$_2$; notre changement de notations transforme (4.8) en ceci :

$$u^{\mu,n}_{n-m\mu}(\xi, y)$$
$$= \frac{(-1)^{m^\mu - n^\nu}}{g(x,\xi)} \sqrt{\frac{D(x)}{D(y)}}\, G^\mu_\nu(y, \eta; x, \xi)\, v^{\nu,n}_{n-n^\nu}(-\xi_1 x^1 - \ldots - \xi_L x^L, \xi_1, \ldots, \xi_L, x)$$
$$(\text{mod}\, \tau);$$

or, vu (30.1),

$$g(x, \xi) = g(y, \eta)$$

et, vu (30.2)$_1$,

$$v^{\nu,n}_{n-n^\nu}(-\xi_1 x^1 - \ldots - \xi_L x^L, \xi_1, \ldots, \xi_L, x)$$
$$= v^{\nu,n}_{n-n\nu}(\xi_0 + (N-1)\tau g, \xi_1, \ldots, \xi_L, x) \equiv v^{\nu,n}_{n-n^\nu}(\xi, x) \qquad (\text{mod}\, \tau\, g),$$

puisque $v^{\nu,n}(\xi, x)$ est holomorphe; d'où (30.4)$_2$.

31. **Preuve du théorème** 3 (n° 6).

Le 1° du théorème 3 est identique au 1° du lemme 30.

Posons

$$t = -\tau;$$

le problème de Cauchy ordinaire (6.2) définit une application

(31.1) $\quad (t, \eta, y) \rightarrow (\tau, \xi_1(t, \eta, y), \ldots, x^L(t, \eta, y)), \qquad$ où $\eta = (\eta_1, \ldots, \eta_L)$,

ayant les deux propriétés suivantes :

(31.1) est un homéomorphisme analytique, puisque c'est l'identité pour $t = 0$; en composant (31.1) et (30.3), on obtient l'application

(31.2) $$(t, \eta, y) \rightarrow (\xi(t, \eta, y), y),$$

où

(31.3) $$\xi_0(t, \eta, y)$$
$$= (N-1)\, t g(y, \eta) - \xi_1(\tau, \eta, y) x^1(\tau, \eta, y) - \ldots - \xi_L(\tau, \eta, y) x^L(\tau, \eta, y);$$

en effet le problème (6.2) définit un groupe de transformations de paramètre t :

$$(\eta, y) \rightarrow (\xi_1(t, \eta, y), \ldots, x^L(t, \eta, y));$$

le problème (30.1) définit le même groupe, le paramètre étant noté τ et l'on prend $t + \tau = 0$.

Le 2° du lemme 30 peut donc s'énoncer ainsi : l'application (31.2) uniformise $u^\mu(\xi, y)$ jusqu'à l'ordre $n - m^\mu - 1$. Or cette application uniformisante (31.2) est celle que définit (6.2), vu (6.6) et (6.7); voici donc établi le 2° *du théorème* 3, car les propriétés de $\mathcal{K}$ résultent immédiatement de (6.9), où $\dfrac{D(\xi)}{D(\eta)} \neq 0$, puisque $\dfrac{D(\xi)}{D(\eta)} = 1$ pour $t = 0$.

Le 3° *du théorème* 3 résulte immédiatement de (30.4) et de la formule suivante, que prouvera le n° 32 :

$$(31.4) \qquad \frac{D(y^1, \ldots, y^L)}{D(x^1, \ldots, x^L)} = \frac{D(\xi_1, \ldots, \xi_L)}{D(\eta_1, \ldots, \eta_L)},$$

où, au premier membre,

$$(31.5) \qquad y^\lambda = y^\lambda(\tau, \xi_1, \ldots, \xi_L, x), \qquad \tau, \xi_1, \ldots, \xi_L \text{ sont fixes;}$$

au second membre,

$$(31.6) \qquad \xi_\lambda = \xi_\lambda(t, \eta, y), \qquad t, y \text{ sont fixes;}$$

enfin

$$t + \tau = 0.$$

32. **Preuve de** (31.4).

Puisque les problèmes (6.2) et (30.1) définissent le même groupe de transformation, la relation $t + \tau = 0$ montre que (31.5) équivaut à

$$x^\lambda = x^\lambda(t, \eta, y);$$

donc, si l'on prend pour variables indépendantes (t, η, y) et si l'on note $\xi = \xi(t, \eta, y)$, $x = x(t, \eta, y)$, alors le premier membre de (31.4) s'écrit

$$\frac{D(y^1, \ldots, y^L, \xi_1, \ldots, \xi_L)}{D(x^1, \ldots, x^L, \xi_1, \ldots, \xi_L)} = \frac{D(\xi_1, \ldots, \xi_L)}{D(\eta_1, \ldots, \eta_L)} \Big/ \frac{D(x^1, \ldots, x^L, \xi_1, \ldots, \xi_L)}{D(y^1, \ldots, y^L, \eta_1, \ldots, \eta_L)};$$

(31.4) résulte donc de la relation

$$(32.1) \qquad \frac{D(x^1, \ldots, x^L, \xi_1, \ldots, \xi_L)}{D(y^1, \ldots, y^L, \eta_1, \ldots, \eta_L)} = 1 \qquad \text{pour } t \text{ fixe,}$$

dont voici la preuve.

Pour $dt = 0$, (6.8) donne par différentiation :

$$\sum_{\lambda=1}^{L} d\xi_\lambda \wedge dx^\lambda = \sum_{\lambda=1}^{L} d\eta_\lambda \wedge dy^\lambda;$$

en élevant à la puissance L, on obtient

$$dx^1 \wedge \ldots \wedge dx^L \wedge d\xi_1 \wedge \ldots \wedge d\xi_L = dy^1 \wedge \ldots \wedge dy^L \wedge d\eta_1 \wedge \ldots \wedge d\eta_L,$$

c'est-à-dire (32.1).

Voici achevée la preuve du *théorème* 3.

33. Preuve de l'exemple 3.1.

Nous pourrions déduire l'exemple 3.1 (n° 6) de l'exemple 1.1 (n° 4) en faisant le changement de notations du n° 30, puis le raisonnement par lequel le n° 31 déduit le théorème 3 du théorème 1.

Mais cet exemple 3.1 est une conséquence évidente du théorème 3 et de la généralisation suivante du lemme 11 :

LEMME 33. — Soient $u(\xi, y)$, $\xi(t, \eta, y)$ et $u \circ \xi = u(\xi(t, \eta, y), y)$, $\xi(t, \eta, y)$ étant défini par le problème de Cauchy ordinaire (6.2). Soit $\mathfrak{g}\left(\xi, y; \frac{\partial}{\partial \xi}, \frac{\partial}{\partial y}\right)$ un opérateur différentiel linéaire, homogène en $\left(\frac{\partial}{\partial \xi}, \frac{\partial}{\partial y}\right)$ d'ordre r; on a

$$(33.1) \qquad \left[\mathfrak{g}\left(\xi, y; \frac{\partial}{\partial \xi}, \frac{\partial}{\partial y}\right) u(\xi, y)\right] \circ \xi = \sum_{j=0}^{r} \mathfrak{g}^j\left(t, \eta, y; \frac{\partial}{\partial \eta}, \frac{\partial}{\partial y}\right)(u_{r-j} \circ \xi),$$

$\mathfrak{g}^j$ étant un opérateur différentiel d'ordre $\leq j$, à coefficients fonctions holomorphes de (t, η, y). En particulier :

$$(33.2) \qquad \mathfrak{g}^0(t, \eta, y) = (-1)^r \mathfrak{g}(\xi, y; 1, x, \eta)$$

où

$$\xi = \xi(t, \eta, y) \quad \text{et} \quad x = x(t, \eta, y);$$

Preuve pour $r = 0$. — C'est évident.

Preuve quand $\mathfrak{g} = \frac{\partial}{\partial \xi_0}$. — Par définition

$$(33.3) \qquad u_{\xi_0} = -u_1.$$

Preuve quand $\mathfrak{g} = \frac{\partial}{\partial \xi_\lambda}$ $(\lambda = 1, \ldots, L)$. — La formule de dérivation d'une fonction composée donne, pour $\mu = 1, \ldots, L$:

$$(33.4) \qquad \frac{\partial}{\partial \eta_\mu}(u \circ \xi) = \frac{\partial \xi}{\partial \eta_\mu} . u_\xi \circ \xi \qquad \left[\text{c'est-à-dire } \sum_{l=0}^{L} \frac{\partial \xi_l}{\partial \eta_\mu}(u_{\xi_l} \circ \xi)\right];$$

puisque $\frac{D(\xi_1, \ldots, \xi_L)}{D(\eta_1, \ldots, \eta_L)} = 1$ pour $t = 0$, on peut résoudre ce système par rapport à $u_{\xi_\lambda} \circ \xi (\lambda = 1, \ldots, L)$, pour t voisin de 0; vu (33.3), on obtient, en accord avec (33.1) :

$$(33.5) \qquad u_{\xi_\lambda} \circ \xi = \mathfrak{g}^0_\lambda(t, \eta, y)\, u_1 \circ \xi + \mathfrak{g}^1_\lambda\left(t, \eta, y; \frac{\partial}{\partial \eta}\right)(u \circ \xi).$$

D'après (6.8), on a pour $\mu = 1, \ldots, L$:

$$\frac{\partial \xi}{\partial \eta_\mu} . x = 0 \qquad \left[\text{c'est-à-dire } \frac{\partial \xi_0}{\partial \eta_\mu} + \sum_{\lambda=1}^{L} \frac{\partial \xi_\lambda}{\partial \eta_\mu} x^\lambda = 0\right];$$

dans la solution (33.5) de (33.4), on a donc, en accord avec (33.2) :

(33.6) $$\mathfrak{g}^0_\lambda = -x^\lambda.$$

Preuve quand $\mathfrak{g} = \dfrac{\partial}{\partial y^\lambda}$. — La formule de dérivation d'une fonction composée donne

$$\frac{\partial}{\partial y^\lambda}(u \circ \xi) = u_{y^\lambda} \circ \xi + \frac{\partial \xi}{\partial y^\lambda} . u_\xi \circ \xi;$$

en portant dans cette relation les expressions (33.3), (33.5), (33.6) de $u_\xi \circ \xi$, on obtient

$$u_{y^\lambda} \circ \xi = \left(\frac{\partial \xi}{\partial y^\lambda} . x\right)(u_1 \circ \xi) + \frac{\partial}{\partial y^\lambda}(u \circ \xi) + \sum_{\mu=1}^{L} \frac{\partial \xi_\mu}{\partial y^\lambda} \mathfrak{g}^1_\mu\left(t, \eta, y; \frac{\partial}{\partial \eta}\right)(u \circ \xi);$$

or (6.8) donne

$$\frac{\partial \xi}{\partial y^\lambda} . x = -\eta_\lambda;$$

donc

(33.7) $$u_{y^\lambda} \circ \xi = -\eta_\lambda u_1 \circ \xi + \mathfrak{g}^1_{(\lambda)}\left(t, \eta, y; \frac{\partial}{\partial \eta}, \frac{\partial}{\partial y}\right)(u \circ \xi).$$

Preuve quand $r > 1$. — Il suffit de prouver que le lemme s'applique à

$$\tilde{\mathfrak{g}}\left(\xi, y; \frac{\partial}{\partial \xi}, \frac{\partial}{\partial y}\right) = \mathfrak{g}\left(\xi, y; \frac{\partial}{\partial \xi}, \frac{\partial}{\partial y}\right)\frac{\partial}{\partial \xi_l} \quad \text{et à} \quad \tilde{\mathfrak{g}} = \mathfrak{g}\frac{\partial}{\partial y^\lambda},$$

sachant qu'il s'applique à $\mathfrak{g}$, d'ordre r.

Cas où $\tilde{\mathfrak{g}} = \mathfrak{g}\dfrac{\partial}{\partial \xi_0}$. — On a, vu (33.4) :

$$\left(\mathfrak{g}\frac{\partial u}{\partial \xi_0}\right) \circ \xi = \sum_{j=0}^{r} \mathfrak{g}^j\left((t, \eta, y; \frac{\partial}{\partial \eta}, \frac{\partial}{\partial y}\right)\left(\frac{\partial u_{r-j}}{\partial \xi_0} \circ \xi\right) = -\sum_j \mathfrak{g}^j(u_{r+1-j} \circ \xi).$$

$\tilde{\mathfrak{g}}$ vérifie donc (33.1);

$$\tilde{\mathfrak{g}}^j = -\mathfrak{g}^j;$$

$\tilde{\mathfrak{g}}^0$ vérifie donc (33.2).

Cas où $\tilde{\mathfrak{g}} = \mathfrak{g}\dfrac{\partial}{\partial \xi_\lambda}$, $\lambda > 0$. — On a, vu (33.5) et (33.6),

$$\left(\mathfrak{g}\frac{\partial u}{\partial \xi_\lambda}\right) \circ \xi = \sum_{j=0}^{r} \mathfrak{g}^j\left(t, \eta, y; \frac{\partial}{\partial \eta}, \frac{\partial}{\partial y}\right)\left(\frac{\partial u_{r-j}}{\partial \xi_\lambda} \circ \xi\right)$$
$$= -\sum \mathfrak{g}^j[x^\lambda(t, \eta, y)(u_{r+1-j} \circ \xi)] + \sum_j \mathfrak{g}^j \mathfrak{g}^1_\lambda[u_{r-j} \circ \xi];$$

$\tilde{\mathfrak{g}}$ vérifie donc (33.1).

$$\tilde{\mathfrak{g}}^j\ldots = -\mathfrak{g}^j[x^\lambda\ldots] + \mathfrak{g}^{j-1}[\mathfrak{g}^1_\lambda\ldots];$$

donc

$$\tilde{\mathfrak{g}}^0 = -\mathfrak{g}^0 x^\lambda = (-1)^{r+1}\mathfrak{g}(\xi, y;\ 1, x, \eta)\, x^\lambda;$$

$\tilde{\mathfrak{g}}$ vérifie donc (33.2).

Cas où $\tilde{\mathfrak{g}} = \mathfrak{g}\,\dfrac{\partial}{\partial y^\lambda}$. — De même, on a, vu (33.7),

$$\left(\mathfrak{g}\,\frac{\partial u}{\partial y^\lambda}\right)\circ\xi = -\sum_j \mathfrak{g}^j[\eta_\lambda(u_{r+1-j}\circ\xi)] + \sum_j \mathfrak{g}^j\mathfrak{g}^1_{(\lambda)}[u_{r-j}\circ\xi];$$

$$\tilde{\mathfrak{g}}^j\ldots = -\mathfrak{g}^j[\eta_\lambda\ldots] + \mathfrak{g}^{j-1}[\mathfrak{g}^1_{(\lambda)}\ldots],$$

$$\tilde{\mathfrak{g}}_0 = (-1)^{r+1}\mathfrak{g}\eta_\lambda;$$

$\tilde{\mathfrak{g}}$ vérifie donc (33.1) et (33.2).

Voilà achevée la preuve du lemme.

34. Preuve du corollaire 3.2.

Le changement de variables du n° 30, complété par $\tau = -t$, transforme l'exemple 1.2 en la relation suivante, compte tenu de (6.6) et (31.4) :

$$\begin{aligned} &\mathfrak{a}\left(\xi, x;\ \frac{\partial}{\partial\xi}, \frac{\partial}{\partial x}\right) u(\xi, x) \\ &= \mathfrak{a}w + \frac{\mathfrak{g}(\xi, y;\ \mathbf{x}, \eta)}{g(y, \eta)}\sqrt{\frac{D(\eta)}{D(\xi)}}\, G(y, \eta;\ x, \xi)\, v^n \\ &\quad - t\left[(1-n)\,\mathfrak{g}(\xi, y;\ \mathbf{x}, p)\frac{\partial}{\partial\xi_0} + \mathfrak{g}_{\mathbf{x}^l}\frac{\partial}{\partial\xi_l}\right. \\ &\qquad\left. + \mathfrak{g}_{\eta_\lambda}\frac{\partial}{\partial x^\lambda} + \mathfrak{g}_{\eta_\lambda \mathbf{x}^\lambda} + \mathfrak{g}'\right] v^n \qquad (\mathrm{mod}\ t^2), \end{aligned}$$

où $l = 0, 1, \ldots, L$; $\lambda = 1, \ldots, L$; $v^n = v^n(-\xi_1 x^1 - \ldots - \xi_L x^L, \xi_1, \ldots, \xi_L, x)$; après avoir effectué les dérivations, on fait

$$\xi = \xi(t, \eta, y), \qquad x = x(t, \eta, y), \qquad \mathbf{x} = (1, x^1, \ldots, x^L),$$

et dans le coefficient de t :

$$\xi = \eta, \qquad \mathbf{x} = (1, y^1, \ldots, y^L).$$

D'après (6.7) :

$$\xi_0 = (n-1)\, t g(y, \eta) - \xi_1 x^1 - \ldots - \xi_L x^L;$$

si l'on prend

$$v^n = v^n(\xi, x),$$

l'expression précédente de $\mathfrak{a}u$ se simplifie donc et devient celle qu'énonce le corollaire 3.2.

CHAPITRE 5.

Interprétation mécanique du premier terme du développement asymptotique.

Ce chapitre 5 prouve le théorème 4 : il montre que (5.7) implique (7.2), (7.3).

35. Introduction de $k(x)$ dans l'expression du premier terme du développement asymptotique.

Nous faisons les hypothèses du théorème 2 et l'hypothèse que les points caractéristiques de S sont réguliers : ils vérifient (5.9). Nous notons

$$g(z) = g(z, s_{y}(z)), \qquad z \in S;$$

(5.9) s'écrit donc

$$g_{p_1}(z, s_x(z))\, g_{z^1}(z) \neq 0; \qquad \text{ce qui implique } g_z(z) \neq 0.$$

Le corollaire 2.2 s'applique donc avec $q = 1$: T est une sous-multiplicité de S, d'équation $g(z) = 0$; K est une multiplicité, d'équation $k(x) = 0$.

Vu le théorème 2 2°, (5.1), (5.3) et (5.4), $x(t, z)$ décrit K quand z décrit T, t variant arbitrairement; k_x est parallèle à $p(t, z)$ pour $x = x(t, z)$; donc, vu (5.4), $dk(x) = 0$ pour $x = x(t, z)$. Donc $k(x(t, z))$ s'annule deux fois pour $t = 0$: on a

$$k(x(t, z)) = [g(z)]^2 H(t, z),$$

$H(t, z)$ étant holomorphe : d'où, en appliquant $\dfrac{D(., x^2, \ldots, x^L)}{D(t, z^2, \ldots, z^L)}$ à cette relation :

$$2\, gH \frac{D(g(z), x^2, \ldots, x^L)}{D(t, z^2, \ldots, z^L)} \equiv k_{x^1} \frac{D(x^1, x^2, \ldots, x^L)}{D(t, z^2, \ldots, z^L)} \qquad (\text{mod}\, g^2);$$

en multipliant par g et employant (5.6), on obtient

$$2k \frac{D(g(z), x^2, \ldots, x^L)}{D(t, z^2, \ldots, z^L)} \equiv g^2 \frac{k_{x^1}}{p_1} \frac{D(x^2, \ldots, x^L)}{D(z^2, \ldots, z^L)} \qquad (\text{mod.}\, g^3)$$

En multipliant cette relation par (5.7) élevé au carré, nous éliminons $g(z)$ et $\dfrac{D(x^2, \ldots, x^L)}{D(z^2, \ldots, z^L)}$ de (5.7); il vient

$$2k \frac{D(g(z), x^2, \ldots, x^L)}{D(t, z^2, \ldots, z^L)} (a u^\mu)^2$$

$$\equiv \frac{k_{x^1}}{s_{y^1}(z)} [\mathrm{g}(x, p)\, G_\nu^\mu(x, p; z, s_y(z))\, v_{n-n^\nu}^{\nu, n}(z)]^2 \qquad [\text{mod}\, g(z)],$$

pour $x = x(t, z)$, $p = p(t, z)$.

Vu les définitions (3.6) et (3.7) de J et $G_\nu^\mu(x, p; y, q)$, la relation précédente donne :

LEMME 35. — Définissons sur K la fonction

$$(35.1)\qquad \begin{cases} \chi(x) = \sqrt{k(x)}\,\dfrac{\mathfrak{a}\left(x, \dfrac{\partial}{\partial x}\right) u^\mu(x)}{\mathfrak{g}(x, p)\, h^\mu(x, p)}, \\ \text{où } x = x(t, z), \quad p = p(t, z), \quad z \in T; \end{cases}$$

cette fonction est indépendante de $\mathfrak{a}$ et de μ;

$$(35.2)\qquad \rho(x)\,\frac{[\chi(x)]^2}{[J(x)]^2}\,\frac{1}{k_{x^1}}\,\frac{D(g(z), x^2, \ldots, x^L)}{D(t, z^2, \ldots, z^L)}$$

est constante de long des bicaractéristiques engendrant K, à condition qu'on ait, le long de ces bicaractéristiques

$$(35.3)\qquad \frac{dx}{g_p(x, p)} = -\frac{dp}{g_x(x, p)} = -\frac{dJ}{j(x, p)\, J}, \quad g = 0.$$

NOTE. — D'après l'exemple 2.1 (n° 5), $k[\mathfrak{a}\, u^\mu]^2$ est une fonction continue sur K.

36. **L'introduction d'une forme différentielle extérieure** va nous permettre d'éliminer $\dfrac{D(g(z), x^2, \ldots, x^L)}{D(t, z^2, \ldots, z^L)}$ du lemme précédent.

LEMME 36.1. — Pour $x = x(t, z)$, $p = p(t, z)$, $z \in T$, on a [48] :

$$(36.1)\qquad \frac{\sum_{\lambda=1}^{L} (-1)^{\lambda-1} g_{p_\lambda}(x, p)\, dx^1 \wedge \ldots \wedge \widehat{dx^\lambda} \wedge \ldots \wedge dx^L}{p_l\, dx^l}$$
$$= \frac{1}{p_1}\,\frac{D(g(z), x^2, \ldots, x^L)}{D(t, z^2, \ldots, z^L)}\,\frac{dz^3 \wedge \ldots \wedge dz^L}{g_{z^2}(z)};$$

rappelons que nous employons $(z^2, \ldots, z^L)$ comme coordonnées sur S en supposant $s_{z^1}(z) \neq 0$; nous supposerons $g_{z^2}(z) \neq 0$ et emploierons sur T les coordonnées $(z^3, \ldots, z^L)$.

---

[48] ^ supprime le terme qu'il coiffe.

NOTE 36. — Le premier membre de (36.1) est une forme différentielle, qui est indépendante du choix des coordonnées et dont voici une expression plus explicite :

$$\frac{1}{p_1}\sum_{\lambda=2}^{L}(-1)^{\lambda-1}g_{p_\lambda}\,dx^2\wedge\ldots\wedge\widehat{dx^\lambda}\wedge\ldots dx^L.$$

Preuve. — Pour $z\in T$, $z+dz\in S$ et t quelconque, donc $x(t, z)\in K$, considérons la forme différentielle

$$(36.2)\qquad \pi(x)=\frac{1}{p_1}\sum_{\lambda=2}^{L}(-1)^{\lambda-1}g_{p_\lambda}(x, p)\,dx^2\wedge\ldots\wedge\widehat{dx^\lambda}\wedge\ldots\wedge dx^L;$$

le système associé ([19]) à cette forme est

$$g_{p_\lambda}dx^l-g_{p_l}dx^\lambda=0\qquad (l, \lambda=2, \ldots, L)$$

or, sur K,

$$p_\lambda dx^\lambda=0,\qquad p_\lambda g_{p_\lambda}=0\qquad \text{et}\qquad p_1\neq 0\qquad \text{car}\quad s_{t,1}(z)\neq 0;$$

ce système est donc

$$\frac{dx^1}{g_{p_1}}=\frac{dx^2}{g_{p_2}}=\ldots=\frac{dx^L}{g_{p_L}};$$

c'est-à-dire

$$dz=0;$$

par suite :

$$(36.3)\qquad \pi(x)\equiv F(t, z)\frac{dz^3\wedge\ldots\wedge dz^L}{g_{z^2}(z)}\qquad [\text{mod } dg(z)],$$

$F(t, z)$ étant une fonction holomorphe que nous allons calculer.

La différentiation de (5.4) et (5.3) donnent

$$dp_\lambda\wedge dx^\lambda=dg\wedge dt,\qquad \text{où}\quad g=g(z)=g(x, p);$$

multiplions cette relation par $p_1\pi$ en employant au premier membre l'expression (36.2) de π et au second membre l'expression (36.3); il vient

$$(36.4)\qquad \sum_{\lambda=1}^{L}(-1)^{\lambda-1}g_{p_\lambda}dp_1\wedge dx^1\wedge\ldots\wedge\widehat{dx^\lambda}\wedge\ldots dx^L$$
$$-\sum_{\lambda=1}^{L}g_{p_\lambda}dp_\lambda\wedge dx^2\wedge\ldots\wedge dx^L=-p_1F(t, z)\,dt\wedge dz^2\wedge\ldots\wedge dz^L.$$

([19]) *Voir* É. CARTAN [3], chap. 8 ou [4].

Puisqu'il y a L différentielles indépendantes $(dt, dz^2, \ldots, dz^L)$, les formes différentielles

$$dx^1 \wedge \ldots \wedge dx^L, \qquad dp_1 \wedge dx^1 \wedge \ldots \wedge \widehat{dx^\lambda} \wedge \ldots \wedge dx^L \qquad (\lambda = 1, \ldots, L)$$

sont proportionnelles aux mineurs à L lignes et L colonnes de la matrice à L lignes et $L+1$ colonnes :

$$\left| \begin{matrix} \frac{\partial p_1}{\partial t} & \frac{\partial x^1}{\partial t} & \ldots & \frac{\partial x^L}{\partial t} \\ \frac{\partial p_1}{\partial z^2} & \frac{\partial x^1}{\partial z^2} & \ldots & \frac{\partial x^L}{\partial z^2} \\ \ldots & \ldots & \ldots & \ldots \\ \frac{\partial p_1}{\partial z^L} & \frac{\partial x^1}{\partial z^L} & \ldots & \frac{\partial x^L}{\partial z^L} \end{matrix} \right| ;$$

on a donc

$$\frac{\partial p_1}{\partial t} dx^1 \wedge \ldots \wedge dx^L + \sum_{\lambda=1}^{L} (-1)^\lambda \frac{\partial x^\lambda}{\partial t} dp_1 \wedge dx^1 \wedge \ldots \wedge \widehat{dx^\lambda} \wedge \ldots \wedge dx^L = 0,$$

c'est-à-dire, vu la définition (5.1), (5.2) de $x(t, z)$ et $p(t, z)$:

$$g_{x^1} dx^1 \wedge \ldots \wedge dx^L + \sum_{\lambda=1}^{L} (-1)^{\lambda-1} g_{p_\lambda} dp_1 \wedge dx^1 \wedge \ldots \wedge \widehat{dx^\lambda} \wedge \ldots \wedge dx^L = 0;$$

cette relation montre que (36.4) peut s'écrire

$$g_{x^1} dx^1 \wedge \ldots \wedge dx^L + g_{p_\lambda} dp^\lambda \wedge dx^2 \wedge \ldots \wedge dx^L = p_1 F(t, z)\, dt \wedge dz^2 \wedge \ldots \wedge dz^L,$$

c'est-à-dire

$$dg \wedge dx^2 \wedge \ldots \wedge dx^L = p_1 F(t, z)\, dt \wedge dz^2 \wedge \ldots \wedge dz^L,$$

c'est-à-dire

$$(36.5) \qquad F(t, z) = \frac{1}{p_1} \frac{D(g(z), x^2, \ldots, x^L)}{D(t, z^2, \ldots, z)^L} \qquad \text{pour} \quad z \in T.$$

Le lemme 36.1 résulte de la note 36 et des relations (36.2), (36.3) et (36.5).

Ce lemme 36.1 et le parallélisme de k_x et p ont pour conséquence évidente le

LEMME 36.2. — La condition (35.2) équivaut à la suivante : la forme différentielle

$$\rho(x) \frac{[\chi(x)]^2}{[J(x)]^2} \frac{\sum_\lambda (-1)^{\lambda-1} g_{p_\lambda}(x, p)\, dx^1 \wedge \ldots \wedge \widehat{dx^\lambda} \wedge \ldots \wedge dx^L}{dk(x)}$$

où $x = x(t, z)$, $p = p(t, z)$, $z \in T$, est une forme différentielle invariante des bicaractéristiques engendrant K.

37. Choix de g.

Le théorème 2 suppose $g(x, p)$ homogène en p, de degré $N = 1$.

Mais, vu le n° 20, si nous multiplions $h^\mu(x, p)$ par $f(x, p)$ et $g(x, p)$ par $f(x, p)\,\mathfrak{f}(x, p)$, alors, à des facteurs constants sur les bicaractéristiques, $J(x, p)$ est multiplié par $\sqrt{\mathfrak{f}(x, p)/f(x, p)}$, $g_p/[J]^2$ par $[f(x,p)]^2$; il suffit donc de multiplier $\chi(x)$ par $1/f(x, p)$ pour que les lemmes 35 et 36.2 restent vrais.

Les lemmes 35 et 36.2 valent donc quand $g(x, p)$ est une fonction caractéristique, homogène en p de degré N quelconque.

38. Choix de k, au moyen de l'équation de Jacobi.

Supposons $h^\mu(x, p)$ homogène en p de degré ([50]) m^μ : $\mathfrak{g}(x, p)\, h^\mu(x, p)$ est donc homogène en p de degré n. Les lemmes 35 et 36.2 peuvent s'énoncer comme suit, en modifiant la définition de χ. Définissons sur K,

$$(38.1) \qquad \chi(x) = \sqrt{k(x)}\,\frac{\mathfrak{a}\left(x, \dfrac{\partial}{\partial x}\right) u^\mu(x)}{\mathfrak{g}(x, k_x)\, h^\mu(x, k_x)};$$

$$(38.2) \qquad \rho(x)\,[\chi(x)]^2\, \frac{\sum_\lambda (-1)^{\lambda-1} g_{p_\lambda}(x, k_x)\, dx^1 \wedge \ldots \wedge \widehat{dx^\lambda} \wedge \ldots \wedge dx^l}{dk(x)}$$

est une forme différentielle invariante des bicaractéristiques engendrant K : il suffit de choisir k tel qu'on ait ([51]), le long de ces bicaractéristiques :

$$(38.3) \qquad k_x/pJ^r = \text{Cte}, \qquad \text{où } r = \frac{2}{2n+1-N}.$$

Or, d'après (35.3),

$$\frac{dx}{g_p(x, p)} = \frac{d(pJ^r)}{g_x J^r + rpj(x, p)\, J^r};$$

puisque $g(x, p)$ et $j(x, p)$ sont homogènes en p de degrés N et $N-1$, la condition (38.3) signifie donc que, le long des bicaractéristiques engendrant K :

$$(38.4) \qquad \frac{dx}{g_p(x, k_x)} = -\frac{dk_x}{g_x(x, k_x) + rk_x j(x, k_x)}.$$

([50]) En accord avec les relations (n°s 1 et 3) : $h^\mu g^\nu_\mu = 0$, degré $(g^\nu) = n^\nu - m^\mu$.

([51]) J^r est la puissance $r^{\text{ième}}$ de J.

Ces équations (38.4), où $k = 0$, sont celles des caractéristiques où $k = 0$, de l'équation du premier ordre (7.1).

De cela, de (38.1), de (38.2) et de l'exemple 2.1 (n° 5) résulte *le théorème* 4 (n° 7).

Chapitre 6.

Les ondes asymptotiques et approchées qui justifient l'optique géométrique.

Ce chapitre prouve les résultats qu'énonce le n° 8; il en emploie les notations.

39. Justification de la définition (8.3) des ondes asymptotiques.

Cette justification emploie un

Complément au lemme 11. — On a, avec les notations de ce lemme 11,

$$(39.1)\quad \mathfrak{g}\left(x, \frac{\partial}{\partial x}\right)(u \circ \xi) = \sum_{j=0}^{r} (-1)^{r-j} \left[\mathfrak{g}^j\left(x, \frac{\partial \xi}{\partial x}, \ldots, \frac{\partial^{j+1}\xi}{(\partial x)^{j+1}}, \frac{\partial}{\partial x}\right) u_{r-j} \right] \circ \xi.$$

Preuve. — On emploie la même récurrence que pour prouver ce lemme 11. La formule (39.1) est évidemment vraie pour $r = 0$ et $r = 1$. Il suffit donc de prouver qu'elle s'applique à

$$\tilde{\mathfrak{g}}\left(x, \frac{\partial}{\partial x}\right) = \mathfrak{g}\left(x, \frac{\partial}{\partial x}\right)\frac{\partial}{\partial x^1},$$

en la supposant valable pour $\mathfrak{g}$.

Or, d'après $(11.1)_2$:

$$\tilde{\mathfrak{g}}\left(x, \frac{\partial}{\partial x}\right)(u \circ \xi) = \mathfrak{g}\left(x, \frac{\partial}{\partial x}\right)\left[\frac{\partial u}{\partial x^1} \circ \xi + \xi_{x^1} \frac{\partial u}{\partial \xi} \circ \xi\right];$$

donc, puisque (39.1) s'applique à $\mathfrak{g}$:

$$\tilde{\mathfrak{g}}\left(x, \frac{\partial}{\partial x}\right)(u \circ \xi) = \sum_{j=0}^{r} (-1)^{r-j} \left[\mathfrak{g}^j \frac{\partial u_{r-j}}{\partial x^1}\right] \circ \xi + \sum_{j=0}^{r} (-1)^{r-j+1} [\mathfrak{g}^j(\xi_{x^1} u_{r+1-j})] \circ \xi$$

la formule (39.1) s'applique donc à $\tilde{\mathfrak{g}}$ en définissant $\tilde{\mathfrak{g}}^j$ par (11.5), c'est-à-dire comme le fait le lemme 11.

Introduisons les notations du n° 8 : $\xi(x)$ est remplacé par $\omega\varphi(x)$; $\dfrac{\partial^j u(\xi, x)}{\partial \xi^j}$ n'est plus noté $(-1)^j u_j$, mais $u_{(j)}$. Il vient :

LEMME 39. — Soit $g\left(x, \dfrac{\partial}{\partial x}\right)$ un opérateur différentiel, homogène en $\dfrac{\partial}{\partial x}$, d'ordre r; on a

$$(39.2)\qquad g\left(x, \frac{\partial}{\partial x}\right)[u\circ(\omega\varphi)] = \sum_{j=0}^{r} \omega^{r-j}\left[g^j\left(x, \frac{\partial}{\partial x}\right)u_{(r-j)}\right]\circ(\omega\varphi),$$

où $g^j\left(x, \dfrac{\partial}{\partial x}\right)$ est un opérateur différentiel, d'ordre $\leqq j$, dont les coefficients sont des polynômes de $\dfrac{\partial\varphi}{\partial x}, \ldots, \dfrac{\partial^{j+1}\varphi}{\partial x^{j+1}}$, à coefficients fonctions holomorphes de x. En particulier :

$$(39.3)\qquad g^0 = g(x, \varphi_x),\qquad g^1 = g_{p_\lambda}(x, \varphi_x)\frac{\partial}{\partial x^\lambda} + \frac{1}{2} g_{p_l p_\lambda}\varphi_{x^l x^\lambda}.$$

Ce lemme établit (8.3) et justifie donc *la définition* (8.4) *des ondes asymptotiques.*

Établissons la propriété suivante, qu'énonce le n° 8 :

LEMME. — $\dfrac{\partial u^\mu(\omega, x)}{\partial\omega}$ est onde asymptotique quand $u^\mu(\omega, x)$ l'est.

Preuve. — Vu (8.2), on a

$$\omega\,\frac{\partial u^\mu(\omega, x)}{\partial\omega} = \sum_{r=0}^{\infty}\omega^{m^\mu - r}\,\tilde{u}^{\mu, r}\circ(\omega\varphi),$$

si l'on note

$$\tilde{u}^{\mu, r}(\xi, x) = \xi\, u^{\mu, r}_{(1)}(\xi, x) + (m^\mu - r)\, u^{\mu, r}(\xi, x);$$

d'où, pour $j \leqq m$ et $\leqq n - m^\mu$:

$$\tilde{u}^{\mu, m-j}_{(n-m^\mu-j)} = \left(\xi\frac{\partial}{\partial\xi} + n - m\right)u^{\mu, m-j}_{(n-m^\mu-j)};$$

puisque les $u^{\mu, m-j}$ vérifient (8.4), les $\tilde{u}^{\mu, m-j}$ vérifient aussi (8.4), ce qui prouve le lemme.

40. Calcul de l'onde asymptotique par quadratures le long des bicaractéristiques engendrant la phase.

Exprimons que

$$\sum_{r=0}^{\infty}\omega^{m^\mu - r}u^{\mu, r}_{(n)}\circ(\omega\varphi)$$

est onde asymptotique quel que soit n; vu (8.4), il s'agit de résoudre le système

$$(40.1)\qquad \sum_{\mu,\,j} a_{\mu}^{\nu j}\left(x, \frac{\partial}{\partial x}\right) u_{(n-m^{\mu}-j)}^{\mu,\,m-j}(\xi, x) = 0 \qquad \text{quels que soient } \nu,\ m \text{ et } n;$$

le lemme 39 permet d'expliciter comme suit ce système :

$$(40.2)\qquad \left\{\begin{aligned} & g_{\mu}^{\nu}(x, \varphi_x)\, u_{(n-m^{\mu})}^{\mu,\,m}(\xi, x) \\ & \quad + \left(g_{\mu p_\lambda}^{\nu} \frac{\partial}{\partial x^{\lambda}} + \frac{1}{2} g_{\mu p_l p_\lambda}^{\nu} \varphi_{x^l x^\lambda} + g'^{\nu}_{\mu}\right) u_{(n-m^{\mu}-1)}^{\mu,\,m-1} \\ & \qquad + \sum_{\geq 2} a_{\mu}^{\nu j}\left(x, \frac{\partial}{\partial x}\right) u_{(n-m^{\mu}-j)}^{\mu,\,m-j} = 0, \\ & \qquad \text{où} \quad j \leq m \quad \text{et} \quad \leq n^{\nu} - m^{\mu}. \end{aligned}\right.$$

D'où, pour $m = 0$:

$$(40.3)\qquad g_{\mu}^{\nu}(x, \varphi_x)\, u_{(n-m^{\mu})}^{\mu,\,0} = 0.$$

Supposons $u_{(n)}^{\iota,\,r}$ non identiquement nul, donc (en remplaçant si nécessaire r par r — Cte) $u_{(n)}^{\mu,\,0}$ non identiquement nul; (40.3) montre que la phase $\varphi(x)$ vérifie l'équation caractéristique (8.6) :

$$g(x, \varphi_x) = 0.$$

Introduisons le vecteur $\mathfrak{h}$ que définit (3.4); de (40.2) résulte donc

$$(40.4)_m\qquad \mathfrak{h}_{\nu}(x, \varphi_x) \sum_{j \geq 1} a_{\mu}^{\nu,\,j}\left(x, \frac{\partial}{\partial x}\right) u_{(n-m^{\mu}-j)}^{\mu,\,m-j}(\xi, x) = 0;$$

définissons $v_{(n-n^{\nu})}^{\nu,\,m}$ par (8.9); nous avons donc

$$\mathfrak{h}_{\nu}(x, \varphi_x)\, v_{(n-n^{\nu})}^{\nu,\,m}(\xi, x) = 0 \qquad \text{quels que soient } m \text{ et } n,$$

tandis que (40.2) s'écrit

$$g_{\mu}^{\nu}(x, \varphi_x)\, u_{(n-m^{\mu})}^{\mu,\,m}(\xi, x) = v_{(n-n^{\nu})}^{\nu,\,m}(\xi, x).$$

Il est donc possible de trouver des $U_{(n-m^{\mu})}^{\mu,\,m}$ vérifiant (8.10) et de mettre (40.2) sous la forme

$$(40.5)\qquad u_{(n-m^{\mu})}^{\mu,\,m}(\xi, x) = U_{(n-m^{\mu})}^{\mu,\,m}(\xi, x) + h^{\mu}(x, \varphi_x)\, U_{(n)}^{m}(\xi, x).$$

Mais nous avons dû supposer $(40.4)_m$ vérifié par $u^{\mu,\,0}, \ldots, u^{\mu,\,m-1}$, quel que soit n; nous devons donc écrire que $u^{\mu,\,0}, \ldots, u^{\mu,\,m}$ vérifient $(40.4)_{m+1}$;

faisons-le, en remplaçant $u^{\mu,m}_{(n-m^\mu)}$ par son expression (40.5) et n par $n+1$; il vient, vu (39.3) :

$$(40.6)\quad \mathfrak{h}_\nu\left[g^\nu_{\mu p_\lambda}\frac{\partial}{\partial x^\lambda}+\frac{1}{2}g^\nu_{\mu p_l p_\lambda}\varphi_{x^l x^\lambda}+g'^\nu_\mu\right]\left[U^{\mu,m}_{(n-m^\mu)}+h^\mu U^m_{(n)}\right]$$
$$+\mathfrak{h}_\nu\sum_{j\geq 2}a^{\nu j}_\mu u^{\mu,m+1-j}_{(n+1-m^\mu-j)}=0.$$

Or le n° 41 établira l'*identité* que voici : quel que soit $F(\xi, x)$,

$$(40.7)\quad \mathfrak{h}_\nu(x,\varphi_x)\left[g^\nu_{\mu p_\lambda}(x,\varphi_x)\frac{\partial}{\partial x^\lambda}+\frac{1}{2}g^\nu_{\mu p_l p_\lambda}\varphi_{x^l x^\lambda}+g'^\nu_\mu\right][h^\mu(x,\varphi_x)F(\xi,x)]$$
$$=\left[g_{p_\lambda}\frac{\partial}{\partial x^\lambda}+\frac{1}{2}g_{p_l p_\lambda}\varphi_{x^l x^\lambda}+\frac{1}{2\rho(x)}(\rho g)_{p_\lambda x^\lambda}\right]F+j(x,\varphi_x)F.$$

Cette identité transforme (40.6) en la relation suivante, qui emploie la définition (8.11) de $V^{\nu,m}_{(n-n^\nu)}$:

$$(40.8)\quad \left[g_{p_\lambda}\frac{\partial}{\partial x^\lambda}+\frac{1}{2}g_{p_l p_\lambda}\varphi_{x^l x^\lambda}+\frac{1}{2\rho(x)}(\rho g)_{p_\lambda x^\lambda}\right]U^m_{(n)}+jU^m_{(n)}$$
$$=\mathfrak{h}_\nu(x,\varphi)\,V^{\nu,m}_{(n-n^\nu)}(\xi,x).$$

Résumons le n° 16 :

LEMME 40. — Étant donnés a^ν_μ, puis $\varphi(x)$ vérifiant (8.6), et ayant choisi $u^{\mu,0}_{(n)}(\xi,x),\ldots,u^{\mu,m-1}_{(n)}(\xi,x)$ pour $m\geq 0$ et n quelconque, on définit $v^{\nu,m}_{(n-n^\nu)}$ par (8.9), on choisit $U^{\mu,m}_{(n-m^\mu)}$ vérifiant (8.10), on définit $V^{\nu,m}_{(n-n^\nu}$ par (8.11); en écrivant alors (40.5) et (40.8), on obtient les conditions que doit vérifier $u^{\mu,m}_{(n-m^\mu)}$.

Vu (40.7) $u^{\mu,m}_{(n-m^\mu)}$ est indépendant du choix de $U^{\mu,m}_{(n-m^\mu)}$.

NOTE 40.1. — Ce qui précède s'adapte aisément au cas où l'on réalise l'hypothèse (3.3) en employant la note 2.1.

41. Preuve de l'identité (40.7).

Il s'agit de prouver les deux relations suivantes : on a

$$(41.1)\qquad \mathfrak{h}_\nu g^\nu_{\mu p}h^\mu=g_p,$$

$$(41.2)\qquad j=\mathfrak{h}_\nu\left[g^\nu_{\mu p_l}\frac{\partial}{\partial x^l}+\frac{1}{2}g^\nu_{\mu p_l p_\lambda}\varphi_{x^l x^\lambda}+g'^\nu_\mu\right]h^\mu$$
$$-\frac{1}{2}g_{p_l p_\lambda}\varphi_{x^l x^\lambda}-\frac{1}{2\rho}(\rho g)_{p_\lambda x^\lambda}$$

quand on substitue (x,φ_x) aux arguments (x,p) de $\mathfrak{h}$, g, g^ν_μ, j; on suppose que $\varphi(x)$ vérifie l'équation $g(x,\varphi_x)=0$.

(41.1) résulte de (3.4).

(41.2) résulte immédiatement de la relation (18.5), qui suppose $\xi_t + g(x, \xi_x) = 0$: il suffit d'y faire $\xi[t, x] = \varphi(x)$; g devient identiquement nul; rappelons que $\frac{g^{\nu}_{\mu} h^{\mu}}{g}$ désigne une fonction holomorphe; le premier terme du second membre de (18.5) s'annule donc.

42. L'intégration de (40.8) va expliciter l'expression que le lemme 40 donne de l'onde asymptotique.

Dans ce lemme, substituons à x la fonction $x(t, y)$ que le n° 8 emploie pour construire $\varphi(x)$; notons $\frac{d}{dt}$ la dérivée en t des fonctions de (t, y) ainsi obtenues; il vient

$$\left[\frac{d}{dt} + \frac{1}{2} g_{p_l p_\lambda} \varphi_{x^l x^\lambda} + \frac{1}{2} g_{p_\lambda x^\lambda} + \frac{1}{2\rho} \frac{d\rho(x)}{dt}\right] U^m_{(n)} + j\, U^m_{(n)} = \mathfrak{h}_\nu V^{\nu, m}_{(n - n^\nu)}.$$

Des calculs analogues à ceux du n° 22 transforment cette équation en l'équation qui suppose (8.8) vérifiée :

$$h^\mu(x, p)\, U^m_{(n)}(\xi, x) = \int_0^t \sqrt{\frac{D(\hat{x})}{D(x)}}\, G^\mu_\nu(x, p; \hat{x}, \hat{p})\, V^{\nu, m}_{(n - n^\nu)}(\xi, \hat{x})\, d\hat{t}$$
$$+ \sqrt{\frac{D(y)}{D(x)}}\, G^\mu_\nu(x, p; y, q)\, w^{\nu, m}_{(n - n^\nu)}(\xi, y),$$

où $w^{\nu, m}_{(n - n^\nu)}$ est une fonction arbitraire de (ξ, y).

En portant cette formule dans (40.5), on obtient (8.12).

Voici achevée la preuve du théorème 5, *c'est-à-dire le calcul des ondes asymptotiques.*

43. Des ondes approchées vont être construites au moyen des lemmes suivants, qui résultent du théorème 5 (n° 8).

Dans ces lemmes, nous employons les hypothèses et notations de ce théorème 5;

(43.1) $$w^{\nu, r}_{(j)} = 0 \quad \text{pour} \quad r > 0;$$

(43.2) $$\underline{m} = \inf m^\mu, \qquad \bar{n} = \sup n^\nu;$$

le même symbole $\mathcal{O}$ désigne divers opérateurs intégrodifférentiels portant sur la variable x : ils ne contiennent ni ξ, ni différentiation, ni intégration en ξ; leur ordre est l'ordre maximum des dérivations en x qu'ils contiennent.

LEMME 43.1. — On a

$$u^{\mu,m}_{(n-m^{\mu})}(\xi, x) = \mathcal{O}^{\mu,m}_{\nu} w^{\nu,0}_{(n-n^{\nu}-m)}(\xi, x),$$

où

$$\text{ordre}\,(\mathcal{O}^{\mu,m}_{\nu}) = 2m.$$

Preuve. — Le théorème 5 donne

$$u^{\mu,m}_{(n-m^{\mu})} = \sum_{\pi,r} \mathcal{O}^{\mu;m}_{\pi;r} u^{\pi,m-r}_{(n-m^{\pi}-r)}(\xi, x) + \sum_{\nu} \mathcal{O}^{\mu;m}_{\nu} w^{\nu,m}_{(n-n^{\nu})}(\xi, x),$$

où

$$r = 1, 2, \ldots, m; \qquad \text{ordre}\,\mathcal{O}^{\mu;m}_{\pi;r} = r+1; \qquad \text{ordre}\,\mathcal{O}^{\mu;m}_{\nu} = 0;$$

si $m = 0, \sum_{\pi,r}$ disparaît.

D'où, par une récurrence évidente sur m :

$$u^{\mu,m}_{(n-m^{\mu})}(\xi, x) = \sum_{\nu,j} \mathcal{O}^{\mu,m}_{\nu,j} w^{\nu,m-j}_{(n-n^{\nu}-j)}(\xi, x), \tag{43.3}$$

où $j = 0, 1, \ldots, m$ et où l'ordre $f(m, j)$ de $\mathcal{O}^{\mu,m}_{\nu,j}$ vérifie

$f(m, 0) = 0, \quad f(m, j) = \sup_{r \geq 1} [r + 1 + f(m-r, j-r)] \quad (r = 1, 2, \ldots, j);$

$f(m, j)$ vaut donc

$$f(m, j) = 2j. \tag{43.4}$$

D'après (43.1), on doit prendre $j = m$ dans (43.3) et (43.4) : on obtient le lemme.

LEMME 43.2. — Si l'opérateur $\mathfrak{a}\left(x, \frac{\partial}{\partial x}\right)$ est d'ordre $\bar{n} - m^{\mu}$, alors

$$\mathfrak{a}\left(x, \frac{\partial}{\partial x}\right)\left[\sum_{r=0}^{m} \omega^{m^{\mu}-r} u^{\mu,r} \circ (\omega\varphi)\right] = \sum_{\nu} \sum_{r=0}^{m+\bar{n}-m} \omega^{\bar{n}-r} \left[\mathcal{O}^{m,r}_{\nu} w^{\nu,0}_{(\bar{n}-n^{\nu}-r)}\right] \circ (\omega\varphi),$$

où

$$\text{ordre}\,\mathcal{O}^{m,r}_{\nu} = 2r.$$

Preuve. — D'après le lemme 39,

$$\mathfrak{a}\left[\sum_{r=0}^{m} \omega^{m^{\mu}-r} u^{\mu,r} \circ (\omega\varphi)\right] = \sum_{j,r} \omega^{\bar{n}-j-r} \left[\mathfrak{a}^{j}\left(x, \frac{\partial}{\partial x}\right) u^{\mu,r}_{(\bar{n}-m^{\mu}-j)}\right] \circ (\omega\varphi),$$

où $r = 0, \ldots, m$; $j = 0, \ldots, \bar{n} - m^{\mu}$; ordre $\mathfrak{a}^{j} = j$. Le lemme 43.1 achève la preuve.

La construction d'ondes approchées résultera de ce que le lemme précédent peut être précisé par le suivant, où $m > r$:

LEMME 43.3. — Si l'opérateur $\mathfrak{b}\left(x, \frac{\partial}{\partial x}\right)$ est d'ordre $\bar{n} - n^\nu$, alors

$$\mathfrak{b}\left(x, \frac{\partial}{\partial x}\right) a_\mu^\nu\left(x, \frac{\partial}{\partial x}\right)\left[\sum_{r=0}^{m} \omega^{m^\mu - r} u^{\mu, r} \circ (\omega\varphi)\right]$$
$$= \sum_\nu \sum_{r=m+1}^{m+\bar{n}-\underline{m}} \omega^{\bar{n}-r}\left[\mathcal{O}_\nu^{m,r} w^{\nu,0}_{(\bar{n}-n^\nu-r)}\right] \circ (\omega\varphi),$$

où

$$\text{ordre}\, \mathcal{O}_\nu^{m,r} = 2r.$$

Preuve. — D'après (8.3) :

$$(43.5) \qquad \sum_\mu a_\mu^\nu\left(x, \frac{\partial}{\partial x}\right)\left[\sum_{r=0}^{m} \omega^{m^\mu - r} u^{\mu, r} \circ (\omega\varphi)\right]$$
$$= \sum_{\mu, j, r} \omega^{n^\nu - j - r}\left[a_\mu^{\nu j}\left(x, \frac{\partial}{\partial x}\right) u^{\mu, r}_{(n^\nu - m^\mu - j)}\right] \circ (\omega\varphi),$$

où $\mu = 1, \ldots, M$; $j = 0, \ldots, n^\nu - m^\mu$; $r = 0, \ldots, m$; ordre $a_\mu^{\nu j} = j$.

Mais, par hypothèse, $\sum_{r=0}^{\infty} \omega^{m^\mu - r} u^{m^\mu - r}_{(n)} \circ (\omega\varphi)$ est onde asymptotique quel que soit n; autrement dit, (40.1) est vérifié; au second membre de (43.5), le coefficient de $\omega^{n^\nu - j - r}$ est donc nul pour $j + r \leq m$.

En appliquant à (43.5) l'opérateur $\mathfrak{b}\left(x, \frac{\partial}{\partial x}\right)$ et le lemme 39, il vient donc

$$\mathfrak{b} \sum_\mu a_\mu^\nu \left[\sum_{r=0}^{m} \omega^{m^\mu - r} u^{\mu, r} \circ (\omega\varphi)\right] = \sum_{\mu, j, r} \omega^{\bar{n} - j - r}\left[\mathfrak{b}_\mu^{\nu j} u^{\mu, r}_{(\bar{n} - m^\mu - j)}\right] \circ (\omega\varphi),$$

où $\mu = 1, \ldots, M$; $0 \leq j \leq \bar{n} - m^\mu$; $0 \leq r \leq m$; $m < j + r$; ordre $\mathfrak{b}_\mu^{\nu j} = j$. Le lemme 43.1 achève la preuve.

Preuve du corollaire 5 (n° 8). — Vu la définition des ondes approchées (n° 8) et les deux lemmes précédents, pour que $\sum_{r=0}^{m} \omega^{m^\mu - r} u^{\mu, r} \circ (\omega\varphi)$ soit onde approchée, il suffit que les

$$\omega^{-r} w^{\nu, 0}_{(\bar{n} - n^\nu - r)}(\xi, x)$$

et leurs dérivées en x d'ordres $\leqq 2r\,(r = 0, 1, \ldots, m + \bar{n} - \underline{m})$ soient petits par rapport aux $\omega^{-r} w^{\nu,0}_{(\bar{n} - n^{\nu} - r)}(\,;\,, x)$ et leurs dérivées en x d'ordres $\leqq 2r\,(r = 0, 1, \ldots, m + \bar{n} - \underline{m})$; on ne donne à ξ que les valeurs prises par $\omega\varphi(x)$. Le corollaire 5 donne à cette condition suffisante une forme un peu plus sommaire.

CHAPITRE 7.

Particules associées à certaines ondes approchées.

Ce chapitre déduit de l'exemple 5.3 (n° 8) la preuve du théorème 6; rappelons qu'il est analogue au chapitre 5, qui prouve le théorème 4.

44. Ondes approchées.

Explicitons l'exemple 5.3 (n° 8) en employant l'expression (8.14) de $\tilde{u}^{\mu,0}$, la définition (3.7) de G^{μ}_{ν} et la définition (3.6) de J; il vient immédiatement :

LEMME 44. — Soit

$$u^{\mu}(\omega, x) = (i\omega)^{m^{\mu}} h^{\mu}(x, \varphi_x)\,\chi(x)\,e^{i\omega\varphi(x)}; \tag{44.1}$$

imposons à $\chi(x)$ d'être indépendant de μ, de ω et tel que

$$\rho(x)\frac{[\chi(x)]^2}{[J(x)]^2}\frac{D(x)}{D(y)} \tag{44.2}$$

soit constant le long des bicaractéristiques engendrant $\varphi(x)$; imposons à $J(x)$ de vérifier, le long de ces bicaractéristiques :

$$\frac{dx}{g_p(x, p)} = -\frac{dp}{g_x(x, p)} = -\frac{dJ}{j(x, p)\,J} \qquad [g(x, p) = 0;\ p = \varphi_x]. \tag{44.3}$$

Alors, quand ω est grand, $u^{\mu}(\omega, x)$ est une *onde approchée*.

45. L'introduction d'une forme différentielle extérieure va nous permettre d'éliminer $\dfrac{D(x)}{D(y)}$ du lemme précédent.

LEMME 45.1. — On a la relation, où $x = x(t, y)$ et où l'on prend $y \in S$ après avoir calculé $\dfrac{D(x)}{D(y)}$:

$$\sum_{\lambda} (-1)^{\lambda-1} g_{p_\lambda}(x, \varphi_x)\, dx^1 \wedge \ldots \wedge \widehat{dx^{\lambda}} \wedge \ldots \wedge dx^L$$
$$= \frac{D(x)}{D(y)} g_{p_\lambda}(y, \varphi_y)\, s_{y^\lambda} \frac{1}{s_{y^1}}\, dy^2 \wedge \ldots \wedge dy^L.$$

Preuve. — Pour $x = x(t, z)$ et $z \in S$, le système associé ([52]) à la forme différentielle

$$\sum_{\lambda} (-1)^{\lambda-1} g_{p_\lambda}(x, \varphi_x)\, dx^1 \wedge \ldots \wedge \widehat{dx^\lambda} \wedge \ldots \wedge dx_L$$

est

$$\frac{dx^1}{g_{p_1}} = \ldots = \frac{dx^L}{g_{p_L}}$$

c'est-à-dire, vu la définition de $x(t, z)$ (n° 8) :

$$dz^2 = \ldots = dz^L = 0;$$

il existe donc une fonction $F(t, z)$ telle que

$$(45.1) \qquad \sum_{\lambda} (-1)^{\lambda-1} g_{p_\lambda}(x, \varphi_x)\, dx^1 \wedge \ldots \wedge \widehat{dx^\lambda} \wedge \ldots \wedge dx^L = F(t, z) \frac{dz^2 \wedge \ldots \wedge dz^L}{s_{y^1}(z)}.$$

Pour calculer cette fonction F, faisons $dt = 0$; (45.1) s'écrit

$$\sum_{\lambda} (-1)^{\lambda} g_{p_\lambda}(x, \varphi_x) \frac{D(x^1, \ldots, \hat{x}^\lambda, \ldots, x^L)}{D(z^2, \ldots, z^L)} = F(t, z) \frac{1}{s_{y^1}(z)};$$

d'où, puisque $\dfrac{\partial x^\lambda(t, z)}{\partial t} = g_{p_\lambda}$, l'expression suivante de F :

$$F(t, z) = s_{y^1}(z) \frac{D(x^1, \ldots, x^L)}{D(t, z^2, \ldots, z^L)}.$$

Introduisons maintenant $x(t, y)$, y n'étant pas nécessairement sur S; on a, puisque $s(z) = 0$ définit z^1 en fonction de $z^2, \ldots, z^L$:

$$\frac{\partial x(t, z)}{\partial z^\lambda} = \frac{\partial x(t, y)}{\partial y^\lambda} - \frac{s_{y^\lambda}}{s_{y^1}} \frac{\partial x(t,y)}{\partial y^1} \qquad \text{quand} \quad y = z \qquad (\lambda = 2, \ldots, L);$$

on effectue les dérivations en y avant de faire $y = z$.

L'expression précédente de F s'écrit donc

$$(45.2) \qquad F(t, y) = \sum_{\lambda} (-1)^{\lambda-1} s_{y^\lambda} \frac{D(x^1, \ldots, x^L)}{D(t, y^1, \ldots, \hat{y}^\lambda, \ldots, y^L)}.$$

$x(t, y)$ est défini par le problème ordinaire de Cauchy :

$$(45.3) \qquad \frac{dx}{dt} = g_p(x, \varphi_x), \qquad x(0, y) = y;$$

([52]) *Voir* É. Cartan [3], chap. 8, ou [4].

ce problème définit un groupe, de paramètre additif t :

$$T_t:\quad y \to x(t, y);$$

d'où

$$T_{-t}:\quad x \to y;$$

vu (45.3), on a donc

$$dy = -g_p(y, \varphi_y)dt \qquad \text{pour} \quad dx(t, y) = 0.$$

Cela signifie que

$$\frac{\partial x(t, y)}{\partial t} - g_{p_\lambda}(y, \varphi_y)\frac{\partial x(t, y)}{\partial y^\lambda} = 0. \tag{45.4}$$

En portant cette expression (45.4) de $\dfrac{\partial x}{\partial t}$ dans (45.2), on obtient l'expression suivante de F :

$$F(t, y) = s_{y^\lambda} g_{p_\lambda}(y, s_y)\frac{D(x)}{D(y)}. \tag{45.5}$$

Les formules (45.1) et (45.5) prouvent le lemme 45.1.

Ce lemme 45.1 a pour conséquence évidente le

LEMME 45.2. — *La condition* (44.2) *équivaut à la suivante : la forme différentielle*

$$\rho(x)\frac{[\chi(x)]^2}{[J(x)]^2}\sum_\lambda(-1)^{\lambda-1} g_{p_\lambda}(x, \varphi_x)\, dx^1 \wedge \ldots \wedge \widehat{dx^\lambda} \wedge \ldots \wedge dx^l.$$

est une forme différentielle invariante des bicaractéristiques engendrant $\varphi(x)$.

46. Emploi de l'équation de Jacobi.

La condition (44.3), que doit vérifier $J(x)$, s'écrit, puisque $p = \varphi_x$:

$$g_p(x, \varphi_x) J_x + j(x, \varphi_x) J = 0. \tag{46.1}$$

Nous la réaliserons comme suit : soit ε un paramètre réel tendant vers zéro; soit $\theta(\varepsilon, x)$ une fonction numérique complexe, deux fois dérivable, vérifiant

$$\theta(0, x) = \varphi(x)$$

et

$$A\left(x, \frac{1}{\varepsilon}\theta_x\right) = 0,$$

c'est-à-dire

$$g(x, \theta_x) - i\varepsilon j(x, \theta_x) \equiv 0 \qquad (\text{mod } \varepsilon^2);$$

en dérivant cette équation par rapport à ε en faisant $\varepsilon = 0$ et en posant

$$\theta'(x) = \frac{\partial \theta}{\partial \varepsilon}(0, x),$$

on obtient

$$g_p(x, \varphi_x)\,\theta'_x - i\,j(x, \varphi_x) = 0;$$

nous satisfaisons donc (46.1) en prenant

(46.2) $$J(x) = e^{i\theta'(x)}.$$

Introduisons les notations du théorème 6 en posant

$$\omega = \frac{1}{\varepsilon}, \qquad \psi(\omega, x) = \theta(\varepsilon, x);$$

(46.2) s'écrit donc

(46.3) $$J(x) = \lim_{\omega \to \infty} e^{i\omega[\psi(\omega, x) - \varphi(x)]}.$$

Vu le lemme 45.2, les conditions (44.2) et (44.3) que le lemme 44 impose à $\chi(x)$ et $J(x)$ s'énoncent donc comme suit :

$$\lim_{\omega \to \infty} \rho(x)[\chi(x)]^2 e^{2i\omega[\varphi(x) - \psi(\omega, x)]} \sum_\lambda (-1)^{\lambda-1} g_{p_\lambda}\, dx^1 \wedge \ldots \wedge \widehat{dx^\lambda} \wedge dx^l,$$

où $g_{p_\lambda} = g_{p_\lambda}(x, \varphi_x)$, est une forme différentielle invariante des bicaractéristiques engendrant $\varphi(x)$.

Ce lemme 44 s'énonce donc comme suit, en posant

$$\chi(\omega, x) = \chi(x)\, e^{i\omega[\varphi(x) - \psi(\omega, x)]};$$

$$u^\mu(\omega, x) = (i\omega)^{m^\mu} h^\mu(x, \varphi_x)\, \chi(\omega, x)\, e^{i\omega\psi(\omega, x)}$$

est une onde approchée quand ω est grand, si

$$\lim_{\omega \to \infty} \rho(x)[\chi(\omega, x)]^2 \sum_\lambda (-1)^{\lambda-1} g_{p_\lambda}(x, \varphi_x)\, dx^1 \wedge \ldots \wedge \widehat{dx^\lambda} \wedge \ldots \wedge dx^l$$

est une forme différentielle invariante des bicaractéristiques engendrant $\varphi(x)$.

Ce résultat équivaut au théorème 6 : en effet $u^\mu(\omega, x)$ reste solution approchée quand on lui ajoute une fonction tendant vers zéro, ainsi que ses dérivées d'ordres $\leq \bar{n} - \underline{m}$, quand ω tend vers l'infini.

BIBLIOGRAPHIE.

[1] BIRKHOFF (George D.). — Some remarks concerning Schrödinger's wave equation, *Proc. nat. Acad. Sc. U. S. A.*, t. 19, 1933, p. 339-344; Quantum mechanics and asymptotic series, *Bull. Amer. math. Soc.*, t. 39, 1933, p. 681-700.

[2] BOCHNER (S.) et MARTIN (W. T.). — *Several complex variables.* — Princeton, Princeton University Press, 1948 (Princeton mathematical Series, 10).

[3] CARTAN (Élie). — *Leçons sur les invariants intégraux.* — Paris, Hermann, 1922. Une partie de ces leçons est exposée à nouveau dans [4] :

[4] CARTAN (Élie). — *Les systèmes différentiels extérieurs et leurs applications géométriques.* — Paris, Hermann, 1945 (Act. scient. et ind., 994; Exposés de géométrie, 14).

[5] DIRAC (P. A. M.). — *The principles of quantum mechanics*, 4th edition. — Oxford, Clarendon Press, 1958 (The International Series of Monographs on Physics).

[6] HÖRMANDER (Lars). — *Linear partial differential operators.* — Berlin, Lange-Springer, 1963 (Grundlehren der math. Wissenschaft..., 116).

[7] KLINE (Morris). — Asymptotic solutions of linear hyperbolic partial differential equations, *J. rational Mech. and Anal.*, t. 3, 1954, p. 315-342.

[8] KRAMERS (H. A.). — *Quantum mechanics.* — Amsterdam, North-Holland publishing Company, 1957 (Series in Physics).

[9] LAX (Peter D.). — Asymptotic solutions of oscillatory initial value problems, *Duke math. J.*, t. 24, 1957, p. 627-646.

[10] LEDNEV (N. A.). — Nouvelle méthode de résolution des équations aux dérivées partielles [en russe], *Mat. Sbornik*, N. S., t. 22, 1948, p. 205-266.

[11] LUDWIG (Donald). — Exact and asymtotic solutions of the Cauchy problem, *Comm. on pure and appl. Math.*, t. 13, 1960, p. 473-508.

[12] OSGOOD (W. F.). — *Lehrbuch der Funktionentheorie*, Zweiter Band, 2te Auflage. — Berlin, B. G. Teubner, 1929 (Math. Wissenschaft, 20, n° 2).

[13] ROSENBLOOM (P. C.). — The majorant method, *Partial differential equations*, Proceedings of the Fourth symposium in pure Mathematics, p. 51-72. — Providence, American mathematical Society, 1961 (Proc. Symp. pure Math., 4); The Cauchy-Kowalewski existence theorem, *Proceedings of the International Congress of Mathematicians* [1950. Cambridge], t. 1, p. 442-443. — Providence, American mathematical Society, 1952.

[14] VOLEVIČ (L. R.). — Sur les systèmes généraux d'équations différentielles [en russe], *Doklady Akad. Nauk S. S. S. R.*, t. 132, 1960, n° 1, p. 20-23; en traduction : On general systems of differential equations, *Soviet Mathematics*, t. 1, 1960, p. 458-465.

Le présent article reprend l'article [I], une partie de [II], et constitue le [VI] de la série d'articles :

LERAY (Jean). — Problème de Cauchy :

[I] Uniformisation de la solution du problème linéaire analytique de Cauchy de la variété qui porte les données de Cauchy, *Bull. Soc. math. France*, t. 85, 1957, p. 389-429.

[II] La solution unitaire d'un opérateur différentiel linéaire, *Bull. Soc. math. France*, t. 86, 1958, p. 75-96.

[III] Le calcul différentiel et intégral sur une variété analytique complexe, *Bull. Soc. math. France*, t. 87, 1959, p. 81-180.

[IV] Un prolongement de la transformation de Laplace qui transforme la solution unitaire d'un opérateur hyperbolique en sa solution élémentaire, *Bull. Soc. math. France*, t. 90, 1962, p. 39-156.

[V] Données analytiques non holomorphes (en préparation).

Un aperçu des méthodes qu'emploie [V] se trouve dans :

Le problème de Cauchy pour une équation linéaire à coefficients polynomiaux, *C. R. Acad. Sc. Paris*, t. 242, 1956, p. 953-959.

Des exposés partiels du présent article ont été faits par :

GÅRDING (Lars). — Uniformization in Cauchy's problem. Lectures on modern mathematics, t. 2, 138-150 (Edited by T. L. Saaty; published by John Wiley et Sons, 1964).

LERAY (Jean). — Particules et singularités des ondes, *Cahiers de Physique*, t. 15, 1961, p. 373-381.

ERRATUM : Problème de Cauchy [III] (*Bull. Soc. math. France*, t. 87, 1959) : p. 140. — La construction de « Gelfand et Šilov » est due, comme ces Auteurs l'expliquent, à Mme GEL'FAND-CHAPIRO :

CHAPIRO (Z. A.). — Sur une classe de fonctions généralisées, *Uspekhi Mat. Nauk S. S. S. R.*, t. 13, 1958, n° 3 (81), p. 205-212.

(Manuscrit reçu le 15 octobre 1963.)

Lars GÅRDING,
Prof. Mathematical Institute,
University of Lund,
Lund (Suède).

Takeshi KOTAKE,
2400/12 Nakaburi,
Hirakata-shi,
Osaka (Japon).

Jean LERAY,
Professeur au Collège de France,
12, rue Pierre-Curie,
Sceaux (Seine).

[1967a]

Un complément au théorème de N. Nilsson sur les intégrales de formes différentielles à support singulier algébrique

Bull. Soc. Math. France 95 (1967) 313–374

Table des Matières.

Introduction.

Nous nous proposons *d'expliciter et compléter le premier des deux théorèmes que* N. NILSSON *prouve dans* [5] *et applique dans* [6].

1. Les intégrales de formes différentielles à support singulier algébrique.

Notations :

$X = \mathbf{P}^l$ est l'espace projectif complexe, de dimension complexe l;

les coordonnées homogènes d'un point x de X sont les composantes d'un vecteur $\zeta \in Z = \mathbf{C}^{l+1}$, X étant donc le quotient de Z par le groupe de ses homothéties de centre O;

(¹) Ce travail fait partie de la Recherche coopérative sur Programme n° 25 du Centre National de la Recherche Scientifique.

Ξ est le dual de Z, la valeur en ζ de $\xi \in \Xi$ étant notée $\xi . \zeta \in \mathbf{C}$;

T est un espace affin de dimension finie;

(t, X) est la partie de $T \times X$ se projetant en $t \in T$;

on se donne $m \in \{0, \ldots, l\}$;

$\bigcap_j V_j$ est l'intersection de m hypersurfaces algébriques données de $T \times X$, d'équations

$$V_j : \quad v_j(t, \zeta) = 0,$$

où v_j est un polynôme de $(t, \zeta) \in T \times Z$, homogène en ζ, et $j \in \{1, \ldots, m\}$;

$$\bigcap_j V_j = T \times X \qquad \text{si} \quad m = 0;$$

$V_j(t)$ est la projection de $(t, X) \cap V_j$ sur X, c'est-à-dire l'ensemble des x tels que $(t, x) \in V_j$;

$W(t) = \bigcup_H W_H(t)$ est la réunion de n hyperplans de X, dépendant algébriquement de t, d'équations

$$W_H(t) : \quad w_H(t) . \zeta = 0,$$

où w_H est une fonction algébrique de t à valeurs dans Ξ, et $H \in \{1, \ldots, n\}$;

$$W(t) \text{ est vide si } n = 0;$$

les intersections $W_{H_1}(t) \cap \ldots \cap W_{H_s}(t)$, où $1 \leqq H_1 < \ldots < H_s \leqq n$, qui sont de dimension r pour t générique, sont notées $W_K^r(t)$ si t est tel que leur dimension soit r; sinon $W_K^r(t)$ n'est pas défini; $W_K^l(t)$ désigne X.

Le support singulier $\mathrm{Ss}[W]$ est l'ensemble des t en lesquels l'un au moins des $w_H(t)$ n'est pas holomorphe.

On se donne :

$t' \in T - \mathrm{Ss}[W]$; $q \in \{m, \ldots, l\}$;

W' : une branche de $W(t')$, c'est-à-dire une branche de chaque $W_H(t')$, telle que les $W_K^r(t')$ soient définis $\forall r \geqq l - q$;

X' : partie ouverte de X;

γ'^{q-m} : $(q-m)$-cycle de $X' \bigcap_j V_j(t')$ relativement à $X' \cap W'$;

$\omega(t, \zeta)$: q-forme différentielle homogène (¹) de ζ, fonction de t;

m entiers $\geqq 0$: $p_1, \ldots, p_m$.

(¹) Produit d'une forme des quotients des coordonnées de ζ par une fonction homogène de ζ.

On suppose ceci :

les hypersurfaces $X' \cap V_j(t')$ de X' sont régulières;

ces hypersurfaces et les $X' \cap W_H(t')$ sont en position générale dans X';

$$(1) \qquad \frac{\omega(t, \zeta)}{v_1^{1+p_1}(t, \zeta) \ldots v_m^{1+p_m}(t, \zeta)} \qquad (\text{pour } m = 0, \text{ c'est } \omega)$$

est une forme différentielle de ζ homogène de degré nul (²); c'est donc une forme de x, à coefficients fonctions de t;

cette forme (1) est :

— *holomorphe* en (t, x), près de tout point de (t', X');

— *fermée*, pour $dt = 0$;

— *nulle sur* $X' \cap W(t)$, c'est-à-dire pour : $x \in X'$, t' voisin de t, $W(t)$ voisin de W', $w'_H . \zeta = w_H . d\zeta = 0$, $\forall H$.

Ces hypothèses ont les conséquences suivantes, vu [3] :

on peut définir, pour $(t, W(t))$ voisin de (t', W'), un $(q-m)$-cycle $\gamma^{q-m}(t)$ de $X' \bigcap_j V_j(t)$ relativement à $X' \cap W(t)$ variant continûment avec t et tel que

$$\gamma^{q-m}(t') = \gamma'^{q-m};$$

sa classe d'homologie est définie sans ambiguïté;

si $m > 0$, la classe résidu de (1) :

$$(2) \qquad \frac{1}{p_1! \ldots p_m!} \; \frac{d^{p_1+\ldots+p_m}\omega(t, \zeta)}{[dv_1(t, \zeta)]^{1+p_1} \wedge \ldots \wedge [dv_m]^{1+p_m}} \Bigg|_{(X' \bigcap_j V_j(t),\, X' \cap W(t))}$$

est définie pour t voisin de t';

l'intégrale

$$(3) \qquad \begin{cases} J(t) = \displaystyle\int_{\gamma^{q-m}(t)} \frac{d^{p_1+\ldots+p_m}\omega(t, \zeta)}{[dv_1(t, \zeta)]^{1+p_1} \wedge \ldots \wedge [dv_m]^{1+p_m}} & \text{si } m > 0, \\ J(t) = \displaystyle\int_{\gamma^q(t)} \omega(t, \zeta) \quad \text{si } m = 0 \end{cases}$$

est donc définie sans ambiguïté pour t voisin de t'; c'est une fonction numérique holomorphe de t (vu [3], nº 10). Nous allons construire son prolongement analytique, sous des hypothèses appropriées.

Définition des formes et des fonctions à support singulier algébrique. — Si $\omega(t, \zeta)$ [ou $J(t)$] se prolonge en une forme [ou fonction] holomorphe sur le revêtement simplement connexe du complémentaire d'une hypersurface algébrique de $T \times Z$ [ou de T], nous dirons que ω [ou J] est à

(²) C'est une forme des quotients des coordonnées de ζ.

support singulier algébrique; il existe alors évidemment une plus petite hypersurface ayant cette propriété; elle sera notée

$$\mathrm{Ss}[\omega] \quad [\text{ou } \mathrm{Ss}[J]]$$

et nommée *support singulier* de ω [ou de J]. D'après un théorème d'Hartogs [1], c'est une hypersurface algébrique.

Note. — Il est superflu de supposer (t', X') hors de $\mathrm{Ss}[\omega]$.

Notation. — Notons

$$(4) \qquad V = \mathrm{Ss}[\omega] \bigcup_j V_j, \qquad \text{donc} \quad V = \mathrm{Ss}[\omega] \quad \text{si } m = 0;$$

V est une hypersurface de $T \times X$.

Définition des $(t, W(t))$ s'appuyant sur une hypersurface V de $T \times X$. — Étant donné $t \in T$, nous dirons que $(t, W(t))$ a sur V un appui d'ordre $l - q$ quand l'un au moins des r-plans

$$(t, W_K^r(t)), \qquad \text{où } r \in \{l - q, \ldots, l\}$$

n'est pas défini ou a sur V un appui d'ordre $l - q$, au sens du n° 4.

Note. — Soient $w_K^{l-r}(t) \in \wedge^{l-r} \Xi$ des coordonnées grassmanniennes (n° 3) de $W_K^r(t)$, s'annulant quand $W_K^r(t)$ n'est pas défini; vu le n° 4, l'appui d'ordre $l - q$ de $(t, W(t))$ sur V s'exprime par la condition suivante : au moins l'une des branches de l'un des $w_K^{l-r}(t)$ vérifie l'équation

$$(5) \qquad P^{q+r-l}(t, w_K^{l-r}(t) \wedge \xi_1 \wedge \ldots \wedge \xi_{l-q}) = 0, \qquad \forall \xi_1, \ldots, \xi_{l-q} \in \Xi,$$

où $r \in \{l - q, \ldots, l\}$.

THÉORÈME 1. — *Supposons ceci :*

ω est à support singulier algébrique;

$(t, W(t))$ n'a pas sur $V = \mathrm{Ss}[\omega] \bigcup_j V_j$ un appui d'ordre $l - q$, $\forall t$.

Alors :

$J(t)$ est à support singulier algébrique;

$\mathrm{Ss}[J]$ est une hypersurface algébrique de T, contenue dans la réunion de $\mathrm{Ss}[W]$ et de l'ensemble des t tels que $(t, W(t))$ ait sur V un appui d'ordre $l - q$.

Note. — Si $n = 0$, c'est-à-dire si $W(t)$ est vide, alors cet ensemble est l'ensemble des t tels que (t, X) ait sur V un appui d'ordre $l - q$.

COROLLAIRE 1.1 (N. NILSSON). — Si $n = 0$, c'est-à-dire si $W(t)$ est vide, alors $J(t)$ est à support singulier algébrique.

Preuve. — Par définition, (t, X) ne s'appuie pas sur V, $\forall t$.

On prouve de même ceci :

COROLLAIRE 1.2. — Supposons que T puisse être fibré de façon que les $V_j(t)$ soient constants sur chaque fibre et que W applique chaque fibre sur l'ensemble des réunions de n hyperplans de X; alors $J(t)$ est à support singulier algébrique.

Une preuve détaillée de ce théorème 1 est donnée par les chapitres I, II et III; elle s'abrège considérablement quand on suppose, comme N. NILSSON, $W(t)$ vide ($n=0$). Comme celle de N. NILSSON, notre preuve traite d'abord le cas :

$$m=0 \quad \left(\text{c'est-à-dire : } \bigcap_j V_j = T\times X,\ V=\mathrm{Ss}[\omega]\right), \qquad q=n-1=l;$$

autrement dit, elle établit d'abord ceci : l'intégrale sur un q-simplexe d'une q-forme différentielle à support singulier algébrique est une fonction à support singulier algébrique (chapitre II, lemmes 12 et 16); le théorème 1 en résulte, par application de la formule du résidu (chapitre III), en évitant la construction compliquée que constitue le § 3 de l'article [5] de N. NILSSON.

THÉORÈME 2. — *Adjoignons à l'hypothèse du théorème* 1 *la suivante : toutes les branches de* ω *sont combinaisons linéaires, à coefficients dans un anneau de constantes, d'un nombre fini d'entre elles. Alors toutes les branches de* J *sont combinaisons linéaires, à coefficients dans ce même anneau, d'un nombre fini d'entre elles.*

Preuve. — De cette hypothèse résulte évidemment que toutes les fonctions, construites ultérieurement, possèdent cette propriété; nous ne détaillerons pas cette preuve que N. NILSSON explicite dans le cas qu'il traite : $W(t)$ vide ($n=0$).

THÉORÈME 3 (énoncé hypothétique). — *Adjoignons aux hypothèses des théorèmes* 1 *et* 2 *la suivante : les coefficients de* ω *sont « à croissance lente » quand* (t, x) *tend vers* $\mathrm{Ss}[\omega]$. *Alors* $J(t)$ *est « à croissance lente » quand* t *tend vers* $\mathrm{Ss}[J]$.

On peut *définir « la croissance lente d'une fonction à support singulier algébrique »* par la condition (c) de la première page de N. NILSSON [5]; peut-être existe-t-il des définitions équivalentes plus maniables.

La preuve de ce théorème 3 a été donnée par N. NILSSON dans le cas qu'il traite : $W(t)$ vide ($n=0$); elle reste à faire dans le cas général.

Appliquer les théorèmes précédents au prolongement $\mathcal{L}$ de la transformation de Laplace, que définit [4], est évidemment possible; on peut ainsi, en particulier, obtenir des opérateurs hyperboliques dont la solution élémentaire est à support singulier algébrique; nous ne le ferons pas ici.

Le théorème 1 emploie la notion d'*appui*; le n° 4 la définira à partir de la notion suivante.

2. Équation discriminante.

Soit une équation

$$P(t, \xi) = 0, \tag{2.1}$$

où P est un polynôme de $(t, \xi) \in T \times \Xi$, homogène en ξ, à coefficients appartenant à $\mathbf{C}$.

Rappelons que P est dit réductible quand il est le produit de polynômes, du même type, non constants; rappelons un théorème classique ([7], t. 1, chap. IV, Ganzrat. Funkt.) : tout polynôme est produit de facteurs irréductibles, définis de façon unique, à des facteurs constants près.

Les deux conditions suivantes sont donc équivalentes :

1° l'un de ces facteurs est multiple et de degré > 0 en ξ;

2° l'équation (2.1) équivaut à une équation du même type et de degré moindre en ξ.

Si ces conditions ne sont pas réalisées, et si $P(t, \xi)$ n'est pas identiquement nul, alors nous dirons que *l'équation* (2.1) *est réduite sur* T *relativement à* ξ.

Le n° 6 (chap. I) prouvera le critère de réduction suivant :

Notations. — Notons ξ et η deux vecteurs de Ξ, ρ une variable numérique complexe et ([3]) discr $P(t, \xi + \hat{\rho}\eta)$ le discriminant de $P(t, \xi, + \rho\eta)$, considéré comme un polynôme en ρ. Rappelons que ce discriminant est un polynôme en (t, ξ, η), et qu'il reste invariant quand on transforme (ξ, η) par une substitution unimodulaire; *voir* [7].

Critère de réduction.

1° Pour que l'équation (2.1) soit réduite sur T relativement à ξ, il faut et il suffit que

$$\text{discr}\, P(t, \xi + \hat{\rho}\eta) \neq 0 \text{ en au moins un point } (t, \xi, \eta) \text{ de } T \times \Xi \times \Xi.$$

2° Plus précisément, si (2.1) est réduite, et si η est donné tel que $P(t, \eta) \neq 0$ en au moins un point t, alors discr $P(t, \xi + \hat{\rho}\eta) \neq 0$ en au moins un point (t, ξ) de $T \times \Xi$.

Bien entendu, l'expression : « l'équation (2.1) est réduite sur le point $t \in T$ » signifiera : « cette équation est réduite quand on choisit pour espace T ce point t ».

([3]) discr P n'est pas fonction de la variable coiffée par ^.

Le 1° du critère de réduction a pour conséquence évidente ceci :

LEMME 2 (localisation).

1° Pour que l'équation (2.1) soit réduite sur T, relativement à ξ, il faut et il suffit qu'elle le soit sur au moins un point de T.

2° Les points t sur lesquels cette équation n'est pas réduite sont ceux qui vérifient la condition

$$\operatorname{discr} P(t, \xi + \hat{p}\eta) = 0, \qquad \forall \xi, \eta \in \Xi;$$

l'ensemble de ces points est donc une variété algébrique de T.

Définition. — Donnons-nous une équation (2.1) qui ne soit pas vérifiée $\forall (t, \xi)$; formons avec les facteurs irréductibles de $P(t, \xi)$, une équation équivalente, réduite sur T relativement à ξ :

$$Q(t, \xi) = 0. \tag{2.2}$$

Considérons l'ensemble des points t de T sur lesquels cette équation (2.2) n'est pas réduite relativement à ξ. Vu le lemme 2, cet ensemble est différent de T, et est une sous-variété algébrique de T définie par la condition

$$\operatorname{discr} Q(t, \xi + \hat{p}\eta) = 0, \qquad \forall \xi, \eta \in \Xi.$$

Cette sous-variété est l'ensemble des points t où le degré de l'hypersurface de Ξ d'équation (2.1) n'est pas maximum; elle ne dépend donc que de cette équation. Seule nous intéressera la plus grande hypersurface contenue dans cette sous-variété (4); son équation sera

$$\operatorname{discr}_T P(t, \xi) = 0, \tag{2.3}$$

où $\operatorname{discr}_T P(t, \xi)$ est le polynôme (3) en t de degré maximum qui divise

$$\operatorname{discr} Q(t, \xi + \hat{p}\eta), \qquad \forall \xi, \eta \in \Xi;$$

c'est-à-dire le plus grand commun diviseur des coefficients de discr $Q(t, \xi + \hat{p}\eta)$, considéré comme un polynôme en (ξ, η), ayant pour coefficients des polynômes en t. L'équation (2.3) est nommée *équation discriminante de l'équation* (2.1). Elle n'est jamais vérifiée $\forall t$.

Note. — En général, l'hypersurface (2.3) est vide; mais, dans ce qui suit, ce « cas général » se trouvera être exceptionnel.

Note. — Dans les définitions précédentes, l'espace affin T et l'espace vectoriel Ξ ne peuvent pas être remplacés par des variétés algébriques quelconques, car, sur de telles variétés, un polynôme n'est pas un produit unique de polynômes irréductibles.

---

(4) Car, d'après un théorème d'Hartogs [1], si le support singulier d'une fonction analytique appartient à cette sous-variété, alors il appartient à cette hypersurface.

3. **Grassmanniennes** (*voir* [2]).

Pour repérer les q-plans complexes x^q de X, nous emploierons l'algèbre extérieure $\wedge\Xi$ qu'engendre l'espace vectoriel Ξ; les éléments de $\wedge\Xi$ homogènes de degré r sont nommés r-vecteurs, et notés ξ^r; leur ensemble est le sous-espace vectoriel $\wedge^r\Xi$ de l'algèbre $\wedge\Xi$; bien entendu :

$$\wedge^0\Xi = \mathbf{C}, \qquad \wedge^1\Xi = \Xi, \qquad \wedge^{l+1}\Xi = \mathbf{C};$$

Z peut être identifié à $\wedge^l\Xi$ par la bijection

$$(3.1) \qquad \zeta \leftrightarrow \xi^l$$

telle que la valeur de ζ en ξ soit

$$\xi.\zeta = \xi\wedge\xi^l, \qquad \forall\, \xi\in\Xi.$$

Nommons classe (ξ^r) de $\xi^r\neq 0$ l'ensemble des r-vecteurs non nuls, parallèles à ξ^r. L'ensemble des classes (ξ^r) est l'espace projectif $(\wedge^r\Xi)$, quotient de l'espace vectoriel $\wedge^r\Xi$ par le groupe de ses homothéties de centre O.

La bijection (3.1) induit une bijection

$$(3.2) \qquad x \leftrightarrow (\xi^l),$$

qui identifie X à $(\wedge^l\Xi)$.

Un hyperplan x^{l-1} de X est l'ensemble des $x\in X$ dont les coordonnées homogènes ζ vérifient une équation

$$x^{l-1}:\quad \xi.\zeta = 0;$$

d'où une bijection

$$(3.3) \qquad x^{l-1} \leftrightarrow (\xi)$$

qui identifie l'ensemble des hyperplans de X à l'espace projectif (Ξ).

Étant donné un q-plan complexe x^q de X, soient $l-q$ hyperplans $x_1^{l-1}, \ldots, x_{l-q}^{l-1}$ de X tels que

$$x^q = x_1^{l-1}\cap\ldots\cap x_{l-q}^{l-1};$$

soient $l-q$ vecteurs $\xi_1, \ldots, \xi_{l-q}$ de Ξ tels que $x_j^{l-1}\leftrightarrow(\xi_j)$; notons;

$$\xi^{l-q} = \xi_1\wedge\ldots\wedge\xi_{l-q};$$

évidemment, (ξ^{l-q}) dépend de x^q sans dépendre des choix des x_j^{l-1} et ξ_j : nous avons une injection naturelle

$$(3.4) \qquad x^q \mapsto (\xi^{l-q}), \quad \text{où} \quad q\in\{0, \ldots, l-1\},$$

de l'ensemble des q-plans de X dans l'espace projectif $(\wedge^{l-q}\Xi)$; elle est telle que, si

$$x^q \mapsto (\xi^{l-q}) \quad \text{et} \quad x^{l-1} \mapsto (\xi),$$

alors la condition

$$(3.5) \qquad x^q \subset x^{l-1} \text{ équivaut à } \xi^{l-q} \wedge \xi = 0.$$

L'injection (3.4) est pour $q=0$ la bijection (3.2), pour $q=l-1$ la bijection (3.3).

L'image par (3.4) de l'ensemble des q-plans x^q de X est une sous-variété algébrique $\Gamma^q(X)$ de $(\wedge^{l-q}\Xi)$; on la nomme *q-grassmannienne* de X. On nomme *coordonnées grassmanniennes* du q-plan $x^q \mapsto (\xi^{l-q})$ les coordonnées du $(l-q)$ vecteur ξ^{l-q}, ou, par abus de langage, ce $(l-q)$-vecteur lui-même.

Rappelons que la dimension de $\Gamma^q(X)$ est

$$(3.6) \qquad \dim \Gamma^q(X) = (q+1)(l-q).$$

Preuve de (3.6). — L'espace des q-simplexes de X, fibré par l'ensemble des q-simplexes d'un même q-plan, a pour base $\Gamma^q(X)$; or cet espace et sa fibre ont pour dimensions respectives $(q+1)l$ et $(q+1)q$.

Notation. — Nous noterons $P(t, \xi_1\wedge\ldots\wedge\xi_{l-q})$, et nous nommerons « *polynôme de* $t, \xi_1\wedge\ldots\wedge\xi_{l-q}$ » tout polynôme de $(t, \xi_1, \ldots, \xi_{l-q})$, homogène en chaque ξ_j, dont la valeur est fonction seulement de $(t, \xi_1\wedge\ldots\wedge\xi_{l-q})$. Nous ne nous soucierons pas de l'existence d'un polynôme de $(t, \xi^{l-q}) \in T\times\wedge^{l-q}\Xi$ qui soit égal à $P(t, \xi_1\wedge\ldots\wedge\xi_{l-q})$ pour $\xi^{l-q}=\xi_1\wedge\ldots\wedge\xi_{l-q}$, car un tel polynôme n'est pas unique ([5]).

Le n° 7 prouvera le lemme suivant, que le n° 4 va employer implicitement :

LEMME 3. — Si $P(t, \xi_1\wedge\ldots\wedge\xi_{l-q}\wedge\xi)$ est un polynôme de $(t, \xi_1\wedge\ldots\wedge\xi_{l-q}\wedge\xi)$, alors $\operatorname{discr}_{T\times\Xi^{l-q}} P(t, \xi_1\wedge\ldots\wedge\xi_{l-q}\wedge\hat{\xi})$ est un polynôme de $(t, \xi_1\wedge\ldots\wedge\xi_{l-q})$.

4. L'appui d'un q-plan sur une sous-variété algébrique V de $T\times X$.

Soit V une sous-variété algébrique de $T\times X$, dont toutes les composantes algébriques ont la même dimension; notons

$$r = \dim V - \dim T < l.$$

Soit (t, x^q) le q-plan de $T\times X$, ayant pour projections respectives sur T et sur X le point t et le q-plan x^q, de coordonnées grassmanniennes

$$\xi^{l-q} = \xi_1\wedge\ldots\wedge\xi_{l-q}, \qquad \text{où } \xi_j \in \Xi; \quad q \in \{0, \ldots, l\}.$$

([5]) En effet, les composantes de ξ^{l-q} sont liées par des relations quadratiques. quand $\xi^{l-q} = \xi_1\wedge\ldots\wedge\xi_{l-q}$: *voir* [2].

Nous dirons que ce *q-plan s'appuie sur V* quand il satisfait une équation

(4.1) $P^q(t, \xi^{l-q}) = 0$ $[P^l(t)$ ne dépend que de $t]$,

qui va être définie par récurrence sur q; P^q sera un polynôme de $(t, \xi_1 \wedge \ldots \wedge \xi_{l-q})$.

Définition. — *Si* $q < l - r - 1$, alors aucun q-plan ne s'appuie sur V : l'équation (4.1) est impossible.

Définition. — *Supposons* $q = l - r - 1$; (t, x^{l-r-1}) s'appuie sur V si et seulement si (t, x^{l-r-1}) coupe une composante algébrique de V dont la projection sur T est de codimension 0 ou 1.

Si V est l'intersection complète de $l - r$ hypersurfaces, se projetant chacune sur T tout entier, alors l'équation (4.1) résulte donc de l'élimination de ζ entre

$$\begin{cases} \text{les } l - r \text{ équations de } V, \\ \text{les } l - q = r + 1 \text{ équations de } x^q : \xi_1.\zeta = \ldots = \xi_{l-q}.\zeta = 0, \end{cases}$$

c'est-à-dire entre $l + 1$ équations homogènes en ζ, à coefficients fonctions de $t, \xi_1, \ldots, \xi_{l-q}$. Plus précisément : le résultant de ce système de $l + 1$ équations homogènes à $l + 1$ inconnues (*voir* [7], chap. XI) est un polynôme de $(t, \xi_1, \ldots, \xi_{l-q})$; vu le lemme 7.1, c'est un polynôme de $(t, \xi_1 \wedge \ldots \wedge \xi_{l-q})$; on le nomme » *forme de Cayley de V* » (*voir* [2]); en l'annulant on obtient l'équation (4.1).

Si V est une composante algébrique d'une intersection complète d'hypersurfaces, alors la forme de Cayley de cette intersection complète se décompose en facteurs, qui sont encore des polynômes de $(t, \xi_1 \wedge \ldots \wedge \xi_{l-q})$, vu le lemme 7.1; le produit de certains d'entre eux est la forme de Cayley de V; c'est-à-dire qu'en annulant ce produit on obtient l'équation (4.1) qui exprime que (t, x^{l-r-1}) coupe V.

Si V se projette sur une hypersurface S de T, alors (t, x^{l-r-1}) s'appuie sur V si et seulement si $t \in S$: l'équation (4.1), qui est alors indépendante de ξ^{l-q}, est celle de S.

Si V se projette par une sous-variété de T de codim > 1, alors aucun q-plan ne s'appuie sur V.

Exemple : si $r = l - 1$ et $q = 0$, c'est-à-dire si V est une hypersurface et (t, x^q) un point (t, x) de $T \times X$, alors ce point s'appuie sur V s'il appartient à V et seulement dans ce cas : la condition d'appui

$$P^0(t, \xi^l) = 0$$

est l'équation de V,

$$P(t, \zeta) = 0,$$

où l'on substitue ξ^l à ζ.

Exemple. — Si $r < -1$, alors aucun q-plan ne s'appuie sur V.

Exemple. — Si $r = -1$, alors les q-plans s'appuyant sur V sont des l-plans (t, X); leur équation $P^l(t) = 0$ est celle de la plus grande hypersurface contenue dans l'ensemble des t tels que $V(t)$ ne soit pas vide.

Définition. — *Si* $q > l - r - 1$, alors l'équation

$$(4.1)_q \qquad P^q(t, \xi_1 \wedge \ldots \wedge \xi_{l-q}) = 0,$$

qui exprime l'appui de (t, x^q) sur V, est l'équation discriminante

$$\operatorname{discr}_{T\times\Xi^{l-q}} P^{q-1}((t, \xi_1 \wedge \ldots \wedge \xi_{l-q} \wedge \xi) = 0$$

de l'équation

$$(4.1)_{q-1} \qquad P^{q-1}(t, \xi_1 \wedge \ldots \wedge \xi_{l-q} \wedge \xi) = 0$$

qui exprime qu'un hyperplan (t, x^{q-1}) de (t, x^q) s'appuie sur V.

Note. — Il serait donc naturel de noter $(4.1)_q$ comme suit :

$$\operatorname{discr}^{q+r-l+1}_{T\times\Xi^{l-q}} P(t, \xi_1 \wedge \ldots \wedge \xi_{l-q} \wedge \hat{\xi}_{l-q+1} \wedge \ldots \wedge \hat{\xi}_{r+1}) = 0,$$

où $P(t, \xi_1 \wedge \ldots \wedge \xi_{r+1})$ est la forme de Cayley de V.

Définition de l'appui d'ordre ρ. — Soit $\rho \in \{0, \ldots, q\}$. Nous dirons que *le q-plan* (t, x^q) *de* $T \times X$ *a sur* V *un appui d'ordre* ρ quand tous ses $(q-\rho)$-plans $(t, x^{q-\rho})$ s'appuient sur V; c'est-à-dire quand t et les coordonnées grassmanniennes ξ^{l-q} de x^q vérifient

$$(4.2)_\rho \qquad P^{q-\rho}(t, \xi^{l-q} \wedge \xi_1 \wedge \ldots \wedge \xi_\rho) = 0, \qquad \forall \xi_1, \ldots, \xi_\rho \in \Xi.$$

Note. — L'appui d'ordre 0 est l'appui; l'appui d'ordre ρ n'est possible que si $\rho \leqq q + r - l + 1$. Une variété V n'a en général aucun q-plan d'appui d'ordre > 0.

LEMME 4. — L'appui d'ordre ρ implique les appuis d'ordres $\rho - 1, \ldots, 0$.

Preuve. — Une équation identiquement vérifiée n'est pas réduite; donc $(4.2)_\rho$ implique

$$\operatorname{discr}_{T\times\Xi^{l-q+\rho-1}} P^{q-\rho}(t, \xi^{l-q} \wedge \xi_1 \wedge \ldots \wedge \xi_{\rho-1} \wedge \hat{\xi}) = 0, \qquad \forall \xi_1, \ldots, \xi_{\rho-1}.$$

Autrement dit : $(4.2)_\rho$ implique $(4.2)_{\rho-1}$.

Exemple. — Supposons que V se projette sur une sous-variété ($\neq T$) de T; soit S la plus grande hypersurface de T contenue dans cette sous-variété; alors (t, x^q) s'appuie sur V si et seulement si $t \in S$ et $q \geqq l - r - 1$; cet appui est d'ordre $q + r - l + 1$.

Les théorèmes qu'énonce le n° 1 et leurs preuves (chapitres I, II, III) n'emploient que l'appui sur une hypersurface; mais l'étude de l'appui sur une hypersurface exige celle de l'appui sur une variété de dimension quelconque; c'est ce que montre la proposition suivante, que le n° 10 (chap. I) prouvera :

PROPOSITION 1. — *Soit V une hypersurface algébrique de $T \times X$; soit V_k une composante algébrique, de dimension homogène, de l'intersection d'un nombre quelconque de composantes algébriques de V. L'appui sur V_k implique l'appui sur V.*

Note 4. — Il existe *d'autres cas où l'appui sur une partie singulière de V implique l'appui sur V;* nous ne les expliciterons pas (*voir* la note 22).

5. Propriétés géométriques de l'appui.

Nous obtiendrons, comme suit, de telles propriétés : nous définirons, par des propriétés locales de géométrie différentielle, les appuis réguliers, semi-réguliers et très réguliers; puis nous relierons (propositions 2 et 3) ces trois nouveaux types d'appui à l'appui que le n° 4 a défini par une propriété globale et algébrique.

Notations. — V sera une sous-variété algébrique *irréductible* de $T \times X$; notons :

$$r = \dim V - \dim T < l,$$

$V(t)$ la projection de $(t, X) \cap V$ sur X;
$x \in V(t)$ signifie donc $(t, x) \in V$.

t sera dit *régulier* quand il sera hors de la plus petite variété algébrique de T hors de laquelle :

1° $V(t)$ a une dimension indépendante de t, qui est r ou -1 (dimension du vide);

2° l'ensemble des hyperplans de X tangents à $V(t)$ *a une dimension* s indépendante de t.

Évidemment : $s \leqq l-1$; si $s \neq l-1$, alors $V(t)$ sera dite *développable.*

Définition. — *Si $V(t)$ est vide* quand t est régulier (en particulier si $r < 0$), alors l'exemple précédent (n° 4) a défini géométriquement les q-plans s'appuyant sur V; nous conviendrons que ces q-plans, s'appuyant sur V, sont les q-plans d'appui régulier, semi-régulier et très régulier.

Supposons $V(t)$ non vide pour t régulier, c'est-à-dire

$$\dim V(t) = r \geqq 0 \quad \text{pour } t \text{ régulier.} \tag{5.1}$$

Soit t régulier; soit x un point régulier de $V(t)$; soit $x^r(x)$ le r-plan de X tangent [6] à $V(t)$ en x. Soit x^{l-1} un hyperplan tangent régulié-

[6] Rappelons qu'un q-plan x^q est tangent à $V(t)$ en x quand

$$x^q \subseteq x^r(x) \quad \text{si } q \leqq r; \qquad x^r(x) \subseteq x^q \quad \text{si } r \leqq q.$$

rement à $V(t)$: x^{l-1} est tangent à $V(t)$ le long d'un $(l-s-1)$-plan $x^{l-s-1}(x^{l-1})$ qui est nommé (7) « plan caractéristique de x^{l-1} ». Si x^{l-1} est tangent à $V(t)$ en x, x et x^{l-1} étant réguliers, alors

$$x \in x^{l-s-1}(x^{l-1}) \subseteq x^{r}(x) \subseteq x^{l-1}.$$

Donc

$$\sup(r, s) \leqq l-1 \leqq r+s. \tag{5.2}$$

Note. — Pour que $l-1 = r+s$, il faut et il suffit que $V(t)$ soit un r-plan.

Note. — Une polarité (8) commute r et s, x et x^{l-1}, $x^{r}(x)$ et $x^{l-s-1}(x^{l-1})$; il résulte du lemme 23.1 qu'elle conserve l'appui régulier sur V, dont voici la définition :

Définition. — Supposons (5.1) vérifié. Alors le q-plan (t, x^{q}) *s'appuie régulièrement sur* V, au point (t, x), quand il satisfait aux trois conditions suivantes :

1° $l-r-1 \leqq q \leqq s$;

2° t est régulier; $x \in x^{q}$; (t, x) est point régulier de V;

3° en ce point, si $l-r \leqq q$, le q-plan tangent à (t, x^{q}) et le $(r + \dim T)$-plan tangent à V ne sont pas en position générale.

Note. — Si $l-r-1 = q$, alors la condition 3° n'existe pas, et il est évident que l'appui régulier implique l'appui.

Note. — Supposons $l-r \leqq q$; la condition 3° signifie que le q-plan tangent à (t, x^{q}) et le $(r + \dim T)$-plan tangent à V ont une intersection de dimension $> q+r-l$. Cette condition s'exprime en annulant $q+r+1-l$ polynômes des coordonnées de ces plans; le second de ces plans est fonction de (t, x), où $x \in x^{q} \cap V(t)$; or $\dim x^{q} \cap V(t) = q+r-l$. En éliminant de ces $q+r+1-l$ équations les $q+r-l$ coordonnées de $x \in x^{q} \cap V(t)$, on obtient *une équation*, que les coordonnées de (t, x^{q}) vérifient donc quand (t, x^{q}) s'appuie régulièrement sur V. La proposition 2 va compléter ce résultat en explicitant une telle équation : celle qui exprime l'appui de (t, x^{q}) sur V.

La définition précédente ne vaut pas quand $q = l$; elle sera alors remplacée par deux autres, l'une moins stricte, l'autre plus stricte :

---

(7) *Voir* la théorie des enveloppes.

(8) Transformation de contact induite par un isomorphisme : $\Xi \leftrightarrow Z$; elle transforme un q-plan de X en un $(l-1-q)$-plan de X.

Définition. — Supposons (5.1) vérifié. Alors le l-plan (t, X) *s'appuie semi-régulièrement sur* V, au point (t, x), quand il satisfait aux deux conditions suivantes :

1° t est régulier; (t, x) est point régulier de V;

2° en ce point, le l-plan tangent à (t, X) et le $(r + \dim T)$-plan tangent à V ne sont pas en position générale.

Voici une définition plus stricte.

Définition. — Supposons (5.1) vérifié. Alors le l-plan (t', X) s'appuie *très régulièrement sur* V, au point (t', x'), quand il satisfait aux deux conditions suivantes :

1° t' est régulier; (t', x') est point régulier de V;

2° X possède des coordonnées locales $(y_1, \ldots, y_l)$ d'origine x' et V possède au voisinage de (t', x') des équations locales holomorphes :

$$(5.3) \quad \begin{cases} F(t, y_1, \ldots, y_{r+1}) = 0, \\ y_h = F_h(t, y_1, \ldots, y_{r+1}), \quad \text{où } h \in \{r+2, \ldots l\}, \end{cases}$$

telles que

$$(5.4) \quad \begin{cases} F(t', y_1, \ldots, y_{r+1}) \equiv 0, \quad F_h(t', y_1, \ldots, y_{r+1}) \equiv 0 \quad (\text{mod}\, y^2), \\ \dfrac{\partial F}{\partial t}(t, y_1, \ldots, y_{r+1}) \neq 0, \quad \text{Hess}_y F(t, y_1, \ldots, y_{r+1}) \neq 0. \end{cases}$$

Note. — $\text{Hess}_y F$ désigne le déterminant $\text{dét}\left(\dfrac{\partial^2 F}{\partial y_i \partial y_j}\right)$ où i, $j \in \{1, \ldots, r+1\}$.

Note. — x' est évidemment point double quadratique de $V(t')$.

Notations. — Dans les deux propositions suivantes, V désignera *une hypersurface* de $T \times X$ et V_k une quelconque des composantes algébriques irréductibles de l'intersection d'un nombre quelconque de composantes algébriques de V; t sera dit régulier quand il sera régulier pour chaque V_k.

Le chapitre IV établira ceci :

PROPOSITION 2. — *Soit (t, x^q) un q-plan s'appuyant sur l'un des V_k, régulièrement si $q < l$, très régulièrement si $q = l$; ce q-plan s'appuie sur V.*

Le chapitre V établira une réciproque partielle :

PROPOSITION 3. — *Supposons ceci : aucun des V_k n'est développable; t est régulier; le q-plan (t, x^q) s'appuie sur V, sans couper la partie singulière d'aucun des V_k. Alors ce q-plan s'appuie sur l'un au moins des V_k régulièrement si $q < l$, semi-régulièrement si $q = l$.*

Cette proposition 3 facilite évidemment l'emploi du théorème 1.

CHAPITRE I.

Appui sur une variété algébrique.

Ce chapitre I emploie les définitions et prouve les propriétés que les n°s 2, 3 et 4 ont énoncées : critère de réduction, lemme 3, proposition 1. En outre, il énonce et établit les propriétés d'appui d'un q-simplexe et d'un q-èdre, qu'emploiera le chapitre II.

6. Preuve du critère de réduction, qu'énonce le n° 2. Ce critère concerne l'équation

$$P(t, \xi) = 0. \tag{6.1}$$

Il est évident quand $P(t, \xi) = 0$, $\forall (t, \xi)$; nous supposerons que cela n'a pas lieu.

1° *Si l'équation* (6.1) *n'est pas réduite* sur T relativement à ξ, alors l'équation en ρ,

$$P(t, \xi + \rho\eta) = 0 \quad (\rho \in \mathbf{C})$$

a évidemment une racine multiple, $\forall (t, \xi, \eta) \in T \times \Xi \times \Xi$ tel que $P(t, \eta) \neq 0$; le discriminant, relatif à ρ, de son premier membre est donc nul :

$$\operatorname{discr} P(t, \xi + \hat{\rho}\eta) = 0 \quad \forall (t, \xi, \eta) \in T \times \Xi \times \Xi. \tag{6.2}$$

2° *Réciproquement,* supposons donné $\eta \in \Xi$ tel que

$$P(t, \eta) \neq 0 \text{ pour } t \text{ générique},$$
$$\operatorname{discr} P(t, \xi + \hat{\rho}\eta) = 0, \quad \forall (t, \xi) \in T \times \Xi.$$

Choisissons des coordonnées telles que

$$\eta = (1, 0, \ldots, 0);$$

notons $(w_0, w_1, \ldots, w_l)$ les coordonnées de ξ; l'équation en w_0,

$$P(t, w_0, w_1, \ldots, w_l) = 0$$

a donc au moins une racine double, $\forall t \in T$, $w_1, \ldots, w_l \in \mathbf{C}$, tels que $P(t, \eta) \neq 0$; les polynômes en w_0,

$$P(t, w_0, w_1, \ldots, w_l), \quad \frac{\partial P}{\partial w_0}(t, w_0, w_1, \ldots, w_l)$$

ont donc un facteur commun, de degré > 0 en w_0, dans l'algèbre des polynômes en w_0, sur le corps des fonctions rationnelles de $t, w_1, \ldots, w_l$: leur plus grand commun diviseur, qui s'obtient par division de polynômes en w_0. On sait (*voir* [7], t. 1, chap. IV, n° 23, Hilfsatz 2) qu'à toute décomposition d'un polynôme de $(t, w_0, \ldots, w_l)$ en facteurs dans cette algèbre correspond une décomposition en facteurs, ayant les mêmes degrés en w_0, dans l'algèbre des polynômes de $(t, w_0, \ldots, w_l)$. Les polynômes

$$P(t, w_0, \ldots, w_l), \quad \frac{\partial P}{\partial w_0}(t, w_0, \ldots, w_l)$$

ont donc des facteurs communs qui sont des polynômes de $(t, w_0, \ldots, w_l)$ dont le degré en w_0 est > 0; il en existe d'irréductibles; soit $p(t, w_0, \ldots, w_l)$ l'un d'eux; il est facteur de

$$P = p.q \qquad \text{et} \qquad \frac{\partial P}{\partial w_0} - p.\frac{\partial q}{\partial w_0} = q\frac{\partial p}{\partial w_0},$$

sans pouvoir être facteur de $\frac{\partial p}{\partial w_0}$, dont le degré en w_0 est moindre; il est donc facteur de q; il est donc facteur multiple de P : l'équation (6.1) n'est donc pas réduite sur T, relativement à ξ.

Nous avons ainsi prouvé le critère de réduction qu'énonce le n° 2; rappelons que ce critère prouve le lemme 2, qui sert à définir (n° 2) l'équation discriminante.

7. Preuve du lemme 3.

Notons a la substitution unimodulaire

$$(7.1) \qquad a: \quad \{\xi_j\} \to \left\{\xi'_j = \sum_i a^i_j \xi_i\right\},$$

où $i, j \in \{1, \ldots, l-q\}$, $a^i_j \in \mathbf{C}$, $\text{dét}(a^i_j) = 1$, ξ_j, $\xi'_j \in \Xi$.

Lemme. — Pour que le polynôme $P(t, \xi_1, \ldots, \xi_{l-q})$ vérifie la relation, où $\chi(a)$ est une fonction numérique de a :

$$(7.2) \qquad P(t, \xi_1, \ldots, \xi_{l-q}) = \chi(a)\, P(t, \xi'_1, \ldots, \xi'_{l-q}),$$

$\forall \xi_j, \xi'_j, a$ vérifiant (7.1), il faut et suffit que chacun des facteurs irréductibles de $P(t, \xi_1, \ldots, \xi_{l-q})$ soit un polynôme de $(t, \xi_1 \wedge \ldots \wedge \xi_{l-q})$, au sens du n° 3.

Note. — P sera donc un tel polynôme, et l'on aura $\chi(a) = 1$.

Preuve. — Soit

$$P(t, \xi_1, \ldots, \xi_{l-q}) = \prod_\alpha P_\alpha(t, \xi_1, \ldots, \xi_{l-q})$$

la décomposition de P en facteurs irréductibles; (7.2) implique évidemment :

$$P_\alpha(t, \xi_1, \ldots, \xi_{l-q}) = \chi_\alpha(a)\, P_\alpha(t, \xi'_1, \ldots, \xi'_{l-q}),$$

$\forall a$ suffisamment voisin de l'identité, donc $\forall a$. Évidemment :

$$\chi_\alpha(a.a') = \chi_\alpha(a).\chi_\alpha(a');$$

χ_α est donc un caractère du groupe linéaire unimodulaire; ce groupe étant simple a pour seul caractère

$$\chi(a) = 1, \qquad \forall a.$$

Donc (7.2) implique ceci : chaque facteur P_α de P est invariant; autrement dit :

$$P_\alpha(t, \xi_1, \ldots, \xi_{l-q}) = P_\alpha(t, \xi'_1, \ldots, \xi'_{l-q})$$

quand il existe une substitution unimodulaire a vérifiant (7.1), c'est-à-dire quand

$$\xi_1 \wedge \ldots \wedge \xi_{l-q} = \xi'_1 \wedge \ldots \wedge \xi'_{l-q}.$$

Donc (7.2) implique ceci : chaque $P_\alpha(t, \xi_1, \ldots, \xi_{l-q})$ est fonction des seules variables $(t, \xi_1 \wedge \ldots \wedge \xi_{l-q})$; c'est-à-dire : chaque P_α est un polynôme de $(t, \xi_1 \wedge \ldots \wedge \xi_{l-q})$, au sens du n° 3.

Le lemme précédent a pour conséquence évidente les deux lemmes suivants :

LEMME 7.1. — Pour que toute substitution linéaire (7.1) laisse invariante une équation

$$P(t, \xi_1, \ldots, \xi_{l-q}) = 0,$$

où P est un polynôme de $(t, \xi_1, \ldots, \xi_{l-q})$, il faut et suffit que P soit un polynôme de $(t, \xi_1 \wedge \ldots \wedge \xi_{l-q})$.

LEMME 7.2. — Soit une équation

$$P(t, \xi_1 \wedge \ldots \wedge \xi_{l-q} \wedge \xi) = 0,$$

dont le premier membre est un polynôme de $(t, \xi_1 \wedge \ldots \wedge \xi_{l-q} \wedge \xi)$. Toute équation équivalente est du même type.

Le *lemme* 3 résulte évidemment du lemme 7.2 et de la définition de l'équation discriminante.

Rappelons que le n° 4 emploie le lemme 7.1 et ce lemme 3, pour définir l'appui. Nous allons maintenant déduire de cette définition quelques propriétés de l'appui.

8. **Les propriétés des équations réduites** que nous allons établir seront transformées par le n° 9 en propriétés des équations discriminantes, puis, par les nos 10 et 11, en propriétés de l'appui.

LEMME 8.1. — Supposons ceci :

— le polynôme $p(t, \xi)$ divise le polynôme $P(t, \xi)$;

— l'équation $P(t, \xi) = 0$ est réduite sur T relativement à ξ.

Alors l'équation $p(t, \xi) = 0$ l'est aussi.

Preuve. — Si l'équation $p=0$ ne l'était pas, alors, par définition (n° 2, 1°), le polynôme $p(t, \xi)$ aurait un facteur multiple de degré >0 en ξ; donc $P(t, \xi)$ aussi; l'équation $P=0$ ne serait donc pas réduite.

On prouve de même ceci :

Lemme 8.2. — Pour que l'équation $\prod_\alpha P_\alpha(t, \xi)=0$ soit réduite sur T relativement à ξ, il faut et suffit que les deux conditions suivantes soient simultanément vérifiées :

— chacune des équations $P_\alpha(t, \xi)=0$ est réduite sur T relativement à ξ;

— il n'existe pas de polynôme $p(t, \xi)$, homogène en ξ et de degré >0, qui divise deux des $P_\alpha(t, \xi)$.

L'application du lemme 8.2 est aisée dans le cas suivant :

Lemme 8.3. — Soit un polynôme

$$P(t, \xi_1, \ldots, \xi_q, \xi)=\prod_\alpha P_\alpha(t, \xi^\alpha \wedge \xi),$$

où

$$\xi_1, \ldots, \xi_q, \xi \in \Xi, \qquad \xi^\alpha=\xi_{\alpha_1} \wedge \ldots \wedge \xi_{\alpha_{|\alpha|}}, \qquad 1 \leqq \alpha_1<\ldots<\alpha_{|\alpha|} \leqq q,$$

les $\alpha=\{\alpha_1, \ldots, \alpha_{|\alpha|}\}$ étant tous distincts.

1° Pour que l'équation $P(t, \xi_1, \ldots, \xi_q, \xi)=0$ soit réduite sur $T \times \Xi^q$ relativement à ξ, il faut et suffit que chacune des équations $P_\alpha(t, \xi^\alpha \wedge \xi)=0$ soit réduite sur $T \times \Xi^{|\alpha|}$ relativement à ξ.

2° Les points $(t, \xi_1, \ldots, \xi_q)$ de $T \times \Xi^q$ sur lesquels l'équation $P(t, \xi_1, \ldots, \xi_q, \xi)=0$ n'est pas réduite relativement à ξ appartiennent à l'ensemble des points $(t, \xi_1, \ldots, \xi_q)$ sur lesquels :

ou bien l'une des équations $P_\alpha(t, \xi^\alpha \wedge \xi)=0$ n'est pas réduite relativement à ξ;

ou bien l'une des équations suivantes est vérifiée :

$$(8.1) \quad P_\alpha(t, \xi^\alpha \wedge \xi_j)=0, \qquad \text{où } j \in\{1, \ldots, q\}, \quad \notin\{\alpha_1, \ldots, \alpha_{|\alpha|}\}.$$

Preuve. — Ce lemme est évident quand l'un des polynômes P_α est identiquement nul. Écartons ce cas. Donc $|\alpha| \leqq l$.

Preuve de 2°. — Supposons qu'il existe un point $(t, \xi_1, \ldots, \xi_q)$ de $T \times \Xi^q$ sur lequel l'équation $P(t, \xi_1, \ldots, \xi_q, \xi)=0$ n'est pas réduite relativement à ξ, alors que chacune des équations $P_\alpha(t, \xi^\alpha \wedge \xi)=0$ est réduite sur ce point relativement à ξ. Vu le lemme 8.2, il existe deux valeurs β et $\gamma(|\gamma| \leqq|\beta|)$ de α, telles que, en ce point, $P_\beta(t, \xi^\beta \wedge \xi)$ et $P_\gamma(t, \xi^\gamma \wedge \xi)$ aient un facteur commun $p(\xi)$, homogène en ξ et de degré >0. Choisissons pour vecteurs de base $\xi_{\beta_1}, \ldots, \xi_{\beta_{|\beta|}}, \ldots$; $P_\beta(t, \xi^\beta \wedge \xi)$, donc $p(\xi)$ ne dépend pas des $|\beta|$ premières coordonnées de ξ; donc

$$p(\xi_{\beta_j}) = 0 \quad \text{et} \quad P_\gamma(t, \xi^\gamma \wedge \xi_{\beta_j}) = 0, \quad \forall \beta_j.$$

Or l'ensemble β des β_j n'est pas contenu dans l'ensemble γ des γ_k car $\beta \neq \gamma$ et $|\gamma| \leqq |\beta|$. L'une des équations (8.1) est donc vérifiée.

Preuve de 1°. — Supposons chacune des équations $P_\alpha(t, \xi^\alpha \wedge \xi) = 0$ réduite sur $T \times \Xi^q$ relativement à ξ : les points $(t, \xi_1, \ldots, \xi_q)$ de $T \times \Xi^q$ sur lesquels l'une des équations $P_\alpha = 0$ n'est pas réduite relativement à ξ et ceux sur lesquels l'une des équations (8.1) est vérifiée constituent une sous-variété algébrique de $T \times \Xi^q$; d'après 2°, hors de cette sous-variété, l'équation $P(t, \xi_1, \ldots, \xi_q, \xi) = 0$ est réduite relativement à ξ; vu le lemme 2, 1° (localisation), cette équation est donc réduite sur $T \times \Xi^q$ relativement à ξ.

Réciproquement, vu le lemme 8.1, cette dernière propriété implique que chacune des équations $P_\alpha(t, \xi^\alpha \wedge \xi) = 0$ est réduite sur $T \times \Xi^q$ relativement à ξ.

C. Q. F. D.

9. Propriétés des équations discriminantes.

Lemme 9.1 (facteur). — Supposons que

$$p(t, \xi) = 0 \quad \text{implique} \quad P(t, \xi) = 0;$$

alors

$$\operatorname{discr}_T p(t, \hat{\xi}) = 0 \quad \text{implique} \quad \operatorname{discr}_T P(t, \hat{\xi}) = 0.$$

Preuve. — Ce lemme est une conséquence évidente du lemme 8.1, dans le cas particulier où les équations $p(t, \xi) = 0$ et $P(t, \xi) = 0$ sont réduites sur T relativement à ξ. Le cas général se ramène à ce cas particulier en remplaçant ces deux équations par des équations réduites équivalentes.

Lemme 9.2 (produit). — Soit un polynôme

$$P(t, \xi_1, \ldots, \xi_q, \xi) = \prod_\alpha P_\alpha(t, \xi^\alpha \wedge \xi),$$

où

$$\xi_1, \ldots, \xi_q, \xi \in \Xi, \qquad \xi^\alpha = \xi_{\alpha_1} \wedge \ldots \wedge \xi_{\alpha_{|\alpha|}} \qquad 1 \leqq \alpha_1 < \ldots < \alpha_{|\alpha|} \leqq q,$$

les $\alpha = \{\alpha_1, \ldots, \alpha_{|\alpha|}\}$ étant tous distincts. L'équation

$$\operatorname{discr}_{T \times \Xi^q} P(t, \xi_1, \ldots, \xi_q, \hat{\xi}) = 0$$

implique l'équation

$$\prod_{\alpha} \operatorname{discr}_{T\times\Xi^q} P_\alpha(t, \xi^\alpha \wedge \xi) \cdot \prod_{\alpha, j} P_\alpha(t, \xi^\alpha \wedge \xi_j) = 0,$$

où $j \in \{1, \ldots, q\}$, $\notin \{\alpha_1, \ldots, \alpha_{|\alpha|}\}$.

Preuve. — Ce lemme est une conséquence évidente du lemme 8.3, dans le cas particulier où chacune des équations $P_\alpha(t, \xi^\alpha \wedge \xi) = 0$ est réduite sur $T\times\Xi^{|\alpha|}$ relativement à ξ. Le cas général se ramène à ce cas particulier en remplaçant ces équations par des équations réduites équivalentes, compte tenu du lemme 7.2.

10. L'appui sur une hypersurface réductible.

Nous allons déduire la proposition 1 du lemme 9.1 et du suivant.

Notations. — V désignera une sous-variété algébrique de $T\times X$, dont toutes les composantes ont la même dimension $r + \dim T$.

LEMME 10.1. — Soit $V = V_0 \cup V_1$, V_1 étant une réunion de composantes algébriques de V dont la projection $\mathrm{pr}_T V_1$ sur T est de codim $\geqq 1$, V_0 étant la réunion des autres composantes algébriques de V.

1° Pour que le q-plan (t, x^q) s'appuie sur V, il faut et suffit qu'il s'appuie sur V_0 ou sur V_1.

2° Pour que (t, x^q) s'appuie sur V_1, il faut et suffit que $l - r - 1 \leqq q$ et que t appartienne à la plus grande hypersurface algébrique contenue dans $\mathrm{pr}_T V_1$.

Preuve. — Soit $P_1(t) = 0$ l'équation de cette hypersurface; soit $p_0^q(t, \xi^{l-q}) = 0$ une équation polynomiale exprimant que (t, x^q) s'appuie sur V_0; il s'agit de prouver qu'on peut choisir

$$P^q(t, \xi^{l-q}) = P_1(t) . P_0^q(t, \xi^{l-q}).$$

C'est évident pour $q = l - r - 1$. C'est donc vrai $\forall q$, par récurrence sur q, vu la propriété évidente de l'équation discriminante :

$$\operatorname{discr}_T P_1(t) P(t, \xi) = P_1(t) \operatorname{discr}_T P(t, \xi).$$

LEMME 10.2. — Tout q-plan (t, x^q) s'appuyant sur une composante algébrique V_k de V s'appuie sur V.

Preuve. — Soit $P_k^q(t, \xi^{l-q}) = 0$ une équation exprimant que (t, x^q) s'appuie sur V_k; il s'agit de prouver que

$$P_k^q(t, \xi^{l-q}) = 0 \quad \text{implique} \quad P^q(t, \xi^{l-q}) = 0.$$

C'est évident pour $q = l - r - 1$. C'est donc vrai $\forall q$, par récurrence sur q, vu le lemme 9.1.

Notons (n° 5) $V(t)$ la projection de $(t, X) \cap V$ sur X.

LEMME 10.3. — Supposons $r \geqq 0$. Soit V' une sous-variété algébrique singulière de V telle que :

1° $\dim V' = \dim V - 1$;

2° tout point de $(t, x^{l-r}) \cap V'$ est point multiple de l'intersection $(t, x^{l-r}) \cap V$; cela signifie qu'après avoir déplacé légèrement (t, x^{l-r}), de façon qu'il devienne générique, on a, au voisinage de ce point multiple, plusieurs points de

$$(t, x^{l-r}) \cap V.$$

Alors tout q-plan s'appuyant sur V' s'appuie sur V.

Preuve pour $q = l - r$. — Notons $\xi^r \wedge \xi$ les coordonnées grassmanniennes d'un $(l-r-1)$-plan de X : x^{l-r-1}. La condition que (t, x^{l-r-1}) s'appuie sur V, c'est-à-dire

$$P^{l-r-1}(t, \xi^r \wedge \xi) = 0$$

signifie que x^{l-r-1} coupe $V(t)$; elle signifie donc ceci : le $(l-1)$-plan x^{l-1}, de coordonnées homogènes ξ, contient l'un des points où $V(t)$ coupe le $(l-r)$-plan x^{l-r} de coordonnées grassmanniennes ξ^r. Vu la définition de l'équation discriminante (n° 2), l'équation

$$\operatorname{discr}_{T \times \Xi^r} P(t, \xi^r \wedge \hat{\xi}) = 0$$

est donc l'équation de la plus grande hypersurface algébrique de $T \times \Gamma^{l-r}(X)$ contenue dans l'ensemble des (t, x^{l-r}) vérifiant la condition suivante :

l'intersection $(t, x^{l-r}) \cap V$ contient un point multiple.

Or les (t, x^{l-r}) s'appuyant sur V' vérifient cette condition, et leur ensemble est une hypersurface algébrique.

C. Q. F. D.

Preuve pour $q > l - r$. — Soit $P'^q(t, \xi^{l-q}) = 0$ une équation exprimant que (t, x^q) s'appuie sur V'; il s'agit de prouver que

$$P'^q(t, \xi^{l-q}) = 0 \quad \text{implique} \quad P^q(t, \xi^{l-q}) = 0.$$

Nous venons de le prouver pour $q = l - r$. C'est donc vrai $\forall q$, par récurrence sur q, vu le lemme 9.1.

Rappelons la proposition que nous voulons prouver (*voir* n° 1).

Proposition 1. — Soit V une hypersurface algébrique de $T \times X$; soit V_k une composante algébrique, de dimension homogène, de l'intersection d'un nombre quelconque de composantes algébriques de V. L'appui sur V_k implique l'appui sur V.

Preuve. — Notons :

V^r_{*k} tout V_k irréductible de dimension r;
V^r_{1k} tout V^r_{*k} dont la projection sur T est de codimension $\geqq 1$;
V^r_{2k} tout V^r_{1k} appartenant à l'un des V^{r+1}_{1h};
V^r_{0k} tout V^r_{*k} qui n'est pas un V^r_{2k};

$$V^r = \bigcup_k V^r_{*k}; \qquad V^r_i = \bigcup_k V^r_{ik}, \qquad \text{où} \quad i \in \{0, 1, 2\}.$$

Les hypothèses du lemme 10.3 sont évidemment vérifiées quand on y remplace V et V' par V^{r+1} et V^r_0; donc

(10.1) tout q-plan (t, x^q) s'appuyant sur V^r_0 s'appuie sur V^{r+1}.

Soit (t, x^q) un q-plan s'appuyant sur V^r_2. D'une part $l - r - 1 \leqq q$. D'autre part, vu le lemme 10.1 2°, $t \in$ hypersurface $\subset \mathrm{pr}_T V^r_2$; or $V^r_2 \subset V^{r+1}_1$; d'où $t \in$ hypersurface $\subset \mathrm{pr}_T V^{r+1}_1$. Donc, vu ce lemme 10.1, (t, x^q) s'appuie sur V^{r+1}; ainsi

(10.2) tout q-plan (t, x^q) s'appuyant sur V^r_2 s'appuie sur V^{r+1}.

Vu ce même lemme, tout q-plan s'appuyant sur V^r s'appuie sur V^r_0 ou sur V^r_2; donc, vu (10.1) et (10.2) : tout q-plan s'appuyant sur V^r s'appuie sur V^{r+1}, donc sur $V^{l-1} = V$. Vu le lemme 10.2, tout q-plan s'appuyant sur l'une des composantes algébriques de l'un des V^r, c'est-à-dire sur l'un des V_k, s'appuie donc sur V.

C. Q. F. D.

11. **L'appui d'un q-simplexe et l'appui d'un q-èdre sur** V vont être définis; leurs propriétés, qu'emploiera le chapitre II, vont être énoncées et prouvées en s'aidant du lemme 9.2.

Soit S^q *un q-simplexe de* X; supposons-le *non dégénéré*, c'est-à-dire à sommets distincts. Définissons-le par la donnée :

— de son q-plan, x^q, qui est un q-plan de X,
— de ses faces x^{q-1}_h, où $h \in \{0, \ldots, q\}$, qui sont des $(q-1)$-plans de x^q, sans point commun.

Nommons coordonnées grassmanniennes de S^q l'ensemble :

— des coordonnées grassmanniennes ξ^{l-q} de son q-plan x^q,
— des coordonnées grassmanniennes ξ^{l-q+1}_h de ses faces x^{q-1}_h.

Il existe $l+1$ vecteurs $\xi_0, \ldots, \xi_l \in \Xi$ tels que

$$(11.1)\quad \left\{\begin{array}{l} \xi_h^{l-q+1} = \xi_h \wedge \xi^{l-q}, \quad \text{où } h \in \{0, \ldots, q\}, \qquad \xi^{l-q} = \xi_{q+1} \wedge \ldots \wedge \xi_l, \\ \xi_0 \wedge \ldots \wedge \xi_l \neq 0; \end{array}\right.$$

ξ_h est défini mod $(\xi_{q+1}, \ldots, \xi_l)$ quand $h \in \{0, \ldots, q\}$; $\xi_{q+1}, \ldots, \xi_l$ sont définis à une substitution linéaire près.

Les r-arêtes de S^q sont les r-plans x^r de coordonnées grassmanniennes

$$\xi_{h_1} \wedge \ldots \wedge \xi_{h_{q-r}} \wedge \xi^{l-q} \quad \text{où} \quad 0 \leqq h_1 < \ldots < h_{q-r} \leqq q, \quad r \in \{0, \ldots, q\}.$$

Rappelons que S^q a pour q-arête son q-plan, pour $(q-1)$-arêtes ses faces, pour 0-arêtes ses sommets.

Définition. — Soit V une hypersurface algébrique de $T \times X$; nous dirons que *le q-simplexe (t, S^q) de $T \times X$ s'appuie sur V* quand l'une au moins des ses arêtes (t, x^r) s'appuie sur V; cet appui s'exprime donc par l'équation

$$(11.2)\qquad P_V^q(t, \xi_0, \ldots, \xi_q, \xi^{l-q}) = 0,$$

où P_V^q est le polynôme de $(t, \xi_0, \ldots, \xi_q, \xi_{q+1} \wedge \ldots \wedge \xi_l)$:

$$(11.3)\quad \begin{aligned} & P_V^q(t, \xi_0, \ldots, \xi_q, \xi^{l-q}) \\ &= \prod_h P^0(t, \xi_0 \wedge \ldots \hat{\xi}_h \ldots \wedge \xi_q \wedge \xi^{l-q}) \times \ldots \\ &\quad \times \prod_{i<j} P^{q-2}(t, \xi_i \wedge \xi_j \wedge \xi^{l-q}) \\ &\quad \times \prod_j P^{q-1}(t, \xi_j \wedge \xi^{l-q}) \times P^q(t, \xi^{l-q}); \end{aligned}$$

$h, \ldots, i, j \in \{0, \ldots, q\}$; $\hat{}$ supprime ξ_h.

Notons S_0^{q-1} le sous-simplexe de S^q de coordonnées grassmanniennes

$$\xi_h \wedge \xi^{l-q} \wedge \xi_0, \qquad \xi^{l-q} \wedge \xi_0, \qquad \text{où} \quad h \in \{1, \ldots, q\}.$$

Le q-èdre de S^q opposé à S_0^{q-1} est constitué par :

— le q-plan x^q de S^q,

— les faces x_h^{q-1} de S^q telles que $h \in \{1, \ldots, q\}$.

Les coordonnées grassmanniennes de ce q-èdre sont :

$$(11.4)\quad \left\{\begin{array}{l} \xi_h^{l-q+1} = \xi_h \wedge \xi^{l-q}, \qquad \text{où} \quad h \in \{1, \ldots, q\}, \\ \xi^{l-q} = \xi_{q+1} \wedge \ldots \wedge \xi_l. \end{array}\right.$$

Ses faces se coupent au sommet de S^q opposé à S_0^{q-1}, sommet dont les coordonnées homogènes sont $\xi_1 \wedge \ldots \wedge \xi_q \wedge \xi^{l-q}$. Les arêtes de ce

q-èdre sont les r-plans de coordonnées grassmanniennes

$$\xi_{h_1} \wedge \ldots \wedge \xi_{h_{q-r}} \wedge \xi^{l-q}, \qquad \text{où} \quad 1 \leqq h_1 < \ldots < h_{q-r} \leqq q, \qquad r \in \{0, \ldots, q\}.$$

Les arêtes de S^q sont donc celles de S_0^{q-1} et celles de son q-èdre opposé.

Définition. — Nous dirons que *le q-èdre opposé à* (t, S_0^{q-1}) *dans* (t, S^q) *s'appuie sur* V quand l'une au moins de ses arêtes s'appuie sur V; cet appui s'exprime donc par une équation

$$(11.5) \qquad P_V^q(t, \xi_1, \ldots, \xi_q, \xi^{l-q}) = 0,$$

où P_V^q est le polynôme de $(t, \xi_1, \ldots, \xi_q, \xi_{q+1} \wedge \ldots \wedge \xi_l)$:

$$(11.6) \quad P_V^q(t, \xi_1, \ldots, \xi_q, \xi^{l-q})$$
$$= P_V^q(t, \xi_0, \xi_1, \ldots, \xi_q, \xi^{l-q}) / P_V^{q-1}(t, \xi_1, \ldots, \xi_q, \xi^{l-q} \wedge \xi_0)$$
$$= \pm P^0(t, \xi_1 \wedge \ldots \wedge \xi_q \wedge \xi^{l-q}) \times \ldots$$
$$\times \prod_{i<j} P^{q-2}(t, \xi_i \wedge \xi_j \wedge \xi^{l-q})$$
$$\times \prod_j P^{q-1}(t, \xi_j \wedge \xi^{l-q}) \times P^q(t, \xi^{l-q});$$

$i, j, \ldots \in \{1, \ldots, q\}$.

Voici les propriétés de l'appui des q-simplexes et des q-èdres :

LEMME 11.1. — Le q-èdre de S^q opposé au sous-simplexe S_0^{q-1} de S^q s'appuie sur V quand il vérifie l'équation discriminante de l'équation d'appui de S_0^{q-1} sur V. En d'autres termes plus précis : l'équation

$$(11.7) \qquad \operatorname{discr}_{T \times \Xi^l} P_V^{q-1}(t, \xi_1, \ldots, \xi_q, \xi^{l-q} \wedge \xi) = 0,$$

où $\xi^{l-q} = \xi_{q+1} \wedge \ldots \wedge \xi_l$, implique (11.5).

Preuve. — Vu la définition (11.3), on a

$$P_V^{q-1}(t, \xi_1, \ldots, \xi_q, \xi^{l-q} \wedge \xi)$$
$$= \prod_h P^0(t, \xi_1 \wedge \ldots \hat{\xi}_h \ldots \wedge \xi_q \wedge \xi^{l-q} \wedge \xi) \times \ldots$$
$$\times \prod_{i<j} P^{q-3}(t, \xi_i \wedge \xi_j \wedge \xi^{l-q} \wedge \xi)$$
$$\times \prod_j P^{q-2}(t, \xi_j \wedge \xi^{l-q} \wedge \xi) \times P^{q-1}(t, \xi^{l-q} \wedge \xi),$$

où $h \ldots, i, j \in \{1, \ldots, q\}$, $\xi^{l-q} = \xi_{q+1} \wedge \ldots \wedge \xi_l$.

L'équation (11.7) implique donc, vu le lemme 9.2 et la définition $P^r = \operatorname{discr} P^{r-1}$ (n° 4), l'équation

$$P^0(t, \xi_1 \wedge \ldots \wedge \xi_q \wedge \xi^{l-q}) \times \prod_h P^1(t, \xi_1 \wedge \ldots \hat{\xi}_h \ldots \xi_q \wedge \xi^{l-q}) \times \ldots$$
$$\times \prod_{i<j} P^{q-2}(t, \xi_i \wedge \xi_j \wedge \xi^{l-q}) \times \prod_j P^{q-1}(t, \xi_j \wedge \xi^{l-q}) \times P^q(t, \xi^{l-q}) = 0,$$

où $h, \ldots, i, j \in \{1, \ldots, q\}$. Or cette équation est l'équation (11.5).

LEMME 11.2. — *Le q-èdre de S^q, opposé au sous-simplexe S_0^{q-1} de S^q, s'appuie sur V quand S_0^{q-1} vérifie l'équation d'appui lorsque ses sommets se confondent. En d'autres termes plus précis : la condition*

$$(11.8) \qquad \begin{cases} P_V^{q-1}(t, \xi_1, \ldots, \xi_q, \xi^{l-q} \wedge \xi) = 0, \\ \forall \xi \text{ tel que } \xi_1 \wedge \ldots \wedge \xi_q \wedge \xi^{l-q} \wedge \xi = 0, \end{cases}$$

implique (11.5).

Preuve. — L'hypothèse (11.8) implique que l'une au moins des équations suivantes est vérifiée, $\forall \xi$ tel que $\xi_1 \wedge \ldots \wedge \xi_q \wedge \xi^{l-q} \wedge \xi = 0$:

$$\begin{aligned} &P^0(t, \xi_1 \wedge \ldots \hat{\xi}_h \ldots \wedge \xi_q \wedge \xi^{l-q} \wedge \xi) = 0, \\ &\ldots\ldots\ldots\ldots\ldots\ldots\ldots\ldots\ldots\ldots\ldots, \\ &P^{q-3}(t, \xi_i \wedge \xi_j \wedge \xi^{l-q} \wedge \xi) = 0 \qquad (i<j), \\ &P^{q-2}(t, \xi_j \wedge \xi^{l-q} \wedge \xi) = 0, \\ &P^{q-1}(t, \xi^{l-q} \wedge \xi) = 0, \end{aligned}$$

où $h, \ldots, i, j \in \{1, \ldots, q\}$. Cette équation est en particulier vérifiée pour $\xi \in \{\xi_1, \ldots, \xi_q\}$. L'une au moins des équations suivantes est donc vérifiée :

$$\begin{aligned} &P^0(t, \xi_1 \wedge \ldots \wedge \xi_q \wedge \xi^{l-q}) = 0, \\ &\ldots\ldots\ldots\ldots\ldots\ldots\ldots\ldots, \\ &P^{q-3}(t, \xi_h \wedge \xi_i \wedge \xi_j \wedge \xi^{l-q}) = 0 \qquad (h<i<j), \\ &P^{q-2}(t, \xi_i \wedge \xi_j \wedge \xi^{l-q}) = 0 \qquad (i<j), \\ &P^{q-1}(t, \xi_i \wedge \xi^{l-q}) = 0, \end{aligned}$$

où $h, \ldots, i, j \in \{1, \ldots, q\}$. Vu la définition (11.6) de P_V^q, l'équation (11.5) est donc vérifiée.

CHAPITRE II.

Intégrale sur un simplexe.

Le chapitre II définit l'intégrale $\int_{S^q} \omega(t, \zeta)$; il prouve que, si ω est à support singulier algébrique, alors cette intégrale est une fonction à support singulier algébrique de t et des coordonnées homogènes des sommets de S^q; il détermine ce support singulier.

12. Le germe de $\int_{S^q} \omega(t, \zeta)$.

Soit $\omega(t, \zeta)$ une q-forme différentielle de $\zeta \in Z$, homogène de degré nul, à coefficients fonctions de $t \in T$; nous la supposons holomorphe quand l'image (t, x) de (t, ζ) est voisine d'un point donné $(t', x') \in T \times X$.

Soit S^q un q-simplexe de X; nous le dirons voisin de x' quand ses sommets seront voisins de x'; nous le supposerons orienté; cette orientation oriente ses $(q-1)$-sous-simplexes S_h^{q-1} en sorte que son bord soit

$$\partial S^q = S_0^{q-1} + \ldots + S_q^{q-1}.$$

Soit T^q un q-simplexe réel de R^q; soit une application continûment différentiable

$$f: \quad T^q \to x^q$$

appliquant T^q dans le q-plan x^q de S^q et chaque face de T^q dans une face de S^q, l'orientation étant conservée; $f(T^q)$ est donc une chaîne singulière de X; plus précisément, c'est un cycle singulier du q-plan x^q de S^q relatif à la réunion $\bigcup_h x_h^{q-1}$ des faces de S^q.

Définissons, pour t voisin de t', S^q et $f(T^q)$ voisins de x' :

$$J[t, S^q, \omega] = \int_{f(T^q)} \omega(t, \zeta); \tag{12.1}$$

en apparence, J dépend du choix de f.

La restriction de $\omega(t, \zeta)$ à x^q (à x_h^{q-1}) est fermée (est nulle), puisque c'est une q-forme holomorphe de x; soient

$$\xi_0 \wedge \xi^{l-q}, \quad \ldots, \quad \xi_q \wedge \xi^{l-q}, \quad \xi^{l-q} = \xi_{q+1} \wedge \ldots \wedge \xi_l \tag{12.2}$$

les coordonnées grassmanniennes de S^q quand il n'est pas dégénéré (nº 11). La formule de dérivation de l'intégrale (*voir* [3], nº 10, théor. 3) donne, pour toute forme $L(\xi, \zeta)$, bilinéaire en $\xi \in \Xi$ et $\zeta \in Z$:

$$L\left(\xi_0, \frac{\partial}{\partial \xi_0}\right) J[t, S^q, \omega] = \int_{f(T_0^{q-1})} L(\xi_0, \zeta) \frac{\omega(t, \zeta)}{\xi_0 . d\zeta}$$

où :

T_0^{q-1} est un $(q-1)$-sous-simplexe de T^q,

$f(T_0^{q-1})$ appartient à la face x_0^{q-1} de S^q de coordonnées $\xi_0 \wedge \xi^{l-q}$.

$L(\xi_0, \zeta) \left.\dfrac{\omega(t, \zeta)}{\xi_0 . d\zeta}\right|_{x_0^{q-1}}$ est la forme résidu de $L(\xi_0, \zeta) \dfrac{\omega(t, \zeta)}{\xi_0 . \zeta}$.

On peut donc calculer $J[t, S^q, \omega]$ par l'intégration que voici :

$$(12.3)_q \quad \begin{cases} L\left(\xi_0, \dfrac{\partial}{\partial \xi_0}\right) J[t, S^q, \omega] = J\left[t, S_0^{q-1}, L(\xi_0, \zeta)\dfrac{\omega(t, \zeta)}{\xi_0 . d\zeta}\right], \\ \lim J[t, S^q, \omega] = 0 \quad \text{quand (9)} \quad \lim \xi_0 \wedge \ldots \wedge \xi_l = 0, \qquad q > 0; \end{cases}$$

$$(12.3)_0 \quad \begin{cases} J[t, S^0, \omega] = \omega(t, S^0) \quad \text{quand} \quad q = 0 \\ [\omega \text{ est alors une fonction de } (t, x)]. \end{cases}$$

De (12.3) résulte, par récurrence sur q, ceci [10] : la fonction $J[t, S^q, \omega]$ est indépendante du choix de f. C'est pourquoi nous la noterons

$$(12.4) \qquad J[t, S^q, \omega] = \int_{S^q} \omega(t, \zeta).$$

D'après ce qui précède, elle a les propriétés suivantes :

Lemme 12. — $\int_{S^q} \omega(t, \zeta)$ est définie par (12.1) et (12.4); c'est une fonction de (t, S^q), holomorphe quand (t, S^q) est voisin d'un point (t', x') où $\omega(t, \zeta)$ est holomorphe; on peut construire $\int_{S^q} \omega$ par les q intégrations simples (12.3).

Nous supposerons désormais ω *à support singulier algébrique* : $V = \mathrm{Ss}[\omega]$; V est une hypersurface de $T \times X$; notons son équation

$$V : \quad P(t, \zeta) = 0.$$

$V(t)$ désigne la projection de $(t, X) \cap V$ sur X, c'est-à-dire l'ensemble des x tels que $(t, x) \in V$.

13. Le support singulier algébrique de $\int_{S^1} \omega$ quand $l = 1$.

Lemme 13. — Supposons que X est la droite projective complexe. Un 1-simplexe S^1 (n° 11) est défini par son bord : $\partial S^1 = x_1 - x_0$; x_0 et $x_1 \in X$; les coordonnées homogènes de x_0 et x_1 seront ζ_0 et $\zeta_1 \in Z = \mathbf{C}^2$. Soit $\omega(t, \zeta)$ une 1-forme, homogène en ζ, à support singulier algébrique. La fonction $\int_{S^1} \omega(t, \zeta)$, que le n° 12 a définie, est une fonction de (t, ζ_0, ζ_1),

(9) plus précisément : quand les sommets de S^q viennent se confondre, en restant voisins de x'.

(10) On peut le prouver autrement : si $\mathcal{V}$ est un voisinage convenable de x et si les valeurs de f sont suffisamment voisines de x, alors $f(T^q)$ appartient à une classe d'homologie de $\left(\mathcal{V} \cap x^q, \bigcup_h x_h^{q-1}\right)$ qui est indépendante de f.

à support singulier algébrique; ce support singulier est une composante algébrique de l'hypersurface de $T \times Z \times Z$ d'équation

$$P(t, \zeta_0).P(t, \zeta_1).\mathrm{discr}_T P(t, \hat{\zeta}) = 0.$$

Preuve. — $V(t)$ est un ensemble de points de X, dont le nombre est fini et indépendant de t, quand le discriminant de l'équation définissant $V(t)$ ne s'annule pas; c'est-à-dire quand

$$\mathrm{discr}\, Q(t, \xi + \hat{\rho}\eta) \neq 0$$

[$Q(t, \xi) = 0$: équation réduite sur T relativement à ξ, équivalente à $P(t, \xi) = 0$; ξ et η : deux vecteurs indépendants $\in Z = \mathbf{C}^2$]; c'est-à-dire, vu le nº 2, quand t est hors de l'hypersurface S de T d'équation

$$S : \mathrm{discr}_T P(t, \hat{\zeta}) = 0.$$

$V(t)$ dépend continûment de $t \in T - S$. Autrement dit : $V \cap [(T - S) \times X]$ est un espace fibré, dont la base est $T - S$ et dont la fibre $(t, V(t))$ est un ensemble fini. Donc $[(T - S) \times X] - V \cap [(T - S) \times X]$ est un espace fibré, de base $T - S$, de fibre $(t, X - V(t))$. Notons E son revêtement simplement connexe; c'est donc un espace fibré, de base $T - S$; sa fibre est notée E_t; sa projection sur $T - S$ est notée

$$\mathrm{pr} : E \rightarrow T - S.$$

L'application identique de

$$[(T - S) \times X] - V \cap [(T - S) \times X] = [T \times X] - [(S \times X) \cup V]$$

dans $T \times X - V$ induit une application canonique de E dans le revêtement simplement connexe de $T \times X - V$; par hypothèse, la forme ω est holomorphe sur ce revêtement de $T \times X - V$; soit ϖ l'image réciproque de cette forme holomorphe par cette application canonique : ϖ est une forme différentielle sur E; plus précisément, c'est une forme différentielle sur E_t, fonction de t.

Nous allons l'intégrer sur des arcs de E_t, dont voici la définition : considérons :

l'espace $T \times X \times X$, dont les points sont notés (t, x_0, x_1);
la sous-variété $S \times X \times X$ de cet espace définie par la condition : $t \in S$;
» » $V \times X$ » » » » : $(t, x_0) \in V$;
» » $X \times V$ » » » » : $(t, x_1) \in V$;

Soit F le revêtement simplement connexe de

$$T \times X \times X - [(S \times X \times X) \cup (V \times X) \cup (X \times V)];$$

c'est un espace fibré de base $T-S$; la projection $(t, x_0, x_1) \mapsto (t, x_0)$ de

$$T \times X \times X - [(S \times X \times X) \cup (V \times X) \cup (X \times V)]$$

sur $T \times X - [(S \times X) \cup V]$ induit une application naturelle

$$\mathrm{pr}_0 : \quad F \rightarrow E;$$

l'application $(t, x_0, x_1) \mapsto (t, x_1)$ induit de même

$$\mathrm{pr}_1 : \quad F \rightarrow E.$$

Étant donné $f \in F$, soit

$$t = \mathrm{pr}\,\mathrm{pr}_0(f) = \mathrm{pr}\,\mathrm{pr}_1(f) \in T - S;$$

on a $\mathrm{pr}_0(f) \in E_t$ et $\mathrm{pr}_1(f) \in E_t$; nous notons $\gamma(f)$ toute classe d'homotopie d'arcs de E_t joignant $\mathrm{pr}_0(f)$ à $\mathrm{pr}_1(f)$. On dit que la classe $\gamma(f)$ dépend continûment de f quand elle contient des arcs dépendant continûment de f. Rappelons une propriété classique des espaces fibrés : soit λ un arc de F d'origine f_0, d'extrémité f_1; soit une classe $\gamma(f_0)$; il existe une classe et une seule $\gamma(f)$, dépendant continûment de $f \in \lambda$ et coïncidant avec $\gamma(f_0)$ quand $f = f_0$; $\gamma(f_1)$ ne dépend que de $\gamma(f_0)$ et de la classe d'homotopie de λ dans F. Puisque F est simplement connexe, $\gamma(f)$ est donc une fonction de $f \in F$ définie par le choix de sa valeur $\gamma(f_0)$ en un seul point f_0. Ce choix fait, $\int_{\gamma(f)} \varpi$ est une fonction, évidemment holomorphe, de $f \in F$. Nous ferons le choix suivant : f_0 sera tel que

$$\mathrm{pr}_0(f_0) = \mathrm{pr}_1(f_0);$$

$\gamma(f_0)$ sera la classe de l'arc confondu avec le point $\mathrm{pr}_0(f_0)$. Alors $\int_{\gamma(f)} \varpi$ est évidemment un prolongement analytique de la fonction $\int_{S^1} \omega$, que le n° 12 a défini; le lemme 13 est donc vrai.

14. Le support singulier algébrique de $\int_{S^1} \omega$ quand $l \geqq 1$.

LEMME 14. — Supposons que X est l'espace projectif complexe, de dimension l. Soit S^1 un 1-simplexe de bord $\partial S^1 = x_1 - x_0$; x_0 et $x_1 \in X$; les coordonnées homogènes de x_0 et x_1 sont ζ_0 et $\zeta_1 \in Z = \mathbf{C}^{l+1}$; on suppose x_1 dans un hyperplan $x'^{-1}(t)$ de X, dont les coordonnées homogènes $\xi(t)$ sont des fonctions polynomiales de t :

$$\xi(t) . \zeta_1 = 0.$$

Soit $\omega(t, \zeta)$ une forme différentielle en ζ, *fermée*, de degré 1 en ζ, à coefficients fonctions de t, *nulle* sur $x^{l-1}(t)$, c'est-à-dire pour

$$\xi(t).d\zeta = \xi(t).\zeta = 0;$$

on la suppose holomorphe près d'un point donné $(t', x') \in T \times X$ et à support singulier algébrique :

$$\mathrm{Ss}[\omega] = V : P(t, \zeta) = 0.$$

Alors la fonction $\int_{S^1} \omega(t, \zeta)$, que le n° 12 a définie, est une fonction de (t, ζ_0) à support singulier algébrique; ce support singulier est une hypersurface de $T \times Z$, dont les points (t, ζ_0) vérifient l'une au moins des quatre équations suivantes :

(14.1) $$P(t, \zeta_0) = 0;$$

(14.2) $$P(t, \zeta_1) = 0, \quad \forall\, \zeta_1 \text{ tel que } \xi(t).\zeta_1 = 0;$$

(14.3) $$\xi(t).\zeta_0 = 0$$

(14.4) $$\mathrm{discr}_T P(t, \hat{\zeta}) = 0.$$

L'une des branches de cette fonction $\int_{S^1} \omega$ s'annule avec $\xi(t).\zeta_0$.

Preuve dans le cas où l'équation $P(t, \zeta) = 0$ *est réduite sur* T *relativement à* ζ. — Le n° 12 définit $\int_{S^1} \omega(t, \zeta)$ pour (t, S^1) voisin de (t', x'); c'est une fonction des seules variables (t, ζ_0), puisque ω est fermée et nulle sur $x^{l-1}(t)$. Vu le lemme 13, c'est une fonction holomorphe sur le revêtement simplement connexe du complémentaire de l'ensemble des (t, ζ_0) qui vérifient l'une des conditions (14.1), (14.2) ou

(14.5) $$\mathrm{discr}\, P(t, \zeta_1 + \hat{p}\zeta_0) = 0, \quad \forall\, \zeta_1 \text{ tel que } \xi(t).\zeta_1 = 0.$$

Supposons que ni (14.1) ni (14.2), ni (14.3) n'ait lieu; alors (14.5) s'énonce

$$\mathrm{discr}\, P(t, \zeta_1 + \hat{p}\zeta_0) = 0, \quad \forall\, \zeta_1 \in Z$$

et implique, vu le 2° du critère de réduction (n°s 2 et 6), que

(14.6) L'équation $P(t, \zeta) = 0$ n'est pas réduite sur t relativement à ζ.

Par suite, $\int_{S^1} \omega(t, \zeta)$ est une fonction de (t, ζ_0), holomorphe sur le revêtement simplement connexe du complémentaire de l'ensemble des (t, ζ_0) qui vérifient l'une des conditions (14.1), (14.2), (14.3) ou (14.6).

Cet ensemble est algébrique. D'après un théorème classique d'Hartogs [1], ses composantes de codimensions complexes > 1 ne peuvent pas être des singularités de fonction analytique. Donc $\int_{S^1} \omega(t, \zeta)$ est une fonction de (t, ζ_0) à support singulier algébrique; ce support singulier est une composante algébrique de l'hypersurface de $T \times Z$ dont les points (t, ζ_0) vérifient l'une des quatre équations (14.1), (14.2), (14.3) ou (14.4).

Preuve dans le cas général. — On se ramène au cas précédent en remplaçant l'équation $P(t, \zeta) = 0$ par une équation équivalente, réduite sur T relativement à ζ.

15. Le support singulier de $\int_{S^q} \omega$.

LEMME 15. — Considérons $\int_{S^q} \omega(t, \zeta)$ (nº 12) comme étant une fonction de $t \in T$ et de $l+1$ vecteurs $\xi_0, \ldots, \xi_l$ de Ξ tels que S^q ait (11.1) pour coordonnées grassmanniennes. Si ω est à support singulier algébrique, alors $\int_{S^q} \omega(t, \zeta)$ est une fonction de $(t, \xi_0, \ldots, \xi_l)$ à support singulier algébrique; ce support singulier est une composante algébrique de l'ensemble des $(t, \xi_0, \ldots, \xi_l)$ vérifiant l'une des conditions :

1º $\xi_0 \wedge \ldots \wedge \xi_l = 0$;

2º (t, S^q) s'appuie sur Ss[ω], c'est-à-dire (*voir* nº 11 la définition de P_{ξ}^{q}) :

$$P_{\xi}^{q}(t, \xi_0, \ldots, \xi_q, \xi^{l-q}) = 0.$$

Une branche de cette fonction $\int_{S^q} \omega$ s'annule avec $\xi_0 \wedge \ldots \wedge \xi_l$.

Preuve. — Ce lemme est évident quand $q = 0$. Supposons-le vrai quand on y remplace q par $q - 1 \geqq 0$. Alors, vu $(12.3)_q$, pour $dt = d\xi_1 = \ldots = d\xi_l = 0$, $d\int_{S^q} \omega(t, \zeta)$ est une forme différentielle de ξ_0, fonction de $(t, \xi_1, \ldots, \xi_l)$ à laquelle s'applique le lemme 14, quand on y remplace :

$t \in T$ (lemme 14)	par $(t, \xi_1, \ldots, \xi_l) \in T \times \Xi^l$;
X	par l'ensemble des hyperplans de x^q;
$l = \dim X$	par q;
$\zeta_0 \in Z$	par $\xi_0 \bmod (\xi_{q+1}, \ldots, \xi_l) \in \Xi^* = \Xi \bmod (\xi_{q+1}, \ldots \xi_l)$;

$\xi \in \Xi =$ dual de Z par l'image de $\xi_1 \wedge \ldots \wedge \xi_q$ dans $\Lambda^q \Xi^* =$ dual de Ξ^*;
$\xi . \zeta_0 \in \mathbf{C}$ par $\xi_0 \wedge \xi_1 \wedge \ldots \wedge \xi_q \wedge \xi_{q+1} \wedge \ldots \wedge \xi_l \in \mathbf{C}$;
$\omega(t, \zeta_0)$ par $d \int_{S^q} \omega$, où $dt = d\xi_1 = \ldots = d\xi_l = 0$;
$\int_{S^1} \omega$ par $\int_{S^q} \omega$;
$P(t, \zeta_0)$ par $P_{\forall}^{q-1}(t, \xi_1, \ldots, \xi_q, \xi_{q+1} \wedge \ldots \wedge \xi_l \wedge \xi)$.

D'après ce lemme 14, $\int_{S^q} \omega(t, \zeta)$ est une fonction de $(t, \xi_0, \ldots, \xi_l)$ à support singulier algébrique, dont une branche s'annule avec $\xi_0 \wedge \ldots \wedge \xi_l$; ce support singulier est une composante algébrique de l'hypersurface de $T \times \Xi^{l+1}$ dont les points $(t, \xi_0, \ldots, \xi_l)$ vérifient l'une au moins des équations

(15.1) $P_{\forall}^{q-1}(t, \xi_1, \ldots, \xi_q, \xi_{q+1} \wedge \ldots \wedge \xi_l \wedge \xi_0) = 0$;

(15.2) $\begin{cases} P_{\forall}^{q-1}(t, \xi_1, \ldots, \xi_q, \xi_{q+1} \wedge \ldots \wedge \xi_l \wedge \xi) = 0; \\ \forall\, \xi \text{ tel que } \xi_1 \wedge \ldots \wedge \xi_l \wedge \xi = 0; \end{cases}$

(15.3) $\xi_0 \wedge \xi_1 \wedge \ldots \wedge \xi_l = 0$;

(15.4) $\operatorname{discr}_{T \times \Xi^l} P_{\forall}^{q-1}(t, \xi_1, \ldots, \xi_q, \xi_{q+1} \wedge \ldots \wedge \xi_l \wedge \hat{\xi}) = 0.$

Or, d'après les lemmes 11.1 et 11.2, chacune des conditions (15.2) et (15.4) implique

(15.5) $P_{\mathbf{V}}^{q}(t, \xi_1, \ldots, \xi_q, \xi_{q+1} \wedge \ldots \wedge \xi_l) = 0.$

D'après la définition (11.6), chacune des équations (15.1) et (15.5) implique

(15.6) $P_{\forall}^{q}(t, \xi_0, \xi_1, \ldots, \xi_q, \xi_{q+1} \wedge \ldots \wedge \xi_l) = 0.$

Le support singulier de $\int_{S^q} \omega(t, \zeta)$ est donc une composante algébrique de l'ensemble des $(t, \xi_0, \ldots, \xi_l)$ vérifiant (15.3) ou (15.6).

C. Q. F. D.

16. Le support singulier de $\int_{S^q} \omega$, considéré comme fonction de t et des coordonnées homogènes ζ_h des sommets x_h de S^q.

Lemme 16. — Si ω est à support singulier algébrique, alors $\int_{S^q} \omega(t, \zeta)$ est une fonction à support singulier algébrique de $(t, \zeta_0, \ldots, \zeta_q)$; ce support singulier est une composante algébrique de l'ensemble des $(t, \zeta_0, \ldots, \zeta_q)$ vérifiant l'une des conditions :

1° $\zeta_0 \wedge \ldots \wedge \zeta_q = 0$;

2° (t, S^q) est un q-simplexe non dégénéré s'appuyant sur $\mathrm{Ss}[\omega]$.

Preuve. — Soit S^q un q-simplexe non dégénéré de X, de coordonnées grassmanniennes (11.1); ses sommets x_h ont pour coordonnées homogènes

$$(16.1) \quad \zeta_h = \xi_0 \wedge \ldots \hat{\xi}_h \ldots \wedge \xi_q \wedge \xi_{q+1} \wedge \ldots \wedge \xi_l, \qquad \text{où} \quad h \in \{0, \ldots, q\}.$$

Les formules (16.1) définissent une application

$$\mathrm{pr}: \quad (t, \xi_0, \ldots, \xi_l) \mapsto (t, \zeta_0, \ldots, \zeta_q)$$

de la partie de

$$T \times \Xi^{l+1} \qquad \text{où} \quad \xi_0 \wedge \ldots \wedge \xi_l \neq 0$$

sur la partie de

$$T \times Z^{q+1} \qquad \text{où} \quad \zeta_0 \wedge \ldots \wedge \zeta_q \neq 0.$$

Cette application est fibrée; en effet pour que

$$\mathrm{pr}(t, \xi_0, \ldots, \xi_l) = \mathrm{pr}(t', \xi'_0, \ldots, \xi'_l)$$

il faut et suffit qu'il existe des constantes c et c^i_j telles que

$$\begin{cases} t' = t, \\ \xi'_h = c\xi_h \bmod (\xi_{q+1}, \ldots, \xi_l), & \text{pour} \quad h \in \{0, \ldots, q\}, \\ \xi'_i = \sum_j c^j_i \xi_j & \text{où} \quad i, j \in \{q+1, \ldots, l\}, \quad \text{dét}(c^j_i) = c^{-q}. \end{cases}$$

Deux points $(t, \xi_0, \ldots, \xi_l)$ d'une même fibre sont les coordonnées grassmanniennes d'un même simplexe (t, S^q). Notons A l'ensemble des $(t, \xi_0, \ldots, \xi_l) \in T \times \Xi^{l+1}$ qui vérifient l'une des conditions :

(i) $\xi_0 \wedge \ldots \wedge \xi_l = 0$;

(ii) le simplexe non dégénéré (t, S_q) de coordonnées grassmanniennes (11.1) s'appuie sur $\mathrm{Ss}[\omega]$.

Notons B l'ensemble des $(t, \zeta_0, \ldots, \zeta_l) \in T \times Z^{q+1}$ qui vérifient l'une des deux conditions 1° ou 2° de l'énoncé. D'après ce qui précède, A est une hypersurface algébrique de $T \times \Xi^{l+1}$, qu'engendrent des fibres de $T \times \Xi^{l+1}$; $\mathrm{pr}\, A = B$ est une hypersurface algébrique de $T \times Z^{q+1}$; pr est donc une application fibrée de $T \times \Xi^{l+1} - A$ sur $T \times Z^{q+1} - B$. Notons F et E les revêtements simplement connexes de $T \times \Xi^{l+1} - A$ et $T \times Z^{q+1} - B$; pr induit donc une application fibrée

$$F \to E.$$

Cette fibration $F \to E$ est analytique; la fibre est connexe, car E est simplement connexe. Or $\int_{S^q} \omega(t, \zeta)$ est, d'après le lemme 15, une fonction holomorphe sur F; sa définition locale (nº 12) prouve qu'elle est constante sur chaque fibre de F; elle résulte donc de la composition de la projection $F \to E$ et d'une fonction holomorphe sur E; c'est ce que signifie le lemme 16.

Chapitre III.

Intégrale sur un cycle.

Ce chapitre prouve le théorème 1 (nº 1); les nºs 17 à 19 supposent $m = 0$, donc $V = \mathrm{Ss}[\omega]$.

17. **Le cycle** $\gamma^q(t)$ a été défini par le nº 1, pour $t = t'$, puis pour t voisin de $t' \in T - \mathrm{Ss}[W]$. Le nº 17 supposera t voisin de t', $W(t)$ voisin de $W(t')$. Rappelons que $\gamma^q(t)$ est un cycle de

$$X' \text{ relativement à } W(t), \quad \text{où} \quad W(t) = \bigcup_H W_H(t).$$

Les $W_H(t)$ sont des hyperplans de X; les intersections $W_{H_1}(t) \cap \ldots \cap W_{H_s}(t)$ qui sont de dimension r pour t générique sont notées $W_K^r(t)$ si t est tel que leur dimension soit r; sinon $W_K^r(t)$ n'est pas défini; $W_K^l(t)$ désigne X.

Le nº 18 emploiera le lemme 17, qui résulte du suivant; bien entendu $W_K^s \subset W_L^r$ signifie ceci :

$$W_K^s(t) \subset W_L^r(t), \qquad \forall\, t \text{ tel que } W_K^s(t) \text{ et } W_L^r(t) \text{ soient définis.}$$

Lemme. — Si $W_K^s \subset W_L^r$, alors il existe W_M^{r-1} tel que

$$W_K^s \subset W_M^{r-1} \subset W_L^r.$$

Preuve. — Puisque $W_K^s \subset W_L^r$, il existe au moins un W_H tel que

$$W_K^s \subseteq W_H, \qquad W_L^r \not\subseteq W_H;$$

on peut prendre

$$W_M^{r-1} = W_L^r \cap W_H.$$

Lemme 17. — Si $W_K^s \subset W_L^r$, alors il existe W_M^{s+1} tel que

$$W_K^s \subset W_M^{s+1} \subset W_L^r.$$

Preuve. — Le lemme précédent prouve l'existence de $W_{L_1}^{r-1}$, $W_{L_2}^{r-2}$, ... tels que

$$W_K^s \subset \ldots \subset W_{L_2}^{r-2} \subset W_{L_1}^{r-1} \subset W_L^r.$$

Notations. — Le q-cycle relatif $\gamma^q(t)$ est une chaîne singulière ([11]) du type suivant :

$$\partial\gamma^q = \sum_i \varepsilon_0^i(q)\gamma_i^{q-1} \qquad (\partial,\text{ bord; } \varepsilon,\text{ nombres entiers});$$

$$\partial\gamma_i^r = \sum_j \varepsilon_i^j(r)\gamma_j^{r-1} \qquad (0 \leqq r \leqq q;\ \varepsilon = 0 \text{ si } r = 0);$$

$$\sum_j \varepsilon_i^j(r)\,\varepsilon_j^k(r-1) = 0, \qquad \forall\, r,\ i,\ k;$$

chaque γ_i^r dépend continûment de t, et est une chaîne d'un $W_K^{l-q+r}(t)$. Ce W_K^{l-q+r}, qui contient γ_i^r, sera noté

$$W_K^{l-q+r} = \mathcal{W}\{\gamma_i^r\}.$$

$\mathcal{W}\{\ldots\}$ a évidemment les propriétés suivantes :

$\mathcal{W}\{\ldots\}$ augmente la dimension de $l - q$;

$\mathcal{W}\{\gamma_j^{r-1}\}$ est un hyperplan de $\mathcal{W}\{\gamma_i^r\}$ si $\varepsilon_i^j(r) \neq 0$.

Chaque chaîne γ_i^r ($r \in \{0, \ldots, q\}$; $\gamma_i^q = \gamma^q$) est une somme de simplexes singuliers σ_k^r; nous dirons que ces simplexes σ_k^r et leurs sous-simplexes σ_j^s ($0 \leqq s \leqq r$) appartiennent à cette chaîne γ_i^r. A chaque simplexe σ_j^s correspond une chaîne γ_i^r unique telle que σ_j^s appartienne à γ_i^r sans appartenir à $\partial\gamma_i^r$ ($s \leqq r$). Définissons

$$\mathcal{W}[\sigma_j^s] = \mathcal{W}\{\gamma_i^r\}.$$

Les propriétés de $\mathcal{W}[\ldots]$ sont évidentes :

(17.1) $\mathcal{W}[\sigma]$ est un W_K;

(17.2) σ est un simplexe singulier de $\mathcal{W}[\sigma]$;

(17.3) $\dim \mathcal{W}[\sigma] \geqq l - q + \dim\sigma$;

(17.4) $\mathcal{W}[\sigma'] \subseteq \mathcal{W}[\sigma]$ quand σ' est sous-complexe de σ.

L'emploi d'une subdivision suffisamment fine des chaînes γ_i^r permet à $\mathcal{W}$ d'avoir en outre la propriété suivante :

(17.5) $\left\{\begin{array}{l}\text{chaque simplexe } \sigma^s \text{ possède au moins un sommet } \sigma^0 \text{ tel que} \\ \qquad\qquad \mathcal{W}[\sigma^0] = \mathcal{W}[\sigma^s].\end{array}\right.$

([11]) C'est une somme de simplexes singuliers; chaque simplexe singulier est l'image continûment différentiable d'un simplexe euclidien : *voir* les traités classiques de topologie.

Preuve de (17.5). — Décomposons chaque simplexe σ^s ne vérifiant pas (17.5) en une pyramide

$$\sum_{j=0}^{s} \sigma_j^s = \sigma^s$$

ayant pour base $\partial\sigma^s$ et pour sommet un point de σ^0 de σ^s; convenons que les nouveaux simplexes ainsi introduits appartiennent aux mêmes γ_i^r que σ^s; la condition (17.5) se trouve évidemment vérifiée.

18. **Le choix de** $\gamma^q(t)$ que fait le lemme 18.2 sera employé par le n° 19.

A chaque σ_j^0 associons un point arbitraire x_j de X; au simplexe singulier σ_k^r associons le simplexe (non singulier) S_k^r, qui est l'ensemble des points x_j associés aux sommets σ_j^0 de σ_k^r; notons x_k^r le r-plan de ce simplexe S_k^r, quand il est défini; notons

$$\mathcal{W}[\sigma_k^r] = \mathcal{W}[S_k^r] = \mathcal{W}[x_k^r], \qquad \mathcal{W}_j = \mathcal{W}[x_j].$$

Lemme 18.1. — Si tous les sommets x_j de S_k^r vérifient la condition

$$x_j \in \mathcal{W}_j(t),$$

alors

$$S_k^r \subset \mathcal{W}[S_k^r](t).$$

Note. — Si, de plus, x_k^r est défini, on a donc $x_k^r \subset \mathcal{W}[S_k^r](t)$.

Preuve. — Soit x_j un sommet de S_k^r; σ_j^0 est un sommet de σ_k^r; donc, vu (17.4) :

$$\mathcal{W}_j \subseteq \mathcal{W}[S_k^r];$$

donc l'hypothèse

$$x_j \in \mathcal{W}_j(t), \qquad \forall\, x_j \text{ sommet de } S_k^r,$$

implique

$$x_j \in \mathcal{W}[S_k^r](t), \qquad \text{et par suite} \quad S_k^r \subset \mathcal{W}[S_k^r](t).$$

On déduit aisément, par une construction classique, du lemme précédent le suivant, qu'emploiera le n° 19 :

Lemme 18.2. — Supposons

$$x_j \in \mathcal{W}_j(t), \qquad \forall\, j,$$

t voisin de t' et x_j voisin de σ_j^0. On peut alors déformer le cycle $\gamma^q(t)$ de X' relatif à $W(t)$ en un cycle homologue

$$\sum_h \sigma_h^q(t)$$

tel que les simplexes singuliers $\sigma_h^q(t)$ et tous leurs sous-simplexes $\sigma_k^r(t)$ vérifient la condition

$$\sigma_k^r(t) \subset x_k^r,$$

quand x_k^r est défini.

Le nº 19 va employer la propriété suivante de l'ensemble des valeurs prises par x_k^r, quand $x_j \in \mathfrak{W}_j(t)$:

Lemme 18.3. — A tout x_k^r correspond au moins un W_K^s possédant les propriétés suivantes :

$$l - q + r \leqq s;$$

si t est tel que les $W_H^u(t)$ soient définis, $\forall\, u \geqq l - q$, alors il existe des $x_j \in \mathfrak{W}_j(t)$ tels que x_k^r soit défini et soit un r-plan arbitraire de $W_K^s(t)$.

Preuve pour $r = 0$. — On choisit $W_k^s = \mathfrak{W}_k$; vu (17.3),

$$\dim \mathfrak{W}_k \geqq l - q.$$

Preuve pour $r > 0$. — Supposons le lemme vrai quand on y remplace r par $r - 1 \geqq 0$. Choisissons des notations telles que $k = 0$. Vu (17.5), notons x_0 un sommet de S_0^r tel que

$$\mathfrak{W}[x_0] = \mathfrak{W}[S_0^r];$$

notons S_0^{r-1} la face de S_0^r opposée à x_0. Il existe un W_K^{s-1} ayant les propriétés suivantes :

$$l - q + r \leqq s;$$

les sommets x_j de S_0^{r-1} peuvent être choisis tels que :

$$x_j \in \mathfrak{W}_j(t); \quad x_0^{r-1} \text{ est un } (r-1)\text{-plan arbitraire de } W_K^{s-1}(t).$$

[On suppose t tel que les $W_H^u(t)$ soient définis pour $u \geqq l - q$.] Donc, vu le lemme 18.1 (note) :

$$W_K^{s-1} \subset \mathfrak{W}[S_0^{r-1}];$$

donc, vu (17.4),

$$W_K^{s-1} \subset \mathfrak{W}[S_0^r] = \mathfrak{W}[x_0].$$

Vu le lemme 17, il existe donc un W_L^s tel que

$$W_K^{s-1} \subset W_L^s \subset \mathfrak{W}[x_0].$$

Choisissons x_0 arbitraire dans $W_L^s(t) - x_0^{r-1}$. Alors x_0^r est le r-plan qui contient un $(r-1)$-plan arbitraire de l'hyperplan $W_K^{s-1}(t)$ de $W_L^s(t)$ et un point arbitraire de $W_L^s(t)$, n'appartenant pas à ce $(r-1)$-plan; donc x_0^r est défini et est un r-plan arbitraire de $W_L^s(t)$.

C. Q. F. D.

19. Preuve du théorème 1 quand $m = 0$.

Notons N le nombre des sommets x_j des S_k^r et $\zeta_j \in Z$ leurs coordonnées homogènes; notons ζ'_j des coordonnées homogènes de $\sigma_j^0(t')$; vu le n° 12, si la subdivision simpliciale

$$\gamma^q(t') = \sum_k \sigma_k^q(t')$$

a été choisie assez fine, chacune des fonctions $\int_{S_k^q} \omega(t, \zeta)$ est définie pour $(t, \zeta_1, \ldots, \zeta_N)$ voisin de $(t', \zeta'_1, \ldots, \zeta'_N)$; notons

$$\Phi(t, \zeta_1, \ldots, \zeta_N) = \sum_k \int_{S_k^q} \omega(t, \zeta);$$

c'est une fonction de $(t, \zeta_1, \ldots, \zeta_N)$, holomorphe près de $(t', \zeta'_1, \ldots, \zeta'_N)$ et homogène de degré 0 en chacune des variables ζ_j.

Rappelons que le n° 1 a défini, pour t voisin de t' :

$$J(t) = \int_{\gamma^q(t)} \omega(t, \zeta).$$

D'après le lemme 18.2 :

Lemme. — Quand $(t, \zeta_1, \ldots, \zeta_N)$ est voisin de $(t', \zeta'_1, \ldots, \zeta'_N)$ et tel que $x_j \in \mathfrak{V}_j(t)$, $\forall j$, alors

$$J(t) = \Phi(t, \zeta_1, \ldots, \zeta_N).$$

Supposons ω à support singulier algébrique; alors, vu le lemme 16 :

Lemme. — $\Phi(t, \zeta_1, \ldots, \zeta_N)$ est une fonction de $(t, \zeta_1, \ldots, \zeta_N) \in T \times Z^N$ à support singulier algébrique; ce support $\mathrm{Ss}[\Phi]$ appartient à l'ensemble des $(t, \zeta_1, \ldots, \zeta_N)$ tels que l'un au moins des (t, x_k^r) ne soit pas défini ou s'appuie sur $\mathrm{Ss}[\omega]$.

Ces deux lemmes vont nous permettre de prouver que J est à support singulier algébrique et de construire ce support.

Notations. — Notons S la sous-variété algébrique de T dont les points sont les t vérifiant l'une au moins des conditions suivantes (définies n° 1) :

1° $t \in \mathrm{Ss}[W]$;

2° $(t, W(t))$ a sur $\mathrm{Ss}[\omega]$ un appui d'ordre $l - q$.

Notons U le revêtement simplement connexe de $T - S$; la projection

$$U \to T$$

uniformise $W(t)$, les $W_K^r(t)$, si $r \geq l - q$, et les $\mathfrak{V}_j(t)$; autrement dit : leurs composés avec cette projection, $W(u)$, $W_K^r(u)$ et $\mathfrak{V}_j(u)$, sont holomorphes en u.

Notons E l'ensemble des $(u, \zeta_1, \ldots, \zeta_N) \in U \times Z^N$ tels que $x_j \in \mathcal{W}_j(u)$, $\forall j$. Il est évident que E est un espace fibré analytique, de base U :

$$E \to U;$$

sa fibre sera notée E_u.

Notons F l'ensemble des $(u, \zeta_1, \ldots, \zeta_N) \in E$ tels que l'un au moins des (t, x_k^r) correspondants ne soit pas défini ou s'appuie sur Ss $[\omega]$.

Ces notations permettent d'énoncer une conséquence évidente des deux lemmes précédents :

Lemme. — Il existe un point e' de E au voisinage duquel la fonction Φ est définie, holomorphe et constante sur chaque fibre; $\Phi(e) = J(t)$ si e est voisin de e' et si t est la projection canonique de e sur T; Φ se prolonge analytiquement le long de chaque arc de $E - F$, d'origine e', sans point double; ce prolongement analytique est, au voisinage de cet arc, holomorpe et constant sur chaque fibre.

Ce dernier lemme peut évidemment s'énoncer comme suit :

Lemme 19.1. — J est une fonction de u, qui est holomorphe au voisinage de la projection u' de e' et qui se prolonge analytiquement le long de tout arc λ ayant les propriétés suivantes :

(i) λ a pour origine u';
(ii) λ n'a pas de point double;
(iii) λ est la projection d'un arc de $E - F$, d'origine e'.

Vu le lemme qui suit, cette dernière condition (iii) est superflue.

Lemme 19.2. — $E_u - F \cap E_u$ est un ensemble connexe non vide.

Preuve que $E_u - F \cap E_u$ n'est pas vide. — Supposons qu'il existe $u \in U$ tel que $E_u \subset F$. D'une part E_u est un sous-espace vectoriel de $U \times Z^N$; d'autre part F est une réunion de sous-variétés algébriques de $U \times Z^N$; l'une d'elles contient donc E_u. Autrement dit, vu la définition de F : l'un au moins des (t, x_k^r) n'est pas défini ou s'appuie sur Ss $[\omega]$,

$$\forall\, x_1 \in \mathcal{W}_1(u), \quad \ldots, \quad x_N \in \mathcal{W}_N(u).$$

Or, vu le lemme 18.3, il existe un W_K^s ayant les propriétés suivantes :

$$l - q + r \leqq s;$$

il existe $x_1 \in \mathcal{W}_1(u), \ldots, x_N \in \mathcal{W}_N(u)$ tels que x_k^r soit un r-plan arbitraire de $W_K^s(u)$.

Donc $(t, W_K^s(u))$ a sur Ss $[\omega]$ un appui d'ordre $s - r \geqq l - q$.

Donc, vu le lemme 4 et la définition (nº 1) de l'appui de $(t, W(t))$:

$$(t, W(t)) \text{ a sur Ss}[\omega] \text{ un appui d'ordre } l - q.$$

Donc $t \in S$, contrairement à l'hypothèse que t est l'image canonique de $u \in U$ et que U est un revêtement de $T - S$.

Preuve que $E_u - F \cap E_u$ *est connexe.* — E_u est un espace vectoriel complexe et $F \cap E_u$ est une sous-variété algébrique de E_u.

Fin de la preuve du théorème 1 (nº 1), *quand* $m = 0$. — Vu le lemme 19.2, la condition (iii) du lemme 19.1 est superflue. Donc J est une fonction holomorphe sur U, qui est le revêtement simplement connexe de $T - S$. Mais un théorème classique d'Hartogs [1] montre que ce résultat reste vrai quand on y remplace S par la plus grande hypersurface contenue dans S. D'où le théorème 1, dans le cas $m = 0$.

20. Preuve du théorème 1 **quand** $m > 0$.

Le nº 1 a défini le cycle $\gamma^{q-m}(t)$ pour t voisin de t'; soit h sa classe dans l'homologie de $X' \bigcap_j V_j(t)$ relativement à $W(t)$; son cobord composé $\delta^m h$ (*voir* [2], nº 6) est une classe d'homologie de $X' - \bigcup_j V_j(t)$ relativement à $W(t)$; soit $\beta^q(t)$ un cycle de la classe $\delta^m h$; on peut choisir $\beta^q(t)$ fonction continue de t. La définition (3) de $J(t)$ s'écrit vu la formule du résidu composé et la notation différentielle du résidu (*voir* [3], nºs 6 et 7) :

$$J(t) = \frac{p_1! \ldots p_m!}{(2\pi i)^m} \int_{\beta^q(t)} \frac{\omega(t, \zeta)}{[v_1(t, \zeta)]^{1+p_1} \ldots [v_m(t, \zeta)]^{1+p_m}}.$$

Le nº 19 a prouvé le théorème 1 quand $m = 0$. D'où, vu la formule précédente :

$J(t)$ est à support singulier algébrique;

Ss $[J]$ est une hypersurface algébrique de T contenue dans la réunion de Ss $[W]$ et de l'ensemble des t tels que $(t, W(t))$ ait sur Ss$[\omega] \bigcup_j V_j$ un appui d'ordre $l - q$.

C'est ce qu'affirme le théorème 1.

Chapitre IV.

L'appui régulier est un appui.

Ce chapitre IV prouve la proposition 2 (nº 5); il étudie d'abord (nº 22) l'appui très régulier de (t, X); puis il déduit des résultats ainsi obtenus des propriétés de l'appui régulier.

Les notations et définitions sont celles que le nº 5 a énoncées; l'hypothèse (5.1) est faite, sauf dans la preuve de la proposition 2.

21. Propriétés des l-plans (t, X) qui s'appuient semi-régulièrement sur V.

LEMME 21.1. — Les t tels que (t, X) ne s'appuie pas semi-régulièrement sur V sont partout denses dans T.

Preuve. — Soient

$$T_0 = T \supset T_1 \supset T_2 \supset \ldots \supset T_{\dim T} = t$$

des sous-espaces linéaires de T, de codimensions respectives o, 1, ..., $\dim T$ et tels que

$$(21.1)\quad \begin{cases} T_1 \times X \text{ n'est pas tangent à } V; \\ T_2 \times X \quad » \quad » \quad » \quad V \cap (T_1 \times X); \\ \ldots\ldots\ldots\ldots\ldots\ldots\ldots\ldots\ldots\ldots \end{cases}$$

En tout point de $V \cap (T_i \times X)$, régulier sur V, les plans tangents à V et à $T_i \times X$, de dimensions égales à celles de ces variétés ont une intersection de dimension $r + \dim T - i$: ces plans tangents sont donc en position générale; par suite (t, X) ne s'appuie pas régulièrement sur V. Or les T_i vérifiant (21.1) sont évidemment partout denses dans l'espace de tous les sous-espaces de T de codimension i.

LEMME 21.2. — Soit (t', x') un point régulier de V où (t', X) ne s'appuie pas semi-régulièrement sur V. Alors X possède des coordonnées locales $(y_1, \ldots, y_l)$ d'origine x' telles que les équations locales de V au voisinage de (t', x') puissent s'écrire :

$$(21.2)\qquad V:\ y_k + f_k(t, y_1, \ldots, y_r) = 0,$$

où $k \in \{r+1, \ldots, l\}$, $f_k(\ldots)$ est holomorphe,

$$f_k(t', y_1, \ldots, y_k) \equiv 0 \qquad (\operatorname{mod} y^2).$$

Donc x' est point régulier de $V(t')$.

Preuve. — Le théorème d'existence des fonctions implicites.

22. Propriétés des l-plans (t, X) qui s'appuient très régulièrement sur V.

Équation tangentielle de $V(t)$. — Notons

$$(22.1)\qquad P(t, \xi) = 0$$

une équation polynomiale en (t, ξ), homogène en ξ, vérifiée, quand t est régulier, par les coordonnées homogènes ξ de tout hyperplan de X tangent à $V(t)$.

Note. — « tangent » signifie : « tangent en un point régulier ».

Note. — Si $r=0$, alors $V(t)$ est un ensemble fini de points et un hyperplan est dit tangent à $V(t)$ quand il contient l'un de ces points,

Énonçons dès maintenant le résultat qu'établit le nº 22 :

LEMME 22. — Supposons que (t', X) s'appuie très régulièrement sur V. Alors :

1º $V(t)$ n'est pas développable, quand t est régulier; c'est-à-dire $s=l-1$;

2º on a

$$\mathrm{discr}_T P(t', \xi)=0.$$

Note 22. — Ce lemme reste vrai quand on remplace l'hypothèse :

(t', x') est point régulier de V

(*voir* : définition de l'appui très régulier, nº 5) par l'hypothèse suivante :

il existe des t voisins de t' tels que $V(t)$ n'ait pas de point singulier voisin de x'.

Le lemme 22 ainsi modifié permet d'obtenir les variantes à la proposition 1 (nº 4) que la Note 4 signale.

Exemple (quadriques). — Soit $P(t, \xi)=0$ l'équation tangentielle d'une quadrique $V(t)$, qui dépend d'un paramètre t et n'a pas de point singulier pour t générique. Cette équation, si elle est réduite sur T relativement à ξ, est homogène de degré 2 en ξ; on sait que, pour une valeur t' de t, telle que $V(t')$ soit un cône de sommet x', cette équation se trouve identiquement vérifiée ou équivaut à celle de x' :

$$\xi.\zeta'=0 \qquad (\zeta'\text{: coordonnées homogènes de } x').$$

Elle n'est donc pas réduite sur t' relativement à ξ.

Notations. — V est défini par (5.3); posons

$$(22.2) \qquad \frac{\partial F}{\partial y_j}(t, y_1, \ldots, y_{r+1})=su_j, \qquad \text{où} \quad j\in\{1, \ldots, r+1\};$$

$s, u_1, \ldots, u_{r+1}$ sont des variables numériques telles que

$$(u_1, \ldots, u_{r+1})\neq 0.$$

Vu (5.4), pour $u_1, \ldots, u_{r+1}$ donnés et $(s, t-t')$ suffisamment petit, le système (22.2) d'inconnues $y_1, \ldots, y_{r+1}$ a une solution unique voisine de 0 :

$$y_1(s, t, u), \quad \ldots, \quad y_{r+1}(s, t, u);$$

elle est holomorphe. Notons

$$(22.3)\quad \begin{cases} y_h(s, t, u) = F_h(t, y_1(s, t, u), \ldots, y_{r+1}(s, t, u)), \\ \qquad \text{où} \quad h \in \{r+2, \ldots, l\}; \end{cases}$$

$x(s, t, u)$: le point de coordonnées $y_1(s, t, u), \ldots, y_{r+1}(s, t, u)$;

$$(22.4)\quad f(s, t, u) = F(t, y_1(s, t, u), \ldots, y_{r+1}(s, t, u));$$

$$f_{hj}(s, t, u) = \frac{\partial F_h}{\partial y_j}(t, y_1(s, t, u), \ldots, y_{r+1}(s, t, u)).$$

Évidemment : $y_j(0, t, u)$, $x(0, t, u)$ et $f(0, t, u)$ sont indépendants de u; nous les noterons $y_j(t)$, $x(t)$ et $f(t)$.

L'équation $f(s, t, u) = 0$ exprime que $x(s, t, u) \in V(t)$.

Supposons cette équation vérifiée :

— si $s = 0$, alors $x(s, t, u) = x(t)$ et (t, X) s'appuie très régulièrement sur V en $(t, x(t))$, car en ce point

$$\frac{\partial F}{\partial y_j} = 0 \quad \text{et les } \frac{\partial F_h}{\partial y_j} \text{ sont petits;}$$

— si $s \neq 0$, alors $x(s, t, u)$ est un point régulier de $V(t)$; les hyperplans de X tangents à $V(t)$ en ce point $x(s, t, u)$ ont les coordonnées homogènes

$$(22.5)\quad \xi = \left(-\sum_i u_i y_i + \sum_{hi} f_{hi} v_h y_i - \sum_h v_h y_h,\ u_j - \sum_h f_{hj} v_h,\ v_k\right),$$

où $i, j \in \{1, \ldots, r+1\}$, $h, k \in \{r+2, \ldots, l\}$,

v est un paramètre dont dépendent ces hyperplans.

Notons

$$(22.6)\quad p(s, t, u, v) = P(t, \xi), \qquad \text{où } \xi \text{ a l'expression (22.5).}$$

Vu la définition de P :

$$(22.7)\quad \text{l'équation } f(s, t, u) = 0 \qquad \text{implique } p(s, t, u, v) = 0, \qquad \forall v.$$

Le lemme 22 résultera des suivants, où sont faites les hypothèses du lemme 22 :

Lemme. — L'ensemble des hyperplans tangents à $V(t)$ au voisinage de x' a la dimension complexe $l - 1$. (Ce lemme prouve le lemme 22, 1°.)

Preuve. — L'ensemble de leurs coordonnées homogènes ξ a la dimension l, car ξ est défini par (22.5), où $u_1, \ldots, u_{r+1}, v_{r+2}, \ldots, v_l$ sont arbitraires et où s est défini par l'équation $f(s, t, u) = 0$.

LEMME. — L'ensemble des t tels que $V(t)$ ait un point singulier voisin de x' est une hypersurface S de T; $t' \in S$; si $t \in S$ et si x est ce point singulier, alors (t, X) s'appuie très régulièrement sur V en (t, x).

Preuve. — Nous savons ceci : au voisinage de x', le seul point singulier que $V(t)$ puisse avoir est $x(t)$; si $x(t)$ est point singulier de $V(t)$, alors (t, X) s'appuie très régulièrement sur V en $(t, x(t))$; pour que $x(t)$ soit point singulier de $V(t)$, il faut et suffit que $f(t) = 0$. Pour prouver le lemme, il suffit donc de prouver l'absurdité de l'hypothèse

$$f(t) = 0, \qquad \forall t.$$

Or cette hypothèse signifie qu'il existerait des fonctions holomorphes $y_1(t), \ldots, y_{r+1}(t)$ telles que

$$F(t, y_1(t), \ldots, y_{r+1}(t)) = \frac{\partial F}{\partial y_j}(t, y_1(t), \ldots, y_{r+1}(t)) = 0, \qquad \forall t;$$

on aurait donc

$$\frac{\partial F}{\partial t}(t, y_1(t), \ldots, y_{r+1}(t)) = 0, \qquad \forall t,$$

contrairement à la définition de l'appui très régulier (n° 5).

LEMME. — $y_j(s, t, u)$ a les propriétés suivantes :

(22.8) $y_j(0, t', u) = 0, \qquad \forall u;$

$\frac{\partial y_j}{\partial s}(0, t', u)$ est une forme linéaire en u;

$$Q(u) = \sum_j u_j \frac{\partial y_j}{\partial s}(0, t', u)$$
$$= \sum_{ij} \frac{\partial^2 F}{\partial y_i \partial y_j}(t', 0, \ldots, 0) \frac{\partial y_i}{\partial s}(0, t', u) \frac{\partial y_j}{\partial s}(0, t', u)$$

est une forme quadratique en u, non dégénérée (c'est-à-dire de rang $r + 1$);

bien entendu : $i, j \in \{1, \ldots, r + 1\}$.

Preuve. — (22.8) résulte de

$$\frac{\partial F}{\partial y_j}(t', 0, \ldots, 0) = 0.$$

La dérivation de (22.2) par rapport à s donne, pour $t = t'$, $s = 0$, vu (22.8) :

$$\sum_i \frac{\partial^2 F}{\partial y_i \partial y_j}(t', 0, \ldots, 0) \frac{\partial y_i}{\partial s}(0, t', u) = u_j;$$

d'où le lemme, puisque $\mathrm{Hess}_y F \neq 0$ vu (5.4).

LEMME. — $f(s, t, u)$ a les propriétés suivantes :

$$f(0, t', u) = 0, \quad \forall u; \quad \frac{\partial f}{\partial s}(0, t, u) = 0, \quad \forall t, u;$$
$$\frac{\partial^2 f}{\partial s^2}(0, t', u) = Q(u), \quad \forall u.$$

Si u est donné, tel que $Q(u) \neq 0$, alors l'équation d'inconnue s :

(22.9) $$f(s, t, u) = 0$$

a deux racines voisines de 0, $\forall t$; elle ne sont pas égales $\forall t$.

Preuve. — f est défini par (22.4). D'où

$$f(0, t', u) = 0, \quad \forall u,$$

vu (22.8) et l'équation $F(t', 0, \ldots, 0) = 0$, qui résulte de (5.4). En dérivant (22.4) par rapport à s, et en employant la définition (22.2) des $y_j(s, t, u)$, on obtient

$$\frac{\partial f}{\partial s}(s, t, u) = s \sum u_j \frac{\partial y_j}{\partial s}(s, t, u);$$

d'où

$$\frac{\partial f}{\partial s}(0, t, u) = 0, \quad \forall t, u$$

et, vu la définition de $Q(u)$:

$$\frac{\partial^2 f}{\partial s^2}(0, t', u) = Q(u), \quad \forall u.$$

Supposons $Q(u) \neq 0$; puisque t est voisin de t', l'équation (22.9), d'inconnue s, a donc deux racines voisines de 0. Pour qu'elles soient égales, il faut et suffit qu'elles soient égales à la racine unique de l'équation

$$\frac{\partial f}{\partial s}(s, t, u) = 0,$$

qui est $s = 0$; il faut et il suffit donc que

$$f(t) = 0.$$

Or l'avant-dernier lemme a prouvé qu'on n'a pas

$$f(t) = 0, \quad \forall t.$$

LEMME. — $p(s, t, u, v)$ a les propriétés suivantes :

(22.10) $$p(0, t', u, v) = \frac{\partial p}{\partial s}(0, t', u, v) = 0, \quad \forall u, v.$$

Preuve. — (22.7) et le lemme précédent montrent que, pour $Q(u) \neq 0$, l'équation d'inconnue s,

$$p(s, t, u, v) = 0$$

a au moins deux racines voisines de o, qui ne sont pas égales $\forall t$; elles s'annulent pour $t = t'$. On a donc (22.10).

LEMME. — L'équation $P(t', \xi) = 0$ n'est pas réduite relativement à ξ.

Preuve. — Les relations (22.8), (5.4) et les définitions de $y_h(s, t, u)$ et $f_{hj}(s, t, u)$ impliquent les relations

$$(22.11) \quad y_j(0, t', u) = 0, \qquad y_h(0, t', u) = 0, \qquad f_{hj}(0, t', u) = 0, \quad \forall u,$$

où $j \in \{1, \ldots, r+1\}$, $h \in \{r+2, \ldots, l\}$.

Vu la définition (22.6) de p, $(22.10)_1$ s'écrit donc

$$P(t', \xi) = 0 \qquad \text{pour} \quad \xi = (0, u_1, \ldots, u_{r+1}, v_{r+2}, \ldots, v_l), \qquad \forall u, v.$$

Notons $w_0, \ldots, w_l$ les composantes de ξ, c'est-à-dire

$$\xi = (w_0, w_1 \ldots, w_l) \qquad \text{où} \quad w_0, \ldots, w_l \in \mathbf{C};$$

$(22.10)_1$ s'énonce donc

$$(22.12) \qquad P(t', 0, w_1, \ldots, w_l) = 0, \qquad \forall w_1, \ldots, w_l.$$

D'où

$$\frac{\partial P}{\partial w_1}(t', 0, w_1, \ldots, w_l) = \ldots = \frac{\partial P}{\partial w_l}(t', 0, w_1, \ldots, w_l) = 0, \qquad \forall w_1, \ldots, w_l;$$

par suite $(22.10)_2$ s'écrit, vu (22.11) et la définition (22.6) de p :

$$\left[\sum_i u_i \frac{\partial y_i}{\partial s}(0, t', u) + \sum_h v_h \frac{\partial y_h}{\partial s}(0, t', u)\right] \frac{\partial P}{\partial w_0}(t', 0, w_1, \ldots, w_l) = 0,$$

$\forall u_1, \ldots, v_l$; or, par définition,

$$\sum_i u_i \frac{\partial y_i}{\partial s}(0, t', u) = Q(u);$$

d'autre part la définition (22.3) de $y_h(s, t, u)$, la relation $y_j(0, t', u) = 0$, et (5.4) montrent que

$$\frac{\partial y_h}{\partial s}(0, t', u) = 0, \qquad \forall u, \forall h \in \{r+2, \ldots, l\};$$

$(22.10)_2$ s'énonce donc

$$Q(u) \frac{\partial P}{\partial w_0}(t', 0, w_1, \ldots, w_l) = 0, \qquad \forall u, w_1, \ldots, w_l;$$

c'est-à-dire, puisque la forme $Q(u)$ est non dégénérée, donc non nulle :

$$(22.13)\qquad \frac{\partial P}{\partial w_0}(t', 0, w_1, \ldots, w_l) = 0, \qquad \forall w_1, \ldots, w_l.$$

Les relations (22.12) et (22.13) prouvent que le polynôme $P(t', w_0, w_1, \ldots, w_l)$ a le facteur double $(w_0)^2$: d'où le lemme.

LEMME. — $\mathrm{discr}_T P(t, \xi) = 0$, $\forall\, t \in S$. (Ce lemme prouve le lemme 22, 2° puisque $t' \in S$.)

Preuve. — Dans le lemme précédent, t' peut être remplacé par un point quelconque de l'hypersurface S; l'équation $P(t, \xi) = 0$ n'est donc pas réduite sur $t \in S$ relativement à ξ. D'où le lemme, dans le cas où l'équation $P(t, \xi) = 0$ est réduite sur T relativement à ξ. Le cas général se ramène à ce cas particulier, en remplaçant cette équation par une équation réduite équivalente.

23. Premières propriétés de l'appui régulier.

La définition de l'appui régulier (n° 5) peut évidemment s'énoncer comme suit :

LEMME 23.1. — Le q-plan (t, x^q) s'appuie régulièrement sur V au point (t, x) quand et seulement quand il satisfait aux trois conditions suivantes :

1° $l - r - 1 \leqq q \leqq s$;

2° t est régulier; $x \in x^q$; (t, x) est point régulier de V;

3° si (t, X) ne s'appuie pas semi-régulièrement sur V en (t, x), alors [12] il existe un hyperplan x^{l-1} de X, tangent à $V(t)$ en x, tel que

$$x \in x^q \subset x^{l-1}.$$

Note. — Si $l - r - 1 = q$, la condition 3° est évidemment vérifiée. Si $l - r \leqq q$, cette condition 3° peut s'énoncer comme suit, en notant $x^r(x)$ le r-plan tangent à $V(t)$ en x :

x^q et $x^r(x)$ ne sont pas en position générale [13] dans X.

Voici un lemme évident, analogue au lemme 21.2 :

LEMME 23.2. — Supposons $l - r \leqq q$; soit $x \in x^q$; si (t, x) est un point régulier de V, en lequel (t, x^q) ne s'appuie pas régulièrement sur V,

---

(12) x est un point régulier de $V(t)$, vu le lemme 21.2.

(13) C'est-à-dire $x^q \cup x^r(x)$ appartient à un hyperplan de X; ou encore $\dim x^q \cap x^r(x) > q + r - l$.

alors x est point régulier de la variété $x^q \cap V(t)$, qui a en ce point la dimension $q+r-l$.

Voici, enfin, un lemme qui définit l'appui régulier par la notion d'hyperplan tangent, grâce à une récurrence sur q; les n°s 25 et 26 l'emploieront.

Lemme 23.3. — Donnons-nous t régulier.

1° *Les* $(l-r-1)$*-plans* (t, x^{l-r-1}) qui s'appuient régulièrement sur V sont ceux qui contiennent un point régulier de V; ils s'appuient donc sur V.

2° *Supposons* $l-r \leqq q < s$; soient x^q et x^{q+1} tels que $x^q \subset x^{q+1}$; pour que le q-plan (t, x^q) s'appuie régulièrement sur V, il faut et suffit qu'il vérifie l'une des deux conditions suivantes :

(i) x^q est tangent à $x^{q+1} \cap V(t)$;

(ii) (t, x^q) contient un point où (t, x^{q+1}) s'appuie régulièrement sur V.

3° *Supposons* $s = l-1$, c'est-à-dire V *non développable*; *les* $(l-1)$*-plans* (t, x^{l-1}) qui s'appuient régulièrement sur V sont ceux qui vérifient l'une des deux conditions suivantes :

(i) x^{l-1} est tangent à $V(t)$;

(ii) (t, x^{l-1}) contient un point où (t, X) s'appuie semi-régulièrement sur V.

Preuve de 1°. — La définition de l'appui régulier (n° 5).

Preuve de 3°. — Le lemme 23.1, où l'on prend $q = l-1$.

Preuve de 2°. — Soient t régulier et $x \in x^q \subset x^{q+1}$, où $l-r \leqq q < s$; supposons (t, x) point régulier de V. Notons $x^r(x)$ le r-plan tangent à $V(t)$ en x, quand x est point régulier de $V(t)$. Nous allons employer les propriétés suivantes :

(l) : (t, X) s'appuie semi-régulièrement sur V en (t, x);

(q) : (t, x^q) s'appuie régulièrement sur V en (t, x);

$(q+1)$: (t, x^{q+1}) s'appuie régulièrement sur V en (t, x).

Leurs négations seront notées $(\overline{l})$, $(\overline{q})$ et $(\overline{q+1})$.

Nous allons distinguer trois cas.

Premier cas : on a $(\overline{l})$ et $(\overline{q+1})$. Alors, vu le lemme 21.2 et la note ([13]) qui complète le lemme 23.1 :

x est point régulier de $V(t)$; $\dim x^{q+1} \cap x^r(x) = q+r-l+1$;

(q) équivaut à $\dim x^q \cap x^r(x) > q+r-l$.

Donc (q) peut s'écrire :

$$\dim x^q \cap x^r(x) \geqq \dim x^{q+1} \cap x^r(x)$$

ou

$$x^q \cap x^r(x) \supseteq x^{q+1} \cap x^r(x)$$

ou

$$x^q \supseteq x^{q+1} \cap x^r(x)$$

ou enfin :

(23.1) x^q est tangent en x à $x^{q+1} \cap V(t)$.

Second cas : on a $(\bar{l})$ et $(q+1)$. Alors, vu les lemmes 21.2 et la note [13] qui complète le lemme 23.1 :

x est point régulier de $V(t)$;

il existe un hyperplan x^{l-1} de X tel que

$$x^{q+1} \cup x^r(x) \subset x^{l-1}.$$

Donc

$$x^q \cup x^r(x) \subset x^{l-1};$$

d'où (q).

Troisième cas : on a (l); alors, vu le lemme 23.1 on a (q) et $(q+1)$.

L'examen de ces trois cas prouve ceci : pour que (q) soit satisfaite, il faut et suffit que $(q+1)$ ou (23.1) le soit. D'où le 2° du lemme.

24. L'appui très régulier de (t, x^q) sur V.

Nous allons définir cet appui très régulier, qui permettra au n° 25 d'appliquer le lemme 22 à l'étude de l'appui régulier.

Notations. — Soit t' régulier; soit (t', x') un point régulier de V, où (t', X) ne s'appuie pas semi-régulièrement sur X; d'après le lemme 21.2, X possède des coordonnées locales $(y_1, \ldots, y_l)$ telles que les équations de V puissent s'écrire :

(24.1) $$V: \quad y_k + f_k(t, y_1, \ldots, y_r) = 0,$$

où $k \in \{r+1, \ldots, l\}$, $f_k(\ldots)$ est holomorphe.

Soit $(t, x) \in V$ et voisin de (t', x'); soient

$$\xi = (w_0, w_1, \ldots, w_l)$$

les coordonnées homogènes des hyperplans x^{l-1} de X tangents en x à $V(t)$; on a

(24.2) $$w_j = \sum_k w_k \frac{\partial f_k}{\partial y_j}(t, y_1, \ldots, y_r), \qquad w_0 = -w_1 y_1 - \ldots - w_l y_l,$$

$$\text{où } j \in \{1, \ldots, r\}, \qquad k \in \{r+1, \ldots l\};$$

la distance à x^{l-1} d'un point de $V(t)$ infiniment voisin de x est proportionnelle à la forme quadratique des différentielles dy_i des y_i :

$$(24.3)\qquad \sum_{ijk} w_k \frac{\partial^2 f_k}{\partial y_i \partial y_j}(t, y_1, \ldots, y_r)\, dy_i dy_j,$$

$$\text{où}\quad i, j \in \{1, \ldots, r\}, \qquad k \in \{r+1, \ldots, l\};$$

le rang de cette forme est donc indépendant du choix des coordonnées locales $(y_1, \ldots, y_r)$.

LEMME. — La forme (24.3) est de rang $r + s - l + 1$ sur un sous-ensemble partout dense de l'ensemble des couples (x, x^{l-1}) tels que x^{l-1} soit tangent en x à $V(t)$.

Preuve. — Vu la définition de s (n° 5), quand t est fixe et que $(y_1, \ldots, y_r, w_{r+1}, \ldots, w_l)$ varie, alors $(w_0, \ldots, w_l)$ décrit une variété de dimension $s + 1$; il existe donc *un sous-ensemble partout dense* de l'ensemble des valeurs de $(y_1, \ldots, y_r, w_{r+1}, \ldots, w_l)$ où la matrice

$$\begin{pmatrix} \dfrac{\partial w_0}{\partial y_1}, & \ldots, & \dfrac{\partial w_0}{\partial y_r}, & \dfrac{\partial w_0}{\partial w_{r+1}}, & \ldots, & \dfrac{\partial w_0}{\partial w_l} \\ \ldots & \ldots & \ldots & \ldots & \ldots & \ldots \\ \dfrac{\partial w_l}{\partial y_1}, & \ldots, & \dfrac{\partial w_l}{\partial y_r}, & \dfrac{\partial w_l}{\partial w_{r+1}}, & \ldots, & \dfrac{\partial w_l}{\partial w_l} \end{pmatrix}$$

est de rang $s + 1$; mais (24.1) et (24.2) donnent

$$dw_0 + y_1 dw_1 + \ldots + y_l dw_l \equiv 0 \qquad (\operatorname{mod} dt).$$

Sur ce sous-ensemble la matrice carrée

$$\begin{pmatrix} \dfrac{\partial w_1}{\partial y_1}, & \ldots, & \dfrac{\partial w_1}{\partial y_r}, & \dfrac{\partial w_1}{\partial w_{r+1}}, & \ldots, & \dfrac{\partial w_1}{\partial w_l} \\ \ldots & \ldots & \ldots & \ldots & \ldots & \ldots \\ \dfrac{\partial w_l}{\partial y_1}, & \ldots, & \dfrac{\partial w_l}{\partial y_r}, & \dfrac{\partial w_l}{\partial w_{r+1}}, & \ldots, & \dfrac{\partial w_l}{\partial w_l} \end{pmatrix}$$

est donc de rang $s + 1$; or

$$\frac{\partial w_h}{\partial y_j} = 0 \quad \text{et} \quad \left(\frac{\partial w_h}{\partial w_k}\right) \text{ est la matrice unité, si } h, k \in \{r+1, \ldots, l\}.$$

Sur ce sous-ensemble, la matrice carrée

$$\left(\frac{\partial w_i}{\partial y_j}\right), \qquad \text{où}\quad i, j \in \{1, \ldots, r, \},$$

est donc de rang $r+s-l+1$. Or vu (24.2), cette matrice est la matrice

$$(24.4)\qquad \left(\sum_k w_k \frac{\partial^2 f_k}{\partial y_i \partial y_j}(t', y_1, \ldots, y_r)\right),$$

où $i, j \in \{1, \ldots, r\}$. Cette matrice (24.4) est donc de rang $r+s-l+1$ sur un ensemble partout dense de valeurs de $(y_1, \ldots, y_r, w_{r+1}, \ldots, w_l) \in \mathbf{C}^l$. D'où le lemme.

Définition. — Un q-plan (t, x^q) *s'appuie très régulièrement sur* V en un point (t, x) quand il s'appuie régulièrement sur V en ce point et que les quatre conditions suivantes sont satisfaites :

1° $l-r \leqq q \leqq s$;

2° (t, X) ne s'appuie pas semi-régulièrement sur V en (t, x); donc, vu le lemme 21.2, $V(t)$ a en x un r-plan tangent :

$$x^r(x) : \quad y_{r+1} = \ldots = y_l = 0;$$

3° $x^q \cup x^r(x)$ appartient à un hyperplan de X et à un seul, dont les coordonnées homogènes sont notées $(w_0, \ldots, w_l)$;

4° la restriction de la forme quadratique (24.3) au $(q+r-l+1)$-plan tangent en x à $x^q \cap x^r(x)$ est une forme quadratique non dégénérée (c'est-à-dire : de rang $q+r-l+1$).

Voici les propriétés de l'appui très régulier :

LEMME 24.1. — *L'ensemble des q-plans (t, x^q) s'appuyant très régulièrement sur V est un sous-ensemble partout dense de l'ensemble des q-plans (t, x^q) s'appuyant régulièrement sur V.*

Preuve. — Soit un q-plan (t, x^q) s'appuyant régulièrement sur V en (t, x); vu le lemme 21.1 et la définition de l'appui régulier, on peut modifier arbitrairement peu (t, x^q, x) de façon que

(24.5) $\qquad (t, X)$ ne s'appuie pas semi-régulièrement sur V,

mais que (t, x^q) continue à s'appuyer régulièrement sur V en (t, x). Par suite, vu les lemmes 21.2 et 23.1, x est un point régulier de $V(t)$, où $V(t)$ possède un r-plan tangent $x^r(x)$, et il existe un hyperplan x^{l-1} de X tel que

$$x^q \cup x^r(x) \subset x^{l-1};$$

notons $(w_0, \ldots, w_l)$ les coordonnées homogènes de x^{l-1}. Vu le lemme précédent, en modifiant arbitrairement peu x et x^{l-1}, puis x^q, nous pouvons satisfaire aux conditions suivantes :

(24.6) $\qquad x^{l-1}$ est tangent à $V(t)$ au point régulier x;

la forme quadratique (24.3) est de rang $r+s-l+1$;

$$x \in x^q \subset x^{l-1}.$$

Par suite

$$\dim x^q \cap x^r(x) \geqq q+r-l+1.$$

On peut donc trouver un $(q+r-l+1)$-plan $x^{q+r-l+1}$ arbitrairement voisin de $x^q \cap x^r(x)$, tel que

$$x \in x^{q+r-l+1} \subset x^{l-1},$$

(24.7) la restriction de la forme quadratique (24.3) au $(q+r-l+1)$-plan tangent à $x^{q+r-l+1}$ est de rang $q+r-l+1$.

On peut enfin modifier arbitrairement peu x^q de façon à satisfaire aux conditions suivantes :

$$x \in x^{q+r-l+1} = x^q \cap x^r(x); \qquad x^q \subset x^{l-1}.$$

Évidemment (t, x^q) continue à s'appuyer régulièrement sur V en (t, x) et

(24.8) x^{l-1} est le seul $(l-1)$-plan contenant $x^q \subset x^r(x)$.

Donc l'appui de (t, x^q) sur V est très régulier.

C. Q. F. D.

Lemme 24.2. — Si le q-plan (t', x'^q) s'appuie très régulièrement sur V en (t', x') [au sens de la définition du n° 24], alors [au sens de la définition du n° 5] $(t', \xi'_1, \ldots, \xi'_{l-q}, X)$ s'appuie très régulièrement sur la variété de $T \times \Xi^{l-q} \times X$ dont les points sont les $(t, \xi_1, \ldots, \xi_{l-q}, x)$ tels que

$$(t, x) \in V, \qquad x \in x^q;$$

x^q désigne le q-plan de coordonnées grassmanniennes $\xi_1 \wedge \ldots \wedge \xi_{l-q} = \xi^{l-q}$.

Preuve. — Notons x'^r le r-plan tangent à $V(t')$ en x' et x'^{l-1} l'hyperplan unique de X tel que

$$x'^q \cup x'^r \subset x'^{l-1}.$$

Choisissons des coordonnées locales $(y_1, \ldots, y_l)$ de X, d'origine x', ayant les propriétés suivantes :

V a pour équations (24.1);

$$f_k(t', y_1, \ldots, y_r) \equiv 0 \qquad (\mathrm{mod}\, y^2);$$

x'^r, x'^{l-1} et x'^q ont pour équations respectives :

$$x'^r: \quad y_{r+1} = \ldots = y_l = 0;$$
$$x'^{l-1}: \quad y_{r+1} = 0;$$
$$x'^q: \quad y_{q+r-l+2} = \ldots = y_{r+1} = 0.$$

La restriction de la forme (24.3) au $(q+r-l+1)$-plan tangent en x' à $x'^q \cap x'^r$ est donc la forme

$$\sum_{ij} \frac{\partial^2 f_{r+1}}{\partial y_i \partial y_j}(t', 0, \ldots, 0)\, dy_i dy_j,$$

où $i, j \in \{1, \ldots, q+r-l+1\}$; par hypothèse cette dernière forme n'est pas dégénérée, c'est-à-dire

$$\text{(24.9)} \qquad \mathrm{Hess}_y f_{r+1}(t', y_1, \ldots, y_{q+r-l+1}, 0, \ldots, 0) \neq 0.$$

Nous allons supposer (t, x, x^q) voisin de (t', x', x'^q). Les équations de x^q sont

$$y_j + L_j(\xi^{l-q}, y_1, \ldots, y_l) = 0, \quad \text{où } j \in \{q+r-l+2, \ldots, r+1\};$$

L_j est linéaire en $y_1, \ldots, y_l$, holomorphe en $\xi_1, \ldots, \xi_{l-q}$ nul pour $(\xi_1, \ldots, \xi_{l-q}) = (\xi'_1, \ldots, \xi'_{l-q})$; $\dfrac{\partial L_j}{\partial(\xi_1, \ldots, \xi_{l-q})} \neq 0$. Les équations de $(t, x^q) \cap V$ sont donc :

$$\text{(24.10)} \begin{cases} y_j + L_j(\xi^{l-q}, y_1, \ldots, y_l) = 0, & \text{où } j \in \{q+r-l+2, \ldots, r+1\}; \\ y_k + f_k(t, y_1, \ldots, y_r) = 0, & \text{où } k \in \{r+2, \ldots, l\}; \\ f_{r+1}(t, y_1, \ldots, y_r) + L_{r+1}(\xi^{l-q}, y_1, \ldots, y_l) = 0 \end{cases}$$

Puisque

$$L_j(\xi'^{l-q}, y_1, \ldots, y_l) = 0 \quad \text{et} \quad f_k(t', y_1, \ldots, y_r) \equiv 0 \quad (\mathrm{mod}\, y^2),$$

nous pouvons résoudre le système $(24.10)_1$, $(24.10)_2$ par rapport à $y_{q+r-l+2}, \ldots, y_l$; nous obtenons

$$y_h = F_h(t, \xi^{l-q}, y_1, \ldots, y_{q+r-l+1}),$$

où

$$h \in \{q+r-l+2, \ldots, l\},$$

$$F_h(t', \xi'^{l-q}, y_1, \ldots, y_{q+r-l+1}) \equiv 0 \quad (\mathrm{mod}\, y^2).$$

En substituant F_h à y_h dans

$$f_{r+1}(t, y_1, \ldots, y_r) + L_{r+1}(\xi^{l-q}, y_1, \ldots, y_l)$$

nous définissons une fonction

$$F(t, \xi^{l-q}, y_1, \ldots, y_{q+r-l+1});$$

puisque

$$L_{r+1}(\xi'^{l-q}, y_1, \ldots, y_l) = 0, \qquad \frac{\partial L_{r+1}}{\partial(\xi_1, \ldots, \xi_{l-q})} \neq 0,$$

$$f_{r+1}(t', y_1, \ldots, y_r) \equiv 0 \quad (\mathrm{mod}\, y^2),$$

cette fonction F a les propriétés suivantes :

$$F(t', \xi'^{l-q}, y_1, \ldots, y_{q+r-l+1}) \equiv 0 \quad (\text{mod}\, y^2); \quad \frac{\partial F}{\partial(\xi_1, \ldots, \xi_{l-q})} \neq 0;$$

$$\text{Hess}_y F(t', \xi'^{l-q}, y_1, \ldots, y_{q+r-l+1})$$
$$= \text{Hess}_y f_{r+1}(t', \xi'^{l-q}, y_1, \ldots, y_{q+r-l+1}, 0, \ldots, 0) \neq 0.$$

Les équations de $(t, x^q) \cap V$ peuvent donc s'écrire :

$$\begin{cases} F(t, \xi^{l-q}, y_1, \ldots, y_{q+r-l+1}) = 0, \\ y_h = F_h(t, \xi^{l-q}, y_1, \ldots, y_{q+r-l+1}), \\ \forall h \in \{q+r-l+2, \ldots, l\}, \end{cases}$$

où

$$\begin{cases} F(t', \xi'^{l-q}, y_1, \ldots, y_{q+r-l+1}) \equiv F_h(\ldots) \equiv 0 \quad (\text{mod}\, y^2), \\ \dfrac{\partial F}{\partial(\xi_1, \ldots, \xi_{l-q})} \neq 0, \ \text{Hess}_y F \neq 0. \end{cases}$$

Le lemme résulte de la comparaison de ces relations avec les relations (5.3), (5.4), qui définissent l'appui très régulier de (t', X).

25. Preuve que les appuis régulier et très régulier sont des appuis.

Lemme. — Supposons :

t régulier; $\quad l-r \leqq q \leqq s; \quad x^{q-1} \subset x^q; \quad x^{q-1}$ tangent à $x^q \cap V(t)$.

Alors (t, x^{q-1}) s'appuie régulièrement sur V.

Preuve si $l-r+1 \leqq q$: le lemme 23.3, 2°.

Preuve si $l-r=q$: le lemme 23.3, 1°, car dans ce cas l'hypothèse « x^{q-1} est tangent à $x^q \cap V(t)$ » signifie « x^{q-1} contient un point de $x^q \cap V(t)$ ».

Lemme. — Supposons

(25.1) $$l-r \leqq q \leqq s;$$

(25.2) $$P(t, \xi_1 \wedge \ldots \wedge \xi_{l-q} \wedge \xi) = 0,$$
$\forall (t, x^{q-1})$ s'appuyant régulièrement sur V.

Alors

(25.3) $$\text{discr}_{T \times \Xi^{l-q}} P(t, \xi_1 \wedge \ldots \wedge \xi_{l-q} \wedge \hat{\xi}) = 0,$$
$\forall (t, x^q)$ s'appuyant régulièrement sur V.

Notations. — $\xi_1 \wedge \ldots \wedge \xi_{l-q}$ et $\xi_1 \wedge \ldots \wedge \xi_{l-q} \wedge \xi$ sont les coordonnées grassmanniennes respectives de x^q et x^{q-1}.

Preuve. — Vu le lemme précédent, (25.2) est vérifié quand l'hyperplan de X, ayant pour coordonnées homogènes ξ, est tangent à $x^q \cap V(t)$. Vu le lemme 24.2, le lemme 22 prouve donc ceci : si (t', x'^q) s'appuie très régulièrement sur V, alors (t', x'^q) vérifie (25.3). Or, vu le lemme 24.1 les (t', x'^q) s'appuyant très régulièrement sur V sont partout denses dans l'ensemble des (t, x^q) s'appuyant régulièrement sur V; cet ensemble vérifie donc (25.3).

LEMME 25.1. — Les q-plans (t, x^q) s'appuyant régulièrement sur V s'appuient sur V.

Preuve pour $q = l - r - 1$. — Le lemme 23.3, 1°.

Preuve pour $l - r \leqq q \leqq s$. — Supposons prouvé que les $(q-1)$-plans s'appuyant régulièrement sur V vérifient l'équation $(4.1)_{q-1}$, qui définit l'appui

$$P^{q-1}(t, \xi_1 \wedge \ldots \wedge \xi_{l-q} \wedge \xi) = 0.$$

Alors les q-plans s'appuyant régulièrement sur V vérifient l'équation $(4.1)_q$,

$$P^q(t, \xi_1 \wedge \ldots \wedge \xi_{l-q}) = 0,$$

vu sa définition (n° 4) et le lemme précédent.

Prouvons que l'appui très régulier est lui aussi un appui.

LEMME. — Supposons $V(t)$ non développable quand t est régulier; c'est-à-dire $s = l - 1$. Soient : t régulier, x^{l-1} tangent à $V(t)$. Alors (t, x^{l-1}) s'appuie sur V, c'est-à-dire vérifie l'équation

$$(4)_{l-1} : \quad P^{l-1}(t, \xi) = 0;$$

ξ désigne les coordonnées homogènes de x^{l-1}.

Preuve. — Vu le lemme 23.3, 3°, (t, x^{l-1}) s'appuie régulièrement sur V; vu le lemme précédent, (t, x^{l-1}) s'appuie donc sur V.

LEMME 25.2. — Les l-plans (t, X) s'appuyant très régulièrement sur V s'appuient sur V.

Preuve. — Vu le lemme 22, 1°, $V(t)$ n'est pas développable, $\forall t$ régulier. Vu le lemme précédent, on peut donc choisir $P = P^{l-1}$ dans le lemme 22, 2°, qui donne :

$$P^l(t) = 0, \qquad \forall (t, X) \text{ s'appuyant très régulièrement sur } V.$$

Note. — Depuis le début de ce chapitre IV, l'hypothèse (5.1) a été faite. Si elle n'est pas vérifiée, les lemmes 25.1 et 25.2 sont cependant exacts, car alors tout appui est, par définition, régulier ou très régulier.

La preuve de la proposition 2 (n° 5) est donnée par les lemmes 25.1, 25.2 et la proposition 1 (n° 4).

Chapitre V.

Régularité de l'appui des q-plans ne coupant pas les singularités.

Ce chapitre V prouve la proposition 3 (nº 5); il traite d'abord le cas où V est irréductible.

26. Une condition impliquant la régularité de l'appui.

Cette condition résultera de la propriété suivante de discr_T :

Lemme. — Soit $P(t, \xi)$ un polynôme en (t, ξ), homogène en ξ. On a

(26.1) $$\mathrm{discr}_T P(t', \hat{\xi}) \neq 0$$

en tout point t' vérifiant la condition que voici :

(26.2) : *L'hypersurface de Ξ d'équation $P(t', \xi) = 0$ contient un ensemble partout dense de points ξ' possédant la propriété suivante : au voisinage de (t', ξ') l'équation $P(t, \xi) = 0$ équivaut à une équation $F(t, \xi) = 0$, où F est holomorphe en ξ, continu en t et $\dfrac{\partial F}{\partial \xi} \neq 0$.*

Preuve. — L'ensemble de ces ξ' est une partie ouverte, partout dense, de l'hypersurface de Ξ d'équation

(26.3) $$P(t', \xi) = 0.$$

Il existe donc une droite analytique complexe de Ξ coupant cette hypersurface (26.3) en des points appartenant tous à cette partie de cette hypersurface, chacun de ces points d'intersection étant simple. Soit n leur nombre; n est le degré de l'hypersurface (26.3). Plus généralement, vu l'hypothèse (26.2), pour t voisin de t', l'hypersurface de Ξ d'équation

(26.4) $$P(t, \xi) = 0$$

coupe cette droite en n points simples et a donc ce même degré n. Or, vu le nº 2 : le degré de cette hypersurface est maximum, sauf quand t est sur une certaine sous-variété algébrique de T; quand ce degré est maximum, alors

(26.5) $$\mathrm{discr}_T P(t, \hat{\xi}) \neq 0.$$

Donc ce maximum est n, et (26.5) a lieu au voisinage de t', en particulier en t'.

C. Q. F. D.

Notations. — V est une variété algébrique irréductible de $T \times X$; x^q et x^{q-1} sont un q-plan et un $(q-1)$-plan de X tels que $x^{q-1} \subset x^q$; ils ont pour coordonnées grassmanniennes

$$\xi_1 \wedge \ldots \wedge \xi_{l-q} \quad \text{et} \quad \xi_1 \wedge \ldots \wedge \xi_{l-q} \wedge \xi.$$

Nous supposons

$$l - r \leqq q \leqq s + 1 \quad \text{et, si } s + 1 \neq l, \quad q \leqq s.$$

LEMME 26. — Soit une équation polynomiale

$$(26.6) \qquad P(t, \xi_1 \wedge \ldots \wedge \xi_{l-q} \wedge \xi) = 0$$

impliquant, quand t est régulier, l'une au moins des deux conditions suivantes :

1° (t, x^{q-1}) s'appuie régulièrement sur V;
2° (t, x^{q-1}) coupe la partie singulière de V.

Alors l'équation

$$(26.7) \qquad \operatorname{discr}_{T \times \Xi^{l-q}} P(t, \xi_1 \wedge \ldots \wedge \xi_{l-q} \wedge \hat{\xi}) = 0$$

implique, quand t est régulier, l'une au moins des trois conditions suivantes :

(i) (t, x^q) s'appuie régulièrement sur V si $q \leqq s$,
semi-régulièrement sur V si $q = s + 1 = l$;

(ii) (t, x^q) coupe la partie singulière de V;

(iii) l'une au moins des composantes algébriques de $x^q \cap V(t)$ est développable.

Note. — Si $q = l - r$, alors $\dim x^q \cap V(t) = 0$ et la condition (iii) doit être supprimée.

Preuve. — Considérons l'ensemble E des $(t, x^q) \in T \times \Gamma^q(X)$ [14] vérifiant les conditions suivantes :

t est régulier; (t, x^q) ne coupe pas la partie singulière de V;
(t, x^q) ne s'appuie ni régulièrement $(q < l)$, ni semi-régulièrement $(q = l)$ sur V;
aucune composante algébrique de $x^q \cap V(t)$ n'est développable.

E est évidemment ouvert. Il s'agit de prouver que, sur E :

$$(26.8) \qquad \operatorname{discr}_{T \times \Xi^{l-q}} P(t, \xi_1 \wedge \ldots \wedge \xi_{l-q} \wedge \hat{\xi}) \neq 0.$$

Soit $(t, x^q) \in E$; soit $x^{q-1} \subset x^q$. Le lemme 23.3 a prouvé ceci : pour que (t, x^{q-1}) s'appuie régulièrement sur V, il faut que x^{q-1} soit tangent

---

[14] Rappelons (n° 3) que $\Gamma^q(X)$ est la q-grassmannienne de X.

à $x^q \cap V(t)$. L'équation (26.6) implique donc que l'hyperplan de coordonnées homogènes ξ est tangent à $x^q \cap V(t)$; elle signifie donc que cet hyperplan est tangent à une composante algébrique de $x^q \cap V(t)$, qui dépend continûment de (t, x^q). Or cette composante algébrique n'est pas développable, par hypothèse, et n'a pas de point singulier, vu les lemmes 21.2 et 23.2. Cette équation (26.6) vérifie donc l'hypothèse (26.2) du lemme précédent, où l'on remplace $t' \in T$ par $(t, \xi_1, \ldots, \xi_{l-q}) \in T \times \Xi^{l-q}$; vu ce lemme, on a (26.8).

C. Q. F. D.

27. **Régularité de l'appui sur V d'un q-plan ne coupant pas la partie singulière de V.**

Les notations du n° 26 sont conservées.

LEMME 27. — Si t est régulier, si le q-plan (t, x^q) ne coupe pas la partie singulière de V et s'appuie sur V, alors il s'appuie régulièrement si $q \leqq s$, et semi-régulièrement si $q = l = s + 1$.

Preuve pour $q < l - r - 1$. — Vu les définitions des n°s 4 et 5, l'appui et l'appui régulier sont impossibles.

Preuve pour $q = l - r - 1$. — Les définitions des n°s 4 et 5.

Nous allons poursuivre, par récurrence suivant q.

Preuve pour $q = l - r$. — Le lemme 26, où l'on choisit $P = P^{q-1}$, la note qui le complète et la relation $P^q = \text{discr}\, P^{q-1}$ (n° 4).

Preuve pour $l - r < q \leqq l$. — Soit un q-plan (t, x^q) vérifiant les conditions suivantes :

(27.1)
- t est régulier;
- (t, x^q) ne s'appuie ni régulièrement ($q \leqq s$), ni semi-régulièrement ($q = l$) sur V;
- (t, x^q) ne coupe pas la partie singulière de V.

Il s'agit de prouver que

$$P^q(t, \xi_1 \wedge \ldots \wedge \xi_{l-q}) \neq 0, \qquad \text{où} \quad P^q = \text{discr}\, P^{q-1}.$$

Le lemme est supposé vrai quand on y remplace q par $q - 1$; les hypothèses du lemme 26 sont donc vérifiées quand on choisit $P = P^{q-1}$; vu ce lemme 26, il suffit donc de prouver ceci :

(27.2) Aucune des composantes algébriques de $x^q \cap V(t)$ n'est développable.

Notons x^{q-1} un hyperplan arbitraire de x^q. Vu (27.1) et le lemme 23.3, 2° et 3°, l'ensemble des x^{q-1} tangents à $x^q \cap V(t)$ est l'ensemble de x^{q-1}

tels que (t, x^{l-1}) s'appuie régulièrement sur V. Vu la proposition 2 (nº 5), cet ensemble appartient à l'ensemble des (t, x^{q-1}) s'appuyant sur V; plus précisément, ces deux ensembles sont identiques, vu que le lemme vaut si l'on y remplace q par $q-1$, et vu que (t, x^{q-1}) ne coupe pas la partie singulière de V, car (27.1) a lieu. L'ensemble des x^{q-1} tangents à $x^q \cap V(t)$ est donc défini par l'équation exprimant que (t, x^{q-1}) s'appuie sur V :

$$P^{q-1}(t, \xi_1 \wedge \ldots \wedge \xi_{l-q} \wedge \xi) = 0.$$

D'où (27.2).

C. Q. F. D.

28. Conditions impliquant la régularité de l'appui sur une hypersurface réductible.

Notations. — Soit V une hypersurface de $T \times X$; notons V_j toutes les composantes algébriques irréductibles de toutes les intersections d'un nombre quelconque de composantes algébriques de V; notons

$$r_j = \dim V_j - \dim T.$$

Évidemment :

(28.1) $r_k < r_i$ et $r_k < r_j$, si V_k est une composante de $V_i \cap V_j$.

Nous supposerons qu'*aucune des* V_j *n'est développable* : $s_j = l - 1$.

t sera dit régulier quand il sera régulier pour chaque V_j.

Notons

$$P_j^{q-1}(t, \xi_1 \wedge \ldots \wedge \xi_{l-q} \wedge \xi) = 0 \tag{28.2}$$

une équation polynomiale, réduite sur $T \times \Xi^{l-q}$ relativement à ξ, exprimant que (t, x^{q-1}) s'appuie sur V_j. Si $q < l - r_j$, nous prenons $P_j^{q-1} = 1$, $\forall t, \xi_1, \ldots, \xi$.

Lemme. — L'équation

$$\operatorname{discr}_{T \times \Xi^{l-q}} \prod_j P_j^{q-1}(t, \xi_1 \wedge \ldots \wedge \xi_{l-q} \wedge \xi) = 0 \tag{28.3}$$

implique, quand t est régulier, l'une au moins des deux conditions que voici :

1º (t, x^q) s'appuie sur l'un des V_j, c'est-à-dire

$$\prod_j P_j^q(t, \xi_1 \wedge \ldots \wedge \xi_{l-q}) = 0; \tag{28.4}$$

2º (t, x^q) coupe la partie singulière de l'un des V_j.

Preuve. — Il s'agit de prouver que l'ensemble des (t, x^q) vérifiant les conditions suivantes est vide :

$$\begin{cases} t \text{ est régulier}; \\ \operatorname{discr}_{T\times\Xi^{l-q}} \prod_j P_j^{q-1}(t, \xi_1 \wedge \ldots \wedge \xi_{l-q} \wedge \xi) = 0; \\ \prod_j P_j^q(t, \xi_1 \wedge \ldots \wedge \xi_{l-q}) \neq 0, \qquad \text{où} \quad P_j^q = \operatorname{discr}_{T\times\Xi^{l-q}} P_j^{q-1}; \\ (t, x^q) \text{ ne coupe la partie singulière d'aucun des } V_j. \end{cases}$$

Vu la définition de discr (nº 2), il suffit de prouver que l'ensemble des (t, x^q) vérifiant les conditions suivantes a, dans $T\times\Gamma^q(X)$, une codim > 1 :

$$\begin{cases} t \text{ est régulier}; \\ \text{le polynôme en } \xi, \ \prod_j P_j^{q-1}(t, \xi_1 \wedge \ldots \wedge \xi_{l-q} \wedge \xi), \text{ a un facteur multiple}; \\ \text{aucun des polynôme } P_j^{q-1}(t, \xi_1 \wedge \ldots \wedge \xi_{l-q} \wedge \xi) \text{ n'a de facteur multiple}; \\ (t, x^q) \text{ ne coupe la partie singulière d'aucun des } V_j. \end{cases}$$

Il suffit donc de prouver que l'ensemble des (t, x^q) vérifiant les conditions suivantes a, dans $T\times\Gamma^q(X)$, une codim > 1 :

$$(28.5) \quad \begin{cases} t \text{ est régulier}; \\ \text{il existe } i \text{ et } j \neq i \text{ tels que les polynômes en } \xi, \\ P_i^{q-1}(t, \xi_1 \wedge \ldots \wedge \xi_{l-q} \wedge \xi) \text{ et } P_j^{q-1}(\ldots) \text{ ont un facteur commun}; \\ (t, x^q) \text{ ne s'appuie sur aucun des } V_k; \\ (t, x^q) \text{ ne coupe la partie singulière d'aucun des } V_k. \end{cases}$$

Or l'équation

$$(28.6) \qquad P_i^{q-1}(t, \xi_1 \wedge \ldots \wedge \xi_{l-q} \wedge \xi) = 0$$

exprime que (t, x^{q-1}) s'appuie sur V_i; x^{q-1} est un hyperplan de x^q; donc (t, x^{q-1}) ne coupe pas la partie singulière de V_i; vu le lemme 27, cette équation (28.6) exprime donc que (t, x^{q-1}) s'appuie régulièrement sur V_i. Or (t, x^q) ne s'appuie pas régulièrement sur V_i, vu (28.5) et la proposition 2. Vu le lemme 23.3, (28.6) exprime donc que x^{q-1} est tangent à $x^q \cap V_i(t)$, si $l - r_i < q$; si $l - r_i = q$, $x^q \cap V_i(t)$ se compose d'un nombre fini de points et (28.6) exprime que x^{q-1} contient l'un d'eux; si $q < l - r_i$, (28.6) est impossible.

Les conditions (28.5) impliquent donc que

$$x^q \cap V_i(t) \quad \text{et} \quad x^q \cap V_j(t)$$

ont une composante algébrique irréductible commune. C'est une composante algébrique de

$$x^q \cap V_k(t),$$

V_k étant l'une des composantes algébriques irréductibles de $V_i \cap V_j$.

Si $q + r_k \geqq l$, alors $q + r_i > l$ et $q + r_j > l$, vu (28.1); x^q ne s'appuie ni régulièrement ($q < l$) ni semi-régulièrement ($q = l$) sur V_i, V_j, V_k, vu (28.5) et la proposition 2; cette composante algébrique commune à $x^q \cap V_i(t)$, $x^q \cap V_j(t)$ et $x^q \cap V_k(t)$ a donc, d'après le lemme 23.2, la dimension

$$q + r_i - l = q + r_j - l = q + r_k - l;$$

c'est impossible, vu (28.1).

Si $q + r_k = l - 1$, alors (t, x^q) s'appuie sur V_k; c'est impossible, vu (28.5).

Donc (t, x^q) coupe un V_k tel que

$$r_k \leqq l - 2 - q;$$

or l'ensemble des q-plans (t, x^q) coupant ces V_k est évidemment une sous-variété algébrique de $T \times \Gamma^q(X)$ de codimension > 1; donc l'ensemble des q-plans (t, x^q) satisfaisant (28.5) est de codim > 1.

C. Q. F. D.

Lemme 28. — Si t est régulier et si (t, x^q) s'appuie sur V, alors l'une des deux conditions suivantes est satisfaite :

1° (t, x^q) s'appuie sur l'un des V_j;

2° (t, x^q) coupe la partie singulière de l'un des V_j.

Preuve pour $q = 0$. — La définition de l'appui (n° 4).

Preuve pour $q > 0$. — Si l'ensemble des $(q-1)$-plans coupant la partie singulière de l'un des V_j est une hypersurface de $T \times \Gamma^{q-1}(X)$, alors tout q-plan (t, x^q) coupe cette partie singulière et le lemme est évident. Sinon le lemme, supposé vrai quand on y remplace q par $q - 1$, prouve que tout (t, x^{q-1}) s'appuyant sur V s'appuie sur l'un des V_j, si t est régulier; vu la proposition 1 (n° 4), l'équation exprimant l'appui de (t, x^{q-1}) sur V est donc

$$P_0(t) \prod P_j^{q-1}(t, \xi_1 \wedge \ldots \wedge \xi_{l-q} \wedge \xi) = 0,$$

où P_0 est un polynôme, $\neq 0$ quand t est régulier. Vu la définition de l'appui (n° 4) et une propriété évidente de discr, l'équation exprimant l'appui de (t, x^q) sur V est donc

$$P_0(t)\operatorname{discr}_{T\times\Xi^{l-q}}\prod_j P_j^{q-1}(t, \xi_1\wedge\ldots\wedge\xi_{l-q}\wedge\hat{\xi}) = 0.$$

Le lemme précédent achève la preuve.

Preuve de la proposition 3 (nº 5) : les lemmes 27 et 28.

BIBLIOGRAPHIE.

[1] HARTOGS (F.). — Über die aus den singulären Stellen einer analytischen Funktion mehrerer Veränderlichen bestehende Gebilde, *Acta Math.*, Uppsala, t. 32, 1909, p. 57-79.

Voir à ce propos [Kap. IV, § 2, (2n — 2)-dimenzionale singuläre Mannigfaltigkeiten] : BEHNKE (H.) und THULLEN (P.). — *Theorie der Funktionen mehrerer komplexer Veränderlichen.* — New York, Chelsea publ. Comp. (Copyright : Springer 1934) (*Ergebnisse der Mathematik...*, Band 3, nº 3).]

[2] HODGE (W. V. D.) and PEDOE (D.). — *Methods of algebraic geometry*, Vol. 2. — Cambridge, Cambridge University Press, 1952.

[3] LERAY (J.). — Le calcul différentiel et intégral sur une variété analytique complexe (Problème de Cauchy, III), *Bull. Soc. math. France*, t. 87, 1959, p. 81-180.

[4] LERAY (J.). — Un prolongement de la transformation de Laplace, qui transforme la solution unitaire d'un opérateur hyperbolique en sa solution élémentaire (Problème de Cauchy, IV), *Bull. Soc. math. France*, t. 90, 1962, p. 39-156.

[5] NILSSON (N.). — Some growth and ramification properties of certain integrals on algebraic manifolds, *Arkiv för Math.*, t. 5, 1963-1965, p. 463-476.

[6] NILSSON (N.). — Asymptotic estimates for spectral functions connected with hypoelliptic differential operators, *Arkiv för Math.*, t. 5, 1963-1965, p. 527-540.

[7] VAN DER WAERDEN (B.). — *Moderne Algebra*, 2te Auflage. — Berlin, Springer-Verlag, 1937 (*Die Grundlehren der mathematischen Wissenschaften*, 33 und 34).

(Manuscrit reçu le 7 novembre 1966.)

Jean LERAY,
Professeur au Collège de France,
12, rue Pierre-Curie, 92-Sceaux.

[1985a]

(avec Y. Hamada et A. Takeuchi)

Prolongements analytiques de la solution du problème de Cauchy linéaire

J. Math. Pures Appl. 64 (1985) 257–319

Introduction

1. Le problème étudié. — Soit Ω une *variété analytique* complexe de dimension complexe n. Notons ω un point arbitraire de Ω et $x'=(x_1, \ldots, x_n)$ des coordonnées analytiques locales de ω. Supposons Ω connexe, paracompacte, non compacte. Soit $\bar{\Omega}$ le compactifié de Ω par adjonction d'un point $\partial\Omega$, appelé « point à l'infini »; les voisinages ouverts de $\partial\Omega$ sont les complémentaires dans $\bar{\Omega}$ des parties compactes de Ω.

Signalons ceci : l'hypothèse que la variété Ω est paracompacte équivaut à chacune des suivantes : elle est métrisable; elle peut être munie d'un ds^2 riemannien de classe C^∞. En effet : un théorème classique de Whitney prouve que la paracompacité implique l'existence d'un tel ds^2; tout espace métrisable est paracompact, d'après un théorème de A. H. Stone; *voir* [St] ou [K].

Soit Σ une *surface de Riemann*, non compacte, paracompacte et simplement connexe. Notons σ un point arbitraire de Σ et x_0 une coordonnée analytique locale de σ. Un point α de Σ est donné.

Notons :

$$x=(\sigma, \omega)\in X=\Sigma\times\Omega;$$

x a donc les coordonnées locales $(x_0, x')=(x_0, x_1, \ldots, x_n)$.

Notons :

$$\alpha\times\Omega=\{(\sigma, \omega)\in\Sigma\times\Omega;\ \sigma=\alpha\}.$$

Soit a un *opérateur différentiel* d'ordre m, holomorphe sur X au voisinage de $\alpha\times\Omega$, opérant sur les fonctions numériques holomorphes. Nous supposons qu'*aucune hypersurface $\sigma\times\Omega$ n'est, en aucun de ses points, caractéristique* pour l'opérateur a.

Soient v et w *deux fonctions* numériques holomorphes sur X au voisinage de $\alpha\times\Omega$.

JOURNAL DE MATHÉMATIQUES PURES ET APPLIQUÉES. — 0021-7824/1985/03 257 64/$ 8.40/

Nous étudions dans le chapitre 1 et le chapitre 3 le problème de Cauchy : trouver une fonction numérique, holomorphe, u, telle que

$$(1) \qquad au = v; \qquad u - w \text{ s'annule } m \text{ fois sur } \alpha \times \Omega.$$

Notre but est *d'expliciter, aussi simplement que possible, des voisinages de* $\alpha \times \Omega$, *aussi grands que possible, sur lesquels le problème* (1) *possède une solution.*

Nous étendons nos conclusions dans le chapitre 4 au cas où les fonctions en jeu sont à valeurs dans $\mathbb{C}^N$ et où a est une $N \times N$ matrice, puis au cas où ces fonctions sont remplacées par des sections d'un espace fibré vectoriel complexe de base X.

2. Les principales définitions. — Rappelons que $T^*(Y)$ désigne le fibré cotangent d'une variété Y et $T_y^*(Y)$ sa fibre au-dessus du point y de Y.

Notons

$$\xi_0, \ \xi' \text{ et } \xi = (\xi_0, \xi') \text{ des covecteurs respectifs de } \Sigma \text{ en } \sigma, \text{ de } \Omega \text{ en } \omega \text{ et de } x \text{ en } X;$$

c'est-à-dire :

$$\xi_0 \in T_\sigma^*(\Sigma), \qquad \xi' \in T_\omega^*(\Omega), \qquad \xi \in T_x^*(X);$$
$$(\sigma; \xi_0) \in T^*(\Sigma), \qquad (\omega; \xi') \in T^*(\Omega), \qquad (x; \xi) \in T^*(X).$$

Le polynôme caractéristique en $x \in X$ de l'opérateur a est un polynôme homogène de degré m, que nous notons

$$(2.1) \qquad g: \quad \xi \mapsto g(x; \xi) = \sum_{r=0}^{m} g_r(x_0, \omega; \xi') \xi_0^r;$$

donc g_r est un polynôme en ξ' homogène de degré $m-r$; il dépend du choix de la coordonnée locale x_0 de $\sigma \in \Sigma$. Nous supposons g *holomorphe sur* $T^*(X)$.

L'hypothèse que l'hypersurface $\sigma \times \Omega$ n'est caractéristique en aucun de ses points s'énonce :

$$(\forall (x_0, \omega)) : \quad g_m(x_0, \omega) \neq 0.$$

Note. — Soit

$$\sum_{|\lambda| \leq m} a_\lambda(x) D^\lambda, \qquad \text{où} \quad \lambda = (\lambda_0, \lambda_1, \ldots, \lambda_n) \in \mathbb{N}^{n+1}, \qquad |\lambda| = \lambda_0 + \ldots + \lambda_n,$$
$$D^\lambda = D_0^{\lambda_0} \ldots D_n^{\lambda_n}, \qquad D_k = \partial / \partial x_k,$$

l'expression locale de l'opérateur a; par définition celle de son polynôme caractéristique g est

$$g(x; \xi) = \sum_{|\lambda| = m} a_\lambda(x) \xi^\lambda.$$

L'équation caractéristique sera, par définition, l'équation d'inconnue ξ_0 :

$$\sum_{r=0}^{m} g_r(x_0, \omega; \xi')\xi_0^r = 0;$$

ses racines sont les racines caractéristiques. Rappelons comment elles dépendent du choix de la coordonnée x_0 : pour tout $(\omega; \xi')$

(2.2) $\xi_0\, dx_0$ est une forme différentielle de σ,

c'est-à-dire est indépendante du choix de la coordonnée locale x_0.

Les racines caractéristiques servent à l'étude de la propagation du support singulier : *voir*, en particulier, *D. Schiltz* [Si].

La majorante $\rho(x_0, \omega; \xi')$ *du module des racines caractéristiques*, définie comme suit, nous permettra de construire des domaines de X sur lesquels le problème (1) possède une solution holomorphe :

Si $g_r(x_0, \omega; \xi')=0$ en $(x_0, \omega; \xi')$ pour $r=0, \ldots, m-1$, alors $\rho(x_0, \omega; \xi')=0$.

Sinon $\rho(x_0, \omega; \xi')$ est l'unique racine $\rho>0$ de l'équation

$$\sum_{r=0}^{m-1} |g_r(x_0, \omega; \xi')|\, \rho^r = |g_m(x_0, \omega)|\, \rho^m. \tag{2.3}$$

C'est en mettant cette équation sous la forme

$$\sum_{r=0}^{m-1} |g_r(x_0, \omega; \xi')|\,(1/\rho)^{m-r} = |g_m(x_0, \omega)|$$

qu'on rend évidentes l'existence de ρ sur $\Sigma \times T^*(\Omega)$, son unicité et aussi sa continuité.

Évidemment, ρ est positivement homogène de degré 1 en ξ'; c'est-à-dire :

$$(\forall \theta \in \mathbb{C}) : \quad \rho(x_0, \omega; \theta\xi') = |\theta| . \rho(x_0, \omega; \xi'). \tag{2.4}$$

La section 5 établira les deux propriétés de ρ que voici :

Pour tout $(\omega; \xi') \in T^*(\Omega)$, la fonction

$$x_0 \mapsto \log \rho(x_0, \omega; \xi') \tag{2.5}$$

est sous-harmonique ou identique à $-\infty$.

Pour tout $(\omega; \xi') \in T^*(\Omega)$, l'expression

$$\rho(x_0, \omega; \xi')\, |dx_0| \tag{2.6}$$

est indépendante du choix de la coordonnée locale x_0.

Une partie fermée Φ^* de $T^*(\Omega)$ est dite *admissible* quand la fonction

(2.7) $x_0 \mapsto \rho_{x_0} = \sup_{(\omega;\, \xi') \in \Phi^*} \rho(x_0, \omega; \xi')$ est *localement bornée*.

La section 5 prouvera ceci :

Quand $(\omega;\ \xi') \in \Phi^*$, la fonction

$$x_0 \mapsto \rho(x_0,\ \omega;\ \xi') \tag{2.8}$$

possède localement *un module de continuité indépendant de* $(\omega;\ \xi')$, mais dépendant de Φ^*, et la fonction

(2.9) $x_0 \mapsto 1/\rho(x_0,\ \omega;\ \xi')$, *tronquée* par une constante arbitraire,

vérifie localement *une condition de Lipschitz indépendante de* $(\omega;\ \xi')$, mais dépendant de Φ^* et de cette troncature.

(Tronquer une fonction par une constante c'est, là où sa valeur dépasse cette constante, remplacer cette valeur par cette constante.)

Commentaire. — La propriété (2.9) servira à établir la propriété (11.5), que la section 12 note (12.8) et emploie à prouver son lemme auxiliaire.

La fonction $x_0 \mapsto \rho_{x_0}$ est définie par (2.7); voici ses propriétés :

Cette fonction est *continue*, vu (2.8).

La fonction

(2.10) $x_0 \mapsto 1/\rho_{x_0}$, *tronquée* par une constante arbitraire, est *lipschitzienne*,

vu (2.9).

La fonction

(2.11) $x_0 \mapsto \log \rho_{x_0}$ est *sous-harmonique* ou identique à $-\infty$,

vu (2.5) et [R].

Vu (2.6), l'expression

(2.12) $ds = \rho_{x_0} |dx_0|$ est *indépendante du choix de la coordonnée locale* x_0 de $\sigma \in \Sigma$.

Par suite,

ds^2 est *riemannien, conforme à la structure analytique complexe* de Σ *et à courbure* $\leqq 0$ sur la partie de Σ où $\rho_{x_0} \neq 0$ et où la fonction $x_0 \mapsto \rho_{x_0}$ est de classe C^2 : *voir* [C], section 4.3, exercice 2, p. 237.

Commentaire. — Le chapitre 2 et donc la section 13 résultent de cette dernière propriété.

Définissons sur Σ

$$dist(\sigma,\ \alpha) = \inf \int_\alpha^\sigma ds; \tag{2.13}$$

l'inégalité du triangle est vérifiée; mais *dist* $(\sigma,\ \alpha) = 0$ n'implique pas $\sigma = \alpha$.

Commentaire. — La « distance », ainsi définie sur Σ par la partie principale de l'opérateur *a* et le choix de Φ^* vérifiant (2.6), apparaît dans toutes nos conclusions.

3. LES RÉSULTATS PRINCIPAUX sont les théorèmes I, II et III que le chapitre 3 énonce dans le cas d'une équation et que le chapitre 4 étend au cas des systèmes. Citons ici le théorème III.

Notation. — Munissons Ω d'une métrique riemannienne; elle définit une métrique euclidienne sur chaque fibre $T^*(\Omega)$; supposons *admissible* le sous-espace fibré Φ^* de $T^*(\Omega)$ dont les fibres sont les sphères unitaires des $T^*_\omega(\Omega)$; c'est-à-dire :

$$\Phi^* = \{(\omega; \xi') \in T^*(\Omega); |\xi'| = 1\}.$$

Pour réaliser cette condition, quand elle ne l'est pas, il suffit de remplacer la métrique de Ω par une métrique conforme, décroissant à l'infini suffisamment vite. Notons $Dist(\omega, \partial\Omega)$ la distance dans cette métrique de $\omega \in \Omega$ au point à l'infini $\partial\Omega$ de Ω.

Le choix de Φ^* qui précède définit *dist* (σ, α) par (2.7), (2.11) et (2.12).

Théorème III. — *Le problème* (1) *possède une unique solution holomorphe sur le domaine* :

$$\Delta = \{(\sigma, \omega) \in X;\ dist(\sigma, \alpha) < Dist(\omega, \partial\Omega)\}$$

si les données a et v sont holomorphes sur Δ.

Note. — En particulier $\Delta = X$ dans chacun des deux cas :

$(\forall \sigma \in \Sigma)$: $dist(\sigma, \alpha) = 0$, c'est-à-dire : $\grave{a}(x, \partial/\partial x)$ ne contient pas d'autre dérivation d'ordre m que $\partial^m/\partial x_0^m$.

$(\forall \omega \in \Omega)$: $Dist(\omega, \partial\Omega) = \infty$, condition qu'on peut satisfaire par exemple quand $\Omega = \mathbb{C}^n$; $\omega \mapsto g_r(x_0, \omega; \xi')$ est un polynôme de degré $\leqq m - r$.

La section 26 énonce deux résultats plus généraux : les exemples IV. 1 et IV. 2.

Commentaire. — Les résultats que n'impliquent pas les théorèmes sont nommés « propositions ». Les lemmes sont des résultats qu'englobent les théorèmes ou les propositions.

4. HISTORIQUE. — Cet article complète la note [HT], l'observation qui la suit et la note [HLT]. L'ensemble de ses résultats est présenté dans [L 2], [L 3] et [L 4].

La note [HT] et le présent article ont pour point de départ le lemme 9. 1 de [L1], qui complète les précisions que J. Schauder [Sa] et I. Petrowsky [P] ont apportées au théorème de Cauchy-Kowalewski.

Nous n'employons pas les preuves de ce théorème données plus récemment par divers auteurs.

L'exposé [L4] *esquisse la théorie* qu'explicite le présent article.

La théorie des ondes, c'est-à-dire la théorie des opérateurs hyperboliques, a guidé non pas notre démonstration, que nous croyons originale, mais l'énoncé de notre théorème III : Dans cet énoncé, remplaçons la surface de Riemann Σ par l'axe du temps, la variété analytique complexe Ω par une variété réelle, jouant le rôle d'espace, $X = \Sigma \times \Omega$ devenant donc l'espace-temps; remplaçons l'opérateur holomorphe a par un opérateur hyperbolique de cet espace-temps et les hypothèses d'holomorphie par des hypothèses de régularité appropriées (Ω, g et a sont de classes C^2, C^1 et C°; v et w sont localement de carrés sommables; u et ses dérivées d'ordres $<m$ sont localement de carrés sommables); alors le problème (1) possède encore une solution unique u sur le domaine Δ.

Certes, on sait que u existe et est unique sur un domaine plus grand que Δ dans le cas hyperbolique et aussi, localement, vu [Si], dans le cas analytique; certes nos théorèmes I, II et III ne donnent pas un prolongement analytique unique de la solution locale du problème (1), mais divers prolongements; certes nos théorèmes emploient et perfectionnent des méthodes dont nous n'avions d'abord tiré que les résultats restreints [HT], [HLT] et [L2]. On est donc tenté de croire que nos résultats se laissent englober dans un résultat plus général.

Pour l'obtenir, il faudrait effectuer un prolongement analytique plus efficace que celui dont les étapes sont les suivantes.

Chapitre 1. Techniques de prolongement analytique

Sommaire. — La section 5 prouve celles des propriétés de ρ que la section 2 a énoncées sans les prouver. La section 6 introduit l'hypothèse sur laquelle reposent tous les résultats du chapitre 1 et qu'éliminera le chapitre 3. La section 7 étudie le prolongement analytique des germes holomorphes. Par la méthode des fonctions majorantes, la section 8 établit une variante du théorème de Cauchy-Kowalewski; par son emploi local, la section 10 en déduit un théorème d'existence local; son itération permet des prolongements analytiques de la solution locale du problème (1).

5. Preuve des propriétés de ρ. — Puisque $g_m \neq 0$, choisissons $g_m = 1$.

Propriété (2.6). — L'expression $\rho(x_0, \omega; \xi')\,|dx_0|$ est indépendante du choix de la coordonnée analytique locale x_0.

Preuve. — Sur une même partie de Σ, soient x_0 et x_0^* deux choix de la coordonnée de σ; soient g et g^* les deux expressions correspondantes du polynôme caractéristique; vu (2.2), les équations

$$\sum_r g_r(x_0, \omega; \xi')\,\xi_0^r = 0 \quad \text{et} \quad \sum_r g_r^*(x_0^*, \omega; \xi')\,\xi_0^{*r} = 0$$

sont équivalentes pour $\xi_0\,dx_0 = \xi_0^*\,dx_0^*$; donc, puisque $g_m = g_m^* = 1$,

$$g_r\left(\frac{dx_0^*}{dx_0}\right)^{r-m} = g_r^*;$$

les solutions $\rho > 0$ et $\rho^* > 0$ des deux équations

$$\sum_{r=0}^{m-1} |g_r|\,\rho^r = \rho^m \quad \text{et} \quad \sum_{r=0}^{m-1} |g_r^*|\,\rho^{*r} = \rho^{*m},$$

vérifient donc

$$\rho\,|dx_0| = \rho^*\,|dx_0^*|.$$

Notation 5. — D'après H. Poincaré, Σ peut être identifié soit à $\mathbb{C}$, soit à un disque de $\mathbb{C}$. Le chapitre 1 fera cette identification; il identifiera $\sigma \in \Sigma \subset \mathbb{C}$ à son affixe x_0 : cela simplifiera les formules.

On a déjà choisi

$$(\forall x_0, \omega) : \quad g_m(x_0, \omega) = 1,$$

ce que permet l'hypothèse $g_m(x_0, \omega) \neq 0$.

Lemme 5.1. — Les fonctions

$$x_0 \mapsto |g_r(x_0, \omega; \xi')|,$$

vérifient localement une condition de Lipschitz indépendante de $(\omega; \xi') \in \Phi^*$, mais dépendant de Φ^*.

Preuve. — On suppose donné Φ^*, vérifiant (2.7). La fonction $x_0 \mapsto \rho(x_0, \omega; \xi')$ possède donc localement une borne indépendante de $(\omega; \xi') \in \Phi^*$. Or, vu (2.3), où $g_m = 1$, on a : $|g_r| \leqq \rho^{m-r}$. Tout point τ de Σ possède donc un voisinage ouvert Σ_1 tel que les $|g_r(x_0, \omega; \xi')|$ soient bornés quand $x_0 \in \Sigma_1$, $(\omega; \xi') \in \Phi^*$. Soit Σ_2 un voisinage compact de τ tel que $\Sigma_2 \subset \Sigma_1$; d'après Cauchy les $|\partial g_r(x_0, \omega; \xi')/\partial x_0|$ sont bornés quand $x_0 \in \Sigma_2$ et $(\omega; \xi') \in \Phi^*$.

D'où le lemme.

Notation dont l'emploi est limité à la section 5. — Soit $\mathbb{R}_+ = [0, \infty[$, $c = (c_0, \ldots, c_{m-1}) \in \mathbb{R}_+^m$. Si $c \neq 0 = (0, \ldots, 0)$, soit $\rho(c)$ l'unique solution $\rho > 0$ de l'équation

$$\sum_{r=0}^{m-1} c_r \rho^r = \rho^m. \tag{5.1}$$

Définissons : $\rho(0) = 0$. Munissons $\mathbb{R}_+^m$ de la métrique euclidienne de $\mathbb{R}^m$.

Lemme 5.2. — 1° La fonction $c \mapsto \rho(c)$ est uniformément continue sur $\mathbb{R}_+^m$, c'est-à-dire : il existe une fonction continue et nulle à l'origine, $\varepsilon : \mathbb{R}_+ \to \mathbb{R}_+$, telle que $\rho(c) - \rho(c') \leqq \varepsilon(|c - c'|)$.

2° La fonction $c \to 1/\rho(c)$, tronquée par une constante $K > 0$, vérifie sur $\mathbb{R}_+^m$ une condition de Lipschitz, dont le coefficient k ne dépend que de K et m; c'est-à-dire, en notant Θ cette fonction tronquée,

$$\Theta(c) - \Theta(c') \leqq k\,|c - c'|. \tag{5.2}$$

3° La fonction $c_r \mapsto \rho(c)$ croît.

4° La fonction

$$(\log c_0, \ldots, \log c_{m-1}) \mapsto \log \rho(c)$$

est convexe.

Preuve de 1°. — Si $c \neq 0$, alors ρ est racine simple de l'équation algébrique (5.1) et est donc fonction holomorphe de ses coefficients $(c_0, \ldots, c_{m-1})$.

D'autre part, définissons

$$(\forall \theta \in \mathbb{R}_+) : \quad \theta c = (\theta^m c_0, \ldots, \theta^{m-r} c_r, \ldots, \theta c_{m-1});$$

alors

$$\rho(\theta c) = \theta \rho(c); \qquad \left[\frac{\partial \rho(c')}{\partial c'_r}\right]_{c' = \theta c} = \theta^{r+1-m} \frac{\partial \rho(c)}{\partial c_r}.$$

Donc :

ρ est continu au point $c = 0$;

$$(5.3) \qquad (\forall K > 0) : \quad \left|\frac{\partial \rho(c)}{\partial c}\right| \text{ est borné sur } \{c;\ 1/\rho(c) \leqq K\}.$$

Le 1° du lemme résulte de ce que $\rho(\ .\ )$ est continu sur $\mathbb{R}_+^m$ et de ce que $|\partial \rho(c)/\partial c|$ est borné hors de tout voisinage de 0.

Preuve de 2°. — Vu (5.3), il existe $k > 0$, fonction de $K > 0$ et de m, tel que

$$\left|\frac{\partial (1/\rho(c))}{\partial c}\right| \leqq k \qquad \text{pour} \quad 1/\rho(c) \leqq K.$$

La fonction Θ, qui est $1/\rho$ tronquée par K, vérifie donc (5.2).

Preuve de 3°. — $\rho(c) < \rho$ si et seulement si $\sum_r c_r \rho^r < \rho^m$.

Preuve de 4°. — Soit

$$c' = (c'_0, \ldots, c'_{m-1}) \qquad \text{et} \qquad c'' = (c''_0, \ldots, c''_{m-1}) \in \mathbb{R}_+^m;$$

notons

$$\rho' = \rho(c'), \qquad \rho'' = \rho(c''), \qquad \rho = \rho'^{\theta} \rho''^{1-\theta}, \qquad c_r = c_r'^{\theta} c_r''^{1-\theta} \quad \text{où } 0 \leqq \theta \leqq 1.$$

L'inégalité de Hölder donne

$$\sum_r c_r \rho^r = \sum_r (c'_r \rho'^r)^{\theta} (c''_r \rho''^r)^{1-\theta} \leqq [\sum_r c'_r \rho'^r]^{\theta} [\sum_r c''_r \rho''^r]^{1-\theta} = \rho^m.$$

Donc

$$\rho(c) \leqq \rho = [\rho(c')]^{\theta} [\rho(c'')]^{1-\theta}.$$

Preuve de la propriété (2.8). — Le lemme 5.1 et le lemme 5.2, 1°.

Preuve de la propriété (2.9). — Le lemme 5.1 et le lemme 5.2, 2°.

Preuve de la propriété (2.5). — On sait que chacune des fonctions $x_0 \mapsto \log|g_r(x_0, \omega; \xi')|$ est sous-harmonique ou identique à $-\infty$. Or la composée d'une fonction G et de fonctions sous-harmoniques en x_0 est sous-harmonique en x_0, quand G est convexe en l'ensemble de ses arguments et croissante en chacun d'eux. Le lemme 5.2, 3° et 4° achève donc la preuve.

6. CHOIX D'UNE FONCTION f ET D'UNE PARTIE ADMISSIBLE Φ^* DE $T^*(\Omega)$. — L'hypothèse que Ω est paracompact équivaut à ceci : il existe des fonctions continues

$$f: \quad \bar{\Omega} \to \mathbb{R}_+, \tag{6.1}$$

de classe C^1 sur Ω, telles que

$$f(\omega)>0 \quad \text{pour } \omega\in\Omega, \qquad f(\partial\Omega)=0. \tag{6.2}$$

Donc l'ensemble

$$\{\omega\in\Omega;\, f(\omega)>t\} \quad \text{est } \Omega \text{ si } t=0, \text{ est relativement compact si } t>0., \tag{6.3}$$

Notons, en $\omega\in\Omega$,

$$\nabla f=(f_{x_1}, \ldots, f_{x_n})\in T^*_\omega(\Omega) \tag{6.4}$$

le covecteur unique de Ω tel que

$$df=\operatorname{Re}\left(\sum_{j=1}^{n} f_{x_j}\,dx_j\right)=\operatorname{Re}(\nabla f.\,dx). \tag{6.5}$$

Soit

$$\Phi^*=\{(\omega,\ \nabla f(\omega));\ \omega\in\Omega\}\subset T^*(\Omega). \tag{6.6}$$

Les sections 10, ..., 14 de ce chapitre 1 supposeront choisie l'une de ces fonctions f et *ce choix tel que Φ^* soit admissible*; c'est-à-dire la fonction

$$x_0 \mapsto \rho_{x_0}=\sup_{\omega\in\Omega} \rho(x_0,\ \omega;\ \nabla f(\omega)) \quad \textit{localement bornée.} \tag{6.7}$$

Le chapitre 3 établira la possibilité d'un tel choix.

Le chapitre 1 notera

$$\rho(x_0,\ \omega)=\rho(x_0,\ \omega;\ \nabla f(\omega)). \tag{6.8}$$

7. PROLONGEMENTS ANALYTIQUES DE GERMES HOLOMORPHES. — J.-P. Serre nous a fait observer que cette section 7 repose essentiellement sur la conséquence suivante de l'hypothèse que X est une variété paracompacte de dimension finie :

Proposition. — Tout sous-espace E de X est paracompact.

Preuve (J.-P. Serre). — Puisque la variété X est paracompacte, elle est métrisable. Donc E est métrisable. Or tout espace métrisable est paracompact, d'après un théorème de *A. H. Stone* : *voir* [St], ou [K], chap. 5, n° 35.

Nous n'aurons besoin que du corollaire suivant de la proposition précédente; nous donnerons les preuves de ce corollaire, nommé lemme 7, puis de cette proposition, car elles sont très aisées.

Lemme 7. — Toute partie ouverte G et X est paracompacte.

Preuve du lemme. — Vu [B], § 8, n° 19 et 20 il suffit de prouver que G est « dénombrable à l'infini ». Or X est connexe et paracompact. Il existe donc un recouvrement ouvert relativement compact $(U_p)_{p\in\mathbb{N}}$ de X tel que $\bar{U}_p \subset U_{p+1}$.

Munissons X d'une distance; soit

$$V_p = \{x \in X;\ dist(x, X \setminus G) > 1/p\}, \qquad W_p = U_p \cap V_p.$$

Le recouvrement ouvert relativement compact $(W_p)_{p\in\mathbb{N}}$ de G est tel que $\bar{W}_p \subset W_{p+1}$.

Donc G est bien « dénombrable à l'infini ».

Preuve de la proposition. — Soit (V_i) un recouvrement de E par des parties de E ouvertes dans la topologie qu'induit celle de X. Soit (W_j) l'ensemble des parties ouvertes W_j de X telles que $E \cap W_j$ soit l'un des V_i. Soit $W = \bigcup_j W_j$. Vu le lemme 7, W est paracompact. Il existe donc un recouvrement ouvert localement fini (U_k) de W plus fin que (W_j). Le recouvrement $(E \cap U_k)$ de E est donc un recouvrement ouvert localement fini plus fin que (V_i).

Le chapitre 1 emploiera constamment la définition suivante, où E est une partie de X, nommée sous-espace quand on la munit de la topologie qu'induit celle de X.

Définition 7.1. — Soient deux fonctions numériques complexes, u_1 et u_2, respectivement holomorphes sur des voisinages ouverts V_1 et V_2 de E; elles sont dites équivalentes quand elles sont égales sur un voisinage V_3 de E tel que $V_3 \subset V_1 \cap V_2$. Les fonctions holomorphes au voisinage de E et équivalentes constituent une classe d'équivalence u_E; on dit que u_E est un *germe holomorphe sur* E *dans* X; u_E est holomorphe sur E dans tout voisinage ouvert de E.

Si E est ouvert, alors un germe holomorphe sur E s'identifie à une fonction holomorphe sur E.

Si u est holomorphe au voisinage de E, la condition que $u - u_1$ s'annule m fois sur E est indépendante du choix de u_1 dans un germe u_E holomorphe sur E; on l'énonce comme suit : $u - u_E$ s'annule m fois sur E.

Soit e une partie de E; les fonctions appartenant à u_E appartiennent *a fortiori* à un germe u_e holomorphe sur e. On dit que u_e est la restriction de u_E à e. On dit aussi que u_E est un prolongement analytique de u_e à E. On note : $u_e = u_E|_e$.

Note 7. — Étant donnés X, E, e et u_e, si le prolongement analytique de u_e à E existe, alors ce *prolongement est unique* quand le sous-espace E est connexe et aussi quand *e est rétracte par déformation du sous-espace* E.

Rappelons le sens de cette expression :

Notation 7. — La partie e de E est rétracte par déformation de E quand il existe une application continue, dite rétraction par déformation de E sur e,

$$T:\quad E \times [0, 1] \ni (x, t) \mapsto T(x; t) \in E,$$

telle que

$$T(x; 0) \in e; \qquad T(x; 1) = x; \qquad (\forall t \in [0, 1]) : \quad T(x; t) = x \quad \text{si } x \in e.$$

La courbe

$$C(x)=\{T(x;\ t);\ t\in[0,\ 1]\}$$

est appelée trajectoire d'extrémité $x=T(x;\ 1)$ de la rétraction T; le point $y(x)=T(x;\ 0)\in e$ est appelé origine de cette trajectoire.

Cette section 7 étudiera les germes à l'aide de la définition suivante.

Définition 7.2. — Une *section* (du faisceau des fonctions analytiques sur X) *holomorphe sur* E est constituée par la donnée en tout point x de E d'un germe u_x holomorphe en x, cette donnée devant satisfaire à la condition de continuité suivante : tout point x de E possède dans X un voisinage $V(x)$ sur lequel est définie une fonction holomorphe $u_{V(x)}$ telle que :

$$(7.1)\qquad (\forall y\in E\cap V(x)),\quad u_{V(x)}\big|_y=u_y.$$

Cette section holomorphe sur E est notée $(u_x)_{x\in E}$.

Tout germe u_E holomorphe sur E engendre comme suit une section $(u_x)_{x\in E}$ holomorphe sur E

$$u_x=u_E\big|_x.$$

L'application

(7.2) (germe holomorphe) $\mapsto$ (section holomorphe engendrée par ce germe)

est évidemment injective.

Proposition 7.1. — L'application (7.2) est bijective.

Preuve succinte : le théorème 3.3.1 de R. Godement [G], p. 150, dont l'hypothèse est vérifiée vu le lemme 7.

Dans le cas présent, la preuve de R. Godement se réduit à la suivante.

Preuve simplifiée. — Soit $(u_x)_{x\in E}$ une section holomorphe sur $E\subset X$. Vu la condition (7.1), il existe un recouvrement ouvert $(W_i)_{i\in I}$ de E ayant les propriétés suivantes : W_i est une partie ouverte de X; il existe une fonction w_i holomorphe sur $\bar W_i$ telle que

$$(\forall x\in E\cap \bar W_i):\quad w_i\big|_x=u_x.$$

Soit $W=\bigcup_{i\in I} W_i$; c'est un voisinage ouvert de E; il est paracompact, vu le lemme 7. Il existe donc un recouvrement ouvert localement fini $(V_j)_{j\in J}$ de W plus fin que $(W_i)_{i\in I}$. Il possède les propriétés suivantes :

il existe une fonction v_j, holomorphe sur $\bar V_j$, telle que :

$(\forall x\in E\cap \bar V_j):\quad v_j\big|_x=u_x;$

$(\forall x\in W):\quad J(x)=\{j\in J;\ x\in \bar V_j\}$ est fini et non vide;

$X\setminus \bigcup_{j\in J\setminus J(x)} \bar V_j$ est un voisinage de x.

Soit V l'ensemble des points x de W tels que le germe $v_j|_x$ soit indépendant de $j \in J(x)$; notons ce germe v_x. Évidemment : V est un voisinage ouvert de E; la famille $(v_x)_{x \in V}$ est une section holomorphe sur V; il existe donc une fonction v_V holomorphe sur V telle que

$$(\forall x \in V): \quad v_V|_x = v_x.$$

Donc

$$(\forall x \in E): \quad v_V|_x = u_x.$$

L'application (7.2) est donc surjective.

Commentaire. — La proposition 7.1 servira à prouver les propositions 7.2, 7.3, 10 et le lemme auxiliaire de la section 13. La proposition 7.2 permettra d'établir la proposition 10 et le lemme auxiliaire de la section 13. La proposition 7.3, 1° servira au 3° de la preuve du lemme 12.1 et à la preuve de la proposition 12. La proposition 7.3, 2° servira au 2° de la preuve du lemme 12.1; les preuves des lemmes 13 et 14 et de la proposition 16 emploient un cas particulier évident de la proposition 7.3, 1°, sans la citer.

Proposition 7.2. — Soit e un rétracte par déformation de E. Employons la notation 7. Soit u_e un germe holomorphe sur e. Supposons que $(\forall x \in E)$: $u_e|_{y(x)}$ se prolonge analytiquement à $C(x)$. Il existe un unique prolongement analytique u_E de u_e à E.

Preuve. — Employons la notation 7.

Soit $u_{C(x)}$ le prolongement du germe $u_{y(x)}$ à $C(x)$. Notons $u_x = u_{C(x)}|_x$. Montrons que $(u_x)_{x \in E}$ est une section holomorphe sur E, c'est-à-dire que la condition de continuité (7.1) est satisfaite.

Soit W un voisinage ouvert de $C(x)$ auquel $u_{y(x)}$ se prolonge; notons u_W ce prolongement; c'est une fonction holomorphe sur W.

Il existe un voisinage V de x tel que $C(z) \subset W$ pour $z \in V$. La restriction de u_W à $C(z)$ est $u_{C(z)}$, donc $u_z = u_W|_z$ pour $z \in V$. Par suite $(u_x)_{x \in E}$ est une section holomorphe sur E. Vu la proposition 7.1, elle est engendrée par un germe u_E holomorphe sur E.

Évidemment, $(\forall y \in e)$: $u_E|_y = u_e|_y$. La restriction de u_E à e est donc u_e.

L'unicité de u_E résulte de la note 7.

Proposition 7.3. — Soit E un sous-espace de X. Soit $(E_i)_{i \in I}$ un recouvrement de E par des parties E_i de X. Supposons donné $(\forall i \in I)$ un germe u_i holomorphe sur E_i tel que

$$(\forall i, j \in I): \quad u_i \text{ et } u_j \text{ ont même restriction à } E_i \cap E_j.$$

Supposons enfin ceci :

$$(7.3) \quad \begin{cases} (\forall x \in E): & \text{il existe une partie finie } I(x) \text{ de } I \text{ telle que :} \\ x \in \bigcap_{i \in I(x)} E_i; & \bigcup_{i \in I(x)} (E \cap E_i) \text{ est un voisinage de } x \text{ dans } E. \end{cases}$$

Il existe alors un unique germe u holomorphe sur E tel que $(\forall i \in \mathrm{I}): u$ et u_i ont même restriction à $\mathrm{E} \cap \mathrm{E}_i$.

L'hypothèse (7.3) est évidemment satisfaite dans chacun des deux cas particuliers suivants :

1° Chaque $\mathrm{E} \cap \mathrm{E}_i$ est une partie ouverte du sous-espace E de X.

2° Chaque $\mathrm{E} \cap \mathrm{E}_i$ est une partie fermée du sous-espace E et $(\mathrm{E} \cap \mathrm{E}_i)_{i \in \mathrm{I}}$ est un recouvrement localement fini de E.

Commentaire. – L'hypothèse (7.3) ne peut être supprimée : on le constate en choisissant $\mathrm{E}=\mathrm{X}$ et pour (E_i) une partition de X.

Preuve. – En tout point x de E les restrictions à x de tous les u_i tels que $x \in \mathrm{E}_i$ sont un même germe; notons-le u_x.

Puisque $\mathrm{I}(x)$ est fini, il existe un voisinage V de x dans X et une fonction u_{V} holomorphe sur V tels que

$$(\forall i \in \mathrm{I}(x)): \quad u_i|_{\mathrm{V} \cap \mathrm{E}_i} = u_{\mathrm{V}}|_{\mathrm{V} \cap \mathrm{E}_i};$$

donc

$$\Big(\forall y \in \mathrm{V} \cap \bigcup_{i \in \mathrm{I}(x)} (\mathrm{E} \cap \mathrm{E}_i)\Big): \quad u_y = u_{\mathrm{V}}|_y.$$

Or $\mathrm{V} \cap \bigcup_{i \in \mathrm{I}(x)} (\mathrm{E} \cap \mathrm{E}_i)$ est un voisinage de x dans E. Donc $(u_y)_{y \in \mathrm{E}}$ est une section holomorphe sur E. D'après la proposition 7.1, cette section est engendrée par un germe u holomorphe sur E.

Les germes u et u_i engendrent la même section $(u_x)_{x \in \mathrm{E} \cap \mathrm{E}_i}$ holomorphe sur $\mathrm{E} \cap \mathrm{E}_i$; ils ont donc même restriction à $\mathrm{E} \cap \mathrm{E}_i$.

L'unicité de u résulte de ce que u engendre nécessairement la section $(u_y)_{y \in \mathrm{E}}$.

8. UNE VARIANTE AU THÉORÈME DE CAUCHY-KOWALEWSKI. – Cette variante est analogue au lemme 9.1 de [L1] : elle emploie une fonction majorante définie par un problème de Cauchy.

Notation 8. – Soit

$$z=(z_0, z_1, \ldots, z_n) \in \mathbb{C}^{n+1}.$$

Étant donnés

$$\zeta_0, \zeta_1, \ldots, \zeta_n, \tau \in \dot{\mathbb{R}}_+ =]0, \infty[\quad \text{et} \quad \theta \in]0, 1[,$$

définissons le polydisque

$$\Pi = \{z \in \mathbb{C}^{n+1}; \zeta_k |z_k| < \tau, k=0, \ldots, n\} \tag{8.1}$$

et son homothétique dans le rapport θ :

$$\Pi_\theta = \{z \in \mathbb{C}^{n+1}; \zeta_k |z_k| < \theta\tau, k=0, \ldots, n\} \subset \Pi. \tag{8.2}$$

Soit un opérateur différentiel d'ordre m, holomorphe sur Π_θ, ne contenant pas la dérivation D_0^m :

$$(8.3) \qquad L[z, D] = \sum_{|\lambda| \leq m} L_\lambda[z] D^\lambda,$$

où :

$$\lambda = (\lambda_0, \ldots, \lambda_n) \in \mathbb{N}^{n+1}, \qquad |\lambda| = \lambda_0 + \ldots + \lambda_n,$$

$$D^\lambda = D_0^{\lambda_0} \ldots D_n^{\lambda_n}, \qquad D_k = \partial/\partial z_k, \qquad L_{(m, 0, \ldots, 0)} = 0, \qquad L_\lambda : \Pi_\theta \to \mathbb{C}.$$

Supposons les coefficients principaux de L, c'est-à-dire les L_λ tels que $|\lambda| = m$, holomorphes et bornés sur Π; définissons la fonction spectrale de L :

$$(8.4) \qquad H_\Pi[\zeta] = \sum_{\{\lambda;\ |\lambda| = m\}} \sup_{z \in \Pi} |L_\lambda[z]| \zeta^\lambda;$$

c'est donc un polynôme en ζ homogène de degré m; il est de degré $m-1$ en ζ_0.

Proposition 8 (Cauchy-Kowalewski). — Soit deux fonctions holomorphes

$$v \text{ et } w : \quad \Pi_\theta \to \mathbb{C}.$$

Soit à trouver une fonction numérique u holomorphe à l'origine, solution du problème de Cauchy :

$$(8.5) \qquad \begin{cases} D_0^m u[z] = L[z, D] u[z] + v[z] & \text{au voisinage de l'origine;} \\ u[z] - w[z] & \text{s'annule } m \text{ fois pour } z_0 = 0. \end{cases}$$

Ce problème possède une unique solution, qui se prolonge analytiquement au domaine

$$(8.6) \qquad \Delta = \left\{ z \in \mathbb{C}^{n+1};\ \sum_{k=0}^{n} \zeta_k |z_k| < \theta\tau \right\}$$

si

$$(8.7) \qquad H_\Pi[\zeta] \leq (1-\theta)\zeta_0^m.$$

Note. — Si les hypothèses sont vérifiées sauf (8.7), elles le restent quand on augmente ζ_0, ce qui permet de satisfaire (8.7), puisque H_Π est de degré $m-1$ en ζ_0.

Preuve de la proposition 8 *sous l'hypothèse* :

$$(8.8) \qquad \text{Les données } L_\lambda, v \text{ et } w \text{ sont bornées sur } \Pi_\theta.$$

Puisque la multiplication de $\zeta_0, \ldots, \zeta_n$ et τ par un même élément de $\dot{\mathbb{R}}_+$ n'altère ni Π, ni Π_θ, ni Δ, ni (8.6), il suffit de traiter le cas $\tau = 1$; prouvons la proposition 8 dans ce cas.

1° *Réduction au cas où* $w = 0$. — Nous remplaçons u et v par $u - w$ et $v - (D_0^m - L) w$.

2° *Construction d'une solution formelle.* — Il existe évidemment une série formelle unique

$$(8.9) \qquad u[z] = \sum_\lambda u_\lambda \frac{z^\lambda}{\lambda!},$$

où

$$u_\lambda \in \mathbb{C}, \qquad \lambda \in \mathbb{N}^{n+1}, \qquad \lambda! = \lambda_0! \ldots \lambda_n!, \qquad |\lambda| = \lambda_0 + \ldots + \lambda_n,$$

solution du problème (8.5).

3° *Définition de fonctions majorantes.* — Soit

$$Z(z) = \theta^{-1} \sum_{k=0}^{n} \zeta_k z_k.$$

On dit qu'une série formelle (8.9) admet pour fonction majorante une série de Taylor, convergeant à l'origine,

$$U[Z] = \sum_{\mu=0}^{\infty} U_\mu \frac{Z^\mu}{\mu!},$$

ce qu'on note

$$u[z] \ll U[Z],$$

quand

$$(\forall \lambda \in \mathbb{N}^{n+1}) : \quad |u_\lambda| \leqq [D^\lambda U[Z(z)]]_{z=0},$$

c'est-à-dire quand

$$|u_\lambda| < \theta^{-|\lambda|} \zeta^\lambda U_{|\lambda|}.$$

Si la série majorante $U[Z]$ converge pour $|Z| < R$, alors la série $u[z]$ converge pour $\sum_k \zeta_k |z_k| < \theta R$.

Par exemple, d'après Cauchy,

$$v[z] \ll \frac{V}{1-Z}, \qquad \text{où} \quad V = \sup_{z \in \Pi_\theta} |v[z]|.$$

4° *Emploi des fonctions majorantes.* — Si $u[z] \ll U[Z]$, on a, vu la définition (8.4) de H_Π,

$$L[z, D]\, u[z] \ll \frac{\theta^{-m}}{1-\theta Z} H_\Pi[\zeta]\, D_Z^m U[Z] + \frac{1}{1-Z} A[D_Z]\, U[Z],$$

où $A[D_Z]$ est l'opérateur différentiel d'ordre $m-1$:

$$A[D_Z] = \sum_{(\lambda;\ |\lambda| < m)} \sup_{z \in \Pi_\theta} [L_\lambda[z]]\, \theta^{-|\lambda|} \zeta^\lambda D_Z^{|\lambda|}.$$

On en déduit aisément, par un raisonnement classique, que la solution formelle (8.9) vérifie $u[z] \ll U[Z]$ quand on choisit $U[Z] \gg 0$ tel que

$$\theta^{-m} \zeta_0^m D_Z^m U[Z] \gg \frac{\theta^{-m}}{1-\theta Z} H_\Pi(\zeta)\, D_Z^m U[Z] + \frac{1}{1-Z} [A[D_Z]\, U[Z] + V]. \tag{8.10}$$

Vu l'hypothèse (8.7), l'inégalité (8.10), est vérifiée quand

$$\zeta_0^m \frac{1-Z}{1-\theta Z} D_Z^m U[Z] \gg \frac{\theta^{m-1}}{1-Z} [A[D_Z] U[Z] + V].$$

Donc $u[z] \ll U[Z]$ si U est la solution du problème de Cauchy

$$(8.11) \quad \begin{cases} \zeta_0^m D_Z^m U[Z] = \dfrac{\theta^{m-1}}{(1-Z)^2} [A[D_Z] U[Z] + V], \\ U[Z] \text{ s'annule } m \text{ fois en } Z=0. \end{cases}$$

5° *Emploi de la propriété fondamentale des équations différentielles ordinaires, linéaires et analytiques* : Si leur coefficient principal est constant, alors les points singuliers de leurs solutions sont des points singuliers de leurs coefficients. La série de Taylor U converge donc dans le disque $\{Z \in \mathbb{C}, |Z| < 1\}$.

6° *Fin de la preuve sous l'hypothèse* (8.8). – Puisque $u[z] \ll U[Z]$, la série (8.9) converge donc pour $\sum_{k=0}^{n} \zeta_k |z_k| < \theta$.

Preuve de la proposition sans l'hypothèse (8.8). – L'hypothèse (8.8) est vérifiée et la proposition vaut donc quand on y remplace τ par $\tau^* < \tau$. La série (8.9) converge donc, pour tout $\tau^* < \tau$, sur

$$\Delta^* = \left\{ z \in \mathbb{C}^{n+1};\ \sum_{k=0}^{n} \zeta_k |z_k| < \theta\tau^* \right\}.$$

Elle converge donc sur Δ.

Commentaire. – La seule conséquence de la proposition 8 (Cauchy-Kowalewski) que nous emploierons est la suivante; elle est fondamentale.

Lemme 8. – Soit un opérateur L, du type (8.3), et une fonction v holomorphes sur Π. Soit un germe w, holomorphe dans $\mathbb{C}^{n+1}$ sur le polydisque de dimension n :

$$(8.12) \quad \Pi'_\theta = \{ z \in \mathbb{C}^{n+1};\ z_0 = 0,\ \zeta_j |z_j| < \theta\tau,\ j = 1, \ldots, n \}.$$

Il existe alors *un germe u* solution du problème (8.5), holomorphe sur le disque

$$(8.13) \quad \{ z \in \mathbb{C}^{n+1};\ \zeta_0 |z_0| < \theta\tau,\ z_1 = \ldots = z_n = 0 \}$$

si la condition (8.7) est satisfaite.

Note. – Ce germe est unique, puisque (8.9) est sa série de Taylor à l'origine.

Preuve. Soit w' une fonction appartenant au germe w. Soit :

$$w''[z] = \sum_{r=0}^{m-1} \frac{z_0^r}{r!} \frac{\partial^r w'}{\partial z_0^r} [0, z_1, \ldots, z_n];$$

$w''-w'$ s'annule m fois pour $z_0=0$. La condition $(8.5)_2$ équivaut donc à la suivante : $u-w''$ s'annule m fois pour $z_0=0$. Or w'' est holomorphe sur Π_θ. La proposition 8 prouve donc le lemme 8.

9. — INTRODUCTION DES FONCTIONS f ET $\rho(.,.)$; ÉLIMINATION DE LA FONCTION SPECTRALE H_Π. — *Commentaire.* — La fonction f caractérisera l'ensemble sur lequel le germe donné w est holomorphe. A des infiniment petits près, le rôle de la fonction spectrale se réduira à la définition de la racine $\zeta_0 \geqq 0$ de l'équation $H_x[\zeta]=\zeta_0^m$, pour $\zeta_1=|\nabla f|$ et $\zeta_2=\ldots=\zeta_n=0$, en un point $x=(x_0, x')$ où $f_{x_2}=\ldots=f_{x_n}=0$; or cette racine est $\rho(x_0, x')$.

Notation 9.1. — Rappelons la notation 5 : Σ est $\mathbb{C}$ ou un disque de $\mathbb{C}$. Munissons $\mathbb{C}$ de sa métrique hermitienne. Notons Σ_1 et Σ_2 deux disques concentriques, contenus dans Σ, de rayons λ et $2\lambda \in \dot{\mathbb{R}}_+$.

Munissons $\mathbb{C}^n$ d'une structure hermitienne; notons :

$$x'=(x_1, \ldots, x_n)\in\mathbb{C}^n, \qquad |x'|^2=\sum_{j=1}^n |x_j|^2,$$

$$\Omega_1=\{x'\in\mathbb{C}^n;\ |x'|<\sqrt{n}\},\ \Omega_2=\{x'\in\mathbb{C}^n;\ |x'|<2\sqrt{n}\},$$

$$X_1=\Sigma_1\times\Omega_1, \qquad X_2=\Sigma_2\times\Omega_2.$$

Employons les notations introduites par les sections 1 et 2, choisissons une fonction $f:\Omega_2\to\dot{\mathbb{R}}_+=]0, \infty[$ de classe C^1; employons les définitions (6.4), (6.5) et (6.8), sans imposer à f les conditions (6.1), (6.2), (6.3), (6.7).

Faisons les hypothèses suivantes :

(9.1) L'opérateur a et la fonction v sont holomorphes sur X_2.

(9.2) Les fonctions f et f_{x_j} sont bornées et uniformément continues sur Ω_2.

Notation 9.2. — Un couple $(\bar\varepsilon, \eta)$ est constitué par :
une constante $\bar\varepsilon>0$;
une fonction continue, croissante, nulle à l'origine $\eta:[0, \bar\varepsilon]\to\mathbb{R}_+$.

Commentaire. — La section 12 éliminera $(\bar\varepsilon, \eta)$ en établissant un résultat non local.

Lemme 9. — Des données (X_2, a, v, f), vérifiant les conditions (9.1) et (9.2), définissent un couple $(\bar\varepsilon, \eta)$ ayant la propriété suivante.

Pour tout $(\alpha, \varpi)\in X_1$ tout $s>0$, tout $\varepsilon\in]0, \bar\varepsilon]$ et tout germe w holomorphe dans X_2 sur

(9.3) $$\alpha\times\{\omega\in\Omega_2;\ s<f(\omega)\},$$

il existe un unique germe u solution du problème (1), holomorphe sur le disque :

$$(9.4)\qquad \left\{(\sigma, \omega)\in \mathbb{C}\times\Omega_1;\ |\sigma-\alpha|<\varepsilon,\ \omega=\varpi,\ [\rho(\alpha, \varpi)+\eta(\varepsilon)].|\sigma-\alpha|<f(\varpi)-s\right\}.$$

Notes. — Ce disque est dans $\Sigma_2\times\varpi$, car $\varepsilon<\lambda$, vu (9.14), où $0<\theta<1$.

Ce disque n'est pas vide si

$$s<f(\varpi).$$

Preuve. — 1° *Changement de coordonnées.* — Notons

$$\alpha=y_0,\qquad \varpi=y',\quad \text{donc } (\alpha, \varpi)=(y_0, y')=y\in X_1.$$

Pour tout $x\in X_2$, notons

$$z_0=x_0-y_0,\qquad z'=\mathcal{U}(x'-y'),$$

$\mathcal{U}$ étant une transformation unitaire de $\mathbb{C}^n$, dépendant de y', telle que

$$\mathcal{U}(\overline{f_{y_1}}, \ldots, \overline{f_{y_n}})=(|\nabla f|, 0, \ldots, 0),\qquad \text{où}\quad |\nabla f|=\left[\sum_{j=1}^{n}|f_{y_j}|^2\right]^{1/2};$$

de multiples choix de $\mathcal{U}$ sont donc possibles. Ayant fixé y, employons $z=(z_0, z')$ comme coordonnée de x. Évidemment z est coordonnée d'un point de X_2 si $|z_0|<\lambda$ et $|z'|<\sqrt{n}$.

Notons :

$$f(\omega)=f[z'],\qquad df[z']=Re\left[\sum_{j=1}^{n}f_{z_j}dz_j\right];$$

donc :

$$(9.5)\qquad f_{z_1}[0]=|\nabla f|,\ f_{z_j}[0]=0\qquad \text{pour}\quad j=2, \ldots, n.$$

L'énoncé du problème (1), où nous notons la valeur de l'inconnue $u(x)=u[z]$, devient :

$$(9.6)\qquad D_0^m u[z]=L[z, D]u[z]+v[z];\qquad u[z]-w[z]\ \text{ s'annule } m \text{ fois pour } z_0=0.$$

Par hypothèse,

$$L[z, D]=\sum_{|\lambda|\leq m}L_\lambda[z]D^\lambda;\qquad L_{(m,\,0,\,\ldots,\,0)}=0.$$

Les données $L_\lambda[\ .\ ]$ et $v[\ .\ ]$ sont holomorphes sur

$$\{z\in\mathbb{C}^{n+1};\ |z_0|<\lambda,\ |z'|<\sqrt{n}\};$$

le germe donné est holomorphe dans $\mathbb{C}^{n+1}$ sur

$$\{z\in\mathbb{C}^{n+1};\ z_0=0,\ |z'|<\sqrt{n},\ s<f[z']\}.$$

La définition du disque (9.4) devient :

$$(9.7)\qquad \left\{ z=(z_0, z')\in\mathbb{C}^{n+1};\ |z_0|<\varepsilon,\ [\rho+\eta(\varepsilon)]\,|z_0|<f[0]-s,\ z'=0 \right\},$$

où ρ est défini comme suit, en notant

$$(9.8)\qquad c_r=|L_{(r,\ m-r,\ 0,\ \ldots,\ 0)}[0]|;$$

ρ est la racine >0 de l'équation

$$(9.9)\qquad \sum_{r=0}^{m-1} c_r\,\rho^r\,|\nabla f|^{m-r}=\rho^m,$$

si cette racine existe, c'est-à-dire si $(c_0, \ldots, c_{m-1})\neq 0$ et $|\nabla f|\neq 0$; sinon $\rho=0$,

Conclusion de 1°. — Le lemme équivaut à ceci : la donnée de (X_2, a, v, f), vérifiant (9.1) et (9.2), définit un couple $(\bar\varepsilon, \eta)$ tel qu'il existe un germe u solution de (9.6), holomorphe sur le disque (9.7), quand $0<\varepsilon\leqq\bar\varepsilon$.

2° *Construction de polydisques* Π *et* Π'_θ *permettant l'emploi du lemme* 8. — Introduisons un paramètre $\theta\in]0, 1/2[$ et le polydisque

$$(9.10)\qquad P=\{z\in\mathbb{C}^{n+1};\ |z_0|<\theta\lambda,\ |z_j|<\theta,\ j=1, \ldots n\}.$$

Le point x de coordonnée $z\in P$ vérifie donc

$$|x_0|<3\lambda/2,\qquad |x'|<3\sqrt{n}/2;$$

par suite $v[\ .\ ]$, les $L_\lambda[\ .\ ]$ et leurs dérivées premières sont holomorphes et bornées sur P. Nous pouvons donc, ainsi que dans (8.4), définir comme suit une fonction spectrale H_P :

$$H_P[\zeta]=\sum_{(\lambda;\ |\lambda|=m)}\ \sup_{z\in P}|L_\lambda[z]|\,\zeta^\lambda.$$

Soient n fonctions

$$\left]0, \frac{1}{2}\right[\ \ni\theta\mapsto\zeta_j\in\dot{\mathbb{R}}_+,\qquad \text{où}\ \ j=1, \ldots, n.$$

Soit ζ_0 la racine >0 de l'équation

$$(9.11)\qquad H_P(\zeta)=(1-\theta)\,\zeta_0^m,$$

si cette racine existe, c'est-à-dire si les coefficients principaux de L ne sont pas identiquement nuls; sinon choisissons arbitrairement une fonction, strictement croissante, nulle à l'origine,

$$\left]0, \frac{1}{2}\right[\ \ni\theta\mapsto\zeta_0\in\dot{\mathbb{R}}_+.$$

Définissons Π et Π'_θ par (8.1) et (8.12). On a $\Pi\subset P$, et *a fortiori* $\Pi'_\theta\subset P$, si

$$\tau\leqq \min_{j=1,\ldots,n}(\theta\lambda\zeta_0,\ \theta\zeta_j);$$

alors, vu (8.4), $H_\Pi(\ .\ )\leqq H_P(\ .\ )$ et la condition (8.7) est donc vérifiée.

Définissons la fonction

$$(9.12)\qquad \theta\mapsto F=\sum_{j=1}^{n}\zeta_j^{-1}\sup_{z\in P}|f_{z_j}|.$$

Pour tout $z\in P$ on a

$$|f[z]-f[0]|\leqq\sum_{j=1}^{n}|z_j|\sup_{z\in P}|f_{z_j}|\leqq F\max_{j=1,\ldots,n}\zeta_j|z_j|.$$

Pour tout $z\in\Pi'_\theta$ on a donc, vu (8.12),

$$f[0]<f[z]+F\theta\tau.$$

Si

$$F\theta\tau\leqq f[0]-s,$$

alors

$$(\forall z\in\Pi'_\theta):\quad s<f[z]$$

et le germe w est donc holomorphe sur Π'_θ.

Choisissons :

$$(9.13)\qquad \tau=\min_{j=1,\ldots,n}(\theta\lambda\zeta_0,\ \theta\zeta_j,\ (f[0]-s)/F\theta).$$

Conclusion du 2°. — Les hypothèses du lemme 8 sont vérifiées.

3° *Application du lemme* 8. — Sous l'hypothèse (9.13) il existe donc un germe u solution du problème (9.6), holomorphe sur le disque (8.13), c'est-à-dire sur le disque

$$\left\{z\in\mathbb{C}^{n+1};\ |z_0|<\min_{j=1,\ldots,n}(\theta^2\lambda,\ \theta^2\zeta_j/\zeta_0),\ \zeta_0|z_0|<(f[0]-s)/F,\ z_1=\ldots=z_n=0\right\}.$$

Or ce disque contient le disque (9.7) si

$$(9.14)\qquad 0<\varepsilon\leqq\min_{j=1,\ldots,n}(\theta^2\lambda,\ \theta^2\zeta_j/\zeta_0),\qquad \rho+\eta\geqq F\zeta_0.$$

D'où, vu la conclusion du 1° :

Conclusion du 3°. — Pour prouver le lemme, il suffit de prouver ceci :

Moyennant un choix approprié de $\zeta_1,\ldots,\zeta_n$, la donnée de (X_2, a, v, f) définit des fonctions ε et η de $\theta\in[0, 1/2]$ continues, strictement croissantes, nulles à l'origine, vérifiant (9.14).

4° *Le choix de* $\zeta_1, \ldots, \zeta_n$ *et la fin de la preuve.* — Notons B_k divers nombres et $[0, 1/2] \ni \theta \mapsto b_k \in \mathbb{R}_+$ diverses fonctions ne dépendant que de (X_2, a, v, f); ces fonctions seront continues, strictement croissantes et nulles à l'origine.

Évidemment, vu (9.2), (9.5) et (9.10), il existe b_1 tel que

(9.15) $$\sup_{z \in P} |f_{z_1}| \leqq |\nabla f| + b_1; \qquad \sup_{z \in P} |f_{z_j}| \leqq b_1 \quad \text{pour } j=2, \ldots, n.$$

Choisissons

(9.16) $$\zeta_1 = |\nabla f| + b_2, \qquad \zeta_j = b_2, \quad \text{où } b_2 = \max(\sqrt{b_1}, b_1).$$

Vu la définition (9.12) de F, il existe b_3 tel que

(9.17) $$F\zeta_1 \leqq |\nabla f| + b_3, \qquad F \leqq n.$$

Or, vu (9.16), vu les définitions (8.4) de H, (9.8) de c_r et (9.11) de ζ_0, où $0 < \theta < 1/2$, il existe B_1 et b_4 tels que

(9.18) $$\zeta_0 \leqq B_1$$

et

$$\zeta_0^m \leqq \sum_{r=0}^{m-1} c_r \zeta_0^r \zeta_1^{m-r} + b_4;$$

donc, vu (9.17), il existe b_5 tel que

$$(F\zeta_0)^m \leqq \sum_{r=0}^{m-1} c_r (F\zeta_0)^r |\nabla f|^{m-r} + b_5,$$

donc

(9.19) $$F\zeta_0 \leqq \mu(c_0 |\nabla f|^m + b_5, c_1 |\nabla f|^{m-1}, \ldots, c_{m-1} |\nabla f|),$$

en notant $\mu(k_0, \ldots, k_{m-1})$ la racine > 0 de l'équation

$$\sum_{r=0}^{m-1} k_r \mu^r = \mu^m, \qquad \text{où } k_0, \ldots, k_{m-1} \in \mathbb{R}_+,$$

si cette racine existe, c'est-à-dire si $(k_0, \ldots, k_{m-1}) \neq 0$; sinon définissons $\mu = 0$.

Évidemment

$$0 \leqq c_0 |\nabla f|^m + b_5 \leqq B_2, \ldots, 0 \leqq c_{m-1} |\nabla f| \leqq B_2$$

et, vu (9.9),

(9.20) $$\rho = \mu(c_0 |\nabla f|^m, \ldots, c_{m-1} |\nabla f|).$$

Évidemment, la fonction

$$\mu : \{(k_0, \ldots, k_{m-1}); 0 \leqq k_r \leqq B_2\} \to \mathbb{R}_+.$$

est uniformément continue; soit $\nu(\,.\,)$ un module de continuité de cette fonction ne dépendant que de B_2; on a, vu (9.19) et (9.20),

$$F\zeta_0 \leqq \rho+\nu(b_5), \text{ c'est-à-dire : } F\zeta_0 \leqq \rho+b_6.$$

Vu (9.16) et (9.18), on vérifie donc (9.14) en choisissant

$$\varepsilon=\min(\theta^2\lambda,\ \theta^2 b_2/B_1), \qquad \eta=b_6.$$

Vu la conclusion du 3°, le lemme est établi.

10. Un théorème d'existence local ne supposant plus que Ω est une boule de $\mathbb{C}^n$. — *Notation* 10. — Employons les notations définies par les sections 1, 2 et 6, les notations 5 et 9.2. Toutefois, nous ne supposons pas w holomorphe dans X sur $\alpha\times\Omega$ tout entier; nous n'employons pas les définitions (2.12) de *ds* et (2.13) de *dist.*

Soit une partie compacte Γ de Σ et une fonction continue $s:\Gamma\to\mathbb{R}_+$. Sa valeur en $\gamma\in\Gamma$, de coordonnée locale x_0, est notée $s(\gamma)=s[x_0]$. Les sections 10 et 11 supposeront s à valeurs strictement positives, c'est-à-dire $s:\Gamma\to\dot{\mathbb{R}}_+$; alors

(10.1) $$\{(\gamma,\omega)\in X;\ \gamma\in\Gamma,\ s(\gamma)\leqq f(\omega)\} \quad \text{est compact.}$$

Lemme préliminaire. — La donnée de f, de Γ, de $s:\Gamma\to\dot{\mathbb{R}}_+$ et de a et v, holomorphes sur (10.1), définit un couple $(\bar\varepsilon,\eta)$ ayant la propriété suivante : Pour tout $\alpha\in\Gamma$, tout germe w holomorphe dans X sur

(10.2) $$\alpha\times\{\omega\in\Omega;\ s(\alpha)<f(\omega)\},$$

tout $\varpi\in\Omega$ vérifiant $s(\alpha)<f(\varpi)$ et tout $\varepsilon\in]0,\bar\varepsilon]$, il existe un unique germe u solution du problème (1), holomorphe sur le disque

(10.3) $$\Big\{(\sigma,\omega)\in\mathbb{C}\times\Omega;\ |\sigma-\alpha|<\varepsilon,\ \omega=\varpi,\ [\rho(\alpha,\varpi)+\eta(\varepsilon)].|\sigma-\alpha|<f(\varpi)-s(\alpha)\Big\}.$$

Commentaire. — Ce disque est indépendant de tout choix de coordonnées locales sur Ω, vu (2.6) et (6.8).

Preuve. — Soit W un voisinage de (10.1) sur lequel a et v sont holomorphes. Chaque point (γ,ω) de (10.1) possède un voisinage $X_2(\gamma,\omega)=\Sigma_2(\gamma,\omega)\times\Omega_2(\gamma,\omega)$ dans $X=\Sigma\times\Omega$, ayant les propriétés suivantes :

(i) $\bar X_2(\gamma,\omega)$ est compact; $\bar X_2(\gamma,\omega)\subset W$;

(ii) $\Sigma_2(\gamma,\omega)$ est un disque de Σ, centré en γ;

(iii) des coordonnées analytiques $x'=(x_1,\ldots,x_n)$ sont définies sur $\Omega_2(\gamma,\omega)$ et telles que :

$$\Omega_2(\gamma,\omega)=\{x';\ |x'|<2\sqrt{n}\};\quad \omega \text{ a pour coordonnées } (0,\ldots,0).$$

Soit $\Sigma_1(\gamma,\omega)$ le disque concentrique à $\Sigma_2(\gamma,\omega)$ et de rayon moité. Soit

$$\Omega_1(\gamma,\omega)=\{x';\ |x'|<\sqrt{n}\}.$$

Recouvrons (10.1) par un nombre fini de $X_1(\gamma, \omega)$; notons-les $X_1[j]$, où $j=1, \ldots, J$; notons

$$X_2[j]=X_2(\gamma, \omega) \quad \text{quand} \quad X_1[j]=X_1(\gamma, \omega).$$

A chaque couple ($X_1[j]$; $X_2[j]$) appliquons le lemme 9 où (X_1, X_2) est remplacé par ($X_1[j]$, $X_2[j]$); ce lemme 9 définit un couple ($\bar{\varepsilon}_j$, η_j). La fonction $\rho(\alpha, \varpi)$ qu'emploie ce lemme dépend en apparence du choix de la coordonnée z_0 sur $\Sigma_2[j]$. Mais $\Sigma_2[j]\subset\Sigma\subset\mathbb{C}$, l'affixe d'un point de $\mathbb{C}$ est noté x_0 et $z_0=x_0+\text{Cte}$. Vu (2.6) et (6.8), la fonction $\rho(\alpha, \varpi)$ est donc, pour tout j, celle résultant de l'emploi de l'affixe x_0 : cette fonction est indépendante de j.

Notons

$$\bar{\varepsilon}=\min(\bar{\varepsilon}_1, \ldots, \bar{\varepsilon}_J), \; \eta(\varepsilon)=\max(\eta_1(\varepsilon), \ldots, \eta_J(\varepsilon)).$$

Puisque tout point (α, ϖ) tel que $\alpha\in\Gamma$ et $s(\alpha)<f(\varpi)$ appartient à l'un au moins des $X_1[j]$, le lemme 9 implique le lemme préliminaire.

Proposition 10. — La donnée de f, de Γ, de $s:\Gamma\to\dot{\mathbb{R}}_+$ et de a et v, holomorphes sur (10.1), définit un couple $(\bar{\varepsilon}, \eta)$ ayant la propriété suivante :

Pour tout $\alpha\in\Gamma$, tout germe w holomorphe sur

$$(10.2) \qquad \alpha\times\{\omega\in\Omega;\, s(\alpha)<f(\omega)\}$$

et tout $\varepsilon\in]0, \bar{\varepsilon}]$, il existe une unique solution u du problème (1) holomorphe sur la partie ouverte de X :

$$(10.4) \qquad \Delta=\{(\sigma, \omega)\in X;\, |\sigma-\alpha|<\varepsilon,\, [\rho(\alpha, \omega)+\eta(\varepsilon)].|\sigma-\alpha|<f(\omega)-s(\alpha)\}.$$

Preuve. — Nous emploierons la rétraction par déformation de Δ sur $\alpha\times\Omega$:

$$T: \quad \Delta\times[0, 1]\ni(\sigma, \omega, t)\mapsto T(\sigma, \omega; t)=(t\sigma+(1-t)\alpha, \omega)\in\Delta;$$

notons $C(\sigma, \omega)$ la trajectoire de cette rétraction d'extrémité (σ, ω). Vu le lemme préliminaire, il existe un unique germe solution du problème (1), holomorphe sur $C(\sigma, \omega)$. Notons $u_{\alpha, \omega}$ sa restriction à l'origine (α, ω) de $C(\sigma, \omega)$; c'est l'unique germe solution du problème (1) holomorphe en (α, ω); vu cette unicité, $(u_{\alpha, \omega})_{\omega\in\Omega}$ est, au sens de la définition 7.2, une section holomorphe sur $\alpha\times\Omega$; vu la proposition 7.1, il existe un germe $u_{\alpha\times\Omega}$ engendrant cette section. C'est un germe holomorphe sur $\alpha\times\Omega$ solution du problème (1); un tel germe est unique. Puisque le germe $u_{\alpha, \omega}=u_{\alpha\times\Omega}|_{(\alpha, \omega)}$ se prolonge analytiquement $(\forall(\sigma, \omega)\in\Delta)$ à $C(\sigma, \omega)$, vu la proposition 7.2, le germe $u_{\alpha\times\Omega}$ se prolonge analytiquement à Δ et ce prolongement est l'unique solution du problème (1) holomorphe sur Δ.

11. UN RÉSULTAT APPARENTÉ AU PRÉCÉDENT. — Nous n'emploierons qu'une conséquence de la proposition 10; c'est le lemme 11, qui la particularise et la complète, grâce à la définition suivante.

Notation 11. — Soit σ un point de Σ et x_0 sa coordonnée locale; définissons :

$$(11.1)\quad \begin{cases} \rho[x_0, t] = \max\limits_{\{\omega;\ f(\omega)=t\}} \rho(x_0, \omega) & \text{si } 0<t\leqq \bar{f} = \max\limits_{\Omega} f, \\ \rho[x_0, t] = \rho[x_0, \bar{f}] & \text{si } \bar{f}<t. \end{cases}$$

La fonction $\rho[.,.]$ est évidemment continue. Vu (2.5), (2.6), (2.8) et (2.9), elle possède les propriétés suivantes :

(11.2) La fonction $x_0 \mapsto \log \rho[x_0, t]$ est sous-harmonique ou égale à $-\infty$.

(11.3) L'expression $\rho[x_0, t]\,|dx_0|$ est indépendante du choix de la coordonnée locale x_0.

(11.4) La fonction $x_0 \mapsto \rho[x_0, t]$ possède un module de continuité indépendant de $t\in\dot{\mathbb{R}}_+$.

(11.5) La fonction $x_0 \mapsto 1/\rho[x_0, t]$, *tronquée* par une constante arbitraire, vérifie localement une condition de Lipschitz indépendante de $t\in\dot{\mathbb{R}}_+$.

Lemme 11. — Employons les notations 10 et 11. La donnée de f, de Γ, de $s:\Gamma\to\dot{\mathbb{R}}_+$, de a et v, holomorphes sur

$$\{(\gamma, \omega)\in X;\ \gamma\in\Gamma,\ s(\gamma)\leqq f(\omega)\},$$

définit un couple $(\bar{\varepsilon}, \eta)$ ayant la propriété suivante : Pour tout $\alpha\in\Gamma$, tout germe w holomorphe sur

$$(11.6)\quad \alpha\times\{\omega\in\Omega;\ s(\alpha)<f(\omega)\},$$

tout $t>s(\alpha)$ et tout $\varepsilon\in]0, \bar{\varepsilon}]$, il existe un unique germe solution du problème (1) holomorphe sur la partie compacte de X

$$(11.7)\quad E(\varepsilon, t) = \{\sigma\in\Sigma;\ |\sigma-\alpha|\leqq\varepsilon\}\times\{\omega\in\Omega;\ t\leqq f(\omega)\},$$

si

$$(11.8)\quad [[\rho[\alpha, t]+\eta(\varepsilon)].\,\varepsilon<t-s(\alpha).$$

Preuve. — Vu la note 7, l'unicité de ce germe résulte de ce que le sous-ensemble $\alpha\times\{\omega\in\Omega;\ t\leqq f(\omega)\}$ de (11.6) est rétracte par déformation de $E(\varepsilon, t)$.

Soit

$$\Delta(\varepsilon, t) = \{\sigma\in\Sigma;\ |\sigma-\alpha|<\varepsilon\}\times\{\omega\in\Omega;\ t<f(\omega)\}.$$

Étant donné (ε, t) vérifiant (11.8), il existe (ε', t') vérifiant (11.8) et les conditions $\varepsilon<\varepsilon'$, $t'<t$, qui impliquent $E(\varepsilon, t)\subset\Delta(\varepsilon', t')$. Le lemme 11 résulte donc du suivant :

Lemme auxiliaire. — Sous les hypothèses du lemme 11 il existe une solution du problème (1) holomorphe sur $\Delta(\varepsilon, t)$.

Preuve (suivant un raisonnement classique). — L'hypothèse (11.8) implique $t>s(\alpha)>0$. Notons

$$\Omega_t = \{\omega\in\Omega,\ t<f(\omega)\}.$$

Vu la proposition 10, l'hypothèse (11.8) implique l'existence d'un germe u solution du problème (1), holomorphe à la fois

(i) sur $\alpha\times\Omega_{s(\alpha)}$, donc sur $\alpha\times\bar{\Omega}_t$,

(ii) sur $\{\sigma\in\Sigma;\ |\sigma-\alpha|<\varepsilon\}\times\partial\Omega_t$.

Or (11.8) reste vérifié quand on augmente ε suffisamment peu; donc u est holomorphe sur $\alpha\times\bar{\Omega}_t$ et sur

$$\{\sigma\in\Sigma;\ |\sigma-\alpha|\leqq\varepsilon\}\times\partial\Omega_t.$$

Pour $\omega\in\partial\Omega_t$, la fonction $\sigma\mapsto u(\sigma,\omega)$ possède donc la fonction majorante indépendante de ω :

$$(11.9)\qquad u(\sigma,\omega)\ll\frac{c}{1-[\sigma-\alpha]/\varepsilon},\quad\text{où}\quad c=\max_{|\sigma-\alpha|=\varepsilon,\ \omega\in\partial\Omega_t}|u(\sigma,\omega)|.$$

Puisque les fonctions

$$\bar{\Omega}_t\ni\omega\mapsto\left|\frac{\partial^j u(\sigma,\omega)}{\partial\sigma^j}\right|_{\sigma=\alpha},$$

atteignent leur maximum sur $\partial\Omega_t$, la relation (11.9) vaut pour $\omega\in\bar{\Omega}_t$. La série, à coefficients holomorphes en ω,

$$\sum_{j=0}^{\infty}\left[\frac{\partial^j u(\sigma,\omega)}{\partial\sigma^j}\right]_{\sigma=\alpha}\frac{\sigma^j}{j!},$$

converge donc uniformément sur

$$\Delta(\varepsilon,t)=\{\sigma\in\Sigma;\ |\sigma-\alpha|<\varepsilon\}\times\Omega_t;$$

sa somme est une fonction de (σ,ω) holomorphe sur Δ, prolongeant analytiquement u.

12. PROLONGEMENT AU-DESSUS D'UN ARC DE Σ. — *Notation* 12. — Employons les notations définies par les sections 1, 2 et 6 et la notation 11, qui définit $\rho[.,.]$. Toutefois nous n'employons pas les définitions (2.12) de *ds* et (2.13) de *dist*.

Vu la section 1, le germe donné w est holomorphe sur $\alpha\times\Omega$.
Soit Γ un arc compact de Σ sans point double, réunion d'un nombre fini d'arcs consécutifs de classe C^1; l'origine de Γ est α et Γ est orienté de α à son extrémité τ; cette orientation définit une relation d'ordre $\beta\prec\gamma$ entre les points de Γ; notons

$$[\beta,\gamma]=\{\sigma\in\Gamma;\ \beta\prec\sigma\prec\gamma\}.$$

Soit x_0 la coordonnée locale de $\gamma\in\Gamma$. Soit

$$s:\quad\Gamma\ni\gamma\mapsto s(\gamma)=s[x_0]\in\mathbb{R}_+,$$

une fonction *strictement croissante* et de classe C^1; cela signifie qu'elle est de classe C^1 sur chacun des arcs de classe C^1 constituant Γ et qu'en un point de jonction de deux de ces arcs $ds/|dx_0|$ a la même valeur sur chacun d'eux.

Nous convenons que $ds \geqq 0$; nous supposons $ds/|dx_0| \neq 0$; donc

$$ds > 0.$$

Note 12. — Les ensembles

$$\alpha \times \{\omega \in \Omega;\ s(\alpha) \leqq f(\omega)\} \quad \text{et} \quad \alpha \times \{\omega \in \Omega;\ s(\alpha) < f(\omega)\}$$

sont respectivement rétractes par déformation des sous-espaces

$$\{(\gamma, \omega) \in \Gamma \times \Omega;\ s(\gamma) \leqq f(\omega)\} \quad \text{et} \quad \{(\gamma, \omega) \in \Gamma \times \Omega;\ s(\gamma) < f(\omega)\}.$$

Preuve. — Pour $t \in [0, 1]$, $\gamma \in \Gamma$ et $\omega \in \Omega$, définissons $\varphi(\gamma, t) \in \Gamma$ par la condition

$$s(\varphi(\gamma, t)) = (1-t)\, s(\alpha) + t s(\gamma);$$

soit

$$\Phi(\gamma, \omega, t) = (\varphi(\gamma, t), \omega) \in \Gamma \times \Omega.$$

Évidemment φ et Φ sont des rétractions par déformation de Γ sur α et des sous-espaces précédents sur les ensembles précédents.

Lemme 12.1. — Employons la notation 12. Mais ne supposons pas encore w holomorphe sur $\alpha \times \Omega$ tout entier. Supposons :

$$s(\alpha) > 0,$$

(12.1) $$\rho[x_0, s[x_0]]\, |dx_0| < ds[x_0] \quad \text{sur } \Gamma.$$

Alors il existe un unique germe solution du problème (1), holomorphe sur l'ensemble

(12.2) $$E = \{(\gamma, \omega) \in X;\ \gamma \in \Gamma,\ s(\gamma) < f(\omega)\},$$

si les données a et v sont holomorphes sur l'adhérence de E,

$$\bar{E} = \{(\gamma, \omega) \in X;\ \gamma \in \Gamma,\ s(\gamma) \leqq f(\omega)\},$$

et si le germe w est holomorphe sur

(12.3) $$\alpha \times \{\omega \in \Omega;\ s(\alpha) < f(\omega)\}.$$

Preuve. — Employons la notation 5, qui implique $\Sigma \subset \mathbb{C}$, et la notation 9.2, qui caractérise $(\bar{\varepsilon}, \eta)$.

1° *Application du lemme* 11. — Notons $(\bar{\varepsilon}, \eta)$ le couple que définit ce lemme. Notons (β, γ) tout couple de points de Γ tel que $\beta \prec \gamma$; soit

$$\varepsilon_{\beta\gamma} = \max_{\sigma \in [\beta,\, \gamma]} |\sigma - \beta|.$$

Vu (12.1) et la formule des accroissements finis, il existe un nombre δ tel que l'hypothèse

$$|\gamma - \beta| \leqq \delta,$$

implique, pour tout $\sigma\in[\beta, \gamma]$, ceci :

$$\varepsilon_{\beta\gamma}\leqq\bar{\varepsilon},\qquad [\rho[\beta, s(\gamma)]+\eta(\varepsilon_{\beta\gamma})].|\sigma-\beta|<s(\sigma)-s(\beta);$$

or $s(\sigma)\leqq s(\gamma)$; donc :

$$\varepsilon_{\beta\gamma}\leqq\bar{\varepsilon},\qquad [\rho[\beta, s(\gamma)]+\eta(\varepsilon_{\beta\gamma})].\varepsilon_{\beta\gamma}<s(\gamma)-s(\beta).$$

Vu le lemme 11, il existe donc un unique germe u, holomorphe sur

$$\{\sigma\in\Sigma, |\sigma-\beta|\leqq\varepsilon_{\beta\gamma}\}\times\{\omega\in\Omega;\ s(\gamma)\leqq f(\omega)\}$$

et solution du problème de Cauchy :
$au=v$; $u-w$ s'annule m fois pour $\sigma=\beta$,
si w est un germe holomorphe sur $\beta\times\{\omega\in\Omega;\ s(\beta)<f(\omega)\}$.

Conclusion de 1°. — Si un germe $u(\beta)$, solution de $au=v$, est holomorphe sur

$$\beta\times\{\omega\in\Omega;\ s(\beta)<f(\omega)\},$$

alors il se prolonge analytiquement en un germe solution de $au=v$, holomorphe sur

$$[\beta, \gamma]\times\{\omega\in\Omega;\ s(\gamma)\leqq f(\omega)\},$$

à condition que

$$|\gamma-\beta|\leqq\delta.$$

2° *Les germes* $u_{E(\beta)}$. — Rappelons que $\Gamma=[\alpha, \tau]$. Soit β une fonction à valeurs dans Γ, croissant de α à τ, définie sur un segment $[0, P]$ de $\mathbb{N}$; autrement dit :

$$\alpha=\beta(0)\prec\beta(1)\prec\ldots\prec\beta(P)=\tau;$$

imposons-lui de vérifier la condition :

$$|\beta(p)-\beta(p-1)|\leqq\delta\qquad\text{pour}\quad p=1, \ldots, P.$$

Pour ces valeurs de p, soit

$$F(p)=[\beta(p-1), \beta(p)]\times\{\omega\in\Omega;\ s(\beta(p))\leqq f(\omega)\}.$$

Vu la conclusion de 1°, il existe un germe $u_{F(1)}$ solution du problème (1), holomorphe sur $F(1)$. Supposons défini un germe $u_{F(p)}$, solution de l'équation $au=v$, holomorphe sur $F(p)$, où $p<P$. Sa restriction à

$$\beta(p)\times\{\omega\in\Omega;\ s(\beta(p))\leqq f(\omega)\}$$

est un germe solution de $au=v$; vu la conclusion de 1°, il se prolonge analytiquement à $F(p+1)$; nous notons $u_{F(p+1)}$ ce prolongement.

Nous obtenons ainsi, pour $p=1, \ldots, P$, un germe $u_{F(p)}$ holomorphe sur chaque $F(p)$; $u_{F(1)}$ est solution du problème (1); $u_{F(p)}$ et $u_{F(p+1)}$ ont même restriction à

$$F(p) \cap F(p+1) = \beta(p) \times \{\omega \in \Omega;\ s(\beta(p+1)) < f(\omega)\}.$$

Évidemment, $F(p) \cap F(q)$ est vide si $|p-q|>1$.

Notons

$$E(\beta) = \bigcup_{p=1}^{P} F(p).$$

La proposition 7.3, 2°, s'applique au recouvrement fermé, d'ordre 1, $(F(p))_{p \in \{1, \ldots, P\}}$ de $E(\beta)$; il existe donc un germe $u_{E(\beta)}$, holomorphe sur $E(\beta)$, dont la restriction à chaque $F(p)$ est $u_{F(p)}$. Ce germe $u_{E(\beta)}$ est évidemment une solution du problème (1) holomorphe sur $E(\beta)$.

3° *Fin de la preuve.* — Pour tout $\mu \in \dot{\mathbb{R}}_+$, définissons :

$$s_\mu(\gamma) = \sup_{\{\gamma' \in \Gamma;\ |\gamma-\gamma'| \leqq \mu\}} s(\gamma') > s(\gamma),$$

$$E[\mu] = \{(\gamma, \omega) \in \Gamma \times \Omega;\ s_\mu(\gamma) < f(\omega)\}.$$

Pour tous les β tels que

$$|\beta(p-1) - \beta(p)| \leqq \delta \quad \text{pour} \quad p=1, \ldots, P,$$

on a donc

$$E[\mu] \subset E(\beta) \tag{12.4}$$

et la restriction de $u_{E(\beta)}$ à $E[\mu]$ est donc un germe $u_{E[\mu]}$ solution du problème (1) holomorphe sur $E[\mu]$. Cette solution est unique, vu la note 7, car $\alpha \times \{\omega \in \Omega;\ s_\mu(\alpha) < f(\omega)\}$ est rétracte par déformation de $E[\mu]$, vu la note 12. Le germe $u_{E[\mu]}$ est donc indépendant du choix de β vérifiant (12.4).

Si $\mu < \nu$, alors $s_\mu < s_\nu$, donc $E[\nu] \subset E[\mu]$ et $u_{E[\nu]}$ est la restriction de $u_{E[\mu]}$ à $E[\nu]$. Soit, conformément à (12.2),

$$E = \bigcup_{\mu \in \dot{\mathbb{R}}_+} E[\mu] = \lim_{\mu \to 0} E[\mu] = \{(\gamma, \omega) \in \Gamma \times \Omega;\ s(\gamma) < f(\omega)\}.$$

Chaque $E[\mu]$ est une partie ouverte du sous-espace E de $X = \Sigma \times \Omega$. Donc, vu la proposition 7.3, 1°, il existe un germe u_E holomorphe sur E dont la restriction à chaque $E[\mu]$ est $u_{E[\mu]}$. Ce germe est une solution du problème (1); c'est le seul germe holomorphe sur E solution de ce problème, vu la note 7, car l'ensemble (12.3) est rétracte par déformation de E, vu la note 12.

La proposition 12 améliorera le lemme précédent grâce au suivant :

Lemme 12.2. — Employons la notation 12 en supposant

$$\rho[x_0, s[x_0]]\,|dx_0| \leqq ds[x_0]. \tag{12.5}$$

Alors, pour tout $\varepsilon^* \in \dot{\mathbb{R}}_+$, il existe des fonctions $s^* : \Gamma \to \dot{\mathbb{R}}_+$ de classe C^1 vérifiant les conditions :

$$(12.6) \qquad \begin{cases} s(\gamma) < s^*(\gamma) < s(\gamma) + \varepsilon^* & \text{pour tout } \gamma \in \Gamma, \\ \rho[x_0, s^*[x_0]] \, | dx_0 | < ds^*[x_0]. \end{cases}$$

Preuve. — Il suffit d'établir l'existence de s^* vérifiant (12.6) dans le cas où $\Gamma = [0, 1] \subset \mathbb{R}$; donc s et s^* sont deux différomorphismes

$$s: \ [0, 1] \ni r \mapsto s(r) \in [t_0, t_1], \qquad s^*: \ [0, 1] \ni r \mapsto s^*(r) \in [t_0^*, t_1^*],$$

où $0 \leqq t_0 < t_1$, $0 < t_0^* < t_1^*$. Alors $\rho[r, t]$ est défini sur la demi-bande

$$(12.7) \qquad \{(r, t);\ 0 \leqq r \leqq 1,\ 0 < t\}.$$

L'existence de s^* résulte du lemme auxiliaire suivant, où $S = \overset{-1}{s}$ et $S^* = \overset{-1}{s^*}$ désignent les difféomorphismes réciproques de s et s^* et où Θ est la fonction suivante.

Notation auxiliaire. — La fonction $\Theta : (r, t) \mapsto \Theta[r, t]$ est la fonction $(r, t) \mapsto 1/\rho[r, t]$ tronquée par *max* $dr/ds(r)$. Cette fonction est définie sur la demi-bande (12.7).

Cette fonction possède les propriétés suivantes. La fonction $r \mapsto \Theta[r, t]$ vérifie une condition de Lipschitz indépendante de t :

$$(12.8) \qquad |\Theta[r, t] - \Theta[r', t]| < C\,|r - r'|, \qquad \text{où} \quad C = \text{Cte}, \quad r \neq r'.$$

Sur la demi-bande

$$\{(r, t);\ 0 \leqq r \leqq 1,\ t_1 \leqq t\},$$

on a

$$(12.9) \qquad \Theta[r, t] > c > 0, \qquad \text{où} \quad c = \text{Cte}.$$

Preuve de (12.8). — La propriété (11.5).

Preuve de (12.9). — La fonction $\rho(.,.)$ est continue, donc bornée supérieurement sur le compact $\Gamma \times \{\omega \in \Omega;\ t_1 \leqq f(\omega)\}$.

Lemme auxiliaire. — Étant donné Θ, un difféomorphisme de classe C^1

$$S: \ [t_0, t_1] \to [0, 1]$$

et un nombre $\varepsilon^* \in]0, t_1 - t_0[$ tels que

$$(12.10) \qquad 0 < \frac{dS(t)}{dt} \leqq \Theta[S(t), t],$$

il existe un difféomorphisme de classe C^1

$$S^*: \ [t_0^*, t_1^*] \to [0, 1],$$

tel que

$$(12.11)\quad \begin{cases} t_i < t_i^* < t_i + \varepsilon^*/2 \qquad \text{pour} \quad i=0,1, \\ 0 < \dfrac{d\,S^*(t)}{dt} < \Theta[S^*(t), t], \\ S^*(t) < S(t) \quad \text{pour} \ t \in [t_0^*, t_1]; \qquad S(t-\varepsilon^*) < S^*(t) \quad \text{pour} \ t \in [t_0+\varepsilon^*, t_1^*]. \end{cases}$$

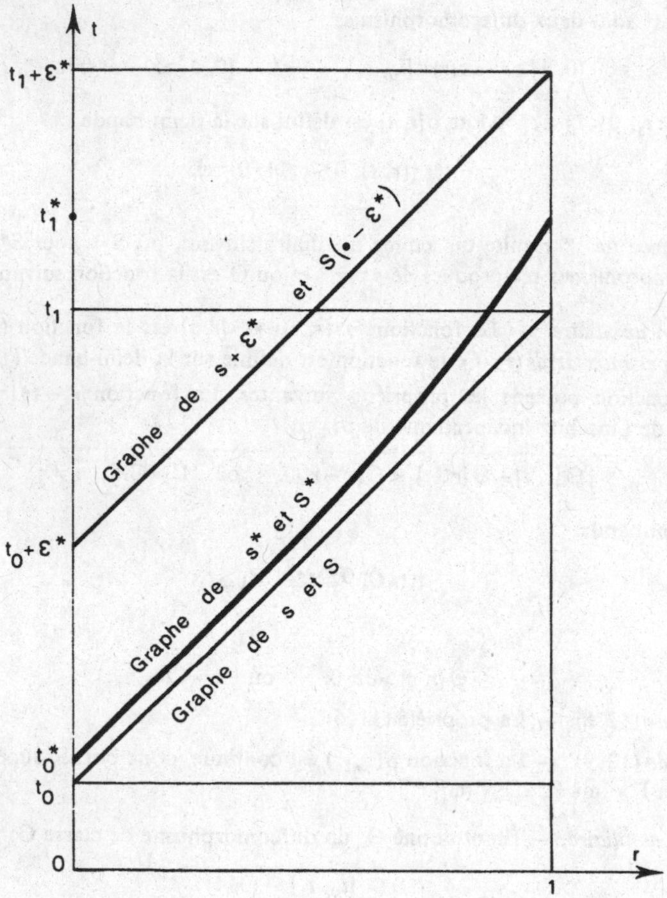

Preuve. — 1° *Définition de* S^* *sur* $[t_0^*, t_1]$. — Pour $t \in [t_0^*, t_1]$ choisissons

$$(12.12)\qquad S^*(t) = S(t) - S(t_0^*)\, e^{C(t-t_0^*)}.$$

Nous avons

$$S^*(t_0^*) = 0, \qquad S^*(t) < S(t),$$

et, vu (12.12), puis (12.10) et (12.8),

$$(12.13)\qquad \frac{dS^*(t)}{dt}=\frac{dS(t)}{dt}-C[S(t)-S^*(t)]<\Theta[S(t),t]-|\Theta[S(t),t]-\Theta[S^*(t),t]| \leqq \Theta[S^*(t),t].$$

Vu $(12.10)_1$ et (12.12), où $S(t_1)=1$, choisissons $t_0^*\in]t_0, t_0+\varepsilon^*/2[$ suffisamment voisin du zéro t_0 de S pour avoir les inégalités suivantes, qu'exige (12.11),

$$(12.14)\qquad S(t-\varepsilon^*)<S^*(t)\quad \text{pour } t\in[t_0+\varepsilon^*, t_1],\qquad 0<\frac{dS^*(t)}{dt}$$

et les inégalités, qu'emploiera la suite,

$$(12.15)\qquad 1<S^*(t_1)+c\,\varepsilon^*/4,\qquad S(t_1-\varepsilon^*/2)<S^*(t_1).$$

2° *Définition de* S^* *sur* $[t_1, t_1^*]$. — Définissons $S^*:[t_1, t_1+\varepsilon^*/2]\to\mathbb{R}$, tel que S^* soit de classe C^1 sur $[t_0^*, t_1+\varepsilon^*/2]$ et vérifie les conditions suivantes, dont (12.9) assure la compatibilité :

$$(12.16)\qquad 0<\frac{dS^*(t)}{dt}<\Theta[S^*(t),t]\qquad \text{pour}\quad t\in[t_1, t_1+\varepsilon^*/4],$$

$$(12.17)\qquad c=\frac{dS^*(t)}{dt}\qquad \text{pour}\quad t\in[t_1+\varepsilon^*/4, t_1+\varepsilon^*/2].$$

D'une part

$$S^*(t_1)<S(t_1)=1;$$

d'autre part, vu $(12.15)_1$ et (12.17),

$$1<S^*(t_1+\varepsilon^*/2).$$

Définissons $t_1^*\in]t_1, t_1+\varepsilon^*/2[$ par la condition $S^*(t_1^*)=1$.

3° *Fin de la preuve.* — D'une part, vu (12.13), $(12.14)_2$, (12.16), (12.17) et (12.9), on a

$$0<\frac{dS^*(t)}{dt}<\Theta[S^*(t),t]\qquad \text{pour}\quad t\in[t_0^*, t_1^*].$$

D'autre part, puisque $t_1^*-\varepsilon^*<t_1-\varepsilon^*/2$, on a

$$S(t_1^*-\varepsilon^*)<S(t_1-\varepsilon^*/2),$$

donc, vu $(12.15)_2$,

$$S(t_1^*-\varepsilon^*)<S^*(t_1),$$

donc *a fortiori*, puisque S et S^* croissent,

$$S(t-\varepsilon^*)<S^*(t)\qquad \text{pour}\quad t\in[t_1, t_1^*];$$

vu (12.14), l'inégalité $S(t-\varepsilon^*)<S^*(t)$ vaut pour $t\in[t_0+\varepsilon^*, t_1]$; elle vaut donc pour $t\in[t_0+\varepsilon^*, t_1^*]$. La preuve du lemme est achevée.

Proposition 12. — Employons la notation 12. Supposons :

$$s(\alpha)\geqq 0,$$

(12.18) $$\rho[x_0, s[x_0]]\,|dx_0|\leqq ds[x_0] \quad \text{sur } \Gamma.$$

Alors il existe un unique germe solution du problème (1) holomorphe sur l'ensemble

(12.19) $$E=\{(\gamma, \omega);\ \gamma\in\Gamma,\ s(\gamma)<f(\omega)\}$$

si les données a et v sont holomorphes sur cet ensemble.

Preuve. — Vu le lemme 12.2, $(\forall\varepsilon^*\in\dot{\mathbf{R}}_+)$: il existe une fonction $s^*:\Gamma\to\dot{\mathbf{R}}_+$ de classe C^1 vérifiant (12.6). Vu le lemme 12.1, il existe un unique germe solution du problème (1) holomorphe sur l'ensemble

$$\{(\gamma, \omega)\in X;\ \gamma\in\Gamma,\ s^*(\gamma)<f(\omega)\}.$$

Vu (12.6), cet ensemble contient

$$E(\varepsilon^*)=\{(\gamma, \omega)\in X,\ \gamma\in\Gamma,\ s(\gamma)+\varepsilon^*<f(\omega)\}.$$

La restriction $u_{E(\varepsilon^*)}$ de ce germe à $E(\varepsilon^*)$ est un germe solution du problème (1) holomorphe sur $E(\varepsilon^*)$. Un tel germe est unique, vu la note 7, car $\alpha\times\{\omega\in\Omega;\ s(\alpha)+\varepsilon^*<f(\omega)\}$ est rétracte par déformation de $E(\varepsilon^*)$, vu la note 12.

Donc, si $\varepsilon'<\varepsilon''$, alors $E(\varepsilon')\supset E(\varepsilon'')$ et $u_{E(\varepsilon'')}$ est la restriction à $E(\varepsilon'')$ de $u_{E(\varepsilon')}$. Or $E(\varepsilon^*)$ est une partie ouverte du sous-espace E de X; la réunion des $E(\varepsilon^*)$ est E. Vu la proposition 7.3, 1°, il existe donc un germe u_E holomorphe sur E dont la restriction à chaque $E(\varepsilon^*)$ est $u_{E(\varepsilon^*)}$; ce germe est donc une solution du problème (1) holomorphe sur E. Une telle solution est unique, vu la note 7, car $\alpha\times\{\omega\in\Omega;\ s(\alpha)<f(\omega)\}$ est rétracte par déformation de E, vu la note 12.

Note. — Soit une fonction $F_*[\ .\ ]:\mathbf{R}_+\to\mathbf{R}_+$ telle que

$$F_*[0]=0, \qquad \frac{dF_*[f]}{df}>0.$$

Soit

$$f_*(\omega)=F_*[f(\omega)], \quad s_*(\gamma)=F_*[s(\gamma)].$$

Du fait que $\rho(x_0, \omega; \xi')$ est positivement homogène en ξ' résulte évidemment ceci :

Si f et s vérifient les hypothèses de la proposition 12, alors f_* et s_* les vérifient aussi et définissent le même ensemble E.

13. PROLONGEMENT, AU-DESSUS D'UN DOMAINE DE Σ, EMPLOYANT UN ds^2 RIEMANNIEN DE Σ. — *Notation* 13. — Employons les notations définies par les sections 1, 2 et 6, sauf les

définitions (2.12) de ds et (2.13) de *dist*. Soit ds^2 un ds^2 riemannien, de classe C^∞, défini sur Σ, à courbure $\leqq 0$, conforme à la structure analytique complexe de Σ et tel que

$$(13.1) \qquad \rho_{x_0} |dx_0| \leqq ds.$$

La distance des points α et σ de Σ définie par ce ds^2 est noté : $dist(\sigma, \alpha)$.

Commentaire. – Le lemme 15 (chapitre 2) introduira des surfaces de Riemann Σ possédant de tels ds^2.

Notation auxiliaire. – Soit $(\Phi_i)_{i\in I}$ la famille des parties compactes Φ_i de Σ possédant l'ensemble des propriétés suivantes : Φ_i est l'adhérence d'un domaine simplement connexe $\mathring{\Phi}_i$ de Σ; son bord $\partial\Phi_i$ est un polygone fermé, sans point double, dont les arêtes sont des arcs géodésiques; $\alpha \in \mathring{\Phi}_i$.

La proposition 17 (chapitre 2) prouvera que $(\Sigma \setminus \Phi_i)_{i\in I}$ est un système fondamental de voisinages du point à l'infini $\partial\Sigma$ de Σ. Autrement dit : tout compact de Σ appartient à certains des Φ_i.

Soit $\sigma \in \Phi_i$; la plus courte distance de α à σ dans Φ_i est notée $dist_i(\sigma, \alpha)$.

Lemme auxiliaire. – Employons la notation 13 et la notation auxiliaire.

1° Pour tout $i \in I$, il existe un unique germe $u_{E(i)}$ solution du problème (1) holomorphe sur l'ensemble

$$E(i) = \{(\sigma, \omega) \in X;\ \sigma \in \Phi_i,\ dist_i(\sigma, \alpha) < f(\omega)\},$$

si les données a et v sont holomorphes sur l'ensemble

$$\Delta = \{(\sigma, \omega) \in X;\ dist(\sigma, \alpha) < f(\omega)\},$$

qui contient $E(i)$.

2° Pour tout $i, j \in I$, les germes $u_{E(i)}$ et $u_{E(j)}$ ont même restriction à l'ensemble $E(i) \cap E(j)$.

Preuve de 1°. – Vu la proposition 20, il existe une rétraction par déformation

$$R: \quad \Phi_i \times [0, 1] \ni (\sigma, t) \mapsto R(\sigma; t) \in \Phi_i,$$

de Φ_i sur α dont les trajectoires sont les plus courts chemins de Φ_i d'origine α.

Nous emploierons la rétraction par déformation de $E(i)$ sur $\alpha \times \Omega$:

$$T: \quad E(i) \times [0, 1] \ni (\sigma, \omega, t) \mapsto T(\sigma, \omega; t) = (R(\sigma; t), \omega) \in E(i);$$

notons $C(\sigma, \omega)$ la trajectoire de cette rétraction d'extrémité $(\sigma, \omega) \in E(i)$; donc

$$C(\sigma, \omega) = \Gamma(\alpha, \sigma) \times \omega \subset E(i),$$

où $\Gamma(\alpha, \sigma)$ désigne le plus court chemin de α à σ dans Φ_i; la proposition 20 prouve son existence et son unicité.

Soit $\gamma \in \Gamma(\alpha, \sigma)$; soit x_0 la coordonnée locale de γ; soit

$$s(\gamma) = s[x_0] = dist_i(\gamma, \alpha).$$

Vu les définitions (6.7), (6.8) et (11.1) de ρ_{x_0}, de $\rho(x_0, \omega)$ et de $\rho[x_0, t]$, vu l'hypothèse (13.1), on a sur $\Gamma(\alpha, \sigma)$:

$$\rho[x_0, s[x_0]] \, |dx_0| \leqq ds[x_0].$$

La proposition 12 implique l'existence d'un germe $u_{C(\sigma, \omega)}$ holomorphe sur l'arc $C(\sigma, \omega)$ solution du problème (1). La restriction $u_{\alpha, \omega}$ de ce germe à l'origine (α, ω) de cet arc est l'unique germe solution du problème (1) holomorphe au point (α, ω). De cette unicité résulte que $(u_{\alpha, \omega})_{\omega \in \Omega}$ est une section holomorphe sur $\alpha \times \Omega$. Vu la proposition 7.1 il existe donc un germe $u_{\alpha \times \Omega}$, holomorphe sur $\alpha \times \Omega$, dont la restriction au point (α, ω) est $u_{\alpha, \omega}$ pour tout $\omega \in \Omega$. Vu la proposition 7.2 le germe $u_{\alpha \times \Omega}$ possède un unique prolongement analytique $u_{E(i)}$ à l'ensemble $E(i)$. C'est l'unique germe solution du problème (1) holomorphe sur l'ensemble $E(i)$.

Cette unicité implique la propriété suivante, qui sert à prouver le 2° :

(13.2) Si $\Phi_i \subset \Phi_K$, alors $E(i) \subset E(k)$ et la restriction de $u_{E(k)}$ à $E(i)$ est $u_{E(i)}$.

Preuve de 2°. — Puisque Φ_i et Φ_j sont compacts, il existe $k \in I$ tel que $\Phi_i \cup \Phi_j \subset \Phi_k$. Donc, vu (13.2),

$$E(i) \subset E(k), \qquad E(j) \subset E(k);$$

$u_{E(i)}$ et $u_{E(j)}$ sont les restrictions respectives de $u_{E(k)}$ à $E(i)$ et à $E(j)$. D'où le 2°.

Lemme 13. — Employons la notation 13. Il existe une unique fonction solution du problème (1) holomorphe sur le domaine

$$\Delta = \{(\sigma, \omega) \in X;\ dist(\sigma, \alpha) < f(\omega)\}$$

si les données a et v sont holomorphes sur ce domaine.

Note. — La projection de Δ sur Σ est évidemment le domaine

$$\{\sigma \in \Sigma;\ dist(\sigma, \alpha) < \max_{\Omega} f\}.$$

Preuve. — Employons les mêmes notations que le lemme auxiliaire. Définissons le domaine de X $(\forall i \in I)$:

$$\Delta_i = \{(\sigma, \omega) \in X;\ \sigma \in \mathring{\Phi}_i,\ dist_i(\sigma, \alpha) < f(\omega)\};$$

évidemment $\Delta_i \subset E(i)$. Soit u_i la restriction à Δ_i de $u_{E(i)}$: c'est une fonction holomorphe sur Δ_i solution du problème (1);

$$(\forall i, j \in I): \quad u_i = u_j \quad \text{sur } \Delta_i \cap \Delta_j.$$

Évidemment $\bigcup_{i \in I} \Delta_i = \Delta$. On peut donc définir une fonction u holomorphe sur Δ par la condition :

$$(\forall i \in I): \quad u = u_i \quad \text{sur } \Delta_i.$$

Cette fonction u est solution du problème (1); c'est la seule solution de ce problème holomorphe sur le domaine Δ puisque $\alpha \times \Omega \subset \Delta$.

14. PROLONGEMENT AU-DESSUS D'UN DOMAINE DE Σ.

Lemme 14. — Employons les notations définies par les sections 1, 2 et 6. Il existe une unique fonction solution du problème (1) holomorphe sur le domaine

$$\Delta = \{(\sigma, \omega) \in X;\ dist\,(\sigma, \alpha) < f(\omega)\},$$

si les données a et v sont holomorphes sur cet ensemble.

Preuve. — Comme le prouvera la section 15, il est aisé de construire des domaines simplement connexes Σ_ε de Σ, contenant α, dépendant du paramètre $\varepsilon \in]0, 1[$, possédant chacun un ds_ε^2 riemannien, de classe C^∞, à courbure $\leqq 0$, de sorte que la condition suivante soit satisfaite : quand ε tend en décroissant vers zéro, alors Σ_ε tend en croissant vers Σ et ds_ε^2 tend en décroissant vers ds^2, que définissent (2.12) et (6.7). Rappelons que (2.13) définit *dist*. Soit $dist_\varepsilon\,(\sigma, \alpha)$ la distance de α à σ dans Σ_ε pour la métrique définie par ds_ε^2.

Vu le lemme 13, $(\forall \varepsilon]0, 1[)$: il existe une unique solution u du problème (1) holomorphe sur le domaine :

$$\Delta_\varepsilon = \{(\sigma, \omega) \in X;\ \sigma \in \Sigma_\varepsilon,\ dist_\varepsilon\,(\sigma, \alpha) < f(\omega)\}.$$

Évidemment, quand ε tend en décroissant vers zéro, alors $dist_\varepsilon(\sigma, \alpha)$ tend en décroissant vers $dist(\sigma, \alpha)$, donc Δ_ε tend en croissant vers Δ. Vu l'unicité de la solution du problème (1) holomorphe sur Δ_ε,

$$u_\varepsilon = u_{\varepsilon'} \quad \text{sur} \quad \Delta_\varepsilon \subset \Delta_{\varepsilon'} \qquad \text{si} \quad \varepsilon' < \varepsilon.$$

On définit donc une fonction u holomorphe sur Δ par la condition :

$$u = u_\varepsilon \quad \text{sur } \Delta_\varepsilon.$$

Évidemment u est solution du problème (1). C'est l'unique solution de ce problème holomorphe sur Δ, puisque Δ est un domaine contenant $\alpha \times \Omega$.

UN EXEMPLE TRÈS SPÉCIAL. — *Supposons le polynôme caractéristique $g(x; \xi)$ indépendant de* ξ', c'est-à-dire :

$$g(x, \xi) = g_m(x_0, \omega)\,\xi_0^m, \qquad \text{où} \quad (\forall x_0, \omega) : \quad g_m(x_0, \omega) \neq 0.$$

Alors la solution du problème (1) *est holomorphe sur* $\Sigma \times \Omega$, *si les données a et v sont holomorphes sur* $\Sigma \times \Omega$.

Preuve. — On a, $(\forall \sigma \in \Sigma)$: $dist(\sigma, \alpha) = 0$.

Un cas encore plus particulier est le suivant : les données du problème (1) sont indépendantes de ω et des dérivations en ω; autrement dit : le problème (1) est un problème de Cauchy sur Σ; l'opérateur a est un opérateur diffèrentiel ordinaire, dont le coefficient principal ne s'annule pas sur Σ. Vu le résultat précédent, la solution d'un tel problème est holomorphe sur Σ. Nous retrouvons la propriété fondamentale des équations différentielles ordinaires, linéaires et analytiques. Le 5° de la preuve de la proposition 8 a employé cette propriété.

15. APPROXIMATION DU ds^2 QUE DÉFINISSENT LES SECTIONS 1, 2 ET 6 PAR DES ds^2 RIEMANNIENS DE CLASSE C^∞, A COURBURE NÉGATIVE. — *Notation.* — Employons les notations des sections 1, 2 et 6. En accord avec la section 5, identifions Σ à $\mathbb{C}$ ou à son disque unité $\{x_0 \in \mathbb{C};\ |x_0|<1\}$ et α à l'origine de $\mathbb{C}$. Rappelons que la fonction $x_0 \mapsto \rho_{x_0} \in \mathbb{R}_+$, que définit (6.7), est continue et que la fonction $x_0 \mapsto \log \rho_{x_0}$ est sous-harmonique ou identique à $-\infty$. Par définition $ds = \rho_{x_0} |dx_0|$.

La section 14 a employé les définitions suivantes :

Définition de Σ_ε. — Soit $\varepsilon \in]0, 1[$; soit

$$\Sigma_\varepsilon = \{x_0 \in \mathbb{C};\ |x_0| < 1-\varepsilon\} \quad \text{si} \quad \Sigma = \{x_0 \in \mathbb{C};\ |x_0|<1\},$$
$$\Sigma_\varepsilon = \{x_0 \in \mathbb{C},\ |x_0| < 1/\varepsilon\} \quad \text{si} \quad \Sigma = \mathbb{C}.$$

Donc Σ_ε est un domaine borné et simplement connexe de Σ; il tend vers Σ quand ε tend vers zéro; il contient α.

Définition de ds_ε^2. — Soit une fonction décroissante de classe C^∞

$$\psi:\ \mathbb{R}_+ \to \mathbb{R}_+,$$

telle que :

$$\psi(t) = 0 \quad \text{pour } t > 1/2, \qquad 2\pi \int_0^\infty t\,\psi(t)\,dt = 1.$$

Définissons d'abord

$$\psi_\varepsilon(x_0) = \frac{1}{\varepsilon^2}\psi\left(\frac{|x_0|}{\varepsilon}\right) \qquad \text{pour} \quad x_0 \in \mathbb{C},$$

puis, le symbole $*$ étant celui du produit de convolution,

$$\log \rho_{\varepsilon,\, x_0} = \psi_\varepsilon * \log \rho_{x_0} \quad \text{pour } x_0 \in \Sigma_\varepsilon, \qquad ds_\varepsilon = \rho_{\varepsilon,\, x_0} |dx_0|.$$

Lemme 15. — Le ds_ε^2 ainsi défini sur Σ_ε est riemannien, conforme à la structure analytique complexe de Σ, de classe C^∞ et à courbure $\leqq 0$. Il tend en décroissant vers ds^2 quand ε tend en décroissant vers zéro.

Preuve. — La croissance de $\varepsilon \mapsto ds_\varepsilon^2$ mise à part, ce lemme est la base classique de la régularisation des fonctions; cette croissance résulte du lemme suivant :

Lemme auxiliaire. — Soit une fonction

$$\mathbb{C} \ni z \mapsto h(z) \text{ sous-harmonique pour } |z| \leqq R.$$

Notons $z=x+iy$, où x et $y\in\mathbb{R}$. La fonction

$$]0, 2R[\ni\varepsilon\mapsto\int_{\mathbb{C}} h(z)\,\psi_\varepsilon(z)\,dx\wedge dy$$

est croissante.

Preuve. — La régularisation par convolution des fonctions sous-harmoniques montre qu'il suffit de prouver le lemme quand h est de classe C^∞. En employant dans $\mathbb{C}$ les coordonnées polaires (r, φ), nous avons alors, pour $r\leqq R$,

$$\int_0^{2\pi} r\frac{\partial h(r, \varphi)}{\partial r}\,d\varphi=\iint_{\{z;\,|z|<r\}}\Delta h\,dx\wedge dy\geqq 0;$$

notons la moyenne de h sur le cercle $\{z;\,|z|=r\}$:

$$m(r)=\frac{1}{2\pi}\int_0^{2\pi} h(r, \varphi)\,d\varphi;$$

donc, vu l'inégalité précédente, nous avons, si $r\leqq R$,

$$\frac{dm(r)}{dr}\geqq 0.$$

Soit

$$\Psi(r)=\int_r^\infty t\,\psi(t)\,dt;$$

Ψ est une fonction décroissante;

$$\Psi(0)=1/2\pi;\qquad \Psi(r)=0\quad\text{pour } r\geqq 1/2.$$

Pour $\varepsilon\leqq 2R$,

$$\iint_{\mathbb{C}} h(z)\,\psi_\varepsilon(z)\,dx\wedge dy=2\pi\int_0^{\varepsilon/2} m(r)\frac{r}{\varepsilon}\psi\left(\frac{r}{\varepsilon}\right)d\left(\frac{r}{\varepsilon}\right)$$

$$=-2\pi\int_0^R m(r)\,d\Psi\left(\frac{r}{\varepsilon}\right)=h(0)+2\pi\int_0^R\Psi\left(\frac{r}{\varepsilon}\right)dm(r);$$

d'où le lemme, puisque $dm/dr\geqq 0$ et que la fonction $\varepsilon\mapsto\Psi(r/\varepsilon)$ est croissante.

16. CONCLUSION DU CHAPITRE 1. — Cette conclusion est la proposition 16. C'est le seul résultat du chapitre 1 qu'emploiera la suite. C'est une extension, par passage à la limite, du lemme 14.

Notation 16. — Employons les notations définies par les sections 1 et 2 et les définitions suivantes.

Soit $(\Omega_N)_{N \in \dot{\mathbb{R}}_+}$ une famille de domaines relativement compacts de Ω tels que :

$$\Omega_N \text{ croît avec N; } \lim_{N \to \infty} \Omega_N = \Omega.$$

Notons $\bar{\Omega}_N$ l'adhérence et $\partial\Omega_N = \bar{\Omega}_N \setminus \Omega_N$ le bord de Ω_N; ce sont donc des parties compactes de Ω.

Soit $(f_N)_{N \in \dot{\mathbb{R}}_+}$ une famille de fonctions continues,

$$f_N : \bar{\Omega}_N \to \mathbb{R}_+,$$

de classe C^1 sur Ω_N, telles que :

$$f_N(\omega) \text{ croît avec N, } f_N(\omega) > 0 \quad \text{pour} \quad \omega \in \Omega_N, \quad f_N(\omega) = 0 \quad \text{pour} \quad \omega \in \partial\Omega_N.$$

Soit

$$F(\omega) = \lim_{N \to \infty} f_N(\omega) \leqq \infty;$$

F est donc semi-continue inférieurement. Donc : F n'est pas nécessairement continue; F ne s'annule pas nécessairement au point à l'infini $\partial\Omega$ de Ω.

Faisons l'hypothèse suivante : il existe, au sens de (2.7), une partie *admissible* Φ^* du fibré cotangent $T^*(\Omega)$ et une famille $(\theta_N)_{N \in \dot{\mathbb{R}}_+}$ de fonctions $\theta_N : \Omega_N \to \mathbb{C}$ telles que

$$(16.1) \qquad (\forall N \in \dot{\mathbb{R}}_+, \omega \in \Omega_N) : \quad |\theta_N(\omega)| \leqq 1, \qquad \left(\omega, \frac{1}{\theta_N(\omega)} \nabla f_N(\omega)\right) \in \Phi^*.$$

Rappelons que ∇ est défini par (6.4) et (6.5), ρ_{x_0} par (2.7), *ds* par (2.12) et *dist* par (2.13).

Proposition 16. — Employons la notation 16. Le problème (1) possède une unique solution holomorphe sur le domaine

$$(16.2) \qquad \Delta = \{(\sigma, \omega) \in \Sigma \times \Omega;\ dist(\sigma, \alpha) < F(\omega)\},$$

si les données a et v du problème (1) sont holomorphes sur ce domaine Δ.

Preuve. — Dans les sections 1, 2 et 6, remplaçons les notations Ω, f, $\rho(x_0, \omega)$, ρ_{x_0}, *dist* par Ω_N, f_N, $\rho_N(x_0, \omega)$, ρ_{N, x_0}, $dist_N$. Vu (6.8), puis (16.1) et la propriété (2.4) d'homogénéité de ρ,

$$\rho_N(x_0, \omega) = \rho_N(x_0, \omega; \nabla f_N)) \leqq |\theta_N(\omega)| . \sup_{\xi' \in \Phi^* \cap T^*_\omega(\Omega)} \rho(x_0, \omega; \xi');$$

donc, vu la définition (2.7) de ρ_{x_0} et vu que $|\theta_N| \leqq 1$,

$$\rho_{N, x_0} \leqq \rho_{x_0};$$

d'où

$$dist_N \leqq dist.$$

Le lemme 14 prouve donc que le problème (1) possède une unique solution u_N holomorphe sur le domaine

$$\Delta_N = \{(\sigma, \omega) \in \Sigma \times \Omega;\ \omega \in \Omega_N,\ dist\ (\alpha, \sigma) < f_N(\omega)\},$$

qui tend en croissant vers Δ, pour $N \to \infty$. Vu l'unicité de la solution du problème (1) holomorphe sur Δ_N,

$$u_N = u_{N'} \quad \text{sur } \Delta_N \subset \Delta_{N'} \quad \text{si} \quad N < N'.$$

On définit donc une fonction u holomorphe sur Δ par la condition

$$u = u_N \quad \text{sur } \Delta_N.$$

Évidemment u est solution du problème (1). C'est l'unique solution, puisque Δ est un domaine contenant $\alpha \times \Omega$.

Chapitre 2. Propriétés des surfaces simplement connexes à courbure totale négative

Ce chapitre 2 établit les propriétés purement géométriques qu'emploie la section 13, en particulier des propriétés des plus courts chemins, qui sont celles de fils tendus : l'intuition mécanique les suggère.

Soit Σ une surface non compacte, simplement connexe, munie d'un ds^2 riemannien de classe C^∞ et de courbure $\leqq 0$.

Nommons arc géodésique tout arc de Σ vérifiant les équations d'Euler des géodésiques. Un tel arc est de classe C^∞. Deux tels arcs ayant un point commun et même tangente en ce point coïncident au voisinage de ce point. Vu la formule de Gauss-Bonnet ([C], section 4-5, p. 264-270), il existe dans Σ au plus un arc géodésique $[\alpha, \beta]$ d'extrémités α et $\beta \in \Sigma$.

Commentaire. — L'arc géodésique $[\alpha, \beta]$ n'existe pas nécessairement; vu [Ri], § 5.25, p. 39 et § 17.7, p. 141, cet arc existe si toute partie fermée et bornée de Σ est compacte.

17. LES PARTIES COMPACTES Φ DE Σ. — *Notation* 17. — Nommons *polygone géodésique* tout polygone de Σ dont les arêtes sont des arcs géodésiques. En accord avec la notation auxiliaire de la section 13, notons Φ (ou Φ') toute partie compacte de Σ possédant les propriétés suivantes :

Φ est l'adhérence d'un domaine simplement connexe de Σ;

son bord $\partial\Phi$ est un polygone géodésique fermé, sans point double.

La section 13 a employé la proposition suivante :

Proposition 17. L'ensemble des $\Sigma \setminus \Phi$ est un système fondamental de voisinages du point à l'infini par l'adjonction duquel Σ peut être compactifié.

Preuve. — Cette proposition équivaut évidemment au lemme suivant.

Lemme 17. — Tout compact K de Σ appartient à certains des domaines $\mathring{\Phi}$.

Preuve. — Employons la notation 5 : Σ est $\mathbb{C}$ ou un disque de $\mathbb{C}$. Il existe un disque compact $D \subset \Sigma$ tel que $K \subset \mathring{D}$. Il existe évidemment, au sens de la notation 17, des $\mathring{\Phi}$ arbitrairement voisins de $\mathring{D}$, donc des $\mathring{\Phi}$ contenant K.

18. LA STRUCTURE DES PLUS COURTS CHEMINS DANS Φ; LEUR UNICITÉ. — *Notation* 18.1. — Conservons la notation 17. L'angle $\hat{\sigma}(\Phi)$ de Φ en son sommet σ est l'ensemble des demi-tangentes en σ à Φ; cet angle est donc fermé; l'alternative suivante se présente :

$0 < \text{mes}\, \hat{\sigma}(\Phi) < \pi$ et alors le sommet σ de Φ est dit *sortant*;

$\pi < \text{mes}\, \hat{\sigma}(\Phi) < 2\pi$ et alors le sommet σ de Φ est dit *rentrant*.

Soit G un polygone géodésique de Φ, sans point double, ayant pour sommets certains des sommets de Φ; les deux extrémités de G ne sont pas qualifiées de sommets. L'angle $\hat{\sigma}[G]$ de G en son sommet σ est la partie connexe fermée de $\hat{\sigma}(\Phi)$ ayant pour bord l'ensemble des deux demi-tangentes à G en σ. Disons que G est *sous-tendu par* $\partial\Phi$ *en* σ quand

$$\text{mes}\, \hat{\sigma}[G] > \pi;$$

ce sommet σ de G est donc un sommet rentrant de Φ. Disons que G est *sous-tendu par* $\partial\Phi$ quand il est sous-tendu par $\partial\Phi$ en chacun de ses sommets.

Définition 18.2. — Une partie V de Σ est dite *convexe* quand elle possède les deux propriétés suivantes :

(i) $(\forall \mu, \nu \in V)$: il existe dans V un arc géodésique unique d'extrémités μ et ν;

(ii) cet arc est le plus court chemin de μ à ν dans Σ.

Cet arc dépend continûment de μ et ν.

Les propriétés de la convexité sont les suivantes :

(P_1) Tout point de Σ possède un système fondamental de voisinages ouverts et convexes : *voir* [C], section 4-7, proposition 4, p. 305 et section 4-6, proposition 4, p. 292.

(P_2) Toute partie ouverte et convexe de Σ est un domaine simplement connexe : c'est évident.

(P_3) Si V est ouvert et convexe, si un arc géodésique γ a ses extrémités dans $\Sigma \setminus V$ et s'il coupe V, alors il décompose V en deux domaines convexes, D_1 et D_2; les ensembles $\bar{D}_i \cap V$ sont convexes : c'est évident.

(P_4) L'intersection de deux parties convexes de Σ est convexe ou vide : c'est évident.

(P_5) Si V est ouvert et convexe, si deux arcs géodésiques γ_1 et γ_2 ont leurs extrémités dans $\Sigma \setminus V$ et s'ils se coupent en un point de V, alors $\gamma_1 \cup \gamma_2$ décompose V en quatre domaines convexes : D_1, D_2, D_3, D_4; les ensembles $\bar{D}_i \cap V$ sont convexes : c'est évident, vu (P_3) et (P_4).

Rappelons que, si V est relativement compact, alors tout arc géodésique de V appartient à un arc géodésique ayant ses extrémités dans $\Sigma \setminus V$.

Lemme 18.1 (*Structure* des plus courts chemins). — S'il existe dans Φ un plus court chemin $\Gamma(\alpha; \beta)$ de $\alpha \in \Phi$ à $\beta \in \Phi$, alors ce plus court chemin est un polygone géodésique sous-tendu par $\partial\Phi$.

Preuve. – 1° Soit $\sigma \in \mathring{\Phi} \cap \Gamma(\alpha, \beta)$. Vu (P_1), $\Gamma(\alpha, \beta)$ est un arc géodésique au voisinage de σ.

2° Soit σ un point de $\partial\Phi \cap \Gamma(\alpha, \beta)$ autre qu'un sommet de Φ. Vu (P_3), $\Gamma(\alpha, \beta)$ est un arc géodésique au voisinage de σ.

3° Soit σ un sommet de Φ sortant. Soit V un voisinage ouvert, convexe et relativement compact de σ tel que $V \cap \partial\Phi$ soit la réunion de deux arcs géodésiques; ils appartiennent à deux arcs géodésiques dont les extrémités sont dans $V \setminus \Sigma$; évidemment, $V \cap \Phi$ est l'un des ensembles $\bar{D}_i \cap V$ définis par (P_5); donc $\Gamma(\alpha, \beta)$ est un arc géodésique au voisinage de σ.

4° Supposons enfin ceci : σ est un sommet de Φ rentrant; $\sigma \in \Gamma(\alpha, \beta)$; $\Gamma(\alpha, \beta)$ ne s'appuie pas sur $\partial\Phi$ en σ. Il existe alors, au sens de la notation 17, Φ' tel que :

$\Phi' \cap \Gamma(\alpha, \beta)$ est un arc contenant σ;

ou σ n'est pas sommet de $\partial\Phi'$, ou c'en est un sommet sortant.

Donc, vu 2° ou 3°, $\Gamma(\alpha, \beta)$ est un arc géodésique au voisinage de σ.

Lemme 18.2 (*Unicité* du plus court chemin d'extrémités données). – S'il existe dans Φ un plus court chemin de α à β, alors il est unique.

Preuve. – Supposons qu'il existe deux tels plus courts chemins, $\Gamma_1(\alpha, \beta)$ et $\Gamma_2(\alpha, \beta)$. Soit β' le point de $\Gamma_1(\alpha, \beta) \cap \Gamma_2(\alpha, \beta) \setminus \{\alpha\}$ le plus proche de α sur $\Gamma_1(\alpha, \beta)$. Pour $i \in \{1, 2\}$, notons $\Gamma_i(\alpha, \beta')$ l'arc d'extrémités α et β' contenu dans $\Gamma_i(\alpha, \beta)$; donc $\Gamma_1(\alpha, \beta') \cup \Gamma_2(\alpha, \beta')$ est un polygone géodésique fermé sans point double; or Σ est homéomorphe à $\mathbb{C}$, puisque représentable conformément sur $\mathbb{C}$ ou sur un disque; vu le théorème de Jordan, ce polygone fermé sans point double décompose donc Σ en deux domaines, dont l'un, Ω, est relativement compact et simplement connexe; le polygone géodésique

$$\partial\Omega = \Gamma_1(\alpha, \beta') \cup \Gamma_2(\alpha, \beta'),$$

s'appuie sur $\partial\Phi$ en ses sommets autres que α et β'; donc $\partial\Omega$ possède *au plus deux sommets sortants* : α et β'. Mais ce résultat est contredit par le suivant : puisque Σ est à courbure $\leqq 0$ et que Ω est simplement connexe, le polygone géodésique fermé $\partial\Omega$ possède *au moins trois sommets sortants*, vu la formule de Gauss-Bonnet : [C], section 4-5, p. 264-270.

19. CONCLUSION. – *Un théorème de Hilbert*, élargi par [Ri], s'énonce comme suit, quand on l'applique à Φ :

Proposition 19 (*existence* et *continuité*). – 1° Dans Φ il existe un plus court chemin unique $\Gamma(\alpha, \beta)$ de $\alpha \in \Phi$ à $\beta \in \Phi$.

2° $\Gamma(\alpha, \beta)$ est l'unique polygone géodésique de Φ, d'extrémités α et β, sous-tendu par $\partial\Phi$.

3° Notons $dist_\Phi$ la distance dans Φ. Étant donnés $\alpha \in \Phi$, $\beta \in \Phi$ et $t \in [0, 1]$, soit $Q(\alpha, \beta, t)$ le point de $\Gamma(\alpha, \beta)$ tel que

$$\frac{dist_\Phi(\alpha, Q)}{t} = \frac{dist_\Phi(Q, \beta)}{1-t}.$$

L'application

$$Q: \quad \Phi\times\Phi\times[0, 1]\ni(\alpha, \beta, t)\mapsto Q(\alpha, \beta, t)\in\Phi \quad \text{est continue.}$$

Note. — Évidemment

$$Q(\alpha, \alpha, t)=\alpha, \qquad Q(\alpha, \beta, 0)=\alpha, \qquad Q(\alpha, \beta, 1)=\beta.$$

Preuve de 1°. — [Ri], § 17.7, p. 141 prouve qu'il existe dans Φ au moins un plus court chemin $\Gamma(\alpha, \beta)$ de α à β; le lemme 18.1 prouve que ce plus court chemin est un polygone géodésique d'extrémités α et β, s'appuyant sur $\partial\Phi$; un tel polygone est unique, vu le lemme 18.2; le plus court chemin $\Gamma(\alpha, \beta)$ est donc unique.

Preuve de 2°. — La preuve de 1° implique 2°.

Preuve de 3°. — [Ri], § 17.13, p. 143, où le terme « längenkonvergent » est défini par le § 14.7, p. 114 et le § 14.9, p. 115. Dans ce § 14.9, le symbole $\Rightarrow$ signifie « converge uniformément », vu le § 9.8, p. 65, et la « reduzierte Parameterdarstellung » est définie par le § 14.1, p. 113 au moyen de la « normale Parameterdarstellung », qu'introduit le § 13.16, p. 105.

Note. — Les sommets rentrants de Φ sont évidemment les « Verzweigungspunkte » de Φ, au sens de [Ri], § 19.3, p. 162.

Note. — (Axiomes d'incidence). Un plus court chemin $\Gamma(\alpha, \beta)$ est en général contenu dans plusieurs plus courts chemins maximaux, c'est-à-dire non strictement contenus dans aucun autre.

L'intersection $\Gamma(\alpha, \beta)\cap\Gamma(\alpha', \beta')$ de deux plus courts chemins peut être vide, peut être un point ou peut être un plus court chemin $\Gamma(\alpha'', \beta'')$, où $\alpha''\neq\beta''$; alors chacun des points α'' et β'' est l'un des points α, β, α', β' ou des sommets rentrants de $\partial\Phi$.

Note. — Nous avons répondu par l'affirmative, dans le cas qui nous concerne ici, à la question suivante :

Un problème ouvert. — Soit Σ une surface simplement connexe, munie d'une métrique riemannienne ds^2, dont la courbure est $\leqq 0$. Soit $\hat{\Sigma}$ son complété pour cette métrique. Supposons relativement compacte toute partie bornée de $\hat{\Sigma}$. (Cette condition remonte à Marston Morse; [Ri], § 5.23, p. 39 l'énonce ainsi : $\hat{\Sigma}$ est « finit kompakt ».) Le théorème de Hilbert, [Ri], § 17.7, p. 141 montre qu'il existe dans $\hat{\Sigma}$ au moins un plus court chemin $\Gamma(\alpha, \beta)$ d'extrémités $\alpha\in\Sigma$ et $\beta\in\Sigma$. *Est-il unique* ?

Note. — E. De Giogi [D. G.] a répondu par l'affirmative dans le cas suivant : Σ est un domaine simplement connexe du plan euclidien, muni de la métrique de ce plan.

20. Rétraction par déformation de Φ sur $\alpha\in\Phi$, ayant pour trajectoires les plus courts chemins d'origine α. — Le chapitre 1 (section 13, preuve du lemme préliminaire) n'emploie que le corollaire suivant de la proposition 19 :

Proposition 20. — Soit $\alpha\in\Phi$. Il existe une rétraction par déformation

$$R: \quad \Phi\times[0, 1]\ni(\sigma, t)\mapsto R(\sigma; t)\in\Phi$$

de Φ sur α, dont les trajectoires sont les plus courts chemins de Φ d'origine α.

Preuve. — Il suffit de choisir

$$R(\sigma; t) = Q(\alpha, \sigma, t),$$

Q étant l'application définie par la proposition 19, 3°.

Chapitre 3. Le problème de Cauchy dans le cas d'une équation

Ce chapitre déduit trois théorèmes de la proposition 16 et des propriétés de croissance que voici.

21. PROPRIÉTÉS DE CROISSANCE. — La proposition 16 requiert la construction de parties Φ^* de $T^*(\Omega)$ admissibles, c'est-à-dire vérifiant (2.7); la proposition 21 effectuera cette construction à l'aide des définitions et du lemme que voici.

Commentaire. — La section 6 a employé une fonction continue

$$f:\quad \bar{\Omega} \to \mathbb{R}_+$$

de classe C^1 sur Ω, telle que

$$f(\omega) > 0 \quad \text{pour} \quad \omega \in \Omega, \qquad f(\partial\Omega) = 0.$$

La fonction $1/f = R$ est du type suivant, dont l'emploi sera plus aisé.

Notation 21.1. — L'hypothèse que Ω est paracompact équivaut à ceci : il existe des fonctions de classe C^1

$$R:\quad \Omega \to \dot{\mathbb{R}}_+ \qquad \text{telles que} \quad \lim_{\omega \to \partial\Omega} R(\omega) = \infty.$$

Nous en choisissons une.

Notation 21.2. — Nous choisissons de même une fonction continue

$$Q:\quad \Sigma \to \dot{\mathbb{R}}_+ \qquad \text{telle que} \quad \lim_{\sigma \to \partial\Sigma} Q(\sigma) = \infty.$$

Notation 21.3. — Soit Π^* une partie fermée de $T^*(\Omega)$ possédant la propriété suivante : la restriction à Π^* de la projection canonique de $T^*(\Omega)$ sur Ω est une application *propre*; c'est-à-dire : la partie de Π^* se projetant sur une partie compacte de Ω est compacte.

Commentaire. — Nous construirons aisément des parties Π^* de $T^*(\Omega)$. Nous nous proposons de construire des parties Φ^* de $T^*(\Omega)$ à partir des Π^*.

Lemme 21. — Employons les notations 21.1, 21.2 et 21.3. Soit une fonction continue :

$$\Psi:\quad \Sigma \times \Pi^* \to \mathbb{R}_+.$$

1° Il existe une fonction croissante et de classe C^1

$$A[\ .\ ]:\quad \dot{\mathbb{R}}_+ \to \dot{\mathbb{R}}_+$$

telle que

$$\Psi(\sigma, \omega; \xi') \leqq \max\left\{A[Q(\sigma)], A[R(\omega)]\right\} < A[Q(\sigma)] + A[R(\omega)]. \tag{21.1}$$

2° En posant $B = 1 + A$, on a donc :

$$\Psi(\sigma, \omega; \xi') < B[Q(\sigma)].B[R(\omega)].$$

Preuve. – Soit

$$(\forall t \in \dot{R}_+) : \quad K(t) = \{(\sigma, \omega; \xi') \in \Sigma \times \Pi^*; \ Q(\sigma) \leqq t, \ R(\omega) \leqq t\}.$$

Évidemment, $K(t)$ est compact et croît avec t. Soit

$$M[t] = \max_{K(t)} \Psi \geqq 0, \qquad M[t] = 0 \quad \text{si } K(t) = \varnothing.$$

La fonction

$$\dot{R}_+ \ni t \mapsto M[t] \in R_+$$

est donc croissante. C'est la plus petite fonction $\dot{R}_+ \to R_+$ telle que

$$\Psi(\sigma, \omega; \xi') \leqq M[t] \quad \text{si } Q(\sigma) \leqq t \quad \text{et} \quad R(\omega) \leqq t.$$

Soit $A[\ .\ ] : \dot{R}_+ \to \dot{R}_+$ une fonction croissante et de classe C^1 telle que

$$(\forall t \in \dot{R}_+) : \quad M[t] \leqq A[t].$$

On a donc

$$\Psi(\sigma, \omega; \xi') \leqq A[t] \qquad \text{si} \quad \max\{Q(\sigma), R(\omega)\} \leqq t.$$

Donc :

si $Q(\sigma) \leqq R(\omega)$, alors $\Psi(\sigma, \omega; \xi') \leqq A[R(\omega)]$;

si $R(\omega) \leqq Q(\sigma)$, alors $\Psi(\sigma, \omega; \xi') \leqq A[Q(\sigma)]$.

D'où $(21.1)_1$, puisque la fonction $A[\ .\ ]$ a été choisie croissante.

Proposition 21. – Employons les notations 21.1 et 21.3. Étant donné R et Π^*, il existe des fonctions continues et croissantes

$$B[\ .\ ] : \quad \dot{R}_+ \to [1, \infty[$$

telles que

$$\Phi^* = \{(\omega; \xi'/B[R(\omega)]) \in T^*(\Omega); \ (\omega; \xi') \in \Pi^*\} \tag{21.2}$$

soit admissible, au sens de (2.7).

Preuve. — Employons la notation 5 : $\Sigma\subset\mathbb{C}$; le point σ de Σ est identifié à son affixe x_0. Vu le lemme 21, il existe une fonction continue et croissante $B[\ .\ ]:\dot{\mathbb{R}}_+\to[1,\infty[$ telle que la fonction

$$x_0\mapsto \sup_{(\omega;\ \xi')\in\Pi^*}\rho(x_0,\omega;\xi')/B[R(\omega)]$$

est localement bornée. Or, vu (2.4), c'est-à-dire vu que ρ est positivement homogène en ξ',

$$\rho(x_0,\omega;\xi')/B[R(\omega)]=\rho(x_0,\omega;\xi'/B[R(\omega)]).$$

Donc (21.2) définit un ensemble Φ^* admissible.

22. EMPLOI D'UNE FONCTION $R:\Omega\to\mathbb{R}_+$ TELLE QUE $\lim_{\omega\to\partial\Omega} R(\omega)=\infty$.

Théorème I. — *Soit une fonction* $R:\Omega\to\mathbb{R}_+$ *de classe* C^1, *telle que* $\lim_{\omega\to\partial\Omega} R(\omega)=\infty$.

1° *Il existe des fonctions continues et croissantes* $B[\ .\ ]:\ \dot{\mathbb{R}}_+\to\dot{\mathbb{R}}$ *telles que*

$$\Phi^*=\left\{\left(\omega;\ \frac{\nabla R(\omega)}{B[R(\omega)]}\right);\ \omega\in\Omega\right\}\tag{22.1}$$

est admissible.

2° *Pour l'une d'elles définissons*

$$F[R]=\int_R^\infty\frac{dR'}{B[R']}\leqq\infty,\qquad F(\omega)=F[R(\omega)],\tag{22.2}$$

et dist *par* (2.7), (2.12), (2.13). *Le problème* (1) *possède une unique solution holomorphe sur le domaine*

$$\Delta=\{(\sigma,\omega)\in\Sigma\times\Omega;\ \text{dist}\,(\sigma,\alpha)<F(\omega)\}\tag{22.3}$$

si les données a et v de ce problème sont holomorphes sur Δ.

Note. — Si $F=\infty$, c'est-à-dire si l'intégrale (22.2) diverge, alors $\Delta=\Sigma\times\Omega$.

Note. — Si cette intégrale converge, alors le théorème I se réduit au lemme 14, où l'on choisit $f=F$.

Preuve de 1°. — La proposition 21 où l'on choisit $\Pi^*=\{(\omega,\nabla R(\omega));\ \omega\in\Omega\}$.

Preuve de 2°. — Choisissons un point ω_0 de Ω; $(\forall N\in\dot{\mathbb{R}}_+)$: soit Ω_N la composante connexe, contenant ω_0, de l'ensemble ouvert

$$\{\omega\in\Omega;\ R(\omega)<R(\omega_0)+N\};$$

le domaine Ω_N est relativement compact.

Définissons

$$f_N[R]=\int_R^{R(\omega_0)+N}\frac{dR'}{B[R']}\quad\text{pour}\quad R\leqq R(\omega_0)+N,\ f_N(\omega)=f_N[R(\omega)]\quad\text{pour}\quad\omega\in\bar{\Omega}_N.$$

Évidemment

$$-\nabla f_N(\omega)=\frac{\nabla R(\omega)}{B[R(\omega)]};$$

d'où, vu la définition (22.1) de Φ^*,

$$(\omega, -\nabla f_N(\omega))\in\Phi^*.$$

Les domaines Ω_N, les fonctions $f_N(.)$ et $\theta_N(.)=-1$ vérifient donc les conditions qu'énonce la notation 16. La proposition 16 prouve donc le théorème I.

Ce théorème a pour corollaire évident ceci :

Corollaire I. — *Supposons que Ω est $\mathbb{C}^n$ muni d'une structure hermitienne et que, pour $r=0, \ldots, m$, la fonction*

$$\mathbb{C}^n\ni\omega\mapsto g_r(x_0, \omega; \xi')$$

est un polynôme de degré $\leqq k(m-r)$, où $k\in\mathbb{R}$. Notons

$$R(\omega)=\sqrt{1+|\omega|^2}; \qquad \textit{donc} \quad \nabla R(\omega)=\frac{\bar{\omega}}{R(\omega)} \quad \textit{et} \quad |\nabla R|<1;$$

rappelons que $\bar{\omega}$ est l'imaginaire conjugué de ω. Le choix

$$B[R]=R^k \tag{22.4}$$

est tel que l'ensemble (22.1) *est admissible. Définissons* dist *par* (2.7), (2.12), (2.13). *Le problème* (1) *possède une unique solution holomorphe sur le domaine*

$$\Delta=\{(\sigma, \omega)\in\Sigma\times\mathbb{C}^n;\ (k-1)R^{k-1}(\omega).dist(\sigma, \alpha)<1\} \tag{22.5}$$

si les données a et v sont holomorphes sur ce domaine.

Preuve. — Vu la définition (2.3) de $\rho(.,.;.)$, il existe une fonction localement bornée $c:\ \mathbb{C}\to\mathbb{R}_+$ telle que

$$\rho(x_0, \omega; \xi')\leqq c(x_0)R^k(\omega)|\xi'|.$$

Vu (2.4), $\rho(x_0, \omega; \xi')$ est positivement homogène en ξ'. Rappelons que $|\nabla R|<1$. Pour le choix $B[R]=R^k$ l'ensemble (22.1) est donc admissible.

Vu la définition (22.2) de F, pour ce choix :

$$F=\frac{1}{k-1}R^{1-k} \quad \text{si } k>1; \quad F=\infty \quad \text{si } k\leqq 1.$$

Exemple I. — *Si $k=1$, alors $\Delta=\Sigma\times\mathbb{C}^n$.*

23. Emploi de deux fonctions R et $S:\Omega\to\dot{\mathbb{R}}_+$ telles que $\lim_{\omega\to\partial\Omega}[R+S]=\infty$.

Le théorème qui suit complète le théorème I.

Théorème II, 1°. — *Soient deux fonctions de classe* C^1

$$R:\ \Omega \to \dot{\mathbb{R}}_+, \qquad S:\ \Omega \to \dot{\mathbb{R}}_+,$$

telles que

(23.1) $$\lim_{\omega \to \partial\Omega} [R(\omega)+S(\omega)] = \infty.$$

Soient deux fonctions de classe C^1

$$B[.,.]:\ \dot{\mathbb{R}}^2_+ \to \dot{\mathbb{R}}_+, \qquad C[.,.]:\ \dot{\mathbb{R}}^2_+ \to \dot{\mathbb{R}}_+,$$

telles que les fonctions

(23.2) $S \mapsto B[R, S]$ *et* $R \mapsto C[R, S]$ *croissent.*

Notons

(23.3) $$B(\omega) = B[R(\omega), S(\omega)], \qquad C(\omega) = C[R(\omega), S(\omega)];$$

définissons

(23.4) $$\Phi^* = \left\{ \left(\omega, \frac{\theta}{B(\omega)} \nabla R(\omega) + \frac{1-\theta}{C(\omega)} \nabla S(\omega) \right) \in T^*(\Omega);\ \omega \in \Omega,\ \theta \in [0, 1] \right\}.$$

1° *Si* Φ^* *n'est pas admissible au sens de* (2.7), *nous le rendons admissible en multipliant* $B[.,.]$ *et* $C[.,.]$ *par une même fonction de* (R, S) *à valeurs dans* $\dot{\mathbb{R}}_+$, *croissant en* R *et en* S. *Nous définissons alors* dist *par* (2.7), (2.12), (2.13).

2° *Soit* $\Gamma[R, S]$ *l'arc orienté unique, appartenant à* $\dot{\mathbb{R}}^2_+$, *d'origine* (R, S), *maximal, tel que*

(23.5) $$\frac{dR'}{B[R', S']} = \frac{dS'}{C[R', S']} > 0$$

quand (R', S') *décrit* $\Gamma[R, S]$ *dans le sens positif; donc* $R'+S'$ *tend vers* ∞, *quand* (R', S') *tend vers l'extrémité de cet arc.*

Définissons

(23.6) $$F[R, S] = \int_{\Gamma[R,S]} \frac{dR'}{B[R', S']} = \int_{\Gamma[R,S]} \frac{dS'}{C[R', S']} \leqq \infty.$$

(23.7) *La fonction* $(R, S) \mapsto F[R, S]$ *est décroissante en* R *et en* S.

(23.8) *Cette fonction est continue ou identique à* ∞ *sur* $\dot{\mathbb{R}}^2_+$.

3° *Notons*

(23.9) $$F(\omega) = F[R(\omega), S(\omega)].$$

Le problème (1) *possède une unique solution holomorphe sur le domaine*

$$(23.10) \qquad \Delta=\{(\sigma, \omega)\in\Sigma\times\Omega;\ dist\,(\sigma, \alpha)<\mathrm{F}(\omega)\}$$

si les données a et v sont holomorphes sur ce domaine Δ.

Note. — Quand l'intégrale (23.6) diverge en un point de $\dot{\mathbb{R}}^2_+$, donc en tout point de $\dot{\mathbb{R}}^2_+$, alors $\Delta=\Sigma\times\Omega$.

Preuve de 1°. — L'ensemble Φ^* que définit (23.4) est évidemment un ensemble Π^* au sens de la notation 21.3. Vu la proposition 21 il est donc possible de multiplier B et C par une fonction de R + S, croissante et de classe C^1, telle que Φ^* devienne admissible.

Notation 23, servant à l'étude de F. Notons :

$$\Gamma=\Gamma[\mathrm{R}, \mathrm{S}], \qquad \mathrm{R}_\infty(\mathrm{R}, \mathrm{S})=\sup_{(\mathrm{R}', \mathrm{S}')\in\Gamma}\mathrm{R}'\leqq\infty, \qquad \mathrm{S}_\infty(\mathrm{R}, \mathrm{S})=\sup_{(\mathrm{R}', \mathrm{S}')\in\Gamma}\mathrm{S}'\leqq\infty;$$

évidemment

$$\mathrm{R}_\infty+\mathrm{S}_\infty=\infty.$$

Soient U et V les deux fonctions, de classe C^1, telles que les trois relations suivantes soient équivalentes :

$$(\mathrm{R}', \mathrm{S}')\in\Gamma, \qquad \mathrm{R}'=\mathrm{U}(\mathrm{R}, \mathrm{S}; \mathrm{S}'), \qquad \mathrm{S}'=\mathrm{V}(\mathrm{R}, \mathrm{S}; \mathrm{R}');$$

La fonction U est définie pour $\mathrm{S}\leqq\mathrm{S}'<\mathrm{S}_\infty$ et la fonction V pour $\mathrm{R}\leqq\mathrm{R}'<\mathrm{R}_\infty$.

Les fonctions $\mathrm{R}_\infty[.,.]$, $\mathrm{S}_\infty[.,.]$, $\mathrm{U}(.,.,.)$ et $\mathrm{V}(.,.,.)$ sont évidemment monotones en chacun de leurs arguments. Par exemple :

$$(23.11) \qquad \mathrm{R}_\infty(\mathrm{R}, \mathrm{S}) \text{ est décroissant en S};$$

$$(23.12) \qquad \mathrm{V}(\mathrm{R}, \mathrm{S}; \mathrm{R}') \text{ est croissant en S}.$$

La définition (23.6) de F s'énonce :

$$(23.13) \qquad \mathrm{F}[\mathrm{R}, \mathrm{S}]=\int_{\mathrm{R}}^{\mathrm{R}_\infty}\frac{d\mathrm{R}'}{\mathrm{B}[\mathrm{R}', \mathrm{V}(\mathrm{R}, \mathrm{S}; \mathrm{R}')]}=\int_{\mathrm{S}}^{\mathrm{S}_\infty}\frac{d\mathrm{S}'}{\mathrm{C}[\mathrm{U}(\mathrm{R}, \mathrm{S}; \mathrm{S}'), \mathrm{S}']}\leqq\infty.$$

L'étude de F emploiera le

Lemme. — Soit $(\mathrm{R}', \mathrm{S}')\in\Gamma$, ce qui implique $\mathrm{R}\leqq\mathrm{R}'$ et $\mathrm{S}\leqq\mathrm{S}'$. Soit E le rectangle

$$\mathrm{E}=[\mathrm{R}, \mathrm{R}']\times[\mathrm{S}, \mathrm{S}']\subset\dot{\mathbb{R}}^2_+.$$

Alors

$$\sup_{\mathrm{E}}\mathrm{F}=\mathrm{F}[\mathrm{R}, \mathrm{S}], \qquad \inf_{\mathrm{E}}\mathrm{F}=\mathrm{F}[\mathrm{R}', \mathrm{S}'].$$

Preuve de (23.7). — Vu (23.2) et (23.12), $\mathrm{B}[\mathrm{R}', \mathrm{V}(\mathrm{R}, \mathrm{S}; \mathrm{R}')]$ croît avec S; donc, vu $(23.13)_1$, et (23.11), F[R, S] décroît quand S croît. De même F[R, S] décroît quand R croît.

Preuve du lemme. – Notons Γ' l'arc de Γ ayant (R, S) pour origine et (R', S') pour extrémité. Évidemment

$$\sup_{\Gamma'} F = F[R, S], \qquad \inf_{\Gamma'} F = F[R', S']. \tag{23.14}$$

Soit $(R_1, S_2) \in E$; définissons R_2 et S_1 par

$$R_2 = U(R, S; S_2), \qquad S_1 = V(R, S; R_1),$$

c'est-à-dire :

$$(R_1, S_1) \in \Gamma', \qquad (R_2, S_2) \in \Gamma'.$$

On a donc ou

$$R_1 \leqq R_2 \quad \text{et} \quad S_1 \leqq S_2,$$

ou les deux inégalités opposées. Dans le premier cas, vu (23.7),

$$F[R_1, S_2] \geqq F[R_2, S_2] \quad \text{et} \quad F[R_1, S_2] \leqq F[R_1, S_1];$$

dans l'autre cas on a les deux inégalités opposées. Dans les deux cas, vu (23.14), on a donc

$$F[R', S'] \leqq F[R_1, S_2] \leqq F[R, S].$$

Preuve de (23.8). – La restriction de F à l'arc Γ est évidemment ou ∞ ou une fonction continue. Vu le lemme, F est donc ou ∞ ou une fonction continue au voisinage de tout point de cet arc. L'ensemble des points de $\dot{\mathbb{R}}^2_+$ au voisinage desquels $F = \infty$ et l'ensemble des points de $\dot{\mathbb{R}}^2_+$ au voisinage desquels F est une fonction continue sont donc deux ensembles ouverts complémentaires. L'un d'eux est vide, puisque $\dot{\mathbb{R}}^2_+$ est connexe.

Preuve du 3°. – Soit $N \in \dot{\mathbb{R}}_+$. Soit θ_N une fonction décroissante, de classe C^1,

$$\theta_N[.] : \quad \mathbb{R}_+ \to [0, 1],$$

telle que

$$\theta_N \text{ croît avec } N,$$

$$\theta_N = 1 \quad \text{sur } [0, N], \qquad 0 < \theta_N < 1 \quad \text{sur }]N, 2N[, \qquad \theta_N = 0 \quad \text{sur } [2N, \infty[.$$

Soit

$$f_N[R, S] = \int_{\Gamma[R,S]} \frac{\theta_N[R'+S']}{B[R', S']} \, dR' = \int_{\Gamma[R,S]} \frac{\theta_N[R'+S']}{C[R', S']} \, dS' \tag{23.15}$$

$$= \int_R^{R_\infty} \frac{\theta_N}{B} dR' = \int_S^{S_\infty} \frac{\theta_N}{C} dS'.$$

On a

$$f_N[R, S]>0 \quad \text{si } R+S<2N, \qquad f_N[R, S]=0 \quad \text{si } R+S\geqq 2N,$$

car les hypothèses $R+S\geqq 2N$ et $(R', S')\in\Gamma[R, S]$ impliquent évidemment $R'+S'\geqq 2N$.

Évidemment, f_N est de classe C^1 et croît avec N. Vu (23.2) les fonctions

$$S\mapsto\frac{\theta_N[R+S]}{B[R, S]} \quad \text{et} \quad R\mapsto\frac{\theta_N[R+S]}{C[R, S]} \quad \text{décroissent;}$$

la preuve de (23.7) montre donc que $f_N[.,\ .]$ est une fonction décroissante de chacun de ses arguments; d'où

$$(23.16) \qquad \frac{\partial f_N[R, S]}{\partial R}\leqq 0, \qquad \frac{\partial f_N[R, S]}{\partial S}\leqq 0.$$

D'après un résultat classique, f_N vérifie l'équation

$$(23.17) \qquad B[R, S]\frac{\partial f_N[R, S]}{\partial R}+C[R, S]\frac{\partial f_N[R, S]}{\partial S}+\theta_N[R+S]=0;$$

rappelons la preuve de ce résultat : sur $\Gamma[R, S]$, vu (23.15),

$$df_N[R', S']=\frac{\partial f_N}{\partial R'}dR'+\frac{\partial f_N}{\partial S'}dS'=-\left\{\frac{\partial f_N}{\partial R'}\,\frac{B[R', S']}{\theta_N[R'+S']}+\frac{\partial f_N}{\partial S'}\frac{C}{\theta_N}\right\}df_N[R', S'].$$

Définissons

$$\theta_N(\omega)=\theta_N[R(\omega)+S(\omega)], \quad f_N(\omega)=f_N[R(\omega), S(\omega)], \quad \Omega_N=\{\omega\in\Omega;\ R(\omega)+S(\omega)<2N\}.$$

Le domaine Ω_N et la fonction f_N croissent avec N; le domaine Ω_N est relativement compact; la fonction $f_N(\ .\ )$ est de classe C^1,

$$f_N(\omega)>0 \quad \text{pour } \omega\in\Omega_N, \qquad f_N(\omega)=0 \quad \text{pour } \omega\in\partial\Omega_N.$$

On a

$$\nabla f_N(\omega)=\frac{\partial f_N}{\partial R}[R(\omega), S(\omega)]\,\nabla R+\frac{\partial f_N}{\partial S}\nabla S,$$

donc, vu (23.3), (23.16) et (23.17),

$$-\frac{\nabla f_N(\omega)}{\theta_N(\omega)}=\frac{\theta}{B(\omega)}\nabla R(\omega)+\frac{1-\theta}{C(\omega)}\nabla S(\omega),$$

où

$$0\leqq\theta=-\frac{B(\omega)}{\theta_N(\omega)}\frac{\partial f_N}{\partial R}[R(\omega), S(\omega)], \qquad 0\leqq 1-\theta=-\frac{C(\omega)}{\theta_N(\omega)}\frac{\partial f_N}{\partial S}.$$

Donc, vu la définition (23.4) de Φ^*,

$$\left(\omega, -\frac{\nabla f_N(\omega)}{\theta_N(\omega)}\right)\in\Phi^*.$$

Les domaines Ω_N, les fonctions f_N et θ_N vérifient donc les conditions qu'énonce la notation 16. La proposition 16 prouve donc le 3° du théorème II.

Corollaire II. – *Soit $\mathbb{P}^n$ l'espace projectif complexe de dimension n; soit $\mathbb{P}^{n-1}$ l'un de ses hyperplans; soit $\mathbb{C}^n=\mathbb{P}^n\setminus\mathbb{P}^{n-1}$ l'espace vectoriel complexe de dimension n; soit Π une hypersurface algébrique de $\mathbb{P}^n$ ne contenant pas $\mathbb{P}^{n-1}$; soit p son degré; soit P un polynome $\mathbb{C}^n\to\mathbb{C}$, de degré p, tel que*

$$\Pi\cap\mathbb{C}^n=\{\varpi\in\mathbb{C}^n;\ P(\varpi)=0\}.$$

Munissons $\mathbb{C}^n$ d'une structure hermitienne; soit

$$\text{(23.18)}\qquad R(\varpi)=\sqrt{1+|\varpi|^2}\quad \textit{où}\ \varpi\in\mathbb{C}^n;\qquad \textit{donc}\quad \nabla R(\varpi)=\frac{\bar\varpi}{R(\varpi)}.$$

Choisissons le polynôme P tel que

$$\text{(23.19)}\qquad |P(\varpi)|\leqq R^p(\varpi),\qquad \left|\frac{\partial P(\varpi)}{\partial\varpi}\right|\leqq p\,R^{p-1}(\varpi).$$

On a

$$\text{(23.20)}\qquad \nabla|P(\varpi)|=\frac{\overline{P(\varpi)}}{|P(\varpi)|}\,\frac{\partial P}{\partial\varpi}.$$

Soit Ω un revêtement d'ordre fini de $\mathbb{C}^n\setminus\Pi\cap\mathbb{C}^n$; notons ϖ la projection canonique de $\omega\in\Omega$ sur $\mathbb{C}^n$; notons :

$$R(\omega)=R(\varpi),\qquad P(\omega)=P(\varpi).$$

Supposons que $g_m(x_0,\omega)=g_m(x_0)$ est indépendant de ω et que, pour $r=0,\ldots,m-1$, la fonction

$$\varpi\mapsto g_r(x_0,\omega;\xi')$$

est algébrique sur $\mathbb{C}^n$ et holomorphe sur Ω; il existe donc k et $l\in\mathbb{R}$ tels que

$$\text{(23.21)}\qquad (\forall x_0,\xi'):\ \sup_{\omega\in\Omega}\frac{|P^{l(m-r)}(\omega)\,g_r(x_0,\omega;\xi')|}{R^{k(m-r)}(\omega)}<\infty.$$

Nous choisissons, ce qui est possible, k et l tels que

$$\text{(23.22)}\qquad k\geqq 1-p,\qquad l\geqq 0.$$

1° *Pour ce choix l'ensemble*

$$(23.23)\qquad \Phi^* = \left\{ \left(\omega, \frac{\theta\,|\,P^l(\omega)\,|}{R^k(\omega)} \nabla R - \frac{(1-\theta)\,|\,P^l(\omega)\,|}{p\,R^{k+p-1}(\omega)} \nabla\,|\,P(\omega)\,| \right);\ \omega\in\Omega,\ \theta\in[0,1] \right\}$$

est admissible. Définissons dist *par* (2.7), (2.12), (2.13),

2° *Définissons, pour* $Q\in\mathbb{R}_+$,

$$(23.24)\qquad I[Q] = \frac{1}{p}\int_0^Q (Q-t)^l (1+t)^{-(k+p-1)/p}\,dt;$$

vu (23.19), *la fonction*

$$(23.25)\qquad \mathbb{C}^n \ni \varpi \mapsto I[\,|\,P(\varpi)\,|\,/R^p(\varpi)] = J(\varpi)\in\mathbb{R}_+,$$

se prolonge en une fonction bornée et continue

$$\mathbb{P}^n \ni \varpi \mapsto J(\varpi)\in\mathbb{R}_+,$$

telle que

$$\Pi = \{\,\varpi\in\mathbb{P}^n;\ J(\varpi)=0\,\}.$$

Soit

$$(23.26)\qquad F(\varpi) = J(\varpi)\,R^{lp+1-k}(\varpi);\qquad F(\omega)=F(\varpi)\quad \textit{pour}\ \ \omega\in\Omega.$$

Le problème (1) *possède une solution holomorphe sur le domaine*

$$(23.27)\qquad \Delta = \{\,(\sigma,\omega)\in\Sigma\times\Omega;\ \textit{dist}\,(\sigma,\alpha) < F(\omega)\,\}$$

si les données a et v sont holomorphes sur ce domaine Δ.

Note. — Si $k<lp+1$, alors la projection canonique de $\Delta\subset\Sigma\times\Omega$ sur Σ est donc surjective.

Exemple II. — *Supposons que, pour* $r=0, \ldots, m$, *la fonction* $\varpi\mapsto g_r(x_0, \varpi; \xi')$ *est un polynôme de degré* $\leqq k(m-r)$. *Alors on peut choisir* $l=0$ *et choisir pour* k *le nombre précédent; la définition* (23.26) *de* F *devient :*

$$(23.28)\qquad F(\omega) = \frac{1}{1-k}\left\{ [\,|\,P(\omega)\,| + R^p(\omega)]^{(1-k)/p} - R^{1-k}(\omega) \right\}\qquad si\quad k\neq 1,$$

$$= \frac{1}{p}\log\frac{|\,P(\omega)\,| + R^p(\omega)}{R^p(\omega)}\qquad si\quad k=1.$$

Preuve du 1° *du corollaire II.* — Choisissons

$$S(\omega) = \frac{1}{|\,P(\omega)\,|};$$

la condition (23.1) est vérifiée, puisque Ω est revêtement d'ordre fini.

Vu (23.20), puis (23.19),

$$\nabla S(\omega) = -\frac{\overline{P(\varpi)}}{|P(\varpi)|^3}\frac{\partial P}{\partial \varpi}; \qquad |\nabla S(\omega)| \leqq p R^{p-1}(\varpi) S^2(\varpi),$$

or $|\nabla R(\omega)| < 1$ vu (23.18); donc

$$(23.29) \qquad \left|\theta \nabla R(\omega) + \frac{1-\theta}{p R^{p-1}(\omega) S^2(\omega)} \nabla S(\omega)\right| \leqq 1 \quad \text{pour} \quad 0 \leqq \theta \leqq 1.$$

Vu (23.21) et la définition (2.3) de $\rho(.,.;.)$ il existe une fonction localement bornée $c : \mathbb{C} \to \mathbb{R}_+$ telle que

$$\rho(x_0, \omega; \xi') \leqq c(x_0) R^k(\omega) S^l(\omega) |\xi'|.$$

Vu (2.4), $\rho(x_0, \omega; \xi')$ est positivement homogène de degré 1 en ξ'.

Vu (23.29), l'ensemble Φ^* défini par (23.23) est donc admissible. Identifions les définitions (23.23) et (23.4) de Φ^*, où $S = 1/|P|$, en choisissant

$$(23.30) \qquad B[R, S] = R^k S^l, \qquad C[R, S] = p R^{k+p-1} S^{l+2}.$$

Les conditions (23.22) impliquent les conditions de croissance (23.2).

Preuve du 2° *du corollaire II.* — Vu le choix (23.30), la définition (23.5) de $\Gamma[R, S]$ s'explicite comme suit :

$$\Gamma[R, S] = \{(R', S') \in \dot{\mathbb{R}}_+^2;\ R^p + S^{-1} = R'^p + S'^{-1},\ S \leqq S'\},$$

c'est-à-dire, puisque $S^{-1} = |P|$:

$$\Gamma[R, S] = \{(R', S') \in \dot{\mathbb{R}}_+^2;\ R'^p = R^p + t,\ S'^{-1} = |P| - t,\ t \in [0, |P|]\};$$

donc, vu $(23.13)_2$ et (23.30),

$$F[R, S] = \frac{1}{p}\int_0^{|P|} (|P| - t)^l (R^p + t)^{-(k+p-1)/p}\, dt;$$

c'est-à-dire, vu (23.24),

$$F[R, S] = I[|P|/R^p] R^{lp+1-k}.$$

D'où (23.26).

Preuve de l'exemple. — Pour $l = 0$, la définition (23.24) devient :

$$I[Q] = \frac{1}{1-k}[(1+Q)^{(1-k)/p} - 1] \qquad \text{si} \quad k \neq 1,$$

$$= \frac{1}{p}\log(1+Q) \qquad \text{si} \quad k = 1.$$

24. Emploi d'une métrique sur Ω.

Théorème III. — *Munissons Ω d'une métrique, définie par un $ds^2(\omega)$ riemannien. Elle définit la norme $|\xi'|$ de tout $\xi' \in T^*_\omega(\Omega)$. L'ensemble $\{(\omega, \xi') \in T^*(\Omega); |\xi'| = 1\}$ est un ensemble Π^* au sens de la notation* 21.3. *Vu la propriété d'homogénéité* (2.4) *et la proposition* 21, *il existe donc une fonction continue* $\mu : \Omega \to \dot{\mathbb{R}}_+$ *telle que*

$$\Phi^* = \{(\omega; \xi') \in T^*(\Omega); |\xi'| = \mu(\omega)\} \tag{24.1}$$

est admissible au sens de (2.7).

Définissons dist *par* (2.7), (2.12), (2.13). *Notons*

$$dS(\omega) = \mu(\omega)\, ds(\omega) \tag{24.2}$$

et nommons Dist $(\omega, \partial\Omega)$ *la distance, pour la métrique* $dS^2(\omega)$, *de* ω *au point à l'infini* $\partial\Omega$ *de* Ω; *c'est-à-dire :*

$$Dist(\omega, \partial\Omega) = \inf \int_\omega^{\partial\Omega} \mu(\omega)\, ds(\omega) \leqq \infty. \tag{24.3}$$

Le problème (1) *possède une unique solution holomorphe sur le domaine*

$$\Delta = \{(\sigma, \omega) \in \Sigma \times \Omega;\ dist(\sigma, \alpha) < Dist(\omega, \partial\Omega)\} \tag{24.4}$$

si les données a et v sont holomorphes sur ce domaine Δ.

Note. — Si $Dist(\omega, \partial\Omega) = \infty$ en un point ω de Ω, donc en tout point ω de Ω, c'est-à-dire si Ω est un espace complet pour la métrique $\mu^2(\omega)\, ds^2(\omega)$, alors $\Delta = \Sigma \times \Omega$.

Note. — L'emploi sur Ω d'une métrique non riemannienne est possible : c'est ce que fait [H.L.T.]

Preuve. — Soit $\{\Omega_N\}_{N \in \dot{\mathbb{R}}_+}$ une famille de domaines relativement compacts de Ω telle que

Ω_N croît avec N, $\lim_{N \to \infty} \Omega_N = \Omega$.

Soit

$$F_N(\omega) = Dist(\omega, \partial\Omega_N);$$

donc $\{F_N\}_{N \in \dot{\mathbb{R}}_+}$ est une famille de fonctions lipschitziennes

$$F_N : \ \Omega \to \mathbb{R}_+$$

telles que

$$F_N(\omega) \text{ croît avec N,}$$

$$F_N(\omega) > 0 \quad \text{pour } \omega \in \Omega_N, \qquad F_N(\omega) = 0 \quad \text{pour } \omega \in \Omega \setminus \Omega_N,$$

$$\lim_{N \to \infty} F_N(\omega) = Dist(\omega, \partial\Omega), \qquad F_N(\omega) - F_N(\omega') \leqq Dist(\omega, \omega').$$

En régularisant les F_N on peut construire une famille $\{f_N\}_{N\in\dot{\mathbb{R}}_+}$ de fonctions de classe C^1

$$f_N:\quad \Omega\to\mathbb{R}_+$$

ayant les propriétés suivantes :

$f_N(\omega)$ croît avec N;

f_N est >0 sur un domaine de Ω dépendant de N et est nulle hors de ce domaine;

$\lim\limits_{N\to\infty} f_N(\omega)=Dist(\omega,\partial\Omega)$;

dans la métrique $ds^2(\omega)$, $|\nabla f_N(\omega)|\leqq\mu(\omega)$, c'est-à-dire :

$$(\forall N\in\dot{\mathbb{R}}_+,\ \forall\omega\in\Omega):\quad \left(\omega,\ \frac{1}{\theta_N(\omega)}\nabla f_N(\omega)\right)\in\Phi^*,\qquad \text{où}\quad \theta_N(\omega)\in[0,1].$$

Les domaines où $f_N>0$, les fonctions f_N et θ_N vérifient donc les conditions qu'énonce la notation 16. La proposition 16 prouve donc le théorème III.

Commentaire. — Pour appliquer le théorème III, il y a lieu en général de majorer $dist(\sigma,\alpha)$, ce qui est banal, et de minorer $Dist(\omega,\partial\Omega)$, ce que font les deux corollaires suivants; ils sont analogues aux théorèmes I et II.

Corollaire I *bis.* — *Conservons les notations du théorème* III. *Soit une fonction lipschitzienne*

$$R:\quad \Omega\to\dot{\mathbb{R}}_+\qquad \textit{telle que}\quad \lim_{\omega\to\partial\Omega}R(\omega)=\infty.$$

Il existe donc une fonction continue

$$B:\quad \dot{\mathbb{R}}\to\dot{\mathbb{R}}_+$$

telle que

$$(24.5)\qquad (\forall\omega',\omega''\in\Omega):\quad R(\omega')-R(\omega'')\leqq\int_{\omega'}^{\omega''}B[R(\omega)]\,\mu(\omega)\,ds(\omega).$$

Soit

$$(24.6)\qquad F[R]=\int_R^\infty\frac{dR'}{B[R']}\leqq\infty,\qquad F(\omega)=F[R(\omega)]\leqq\infty.$$

Le problème (1) *possède une unique solution holomorphe sur le domaine*

$$(24.7)\qquad \Delta=\{(\sigma,\omega)\in\Sigma\times\Omega;\ \text{dist.}\ (\sigma,\alpha)<F(\omega)\}$$

si les données a et v sont holomorphes sur Δ.

Preuve. — Dans $\bar{\Omega}$, soit $L(\omega)$ un arc de classe C^0, adhérence d'une suite d'arcs de Ω et de classe C^1, ayant pour origine $\omega\in\Omega$ et pour extrémité $\partial\Omega$; soit $\mathscr{V}(\omega)$ la variation totale de $F(\ .\ )$ sur $L(\omega)$. On a

$$F(\omega)\leqq\mathscr{V}(\omega);$$

or, vu (24.5) et la définition de la variation totale,

$$\mathscr{V}(\omega)\leqq\int_{L(\omega)}\mu(\omega')\,ds(\omega');$$

donc

$$(\forall L(\omega)):\quad F(\omega)\leqq\int_{L(\omega)}\mu(\omega')\,ds(\omega');$$

donc

$$F(\omega)\leqq Dist(\omega,\partial\Omega).$$

On obtient le corollaire I *bis* en portant dans (24.4) cette minoration de *Dist* $(\omega, \partial\Omega)$.

Corollaire II *bis.* — *Conservons les notations du théorème III. Soient*

$$R:\ \Omega\to\dot{\mathbb{R}}_+\quad et\quad S:\Omega\to\dot{\mathbb{R}}_+$$

deux fonctions lipschitziennes telles que

$$\lim_{\omega\to\partial\Omega}[R(\omega)+S(\omega)]=\infty.$$

Choisissons deux fonctions de classe C^1

$$B[.,.]:\ \mathbb{R}^2_+\to\mathbb{R}_+,\qquad C[.,.]:\ \mathbb{R}^2_+\to\mathbb{R}_+,$$

telles que $(\forall\,\omega', \omega''\in\Omega)$:

$$(24.8)\qquad\begin{cases}R(\omega')-R(\omega'')\leqq\displaystyle\int_{\omega'}^{\omega''}B[R(\omega),S(\omega)]\,\mu(\omega)\,ds(\omega),\\ S(\omega')-S(\omega'')\leqq\displaystyle\int_{\omega'}^{\omega''}C[R(\omega),S(\omega)]\,\mu(\omega)\,ds(\omega)\end{cases}$$

et que les fonctions

$$S\mapsto B[R,S]\quad et\quad R\mapsto C[R,S]\quad croissent.$$

Définissons $\Gamma[R,S]$ *et* $F[R,S]$ *par* (23.5) *et* (23.6), *puis* $F(\omega)$ *par* (23.9).

Le problème (1) *possède une unique solution, holomorphe sur le domaine*

$$(24.9)\qquad\Delta=\{(\sigma,\omega);\ dist(\sigma,\alpha)<F(\omega)\},$$

si les données a et v sont holomorphes sur ce domaine Δ.

Preuve. — Employons les notations servant à prouver le théorème II; soit $L_N(\omega)$ un arc d'origine $\omega \in \Omega_N$, d'extrémité appartenant à $\partial\Omega_N$.

Soit $\mathscr{V}_N(\omega)$ la variation totale de $f_N(\,.\,)$ sur L_N. On a

$$f_N(\omega) \leqq \mathscr{V}_N(\omega);$$

or, vu (24.8), la définition de la variation totale et (23.16),

$$\mathscr{V}_N(\omega) \leqq -\int_{L_N(\omega)} \left\{ B[R, S] \frac{\partial f_N[R, S]}{\partial R} + C[R, S] \frac{\partial f_N[R, S]}{\partial S} \right\}_{R=R(\omega'),\ S=S(\omega')} \mu(\omega')\, ds(\omega'),$$

donc, vu (23.17),

$$\mathscr{V}_N(\omega) \leqq \int_{L_N(\omega)} \theta_N(\omega')\, \mu(\omega')\, ds(\omega'), \qquad \text{où} \quad 0 \leqq \theta_N(\,.\,) \leqq 1;$$

d'où

$$(\forall L_N(\omega)) : \ f_N(\omega) \leqq \int_{L_N(\omega)} \mu(\omega')\, ds(\omega');$$

donc

$$f_N(\omega) \leqq Dist(\omega, \partial\Omega_N), \qquad F(\omega) \leqq Dist(\omega, \partial\Omega).$$

On obtient le corollaire II *bis* en portant dans (24.4) cette minoration de *Dist* $(\omega, \partial\Omega)$.

Commentaire. — En appliquant le corollaire I *bis* (ou II *bis*) au cas que traite le corollaire I (ou II) on obtient un résultat analogue à celui qu'énonce le corollaire I (ou II), mais moins précis. Toutefois le théorème III, les corollaires I *bis* et II *bis* peuvent donner de meilleurs résultats que les théorèmes I et II.

Chapitre 4. Le problème de Cauchy dans le cas d'un système

Ce chapitre 4 étudie le problème de Cauchy (1) sous les hypothèses suivantes :

— Son inconnue u et ses données v, w sont des fonctions à valeurs dans $\mathbb{C}^N$, ou des sections d'un espace fibré vectoriel de base X.

— Sa donnée a est une $N \times N$ matrice d'opérateurs différentiels, opérant sur de telles fonctions ou sections.

La condition d'annulation de $u - w$ doit être remaniée. La définition du polynôme caractéristique du système, g, doit être explicitée.

La définition de ρ *à partir de* g, l'hypothèse que g *est holomorphe sur* $T^*(X)$ et celle que $\sigma \times \Omega$ *n'est caractéristique en aucun de ses points* sont conservées.

25. — Un cas spécial de système avec poids. — *Notation* 25. — Les définitions qu'énonce la section 1 sont modifiées comme suit :

— La fonction inconnue $u = (u_1, \ldots, u_N)$ et les fonctions données $v = (v_1, \ldots, v_N)$, $w = (w_1, \ldots, w_N)$ sont holomorphes au voisinage de $\alpha \times \Omega$ et à valeurs dans $\mathbb{C}^N$.

— Les éléments a_μ^ν de la $N \times N$ matrice donnée, a, sont des opérateurs différentiels holomorphes au voisinage de $\alpha \times \Omega$; $\mu, \nu \in \{1, \ldots, N\}$.

Proposition 25. — Supposons ceci : les éléments diagonaux a_μ^μ ont tous le même ordre m et le même polynôme caractéristique g, appelé *polynôme caractéristique* du système; chacun des éléments non diagonaux $a_\mu^\nu (\mu \neq \nu)$ est d'ordre $< m - s_\mu + s_\nu$; le « poids » $(s_1, \ldots, s_N) \in \mathbb{N}^N$ est donné.

Les résultats du chapitre 1 et du chapitre 3 s'appliquent au problème suivant : Trouver u tel que

$$(1)^* \quad \begin{cases} (\forall \mu) : \quad \sum_{\nu=1}^{N} a_\mu^\nu (x, D)\, u_\nu (x) = v_\mu (x), \\ u_\mu (x) - w_\mu (x), \text{s'annule } m + s_\mu \text{ fois sur } \alpha \times \Omega, \end{cases}$$

quand est vérifiée la condition de compatibilité, évidemment nécessaire :

$$(25.1) \qquad (\forall \mu) : \quad v_\mu (x) - \sum_{\nu=1}^{N} a_\mu^\nu (x, D)\, w_\nu (x) \text{ s'annule } s_\mu \text{ fois sur } \alpha \times \Omega.$$

Preuve. — Les raisonnements du chapitre 1 et du chapitre 3 valent, aux modifications près que voici de la section 8 : Variante au théorème de Cauchy-Kowalewski.

Modification de la notation 8. — Les fonctions

$$u = (u_1, \ldots, u_N), \qquad v = (v_1, \ldots, v_N), \qquad w = (w_1, \ldots, w_N),$$

sont à valeurs dans $\mathbb{C}^N$. Des opérateurs différentiels $L_\mu^\nu [z, D]$, où $\mu, \nu \in \{1, \ldots, N\}$, holomorphes sur Π_θ, un entier $m > 0$ et un poids $(s_1, \ldots, s_N) \in \mathbb{N}^N$ sont donnés tels que :

l'ordre de L_μ^ν est $\leqq m - 1 + s_\nu - s_\mu$ si $\mu \neq \nu$;

l'ordre de L_μ^μ est m;

la partie principale de $L_\mu^\mu [z, D]$ est indépendante de μ, ne contient pas D_0^m et est holomorphe sur Π; elle est notée

$$\sum_{|\lambda| = m} L_\lambda [z] D^\lambda, \qquad \text{où} \quad L_{(m, 0, \ldots, 0)} = 0.$$

Modification de la proposition 8 (Cauchy-Kowalewski). — L'énoncé du problème (8.5) est modifié comme suit :

Trouver $(u_1, \ldots, u_N)$ holomorphe à l'origine tel que :

$$(8.5)^* \quad \begin{cases} (\forall \mu) : \quad D_0^m u_\mu [z] = \sum_{\nu=1}^{N} L_\mu^\nu [z, D]\, u_\nu [z] + v_\mu [z], \\ u_\mu [z] - w_\mu [z] \text{ s'annule } m + s_\mu \text{ fois pour } z_0 = 0. \end{cases}$$

On suppose vérifiée la condition de compatibilité, évidemment nécessaire :

$$(25.2) \qquad (\forall \mu) : \quad v_\mu - D_0^m w_\mu + \sum_\nu L_\mu^\nu w_\nu \quad \text{s'annule } s_\mu \text{ fois pour } z_0 = 0.$$

Modification du 2° de la preuve de la proposition 8 : Construction d'une solution formelle. — Soit $(u_1, \ldots, u_N)$ une solution formelle de (8.5)* :

$$u_\mu[z]=\sum_\lambda u_{\mu,\lambda}\frac{z^\lambda}{\lambda!}.$$

Notons D′ ou D″ tout monôme en $D_1, \ldots, D_N$. Puisque $w_\mu=0$,

$$(25.3)\qquad (\forall D'):\quad D'u_\mu=\ldots=D_0^{m-1+s_\mu}D'u_\mu=0\quad \text{pour}\quad z=0.$$

Le système formel (8.5)* équivaut donc aux équations (25.3) et, pour $z=0$,

$$(25.4)\quad (\forall\mu,\ \forall p\in\mathbb{N},\ \forall D'):\qquad D_0^{m+s_\mu+p}D'u_\mu=\sum_\nu D_0^{s_\mu+p}D'L_\mu^\nu u_\nu+D^{s_\mu+p}D'v_\mu.$$

Or (25.4) définit les valeurs de $D_0^{m+s_\mu+p}D'u_\mu$ pour $z=0$ en fonction des valeurs des

$$D_0^{m+s_\nu+q}D''u_\nu\qquad \text{pour}\quad 0\leqq q<p,\qquad z=0.$$

Donc (8.5)* a une unique solution formelle.

Modification du 4° de la preuve de la proposition 8 : Emploi des fonctions majorantes. — Soit $s_0\geqq\max_\mu s_\mu$. Soit une constante $V>0$ telle que

$$(\forall\mu):\quad v_\mu[z]\ll D_Z^{s_0-s_\mu}\frac{V}{1-Z}.$$

Soient $A_\mu[D_Z]$ des opérateurs différentiels, à coefficients constants $\geqq 0$, d'ordres respectifs $m-1+s_0-s_\mu$ tels que, si $U[Z]\gg 0$ et

$$(25.5)\qquad (\forall\mu):\quad u_\mu[z]\ll D_Z^{s_0-s_\mu}U[Z],$$

alors

$$(\forall\mu,\nu):\quad \sum_\nu L_\mu^\nu[z,D]u_\nu[z]\ll\frac{\theta^{-m}}{1-\theta Z}H_\Pi[\zeta]D_Z^{m+s_0-s_\mu}U[Z]+\frac{1}{1-Z}A_\mu[D_Z]U[Z].$$

L'expression (25.3)-(25.4) de la solution formelle du problème (8.5)* montre donc que cette solution formelle vérifie (25.5) si

$$(25.6)\quad (\forall\mu):\quad \theta^{-m}\zeta_0^m D_Z^{m+s_0-s_\mu}U[Z]\gg\frac{\theta^{-m}}{1-\theta Z}H_\Pi[\zeta]D_Z^{m+s_0-s_\mu}U[Z]$$
$$+\frac{1}{1-Z}A_\mu[D_Z]U[Z]+D_Z^{s_0-s_\mu}\frac{V}{1-Z}.$$

Or

$$D_Z^{s_0-s_\mu}\left\{\frac{\theta^{-m}}{1-\theta Z}H_\Pi[\zeta]D_Z^m U[Z]\right\} \gg \frac{\theta^{-m}}{1-\theta Z}H_\Pi[\zeta]D^{m+s_0-s_\mu}\quad U[Z].$$

D'autre part, il existe un opérateur différentiel $A[D_Z]$, à coefficients constants et d'ordre $m-1$, tel que ($\forall\mu$, $\forall U[Z]\gg 0$) :

$$D_Z^{s_0-s_\mu}\left\{\frac{1}{1-Z}A[D_Z]U[Z]\right\}=\frac{1}{1-Z}D_Z^{s_0-s_\mu}A[D_Z]U[Z]$$

$$+\frac{s_0-s_\mu}{(1-Z)^2}D_Z^{s_0-s_\mu-1}A[D_Z]U[Z]+\ldots+\frac{(s_0-s_\mu)\,!}{(1-Z)^{s_0-s_\mu+1}}A[D_Z]U[Z]\gg\frac{1}{1-Z}A_\mu[D_Z]U[Z].$$

La solution formelle $u[z]$ du problème (8.5)* vérifie donc (25.5) quand on choisit $U[Z]\gg 0$ tel que

$$\theta^{-m}\zeta_0^m D_Z^m U[Z]\gg\frac{\theta^{-m}}{1-\theta Z}H_\Pi[\zeta]D_Z^m U[Z]+\frac{1}{1-Z}[A[D_Z]U[Z]+V];$$

c'est la condition (8.10). Donc $u[z]\ll U[Z]$ si U est la solution du problème de Cauchy (8.11).

26. Système avec poids. — Le théorème IV rappelle la définition de cette notion qu'analyse [W] et qu'emploie [HLW]; la référence à Volevič se trouve dans [W].

Théorème IV. — *Complétons comme suit la notation 25. Soit m_μ^ν l'ordre de a_μ^ν; soit $m=\sup_{\pi\in\mathscr{P}}\sum_{\mu=1}^{N} m_\mu^{\pi(\mu)}$, $\mathscr{P}$ étant l'ensemble des permutations de $\{1,\ldots,N\}$; soit g_μ^ν le polynôme caractéristique de a_μ^ν; donc le déterminant d'éléments g_μ^ν est un polynôme en ξ de degré $\leqq m$; soit $g(x_0,\omega;\xi)$ la valeur de la partie principale homogène de degré m de ce déterminant. Supposons*

$$(\forall x_0,\omega):\quad g(x_0,\omega;1,0,\ldots,0)\neq 0.$$

Nommons g polynôme caractéristique de la matrice a d'éléments a_μ^ν.

D'après Volevič, il existe des systèmes $\{s_1,\ldots,s_N,t_1,\ldots,t_N\}$, appelés poids, de 2N entiers $\geqq 0$ tels que

$$(\forall\mu,\nu):\quad m_\mu^\nu\leqq t_\nu-s_\mu;\qquad m=\sum_{\nu=1}^{N}t_\nu-\sum_{\mu=1}^{N}s_\mu.$$

Choisissons un poids. Supposons chaque a_μ^ν du type

$$(26.1)\qquad\left\{\begin{array}{l}a_\mu^\nu=\tilde a_\mu^\nu+\hat a_\mu^\nu,\\ \text{où } \tilde a_\mu^\nu \text{ est holomorphe sur X et ordre } (\hat a_\mu^\nu)<t_\nu-s_\mu;\end{array}\right.$$

quand $m_\mu^\nu<t_\nu-s_\mu$, nous choisissons : $\tilde a_\mu^\nu=0$, donc $\hat a_\mu^\nu=a_\mu^\nu$.

Les résultats du chapitre 1 et du chapitre 3 s'appliquent au problème suivant : trouver u tel que

$$(1)^{**}\quad \begin{cases} (\forall \mu) : \displaystyle\sum_{\nu=1}^{N} a_\mu^\nu(x, D)\, u_\nu(x) = v_\mu(x), \\ u_\mu(x) - w_\mu(x) \textit{ s'annule } t_\mu \textit{ fois sur } \alpha \times \Omega, \end{cases}$$

quand est vérifiée la condition de compatibilité, évidemment nécessaire :

$$(26.2)\qquad (\forall \mu) :\quad v_\mu(x) - \sum_{\nu=1}^{N} a_\mu^\nu(x, D)\, w_\nu \textit{ s'annule } s_\mu \textit{ fois sur } \alpha \times \Omega.$$

Preuve. — L'unicité de la solution du problème (1)** a été établie par divers articles, que cite la section 1 de [HLW]. Prouvons que cette solution existe et a les propriétés qu'énoncent le chapitre 1 et le chapitre 3 : nous emploierons le raisonnement qu'expose la section 2 de [HLW]; il se simplifie dans le cas présent.

Soit :

$$\tilde g_\mu^\nu = g_\mu^\nu \quad \text{si } m_\mu^\nu = t_\nu - s_\mu; \qquad \tilde g_\mu^\nu = 0 \text{ sinon.}$$

Autrement dit : $\tilde g_\mu^\nu$ est le polynôme caractéristique de $\tilde a_\mu^\nu$. Évidemment : $g = \underset{\mu,\,\nu}{\text{dét}}(\tilde g_\mu^\nu)$. Soit $\tilde G_\nu^\mu$ le cofacteur de $\tilde g_\mu^\nu$ dans ce déterminant; c'est un polynôme homogène en ξ;

$$\text{degré } (\tilde G_\nu^\mu) = m + s_\mu - t_\nu.$$

Vu (26.1), il existe des opérateurs différentiels holomorphes sur X, G et G_ν^μ, ayant pour polynômes caractéristiques respectifs g et $\tilde G_\nu^\mu$. Définissons :

$$(26.3)\qquad H_\mu^\nu = \sum_{\lambda=1}^{N} a_\mu^\lambda G_\lambda^\nu - \delta_\mu^\nu G, \quad \text{où } \delta_\mu^\mu = 1, \qquad \delta_\nu^\mu = 0 \quad \text{pour } \mu \neq \nu.$$

L'opérateur différentiel H_μ^ν est d'ordre $\leqq m - 1 - s_\mu + s_\nu$.

Réduisons le problème (1)** au cas où $(\forall \nu) : w_\nu = 0$, en remplaçant u et v par $u - w$ et $v - aw$. Cherchons alors une solution du problème (1)** ayant l'expression

$$(\forall \lambda) :\quad u_\lambda(x) = \sum_{\nu=1}^{N} G_\lambda^\nu(x, D)\, \tilde u_\nu(x),$$

où $\tilde u_\nu$ s'annule $m + s_\nu$ fois sur $\alpha \times \Omega$; or G_λ^ν est d'ordre $m + s_\nu - t_\lambda$; donc u_λ s'annule t_λ fois sur $\alpha \times \Omega$. Vu (26.3), $(u_1, \ldots, u_N)$ est donc solution du problème (1)** si $(\tilde u_1, \ldots, \tilde u_N)$ est solution du problème

$$(26.4)\quad \begin{cases} (\forall \mu) : G(x, D)\,\tilde{u}_\mu(x) + \sum_{\nu=1}^{N} H_\mu^\nu(x, D)\,\tilde{u}_\nu(x) = v_\mu(x), \\ \tilde{u}_\mu(x) \text{ s'annule } m+s_\mu \text{ fois sur } \alpha\times\Omega. \end{cases}$$

Ce problème est du type (1)*; la condition de comptabilité est vérifiée, puisque v_μ s'annule s_μ fois sur $\alpha\times\Omega$.

Or, vu la proposition 25, les résultats du chapitre 1 et du chapitre 3 s'appliquent au problème (26.4). Ils s'appliquent donc au problème (1).**

Commentaire. **— Le théorème IV s'applique au problème (1)*, mais il introduit un polynôme caractéristique différent du polynôme caractéristique g qu'emploie la proposition 25 : c'est g^N. Il donne donc d'autres conclusions que la proposition 25.**

Explicitons, dans le cas d'un système, les deux propriétés les plus simples du problème de Cauchy.

L'extension aux systèmes de l'exemple très spécial qu'énonce la section 14 implique ceci :

Exemple IV,1. — *Conservons les notations du théorème IV. Supposons les a_μ^ν et v_μ holomorphes sur X. Supposons que la valeur du polynôme caractéristique $\tilde{g}_\mu^\nu$ de $\tilde{a}_\mu^\nu$ soit :*

$$\tilde{g}_\mu^\nu(x;\xi) = c_\mu^\nu(x)\,\xi_0^{t_\nu - s_\mu}.$$

*Alors l'unique solution du problème (1)** est holomorphe sur X.*

Note. — Rappelons que, par hypothèse, les germes w_μ sont holomorphes sur $\alpha\times\Omega$ et $(\forall x\in X) : \underset{\mu,\,\nu}{\text{dét}}(c_\mu^\nu(x)) \neq 0$.

L'extension aux systèmes de l'exemple I (section 22) implique ceci :

Exemple IV,2. — *Conservons les notations du théorème IV. Supposons $\Omega = \mathbb{C}^n$. Supposons les a_μ^ν et v_μ holomorphes sur $X = \Sigma\times\mathbb{C}^n$. Supposons que la valeur du polynôme caractéristique $\tilde{g}_\mu^\nu$ de $\tilde{a}_\mu^\nu$ soit*

$$\tilde{g}_\mu^\nu(x_0, \omega; \xi) = \sum_{(p_1,\,\ldots,\,p_n;\,q_0\ldots q_n)} c_\mu^\nu(x_0; p_1, \ldots, p_n; q_0, \ldots, q_n)\, x_1^{p_1}\ldots x_n^{p_n}\,\xi_0^{q_0}\ldots\xi_n^{q_n},$$

où

$$(p_1, \ldots, q_n)\in\mathbb{N}^{2n+1}, \qquad p_1+\ldots+p_n \leqq q_1+\ldots+q_n = t_\nu - s_\mu - q_0.$$

*Alors l'unique solution du problème (1)** est holomorphe sur $X = \Sigma\times\mathbb{C}^n$.*

Note. — Rappelons que, par hypothèse, les germes w_μ sont holomorphes sur $\alpha\times\Omega$ et

$$(\forall x_0) : \underset{\mu,\,\nu}{\text{dét}}(c_\nu^\mu(x_0; 0, \ldots, 0; t_\nu - s_\mu, 0, \ldots, 0)) \neq 0.$$

27. Systèmes ayant pour inconnues des sections d'un espace fibré vectoriel de base X. — Les résultats du chapitre 1 et du chapitre 3 s'étendent de même à de tels systèmes.

BIBLIOGRAPHIE

[B] N. BOURBAKI, Livre III, *Topologie générale, Fascicule de résultats*, Hermann, Paris, 1953.

[C] M. DO CARMO, *Differential Geometry of Curves and Surfaces*, Prentice Hall, 1976.

[CB] Y. CHOQUET-BRUHAT, *Géométrie différentielle et systèmes extérieurs*, Dunod, Paris, 1968.

[DG] E. DE GIORGI, *Lettre inédite*.

[G] R. GODEMENT, *Théorie des Faisceaux*, Hermann,Paris, 1964.

[HLT] Y. HAMADA, J. LERAY et A. TAKEUCHI, *Prolongements analytiques de la solution du problème de Cauchy linéaire* (*C. R. Acad. Sc.* t. 296, série I, 1983, p. 435-437).

[HLW] Y. HAMADA, J. LERAY et C. WAGSCHAL, *Systèmes d'équations aux dérivées partielles à caractéristiques multiples : problème de Cauchy ramifié; hyperbolicité partielle* (*J. Math. pures et appl.*, vol. 55, 1976, p. 297-352).

[HT] Y. HAMADA et A. TAKEUCHI, *Sur le prolongement analytique de la solution du problème de Cauchy, Observation du présentateur* (*C.R. Acad. Sc.*, t. 295, série I, 1982, p. 329-332).

[K] J. L. KELLEY, *General Topology*, Van Nostrand, 1955.

[L1] J. LERAY, *Uniformisation de la solution du problème linéaire analytique de Cauchy près de la variété qui porte les données de Cauchy, Problème de Cauchy I* (*Bull. Soc. math. Fr.*, t. 85, 1957, p. 389-429).

[L2] J. LERAY, *Nouveaux prolongements analytiques de la solution du problème de Cauchy linéaire*, Congrès de Rome dédié à E. Martinelli (*Riv. Mat. Univ. Parma*, (4), vol. 10, 1984).

[L3] J. LERAY, *Divers prolongements analytiques de la solution du problème de Cauchy linéaire*, Colloque de Paris dédié à E. de Giorgi, Pitman, 1985.

[L4] J. LERAY, *Technics of Analytic Continuations for the Linear Cauchy Problem, as Improved by Y. Hamada and A. Takeuchi*, Célébration du centenaire du Circolo matematico di Palermo, *Rend. Circ. mat. Palermo*, 1985.

[P] I. PETROWSKY, *Über das Cauchysche Problem für Systeme von partiellen Differentialgleichungen* (*Mat. Sbornik*, 2ᵉ série, vol. 44, 1937, p. 815-868).

[R] T. RADO, *Subharmonic Functions* (*Erg. der Math.*, vol. 5, n° 1, 1937).

[Ri] W. RINOW, *Die innere Geometrie der metrischen Räume*, Springer, 1961.

[Sa] J. SCHAUDER, *Das Anfangswertproblem einer quasilinearen hyperbolischen Differentialgleichung zweiter Ordnung in beliebiger Anzahl von unabhängigen Veränderlichen* (*Fund. Math.*, vol. 24, 1935, p. 213-246).

[Si] D. SCHILTZ, *Domaine d'holomorphie de la solution d'un problème de Cauchy* (à paraître).

[St] A. H. STONE, *Paracompactness and Product Spaces* (*Bull. Amer. math. soc.*, vol. 54, 1948, p. 977-982).

[W] C. WAGSCHAL, *Diverses formulations du problème de Cauchy pour un système d'équations aux dérivées partielles* (*J. Math. pures et appl.*, vol. 53, 1974, p. 51-70).

(Manuscrit reçu le 19 avril 1984,
révisé le 17 décembre 1984 et le 16 mars 1985.)

Y. HAMADA,
Université Technologique de Kyoto,
Departement de Mathématiques,
Matsugasaki, Sakyo-Ku,
Kyoto 606, Japon.

J. LERAY,
Collège de France,
Mathématiques,
3, rue d'Ulm, 75005 Paris, France.

A. TAKEUCHI,
Université de Kyoto,
Faculté des Arts libéraux,
Section de Mathématiques
Yoshida, Sakyo-Ku,
Kyoto 606, Japon.

[1992]

Prolongements analytiques de la solution d'un système différentiel holomorphe non linéaire

Convegno Internazionale in memoria di Vito Volterra, Accademia Nazionale dei Lincei, 1992, pp. 77-93

Introduction

Nous adaptons à un tel système les méthodes de prolongement analytique que [HLT] applique à une équation aux dérivées partielles holomorphe et *linéaire*. Quand cette équation est du premier ordre, sa résolution résulte de celle de son système caractéristique, qui est *non linéaire*. La question suivante se pose donc: Peut-on *adapter les procédés de* [HLT] *à un système différentiel holomorphe non linéaire?*

Le présent article effectue cette adaptation.

Il emploie divers passages de [HLT]; souvent, il ne se contente pas de citer leurs emplacements dans [HLT]: il les reproduit pour être intelligible.

Il est plus simple que [HLT]; sa lecture peut donc préparer celle de [HLT].

1. *Le problème étudié.*

Soit Ω une *variété analytique* complexe, de dimension complexe n. Notons ω un point arbitraire de Ω et $x' = (x_1, \dots, x_n)$ des coordonnées analytiques locales de ω. Supposons Ω connexe, paracompacte, non compacte. Soit $\overline{\Omega}$ le compactifié de Ω par adjonction d'un point $\partial\Omega$, appelé «point à l'infini». Soient $T(\Omega)$ et $T^*(\Omega)$ les fibrés tangent et cotangent de Ω, $T_\omega(\Omega)$ et $T^*_\omega(\Omega)$ leurs fibres au-dessus de ω.

Notons Σ *un disque de* C, ou C lui-même. Notons σ un point arbitraire de Σ. Soit *une application holomorphe*

$$a: \Sigma \times \Omega \to T(\Omega) \quad \text{telle que} \quad a(\sigma, \omega) \in T_\omega(\Omega)\,.$$

Considérons le problème analytique de Cauchy: trouver l'application holomorphe $\Sigma \ni t \mapsto z \in \Omega$ telle que

$$\frac{dz}{dt} = a(t, z)\,, \qquad z = \omega \quad \text{pour} \quad t = \sigma\,. \tag{1}$$

(*) Collège de France (Math.) - 3, rue d'Ulm - 75005 Paris (Francia).

Donc z est une fonction holomorphe de $(t, \sigma, \omega) \in \Sigma \times \Sigma \times \Omega$ à valeurs dans Ω. Notons

$$\alpha = \{(t, \sigma) \in \Sigma \times \Sigma;\ t = \sigma\}.$$

Notre but *est d'expliciter, aussi simplement que possible, dans* $\Sigma \times \Sigma \times \Omega$, *des voisinages ouverts* Δ *de* $\alpha \times \Omega$, *aussi grands que possible, sur lesquels le problème* (1) *possède une solution.*

Propriétés de la fonction $z: \Delta \to \Omega$. - *Evidemment*:

$$\frac{\partial z}{\partial \omega} \in T_z(\Omega);$$

$\partial z/\partial \omega$ *est un morphisme* $T_\omega(\Omega) \to T_z(\Omega)$. Notons $(\partial z/\partial \omega)\, a \in T_z(\Omega)$ l'image par ce morphisme d'un vecteur $a \in T_\omega(\Omega)$.

Proposition 1.1. - On a:

$$\frac{\partial z}{\partial \sigma}(t, \sigma, \omega) + \frac{\partial z}{\partial \omega}(t, \sigma, \omega)\, a(\sigma, \omega) = 0.$$

Preuve. - Evidemment, si t est fixe et si (σ, ω) varie en vérifiant l'équation $d\omega/d\sigma = a(\sigma, \omega(\sigma))$, vu (1), $z(t, \sigma, \omega)$ ne change pas. Donc

$$dz(t, \sigma, \omega) = 0 \quad \text{pour } dt = 0,\ d\omega = a(\sigma, \omega)\, d\sigma.$$

D'où la proposition.

Notation. - Pour t fixe, notons Δ_t la composante connexe, contenant $\{t\} \times \Omega$, de la partie ouverte de $\Sigma \times \Omega$:

$$\{(\sigma, \omega) \in \Sigma \times \Omega;\ (t, \sigma, \omega) \in \Delta\}.$$

Proposition 1.2 - *Soit une fonction holomorphe* $v: \Omega \to \mathbf{C}$; *considérons le problème de Cauchy, analytique et linéaire*:

$$\frac{\partial u}{\partial \sigma} + a(\sigma, \omega)\frac{\partial u}{\partial \omega} = 0, \qquad u(t, \omega) = v[\omega] \tag{2}$$

où l'inconnue u *est une fonction de* (σ, ω), *à valeurs dans* $\mathbf{C}$, *et où* $a \cdot (\partial u/\partial \omega)$ *désigne le produit scalaire de* $a \in T_\omega(\Omega)$ *et* $\partial u/\partial \omega \in T^*_\omega(\Omega)$. *La fonction holomorphe*

$$\Delta_t \ni (\sigma, \omega) \mapsto u(\sigma, \omega) = v[z(t, \sigma, \omega)] \in \mathbf{C}$$

est solution de ce problème (2). *D'après Cauchy, c'est l'unique solution, holomorphe sur Δ_t de ce problème.*

Preuve. - Vu la proposition 1.1, $du(\sigma,\omega)=0$ pour $d\omega=a(\sigma,\omega)\,d\sigma$; donc $(2)_1$ est vérifié.

D'autre part, vu $(1)_2$, $z(t,t,\omega)=\omega$; donc

$$u(t,\omega)=v[z(t,t,\omega)]=v[\omega]\,.$$

2. *Les principales définitions.*

Soit $t\in\Sigma$, $z\in\Omega$, $\xi'\in T_z^*(\Omega)$. Notons $\xi'\cdot a$ le produit scalaire de ξ' et $a\in T_z(\Omega)$. Une partie fermée Φ^* de $T^*(\Omega)$ est dite *admissible* quand la fonction

$$\Sigma\ni t\mapsto\rho_t=\sup_{(z,\xi')\in\Phi^*}|\xi'\cdot a(t,z)|\in\mathbf{R}_+\quad\textit{est localement bornée}. \tag{2.1}$$

Evidemment, la fonction

$$t\mapsto\log\rho_t\quad\text{est } \textit{sous-harmonique}\text{, ou identique à } -\infty. \tag{2.2}$$

Définissons sur Σ:

$$ds=\rho_t|dt|\,. \tag{2.3}$$

Evidemment, ds^2 est *riemannien, conforme à la structure analytique de* C et, vu (2.3), *à courbure* $\leqslant 0$ sur la partie de Σ où $\rho_t\neq 0$ et où la fonction $t\mapsto\rho_t$ est de classe C^2.

Définissons sur Σ

$$\operatorname{dist}(t,\sigma)=\inf\int_t^\sigma ds \tag{2.4}$$

l'inégalité du triangle est vérifiée, mais $\operatorname{dist}(t,\sigma)=0$ n'implique pas $t=\sigma$.

3. *Les résultats principaux.*

Ce sont les théorèmes I et II, qu'énonce et démontre le chapitre II, et le théorème III, qui se prouve de même (voir [HLT], section 24); voici son énoncé. (La preuve du théorème III emploie la proposition 10 ci-dessous, là où [HTL] emploie sa proposition 16.)

NOTATION. - Munissons Ω d'une métrique riemannienne; elle induit une métrique euclidienne sur chaque fibre $T^*_\omega(\Omega)$ de $T^*(\Omega)$; supposons *admissible* le sous-espace fibré de $T^*(\Omega)$ dont les fibres sont les sphères unitaires des $T^*_\omega(\Omega)$; c'est-à-dire:

$$\Phi^* = \{(\omega, \xi') \in T^*(\Omega);\ |\xi'| = 1\}.$$

Pour réaliser cette condition, quand elle ne l'est pas, il suffit de remplacer la métrique de Ω par une métrique conforme, décroissant à l'infini suffisamment vite. Notons $\mathrm{Dist}(\omega, \partial\Omega)$ la distance, dans cette nouvelle métrique, de $\omega \in \Omega$ au point à l'infini $\partial\Omega$ de Ω.

Le choix de Φ^* qui précède définit $\mathrm{dist}(t, \sigma)$ par (2.1), (2.3) et (2.4).

THÉORÈME III. - *Le problème* (1) *possède une unique solution holomorphe sur le domaine*

$$\Delta = \{(t, \sigma, \omega) \in \Sigma \times \Sigma \times \Omega;\ \mathrm{dist}(t, \sigma) < \mathrm{Dist}(\omega, \partial\Omega)\}.$$

4. *Historique.*

En juin 1988 André Granas m'a exposé oralement un intéressant résultat de Marlène Frigon [F], établi par la théorie des points fixes. J'ai immédiatement répondu par la conjecture que des résultats plus étendus s'obtiendraient par l'application des procédés de [HLT] au système différentiel non linéaire. Aujourd'hui, je justifie cette conjecture.

CHAPITRE I. - TECHNIQUES DE PROLONGEMENT ANALYTIQUE

5. *Choix d'une fonction f et d'une partie admissible Φ^* de $T^*(\Omega)$* (cf. [HLT], section 6).

Puisque Ω est paracompact, il existe des fonctions continues.

$$f: \overline{\Omega} \to \mathbf{R}_+, \tag{5.1}$$

de classe C^1 sur Ω, telles que

$$f(z) > 0 \quad \text{pour } z \in \Omega,\ f(\partial\Omega) = 0. \tag{5.2}$$

Donc l'ensemble

$$\{z \in \Omega;\ f(z) > k\} \quad \text{est } \Omega \text{ si } k = 0 \text{ et est relativement compact si } k > 0. \tag{5.3}$$

Notons, en $z \in \Omega$,

$$\nabla f \in T_z^*(\Omega) \tag{5.4}$$

le covecteur unique de Ω tel que

$$df = \operatorname{Re}(\nabla f \cdot dz). \tag{5.5}$$

Soit

$$\Phi^* = \{(z, \nabla f(z));\ z \in \Omega\} \subset T^*(\Omega). \tag{5.6}$$

Les sections 6 à 9 de ce chapitre I supposeront choisie l'une de ces fonctions f et *ce choix tel que Φ^* soit admissible*; c'est-à-dire la fonction

$$t \mapsto \rho_t = \sup_{z \in \Omega} |\nabla f(z) \cdot a(t, z)| \tag{5.7}$$

localement bornée.

Le chapitre III de [HLT] a prouvé la possibilité d'un tel choix.

6. *Prolongements analytiques de germes holomorphes.*

(Cf. [HLT], section 7, dont les preuves restent valables, bien que nous considérions ici des germes de fonctions holomorphes à valeurs dans Ω, au lieu des germes de fonctions holomorphes à valeurs numériques considérés par [HLT]).

Soit X une variété analytique complexe, paracompacte et de dimension finie. Soit E un sous-espace de X; il est paracompact (A. H. Stone).

NOTATION 6. - Une partie e de E est rétracte par déformation de E quand il existe une application continue, dite rétraction par déformation de E sur e,

$$T: E \times [0, 1] \ni (x, \theta) \mapsto T(x; \theta) \in E,$$

telle que

$$T(x; 0) \in e, \quad T(x; 1) = x, \quad (\forall \theta \in [0, 1]): T(x, \theta) = x \qquad \text{si } x \in e.$$

La courbe

$$C(x) = \{T(x; \theta);\ \theta \in [0, 1]\}$$

est appelée trajectoire d'extrémité $x = T(x; 1)$ de la rétraction T; le point $y(x) = T(x; 0) \in e$ est appelé origine de cette trajectoire.

LEMME 6. - (C'est la proposition 7.2 de [HLT]). Soit e un rétracte par déformation, de E. Soit z_e un germe holomorphe sur e; (voir la définition 7.1 de [HLT]). Supposons que $(\forall x \in E)$: la restriction de z_e à $y(x)$ se prolonge analytiquement à $C(x)$. Il existe alors un prolongement analytique z_E de z_e à E. Ce germe z_E est unique.

7. *Prolongement sur un arc de la solution du problème* (1).

Soit Γ un arc compact de Σ, sans point double, d'origine σ.

LEMME 7. - Il existe un germe unique, solution de (1), holomorphe en (t, σ, ω), défini sur

$$\{(t, \sigma, \omega);\ t \in \Gamma\}, \tag{7.1}$$

si

$$\int_\Gamma ds < f(\omega). \tag{7.2}$$

Rappelons que ds est défini par (2.1), (2.3), (5.1), (5.2), (5.5) et (5.6).

PREUVE. - Rappelons un théorème classique de Cauchy: il existe une unique solution $z(t, \sigma, \omega)$ du problème (1), holomorphe en (t, σ, ω), définie ($\forall M > 0$ et $\forall K$ partie compacte de Ω) pour

$$|\sigma| < M, \quad \omega \in K, \quad |t - \sigma| \leq \varepsilon(M, K),$$

où ε est une fonction de (M, K) à valeurs > 0.

Il y a donc un arc Γ_0 d'origine σ, contenu dans Γ, tel qu'il existe sur

$$\{(t, \sigma, \omega);\ t \in \Gamma_0\}$$

un germe unique, solution de (1) et holomorphe en (t, σ, ω).

Sur Γ_0, vu (5.5) puis (1),

$$|df(z)| \leq |\nabla f(z) \cdot dz| \leq |\nabla f(z) \cdot a(t, z)|\, |dt|,$$

donc, vu (5.7) et (2.3)

$$|df(z)| \leq \rho_t |dt| = ds,$$

donc, vu $(1)_2$, c'est-à-dire vu que $z(\sigma, \sigma, \omega) = \omega$,

$$f(z(t, \sigma, \omega)) \geq f(\omega) - |f(z(t, \sigma, \omega)) - f(\omega)| \geq f(\omega) - \int_\Gamma ds\,.$$

Donc, vu l'hypothèse (7.2) et (5.3), les valeurs prises par $z(t, \sigma, \omega)$ sur Γ_0 appartiennent à une partie compacte de Ω indépendante de Γ_0. Donc si Γ_0 est choisi maximal, vu le théorème de Cauchy rappelé ci-dessus, $\Gamma_0 = \Gamma$. D'où le lemme.

8. *Prolongement, au dessus d'un domaine de $\Sigma \times \Sigma$, employant un ds^2 riemannien de Σ* (cf. [HLT], sections 13 et 19).

Employons les notations définies par la section 2, sauf les définitions (2.3) de ds et (2.4) de dist. Soit un ds^2 riemannien, de classe C^∞, défini sur Σ, à courbure ≤ 0, conforme à la structure analytique complexe de Σ et tel que

$$\rho_t |dt| \leq ds \tag{8.1}$$

ce qui rend plus stricte l'hypothèse (7.2). La distance des points t et σ de Σ, définie par ce ds^2 est notée: $\operatorname{dist}(t, \sigma)$.

Notation auxiliaire. - Soit $(\Phi_i)_{i \in I}$ la famille des parties compactes Φ_i de Σ possédant les deux propriétés suivantes: Φ_i est l'adhérence d'un domaine simplement connexe $\mathring{\Phi}_i$ de Σ; son bord est un polygône fermé, sans point double, dont les arêtes sont des arcs géodésiques de Σ.

La proposition 17 de [HLT] prouve ceci:

Toute partie compacte de Σ appartient à certains des Φ_i. (8.2)

Soient t et $\sigma \in \Phi_i$; la plus courte distance de t à σ dans Φ_i est notée $\operatorname{dist}_i(t, \sigma)$.

Lemme auiliaire. - 1) Pour tout $i \in I$ il existe un unique germe $z_{E(i)}$ solution du problème (1), holomorphe sur l'ensemble

$$E(i) = \{(t, \sigma, \omega) \in \Phi_i \times \Phi_i \times \Omega;\ \operatorname{dist}_i(t, \sigma) < f(\omega)\}\,.$$

2) Pour tout $(i, j) \in I \times I$, les germes $z_{E(i)}$ et $z_{E(j)}$ ont la même restriction à $E(i) \cap E(j)$.

Preuve de 1). - La proposition 19 de [HLT] prouve ceci:

i) Etant donné $(t, \sigma) \in \Phi_i \times \Phi_i$, il existe dans Φ_i un unique plus court chemin $\Gamma_i(t, \sigma)$ de t à σ.

ii) Pour tout $\theta \in [0, 1]$, notons $Q_i(t, \sigma; \theta)$ le point de $\Gamma_i(t, \sigma)$ tel que

$$\frac{\operatorname{dist}_i(\sigma, Q_i)}{\theta} = \frac{\operatorname{dist}_i(Q_i, t)}{1-\theta};$$

l'application

$$Q_i\colon \Phi_i \times \Phi_i \times [0,1] \ni (t, \sigma, \theta) \mapsto Q_i(t, \sigma, \theta) \in \Gamma_i(t, \sigma) \subset \Phi_i$$

est continue.

Evidemment

$$Q_i(\sigma, \sigma; \theta) = \sigma, \quad Q_i(t, \sigma; 0) = \sigma, \quad Q_i(t, \sigma; 1) = t.$$

L'application

$$R\colon \Phi_i \times \Phi_i \times \Omega \times [0,1] \ni (t, \sigma, \omega, \theta) \mapsto (Q_i(t, \sigma, \theta), \sigma, \omega) \in \Phi_i \times \Phi_i \times \Omega$$

est donc une rétraction par déformation de $E(i)$ sur $\alpha_i \times \Omega$, où

$$\alpha_i = \{(t, \sigma) \in \Phi_i \times \Phi_i;\ t = \sigma\};$$

pour cette rétraction la trajectoire de (t, σ, ω) est $(\Gamma_i(t, \sigma), \sigma, \omega)$.

D'où 1), vu le lemme 6 et le lemme 7, où l'on remplace t par t', Γ par $\Gamma_i(t, \sigma)$, donc $\int_\Gamma ds$ par $\operatorname{dist}_i(t, \sigma)$, puisque $\Gamma_i(t, \sigma)$ est le plus court chemin de t à σ dans Φ_i.

Preuve de 2). - Vu (8.2), puisque Φ_i et Φ_j sont compacts, il existe $k \in I$ tel que $\Phi_i \cup \Phi_j \subset \Phi_k$; donc $\operatorname{dist}_i \geqslant \operatorname{dist}_k$ et $\operatorname{dist}_j \geqslant \operatorname{dist}_k$, $E(i) \subset E(k)$, $E(j) \subset E(k)$. Les restriction de $z_{E(k)}$ à $E(i)$ et à $E(j)$ sont les germes uniques $z_{E(i)}$ et $z_{E(j)}$. Ces germes ont donc la même restriction à $E(i) \cap E(j)$.

Lemme 8. - Il existe une unique solution du problème (1) holomorphe sur le domaine

$$\Delta = \{(t, \sigma, \omega) \in \Sigma \times \Sigma \times \Omega;\ \operatorname{dist}(t, \sigma) < f(\omega)\}.$$

Note. - La projection de Δ sur $\Sigma \times \Sigma$ est évidemment le domaine

$$\{(t, \sigma) \in \Sigma \times \Sigma;\ \operatorname{dist}(t, \sigma) < \max_\Omega f\}.$$

PREUVE. - Employons la notation auxiliaire. Définissons le domaine

$$\Delta_i = \{(t, \sigma, \omega) \in \mathring{\Phi}_i \times \mathring{\Phi}_i \times \Omega;\ \mathrm{dist}_i(t, \sigma) < f(\omega)\}.$$

Evidemment $\Delta_i \subset E(i)$. Soit z_i la restriction de $z_{E(i)}$ à Δ_i; c'est une fonction holomorphe sur Δ_i, solution du problème (1);

$$(\forall i, j \in I): z_i = z_j \quad \text{sur } \Delta_i \cap \Delta_j.$$

Evidemment $\bigcup_{i \in I} \Delta_i = \Delta$. On peut donc définir une fonction z holomorphe sur Δ, à valeurs dans Ω, par la condition:

$$(\forall i \in I): z = z_i \quad \text{sur } \Delta_i.$$

Cette fonction z est solution du problème (1); c'est la seule solution de ce problème holomorphe sur Δ, puisque $\alpha \times \Omega \subset \Delta$; rappelons que la section 1 a défini

$$\alpha = \{(t, \sigma) \in \Sigma \times \Sigma;\ t = \sigma\}.$$

9 *Prolongement aut-dessus d'un domaine de* $\Sigma \times \Sigma$ (cf. [HLT], section 14).

LEMME 9. - Employons les notations définies par les sections 1 et 2. Il existe une unique solution du problème (1) holomorphe sur le domaine

$$\Delta = \{(t, \sigma, \omega) \in \Sigma \times \Sigma \times \Omega;\ \mathrm{dist}(t, \sigma) < f(\omega)\}.$$

PREUVE. - La section 15 de [HLT] construit aisément des domaines simplement connexes Σ_ε de Σ, dépendant du paramètre $\varepsilon \in]0, 1[$, possédant chacun un ds_ε^2 riemannien, de classe C^∞, à courbure ≤ 0, de sorte que la condition suivante soit vérifiée: quand ε tend en décroissant vers zéro, alors Σ_ε tend en croissant vers Σ et ds_ε^2 tend en décroissant vers ds^2 que définissent (2.1) et (2.3). Rappelons que dist est défini par (2.4). Soit $\mathrm{dist}_\varepsilon$ la distance dans Σ_ε, pour la métrique définie par ds_ε^2.

Vu le lemme 8, il existe une unique solution z_ε du problème (1) holomorphe sur le domaine

$$\Delta_\varepsilon = \{(t, \sigma, \omega) \in \Sigma_\varepsilon \times \Sigma_\varepsilon \times \Omega;\ \mathrm{dist}_\varepsilon(t, \sigma) < f(\omega)\},$$

qui tend en croissant vers Δ quand ε tend en décroissant vers zéro. Vu l'unicité du problème (1),

$$z_\varepsilon = z_{\varepsilon'} \quad \text{sur } \Delta_\varepsilon \subset \Delta_{\varepsilon'} \text{ si } \varepsilon' < \varepsilon.$$

On définit donc une fonction z holomorphe sur Δ par la condition:

$$z = z_\varepsilon \quad \text{sur } \Delta_\varepsilon .$$

Cette fonction z est solution du problème (1) sur Δ.

10. *Conclusion du chapitre I* (cf. [HLT], section 16).

Cette conclusion est la proposition 10. C'est le seul résultat du chapitre I qu'emploiera la suite. C'est une extension, par passage à la limite, du lemme 9.

NOTATION 10. - Employons les notations définies par les sections 1 et 2 et les définitions suivantes.

Soit $(\Omega_N)_{N \in \dot{\mathbf{R}}_+}$ une famille de domaines relativement compacts de Ω tels que:

$$\Omega_N \text{ croît avec } N; \quad \lim_{N\to\infty} \Omega_N = \Omega .$$

Notons $\overline{\Omega}_N$ l'adhérence de Ω_N et $\partial\Omega_N = \overline{\Omega}_N \setminus \Omega_N$; ce sont des parties compactes de Ω.

Soit $(f_N)_{N \in \dot{\mathbf{R}}_+}$ une famille de fonctions continues

$$f_N : \overline{\Omega}_N \to \mathbf{R}_+ ,$$

de classe C^1 sur Ω_N, telles que

$$f_N(\omega) \text{ croît avec } N,\ f_N(\omega) > 0 \text{ pour } \omega \in \Omega_N,\ f_N(\omega) = 0 \text{ pour } \omega \in \partial\Omega_N .$$

Soit

$$F(\omega) = \lim_{N\to\infty} f_N(\omega) \leqslant \infty ;$$

F est donc semi-continue inférieurement. Donc: F n'est pas nécessairement continue; F ne s'annule pas nécessairement au point à l'infini $\partial\Omega$ de Ω.

Faisons l'hypothèse suivante: il existe, au sens de (2.1), une partie *admissible* Φ^* du fibré cotangent $T^*(\Omega)$ et une famille $(\theta_N)_{N \in \dot{\mathbf{R}}_+}$ de fonctions $\theta_N : \Omega \to \mathbf{C}$ telles que

$$(\forall N \in \dot{\mathbf{R}}_+,\ \omega \in \Omega_N):\ |\theta_N(\omega)| \leqslant 1, \qquad \left(\omega, \frac{1}{\theta_N(\omega)} \nabla f_N(\omega)\right) \in \Phi^* . \tag{10.1}$$

Rappelons que ∇ est défini par (5.5), ρ_t par (2.1), ds par (2.3) et dist par (2.4).

PROPOSITION 10. - Employons la notation 10. Le problème (1) possède une unique solution holomorphe dans le domaine

$$\Delta = \{(t, \sigma, \omega) \in \Sigma \times \Sigma \times \Omega;\ \operatorname{dist}(t, \sigma) < F(\omega)\}.$$

PREUVE. - Dans les sections 1 et 2 remplaçons les notations Ω, f, ρ_t, dist par $\Omega_N, f_N, \rho_{N,t}$, dist_N; on a

$$\sup_{z \in \Omega_N} |\nabla f_N(z) \cdot a(t, z)| \leq \sup_{(z, \xi') \in \Phi^*} |\theta_N(z)| \cdot |\xi' \cdot a(t, z)| \leq \rho_t$$

vu que $|\theta_N| \leq 1$ et vu (2.1); donc, vu (5.7)

$$\rho_{N,t} \leq \rho_t$$

d'où

$$\operatorname{dist}_N \leq \operatorname{dist}.$$

Le lemme 9 prouve donc que le problème (1) possède une unique solution z_N holomorphe sur le domaine

$$\Delta_N = \{(t, \sigma, \omega) \in \Sigma \times \Sigma \times \Omega_N;\ \operatorname{dist}(t, \sigma) < f_N(\omega)\}$$

qui tend en croissant vers Δ, pour $N \to \infty$. Vu l'unicité de la solution du problème (1),

$$z_N = z_{N'} \quad \text{sur } \Delta_N \subset \Delta_{N'} \text{ si } N < N'.$$

On définit donc une fonction z holomorphe sur Δ par la condition

$$z = z_N \quad \text{sur } \Delta_N.$$

Cette fonction z est solution du problème (1) sur Δ.

CHAPITRE II. - RÉSULTATS

11. *Emploi d'une fonction* $R: \Omega \to \dot{\mathbf{R}}_+$ *telle que* $\lim_{\omega \to \partial\Omega} R(\Omega) = \infty$ (cf. [HLT], section 22).

THÉORÈME I. - *Soit une fonction* $R: \Omega \to \dot{\mathbf{R}}_+$ *de classe* C^1, *telle que* $\lim_{\omega \to \partial\Omega} R(\omega) = \infty$.

1) *Il existe des fonctions continues et croissantes* $B[\cdot]: \dot{\mathbf{R}}_+ \to \dot{\mathbf{R}}$ *telles que*

$$\Phi^* = \left\{ \left(\omega, \frac{\nabla R(\omega)}{B[R(\omega)]} \right);\ \omega \in \Omega \right\} \tag{11.1}$$

est admissible.

2) *Pour l'une d'elles définissons*

$$F[R] = \int_R^\infty \frac{dR'}{B[R']} \leqslant \infty\,, \qquad F(\omega) = F[R(\omega)]\,, \tag{11.2}$$

et dist *par* (2.1), (2.3) *et* (2.4). *Le problème* (1) *possède une unique solution holomorphe sur le domaine*

$$\Delta = \{(t, \sigma, \omega) \in \Sigma \times \Sigma \times \Omega;\ \operatorname{dist}(t, \sigma) < F(\omega)\}\,. \tag{11.3}$$

Note. - Si l'intégrale (11.2) converge, alors le théorème I se réduit au lemme 9, où l'on choisit $f = F$.

Note. - Si cette intégrale diverge, alors $F = \infty$ et donc $\Delta = \Sigma \times \Sigma \times \Omega$.

La preuve, que voici, de ce théorème I est, presque mot pour mot, celle du théorème I de [HLT].

Preuve de 1). - La proposition 21 de [HLT], où l'on choisit

$$\Pi^* = \{(\omega, \nabla R(\omega);\ \omega \in \Sigma\}\,.$$

Preuve de 2). - Choisissons un point ω_0 de Ω; $(\forall N \in \dot{\mathbf{R}}_+)$: soit Ω_N la composante connexe, contenant ω_0, de l'ensemble ouvert

$$\{\omega \in \Omega;\ R(\omega) < R(\omega_0) + N\}\,;$$

le domaine Ω_N est relativement compact.

Définissons

$$f_N[R] = \int_R^{R(\omega_0)+N} \frac{dR'}{B[R']} \quad \text{pour } R \leqslant R(\omega_0) + N\,, \qquad f_N(\omega) = f_N[R(\omega)] \quad \text{pour } \omega \in \overline{\Omega}_N\,.$$

Evidemment

$$-\nabla f_N(\omega) = \frac{\nabla R(\omega)}{B[R(\omega)]}\,;$$

d'où, vu la définition (11.1) de Φ^*,

$$(\omega, -\nabla f_N(\omega)) \in \Phi^*.$$

Les domaines Ω_N, les fonctions $f_N(\cdot)$ et $\theta_N(\cdot) = -1$ vérifient donc les conditions qu'énonce la notation 10. La proposition 10 prouve donc le théorème I.

Ce théorème implique évidemment ceci:

Corollaire I. - *Supposons que Ω est $\mathbb{C}^n$ muni d'une structure hermitienne et que la fonction*

$$\mathbb{C}^n \ni z \to a(t,z)$$

est un prolynôme de degré k. Notons

$$R(z) = \sqrt{1+|z|^2}; \quad \text{donc } \nabla R(z) = \frac{\bar{z}}{R(z)} \text{ et } |\nabla R| < 1;$$

rappelons que $\bar{z}$ désigne l'imaginaire conjugué de z. Le choix $B(R) = R^k$ est tel que l'ensemble (11.1) *est admissible. Vu* (2.1) *et* (2.3), *définissons*

$$ds = \sup_{z \in \mathbb{C}^n} \frac{|a(t,z)|}{(1+|z|^2)^{k/2}} |dt|, \qquad \operatorname{dist}(t,\sigma) = \inf \int_t^\sigma ds. \tag{11.4}$$

Alors le problème (1) *possède une unique solution holomorphe sur le domaine*

$$\Delta = \{(t,\sigma,\omega) \in \Sigma \times \Sigma \times \mathbb{C}^n,; \ (k-1) R^{k-1}(\omega) \cdot \operatorname{dist}(t,\sigma) < 1\}. \tag{11.5}$$

Preuve. - Vu (11.2), $F[R] = 1/(k-1) R^{k-1}$ si $k > 1$, $F[R] = \infty$, si $k = 1$.

Exemple I. - Si $k = 1$, alors $\Delta = \Sigma \times \Sigma \times \Omega$, ce qui est un résultat classique.

12. *Emploi de deux fonctions R et S: $\Omega \to \dot{\mathbb{R}}_+$ telles que* $\lim\limits_{\omega \to \partial\Omega} [R+S] = 0$ (cf. [HLT], section 23).

Théorème II. - *Soient deux fonctions de classe* C^1

$$R: \Omega \to \dot{\mathbb{R}}_+, \qquad S: \Omega \to \dot{\mathbb{R}}_+$$

telles que

$$\lim_{\omega \to \partial\Omega} [R(\omega) + S(\omega)] = \infty. \tag{12.1}$$

Soient deux fonctions de classe C^1

$$B[\cdot,\cdot]: \dot{\mathbf{R}}_+^2 \to \dot{\mathbf{R}}_+, \qquad C[\cdot,\cdot]: \dot{\mathbf{R}}_+^2 \to \dot{\mathbf{R}}_+$$

telles que les fonctions

$$S \mapsto B[R,S] \quad et \quad R \mapsto C[R,S] \quad croissent. \tag{12.2}$$

Notons

$$B(\omega) = B[R(\omega), S(\omega)], \qquad C(\omega) = C[R(\omega), S(\omega)].$$

Définissons

$$\Phi^* = \left\{\left(\omega, \frac{\theta}{B(\omega)}\nabla R(\omega) + \frac{1-\theta}{C(\omega)}\nabla S(\omega)\right) \in T^*(\Omega);\ \omega \in \Omega,\ \theta \in [0,1]\right\}. \tag{12.3}$$

1) *Si Φ^* n'est pas admissible aus sens de* (2.1), *nous le rendons admissible en multipliant $B[\cdot]$ et $C[\cdot]$ par une même fonction de (R,S) à valeurs dans $\dot{\mathbf{R}}_+$, croissant en R et en S. Nous définissons alors* dist *par* (2.1), (2.3) *et* (2.4).

2) *Soit $\Gamma[R,S]$ l'arc orienté unique, appartenant à $\dot{\mathbf{R}}^2$, d'origine (R,S), maximal, tel que*

$$\frac{dR'}{B[R',S']} = \frac{dS'}{C[R',S']} > 0 \tag{12.4}$$

quand (R',S') décrit $\Gamma[R,S]$ dans le sens positif; donc $R'+S'$ tend vers ∞, quand (R',S') tend vers l'extrémité de cet arc.

Définissons

$$F[R,S] = \int_{\Gamma[R,S]} \frac{dR'}{B[R',S']} = \int_{\Gamma[R,S]} \frac{dS'}{C[R',S']} \leq \infty. \tag{12.5}$$

La fonction $(R,S) \to F[R,S]$ est décroissante en R et en S. Cette fonction est continue ou identique à ∞ sur $\dot{\mathbf{R}}_+^2$.

3) *Notons*

$$F(\omega) = F[R(\omega), S(\omega)]. \tag{12.6}$$

Le problème (1) *possède une unique solution holomorphe sur le domaine*

$$\Delta = \{(t,\sigma,\omega) \in \Sigma \times \Sigma \times \Omega;\ \operatorname{dist}(t,\sigma) < F(\omega)\}. \tag{12.7}$$

Preuve. - Celle du théorème II de [HLT], section 23, où l'on écrit dans les cinq dernières lignes: «définition (12.1) de Φ^*», «notation 10» et «proposition 10».

Corollaire II. - *Soit* $\mathbf{P}^n$ *l'espace projectif complexe de dimension* n; *soit* $\mathbf{P}^{n-1}$ *l'un de ses hyperplans; soit* $\mathbf{C}^n = \mathbf{P}^n \setminus \mathbf{P}^{n-1}$ *l'espace vectoriel complexe de dimension* n; *soit* Π *une hypersurface algébrique de* $\mathbf{P}^n$ *ne contenant pas* $\mathbf{P}^{n-1}$; *soit* p *son degré; soit* P *un polynôme* $\mathbf{C}^n \to \mathbf{C}$ *de degré* p, *tel que*

$$\Pi \cap \mathbf{C}^n = \{\varpi \in \mathbf{C}^n ; P(\varpi) = 0\}.$$

Munissons $\mathbf{C}^n$ *d'une structure hermitienne; soit*

$$R(\varpi) = \sqrt{1 + |\varpi|^2} \quad \text{où } \varpi \in \mathbf{C}^n; \qquad \text{donc } \nabla R(\varpi) = \frac{\overline{\varpi}}{R(\varpi)}. \tag{12.8}$$

Choisissons le polynôme P tel que

$$|P(\varpi)| \leqslant R^p(\varpi), \qquad \left| \frac{\partial P(\varpi)}{\partial \varpi} \right| \leqslant p R^{p-1}(\varpi). \tag{12.9}$$

On a

$$\nabla |P(\varpi)| = \frac{\overline{P(\varpi)}}{|P(\varpi)|} \frac{\partial P}{\partial \varpi}. \tag{12.10}$$

Soit Ω *un revêtement d'ordre fini de* $\mathbf{C}^n \setminus \Pi \cap \mathbf{C}^n$; *notons* ϖ *la projection canonique de* $\omega \in \Omega$ *sur* $\mathbf{C}^n$; *notons*

$$R(\omega) = R(\varpi), \qquad P(\omega) = P(\varpi).$$

Supposons la fonction

$$\varpi \mapsto a(t, \omega)$$

algébrique sur $\mathbf{C}^n$ *et holomorphe sur* Ω; *il existe donc* k *et* $l \in \mathbf{R}$ *tels que*

$$\sup_{\omega \in \Omega} \frac{|P^l(\omega)\, a(t, \omega)|}{R^k(\omega)} < \infty. \tag{12.11}$$

Nous choisissons, ce qui est possible, k *et* l *tels que*

$$k \geqslant 1 - p, \qquad l \geqslant 0. \tag{12.12}$$

1) *Pour ce choix, l'ensemble*

$$\Phi^* = \left\{ \left(\omega, \frac{\theta |P^l(\omega)|}{R^k(\omega)} \nabla R(\omega) - \frac{(1-\theta) P^l(\omega)}{pR^{k+p-1}(\omega)} \nabla |P(\omega)| ; \ \omega \in \Omega, \theta \in [0,1] \right) \right\} \quad (12.13)$$

est admissible. Définissons dist *par* (2.1), (2.3), (2.4).

2) *Définissons, pour* $Q \in [0,1]$

$$I[Q] = \frac{1}{p} \int_0^Q (Q - t')^l (1 + t')^{-(k+p-1)/p} \, dt' \quad (12.14)$$

vu (12.9), *la fonction*

$$\mathbf{C}^n \ni \varpi \mapsto I[|P(\varpi)|/R^p(\varpi)] = J(\varpi) \in \mathbf{R}_+$$

se prolonge en une fonction bornée et continue

$$\mathbf{P}^n \ni \varpi \mapsto J(\varpi) \in \mathbf{R}_+$$

telle que

$$\Pi = \{\varpi \in \mathbf{P}^n ; \ J(\varpi) = 0\} .$$

Soit:

$$F(\varpi) = J(\varpi) R^{lp+1-k}(\varpi) ; \qquad F(\omega) = F(\varpi) \quad \text{pour } \omega \in \Omega .$$

Le problème (1) *possède une unique solution holomorphe sur le domaine*

$$\Delta = \{(t, \sigma, \omega) \in \Sigma \times \Sigma \times \Omega ; \ \operatorname{dist}(t, \sigma) < F(\omega)\} . \quad (12.15)$$

Note. - Si $k < lp + 1$, la projection canonique de Δ sur $\Sigma \times \Sigma$ est donc surjective.

Preuve de 1). - Choisissons $S(\omega) = 1/|P(\omega)|$; la condition (12.1) est vérifiée, puisque Ω est revêtement d'ordre fini.

Vu (12.10), puis (12.9),

$$\nabla S(\omega) = - \frac{\overline{P(\varpi)}}{|P(\varpi)|^3} \frac{\partial P}{\partial \varpi} ; \qquad |\nabla S(\omega)| \leqslant p R^{p-1}(\varpi) S^2(\varpi) ;$$

or $|\nabla R(\omega)| < 1$; donc

$$\left| \theta \nabla R(\omega) + \frac{1-\theta}{pR^{p-1}(\omega) S^2(\omega)} \nabla S(\omega) \right| \leqslant 1 \qquad \text{pour } 0 \leqslant \theta \leqslant 1 . \quad (12.16)$$

Or, vu (12.11), il existe une fonction localement bornée c: $\mathbf{C} \to \mathbf{R}_+$ telle que

$$|a(t, \omega)| \leqslant c(t)\, R^k(\omega)\, S^l(\omega) .$$

Vu (12.16) et la définition (2.1), l'ensemble Φ^* défini par (12.13) est donc admissible. Identifions les définitions (12.13) et (12.3), où $S = 1/P$, en choisissant

$$B[R,S] = R^k S^l, \qquad C[R,S] = pR^{k+p-1} S^{l+2} . \tag{12.17}$$

Les conditions (12.12) impliquent les conditions de croissance (12.2).

Preuve de 2). - Comme dans la preuve du 2) du corollaire II de [HLT],

$$\Gamma[R,S] = \{(R',S') \in \dot{R}^2_+ ;\ R'^p = R^p + t',\ S'^{-1} = |P| - t',\ t' \in [0, |P|]\}$$

donc, vu $(12.5)_2$ et (12.17),

$$F[R,S] = \frac{1}{p} \int_0^{|P|} (|P| - t')^l (R^p + t')^{-(k+p-1)/p}\, dt'$$

c'est-à-dire, vu (12.14),

$$F[R,S] = I[|P|/R^p]\, R^{lp+1-k} .$$

Exemple II. - Supposons $l = 0$; alors

$$F(\omega) = \frac{1}{1-k} \{[|P(\varpi)| + R^p(\varpi)]^{(1-k)/p} - R^{1-k}(\varpi)\} \quad \text{si } k \neq 1 ,$$

$$= \frac{1}{p} \log \frac{|P(\varpi)| + R^p(\varpi)}{R^p(\varpi)} \quad \text{si } k = 1 .$$

Bibliographie

[F] M. Frigon, 1990: *Sur l'existence de solutions pour l'équation différentielle $u'(z) = f(z, u(z))$ dans un domaine complexe*. C.R. Acad. Sci. Paris, 310, Série I, pp. 371-374.

[HLT] Y. Hamada, J. Leray et A. Takeuchi, 1985: *Prolongements analytiques de la solution du problème de Cauchy linéaire*. J. Math. Pures et Appliqués, 64, pp. 257-319.

ADDED IN PRINT

Facsimile of an unpublished manuscript, written in 1997.
Facsimilé d'un manuscrit écrit en 1997 et encore inédit.

Equations aux dérivées partielles / Partial Differential Equations.

II. Le problème de Cauchy holomorphe linéaire, sans second membre et à données de Cauchy ramifiées, au voisinage d'un point portant les données de Cauchy,

Yûsaku HAMADA et Jean LERAY.

Résumé. – Le théorème II construit, au voisinage de ce point, une solution ramifiée de ce problème de Cauchy.

Abstract. – Theorem II constructs, in a neighborhood of that point, a ramified solution of that Cauchy problem.

1. Hypothèses et conclusions. — *Notation 1.1.* — Soit[1] n entier ≥ 1;

$x = (x_0, \ldots, x_\nu, \ldots, x_n) \in \mathbb{C}^{n+1}$; $\|x\| = \max (|x_0|, \ldots, |x_n|)$;

$B^{n+1}(R) = \{x ; \|x\| < R\}$ où $R > 0$; $D_\nu = \partial/\partial x_\nu$; $D = (D_0, \ldots, D_n)$;

$B^1(R) = \{x_n \in \mathbb{C} ; |x_n| < R\}$;

$a(x ; D)$: un opérateur différentiel d'ordre m, holomorphe sur $\overline{B}^{n+1}(R)$;

$g(x ; \xi)$ son polynôme caractéristique, où $\xi = (\xi_0, \ldots, \xi_n) \in \mathbb{C}^{n+1}$; supposons

$g(x ; 1, 0, \ldots, 0) \neq 0$.

Soit $\mathbb{C}^n = \{x \in \mathbb{C}^{n+1} ; x_0 = 0\}$; $B^n(R) = \mathbb{C}^n \cap B^{n+1}(R)$;

$x' = (x_1, \ldots, x_n)$ un point quelconque de $\overline{B}^n(R)$; $\xi' = (\xi_1, \ldots, \xi_n)$;

$D' = (D_1, \ldots, D_n)$.

Notation 1.2. — Soit F une partie fermée de $\mathbb{C}^n$.

Pour tout $q \in [0, m-1] \subset \mathbb{N}$, soit v_q une fonction numérique complexe, holomorphe en un point de l'ouvert $B^n(R) \setminus F$ et se prolongeant analytiquement au revêtement universel $\mathcal{R}(B^n(R) \setminus F)$ défini par ce point, servant de point de base. Vu le théorème de Cauchy-Kowalewski, au voisinage de ce point

[1] Si $n = 1$, on peut obtenir des résultats plus précis.

dans $\mathbb{C}^{n+1}$, il existe une unique fonction numérique complexe u, holomorphe et solution du problème de Cauchy sans second membre

$(\mathcal{C}_\emptyset)$: $a(x;D)u(x) = 0$, $(D_0^q u)(0,x') = v_q(x')$ pour tout $q \in [0, m-1]$.

Nous nous proposons de prolonger analytiquement u.

Nous supposons que les caractéristiques de l'opérateur $a(x;D)$ ont une multiplicité constante. La section 2 de [H-L-W] réduit le cas général au suivant :

$$g(x;\xi) = g_0^{p}(x;\xi),$$

où g_0 est une fonction de x, holomorphe sur $B^{n+1}(R)$, et est un polynôme en ξ, homogène, de degré

$$l = m/p,$$

dont les facteurs irréductibles sont distincts.

Nos conclusions dépendront du choix d'une fonction holomorphe

$$s : \overline{B}^n(R) \longrightarrow \overline{B}^1(R)$$

Complete Bibliography

[1931a] Sur le système d'équations aux dérivées partielles qui régit l'écoulement permanent des fluides visqueux. C. R. Acad. Sci., Paris, Sér. I **192**, 1180–1182.

[1931b] Mouvement d'un fluide visqueux à deux dimensions limité par des parois fixes. C. R. Acad. Sci., Paris, Sér. I **193**, 1165–1167.

[1932a] Sur certaines classes d'équations intégrales non linéaires. C. R. Acad. Sci., Paris, Sér. I **194**, 1627–1629.

[1932b] Sur les mouvements de liquides illimités. C. R. Acad. Sci., Paris, Sér. I **194**, 1892–1894.

[1933a] Sur le mouvement d'un liquide visqueux emplissant l'espace. C. R. Acad. Sci., Paris, Sér. I **196**, 527–529.

[1933b] (avec J. Schauder) Topologie et équations fonctionnelles. C. R. Acad. Sci., Paris, Sér. I **197**, 115–117.

[1933c] Etude de diverses équations intégrales non linéaires et de quelques problèmes que pose l'hydrodynamique. J. Math. Pures Appl. **12**, 1–82. II, 18

[1934a] Essai sur les mouvements plans d'un fluide visqueux que limite des parois. J. Math. Pures Appl. **13**, 331–418. II, 159

[1934b] Sur le mouvement d'un fluide visqueux remplissant l'espace. Acta Math. **63**, 193–248. II, 100

[1934c] (avec J. Schauder) Topologie et équations fonctionnelles. Ann. Éc. Norm. Sup. **51**, 45–78. I, 23

[1934d] (avec A. Weinstein) Sur un problème de représentation conforme posé par la théorie de Helmholtz. C. R. Acad. Sci., Paris, Sér. I **198**, 430–432. II, 247

[1934e] Les problèmes de représentation conforme de Helmholtz; théorie des sillages et des proues. C. R. Acad. Sci., Paris, Sér. I, 1282–1284.

[1935a] Topologie des espaces abstraits de M. Banach. C. R. Acad. Sci., Paris, Sér. I **200**, 1082–1084. I, 57

[1935b] Les problèmes de la représentation conforme de Helmholtz; théorie des sillages et des proues. C. R. Acad. Sci., Paris, Sér. I **200**, 2007–2009.

[1935c] Sur la validité des solutions du problème de la proue. In: Livre jubilaire de M. Marcel Brillouin. Gauthier-Villars, Paris 1935, pp. 1–12.

[1936a] Les problèmes de représentation conforme de Helmholtz; théorie des sillages et des proues. Comm. Math. Helv. **8**, 149–180 and 250–263. II, 250

[1936b] Les problèmes non linéaires. Enseign. Math. **35**, 139-151. II, 296

[1937a] (avec L. Robin) Compléments à l'étude des mouvements d'un liquide visqueux illimité. C. R. Acad. Sci., Paris, Sér. I **205**, 18–20. II, 156

[1937b] Discussion du problème de Dirichlet. C. R. Acad. Sci., Paris, Sér. I **205**, 269–271.

[1937c] Sur la résolution du problème de Dirichlet. C. R. Acad. Sci., Paris, Sér. I **205**, 785–787.

[1938] Majoration des dérivées secondes des solutions d'un problème de Dirichlet. J. Math. Pures Appl. **17**, 89–104.

[1939] Discussion d'un problème de Dirichlet. J. Math. Pures Appl. **18**, 249–284. II, 309

[1942a] Les composantes d'un espace topologique. C. R. Acad. Sci., Paris, Sér. I **214**, 781–783.

[1942b] Homologie d'un espace topologique. C. R. Acad. Sci., Paris, Sér. I **214**, 839–841.

[1942c] Les équations dans les espaces topologiques. C. R. Acad. Sci., Paris, Sér. I **214**, 897–899.

[1942d] Transformations et homéomorphismes. C. R. Acad. Sci., Paris, Sér. I **214**, 938–940.

[1945a] Sur la forme des espaces topologiques et sur les points fixes des représentations. J. Math. Pures Appl. **24**, 95–167. I, 60

[1945b] Sur la position d'un ensemble fermé de points d'un espace topologique. J. Math. Pures Appl. **24**, 169–199. I, 133

[1945c] Sur les équations et les transformations. J. Math. Pures Appl. **24**, 201–248. I, 164

[1946a] L'anneau d'homologie d'une représentation. C. R. Acad. Sci., Paris, Sér. I **222**, 1366–1368. I, 212

[1946b] Structure de l'anneau d'homologie d'une représentation. C. R. Acad. Sci., Paris, Sér. I **222**, 1419–1421. I, 215

[1946c] Propriétés de l'anneau d'homologie de la projection d'un espace fibré sur sa base. C. R. Acad. Sci., Paris, Sér. I **223**, 395–397. I, 218

[1946d] Sur l'anneau d'homologie de l'espace homogène quotient d'un groupe clos par un sous-groupe abélien, connexe, maximum. C. R. Acad. Sci., Paris, Sér. I **223**, 412–415. I, 221

[1946e] Extension de la théorie de Prandtl à une aile de grand allongement, mais de forme quelquonque. C. R. Acad. Sci., Paris, Sér. I **223**, 603–609.

[1946f] Mécanique des fluides compressibles, les écoulements continus sans frottements. Cours au Centre d'études supérieures de mécanique, 1946, 113 pages.

[1947] Une définition géométrique de l'anneau de cohomologie d'une multiplicité. Comm. Math. Helv. **20**, 177–179.

[1949a] L'homologie filtrée. In: Colloques internationaux du C.N.R.S. **12**, 61–82. I, 224

[1949b] (avec H. Cartan) Relations entre anneaux d'homologie et groupes de Poincaré. In: Colloques internationaux du C.N.R.S. **12**, 83–85. I, 257

[1949c] Espace où opère un groupe de Lie compact et connexe. C. R. Acad. Sci., Paris, Sér. I **228**, 1545–1547. I, 246

[1949d] Application continue commutant avec les éléments d'un groupe de Lie compact. C. R. Acad. Sci., Paris, Sér. I **228**, 1749–1751. I, 249

[1949e] Détermination, dans les cas non exceptionnels, de l'anneau de cohomologie de l'espace homogène quotient d'un groupe de Lie compact par un sous-groupe de même rang. C. R. Acad. Sci., Paris, Sér. I **228**, 1902–1904. I, 252
[1949f] Sur l'anneau de cohomologie des espaces homogènes. C. R. Acad. Sci., Paris, Sér. I **229**, 281–283. I, 255
[1949g] Fluides compressibles: Application à l'aile portante d'envergure infinie de la méthode approchée de Tchapliguine. J. Math. Pures Appl. **28**, 181–191.
[1950a] L'anneau spectral et l'anneau filtré d'homologie d'un espace localement compact et d'une application continue. J. Math. Pures Appl. **29**, 1–139. I, 261
[1950b] L'homologie d'un espace fibré dont la fibre est connexe. J. Math. Pures Appl. **29**, 169–213. I, 402
[1950c] Sur l'homologie des groupes de Lie, des espaces homogènes et des espaces fibrés principaux. Colloque de Topologie du C.B.R.M., Bruxelles. Masson, Paris 1950, pp. 101–115. I, 447
[1950d] La théorie des points fixes et ses applications en analyse. Proceedings International Congress of Mathematicians, Cambridge 1950. American Mathematical Society, pp. 202–208. I, 462
[1950e] Valeurs propres et vecteurs propres d'un endomorphisme complètement continu d'un espace vectoriel à voisinages convexes. Acta Szeged **12**, 177–186.
[1951] La résolution des problèmes de Cauchy et de Dirichlet au moyen du calcul symbolique et des projections orthogonales et obliques. Séminaire Bourbaki, 10 pages.
[1952] Les solutions élémentaires d'une équation aux dérivées partielles à coefficients constants. C. R. Acad. Sci., Paris, Sér. I **234**, 1112–1114. III, 47
[1953a] Hyperbolic differential equations. The Institute for Advanced Study (Mimeographed Notes), 1953, 240 pages (Russian translation: Nauka, Moscow 1984, 208 pages).
[1953b] Notice sur les travaux scientifiques. Gauthier-Villars, Paris, 21 pages.
[1954a] On linear hyperbolic differential equation with variable coefficients on a vector space. Ann. Math. Studies, Princeton University **33**, 201–210. II, 345
[1954b] Intégrales abéliennes et solutions élémentaires des équations hyperboliques. Colloque C.B.R.M., Bruxelles. Thorne and Gauthier-Villars, pp. 37–43.
[1956a] La théorie de Gårding des équations hyperboliques linéaires. Roma, Istituto dell' Università, 38 pages.
[1956b] Le problème de Cauchy pour une équation linéaire à coefficients polynomiaux. C. R. Acad. Sci., Paris, Sér. I **242**, 953–957. III, 50
[1956c] La théorie des points fixes et ses applications en analyse. Univ. e Polit. Torini Rend. Sem. Math. **15**, 65–74.
[1956d] Fonctions de variable complexe représentées comme somme de puissances négatives de formes linéaires. Atti Accad. Naz. Lincei **8**, pp. 589–590.

[1957a] Uniformisation de la solution du problème linéaire analytique de Cauchy près de la variété qui porte les données de Cauchy. C. R. Acad. Sci., Paris, Sér. I **245**, 1483–1487.

[1957b] Uniformisation de la solution du problème linéaire analytique de Cauchy près de la variété qui porte les données de Cauchy. Bull. Soc. Math. France **85**, 389–429. III, 57

[1957c] La solution unitaire d'un opérateur différentiel linéaire et analytique. C. R. Acad. Sci., Paris, Sér. I **245**, 2146–2152.

[1958a] La solution unitaire d'un opérateur différentiel linéaire. Bull. Soc. Math. France **86**, 75–96. III, 98

[1958b] La théorie des résidus sur une variété analytique complexe. C. R. Acad. Sci., Paris, Sér. I **247**, 2253–2257.

[1959a] Le calcul différentiel et intégral sur une variété analytique complexe. C. R. Acad. Sci., Paris, Sér. I **248**, 1–7.

[1959b] Le calcul différentiel et intégral sur une variété analytique complexe. Bull. Soc. Math. France **87**, 81–180 (Translated into Russian in 1961). III, 120

[1959c] Théorie des points fixes: indice total et nombres de Lefschetz. Bull. Soc. Math. France **87**, 221–233. I, 469

[1961a] Particules et singularités des ondes. Cahiers de Physique **15**, 373–381.

[1961b] Continuations of Laplace transforms, their applications to differential equations. Collection PDE and Continuum Mech. University of Madison, Wisc., pp. 137–157. Math. Rev. **23A**, 1148.

[1961c] Complément à l'exposé de Waelbroeck, Etude spectrale des *b*-algèbres: Atti della 20 Riunione del Groupement de mathématiciens d'expression latine, Firenze, pp. 105–110.

[1962a] Prolongement de la transformation de Laplace. Proceedings International Congress of Mathematicians, Stockholm 1962. Institute Mittag-Leffler, pp. 360–367. III, 220

[1962b] Un prolongement de la transformation de Laplace qui transforme la solution unitaire d'un opérateur hyperbolique en sa solution élémentaire. Bull. Soc. Math. France **90**, 39–156 (Translated into Russian: Mir, 1969, 158 pages). III, 228

[1962c] Cauchy's problem. In: Rice University semicentennial publications. Man, Science Learning and Education, pp. 231–239.

[1963a] Fonction de Green *M*-harmonique; flexion de la bande élastique, homogène, isotrope à bords libres: Proc. Tbilisi, Nauka, Moscow, pp. 217–225 (Reproduced in: Annales des Ponts et Chaussées **135** (1965) 3–10).

[1963b] The functional transformations required by the theory of partial differential equations. SIAM Review **5**, 321–334. III, 33

[1964a] (en collaboration avec L. Gårding et T. Kotake) Uniformisation et développement asymptotique de la solution du problème de Cauchy linéaire à données holomorphes; analogie avec la théorie des ondes asymptotiques et approchées. Bull. Soc. Math. France **92**, 263–361. III, 346

[1964b] (en collaboration avec Y. Ohya) Systèmes hyperboliques non stricts. CIME, Varenna, pp. 45–93.

[1964c] Calcul par réflexions des fonctions M-harmoniques dans une bande plane, vérifiant au bord M conditions différentielles à coefficients constants. Archiwum Mechaniki Stosowanej **16**, 1041–1088. II, 419

[1965a] Flexion de la bande homogène isotrope à bords libres et du rectangle à deux bords parallèles appuyés. Archiwum Mechaniki Stosowanej **17**, 3–14. II, 467

[1965b] (en collaboration avec J. L. Lions) Quelques résultats de Visik sur les problèmes elliptiques non linéaires par les méthodes de Minty-Browder. Bull. Soc. Math. France **93**, 97–107. II, 355

[1965c] (en collaboration avec Ohya) Systèmes linéaires hyperboliques non stricts. Colloque CBRM de Liège d'Analyse fonctionnelle. Thorne and Gauthier-Villars, pp. 105–144.

[1965d] (en collaboration avec L.Waelbroeck) Norme formelle d'une fonction composée. Colloque CBRM de Liège d'Analyse fonctionnelle. Thorne and Gauthier-Villars, pp. 145–153. II, 571

[1966a] Equations hyperboliques non-strictes, contre-exemples, du type De Giorgi, aux théorèmes d'existence et d'unicité. Math. Ann. **162**, 228–236. II, 366

[1966b] L'initiation aux mathématiques. Enseignement mathématique **12**, 235–241.

[1967a] Un complément au théorème de N. Nilsson sur les intégrales de formes différentielles à support singulier algébrique. Bull. Soc. Math. France **95**, 313–374. III, 445

[1967b] (en collaboration avec Y. Ohya) Equations et systèmes non-linéaires, hyperboliques non-stricts. Math. Ann. **170**, 167–205. II, 375

[1967c] L'invention en mathématiques. In: Encyclopédie de la Pléiade, logique et connaissance scientifique, pp. 465–473.

[1968] Sur le calcul des transformées de Laplace par lesquelles s'exprime la flexion de la bande élastique, homogène, à bords libres. Archiwum Mechaniki Stosowanej **20**, 113–122.

[1970a] Systèmes hyperboliques non stricts. In: Colloques internationaux du C.N.R.S., no. 184, Lille 1969. La magnétohydrodynamique classique et relativiste, pp. 83–92.

[1970b] On Feynman's integrals. Hyperbolic equations and waves, Battelle Seattle 1968 Rencontres, Springer, pp. 1323–1324.

[1971a] (en collaboration avec S. Delache) Calcul de la solution élémentaire de l'opérateur d'Euler-Poisson-Darboux et de l'opérateur de Tricomi-Clairaut hyperbolique d'ordre 2. Bull. Soc. Math. France, **99**, 313–336. II, 478

[1971b] Les propriétés de la solution élémentaire d'un opérateur hyperbolique et holomorphe. Istituto Nazionale di Alta Matematica, vol. VII. Academic Press, pp. 29–41.

[1972a] La mathématique et ses applications. In: Accademia Nazionale dei Lincei, Adunanze Staordinarie per il Conferimento dei Premi A. Feltrinelli, pp. 191–197. II, 11

[1972b] (en collaboration avec Y. Choquet-Bruhat) Sur le problème de Dirichlet quasilinéaire, d'ordre 2. C. R. Acad. Sci., Paris, Sér. I **274**, 81–85. II, 414

[1972c] Fixed point index and Lefschetz number. Symp. Infinite-Dimensional Topology, Louisiana State Univ. Baton Rouge. Ann. Math. Stud., Princeton Univ. **69**, 219–234. I, 482

[1973] Opérateurs partiellement hyperboliques. C. R. Acad. Sci., Paris, Sér. I **276**, 1685–1687.

[1974a] Solutions asymtotiques et physique mathématique. In: Colloques internationaux du C.N.R.S. no. 237. Géométrie symplectique et physique mathématique, pp. 253–275.

[1974b] Complément à la théorie d'Arnold de l'indice de Maslov. Istituto di Alta Matematica, Symposia Mathematica, vol. XIV. Academic Press, pp. 33–51.

[1974c] Le problème de Cauchy linéaire, analytique, à données singulières, d'après Y. Hamada et Wagschal. In memory of I. G. Petrowski (Russian). Usp. Mat. Nauk **XXIX**, 207–215.

[1974d] Caractère non Fredholmien du problème de Goursat. J. Math. Pures Appl. **53**, 133–136.

[1974e] (en collaboration avec C. Pisot) Une fonction de la théorie des nombres. J. Math. Pures Appl. **53**, 137–145.

[1975a] Solutions asymptotiques et groupe symplectique. Colloque de Nice sur Opérateurs intégraux de Fourier et équations aux dérivées partielles. Lecture Notes in Mathematics, vol. 459, Springer, pp. 73–97.

[1975b] Solutions asymptotiques des équations aux dérivées partielles, une adaptation du traité de V. P. Maslov. Atti Accademia Nazionale dei Lincei **217**, 355–375.

[1976a] (en collaboration avec Y. Hamada et C.Wagschal) Systèmes d'équations aux dérivées partielles à caractéristiques multiples: probléme de Cauchy ramifié; hyperbolicité partielle. J. Math. Pures Appl. **55**, 297–352. II, 515

[1976b] Solutions asymptotiques de l'équation de Dirac. Conference at the University of Lecce, edited by G. Fichera, Mathematics, vol. 2. Pitman, pp. 233–248.

[1977] Enseignement et recherche: Premier Congrès Pan-Africain des Mathématiciens, Rabat 1976. Gazette de la Soc. Math. France **8**, 19–47.

[1978] L'œuvre de Jules Schauder. In: Œuvres de Juliusz Pawel Schauder, sous la direction de J. Kisyński, W. Orlicz et M. Stark. PWN-Editions Scientifiques, Varsovie, pp. 10–16.

[1979] My friend Juliusz Schauder. In: Numerical solutions of highly non linear problems. Symposium on Fixed Point Algorithms, Univ. Southampton, pp. 427–439. Math. Rev. 82.401049

[1980a] Analyse lagrangienne et mécanique quantique. Proc. Conf. Novosibirsk 1978, Nauk Sibirski, pp. 175–180.

[1980b] Comprendre la relativité. Gazette des Sciences mathématiques du Québec **IV**, no. 4, 31–61.

[1981] Lagrangian analysis and quantum mechanics; a mathematical structure related to asymptotics expansion and Maslov index. MIT Press, Cambridge, 271 pages (Translated into Russian 1981).

[1982a] (en collaboration avec Y. Hamada et A. Takeuchi) Sur le domaine d'existence de la solution de certains problèmes de Cauchy. C. R. Acad. Sci., Paris, Sér. I **294**, 27–30.

[1982b] Application à l'équation de Schrödinger atomique d'une extension du Théorème de Fuchs. Actes du 6ème Congrès du groupement des mathématiciens d'expression latine. Actualités Mathématiques. Gauthier-Villars, pp. 169–187.

[1982c] Prolongements du théorème de Cauchy-Kowalevski. Rend. Seminario Mat. e Fisico di Milano **52**, 35–48.

[1983a] La fonction de Green de la sphère et l'application effective à l'équation de Schrödinger atomique du théorème de Fuchs. Proc. Int. Meeting on Functional Analysis and Elliptic Equations Dedicated to the Memory of Carlo Miranda, Liguori, pp. 165–177.

[1983b] The meaning of Maslov's asymptotics method, the need of Planck's constant in mathematics. Proc. Sympos. in Pure Math., AMS, vol. 39, part 2: The Poincaré Legacy. Bull. Am. Math. Soc. **5**, 15–27. II, 502

[1983c] Sur les solutions de l'équation de Schrödinger atomique et le cas particulier de deux électrons. 5th Congress of the International Society for the Interaction of Mechanics and Mathematics, Ecole Polytechnique. Lecture Notes in Physics, vol. 195, Springer, pp. 235–247.

[1983d] Application to the Schrödinger atomic equation of an extension of the Fuchs Theorem. Collect. Bifurcation Mechanics and Physics. Reidel, Dordrecht Boston, pp. 99–108.

[1983e] The meaning of W. H. Shih's result. Bifurcation Mechanics and Physics. Reidel, Dordrecht Boston, pp. 139–140.

[1984] Nouveaux prolongements analytiques de la solution du problème de Cauchy linéaire. Riv. Mat. Univ. Parma **10**, 15–22.

[1985a] (en collaboration avec Y. Hamada et A. Takeuchi) Prolongements analytiques de la solution du problème de Cauchy linéaire. J. Math. Pures Appl. **64**, 257–319. III, 507

[1985b] Technique of analytic continuations for the Cauchy linear problem, as improved by Y. Hamada and A. Takeuchi: Atti del Convegno celebrativo del I^0 centenario del Circolo matematico di Palermo. Rend. Circ. Palermo, serie II **8**, 19–27.

[1985c] Divers prolongements analytiques de la solution du problème de Cauchy linéaire. Colloquium Ennio Giorgi, Paris 1983. Res. Notes in Math., vol. 125. Pitman, pp. 74–82.

[1988a] La transformation de Laplace-d'Alembert. In: Analyse Mathématique et Applications, dédié à J. L. Lions. Gauthier-Villars, pp. 263–293.

[1988b] Solutions positivement homogènes de l'équation des ondes planes. In: Colloque en l'honneur de A. Lichnerowicz. Travaux en cours 30. Hermann, pp. 81–104.

[1990a] La vie et l'œuvre de Serguei Sobolev. C. R. Acad. Sci., Paris, Sér. gén., La Vie des Sciences, pp. 467–471.

[1990b] Le demi-plan élastique et la théorie des distributions, Travaux math. Institut Steklov. Acad. Sci. URSS **192**, 114–122.

[1991a] Adaptation de la transformation de Laplace-d'Alembert à l'étude du demi-plan élastique. J. Math. Pures Appl. **70**, 455–487.

[1991b] Expression explicite de la solution fondamentale pour le demi-plan élastique. Frontiers in Pure and Applied Mathematics, North-Holland, Amsterdam, pp. 185–192.

[1991c] (en collaboration avec A. Pecker) Calcul explicite du déplacement ou de la tension du demi-plan élastique, isotrope et homogène, soumis à un choc en son bord. J. Math. Pures Appl. **70**, 489–511.

[1992] Prolongements analytiques de la solution d'un système différentiel holomorphe non linéaire. Convegno Internazionale in memoria di Vito Volterra, Accademia Nazionale dei Lincei, pp. 79–93. III, 570

[1993] Précisions sur le problème linéaire de Cauchy à opérateurs holomorphes et à données ramifiées. Current Problems in Mathematical Analysis, Taormina 1992, Univ. Roma–La Sapienza **19**, 145–154.

[1994] The Cauchy problem with holomorphic operator and ramified data. Analyse algébrique des fonctions, Marseille Luminy 1991, Travaux en cours. Hermann, Paris, pp. 19–30.

Acknowledgements

Springer-Verlag and the Société Mathématique de France would like to thank the original publishers of Jean Leray's papers for granting permission to reprint them here.

The sources of those publications not already in the public domain are as follows:

- Acta Mathematica. © Mittag-Leffler Institute, Djursholm: [1934b]
- Adunanze Staordinarie per il Conferimento dei Premi A. Feltrinelli. © Accademia Nazionale dei Lincei, Rome: [1972a]
- Ann. Éc. Norm. Sup. © École normale supérieure, Paris: [1934c]
- Ann. Math. Stud. © Princeton University Press, Princeton: [1954a, 1972c]
- Archiwum Mechaniki Stosowanej. © Polska Akademia Nauk, Warszawa: [1964c, 1965a, 1968]
- Atti Accademia Nazionale dei Lincei. © Accademia Nazionale dei Lincei, Rome: [1956d, 1975b]
- Bull. AMS. © American Mathematical Society, Providence: [1983b]
- Bull. Soc. Math. France. © Société Mathématique de France, Paris: [1957b, 1958a, 1959b, 1959c, 1962b, 1964a, 1965b, 1967a, 1971a]
- Colloques Internationaux du CNRS. © CNRS Éditions, Paris: [1949a, 1949b]
- Colloque de Liège d'Analyse fonctionnelle. © Éditions Gauthier-Villars, Paris: [1965d]
- Colloque de Topologie du C. B. R. M., Bruxelles. © Masson, Paris: [1950c]
- Comment. Math. Helv. © Birkhäuser-Verlag AG, Basel: [1936a]
- C. R. Acad. Sciences, Paris. © Gauthier-Villars and Académie des Sciences, Paris: [1935a, 1937a, 1946a, 1946b, 1949c, 1949d, 1949e, 1949f, 1952, 1956b, 1964c, 1964d, 1972b, 1982a]
- Convegno Internazionale in memoria di Vito Volterra. © Accademia Nazionale dei Lincei, Rome: [1992]
- Enseignement Mathématique. © Fondation "L'Enseignement Mathématique": [1936b]
- Hommes de Science. © Hermann, Éditeur des Sciences et des Arts, Paris: Frontispiece, vol. III
- J. Math. Pures et Appl. © Éditions Gauthier-Villars, Paris: [1950a, 1950b, 1976a, 1985a]
- Mathematische Annalen. © Springer, Berlin Heidelberg: [1966a, 1967b]
- Proc. Int. Congr. of Mathematicians in Cambridge, 1950. © American Mathematical Society, Providence: [1950d]
- Proc. Int. Congr. of Mathematicians in Stockholm, 1962. © Mittag-Leffler Institute, Djursholm: [1962a]
- SIAM Review. © Society for Industrial and Applied Mathematics, Philadelphia: [1963b]